U0315223

榜样的力量之物理风云

——对世界影响巨大的 100 位物理学家

（上册）

石锋　编著

北　京

冶 金 工 业 出 版 社

2022

内 容 提 要

本书共 3 册，分绪论、古今伟大的 100 位物理学家、后记等 3 章，介绍了物理学发展概论以及对世界影响巨大的 100 位物理学家的生平事迹、学术地位、学术贡献、相关的逸闻趣事和所涉及的各个学科的发展脉络。作者力图通过严谨科学的术语和诙谐幽默的语言，全方位、多层次地向广大读者展示在人类历史上做出不平凡贡献的大科学家们的不平凡事迹，普及他们的学术和思想，吸引人们特别是广大青少年投身到科学研究中。

本书适合社会各界读者，特别是广大青少年朋友和家长朋友们阅读。

图书在版编目(CIP)数据

榜样的力量之物理风云：对世界影响巨大的 100 位物理学家：上、中、下册/石锋编著 . —北京：冶金工业出版社，2022.6
ISBN 978-7-5024-9095-9

Ⅰ.①榜… Ⅱ.①石… Ⅲ.①物理学—普及读物 Ⅳ.①O4-49

中国版本图书馆 CIP 数据核字(2022)第 046593 号

榜样的力量之物理风云——对世界影响巨大的 100 位物理学家 （上册）

出版发行	冶金工业出版社	电　话	(010)64027926
地　址	北京市东城区嵩祝院北巷 39 号	邮　编	100009
网　址	www.mip1953.com	电子信箱	service@ mip1953.com

责任编辑　姜晓辉　美术编辑　吕欣童　版式设计　孙跃红
责任校对　王永欣　责任印制　李玉山
三河市双峰印刷装订有限公司印刷
2022 年 6 月第 1 版，2022 年 6 月第 1 次印刷
710mm×1000mm　1/16；69.25 印张；1328 千字；1060 页
定价 360.00 元 （上、中、下册）

投稿电话　(010)64027932　投稿信箱　tougao@cnmip.com.cn
营销中心电话　(010)64044283
冶金工业出版社天猫旗舰店　yjgycbs.tmall.com
（本书如有印装质量问题，本社营销中心负责退换）

序 一

物理学是揭示和阐述物质世界基本属性、基本构成、相互作用和物质运动最一般规律的自然科学，其本质是探究宇宙万物、研究一切时空的内在规则和原理。物理学为自然科学提供理论依据，是众多学科的基石。在推动现代科学水平发展过程中，物理学发挥着重要作用；每发现一条物理学规律，科学技术就会有所扩展。当今众多的工程学科都植根于物理学某一分支领域。

物理学家是探索物质世界的组成与运行规律的人，往往具有非凡的洞察力和深邃的思想；他们格物致知，通过对事物的观察与实验得出客观世界的本质结论。在人类历史长河中，无数物理学家都做出了不可磨灭的贡献；即便得出的结论是片面甚至错误的，例如古代的原子论认为原子不可再分，结论虽然片面但却为近代原子理论的发展奠定了基础。

物理学也是科学方法、科学精神和科学思维的重要来源。本书作者石锋教授遴选了古往今来100位为世界做出巨大贡献的物理学家，归纳汇总了他们的生平简史、学术成就和学术影响力等，点评了他们对科学与社会的贡献；尤其强调了他们强烈的求知欲和上进心、追求真理的科学精神、勇于挑战权威锐意创新的批判精神、严谨求实的学风、淡泊名利的态度以及伟大的爱国主义情操；这些都是人类思想的精华，都是正能量。

习近平总书记强调，崇尚英雄才会产生英雄，争做英雄才能英雄辈出。在创新驱动发展战略日益深入人心的当今，我国需要吸引更多的青少年人才进入科技领域。希望更多的青少年朋友们能够成为本书的忠实读者，学习这些伟大物理学家们，追随榜样的力量，使更多的青年学子脱颖而出，成为我国科技后备力量。

另外，本书深入浅出地介绍了物理学几个分支学科，如光学、电磁学、流体力学和天文学等的发展情况，让读者能学习到一些基本物理学知识，开拓视野，增加知识面。本书还总结了100位物理学家们成功的经验，即：名师指点、自我奋斗和良好家教；而自我奋斗是成功的根本内因。希望青少年朋友们从中举一反三，深度思考、沉淀思想，对自己的人生有所影响、有所启迪。同时，也希望家长朋友们学到如开尔文、布拉格、费米、费曼和汤川秀树等家庭教育的成功经验。

徐善衍

2021 年 7 月于北京

第六届中国科学技术协会驻会副主席、党组副书记、书记处书记，全国政协第十届教科文卫体委员会副主任、中国自然博物馆协会理事长，现兼任清华大学科技传播普及研究中心理事长

序 二

科普著作《榜样的力量之物理风云》的作者石锋教授专门针对古希腊以来的 100 位伟大物理学家的人生做了归纳总结,从生平轶事、师承关系、学术贡献、学术影响力等多个方面做了介绍,评价了他们对社会和科学所做的贡献,作者以轻松自然的写作风格,通俗易懂的文笔进行科普介绍,想必会得到广大读者的喜爱。从德谟克利特、亚里士多德、阿基米德、哥白尼、伽利略、笛卡尔、牛顿等先贤大哲到卡文迪许、法拉第、麦克斯韦、亥姆霍兹、普朗克、爱因斯坦、玻尔、海森堡、费曼等大科学家,时间跨度约 2500 年。这些物理学家们具有的艰苦奋斗、锲而不舍、实事求是、独立思考、自由思想、勇于挑战权威学者的精神值得读者尤其是青少年朋友们认真学习;希望读者能从这 100 位伟大物理学家身上得到启迪,使自己的人生旅程更加丰富多彩。

数学、物理和化学等基础性学科在社会中占据重要地位;无论是人工智能还是量子科技,都需要物理学等基础学科的有力支撑,基础学科对原始创新的重要意义不言而喻,基础研究为技术革命奠定基础,技术革命为产业革命开辟新领域,产业革命推动着人类社会飞跃发展。我国之所以缺乏重大原创性科研成果,呈现"卡脖子"局面,与基础学科发展较慢、顶尖基础学科人才缺乏密切相关。

人才是先进生产力的开拓者和创造者。2020 年教育部正式实施"强基计划",目的在于"选拔培养有志于服务国家重大战略需求且综合素质优秀或基础学科拔尖的学生"。物理学是在人类认识客观世界、探索自然规律的过程中逐渐形成的,物理学各分支的不断创新发展,有力地推动着人类社会的发展,今天尤其需要大批具有严谨和创新精神的优秀科研工作者。在创新驱动发展的今天,需要弘扬"爱国奉献、求实创新"等新时代科学精神,培育出一批又一批的青年才俊,这对中华民族的兴旺发达将会起重要的作用。

作为一名物理学工作者,我十分高兴石锋教授能致力于物理学的科学普及,我更希望青少年朋友们能阅读本书,追随伟人的步伐,学习榜样的力量,成为国家科技后备力量,将来为国家科技进步事业做出贡献。

2021 年 6 月于南京

中国科学院院士、南京大学物理学院教授

序　三

梁启超说过："少年强则国家强。"一个民族、一个国家，唯有有更多的对科学知识如饥似渴的青少年才有希望，才能永久屹立于世界科技强国之林。让青少年畅游知识的海洋，增强其科学素养，为国家储备科技人才乃是当务之急。

物理学是关于大自然规律的知识，是人类认识物质世界的世界观基础。物理学家以探索物质的组成和物质世界的运行规律为目的，格物致知，以物理知识为武器认识世界，用物理学思维改变世界。比如普朗克首提量子理论，德布罗意提出了物质波的概念，二者为量子力学的诞生奠定了基础。

石锋教授编著的这本书筛选了古希腊以来，对世界有巨大影响的100位在物理学各个领域做出突出成就的物理学家。作者用平实朴素的写作风格介绍这些大物理学家们的生平、学科领域、师承关系、学术贡献、代表作、获奖与荣誉、学术影响力、学术标签、性格要素以及评价与启迪等内容，每一部分皆形成模块化，进行了归纳总结，有助于阅读者理解相关知识。同时，还分析了导致他们成功的内部性格要素及外部环境因素。

在写作风格上，这本书并非按照重大科学事件来写作，而是按照历史发展的脉络，将每位物理学家的学术成就放在特定的历史背景下进行写作和评论，力求客观公正、不偏不倚地评判每位物理学家在其所处时代的贡献和影响。尽管筛选了100位物理学家，但实际上，本书籍涉及到的人物多达上千人，通过这本书还可以了解到很多相关科学分支及其物理知识的发展脉络。

本书作者石锋教授耗费了两年多的时间编著了本书，洋洋洒洒百万字，希望青少年朋友能捧起书本步入物理学的海洋，在获取正能量并感叹榜样的力量之余，能够学习到一点物理常识，开拓视野，增加知识面，让物理学深入人心。当然，书里面还涉及到家庭教育问题，多处提及家教对物理学家们产生的巨大影响，所以也希望家长朋友们可以从中学习到教育孩子的成功经验。

本书的写作目的与本人的想法不谋而合，所以我十分高兴为本书撰写序言，希望本书能够得到青少年朋友以及家长们的认可和支持，希望更多的青年才俊能够投身物理学研究。

2021 年 8 月于北京

中国工程院院士，清华大学材料学院教授

序　四

　　物理学是自然科学的带头学科，描述自然发展的规律，致力于用精确的语言理解世界的本质："析天地之美、判万物之理"。通过物理学，人类与自然世界产生了联系，建立了可经验认识有关于自然世界的知识体系——科学。有了科学，人类可认识自然规律，改善自身生活状态，扩展人类未来的事业和未知的新世界，从而理解自然、改变自然。

　　物理学不仅是各项自然科学的基础，而且对于人类社会的进步发展有着重要的作用。其中，蕴含的唯物辩证法的世界观对于人类世界观的树立有着重要的意义，是人类认识物质世界的世界观。物理学研究世界特定领域的特殊规律，而哲学则可以揭示世界的普遍本质和一般规律，故而很多物理学家也是哲学家，比如伽利略、笛卡尔、麦克斯韦、爱因斯坦、普朗克、亥姆霍兹、马赫、玻尔兹曼、玻尔、薛定谔、海森堡等人；牛顿被称为自然哲学家，玻尔被称为量子哲学家。

　　物理学是人类重要的知识起点和工具，促进了科学技术的进步。从牛顿经典力学、麦克斯韦电磁场理论、爱因斯坦相对论的创立到量子力学的产生，每次物理学上的重大突破，都对人类社会发展产生了重大影响，没有物理学的发展就没有人类社会和文明的巨大进步。

　　为了发现重大的科学问题或者解决重大物理学难题，物理学家们需要发现问题的敏锐视角、解决问题的创新思路、敢于挑战权威的决心和勇于克服困难的毅力，很多伟大的物理学家都有这种能力和优秀的品质。为了弘扬社会主义价值观，追随榜样的力量，本书作者石锋教授介绍了古希腊以来对世界有巨大影响的100位物理学家，希望吸引更多的青少年朋友走进物理学的海洋，奠定坚实的物理基础，走进科学的殿堂，为人类、为国家的科技进步做出贡献。

作为一个倾向于传统学术刊物的科普读物，本书既有科学史介绍，也有物理学相关知识阐述。石锋教授尽量用朴实的语言描述复杂的物理现象和物理理论，希望读者能在稍微轻松的阅读中获取科学知识和正能量，拓展知识面。感谢石锋教授的辛勤劳动！

当前，我们国家正处在科技创新的新时代，迫切需要一大批的优秀科研人才。本书的推出十分及时，十分有必要，我非常高兴为本书作序，希望能得到广大青少年和家长朋友们的认可，让物理学深入人心，为自主创新和科技进步奠定坚实的基础！

2021 年 10 月于北京

王中林教授为中国科学院北京纳米能源与系统研究所创始所长、现任所长，中国科学院大学纳米科学与技术学院院长，欧洲科学院院士，中国科学院外籍院士，中国台湾"中央研究院"院士，加拿大工程院外籍院士，佐治亚理工学院终身董事教授，Hightower 讲席教授。2019 年爱因斯坦世界科学奖（Albert Einstein World Award of Science）、2018 年埃尼奖（Eni Award- The "Nobel Prize" for Energy）、2015 年汤森路透引文桂冠奖、2014 年美国物理学会 James C. McGroddy 新材料奖和 2011 年美国材料学会奖章（MRS Medal）等国际大奖得主；国际纳米能源领域著名刊物 Nano Energy（最新 IF：17.88）的创刊主编和现任主编；世界横跨所有领域前 10 万名科学家终身科学影响力排第 5 名，2019 年年度科学影响力排第 1 名

序　五

习近平总书记强调，我国要强盛、要复兴，就一定要大力发展科学技术，努力成为世界主要科学中心和创新高地。在目前美国加强对我国技术封锁的背景下，需要一大批科研工作者面向国家重大战略需求，解决"卡脖子"关键技术。只有这样，我们才能摆脱受制于人的境地，中华民族才能立于不败之地。

在新的形势下，国家和社会对科技创新的需要越来越强，这就需要培养一大批的科技人才，尤其是吸引更多的青少年立志成为科技领域的优秀人才，成为我国科技后备力量。目前，个别青少年对物理、化学、数学等学习强度较大，需要付出较多精力的基础学科兴趣不大。这是需要注意的现象。

事实上，物理、化学和数学等基础学科对于国民科学素养的提高十分重要！工程技术是以这些学科为基础的，不懂物理化学和数学，其他应用学科就是无本之木、无源之水。教育部启动"强基计划"就是为了让更多的孩子能有扎实的数理化基础，增强我国青少年的科学素养，增加基础科学知识储备，将来能更好地造福社会、建设国家。但2020年高考后填报志愿的结果表明，"强基计划"并未受到热捧，与人们的期待尚存较大差距。

作为自然科学的带头学科，物理学研究内容大至宇宙、小至基本粒子等一切物质最基本的运动形式和规律，也是其他各学科的研究基础，是科学方法、科学精神和科学思维的重要来源。一部物理学科的发展史几乎就是一部科学的发展史，它向我们充分展示了物理学科如何塑造了科学方法、科学精神和科学思维，同时促进了包括数学在内的多学科理论的发展。物理学对于国民经济和社会发展的贡献越来越大，重要性日益增强；伴随物理学科发展延续至今的科学思维将融入所有科学学科当中，探索的精神在促进学生发展的过程中相伴始终。

为了响应党的号召，吸引更多青少年朋友热爱科学，立志投身科学研究，更为了教育青少年朋友远离低级趣味、培养高尚情操，石锋教授耗费了大量时间和精力编写这本读物。作者希望能吸引到更多的青少年朋友捧起书本走进物理学的海洋；希望用伟大物理学家们坎坷的经历、伟大的贡献和高尚的人格魅力鼓舞人心，用他们的事迹振奋人心；希望青少年朋友被这些大物理学家们所吸引，向他们学习，立志成为他们那样的人，改变世界、造福人类。

本书系统归纳和整理了包括"世界的本原""光的本性""热的本质""引力和引力波"以及"量子英雄谱"等物理学的各个分支，深入浅出地介绍了它们的发展历程。希望在介绍科学家生平、科学贡献及其伟大精神的同时，读者朋友既能学习榜样、吸取精神力量，又能学到物理知识及其伟大的科学思想。本书中也包括一定的家教方法，多处提及科学家们的家教对他们产生的巨大影响，也值得家长朋友一读，或许可以从中学习到如何教育孩子成才的方式方法和成功经验。

总之，我认为本书的出版正当其时，开卷有益。如果能够成功吸引一部分青少年朋友热爱物理、热爱科学，将对科学普及大有裨益。为此，我十分乐意作序并向读者推荐。

周进寿

2021 年 6 月于西安

西安电子科技大学教授、国家杰出青年科学基金获得者、国家教学名师，曾任湘潭大学校长、党委副书记以及第七届中国力学学会物理力学专业委员会主任委员，现任第七届中国仪表功能材料学会电子元器件关键材料与技术专业委员会主任委员

序 六

有幸读了石锋先生的大作《榜样的力量之物理风云》，我想从一个老科技工作者和一位科普作家的角度，谈谈自己的读后感。

一本优秀的科普读物，应该同时具有科学性、思想性和趣味性，也就是科学内容要准确无误，价值观要鲜明正确，写作风格和语言要通俗活泼，为读者喜闻乐见。但要满足这3个条件，并不是一件很容易的事情。

物理学，在很多普通人看来，是一门挺难的学科。尤其是相对论和量子力学诞生后，要彻底搞懂和理解其科学内容，是很伤脑筋的，那些数学公式更是让人望而生畏。据说相对论刚问世的时候，全世界能看懂的不足100人，有一杂志还悬赏征求对相对论的通俗解释。霍金写的科普读物《时间简史》是畅销书，算是很通俗了，但真正看懂其全部内容的读者，也不会很多。近年来物理学出现的所谓"超弦"理论，是一种纯数学的理论，而且不是普通的高等数学，看起来无疑更是"天书"一般了。

科普作家的难度在于，下笔之前必须搞懂要写的科学内容。也就是说，你要当先生，得先当学生，刻苦钻研一番。否则，你想"以其昏昏，使人昭昭"，是绝对不可能的。另外一项艰巨的任务，就是把知识通俗化，这个难度也不小。一位名人说过，把复杂的内容用简单的语言说明白，是一种不可多得的才能。

所谓通俗化，用著名科普作家叶永烈先生的话，就是要充当一台"变压器"，把知识的"高压电"，变成可以进入千家万户的"低压电"。一位合格的科普作家，必须具备这种"变压"的能力。

当然，如果不顾及读者的接受能力，允许使用复杂的数学公式和艰涩的专业术语，写起来就要容易多了，但那就不是科普读物，而是一本学术著作了。

令人高兴的是，石锋先生的这本书很好地把握了学术著作和科普著作之间的区别和联系，作者并不完全排斥重要的公式和专业术语。但是，他也并非兼收并蓄，而是有选择性的，也是经过深思熟虑的，把必须要介绍的关键性的内容，尽量"软化"成生动通俗的语言，既保持了科学内容的严谨性和完整性，又适应了广大读者的接受能力，这样做对提高读者的科学素养和知识水平，是极为有益的，也构成了本书的一大特色。

本书的第二个特色是"见事又见人"。这里的"事"就是科学内容，这里的人就是"科学家"。当下的科普图书，一般都是介绍科学内容为主，即使涉及到科学家本人，一般也是轻描淡写、一带而过。专门的科学家传记也是有的，但多数由文学家执笔，比较侧重于人文的内容。

生动具体而且全面完整的科学家人物形象，是本书有较大吸引力的一个重要因素。这本书的副标题是"对世界影响巨大的100位物理学家"。换言之，本书展现给读者的是波澜壮阔的物理学风云，并不是干巴巴的物理学知识的描述，而是通过这100位物理学家生动具体的人生经历来体现的，读者读这本书，不知不觉地会融入历史的情景之中，既学到了科学知识，又学到了科学家的优秀品质，以及他们取得科学成就的背景分析，包括个人、家庭教育和社会环境诸因素等。这些都是读者很感兴趣的内容，读这本书，因为人物的鲜明生动，悬念迭出，看这本书就像看一部精彩纷呈的电视连续剧，有欲罢不能的感觉。

这本书的内容非常丰富，涵盖了物理学的方方面面。读完这本书，你可以对物理学的发展史、重要的物理学人物、物理学概念、物理学理论、物理学实验、物理学发展的关键节点、著名的物理学派和学术论战，以及对物理科学的当前发展概况及今后展望，都会有一个全面、准确、深入的理解和掌握。一书在手，从古希腊到今天2500多年的全世界的物理风云，可谓尽收眼底，一览无余。

另外，对于喜爱物理学的广大读者，不妨把这本书作为物理学简明百科全书或工具书看待，在从事阅读、研究、写作时，置于案头随时查阅，可以节约自己的精力和宝贵的时间。当下社会，碎片化的知识浩若烟海，真伪难辨，充斥于网络之中，想找一点可靠有用的资料，也不是一件易事。如此系统全面的物理学科普读物，确实是极为罕见和难得的。

2021 年 7 月于青岛

中国工程物理研究院研究员，"两弹一星"科研专家，有多项科研成果获国家或国防科委的奖励；现代科普作家，著有《禁地青春》《魏世杰科普丛书》等文学和科普作品多部，作品曾荣获全国优秀图书奖，曾被授予全国最美老有所为人物、科普中国年度科研科普人物等多个荣誉称号

前　言

我国一贯重视科技创新，创新驱动发展战略日益深入人心。在日新月异的新时代中，我国广大科技工作者正在把握大势、抢占先机，直面问题、迎难而上，瞄准世界科技前沿，引领科技发展方向，肩负起历史赋予的重任，勇做新时代科技创新的排头兵，努力建设世界科技强国。习近平总书记指出，要矢志不移自主创新，坚定创新信心，着力增强自主创新能力。自力更生是中华民族自立于世界民族之林的奋斗基点，自主创新是我们攀登世界科技高峰的必由之路。

在新的形势下，对科技创新的需要越来越强，而相关的人才却远远不够，这就需要培养一大批的科技人才，尤其是吸引更多的青少年人才进入科技领域，成为我国科技后备力量。教育部启动"强基计划"就是为了增强我国青少年的科学素养，增加基础科学知识储备。

然而现实很不乐观，部分青少年对于付出精力较多和难度较大的基础学科，如物理、化学和数学等领域并不喜好。事实上，物理、化学和数学等基础学科对于国民科学素养的提高十分重要。很多工程技术都以这些学科为基础，不懂物理、化学和数学，其他应用学科就是无本之木、无源之水。

物理学是科学方法、科学精神和科学思维的重要来源。一部物理学科的发展史几乎就是一部科学的发展史，它向我们充分展示了物理学科如何塑造了科学方法、科学精神和科学思维，同时促进了包括数学在内的多种学科理论的发展。物理学对于国民经济和社会发展的贡献越来越大，重要性日益加强。

作者耗费了大量时间和精力编写这本读物，就是希望用伟大物理学家们坎坷的经历、伟大的贡献和高尚的人格魅力来鼓舞青少年朋友的人心，用他们的事迹振奋人心。"自古伟大出自平凡，平凡造就伟大，崇尚英雄才会产生英雄，争做英雄才能英雄辈出。"习近平总书记说，只要有坚定的理想信念、不懈的奋斗精神，脚踏实地把每件平凡的事做好，一切平凡的人都可以获得不平凡的人生，一切平凡的工作都可以创造不平凡的成就。希望本书可以为热爱科学，立志投身基础科学研究的青少年朋友带来一点比科普更深入一点的知识，让青少年朋友从通俗的角度学习基础物理知识。

下面就本书物理学家的选择依据、写作风格和内容特点做一说明。

1. 本书物理学家的选择依据

本书选择了古希腊以来，对世界有巨大影响的 100 位物理学家做或者详细或者简单的介绍。作者选择这些物理学家的根据是：（1）某一理论的首创者（率先提出者）或者某些科学现象的首位发现者，如伦琴首先发现了 X 射线；（2）对某一领域做出了不可回避的巨大贡献者，如德谟克利特（古代原子论的继承和发展者）、托勒密（"地心说"的集大成者）；（3）其学术贡献对后世其他学术领域造成巨大影响者，如开普勒（其行星运动的三大定律对牛顿万有引力的发现奠定了基础）、马赫（其学术思想对爱因斯坦创立广义相对论起了一定的作用）；（4）形成了某些学派并对其他研究者造成巨大影响者，如玻尔（哥本哈根学派的创始人）、玻恩（哥廷根物理学派的灵魂人物）、索末菲（慕尼黑学派的创始人）；（5）学术贡献获得普遍认可并对人们产生了重大影响者，如杨振宁（规范场理论）、霍金（黑洞理论、奇点理论）、爱德华·威滕（M 理论）等。

2. 写作风格

作者尽量用轻松自然、不古板、不做作的写作风格介绍这些大物理学家们的生平、涉及的学科领域、师承关系、学术贡献、代表作、获奖与荣誉、学术影响力、学术标签、性格要素以及评价与启迪等内容。希望在介绍科学家生平及其精神的同时，深入浅出地介绍一些专业术语，避免出现物理上的概念性和原则性错误。除了生平履历之外，更多相关内容，包括前两章和第三章部分，大多是作者自己思考后的语句，同时参考各种参考书和文献资料的内容整理而成的，这也是本书的资料来源，经过了作者反复求证勘误。如果有语言文字重复或者类似的地方，也请这些语言文字的作者们见谅！大家一起为科学推广和普及、弘扬伟大的科学精神做出努力吧。

本书作为一个多少与一般科普文字描写有所不同、稍微有一点倾向于专业学术刊物的读物，既有历史相关文字，也有物理学知识，介于科普与专业图书之间，希望读者能在稍微轻松的阅读中获取科学知识和正能量，这是作者的心愿和初衷。当然，本书中存在许多已发表的内容，因为这些物理学家们的生平履历耳熟能详，很多人都能说出他们的一点事迹来。事实上，公众对这些伟大科学家耳熟能详，网络如百度和360等网站上充满大量有关他们的文字资料甚至视频，尤其是关于他们的生平履历。本书的内容，尤其是涉及科学家们的履历部分、照片的，肯定会与网络上的介绍有一定重复，因为作者不能抛开这些公开化了的文字资料去另行编造，所以有内容重复也很正常，请读者及这些文字和照片的编者谅解，同时也感谢他们的辛勤劳动。

同样，也正由于资料繁多，网络上存在不少以讹传讹的错误，需要投入大量的时间和精力进行勘误、校对，这是一种科学严谨的态度。本书作者其实更应该称为编著者，既有编的成分，也有著的成分；"编"里存在重复以及拷贝的因素，"著"里则是自由发挥自由写作的成分较多，起到画龙点睛的作用，二者都不可缺少。在本书里，为了统一起见，用"作者"这个词指代编著者本人。

3. 内容特点

一般科普书籍中，多少都有一些专业的知识，尤其是有很多的公式，让人看起来有点吃力，从而影响了阅读的兴趣。本书中也存在一些这类内容，拜托读者们不要生厌，毕竟这些科学知识改变了我们的生活，甚至直到今天也能在我们日常工作和生活中看到它们的影子。为了吸引大家的读书兴趣，作者结合日常生活，尽量用朴实的语言描述复杂的物理现象和物理理论，尽量用轻松点的文字外加一点科学家们的"八卦新闻"来吸引大家，希望读者朋友们能在轻松的语言环境中喜欢物理、爱上物理。

除了让读者朋友们了解这些大科学家们的生平轶事和励志故事之外，还能学到很多的物理知识；虽然是很简单的并不太专业的介绍，但是作者相信通过对这些物理知识的描述，读者朋友们完全可以开阔视野，增加知识面。希望能够从中举一反三、深度思考、沉淀思想，对读者本人的人生有所影响、有所启迪。

4. 本书的读者群

倘若能吸引到更多的青少年朋友放下手机、远离电视机游戏机，能够捧起书本走进物理学的海洋，被这些大物理学家们所吸引，希望成为他们那样的人，立志改变世界、造福人类，作者将会心满意足。

当然，书里面还涉及家庭教育问题，多处提及科学家们的家教对他们产生的巨大影响，所以本读物的读者也可以扩大为家长朋友们，希望家长朋友们可以从中学习到教育孩子的成功经验。

5. 编辑顺序

本书对这些伟大物理学家们的编辑安排主要是根据历史的发展顺序，也就是时间顺序进行。而处于相同时代的科学家们，则根据他们的出生日期进行排序。这样做的目的是为了将人物的贡献放在其所处的时代背景中去，进一步评价其学术贡献及对后世的影响。

6. 历史的局限性

如果不能考虑物理科学家所处的时代背景，就很难判断他们的学术贡献，也就很难认识到他们的伟大；甚至按照现在的观点来看，他们的某些贡献可以说是微不足道的、错误的和愚蠢的。毕竟每一个人在其所处的时代背景下在认知上都有其局限性，这也是一个普遍的规律。

留基伯、德谟克利特肯定想像不到原子是可以进一步分解的，因为现在初中生以上文化程度的人们都知道原子可以进一步分成质子、中子和电子，要是按照现在的观点看待留基伯和德谟克利特师徒，我们一定得出他们就是大傻瓜的结论。亚里士多德和托勒密也无法想像地球是围绕太阳旋转的，因为他们的地心说影响了西方世界1500多年。哥白尼无法认识到太阳系之外还有众多星系；惠更斯可能想不到光不仅仅是波也会是粒子，具有波粒二象性；牛顿也想不到他所创立的经典力学也有不适用的场合。

是的，在牛马拉车的年代怎么会想到后世有汽车、火车、飞机、火箭？在煤油灯的年代怎么会想到后世还有电灯电话？在邮差的年代人们怎么会预想到电报和电子邮件的便利？在第二次世界大战前人们怎么能想像有种炸弹可以形成蘑菇云、可以轻松毁灭一座城市？20世纪60年代之前的人们不会认识到原子内部存在着6种夸克；20世纪70年代，在鲁宾证实暗物质存在之前的科学家们也不会想到宇宙竟然大部分是由看不见摸不着的暗物质组成的。

这就是历史带给我们的局限性，也正是因为有了这种局限性，才促使人们寻求真理、探求知识，才有了科学的逐渐进步，才有了天才的科学家们用他们的伟大发现和发明影响着整个世界，改变着我们的生活甚至是思想。这就是神奇的科学，这就是物理学家们带给我们的惊喜，这也就是为什么我们要在特定的历史环境中考察物理学家们学术贡献和学术影响的主要根据。

7. 学术武林

科研和学术就像武林，有各门各派和各个祖师，有不同的学科方向和学术贡献，从而造就了不同的学术影响。这些声名显赫的伟大的物理学家就像是武林高手一样，如果他们也举办一场华山论剑，那他们的排名如何呢？

作者觉得，不能仅仅按照其名气大小进行排名，更不能简单粗暴地根据其是否获得诺贝尔奖来进行排名，而应该是要按照其实际贡献以及其学术影响来排名。对本书中的100名大科学家，作者首先遴选了20位作为第一梯队，包括10名超一流的科学家、10名一流科学家，其特点是首次发现、首次提出等，他们是大师中的大师，其贡献震古烁今。

作者在整理这100名大科学家名单的过程中十分为难，几易其稿，最后综合考虑他们的学术贡献和学术影响，着重挑选了这 100 位物理学家；但想要一个整数，实在太难了，很难取舍，还望读者朋友体谅！有的科学家"身兼数职"，比如高斯和欧拉，他们也涉及物理学，但是更主要的是数学；希尔伯特主要是数学家，但是仍旧培养了众多的物理学家，比如玻恩和爱因斯坦。作者本来考虑把克莱因（非欧几何和群论）、希尔伯特、闵可夫斯基（四维时空理论的创立者）、高斯、欧拉等人也加入本书，虽然也有物理成分，但他们在数学上的成就远远大于物理，所以就不列入了。

作者十分尊重入选本书的这 100 位伟大的物理学家，尽管把他们分成第一到第四梯队，但是不可否认的是，他们的功绩都对社会产生了巨大影响，改变着我们生活的方方面面。作者也力求尽量客观公正地评判他们的学术贡献和学术影响，不偏不倚。也许这份名单还有所遗漏，比如克尔效应的发现者约翰·克尔，由于其学术贡献仅仅是光学领域的一个极小的部分，所以就排除在了名单之外；再比如沃尔特·巴德，由于其学术成就主要是与兹威基合作完成的，其个人重要成就中能拿得出手的仅仅是解决了地球年龄比宇宙年龄还要老的疑难，与其他 100 位大物理学家的成就相比略显不足，所以也排除在名单之外。但毕竟人类历史的漫漫长河，有数不清的科学家为人类社会的进步做出了显赫的贡献，如果还有其他遗漏，恳请读者朋友给作者提出宝贵建议，待以后版本进一步增补。

本书除了第一章的绪论之外，写作顺序首先是简要介绍一下物理学的发展脉络，让读者比较清晰的了解古今物理学的传承关系和发展顺序，这有助于对本书的深入了解。然后介绍物理学家们的特性，从统计意义上了解他们的性格规律、人生脉络，以便宏观地了解物理学家群体。

8. 物理学相关知识

为了让读者朋友更清楚地了解物理学相关知识，作者对几个分支学科做了归纳总结，深入浅出地介绍了这几个分支学科的发展情况，让读者朋友在感叹榜样的力量的同时，也能够学习到一些物理学知识。

即便不是专业人士，也能有所受益。这些内容知识附着在第三章第一节"世界的本原"至第十六节"本书各个物理学家涉及的主要世界著名学校"中。

作　者

2021 年 12 月

总　目　录

上　册

中　册

下　册

上册目录

第一章 绪 论

第一节 概 论

马克思指出，科学技术是"历史的有力杠杆"，是"最高意义的革命力量"。纵观人类发展史，科技发展极大地解放了社会生产力，提高了人类健康水平和生活质量，推动人类文明不断发展进步。科技发展的根本在人才，他们是先进生产力的开拓者，是创新活动中最活跃、最积极的因素。在科技史长河中，涌现了一大批闪耀着奋进之光的人，他们探索大自然的奥秘——"析天地之美、判万物之理"，诠释世界的真理——他们是一群影响世界的物理学家们。他们经天纬地、建宗立派、披荆斩棘，在未知中追求新知，从不停歇。这些科学巨人就像天上的星星一样，璀璨耀眼，照亮整个星空。

苏格拉底说，美德即知识。知识让人开阔眼界，升华境界，助推道德之美的形成。而这些物理学家们利用科技为武器，不断获取新知识，认识世界，改造世界，带给人类更好的生活，影响着历史的发展进程。没有他们的贡献，人类或许还生活在茹毛饮血之中，更不会有现代发达的工业文明和信息社会。回顾巨人们或艰辛或痛苦或曲折或坎坷的科研之路，让人们更好地了解物理学和物理学家，感叹科技的力量带给世界的改变。

一、科学家概论

自古以来，科学家就是人们心中神一般的存在，被人崇拜、被人敬仰，因为科学家往往都是一些智商超高且严以律己、勤奋工作、追求卓越的人，他们的学术成果能够影响世界进程，能够改变人类生活。甚至可以说，人类文明的进步史就是科学的进步史；从茹毛饮血的原始人类到石器的使用、冷兵器的使用、火器的使用，从第一次工业革命到近代的信息技术革命，从人类对大自然的茫然无知到认识到宇宙的广袤，就是一部完整的科学进步史。可以说，没有科学的进步，就不会有人类文明的进步。归根结底，是科学家们，尤其是一些科学巨擘们在推动着历史的车轮滚滚前进，他们对于人类对于世界的影响是巨大的。

科学家是研究自然科学的人们的总称。事实上，科学可以根据学科分成物理学、化学、数学、天文学、生理学、医学等；每一门学科都会对世界造成重大的影响。其实，古代的人们，由于科学发展不充分不完备，学科之间的交叉融合很正常，例如早期的物理和化学就很难分家。科学家们对学科分类的意识还不强，往往是跨学科的，一个人从事多门学科的研究是很正常也是很常见的。比如亚里士多德的研究就涉及到伦理学、形而上学、心理学、经济学、神学、政治学、修辞学、自然科学、教育学、诗歌、风俗，以及雅典法律等，而牛顿既是物理学家，也是天文学家，还是数学家；卡文迪许既是物理学家，也是化学家，还是数学家；波义耳、法拉第、阿伏伽德罗既是物理学家又是化学家；爱因斯坦既是物理学家也是天文学家；更让人难以想象的是，恩斯特·克拉德尼既是物理学家，也是音乐家，他还是在中国享有盛誉、认可度极高的恩斯特钢琴的创始人。

二、物理学与物理学家

物理是人类认识物质世界的世界观。就物理学而言，它是一种自然科学，注重于研究物质、能量、空间、时间，尤其是它们各自的性质与彼此之间的相互关系，是关于大自然规律的知识。"判天地之美，析万物之理"（庄子）。更广义地说，物理学探索分析大自然所发生的现象，以了解其规则；即物理学是研究物质运动最一般规律和物质基本结构的学科，实验手段和思维方法是物理学中不可或缺和极其重要的内容。作为自然科学的带头学科，物理学研究大至宇宙，小至基本粒子等一切物质最基本的运动形式和规律，因此成为其他各自然科学学科的研究基础。它的理论结构充分地运用数学作为自己的工作语言，以实验作为检验理论正确性的唯一标准，物理学是当今最精密的一门自然科学学科。随着学科的演进和专业的细分，物理不能回答所有问题，但伴随物理学科发展延续至今的科学思维将融入所有科学学科当中，探索的精神在促进人才发展的过程中相伴始终。特斯拉和 SPACE X 创始人埃隆·马斯克说："用物理学思维改变世界。"

物理学家，是指探索、研究世界的组成与运行规律的科学家，就是指以探索物质的组成和物质世界的运行规律为目的的科学家；这是物理学家的官方定义。物理学家也可以分为理论物理学家和实验物理学家。物理学家有一个很重要的品质，就是格物致知，通过对事物的观察与实验得出本质的结论，这造就了物理学家非凡的洞察力和思想的深度。牛顿、爱因斯坦就是光辉的明证。

事实上，物理学家的定义从一开始就不是一成不变的，而是随着时代的变化而变化的。古希腊时代，物理学家不叫物理学家，称为哲学家，比如留基伯、德谟克利特、亚里士多德等，阿基米德既可以称为哲学家，也可以称为物理学家，或者直接叫做科学家。从哥白尼开始，人们逐渐开始准确地称呼某位科学家是物理学家或者天文学家，因为"日心说"给自然科学带来了巨大的革命。从此之后，人们开始意识到天文学、物理学等确切的概念，不再以哲学家来称呼他们了。

事实上，物理学家一开始的研究是从认识世间万物开始的，人们很好奇地问道，"我是谁，我从哪里来，到哪里去？万物是什么，由什么组成的，天空为什么有太阳、月亮和星星,天空外边是什么?"等诸如此类的问题,对于此类问题的求解推动着社会车轮滚滚向前,激励着人们的求知欲望,因而涌现出了一大批探究并能够解释该类问题的学者并广受人们爱戴,比如苏格拉底、柏拉图。

三、从哲学到物理学

在通过对自然界思考的基础上,人们逐步地把物理学从哲学和神学中剥离开来,形成唯物主义哲学家们,如古希腊哲学家伊壁鸠鲁(西方世界第一个无神论哲学家)和罗马共和国哲学家卢克莱修(以哲理长诗《物性论》著称于世)。卢克莱修继承古希腊哲学家留基伯和德谟克利特率先提出的原子论,特别是阐述并发展了伊壁鸠鲁的哲学观点,认为物质的存在是永恒的,提出了"无物能由无中生,无物能归于无"的唯物主义观点,反对神创论,认为宇宙是无限的,有其自然发展的过程,人们只要懂得了自然现象发生的真正原因,宗教偏见便可消失,承认世界的可知性。正是由于原子论的流行,人们从纯粹的唯心主义哲学观点和神学观点中逐渐解放出来,形成了新的唯物主义哲学观和世界观。所以,原子论的首创者、古希腊哲学家留基伯被称作"物理学的老祖宗",这是有道理的;尽管留基伯可能不如其弟子德谟克利特在历史上更有名。但是首创者就是首创者,继承者就是继承者,哪怕继承者发扬光大了原子论,我们仍然不能把留基伯"原子论"首创者的头衔给剥夺了。这也是客观、严谨、不偏不倚、力求公正的态度,对待任何科学家都一样;没有这种态度,作者很难编写出这本书来。

四、数学与物理学

这里,不得不提到数学。数学作为一门工具,往往是科学家们必须使用的。著名物理学家伽利略就证明了数学对于自然科学研究的重要性,指出数学是一个重要的工具,是人类认识自然界的最佳助手。也正是数学工具的使用让很多抽象的物理知识变得易于解读;即物理学的一个重要手段就是要用数学工具对物理现象进行描述,并且提出可以进行定量计算的数学表达式。索末菲经常利用数学知识对物理现象进行解释,获得了很多诺奖级别的成果,当时的同行称呼他是"物理学家中的数学家、数学家之中的物理学家"。玻恩用矩阵这一数学工具,研究原子系统的规律,创立了矩阵力学,这个理论解决了旧量子论不能解决的有关原子理论的问题。诺依曼通过对无界算子的研究,发展了希尔伯特算子理论,弥补了狄拉克对量子理论的数学处理不够严格的不足,并著有经典之作《量子力学的数学基础》,用德法西英等多种文字再三出版,影响力巨大。希尔伯特也正是由于强大的数学功底才先于爱因斯坦而率先推导出广义相对论的场方程。

伽利略还曾说："自然界这部伟大的书是用数学语言写成的。如果不懂宇宙的语言，就没人能读懂宇宙这本伟大的书，这个语言就是数学语言。"著名英国物理学家詹姆斯·金斯爵士曾说："上帝是个纯粹数学家！"爱因斯坦就数学与物理学的关系评论道："纯粹的数学也许是解决物理学之谜的一条大道。"海森堡说："我们会情不自禁地相信数学形式是正确的，它们揭示了自然的真谛。"总之，数学可以说是解决科学问题的基础，但数学并不是发现和认识科学问题的基础，它仅仅是一种工具，可以有效地解决各类复杂的物理问题。实际上，科学史上一些伟大的人物，就从不怀疑数学和物理学是相互交织、不可分割的。数学和物理学之间有着大量的交流，高斯、黎曼和庞加莱都认为，物理是新数学的重要源泉，而数学则是物理学的语言。数学与物理相辅相成，互相促进。举例来说，晶体物质是由一块不可分割、完全相同的积木，重复搭建起来的镶嵌体，我们现在知道这些搭建的积木其实就是原子或分子群集。但是，数学与实际晶体进行关联的时间是在 19 世纪，当时人们对原子理论依旧心存疑虑。为此，物理学家尤金·保罗·维格纳曾写过《数学在自然科学不合理的有效性》一文，专门论述过数学对物理的重要性。再比如超弦理论等高维理论将数学水平提高到了一个新的高度；甚至有数学家声称，超弦理论应该被作为一个数学分支加以研究，而不是纯粹的物理理论。物理领域的发展是离不开数学的，而物理领域的发展反过来也会助推数学的发展；很多数学家在探讨物理问题的时候创造出了新的数学理论，比如高斯、欧拉等人。

五、数学家和物理学家

从传统上讲，数学家和物理学家自希腊时代就难以分割开；很多伟大的科学家同时也是伟大的数学家，比如斯涅尔、笛卡尔、帕斯卡、牛顿、拉普拉斯、傅里叶、高斯、拉格朗日和庞加莱等。牛顿和他的同时代的人从不将数学和物理学进行明显的区分，他们称自己为自然哲学家，对数学、物理学和哲学世界都充满了兴趣。

为了发现重大的科学问题或者解决重大物理学难题，物理学家们需要发现问题的敏锐视角、解决问题的创新思路、敢于挑战权威的决心和勇于克服困难的毅力；很多伟大的物理学家都有这种能力和优秀的品质。比如梅耶女士，史上第二位女性诺贝尔物理学奖获得者，在多年不拿一分钱薪水的情况下，勇于挑战权威、著名物理学家尼尔斯·玻尔于 1935 年提出的"原子核液滴模型"，凭着敏锐的视角和雄厚的数学知识，提出了原子核壳层结构的数学模型，彻底解释了"为何特定数量的核子使原子核特别稳定"这个困惑物理学家许久的问题，一战成名获得 1963 年诺贝尔物理学奖。数学工具的运用解决了困扰物理学家们的难题。

第二节　物理学发展脉络

一、概述

为了全面、系统地理解物理学整体，需要循历史源流，从物理学发生和发展的过程来探索。物理学一词，源自希腊文 physikos，很长时期内，它和自然哲学（natural philosophy）同义，探究物质世界最基本的变化规律。物理学诞生于最早的哲学；随着生产的发展、社会的进步和文化知识的扩展、深化，物理学以纯思辨的哲学演变到以实验为基础的科学。古时候人们对于所存在的这个世界、对于大自然不甚了解，对于"宇宙的本源是什么、物质是什么、世界是由什么构成的"这样的普遍性问题不清楚、不明白，从而对其心怀敬畏；但由于科学知识的限制，人们往往从神学、从宗教或者从唯心主义开始认识周围的物质世界。人们一开始认为世界是神造的，所以敬畏天地，后来演化成各种宗教信仰，东西方皆然。

二、物理学发展阶段

作者经过查阅文献资料，认为物理学大体上经过了如下发展阶段：哲学阶段—经典力学阶段（近代物理学）—量子力学阶段—相对论物理阶段—超弦理论（统一场）阶段共 5 个阶段。这 5 个阶段尤其是后面 3 个阶段（有人合称这 3 个阶段为现代物理学阶段），有很大的交叉，甚至基本并行。经典力学阶段还穿插着电磁学、光学和流体力学等小的阶段。哲学阶段的代表是留基伯、亚里士多德等；经典力学阶段的代表是阿基米德、伽利略和牛顿等；电磁学阶段的代表是法拉第和麦克斯韦等；光学阶段的代表是笛卡尔、惠更斯、托马斯·杨等；流体力学阶段的代表是伯努利、斯托克斯等；量子力学阶段的主要代表是普朗克、玻尔、玻恩、海森堡、薛定谔、狄拉克等；相对论阶段的主要代表是爱因斯坦；超弦理论（统一场）阶段的主要代表是杨振宁和威滕。

整个过程，人们从神学到唯心主义到唯物主义，从地心说到日心说到太阳系到银河系再到河外星系，从原子论到行星运动三大定律到万有引力定律，从杠杆原理、惯性定律到牛顿三定律到麦克斯韦方程，从光量子、物质波到薛定谔方程，从质能方程到狭义相对论再到广义相对论，从狄拉克方程到杨—米尔斯规范场再到弦理论，形成了整个完整链条，发展脉络清晰。物理学的终极目标是描述世界，人们也在不断追求，试图将宇宙万物统一在一个终极理论之下（M 理论）。

三、神学和唯心主义哲学阶段发展脉络

在哲学阶段，作者认为可以分成神学哲学思想阶段、唯心主义哲学思想阶段

和唯物主义哲学思想阶段。神学哲学思想阶段代表是苏格拉底,唯心主义哲学思想阶段代表是柏拉图,唯物主义哲学思想阶段代表是留基伯、德谟克利特、亚里士多德、卢克莱修、托勒密、哥白尼等,这 3 个阶段可以合并称为哲学阶段,影响世界 2000 多年。总之,物理学根源于哲学。期间,由于留基伯、德谟克利特提出了原子论,认为世间万物都是由不可分割的物质即原子组成,"物质粒子论"是物理学诞生的标志和开始,留基伯也被认为是物理学的老祖宗。

西方哲学思想起源于古希腊,而古希腊哲学家则不得不提及苏格拉底,他是西方哲学的奠基者,同他的学生柏拉图和柏拉图的学生亚里士多德被并称为古希腊三贤。苏格拉底出生于伯里克利统治的雅典黄金时期,出身贫寒,父亲是一名雕刻师,母亲则是助产士。苏格拉底是一位个性鲜明、从古至今毁誉不一的著名历史人物,他生就扁平的鼻子,肥厚的嘴唇,凸出的眼睛,笨拙而矮小的身体。苏格拉底一生过着艰苦的生活。无论严寒酷暑,他都穿着一件普通的单衣,经常不穿鞋,对吃饭也不讲究,只是专心致志地做学问。一生未曾著述,生平事例、成就思想均由其弟子记录,其言论和思想多见于柏拉图和色诺芬的著作,如《苏格拉底言行回忆录》。总之,他容貌平凡,语言朴实,却具有神圣的思想。苏格拉底的学说具有神秘主义色彩,他坚持神造论,认为神是世界的主宰,天地万物的生存、发展和毁灭都是神安排的,他认为对自然界的研究是亵渎神灵的。

苏格拉底最为人知的是娶了一位悍妻,泼辣、蛮横、凶悍的克桑蒂贝,她动不动就对苏格拉底发脾气,辱骂,扔东西,有时还动手动脚。对于这样一位伟大的哲学家,整天受着妻子的窝囊气,要是换作别人,恐怕早就一纸休书将其扫地出门了。但苏格拉底没有这么做,他曾说:"大家应该都要结婚,因为结婚实在有着太多的好处。你若娶到贤妻,当然是一大幸福;但若娶到像我太太这样的悍妇,还可以借此成为哲学家啊!"

如果说苏格拉底是神学哲学思想的代表人物,那么他的学生柏拉图则是西方客观唯心主义的创始人。柏拉图认为世界由"想念世界"和"现象世界"所组成;理念的世界是真实的存在,永恒不变,而人类感官所接触到的这个现实的世界,只不过是理念世界的微弱的影子,它由现象所组成,而每种现象是因时空等因素而表现出暂时变动等特征;柏拉图认为宇宙开头是没有区别的一片混沌,这片混沌的开辟是一个超自然的神的活动的结果,宇宙由混沌变得秩序井然,其最重要的特征就是造物主为世界制定了一个理性方案,该方案付诸实施的机械过程是一种想当然的自然事件。柏拉图的哲学体系博大精深,对西方世界影响尤甚,比如阿尔伯特·爱因斯坦也采用了柏拉图所提出的"有着永恒不变的现实存在"的主张,反对尼尔斯·玻尔提出的物理宇宙以及他对量子力学的解释。

四、唯物主义哲学发展脉络

西方的先哲一般都认为宇宙万物由几个简单的基本元素构成。古希腊哲学家泰勒斯认为水是万物之源，他第一次用非神话的形式提出了万物本原是什么的问题，虽然把水作为世界的本原有其局限性，但是第一次懂得如此思考，本身就是人类思想的一次飞跃。古希腊哲学家赫拉克利特认为世界的本原是火，他主张火可以和万物进行转化，他认为这个宇宙是有秩序的，对万物都是相同的，它既不是神也不是人所创立的，他的过去、现在和将来，永远是一团永恒的火，按照一定尺度燃烧，按照一定尺度熄灭。他说"人不能两次踏进同一条河流"，就体现了他的唯物主义哲学思想。古希腊哲学的集大成者亚里士多德在其所著的《物理学》中就认为，大地或月下区域内的物体是由土、水、气、火四元素构成，它们在宇宙中的"天然位置"是土位于最底层（即地球或宇宙中心），其上顺次为水、气、火，任一物体的运动取决于该物体中占最大数量的元素，在该元素的天然位置的上下作直线运动；月球以上的天体则由截然不同的第五元素即由纯净的以太（ether，希腊文的原意是燃烧或发光；以太的概念是亚里士多德首创）构成的，它们的天然运动是圆周运动。前一运动是有生有灭、永远变化的，后一运动则是无始无终、永远不变的。这样，天、地及其运动之间就存在不可逾越的鸿沟，这观点对后来的科学发展起了负面作用。这些认识标志着唯物主义哲学思想的诞生和发展，对后世物理学的发展影响甚大。

五、经典物理学发展脉络

说起物理学发展史，就不得不提到阿基米德、吉尔伯特和伽利略，他们开辟了实验物理学研究的开端，利用实验来归纳总结出一系列理论，包括浮力原理、杠杆原理、摩擦发电、自由落体定律和惯性定律等，这也是过去和现在广泛使用的实验手段。经过开普勒、胡克和牛顿的研究，经典力学诞生了，行星运动三大定律、胡克定律、惯性定律、加速度定律、作用力反作用力定律和万有引力定律，对自然界的力学现象做出了系统的合理的说明，完成了人类对自然界认识史上的第一次理论大综合，构成近代力学体系的基础，成为整个近代物理学的重要支柱。

经典力学开辟了科学发展的一个新天地、新时代；经典力学的广泛传播和运用对人们的生活和思想产生了重大影响，在一定程度上推动了人类社会的发展进步，近现代很多技术进步源自于经典力学，也一直深刻的影响着人们的生活。但经典力学主要研究人类日常可观察的宏观世界，对于微观世界和宇观世界的认识则不适用，存在固有缺点和局限性，在一定程度上阻碍了人类社会的进步，产生了消极作用。这就是20世纪以来量子力学（研究微观世界）

和相对论（研究宇观世界）迅猛发展的根本原因；他们弥补了经典力学的不足。

六、量子力学发展脉络

从牛顿时代开始，物理的主要目标就是描述物质结构、相互作用和运动规律。随着物理学的进化，这个简单的目标又进一步被简化了。因为后来知道物质其实也是场，不过是所谓的"量子场"的一种，因此物理学最基本的定律就是描述各种场的运动和它们之间的作用。众所周知，微观世界由量子力学统治，宏观世界由经典力学统治，宇观世界由相对论统治；但是有没有一种理论，可以将三者统一起来呢？

事实上，一直有人在做这些工作。迈出第一步的是史上最伟大物理学家之一的"闷油瓶""乖宝宝"狄拉克。狄拉克方程是一个电子运动的相对论性量子力学方程，将量子力学和相对论建立了联系，实现了量子力学和狭义相对论的第一次融合。其后杨振宁及米尔斯提出的 Yang-Mills 非交换规范场理论开创了规范场研究的先河，随后科学家们开展了统一物理的大尝试，试图将所有物理现象统一在一个理论框架内（统一场）。爱因斯坦后期花费了很多精力在统一场理论研究，试图将强力、弱力、电磁力和引力四大基本力统一起来，但是没有成功。量子力学和相对论在解释宇宙一些问题的时候出现了矛盾，宇宙大爆炸诞生于无限小的奇点，既是微观世界的现象也是宇观世界的现象，如果用相对论和量子力学解释，物理定律就会被搞得乱七八糟。超弦理论试图用一套万有的理论揭示宇宙的本质，这样就不存在任何矛盾了；威滕教授是当今弦理论研究的灵魂人物。

七、物理学发展脉络总结

大约从吉尔伯特、斯涅尔、笛卡尔、波义耳、惠更斯、法拉第等人开始，研究内容从较简单的机械运动扩及到较复杂的光、热、电磁等的变化，从宏观的现象剖析深入到微观的本质探讨，从低速的较稳的物体运动进展到高速的迅变的粒子运动。新的研究领域不断开辟，而发展成熟的分支又往往分离出去，成为工程技术或应用物理学的一个分支，因此物理学的研究领域并非是一成不变的，研究方法不论是逻辑推理、数学分析和实验手段，也因不断精密化而有所创新，也难以用一个固定模式来概括。

总之，物理学的发展脉络非常清晰，唯物主义哲学→经典力学→量子力学→相对论→统一场。每个阶段都有一些代表性的物理学家和代表性的研究成果，这些伟大的物理学家在某些科学现象上和科学问题上做出重大贡献，影响了整个世界，改变着我们的生活。

第三节 物理学家个性分析

一、物理学家不是圣人

与文学、艺术等专业相比，物理学是一门相对枯燥的学科，很多人会感觉到学起来很困难很乏味。但是，如果感兴趣，那就另当别论，学习者会从学习物理中感受到乐趣，并且乐在其中。

很多人认为，物理已经很难学了，那物理学家岂不是如圣人般不可接近？其实，物理学家在不做物理的时候也是很可爱的。比如爱因斯坦，就好搞怪，爱吐舌头；托马斯·杨擅长骑马，并且会耍杂技走钢丝；麦克斯韦则给老婆写过情诗；洛伦兹通晓人文地理且掌握多门外语；普朗克会弹钢琴、拉大提琴、写过歌剧；费曼爱好打桑巴鼓、研究撬锁、爱开玩笑。物理学家们也是多才多艺的，比如爱搞怪的费曼先生就是少数几个在大众心目中形象生动鲜活的前沿科学家之一。

二、高官厚禄的物理学家们

这些科学家们大多有着传奇般的人生，每个人都可以写成一本书，拍成一部电影甚至是电视连续剧。他们中有的人一生幸运，顺风顺水，甚至做高官、封爵位，如赫歇尔（爵士）、拉普拉斯（内政部长、侯爵）、斯托克斯（从男爵）、开尔文（男爵，首位进入英国上议院的科学家）、牛顿（爵士）、富兰克林（美国开国三杰之一、著名政治家、外交家）、洛伦兹（荷兰高等教育部部长）、威廉·亨利·布拉格（英国海军司令部顾问，爵士）、卢瑟福（男爵）、威廉·劳伦斯·布拉格（爵士）、德布罗意（法国公爵兼德国亲王）；而爱因斯坦如果不是自己拒绝的话，甚至有望出任以色列总统。开挂的人生就是这么强悍！无需解释！不接受反驳！但也有人如伦琴、法拉第和狄拉克等谢绝了贵族的称号。

三、学术领导者

有的科学家担任了学术圈内的各种职务，其中拉普拉斯曾担任法兰西学院院长、毕奥曾担任法兰西学院副院长、安培曾担任法国大学联合组织的总监事职务。欧姆、亥姆霍兹、开尔文、马赫、瑞利、玻尔兹曼、伦琴、普朗克、康普顿等人都曾担任大学校长的职务；波义耳、胡克、牛顿、拉普拉斯、达朗贝尔、约瑟夫·亨利、斯托克斯、瑞利、开尔文、罗兰、迈克耳逊、庞加莱、汤姆逊、普朗克、亨利·布拉格、卢瑟福、玻尔等人担任了国家级科学院负责人。有的物理学家担任了国家级学会的负责人，比如赫歇尔、罗兰、普朗克、爱因斯坦、沙普利、康普顿、费米、维格纳、巴丁等。有的物理学家担任了久负盛名的实验室的负责人，如麦克斯韦、瑞利、汤姆逊、卢瑟福、劳伦斯·布拉格先后担任卡文迪许实验室主任，索末菲、爱因斯坦、劳厄、玻恩、玻尔、费米、海森堡、奥本海默等人都是知名实验室主任。而牛顿、斯托克斯、狄拉克和霍金等人先后担任了世界著名的卢卡斯数学教授职位。

四、命运无常

他们中有人是天才少年或神童，如开普勒、安培、托马斯·杨等人；有人则是"弱智少年"，发育迟钝，如牛顿、伏特、爱因斯坦等人；有的科学家没有接受正规学校教育，仅靠自学成才，如伽利略、帕斯卡、焦耳、法拉第、亥维赛等人；有人终身未婚，如笛卡尔、波义耳、惠更斯、达朗贝尔、卡文迪许和牛顿等人，他们将一生投身于科学研究。不管人生的起点高低贵贱，他们都是成功的。

他们中有从小体弱多病但却取得丰硕成果的科学家，如帕斯卡、惠更斯、多普勒和庞加莱等；有高度近视的开普勒；有 36 岁中年断腿的开尔文；有跛足的泰勒；有身残志坚的霍金；有英年早逝的卡诺（36 岁死于流行性霍乱）、赫兹（37 岁死于败血症）、帕斯卡和菲涅耳（39 岁因病去世）、麦克斯韦（48 岁去世）；更有的科学家死于非命，如被无知的罗马士兵砍头的阿基米德、被热死的傅里叶、车祸身亡的索末菲和朗道、自杀身亡的玻尔兹曼和埃伦费斯特等。

当然也有高寿的科学家，如 95 岁的德布罗意、泰勒；93 岁的维格纳；90 岁的德谟克利特、盖尔曼；89 岁的普朗克；88 岁的毕奥、玻恩、鲁宾和温伯格；87 岁的沙普利；86 岁的安德森；85 岁的钱德拉塞卡；84 岁的牛顿、富兰克林、斯托克斯和汤姆逊；83 岁的开尔文、索末菲、查德威克和巴丁；82 岁的伯努利、卡门、德拜、拉曼和狄拉克；81 岁的劳厄和劳伦斯·布拉格；80 岁的阿伏伽德罗和亨利·布拉格；79 岁的卡文迪许和迈克尔逊；78 岁的伽利略、普朗特、塞曼和布洛赫；77 岁的玻尔和 76 岁的法拉第、爱因斯坦、兹威基和霍金；75 岁的洛伦兹和海森堡也还算长寿。截至 2021 年 11 月，杨振宁已经 99 岁、希格斯 92 岁、威滕 70 岁，他们是还健在的伟大科学家，希望他们不但在科学上刷新纪录，在长寿上也能引领时代。

五、成功不在早晚

他们中有人大器晚成，如 72 岁才获得诺贝尔物理学奖的玻恩、73 岁获得诺贝尔物理学奖的钱德拉塞卡、84 岁获得诺贝尔物理学奖的彼得·希格斯。2019 年诺奖得主 John Goodenough 教授（1922 年至今）更是以 97 岁高龄刷新了诺贝尔奖得主的年龄纪录，简直无敌。

他们中也有少年得志的青年才俊，如历史上最年轻的诺贝尔奖得主、25 岁获奖的威廉·劳伦斯·布拉格，31 岁获得诺贝尔奖的狄拉克、海森堡和安德森，33 岁获得诺贝尔奖的劳厄，35 岁获诺贝尔奖的康普顿、杨振宁，37 岁获诺贝尔奖的卢瑟福、德布罗意和塞曼、费米以及 40 岁获诺贝尔奖的盖尔曼。开尔文 31 岁肩负铺设大西洋海底电缆重任，麦克斯韦提出电磁理论时 31 岁，赫兹证实电磁波的存在时也是 31 岁，可谓年少有成。

作者做了统计，35 岁前后入选英国皇家学会会员的有托马斯·杨 21 岁，开尔文 27 岁，胡克和狄拉克 28 岁，牛顿和卡文迪许 29 岁，麦克斯韦 30 岁，瑞利和劳伦斯·布拉格 31 岁，焦耳、斯托克斯和霍金 32 岁，法拉第 33 岁，惠更斯、钱德拉塞卡 34 岁，拉曼 36 岁。35 岁前入选法国科学院院士的吕萨克 28 岁、毕奥 29 岁、庞加莱 33 岁、菲涅耳 35 岁。

此外，拉格朗日 20 岁担任普鲁士科学院通讯院士、费米 28 岁入选意大利科学院院士、玻尔 33 岁入选丹麦皇家科学院院士、爱因斯坦 34 岁入选普鲁士科学院院士、康普顿 35 岁和费曼 36 岁入选美国科学院院士。

除了拉曼和费曼是 36 岁当选会员或者院士之外，其余都是 35 岁之前。最年轻的当属拉格朗日和托马斯·杨，他们分别在 20 岁和 21 岁就当选为院士（会员），实在是无敌的存在，要知道当选院士（会员）的人都是学术圈里的超级牛人啊，20~21 岁放到如今还在读大学二、三年级呢。

六、科学改变命运

他们中有人出身富贵，如罗伯特·波义耳（爱尔兰最有权力和最富有的柯克伯爵之子）、惠更斯（其父为荷兰大臣）、卡文迪许（最富有的学者、最博学的富豪，他那个时代的百万富翁，放到现在估计是世界前 10 位）、库伦（家庭很富有）、伯努利（著名的伯努利家族中最杰出的一位）、麦克斯韦（名门望族，家业颇丰）、瑞利（贵族家庭，瑞利勋爵第三）和庞加莱（出身于法国的显赫世家）、德布罗意（家族有多位法国高官和贵族）等。

也有出身贫寒的逆袭者，如伽利略、拉普拉斯、欧姆、法拉第、牛顿、富兰克林、威廉·亨利·布拉格、卢瑟福和沙普利，其中傅里叶、达朗贝尔等人甚至是孤儿或者私生子；他们通过艰苦卓绝不屈不挠的努力奋斗，取得了优秀的科研成果，功成名就，青史留名。有的科学家靠研究成果发了财，比如开尔文、富兰克林，科学为他们带来了巨额财富。他们中除了早产儿开普勒处于战乱年代而长期漂泊、生活贫困并于 59 岁在贫病交困中寂然死去之外，绝大多数通过科学知识改变了命运，将命运掌握在自己手中。即便是开普勒，也由于傲人的成就而有辉煌的时刻，成为了神圣罗马帝国皇帝鲁道夫二世的御用数学家；他的经历也与当时历史上全欧洲第一次大战的混乱情况有关系。

不仅如此，有的科学家甚至能够影响世界的安全格局。比如海森堡和奥本海默分别牵头了德国和美国的原子弹研制计划；如果不是海森堡这个高级卧底故意将德国的原子弹研制引入歧途，很难说第二次世界大战的结局是什么。

努力在我，成败由天！不争不抢，顺其自然，成功来了就坦然接受，成功不来就慢慢等待。对他们而言，成功是必然的，也是渴望的，他们最终成功了，是幸运的。试问那些直到生命结束都没能得到肯定而同时做出了不亚于上面这些人贡献的科学家又该如何呢？这样的例子可是数不胜数。

总之，平和心态，坦然面对，不急不躁才是应有的态度，也是人生哲理！对绝大多数人来说，倘若没有很好的背景，专业性学术性很强的科学研究将是普通人成功的捷径，是改变命运的绝佳机会。

七、真性情的科学家

这些影响巨大科学家中有个性迷人的科学家，如忠厚正直、多做少说的惠更斯；孝顺的达朗贝尔和玻尔兹曼；一生谦虚谨慎、从不居功自傲的伦琴；态度谦和、彬彬有礼的普朗克；幽默风趣、爽朗而又健谈的西奥多·冯·卡门；虚怀若谷、宽容大度的忠厚长者玻恩；极富感召力的领袖人物玻尔；对人彬彬有礼、绝不发脾气的工作狂德布罗意；个性十足、平易近人且喜爱搞怪的费曼；对纳粹及其走狗坚决做正面斗争的劳厄等。

也有性格孤僻、一生沉默寡言、不擅长交际、闷葫芦型的科学家，如卡文迪许（甚至不敢和自己的女仆说话）、卡诺（有强烈的厌世情绪）和狄拉克（沉默寡言的乖宝宝，喜欢连环画和米老鼠电影）；有性情古怪不入科研主流圈子的亥维赛；有抑郁、多疑和忌妒、动辄易怒，不能与人为善、友好相处的胡克；有性格扭曲的玻尔兹曼（性格中混合了自视甚高与极端不自信）；有让人难以捉摸的科学家如自负的朗道；更有让人讨厌的科学家如个性古怪的弗里茨·兹威基（易怒、傲慢、粗暴、好斗）以及上帝的鞭子、放纵不羁的泡利（以批评尖刻不留情面著称），更有功利心极强、人品有亏的爱德华·泰勒。

八、各异的人生

他们中有人遭受了太多的不公，比如深受教会迫害的哥白尼、伽利略、开普勒、达朗贝尔等人；有从未得过诺贝尔奖的伟大的物理教师阿诺德·索末菲（教导过最多诺贝尔奖得主的人之一）、屡次因社会性别偏见和歧视而遭遇不公正的待遇且30多年没有领取薪水的第二位女性诺贝尔物理学奖获得者梅耶夫人、被诺贝尔奖遗忘的暗物质之母鲁宾；还有被导师打压而半个多世纪得不到认可的钱德拉塞卡。即便普朗克、爱因斯坦和玻恩，也经历了很多不公和磨难；奥本海默、海森堡、普朗特、查德威克和朗道更有被调查的经历，甚至有牢狱之灾。

有饱受争议的物理学家如海森堡、杨振宁和德拜；有自负和自信交替的玻尔兹曼；有自信心不足的埃伦费斯特；有被矛盾与争议纠缠了一生的、谜一般的科学家马赫；更有"有意栽花花不成、无心插柳柳成荫"、本意反对却无意成就了量子力学的薛定谔。

也有情况类似却出现截然不同结果的人，如卡诺和斯托克斯；都是十多岁少年时期父亲去世家道中落。卡诺选择的是居家科研，少与人往来，在孤独寂寞中死去；而瑞利却奋发有为，在名师指点和自身努力下，不断勇攀高峰，终于功成名就，当选英国最高学术机构——皇家学会的主席，并担任卢卡斯数学教授，取得了与牛顿一样的学术地位。这是性格使然，前者性格孤僻而清高，后者善于交流，积极向上，乐观面对一切；两个截然不同的性格产生了两种截然不同的结果。

九、并非不食人间烟火

这些科学家虽然伟大，但他们并非不食人间烟火，大多数经历了很多磨难才获得成功。他们也有普通人的喜悦，拥有让人羡慕的感情或婚姻，比如富兰克林和博德拉、达朗贝尔和勒皮纳斯、法拉第和撒拉、麦克斯韦和凯瑟琳、玻恩和爱伦伯格、玻尔和玛格丽特、巴丁与珍妮、费曼和阿琳·格林鲍姆等。有的夫妻比翼双飞，互相促进，如玛丽·居里和其丈夫皮埃尔·居里就是典型的夫唱妇随型的科学家之家；焦耳与妻子阿米莉娅·葛莱姆丝、沙普利与妻子玛莎·贝茨也是夫唱妇随的典型。开尔文尽心照顾病妻玛格丽特，费曼尽心照顾病妻阿琳·格林鲍姆，而达朗贝尔、玻尔兹曼和巴丁都很孝顺，他们既是伟大的科学家，更是有情有义的好男儿！

同样，他们也有普通人的烦恼，婚姻、情感、家庭、工作、事业、友谊、健康等。爱因斯坦和朗之万的婚姻就很不美满，费曼在阿琳去世后也经历了两段婚姻，霍金的婚姻更是举世皆知，沸沸扬扬。居里夫人在丈夫去世后陷入了与朗之万的感情纠葛。幸福是相似的，不幸则各有各的不同。

笛卡尔1岁、帕斯卡3岁、欧姆和居里夫人10岁丧母；斯托克斯13岁丧父、玻尔兹曼15岁丧父。他们的家庭生活是不完整的，都经历了艰难困苦的时期。而开普勒、马赫、玻尔兹曼和普朗克老年丧子，白发人送黑发人。克劳修斯53岁时夫人去世，独自一人面对疾病和抚养6个孩子而减少了大量的科研时间。钱德拉塞卡的父亲始终没有原谅钱德拉塞卡选择美国国籍，造成父子终生隔阂。

梅耶夫人30年没有薪水，找份有薪水的工作是她长期的梦想。有多位物理学家经历了科研成果不被承认无人问津的苦恼，如欧姆在给朋友的书信中表露自己的理论"生不逢时"。卡诺的理论少有人关注，直到两年后才有唯一一个读者，还是自己的师弟。法拉第没有活着看到自己的想法被世人所接受，麦克斯韦的电磁理论、玻恩的几率诠释、钱德拉塞卡的恒星理论和希格斯的希格斯机制也长期不被认可，后三人直到白发苍苍的 72 岁、73 岁和 84 岁才获得诺贝尔物理学奖的肯定。这样的例子不乏其人，他们还算幸运的，有生之年等到自己理论被认可的那天，但有更多的科学家终生得不到诺奖肯定，非常可惜。

牛顿陷入了与胡克以及莱布尼茨的首发权之争；玻尔兹曼陷入了与同行如马赫和奥斯特瓦尔德无休止的学术争议之中无法自拔；奥本海默和泰勒因为是否发展氢弹产生了严重的分歧，导致后来奥本海默被调查期间泰勒作伪证造成奥本海默倍受煎熬。

毕奥由于学术观点相异与好友阿拉果分道扬镳；法拉第与恩师戴维友谊破裂；巴丁与肖克利不再合作；杨振宁与李政道学术贡献大小之争；爱因斯坦与其伯乐普朗克以及玻尔与海森堡都因为对纳粹政权的态度不同产生了终生误会。

当然也有令人羡慕的友谊存在，比如爱因斯坦与劳厄和埃伦费斯特的终生友谊；法拉第与麦克斯韦的忘年交；焦耳与开尔文 40 年的友谊；伯努利与欧拉长达 40 年的通信；瑞利和拉姆赛终生合作、二人毫无名利之争。这些友谊既温暖了人心，又促进了科学研究上的进步，非常难得，值得珍惜。

人生如戏，有快乐就有悲伤。不幸的是，很多科学家的个人遭遇也很让人同情。索末菲和朗道遭遇车祸离世；泰勒因车祸截肢，余生只能戴义肢，成为跛足；开尔文也摔断了腿。开普勒、惠更斯、帕斯卡、多普勒、庞加莱等自幼体弱多病；亥维赛幼年因患猩红热而耳聋，希格斯童年时患有气喘。玻恩的健康状况也极其糟糕，头疼和哮喘一直在折磨他，一度因为神经衰弱被迫中断了科学活动。盖·吕萨克身患严重的关节炎，海森堡也患花粉过敏症。

开普勒更是命运多舛，从小就多灾多难，是个 7 个月就出生的早产儿，天花把他变成了麻子，猩红热弄坏了他的双眼，高度近视，看图片都模糊不清，另外一只手半残；老年先后丧妻丧子、长期被拖欠薪水，最后穷困交加而死，是所有科学家中命运最悲惨的人之一。还有不幸的卡诺，年仅 36 岁就患传染病而亡。

拉格朗日、欧姆、玻尔兹曼、埃伦费斯特和费曼都曾患上抑郁症；卢克莱修和安培都是精神病患者。普朗克晚年遭受流离失所、亲人离世、朋友反目和疾病的多重困扰。卡门、伽莫夫、汤川秀树晚年疾病缠身；费米更是因遭受过多的核辐射而早早去世，年仅 53 岁，正是科研上最成熟也是人生最成熟的时期，殊为可惜；居里夫人的去世也与核辐射有关。而霍金，自 21 岁时得病，终生与疾病斗争，被束缚在轮椅上，只有三根手指和两眼能动，号称"轮椅上的天才"。

在这些人中，作者对安培怀着深深的同情和尊重。他人生坎坷，青年时期先后丧父丧妻，患上精神病；中青年时期经历了一场处心积虑的骗婚，人财两空、苦不堪言。他曾日夜声色犬马以消解愁闷，但并未沉沦，及时醒悟，浪子回头，取得了优异的成绩，被称为电学中的牛顿。晚年安培又遭遇女儿婚姻不幸，他本人也得了急性肺炎去世，实在让人扼腕！这种浪子回头金不换的案例还有欧姆和富兰克林，他们都曾经当过小混混，就像古惑仔一样；但他们及时醒悟、痛改前非，终成一代大师。

十、科研方式

有的物理学家在科研上习惯单打独斗，比如牛顿、卡文迪许、卡诺、爱因斯坦和朗道。有更多的科学家之间合作，形成了多赢的局面；整体上说，时间越往现代发展，科学家展开合作的机会就越多。

菲涅耳和托马斯·杨合作建立了光的波动学说，改变了光的微粒说一统天下的局面；焦耳与开尔文合作发现了焦耳—汤姆逊效应；玻恩、海森堡和约当合作建立矩阵力学，声名远播；布拉格父子合作研究 X 射线的晶体衍射，双双获得诺贝尔奖；巴丁先与肖克利、布喇顿合作研制晶体管获得诺贝尔奖，然后与其学生库珀和施里弗合作得出低温超导的 BCS 理论再次获得诺奖；这些成功的例子都体现了合作的力量。有的科学家在学术争议中互相促进，共同进步，比如爱因斯坦与玻尔 20 多年的争议促进了量子力学的进步。

科研中存在着承继。麦克斯韦在法拉第研究的基础上，系统提出了电磁理论并预言了电磁波的存在；而赫兹则更进一步，找到了电磁波存在的证据，证明了麦克斯韦理论的正确性。汤姆逊的"葡萄干蛋糕"模型被其学生卢瑟福的"有核行星"模型取代，又被卢瑟福的学生玻尔的原子模型进一步取代；而玻尔的同行索末菲把玻尔的原子理论推广到包括椭圆轨道，进一步推动了原子理论。普朗克在瑞利—金斯公式和麦克斯韦—玻尔兹曼能量均分学说的基础上提出了量子假说和普朗克定律，圆满解释了黑体辐射。这些都是科研承继的很好的例子。

科研的承继意味着科学知识的不断更新和推进，意味着不断接近科学真理，需要众多科学家慢慢逼近真相。爱因斯坦的狭义相对论更是建立在马赫、厄缶、洛伦兹、庞加莱和麦克斯韦等人的研究基础上，是站在巨人的肩膀上；牛顿和斯托克斯的研究不也是这样吗？事实上，科研也正是这样一步步往前推进的，后人的理论建立在前人的基础上才有了科技的不断进步。卢瑟福说："科学是一步一个脚印地向前发展的，每个人都要依赖前人的成果。"

科研中也有扬弃。卡诺受菲涅耳的启发果断放弃了"热质说"；安培在奥斯特实验发现电流的磁效应之后放弃原来的观点选择相信奥斯特，从而作出了更优秀的成绩；薛定谔在洛伦兹的提醒下找到了物质波的运动方程薛定谔方程，成为了量子力学的核心。这都是扬弃带来的好结果——果断抛弃错误，发扬优点并进一步推进理论。

扬弃意味着承认错误和改正错误的过程，任何科学家都会犯错误。玻尔、玻恩、索末菲三位教父级的大科学家都犯过错误，甚至就连物理学擎天柱牛顿和爱因斯坦也不例外。是人都会犯错误，这些科学家们也是平凡的人，只不过科学探索带来的成就改变了世界，也改变了他们，让他们从平凡的人成为了科学巨人。

十一、名师出高徒

在本书所介绍的物理学家中，很多是师徒关系，甚至是老师、学生、学生的学生这样的关系。尤其是对于很多诺贝尔奖获得者来说，更是如此。比如瑞利（1904 年）→汤姆逊（1906 年）→卢瑟福（1908 年）→玻尔（1921 年）→海森堡（1933 年）→布洛赫（1952 年），师徒 6 人连续获得诺贝尔奖。

瑞利→汤姆逊→理查森（1928 年）→康普顿（1927 年）4 人也都是诺奖得主。但值得注意的是，康普顿是理查森的博士生，但获诺贝尔奖的时间比老师还早一年，这充分印证了韩愈同学的观点："弟子不必不如师，师不必贤于弟子"。还有瑞利→汤姆逊→亨利·布拉格→劳伦斯·布拉格一脉相承。这条师徒链的起点是瑞利勋爵；他可是祖师爷，而斯托克斯曾经教过瑞利，所以斯托克斯应该是大祖师。瑞利的徒子徒孙汤姆逊和卢瑟福也都是伟大的科学家兼优秀的教师，培养了众多人才，在物理学发展史上写下了浓重的一笔。

第二条师徒链是克莱因→林德曼→索末菲→海森堡→泰勒→杨振宁，师徒 6 代人都是大师级科学家，克莱因的大祖师是高斯，普朗克的师承关系也可以推到高斯这里；而杨振宁的学生张首晟如果还活着也极有可能获得诺奖。克莱因→林德曼→索末菲→海森堡（1932 年）→布洛赫（1952 年）或克莱因→林德曼→索末菲→泰勒→鲁宾也都是著名科学家。这条链的关键人物是索末菲，他也培养了众多的诺贝尔奖得主，是教父级的人物。

还有一条克莱因衍生出的师徒链，即克莱因→林德曼→希尔伯特→玻恩→维格纳→巴丁或者克莱因→林德曼→希尔伯特→玻恩→费米→盖尔曼（李政道），玻恩是关键人物。最厉害的师徒当然是克莱因→林德曼→闵可夫斯基（希尔伯特）→爱因斯坦，这可是最牛的一条徒子徒孙链，在数学和物理学界可都是超级牛人。克莱因这位祖师爷培养的人才桃李天下。严格推算来，赫兹和迈克尔逊与普朗克是师兄弟关系；玻恩和爱因斯坦是同一级，但辈分比索末菲矮了一辈。

此外，赫姆霍兹→普朗克→劳厄（博特）和普朗特→卡门→钱学森也各个是牛人。薛定谔的祖师爷是玻尔兹曼，玻尔兹曼的老师是斯特藩。傅里叶的导师是拉格朗日，后者受到了拉普拉斯的指导。伦琴的老师是克劳修斯和名师孔特；赫兹和迈克尔逊的博士导师是赫姆霍兹。由此可见，人才的成长和崛起，名师的指点极为重要；毕竟名师出高徒啊。汤姆逊、卢瑟福、索末菲、玻尔和玻恩等人都培养了众多的诺贝尔奖得主以及物理学大师级的人物。

1931 年诺贝尔生理医学奖得主奥托沃伯格（1883—1970 年，德国生理学家）曾经说过："一个年轻科学家一生中最重要的事情是跟他那时代的科学巨匠所进行的个人接触。"而 1970 年诺贝尔经济学奖得主保罗·萨缪尔森（1915—2009年，美国著名经济学家）谈到获得诺贝尔奖的诀窍之一时说："就是要有名师指点。"

科学史证明杰出的科学家不仅将知识才能、研究问题的思维方法传授给学生，而且他们的高尚品质、非凡气质以及科学魅力也会对学生产生深刻的影响。名师善于帮助学生根据其性格特点寻找方向，因材施教。比如汤姆逊发现奥本海默不善于动手，劝说他从事理论物理的研究。这一点"鳄鱼"卢瑟福也是一样，他给他的学生和助手很好的科研方向上的建议，善于选择课题并帮助他们攻克难关，让他们在各自的方向取得成功，一个显著标志是他手下多名诺贝尔奖得主。

名师可以帮助学生成长，慧眼识英才，发现人才并甘为人梯。瑞利推荐自己的学生汤姆逊、汤姆逊推荐自己的学生卢瑟福、卢瑟福推荐自己的学生劳伦斯·布拉格以及洛伦兹推荐自己的学生埃伦费斯特接替自己的位置，巴丁提名与自己合作出 BCS 理论的学生为诺贝尔奖候选人就都是典型的甘为人梯的例子。他们独具慧眼，识英雄重英雄，将"埋藏于灰烬的珍珠"挑选出来，并进一步打磨他们成才。

其实师徒型的人才群和人才链有两个共同的特征，那就是纵向的名师楷模影响，使师承效应成为加速了人才成长的正向催化剂。另一方面是横向影响，不同知识结构和智能结构的人聚集在一起，相互学习、取长补短、互相切磋、互相砥砺、不断进取、共同提高；使人才的互补效应得到充分发挥，有利于加深和扩大人才的知识域。名师具有民主氛围，严格要求学生的同时更加严以律己，保持严谨的学风，在和谐的讨论氛围下激发学生的科研潜能，产生新的思想火花。名师具有永不满足的进取精神，敢为人先的开拓创新精神，这些精神都能潜移默化地影响学生。

而学生也要对老师心怀感恩，方显人格高尚。享誉世界的玻尔后来名气大于卢瑟福，但是他仍旧尊称恩师卢瑟福是"自己的第二个父亲"。诺贝尔奖得主泡利在未获诺贝尔奖的恩师索末菲面前仍旧谨执弟子礼，敬重如故。曾身为玻恩助手的费米少年得志，28 岁入选院士，37 岁获诺贝尔奖；但他多次提名恩师玻恩为诺贝尔奖候选人，知恩图报，包括玻恩最终获奖的 1954 年。这样懂得感恩的科学家才是值得敬重的人，才是值得尊崇和提倡的人。相反，奥本海默对其博士导师玻恩的态度就不值得提倡。

名师出高徒的影响固然重要。但是，我们也必须明确地认识到，并非每一位受过名师指点的人都能够成为高徒，个人的努力与修行也不可忽视。同样，没有机缘遇到名师也并非没有成功的可能；斯托克斯的成功就是例子。少年时期他那一向重视教育的父亲突然去世，家境贫寒的他靠着半工半读和奖学金取得了好成绩，并在科学研究上做出了突出贡献，留在剑桥大学任教授，开启了辉煌人生。

十二、死后哀荣

鉴于他们生前的伟大贡献，德谟克利特、牛顿、朗之万去世后国家为他们举行了国葬，美国国会为富兰克林服丧一个月，死后哀荣。有意思的是，牛顿、法拉第、麦克斯韦、开尔文、瑞利、汤姆逊、卢瑟福、狄拉克、霍金都葬在一起，即威斯敏斯特大教堂，被后人世代瞻仰；后人在此也为焦耳建造了纪念碑。这里是历代国王加冕登基、举行婚礼庆典的地方，也是英国的王室陵墓所在地，可以说威斯敏斯特大教堂是一部英国王室的石头史书。

德国物理学家韦伯、普朗克和玻恩也葬于同一墓地，即位于德国下萨克森州哥廷根市的公墓内，里面还有能斯特、哈恩（墓碑上刻着铀的裂变）以及玻恩的老师、伟大的无冕之王和数学领袖希尔伯特（墓碑上是他的名言：我们必须知道，我们必将知道）。只有世纪伟人爱因斯坦不立碑不起墓，骨灰撒在了无人知晓的地方，除了被偷窃了的那颗伟大的高智商的大脑之外。人们将永远怀念这些伟大的科学家，这些改变了我们生活的科学巨人。

十三、成功秘诀——名师+自我奋斗+家教

总结这些伟大科学家的人生历程，他们的成功无非是 3 个因素：第一是名师指点，第二是自我奋斗，第三是家庭教育。其中第二条是内因，其他两条是外因。这三条具备了任何一条，都可以让人走向成功之路，如果有两条或者三条兼备那就更好了。惠更斯既有名师指点，如笛卡尔，也有自身的努力和天资，还有一个良好的家庭条件；他同时具备这三条，卢瑟福也是，但并非每个人都具备这三条。

勤奋好学的焦耳遇到了著名化学家道尔顿，同样求知若渴的法拉第遇到了戴维，名师指引都将他们带领上了成功之路；他们也都只具备上述三条中的两条（第一条和第二条）。欧姆虽然家境贫寒但家教良好，父亲很重视教育，熊孩子欧姆在父亲的教导下浪子回头，虽没有遇到名师，但他勤奋刻苦的从事科学研究，终致成功（具备第二条和第三条）。

名师指引方向、给予资源；个人勤奋刻苦、激励斗志；家庭培养习惯、良好作风；这是成功的前提和保障，古今中外，概莫能外。当然也有很多科学家既没有名师指点，也没有良好的家庭条件，但是他凭着自己的上进心和求知欲，顽强拼搏，也取得了很优秀的成绩，走向了人生巅峰，比如伽利略、夫琅和费、亥维赛、富兰克林、赫歇尔以及沙普利等（仅仅具备第二条）。

可见，第二条的自身奋斗才是最重要的内因，内因决定外因，有了内因就可以克服外在的困难，就会像上述沙普利等自学成才者一样，最终获得成功。可是如果没有了自身努力奋斗这一必要条件，失去了内因的制约，即便有了名

师和良好的家教这两个外因，成功的几率也会很小。人一定牢牢把握自己，增强内在力量，用内在的坚强承受任何外在的风花雪月，抵御灾难，承受荣耀，宠辱不惊。

十四、家教的重要性

更多的例子是优秀的家教培养了孩子良好的习惯和求知欲，比如开尔文的父亲老汤姆逊对他的教育；麦克斯韦良好的家教；瑞利的父母很重视教育，专门给他请私人教师；亨利·布拉格的父亲也十分重视教育，费米、费曼和汤川秀树等都受到了良好的家庭教育熏陶。在品行、习惯和行为准则上有了标准和规范，这让他们在漫漫人生路上不会迷失自我，找准方向努力奋斗到底，直至成功。

正如苏联教育家苏霍姆林斯基（1918—1970年）所说："无论您在工作岗位的责任多么重大，无论您的工作多么复杂，多么富于创造性，您都要记住：在您家里，还有更重要、更复杂、更细致的工作在等着您，这就是教育孩子。"19世纪德国著名教育家福禄贝尔（1782—1852年）说过："国家的命运与其说是掌握在当权者的手中，倒不如说是掌握在母亲的手中。"这句话形象地说明了家庭教育非常重要。家长们更应当树立全局观念，让青少年朋友能够明白"国家兴亡，匹夫有责"；能够在家庭中汲取营养，广受熏陶，保证身心健康，培养好奇心、责任心和上进心，潜移默化地培养他们的各种能力和优秀品质。

十五、学习科学精神

科学是人类探索自然同时又变革自身的伟大事业，科学家是科学知识和科学精神的重要承载者。党的十八大以来，以习近平同志为核心的党中央高度关心关怀我国科技事业和广大科学家群体。习近平总书记指出，中国要强盛、要复兴，就一定要大力发展科学技术，努力成为世界主要科学中心和创新高地。

伟大的物理学家爱因斯坦曾明确地说："提出一个问题往往比解决一个问题更重要，因为解决问题也许仅是一个数学上或实验上的技能而已，而提出新的问题、新的可能性，从新的角度去看旧的问题，却需要有创造性的想象力，而且标志着科学的真正进步。"发现问题、提出问题在学习和科学研究中也是很重要的。

本书编辑的这些伟大科学家大多具有强烈的求知欲望和上进心，执着的探索精神、锲而不舍、实事求是、求真务实的实证精神，不迷从权威的创新精神，对前人的成果的扬弃精神和交流协作精神。追求真理的科学精神、实事求是的态度、锐意创新的批判精神和严谨的学风以及淡泊名利的态度，这些精神都是人类思想的精华，值得每个人认真学习、认真吸取。还有就是，这些伟大科学家们也都是爱国的，比如居里夫人热爱波兰，把发现的反放射性元素钋以波兰的国名命名；玻尔放弃英国优越的条件回到艰苦的丹麦，为祖国做贡献；奥本海默在被冤枉被调查的艰难时期也不愿意离开美国；普朗克和海森堡宁可被世人误会也不愿意离开德国，同样是出于伟大的爱国精神。科学没有国界，但是科学家却有国籍。另外，他们所具备的艰苦奋斗精神以及敏锐把握机会的能力也值得青少年朋友们认真学习，努力效仿；希望从他们的身上得到启迪，使自己的人生道路顺畅一些。

在习近平总书记大力提倡科技创新的今天，更要弘扬科学精神。新时代科学家精神的内涵，即胸怀祖国、服务人民的爱国精神，勇攀高峰、敢为人先的创新精神，追求真理、严谨治学的求实精神，淡泊名利、潜心研究的奉献精神，集智攻关、团结协作的协同精神，甘为人梯、奖掖后学的育人精神。这些精神特质，既有在科学的发生、发展中积淀的品格、方法和规训，又强调社会责任、人文关怀等伦理维度，体现了中国传统科技文化中物我合一、理实交融的天人观，是仰望星空的真理追求和检视内心的人文关怀的统一。这些科学精神永放光辉，对中国兴旺和民族的振兴有不可磨灭的重要作用，值得每个人学习。

第四节 学术江湖

自古以来，对人类世界影响巨大的物理学家有很多，他们的科研成果推动着社会前进，甚至带来了历史性的变革。就像武侠小说一样，他们应该也有学术江湖，有武林盟主；也会像梁山好汉一样排个座次。而如果真正给他们排座次，不同的人会有不同的看法，也许作者的排名会引起争议，这很正常。每个人对一项科研成果的认识是很难统一的，这就导致排名上会有差异。但既然是学术江湖，那就应该给科学家们排排座次，虽然这有些难度，也肯定会有分歧。

一、第一梯队物理学家

综合而言，作者认为对人类历史做出重大贡献的一流物理学家有亚里士多德、阿基米德、哥白尼、伽利略、笛卡尔、惠更斯、牛顿、卡文迪许、法拉第、开尔文、麦克斯韦、普朗克、卢瑟福、爱因斯坦、玻尔、波恩、薛定谔、狄拉克、海森堡、杨振宁20人，这些人是第一梯队。如果有人非要从这20人里继续找出10位更优秀的，那应该是亚里士多德、阿基米德、哥白尼、伽利略、牛顿、法拉第、麦克斯韦、普朗克、爱因斯坦、玻尔。

他们的名字震古烁今，他们的成果影响了人类生活的方方面面，他们应该能代表着物理学家中的最高水平。作者称呼他们为超一流物理学家。其中，牛顿和爱因斯坦是古往今来最重要的科学家，是科学界两个擎天柱。

这里，有的读者会提出异议，因为他们或许对于排名最靠前的物理学家有不同看法。比如有人会把卡文迪许和杨振宁排在前 10 名，而去掉阿基米德和哥白尼，因为他们也许会觉得卡文迪许是第二个牛顿，但是作者认为与"力学之父"阿基米德相比，卡文迪许的成就还是稍有逊色；而杨振宁与哥白尼相比，争议颇多的他，其规范场理论从整体上与改变人们宇宙观的"日心说"的提出者哥白尼相比，还是有较大差异。另外，也是从哥白尼开始，物理学才逐渐从哲学中分化出来成为一个独立的学科。

二、第二梯队物理学家

另外，有些物理学家做出了史上第一的成就，即是科学发展史上的"第一次"，他们带动了某一领域的发展，也完全可以进入一流科学家的行列。比如率先提出原子论的德谟克利特；天空立法者、现代实验光学的奠基人约翰尼斯·开普勒；发现了电子、现代原子物理学的创立者、号称电子之父的约瑟夫·约翰·汤姆逊；开创了放射性理论的居里夫人；提出量子力学基本公式——薛定谔方程并奠定量子力学理论大厦的薛定谔；发现中子并开启了核能利用大门的中子之父詹姆斯·查德威克；创立物质波理论的物质波之父德布罗意；人类物理学史上第一个发现反物质的科学家、正电子之父安德森；提出了描述费米子物理行为的狄拉克方程并预测了反物质存在的狄拉克；原子弹之父奥本海默；提出不确定性原理及矩阵力学的海森堡；量子电动力学的创始人、纳米技术之父费曼；发现星系转速差异从而证实了暗物质存在的暗物质之母薇拉·古柏·鲁宾；提出夸克模型的默里·盖尔曼；弦理论的代表人物爱德华·威滕等人也可以称为准一流或者次一流的物理学家。

上述这些科学家可以称为第二梯队。至于德谟克利特这位在中国大名鼎鼎的古希腊哲学家，作者很遗憾地把他归于第二梯队，但是他属于准一流科学家是毫无疑问的，因为他继承发展了留基伯的原子论，他的原子论后来又被伊壁鸠鲁（西方世界第一个无神论者）和卢克莱修所继承，再后来被道尔顿所发展，从而形成了近代的科学原子论。像这样的做出了一流贡献但是由于各种原因被归结于第二梯队的科学家还有如"地心说"的集大成者克罗狄斯·托勒密。这是作者狠心的地方，首次发现者或者贡献巨大者是超一流或一流（第一梯队），继承发扬者或者贡献稍次者列为准一流、次一流（第二梯队）。其余在某些领域贡献巨大者是二流（第三梯队），最后在某些小领域做出突出贡献的是三流（第四梯队）。

三、学术武林大揭秘

1. 超一流物理学家

至此，超一流物理学家名单为（按照出生年月排序，以下同）：亚里士多德、阿基米德、哥白尼、伽利略、牛顿、法拉第、麦克斯韦、普朗克、爱因斯坦、玻尔共 10 人。这些超一流物理学家们开天辟地，革旧出新，震古烁今，影响着人们的世界观、宇宙观；他们引领着新时代的发展，改变着人们的观念，深刻影响着人们的工作、生产和生活。其中牛顿和爱因斯坦双星闪耀，成为物理学家的顶尖人物，受世人膜拜。

2. 一流物理学家

一流物理学家名单为：笛卡尔、惠更斯、卡文迪许、开尔文、卢瑟福、玻恩、薛定谔、狄拉克、海森堡、杨振宁共 10 人。这些一流物理学家们著书立说，开宗立派，成为一代物理学宗师，影响深远。

上面超一流和一流科学家共计 20 人组成了影响世界的伟大物理学家的第一梯队。有争议的是发现原子的核式结构以及质子的原子核物理学之父卢瑟福，甚至是杨振宁，人们也许对于他们如此高的排名并不认同，但不管怎么说，他们确实做出了巨大的贡献，影响深远，所以关于他们的排名还是见仁见智吧！

3. 准一流物理学家

第二梯队中的准一流科学家名单是：德谟克利特、克罗狄斯·托勒密、约翰尼斯·开普勒、安培、焦耳、伯努利、斯托克斯、恩斯特·马赫、瑞利、路德维希·玻尔兹曼、康拉德·伦琴、洛伦兹、约瑟夫·约翰·汤姆逊、赫兹、居里夫人、索末菲、费米、朗道、费曼、爱德华·威滕共 20 位。

这些人的成就也很巨大，仅仅比一流科学家差一丁点而已；他们的研究对后世影响巨大，为新时代的到来奠定了基础。比如焦耳在研究热的本质时，发现了热和功之间的转换关系，并由此得到了能量守恒定律，最终发展出热力学第一定律；赫兹的电磁学实验奠定了无线电技术的基础，为信息时代的来临做好了理论准备；伦琴发现的 X 射线可用于医学成像诊断和 X 射线结晶学，为医疗诊断和晶体学打下了基础。

4. 次一流物理学家

第二梯队中的次一流科学家名单是：喜帕恰斯、罗伯特·胡克、库仑、拉普拉斯、约瑟夫·亨利、亥姆霍兹、克劳修斯、路德维希·普朗特、西奥多·冯·卡门、詹姆斯·查德威克、德布罗意、泡利、奥本海默、安德森、约翰·巴丁、爱德华·泰勒、薇拉·古柏·鲁宾、默里·盖尔曼、史蒂文·温伯格、霍金共 20 人。

他们比准一流的物理学家们的贡献少了那么一丁点，有时候这点区别也很难区分；比如巴丁发明了晶体管，为信息时代的到来奠定了基础。准一流和次一流的 40 名物理学家们组成了第二梯队；他们中有人尽管成就斐然，但却从来没有获得诺贝尔奖，比如索末菲、路德维希·普朗特、冯·卡门、爱德华·泰勒和鲁宾等。但也有些物理学家甚至还获得了两次诺贝尔奖，比如居里夫人和巴丁。

5. 第三梯队物理学家

另有 20 名物理学家则属于第三梯队，属于次量级的大师，他们也做出了重大的科学贡献，这些二流物理学家名单如下：

罗伯特·波义耳、本杰明·富兰克林、达朗贝尔、拉格朗日、托马斯·杨、赫歇尔、奥斯特、乔治·西蒙·欧姆、阿伏伽德罗、亨利·奥古斯特·罗兰、亨利·庞加莱、威廉·亨利·布拉格、德拜、拉曼、威廉·劳伦斯·布拉格、尤金·保罗·维格纳、乔治·伽莫夫、梅耶夫人、汤川秀树、希格斯。这 20 名科学家也是赫赫有名的著名科学家，在世界具有广泛的影响力。

6. 第四梯队物理学家

剩余的 20 人属于第四梯队，都在各自的小领域取得了举世瞩目的成就；虽然在世界范围内属于三流物理学家，但也绝非籍籍无名之辈，也都是身怀绝技的著名科学家。三流物理学家中有多人成为院士（埃德姆·马略特、盖·吕萨克、菲涅耳、保罗·朗之万、亥维赛等）；有的实验甚至导致了学术界研究方向的改变（迈克耳逊—莫雷实验）；有的甚至获得了诺贝尔奖（迈克耳逊、海克·卡末林·昂内斯、塞曼、劳厄、康普顿和钱德拉塞卡）。

作者的排序也许有读者不太赞成，也许存在争议。对于他们的排名，也确实有更多的想法，就如同现在五花八门的高校排行榜一样。但是不管怎么说，作者的排序还是有一定考虑的，是根据他们的学术贡献、学术影响力以及对人们生产和生活的影响来综合考量的。

四、榜样的力量

这些物理学家就是榜样。"宝剑锋从磨砺出，梅花香自苦寒来"。榜样是历经筚路蓝缕的痛楚与披荆斩棘的流血，在激流和浪涛中磨砺涅槃而焕发异彩。

历史烛照时代，榜样传承精神。"以人为镜，可以明得失"；榜样的力量是无穷大的。榜样不仅是一面镜子，也是一面旗帜。以榜样为镜，让人们了解自身的差距与不足；以榜样为旗帜，给人们指引方向，引导人们不断向好的方向前行和发展。榜样是一种向上的力量，具有极强的感染力，激励人们不断向上。

读者朋友们要不断从这些伟大科学家身上汲取"内在力量"，感受他们的家国情怀和进取奉献的崇高精神及其他各种优秀品质。效仿榜样，从思想上、行动上要向榜样看齐，以榜样为"镜"，找准自身的缺点与不足，并加以改正，使自己变得更好更强更优秀。

第二章 古今伟大的 100 位物理学家

第一节 唯物主义哲学阶段

物理学发展的第一个阶段是哲学阶段，从神学到唯心主义哲学再到唯物主义哲学存在着渐进过渡的过程。这一阶段从"物理学老祖宗"留基伯开始直到哥白尼结束，包括亚里士多德和阿基米德在内，持续了 2000 年左右。这个阶段是古代人们逐渐认识世界并改造世界的一个漫长而艰难的过程，这个过程充满了愚昧、抗争与希望。宗教和科学之间的争斗充满了血腥，有人甚至为此付出了生命的代价，例如意大利哲学家布鲁诺，尽管他不在此书介绍之中，但是他的作用不容忽视。他为了宣传哥白尼的日心说付出了生命的代价，而哥白尼本人也备受宗教折磨。

事实上，这一阶段可以称为古代朴素唯物主义哲学阶段，属于唯物主义的初级阶段。这一阶段共介绍德谟克利特、亚里士多德、阿基米德、喜帕恰斯、托勒密、哥白尼等 6 位先贤，时间横跨 2000 多年，是人类发展史上的蒙昧阶段，也是重要的阶段，是走向现代物理学的关键时期，很多启蒙思想诞生于这个阶段。可以毫不客气地说，没有这个阶段，后来的经典物理学阶段就不存在。

1. 富二代"败家子"、古代原子论的发扬光大者——德谟克利特

姓　　名　德谟克利特
性　　别　男
国　　别　古希腊
学科领域　哲学
排　　行　第二梯队（准一流，学术贡献和影响
力完全可以放在第一梯队）

⟿ 生平简介 ⟾

德谟克利特（公元前 460—前 370 年）出生在希腊东北方的色雷斯海滨的工业城市——阿布德拉的一个富商之家。门第颇高，家资颇丰，使他完全有资格担任城邦的最高执政官。

德谟克利特像

德谟克利特从小受到了良好的教育，童年起就跟有学问的术士和星相家学习神学和天文学。德谟克利特所生活的时代，是希腊奴隶制社会最为兴旺、科学学术活动欣欣向荣的伯里克利时代（是指古希腊的一个历史时期，是古希腊的全盛时期）。他早年一度经商，但他最终发现自己不适合做商人。

德谟克利特从小就见多识广，对东方文化有着浓厚的兴趣。他天资聪明，勤学好思，经常把自己关在花园里的一间小屋里苦思冥想。他的想象力很丰富，并且刻意培养自己的想象力，有时他到荒凉的地方去，甚至一个人待在墓地里，以激发自己的想象。

为了追求真理，追求智慧，他决定外出游学。父亲去世后，他放弃了官场的大好前程，决心周游世界，研究哲学，渴望获得关于整个世界的最高学问。他父亲给他们兄弟三人留下大笔财产，包括巨额金钱、土地和农庄。但一向淡泊名利、视金钱为粪土的德谟克利特分到了最少的财产——100塔仑特现金（古希腊重量单位，约合25.5千克；亚历山大即位马其顿国王的时候，马其顿全国国库也只有70塔仑特的财产）。

年轻时的德谟克利特首先来到雅典学习哲学，试图拜谒当时的名士，结果却受到冷遇，他发出了"我来到雅典，却没人知道我"的感慨。他漫游了希腊各地，到达了埃及。他在埃及居住了5年，向那里的数学家学了3年几何，成为了著名的几何学家。他曾研究过尼罗河上游的灌溉系统，还向南一直到达埃塞俄比亚考察。后来，他经过艰苦跋涉来到巴比伦城。他对巴比伦的建筑艺术赞叹不已；虚心向僧侣学习天文学知识。后来，他克服千难万险到印度去学习，但由于碰到了无法逾越的险阻，他的印度之行只到达了印度的边境，便返回了希腊。途中，他在波斯结识了众多星相学家。

在德谟克利特生活的时代，希腊人认为希腊是世界文明之邦，东方人是不开化的野蛮人。希腊人到东方（希腊东边的国家，包括埃及，与现在讲的东方并不是一个概念）学习，岂不是成了老师向学生学习？而德谟克利特却从自己的亲身经历中体会到：东方文化比希腊文化更先进，比希腊文化更古老。应当不怀偏见地向东方人学习。德谟克利特诚恳地把东方人称为自己的老师——他用自己的行动纠正了希腊人骄傲自大的缺点。

每到一处，他都虚心向人请教，无所不学、无所不问。在雅典他与著名哲学家阿纳克萨哥拉斯（出生在公元前500年左右，大约在今天土耳其伊兹密尔港市附近的一个城市的富裕之家，却放弃了盈实的家产致力于科学研究）有过交往。他也听过苏格拉底的讲演，晚年和著名的医生希波克拉底（公元前460—前370年，为古希腊伯里克利时代的医师，被西方尊为"医学之父"，西方医学奠基人，提出"体液学说"，他的医学观点对以后西方医学的发展有巨大影响）过从甚密。漫游让德谟克利特极大地增长了知识，物理学、伦理学、数学、教育学等无所不知，但外出游学也几乎耗光了他的全部财产。

他平等待人、处世开朗，虽然富有，但是却一直过着清贫的生活，希腊的老百姓都很喜欢他。但他总是在正统界遭人排斥；他喜欢讥讽当时的正统思想和学说，一些人说到他时会说："这个人出生于盛产白痴的阿布德拉。"在他的敌人中最出名的是柏拉图，柏拉图曾气得吵着要烧毁他的全部著作。

德谟克利特一生勤奋钻研学问，知识渊博。他在哲学、逻辑学、物理、数学、天文、动植物、医学、心理学、伦理学、教育学、修辞学、军事、艺术等方面都有所建树，同时，他还是一个出色的音乐家、画家、雕塑家和诗人。他天文地理、哲学、艺术无所不知、无所不晓，是古希腊杰出的全才，在古希腊思想史上占有很重要的地位。

十分遗憾的是，据说德谟克利特晚年自己弄瞎了自己的眼睛，他说这样可以使感性的目光不致蒙蔽他理智的敏锐。因为有着乐观的心态，他一直活到 90 岁。在他死后，以整个国家的名义为他举办了盛大的葬礼（国丧）。

❧ 花絮 ❧

（1）精神失常。

回到故乡后，德谟克利特担任过该城的执政官。在繁忙的政务之余，他始终没有放弃追求哲学和自然科学知识，并且在艺术方面也有了一定的造诣。例如他会在花园里解剖动物的尸体，写各种被时人认为是"荒诞不经"的文章。邻居有人认为他有精神病，给他请来了当时最出色的医生希波克拉底。但当治疗后离开德谟克利特时，希波克拉底成了德谟克利特的崇拜者。他告诉阿布德拉的居民："真有人精神失常的话，那一定是你们自己，不是德谟克利特。"之后两人可能经常见面，保持着频繁的书信往来，结下了一生的伟大友谊。

（2）"败家子"吃官司。

亲戚认为他外出旅行，浪费财产，指控他"挥霍财产罪"。根据阿布德拉的法律，犯此罪的人，要被剥夺一切权利并被驱逐出境；要将剩余的财产交给别的亲戚，还要落个"败家子"的坏名声，死后遗体不能葬在祖坟。德谟克利特在法庭上当众阅读了自己的名著——《宇宙大系统》。他的学识和雄辩取得了完全的胜利，震撼了所有有良知的人们，征服了家乡。法庭不但判他无罪，并决定以 5 倍于他"挥霍"掉财产的数字——500 塔仑特的报酬，奖赏他的这一部著作。与此同时，把他当成城市的伟人，在世就给他建立了铜像。

（3）老鹰把秃头当成石头。

有一天，从天上掉下一只大乌龟，打在曾说德谟克利特有精神病的邻居的光头上，有人说这是神在惩罚坏人。德谟克利特却说："这根本不是神的惩罚。老鹰常把乌龟叼在嘴里，利用坚硬的石头摔碎龟壳以便能吃到龟肉。邻居的光头被老鹰误以为是石头，就把乌龟朝他头上摔去。"善于观察和思索的他正确地解释了人被乌龟砸晕的实际情况。

（4）利用神灵吓坏法官。

由于他的《宇宙大系统》中没有提及神，在法庭上，他的亲戚说他不信神，该判他死刑。德谟克利特辩护说，我是神喜欢的人，神派遣老鹰用乌龟砸晕说我坏话的人，您还觉得我有罪吗？迷信的法官于是宣布他无罪，且判了那个亲戚犯了诬告罪。出了法院，在回去的路上，希波克拉底问德谟克利特："你不是不信神吗？怎么在法庭上又说神的惩罚呢？"德谟克利特回答道："理只能和相信真理、爱好真理的人谈论。对于那些昏庸的家伙，只能用别的办法去对付。"由此可见德谟克利特的机智。

（5）"笑"的哲学家。

和当时许多抱怨者和悲观主义者不同，德谟克利特提倡"快乐哲学"，是一个乐天派的哲学家，被称为"笑"的哲学家。他认为，生活中的不完美实际上是人生的和谐与自然，那里面包含着我们人性的优点与缺点，包含着我们对人生的处世态度，包含着我们在天地不停地耕耘幸福、播种幸福；幸福并不遥远，幸福其实就在我们自己的心中。他的话既朴素又充满哲理；如果我们看到了生活中积极的一面，并以一个良好的心态去适应生活，面对各种挑战，通过努力，我们的一切合理的愿望都会变成现实。

（6）人生哲学。

德谟克利特认为构成理性的原子是圆滑和精密的，而构成感性的原子是粗糙且没有光泽的，这两种原子构成了两种认知，也形成了两种幸福和快乐，即肉体和心灵两种幸福和快乐。德谟克利特认为物质享乐是合理且必需的。他说："一生没有宴饮，就像一条长路没有旅店一样。""应该深切体会到人生是变幻无常。它常为许多不幸和困难所烦扰，因此只要安排一个中等的财富，并且把巨大的努力限制在严格的、必需的东西上。"

德谟克利特认为，心灵的享受是真正的幸福和快乐，而一味追求物质享受，就成为虚假的幸福和快乐。幸福和快乐的前提是要节制欲望。他说："节制使快乐增加并使享受更加强烈，而且应当拒绝没有益处的快乐。"人生的目的和原则，就是得到精神的幸福和节约物欲。

德谟克利特的人生哲学虽然带有主观性，但他利用原子来指代感性与理性、肉体与心灵的思路是非常具有丰富想象力的。他节制欲望的理论和伊壁鸠鲁的快乐主义生命观是有相似之处的，他明确指出了人应该节制自己的欲望，特别是那些并不是生活中所必需的欲望，否则便会产生更多的痛苦，所以得出心灵的享受才是真正的幸福与快乐的最终结果。

这些观点即便是在今天也有非常深刻的教育意义。它凸显了人相对于动物优越性的体现，即精神的快乐是真正的、持久且高尚的快乐，单纯追求物质欲望则是虚假的、短暂的和低级的快乐。德谟克利特的思想与中国儒家的"中庸"思想有异曲同工之妙。

师承关系

他的老师是默默无闻的隐士式的学者、有"物理学老祖宗"之称的留基伯。留基伯不仅教导德谟克利特学习原子论，而且教诲他不慕荣利、做一个正直的有学问的人。尽管后来德谟克利特的名气远超过留基伯，但是老师对他的影响是巨大的，师生二人建立起了深厚的感情。

学术贡献

（1）德谟克利特不信神，他坚持用物质原子运动变化来解释一切自然现象、社会和人类思维以及"神"，并努力用它来解释人的死亡，提出了"死亡是自然之身的解体"的唯物主义的死亡哲学命题。

人的死亡其实就是组合成人及身体或身体器官的原子集团的崩解结果，他的学说摒弃了当时流行的用非自然或超自然的观点解释人的死亡的种种臆想，把人的死亡还原为一种纯粹的自然现象。既然死亡是自然的、不可避免的自然之身的解体，而人的灵魂也是会死的，那么来世生活根本就不存在，这样的死亡还有什么可恐惧的呢？德谟克利特把人对死亡的恐惧称为人的第一要害，他用自己的唯物主义原子论来消除人们的怕死心理，这是他为治疗死亡恐惧症开出的一剂良药。

（2）德谟克利特建立了认识论，指出宇宙空间中除了原子和虚空之外，什么都没有。万物的本原是原子和虚空。虚空叫做非存在，但非存在不等于不存在，只是相对于充实的原子而言，虚空是没有充实性的，所以非存在与存在都是实在的。原子是不可再分的物质微粒，虚空是原子运动的场所；原子在数量上是无限的，在形式上是多样的；原子一直存在于宇宙之中，它们不能被从无中创生，也不能被消灭，任何变化都是它们引起的结合和分离。

一切物体的不同，都是由于构成它们的原子在数量、形状和排列上的不同造成的。原子在本质上是相同的，它们没有"内部形态"，它们之间的作用通过碰撞挤压而传递。世界是由原子在虚空的漩涡运动中产生的，在原子的下落运动中，较快和较大的撞击着较小的，产生侧向运动和旋转运动，从而形成万物并发生着变化。

德谟克利特的理念极其简单：整个宇宙由无限的空间构成，其中有无数原子在运动。空间没有界限，没有上下、没有中心，也没有边界。宇宙中有无数个世界在不断地生成与灭亡，人所存在的世界是其中正在变化的一个。所以他声称：

人是一个小宇宙。他认为人们的认识是从事物中流射出来的原子形成的"影像"作用于人们的感官与心灵而产生的。

（3）他编过历法，研究过海盐成因，提出了圆锥体、棱锥体、球体等体积的计算方法以及圆锥切割定理，对逻辑学的发展也作出了重要的贡献。

（4）在伦理观上，他强调幸福论，主张道德标准就是快乐和幸福。

代表作

德谟克利特的著作涉及自然哲学、逻辑学、认识论、伦理学、心理学、政治、法律、天文、地理、生物和医学等许多方面，据说一共有52种之多，遗憾的是到今天大多数都散失或只剩下零散的残篇了。可以考证的主要有《宇宙大系统》《宇宙小系统》和残篇《小宇宙秩序》《论自然》。据说他还有一系列美学著述，包括《节奏与和谐》《论音乐》《论诗的美》《论绘画》等，可惜已经全部失传。

获奖与荣誉

德谟克利特得到马克思和恩格斯的赞美。

学术影响力

（1）德谟克利特是第一位系统的唯物论哲学家，有力地打击了唯心主义宗教观。马克思的博士毕业论文就是关于他的唯物论思想——《德谟克利特的自然哲学和伊壁鸠鲁的自然哲学的差别》。

（2）他继承和发展了留基伯的原子论，其原子论思想对人类最终在科学上认识物质世界的微观结构具有积极启示作用，对西方现代科学的启蒙和发展起到了关键作用，受到科学界的一致推崇。他的原子论后来被伊壁鸠鲁和卢克莱修所继承，再后来被道尔顿所发展，从而形成了近代的科学原子论。他的原子理论虽然存在着错误和不完善，但对后世物质理论的形成仍具有先导作用，为现代原子科学的发展奠定了基石。他的不足是延续了留基伯原子不可分的思想，从而留下了永久的遗憾。在今天德谟克利特的学说仍在起作用，可以说没有他就没有现代自然科学。

（3）在哲学和美学方面，他也是一位里程碑式的人物。在他之前，哲学和美学的研究集中在大自然上，而从他开始则转向社会、转向人，迈出了哲学思想上的一大步。

（4）事实上，德谟克利特的影响力远远超过了他的老师留基伯。在我国，德谟克利特进入了中学政治教科书中，广为人知。

（5）希腊为了纪念他，发行了有他头像的硬币和邮票。见图2-1。

图 2-1　有德谟克利特头像的邮票和硬币

（6）在如今的雅典，在距市中心约 10 千米的地方，建有一座以他名字命名的、旨在研究核物理和粒子物理的研究所——德谟克利特科学研究中心。

✑ 名人名言 ✑

在明白了宇宙万物的构成之后，德谟克利特开启了新的人生观、价值观。他主张过低调、和谐的人生，为我们留下了很多关于人生价值的格言警句，至今仍有很重要的参考意义。

（1）单单一个有智慧的人的友谊，要比所有愚蠢的人的友谊还更有价值。

（2）让自己完全受财富支配的人是永不能合乎公正的。

（3）理想的实现只靠干，不靠空谈。

（4）要使人信服，一句言语常常比黄金更有效。

（5）只愿说而不愿听，是贪婪的一种形式。

（6）能使愚蠢的人学会一点东西的，并不是言辞，而是厄运。

（7）心灵应该习惯于从自身中吸取快乐。

（8）言辞是行动的影子。

（9）一个人必须要么做个好人，要么仿效好人。

（10）连一个好朋友都没有的人，根本不值得活着。

（11）寻求善的人只有费尽千辛万苦才能找到，而恶则不用找就来了。

（12）追求美而不亵渎美，这种爱才是正当的。

（13）忘了自己的缺点，就产生骄傲自满。

（14）智慧有三果：一是思考周到，二是语言得当，三是行为公正。

（15）凡事都有规矩。

（16）身体的美，若不与聪明才智相结合，是某种动物性的东西。

（17）坚定不移的智慧是最宝贵的东西，胜过其余的一切。

（18）说真话是一种义务，而且这对他们也是更有利的。

（19）不要企图无所不知，否则你将一无所知。

（20）赞美好事是好的，但赞美坏事则是一个骗子和奸诈的人的行为。

（21）语言是生活的化身；别让你的舌头抢先于你的思考。

（22）应该尽力于思想得很多，而不是知道得很多。

（23）应该热心地致力于照道德行事，而不要空谈道德。

（24）对可耻的行为的追悔是对生命的挽救。

（25）如果人活着没有快乐，那么他并不是真正地活着，而是漫长的死亡。

（26）幸福并不遥远，幸福其实就在我们自己的心中。

（27）人生最短的距离是从手到嘴，最长的距离是从说到做。那些只动口不动手的人，大多是虚伪的。

（28）什么是最高尚的行为？就是以最高的报偿予最配受报的人。

（29）不要对一切人都以不信任的眼光看待，但要谨慎而坚定。

（30）为求学问，应不怀偏见。

（31）不敢同冠军较量，就永远争不到冠军。

（32）不应该追求一切种类的快乐，应该只追求高尚的快乐。

（33）医学治好身体的毛病，哲学解除灵魂的烦恼。

学术标签

德谟克利特是古希腊唯物主义哲学家、原子论的继承者和发展者、古希腊杰出的全才，马克思和恩格斯赞美他是古希腊人中"经验的自然科学家和第一个百科全书式的学者"。

性格要素

富二代、不慕权势；他求知欲强、醉心学问、善于学习、学习专心、一生勤奋钻研学问、知识渊博、长于思索、能正确分析事物；他具有乐观主义精神、平等待人、处世开朗、多才多艺、外出游学、见多识广、想象力丰富。

❧ 评价与启迪 ❧

（1）崇高的地位。

德谟克利特的哲学思想展现出强烈的人道主义、理性主义和唯物主义；在哲学史上享有崇高地位，是古希腊哲学的巅峰，他的一生是充满传奇的一生。他心怀宽阔、善以待人、受人尊敬；生前被立铜像，死后举行国葬。古罗马政治家、法学家和哲学家马库斯·图留斯·西塞罗评价德谟克利特说："他的伟大，不仅在于其天才，更在于其精神，谁可与之比肩？"

（2）求知、克制、慎独与自信。

他的人生哲学是"晓知一事的原因，胜过波斯称王"，充分表明了他强烈的求知欲望。他认为"战胜敌人的人固然是勇敢的人，而能战胜自己欲望的人是最勇敢的人"，这也充分证明了他的自我克制力。还有"要留心，即使当你独自一人时，也不要说坏话或做坏事，而要学得在你自己面前比在别人面前更知耻"，这与中国的"慎独"思想不谋而合，都是自我约束自我克制的体现。

有人问德谟克利特，为什么不去雅典那样的大城市去定居？他回答说："我不在乎从某个地方获得名声，而更喜欢使一个地方变得有名。"这不是说他自负，恰恰证明了他的自信和学识的渊博。

（3）乐观主义哲学家。

德谟克利特被称为"笑的哲学家"，与有"哭的哲学家"之名的赫拉克利特对应。他认为"生活中不完美地体现实际上是人生的和谐与自然，那里面包含着我们人性的优点与缺点，包含着我们对人生的处世态度，包含着我们在天地世界不停地耕耘幸福，播种幸福。幸福并不遥远，幸福其实就在我们自己的心中"。他的话既朴素又充满哲理。

（4）宝贵精神品质。

德谟克利特指出："人是一个小宇宙。"小宇宙指的是人的内在世界，如人的性格、德行、灵魂、热情、灵感和必要的教养。德谟克利特自身具有很多的宝贵精神品质，他淡泊名利，富有但低调，终生过着清贫的生活，不贪慕富贵，对周围人的愚蠢和徒劳嗤之以鼻。他不骄傲、平易近人、平等待人，这些是非常优秀的品德。

正因为他的优秀品德和品质，才使他取得了令人瞩目的学术成就，使其生前身后备受荣耀。求知欲强、醉心学问、勤奋好学、平等待人，无论是治学还是为人，这些都是难能可贵的品质。

2. 亚历山大大帝的老师、古希腊哲学的集大成者——亚里士多德

姓　　名　亚里士多德
性　　别　男
国　　别　古希腊
学科领域　哲学
排　　行　第一梯队（超一流）

亚里士多德像

✍ 生平简介 ✍

亚里士多德（公元前384—前322年）出生于色雷斯的斯塔基拉。他是古代先哲，世界古代史上伟大的哲学家、思想家、科学家和教育家之一，其父亲是马其顿国王腓力二世的宫廷御医。公元前367年在他17岁时迁居到雅典，曾经学过医，还在雅典柏拉图学院就读达20年。

在雅典的柏拉图学园中，亚里士多德表现得很出色，柏拉图称他是"学园之灵"。亚里士多德不崇拜权威，在学术上有自己的想法。他努力收集各种图书资料，勤奋钻研，甚至为自己建立了一个图书室。在学院期间，亚里士多德就在思想上跟老师有了分歧。他曾经隐喻地说过，智慧不会随柏拉图一起死亡。有记载说，柏拉图曾讽刺他是一个书呆子。当柏拉图到了晚年，他们师生间的分歧加大，经常爆发严重争吵。

公元前343年，受马其顿国王腓力二世的聘请，42岁的亚里士多德担任起当时年仅13岁的亚历山大大帝的老师。亚里士多德对这位未来的世界领袖灌输了道德、政治以及哲学的教育，对亚历山大大帝的思想形成起了重要的作用。正是在亚里士多德的影响下，亚历山大大帝始终对科学事业非常关心，对知识十分尊重。

公元前335年腓力二世去世，亚里士多德又回到雅典，他在那里办了一所叫吕克昂的学园，并得到了后继国王亚历山大和各级马其顿官僚的支持和帮助。除了获得了政治上的显赫地位以外，他还得到大量的金钱、物资、土地和人力资助。他所创办的吕克昂学园占有广大的运动场和园林，有当时第一流的图书馆和动植物园等。学园里的老师和学生们习惯在花园中边散步边讨论问题，因而得名为"逍遥派"。据说，亚历山大提供的研究费用，大约折合黄金48000磅。亚历山大的部下还为其收集动植物标本等资料。

作为一位百科全书式的科学家，他几乎对每个学科都做出了贡献。他的写作涉及伦理学、形而上学、心理学、经济学、神学、政治学、修辞学、自然科学、教育学、诗歌、风俗，以及雅典法律。亚里士多德的著作构建了西方哲学的第一

个广泛系统，包含道德、美学、逻辑和科学、政治和玄学。公元前 322 年，亚里士多德因身染重病离开人世，终年 63 岁。

❧ 花絮 ❧

亚里士多德教育思想。

亚里士多德从其政治学说出发，极为重视教育。他说，人天生是政治的动物，人从来没有也不可能以单独的个人而存在。亚里士多德认为，个人需要接受教育，学习知识。

亚里士多德教育思想主要包括和谐教育思想和自由教育思想，他将善或理智作为教育的最高境界。和谐教育的内容主要是论三种灵魂与三种教育，还包括儿童年龄分期。自由教育主要是对人的理性灵魂的教育；他提出了身心和谐发展教育思想——亚里士多德根据人是由身体（肉体）和心灵两个不可分割的部分所组成的理论，在西方教育史上第一个从理论上论证了身心和谐发展的教育问题。

亚里士多德认为人有三种灵魂：理性灵魂、非理性灵魂和植物性灵魂。理性灵魂主要表现在思维、理解、判断等方面，是灵魂的理智部分，又称为理智灵魂，是最高级的灵魂。非理性灵魂主要表现在本能、情感、欲望等方面，是灵魂的动物部分，又称为动物灵魂。植物灵魂主要体现在有机体生长、营养、发育等生理方面，是灵魂的植物部分。人人都具备这三种灵魂，且从出生到成人依次呈现出植物灵魂、动物灵魂、理性灵魂。

亚里士多德关于灵魂的 3 个组成部分的理论为教育必须包括体育、德育、智育提供了人性论上的依据。其中，体育是基础、智育是最终的目的。他认为，要使人的灵魂得到健康的完善的发展，必须施于人不同阶段十分恰当的教育和训练。为此，他提出了"遵循自然"的和谐教育原则，第一个明确提出儿童年龄分期。他指出，应遵循儿童自然发展顺序，根据儿童身心成长的特点来进行，先是体格再是情感最后是理智教育。只有通过多方面的教育，儿童的身心才能得到和谐的发展。

亚里士多德教育思想的主要依据是对事物固定本质和规则的认识，是对人理性的认识。亚里士多德的教育思想对西方乃至世界的教育产生了重要的影响，直到现在，我们常说的"三好学生"的"三好"就是亚里士多德提倡的体育、德育、智育三个方面。

❧ 师承关系 ❧

亚里士多德是柏拉图的学生，马其顿国王亚历山大大帝的老师，他深受苏格拉底、柏拉图、巴门尼德（第一个提出思想与存在是同一的）和恩培多克勒（认为心脏是血管系统的中心）等哲学家的影响。

❧ 学术贡献 ❧

亚里士多德是位伟大的哲学家，他抛弃了柏拉图所持的唯心主义观点，认为世界乃是由各种本身的形式与质料和谐一致的事物所组成的。"质料"是事物组成的材料，"形式"则是每一件事物的个别特征。认为知识起源于感觉，这些思想已经包含了一些唯物主义的因素。

亚里士多德把科学分为：理论的科学（数学、自然科学和后来被称为形而上学的第一哲学）、实践的科学（伦理学、政治学、经济学、战略学和修饰学）和创造的科学。将哲学和其他科学区分开来，开创了逻辑、伦理、政治学和生物学等学科的独立研究。

具体的物理学贡献有：

（1）认识到正交情况下力平行四边形的概念。

（2）解释杠杆理论说：距支点较远的力更易移动重物，因为它画出一个较大的圆；把杠杆端点重物的运动分解为切向的（他称为"合乎自然的"）运动和法向的（"违反自然的"）运动。

（3）关于落体运动的观点（落体定律）是："体积相等的两个物体，较重的下落得较快"。他甚至认为，物体下落的快慢精确地与它们的重量成正比，这个错误观点对后世影响颇大。直到 16 世纪末荷兰数学家斯蒂文（1548—1623 年，斯蒂文的著作非常丰富，涉及数学、力学、天文学、航海学、地理学、建筑学、工程学、军事科学、音乐理论等多种学科）和伽利略不仅从理论上说明，而且用实验（伽利略从比萨塔上掷下两个不同重量的圆球）证实了亚里士多德的错误。

（4）认为运行的天体是物质的实体，地球是球形的，是宇宙的中心（首创地心说）；地球和天体由不同的物质组成，地球上的物质是由水气火土四种元素组成，其中每种元素都代表 4 种基本特性（干、湿、冷、热）中两种特性的组合；土＝干+冷；水＝湿+冷；气＝湿+热；火＝干+热；天体由第五种元素"以太"构成（首提以太的概念）。

（5）认为白色是一种再纯不过的光，而平常我们所见到的各种颜色是因为某种原因而发生变化的光，是不纯净的。直到 17 世纪大家对这一种错误结论坚信不移，直到后来牛顿通过三棱镜实验证明白光是由 7 种单色光组成的为止。

（6）认为"凡运动的事物必然都有推动者在推着它运动"，这是建立在日常经验上。但一个推一个不能无限地追溯上去，因而"必然存在第一推动者"，即存在超自然的神力。中古世纪的基督教说"第一推动者"就是指上帝，并将亚里士多德的学说，与基督教教义结合。这样的结合让亚里士多德的学说成为权威学说，一直到了牛顿才建立正确的力学学说。这里的运动是指一般意义下的运动，也包括力学运动在内。认为物体只有在外力推动下才运动，外力停止，运动也就停止。这个观点只看到了问题的一面，"力"，没有看到问题的另一面，如"惯性"等，并且归因于神力，这是亚里士多德的局限性。

（7）反对原子论，不承认有真空存在。

（8）最早论证地球是球形。古希腊学者欧多克斯（古希腊天文学家和数学家）提出"地心说"，经亚里士多德完善，认为宇宙的运动是由上帝推动的。他说，宇宙是一个有限的球体，分为天地两层，地球位于宇宙中心，所以日月围绕地球运行，物体总是落向地面。地球之外有 9 个等距天层，由里到外的排列次序是：月球天、水星天、金星天、太阳天、火星天、木星天、土星天、恒星天和原动力天，此外空无一物。各个天层自己不会动，上帝推动了恒星天层，恒星天层才带动了所有的天层运动。人居住的地球，静静地屹立在宇宙的中心。

～ 代表作 ～

亚里士多德一生勤奋治学，从事的学术研究涉及到逻辑学、修辞学、物理学、生物学、教育学、心理学、政治学、经济学、美学、博物学等，写下了大量的著作，他的著作是古代的百科全书。亚里士多德的很多著作保存在遭到破坏的亚历山大城图书馆，有不少作品经阿拉伯学者的翻译得到保存。

（1）《物理学》一书讨论了自然哲学、存在的原理、物质与形式、运动、时间和空间等方面的问题。他认为要使一个物体运动不已，需要有一个不断起作用的原因。

（2）《天论》一书讨论物质和可毁灭的东西，并进而讨论了发生和毁灭。在这个发生和毁灭的过程中，相互对立的原则冷和热、湿和燥两两相互作用，而产生了火气土水 4 种元素。除这些地上的元素外，首次提出了以太。以太作圆运动，并且组成了完美而不朽的天体。

（3）《气象学》讨论了天和地之间的区域，即行星、彗星和流星的地带。其中，还有一些关于视觉、色彩视觉和虹的原始学说。在《气象学》第四册里，他叙述了一些原始的化学观念。这部著作在中世纪后期有很大的影响。

（4）亚里士多德在他的重要著作《政治学》中，首先谈了公民，再谈城邦，确立了以个体为主体的政治观。

～ 获奖与荣誉 ～

苏格拉底、柏拉图、亚里士多德是古希腊哲学史上的三杰，奠定了西方哲学的基础。

学术影响力

（1）作为一位最伟大的、百科全书式的科学家，亚里士多德对世界的贡献无人可比。

（2）他的思想对人类产生了深远的影响。亚里士多德关于物理学的思想深刻地塑造了中世纪的学术思想，其影响力延伸到了文艺复兴时期。他所强调的和谐教育、自由教育和以"普遍性"为基础的求知方法等思想成为西方教育中的重要组成部分。

（3）他创立了形式逻辑学，丰富和发展了哲学的各个分支学科，对科学做出了巨大的贡献。

名人名言

（1）遵照道德准则生活就是幸福的生活。

（2）人生颇富机会和变化；人最得意的时候，往往会有最大的不幸光临。

（3）人生最终价值在于觉醒和思考的能力，而不只在于生存。

（4）在不幸中，有用的朋友更为必要；在幸运中，高尚的朋友更为必要。在不幸中，寻找朋友出于必需；在幸运中，寻找朋友出于高尚。

（5）真正的朋友，是一个灵魂孕育在两个躯体里。

（6）事业是理念和实践的生动统一。

（7）教育的根是苦的，但其果实是甜的。

（8）真正的美德不可没有实用的智慧，而实用的智慧也不可没有美德。

（9）我爱我师，我更爱真理。

（10）学问是富贵者的装饰，贫困者的避难所，老年人的粮食。

（11）放纵自己的欲望是最大的祸害；谈论别人的隐私是最大的罪恶；不知自己过失是最大的病痛。

（12）对上级谦恭是本分；对平辈谦逊是和善；对下级谦逊是高贵；对所有的人谦逊是安全。

（13）人类是天生社会性动物。

（14）求知是人类的本性。

（15）人类所需要的知识有三：理论、实用、鉴别。

（16）德可以分为两种：一种是智慧的德，另一种是行为的德。前者是从学习中得来的，后者是从实践中得来的。

（17）没有一个人能全面把握真理；热爱真理的人在没有危险的时候爱着真理，在危险的时候更爱真理。

（18）美是上帝赐予的礼物。

（19）教育是廉价的国防。

（20）战争的目的是为了和平。

☙ 学术标签 ❧

亚里士多德是古希腊哲学的集大成者、最早论证地球是球形的人。马克思曾称亚里士多德是古希腊哲学家中最博学的人物，恩格斯称他是"古代的黑格尔"。

☙ 性格要素 ❧

一生勤奋治学、博学多才、不盲从权威。

☙ 评价与启迪 ❧

亚里士多德治学严谨、勤奋治学、不盲从权威，比如他敢于和自己的老师柏拉图争议思想问题，勇于质疑柏拉图的唯心主义哲学理论而不仅仅是简单的盲从，真正践行"我爱我师，我更爱真理"。事实上，严谨治学是从事科学研究所必须的，尤其是对于青年学者来说；如果没有敢于挑战权威、质疑权威的勇气，就不会有学术上的进步，就不会有创新思路。身为社会的一分子，无论从事任何行业，都要勤奋治学，在本领域内敢于创新，敢于挑战权威，这样才会取得新的成就；尤其是对于当下实施的"创新驱动"战略来说，严谨勤奋、勇于质疑更是不可或缺的。

亚里士多德的许多思想，今天看来依然具有时效性。例如："贫穷是革命与罪孽之母""立法者应该把主要精力放在教育青年上；忽视教育必然危及国本"。亚里士多德关于教育的思想显然是超前的，在他生活的年代还没有公共教育。

3. 科学研究的殉难者、百科书式科学家、力学之父——阿基米德

姓　　名　阿基米德

性　　别　男

国　　别　古希腊

学科领域　哲学

排　　行　第一梯队（超一流）

☙ 生平简介 ❧

阿基米德（公元前 287—前 212 年）的意思是大思想家。他出生在希腊西西里岛一个富有的贵族家庭，与古希腊叙古拉的赫农王有亲戚关系。阿基米德受其父（天文学家和数学家）的影响，从小就对数学特别

阿基米德像

是几何学产生了浓厚的兴趣。

阿基米德 11 岁时，被送到当时世界知识和文化贸易中心、埃及的亚历山大城学习，他对数学、力学和天文学产生了浓厚的兴趣。在亚历山大他跟随过许多著名的数学家学习，包括欧几里得及其学生埃拉托塞、卡农。阿基米德在这里学习和生活多年，继承了东方和古希腊的优秀文化遗产，对其后的科学生涯产生了重大的影响，奠定了其日后从事科学研究的基础。

在他学习天文学时，发明了用水力推动的星球仪，并用它模拟太阳、行星和月亮的运行及表演日食和月食现象。为解决用尼罗河水灌溉土地的难题，他发明了圆筒状的螺旋扬水器，后人称之为"阿基米德螺旋"。

公元前 240 年，阿基米德回叙古拉。其后，一直保持着与全希腊、特别是亚历山大学者们的通信联系。这种书信来往，使得其许多学术成果得以保存。他在叙古拉当了赫农王的顾问，帮助其解决生产实践、军事技术和日常生活中的各种科学技术问题，是当时全世界对于机械的原理与运用了解最透彻的人。阿基米德非常重视试验，一生设计、制造了许多仪器和机械。值得一提的有举重滑轮、灌地机、扬水机以及军事上用的抛石机等。

在他年老的时候，罗马军队的最高统帅马塞卢斯率军包围了叙古拉。阿基米德眼见国土危急，绞尽脑汁，夜以继日地发明抵抗罗马军队的御敌武器。他用杠杆原理制造了一种叫作石弩的抛石机，能把大石块投向罗马军队的战舰，或者使用发射机把矛和石块射向罗马士兵。他造了巨大的铁爪式起重机，可将敌人的战舰吊到半空中摔碎。阿基米德还让人利用镜子反射强烈的阳光来攻击敌舰，使敌船由于温度过高而燃烧，从而击退敌人。

公元前 212 年，罗马军队侵入叙古拉。阿基米德当时正专心研究几何图形，完全没有注意到罗马军队已经进入城中。一个士兵前来命令他去见统帅马塞卢斯，但阿基米德拒绝跟他走。士兵大怒，拔出佩剑，一剑刺死了他。科学巨星就此陨落，终年 75 岁。他最后一句话是"不要动我的圆"，这也成为古往今来世界各地的科学家们维护自己从事科技创造权利的一句口头禅。

罗马统帅马塞卢斯十分惋惜阿基米德的死，就将杀死阿基米德的士兵处决了，并为阿基米德举行了隆重的葬礼，还在西西里岛为阿基米德修建了一座陵墓，墓碑上刻着一个圆柱内切球的图形，以纪念他在几何学上的卓越贡献。

◦э 花絮 ɘ◦

（1）专注于研究，忘记吃饭。

阿基米德在非常专注地研究问题时，常常会忽略日常的生活问题，比如因为专注于研究而忘记了吃饭，甚至忘记了他自己的存在。有时，人们会强制他洗浴，但他浑然不知，完全进入了一种忘我的境界。

（2）发明阿基米德螺旋水车。

据说，阿基米德在尼罗河谷期间，为了将水从大船的船舱中排出发明了"阿基米德螺旋水车"，可以用来把水从低处提到高处。在埃及得到了广泛的应用，是现代螺旋泵（水泵）的前身。这一发明，直到今日仍在使用。它证明了阿基米德不仅在理论上成就璀璨，还是一个富有实践精神的工程学家。

（3）测试王冠纯度。

相传赫农王让工匠替他做了一顶纯金的王冠。但是做好后，国王疑心工匠私吞了黄金。国王把这个难题交给了阿基米德，请他来检验王冠的纯度。最初阿基米德对这个问题也无计可施。有一天，他在家洗澡，看到澡盆中的水往外溢，想到可以用测定固体在水中排水量的办法，来确定金冠的体积。他兴奋地喊着"尤里卡（找到了）"。他来到了王宫，把王冠和同等重量的纯金放在盛满水的两个盆里，发现放王冠的盆里溢出来的水比另一盆里的水多。这说明纯王冠的体积比相同重量的金体积大，证明了王冠里掺进了其他金属。

（4）利用滑轮牵引大船。

赫农王为埃及国王制造了相当沉重的大船，因为不能挪动，搁浅在海岸已经很多天了。国王要求阿基米德挪动满载乘客和货物的大船，他设计了一套复杂的杠杆滑轮系统安装在船上，赫农王拉动滑轮的绳索，缓缓地挪动了大船。国王十分佩服他，说："今后无论阿基米德说什么，都要相信他。"

➶ 师承关系 ➴

他跟随欧几里得及其学生埃拉托塞、多西修斯和卡农学习过。

➶ 学术贡献 ➴

阿基米德在诸多科学领域作出了突出贡献，确立了静力学和流体静力学的基本原理。他的工作是人类进入应用物理学的开始。

（1）为解决用尼罗河水灌溉土地的难题，发明了圆筒状的螺旋扬水器，后人称为"阿基米德螺旋"；能牵动满载大船的杠杆滑轮机械（水泵的雏形）。

（2）系统地研究了物体的重心，提出了精确地确定物体重心的方法，尤其是几何图形重心，包括由抛物线和其他平行弦线所围成图形的重心的方法。他指出在物体的中心处支起来，就能使物体保持平衡。

（3）发现并严格地证明了杠杆原理，为静力学奠定了基础。

（4）创立了机械学。在研究机械的过程中，提出了力矩的概念，还发现了滑轮和复式滑轮的工作原理。

（5）在研究浮体的过程中，发现了浮力定律，证明物体在液体中所受浮力等于它所排开液体的重量，也就是有名的阿基米德浮力定律；给出正抛物旋转体浮在液体中平衡稳定的判断依据。

（6）确定了抛物线弓形、螺线、圆形的面积以及椭球体、抛物面体等各种复杂几何体的表面积和体积的计算方法。在推演这些公式的过程中，他创立了"穷竭法"，即我们今天所说的逐步近似求极限的方法，因而被公认为微积分计算的鼻祖。

（7）发展了天文学测量用的十字测角器，并制成了一架测算太阳对向地球角度的仪器——用水力推动的星球仪。能说明日食，只做了揭示月食现象的地球—月球—太阳运行模型。他认为地球是圆球状的，并围绕着太阳旋转，这比哥白尼的"日心地动说"要早1800年。

✣ 代表作 ✣

在力学方面，阿基米德著有《论平板的平衡》《论浮体》《论杠杆》《论重心》等力学著作。在《论平板的平衡》中系统地论证了杠杆原理，在《论浮体》中论证了浮力定律。

《论浮体》可被认为是最早有关流体力学的文献，其中记载有"阿基米德原理"等。该书阐述了很多关于液体（流体）的理论，这些理论为以后研究流体力学提供了很大的帮助。

✣ 获奖与荣誉 ✣

无从考证。谁能配得上给伟大的阿基米德颁奖？估计没人能有这个权利，阿基米德的伟大不知要抵得上几个诺贝尔奖获得者。

✣ 学术影响力 ✣

阿基米德对数学和物理的发展做出了巨大的贡献，为社会进步和人类发展做出了不可磨灭的影响，即使牛顿和爱因斯坦也都曾从他身上汲取过智慧和灵感，他是"理论天才与实验天才合于一人的理想化身"。文艺复兴时期的达·芬奇和伽利略等人都拿他来做自己的楷模。

✣ 名人名言 ✣

（1）给我一个支点，我就能撬起整个地球。

（2）即使对于君主，研究学问的道路也是没有捷径的。

（3）不要动我的圆。

学术标签

古希腊唯物主义哲学家、科学研究的殉难者、力学之父、百科书式科学家、静态力学和流体静力学的奠基人；阿基米德和高斯、牛顿并列为世界三大数学家。

性格要素

立志求学、全神贯注于治学、理论与实践相结合。

评价与启迪

阿基米德无可争议的是古代希腊文明所产生的最伟大的数学家和科学家，他的学术贡献使他赢得同时代人的高度尊敬以及后人的仰慕。

阿基米德指出：地球是圆球状的，并围绕着太阳旋转！这一观点比哥白尼的"日心地动说"要早 1800 年；限于当时的条件，他并没有就这个问题做深入系统的研究。但早在公元前 3 世纪就提出这样的见解，是很了不起的。

阿基米德和雅典时期的科学家有着明显的不同，就是他既重视科学的严密性、准确性，要求对每一个问题都进行精确的、合乎逻辑的证明；又非常重视科学知识的实际应用。他非常重视试验，亲自动手制作各种仪器和机械。他一生设计、制造了许多机构和机器，除了杠杆系统外，值得一提的还有举重滑轮、灌地机、扬水机以及军事上用的抛石机等。被称作"阿基米德螺旋"的扬水机至今仍在埃及等地使用。

历史上有的数学家勇于开辟新的领域，而缺乏缜密的推理；有的数学家偏重于逻辑证明，而无法开辟新的领域。阿基米德则兼有二者之长，他常常通过实践直观地洞察到事物的本质，然后运用逻辑方法使经验上升为理论（如浮力问题），再用理论去指导实际工作（如发明机械）。没有一位古代的科学家，像阿基米德那样将熟练的计算技巧和严格证明融为一体，将抽象的理论和工程技术的具体应用紧密结合起来。

阿基米德的故事告诉我们，年轻时代必须立志，要有广泛的兴趣和爱好。求学中要广泛求师，采百家之长，无论做任何事情，必须全神贯注于你所研究的事情上，才能有好的结果。同时，无论求学还是研究，理论必须结合实践，这样才能够将所学到的知识应用于日常生产和生活。

4. 古希腊最伟大的天文学家、方位天文学创始人——喜帕恰斯

姓　　名　喜帕恰斯（依巴谷）
性　　别　男
国　　别　古希腊
学科领域　天文学
排　　行　第二梯队（次一流）

喜帕恰斯像

　❧ **生平简介** ❧

　　喜帕恰斯（约公元前190—前125年）中文亦译做伊巴谷、希巴恰斯、希巴克斯、依巴谷等，最流行的还是喜帕恰斯和依巴谷。他出生于小亚细亚半岛，即现在的土耳其。他生活在一个天文学盛行的年代，年轻时曾在埃及托勒密王朝的首都亚历山大城求学，该城是希腊化时代（亚历山大帝国建立至罗马征服希腊为止）科学和文化的中心，吸引了几乎所有这个时代的伟大科学人物。

　　希腊化时期的天文学已经进入了"观测天文学"阶段，不同于从泰勒斯到亚里士多德时期建立在现象观察加猜想和推测基础上的古希腊"经典天文学"，而是将天文学作为数学的研究对象，将天文观测与计算相结合的一种科学意义上的天文研究。代表这一时期观测天文学研究最高成就的是号称"天文学之父"的喜帕恰斯。

　　喜帕恰斯最大贡献是在观测天文学研究领域。他曾在爱琴海的罗得斯岛建立了观象台，并发明了许多能用肉眼观测行星的天文工具。喜帕恰斯继承了亚里士多德的观点，认为地球处于宇宙中心，太阳和月亮以中心偏离地球的圆形轨道运行，即它们不是围绕地球这一中心而运行。他认为行星围绕地球的运行是一个大圆，同时行星还有另一种小圆运动，实际运行就是类似于环状的运动。这些小圆套上大圆的模式，他称之为本轮模型。这一思想，被两个世纪后的托勒密采纳，在之后许多世纪里一直是主流天文学思想。

　　作为公认的古希腊最伟大的天文学家，喜帕恰斯的成就令世人惊叹。他创立三角学和球面三角学，被后人称为方位天文学的创始人。托勒密系统研究了喜帕恰斯的数据，使得他的许多思想具体化，建立起一个以他名字而命名的天体学说，并持续了1700多年；直到哥白尼研究出了新的数学计算办法后，才推翻了他的天体学说。

　　喜帕恰斯一个又一个惊人的发现和发明，特别是对天文学的划时代贡献，使他成为希腊最伟大的天文学家。公元前125年，"天文学之父"、伟大的喜帕恰斯逝世，走完了他传奇的一生。

❧ 师承关系 ❧

无从考证；他是古希腊占星学家萨拉皮翁的老师。

❧ 学术贡献 ❧

（1）为了研究天文学，他创立了三角学和球面三角学。尤其是球面三角这门数学工具解决了前人欧多克斯（约公元前 395—前 343 年，在中国名气不大，但在科学史上的地位堪比牛顿，是天文学几何化的先驱）发明的同心球宇宙模型都无法解决的两个难题，使希腊天文学由定性的几何模型变成定量的数学描述，使宇宙模型真正有效而又准确地反映出天文观测的结果。

（2）他最有抱负的成就是研究出了宇宙的一幅新的天象图，这个宇宙天象图是非常复杂的，它保留了柏拉图和亚里士多德的原则，大意是说地球是宇宙的固定中心，行星的运动是多个圆周运动的综合；喜帕恰斯计算行星位置的方法在 1700 多年的时间内是奏效的。他建立了太阳系的均轮本轮模型，能很好地解释天文现象，还可以根据观测记录，准确地预测日食和月食。因此，很受天文学界的欢迎。这一系统一直主宰着欧洲人的天文学，直到哥白尼时代才被推翻。

（3）公元前 134 年，他发现天蝎座的新星，这打破了前人关于"天是永恒不变"的哲学信念。

（4）喜帕恰斯第一个发现巨蟹座的 M44 蜂巢星团（是北半球最亮的、由 500 多颗恒星组成的疏散星团，犹如一团"鬼火"，因此又被称为"鬼星团"）。

（5）公元前 129 年，他编出一份包括 1000 多颗恒星的分布和亮度星表（依巴谷星表）。这是第一幅准确的星图，是他一生最伟大的成就，也是当时最先进的星图。

为了绘制这幅星图，喜帕恰斯根据每个星体的纬度（与赤道南北相隔的角距）和经度（与任意一点东西相隔的角距），标出它的位置。他首次以"星等"来区分星星，使西方第一次有了星等的概念；只是喜帕恰斯的星等概念与现代星等概念不同。星等的原意是指恒星的大小；古人认为恒星都在一个球面上，所以至地球的距离是相等的。正是依巴谷星表帮助哈雷在 18 个世纪后发现了恒星的自行。星等思想一直保持到今天。

（6）他发明了地球表面经纬度表示地理位置的定位方法，发明了由从地球两个极点向赤道面投影的一种投影制图方法，并一直沿用到今天。

（7）对历法做了精确的计算。他算出一年的长度为 365 又 1/4 日再减去 1/300 日；月球年是 29 天 12 小时 44 分 25 秒，这些结果与现在的数值相差无几，从此以后月食的预测就能准确至一小时内。测量出地球绕太阳一圈所花的时间约 365.25-1/300 天，与正确值只相差 6 分钟；他更算出一个朔望月周期为 29.53058 天，与现今算出的 29.53059 天十分接近。

（8）他利用古代日月食记录，认识了月亮的朔望月、恒星月、近点月和交点月 4 种周期，并准确定出了这些周期的数值。发现地球轨道不均匀，夏至离太阳较远，冬至离太阳较近。他运用三角学方法计算出月地距离，精确地测得白道（月亮绕地球旋转所成轨道的平面和天球相交所成的大圆）与黄道的交角为 5°，发现白道拱点和黄白交点的运动，求得月亮和地球间的距离为地球直径的 30 又 1/6 倍。在喜帕恰斯后 1900 年间，月亮就是人们所知离地球有多远的唯一天体。编制了几个世纪内太阳和月亮的运动位置表，并用这些精密的数表来推算日食和月食，这是此前许多学者想做却没做到的成就。

（9）他把自己对恒星黄经的观测结果（对室女座的角宿一的观测），同前人进行比较。根据这些资料和观测进行比较，他发现黄道和赤道交点的缓慢移动，即地球自转轴的运动造成地轴方向变化的状态。他还发现恒星在移动，太阳每年通过春分点的时间总是比回到恒星天同一位置要早，即回归年总比恒星年短，由此发现了岁差（由于地球自转轴的变动引起的恒星以 25800 年大周期的视变化），并定出岁差值为 36 秒，比实际值少了 14 秒。尽管如此，这个数值在当时也是进步的，在西方一直沿用了很多个世纪。

（10）质疑亚里士多德星星不生不灭的理论；托勒密定理是他的另一贡献。

❧ 代表作 ❧

现在所知喜帕恰斯的工作都是从托勒密的著作中得到的。

❧ 学术获奖 ❧

无从考证。

❧ 学术影响力 ❧

（1）依巴谷星表可以看作是系统、科学地进行天体测量工作的起始。限于当时的技术条件，这些数据精度很低（位置数据精度大约为 1 度），但这丝毫没有影响该星表里程碑式的意义。

（2）他发明了许多能用肉眼观测行星的天文工具，这些仪器在历史上被流传使用了 1700 多年。后人在天文学研究时，常常利用他的观测资料。1718 年，哈雷（哈雷彗星的发现者）将自己的观测与喜帕恰斯的记录比较而发现了恒星的自行。

（3）他发明了经纬度的定位方法以及投影制图方法，一直沿用到今天。

（4）首次以"星等"来区分星星，沿用至今。

（5）他提出的本轮模型这一学术思想，被两个世纪后的托勒密采纳，在之后许多世纪里一直是主流天文学思想，持续了 1700 多年，直到哥白尼推翻了他的天体学说。

（6）欧洲空间局 1989 年 8 月 8 日发射了一颗天体测量卫星，用以测量恒星视差和自行，以古希腊天文学家喜帕恰斯的名字命名，称作依巴谷卫星。

✑ 名人名言 ✎

无从考证。

✑ 学术标签 ✎

天文学之父、天体测量学的先驱者、方位天文学创始人、球面三角学的奠基人、古希腊最伟大的天文学家。

✑ 性格要素 ✎

无从考证。

✑ 评价与启迪 ✎

喜帕恰斯以他渊博的天文学知识和丰富的天文观测资料，以他的天才研究为观测天文学做出了贡献。他信奉"地球是宇宙中心"，托勒密继承发展成系统的"地心说"，统治天文学界达 1500 年之久，严重阻碍了天文学的发展。尽管如此，他仍不失为希腊化时代的天文学巨星，是希腊最伟大的天文学家。

5. 地心说集大成者、影响世界 1500 多年的天文学家——托勒密

姓　　名　克罗狄斯·托勒密
性　　别　男
国　　别　古希腊
学科领域　哲学、天文学
排　　行　第二梯队（准一流）

✑ 生平简介 ✎

托勒密（约公元 90—168 年）是罗马帝国统治下古希腊的著名哲学家。有关托勒密的生平，史书上少有记载。

年轻时托勒密曾去亚历山大求学，并长期住在那里。他在亚历山大阅读了大量书籍，学会了天文测量

托勒密像

和大地测量。在罗马帝国早期，亚历山大城是罗马帝国管辖的、北部非洲地区的文化中心。在这里，希腊化学者们待遇优厚，故古希腊天文学的亚历山大学派继

续绵延，托勒密就是这个学派的最后一位杰出代表。托勒密获得了前人的天文观测资料和此前早期哲学家所做的天文观测结果，包括巴比伦人的月食记录。

事实上，很多人对托勒密存在很大的误解，一些人甚至把托勒密和托勒密王朝的国王混为一谈。直到 12 世纪，拉丁天文学家通过翻译《至大论》才逐渐了解了真正的托勒密。

师承关系

根据现有史料来看难以确定，估计是接受的比较正规的学校教育。

学术贡献

托勒密于公元 2 世纪，提出了自己的宇宙结构学说，即"地心说"。托勒密设想，各行星都绕着一个较小的圆周上运动，而每个圆的圆心则在以地球为中心的圆周上运动。他把绕地球的那个圆叫"均轮"，每个小圆叫"本轮"。同时假设地球并不恰好在均轮的中心而偏开一定的距离，均轮是一些偏心圆；日月行星除作上述轨道运行外，还与众恒星一起，每天绕地球转动一周。托勒密这个不反映宇宙实际结构的数学图景，较为完满地解释了当时观测到的行星运动情况，并取得了航海上的实用价值，从而被人们广为信奉。

托勒密所建立的地心体系是第一个定量的、可以用观测资料加以检验的几何模型，在此后很长的历史时期中，人们都用这一模型来预先推算日、月、行星未来的位置，而且在观测精度较低的情况下大体能与实际天象相符合。因此，这一体系对古代天文学的发展曾起过十分重要的作用。

托勒密的天体模型之所以能够流行千年，是有它的优点和历史原因的。它的主要特点是：（1）绕着某一中心的匀角速运动，符合当时占主导思想的柏拉图的假设，也适合于亚里士多德的物理学，易于被接受；（2）用几种圆周轨道不同的组合预言了行星的运动位置，与实际相差很小，相比以前的体系有所改进，还能解释行星的亮度变化；（3）地球不动的说法，对当时人们的生活是令人安慰的假设，也符合基督教信仰。

在当时的历史条件下，托勒密提出的行星体系学说，是具有进步意义的。首先，它肯定了大地是一个悬空着的没有支柱的球体。其次，从恒星天体上区分出行星和日月是离我们较近的一群天体，这是把太阳系从众星中识别出来的关键性一步。

托勒密本人声称他的体系并不具有物理的真实性，而只是一个计算天体位置的数学方案。至于教会利用和维护地心说，那是托勒密死后一千多年的事情了。"地球是宇宙的中心"的说法，正好是"神学家的天空"的基础。教会之所以维护地心说，只是想歪曲它以证明教义中描绘的天堂人间地狱的图像。根本上，托勒密的宇宙学说同宗教本来并没有什么必然的联系。

中世纪的神学家吹捧托勒密的结论，却隐瞒了托勒密的方法论：托勒密建立了天才的数学理论，企图凭人类的智慧，用观测、演算和推理的方法，去发现天体运行的原因和规律，这正是托勒密学说中富有生命力的部分。因此，尽管托勒密的"地球中心学说"和神家的宇宙观不谋而合，但是两者是有本质区别的：一个是科学上的错误结论，可以予以纠正；一个是愚弄人类、妄图使封建统治万古不变的弥天大谎。托勒密从喜帕恰斯的遗著中摘出托勒密定理。

❧ 代表作 ❧

有 4 本重要著作：《天文学大成》这部巨著是当时天文学的百科全书，《地理学指南》《天文集》和《光学》。另外，还有《至大论》。

巨著《天文学大成》（13 卷）是根据喜帕恰斯的研究成果写成的一部西方古典天文学百科全书，书中不仅刊出了著名的托勒密星表，更是提出了著名的托勒密地心体系——认为地球居于中心，日、月、行星和恒星围绕着它运行。此书在中世纪被尊为天文学的标准著作，直到 16 世纪中哥白尼的日心说发表，地心说才被推翻。

《光学》5 卷，其中第一卷讲述眼与光的关系，第二卷说明可见条件、双眼效应，第三卷讲平面镜与曲面镜的反射及太阳中午与早晚的视径大小问题，第五卷试图找出折射定律，并描述了他的实验，讨论了大气折射现象。

托勒密全面继承了亚里士多德的地心说，并利用前人积累和他自己长期观测得到的数据，写成了 8 卷本的《至大论》，其译本有希腊文、拉丁文、阿拉伯文、法文和英文等多个版本，流传甚广。

在《至大论》一书中，他把亚里士多德的 9 层天扩大为 11 层，把原动力天改为晶莹天，又往外添加了最高天和净火天。《至大论》对古代科学的重要性相当于 17 世纪牛顿的《自然哲学的数学原理》，是一部成就卓著的科学著作，是希腊天文学的顶点。它教会后世的科学家在经验观测的基础上建立几何和运动学模型，以此模拟自然界的运动，这一方法直到现在还影响着科学的研究方法。

❧ 获奖与荣誉 ❧

他的学说可以影响世界 1500 多年，这又是哪个奖项可以配得上的呢？

❧ 学术影响力 ❧

地心说影响了人类历史 1500 多年。在 16 世纪哥白尼的"日心说"提出之前，"地心说"一直占统治地位。尽管它把地球当作宇宙中心是错误的，然而它的历史功绩不应被抹杀。在当时的历史条件下，托勒密提出的行星体系学说，是有进步意义的。首先，地心说承认地球是一个悬空着的没有支柱的球体，是"球形"的。其次，把行星从恒星中区别出来，着眼于探索和揭示行星的运动规律，这标志着人类对宇宙认识的一大进步。另外，从恒星天体上区分出行星和日月是离我们较近的一群天体，这是把太阳系从众星中识别出来的关键性一步。

名人名言

（1）如果地球是扁平的，那么全世界的人将同时看到太阳的升起和落下。

（2）我们向北行进，越靠近北极，南部天空越来越多的星星便看不见了，同时却又出现了许多新的星星。

（3）每当我们从海洋朝山的方向航行时，我们会觉得山体在不断地升出海面；而当我们逐渐远离陆地向海洋航行时，却看到山体不断地陷入海面。

学术标签

托勒密不仅仅是早期古希腊天文成果的集大成者，也是一个卓越的具有原创精神的天文学家，他代表着古希腊天文学的高峰。

性格要素

无从考证。

评价与启迪

在很多世纪以来，托勒密一直被认为是最伟大的天文学家，是那个时期天文学成就的集大成者。他的地心说体系虽然是错的，但已经是那个时期比较完善、更能够解释当时肉眼能看到的天文现象的最佳理论体系了。不过他的错误观点被教会接受和利用，严重束缚了自然科学的发展长达1500多年。

尽管其后哥白尼提出了日心说，开普勒提出了行星运动三大定律，但这些都没有影响到其在天文学上的科学声誉。伟大的天文学家托勒密仍然是伟大的。哥白尼们的新天文学是诞生于托勒密旧天文学的基础上的，是青出于蓝而胜于蓝。试想一下，如果我们现在仍然受到"地心说"的影响，我们的生活将会怎么样？

总之，顶礼膜拜伟大的天托勒密吧。大家注意到了吗，以托勒密之伟大，仍然无法进入第一梯队，原因就是"第一次""首先"这样的字眼在起作用。作者并不否认承继者的贡献，他们的贡献甚至更大，但是托勒密和德谟克利特仍然无法以"首倡者"的名头进入第一梯队。科学只有第一，没有第二，唯有不断创新才能赢得第一；创新的思路、创新的头脑、创新的意识。

6. 神医及叛教者、日心说创始人——哥白尼

姓　　　名　尼古拉·哥白尼
性　　　别　男
国　　　别　波兰
学科领域　天文学家
排　　　行　第一梯队（超一流）

哥白尼像

❧ **生平简介** ❧

哥白尼（1473 年 2 月 19 日—1543 年 5 月 24 日）的原意是"谦卑"。他出生于波兰一个相对富裕的家庭，家里兄妹四个，他是最小的孩子，父亲曾在当地担任过市政官。关于他的国籍，德国认为他是本国人，因他讲德语，在博洛尼亚大学读书期间也加入了德国同乡会。10 岁时父亲死于瘟疫，由舅父抚养。上学期间，他勤奋上进、肯动脑筋；上中学时就对天文学发生兴趣，曾帮助老师做过日晷。

1491—1495 年，哥白尼进入当时波兰的首都克拉科夫，该城较早地受到意大利文艺复兴的影响。在那里，他跟随数学家和天文学家勃鲁泽夫斯基学习天文学，受其影响，哥白尼的天文学理论知识日渐丰富，也培养出了他严谨求实的治学方法和科学素养。勃鲁泽夫斯基对哥白尼的一生产生深远的影响，是他的启蒙教育促使哥白尼决定将自己的一生奉献给天文科学。

他的老师还包括循循善诱的沃伊切赫教授。沃伊切赫教授说"我们要了解那未知的宇宙，当然要学习古人的著作，同时还要用自己的眼睛去仔细地看"；他认为月亮的轨道是椭圆的，而不是圆形的。沃伊切赫曾对托勒密的"地心说"提出过异议，并把这种观点传达给了包括哥白尼在内的一众学生。他发现哥白尼与自己个性相似，在追求学问的道路上日益奋进，对其寄予厚望。沃伊切赫教授最自豪的事是鼓励哥白尼勇敢地揭开自然界的奥秘，挑战托勒密的"地心说"；而哥白尼也对托勒密的理论心存怀疑："地球凭什么让众多星球围着自己转呢？它哪来这么大的力量呢？"

哥白尼生活于黑暗的中世纪，人们的思想被教会压制，但文艺复兴逐渐影响到了波兰。当时出于地理探险及远洋航运的需要，天文观测的精度得到了提高，地心说暴露出了更多的破绽，据其推算出来的春分比实际多出了 10 天。且地心说不断增加均轮和本轮数目，多达 80 个，让人难以置信。

1496 年后，哥白尼来到意大利博洛尼亚大学、帕多瓦大学和费拉拉大学读书，总共留学 9 年，除教会法规外，还研究数学和天文学。他对教会法不太感兴

趣，但对天文学兴趣十足，常常夜观星空。意大利诗人卡利马赫曾对他说"数学和观测是天文学家的两个法宝"，这话对他影响很深。

在意大利求学期间，哥白尼搜集、阅读和研究了许多有关天文学和数学方面的书籍。对他最有影响的老师是文艺复兴运动的领导人之一、天文学教授德·诺瓦拉。诺瓦拉深通古希腊著作，很赞赏毕达哥拉斯学派的宇宙和谐观念，这给哥白尼以深刻的影响。哥白尼跟其学会了运用天文仪器进行观测天象、掌握了部分古希腊的天文学理论，尤其是了解了毕达哥拉斯学派有关于地球自转和地球及诸行星都绕着太阳转的学说。

他还结识了当时知名的意大利女天文学家多米尼克·玛利亚，同她一起研究月球理论。根据托勒密对月球运行的解释，会得出一个荒谬的结论：月亮的体积时而膨胀时而收缩，满月是膨胀的结果，新月是收缩的结果。以目前的观点来看显然是错误的，但当时人们深信不疑。1497 年的某天，他观察到：月球遮掩金牛座 α（毕宿五）的时刻无法用地心说解释。通过进一步观察日食，哥白尼用数据证明：月亮距离地球的远近，在亏缺和盈满时是完全一样的，它的大小也没有改变。这一数据证明托勒密的理论是错误的。

1497 年，哥白尼被选为弗龙堡费劳恩译格大教堂修士。1503 年，他在费拉拉大学获得教会法博士学位。1506 年，哥白尼从意大利回到波兰服务教会，他一面行医，一面研究天文学。在 16 世纪初年，哥白尼就认为托勒密的天动学说（地心说）不能成立。他花了 30 多年的时间留意观测日、月以及各行星的运动，更相信地动学说的正确。

1512 年，哥白尼定居在教区大教堂所在的弗龙堡。他买下一座本来是作战用的箭楼观察天文，楼顶的最上层是工作室，下面两层是卧房，他在这里一直住到去世。此地后来被称为"哥白尼塔"，自 17 世纪以来作为天文学研究的圣地保存下来。为了观测星象，哥白尼动手自制了许多观测仪器，一种是测行星距离的"三弧仪"，一种是测太阳中天时高度的"象限仪"，还有一种是测天体在天空任何处的高度的"三角仪"。

除了星象观察之外，哥白尼还在浩如烟海的古代文献典籍中寻找真理。为此，他认真研读了古希腊人的哲学与天文学著作。他惊奇地发现，古代哲人不仅有地静说的主张，也有地动说的主张，例如古希腊哲学家阿里斯塔克斯（约公元前 310—约前 230 年，是最早测定太阳和月球对地球距离的近似比值的人，他所著《论日月大小和距离》一书流传至今。在这一著作中，他应用几何学知识在科学史上第一次试图测量日、月和地球之间的距离）最早提出了日心学说。

哥白尼从毕达哥拉斯的著作里得到了启示，即应当用简明的几何图像来表示宇宙的结构和天体的运行规律；他还发现每颗行星都有 3 种周期性的运动，这即是自转、公转和相当于岁差的周期运动。若把这些行星运动规律与日心说结合起来，亦即地球也有这 3 种运动，那么托勒密理论体系中的复杂性就消失了。

对古典著作的研究和对历代天文资料的分析，使哥白尼逐步树立起日心说的信念，确信地球和其他行星都围绕太阳运转的理论是正确的。事实上，维也纳大学天文学家乔治·普尔巴赫（1423—1461 年）及其学生约翰·缪勒（1436—1476 年）等人的研究成果也为哥白尼学说的提出奠定了基础。40 岁时，他初步阐述了有关日心说的看法，认为太阳不但是时间的主宰，而且是群星和天空的主宰，更正了人们的宇宙观。

长期观测星象使他获得了许多新的发现，为他写作《天体运行论》和探索宇宙结构的新体系，提供了大量准确而有价值的材料。1509 年，他已经写好《天体运行》的提纲《试论天体运行的假设》。但是，他知道天动学说从亚里士多德建立以来已经有 1800 年的历史，又有教会的拥护，如果发表跟天动学说根本对立的地动学说，一定会遭到种种非难和攻击，因此他决定谨慎而小心地进行观测工作，务使他的理论能和实际观测相符合。经过长年的观察和计算，从 1515 年开始写作他的伟大著作《天体运行论》一书。十几年来，哥白尼进行了大量的天文观测，收集了大批资料，终于在 1533 年完成了这部巨著的初稿。随后，他又长期进行观测、验证、修改，使得他的宇宙体系更具说服力，成为一种科学理论。

1533 年，60 岁的哥白尼在罗马做了一系列的讲演，提出了他的学说的要点。当时罗马天主教廷认为他的日心说违反《圣经》，但哥白尼仍坚信日心说，并认为日心说与宗教并无矛盾。迫于当时形势，哥白尼并没有直接出版该书，直到多年后，在友人的帮助下，他终于决定将《天体运行论》出版。书籍的出版历经波折，直到 1543 年 5 月 24 日，哥白尼因中风去世的当天，才收到出版商寄来的样书。2010 年 5 月 22 日，在波兰弗龙堡大教堂，哥白尼的遗骨被隆重重新安葬，受到世人尤其是波兰和德国人民的怀念。

✎ 花絮 ✎

（1）虔诚的天主教徒。

尽管从事天文学研究，但他自始至终是一个虔诚的天主教徒，他从来不认为他的学说与《圣经》相抵触。除了一生行医之外，哥白尼成年的大部分时间是在费劳恩译格大教堂任职当一名牧师，他敬畏神，宣传天主圣道。他自己认为在天文学上卓越的成就，实乃得自天主真神的启示。他曾说"人有灵魂的价值""引力是按神的意志，给予物质各部分的自然属性""神是宇宙间最卓越、最有条理的匠人"。

他在《天体之运行：导言》里写道："假如真有一种科学，能使人类心灵高贵，脱离世间的污秽，这种科学一定是天文学。因为人类若看见神管理下的宇宙所有的庄严秩序时，必要感到有一种力量，催迫自己趋向于规律的生活，去履行各种道德，可以从万物中认出造物主确是真善之源。"著名的思想家罗素评价哥白尼是一位正统的教士，抱着纯正无瑕的正统宗教信仰。

（2）神医。

哥白尼医术高明，他利用业余时间行医，免费为穷苦人治病，是一位颇有名望的医生，被人们誉为"神医"。

（3）杰出的经济学家。

他是一位杰出的经济学家，写过《货币的一般理论》一书，他是近代第一个提出劣币淘汰良币理论的经济学家。

（4）出色的数学家。

哥白尼还是一位出色的数学家，他的巨著《天体运行论》附录里，发表过他的球面三角论文。

（5）伟大的爱国者。

哥白尼也是一位伟大的爱国主义者，当条顿骑士团疯狂侵略波兰时，他挺身而出，起来保卫自己的祖国。1519 年，条顿骑士团来犯，埃尔门兰德地区的僧侣全都吓跑了，而他却勇敢地组织和领导了奥尔兹丁城的人民奋勇反击侵略者，经过五天五夜的激战，终于打退了敌人的进攻。

（6）观测地球形状。

哥白尼对地球的形状，曾多次作过间接的观测。早在 1500 年 11 月 6 日，他就在罗马近郊的一个高岗上观测月食，研究地球投射在月球表面的弧状阴影，从而证实了亚里士多德关于地球呈球状的论断。在定居弗隆堡时，他曾多次站在波罗的海岸边观察帆船。有一次，哥白尼请求一艘帆船在桅顶绑上一个闪光的物体，他站在岸边看着这艘帆船慢慢驶远。他描写这次观察的情况说："随着帆船的远去，那个闪光的物体逐渐降落，最后完全隐没，好像太阳下山一样。"这次观察使他得出一个结论："就连海面也是圆形的"。

（7）论文《浅说》。

约在 1515 年前，哥白尼为阐述自己关于天体运动学说的基本思想撰写了一篇题为《浅说》的论文，他认为天体运动必须满足以下 7 点：1）不存在一个所有天体轨道或天体的共同的中心；2）地球只是引力中心和月球轨道的中心，并不是宇宙的中心；3）所有天体都绕太阳运转，宇宙的中心在太阳附近；4）日地距离同天穹高度之比，就如同地球半径同日地距离之比一样渺小。地球到太阳的距离同天穹高度之比是微不足道的；5）在天空中看到的任何运动，都是地球运动引起的；6）在空中看到的太阳运动的一切现象，都不是它本身运动产生的，而是地球运动引起的。地球带着大气层，像其他行星一样围绕太阳旋转。由此可见，地球同时进行着几种运动；7）人们看到的行星向前和向后运动，是由于地球运动引起的。地球的运动足以解释人们在空中见到的各种现象了。此外，哥白尼还描述了太阳、月球、三颗外行星（土星、木星和火星）和两颗内行星（金星、水星）的视运动。书中，哥白尼批判了托勒密的理论。科学地阐明了天体运行的现象，推翻了长期以来居于统治地位的地心说，并从根本上否定了基督教关于上帝创造一切的谬论，从而实现了天文学中的根本变革。

由于时代的局限，哥白尼只是把宇宙的中心从地球移到了太阳，并没有放弃宇宙中心论和宇宙有限论。在德国的开普勒总结出行星运动三定律、英国的牛顿发现万有引力定律以后，哥白尼的太阳中心说才更加的稳固。

（8）《天体运行论》艰难的发表过程。

哥白尼的巨著《天体运行论》是在业余时间完成的。1525 年，哥白尼原来的女管家安娜衷心爱上了这位伟大的科学家。安娜出身名门，性情贤淑，她不顾别人的流言蜚语，来到了被教会剥夺了结婚权利的哥白尼身边。由于她的精心照顾和帮助，才使得《天体运行论》一书的写作得以顺利进行。

1539 年，德国威滕堡大学数学教授列提克拜哥白尼为师，他是哥白尼唯一的门生。列提克给了哥白尼很多鼓励和支持，他们一起修订《天体运行》的原稿，积极准备出版。哥白尼担心这部书出版后会遭受到地心说信徒们的攻击，并受到教廷的压制，甚至在他的书稿完成后，还是迟迟不敢发表。1542 年，哥白尼给教皇保罗三世写了一封信，寻求教皇的庇护，渴望教皇用自己的威严与威望保护他，令他的学说免遭谴责，然而并未如愿。在朋友和学生的支持鼓励下，经过长期反复的考虑，哥白尼直到在他临近古稀之年才终于决定将它出版。该书序言里有一句话，"在漫长的岁月里，我曾经迟疑不决"，这充分表明了哥白尼当时的纠结心态。

1542 年 6 月，凝聚着哥白尼几十年心血的结晶——《天体运行论》的手稿辗转交给了纽伦堡的一个出版商。出版过程十分艰辛。出版商本人在主教梅兰赫东的授意下，篡改了原稿，删减了哥白尼学说的一些内容，力求使科学迁就当时社会的旧有认识。另外，出版商还按照自己的意愿写了一篇没有署名的序言，说明书中的学说只是为了计算星历表之便而采用的假设，不一定和实际情况相符。这也是在《天体运行论》出版后几十年内很少人重视哥白尼理论的一个重要原因。

1543 年秋，哥白尼因中风已陷入半身不遂的状况。5 月 24 日，一本样书从纽伦堡寄来，送到他的病榻，此时正是他弥留之际，可惜他当时已经因为脑溢血而双目失明。医生把样书放到被子上让哥白尼抚摸了封面，一小时后哥白尼带着遗憾和欣慰溘然与世长辞！

（9）疯狂的宗教迫害。

哥白尼的学说在教会和社会上都引起了不少非难。人们用戏剧的形式嘲讽哥白尼是一个装腔作势的天文学家，因为哥白尼发表了一篇阐明当时连续出现彗星完全是"大自然的现象"而和人们的生活毫不相干的论文得罪了教会，教会就采取这种卑鄙伎俩对哥白尼进行公开侮辱。新教徒（路德派）比旧教徒更为敌视哥白尼的学说，马丁·路德曾挖苦说："这个傻瓜想要推翻整个天文学！"《宗教宣言》的执笔人菲利普·梅兰赫东也指责哥白尼"不顾眼前的事实而想入非非"。

罗马教廷对哥白尼学说的革命内容很感惊慌，教皇大为震怒。1506年哥白尼从意大利归国，几个继任的大主教都认为哥白尼是个"叛教者"，布置密探时刻监视他。1533年，教皇克雷蒙七世曾叫人阐述"太阳中心学说"的基本原理，他看出如果《天体运行》出版，他所维护的神学殿堂就会土崩瓦解。教皇一方面拘捕了哥白尼的知己，另一方面又强迫哥白尼与女友安娜脱离关系，将她驱逐出境。罗马教廷还想办法把哥白尼的手稿控制起来。1536年，教皇指派一个红衣主教写信向哥白尼索取手稿，被哥白尼义正词严地拒绝了。教会认为哥白尼是个"叛教者"，直到他临终时，身边还有上司所布置的密探和奸细。但是，教会的迫害并不能阻止《天体运行》的出版。

早在哥白尼旅居意大利的时候，教皇亚历山大六世就颁布"圣谕"，禁止印行未经教会审查的书籍，可疑书籍一律焚毁。公元1616年，教会把《天体运行论》列为禁书，禁止此后再度出版。伽利略曾感叹："我一想起我们的先知哥白尼的命运，就感到心惊胆战。"

（10）艰难的胜利。

哥白尼的学说还不断受到教会、大学等机构与某些天文学家的蔑视和嘲笑。但是，"乌云毕竟遮不住太阳"，哥白尼的学说后来得到了许多科学家的继承和发展。意大利思想家布鲁诺进一步发展了日心说；为了维护日心说，最终被教会活活烧死。意大利科学家伽利略，也因为支持日心说而被宗教法庭判处终身监禁。第谷、开普勒、伽利略和牛顿等自然科学家们通过理论研究、天象观测为该学说提供了有力证据，他们的研究证明了哥白尼是正确的，并补充和发展了"日心说"，他们都为这场斗争做出了重要的贡献。

真理是封锁不住的。1882年，罗马教皇不得不承认哥白尼的学说是正确的。这一光辉学说经过3个世纪的艰苦斗争，终于获得完全胜利并为社会所承认。但遗憾的是，哥白尼在生前并没有看到自己学说最终取得成功。

哥白尼遗骨于2010年5月22日在波兰弗龙堡大教堂重新下葬。2013年2月19日是天文学家哥白尼诞辰540周年，波兰全国各地举办一系列活动，纪念这位曾经改变了人类宇宙观的伟人。

（11）为自己预作墓志铭。

死前哥白尼为自己预作墓志铭，其铭文："你不必赏我像赏给圣保罗的恩宠，但求你赏赐我像你给圣伯多禄的宽赦和右盗的仁慈"。

（12）本轮和均轮。

本轮—均轮系统，又称本轮—均轮模型，是由古希腊天文学家阿波罗尼乌斯（是与欧几里得、阿基米德齐名的大数学家，他们三人被称为亚历山大前期的数学三大家）提出的宇宙结构理论。阿波罗尼乌斯认为地球在宇宙中心，天体在不同的位置绕地球运转，但天体并不是位于以地球为圆心的轨道上，而是在其称为本轮的轨道上匀速转动，本轮的中心在以地球为中心的轨道（也称之为均轮）上匀速转动，由于天体在本轮与均轮上运动的组合，造成天体到地球的距离是变化的。这样就维持了古希腊人以圆形、球形、匀速、和谐为最美的观点。

由于观测不同观测数据的出现，导致模型需要不断的更新和改进。随后的托勒密及其天文学体系下的不少人对该模型进行了改进和调整。托勒密本轮—均轮体系比较符合当时人们用肉眼观测的事实，使得当时大部分人都偏向相信这个模型。

本轮—均轮模型是建立在"地心说"基础之上的，即使是在哥白尼提出了全新的"日心说"之后，本轮—均轮体系仍然发挥着不小的作用。而后为了调和宗教观念和实际观测的差距，开普勒的恩师和领路人第谷提出了"折中宇宙"模型，但本轮—均轮体系仍旧发挥着作用。直到开普勒提出了"三大定律"之后，原有的宇宙理论才被彻底推翻，本轮—均轮体系也被取代。

❧ 师承关系 ❧

接受正规学校教育，其老师主要有勃鲁泽夫斯基和沃伊切赫教授；列提克是哥白尼唯一的门生。

❧ 学术贡献 ❧

他用毕生的精力去研究天文学，为后世留下了宝贵的遗产。

（1）提出了"日心说"，他指出地球不是宇宙的中心，所有的天体都围绕着太阳运转，太阳附近就是宇宙中心的所在。地球是一个普通行星，同五大行星一样绕着圆周运转，它一昼夜绕地轴自转一周，一年绕太阳公转一周。这是一个开创新纪元的学说，对于千百年来学界奉为定论的托勒密地心说无疑是当头一棒，从而开创了现代天文学。

（2）他得到恒星年的时间为 365 天 6 小时 9 分 40 秒，比精确值约多 30 秒，误差只有百万分之一；他得到的月亮到地球的平均距离是地球半径的 60.30 倍，和 60.27 倍相比，误差只有万分之五。

（3）哥白尼在《天体运行论》中正确地将行星以及地球绕日运转轨道进行排列，并刊载了他的宇宙模型图；还详细讲解了地球的三种运动（自转、公转、赤纬运动）所引起的一系列现象，岁差现象、月球运动、行星运动及金星、水星的纬度偏离和轨道平面的倾角。

✧ 代表作 ✧

《天体运行论》是他最伟大的著作。哥白尼的科学成就是他所处时代的产物，又反过来推动了时代的发展。从历史的角度来看，《天体运行论》是当代天文学的起点，当然也是现代科学的起点。

恩格斯在《自然辩证法》中评价哥白尼的《天体运行论》说："自然科学借以宣布其独立并且好像是重演路德焚烧教谕的革命行动，便是哥白尼那本不朽著作的出版，他用这本书来向自然事物方面的教会权威挑战，从此自然科学便开始从神学中解放出来。"

✧ 获奖与荣誉 ✧

他的日心说结束了流传了 1500 多年的地心说，改变了人类的宇宙观，这个奖励才是最大的。

✧ 学术影响力 ✧

哥白尼发表了地动学说，带来天文学上的革命，是人类对天体认识的一次大变革，推动了天文学研究的飞速发展。该学说是人类对宇宙认识的革命，在实质上粉碎了上帝创造人类、又为人类创造万物的那种荒谬的宇宙观。日心说的创立对人类思想的影响极其深刻，最大的成功在于挣脱了宗教与权势的桎梏，否定了教会的权威，动摇了欧洲中世纪宗教神学的理论基础；使人们的整个世界观都发生了重大变化，改变了人类对自然对自身的看法，为唯物主义的科学的宇宙观奠定了基础，是唯物主义认识论的一次伟大胜利。

哥白尼的学说不只在科学史上引起了空前的革命，也成为了人们探索未知世界的一面旗帜；他带给人们科学的实践精神，教给人们怎样批判旧的学说，怎样认识世界。哥白尼告诉人们不要停止在事物的外表，不应该迷信古书上的道理，而应该重视客观事实，重视实验和实践；要有勇气怀疑并且敢于批判不符合实际却历来被认为是神圣不可侵犯的权威学说。

哥白尼的著作对伽利略和开普勒的工作是一个不可缺少的序幕，他俩又成了牛顿的主要前辈，是二人的发现才使牛顿能确定运动定律和万有引力定律。即，日心说直接或者间接的影响了自然科学的众多门类，开辟了各门科学从神学迈向自然科学的新时代——"从此自然科学便开始从神学中解放出来""科学的发展从此便大踏步前进"。从哥白尼之后，物理学家们就不再简单地称作哲学家了。

总之，哥白尼的"日心说"推翻了自托勒密以来影响世界 1500 多年的"地心说"，不仅仅影响了自然科学，也影响了人们的思想，对社会科学也造成了巨大的冲击。可以说，"日心说"带给人们的是翻天覆地的变革，是革命性的，具有巨大的历史意义。

❧ 名人名言 ❧

（1）人的天职在勇于探索真理。

（2）青春应该是：一头醒智的狮，一团智慧的火！醒智的狮，为理性的美而吼；智慧的火，为理想的美而燃。

（3）在许多问题上我的说法跟前人大不相同，但是我的知识得归功于他们，也得归功于那些最先为这门学说开辟道路的人。

（4）我愈是在自己的工作中寻求帮助，就愈是把时间花在那些创立这门学科的人身上；我愿意把我的发现和他们的发现结成一个整体。

❧ 学术标签 ❧

"日心说"的提出者、推翻了统治世界 1500 多年的"地心说"、欧洲文艺复兴时期的一位巨人、人类科学发展历史上最伟大的革命家之一。

❧ 性格要素 ❧

勤奋好学、博览群书、坚持真理、不畏惧威胁打压、坚毅的品格、勇于探索真理、具有献身科学的高贵精神品质。

❧ 评价与启迪 ❧

德国诗人歌德曾经这样评论过哥白尼的贡献："哥白尼地动学说撼动人类意识之深，自古以来没有任何一种创见，没有任何一种发明，可以和它相比。在哥伦布证实地是球形以后不久，地球为宇宙主宰的尊号，也被剥夺了。自古以来没有这样天翻地覆地把人类的意识倒转来过。因为地球如果不是宇宙的中心，那么无数古人相信的事物将成为一场空了。谁还相信伊甸的乐园，赞美诗的歌颂，宗教的故事呢？"爱因斯坦也高度地评价了哥白尼的功绩及其对人类认识史的深远影响，指出哥白尼对于西方摆脱教权统治和学术枷锁的精神解放所做的贡献几乎比谁都大。

哥白尼在求学期间，勤奋好学，博览群书，学习各家所长，使得自己拥有了厚重的知识底蕴，在医学、神学、天文学、数学等领域都学有专长。没有雄厚的知识没有细心的观察，哥白尼不可能成为时代的革命者，不可能成为划时代的天文学权威。如果你的能力支撑不了你的梦想，那么，学习吧，唯有学习可以改变这一切。

从哥白尼的亲身经历，我们可以看出一个坚持科学真理的人不畏惧权威，不畏惧托勒密流行了 1500 多年的地心说，不畏惧教会的威胁打压，有不屈坚毅的品格，富有勇于探索真理，献身科学的高贵精神品质。

哥白尼以坚持真理为人生信条，在两个权威——地心说和教会的双重压力之下坚持探索真理，用他的持续观察、探测、归纳总结得出了日心说，以惊人的天才和勇气揭开了宇宙的秘密；在重重困难之下千方百计将自己的《天体运行论》颁发于世。这种对真理的坚持、勇于挑战权威的精神值得每一个人学习。

第二节　经典力学阶段

经典力学阶段是物理学发展史上最重要的阶段，这个阶段对人类影响最大，与绝大多数人的生产和生活密切相关。科学界一般认为，经典力学体系是 17 世纪下半叶确立的，伴随着文艺复兴，是一场撼天动地的伟大科技革命。17 世纪的欧洲，经过许多科学家的努力，在天文学和力学方面积累了丰富资料的基础上，英国科学家牛顿实现了天上力学和地上力学的综合，形成了统一的力学体系——经典力学。1687 年，牛顿出版了《自然哲学的数学原理》，标志着经典力学体系的正式建立。经典力学体系有两个基本假定：其一是假定时间和空间是绝对的，长度和时间间隔的测量与观测者的运动无关，物质间相互作用的传递是瞬时到达的；其二是一切可观测的物理量在原则上可以无限精确地加以测定。

从伽利略开始到牛顿的时期，是经典力学从基本要领、基本定律到建成理论体系的阶段，在这一阶段有一系列的科学家为经典力学打下重要基础。牛顿是经典力学理论的集大成者，他系统地总结了伽利略、开普勒和惠更斯等人的工作，得到了著名的万有引力定律和牛顿运动三定律。牛顿运用归纳与演绎、综合与分析的方法极其明晰地得出了完善的力学体系，被后人称为科学美的典范，显示出物理学家在研究物理时，都倾向于选择和谐与自洽的体系，追求最简洁、最理想的形式。牛顿之后经典力学又有新的发展，这一阶段主要是后人对经典力学的表述形式和应用对象进行了拓展和完善。欧拉、拉格朗日、哈密顿等继牛顿之后，发展了不同的体系，推广了力学在自然科学和工程技术中的应用。

经典力学体系的建立，是人类认识自然及历史的第一次大飞跃和理论的大综合，它开辟了一个新的时代，并对科学发展的进程以及人类生产生活和思维方式产生极其深刻的影响。牛顿经典力学的建立是科学形态上的重要变革，首次明确了一切自然科学理论应有的基本特征，标志着近代理论自然科学的诞生，并成为其他各门自然科学的典范。

牛顿经典力学的成就之大使得它得以广泛传播，把人类对整个自然界的认识推进到一个新水平，深深地改变了人们的自然观。人们往往用力学的尺度去衡量一切，用力学的原理去解释一切自然现象，将一切运动都归结为机械运动，一切运动的原因都归结为力，自然界是一架按照力学规律运动着的机器。这种机械唯物主义自然观在当时是有进步作用的。由于它把自然界中起作用的原因都归结为自然界本身规律的作用，有利于促使科学家去探索自然界的规律。牛顿研究经典力学的科学方法论和认识论，如运用分析和综合相结合的方法与公理化方法及科学的简单性原则、寻求因果关系中相似性统一性原则、以实验为基础发现物体的普遍性原则和正确对待归纳结论的原则，对后世科学的发展也影响深远。在社会科学方面，特别是对哲学和人类思想发展，也产生了重大影响。唯物主义辩证法的建立，在很大程度上得益于牛顿经典力学体系的建立。近现代科学和哲学是发源于经典力学的，正是从牛顿建立经典力学开始，人类在思想观念上才开始真正走向科学化和现代化，而它对人类思想领域的影响也是极其广泛而深刻的。

经典力学的应用受到物体运动速率的限制，当物体运动的速率接近真空中的光速时，经典力学的许多观念将发生重大变化。如经典力学中认为物体的质量不仅不变，并且与物体的速度或能量无关，但相对论研究则表明，物体的质量将随着运动速率的增加而增大，物体的质量和能量之间存在着密切的联系。但当物体运动的速度远小于真空中的光速时，经典力学仍然适用。

牛顿运动定律不适用于微观领域中物质结构和能量不连续现象。20 世纪初量子力学的建立，出现了与经典观念不同的新观念。但量子力学的建立并不是对经典力学的否定，对于宏观物体的运动，量子现象并不显著，经典力学依然适用。现代物理学的发展，并没有使经典力学失去存在的价值，只是拓宽了人们的视野，经典力学仍将在它适用的范围内大放异彩。对经典力学做出重大贡献的是伽利略、笛卡尔、惠更斯、牛顿、达朗贝尔、拉格朗日等；对天文学尤其是天体力学做出重大贡献的是开普勒、笛卡尔、牛顿、达朗贝尔、拉格朗日、赫歇尔、拉普拉斯等；对流体力学做出重大贡献的是托里拆利和伯努利。

当然，有的科学家的学科属于交叉学科，所以本节大体从伯努利之前算作是经典力学阶段，其后算是经典物理学阶段，主要包括热学、电磁学和光学等。但是，这个阶段肯定有不少科学家是重复的，他们的科学贡献也是交叉前进的，比如光学，虽然放在第三节，但是部分科学家也出现在本节，比如笛卡尔、惠更斯；所以这一点请读者谅解，完全按照年代很难划分出来，只是大体的区分。经典力学阶段我们从伽利略到拉普拉斯。富兰克林算个特例，他的主要贡献是在电磁学和电学上，还因为对力学的贡献而被誉为美国"船体力学之父"。

7. 近代物理学的开山鼻祖、科学革命的先驱——伽利略

姓　　名　伽利略
性　　别　男
国　　别　意大利
学科领域　物理学
排　　行　第一梯队（超一流）

伽利略像

～ 生平简介 ～

伽利略（1564 年 2 月 15 日—1642 年 1 月 8 日）出生于意大利北部的海滨城市比萨，从小家境贫寒。父亲是一位著名的音乐家和数学家，对伽利略的学术研究影响颇大。9 岁时伽利略随家移居到佛罗伦萨。他从小聪明好学，上学时总爱向老师提各种各样的问题，常把老师问得张口结舌。

父亲非常希望伽利略学习收入和社会地位都高的医学而非数学。故 1581 年，17 岁的伽利略被送往比萨大学学习医学。1583 年，19 岁的伽利略听了几次欧几里得的演讲，结果被数学所吸引，执意放弃医学。1585 年，伽利略从比萨大学退学，家境贫寒是造成他失学的主要原因。在比萨大学读大学时，伽利略成长为一个善于思考、有独立见解的青年，凡事都要弄个明白。

失学后，伽利略便在家里刻苦钻研，倾心研究欧几里得几何学和阿基米德的物理学。由于他的不断努力，在数学的研究中取得了优异的成绩。同时，他还发明了一种比重秤，写了一篇论文，题目为"固体的重心"。此时，21 岁的伽利略已名闻全国，人们称他为"当代的阿基米德"。

4 年以后，即 1589 年，由于他在数学和物理学方面的非凡造诣，25 岁的他被母校比萨大学聘请回去当数学系教授。他并不盲从亚里士多德的说法，认为科学需要细心的观察和精确的实验，他的科学信仰就是实事求是。1592 年，他来到威尼斯帕多瓦大学任教，在那里过了 18 年的稳定生活。他在力学方面的一些比较重要的研究都是在这个时期进行的。

1610 年，他移居到佛罗伦萨，任托斯干大公爵的哲学和数学首席供奉，继续从事物理学和天文学研究，并在这里用望远镜进行天文观测。由于望远镜的使用，他研究后认为哥白尼的学说是正确的，赞同哥白尼的学术思想，这让教会十分恼怒。1615 年，伽利略受到罗马宗教法庭的传讯，在法庭上他被迫声明和哥白尼学说决裂。

1623 年，伽利略发表《试金者》一书，对当时的学术界的治学态度和方法

进行了深刻评论，批评了以学术权威而不是以事实为最终论据的做法。1624—1630 年，伽利略陆续写作《关于托勒密和哥白尼两大世界体系对话》这部科学史上伟大的著作，否定亚里士多德的力学和宇宙论。该书几经周折才在 1632 年出版，5 个月之后罗马教廷下令禁书并且传讯伽利略。

1633 年 2 月伽利略来到罗马，3 月 12 日收到教廷的审判。6 月 22 日，70 岁的伽利略被罗马教廷判处终身监禁，被软禁在佛罗伦萨城外，而他在这里继续力学研究。从 1634 年开始，他致力于撰写一部著作《关于两门新科学的对话与数学证明对话集》，书稿于 1637 年完成，但无法顺利出版，因为罗马教廷不允许任何人出版伽利略的任何著作。最后，在多方努力下，该书于 1638 年在荷兰出版。

1637 年，他双目失明。青年数学家维维安尼来帮助他处理日常事务，记录他口述的一些生平轶事。在其生命的最后 3 个月，伽利略的徒孙托里拆利也来帮忙，担任伽利略的助手。伽利略于 1642 年 1 月 8 日在阿切特里的别墅里病逝，葬仪草率简陋。直到下一世纪，遗骨才迁到家乡的大教堂。

❧ 花絮 ❧

（1）举世闻名的自由落体实验。

物理学上有一条亚里士多德提出的经典定律：如果让两件东西同时从空中落下，必定是重的先落地，轻的后落地。1700 多年前以来，人们一直把这个违背自然规律的学说当成真理。可是，伽利略却认为物体落下来的速度跟它自身的重量是没有关系的。当伽利略提出自己的想法时，别人都把他当作是个不知天高地厚的疯子，于是他决心做实验来验证。

1590 年，伽利略和一位作为监督的教授一起登上了有名的比萨斜塔顶层。伽利略拿两个重量不同的铁球做实验，一个重的实心球，一个轻的空心球。他把两个球同时抛下，结果两个球同时落地，所有的人都不敢相信这一结果。连比萨大学的校长和许多教授都不敢相信眼前的事实。

此前，伽利略从哲学的角度通过逻辑推理，发现了问题：如果说重的铁球比轻的铁球下落的速度更快，那么，把两个铁球捆在一起抛下，又会如何？把大铁球 A 和小铁球 B 捆在一起视为铁球 C；按重量来算，C 的下落速度应该比 A 和 B 两个球都要更快。但从逻辑上讲，因为小球 B 比大球 A 下落速度慢，所以小球会"拉慢"大球下落的速度，使得 C 的下落速度介于 A 和 B 两球的下落速度之间。一快一慢。如此，矛盾就出来了。

伽利略的实验，揭开了落体运动的秘密，推翻了亚里士多德的学说，得出物理学极重要的定律：自由落体定律。这个实验在物理学的发展史上具有划时代的重要意义，它导致了以后一系列重大的科学发现。

（2）单摆实验。

伽利略在十七、八岁的时候，常到比萨教堂去温习功课。一天晚上，伽利略走进教堂，看见屋顶上那盏悬挂着的吊灯被微风吹拂得轻轻地来回摆动。经过仔细观察，伽利略却发现每次摆动个来回的时间都差不多。那么到底是差不多，还是相同呢？于是，他马上用右手按住左手的脉搏，一面注视着吊灯的摆动，口中默默地数着数。他惊奇地发现，吊灯每摆动一个来回所需的时间都是一样的。回到家里，他又用实验来验证自己的发现。结果，他又发现了新的秘密：摆动所需的时间跟悬挂摆件的绳长成正比。伽利略发现的这一规律，就是物理学上的单摆等时性定律。1667年，荷兰物理学家惠更斯运用伽利略发现的单摆定律，制造了世界上第一座有钟摆的时钟，开创了钟表科技这一新的领域。

（3）改进望远镜。

伽利略当众做了自由落体实验之后，得罪了比萨城这些顽固教授，自然就不能再在比萨大学待下去了。在朋友们的帮助下，他来到了学术气氛比较自由的威尼斯帕多瓦大学任教。1659年的一天，他听说有个荷兰的眼镜商人，把两片凸凹镜片叠在一起，制成了一个能放大3倍的望远镜。他很感兴趣，就着手研究其中的光学原理，然后不断改进，制作出一架能放大32倍的望远镜。他利用这个望远镜登高，可以看到亚德里亚海面远处的帆船。伽利略手中的这架望远镜，其实是划时代的天文仪器，他改进望远镜的目的是为了观察天象，进行天文研究。

（4）进行天文观测。

他在晴朗的夜空用这架改进的望远镜遥望太空。他用这架望远镜确认金星的盈亏，还发现银河是由许多的恒星组成，发现了太阳上的黑子，对比黑子的运动规律和圆运动的投影原理，论证了太阳黑子是在太阳表面上，从黑子的缓慢移动推断太阳有自转，周期是25天。他观察了月亮上的山脉和火山口，发现了月球表面的平原、高山，还发现了银河是由许许多多的恒星组成的。1610年1月，又发现了木星的4颗卫星，这一发现对于支持哥白尼学说具有重大意义。同年，伽利略出版了著名的《星空使者》，提出了通过7年时间观察和思考后的一个事实——地球并非宇宙的中心。他的一系列发现轰动了欧洲；人们传颂说："哥伦布发现了新大陆，伽利略发现了新宇宙"，这使得哥白尼学说深入人心。

（5）发现匀加速度定律和惯性原理。

他在一块木板上刻出一道光滑的槽，然后把一头抬起，让一个小球在槽内从上到下自由滚下，同时记录下每次运动的时间和距离的关系。他不断改变木板的长度和倾角，这样接连做了100多次实验，证明了小球的运动速度和时间成反比，运动距离和时间的平方成正比，这就是匀加速运动定律。

这项实验发展下去：小球从斜面滚到平面上，如果平面很光滑，小球差不多保持匀速运动；如果遇到前面的一个斜面，小球能往上滚到它下落时差不多的高度。这个实验，实际上推翻了当时盛行的关于外力停止运动也随即停止的观点，发现了惯性原理。这次实验再往下发展：小球从桌上滚落到地上，这就和炮弹从炮膛里打出去的情况很相似。伽利略发现这种受惯性和重力的影响的运动，它的运动轨迹是抛物线。

（6）发现了运动的相对性原理。

伽利略最先说明了"在惯性系内部所做的任何力学实验都不可能发现该惯性系是静止的还是作匀速直线运动的"这个事实。1632 年，伽利略在一条作匀速直线运动的船上，对一个封闭船舱内发生的现象进行观察。他发现，在船匀速运动下，在一切现象中观察不出丝毫的改变，也不能够根据任何现象来判断船究竟是在运动还是在静止。

当一个人在船尾抛一物品给在船头的其他人时，所费的力并不比两人站在相反位置时所费的力更大。从天花板上滴下的水滴，将垂直地落在地板上，没有落向船尾，虽然当水滴尚在空中时，船在前行。而船上的苍蝇将继续自己的飞行，在各方面都是一样，丝毫不发生苍蝇集聚在船尾方面的情形。后来，有人用实验证实了伽利略的论断，这就是运动的相对性原理。

（7）首先发现单摆等时性。

有一次，伽利略在比萨的教堂里，看着天花板上来回摇摆的吊灯，按着左手的脉搏来测定大灯的摆动周期。他发现，这灯的摆动虽然是越来越弱，以至每一次摆动的距离渐渐缩短，但是每一次摇摆需要的时间却是一样的。于是，伽利略做了一个可以改变长度的摆锤，测量了脉搏的速度和均匀度，找到了摆的规律：单摆等时性——摆的周期并不取决于摆线上悬挂物的多少，而只取决于摆线长度的平方根；如果不考虑阻力的影响，悬挂在等长线上的一个软木球或一个铅球的摆动规律是相同的。

（8）被教会迫害。

1612 年，他出版了《关于太阳黑子的信札》一书，提到了他的新发现。由于其中的部分内容触动了教会敏感的神经，他陷入了长期的论战和教会的高压之中。1615 年伽利略受到罗马宗教法庭的传讯，控告他违反基督教义，被判定"有强烈异端嫌疑"。1616 年，伽利略一本依据地球的运动来论述潮汐成因的书籍被教会谴责，认为伽利略提出的"太阳是宇宙的中心，地球做周日和周年运动"的观点有违《圣经》经文和神父的解释。教会勒令他放弃这些离经叛道的观点，否则将予以制裁。教皇保罗五世在 1616 年下达了著名的"1616 年禁令"，禁止他以口头的或文字的形式保持、传授或捍卫"日心说"。

1632 年，伽利略出版了《关于托勒密和哥白尼两大世界体系对话》，捍卫哥白尼的"日心说"观点。此书出版后仅 5 个月，罗马教廷便勒令停止出售，认为作者公然违背"1616 年禁令"。年近七旬而又体弱多病的伽利略被迫在 1632 年寒冬季节抱病前往罗马，在严刑威胁下被审讯了 3 次，根本不容申辩。几经折磨，终于在 1633 年 6 月 22 日在圣玛丽亚修女院的大厅上由 10 名枢机主教联席宣判，主要罪名是违背"1616 年禁令"和圣经教义。伽利略被迫跪在冰冷的石板地上，在教廷已写好的"悔过书"上签字，在法庭上承认自己的错误，放弃日心说。主审官宣布：判处伽利略终身监禁；《对话》必须焚绝，并且禁止出版或重印他的其他著作。此判决书被立即通报整个天主教世界，凡是设有大学的城市均须聚众宣读，借此以一儆百。

（9）教皇为伽利略平反。

直到 1741 年伽利略被正式平反，教宗本笃十四世授权出版他的所有科学著作，1882 年罗马教皇无可奈何地承认了日心说。1979 年 11 月 11 日，罗马教皇保罗二世承认教会当年对伽利略的判决是错误的，以教皇的名义为伽利略平反。其实，科学早为他平了反。在 1992 年 10 月 31 日，教宗若望·保禄二世在宗座科学院大会上发表一篇难忘的讲话，对伽利略事件的处理方式表示遗憾，承认伽利略受到了错误的判决，此案是那时的教会与科学"彼此缺乏了解的悲剧"。

（10）铁球与苹果推动科学发展。

1642 年 1 月 8 日，78 岁的伽利略在意大利去世；1643 年 1 月 4 日，牛顿在英国出生，两位科学的巨人就这样擦肩而过。但在运动力学上，两位巨人完美地完成了交接，划时代的牛顿运动定律即是在伽利略的研究基础上发展起来的。伽利略已经清晰地阐述了重心、速度、加速度和物体所受的外力的关系，但他缺少数学的推演，只完成了定性的阐述，牛顿则通过严格的数学推算，将牛顿第一定律到牛顿第三定律都用数学公式表达出来。比萨斜塔上的两个铁球和牛顿头上的苹果，都是推动人类科学向前发展的大事件。

师承关系

接受一段时间正规学校教育；后辍学，自学成才；著名物理学家托里拆利是其徒孙和其生命最后 3 个月的助手。

学术贡献

（1）伽利略改进了望远镜，进行天文观测，发现月球的表面凹凸不平，有高山深谷；木星有 4 颗卫星围绕它旋转；金星和月亮一样有盈有亏；土星有光环；太阳有黑子，能自转。银河是由千千万万颗暗淡的星星所组成。

（2）伽利略从实验中总结出自由落体定律、惯性定律、单摆定律、伽利略运动相对性原理和匀加速度定律等。此外，他还研究了大量物理学问题，如斜面运动、力的合成、抛射体运动等，发明了摆针。

（3）他还对液体与热学作了研究，发明了空气温度计。

（4）伽利略发明了浮力天平，用以测定合金的成分。

（5）为了证实和传播哥白尼的日心说，伽利略献出了毕生精力，以系统的实验和观察推翻了亚里士多德物理学的许多臆断，反驳了托勒密的地心体系，有力地支持了哥白尼的日心学说。

（6）伽利略也曾研究过应用科学及科技，并改进了圆规的设计。伽利略所发明的圆规，解决了许多数学及工程问题，甚至通过这把圆规，他重新设计了大炮的炮规，让瞄准的精度提高了数倍，并且使用更方便快捷。

（7）从惯性原理，伽利略发展了抛射体的飞行轨迹理论，从而表明数学证明在科学上的价值。他考察了一个球以匀速滚过桌面，再从桌边沿一根曲线轨道落到地板上的动作。在这条坠落轨道上的任何一点，球都具有两种速度：一个是沿水平面的速度，根据惯性原理始终保持匀速，另一个是垂直的速度，受引力的影响而随着时间加快。在水平方向，球在同等时间内越过同等距离，但是在垂直的方向，球越过的距离则和时间的平方成正比。这样的关系决定球走出的轨迹形式，即一种半抛物线。因此，一个物体以 45° 角抛出时，距离将最远。

（8）在历史上他是首先在科学实验的基础上融会贯通了数学、物理学和天文学三门知识的人，扩大、加深并改变了人类对物质运动和宇宙的认识。伽利略是用科学的方法来测量温度、时间、加速度这些基本物理量的第一人。

（9）伽利略认为选择得当的数学证明可以用来探索任何牵涉定量性的问题。伽利略为自己提出的第一套力学问题，是那些牵涉到尺度效果的问题。在考察尺度效果时，伽利略研究了物质的数量，即后来叫做质量的量，后来又以同样方式探索了牵涉到时间测量和速度测量的动力学问题。

（10）伽利略对物理规律的论证非常严格。他创立了对物理现象进行实验研究并把实验的方法与数学方法、逻辑论证相结合的科学研究方法。他以系统的实验和观察推翻了纯属思辨传统的自然观，开创了以实验事实为根据并具有严密逻辑体系的近代科学。

❧ 代表作 ❧

主要有《关于托勒密和哥白尼两大世界体系对话》《关于两门新科学的对话与数学证明对话集》《星空使者》《关于太阳黑子的信札》《流体力学》和《试金者》。他根据杠杆原理和浮力原理写出了第一篇题为"小天平"的论文，确定合金成分。不久又写了论文"论重力"，第一次揭示了重力和重心的实质并给出准确的数学表达式。后来他又潜心研究了物体重心的几何学，于1588年发表了"固体的重心"的论文。约在1589年完成世界上第一部教科书《流体力学》，这本教科书很有特点，伽利略使用了讽刺喜剧般讲故事的方法来阐述他的观念，令读者感到大为好奇，产生了一定影响。

1610年，他出版了《星际使者》，通俗地向读者介绍他观察到的天空现象，宣传了他的观点。这部著作在欧洲引起了极大的轰动，伽利略因此被称为"天空的哥伦布"。1613年，他在罗马发表了《论太阳黑子》。该书以书信形式明确指出了哥白尼学说是正确的，托勒密学说是错误的。由此伽利略触怒了教会，开始受到宗教裁制所的审讯。1623年，伽利略发表《试金者》一书，对当时的学术界的治学态度和方法进行了深刻评论，批评了以学术权威而不是以事实为最终论据的做法。

1632年，他出版了意大利语书写的对话体书籍《关于托勒密和哥白尼两大世界体系对话》，在书中用三位学者对话的形式，作了四天的谈话，讨论了3个问题：（1）证明地球在运动；（2）充实哥白尼学说；（3）地球的潮汐。第一天批评了亚里士多德自然哲学的基本原则，还讨论了月亮表面的地貌特征；第二天用运动的相对性反驳了对地球自转的责难；第三天讨论了地球围绕太阳的公转；第四天用地球的运动解释潮汐。《对话》宣告了托勒密地心说理论的破产，并多处对教皇和主教隐含嘲讽，从根本上动摇了教会的最高权威，远远超出了仅以数学假设进行讨论的范围，从而推动了唯物论思想的发展。全书笔调诙谐，在意大利文学史上被列为文学名著。

1638年，伽利略私下托人在阿姆斯特丹出版了《关于两门新科学的对话与数学证明对话集》，两门新科学是指材料力学（弹性力学）和动力学；速度、加速度以及惯性的概念就是这本书里以公理的形式提出来的。这部伟大著作同样是以三人对话形式写的，总结了伽利略在材料强度和动力学方面的研究成果，以及对力学原理的思考。它是伽利略最重要的科学论著之一，也是物理学、力学、数学和哲学方面重要的经典文献。"第一天"是关于固体材料强度的问题，反驳了亚里士多德关于落体的速度依赖于其重量的观点；"第二天"是关于内聚作用的原因，讨论了杠杆原理的证明及梁的强度问题；"第三天"讨论了匀速运动和自然加速运动；"第四天"是关于抛射体运动的讨论。这一巨著从根本上否定了亚里士多德的运动学说。另外，从现代科学来看，该书也可作为一本学习物理学、力学和现代科学方法论的启蒙读物，对具有高中文化水平以上的读者是一本极好的课外阅读书籍。

获奖与荣誉

世人的称赞就是奖励！

学术影响力

（1）他通过理论分析与实验推翻了被奉为圭臬的亚里士多德的力学体系并建立了近代力学，他工作中体现出的"实验-模型"思维方法成为至今实验科学研究的基石。

（2）伽利略号探测器以伽利略的名字命名，它是第一个围绕木星公转的太空飞行器；为了纪念伽利略的功绩，后人把木卫一、木卫二、木卫三和木卫四命名为伽利略卫星；欧盟建造中的卫星定位系统——伽利略定位系统也以伽利略的名字命名；还有伽利略卫星导航系统。

（3）他的天文学发现为哥白尼、布鲁诺的观点提供了有力的证据，对教会的信条进行了严厉的打击。在科学发展史上，伽利略被认为是和以后的惠更斯等人为牛顿的经典力学打下了基础。伽利略是最早使用科学实验和数学分析的方法研究力学，从而为牛顿的第一、第二运动定律提供了启示。

（4）霍金认为，自然科学的诞生要归功于伽利略，他在这方面的功劳大概无人能及，正是他的工作将近代物理乃至近代科学引上了历史的舞台。

（5）在经典力学里惯性系统之间的坐标转换称为伽利略变换。

（6）加速度概念的提出，在力学史上是一个里程碑。有了加速度的概念，力学中的动力学部分才能建立在科学基础之上。而在伽利略之前，只有静力学部分有定量的描述。

（7）2009 年是伽利略第一个有记载、使用望远镜作天文观测的第 400 年，联合国将此定为全球天文年。

名人名言

（1）追求科学，需要特殊的勇敢，思考是人类最大的快乐。

（2）生命犹如铁砧，愈被敲打，愈能发出火花。

（3）你无法教别人任何东西，你只能帮助别人发现一些东西。

（4）一切推理都必须从观察与实验中得来。

（5）科学不是一个人的事业。

（6）真理不在蒙满灰尘的权威著作中，而是在宇宙、自然界这部伟大的无字书中。

（7）真理就具备这样的力量：你越是想要攻击它，你的攻击就愈加充实和证明了它。

（8）哲学被写在宇宙这部永远在我们眼前打开着的大书上，我们只有学会并熟悉它的书写语言和符号以后，才能读懂这本书。它是用数学语言写成的，字母是三角形、圆形以及其他几何图形，没有这些，人类连一个字也读不懂。

❧ 学术标签 ☙

近代实验科学的奠基人之一、近代力学之父、现代科学之父、近代物理学的开山鼻祖、科学革命的先驱。

❧ 性格要素 ☙

家境贫寒、自学成才、坚韧不拔、不畏强权、追求真理。

❧ 评价与启迪 ☙

伽利略的科学发现，不仅在物理学史上而且在整个科学史上都占有极其重要的地位。他不仅纠正了统治欧洲近 2000 年的亚里士多德的错误观点，更创立了研究自然科学的新方法。惠更斯继续了伽利略的研究工作，他导出了单摆的周期公式和向心加速度的数学表达式。牛顿在系统地总结了伽利略、惠更斯等人的工作后，得到了万有引力定律和牛顿运动三定律。在经典力学的创立上，伽利略可说是牛顿的先驱。爱因斯坦曾这样评价："伽利略的发现，以及他所用的科学推理方法，是人类思想史上最伟大的成就之一，而且标志着物理学的真正的开端！"

伽利略既重视实验，又重视理性思维，强调科学是用理性思维把自然过程加以纯化、简化，从而找出其数学关系。因此，是伽利略开创了近代自然科学中经验和理性相结合的传统。这一结合不仅对物理学，而且对整个近代自然科学都产生了深远的影响。正如爱因斯坦所说："人的思维创造出一直在改变的宇宙图景，伽利略对科学的贡献就在于毁灭直觉的观点而用新的观点来代替它。这就是伽利略的发现的重要意义。"

伽利略留给后人的精神财富是宝贵的，他家境贫寒失学，但其靠着自己顽强的精神，坚韧不拔的决心和毅力，自学成才，取得了许多开天辟地的学术成就，其精神可嘉，其成就可羡。他是一个既没有名师指导，也没有好的家庭教育而完全靠自己的勤奋和努力取得成功的励志典型。

伽利略带给我们的不仅仅是科学上的进步，其追求真理的决心也留给我们一笔可贵的精神财富。追求科学，需要特殊的勇敢，思考是人类最大的快乐；生命犹如铁砧，愈被敲打，愈能发出火花；真理不在蒙满灰尘的权威著作中。这些话语，字字珠玑，声声入耳；教育我们勇于思考，不畏强权，敢于质疑权威，并且以实事求是的精神追求真理、挑战权威！

毕竟，真理是无法阻止的，科学是不断进步的。真理万岁！

致敬伽利略，科学革命的先驱！

8. 命运多舛的天空立法者、现代实验光学的奠基人——开普勒

姓　　名　约翰尼斯·开普勒
性　　别　男
国　　别　德国
学科领域　天文学
排　　行　第二梯队（准一流）

开普勒像

✎ 生平简介 ✎

开普勒（1571 年 12 月 27 日—1630 年 11 月 15 日）
出生的年份恰好是哥白尼发表《天体运行论》后的第
28 年，出生于德国符腾堡。开普勒是个 7 个月就出生
的早产儿，从小多灾多难，命运多舛，天花使他变成
了麻子，猩红热弄坏了他的双眼，高度近视，看图片
都模糊不清，另外一只手半残。上大学后新的不幸降临到他身上，父亲病故，母
亲被指控有巫术罪而入狱。

开普勒身上有一种顽强的进取精神，生活的不幸并未使他松懈，反而凭着坚
毅的品格发奋图强，加倍努力，一边帮父母照料家务，一边刻苦读书，学业成绩
优异。1587 年进入图宾根大学，此间他受到秘密传播哥白尼学说的天文学教授
麦斯特林的影响，成为哥白尼学说的拥护者，经常在大学里和同学辩论，旗帜鲜
明地支持哥白尼的立场。

1588 年 9 月 25 日获得文学学士学位，1591 年 8 月 11 日通过文学硕士学位考
试。大学毕业后，他留校学习神学。同年，麦斯特林推荐他到奥地利格拉茨的一所
学院担任数学和天文学讲师。当时讲师的薪水很低，开普勒不得不靠编制占星历书
而养家糊口。他自我解嘲地说："作为女儿的占星术若不为天文学母亲挣面包，母亲
便要挨饿了。"在此期间完成了他的第一部天文学著作《宇宙的奥秘》（1597 年）。

丹麦天文学家第谷·布拉赫虽不同意日心说，但却十分佩服开普勒的数学知
识和创造天才。1599 年第谷第一次看到开普勒那本书《宇宙的奥秘》，十分欣赏
作者的智慧和才能，写信邀请开普勒做自己的助手。开普勒欣然接受了这一邀
请，1600 年 1 月携家眷来到布拉格，师徒俩结成了忘年交。然而很不幸，第谷于
第二年（1601 年）去世，开普勒受到沉重的打击。这位被称为"星学之王"的
天文观测家把他毕生积累的大量精确的观测资料全部留给了开普勒。

不久，圣罗马皇帝鲁道夫委任开普勒接替第谷担任皇家数学家。开普勒余生
一直任此职，但薪水低，且经常欠薪，生活困苦。但是，开普勒却从未中断过科
学研究，并且在艰苦的环境中取得了累累成果。

　　开普勒感兴趣的问题包括两方面：第一，用什么方法测定行星（包括地球）运动的"真实"轨道，如同观测者能从"天外"看行星绕太阳运行一样；第二，分析行星运动遵循什么样的数学定律。开普勒同哥白尼一样，敏锐地领悟到，"要研究天，最好先懂得地"，他也把着眼点放在地球上，力图先摸清地球本身的运动，然后再研究行星的运动。开普勒所用的方法就是普通的三角测量法。

　　作为第谷·布拉赫的接班人，开普勒认真地研究了第谷多年对行星进行仔细观察所做的大量记录。他认为通过对第谷的记录做仔细的数学分析可以确定哪个行星运动学说是正确的：哥白尼日心说，古老的托勒密地心说，或许是第谷本人提出的第三种学说。经过多年煞费苦心的数学计算，开普勒发现第谷的观察与这三种学说都不符合，他的希望破灭了。

　　开普勒用正圆编制火星的运行表，发现火星老是出轨。他将火星轨道确定为椭圆，并用三角定点法测出地球的轨道也是椭圆的，断定它运动的线速度和它与太阳的距离有关。最终开普勒认识到实际行星轨道不是圆形而是椭圆形，此后花费数月的时间来进行复杂而冗长的计算，以证实他的学说与第谷的观察相符合。第谷曾对天体方位进行了几十年的观测，积累了大量的精确材料，开普勒在天文学上的伟大发现，就是通过归纳分析这些材料得出的。

　　1609 年开普勒发表专著《新天文学》，提出了他的前两个行星运动定律。开普勒定律对行星绕太阳运动做了一个基本完整、正确的描述，解决了曾使哥白尼、伽利略这样的天才都感到迷惑不解的天文学难题。

　　1611 年，开普勒的保护人鲁道夫被其弟逼迫退位，他仍被新皇帝留任。他不忍与故主分别，继续随侍左右。1612 年鲁道夫去世，开普勒接受了奥地利林茨当局的聘请，去一所大学做数学教师和地图编制工作。由于校方拖欠薪金，开普勒一家生活十分拮据。1613 年他的妻子病故，他又与一个贫家女子成婚，生活依然处在艰难困苦中。1618 年战争爆发，开普勒被迫离开林茨，前往意大利波伦那大学任教。

　　在这样颠沛流离的环境下，开普勒依然以锲而不舍的精神去攻克天文学难题。他继续探索各行星轨道之间的几何关系，经过长期繁杂的计算和无数次失败，最后于 1618 年发现了第三条定律，为牛顿发现万有引力定律打下了基础；这一结果表述在 1619 年出版的《宇宙谐和论》中。

　　1630 年，在他花甲之年，为向宫廷索取 20 余年的欠薪，不得不长途跋涉前往正在举行帝国会议的神圣罗马帝国巴伐利亚公国雷根斯堡。到达那里后他突然发热，几天以后即 11 月 15 日，在贫病交困中于雷根斯堡寂然病故，享年 58 岁。除了几件衣服和一些书籍外，身上仅剩下了 7 马克 100 分尼，他被葬于拉提斯本的圣彼得教堂。他为自己撰写的墓志铭是："我曾测量天空，现在测量幽冥。灵魂飞向天国，肉体安息土中"。

花絮

（1）悲惨的身世。

开普勒的身世是不幸的。他 17 岁时父亲去世，自身患有各种疾病——猩红热、眼睛高度近视、一只手半残。26 岁时与一个出身名门的寡妇结婚，举止傲慢的妻子使他很少感到家庭温暖。在前妻死后他又选择了一个贫家女为伴，虽然感情融洽，无奈经济上常处于绝望境地。他的两位妻子共生有 12 个小孩，但大多在贫困中夭折。

开普勒除了与第谷在一起的两年外，其余的时间都是在艰难困苦的逆境中度过的。1598 年，为了去布拉格，他带着妻子儿女，忍着饥寒劳累，长途跋涉，不幸中途病倒，在一个小客栈里躺了几个星期。开普勒走投无路，只好提笔向第谷写信求援。慷慨的第谷很快给他捎来了钱并给他介绍了工作，使他慢慢地摆脱了狼狈的处境。后来席卷德国的宗教战争使他先后经历丧子、丧妻，其生活由于家庭的变故和战争的影响而变得越来越阴暗。开普勒的一生是在极端艰难的条件下度过的；连年的战争，长期漂泊，生活贫困，这些都不断困扰着他，老年生活更是一贫如洗。

（2）救母心切的大孝子。

开普勒的母亲在 1620 年由于行巫术而被捕，他花费了大量的时间设法使母亲在不受拷打的情况下获得释放。

（3）担任皇家占星家。

虽然他得到"皇家数理家""御用天文学家"的头衔，但宫廷却不发给他俸禄，故而除教数学外，他的一个主要任务就是替皇帝和贵族们占星算命，这也是他终身从事的职业，在他的遗稿中保存了 800 多张占星图。他虽然不相信这一伪科学，但为了谋生不得不如此。

（4）伽利略的忽视。

不知是什么原因，开普勒的这些重大发现（开普勒三定律）却没有引起与他同时代的伽利略的足够重视。两人毕生都为哥白尼学说而奋斗，他们又是朋友，时有书信往来，然而对于开普勒的这一决定性的进展，伽利略一生和著作中竟没有留下关于此事的任何痕迹。这也是科学史上的一桩怪事！

（5）讨薪教授。

不幸的是，开普勒在他晚年为私事而感到忧伤，当时德国开始陷入"三十年战争"的大混乱之中，很少有人能置身世外桃源。他遇到的一个问题是领取薪水，给他的俸禄只有第谷的一半，且常常拖欠，圣罗马皇帝即使在较兴隆的时期都是怏怏不乐地支付薪水。在战乱时期，开普勒的薪水被一拖再拖，得不到及时的支付。经济困苦和操劳跋涉严重损害了开普勒的健康。

（6）恩师第谷·布拉赫。

第谷·布拉赫（1546—1601 年），丹麦天文学家和占星学家，是天文史上的一位奇人，有"星学之王"的美誉，是望远镜发明之前最后一位也是最伟大的一位用肉眼观测的天文学家，是世界上前所未有的最仔细、最准确的观察家，可以媲美伊巴谷。他的记录具有重大的研究价值，被称为近代天文学的奠基人。

1546 年 12 月 14 日，第谷出生于当时由丹麦统治下的瑞典的一个贵族家庭。虽然家族希望他学习法律，他却狂热地喜爱天文学。第谷的特点是目光锐利，身体健壮，生活奢侈，脾气暴躁，一副权威相。据说，他年轻时曾与别人决斗被割掉鼻子，而终生戴着金属制成的假鼻子。1601 年 10 月 24 日，第谷逝世于布拉格，终年 55 岁，死因是在宴会中吃得太多被尿憋破膀胱而死，他也算是历史上第一个被尿憋死的人。在生命的最后日子里，第谷将自己生平积累的观测资料赠给了开普勒，并且指定他为自己的继承人。

1576 年，丹麦国王弗雷德里克二世给予他汶岛的管辖权，并资助他在那里建造了一个天文台。此后 20 多年，他不断制作和改进观测仪器，同助手们长期不懈地进行精细的天文观测，获得了前所未有的精确、可靠、完整的观测资料。1599 年，第谷应德皇鲁道夫二世的邀请到布拉格，在其资助下建成了一座天文台。

第谷对天文学的贡献是不可磨灭的，他所做的观测精度之高，是他同时代的人望尘莫及的，其编纂的星表的数据甚至已经接近了肉眼分辨率的极限。第谷编制的一部恒星表相当准确，至今仍有使用价值。

第谷是一位杰出的观测家，但他的宇宙观却是错误的；他缺少想象力，不相信哥白尼学说。第谷认为所有行星都绕太阳运动，而太阳率领众行星绕地球运动。他的体系是属于地心说的，这一体系 17 世纪初传入我国后曾一度被接受。明末来华耶稣会士汤若望称赞郭守敬为"中国的第谷"。

第谷临终前把其所有的数据结果交给了开普勒，开普勒时刻不忘第谷的临终嘱托，历尽磨难完成了第谷未竟的事业，以告慰第谷的在天之灵。有了第谷的一手资料，算是踩在"巨人的肩膀上"，再加上他的出众的智慧和观测能力及非凡的数学能力，成就了辉煌。第谷完整而精确的行星观测记录不仅对确定火星轨道起了至关重要的作用，还引导开普勒进一步发现一般的行星运动规律，极大地推动了天文学研究的进步。

（7）天主教会的迫害。

早在大学学习时期，开普勒就拒绝同意路德派把加尔文派判处有罪。他表达了他对新教信条的严酷和不宽容精神的反对意见。同时，由于开普勒的宗教立场，他成了新教神学家的"眼中钉"。开普勒的宗教立场（他公开主张决不能谴责坚信旧说的人），不仅被天主教会所敌视，而且也为他所在的路德派新教教会所不容。晚年的开普勒坚持不懈地同唯心主义的宇宙论做斗争。1625 年，他写了题为《为第谷·布拉赫申辩》的著作，驳斥了主教乌尔苏斯对第谷的攻击，因而受到了天主教会的迫害，天主教会将开普勒的著作列为禁书。1626 年，一群天主教徒包围了开普勒的住所，扬言要处决他，但因其曾担任过御用数学家而幸免于难。

师承关系

接受正规学校教育。

学术贡献

（1）开普勒 1609—1618 年期间陆续发现了行星运动的三大定律，分别是轨道定律、面积定律和周期定律（见图 2-2、图 2-3）。这三大定律可分别描述为：所有行星分别是在大小不同的椭圆轨道上运行；在同样的时间里行星向径在轨道平面上所扫过的面积相等；行星同太阳距离的立方 a^3 与它公转周期的平方 T^2 的比值相等。为纪念开普勒在天文学上的卓著功绩，上述行星运动三大定律，被称"开普勒定律"。它一经确立，本轮—均轮系统彻底垮台，行星的复杂运动，立刻就失去全部神秘性。他还发现行星公转的速度不恒等。开普勒定律成了天空世界的"法律"，后世学者尊称开普勒为"天空立法者"。牛顿在数学上严格地证明开普勒定律，也让人们了解其中的物理意义。

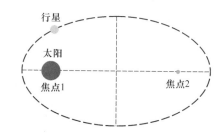

图 2-2 开普勒的轨道定律

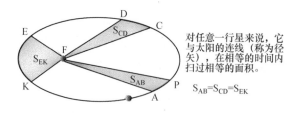

图 2-3 开普勒的面积定律

（2）开普勒晚年根据他的行星运动定律和第谷的观测资料编制了一个行星表，为纪念他的保护人而定名为《鲁道夫星表》。

（3）同时他对光学做出了重要的贡献，他是现代实验光学的奠基人。他研究了针孔成像，并从几何光学的角度加以解释，并指出光的强度和光源的距离的平方成反比。开普勒也研究过光的折射问题，最早提出了光线和光束的表示法，最先认为大气有重量；1611 年他的《折光学》一书出版。

（4）阐述了近代望远镜理论，他把伽利略望远镜的凹透镜目镜改成小凸透镜，这种望远镜被称为开普勒望远镜。开普勒望远镜是折射式望远镜，大部分的折射式天文望远镜的光学系统，都来源于开普勒式。开普勒望远镜的特点是把目标放在两透镜的公共焦点上，能够测定微小角度，后来被广泛应用于天文望远镜。

（5）说明了月全食时月亮呈红色是由于一部分太阳光被地球大气折射后投射到月亮上而造成的。

（6）1604 年 10 月 9 日，开普勒发现蛇夫座超新星，它是银河系第 3 颗超新星；超新星是正走向衰亡的老年恒星。

（7）1607 年，他发现了后来定名为哈雷彗星的大彗星，还研究了其特征。

（8）开普勒认为人看见物体是因为物体所发出的光通过眼睛的水晶体投射在视网膜上，并且解释了产生近视眼和远视眼的原因。

～ 代表作 ～

开普勒的著作有：《宇宙的奥秘》（1597 年）、《天文学的光学需知》（1604 年）、《蛇夫座脚部的新星》（1606 年）、《新天文学》（1609 年）、《折光学》（1611 年）、《宇宙的和谐》（1619 年）、《哥白尼天文学概要》（1618—1621 年）、《鲁道夫星表》（1627 年）。

（1）1600 年，开普勒出版了《梦游》一书，这是一部纯幻想作品，说的是人类与月亮人的交往。该书富有想象力，提出了很多出现在现代科幻片中的名词，像喷气推进、零重力状态、轨道惯性、宇宙服等，该书的素材来自于毕达哥拉斯的话语或古希腊神话。

（2）开普勒在他的《彗星论》中说过了，彗星的尾巴是背着太阳的，造成这种现象的原因就是，因为太阳排斥彗头的物质。

（3）《对伽利略的补充：天文光学说明》，讲述了他的天文光学贡献。

（4）关于行星运动的前两条定律在 1609 年发表在《新天文学》上。《新天文学》又名《论火星的运动》，该书指出开普勒第一第二定律同样适用于其他行星和月球的运动。

（5）开普勒发现的第三条定律首次发表于 1619 年《宇宙的和谐》中。

～ 获奖与荣誉 ～

可以与哥白尼、伽利略相媲美的评价就是最大的奖励。

🙞 学术影响力 🙜

（1）在天文学方面如果没有开普勒，日心说的命运当时将是不确定的。作为中世纪与近代交替时期的人物，他的研究成果巩固了"日心说"的基石。

（2）他的三大定律奠定了经典天文学的基石，为牛顿数十年后发现万有引力定律铺平了道路。

（3）开普勒定律给予亚里士多德派与托勒密派在天文学与物理学上极大的挑战。

（4）经过几十年的历程，开普勒定律的意义在科学界逐渐明朗起来。实际上在 17 世纪晚期，有一个支持牛顿学说的主要论点认为开普勒定律可以从牛顿学说中推导出来。反过来说只要有牛顿运动定律，也能从开普勒定律中精确地推导出牛顿引力定律。但是这需要更先进的数学技术，而在开普勒时代则没有这样的技术，就是在技术落后的情况下，以其敏锐的洞察力判断出行星运动受来自太阳的引力的控制。

（5）欧洲第二艘自动转移飞行器（ATV）国际空间站货运飞船被正式命名为"约翰尼斯 u2022 开普勒"，以此纪念开普勒。美国国家航空航天局设计来发现环绕着其他恒星之类的行星的太空望远镜，也尊称其为开普勒太空望远镜。

（6）开普勒对光折射现象进行了实验研究，为后来斯涅尔得出折射定律起到了一定的启示作用，被誉为近代实验光学的奠基人。

（7）为了纪念开普勒的功绩，国际天文学联合会决定将 1134 号小行星命名为开普勒小行星。

（8）为了纪念开普勒定律诞生 400 周年，捷克 2009 年发行了开普勒行星运动定律 400 周年（1609—2009 年）精制纪念银币。

（9）在《新天文学》发表 400 周年之际，德国政府于 2009 年 5 月 7 日发行一枚纪念开普勒的银币。正面为德国国徽上的雄鹰，背面右边为开普勒的侧面写意肖像，左边为通过几何坐标表示的开普勒三大定律，其下为开普勒定律 400 周年德文字样。

（10）天文学上，将距离地球约 500 光年的天鹅座开普勒 186 星系以及行星开普勒-186f 以他的名字命名。开普勒-186f 是和地球大小相仿的太阳系外行星，且位置刚好处在宜居带内；这是一颗宜居行星，是被探索宇宙生命的重要星球。

🙞 名人名言 🙜

数学对观察自然做出重要的贡献，它解释了规律结构中简单的原始元素，而天体就是用这些原始元素建立起来的。

🙞 学术标签 🙜

近代自然科学的开创者之一、天空立法者、现代实验光学的奠基人。

❧ 性格要素 ❧

坚强、勇敢、意志坚定、治学严谨、实事求是；具有独立思考、敢于怀疑、勇于创新、百折不挠、求真务实的科学精神；身体虚弱，待人和蔼，但他意志坚强，富有想象力；命运多舛、穷困潦倒；具有挑战欧洲中世纪封建神权的科学精神。

❧ 评价与启迪 ❧

开普勒的贡献是天文学中任何一位科学家都无法替代的。开普勒对天文学最大的贡献在于他试图建立天体动力学，从物理基础上解释太阳系结构的动力学原因。如果没有开普勒，那就没有今天的天文学。因为有了开普勒的贡献，才让今天的天文学变得如此繁荣，如此盛大。

开普勒的成就给人留下了深刻的印象。他更富于创新精神，他所面临的数学困难相当巨大。在当时，数学远不如今天这样发达，没有计算机来减轻开普勒的计算负担。

开普勒是早产儿，先天不足，体弱多病，一只手半残，眼睛高度近视，看到的图像更是重重叠叠模糊不清；由于连年战争而长期漂泊，生活贫困，家庭生活不幸福；还有作为新教徒，长期受到天主教会的迫害。开普勒凭借自己顽强的意志和旺盛的求知欲，克服自己身体上、生活上的各种困难，通过大量繁复的计算，最早发现了天体运行三定律，被后世的学者尊称为"天空立法者"。

开普勒的悲惨经历，让人扼腕。为何"戏子家事天下知，将军孤坟无人问"？时代的悲哀还是价值观的错乱？希望看到本书的读者能有正确的人生观、世界观和价值观，珍惜科学巨匠，热爱英雄，不为金钱权势所迷惑。对待改变了我们生活的科学巨人们，一定不让"英雄流汗流血又流泪"啊。

9. 我思故我在的近代科学始祖——笛卡尔

姓　　名　勒内·笛卡尔
性　　别　男
国　　别　法国
学科领域　哲学
排　　行　第一梯队（一流）

❧ 生平简介 ❧

笛卡尔（1596 年 3 月 31 日—1650 年 2 月 11 日）出生于法国安德尔—卢瓦尔省一个地位较低的贵族家庭，父亲是地方议会的议员，母亲在他 1 岁多时患肺结

笛卡尔像

核去世。他也受到传染，身体羸弱多病。此后父亲移居他乡并再婚，他由外祖母带大。由于父亲一直给他经济上的支持，使他能够受到良好的教育，也养成了喜欢安静善于思考的习惯。

1616 年，他 20 岁大学毕业，获得法律学学位，此后没有继续接受正规教育。因他觉得"读万卷书不如行万里路"，对科学的热爱使他决定游历欧洲各地，开阔视野。1616—1628 年，他做了广泛的游历，曾在荷兰、巴伐利亚和匈牙利军中短期服役。尤其是当他在荷兰军队时，结识了在数学和物理学方面有很高造诣的以撒·贝克曼，深受其影响，开始对数学和物理学产生了兴趣，并称呼他是自己"心灵的导师"。

1621 年，笛卡尔退伍；1622 年，26 岁的他变卖掉父亲留下的资产，游历欧洲多个国家。1629—1644 年的 25 年间，他一直生活在思想自由的荷兰，潜心研究哲学，并逐渐形成了自己的思想。除了哲学思想之外，他也运用自己的方法研究科学。为了学到更多的解剖学和生理学知识，他亲自做解剖。在光学、气象学、数学及其他几个学科领域内，也都独立从事过重要研究。

1649 年，瑞典女王克利斯丁娜把他请到斯德哥尔摩宫廷做私人教师。但笛卡尔身体羸弱，喜欢晚起。由于需要早上五点起床给女王讲课，他患上了肺炎，1650 年 2 月 11 日在他到斯德哥尔摩仅 4 个月后，就被病魔夺去了生命。他一生未婚，但有个不幸早夭的女儿。笛卡尔的智商高达 210，这在历史上十分罕见。

1663 年他的著作在罗马和巴黎被列入禁书之列；直到 1740 年，巴黎才解除了禁令。1819 年，他的遗骸被移入圣日耳曼大教堂，墓碑上写着："笛卡尔，欧洲文艺复兴以来第一个为人类争取并保证理性权利的人"。他的坟墓曾遭盗墓贼挖掘，其头骨几经易手现存于法国巴黎夏乐宫人类博物馆。

✎ 花絮 ✎

（1）反对经院哲学。

17 世纪前期在笛卡尔生活的法国，为神学服务的经院哲学敌视科学思想，用火刑和监狱对付先进的思想家和科学家。批判经院哲学，建立为科学撑腰的新哲学，是先进思想家的共同任务。笛卡尔和弗朗西斯·培根（1561—1626 年，"知识就是力量"是培根的名言）一样，打出了新哲学的大旗。培根是第一代圣阿尔本子爵，实验科学的创始人，是英国文艺复兴时期最重要的散文家、唯物主义哲学家。培根被马克思誉为"英国唯物主义和整个近代实验科学的真正始祖"，是"实验哲学之父"，是"近代自然科学直接的或感性的缔造者"，也是现代生活精神的伟大先驱。他们共同反对经院哲学和神学，指出经院哲学是一派空谈，只能引导人们陷入根本性错误，不会带来真实可靠的知识，必须用新的正确方法，建立起新的哲学原理。从他们起，哲学研究开始重视科学认识的方法论和认识论，提出了"普遍怀疑"的主张。

（2）4 条规则。

笛卡尔从逻辑学、几何学和代数学中发现了 4 条规则：1）绝不承认任何事物为真，对于自己完全不怀疑的事物才视为真理；2）必须将每个问题分成若干个简单的部分来处理；3）思想必须从简单到复杂；4）我们应该时常进行彻底的检查，确保没有遗漏任何东西。

（3）创建解析几何。

笛卡尔将上述方法不仅运用在哲学思考上，还运用于几何学，并创立了解析几何。在笛卡尔之前，几何与代数是数学中两个不同的研究领域。笛卡尔站在方法论的自然哲学的高度，看到了传统的几何过分依赖图形和形式演绎，而束缚了人的想象力的缺陷；同时也深感代数过分受法则和公式的限制而缺乏活力，不能成为一门改进智力的科学。

代数与几何的各自为政的状况抑制了数学的发展，因此他提出必须把二者的优点结合起来，建立一种"真正的数学"。笛卡尔的思想核心是把几何学问题归结成代数形式的问题，用代数学的方法进行计算、证明，从而达到最终解决几何问题的目的。他依照这种思想创立了解析几何。

怎样才能架起沟通代数与几何的桥梁呢？要想达到此目的，关键是如何把组成几何图形的点和满足方程的每一组"数"建立联系。笛卡尔苦思冥索但未有成效。据说有一天，他病中看到天花板上的蜘蛛爬来爬去，吐丝结网，这提示了笛卡尔。他把蜘蛛看成一个点，可否把点的位置用一组数确定呢？他茅塞顿开，一种新的思想初露端倪：相邻的两面墙与地面交出了 3 条线，如果把地面上的墙角作为起点，把 3 条线作为 3 根数轴 x，y，z，那么空间中任意一点的位置就可在这些数轴上找到有顺序的 3 个数 $(a，b，c)$。同理，在互相垂直的两条直线下，一个点可以用到这两条直线的距离，也就是两个数来表示，这个点的位置就被确定了；这样就用数形结合的方式将代数与几何联系起来了。沿着这条思路前进，终于建立起了解析几何学。

最为可贵的是，笛卡尔用运动的观点，把曲线看成点的运动的轨迹，不仅建立了点与实数的对应关系，而且把形（包括点、线、面）和"数"两个对立的对象统一起来，建立了曲线和方程的对应关系。

（4）笛卡尔的哲学思想。

笛卡尔哲学自成体系，融唯物主义与唯心主义于一体，在哲学史上产生了深远的影响。由于自己的存在，上帝才存在，外部世界才存在；这是笛卡尔学说的起点。他的哲学思想分 3 个部分：1）"形而上学"，即认识论和本体论；2）"物理学"，即自然哲学；3）各门具体科学，主要是医学、力学和伦理学。他把"形而上学"比作树根，把"物理学"比作树干，把各门科学比作树枝，表明哲学的重要地位，但也指出果实是树枝上结出的，以表明科学的重要意义。他认为要有深度地认识这个世界，先要从方法论上解决问题，提出了"普遍怀疑"的主张和"我思故我在（思考是唯一确定的存在）"。

笛卡尔主张怀疑一切，即抛弃一切现成的假定和设定，对一切事物和观念都进行怀疑，绝不把任何没有明确地认识其为真的东西当作真的加以接受。笛卡尔认为我们所有的观点都来自于我们自己的感受，而感受是会欺骗大家的，因此提出了怀疑一切的哲学观点。

笛卡尔强调认识世界之首要，就是要用理性的思维去理解现象，而不是简单的感性认知。笛卡尔认为科学的目的在于造福人类，使人成为自然界的主人和统治者。他还认为，任何的科学都应该是对人有好处的，所有的科学都应该让人更好地掌握自然。

笛卡尔证明了真实世界的存在，提出了心身二元论的思想，主张世界有精神和物质两个独立本原；认为世界存在着两个实体，一个是只有广延而不能思维的"物质实体"，另一个是只能思维而不具广延的"精神实体"，即精神世界和物质世界（"灵魂"和"扩延"），二者性质完全不同，各自独立存在和发展，谁也不影响和决定谁。他认为，精神和物质是两种绝对不同的实体，精神的本质在于思想，物质的本质在于广袤；物质不能思想，精神没有广袤；二者彼此完全独立，不能由一个决定或派生另一个。

二元论的本质在于肯定了物质和精神两种实体；但它割裂了物质和精神的关系，不能科学地解决世界的本质问题，也无法将物质和精神绝对独立的原则贯彻到底。笛卡尔为了说明物质实体和精神实体的来源，认为两者都来自于上帝，承认上帝是"绝对的实体"，上帝是独立存在的。笛卡尔最终倒向唯心主义的一元论。

笛卡尔是"人和机器说"的坚决反对者。他认为人不是机器，人有灵魂，是一种二元的存在物，既会思考，也会占空间；而动物只属于物质世界，是机器。他认为动物和人的根本区别在于意识和精神层面，不能同等对待。

笛卡尔的哲学中，存在形而上学和物理学的二元对立，在形而上学方面偏向唯心主义；物理学方面则发展成了机械唯物主义。他与英国哲学家弗朗西斯·培根一同开启了近代西方哲学的"认识论"转向。

笛卡尔的哲学思想大致可以概括为 3 个方面：自我意识（普遍怀疑的主张）、心身关系（二元论）、人与机器。在笛卡尔的哲学思想当中，最重要的还是这一点——我思故我在。笛卡尔认为人只有存在思想才能感受到自己的存在，当自己在思考的时候，自己就是存在的，而当自己有一天不再思考的时候，自己就已经离开这个世界了。"我思故我在"是其全部认识论哲学的起点，也是他"普遍怀疑"的终点。他从此确证了人类知识的合法性。

❧ 师承关系 ❧

正规学校教育加游学。但是，在数学和物理学方面有很高造诣的贝克曼是他的心灵导师，对他影响很大，使得他对数学和物理学产生了浓厚的兴趣。

❧ 学术贡献 ❧

笛卡尔靠着天才的直觉和严密的数学推理，在物理学方面做出了有益的贡献。在光学、力学、气象学、数学及其他几个学科领域内都独立从事过重要研究。这些研究为惠更斯、牛顿、胡克等人的新理论提供了先驱性理解。

（1）笛卡尔的物质宇宙观很有影响，认为整个世界除了上帝和人的心灵之外，都是机械运动的，因此所有的自然事物都可以用机械原因来解释。

（2）笛卡尔提倡科学研究，认为把它应用于实践会有益于社会。他认为科学家应避免使用模糊不清的概念，应该努力用数学方程来描述世界。

（3）首次对光的折射定律提出了理论论证。笛卡尔利用他发明的解析几何发展了独特的光学研究方法，成功证明了光的折射定律。首次把折射定律表述为今天的这种形式，用光的折射定律解释彩虹现象；通过元素微粒的旋转速度来分析颜色；讨论了透镜和多种其他光学仪器；是最早用数学公式解释彩虹和色散原理的人。

（4）在力学上发展了伽利略运动相对性的理论，强调了惯性运动的直线性，发现了动量守恒原理的原始形式。在伽利略提出的相对性原理基础上，笛卡尔用更加自然通俗的语言解释了参考系，并比较完整地提出了惯性定律。

（5）发展了宇宙演化论，形成了他关于宇宙发生与构造的学说。他还提出了漩涡说和近距作用等理论学说，虽然具体理论有许多缺陷，但依然对以后的自然科学家产生了影响。他的太阳起源的以太漩涡模型第一次依靠力学而不是神学，解释了天体、太阳、行星、卫星、彗星等的形成过程，比康德的星云说早一个世纪，是17世纪中最有权威的宇宙论。

（6）他创立的直角坐标系称笛卡尔坐标系，并成功地将当时完全分开的代数和几何学联系到了一起。笛卡尔引入了坐标系以及线段的运算概念，这些成就为后人在微积分上的工作提供了坚实的基础，而后者又是现代数学的重要基石。此外，现在使用的许多数学符号都是笛卡尔最先使用的，这包括了已知数 a、b、c 以及未知数 x、y、z 等，还有指数的表示方法。他还发现了凸多面体边、顶点、面之间的关系，后人称为欧拉—笛卡尔公式。还有笛卡尔心形线及微积分中常见的笛卡尔叶形线也是他发现的。

（7）提出了一种光的学说，后来为克里斯蒂安·惠更斯系统阐述的光的波动学说揭开了序幕。

（8）第一次用现代的观点来探索气象，讨论了云雨风，正确解释了彩虹的形成原因。他批驳热是一种不可见的流体组成的观念，指出热是一种内在运动形式的正确推论。

（9）他还解释了人的视力失常的原因——晶状体变形，并设计了矫正视力的透镜。

（10）因将几何坐标体系公式化而被认为是解析几何之父，为微积分的创立奠定了基础，从而开拓了变量数学的广阔领域。

（11）笛卡尔对碰撞和离心力等问题曾作过初步研究，给后来惠更斯的成功创造了条件。

（12）善于运用直观模型来说明问题，运用假设和假说的方法来研究物理，提倡理性、提倡科学，为现代物理的研究提供范例。

➤ 代表作 ➤

1628—1637 年，笛卡尔写下了《指导哲理之原则》《论世界》《正确思维和发现科学真理的方法论》《哲学原理》《形而上学的沉思》等一系列哲学著作。1629 年写了《思维指南录》一书，概述了他的方法。但是，这本书直到他去世 50 多年后，第一版才问世。

1637 年发表法文著作《正确思维和发现科学真理的方法论》，简单易懂，流传甚广。书中附有三篇论文《屈光学》《哲学原理》《几何学》。

第一篇《屈光学》首次对光的折射定律提出了理论论证（此前已被斯涅尔发现）；讨论了透镜和多种其他光学仪器；描述了眼睛的功能及病态的原因；提出了一种光的学说，后来为惠更斯系统阐述的光波学说揭开了序幕。

第二篇论文《哲学原理》第一次用现代的观点来探索气象，讨论了云雨风，正确解释了彩虹的形成原因。批驳热是一种不可见的流体组成的观念，指出热是一种内在运动形式的正确推论。笛卡尔比较完整地第一次表述了惯性定律：只要物体开始运动，就将继续以同一速度并沿着同一直线方向运动，直到遇到某种外来原因造成的阻碍或偏离为止。这里他强调了伽利略没有明确表述的惯性运动的直线性，还第一次明确地提出了动量守恒定律。

在第三篇论文《几何学》中，他用平面上的一点到两条固定直线的距离来确定点的位置，用坐标来描述空间上的点，这就是平面直角坐标系。据此，笛卡尔创立了解析几何，成功地将当时完全分开的代数和几何学联系到了一起。这是一项重大的数学进展，为牛顿发明微分开辟了道路，从而开拓了变量数学的广阔领域。

笛卡尔死后还出版有《论光》（1664 年）。

❧ 获奖与荣誉 ❧

世人的肯定就是奖励，他对世界的巨大影响是什么奖项也不能比拟的！

❧ 学术影响力 ❧

（1）笛卡尔被广泛认为是西方近代哲学的奠基人，是整个西方哲学史的一座划时代的丰碑，他第一个创立了一套完整的哲学体系。他的哲学思想深深影响了之后的几代欧洲人，开拓了所谓"欧陆理性主义"哲学。

（2）他提出了"普遍怀疑"的主张，目的就是通过无穷无尽地怀疑获得绝对确定的知识，批判经院哲学，重树理智原则为根基的知识体系。

（3）他用批判性的反思、科学方法和理性精神抨击了经院哲学，重建了形而上学的基础，为近代哲学奠定了基石。也正是他提出的天赋观念论为唯理论与经验论围绕认识论问题的争论拉开了序幕。

（4）笛卡尔是二元论的代表，把上帝看作造物主，但在自然科学范围内却是一个机械论者，这在当时是有进步意义的。二元论的观点后来成了欧洲人的根本思想方法。

（5）他强调认识中的主观能动性，直接启发了康德，成为从康德到黑格尔的德国古典哲学的主题，推动了辩证法的发展。

（6）笛卡尔的方法论对于后来物理学的发展有重要的影响。他在古代演绎方法的基础上创立了一种以数学为基础的演绎法。这种方法和培根所提倡的实验归纳法结合起来，经过惠更斯和牛顿等人的综合运用，成为物理学特别是理论物理学的重要方法。

（7）曲线和方程的对应关系的建立，不仅标志着函数概念的萌芽，而且表明变数进入了数学，使数学在思想方法上发生了伟大的转折——由常量数学进入变量数学的时期。

❧ 名人名言 ❧

我思故我在。其含义是："当我怀疑一切事物的存在时，我却不用怀疑我本身的思想，因为此时我唯一可以确定的事就是我自己思想的存在"。

❧ 学术标签 ❧

17世纪的欧洲哲学界和科学界最有影响的巨匠之一、近代唯物论的开拓者、欧洲近代哲学的奠基人之一，黑格尔称他为"近代哲学之父"，近代科学的始祖、解析几何之父。

⌘ **性格要素** ⌘

从小体弱多病，母丧父婚，基本是个孤儿，喜欢安静，善于思考，求知欲强，读万卷书不如行万里路。

⌘ **评价与启迪** ⌘

黑格尔说："笛卡尔事实上是近代哲学真正的创始人，他是一个彻底从头做起，带头重建哲学的基础的英雄人物，哲学在奔波了一千年之后，现在才回到这个基础上，也就是每一个能够产生真理的人心。"

笛卡尔被誉为"现代哲学之父"，是西方现代哲学思想的重要奠基人之一；他又是一位勇于探索的科学家，他所建立的解析几何在数学史上具有划时代的意义，被认为是"解析几何之父"。总之，笛卡尔堪称 17 世纪的欧洲哲学界和科学界最有影响的巨匠之一，被誉为"近代科学的始祖"。

笛卡尔之所以从一个羸弱多病的孤儿成长为了不起的科学伟人，就在于他的求知欲和善于思考。有了强烈的求知欲和怀疑心（对已有知识的质疑），他不满足于现状，总想着突破，突破自我的认知，突破现有知识的界限。通过游学，他增长了见识，开阔了视野。在此过程中，与不同的人有了各种形式的交往，也强化了他对于某些领域的思考。对于他来说，思考就是一切；没有思考，宇宙都可以不存在。

其实，每一个人都要勤于思考，不仅仅是满足于现有的一点知识。唯有不断突破，才能取得新的成就。唯有强烈的求知欲和深度思考的能力才能够突破自我，挑战权威，创新、创新、再创新。创新无止境！

10. 人类历史上第一个被发现定律的发现者、修道院院长——马略特

姓　　名　埃德姆·马略特

性　　别　男

国　　别　法国

学科领域　力学、热学、光学

排　　行　第四梯队（三流）

⌘ **生平简介** ⌘

马略特（1602—1684 年）出生于法国迪戎城，一生大部均在此度过。他的确切情况已失传，但据传其青年时代就热心学习科技和神学，并涉及力学、光

马略特像

学、植物学、气象学、方法论等多个知识，还曾任修道院院长。

他进行过多种物理实验，包括力学、热学、光学等多个方面。他作风严谨，动手能力极强，制成过多种物理仪器，善于用实验取得重大科学发现，成为法国实验物理学的创始人之一，也是法国科学院的创建者之一，并于1666年成为该院第一批院士。1684年，马略特以82岁高龄在巴黎逝世。

❧ 师承关系 ❧

无从考证。

❧ 学术贡献 ❧

（1）马略特定律。

他在物理学上最突出的贡献是1676年发表在《气体的本性》论文中的定律：一定质量的气体在温度不变时其体积和压强成反比。这个定律是他独立确立的，在法国常称之为马略特定律。该定律1661年被英国科学家波义耳首先发现，英国称之为波义耳定律。但马略特明确地指出了温度不变是该定律的适用条件，定律的表述也比波义耳完整，实验数据更令人信服，因此这一定律后被称为波义耳—马略特定律，是人类历史上第一个被发现的定律。

（2）关于流体力学的研究。

马略特对流体力学进行了深入的实验研究，特别讨论了流体的摩擦问题，解决了当时流体研究中理论与实验结果之间存在的许多差异。他发现：流体要在一定压力下才能流动，并给出了计算管壁压强的公式。对于管中流体的运动、喷水的高度等问题，都从理论和具体技术上进行了研究，推进了流体力学的发展。他还研究了春潮时期的水源问题，根据对塞纳河流域的水量的粗略估计，得出了春潮来源于雨水和冰雪融化的结论。他还结合水力学研究了材料强度问题。

（3）关于光学方面的研究。

马略特在光学方面做出了卓越的贡献。他对光现象做了深入的研究，提出了角半径23°晕产生的理论，这基本上就是今天所公认的理论，解释了日晕、月晕、虹、幻日、幻月、衍射等现象，对大气光学做出了贡献。

1666年，他向巴黎科学院报告了眼睛有"盲点"这一卓越发现，这一发现引起了很大的轰动。1668年，马略特在法国皇帝路易十四面前表演了关于盲点的实验：两个人相对站立，彼此相隔2米远，右手伸直，向上侧举。然后各自闭上左眼，各用右眼注视对方的右手掌，于是这两个人都惊奇地发现，对方的头没有了，只留下身子。马略特当即向在场的人讲述了人眼各部位的功能及产生盲点的原因。

（4）牛顿摆的前身。

1676年，马略特在研究弹性物体碰撞规律的时候，设计了一个构思巧妙的、用绳悬挂两个弹性小球的装置。当摆动最右侧的球并在回摆时碰撞紧密排列的另外 4 个球，最左边的球将被弹出，并仅有最左边的球被弹出，这就是后来牛顿摆的前身。

（5）关于热学方面的研究。

马略特 1679 年发现了火的热辐射和光线的区别。他指出，火的热辐射根本通不过玻璃，或者只通过很少一点，而火光却能通过玻璃。

他还用一个冰透镜，将太阳光聚焦，点燃了放在焦点处的火药。他先把纯水煮沸半小时驱除水中的空气，然后将水凝固成二三英寸（1in ＝ 0.0254m）厚的冰板。这样做出的冰板几乎没有气泡，非常透明。将做好的冰板放在一个球状凹陷的小容器里，并把容器放在火的近旁，不断翻动冰板，使表面的冰融化，直到冰块的两面都呈球状。再戴上手套握住这块冰透镜的边沿，放在太阳光下面，在焦点附近放上火药，一会儿火药就被点着了。即，将纯净的水做成凸透镜的形状，在太阳光下聚焦成像。

花絮

马略特定律实验记录。

马略特在论文中叙述自己的实验和结论："用一根 40 英寸长的玻璃管，将水银注入到 27.5 英寸高，于是管内还有 12.5 英寸是空气。当我将该管浸入容器的水银中 1 英寸时，剩下 39 英寸的管中只有 14 英寸是水银，25 英寸是空气。它比原来空气膨胀了 1 倍"。

根据重复实验得出结论："空气的稠密程度与其负载的重量成比例是一种固定的规律或自然律"。他还预言了这个定律的各种应用，例如他指出可根据气压计的读数来计算地方的高度。他测量了很深的地下室中的水银柱高度，和坐落在巴黎高地的气象观测站中的水银柱高度，通过比较获得了用气压计估计高度的近似公式。

代表作

《论气体的本性》《论水和其他流体的运动》（1686 年）、《论颜色的本性》《气压计》《物体的降落》《枪的后坐力》以及《冰的冻结》。

获奖与荣誉

无从考证。

学术影响力

在气体、光学、热学和流体力学上有较大影响力；最早提出牛顿摆和植物的光合作用。

❧ 名人名言 ❧

无从考证。

❧ 学术标签 ❧

法国科学院院士；人类历史上第一个被发现定律的发现者。

❧ 性格要素 ❧

热爱学习、作风严谨。

❧ 评价与启迪 ❧

像所有科学家一样勤奋好学、作风严谨，才能取得成就。

11. 备受宗教和科学折磨、体虚多病英年早逝的科学奇才——帕斯卡

姓　　名　布莱士·帕斯卡
性　　别　男
国　　别　法国
学科领域　物理学
排　　行　第四梯队（三流）

帕斯卡像

❧ 生平简介 ❧

帕斯卡（1623 年 6 月 19 日—1662 年 8 月 19 日）出生于多姆山省，生长于在教会压制哥白尼和伽利略著作的社会大背景下。三岁丧母，从小体质虚弱。父亲艾基纳担任地方税务所的课税员，母亲死后，父亲就辞去了职务，成为受人尊敬的数学家。帕斯卡没有接受过正规的学校教育。但在父亲精心教育下，帕斯卡自幼聪颖，求知欲极强，刻苦钻研，成绩很好。

1631 年，其父常与巴黎一流的数学家如马兰·梅森、伽桑狄、德扎尔格和笛卡尔等人往来，帕斯卡近水楼台先得月，也获得了这些大专家指导，并展现出了数学天赋。11 岁的帕斯卡观察到厨师用刀叉敲打盘子会发出的声音，思考后发现了声学的振动原理。12 岁独立证明三角形各角和等于两个直角，即"三角形的内角和等于 180 度"后，帕斯卡通读欧几里得的《几何原本》，他独立得出欧几里得的 32 条定理，顺序完全正确。16 岁时研究了当时还比较新兴的投影几何，发现了著名的帕斯卡六边形定理：内接一个二次曲线的六边形的三双对边的交

点共现；还写成了数学水平很高的《圆锥截线论》一文，包含一个重要结论，即"帕斯卡定理"。笛卡尔对此大为赞赏，无法相信这是出自一个 16 岁少年之手。

1642 年，为帮助他的父亲完成税收工作，19 岁的帕斯卡设计并制作了一台能自动进位的加减法计算装置，被称为是世界上第一台数字计算器，为以后的计算机设计提供了基本原理，现陈列于法国博物馆中。1646 年，为了检验伽利略和托里拆利的理论，他制作了水银气压计，反复地进行了大气压的实验，为流体动力学和流体静力学的研究铺平了道路。1647—1653 年他重返巴黎，期间，帕斯卡集中精力进行关于真空和流体静力学的研究，取得了一系列重大成果。

他根据托里拆利的理论，进行了大量的实验，1647 年的实验曾轰动整个巴黎，实验根本指导思想是，反对"自然厌恶真空"的传统观念。1647—1648 年，他发表了有关真空问题的论文。1649—1651 年，帕斯卡同合作者皮埃尔详细测量同一地点的大气压变化情况，成为利用气压计进行天气预报的先驱。在这几年中，帕斯卡在实验中不断取得新发现，并且有多项重大发明，例如发明了注射器、水压机，改进了托里拆利的水银气压计等。

他从小就体质虚弱，又因过度劳累而使他疾病缠身。但是，他在病休期间仍旧紧张地进行科学工作。1654 年开始研究几个方面的数学问题——在无穷小分析上深入探讨了不可分原理，得出求不同曲线所围面积和重心的一般方法，并以积分学的原理解决了摆线问题，于 1658 年完成《论摆线》，论文对莱布尼茨建立微积分学有很大启发。帕斯卡和数学家费马一起研究骰子出现的多种组合，讨论赌金分配问题，对早期概率论的发展颇有影响。

帕斯卡一家信奉天主教，由于父亲的一场大病，使年少的帕斯卡很早就接触到了深奥的宗教信仰，并一生坚信天主教。32 岁时他隐居修道院，安于虔诚的宗教生活，并写下令很多哲人都为之叹服的《思想录》。从 1659 年 2 月起，他病情加重，不能正常工作，转而安于虔诚的宗教生活。最后，在巨大的病痛中逝世，终年 39 岁。死前他用手指指实验仪器，又指指神像，表明没能把科学与宗教调和在一起，备受宗教和科学折磨，死而有憾。

❧ 花絮 ❧

带刺的腰带。

医生在帕斯卡死后，发现他腰上围着一根有一掌宽的皮带，上面布满了铁刺，刺尖都对着肌肉。他腰上有的地方被刺得血肉模糊，有的地方发炎化脓，气味刺鼻。

当帕斯卡对科学不断深入研究不断做出贡献时，他始终感到教会与神的幽灵在他思想上徘徊。许多科学理论、事物规律，都和宗教的教义十分矛盾，越研究越觉得寸步难行。有时他怀疑他是不是要步伽利略的后尘，他还怀疑自己的研究方向是不是错了等。后来，他决定把宗教信仰和数学的理性主义调和起来，成为一体。

事实上，他在思想上还是以信奉宗教为主。帕斯卡一生的实践证明，这是行不通的。他决定放弃科学研究，专门钻研神学。为了专心信奉宗教，他除了从住处搬到神学中心外，还专门制作了一条有尖刺的腰带缠在腰上，一旦发现了自己产生了对神不虔诚或者想专心研究科学等邪念时，便用拳打腰带来刺痛肉体。由于长期思想上的苦恼，体质不好，得了各种严重的病症，又不愿积极治疗，就这样在歧路上折磨自己，毁灭了自己。

✎ 师承关系 ✎

没有接受正规的学校教育，其父亲亲自教导他。

✎ 学术贡献 ✎

在他短暂的一生中做出了许多贡献，以在数学及物理学中的贡献最大。有关物理学的贡献如下：

（1）1651年制作了水银气压计。他在山顶上反复地进行了大气压的实验，发现了随着高度降低，大气压强增大的规律。他不仅重复了托里拆利实验，而且验证了他自己的推论：既然大气压力是由空气重量产生的，那么在海拔越高的地方，玻璃管中的液柱就应该越短。

（2）1653年提出流体能传递压力的定律，即所谓帕斯卡定律（静止流体中任一点的压强各向相等，即该点在通过它的所有平面上的压强都相等），为液压系统研究和流体力学发展做出开创性贡献。

（3）改进托里拆利的气压计，在帕斯卡定律的基础上发明了注射器，并创造了水压机。

（4）他关于真空问题的研究和著作，更加提高了他的声望。

（5）1660年，帕斯卡针对便携式计时仪器中摆轮不规范运作提出了他的解决方案；建议应用纤比人类头发的扁平游丝，将其与调节摆轮相连，以防止时钟受到轻微冲击或突然移动时失去平衡。

（6）另外，他对数学上也有卓越贡献，例如发现了"三角形的内角和等于180度"，独立得出欧几里得的32条定理，发现著名的帕斯卡六边形定理，对概率论起到奠基作用。最突出的数学贡献是射影几何中的一个重要定理——著名的帕斯卡定理。

✎ 代表作 ✎

1654年他完成了《液体平衡及空气重量的论文集》，1663年正式出版。他还非常喜欢文学，他写的《思想录》和《致外省人信札》两部文学作品，在欧洲都被公认是文学名著。在《思想录》中，帕斯卡对人生、人性以及宇宙都做出了深刻又富有远见的洞察。

获奖与荣誉

无从考证。

学术影响力

（1）为流体动力学和流体静力学的研究铺平了道路。
（2）为利用气压计进行天气预报奠定了基础。
（3）对莱布尼茨建立微积分学有很大启发。
（4）后人为纪念帕斯卡，用他的名字来命名压强的单位"帕斯卡"，简称"帕"。

名人名言

（1）一生最重要的事是选择职业，但我们往往凭借"偶然"决定它。
（2）别把劳动认为只是耕耘物质收获的原野，它是能同时开拓我们心灵原野的尊贵锄头。
（3）信仰有异于迷信，若坚信信仰甚至于迷信，则无异于破坏信仰。
（4）人是为了思考才被创造出来的。
（5）不要从特殊的行动中去估量一个人的美，而应从日常的生活行为中去观察。
（6）虚荣心在人们心中如此稳固，因此每个人都希望受人羡慕；即使写这句话的我和念这句话的你都不例外。
（7）名望的滋味如此甘美，所以我们热爱与它有关的一切甚至死亡。
（8）人类既非天使，亦非野兽。不幸的是，任何一心想扮演天使的人都表现得像野兽。
（9）研究真理可以有 3 个目的：当我们探索时，就要发现真理；当我们找到时，就要证明真理；当我们审查时，就要把它同谬误区别开来。
（10）信仰和迷信是截然不同的东西。
（11）所有优秀的格言都早已存在于人间，只是我们不善于运用而已。
（12）人生的本质就在于运动，安谧宁静就是死亡。
（13）所有的人都以快乐幸福作为他们的目的；没有例外，不论他们所使用的方法是如何不同，大家都在朝着这同一目标前进。
（14）理智的最后一步就是意识到有无数事物是它力所不及的。
（15）假如人只能自己单独生活，只会考虑自己，他的痛苦将是难以忍受的。

学术标签

自学成才的物理学家、才华横溢的科学传奇人物、利用气压计进行天气预报的先驱、博弈论和近概率论先驱之一、近代流体力学的奠基人之一。在哲学方面，他是一位存在主义思想家。

❧ 性格要素 ❧

才华横溢、求知欲强、勤奋好问、注意观察、善于思考、刻苦学习、认真钻研、天赋极高。

❧ 评价与启迪 ❧

帕斯卡才华横溢，是 17 世纪法国才子之一，他短短的一生在文哲及数理各方面都有突出的成就。作为科学家和哲学家，帕斯卡倡导严格的经验观察和对照实验的使用；反对笛卡尔主义者的理性主义和逻辑演绎方法，反对对中世纪神学家权威的形而上学推测和崇敬。生前他因宗教活动及以宗教哲学家身份，出入于当时的上流社会，身后以数理科学上的成就留名青史。

帕斯卡具有强烈的好奇心，这也正是其求知欲的体现。科学探索的过程，就是发现一个个问题，然后再解决一个个问题，最后总结出事物发展的规律。在这个过程中，敏锐的眼光和怀疑的精神是必不可少的。

帕斯卡从小就体质虚弱，又因过度劳累而使疾病缠身，使他英年早逝，给科学史上留下了太多遗憾。他认为"生命的长短不能以时间来衡量，心中有爱时，刹那便是永恒"。他短暂的生命证明了他的辉煌；倘若没有这么早过世，他该给世界留下更多宝贵的科学财富。由此可知，不能光搞科研，身体健康更重要，没有了健康和生命，一切都是浮云！为了科研梦想，抓紧锻炼身体吧！

12. 才华横溢的科学界领袖、科学史上的多面手——波义耳

波义耳像

姓　　名　罗伯特·波义耳
性　　别　男
国　　别　英国
学科领域　物理学
排　　行　第三梯队（二流物理学家、超一流化
　　　　　学家）

❧ 生平简介 ❧

波义耳（1627 年 1 月 25 日—1691 年 12 月 30 日）出生于爱尔兰，他生活的时期是英国资产阶级革命时期，也是近代科学开始出现的时代，这是一个巨人辈出的时代。

波义耳出生在一个贵族家庭，家境优裕为他的学习和日后的科学研究提供了较好的物质条件。父亲理查德（柯克伯爵），是爱尔兰最有权力的人，也是英国最富有的人，占有广大封地。波义耳在家里是14个兄弟姐妹中最小的一个，但不幸的是，在他3岁时，母亲因病去世。从小缺乏母亲照料，他从小体弱多病，不适合习武作战，所以8岁时入读伦敦郊区著名的贵族中学——伊顿公学。他在此学习3年，刻苦读书，掌握了拉丁文和希腊文。

1640年他13岁时，英国内战。为了安全起见，他和哥哥被送到当时欧洲的教育中心之一的日内瓦，在这里他学习了法语、实用数学和艺术等知识。更重要的是，瑞士是宗教改革运动中出现的新教的根据地，反映资产阶级思想的新教教义熏陶了他。1640—1644年，他到过法国、瑞士、意大利等国家。在意大利，他阅读了伽利略的名著《关于两大世界体系的对话》，这本书给他留下了深刻的印象。20年后，他的名著《怀疑派化学家》就是模仿这本书的格式写的，他对伽利略推崇备至。

1643年，他的父亲及其兄长死于英国内战，为他留下了多西特庄园和遗产。1644年，他回到爱尔兰，看守庄园同时开始了他的科学研究。1659年他与年轻助手罗伯特·胡克设计出精密的空气泵（或抽气机）。胡克制造的抽气机使波义耳研究真空和燃烧理论时如虎添翼——他用其做了一系列关于空气压力和稀薄空气中的现象的实验，并于1660年出版了《关于空气弹性及其效应的物理、力学新实验》一书。在书中，详细阐述了他所进行的43个实验，说明了空气在不同现象中的效果，试验了抽空空气时的氧化、磁场、声音及气压特性，检验了在不同物质上增加气压的效果。

1668年，波义耳得知他姐夫去世的消息后，决定从牛津迁往伦敦，和他的姐姐住在一起。到伦敦后，他又在他姐姐家的后院建造了一所私人实验室，继续进行他的研究工作。他把自己的科学活动与皇家学会密切地联系起来，在皇家学会赢得很高的声誉。

在波义耳之前的许多世纪，宗教狂热和迷信思想一直主导人类社会。因此，到了他所在的时代，一些有思想的人致力帮助其他人摆脱这样的思想和心态，波义耳也有这样的目标。他为自己起了"菲拉瑞图斯"这个名字，意思是"喜爱美德的人"。他渴望认识真理，也很热心地把自己学到的知识跟别人分享。他成了一个多产作家，其著作对许多同时代的人，例如著名科学家牛顿产生深远的影响。

他是科学史上的多面手，物理、化学无一不通，在物理上主要贡献是发现了波义耳定律，这条定律描述了气体的压力与体积之间的关系。他是超一流化学家，拥有和牛顿在物理学领域一样的地位，被美誉为化学之父或者近代化学之父。在当时，他的理念是十分超前的。例如他认为物质是由基本微粒构成的，基本微粒以不同方式组合，就会产生不同的物质。他也畅想过很多未来科技，其中之一就是医生可以通过器官移植来治愈疾病，这在当时简直是天方夜谭。但是，在现代医学中器官移植已经成功实现，救治了无数病人的生命。

他是公认的科学领袖，1680年被选为皇家学会会长，他因为体弱多病又讨厌宣誓仪式而拒绝就任。波义耳终生未婚，逝世于伦敦。他努力在平民百姓中间推广科学，是个著名的科普作家。

⌘ 花絮 ⌘

（1）多次逃过死劫。

他在一生中多次逃过死劫：例如他曾从翻倒的马车中被救出来，过后马车翻落到急流中。一次，他从马上摔下，而马蹄几乎踩到他的喉咙上。另一次，粗心的药商配错补药给他，若不是因为他吃了许多糖而吐出毒素，他早已中毒身亡。经过这次遭遇，他有了病也不愿找医生，并且开始自修医学，到处寻找药方、偏方为自己治病。

（2）波义耳定律的发现。

当时法国科学家根据活塞实验得出"空气没有弹性"的结论，波义耳宣称法国科学家的实验不能说明任何问题。他认为空气的弹性来自两方面的原因，要么把气体微粒看成是许多细小弹性游丝，要么认为微粒在热的扰动下不断做漩涡运动，由这种运动引起弹性。但是，这个说法引起了荷兰教会神父利努斯的攻击。因为他不相信关于存在真空的说法，他认为空气的重量和弹性不能够大到足以承受托里拆利管中的29英寸水银柱的重量。他说气压表中的水银柱是由某种特殊的无形的线悬挂住的，这无形的线就在管子的上端。他甚至要求在将玻璃管理上端封口时用手摸一摸，企图找出这根无形的线。

为了反驳这一无端的批评，波义耳发表了《关于空气的弹力和重量学说的答辩》，并决定重新做空气泵实验。从这个意义上来说，还得感谢这位利努斯神父，如果没有这一荒谬的批评，波义耳也许永远不会发现以他的名字命名的定律。1666年，波义耳发表了《流体静力学俤谬》一文，有力地驳斥了那种轻的流体不能对重的流体施加压力的传统偏见，得出了气体的体积与压强成反比的关系，这正是波义耳气体定律的最初发表形式，它为分子运动论的发展开辟了道路。

波义耳定律是第一个描述气体运动的数量公式，为气体的量化研究和化学分析奠定了基础。该定律是学习物理和化学的基础，学生在学习物理和化学之初都要学习它。

（3）英国皇家学会成立。

从 1644 年起一批对科学感兴趣的人，其中包括教授、医生、神学家等定期地在某一处聚会，讨论一些自然科学问题，他们自称为无形学院。波义耳 1646 年在伦敦就参加了无形学院的活动。后来由于厌倦首都上层社会生活中的空虚，更重要的是想集中精力做一些科学实验，于是迁往他父亲一所偏远的庄园，在那里读书、进行科学实验，而且一住就是 8 年。1654 年，他迁往牛津，寄宿在牛津大学附近一个药剂师家里。以后他又建立了自己设备齐全的实验室，并为自己聘用了一些助手，有些助手还是很有才华的学者，例如罗伯特·胡克。到牛津大学后，他开始从事系统的物理和化学研究工作，并以超人一等的理智思维成为牛津最受欢迎的学者之一，这样就在他周围形成了一个科学实验小组。在牛津，波义耳一直是无形学院的核心人物，他的实验室成为学者集会活动的场所，他的一系列科研成果都是在这里取得的，包括那本划时代的名著《怀疑派化学家》也是在这里完成的。

随着学者队伍的扩大，正式成立一个促进实验科学的学术团体也被波义耳提了出来。1660 年正式成立英国皇家学会，1662 年被女皇授予特权。皇家学会根据培根的思想，十分强调科学在工艺和技术上的应用，逐渐成为著名的学术团体，至今它仍是世界所有科学团体中最杰出的一个。波义耳后来被选为皇家学会会长，但他讨厌社交而拒绝就任。

～◈ 师承关系 ◈～

接受正规学校教育。

～◈ 学术贡献 ◈～

波义耳在科学研究上的兴趣是多方面的，是科学史上的多面手。他曾研究过气体物理学、气象学、热学、光学、电磁学、无机化学、分析化学、化学、工艺、物质结构理论以及哲学、神学。其中，成就突出的主要是化学，他是位超一流的化学家，被认为开启了近代化学之门，在化学界拥有与物理学界牛顿一般的地位。波义耳在物理上的贡献如下：

（1）发现在排气泵容器中气压计水银柱下降、稀薄空气下水的沸腾、真空中虹吸作用失效、在抽成真空的容器中动物（蜜蜂、鼠、鳝鱼等）不能维持生命和钟表不能传出嘀嗒声以及毛细管效应等现象，这些在今天看来是非常普遍的常识，但在 17 世纪时却很新鲜。这些都被波义耳实验所证明。

（2）他对空气进行了 43 项实验，并以现代科学的方式来报道，即声明"假设"，描述器材、状况和测验。他还证实了气体像固体一样是由原子构成的。但是，在气体中原子距离较远，互不连接，所以它们能够被挤压得更密集些。通过实验，波义耳使科学界相信原子确实是存在的。

（3）在他科学生涯的早期，气体物理学是科学界颇为热门的研究方向。

1662 年确立了著名的"波义耳定律"（波义耳—马略特定律），发现了气体体积与压强的反比关系——在定量定温下，理想气体的体积与气体的压力成反比，这是在力学运动以外的第一个被发现的自然定律，证明宇宙里是有不改变的律。

（4）发现了干涉现象——牛顿环。

（5）主张热是分子的运动。

（6）首先提出色光是白光的变种。

（7）发现静电感应现象。

（8）指出化学发光现象是冷光。

代表作

在化学领域，代表作是 1661 年出版的《怀疑派化学家》，被视作化学史上的里程碑，标志着近代化学从炼金术中独立出来。在物理领域他的代表作如下：

（1）1660 年出版了《关于空气弹性及其效应的物理、力学新实验》一书。在书中，说明了空气在不同现象中的效果，试验了抽空空气时的氧化、磁场、声音及气压特性，检验了在不同物质上增加气压的效果。

（2）1662 年，波义耳发表了《关于空气的弹力和重量学说的答辩》，通过空气泵实验，发现了波义耳定律——在密闭容器中的定量气体，在恒温下，气体的压力和体积成反比关系。

（3）1666 年，波义耳发表了《流体静力学佯谬》一文，有力地驳斥了那种轻的流体不能对重的流体施加压力的传统偏见。提出了波义耳定律的最初形式，得出了气体的体积与压强成反比的关系。

（4）《新机械物理实验——感受空气的活力及其效用（由新气压泵所完成的大部分实验）》一书中，对波义耳定律做了详细的描述。

获奖与荣誉

无。但是被选为英国皇家学会会长本身就是巨大的荣誉。

学术影响力

（1）1662 年他发现人类历史上第一个被发现的"定律"，描述了空气压强和体积之间的关系，是第一个描述气体运动的定律，为气体的量化研究和化学分析奠定了基础。

（2）1676 年，马略特在此后也根据实验独立地提出这一发现，但是比波义耳的发现更加精确，所以这一定律称为波义耳—马略特定律。这一定律用当今较精确的科学语言应表达为：一定质量的气体在温度不变时，它的压强和体积成反比。该定律为分子运动论的发展开辟了道路。

（3）被誉为"化学之父"，被认为开启了近代化学之门，化学史家都把《怀疑派化学家》出版的 1661 年作为近代化学的开始年代。

名人名言

无从考证。

学术标签

人类历史上第一个被发现的"定律"的发现者之一、英国皇家学会会长、科学界公认的领袖、科学史上的多面手、超一流化学家、化学之父。

性格要素

兴趣广泛但是体弱多病，才华横溢却又十分谦卑。他追求真理，但是崇尚务实，劝勉科学家要避免高傲、武断的态度，也要勇于承认错误。终生未婚，一生献身于科学事业。

评价与启迪

波义耳指出，如果一个人强烈地认为某件事是真实的，他就该弄清楚，自己到底是确知抑或只是觉得那是真实的。这体现了他严谨的治学态度，讲求事实和证据。他热心科学团体的活动，不仅仅是自己搞科研，也带动身边的人从事科学研究，愿意分享研究成果，这是十分难能可贵的；因为这个精神克服了人类自身自私狭隘的一面。他成为公认的科学领袖是实至名归的，因为他有成人之美——"赠人玫瑰，手有余香"，这个思想境界和做人的格局不是人人都能具备的。

同样，波义耳的生平再一次印证了身体健康的重要性；他并不长寿，只活了65 岁，如果他能健康长寿，那他取得的科学成就应该远不止于此。

13. 经典力学先驱、推翻牛顿光的微粒说、土卫六发现者——惠更斯

姓　　名　克里斯蒂安·惠更斯
性　　别　男
国　　别　荷兰
学科领域　力学、光学、天文学
排　　行　第一梯队（一流）

惠更斯像

⌐ 生平简介 ⌐

惠更斯（1629 年 4 月 14 日—1695 年 7 月 8 日）出生于海牙一个权贵家庭。惠更斯家族效命于荷兰王室，先后服务于弗雷德里克·亨德里克亲王及威廉二世，从事外交事务。惠更斯家族高度重视教育和文化，父亲康斯坦丁·惠更斯（荷兰诗人和作曲家）与笛卡尔等学界名流交往甚密，在文学和科学方面极为博学，他本人亲自教导惠更斯兄弟。

惠更斯自幼聪慧，13 岁时曾自制一台车床，表现出很强的动手能力。从 16 岁到 18 岁，惠更斯在莱顿大学学习法律与数学。从 18 岁到 20 岁，转入父亲担任校长的布雷达学院。1650 年威廉二世去世，惠更斯家族失去了靠山。结束学习生涯后，惠更斯没有选择外交作为职业，而是一直在家里从事科学研究，其生活完全靠父亲提供资助，一直到他 37 岁那年。这一期间是惠更斯科研生涯中产出最多的时期。

在阿基米德等人著作及笛卡尔等人直接影响下，惠更斯致力于力学、光波学、天文学及数学的研究。他善于把科学实践和理论研究结合起来，透彻地解决问题。当惠更斯还在荷兰的时候，就高精度地设计和磨制出了望远镜的透镜，进而改良了开普勒的望远镜，并用其进行了大量的天文观测，揭开了土星光环的神秘面纱。他发现了土卫六，上述两者分别报告于《土星之月新观察》和《土星系统》中，还观测到了猎户座星云、火星极冠等。

1650 年，完成关于流体静力学的手稿。1652 年，惠更斯将弹性碰撞的规律公式化，并开始几何光学的研究。1655 年，惠更斯第一次来到巴黎，见到了后来组建法兰西皇家科学院的那些学者，如伽桑狄（1592—1655 年，法国物理学家、数学家和哲学家，他宣传原子论思想，重新提出古希腊德谟克利特的原子论并得到了牛顿的支持）、罗伯威尔（罗伯威尔平衡结构用于量器的制作，如罗伯威尔机构案秤）以及布利奥等人（1645 年，法国天文学家布利奥首先提出平方反比假设，认为每个行星受太阳发出的力支配，力的大小跟行星与太阳的距离的

平方成反比）。此间惠更斯取得了博士学位。

1656 年惠更斯发明了摆钟，这在 1658 年的《时钟》中有论述。惠更斯对离心力的研究也从 1659 年开始。他与沃利斯（1616—1703 年，英国数学家、物理学家，是最先把圆锥曲线当作二次曲线加以讨论的人之一）和斯吕塞（法国数学家）等众多学者大量通信，交流学术问题。1660 年后，他花费了大量时间研究摆钟在海上确定经度的应用。

1660 年 10 月—1661 年 3 月，惠更斯第二次来到巴黎，他与帕斯卡及吉拉德·笛沙格（1591—1661 年，法国数学家、建筑师，射影几何的创始人之一，他奠定了射影几何的基础）进行了广泛交流。1663 年 6 月到 9 月，他到伦敦旅行，并成为了新成立的英国皇家学会的第一个外国会员。接着他回到巴黎，从路易十四那里获得了科学工作的第一笔薪俸。1666 年，刚成立的法兰西皇家科学院选举惠更斯为院士，时年 37 岁。

在 1668—1669 年英国皇家学会碰撞问题征文悬赏中，他是得奖者之一。他详尽地研究了完全弹性碰撞问题（当时叫"对心碰撞"），在 1703 年他死后发表于《论物体的碰撞运动》中。他纠正了笛卡尔不考虑动量方向性的错误，并首次提出完全弹性碰撞前后的守恒。他还研究了岸上与船上两个人手中小球的碰撞情况并把相对性原理应用于碰撞现象的研究。大约在 1669 年，惠更斯就已经提出解决了碰撞问题的一个法则——"活力"守恒原理，它成为能量守恒的先驱。同年，他阐述了重力起因理论。

惠更斯从实践和理论上研究了钟摆及其理论，提出著名的单摆周期公式。在研究摆的重心升降问题时，惠更斯发现了物体系的重心与后来利昂哈德·欧勒（1707—1783 年，瑞士著名数学家、物理学家；是最卓越、最多产科学家之一，在微积分和图论等众多领域都曾做出重大发现，他的成果被广泛运用在物理和工程等领域）称之为转动惯量的量，还引入了反馈装置——"反馈"这一物理思想今天更显得意义重大。

1666 年，惠更斯应邀来到巴黎科学院以后，开始了对物理光学的研究。作为法国皇家科学院最卓越的会员，惠更斯获得了很高的薪俸，并居住在皇家图书馆的一套房间中，直到 1681 年。

1668—1669 年，在理论上和实验上研究了阻力介质中的物体运动。1673 年，惠更斯与发明高压锅的法国物理学家丹尼斯·帕平合作，建造了一个内燃机。1673 年开始了关于简谐振动的研究，并设计出由弹簧而非钟摆来校准时间的钟表。其后，发生了他与胡克的优先权之争。1677 年，他使用了显微镜进行研究。

1689 年，60 岁的惠更斯在剑桥会见了牛顿，牛顿的著作《自然哲学的数学原理》引起了惠更斯的仰慕，二人交流了对光的本性的看法。但惠更斯的观点更倾向于波动说，与牛顿的微粒说产生了分歧，正是这种分歧激发了惠更斯对物理光学的强烈热情。回到巴黎之后，惠更斯重复了牛顿的光学试验。他仔细地研究了牛顿和格里马尔迪的光学实验，认为其中有很多现象都是微粒说所无法解释的。他提出了比较完整的波动学说理论，这在《论光》及补编的《论重力的原因》中能找到相关论述。

在其生命最后的几年中，惠更斯与瑞士数学家尼古拉斯·法蒂奥·丢勒（1664—1753 年，与牛顿曾有密切关系，被称为牛顿的影子）的讨论和与莱布尼茨的通信及对微分积分的兴趣，使他的注意力转回数学。惠更斯一生体弱多病，多次患病，但一心致力于科学事业，终生未婚。1694 年，惠更斯再一次生病，这一次他没有康复过来，次年夏天在海牙去世。

～ 花絮 ～

（1）发现土卫六。

惠更斯利用自己研制的望远镜进行了大量的天文观测，并解开了一个由来已久的天文学之谜。伽利略曾通过望远镜观察过土星，他发现了"土星有耳朵"，后来又发现了土星的"耳朵"消失了。伽利略以后的科学家对此问题也进行过研究，但都未得要领。"土星怪现象"成为了天文学上的一个谜。当惠更斯将自己改良的望远镜对准这颗行星时，他发现了在土星的旁边有一个薄而平的圆环，而且它很倾向地球公转的轨道平面。伽利略发现的"土星耳朵"消失，是由于土星的环有时候看上去呈现线状。1655 年，惠更斯发现了土星的卫星——土卫六，并且还观测到了猎户座星云和火星极冠等。

（2）摆的等时性。

惠更斯注意到了摆的等时性问题，他发现只有在摆角比较小的情况下，伽利略单摆的等时性才成立，然而当摆角比较大时，例如当摆角为 60 度时，不严格等时性就很明显。惠更斯仔细研究并解决了这些问题，进而研究其在机械上的应用，设计出了严格等时的摆钟结构。1657 年，28 岁的惠更斯把重力摆引入机械钟，发明了摆钟。摆钟的精确度是欧洲以前计时器的 100 倍，将每天平均 15 分钟的误差改进到每周大约 1 分钟的误差。

惠更斯解决了伽利略的困惑，但有一个问题他始终没法解开，并为近代科学留下了一个 350 年未被解开的历史谜团——惠更斯摆钟之谜。

（3）惠更斯摆钟之谜。

1665 年，惠更斯卧病在床，看着墙上挂着的两个时钟，这时他也注意到了一个奇怪的现象：墙上有两个摆钟，无论两个摆锤从哪里或者什么时候开始摆动，在约半小时内，它们最终会以相同的频率彼此相反地摆动。随后，惠更斯又亲自在不同时间释放两个摆锤，结果也一样。

为什么挂在同一面墙上的钟摆可以相互影响，并随着时间流逝会慢慢变得同步？当时，惠更斯认定钟摆之间必然有一种神秘的"沟通"方式。几个世纪以来，由于缺乏测量钟摆之间互动的精确工具，没有人知道其中的奥秘。其中主要的秘密是：钟摆的重量为什么会影响钟摆的摆动方向？为什么惠更斯钟摆会在半小时内同步？

这个迷直到 2015 年才由葡萄牙里斯本大学的科研人员部分程度揭开这个秘密：是由摆动的声音引起的共振造成的摆幅相同的共振现象。但研究者并不敢相信，于是做了另外一个实验——将两个时钟的齿轮驱动机制，换成一个更平滑的机制，这时时钟没有产生那么大能量的脉冲，然而摆钟仍然出现了同步现象，这就说明除了声能，这两个时钟肯定还在受着其他因素的影响。对于研究者而言，这次的实验只是揭开了惠更斯钟摆之谜的一层面纱，在这个看似简单的问题后面，一定还隐藏着其他没有被找到的答案。

✎ 师承关系 ✎

16 岁之前在家接受私人教育，受笛卡尔的影响；之后接受正规学校教育，曾指导过莱布尼茨学习数学。

✎ 学术贡献 ✎

他善于把科学实践和理论研究结合起来，透彻地解决问题，形成了理论与实验结合的工作方法与明确的物理思想，在摆钟的发明、天文仪器的设计、弹性体碰撞和光的波动理论等方面都有突出成就；对力学的发展和光学的研究都有杰出的贡献，在数学和天文学方面也有卓越的贡献，是近代自然科学的重要开拓者。

（1）惠更斯是创建经典力学的先驱，以伽利略所创建的基础为出发点。他在研究摆中阐明了许多动力学概念和规律（包括摆的运动方程，离心力、摆动中心、转动惯量的概念）。

1656 年，他将单摆运动引入时钟，发明了著名的摆钟，设计出了严格等时的摆钟结构；摆钟的精确度是欧洲以前计时器的 100 倍，将每天平均 15 分钟的误差改进到每周大约 1 分钟的误差。

1659 年，他发现了摆线等时性，研究渐屈线和摆动中心的理论。他用摆测量重力加速度，指出物体在地球赤道处受到的离心力是重量的 1/289。他著有《关于钟摆的运动》（1673 年），在摆的研究上更有着不可替代的重要贡献。提出了力学系统守恒原则，创立了振动中心理论。

（2）他同沃利斯（1616—1703 年，英国数学家，微积分的先驱者之一）和克里斯托弗·雷恩（1632—1723 年，爵士，英国皇家学会会长、天文学家和著名建筑师）几乎在同一时期发现弹性体的碰撞规律——应英国皇家学会的要求研究了金属小球的碰撞，提出"两个质量相同并以相同的速度相向运动的物体，在发生刚性的对心碰撞之后，都保留碰撞前的速度而相互弹开"。

（3）1642 年 8 月 13 日，发现了由水和干冰组成的火星南极极冠，同时还讨论了行星上生命存在的条件，第一次提出了地外生命存在的可能性。

（4）他认为物质是有能量的，能量是守恒的，这在当时是很了不起的。大约在 1669 年，惠更斯就已经提出解决了碰撞问题的一个法则——"活力"守恒原理：在两个物体的碰撞中，它们的质量和速度平方乘积的总和，在碰撞前后保持不变；他事实上成为能量守恒的先驱。

（5）他提出动量守恒原理。惠更斯既看到了动量数值的变化，又强调了方向的问题，实际上是把动量概念引进了物理学，从而为牛顿运动定律的提出和矢量力学的建立做了概念的准备，这是物理学思想的一个重大进步。

（6）惠更斯建立向心力定律，改进了计时器，提出了他的离心力定理。他还研究了圆周运动、摆、物体系转动时的离心力以及泥球和地球转动时变扁的问题等，这些研究对于后来万有引力定律的建立起了促进作用。

（7）惠更斯和胡克还各自发现了螺旋式弹簧丝的振荡等时性，这为近代游丝怀表和手表的发明创造了条件。

（8）惠更斯还把几何学带到了力学中去，独特的思想与方法都给当时的人们留下了很深的印象。

（9）惠更斯原理是近代光学的一个重要基本理论。但它虽然可以预料光的衍射现象的存在，却不能对这些现象作出解释，也就是它可以确定光波的传播方向，而不能确定沿不同方向传播的振动的振幅。惠更斯原理是人类对光学现象的一个近似的认识。直到后来，菲涅耳对惠更斯的光学理论做了发展和补充，创立了"惠更斯—菲涅耳原理"，才较好地解释了衍射现象，完成了光的波动说的全部理论。

惠更斯原理认为：对于任何一种波，从波源发射的子波中，其波面上的任何一点都可以作为子波的波源，各个子波波源波面的包洛面就是下一个新的波面。他认为每个发光体的微粒把脉冲传给邻近一种弥漫媒质（"以太"）微粒，每个受激微粒都变成一个球形子波的中心。他从弹性碰撞理论出发，认为这样一群微粒虽然本身并不前进，但能同时传播向四面八方行进的脉冲，因而光束彼此相交而不相互影响，并在此基础上用作图法解释了光的反射、折射等现象。

1678 年，他在法国科学院的一次演讲中公开反对了牛顿的光的微粒说。他说，如果光是微粒性的，那么光在交叉时就会因发生碰撞而改变方向。可当时人们并没有发现这现象，而且利用微粒说解释折射现象，将得到与实际相矛盾的结果。

惠更斯认为,光是一种机械波。光波是一种靠物质载体来传播的纵向波（光波是纵波的观点这里是错误的）,传播它的物质载体是"以太"。波面上的各点本身就是引起媒质振动的波源。据此,惠更斯证明了光的反射定律和折射定律,也比较好地解释了光的衍射、双折射现象和著名的"牛顿环"实验,圆满的解释了光速在光密介质中减小的原因,同时还解释了光进入冰洲石所产生的双折射现象,认为这是由于冰洲石分子微粒为椭圆形所致。惠更斯还发现了光的偏振现象。

（10）惠更斯在天文学方面有着很大的贡献。他把大量的精力放在了研制和改进光学仪器上,他设计制造的光学和天文仪器精巧超群,磨制了透镜,改进了望远镜（用它发现了土星光环等）与显微镜。惠更斯目镜至今仍在采用,还有几十米长的"空中望远镜"（无管、长焦距、可消色差）、展示星空的"行星机器"（即今天文馆雏形）等。

（11）1665 年,他提出以冰或沸水的温度作为计量温度的参考点。

（12）惠更斯在数学上也取得了巨大成就。例如面积和体积的确定,以及由古希腊数学家帕普斯（3—4 世纪,著有《数学汇编》)的工作所启发的代数问题。在接下来的岁月中,惠更斯研究了抛物线求长、求抛物线旋转面的面积、许多曲线如蔓叶线、摆线（与帕斯卡在 1658 年公开提出的一个问题有联系）和对数曲线的切线和面积问题。1657 年,惠更斯关于概率问题的论文《论赌博中的计算》发表,他也因此成为了概率论的创始人。他对悬链线（他发现悬链线即摆线与抛物线的区别）、曳物线、对数螺线等都进行过研究,研究了浮体和求各种形状物体的重心等问题,还在微积分方面有所成就。

❧ 代表作 ❧

他留给人们的科学论文与著作 68 种,《全集》有 22 卷,在碰撞、钟摆、离心力和光的波动说、光学仪器等多方面做出了贡献。

（1）1651 年,完成《双曲线、椭圆和圆的求积定理》,包括对格里高利的圆求积的反驳。1654 年,完成《圆大小的发现》。

（2）1673 年发表了《论摆钟》,惠更斯把它献给了法国国王路易十四。

（3）1657 年发表的《论赌博中的计算》,这是一篇关于概率论的科学论文。

（4）1690 年发表的《光论》阐述了他的光波动原理,即惠更斯原理;推导出了光的反射和折射定律,圆满的解释了光速在光密介质中减小的原因,同时还解释了光进入冰洲石所产生的双折射现象,认为这是由于冰洲石分子微粒为椭圆形所致。《光论》中最精彩部分是对双折射提出的模型,用球和椭球方式传播来解释寻常光和非常光所产生的奇异现象。

（5）惠更斯的《关于论碰撞作用下物体的运动》的论文在当时没有公开发表,在他逝世后 1703 年遗稿才被人发现。

◈ **获奖与荣誉** ◈

无从考证。

◈ **学术影响力** ◈

（1）惠更斯推翻了牛顿光的微粒说；和托马斯·杨一起开创了波动光学。光的波动说对促进近代物理的发展起到非常重要的作用，影响深远。

（2）惠更斯原理是近代光学的一个重要基本理论。

（3）碰撞问题的研究和动量守恒原理的发现，为建立作用力和反作用力准备了一定的条件，完成了力学体系的奠基性工作；与伽利略一样，惠更斯是经典力学的先驱者之一，他的研究对万有引力定律的建立起了促进作用。

（4）创立了概率论这门新的学科。

（5）荷兰发行了纪念惠更斯的邮票（见图2-4）。

图 2-4　纪念惠更斯的邮票

◈ **名人名言** ◈

无从考证。

◈ **学术标签** ◈

惠更斯是介于伽利略与牛顿之间一位重要的物理学先驱、创建经典力学的先驱、近代自然科学的一位重要开拓者、波动光学的开创者之一、概率论的创始人、英国皇家学会第一个外国会员、法国皇家科学院院士。

◈ **性格要素** ◈

体弱多病，自幼聪慧，动手能力极强，终生未婚，一心致力于科学事业。忠厚正直，多做少说，严谨勤奋，独立思考，善于把科学实践和理论研究结合起来，透彻地解决问题。

❧ 评价与启迪 ❧

惠更斯处于富裕宽松的家庭和社会条件中，没受过宗教迫害的干扰，能比较自由地发挥自己的才能。他善于把科学实践与理论研究结合起来，透彻地解决某些重要问题，形成了理论与实验结合的工作方法与明确的物理思想。他是介于伽利略与牛顿之间一位重要的物理学先驱，是历史上最著名的物理学家之一，是近代自然科学的一位重要开拓者。

从惠更斯的一生中我们可以看到一个人的成功是离不开自身的努力和天资的，当然一个好的家庭环境会是个很好的助力因素。惠更斯的成就离不开他的天赋与努力，他自身的条件和富足的家庭环境都是他在研究学术上成功的重要因素。为了自己的研究，一生都体弱多病的惠更斯付出了很多，为了把全部的精力都投入到伟大的科学事业中，惠更斯终生未娶。

惠更斯不迷信权威，敢于质疑权威，他不迷信于已有的理论基础，依旧坚持着自己的观点，在前辈的基础上重新开拓修正着自己的观点，也正是由于他不迷信权威不拘泥于已成的基础理论让他为自然科学提供了很多非常重要的知识。他提出光的波动说挑战牛顿光的微粒说。由于牛顿的声望高，多数人支持微粒说，惠更斯成了孤立的少数派。但他的勇敢和学识也让牛顿佩服，牛顿称他是"德高望重的惠更斯""当代最伟大的几何学家"。

挑战权威，并且公开反对权威是需要很大的自信与勇气的，也正是因为惠更斯不迷信权威，没有被已有的理论限制住自己的思维和研究方向，坚持独立见解。随着研究的深入，到 19 世纪初，波动说战胜了微粒说。惠更斯的学说成功地解释了光的反射、折射、双折射等微粒说所不能解释的现象，从而打破了微粒说独占科坛的局面。他这种不唯权威，只维科学的精神，值得每个人认真学习。也正是这种精神才成就了 1690 年的《光论》，才有了后来的惠更斯原理。相信每个领域应该都这样，每一个领域的新人旧人也应该都学习惠更斯这种精神，因为，不局限于已有的理论，完善开拓自己领域的知识体系才是对权威对自己领域最好的贡献。

惠更斯为人忠厚正直，做得多说得少。他虽做了许多意义重大的研究工作，但是发表的成果却很少；只是在他去世后，整理他的遗稿的人们才无不钦佩这位学者严谨勤奋和独立思考的科学精神。事实上，任何时候，任何场合下，人们都应该具备严谨勤奋和独立思考的科学精神，这种精神十分可贵，即便是科研领域之外也离不了。

惠更斯对于近代科学的影响值得我们学习，惠更斯对于科学事业的奉献与专研精神更值得我们尊重。惠更斯位列一流物理学家之列，实至名归！

14. 英国的"双眼和双手"、被遗忘的科学巨匠——胡克

姓　　　名　罗伯特·胡克
性　　　别　男
国　　　别　英国
学科领域　力学、光学、天文学
排　　　行　第二梯队（次一流）

胡克像

⌁ 生平简介 ⌁

胡克（1635 年 7 月 18 日—1703 年 3 月 3 日）出生于怀特岛，卒于伦敦。胡克是家中四个孩子里最小的一个；他出身平凡，父亲是个当地的牧师。关于胡克的生平资料不多，但是零散的资料显示，胡克从小身体不好，体弱多病，常常因头痛而不能坚持学习。他父亲舍不得将他送去要求严厉的寄宿学校，自己在家教授胡克。

胡克从小十分好学，一直是个才华出众的好学生，在年纪很小的时候就展现出对机械的热爱，动手能力极强，早年的梦想曾是做一名钟表匠或画匠。胡克 13 岁时父亲去世，他拿着父亲留给他的 40 英镑的遗产到伦敦威斯特敏斯特学校求学。时任校长巴斯比博士很快认识到胡克的天才，据说胡克只花了一星期就掌握了欧几里得《几何学原理》前六卷内容，在校期间还发明了飞行器、学会了拉风琴等。二人保持了终生友谊，胡克还为他设计了私家住宅。

靠着半工半读的求学生活，胡克一边勤奋学习，一边做仆从、金匠、木工等多种临时性工作。通过不懈的努力，1653 年 18 岁的他作为工读生进入牛津大学学习，学会了多门外语，还在教堂唱诗班唱歌。胡克开始了自己的科学学徒生活，并结识了很多有影响的朋友，其中包括约翰·威尔金斯（英国皇家学会创始人之一、将登月旅行赋予科学性的第一人，被誉为"登月鼻祖"）和克里斯托弗·雷恩（1632—1723 年，英国皇家学会创始人之一，天文学家、英国历史上最伟大的建筑大师，1681—1683 年任皇家学会会长）。威尔金斯和雷恩一起鼓励胡克从事天文学、数学和力学研究。

从著名的牛津大学毕业后，胡克被著名解剖学家托马斯·威利斯聘为化学助手，由此获得的解剖技巧对于他日后研究呼吸有根本性的帮助。与罗伯特·波义耳的相识是他在牛津最重要的经历，并于 1658 年成为波义耳的助手。他从波义耳处获得了丰富的化学知识和实验技巧，并以自己作为机械师的天才回馈波义耳，帮助他研究空气。

1660 年，他在实验中发现螺旋弹簧伸长量和所受拉伸力成正比。1662 年后，胡克曾在高山、平地和深矿井中，多次测量同一物体的重量，来寻找物体的重量随着离地心距离的变化而变化的关系。1663 年，28 岁的他获牛津大学硕士学位，并成为英国皇家学会会员。1665 年担任伦敦格雷舍姆学院几何学教授，拥有了开展学术研究所必需的条件，成为英国第一批领取薪俸的科学家之一。后来在波义耳的建议下，胡克担任皇家学会实验室主任，负责维护试验仪器、验证和演示实验。无疑，波义耳是胡克的伯乐和人生导师。

1666 年伦敦大火后，他担任测量员以及伦敦市政检察官，参加了伦敦重建工作，设计或者参与设计了一些重要建筑物。1676 年，他公布了著名的弹性定律；1677—1683 年胡克任皇家学会秘书，负责出版刊物。1679 年胡克出了一本著作《论刀具切削》，书中至少包括了两个重要的科学发现，一是提出了著名的胡克定理，即应力与应变成正比的弹性定理；另一个发现是胡克直觉地理解到振动着的弹簧与一个单摆是动力等价的。

在天文方面，1664 年他发现了木星上的大圆斑，并断定那是木星本身带有的一个永久性标志。胡克对月球、彗星、太阳等天体都有独到的研究，临死前一年还在研究如何更加精确地测定太阳的直径。

奠定胡克科学天才声望的要数《显微术》一书。1684 年时任英国皇家学会会长的塞缪尔·佩皮斯（毕业于剑桥大学，是著名的《佩皮斯日记》的作者；曾任英国皇家海军部长，是英国现代海军的缔造者；以英国皇家学会会长的身份批准了牛顿巨著《自然哲学的数学原理》一书的出版印刷），称赞该书为他一生中所读过的最出色、最具天才的书。

胡克是科学上的巨匠，更是生活上的"倒霉鬼"。尽管他在万有引力上做出了重大贡献并写信告诉牛顿，但是牛顿拒不承认胡克的贡献，爆发了二人之间旷日持久的争议。随后又与惠更斯发生了有关游丝表的争议；与德国科学家莱布尼茨就手摇式计算器发生争吵；与著名建筑师及其终生好友雷恩之间也存在着包括著名的格林尼治皇家天文台和为纪念 1666 年伦敦大火而建造的纪念碑等的设计权争议。

花絮

（1）胡克、牛顿万有引力发现之争。

胡克、牛顿二人结怨起因于光的微粒说。牛顿认为光的本质是粒子组成的，可以解释光的反射等现象。但胡克认为光是波，对牛顿的理论大加批判。牛顿感到自己尊严受辱，坚决要求退出英国皇家学会。后来，胡克甚至阻碍牛顿论文的发表，对他的研究进行无情鞭挞。其中，牛顿发表了一篇光学论文，被胡克指责剽窃了他的《显微术》一书。

　　万有引力贡献之争使得二人的争执和仇恨达到了顶峰。事实上，胡克对万有引力定律的发现起了重要作用。1679年他写信给牛顿，信中认为天体的运动是由于有中心引力拉住的结果，而且认为引力与距离平方应成反比。这一结论是在1674年胡克提出万有引力的定性描述的基础上提出的。牛顿对此认为自己在1666年就发现了这个"引力与距离平方应成反比"的规律，并在开普勒第三定律基础上用数学方法导出了众所周知的万有引力定律。1686年，牛顿将载有万有引力定律的《自然哲学的数学原理》卷一的稿件送给英国皇家学会时，气急败坏的胡克希望牛顿承认他在万有引力发现中的贡献，但遭到牛顿的断然拒绝。这就是后来胡克控告牛顿剽窃他的成果的来由。

　　1703年3月3日，胡克在落寞中去世了，遗嘱中将所有遗产捐给学会，走完了自己为科学奉献的一生。在他死后不久，牛顿就当上了英国皇家学会的会长。随后，英国皇家学会中的胡克实验室和图书馆就被解散，胡克的所有研究成果、研究资料和实验器材或被分散或被销毁，甚至他唯一的一张画像也消失不见了。就这样，胡克被无情打压，随着时间的推移，他成为了被遗忘的科学巨匠！胡、牛之争成了英国版的瑜亮之争。

　　（2）胡克、惠更斯游丝表发明权之争。

　　胡克不仅和牛顿争论，也和荷兰大科学家惠更斯争论游丝表的发明权。

　　古代的人们利用沙漏计时，但非常粗略。为了准确计时，1582年前后，意大利的伽利略发明了重力摆。1657年，荷兰的惠更斯把重力摆引入机械钟，创立了摆钟。为了进一步提高便携式计时仪器的精度，那个时代的科学家们在不断做出努力，这是一个巨大的挑战。

　　1659年，惠更斯将钟摆悬挂在螺纹上，并采用与机轴擒纵机构非刚性连接的方法。1673年，惠更斯将摆轮游丝组成的调速器应用在可携带的钟表上。1675年1月23日，惠更斯被官方认定为游丝的发明者。这种纤薄的螺旋状弹簧将时钟的精度提升了一个数量级，使得计时更加精确。

　　然而，游丝发明的所有权仍有争议，并引发了制表行业第一次真正的论战。惠更斯向英国皇家学会的秘书发送了一封加密信件，简要解释了游丝的改良，被正式宣布为摆轮游丝的发明者。据说，惠更斯宣布他的钟表研制成功时，才华横溢的胡克暴跳如雷，声明早在1665年，他就提出了以纤薄螺旋状弹簧装配时钟的创意，并绘有证明图纸。毫无疑问，惠更斯受益于胡克的研究，前者借鉴了后者的结论推进了自己的理论。虽然普遍认为惠更斯才是游丝的官方发明人，但胡克在发明锚式擒纵后就已经开始了对游丝研究工作。但应该指出的是，作为著名科学家，惠更斯发明了一个元件——游丝。这个元件和自由式擒纵机构（棘爪或杠杆）结合，提高了摆轮振荡的等时性，使得摆轮振幅恒定，时钟计时精准，将时钟从机械装饰转变为科学仪器。

师承关系

正规学校教育；波义耳是胡克的伯乐和人生导师。

学术贡献

他在力学、光学、天文学等多方面都有重大成就，他所设计和发明的科学仪器在当时是无与伦比的。

（1）胡克在力学方面的贡献尤为卓著。他提出了描述材料弹性的基本定律——胡克定律，弹性体变形与受力成正比。他还同惠更斯各自独立发现了螺旋弹簧的振动周期的等时性等。

（2）胡克曾制造出了一台性能优秀的实用高效的空气泵（抽气机），协助波义耳发现了波义耳定律。

（3）他曾为研究开普勒学说做出了重大成绩。在研究引力可以提供约束行星沿闭合轨道运动的向心力问题上，胡克做了大量实验工作。他支持吉尔伯特的观点，认为引力和磁力相类似。1664 年，胡克曾指出彗星靠近太阳时轨道是弯曲的。他还为寻求支持物体保持沿圆周轨道的力的关系而做了大量实验。1674 年，他根据修正的惯性原理，从行星受力平衡观点出发，提出了行星运动的理论，在 1679 年给牛顿的信中认为天体的运动是由于有中心引力拉住的结果，正式提出了引力与距离平方成反比的观点，但由于缺乏数学手段，还没有得出定量的表示。

（4）在机械制造方面，他设计制造了真空泵和望远镜。胡克利用自己高超的机械设计技术成功建设了第一个反射望远镜，并使用这一望远镜首次观测到火星的旋转和木星大红斑、月球上的环形山和双星系统。首次观察到火星和木星的自转，发现双星；首次测量恒星的视差。

（5）在光学方面，1665 年，胡克提出了光的波动说，他认为光的传播与水波的传播相似。1672 年，胡克进一步提出了光波是横波的概念。胡克是光的衍射现象的另一个发现者，在他所著并被看作物理光学开始形成的标志之一的《显微术》一书中，记载了他观察到光向几何影中衍射的现象。胡克和惠更斯是 17 世纪光的波动说两大主力。

（6）在光学上，他更主要的工作是进行了大量的光学实验，特别是光学仪器的设计发明。胡克改进了伽利略简陋的结构，制造出了当时最先进的显微镜；不仅有精密的光学系统，还包括一个独立的照明系统，已经非常接近今天传统的光学显微镜。通过显微镜，胡克研究了软木，提出了被认为是有里程碑式的意义的概念：细胞。

（7）在热学方面，胡克断定常压下冰的溶点及水的沸点为固定点，而建议以水的冰点为温度计的零度。他相信热的动力说并较早地观察到矿物晶体的有序排列。

（8）发明了轮形气压计、液体比重计、风速计里程计以及现在还用于车辆传动装置中的万向节传动机构、钟表的游丝、后来用于相机的可变光圈。

（9）发明了锚式擒纵——一种能将往复运动转化为圆周的小角度间歇转动的结构，对钟表发展贡献巨大。

（10）胡克在建筑学也颇有造诣，他甚至还参与设计建造了后来大名鼎鼎的皇家格林尼治天文台以及臭名昭著的贝特莱姆皇家医院（著名的疯人院）。

➍ 代表作 ➋

1660 年，他在实验中发现螺旋弹簧伸长量和所受拉伸力成正比。1676 年，在他的《关于太阳仪和其他仪器的描述》一文中用字谜形式发表这一结果（应力与伸长量成正比的胡克定律）。

1679 年出版著作《论刀具切削》，提出了著名的应力与应变成正比的弹性定理，发现振动着的弹簧与一个单摆是动力等价的。

1665 年，胡克出版了《显微术》，被看作是物理光学开始形成的标志之一。书中他记载了光的衍射现象，提出了细胞的概念。《显微术》一书为实验科学提供了前所未有的既明晰又美丽的记录和说明，开创了科学界借用图画这种最有力的交流工具进行阐述和交流的先河，为日后的科学研究所效仿。《显微术》一书横空出世，畅销一时，就连死对头牛顿也对此大为称赞。

➍ 获奖与荣誉 ➋

无。能与牛顿、惠更斯一争高下就代表了他的水平。

➍ 学术影响力 ➋

（1）胡克定律、细胞一词由他命名。

（2）胡克弹性定律成为了材料力学的基本定律之一；这个定律今天是这样表达的：在弹性限度内，固体发生形变与它受到的力成正比。

（3）他启发牛顿发现了万有引力定律并给出了严格的数学证明。

➍ 名人名言 ➋

无从考证。

➍ 学术标签 ➋

被誉为英国的"双眼和双手"、17 世纪英国最杰出的科学家之一、被科学史家誉为"伦敦的达·芬奇"、被遗忘的科学巨匠。

⌘ 性格要素 ⌘

善于学习，善于思考，博学多才、动手能力极强；理论功底差、数学能力不足；个人修养不够，心胸不够开阔，他抑郁、多疑和忌妒、动辄易怒、争议，不能与人为善、友好相处。

⌘ 评价与启迪 ⌘

如果说胡克对当时科学的贡献足以和牛顿、波义耳、惠更斯等人相媲美，肯定会让许多人感到意外。事实上，胡克是一个全才式的人物，他的贡献是多方面的，在许多科学领域里都有着独到的、超前的见解。例如天文学、物理学、生物学、化学、气象学、钟表和机械、生理学等学科，尤其是对天文和力学的贡献。

他以惊人的动手技巧和创造能力对当时的很多领域都做出过重要贡献，波义耳所用的几乎所有科学仪器都是胡克制造或设计的，抽气机就是一个非常经典的例子。胡克还拥有复式显微镜、汽车中的万向节等影响深远使用广泛的发明。同时胡克在艺术、音乐和建筑方面也颇有建树。

爱因斯坦曾说过：他最反感有的人专捡木板上最薄弱的地方钻，以为是自己的功劳；浅尝辄止而不深入研究。纵观胡克一生的研究历程，可以遗憾的发现，尽管他建树颇多，但在很多时候都是浅尝辄止。他涉猎颇多，但很少有贡献是独创性的。最重大的贡献是，他在力学上提出了著名的胡克弹性定律，成为了材料力学的基本公式，以及命名"细胞"一词。他在光学领域和惠更斯是波动光学的代表性；他在他人研究基础上改进了望远镜和显微镜，但非独创。

有人认为胡克是一个不擅交际的修道士般的人物，固执、执拗、不好交往。但是，胡克的日记却表明他是一个善于交际的、拥有很多朋友的人。哪一个才是真正的胡克呢？众说纷纭。一般认为胡克相貌平平、身材不高、背驼得很厉害；牛顿后来说的"站在巨人的肩膀上"，除了谦虚的意思之外，也还有一层意思是挖苦嘲讽胡克身材矮小。然而可惜的是，胡克自己的画像一张也没有留存下来，据说唯一的一张胡克画像毁于牛顿的支持者之手。就这样胡克被彻底遗忘了。其实，遗忘胡克及其成就的不仅是我们，即使在他的诞生地英国，他同样被遗忘了300 多年。现在，情况终于有了根本改变，胡克这颗闪亮的科学之星总算得到人们的瞩目。在纪念胡克逝世 300 周年的那天，英国皇家学会和牛津基督教会学院专门举行了几场专题会，英国国家海洋博物馆专门举办了胡克展，一批讲述胡克的专门著作也相继出版。

从事科研，一定要有敏锐的洞察力和雄厚的数学知识做后盾，否则很难取得更大的成就。我们每个人，不管是否从事科研，都要培养敏锐的观察力，都要有良好的数学知识。数学是一个很好的工具，一定学好，可以用来解决科研中的很多难题。还有，有了学术成绩一定要及时发表出来，这是自己知识产权的标志，否则有可能引起不必要的争议。

胡克实验技术精湛而物理思想活跃，但受到数学素养与洞察力不足的限制，在各方面都未能达到当时的牛顿、惠更斯和后来的法拉第那样系统深入的理论水平。胡克贡献巨大，能够和牛顿、惠更斯等超级大牛一争高下，这是作者把他列为准一流的依据。之所以列其为准一流而不是一流，是因为他仅仅是发现某些科学现象，而没有深入系统地去研究，或者浅尝辄止，没有足够的理论深度；很多成果没有写成书籍或论文发表，没有得到普遍的承认。

通过胡克的例子，我们每个人都应该取得三个方面的进步。第一，学习胡克善于思考善于动手的优点，努力提高自身的实践能力和解决问题的能力；第二，吸取胡克理论水平不够，数学能力不足的教训，努力学习，阅读大量文献，提高理论水平，即便不搞科研，也同样要提高人生的理论和认知高度；第三，吸取胡克动辄易怒、争议，不能与人为善、友好相处的教训，多疑和忌妒是缺点、是不足，只会让自己陷入烦恼和纷争。所以要努力提高自身修养，开阔胸怀，完善性格，勇于挑战自我，克服性格缺陷，让自己变成一个与人为善的人、心胸开阔的人，与更多的人友好相处。否则，一个人即便再聪明、再能干，也难以取得事业上的成功，生活上也会过得一团糟。心胸广阔，与人为善，求同存异，友好共处，共同发展！切记！

15. 经典力学体系的主要构建者、科学史上最有影响力的人——牛顿

姓　　名　艾萨克·牛顿
性　　别　男
国　　别　英国
学科领域　经典力学、光学、天文学
排　　行　第一梯队（超一流，物理学第一人）

⚜ 生平简介 ⚜

牛顿像

牛顿（1643年1月4日—1727年3月31日）出生于英国林肯郡。牛顿是一个早产儿，其父在牛顿出生前3个月便去世了。两岁其母改嫁，牛顿由其外祖母抚养。大约5岁开始，牛顿到公立学校读书。11岁母亲后夫去世，他因此得以回到母亲身边。后因贫困，母亲让牛顿停学在家务农。他自幼沉默寡言、性格倔强，可能与他的家庭环境有关。

少年牛顿资质平平，成绩一般，并非神童；但喜读书，常常埋首书卷，忘我读书。他喜欢自己动手制作如风车、水钟、折叠式提灯等各种小工具，培养了他的动手能力。他还喜欢绘画、雕刻，尤其喜欢刻日晷，家里墙角、窗台上到处安放着他刻画的日晷，用以验看日影的移动。牛顿 12 岁入读中学，成绩出众，对自然现象有强烈的好奇心；但母亲望其成为一个农民，养家糊口。牛顿本人无意于此，越发爱好读书，尤其是几何学、哥白尼的日心说等，喜欢沉思，做科学小实验。

1661 年，19 岁的牛顿以减费生的身份进入剑桥大学三一学院，靠为学院做杂务的收入支付学费，1664 年获得奖学金。1665—1667 年，伦敦流行鼠疫，牛顿被迫中断学业回到家乡。这两年多的时间，才华横溢的牛顿取得了多项成果，1666 年被称为牛顿奇迹年，成为了他一生中科研生涯的高光时刻，时年 23 岁。1665 年，发现了二项式定理，写成未发表的《如何求曲线的切线》《由物体的轨迹求其速度》两篇论文。1666 年，他写成未发表的一篇长达 48 页的关于微积分的论文。1668 年 7 月获硕士学位，成为三一学院的科学家；同年，他制成世界上第一架反射望远镜，可以放大 40 倍。

由于在科学上的出色成就，牛顿的老师伊萨克·巴罗主动把数学教授的职位让给牛顿。1669 年 10 月，26 岁的牛顿继任卢卡斯讲座教授（1664 年，大富豪、国会议员亨利·卢卡斯留下遗言和财产，并经过国王查理二世批准而设立的职位），开始了他 30 年的大学教授生涯。1672 年，牛顿当选为皇家学会会员，当年发表关于白色光组成的论文《光和颜色的新理论》，1675 年将关于光的粒子说的论文送交皇家学会；但因与当时光学领域的前沿理论刚好相反，受到包括其前辈科学家胡克在内的同行的猛烈批评。

牛顿在光学中的一项重要发现就是"牛顿环"，见图 2-5。1675 年牛顿首先观察到这种薄膜干涉现象因此得名为牛顿环，牛顿将一块曲率半径较大的平凸透镜放在一块玻璃平板上，用单色光照射透镜与玻璃板，就可以观察到一些明暗相间的同心圆环。圆环分布是中间疏、边缘密，圆心在接触点。从反射光看到的牛顿环中心是暗的，从透射光看到的牛顿环中心是明的；若用白光入射，将观察到彩色圆环。

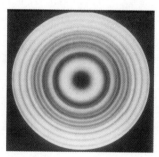

图 2-5　牛顿环

1685 年，他开始撰写《自然哲学的数学原理》。1687 年，这部伟大著作完成，由英国著名天文学家、曾精准预测哈雷彗星出现时间的哈雷（1656—1742年，英国天文家，曾任牛津大学教授）出资发表，立即在整个欧洲产生了巨大影响。著名的牛顿力学三定律、万有引力定律及牛顿的微积分成果都载于此书，成为科学史上的一个里程碑。这本书为牛顿带来了巨大的荣誉和地位，名利双收。从此，牛顿成为了科学界的珠穆朗玛峰，无人可以与之比拟！

1689 年，牛顿开始担任国会议员。不久后由于长期的紧张工作及母亲病逝的沉重打击，牛顿患了精神方面的疾病，大约一年后才复原。1693 年，牛顿写成他的最后一部微积分专著《曲线求积术》。

从 1665 年到 1696 年的 40 年间，牛顿是一个纯粹的科学家，为科学事业做出了许多卓越贡献，这以后的 31 年中，他一方面在官场服务，另一方面作为英国科学界的领袖而发挥作用。1696 年，牛顿被任命为皇家铸币厂督办，1699 年经财政大臣的提携到皇家铸币厂做厂长。他做得十分尽职，通过告密者以及严密的监视，捣毁了一大批伪币厂并抓获了大批伪币制造者，将他们处以极刑。

1701 年牛顿辞去剑桥大学工作，1703 年成为皇家学会终身会长。1704 年发表了他的名著《光学》获得巨大成功，《曲线求积术》作为该书附录同时发表，1705 年因改革币制有功被安妮女王封为爵士，得到了一生中最高的荣誉。但让人尴尬的是，这项荣誉与他早年在科学上的贡献无关。

晚年，他的研究重心却逐渐由科学转移到神学，写了大量关于神学的文字。1727 年 3 月 31 日，牛顿于睡梦中安详去世，享年 85 岁，被国葬于威斯敏斯特教堂，成为史上第一个获得国葬的自然科学家（德谟克利特的国葬与牛顿无法相比，因为他的城市太小了）。为牛顿抬棺的有两位公爵、三位伯爵和一位大法官，整个伦敦都在为他送葬。

❧ 花絮 ❧

（1）忘我读书。

牛顿小时候，母亲叫他同佣人一道上市场，学着做交易，他恳求佣人一个人去，自己则躲在树丛后看书。还有一次，他一边放牛，一边看书，到家后才发觉手里只有一根绳子，而牧牛则丢失了。

有一次，牛顿的舅父跟踪牛顿，发现他没有做生意而是聚精会神地钻研数学问题。这种好学精神感动了舅父，于是便劝服了母亲让牛顿复学，并鼓励他上大学读书。牛顿又重新回到了学校，如饥似渴地汲取着书本上的营养。

（2）把怀表当成鸡蛋煮。

有一次，牛顿在实验室里聚精会神地做实验，连吃饭的时间也忘了。他的助手便拿了几个鸡蛋，送到实验室去。过了很长的时间，牛顿的肚子饿了，才想起还没吃午餐。于是，他随手把鸡蛋放进锅里，边煮鸡蛋边做实验。半小时后，牛顿做完了实验，才想起锅里的鸡蛋。打开锅盖一看，里面没有蛋，只有一个怀表。牛顿大吃一惊，原来他太过专心，把怀表当鸡蛋煮了。

（3）已经吃过饭了。

有一次，他请朋友到家中吃饭，自己却在实验室废寝忘食地工作，再三催促仍不出来，当朋友把一只鸡吃完，留下一堆骨头在盘中走了以后，牛顿才想起这事，可他看到盘中的骨头后又恍然大悟地说："我还以为没有吃饭，原来我早已吃过了。"

（4）与美女的约会。

牛顿曾经人介绍，与一位美女约会。但是他太书呆子气了，约会中一直思考科学问题，结果鬼使神差般的，误把姑娘的手指头当成了通烟斗的烟条，硬往烟斗里塞。痛的姑娘愤然离去。结果，牛顿这辈子唯一的一次约会就这样泡了汤。

（5）1666 牛顿奇迹年。

人类历史上有两个重要的科学年份，在这两年中，两位科学家分别提出了跨越时代的科学理论，闪耀的光辉直到今天也无出其右。这样富有传奇色彩的历史也被人们称作"奇迹年"，第一个就是 1666 年（牛顿奇迹年，在中国恰好是康熙五年），第二个是 1905 年（爱因斯坦奇迹年）。

牛顿几个开创性科学贡献几乎是在 1666 年的一年时间内完成的。是年，他创立了微积分（在论文《流数简论》中首次提及）、发现日光七色光谱（光的色散实验）和发现万有引力定律，这在力学、数学和光学领域内属于惊天动地的成就，一举奠定了经典物理学的基础。在这么短的时间内，取得如此伟大的成就，不得不说是奇迹。这一年因此被称为牛顿奇迹年，堪称人类历史上最重要的年份之一。

（6）苹果落地启迪产生万有引力的思想。

脍炙人口的"苹果落地"启发牛顿发现万有引力故事是这样的：大约 1666 年的某天，一颗苹果从苹果树上落下来，砸到正在散步的牛顿头上，引起了他的思考——苹果为什么会落地呢？为什么苹果不向外侧或向上运动，而总是向着地球中心运动呢？无疑地，这是地球有一个向下的拉力作用在苹果上，而且这个向下的拉力总和必须指向地球中心，而不是指向地球的其他部分。这个力称之为引力。在苹果落地的启发下，他发现了万有引力。

最详细记载这个故事的人是英国人布雷斯特，他于 1831 年在《牛顿的生平》一书中提到此事。后来，他在 1855 年又在《牛顿的生平、著作和发现的回忆》一书中再次提出此事。后来，伏尔泰在《哲学通信》和《牛顿的哲学思想》两本书里，以大量的篇幅介绍引力理论的道理，同时也转述了苹果落地的故事。牛顿的好朋友斯图克莱在他所著的《牛顿的生平传记》一文中也提及了"苹果落地"的故事，是根据和牛顿谈话得出的，是科学史上第一次直接来自牛顿的讲述，具有很大的权威性。后来，苹果落地的故事由英国传到欧陆，成为家喻户晓的科学佳话。

（7）科学史上著名公案——再论牛顿与胡克之争。

关于光的本质的争论一直延续到牛顿生活的年代。他认为光是一种微粒并做了著名的"色散实验"。作为当时的权威和前辈，认为光是一种波的胡克并没有把他放在眼里，并且严厉地抨击了他，从此二人势不两立。另外，在1675年，牛顿发表的另一篇光学论文招来了胡克更猛烈的抨击。胡克认为，牛顿论文中的大部分内容是从他在1665年发表的《显微术》一书中的有关论述中搬来的，只是做了某些发挥。这些事情的发生都造成牛顿和胡克之间的矛盾越来越深。

在牛顿的通信中人们看到，牛顿曾把引力当作不随距离变化的常量，可谓低级错误。胡克在力学上有深刻的见解，他在1679年写给牛顿的信中正式提出了万有引力中最著名的"平方反比定律"，指正了牛顿的错误，这次通信可以说是科学史上极其重要的一次。许多科学家都认为胡克给了牛顿关键性的启发，甚至直接给出了答案。不久，牛顿发表了《自然哲学的数学原理》，这本集大成之作直接给出了万有引力的定律，胡克要求牛顿承认他对于"反平方比定律"的优先权，但牛顿勃然大怒，不愿承认胡克的贡献，且删掉了大多数提到胡克的语言。

事实上，当年的哈雷、胡克和著名建筑师雷恩都在研究万有引力，尤其胡克贡献最大，他认为引力的大小与距离的平方成反比，但是由于数学功底差，无法从引力反比定律推导出开普勒行星定律。1684年，哈雷为此到剑桥大学拜访牛顿，牛顿告诉他自己早已解决了这个问题，认为行星轨道是椭圆形，但是没有公开发表。

在哈雷的劝说和强烈要求下，牛顿答应给出证明过程。3个月后，牛顿用自己发明的微积分完成了9页的论文《绕转物体的研究》，并寄到了皇家学会，哈雷十分感动和兴奋。两年后的1686年，牛顿将其研究成果写成专著《自然哲学的数学原理》交给皇家学会审阅。

在皇家学会的会议上，胡克指出引力反比定律是他告诉牛顿的，牛顿应该在专著中提到他的贡献。胡克早在1674年曾经发表过一篇有关引力的论文，提出3条假设：所有天体彼此之间都存在引力；如果没有引力的作用，天体将在惯性作用下做直线运动；物体之间距离越近，则引力越强。这几乎是在定性描述万有引力定律。1679年，胡克写信代表皇家学会向牛顿约稿时，进一步提到引力的大小与距离的平方成反比。

会后，哈雷写信陈述了胡克的要求，牛顿承认胡克曾经在1679年的信中告诉他引力反比定律，但是胡克对这一定律的描述并不准确。他本人早在1666年就发现了这一定律，并写信告诉了他人，并不需要从胡克那里获悉。从其他资料看，牛顿所说的是事实。他在 1665 年就已发现了万有引力定律，并试图用它计算月球的轨道。可惜当时测定的地球半径是错的，牛顿未能获得满意的计算结果，就暂时放弃了这一研究。1670 年之后有了更准确的地球半径数据之后，牛顿才重新研究引力问题。在哈雷的斡旋下，牛顿的态度软化，进一步承认胡克的来信刺激了他重新研究引力问题，并且承认胡克告诉了他一些他不知道的实验结果。作为妥协，牛顿提出在《自然哲学的数学原理》的有关部分加一条注解，说明引力反比定律也被雷恩、胡克和哈雷独立地发现。

经过时任英国皇家学会会长的塞缪尔·佩皮斯批准，《自然哲学的数学原理》得以顺利出版，这本巨著的出版给牛顿带来了巨大的声誉，也越发让胡克觉得自己的贡献没有得到应有的承认。胡克要求牛顿在序言中提及牛顿受到了他的启发，但是牛顿生气地将书稿进行了删减，删去了所有涉及胡克名字的文字。胡克在 1689 年 2 月 15 日的日记评论此事时，抱怨"利益没有良心"。胡克后来又写下一篇未出版的备忘录叙述与牛顿的争执"真相"，指责牛顿剽窃了自己的学术成果，但此时牛顿已经功成名就，无可撼动，胡克的抱怨无人理睬。

至此，胡克与牛顿的争议，以牛顿的胜利告终。平心而论，对于万有引力定律的发现，胡克是有重大贡献的。胡克数学薄弱，所以没有给出详细的证明。胡牛争议事件让他的余生充满了阴影，让他变得越来越抑郁、多疑和忌妒。1703年，胡克在备受疾病折磨后逝世。很遗憾，建树颇丰、涉猎甚广并被称为"英国达·芬奇"的胡克，其功绩至死也没得到承认，这可谓是科学史上的一件冤案。

几个月后，牛顿当选英国皇家学会会长，下令将皇家学会的胡克实验室和胡克图书馆解散。后来牛顿主持皇家学会迁址工作，在搬家过程中有意无意地丢弃了很多胡克研究成果、研究资料、收藏、实验仪器和画像，造成现在无人知道胡克的真实容貌。

牛顿和胡克之间的争斗，是牛顿一生最大的丑闻。"如果我比别人看得更远，那是因为我站在巨人的肩上"。有观点认为牛顿是一个谦逊的人，这句话出自牛顿写给胡克的一封信中，当时两人正因为光学研究的问题互相攻击，因此这句名言既有谦虚的成分，也有对胡克嘲弄的意味（传言胡克身材矮小且其貌不扬）。

(8) 科学史上著名公案——牛顿与惠更斯之争。

牛顿与惠更斯是同一时代的著名科学家，二人的分歧主要是在光学领域内。当时牛顿与惠更斯分别揭示出光的本质，也揭示了光的反射和折射原理。牛顿提出光是由微粒构成的，而惠更斯则认为光是一种波。

牛顿的粒子说，通俗易懂，很多常见的光学现象都能解释，所以流传很广。牛顿对光的研究应该说是很深入的，认为光是一种微粒流，并用它解释光的直线传播、镜面反射、界面折射等现象。但是，他的精力毕竟有限，还有很多不能解释的现象，牛顿的粒子说也不能解释了，比如更复杂的衍射和干涉等现象。恰好此时惠更斯提出了全新的波动说，弥补了牛顿的不足。因此，牛顿与惠更斯其实是相辅相成的，他们的争论恰恰推动了科学的发展。

就在惠更斯积极宣传自己的理论时，牛顿的学说也逐渐完善起来，牛顿修改和完善了他的光学著作《光学》。基于各类实验，在《光学》一书中，牛顿一方面提出了两点反驳惠更斯的理由：第一，光如果是一种波，它应该同声波一样可以绕过障碍物、不会产生影子；第二，冰洲石的双折射现象说明光在不同的边上有不同的性质，波动说无法解释其原因。另一方面，牛顿把他的物质微粒观推广到了整个自然界，并与他的质点力学体系融为一体，为微粒说找到了坚强的后盾。

然而，两人关于光的本质的争论一直没有定论，并且一直持续了300多年，几乎成为科学界的一件公案。其实两人都没错，后来爱因斯坦把微粒说和波动说完美的结合在一起，科学的证明了光具有波粒二象性，为这桩悬案划上完满的句号。

牛顿说："如果说我看得更远一点的话，那是因为我站在巨人的肩膀上。"牛顿没有说明这巨人是谁。在光学上，这巨人应该是笛卡尔和惠更斯；在天文学上，这巨人应该是胡克、开普勒；在力学上，这巨人非伽利略莫属。

（9）唯一的好友——哈雷。

牛顿生活中就是一个不食人间烟火的存在，基本没有交心的朋友。如果说牛顿有什么挚友的话，那么天文学家埃德蒙多·哈雷（1656—1742年；英国天文学家和地球物理学家，同时也是统计学家，政治算术学派中人口学派的奠基人；哈雷彗星的发现者，第二任格林尼治天文台台长）算是为数不多的一个。哈雷虽然没有进入本次100位物理学家的大名单，但是他的贡献却不可忽视。

牛顿是个虔诚的基督徒，一生崇拜上帝。相传他曾经不止一次向哈雷传过基督教的道理，力劝老朋友哈雷能每周日和自己去教堂参加礼拜，但是哈雷总说世界上没有神，人是通过进化慢慢自然形成的，宇宙也是通过进化和宇宙大爆炸慢慢进化而成的，他不相信什么上帝创造天地的谬论。

后来牛顿制作了一个太阳系九大行星的模型，并且邀请他唯一的好友哈雷过来观赏。哈雷站在牛顿发明的九大行星的精密模型面前，见到大小不一的球体以几乎精准的速度和轨道有条不紊地运行着，感到非常不可思议。哈雷好奇地问这个模型是怎么制造出来的，牛顿回答说是自然形成的。牛顿说，既然宇宙这么有条不紊运转的机器和人类这种精密的动物都能通过自然形成，那么有什么理由否认实验室里这个看起来并不怎么精密的模型不能自然形成呢？听到牛顿的这个解释，哈雷突然恍然大悟——既然宇宙和人类远比这个模型精密复杂得多，如果一个简单的模型都不可能自然形成，那么宇宙和人类就更不可能自然形成了！从此，哈雷再也没有否认过上帝创造天地的说法；转而相信了基督教。

也是哈雷主动找到牛顿请他解决行星椭圆运行轨道问题。1683 年，一次哈雷、胡克和天文学家雷恩在伦敦聚会，谈话内容讨论起行星往往倾向于以一种特殊的椭圆形轨道上运行的话题。他们打赌，看谁先找到答案。

1684 年 8 月，哈雷带着这个问题前往剑桥大学请教已成名的牛顿。牛顿回答说，自己已计算过，行星运行的曲线是一个椭圆，但牛顿找不到计算材料了。在哈雷游说下，牛顿答应再算一遍，这才有了《自然哲学的数学原理》一书。1687 年 7 月 5 日，31 岁的哈雷耗时 28 个月，力促《原理》一书的出版，此书的编辑、校对和序言撰写，更是由哈雷亲自完成。当出版商英国皇家学会资金匮乏时，哈雷自掏腰包资助牛顿出版该书。为了让该书被更多的人接受，哈雷甚至致信当时的英国国王，作了深入浅出的介绍。

《原理》成为牛顿最著名的著作，哈雷也开始用牛顿的万有引力定律来研究彗星。这是哈雷与牛顿联手对人类超级卓越的贡献。正是因为哈雷，才会诞生科学史上最伟大的著作，是哈雷成全了牛顿的辉煌。某种意义上来说，哈雷算是牛顿的恩人和伯乐。

但后来的 1691 年，哈雷在竞争牛津大学的教授职位时，遭到坎特伯雷大主教的反对；在同年上任的大主教眼里，无神论者不能获此职位。实际上，以哈雷在天文学上的造诣完全有资格获此职位，早在 1679 年，22 岁的他就编制出第一个南天星表，这一杰出的成就使他赢得了较高的声誉，入选皇家学会；26 岁时发现了哈雷彗星，35 岁时已是颇负盛名的天文学家。第一任英国皇家天文学家、英国格林尼治天文台台长弗拉姆斯提德非常尊重哈雷，称呼他为"南方的第谷"，享有和开普勒一样的声誉。

面对重重阻力，当时已经声名鹊起的牛顿不仅没有助哈雷一臂之力，反而支持另外一位人选，最终哈雷落选并对此极度失望。牛顿的这一举动令人费解，似乎牛顿的为人处世确实有一定问题。

但是哈雷没有消沉，他发明了生命统计表，在保险和人口统计方面有重要作用，成为著名的人口统计学家。1693 年，哈雷发表了一篇关于死亡年龄分析的文章，为英国政府出售寿险时确定合理的价格提供了坚实基础。据说，这是有关社会统计学的开创性工作，甚至对后来的人寿保险业影响不小。1701 年，他根据航海罗盘记录，出版了大西洋和太平洋的地磁图。1704 年，他终于如愿以偿地晋升为牛津大学几何学教授，尽管这一天姗姗来迟，但有志者事竟成。1720 年，他成为皇家天文学家，并出任格林尼治天文台台长。

哈雷最广为人知的贡献就是他对哈雷彗星的准确预言。1680 年，哈雷与巴黎天文台第一任台长卡西尼合作，观测了当年出现的一颗大彗星，从此他对彗星发生兴趣。哈雷发现 1682 年出现的彗星与 1607 年开普勒观测的和 1531 年阿皮延观测的彗星相近，出现的时间差是 75 或 76 年。哈雷运用万有引力定律反复推算，认为这三次出现的彗星是同一颗彗星。1705 年，哈雷出版了《彗星天文学论说》，预言它将于 1759 年、1835 年和 1910 年再次出现，其预言在死后 17 年准确应验了。

（10）牛顿的墓志铭：

> "艾萨克·牛顿爵士
> 安葬在这里
> 他以超乎常人的智力
> 第一个证明了行星的运动与形状
> 彗星的轨道与海洋的潮汐
> 他孜孜不倦地研究
> 光线的各种不同的折射角
> 颜色所产生的种种性质
> 让人类欢呼
> 曾经存在过这样一位
> 伟大的人类之光"

墓志铭是英国诗人亚历山大·蒲柏写的，他说："自然和自然的规律隐藏在茫茫黑夜之中，上帝说：让牛顿降生吧；于是一片光明。"

❧ 师承关系 ❧

正规学校教育，其老师是英国著名的数学家伊萨克·巴罗（1630—1677 年，精于数学和光学，为人谦和可亲，1664 年任剑桥大学首届卢卡斯教授，1675 年任剑桥大学副校长，著有《光学讲义》和《几何学讲义》，是微积分的先驱），但是书才是牛顿最好的老师。正如巴罗所说："一个爱书的人，他必定不致缺少一个忠实的朋友，一个良好的导师，一个可爱的伴侣，一个悠婉的安慰者。"

❧ 学术贡献 ❧

（1）天文学上，先是阐释了重力，然后对万有引力进行了描述。通过论证开普勒行星运动定律与他的引力理论间的一致性，展示了地面物体与天体的运动都遵循着相同的自然定律；为太阳中心说提供了强有力的理论支持，并推动了科学革命。

（2）经典力学上，阐明了动量和角动量守恒的原理，提出了牛顿运动三定律，凭一己之力构建了经典力学的大部分框架。第一定律说明了力的含义：力是改变物体运动状态的原因；第二定律指出了力的作用效果：力使物体获得加速度；第三定律揭示出力的本质：力是物体间的相互作用。

（3）在光学上，他发明了反射望远镜，并基于对三棱镜将白光发散成可见光谱的观察，发展出了颜色理论。他还提出了光的微粒说。

（4）他系统地表述了冷却定律，并研究了音速。

此外，他在热力学、流体力学、化学、数学、声学上都有出色的成就。1687年，最先提出了流体的应力和应变率成正比，后来将此称为牛顿黏性定律，并将符合这一规律的流体称为牛顿流体。

❧ 代表作 ❧

在物理学领域，著有《自然哲学的数学原理》和《光学》；在数学领域著有《流数简论》等。

（1）1687年，他发表《自然哲学的数学原理》，阐述了万有引力和三大运动定律，奠定了此后 3 个世纪里力学和天文学的基础，并成为了现代工程学的基础。在该书的序言中写到"现在，我将展示世界体系的框架"。

（2）著作《光学》一书中详细记录了牛顿在早年间对光学的研究成果，牛顿在书中指出，光的本质应是实体粒子。

（3）著作《流数简论》首次提出了著名的微积分，它表明牛顿微积分的来源是运动学。1666年，他在坐标系中通过速度分量来研究切线，既促使了流数法的产生，又提供了它的几何应用的关键。牛顿与莱布尼茨就微积分的首次发现权展开了论争，现在一般认为二人独立提出了微积分。在 1669 年写成《运用无穷多项方程的分析学》，于 1711 年发表；1671 年写成《流数法和无穷级数》（1736 年发表）；1693 年写成《曲线求积术》（提出导数的概念，把考察对象由二个变量构成的方程转向关于一个变量的函数）等 4 篇论文同《流数简论》一起，奠定了微积分的理论基础。

❧ 获奖与荣誉 ❧

无。恩格斯的褒奖和世人的认可和高度评价也是一种奖励吧！

❧ 学术影响力 ❧

牛顿是伟大的，他是西方现代科学的圣人，才华横溢、成就卓越，可以称为科学史上第一人。

（1）牛顿运动定律中的各定律互相独立，且内在逻辑符合自洽一致性。其适用范围是经典力学范围，适用条件是质点、惯性参考系以及宏观、低速运动问题。牛顿运动定律阐释了牛顿力学的完整体系，阐述了经典力学中基本的运动规律，在各领域上应用广泛。

（2）牛顿的万有引力定律简单易懂，涵盖面广。万有引力的发现，是 17 世纪自然科学最伟大的成果之一，是物理学乃至近代科学的奠基性定律之一。它把地面上的物体运动的规律和天体运动的规律统一了起来，对以后物理学和天文学的发展具有深远的影响。它第一次揭示了自然界中一种基本相互作用的规律，使人类认识自然的历史上树立了一座里程碑。牛顿的万有引力概念是所有科学中最实用的概念之一。牛顿认为万有引力是所有物质的基本特征，这成为大部分物理科学的理论基石。

（3）万有引力和三大运动定律奠定了此后 3 个世纪里物理世界的科学观点，并成为了现代工程学的基础，推动了科学革命。

（4）牛顿第二运动定律是三大定律中最重要的定律，标志着经典物理学大厦拔地而起；从火车进站到火箭升空，牛顿第二定理公式在应用层面至今仍是霸主。

牛顿的成就以及学术影响力，恩格斯在《英国状况十八世纪》中概括得最为完整："牛顿由于发现了万有引力定律而创立了科学的天文学，由于进行了光的分解而创立了科学的光学，由于创立了二项式定理和无限理论而创立了科学的数学，由于认识了力的本性而创立了科学的力学。"

⚜ 名人名言 ⚜

（1）假如我有一点微小成就的话，没有其他秘诀，唯有勤奋而已。

（2）你该将名誉作为你最高人格的标志。

（3）无知识的热心，犹如在黑暗中远征。

（4）我的成就，当归功于精微的思索。

（5）你若想获得知识，你该下苦功；你若想获得食物，你该下苦功；你若想得到快乐，你也该下苦功，因为辛苦是获得一切的定律。

（6）聪明人之所以不会成功，是由于他们缺乏坚韧的毅力。

（7）胜利者往往是从坚持最后五分钟的时间中得来成功。

（8）没有大胆的猜测就作不出伟大的发现。

（9）愉快的生活是由愉快的思想造成的。

（10）把简单的事情考虑得很复杂，可以发现新领域；把复杂的现象看得很简单，可以发现新定律。

（11）天才就是长期劳动的结果。

（12）无论做什么事情，只要肯努力奋斗，是没有不成功的。

（13）一个人如果控制不了自己的脾气，脾气将控制你。

（14）思索，继续不断地思索，以待天曙，渐近乃见光明。

（15）如果你问一个善于溜冰的人怎样获得成功时，他会告诉你"跌倒了，爬起来"，这就是成功。

（16）企图光以迫切祷告祈求上帝的祝福，来取代自己所该付出的努力，是一种不诚实的行为，是出于人性的懦弱。

（17）人一旦确立了自己的目标，就不应该再动摇为之奋斗的决心。

（18）真理的大海，让未发现的一切事物躺卧在我的眼前，任我去探寻。

（19）大学里绝不会教你如何生存；同样道理，大学教授也和我们一样，简直对这事一无所知。

学术标签

英国皇家学会会长、百科全书式的"全才"、科学史上最有影响力的人。剽窃争议不断，誉满全球也谤满全球。

性格要素

牛顿性格充满矛盾。一方面他争强好胜，希望自己出人头地。所以在他有十足把握之时，他愿意把自己研究成果告知他人。如果有机会，他会争取让自己进入上层，先是绅士，然后是爵士。另一方面，牛顿性格孤僻，总是把自己封闭起来，孑然独居。孤独是牛顿天赋中最本质的东西，就连他自己也说"真理是沉默和冥想的产物"。他性格偏激、固执，偏执性格伴随了牛顿一生，这就是为什么他和那么多科学家，比如胡克、惠更斯，还有莱布尼茨等人，在学术上吵得不可开交的原因。他把一大部分研究成果保留着，他笔记中经常出现这样的句子"事实上我已经知道如何计算了""我比较倾向于隐瞒这个发现""我有另一种没有告诉别人的方法"。即使在收到他人邀请，理由是"害怕由此打扰了自己生活"。他做了很多事情，是为他自己做的，无论有用没用。他心胸狭窄，一旦有人在学术上和他不一致，他就会不遗余力地攻击对方，打压对方，甚至筹划几个月来报复对方。

评价与启迪

（1）著名人物的评价。

恩格斯说："牛顿由于发现了万有引力定律而创立了科学的天文学，由于进行了光的分解而创立了科学的光学，由于创立了二项式定理和无限理论而创立了科学的数学，由于认识了力的本性而创立了科学的力学。"莱布尼茨对牛顿的评价非常高，在 1701 年柏林宫廷的一次宴会上，普鲁士国王腓特烈询问莱布尼茨对牛顿的看法，莱布尼茨说道："在从世界开始到牛顿生活的时代的全部数学中，牛顿的工作超过了一半。"从历史偶然性来看，牛顿是幸运的，拉格朗日曾羡慕地说："牛顿是那么的幸运，因为发现并建立一个宇宙系统的机会只能有一次。"

《时代》杂志曾经评选人类历史上最有影响力的人，牛顿排在第二，排第一位的是耶稣。

（2）开天辟地的成就。

通观牛顿一生，学习刻苦勤奋，孜孜追求真理，无限热爱科学事业，他的科学研究，既有传承，又有创新，毕生对物理学、数学、天文学、哲学、经济学等做出了巨大的贡献，为人类认识自然、征服宇宙创建了里程碑式的科学功绩。总之，牛顿科学贡献足够大，在自然科学领域当之无愧是人类第一，足以影响全世界的进程，他划时代的贡献无人能及。

牛顿的伟大成就与他的刻苦和勤奋是分不开的。他的助手 H. 牛顿说过，"他很少在两三点前睡觉，有时一直工作到五六点。春天和秋天经常五六个星期住在实验室，直到完成实验。"他有一种长期坚持不懈集中精力透彻解决某一问题的习惯。他回答人们关于他洞察事物有何诀窍时说："不断地沉思"。总之，牛顿是勤奋的、刻苦的，工作上忘我投入、坚持不懈、观察入微、深入思考，长年累月造就了一代科学巨匠。这些宝贵的精神，值得我们每个人学习。

（3）人生逆袭的捷径——读书。

对于牛顿的科研成就以及对于世界的影响，我们都持肯定态度；他的勤奋刻苦学习的态度，他热爱读书的做法，使得他从一个贫穷人家的孩子成长为世界著名科学家，成长为改变世界的伟人、科学巨匠，实现了人生的逆袭。由此可见，唯有学习、读书能够改变自我命运，能够使自己成为把握命运的人。其实，有很多科学家也是通过勤奋学习逐步走向人生成功的。如果我们出生在比较一般甚至贫穷的家庭，我们不要抱怨，我们完全可以通过努力读书和勤奋学习来提升自我，实现逆袭，成为成功人士。

（4）晚年信奉上帝。

他被认为是"开启了近代社会的思想家"。牛顿的哲学思想是自发的唯物主义，比如承认时间、空间的客观性，但却提出在某种外来的"第一推动力"作用下，行星由静止开始运动的说法（他相信是上帝创造了宇宙，说"上帝统治万物，我们是他的仆人"）。恩格斯也曾批判了牛顿的唯心主义错误。

1703 年胡克去世后，牛顿担任皇家学会会长 24 年，大搞一言堂，没有他的同意，任何人都不能被选举入会。晚安的牛顿在伦敦过着富丽堂皇的生活。因为信仰上帝，他变得谦逊了很多："我不知道这个世界会如何看我，但对我自己而言我仅仅是一个在海边嬉戏的顽童，为时而发现一粒光滑的石子或一片可爱的贝壳而欢喜，而我面前的伟大的真理的海洋依然未经探索。"

（5）天才和小人的综合体。

牛顿是一个复杂的人物，对于他我们要一分为二地看待。爱因斯坦极为崇拜牛顿的物理学成就，但是对于牛顿的个人和为人，他也毫不留情一针见血，对牛顿发表《自然哲学的数学原理》前言中没有写胡克的贡献，爱因斯坦说"这是虚荣。跟伽利略没有向开普勒致谢一样；很多科学家都不外如是"。

在奥地利和德国工作的天文学家兼科学作家弗洛里安·弗雷斯特在其主要讲述牛顿的个性和品格的著作《牛顿：重新创造宇宙的混蛋》中指出，"尽管牛顿如此混不吝，但他在我心目中，依然是史上最伟大的科学家"。他在结尾总结道："（牛顿是）一个古怪的自大狂，麻烦不断，神秘兮兮，霸道自我，爱争上风，睚眦必报，诡计多端，但与此同时，他也是迄今为止最伟大的天才。"弗雷斯特还说："牛顿给整个世界带来了如此重大、广泛和长久的影响，无人能及。所以，有时候你要想改变世界，就得跟他一样，既是天才又得是怪咖。"这些评价高度概括了牛顿的品行与成就，非常准确。

（6）怪异的性格。

牛顿生性孤傲，自恃才高，他的一生是天才的一生，也是孤独的一生。天才往往没有朋友，他茕茕孑立，形影相吊；他不愿意交朋友，也没有人真正想跟牛顿当朋友；结交他的人大都各怀目的，人们对他毕竟只有敬畏和仰慕，并不真的喜欢他，因为他性格暴戾乖张，不讨女孩子喜欢，所以他也没有结过婚，没有留下后代。

据常年在他身边的人回忆，牛顿在人前只笑过两次，其中一次还是嘲笑他人。有人问他，欧几里得的《几何原本》那么老朽，不知道还有什么价值。牛顿闻听放声大笑。

（7）私德有亏。

牛顿私德有亏。他生性孤傲，自恃才高，心胸狭窄，暴戾乖张，利用他的名气和权力对学术观点不同的同行进行恶意打压甚至报复排挤。例如对于牛顿和胡克之间的争议，无论真假，牛顿的做法都有欠妥之处。虽然牛顿自己发现了万有引力定律，但是既然胡克比他更早发表了有关论文，不管其论文是多么粗糙，牛顿也应该在后发表的著作中提及胡克的成果。

另外，牛顿还利用其皇家学会会长身份利用行政手段对格林尼治天文台长弗兰斯蒂德进行打击报复，大肆鞭挞，气的弗兰斯蒂德抑郁而终。牛顿假传圣旨，以为英国女王编写星座目录为由去索要天文台的数据，把他的重要观测数据——未完成的天体图剽窃了，发表在《自然哲学的数学原理》第二版中。因为弗兰斯蒂德的天体图并没有完成，所以有许多错误，比如他在 1690 年记录了天王星，但他没有认出那是颗行星，而将其登录为金牛座 34。但历史也是公平的，弗兰斯蒂德的天体图最终被命名为弗兰斯蒂德命名法。

牛顿还把弗兰斯蒂德的好朋友、发现了电的传导现象的格雷（电之父）给驱逐出了科学界。牛顿在皇家学会担任学会主席的 24 年时间里，格雷仅有一篇文章发表在学会学报上，牛顿还禁止学会向格雷提供学报。格雷的科研天赋非常高，如果不是被科学界排挤，对电的应用应该可以推前许多！

上述是牛顿在物理领域发生的争议。在数学领域，因为微积分的发明，牛顿与伟大的德国数学家莱布尼茨也发生了大论战，为微积分发现者的头衔争得你死我活，互相攻讦，甚而进行人身攻击。这件事的结果，使得两派数学家在数学的发展上分道扬镳，停止了思想交换，一定程度上阻碍了数学的发展。调查证实两人确实是相互独立地完成了微积分的发明，他们两个在微积分上的发明完全不存在任何借鉴，所以我们现在把莱布尼茨和牛顿共同视为微积分创始人。

（8）概括牛顿的一生。

牛顿一生可以分为 3 个阶段：一是苦难悲惨的少年；二是流光溢彩的青年；三是追求功名利禄的后半生。他活了 85 岁，但他前 40 年用于科学研究，后半生的大部分时间基本是在整理自己的著作、倾轧同行、研究神学理论和荒诞不经的炼金术中度过的，推动科学进步的贡献寥寥无几。总之，晚年的牛顿除了升官发财再无其他骄傲之处，而且官迷心窍，没有退休一直干到 85 岁寿终正寝。期间，写了 150 万字的神学著作并痴迷于炼金术。他用许多"科学现象"来证明上帝的存在，甚至在研究地球年龄时，他居然用《圣经》推算出 6000 年。这样鲜明的对比，很难让人们把其与这个科学巨人联系起来。

（9）有趣的启迪。

从牛顿的表现来说，属于典型的高智商低情商；他脾气暴躁，恃才傲物，几乎对所有人都嗤之以鼻；按道理不应该取得事业上的成功。如果牛顿是一个普通人，以他如此糟糕、令人生厌的性格，肯定会臭遍天下。但是奇怪的是，我们对伟大的牛顿不觉得讨厌及而觉得可爱至极。心理学上有个解释：一个人嫉妒和攻击的对象，只存在于和自己差不多或各方面略高于自己的。言外之意，不是一个等级的人就不存在矛盾。

当一个人的智商高到一定程度的时候完全可以掩盖情商的低劣；在某种程度上，情商是智商的一个组成部分。换句话说："当一个人智商高到一定程度，是完全可以取代情商的。"牛顿的一生，可能就是为了告诉我们这个真理。他的伟大只能让人仰视，而无法嫉妒和攻击；尽管他的情商如此低下，仍然无法阻挡他的成功。

（10）金无足赤，人无完人。

我们要辩证地看待一个人，不要把他神化，也不要过分贬低！牛顿在科学研究上是天才，也为人类社会进步做出了重大贡献，人们应该铭记；但是他在私德上也有重大缺陷，这一点也不能不引起警醒。

16. 流体力学之父、伯努利家族最杰出的代表——丹尼尔·伯努利

姓　　名　丹尼尔·伯努利
性　　别　男
国　　别　瑞士
学科领域　流体力学
排　　行　第二梯队（准一流）

伯努利像

❧ 生平简介 ❧

丹尼尔（1700 年 2 月 8 日—1782 年 3 月 17 日）出生于荷兰格罗宁根，是著名的伯努利家族中最杰出的一位。他是数学家约翰·伯努利的次子。和父辈一样，违背家长要他经商的愿望，坚持学医；曾在海得尔贝格、斯脱思堡和巴塞尔等大学学习哲学、伦理学、医学。丹尼尔的博学使他成为伯努利家族的典型代表。21 岁时获得医学博士学位，论文题目是《呼吸的作用》；28 岁时提出了心脏所作机械功的计算方法。

受父兄影响，丹尼尔一直很喜欢数学。24 岁时发表《数学练习》，该书的第二部分是关于流体力学的，引起学术界关注；25 岁时，受聘为圣彼得堡的数学教授，并被选为该院名誉院士。1727 年，20 岁的欧拉（后人将他与阿基米德、牛顿、高斯并列为数学史上的“四杰”），到圣彼得堡成为丹尼尔的助手，后来二人保持了长达 40 年的书信往来。丹尼尔还同 C·哥德巴赫等数学家进行学术通信。

1733 年，发表了论文《关于用柔软细绳联结起来的一些物体以及垂直悬挂的链线的振动定理》；1738 年出版《水动力学》，提出了著名的伯努利原理，这是他最重要的学术成果。他为流体力学的研究倾注了大量的心血，并在 1734—1738 年间反复修改多次。

1741—1743 年，丹尼尔又研究了关于弹性弦的横向振动问题，发表了论文《弹性振动的叠加》。1725—1757 年的 30 多年间他曾因天文学、地球引力、潮汐、磁学、洋流、船体航行的稳定和振动理论等成果，获得了巴黎科学院 10 次以上的奖励。

47 岁时，他当选柏林科学院院士，48 岁当选巴黎科学院院士，50 岁当选英国皇家学会会员。此外，他还是波伦亚（意大利）、伯尔尼（瑞士）、都灵（意大利）、苏黎世（瑞士）和慕尼黑（德国）等科学院或科学协会的会员。在他有生之年，还一直保留着彼得堡科学院院士的称号。1782 年 3 月 17 日，丹尼尔·伯努利在瑞士巴塞尔逝世，终年 82 岁。

❧ 花絮 ❧

（1）瑞士著名的伯努利家族。

在一个家族跨世纪的几代人中，众多父子兄弟都是科学家的情况在科学史上非常罕见。其中，瑞士的伯努利家族最为突出。17—18世纪，该家族出过众多数理科学家，原籍比利时安特卫普。1583年遭天主教迫害迁往德国法兰克福，最后定居瑞士巴塞尔。

伯努利家族3代人产生了8位科学家，出类拔萃的至少有3位，以雅各布第一·伯努利、约翰第一·伯努利、丹尼尔第一·伯努利三人的成就最大。在他们一代又一代的众多子孙中，至少有一半相继成为杰出人物。后裔有不少于120位几乎都在数学、科学、技术、工程乃至法律、管理、文学、艺术等方面享有名望，有的甚至声名显赫。在一个家族中，代代相传，人才辈出，连续出过十余位数学家，堪称是数学史上的一个奇迹。

家族中第一个显赫者是生于巴塞尔的老尼古拉·伯努利（1623—1708年），他受过良好教育，曾在当地政府和司法部门任高级职务。他有3个有成就的儿子，其中长子雅各布（1654—1705年）和第三个儿子约翰（1667—1748年）成为著名的数学家，第二个儿子小尼古拉（1662—1716年）在成为彼得堡科学院数学成员之前，是伯尔尼的第一个法律学教授。

伯努利家族还有很多为科学发展做出过巨大贡献的人。这种人才济济的现象在整个世界科学界都起着承前启后的作用，数百年来一直受到人们的赞颂。这个家族的存在给人们一个深刻的启示：一个好的家庭环境积累下来的优势和良好文化气氛的渲染是可以作为优秀人才成长的摇篮的。

（2）与父亲约翰共同获奖及失和。

1734年，丹尼尔与父亲约翰以"行星轨道与太阳赤道不同交角的原因"的论文，获得了巴黎科学院的双倍奖金。但是，二人却因此奖项而闹翻了——嫉妒心极强的约翰认为儿子丹尼尔想要与他平起平坐。事后，丹尼尔回家时，被父亲拒之门外，到死也不肯原谅他。这件事情严重影响了丹尼尔，使他失去了在数学上的严谨和激情，他甚至说，如果地球上没有数学，仅有真实的物理会更好。之后，约翰试图将儿子对流体力学的成果据为己有，这更是让丹尼尔愤怒。不过，约翰的书中有多处错误，丹尼尔的作品却精妙易懂。

一般而言，父亲都希望儿子超越自己。但是，约翰不但没有为儿子的成就感到高兴，反而嫉妒儿子，甚至盗窃儿子的学术成果，有违常理。公允地说，丹尼尔并没有对父亲约翰做出什么不恭的行为，能获奖是他自己努力的结果。人无完人，约翰在数学史上的确够得上是一位第一流的学者，但他对其兄雅各布地位的嫉妒和对待自己儿子的态度，都显露出了其做人不厚道以及心胸狭窄的弱点和不足——历史既不会埋没他的成就，也不会隐藏他的丑行。

（3）弦振动问题。

18 世纪中叶，丹尼尔·伯努利、欧拉、约翰·伯努利、达朗贝尔等人对弦振动和杆振动的研究已经导出了一阶、二阶或更高阶的微分方程，如果把引起弹性振动的惯性力考虑进去，就可以得出弹性体的动力学的基本方程，从这个基本方程出发，可以得出各种情况下的波动方程；欧拉和达朗贝尔就是用偏微分方程来表示弦振动的波动方程。但是，丹尼尔却以完全不同的形式即用函数的级数展开式给出弦振动问题的解，从而引起了在丹尼尔、欧拉与达朗贝尔之间的关于弦振动可允许的解的争论，后来拉格朗日也参加了这种争论。

早在 1733 年前的论文中，丹尼尔就明确地说明振动的弦能有较高的振动模式。在 1741—1743 年的振动杆的横向振动的论文中，他又明确地说明了简单振动和叠合振动可以同时存在。但是，这些思想都是从物理学上加以理解，而没有从数学上加以描述。当他看到欧拉和达朗贝尔的波动方程并给出它的解释时，在 1753 年发表文章断言：振动弦的许多模式能同时存在。

丹尼尔的这个观点是非常重要的，因为他首次提出了将问题的解表示为三角级数的形式，这为将一个函数展为傅里叶级数的纯数学问题奠定了物理基础，促进了分析学的发展。欧拉赞同丹尼尔的关于许多模式能够同时存在，使得一个振动中的弦能发出许多谐音的观点，但是又和达朗贝尔一起反对丹尼尔关于在弦振动中全部可能的初始曲线能表示成为正弦级数的主张。丹尼尔坚持自己的观点，但是没有充分的数学论证。争论长达十几年之久，直到 1773 年争论结束，丹尼尔才认识到这个问题，即用正弦级数表示的函数类的宽窄。

（4）与牛顿齐名。

伯努利家族曾产生许多传奇和轶事。一个关于丹尼尔的传说是这样的：有一次在旅途中，年轻的丹尼尔同一个风趣的陌生人闲谈，他谦虚地自我介绍说："我是丹尼尔·伯努利"。陌生人立即带着讥讽的神情回答道："那我就是艾萨克·牛顿"。看来，别人把他与牛顿看成同样的人物。丹尼尔认为这是他有生以来受到过的最诚恳的赞颂，这使他一直到晚年都甚感欣慰。

（5）伯努利定律。

在一个流体系统，比如气流、水流中，流速越快，流体产生的压力就越小，这就是丹尼尔·伯努利 1738 年发现的"伯努利定律"。这个压力产生的力量是巨大的，空气能够托起沉重的飞机，就是利用了伯努利定律。飞机机翼的上表面是流畅的曲面，下表面则是平面。这样，机翼上表面的气流速度就大于下表面的气流速度，所以机翼下方气流产生的压力就大于上方气流的压力，飞机就被这巨大的压力差"托住"了。当然了，这个压力到底有多大，一个高深的流体力学公式"伯努利方程"会去计算它。

（6）伯努利效应。

1726 年，丹尼尔·伯努利通过无数次实验，发现了"边界层表面效应"：流体速度加快时，物体与流体接触的界面上的压力会减小，反之压力会增加。为纪念这位科学家的贡献，这一发现被称为"伯努利效应"。伯努利效应适用于包括液体和气体在内的一切理想流体，是流体作稳定流动时的基本现象之一，反映出流体的压强与流速的关系，流速与压强的关系：流体的流速越大，压强越小；流体的流速越小，压强越大。伯努利效应的应用举例：飞机机翼、喷雾器、汽油发动机的汽化器、帆船和球类比赛中的旋转球。

帆船前行原理。船顺风行驶时，就是空气对帆的动压力推动帆船前进的。由"流速增加，压强降低"的伯努利原理知道，气体流动速度越大的地方，动压力压强越大，而静压力压强越小。流速愈小的地方，动压力压强愈小而静压力压强愈大。这样气体流速小的地方对流速大的地方就会产生一个侧向的压力，这个力称为静压力。当迎风驶帆时，船正是在风的静压力推动下前进的。

飞机上升原理。很多人很奇怪为什么飞机那么重的家伙竟然能够在稀薄的空气上面飞行。其原理是，当气流通机翼时，由于机翼上面的气流要走更长的距离来和机翼下面的气流相会合，因而就加快了流速，使机翼的上面和底面的气流产生了不同的流速。机翼上面速度快，下面速度慢；流速慢处的压强比流速快处的静压强大，这个压强差使机翼产生了向上的升力，见图 2-6。

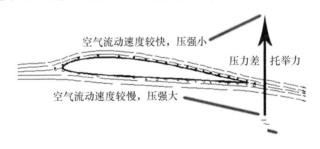

图 2-6 机翼上面和下面气流示意图

船吸现象。当两艘船平行着向前航行时，在两艘船中间的水比外侧的水流得快，中间水对两船内侧的压强，也就比外侧对两船外侧的压强要小；于是，在外侧和内侧水的压差作用下，两船渐渐靠近，最后相撞。现在航海上把这种现象称为"船吸现象"。鉴于这类海难事故不断发生，而且轮船和军舰越造越大，一旦发生撞船事故，它们的危害性也越大。因此，世界海事组织对这种情况下航海规则都作了严格的规定，包括两船同向行驶时，彼此必须保持足够大的间隔等。

另外，足球、乒乓球的弧线球，也会由于球旋转起来带动周围的空气也转起来，球两侧由于空气流速不同会产生一个压力差，从而使得球的轨迹形成弧线。

师承关系

父亲约翰是他第一位老师，后来受到正规学校教育。

学术贡献

丹尼尔·伯努利的研究领域极为广泛，他的工作几乎对当时的数学和物理学的研究前沿的问题都有所涉及，主要是在数学，物理学，医学方面有着突出的贡献。在纯数学方面，他的工作涉及到代数、微积分、级数理论、微分方程、概率论等方面，但是他最出色的工作是将微积分、微分方程应用到物理学，研究流体问题、物体振动和摆动问题。除流体动力学这一主要领域外，还有天文测量、引力、行星的不规则轨道、磁学、海洋、潮汐等，他被推崇为数学物理方法的奠基人。在医学上丹尼尔也有一定的研究成果。

（1）发现了"边界层表面效应"：流体速度加快时，物体与流体接触的界面上的压力会减小，反之压力会增加；称为"伯努利效应"。用能量守恒定律解决流体的流动问题，1738 年提出了"流速增加、压强降低"的伯努利定律，即"伯努利方程"，是流体动力学的基本方程。这是在流体力学的连续介质理论方程建立之前，水力学所采用的基本原理，其实质是流体的机械能守恒；即：动能+重力势能+压力势能=常数。

（2）他还提出把气压看成气体分子对容器壁表面撞击而生的效应，建立了分子运动理论和热学的基本概念，并指出了压强和分子运动随温度增高而加强的事实。

（3）从 1728 年起，他和欧拉还共同研究柔韧而有弹性的链和梁的力学问题，包括这些物体的平衡曲线。

（4）丹尼尔在弹性振动力学中做出了很大的贡献。研究了声音在空气中的传播问题，还研究了弦和空气柱的振动。1762 年，丹尼尔发表一篇关于在琴管内（圆柱形管）空气振动的论述，发现了风琴管泛音的频率是基音频率的奇数倍的定理。这篇论文也首次创立了锥形管发声乐器的理论，提出了无穷长锥形管的泛音与基音是和谐的，他通过物理实验证实了他的结论。丹尼尔还研究了不均匀弦的振动，首次解决了从密度分布确定振动弦的频率的振动逆问题；研究了由不同密度和不同长度组成的弦的振动的特殊情况；比较了一个物体挂在柔性链的摆动与绕一固定点地振动这两种情形；1774 年还完善了他的关于振动的迭加原理。

（5）丹尼尔除了对刚体振动，柔性物体和弹性物体的力学研究外，还对刚体的旋转运动，固体在对抗媒质中的运动，以及摩擦力问题及"活力"守恒问题都分别进行了探讨。他也探讨了作用到海船上的风力所产生的结果，以及在海洋中减少船只的横摆和纵摆的稳定性问题，把欧拉研究的关于船的自由振动问题扩充到受迫振动的情况。

（6）在天体力学上，他和欧拉等人研究了太阳与潮汐、月亮与潮汐之间的由于引力影响而产生的平衡理论；和他的父亲约翰共同研究了朝向太阳赤道的行星轨道的倾角增加的原因。

（7）他曾因天文测量、地球引力、土星和木星的不规则运动和振动理论等成果而获奖。

（8）丹尼尔在概率论和统计学方面做出了开创性的工作。他还将概率论应用于人口统计，探讨了误差理论，提出了正态分布误差理论，并用这一理论将观察误差分为偶然的和系统的两类，发表了第一个正态分布表，使误差理论更接近现代概念。

（9）丹尼尔·伯努利头脑机敏和富有想象力，他是第一个把牛顿和莱布尼茨的微积分思想连接起来的人。

（10）他又是在 18 世纪以新的无限小数学为主要武器探索由实验揭示的自然现象的数学物理方法的奠基者之一。

（11）他对实验物理及仪器设备表现出极大兴趣。

（12）他在经济学上提出了效用的概念，这是经济学上最常用的概念。

（13）1728 年，丹尼尔发表了关于肌肉收缩的力学理论论文，并且提出了心脏所做机械功的计算方法。

（14）丹尼尔曾和欧拉合作，研究血液流速和血压之间的关系；他用一根开口的吸管刺穿水管管壁进行实验，并且指出液体在吸管中上升的高度与水管中液体的压力有关。全欧洲的医生都开始使用这种方法测量血压，直到 170 多年后，一位意大利医生才发现了沿用至今的血压测量方法。不过，伯努利的压力测量方法在现代飞机上仍然有所应用。

丹尼尔由于在学术研究上涉及的领域极为广泛，有时这也妨碍了他某些计划的完成。尤其令人遗憾的是，他未能跟上由于偏微分方程的发现而引起的数学前进步伐，例如在弦和杆的振动问题的研究中，他的物理思想是正确的，但没有用恰当的数学来支持它。尽管如此，丹尼尔丰硕的科学成就完全足以确保他在科学史上持久的地位。

⌐ 代表作 ⌐

伯努利的学术著作非常丰富，他的全部数学和力学著作、论文超过 80 种。1738 年出版了一生中最重要的著作《水动力学》一书，共 13 章。这部著作给出了揭示压强、密度和流速三者之间关系的"伯努利方程"。

🕭 获奖与荣誉 🕭

1725~1757 年的 30 多年间他获得了巴黎科学院 10 次以上的奖励。

🕭 学术影响力 🕭

（1）开创了流体力学这门学科。

（2）他是众多著名的数学家伯努利家族成员之一；他特别被为人所铭记的是他的数学到力学的应用，尤其是流体力学和他在概率和数理统计领域做的先驱工作，被推崇为数学物理方法的奠基人。

（3）他的名字被纪念在"伯努利原理"中，即能量守恒定律的一个特别的范例，这个原理描述了力学中潜在的数学，促成 20 世纪现在的两个重要的技术的应用：化油器和机翼。其伯努利定律适用于沿着一条流线的稳定、非粘滞、不可压缩流体，在流体力学和空气动力学中有关键性的作用。

（4）伯努利方程是理想流体作稳定流动时的基本方程，是流体力学的基本方程之一。对于确定流体内部各处的压力和流速有很大的实际意义，在水利、造船、航空等部门有着广泛的应用；飞机等飞行器影响到了几乎每个人。

🕭 名人名言 🕭

无可考证。

🕭 学术标签 🕭

流体力学之父、数学物理方法的奠基人、伯努利家族最杰出的代表。

🕭 性格要素 🕭

虽然没有直接的资料显示伯努利的性格，但是通过其与欧拉长达 40 年的通信以及与他人的友好合作表明他是一个易于相处的人，是一个性情随和的人，同样也是一个勤奋肯干的人。

🕭 评价与启迪 🕭

丹尼尔·伯努利的性格温和易于相处，这让他在与他人的合作中有巨大的性格优势；谁不喜欢和谦和有礼的人相处呢？如果我们自己不是这样的性格，那就以丹尼尔的性格为学习目标，成为一个受欢迎的人吧。

17. 美利坚开国三杰之一、冒着生命危险做实验的人——富兰克林

姓　　名　本杰明·富兰克林
性　　别　男
国　　别　美国
学科领域　电学
排　　行　第三梯队（二流）

富兰克林像

❧ 生平简介 ❧

富兰克林（1706 年 1 月 17 日—1790 年 4 月 17日）出生于美国马萨诸塞州波士顿一个不甚富裕的手工业者家庭，这个家庭以制造肥皂和蜡烛为生。富兰克林是美国著名政治家、物理学家，同时也是出版商、印刷商、记者、作家、慈善家，更是杰出的外交家及发明家。他是美国独立战争时重要的领导人之一，参与了多项重要文件的草拟，是美国堪称全才的人物。

他的父亲是位新教徒，为了逃避宗教迫害，1682 年率全家移居北美新英格兰波士顿。他的父亲原生有 17 个孩子，富兰克林是最小的孩子。富兰克林 8 岁入学读书，但因家境贫寒，到 10 岁时就辍学，一生只在学校读了两年书。12 岁时，他到哥哥詹姆士的小印刷所当学徒，当了多年的印刷工人。

他热爱学习，在学习印刷技术之外，他广泛阅读各种书籍，从自然科学、技术方面的通俗读物到著名科学家的论文以及名作家的作品，还包括文学、历史、哲学方面的著作。他声称"读书是让自己享受的唯一乐趣"。为了获得书籍，他常常去书店借书，通宵达旦地阅读，第二天清早归还。在读书中，他不断改进自己的学习方法，提高学习效率。在学习辩论的时候，他通过模仿然后融会贯通，再取长补短形成自己的风格。他不断改善自己与他人对话时候的态度，越来越谦虚谨慎。

18 岁时，富兰克林结束了在波士顿的学徒生涯，离开美国去了英格兰，在印刷业最出色的大亨、著名印刷商塞缪尔·帕尔默的工厂里工作。富兰克林的同事们经常喝啤酒，而他为省钱只喝水。为了养活自己，他还曾经兼职做游泳教练以增加收入。

数年之后他回到费城，途中他写下了"节俭、诚实、勤奋和得体"作为人生信条。他在 23 岁时以笔名"理查德·桑德斯"在《宾夕法尼亚报》出版了《穷查理年鉴》。除去醒目的日期以外，年鉴的版面上还有许多空白处，他在空白处写上了自己的谚语格言，这让《穷查理年鉴》更有趣，广受欢迎。24 岁时，

他借债开了自己的印刷公司，并购买了《宾夕法尼亚报》，继续出版《穷查理年鉴》。在开办印刷公司的初期，为了保证印刷进度，他常常加班到深夜；在印刷质量方面严格把关，发现了错误的排版时连夜重排。勤劳苦干，严守信用，为富兰克林赢得了好信誉。文具商、图书商们都纷纷请他代销商品，他的生意做得顺风顺水，还把业务扩大到邻近几个州以及西印度群岛，成为北美洲印刷出版行业中的佼佼者，富兰克林也由此致富。

1736 年，富兰克林当选为宾夕法尼亚州议会秘书，在议员当中拥有很高的威望，因而拿到了印刷选票、法律文件、纸币等业务，更使得他的印刷生意蒸蒸日上。1737 年，富兰克林任费城副邮务长。虽然工作越来越繁重，可是富兰克林每天仍然坚持学习。为了进一步打开知识宝库的大门，他孜孜不倦地学习外国语，先后掌握了法文、意大利文、西班牙文及拉丁文。他广泛地接受世界科学文化的先进成果，为自己的科学研究奠定了坚实的基础。

1743 年，富兰克林开始筹备一家学院。8 年后费城学院成立，即为宾州大学的前身，富兰克林担任首任院长。1779 年改名为宾州大学，成为美国第一所以"大学"命名的高校，1791 年正式更名为宾夕法尼亚大学。

与此同时，他开始研究电及其他科学问题。1748 年，本杰明·富兰克林退出了印刷生意，不过仍然能从合伙人手中分得可观的利润，也因此有时间进行他的各项发明和研究，其中包括他对电的研究。

富兰克林非常善于发明，而且善于让他的那些小发明变成财富。他喜欢到河里游泳就发明了脚蹼，当学徒工后来他成了北美殖民地第一个制造铅字的人；自己开工厂了，又设计了一套铜版印刷机；后来上了年纪了，人都眼花了，就发明了双焦距眼镜；喜爱旅行的他居然把那个轮船的水手也组织起来了，一起绘制了第一张墨西哥湾洋流图。

1753—1774 年，他成为殖民地邮政代理局长，建立了首个全国邮政系统。独立革命期间，1775—1176 年他正式担任邮政局长，1756 年当选英国皇家学会会员。他组织创办美国哲学学会，担任首任秘书，1769 年担任主席。老年后的他深受痛风和肾结石等多种疾病的困扰和折磨，但他仍旧尽心为国效忠。1776 出使法国直到 1785 年，他成功赢得了法国对美国独立的支持。1787 年，他捐款兴建了以他命名的富兰克林学院，后来与马歇尔学院合并。

富兰克林终生未婚，但有一个事实妻子德博拉·里德，她生下女儿萨拉、弗朗西斯（4 岁夭折），富兰克林之前还有一个私生子威廉，母亲不详。1788 年后，他不再担任公职。1790 年 4 月 17 日夜里 11 点，富兰克林溘然逝世，他的孙子本杰明·谭波尔陪在他身边。在他出殡的那天，送葬人数多达两万人，充分表达了美国人民对他的痛悼之情；美国国会决定为他服丧一个月，法国国民议会决议为他哀悼。

他被埋葬于费城第五大道宪法中心附近的教堂墓地，他的墓碑上刻着他年轻时写下的"印刷商富兰克林的躯体，就像一本旧书的封面，没有了内容，字迹斑驳，镀金脱落。躺在这里成为蠕虫的食物；但是他的工作成果不会丢失；就像他所期待所相信的那样，以经过更正和修改的新的更完美的版本再次出现——作者自书"。他是美国历史上第一位享有国际声誉的科学家。

✑ 花絮 ✑

（1）著名的风筝实验。

据称在1752年，富兰克林进行了一项著名的实验：冒着生命危险在雷雨天气中放风筝。他站在绝缘体上，在屋顶下避雨，以免遭到雷击。雨水打湿了风筝线让其导电，电流顺着风筝线不断流向他手指旁边的钥匙。他认为用这个钥匙可以给莱顿瓶充电。这个实验证明了"雷电"是由人们熟知的放电现象造成的，不是"上帝的怒火"。这是一项非常危险的试验，事实上，同时期有其他科学家进行类似的实验时被电击致命。至今仍有不少人对于本杰明·富兰克林当年是否真的进行了这样的实验，或实验到底是如何进行，还心存疑虑。

1752年10月19日，他在《宾夕法尼亚报》描述这个实验，但没有说是自己做的实验。12月21日，该报告在英国皇家学会宣读，并登载于《哲学快报》。该实验揭示了雷电的本质，他也被誉为"第二个普罗米修斯"。英国皇家学会为表扬富兰克林对电的研究，在1756年选他为会员。没有争议的是本杰明·富兰克林发明了避雷针；1752年费城学院安装了避雷针。

（2）美国三杰之一。

美国历史上的"美国三杰"指的是美国大陆军总司令、首任总统、国父乔治·华盛顿，民主之魂、弗吉尼亚大学创办人、第三任总统托马斯·杰斐逊和民族之父富兰克林。富兰克林与杰斐逊一起起草了美国《独立宣言》，与华盛顿一起领导美国独立革命，是美利坚合众国的缔造者之一。虽没有做过美国总统，但他的肖像被印在了美国的百元大钞上。

富兰克林不仅是一名出色的科学家、企业家，也是一个著名的政治人物，他提倡13个殖民地联合，是美国历史上启蒙运动的开创者，领导美国独立战争，参与起草美国《独立宣言》和宪法。他在美利坚民族独立的伟大斗争中，特别是在争取国际援助的外交斗争中具有卓越的功勋，立下了汗马功劳。他代表北美殖民地与宗主国英国交涉，代表美国出使法国寻求支持，建立美法军事同盟。1778年，促成缔结《美法同盟条约》和《美法友好通商条约》，并促使法国、西班牙和荷兰先后参战，争取到宝贵的国际援助，加速了北美独立战争的胜利。

他还曾参加殖民地大会，组织北美第一个消防队，建立医院（宾夕法尼亚医院，它是美国最古老的医院，现为宾夕法尼亚大学的一部分）和图书馆，反对印花税法案，反对蓄奴，曾担任宾夕法尼亚州议员、议长、州长、驻外大使（法国和瑞典）和美国邮政局长，他改革北美邮政系统。在独立战争期间从事的外交活动中，充分展示了他出色的外交才能，体现了他作为一位谋略家的智慧。他在美国独立运动时期的声望很高，对美国独立的贡献仅次于国父华盛顿。

富兰克林是美国民主最伟大的先驱者和缔造者之一，作为宪法起草委员会委员，他为了调解会议代表的意见分歧而提出议会的两院制，此后它成为美国的基本国家制度之一；他还主持制定了美国议员的近代选举法。但他曾用手中的职权为私人朋友谋取职位上的晋升让他蒙污，这也是他以后没能像其他两人一样当选总统的原因之一。他是唯一同时签署美国立国时最重要的 3 个文件的开国功勋：《独立宣言》、1783 年《巴黎条约》、1787 年《美国宪法》。富兰克林深受美国人民的崇敬，在世界上也享有盛誉，被尊称为美国建国之父和民族之父。

（3）素食主义者。

富兰克林在大部分情况下都吃素，但少数情况会吃一点鱼肉，不是绝对的素食主义者。他这个习惯是早期经济不宽裕的时候养成的，因为那时候肉食很贵，他极少负担得起。他吃素的原因，一是因为反对将动物作为食物来源，二是为了健康考虑，三是为了节约资金购买书籍。

另一位卓越的素食物理学家是爱因斯坦，终其一生都在推动和平的理念。他说："就维护人体健康及提高地球上各种生命的生存机会而言，没有什么比推广素食更有利。"他还说："我们的任务就是借由扩大慈悲心，拥抱所有的生物及美丽的大自然。"在开始吃素那天，他在日记上写道："虽然我的三餐没有动物油脂、鱼和肉，可是我觉得这样非常好。我总觉得人类天生就不是肉食动物。"场论专家威滕也是素食主义者。

～　师承关系　～

就接受了两年学校教育，基本靠自学成才。

～　学术贡献　～

富兰克林在电学、光学、热学、声学、数学、海洋学、气象学、植物学等方面都有研究。

（1）1746 年他得到一个来自英国的莱顿瓶，其后进行了一系列新的电学实验，发现莱顿瓶放电能使钢针磁化。他首先提出正电和负电的概念，最早发现电荷守恒定律，并阐明了电容器的原理。首先提出电学史上一个重要假说"电的单流质理论"，即"一流论"，还提出了电的转移理论；创造了很多专有名词，如正电、负电、导电体、电池、充电、放电等在世界通用。

（2）进行多项关于电的实验，尤其是 1952 年的"风筝实验"，提出了云中的闪电和摩擦所产生的电性质相同的推测；揭开了雷电现象之谜，打破了雷电是"上帝的怒火"的迷信；1952 年 9 月发明了避雷针，避免了雷击灾难，破除了迷信。

（3）在物理学方面，他支持光的波动学；1758 年与剑桥大学化学教授哈特莱合作利用醚的蒸发得到 $-25℃$ 的低温，首先发现蒸发制冷原理。

（4）他还发明了老年人用的双焦距眼镜，即能看清楚近处又能看清楚远处的事物；设计了最早的游泳眼镜和蛙蹼；他发明了摇椅、新式火炉（可节省四分之三的燃料）、电轮、三轮钟、自动烤肉机、玻璃乐器、高架取书器、玻璃琴、颗粒肥料、富兰克林静电发生器、马车里程表、自动烤肉机、灵活的导尿管等。他还改进了路灯。

（5）发现了墨西哥湾的海流，提出风暴会移动的说法，最先绘制出暴风雨推移图，奠定了现代天气预报气象学的基础。制定了新闻传播法；在牙科上也有贡献，因首先发现人们呼出气体的有害性被称为近代牙科医术之父。

（6）1773 年他还探讨过感冒的病因；最先解释清楚北极光并创建夏时制。

（7）富兰克林建议以喷气为推进力，水从船的前部吸进，从后部推出；被称为美国船体力学之父。

（8）在数学上，创造了 8 次和 16 次幻方，这两个幻方性质特殊，变化复杂，至今仍为学者称道。

（9）他还是美国人口学研究先驱。

◢ 代表作 ◣

1750 年发表《电的实验与观测》和《关于导电物质与效应的见解和推测》；1952 年发表《在美国费城所进行的关于电的实验与观测》和《论闪电与静电的同一性》。此外，还有《穷理查年鉴》和《富兰克林自传》等。

他生前撰写的《富兰克林自传》历时 17 年才完成，是一部传诵不绝、风靡欧美的文学经典。该书包含了人生奋斗与成功的真知灼见，被公认为是改变了无数人命运的美国精神读本。富兰克林写出了"美国梦"，到美国去发财致富，成为了当时影响力很大的口号。在世界各地，青年人都希望学习富兰克林成功的秘诀，他们把这部书当成人生指导读物。整部自传既无哗众取宠，又不盛气凌人，在通俗易懂地叙述中不时会有睿智和哲理的火花；文字朴素幽默，叙事清楚简洁，使读者备感亲切而易于接受。《富兰克林自传》开创了美国传记文学的传统，成为一种新的文学体裁。

◢ 获奖与荣誉 ◣

（1）1753 年 11 月 30 日，获英国皇家学会颁发的科普利奖章。

（2）1757—1762 年，他担任北美殖民地驻英国代表期间，被牛津大学和圣安德鲁大学授予荣誉法学博士学位。此外，被哈佛大学（1753 年）、耶鲁大学（1753 年）和威廉和玛丽学院（1756 年）授予荣誉文学硕士学位；还被爱丁堡大学等多所大学授予荣誉学位。

❧ 学术影响力 ❧

（1）他论证了闪电与静电的同一性，提出的电荷守恒定律是物理学的基本定律之一。创造了很多专用电学名词，并通行世界。他的很多发明影响至今，比如避雷针。

（2）他对气象预报也有很重要的影响。

（3）1928 年以后，世通行的美元百元钱币都印有富兰克林的肖像。

（4）被美国权威期刊《大西洋月刊》评为影响美国 100 位人物第 6 名；200 年美国在线和探索频道发起"最伟大的美国人"评选活动，富兰克林位居罗纳德·里根、亚拉伯罕·林肯、马丁·路德·金和乔治·华盛顿之后，位居第五位。

（5）富兰克林奖章和富兰克林学会都以本杰明·富兰克林的姓氏命名。富兰克林奖章于 1914 年由塞缪尔·英萨尔设立，奖品是一枚金质奖章，每年颁发一次，授予物理学及技术领域中作出卓越贡献的人士，获奖者国籍不限，是美国富兰克林学会的最高荣誉奖。富兰克林学会成立于 1824 年，是一个物理学教育与研究机构，学会会刊是《富兰克林学会杂志》，是美国第二古老的连续出版科学杂志。富兰克林奖章由美利坚哲学学会颁发；而美国费城富兰克林研究所则颁发鲍威尔奖。

（6）美国海军历史上有 6 艘舰艇以富兰克林的名字命名。

（7）本杰明·富兰克林美国研究所由阿尔卡拉大学于 1987 年成立的一所研究北美的中心，提供硕士、博士和专业课程；富兰克林科学博物馆，是为了为纪念本杰明·富兰克林的非凡成就而成立的，也是富兰克林科学研究所最负盛名的机构，成为宾夕法尼亚州访问量最大的博物馆。

❧ 名人名言 ❧

（1）要成大事，就应既有理想，又讲实际，不能走极端。

（2）如果激情飞奔，那就让理智勒紧缰绳。

（3）沉默并不是智慧的标志，但唠叨永远是一项蠢行。

（4）爱你的邻居，但不要拆掉你的篱笆（就是做一个有刺的好人）。

（5）知足使贫穷的人富有；而贪婪使富足的人贫穷。

（6）不要浪费时间，做些有益的事情，停止一切不必要的行动。

（7）二十岁时起支配作用的是意志，三十岁时是机智，四十岁时是判断。

（8）不要出卖美德换取财富，也不要用自由交换权力。

（9）吃为了满足自己，穿则为了取悦他人。

（10）如果一个人倾其所有以求学问，那么这些学问是没有人能拿走的。

（11）说恋爱可以完全脱离物质而存在，那是谎话。

（12）你可以容忍自己身上的一个缺点，为什么不能容忍妻子身上的一个缺点呢？

（13）在二十岁靠意志支配一切，三十岁靠机智支配一切，四十岁靠判断支配一切。

（14）小疏忽会酿成大灾祸，小小的渗漏会使一艘大船沉没。

（15）结婚前应该把眼睛睁得大大的；结婚后应该半睁半闭。

（16）从来没有好战争，也没有坏和平。

（17）在这个世界上，只有死亡和交税是无法避免的。

（18）我们认为人人生而平等是不言而喻的。

✦ 学术标签 ✦

电学研究的先驱者、电荷守恒定律的最早提出者、美利坚开国三杰之一、多个国家科学院院士、被印在美元钱币上的无冕之王。

✦ 性格要素 ✦

富兰克林性格宽容，心胸开阔，学识渊博，修养高雅，多才多艺，勇于创新。他讲话庄重，笑容可掬，不卑不亢，诚实正直；他重视教育，生活简朴，勤劳苦干，严守信用，奋斗不屈，为人友善、低调、有节制，自控力强。

✦ 评价与启迪 ✦

本杰明·富兰克林的一生极富传奇色彩，在许多领域都取得了令世人瞩目的成就。他是研究电学的先驱者，他发现电荷分为"正""负"，而且两者的数量是守恒的；他揭示了雷电的本质，被誉为"第二个普罗米修斯"；他这些电学上的划时代的研究成果使他成为蜚声世界的科学家。其远见卓识、非凡成就和人格魅力为美国的迅速发展打下了坚实的基础，因此而成为举世公认的现代文明之父、美国清教主义的杰出代表、是那个时代的佼佼者；是美国精神、美国梦和美国人的象征，深受美国人民的崇敬和爱戴。他语言幽默睿智，衣装整洁，不奢华，嬉笑怒骂皆自然。法国经济学家杜尔哥评论说："他从苍天那里取得了雷电，从暴君那里取得了民权"。

富兰克林一生都保持着不断学习的精神，他通过勤奋学习，学到了丰富的知识，同时也学到了为人处世之道。在他很年轻的时候，就能够凭借丰富的学识结识很多名人、有社会地位的人，和他们成为朋友；这些朋友常常能够在他人生道路上的关键时刻，给予很多帮助。长期大量的阅读，使得富兰克林在思想上比别人有更为高明的认识，因此在社交场合里他的意见也更容易得到重视。可以说知识不仅拓展了富兰克林的思想深度，也拓展了他的人际关系，让他确信，诚信、正直是交友之道，也是获得人生幸福的法宝。富兰克林用自己的亲身经历证明了读书可以改变个人命运，教育可以改变国家命运。

富兰克林从出身寒微、默默无闻的穷小子，通过自己的学习和努力，做到了实实在在的名利双收。他求知欲强，成功的秘诀是学习和读书。在他看来，书是无价之宝是打开幸福和成功大门的钥匙。读书让他获取了知识，增长了阅历，丰富了精神生活，提高了人生境界，并让他获得了熟练的写作技巧，掌握了逻辑推理的能力。

富兰克林为人友善、低调、不邀功。当他提出一个计划的时候，并不会把自己放在最前面，常常声称是几个朋友的计划，而自己是应朋友们的要求跑跑龙套。他认为眼下牺牲一点虚荣，往后会得到厚厚的回报。

富兰克林是美国精神的代表；他提倡实用节俭、艰苦奋斗、团体精神。他乐观、积极、进取的个人品格体现了美利坚民族性格；他的处世之道成为美国的外交政策样板；他是"美国梦"的缔造者，是穷小子积极向上最后取得成功的杰出体现者，他影响了几代美国人，改变了无数人的命运。

富兰克林也是一个非常节制的人，他从青少年时期开始就给自己制定严格的做人做事准则，并努力实践。他在自传里也用相当的篇幅总结介绍了为人处世的 13 个原则，以及在执行过程中采用的循环检查的方式。这些原则对我们现在的生活仍然有很大的启发和指导意义，不妨尝试借鉴一下。

（1）节制——食不过饱，饮不过量。

（2）沉默——言必于人于己有利，避免闲言碎语。

（3）秩序——何处放何物，何时干何活，都要有条不紊。

（4）决心——该做的一定要做，要做的一定做好。

（5）节俭——于人于己有利之事方可花费，决不浪费。

（6）勤奋——珍惜一切时间用于有益之事，不搞无谓之举。

（7）诚实——不虚伪骗人，心存良知，为人正直，讲话实在。

（8）正义——不做损人利己之事，不忘帮助别人是自己的责任。

（9）中庸——不走极端，容忍别人给予的伤害，将此视作应该承受之事。

（10）清洁——力求身体、衣服和住所整洁。

（11）平静——不为区区琐事或寻常事故或不可避免的事故而惊慌失措。

（12）节欲——少行房事，除非出于健康和延嗣考虑；切忌过度伤体，以免损害自己或他人的安宁与名誉。

（13）谦逊——效法耶稣和苏格拉底，不做无谓的争辩。

这13条原则言简意赅，看似朴实无华，却饱含普世智慧，能够给我们带来实实在在的生活指引。这13条"美德"不是空洞无用的理论，而是实实在在的行动指南。如果能做到，成功不远矣，人人皆然！

本杰明·富兰克林曾经是、现在也仍然是高产和成功的例证。勤奋工作，不断地做更多工作，成功就会如影随形。而对于合伙经营，富兰克林为后世留下的经验是，不管在订立合同的时候，双方是多么尊敬和信任对方，都务必在合同里尽可能详尽地明确双方的义务和权利，以防范日后可能发生的猜忌或抱怨，避免引起合作不愉快的后果，防止法律纠纷。

他唯一的败笔是曾为了自己的一个私人朋友谋求了美洲印花税代理人的职位，这导致他在民众中的威望受损，人民怀疑他的诚信，认为他有可能以权谋私；这阻碍了他政治上的进步。看来，无论是在哪个国家，无论是哪个人物，都不能以权谋私；这是人民普遍反对的，当引以为戒。

18. 草草下葬的五好男人、分析力学的奠基人——达朗贝尔

姓　　名　让·勒朗·达朗贝尔
性　　别　男
国　　别　法国
学科领域　力学、天文学
排　　行　第三梯队（二流）

✎ **生平简介** ✍

达朗贝尔（1717年11月17日—1783年10月29日）出生于巴黎，卒于巴黎。达朗贝尔是一位军官的私生子，母亲是一位著名的沙龙女主人。他出生后，母亲为了不影响自己的名誉，把刚出生的儿子遗弃。达朗贝尔的亲生父亲得知这一消息后，把他找回来并

达朗贝尔像

寄养给了一对工匠夫妇，取名让·勒隆，后自取姓为达朗贝尔。达朗贝尔与养父母感情一直很好，直到他47岁时才因病离开养父母。

达朗贝尔少年时在一所教会学校学习，他刻苦读书，学到了很多数理知识，为他后来的科学研究打下了坚实的基础。后来他自学了一些科学家的著作，完成了一些学术论文。1741年，凭借自己的努力，达朗贝尔进入了法国科学院担任天文学助理院士，此后他对力学作了大量研究，并发表了多篇论文和多部著作。1746年，达朗贝尔被提升为数学副院士；同年，他与当时著名哲学家狄德罗一起编纂了法国《百科全书》，并负责撰写数学与自然科学条目，是法国百科全书

派的主要首领。

1750 年以后，他停止了自己的科学研究，投身到了具有里程碑性质的法国启蒙运动中去。1754 年，他被选为法兰西学院院士。随着研究成果的不断涌现，达朗贝尔的声誉也不断提高，尤以写论文快闻名。1772 年起，被提升为法国科学院的终身秘书，欧洲很多国家的科学院都聘请他担任国外院士。

达朗贝尔的日常生活非常简单，白天工作，晚上去沙龙活动。他终生未婚，但有一位患难与共、生死相依的情人——沙龙女主人勒皮纳斯，两人感情很深。但是，令他悲痛欲绝的是勒皮纳斯小姐于 1776 年去世了。在绝望中达朗贝尔度过了自己的晚年，1783 年 10 月 29 日卒于巴黎。达朗贝尔反对宗教，在他临终时，教会极力阻挠，所以巴黎市政府没有举行任何形式的葬礼，也没有缅怀的追悼，只有他一个人被安静地埋葬在巴黎市郊的墓地里。

❧ 师承关系 ❧

教会学校加自学；他提携了拉普拉斯。

❧ 学术贡献 ❧

达朗贝尔一生研究了大量的课题，并且涉及了多个科学领域，而且在这些领域都有着非常突出的贡献。数学是达朗贝尔研究的主要课题，他认为力学应该是数学家的主要兴趣。

（1）他被认为是 18 世纪为牛顿力学体系的建立做出卓越贡献的科学家之一。提出了三大运动定律，第一运动定律是给出几何证明的惯性定律；第二定律是力的分析的平行四边形法则的数学证明；第三定律是用动量守恒来表示的平衡定律。

（2）提出了达朗贝尔原理，与牛顿第二定律相似，但它的发展在于可以把动力学问题转化为静力学问题处理，还可以用平面静力的方法分析刚体的平面运动，这一原理使一些力学问题的分析简单化。例如提出了"惯性力"，而惯性力在生活中也可以感受到，比如升降电梯开始上升的时候，身体会感受到一个向下的压力，这就是惯性力。爱因斯坦在广义相对论中说"惯性力是真实存在的力，与万有引力等价"。

（3）1746 年，他首先提出了声学中弦的波动方程，并于 1750 年证明了它们的函数关系。1763 年，他进一步讨论了不均匀弦的振动，提出了广义的波动方程；给出了一维标量波动方程的一般解。

（4）有科学家认为是达朗贝尔第一次引入了流体速度和加速度分量概念，证明了流体中的黏性阻力与物体运动速度成平方关系。

（5）达朗贝尔在弦第一振动理论研究方面的卓越工作，使他和丹尼尔·伯努利一起被认为是偏微分方程论的创始人。

（6）达朗贝尔也被认为是复变函数论的先驱者之一，早在 1746 年就试图证明代数基本定理。

（7）1752 年第一次用流体动力学的微分方程表示场，提出了著名的达朗贝尔佯谬，它实际上是流体力学中的一个定理。物体在大范围的静止或匀速流动的不可压缩、无黏性流体中作等速运动时，它所受到的外力之和为零。按现在观点，这个定理并没有错，只是现实中不存在无黏性流体。即使黏性非常小的流体，对其中运动的物体都会起重要的作用，因为黏性使流体在物体表面产生切向应力，即摩擦阻尼。德国科学家普朗特随后提出的"边界层理论"较好地完善了此现象的成因。

（8）达朗贝尔是数学分析的主要开拓者和奠基人，为极限做了比较好的定义，但他并没有把这种表达公式化达朗贝尔是当时几乎唯一一位把微分看成是函数极限的数学家。达朗贝尔是 18 世纪少数几个把收敛级数和发散级数分开的数学家之一，他还提出了一种判别极数绝对收敛的方法——达朗贝尔判别法，我们现在还在使用的比值判别法。他同时是三角极数理论的奠基人；达朗贝尔为平微分方程的出现做了巨大的贡献。

✎ 代表作 ✎

《动力学》是达朗贝尔最伟大的物理学著作。在这部书里，他提出了三大运动定律。达朗贝尔的《动力学》是力学方面的一部奠基性著作，书中包括后来以他的名字命名的达朗贝尔原理，根据这个原理建立起把动力学问题化为静力学问题来处理的一般方法；他运用这个方法研究了天体力学中的三体问题，并把它推广到流体动力学中。

在 1746 年法国《百科全书》的序言中，达朗贝尔表达了自己坚持唯物主义观点、正确分析科学问题的思想。在这一段时间之内，达朗贝尔还在天文学、流体力学、心理学、哲学、音乐、法学和宗教文学等方面都发表了一些作品，例如《宇宙体系的几个要点研究》《流体阻尼的一种新理论》《张紧的弦振动是形成的曲线研究》《文学、历史和哲学杂论》《论哲学的要素》《数学手册》等。

✎ 获奖与荣誉 ✎

无从考证。

✎ 学术影响力 ✎

（1）达朗贝尔原理、达朗贝尔定理、达朗贝尔判别法、达朗贝尔公式、达朗贝尔佯谬、达朗贝尔解等特定名词都以达朗贝尔的名字命名。

（2）达朗贝尔原理为分析力学的创立打下了基础。

✎ 名人名言 ✎

无从考证。

❧ 学术标签 ❧

分析力学的奠基人、三角极数理论的奠基人、偏微分方程论的创始人之一、复变函数论的先驱者之一；基本靠自学成才、法兰西学院院士、法国科学院终身秘书、欧洲很多国家的科学院的国外院士；是 18 世纪为牛顿力学体系的建立作出卓越贡献的科学家之一。

❧ 性格要素 ❧

私生子，生活简单，终生未婚，不为名利所动，孝敬父母，忠于感情（与勒皮纳斯小姐一起谱写了法式梁祝恋歌）；死后无追悼无葬礼，草草下葬。

❧ 评价与启迪 ❧

达朗贝尔先生是一个典型的乖宝宝、五好男人。他孝敬养父母，是个大孝子。终身只爱勒皮纳斯小姐一人，可谓是法国的罗密欧与朱丽叶、梁山伯与祝英台。他对待生活谦虚朴素，对待名利不为所动：1762 年，俄国沙皇邀请达朗贝尔担任太子监护，但被他谢绝了；1764 年，普鲁士国王邀请他到王宫住了 3 个月，并邀请他担任普鲁士科学院院长，也被他谢绝了。

达朗贝尔生前为人类的进步与文明做出了巨大的贡献，他一生都献给了科学研究，也得到了许多荣誉，但是死后却受到了不公正的待遇，就连一个起码的葬礼都没有，不禁让人扼腕！

达朗贝尔在数学上的成就远大于他在力学上的成就，就物理学而论，它属于二流物理学家，位列第三梯队；但是就数学而言，他至少应该是第二梯队，属于准一流的数学家。

19. 深度社交恐惧症患者、经典电动力学的创始人——卡文迪许

姓　　名　亨利·卡文迪许
性　　别　男
国　　别　英国
学科领域　经典电动力学、统计物理学
排　　行　第一梯队（一流）

❧ 生平简介 ❧

卡文迪许（1731 年 10 月 10 日—1810 年 2 月 24 日）出生于法国尼斯。卡文迪许家族是一个历史很悠久的英国贵族家庭。亨利·卡文迪许以发现氢气和准确测定地球密度闻名，他的一生就像一部巨著一样精

卡文迪许像

彩宏伟。若以今天的眼光去看绝对是富二代、权二代、学二代——父亲查尔斯是第二世德文郡公爵之子，是个杰出的实验家，实验技巧十分高明，备受富兰克林的赞赏，后入选英国皇家学会；母亲则是第一世肯特公爵的女儿。卡文迪许含着金钥匙出生，可却没有享受到家庭的温暖；在还不满两岁时，他母亲意外离世，他的记忆里几乎没有妈妈的身影，所以他形成了一种过于孤独、胆怯、羞怯、不擅交际的习性，性格内向、孤僻。

卡文迪许从小接受良好的家庭教育，11~17岁进入了主要招收上层阶级孩子的海克纳中学学习；18~22岁在剑桥大学彼得豪斯学院求学，接受了十分严格的数学训练。3年后，就在毕业考试前夕，因不满当时剑桥刻板的学习和学位制度而退学；这令父亲非常愤怒，减少了对他的经济支持。

1753年，22岁的卡文迪许去巴黎留学，主攻物理学和数学。回国后定居伦敦，他购买并阅读了大量的书籍，包括牛顿的全部著作。他十分珍惜自己的大量藏书，整理得井井有条，无论别人向他借阅，或自己在书架上取走一本书，都要严格办理登记手续。

作为父亲的助手，他与父亲一起购买实验设备，装备了一座规模相当大的实验室。父亲鼓励儿子热爱科学，将自己的实验器材交给儿子使用，并将儿子引进了伦敦的科学界。此后，他终身在自己家里做实验工作，做了大量的电学和化学研究。卡文迪许先从砒霜入手，制取了砷酸，后又制得了酒石酸。1760年，他被选为英国皇家学会会员，1803年当选法国科学院的外籍院士。他一生最佩服牛顿的学识，终生以超越牛顿为目标。

1787年卡文迪许父亲去世后，他得到了一大笔财产。不久他的一位姑母逝世，又留给他一大笔遗产。卡文迪许是英国屈指可数的富翁，总资产超过了130万英镑，大约相当于现在的不少于100亿人民币。所以说他是"一切有学问的人当中最富有的，一切富有的人当中最有学问的"。财富并没有让卡文迪许的生活方式发生任何的变化，他依然过着极其简朴的生活。他醉心于科学研究，大部分的花销都用在购买实验仪器和书籍上。

卡文迪许性情孤僻，不爱交际，终生未娶，一生都在实验室和图书馆度过。他平时深居简出，十分厌恶跟人接触，甚至与女管家的日常联系也借助便条。除出席皇家学会的聚会外，几乎从不公开露面。他在民众里缺乏声望，但是他学识广博、推理清晰、科学才智罕见，因此皇家学会的会员都把他看作一位长者。1810年的一天，他对照顾自己的仆人说："你们暂时离开我吧，过一个钟头再回来"。等到他的仆人再回来时，发现卡文迪许已经停止了呼吸。卡文迪许在伦敦去世时享年79岁。

卡文迪许去世后，他的侄子乔治把卡文迪许遗留下的20捆实验笔记完好地放进了书橱里。直到1871年，电学大师麦克斯韦负责筹建卡文迪许实验室时，这些充满了智慧和心血的笔记才重获新生。麦克斯韦仔细阅读了前辈在100年前的手稿，不由大惊失色，连声叹服说："卡文迪许也许是有史以来最伟大的实验物理学家，他几乎预料到电学上的所有伟大事实。"

◦ 花絮 ◦

（1）科学怪人。

卡文迪许不修边幅，常年穿着一件褪色的天鹅绒大衣，戴着过时的三角帽；他深居简出，一心扑在科学研究上面。他一生经常涉足的地方只有两处，一是去英国皇家学会参加两周一次的学术研讨会，二是去班克斯爵士家中参与每周日晚的学术聚会。卡文迪许为人低调，参加聚会时总是低着头，一声不响地坐在角落里；若有人向他打招呼，他会涨得满脸通红，不知所措。班克斯告诫来宾，不要靠近那个坐在角落的人，就算他在发言也要装作没听见；他就是卡文迪许。

性格孤僻的他生活上处处透着古怪，不善言辞的他几乎不敢与陌生人和异性交谈；跟任何想要和他打交道的人，都不能很好地相处，也不喜欢那些慕名而来的客人打扰他的研究工作。据说有一次，在班克斯家中，一位从维也纳赶来的奥地利科学家当面奉承了卡文迪许几句，卡文迪许听到这些话却无动于衷，继而手足无措，终于冲出室外。直到几个小时后，他的家人和仆人好不容易才说服他回家。其孤僻怪异的性格可见一斑，简直就是一个地地道道的科学怪人。

卡文迪许还有一个怪脾气，就是从不同女人接近；卡文迪许始终没有想过恋爱、结婚，一生独身，甚至特别忌讳看到女人的面孔。卡文迪许家里雇有女佣，他就约法三章，严格地命令他们不要到他所能看到的地方去。有一次，卡文迪许下楼，与一个刚上楼的女仆相遇，卡文迪许生气了，叫人专门给女仆修了一个楼梯，以免再发生类似的不愉快事情。他每天写好菜单放在餐桌上，待他走后，女仆才进来，按菜单做好饭菜，待仆人离开后，他才进来吃饭。这使得伺候他多年的女仆竟然不知道他长相如何。

（2）毫无金钱观念。

他从祖上继承了大笔遗产；作为伦敦银行当时最大的储户，他几乎对财产不闻不问，几十年都只让投资顾问购买同一种股票，一名顾问看不过眼，建议他购买另一种股票；结果这个草率的举动换来了卡文迪许罕见的大怒："不要拿这些事情来烦我，否则我就解雇你"。

据说还有一次，接受他储蓄的一家银行发现他存的款太多了，认为只是储蓄对他本人不利，便好心地劝他拿出一部分投资，卡文迪许从来没有考虑过这类事，也没有听懂对方的话，一听要他取出钱来，就急了，生气地说："如果怕给您添了麻烦，那就把存款统统取出来好了。"

对帮助过他的人，他总是赠给很多的钱，常常使接受者本人都对给的钱多而感到惊讶万分。他甚至不知道一万英镑究竟是多大一笔财富。一次，他的一个仆人生病，要花钱医治，他随手开了一张一万英镑的支票给他，让仆人惊讶得不知所措。

卡文迪许虽然爱好孤独的生活，但对于别人所做的研究工作却是很感兴趣。例如，他曾将一些钱送给当时的青年化学学家戴维（法拉第的老师）做实验之用，有时还亲自跑到皇家学会去参加戴维的分解碱类的实验。

在他去世后，他遗留下来的财产超过 1000 万英镑，全部由他的侄子继承。

（3）发现氢气。

卡文迪许发现一些金属与酸可以发生反应，反应后会生成一种"可燃空气"，也就是氢气。但当时对于反应生成的气体还没有普遍的认识；波义耳统一称所有的生成气体为"人工空气"，但卡文迪许认为这是一种新的物质。他用现在最常用的排水集气法收集了氢气，经过干燥和纯化处理后，测定了氢气的密度，他将氢气与空气混合后用电火花引发反应，发现氢气能消耗掉五分之一的空气，并生成水，而且氢气与氧气的消耗比约为 2.02∶1。

（4）卡文迪许扭秤实验。

这一实验使用一架灵敏度很高的扭秤——卡文迪许扭秤，见图 2-7。奇怪的是，他发现了很多定律，却都没有以他的名字命名，唯一一个以他名字命名的卡文迪许扭秤却不是他发明的，那是米歇尔神父发明的，后来辗转落到了卡文迪许手上。

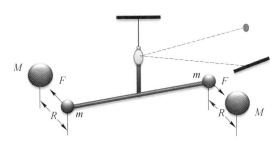

图 2-7 卡文迪许扭秤示意图

他用一个质量大的铁球和一个质量小的铁球分别放在扭秤的两端，扭秤中间用一根韧性很好的钢丝系在支架上，钢丝上有个小镜子。用激光照射镜子，激光反射到一个很远的地方，标记下此时激光所在的点。用两个质量一样的铁球同时分别吸引扭秤上的两个铁球。由于万有引力作用，扭秤微微偏转，但激光所反射的远点却移动了较大的距离。他用此比较精确的计算出了地球密度，与现在测试的结果仅仅差距 0.65%，且记录完全了推算万有引力常数 G 的各种数据。

卡文迪许当时只关心地球的密度，并没有涉及万有引力常数，但采用卡文迪许的测量结果，通过计算可以精确求出万有引力常量 G 和地球的质量。此实验的巧妙之处在于利用光线反射原理，对扭秤的扭动角度进行了放大，将微弱的力的作用进行了放大，开创了"弱力测量的新时代"。

师承关系

正规学校教育。

学术贡献

上至天文气象，下至地质采矿，抽象的数学，具体的冶金工艺，卡文迪许都进行过探讨。特别是在化学和物理学的研究中，他有极高的造诣，取得许多重要的成果。大约一百年后，麦克斯韦受托整理卡文迪许留下的大量资料，麦克斯韦用了他一生中的最后 5 年才完成了这一任务，发现很多落在别人名下的科学发现早已经被卡文迪许发现了，并于 1879 年出版了一本名为《亨利·卡文迪许的电学研究》的专著。

（1）最重要的动力学论文《关于运动论的评述》（未发表），包含了他对热学的全部论点，卡文迪许认为热是振动粒子的机械动量。

（2）在物理学上他最主要的成就是 1797 年，通过扭秤实验验证了牛顿的万有引力定律，确定了地球平均密度，还可推算引力常数。测量万有引力的扭秤实验，后世称为卡文迪许扭秤实验。他所测算的地球密度与现在的数据相比误差仅有 0.65%，是物理史上最著名、最优美的实验之一。卡文迪许成为"称量地球第一人"，并开创了"弱力测量的新时代"。

（3）深入地研究了电容器的电容量，用"电时"表示相同电容器的球体的电容。他曾测了几种物质的电容率，得出石蜡的电容率为 1.81~2.47，而现在对石蜡的电容率为 2.1。早于法拉第用实验证明电容器的电容取决于两极板之间的物质，提出了介电常数的概念，并推导出平板电容器的公式。

（4）1777 年，卡文迪许首次用实验揭示了静电荷分布在导体表面的性质，还用实验精确地验证了点电荷之间的静电力跟距离的平方成反比的规律（库仑定律）。第一个将电势概念大量应用于对电学现象的解释中，并通过大量实验，提出了电势与电流成正比的关系（欧姆定律）。

（5）1781 年，首先制得氢气，并研究了其性质，用实验证明它燃烧后生成水；确定了水的成分，证明水不是元素而是化合物，证明氢气和氧气相互化合的体积比为 2.02∶1。

（6）研究了空气的组成，发现普通空气中氮气占五分之四，氧气占五分之一，制出纯氧，并确定了空气中氧、氮的含量；1785 年通过电火花的实验发现有 1/120 的气体不发生任何反应，预言了空气中稀有气体的存在，为惰性气体的发现留下了线索。

（7）他用石灰石与酸反应，生成了二氧化碳。曾研究二氧化碳的性质，用实验证明了二氧化碳能溶于水，并指出收集二氧化碳必须用"排汞集气法"。除此之外，卡文迪许已经证明了反应生成的气体与木炭燃烧、动物呼出的气体成分相同（二氧化碳），还发现了硝酸。

（8）卡文迪许还研究了热现象。他通过硫磺、玻璃的试验，发现它们在质量相等、吸热相等的情况下温度的变化都不一样，这一结论成为后来比热定律发现的根据。预见到了能量守恒定律即热力学第一定律，否定了第一类永动机，比正式提出热力学第一定律早了半个世纪。

（9）发现了道尔顿的分压定律——在任何容器内的气体混合物中，如果各组分间不发生化学反应，那么每一种气体都会均匀的分布在整个容器内，它所产生的压强和它单独占有整个容器时所产生的压强是相等的。

（10）发现了里希特的等效比率定律，化学中的基本定律——化合物中各个元素的重量比例与他们以单质形式存在的时候是一样的，这是列化学方程式时的一个基本前提。

（11）发现了查理的气体定律——固定的容积下，理想气体的压强仅与温度有关，与气体组成无关，这个关系是线性关系。

（12）发现了查理的电传导定律。

❧ 代表作 ❧

卡文迪许公开发表的论文并不多，主要有《论人工空气》。在文章中，卡文迪许在严格保持温度和压强条件的前提下，对当时已知的各种气体的物理性质，特别是密度进行了严谨而细致的研究，这篇文章使他获得了英国皇家学会的科普利奖章。

他没有写过一本专著，在长长的 50 年科学研究中，发表的论文也只有 18 篇。除了一篇在 1771 年发表的论文是理论性的以外，其余的论文内容都是实验性和观察性的，大部分是关于水槽化学方面的，先后发表在 1766 年到 1788 年的英国皇家学会的期刊上。他的论文都是具有开创性的。

一部分关于液态物质凝固点的研究，发表于 1783—1788 年。还有一部分是有关地球平均密度的研究，发表于 1798 年。在他逝世以后，人们发现他有 20 多捆笔记，大量文稿一直藏着未经公开发表，搁置了 70 余年。1871 年，麦克斯韦决定放下自己的一些研究课题，呕心沥血地整理卡文迪许这些手稿，花费了数年时间整理后在 1879 年出版，晚了将近一个世纪。化学和力学部分是由爱德华·普索于 1921 年主编出版的。两本著作、三代风流，不啻是科学史上的一段佳话。

❧ 获奖与荣誉 ❧

1766 年，因为《论人工空气》的论文荣获英国皇家学会科普利奖章。

学术影响力

（1）卡文迪许的电学研究是人类进入现代文明社会的起点。

（2）卡文迪许扭秤实验可以测出地球质量的实验，为后续地球物理科研有里程碑的意义！

（3）水的研究及相关发现归功于卡文迪许的巨大贡献，表明人类开始对最常见也是最重要的水进行更深入的研究！

名人名言

成功的阶梯在于"痴迷"，你做事"痴迷"，定将成大器。

学术标签

经典电动力学的创始人、统计物理学的奠基人之一、被认为是牛顿之后英国最伟大的科学家之一（化学中的牛顿）、法国研究院的 18 名外籍会员之一、"最富有的学者，最博学的富豪"、科学巨擘、科学怪人、把氢和氧合成水的第一人；有史以来最伟大的实验物理学家。

性格要素

科学怪人、终身未婚、不修边幅；性格孤僻、内向、不善言谈、不好交际、离群索居、生活简朴。在科学研究中，思路开阔，兴趣广泛，异常活跃。

评价与启迪

英国化学家戴维评价说："他对于科学上一切问题都有高深的见地，并且在讨论时所发表的意见异常精辟。他将来的声誉一定比今日的更为辉煌。在日常生活中，或者普通问题的讨论上，这位大科学家的姓名当然是不会提到的，但在科学史上，他那伟大的工作光芒，一定可以和天地同存。"麦克斯韦也评价说："这些论文证明卡文迪许几乎预料到电学上所有的伟大事实，这些伟大的事实后来通过库仑和法国哲学家们的著作而闻名于科学界"。

在科学研究中，卡文迪许思路开阔，兴趣广泛，显得异常活跃。上至天文气象，下至地质采矿，抽象的数学，具体的冶金工艺，他都进行过探讨。特别是在化学和物理学的研究中，他有极高的造诣，取得许多重要的成果。这与他的"执着"和"痴迷"密不可分。卡文迪许做科研不图名、不图利，他没有写一本书，这对于促进科学研究的发展是很可惜的；他虽然一生独居，但是科学研究所开辟的新天地给他的生活提供了特别的兴趣。

卡文迪许性格怪僻、不擅交际，按照现在时髦的观点来说就是情商极低。但他凭借高智商和做事痴迷的特点取得了丰硕的科研成果，给人类积累了宝贵的科学财富，推动了人类社会的进步和发展。

20. 严重忧郁症患者、20 岁当院士的分析力学创建人——拉格朗日

姓　　名　约瑟夫·路易斯·拉格朗日
性　　别　男
国　　别　法国籍意大利裔
学科领域　力学、天文学
排　　行　第三梯队(二流物理学家、一流数学家)

拉格朗日像

⤳ 生平简介 ⤳

拉格朗日（1736 年 1 月 25 日—1813 年 4 月 11 日）出生在意大利都灵，具有法国和意大利血统。拉格朗日在出生受洗记录上的正式名字为约瑟普·洛德维科·拉格朗日亚。去世后，法兰西研究院给他写的颂词中，正式采用了约瑟夫·拉格朗日。

父亲担任撒丁王国的军事顾问，拉格朗日家境富裕且有较高的社会地位，不过家财后来都被其兄弟挥霍殆尽。父亲想让他以律师为职业，然而他却对哲学、历史、文学和科学研究情有独钟。拉格朗日曾就读于都灵大学，但在 17 岁之前，他对数学一点都不感兴趣。他对数学的兴趣和热情始于英国科学家哈雷（预言了哈雷彗星）介绍牛顿微积分成就的一篇文章《论分析方法的优点》。从那以后，他开始自学数学，专攻当时迅速发展的数学分析，并感觉到"分析才是自己最热爱的学科"。18 岁他开始写数学论文，关于用牛顿二项式定理处理两函数乘积的高阶微商，他又将论文翻译成拉丁语并寄给了数学家欧拉。尽管这个研究成果后来证明曾被之前的莱布尼茨取得，但这也间接印证了拉格朗日的数学能力。

1755 年 9 月 28 日，年仅 19 岁的拉格朗日开始担任都灵皇家炮兵学校的教授。从此走向数学研究的道路，逐步成为当时第一流的科学家，在数学、力学和天文学中都做出了历史性的重大贡献。1756 年，在欧拉的举荐下，年仅 20 岁的拉格朗日开始担任普鲁士科学院的通讯院士。

到 1761 年时，拉格朗日已经成为当时公认的最出色的数学家，但由于过度工作加上缺少体育锻炼，他的健康状况十分糟糕。在医生的帮助下，虽然他的身体状况曾一度好转但他的精神却从没有恢复过来。自此以后，拉格朗日患上了很严重的忧郁症。他接受达朗贝尔的建议，经常参加巴黎科学院竞赛课题研究。1764 年，法国科学院悬赏征文，要求用万有引力解释月球天平动问题，他的论文《月球天平动研究》获该年度奖励。此文较好地解释了月球自转和公转的角

速度差异，但对月球赤道和轨道面的转动规律解释得不够好。接着又成功地运用微分方程理论和近似解法研究了科学院提出的一个复杂的六体问题，即太阳引力对木星的 4 个卫星的运动问题，论文《木星的卫星运动的偏差研究》在 1766 年获奖。他关于著名的三体问题的研究于 1772 年获奖；论文《关于月球运动的长期差》1774 年度获奖，第一次讨论了地球形状和所有大行星对月球的摄动。1776 年度获奖的是他在 1775 年完成的三篇论文，其中讨论了行星轨道交点和倾角的长期变化对彗星运动的影响。论文《彗星在行星作用下的摄动理论研究》在 1780 年获巴黎科学院双倍奖金，提出著名的拉格朗日行星运动方程；得到达朗贝尔和拉普拉斯的高度评价。

1767 年 9 月，拉格朗日同维多利亚·孔蒂小姐结婚。但她体弱多病，未有生育，久病后于 1783 年去世。在婚姻上，拉格朗日是一个优秀的丈夫，妻子生病时，他一直守护在妻子身边。妻子病重逝世，给拉格朗日带来沉重的精神打击。

1766 年 3 月，达朗贝尔推荐他担任欧拉留下的普鲁士科学院的职位，拉格朗日决定接受。同年 11 月 6 日任命他为普鲁士科学院数学部主任，并与院内主要骨干友好相处，如伯努利等。1766—1787 年，拉格朗日一直在柏林科学院任职，被腓特烈大帝称作"欧洲最伟大的数学家"。

拉格朗日在柏林科学院任职期间，达到了其科学生涯的鼎盛，完成了经典的力学著作《分析力学》，这是牛顿之后的一部重要的经典力学著作。他的这本书没有一张图，用纯分析的方法摆脱了几何论证的束缚。书中运用变分原理和分析的方法，建立起完整和谐的力学体系，使力学分析化了。他在序言中宣称——力学已经成为分析的一个分支。

1783 年，拉格朗日的故乡建立了"都灵科学院"，他被任命为名誉院长。1786 年腓特烈大帝去世以后，他接受了法王路易十六的邀请，离开柏林，定居巴黎，直至去世。这期间他参加了巴黎科学院成立的研究法国度量衡统一问题的委员会，并出任法国米制委员会主任。1799 年，法国完成统一度量衡工作，制定了被世界公认的长度、面积、体积、质量的单位，拉格朗日为此做出了巨大的努力。

1791 年，拉格朗日被选为英国皇家学会会员，又先后在巴黎高等师范学院和巴黎综合工科学校任数学教授。1795 年法国最高学术机构——法兰西科学院建立后，拉格朗日被选为科学院数理委员会主席。

1813 年 4 月 3 日，拿破仑授予他帝国大十字勋章，但此时的拉格朗日已卧床不起，4 月 11 日早晨，拉格朗日逝世。或许他唯一的遗憾就是没有完成当时的研究，给后世的科学家们留下了一个难题。

✎ 花絮 ✎

（1）奇怪的想法。

拉格朗日出生高贵，父亲为高级军官，并且经商，家庭十分富足，拉格朗日为唯一的继承者，按理说拉格朗日应该是过着一种富二代的生活，可是拉格朗日却有一种奇怪的想法：我家要是破产就好了，这样我就能潜心学习数学，不然我就会变成一个除了钱一无所有的人，那样太可悲了。

后来不幸被言中，其家财被其兄弟挥霍殆尽，家道中落，为此他不得不靠自己去奋斗。据拉格朗日本人回忆，如果幼年时家境富裕，他也就不会作数学研究了，因为父亲一心想把他培养成为一名赚钱更多的律师，而拉格朗日个人却对法律毫无兴趣。

（2）参加科学活动。

1757 年，以拉格朗日为首的一批都灵青年科学家成立了一个科学协会，即都灵皇家科学院的前身。并从 1759 年开始，用拉丁语和法语出版学术刊物《都灵科学论丛》。该论丛的前三卷刊登了拉格朗日几乎全部在都灵时期的论文。其中有关变分法、分析力学、声音传播、常微分方程解法、月球天平动、木卫运动等方面的成果都是当时最出色的，为后来他在这些领域内更大贡献打下了基础。此外他在岁差章动、大行星运动方面也有重要贡献。

1763 年 11 月，都灵王朝代表去伦敦赴任时，带拉格朗日到巴黎，受到巴黎科学院的热烈欢迎，并初次会见达朗贝尔。在巴黎停留六周后病倒，不能去伦敦。康复后遵照达朗贝尔意见，回国途中在日内瓦拜访了当时著名数学家伯努利和文学家伏尔泰，他们的看法对拉格朗日以后的工作有启发。

（3）第二任妻子。

1791 年，56 岁的拉格朗日遇到他的第二任妻子，也是好朋友、天文学家皮埃尔·勒莫尼耶（曾经在 1750～1769 年期间，先于赫歇尔 12 次观察到天王星）的女儿，比他小将近 40 岁；善良的她被拉格朗日的不幸遭遇和辉煌的成就打动，不顾年龄的巨大差异嫁给了他，并成功地把拉格朗日从孤独、消沉的状态中拉出来，使他的生活态度有了很大的转变，他甚至会陪妻子参加各种舞会。

（4）与拉瓦锡的友谊。

在巴黎的时候，拉格朗日与著名化学家拉瓦锡一见如故，他们还合作写了一本《政治经济学》。但在后来的法国大革命中，拉格朗日到底还是没能从断头台把激进的拉瓦锡救回来，为此拉格朗日说道："砍掉他的头只需要一秒钟，但是法国要再生出这样一个脑袋需要一百年。"

师承关系

正规学校教育；欧拉和达朗贝尔都提携过他，傅里叶和泊松是他的学生。

学术贡献

拉格朗日在数学、力学和天文学 3 个学科中都有重大历史性贡献。但他主要是数学家，在分析学方面是仅次于欧拉的最大开拓者，在 18 世纪创立的分析学主要分支中都有开拓性贡献；对变系数常微分方程研究做出重大成果；拉格朗日中值定理是他最著名的数学成果之一。

拉格朗日研究力学和天文学的目的是表明数学分析的威力。他在天体力学的创建中有重大贡献，拉格朗日的研究工作中，约有一半同天体力学有关。

（1）他在总结历史上各种力学基本原理的基础上，发展达朗贝尔、欧拉等人研究成果，引入了势和等势面的概念，进一步把数学分析应用于质点和刚体力学，提出了运用于静力学和动力学的普遍方程，引进广义坐标的概念，建立了拉格朗日方程，把力学体系的运动方程从以力为基本概念的牛顿形式，改变为以能量为基本概念的分析力学形式，奠定了分析力学的基础，为把力学理论推广应用到物理学其他领域开辟了道路。

拉格朗日在 1788 年建立拉格朗日力学，是对经典力学的一种新的数学表述，是分析力学的重要组成部分。拉格朗日引入了广义坐标的概念，运用达朗贝尔原理，得到和牛顿第二定律等价的拉格朗日方程。但拉格朗日方程具有更普遍的意义，适用范围更广泛。并且，选取恰当的广义坐标，可以使拉格朗日方程的求解大大简化。

（2）研究了行星运动以及轨道周期和运动计算问题、两个不动中心的相互作用问题。他还给出刚体在重力作用下，绕旋转对称轴上的定点转动（拉格朗日陀螺）的欧拉动力学方程的解。

（3）在天体运动方程解法中，拉格朗日的重大历史性贡献是发现三体问题运动方程的 5 个特解，即拉格朗日平动解。其中，两个解是三体围绕质量中心作椭圆运动过程中，永远保持等边三角形，解决了限制性三体运动的定型问题。他的这个理论结果在 100 多年后得到证实。

（4）他用自己在分析力学中的原理和公式，建立起各类天体的运动方程。其中，特别是根据他在微分方程解法的任意常数变异法，建立了以天体椭圆轨道根数为基本变量的运动方程，仍称作拉格朗日行星运动方程，并在广泛应用，此方程对摄动理论的建立和完善起了重大作用。他还研究了用 3 个时刻的观测资料计算彗星轨道的方法，所得结果成为轨道计算的基础。另外，他还得到了一种力学模型——两个不动中心问题的解，这是欧拉已讨论过的，又称为欧拉问题。这是拉格朗日推广到存在离心力的情况，称为拉格朗日问题。

（5）拉格朗日在一阶摄动理论中也有重要贡献，提出了计算长期摄动方法，并与拉普拉斯一起提出了在一阶摄动下的太阳系稳定性定理。

（6）拉格朗日对流体运动的理论有重要贡献。拉格朗日继欧拉之后研究过理想流体的运动方程，并最先提出速度势和流函数的概念，成为流体无旋运动理论的基础。他在《分析力学》中从动力学普遍方程导出流体运动方程，着眼于流体质点，描述每个流体质点自始至终的运动过程，这种方法现在称为"拉格朗日方法"，以区别着眼于空间点的"欧拉方法"，但实际上这种方法欧拉也应用过。

（7）他还研究了彗星和小行星的摄动问题，提出了彗星起源假说等。他在使天文学力学化、力学分析化上，也有举足轻重的推动作用。

～ 代表作 ～

拉格朗日的全部著作、论文、学术报告记录、学术通讯超过 500 篇。名著《分析力学》一书是牛顿之后的一部重要的经典力学著作。书中运用变分原理和分析的方法，建立起完整和谐的力学体系，使力学分析化了。他在该书序言中宣称：力学已经成为分析的一个分支。该书是史上第一本没有配图的力学书。

数学著作有《论任意阶数值方程的解法》《解析函数论》和《函数计算讲义》。在《解析函数论》以及他早在 1772 年的一篇论文中，在为微积分奠定理论基础方面作了独特的尝试；他没有考虑到无穷级数的收敛性问题，没有能达到他想使微积分代数化、严密化的目的。不过，他用幂级数表示函数的处理方法对分析学的发展产生了影响，成为实变函数论的起点。

～ 获奖与荣誉 ～

（1）他的多篇论文获得法国科学院奖励。

（2）1808 年获得法国荣誉军团勋章并封为伯爵。

（3）1813 年 4 月 3 日，拿破仑授予他帝国大十字勋章。

～ 学术影响力 ～

（1）拉格朗日的研究促进了力学和天体力学的进一步发展，他成为这些领域的奠基人。他在《分析力学》中给出的流体静力学的结果，后来成为讨论天体形状理论的基础。在天体力学的五位奠基者中，拉格朗日所做的历史性贡献仅次于拉普拉斯。他创立的"分析力学"对以后天体力学的发展有深远的影响。他得到的天体力学模型至今仍在应用。有人用作人造卫星运动的近似力学模型。

（2）他是分析力学的创建人。他的研究奠定了分析力学的基础，为把力学理论推广应用到物理学其他领域开辟了道路。

（3）他的关于月球运动（三体问题）、行星运动、轨道计算、两个不动中心问题、流体力学等方面的成果，在使天文学力学化、力学分析化上，也起到了历史性的作用，促进了力学和天体力学的进一步发展，成为这些领域的开创性或奠基性研究。

（4）拉格朗日法用来描述一个质点的运动，用初始时刻的坐标来标记质点，记录这个质点每时每刻所在的位置；数学表达式为 $r(a,b,c,t)$，这里 a,b,c 就是初始时刻质点的坐标。是流体力学中描述物理运动的两种方法之一，另一个方法是欧拉法。拉格朗日描述其实就是理论力学里的方法，欧拉法描述的是场的概念。

（5）拉格朗日更大的贡献在数学上，物理贡献排名第二。事实上，他是利用数学方法解决物理问题。他在数学领域的影响力远远大于其在物理中的影响力；众多的数学定理和数学概念以他的名字命名，比如拉格朗日点、拉格朗日插值、拉格朗日函数、拉格朗日中值定理。

（6）月球上的拉格朗日撞击坑以他的名字命名。

（7）他是名字被刻在埃菲尔铁塔的 72 位法国科学家和工程师中的一位。

❧ 名人名言 ❧

一个人的贡献和他的自负严格地成反比，这是品行上的一个公理。

❧ 学术标签 ❧

分析力学的创建人、都灵科学院名誉院长、法兰西科学院数理委员会主席、英国皇家学会会员；作者认为他是二流的物理学家，一流的数学家。

❧ 性格要素 ❧

才华横溢、生活简朴、品格高尚；用伟大来称呼他毫不过分。

❧ 评价与启迪 ❧

拉格朗日一生才华横溢，是 18 世纪的伟大科学家，在数学、力学和天文学 3 个学科中都有历史性的重大贡献。他最突出的贡献是在把数学分析的基础脱离几何与力学方面起了决定性的作用。在使天文学力学化、力学分析化上，他也起到了历史性的作用，促进了力学和天体力学的深化发展，成为这些领域的开创性或奠基性研究。

拉格朗日为人友善，与同时代的科学家保持密切的联系，积极参加各种科学活动，因为他知道正常的学术交流有助于提高学术水平；这种广泛的学术交流思想至今都有积极作用。

拉格朗日爱惜人才，愿意提携后辈，比如数学家傅里叶、泊松和奥古斯丁·路易斯·柯西（1789—1857 年，柯西不等式、柯西积分公式等很多数学定理和公式以他的名字命名）都受到他的帮助和指导。拉格朗日生活简朴，不追求奢华的生活，一心一意做学问。他品德高尚，人格伟大，值得学习。

21. 土力学始祖、电学史上的第一个定量规律的创建者——库仑

姓　　名　查利·奥古斯丁·库仑
性　　别　男
国　　别　法国
学科领域　电学、土力学
排　　行　第二梯队（次一流）

库仑像

◆ 生平简介 ◆

库仑（1736 年 6 月 14 日—1806 年 8 月 23 日）出生于法国昂古莱姆一个富裕家庭，从小就受到了良好的教育，大学在巴黎军事工程学院学习。毕业后，他进入西印度马提尼克皇家工程公司工作 8 年，之后长期在军队服役。

库仑在军队从事了多年的军事建筑工作，期间开始关注工程力学和静力学问题，为他 37 岁发表的有关材料强度的论文积累了素材。在这篇论文里，库仑提出了计算材料应力和应变的分布的方法，这种方法成了结构工程的理论基础，一直沿用至今。

1777 年，法国科学院悬赏征求改良航海指南针中的磁针的方法。41 岁的库仑在研究这个问题的时候发明了扭秤，能以极高的精度测出非常小的力。由于成功地设计了新的指南针结构以及在研究普通机械理论方面作出的贡献，1782 年他当选为法国皇家科学院院士。此后，他通过精密的实验对电荷间的作用力作了一系列的研究，连续在皇家科学院发表了多篇论文。

1785 年，库仑用自己发明的扭秤建立了静电学中著名的库仑定律，并在论文《电力定律》中详细地介绍了他的实验。1789 年大革命爆发时，他的一部重要著作问世。1806 年 8 月 23 日，库仑因病在巴黎逝世，终年 70 岁。库仑是 18 世纪最伟大的物理学家之一，他的杰出贡献永不磨灭。

◆ 师承关系 ◆

正规学校教育。

◆ 学术贡献 ◆

在力学和电学上都做出了重大的贡献，主要有扭秤实验、库仑定律、库仑土压力理论等，号称土力学始祖。

（1）在工程方面，库仑设计了一种水下作业法，类似于现代的沉箱，它是

应用在桥梁等水下建筑施工中的一种很重要的方法。

（2）1776 年库仑建立土压力理论。

（3）1785 年用经改进的扭秤发现，两电荷间的电力与它们各自电量的乘积成正比，与它们之间距离的平方成反比；即静电学中著名的库仑定律。

（4）1787 年又发现两磁铁之间的磁力与距离平方成反比的规律。

（5）他还根据丝线或金属细丝扭转时扭力和指针转过的角度成正比，因而确立了弹性扭转定律。他根据 1779 年对摩擦力进行的分析，提出有关润滑剂的科学理论，于 1881 年发现了摩擦力与压力的关系，表述出摩擦定律、滚动定律和滑动定律。

◢ 花絮 ◣

（1）建立库仑定律。

1773—1777 年，库仑发明可精确测定微小力的扭秤。1785 年，库仑用自己发明的扭秤建立了静电学中著名的库仑定律。同年，他在给法国科学院的《电力定律》的论文中详细地介绍了他的实验装置、测试经过和实验结果。库仑的扭秤是由一根悬挂在细金属丝上的轻棒和在轻棒两端附着的两只平衡球构成的。当球上没有力作用时，轻棒在一定的平衡位置。如果两球中有一个带电，同时把另一个带同种电荷的小球放在它附近，则会有电力作用在这个球上，球可以移动，使轻棒绕着悬挂点转动，直到悬线的扭力与电的作用力达到平衡时为止。因为悬线很细，很小的力作用在球上就能使轻棒显著地偏离原来位置，转动的角度与力的大小成正比。库仑让这个可移动球和固定的球带上不同量的电荷，并改变它们之间的距离。由于扭转角的大小与扭力成反比，所以得到：两电荷间的斥力的大小与距离的平方成反比。库仑成功测定了带等量同种电荷的小球间的斥力。

但是对于异种电荷之间的引力，用扭称来测量就遇到了麻烦。因为金属丝的扭转的回复力矩仅与角度的一次方成比例，这就不能保证扭称的稳定。经过反复的思考，库仑发明了电摆。他利用与单摆相类似的方法测定了异种电荷之间的引力也与它们的距离的平方成反比。

最后库仑终于找出了在真空中两个点电荷之间的相互作用力与两点电荷所带的电量及它们之间的距离的定量关系，这就是静电学中的库仑定律，即两电荷间的力与两电荷的乘积成正比，与两者的距离平方成反比。

（2）建立土压力理论。

1776 年，库仑根据研究挡土墙墙后滑动土楔体的静力平衡条件，提出了计算土压力的理论。他假定挡土墙是刚性的，墙后填土是无黏性土。当墙背移离或移向填土，墙后土体达到极限平衡状态时，墙后填土是以一个三角形滑动土楔体的形式，沿墙背和填土土体中某一滑裂平面通过墙踵同时向下发生滑动。根据三角形土楔的力系平衡条件，求出挡土墙对滑动土楔的支承反力，从而解出挡土墙墙背所受的总土压力。

✎ 代表作 ✐

库仑给我们留下了许多宝贵的著作，如《电力定律》和《电气与磁性》。其中最主要的有《电气与磁性》一书，共七卷，于 1785—1789 年先后公开出版发行。1789 年他的一部重要著作——《电子定律》问世。在这部书里，他对有两种形式的电的认识发展到磁学理论方面，并归纳出类似于两个点电荷相互作用的两个磁极相互作用定律。

✎ 获奖与荣誉 ✐

无从考证。

✎ 学术影响力 ✐

（1）电荷的单位库仑就是以他的姓氏命名的。

（2）库仑定律是电学发展史上的第一个定量规律，它使电学的研究从定性进入定量阶段，是电学史中的一块重要的里程碑。

（3）库仑的研究为电学的发展、电磁场理论的建立开拓了道路。

（4）他的扭秤在精密测量仪器及物理学的其他方面也得到了广泛的应用。

（5）库仑土压力理论在推导上作了明显地近似处理，但能适用于各种较为复杂的边界条件或荷载条件，且在一定程度上能满足工程上所要求的精度，因而应用很广。

✎ 名人名言 ✐

无从考证。

✎ 学术标签 ✐

库仑是 18 世纪最伟大的物理学家之一、土力学始祖、法国科学院院士。

✎ 性格要素 ✐

无从考证。

✎ 评价与启迪 ✐

库仑以自己一系列的著作丰富了电学与磁学研究的计量方法，将牛顿的力学原理扩展到电学与磁学中。库仑的研究为电磁学的发展、电磁场理论的建立开拓了道路。库仑是 18 世纪最伟大的物理学家之一，他的杰出贡献是永远也不会磨灭的。作为一名工程师，他在工程方面也做出过重要的贡献。

22. 天王星的发现者、作曲家出身的恒星天文学之父——赫歇尔

赫歇尔像

姓　　名　弗里德里希·威廉·赫歇尔

性　　别　男

国　　别　英籍德裔

学科领域　天文学

排　　行　第三梯队（二流，学术成就可以列为次一流，名气三流）

生平简介

赫歇尔（1738 年 11 月 15 日—1822 年 8 月 25 日）出生在德国汉诺威，父亲是军乐队乐手。受父亲影响，赫歇尔少年时的志向是当音乐家。但他将大量业余时间用于研究语言、数学及光学，对用望远镜亲眼观看天体兴趣强烈。

1756 年，"七年战争"（当时欧洲大陆主要强国如英国、法国、西班牙、奥地利、普鲁士、汉诺威、葡萄牙、俄罗斯、瑞典、萨克森等国家和城邦都参与了战争，死亡人数在 100 万左右）来临，第 2 年法国占领了汉诺威。

为了躲避战争，赫歇尔于 1757 年擅自脱离军队，偷渡英国，在小城巴斯定居（是英国唯一列入世界文化遗产的城市）。音乐天赋帮助他在巴斯站稳脚跟，先后担任过音乐教师、演奏员，并成为有一定知名度的作曲家。他作过很多优美的曲调，如 1762 年创作 D 大调第 14 交响曲。1766 年被聘为巴斯大教堂的管风琴师，成为当地著名的风琴手兼音乐教师，指导多名学生。他靠这部分收入养家糊口并进行天文学研究。

1772 年，比他小 12 岁的妹妹卡罗琳·卢克雷蒂娅·赫歇尔（1750—1848 年）到来，向赫歇尔学习英语和数学。她不仅悉心照料家务，而且用极详细的日记，记录了赫歇尔整整 50 年的工作史。

为进行天文观察，赫歇尔自己制造望远镜；他没钱买贵重的望远镜，便自己打磨镜片，两年后的 1774 年做出了一架十分优质的望远镜。在以后的 30 年中，他制造了一系列望远镜观测天象，在当时取得了很多突破性的成果。1787 年制成了口径为 45 厘米的中型望远镜；1789 年制成了口径是 122 厘米的望远镜，是起初制作的望远镜口径的 8 倍。他一生磨制的反射镜面达四百多块，是名副其实

的制造望远镜的一代宗师，在天文望远镜的发展史上留下辉煌的足迹。威廉·赫歇尔开创了音乐家转型成天文学家的奇迹。

赫歇尔在南非的好望角建立了天文台，1781 年 3 月 13 日，他发现了天王星。过去人们都认为土星是太阳系的边界，他的发现改变了人们对太阳系的看法，扩大了太阳系的边界，为哥白尼"日心说"添加了有力的证明。整个英国震动了，赫歇尔也一举成名。

1781 年，英国皇家学会选举赫歇尔为会员，法兰西皇家科学院也吸收他为通讯院士。英国国王乔治三世亲自接见他，不仅赦免了他当年擅自逃离军队的过错，还聘请赫歇尔为国王的私人天文学家，每年薪金高达到 200 镑，可以专门从事天文研究。

1788 年赫歇尔和一位富有的寡妇结婚，1792 年他们的儿子约翰·赫歇尔（1792—1871 年）出世。1816 年他受封为爵士，1821 年当选为刚建立的英国皇家天文学会首任会长。1822 年 8 月 25 日，威廉·赫歇尔逝世。

这位自学成才的天文学巨匠，是 18 世纪最伟大的天文学家。他的儿子约翰·赫歇尔以及妹妹卡罗琳·赫歇尔也是著名的天文学家。一家三人常被合称为赫歇尔一家，是 18~19 世纪英国一个对天文学有卓越贡献的家庭。赫歇尔一家的努力，开辟了观测天文学时代，为 20 世纪的天文学发展建筑了舞台。赫歇尔一家在英国天文学史上的权威地位几乎长达一个世纪；英国皇家天文学会的饰章图案就是赫歇尔那架巨炮似的大望远镜。

❧ 花絮 ❧

（1）天王星的发现。

1781 年 3 月 3 日，赫歇尔发现了新的行星——天王星。在为新的行星命名的时候，有人提议以发现者的名字命名，但赫歇尔反对道，"我是一个平凡的人，不能因为有一点点成绩就居功自傲。"按照惯例，新发现的人拥有命名权；于是赫歇尔和大家决定依照前面五大行星的命名规律，以希腊神话中的神名字乌兰纳斯命名。在希腊神话中，乌兰纳斯是土星神名所代表的神（萨都恩）的父亲。我国翻译成了天王星。因为这巨大的发现，赫歇尔如愿以偿地成为一名职业科学家。

（2）数星星的人。

1784 年，赫歇尔决心数一数天上的星究竟有多少，同时研究它们究竟是怎么分布的。为此，他制定了一个宏伟的"巡天计划"且成绩斐然。经过近 20 年的艰辛探索和天文观测，赫歇尔和妹妹卡洛琳一共发现了 3000 多个星云和星团。而在这以前，世界上的所有天文学家所观察到的总和也不过 150 个。由此，赫歇尔首次证实了银河系为扁平圆盘状的假说，并绘制出第一张银河系的截面图。他的这一发现，开创了日后银河系结构的系统研究。

（3）儿子约翰·赫歇尔。

威廉·赫歇尔的儿子约翰·弗里德里希·威廉·赫歇尔（1792—1871 年）也是天文学家，他一生从未在任何科研机构任职，靠自己家庭的私人财产生活，从事天文学研究。为了将父亲的巡天和恒星计数工作扩展到南天，约翰于 1834 年初携妻子和 3 个孩子前往非洲好望角，在那里工作了 4 年，共记录 68948 个包括恒星、星团、星云、双星等在内的天体，测定了许多恒星的亮度，编制了南天的星云星团表。他历时 9 年编纂的《好望角天文观测结果》是一部杰作，于 1847 年发表。1848 年，约翰当选皇家天文学会主席。

约翰是他那个时代最著名最伟大的科学家之一，新发现星云星团 525 个，21 岁便当选为英国皇家学会会员，这个年龄比狄拉克和费米当选会员或者院士的年龄还早。1825 年，约翰发明了化学光度计，用以直接测量阳光的照射功率。他发现了土星的 7 颗卫星以及天王星的 4 颗卫星并为之命名且沿用至今。他首创以儒略纪日法来纪录天象日期。他写的科普书《天文学概要》于 1849 年出版，大受欢迎，堪称为当时的《时间简史》，被翻译成多国文字出版。中文译本书名《谈天》，1859 年由上海墨海书馆出版。书中关于哥白尼学说、开普勒行星运动定律和牛顿万有引力定律的介绍，令当时的中国人耳目一新。他在摄影术的发展方面也作出过重大贡献，他发现硫代硫酸钠能作为溴化银的定影剂，摄影、正片、负片都是他创造的。

约翰·赫歇尔先后荣获英国皇家学会科普利奖章（2 次）、法兰西学会颁发的拉朗德奖、英国皇家天文学会颁发的金质奖（2 次）和英国皇家奖章（2 次），先后三次当选英国皇家天文学会主席。《物种起源》的作者达尔文称呼他是"我们时代最伟大的哲学家之一"；1831 年他获册封骑士爵位，1837 年在维多利亚女王加冕典礼上被封为准男爵。1871 年 5 月 11 日，约翰·赫歇尔逝世于肯特郡，英国为他举行了国葬，葬于西斯敏斯特大教堂牛顿墓旁。约翰的儿子亚历山大是以研究彗星和流星雨著名的天文学家。

（4）妹妹卡罗琳·赫歇尔。

他的妹妹卡罗琳·赫歇尔是人类历史上第一个女性天文学家，在天文研究上也有突出贡献，独立发现了 14 个星云和 8 颗彗星。她在 1828 年 78 岁时获得英国皇家天文学会的金质奖章，1846 年获普鲁士国王颁发的金质奖章。为纪念她在天文学上的贡献，小行星 281 "卢克雷蒂娅"以她中间的名字命名。此外，在月球的虹湾上亦有一个名为叫卡罗琳·赫歇尔的环形山。

～ᴓ 师承关系 ᴓ～

自学成才。

⚓ 学术贡献 ⚓

（1）用自己设计的大型反射望远镜发现天王星（1781年3月13日发现）及其两颗卫星（天王卫三和天王卫四，1787年发现）、土星的两颗卫星（土卫一和土卫二，1789年发现）。

（2）研究太阳的空间运动，1783年通过一些恒星自行资料发现太阳系正在发生偏移；指出太阳有向武仙座方向的空间运动，被称为太阳的本动。

（3）研究了银河系结构，通过多年巡天观测，对一些拟定选区的恒星进行采样统计，赫歇尔发现太阳系可能是处在银河系中心附近的地方，而不在银河系的正中心，现代的观测证明了他的推断。1785年他获得一幅银河系结构图，从而初步确立了银河系的概念并加以解释：银河系是一个扁平状的圆盘一样的数以千亿万亿计的星体组成的物体。

（4）1800年，他研究太阳光谱的各种色光的热作用。发现太阳光谱中红外波段有辐射，这是首次探测到天体的红外辐射，他科学地推测得出了红外辐射的性质，从此诞生了彩色光度学。

（5）通过对星团、星云的系统观测，1786年、1789年和1802年3次出版星团和星云表，其中刊载了2500个星团和星云。

（6）他首先提出"双星"的名字。1802—1804年指出大多数双星并非在方向上偶然靠在一起的光学双星，而是物理双星，还发现双星两子星的互相绕转，存在着万有引力作用。通过对双星的长期观测，1782年、1785年和1821年先后刊布包含848对新发现的双星的表，这是历史上编制成的第一个双星表，这套双星表一直沿用至今。

（7）他研究并假设（某些）星云是由恒星组成，提出著名的恒星演化学说。

（8）关注亮度有变化的星，成为第一个系统报道"变星"的人；变星的亮度较高，呈现周期闪光的特殊性，使它们成为了观测天文距离的航标。

（9）他还测量过月球山峰的高度。

⚓ 代表作 ⚓

无从考证。

⚓ 学术获奖 ⚓

荣获英国皇家学会科普利奖章。

⚓ 学术影响力 ⚓

（1）赫歇尔打破了太阳静止的假说。

（2）为恒星天文学的建立奠定了基石。

（3）他编制的双星表一直沿用至今。

（4）关于银河系是扁平圆盘状的假说开创了日后银河系结构的系统研究。

（5）赫歇尔空间天文台是欧洲空间局的空间天文卫星，原名为"远红外线和亚毫米波望远镜"，为纪念发现红外线的英国天文学家赫歇尔而命名为赫歇尔空间天文台，见图 2-8。2009 年 5 月 14 日发射，它是人类有史以来发射的最大的远红外线望远镜，将用于研究星体与星系的形成过程。

图 2-8　赫歇尔空间天文台

❧ 名人名言 ❧

无从考证。

❧ 学术标签 ❧

自学成才的天文学巨匠、18 世纪最伟大的天文学家、当时最伟大的观测天文学家、发现天王星的第一人、第一个确定了银河系形状大小和星数的人、恒星天文学之父、英国皇家学会会员、法兰西科学院院士、英国皇家天文学会首任主席。

❧ 性格要素 ❧

无从考证。

❧ 评价与启迪 ❧

无从考证。

23. 拿破仑的老师、天体力学之父——拉普拉斯

姓　　名　皮埃尔·西蒙·拉普拉斯
性　　别　男
国　　别　法国
学科领域　天文学
排　　行　第二梯队（次一流）

拉普拉斯像

生平简介

拉普拉斯（1749 年 3 月 23 日—1827 年 3 月 5 日）生于法国西北部卡尔瓦多斯，卒于巴黎。拉普拉斯家境贫寒，靠邻居的周济才得到读书的机会，但他学习很勤奋很刻苦。16 岁时进入大学，学习期间写了几篇关于有限差分的论文。毕业后，他写了一篇阐述力学一般原理的论文，求教于达朗贝尔。名满天下的达朗贝尔十分欣赏他，高度赞扬这篇异常出色的论文，介绍 19 岁的他去巴黎陆军学校任数学教授，拉普拉斯因此开始了事业的辉煌。21 岁到 24 岁之间，他写了 13 篇重要的论文，包括《曲线的极大和极小研究》，这使得他声名鹊起。

他笃信牛顿经典力学，把牛顿的万有引力定律应用到太阳系，计算出太阳系所有行星之间以及他们和太阳之间的相互作用的结果，思考木星和月球的加速度会不会使月球和地球相撞？土星会不会飞出太阳系？结果证明了行星对太阳的平均距离是在一个微小的周期性变动之内，即太阳系是稳定的。他最终解决了著名的土星轨道难题，发现了著名的拉普拉斯定理。

正是因为这一成就，1773 年他被选为法国科学院通讯院士，1783 年任军事考试委员，1785 年当选为法国科学院正式院士。这一年成为了他命运中的转折点，他主持对一个 16 岁的唯一考生进行考试，这个考生就是后来成为皇帝的拿破仑。拉普拉斯因此成为拿破仑的老师，和拿破仑结下不解之缘。拿破仑当政后，任命拉普拉斯为内政部长；但他因为不擅长做管理，所以当了 6 个星期的内政部长就被拿破仑罢免。后来成为元老院的掌玺大臣，并在拿破仑皇帝时期被封为伯爵。

拿破仑下台后，路易十八重登王位，拉普拉斯作为拿破仑的老师竟然没有受到惩罚，反而官运亨通，被封为侯爵。自 1795 年以后，他先后任巴黎综合工科学校和高等师范学校教授；1799 年他还担任过法国经度局局长。1816 年被选为法兰西学院院士，1817 年任该院院长。晚年的时候，拉普拉斯担任英国伦敦皇家学会和德国哥廷根皇家学会会员，并且是俄国、丹麦、瑞士、普鲁士、意大利等国的科学院院士，拥有广泛的国际声誉。

🌸 花絮 🌸

（1）科学上的大师，政治上的墙头草。

拉普拉斯的人生，充满了传奇色彩。虽然拉普拉斯是个大神级的学者，但他的政治品德有亏，是一个有名的政治墙头草，专门见风使舵，在政治上却总是效忠于得势的一边，拿破仑曾讥笑他把无穷小量精神带到内阁里。在席卷法国的政治变动中，包括拿破仑的兴起和衰落，没有显著地打断他的工作。

尽管他是个曾染指政治的人，但他的威望以及他将数学应用于军事问题的才能保护了他，同时也归功于他显示出的一种并不值得佩服的在政治态度方面见风使舵的能力。也正是由于他的圆滑提高了他的政治地位，并在政权的频繁更迭之下，一手改进了法国的高等教育。他组织改建了高等师范学校和巴黎综合工科学校，与拉格朗日一起教学，还聘请了一大批才华横溢的教授，大大促进了法国高等教育的发展。

（2）决定论的支持者。

拉普拉斯认为，自然界和人类世界中也普遍存在着一种客观规律和因果关系及一切结果都是由先前的某种原因导致的，按照这种假定，宇宙中全部未来的事件都严格地取决于全部过去的事件，事件出现的不确定性或偶然性消失了。拉普拉斯曾经在拿破仑面前说了如下豪言壮语："陛下，只要给够了宇宙的初始条件和边界条件，我一定能够计算出宇宙任何一点任何一个时刻发生着什么事情。"

有其因必有其果。如果给定了太阳、星星的位置及速度，可以用牛顿定律计算出太阳系在任何时刻的状态。无论是过去的还是将来的大行星的观测中，科学决定论是非常显而易见的，因为科学家已经能够精确地预言诸如日食和月食的发生。在此基础上，拉普拉斯将决定论的范畴扩大。他假设存在着与宇宙决定律相类似的定律，可以制约其他的任何事物，甚至包括人类的行为。

如果拉普拉斯是正确的，那么按照宇宙现在的状态，这些定律就会告诉我们宇宙将来或者过去的状态。相比之下，宇宙甚至我们的身体完整状态比这个还要复杂亿万倍。要想弄清楚其中的每个状态是不可能的。也可以说宇宙是决定论决定了我们的未来是被预先决定的，这有点宿命论的味道。

从科学研究的历史上看，在量子力学问世之前基本上科学界都是相信决定论的。例如牛顿和爱因斯坦以及大多数自然科学家都是决定论者。但是，也有相当多的人不相信这种宿命论。瑞利勋爵和詹姆斯·金斯爵士（瑞利—金斯公式的提出者）所做的计算指出一个热的物体，例如恒星——必须以无限大的速率辐射出能量，这显然是荒谬的。这间接宣判了决定论的死刑。

但是，就目前来看，决定论和不确定论都有众多支持者，尤其是决定论，或者叫做宿命论，群众基础甚广。有人提出了"改良的决定论"，它的核心是：宇宙是完全被决定的但却是不能被预言的；即人们不能通过测量宇宙现在的状态来预言将来的事件；未来事件是宇宙大爆炸时就决定了的，一切都是注定的，但不代表一切都是可以预言的；这也正如爱因斯坦所说："上帝不会掷骰子"的原因。难道科学的背后真的是神学？

（3）拉普拉斯妖。

物理学上有四大神兽，包括薛定谔的猫、芝诺的乌龟、麦克斯韦的妖精和拉普拉斯妖。

芝诺的乌龟：你若想追上乌龟，你必须首先到达乌龟开始跑的位置，但当你到达乌龟开始跑的位置时，乌龟在这段时间里已经跑到前面去了，当你再想去追乌龟时，你面临同样的问题，即你仍必须首先要跑到乌龟此刻的位置，而等你跑到了乌龟又向前移动了。好，虽然你比乌龟跑得快，但你也只能按上述过程逐渐逼近乌龟，这样的过程将无限次地出现，而在每一阶段乌龟总在你前头。由于有限的你无法完成这无限个阶段，于是你永远也追不上乌龟。这是古希腊哲学家芝诺提出的一个著名的悖论。

拉普拉斯妖是一种关于宇宙学说的科学假设，本质上是因果论和决定论。这个假设的大致意思就是：把宇宙现在的状态视为未来的因和过去的果，那么如果有一名智者能够知道宇宙过去得到的这些结果的公式，包括宇宙里最大的物体和最小的粒子运动的一条简单公式，那么这个智者根据这些进行数据分析，就能够推测出未来的因；这个智者即拉普拉斯妖，它能掌控未来。

这一猜想的提出无疑是令人感到恐惧的。试想，如果真的存在这样一种可怕的生物，知晓一切，包括过去和未来，那么我们每个人的一生从一开始，甚至还未开始时，就已经注定，这不就是宿命吗？要是有这么个"妖"，一定是"上帝"；真有命运吗？研究科学还有意义吗？

拉普拉斯提出的这个假设是在19世纪的时候，是建立在经典力学可逆过程的基础上的，然而热力学理论则指出现实的物理过程都是不可逆的；19世纪物理学的不可逆过程、熵及热力学第二定律已经使得拉普拉斯妖成为不可能。近代量子力学的出现更加使得拉普拉斯妖的理论基础受到质疑和反驳。其中一个重要的原因是"海森堡不确定性原理"，也叫"测不准原理"——不可能同时测定一个粒子的位置和它的速度。不确定性原理使拉普拉斯妖的理论寿终正寝；人们甚至不能准确地测量宇宙现在的状态，怎么能准确地预言将来的事呢？

近来，有人对拉普拉斯妖分析数据的能力提出一个极限。这个极限是由宇宙最大熵、光速以及将信息传送通过一个普朗克长度所需的时间得来的，约为10^{120}比特。在宇宙开始以来所经历过的时间以内不可能处理比这个量更多的数据。

（4）制定公制系统。

法国大革命胜利后，革命政府向科学家提出的第一个实际要求是统一法国的度量衡。巴黎科学院在 1789 年 6 月成立了以拉普拉斯和拉瓦锡为首的专门小组，研究制定公制系统。1790 年 4 月 14 日，他们提出了长度单位和容积、重量单位间的关系，于 1790 年 5 月 8 日的制宪大会上通过了公制法。

1791 年 3 月 25 日，巴黎科学院任命了由院士拉普拉斯、拉格朗日等人组成的"度量衡委员会"，最后确定了长度单位。他们根据从法国敦刻尔克到西班牙巴塞罗那的大地测量结果，正式决定长度单位"米"为巴黎子午线全长的四千万分之一，这个长度单位比过去定义的秒摆（即摆动周期为 2 秒的单摆）长度要更科学可靠。因秒摆长度随时间和地点不同而有改变，然后用十进制确定更小和更大的长度单位，如分米、厘米、毫米、公里等。面积、体积单位用相应长度单位的平方、立方来定义；重量单位用相应单位体积的水重来定义。这就是至今仍在使用的世界公制系统。

◢ 师承关系 ◣

正规学校教育；受到了达朗贝尔的提携。

◢ 学术贡献 ◣

拉普拉斯长期从事大行星运动理论和月球运动理论方面的研究，尤其是他特别注意研究太阳系天体摄动，太阳系的普遍稳定性问题以及太阳系稳定性的动力学问题。他把分析学应用到天体力学，创造和发展了许多数学的方法，获得了划时代的结果——以他的名字命名的拉普拉斯变换、拉普拉斯定理和拉普拉斯方程，至今在科学技术的各个领域有着广泛的应用。

（1）解释木星轨道为什么在不断地收缩，而同时土星的轨道又在不断地膨胀。用数学方法证明行星平均运动的不变性，即行星的轨道大小只有周期性变化，并证明为偏心率和倾角的 3 次幂。这就是著名的拉普拉斯定理。

（2）证明行星轨道的偏心率和倾角总保持很小和恒定，能自动调整，即摄动效应是守恒和周期性的，不会积累也不会消解。

（3）1784—1785 年，他求得天体对其外任一质点的引力分量可以用一个势函数来表示，这个势函数满足一个偏微分方程，即著名的拉普拉斯方程。

（4）1786 年证明行星轨道的偏心率和倾角总保持很小和恒定，能自动调整，即摄动效应是守恒和周期性的，不会积累也不会消解。

（5）发现月球的加速度同地球轨道的偏心率有关，从理论上解决了太阳系动态中观测到的最后一个反常问题。1796 年，独立于康德，他从数学与力学的角度提出了第一个科学的太阳系起源理论——星云说。

（6）1799 年提出了拉普拉斯方程，表示液面曲率与液体压力之间的关系，是不可压缩流体无旋流动的连续性方程。他指出了方程的解是一种特殊的函数，即调和函数；其解空间是由几种调和函数线性叠加而成的。

（7）与拉瓦锡一起测定了许多物质的比热。1780 年，他们两人证明了将一种化合物分解为其组成元素所需的热量就等于这些元素形成该化合物时所放出的热量。这可以看作是热化学的开端，而且，它也是继布拉克关于潜热的研究工作之后向能量守恒定律迈进的又一个里程碑。

❧ 代表作 ❧

他发表的天文学、数学和物理学的论文有 270 多篇，专著合计有 4006 多页。主要有《宇宙系统论》《概率分析理论》《天体力学》。

（1）《宇宙系统论》（1796 年）是一本解释宇宙的、文字通俗的科普读物，他所提出的太阳系生成的星云假设说就收集在此书的附录里。

（2）《天体力学》（1799—1825 年）共有五卷；这部巨著把牛顿、达朗贝尔、欧拉、拉格朗日诸位大家的天文研究推向了高峰。书中他提出了有名的"拉普拉斯方程"，且第一次提出天体力学这一名词，是经典天体力学的代表作。他还对天体形状的理论基础——流体自转时的平衡形状理论作了详细论述。这部巨著使他赢得了"法国的牛顿"和"天体力学之父"的美称。

（3）1812 年的《分析概率论》汇集了 40 年以来概率论方面的进展及他的发现，对概率论的基本理论作了系统的整理，提出了著名的拉普拉斯变换。

❧ 获奖与荣誉 ❧

无，但是他获得了伯爵和侯爵的称号，是所有科学家中获得爵位最高的人，也被称为"法国的牛顿"，这也是对他的奖励吧！

❧ 学术影响力 ❧

（1）拉普拉斯在研究天体问题的过程中，创造和发展了许多数学的方法，以他的名字命名的拉普拉斯变换、拉普拉斯定理和拉普拉斯方程，至今仍然在科学技术的各个领域有着广泛的应用。

（2）拉普拉斯算子也是著名的参量，它是一个微分算子，通常写成 Δ 或 ∇^2。在物理中，常用于波方程的数学模型、热传导方程以及亥姆霍兹方程。在静电学中，拉普拉斯方程和泊松方程的应用随处可见。在量子力学中，其代表薛定谔方程式中的动能项。

（3）《天体力学》对后来物理学、引力论、流体力学、电磁学以及原子物理等，都产生了极为深远的影响。

～ 名人名言 ～

（1）我们知道的是很微小的；我们不知道的是无限的。

（2）认识一位天才的研究方法，对于科学的进步，并不比发现本身更少用处。

（3）《自然哲学的数学原理》将成为一座永垂不朽的深邃智慧的纪念碑，它向我们展示了最伟大的宇宙定律，是高于人类一切其他思想产物之上的杰作，这个简单而普遍定律的发现，以它囊括对象之巨大和多样性，给予人类智慧以光荣。

（4）我们可以把宇宙现在的状态视为其过去的果以及未来的因。

～ 学术标签 ～

天体力学之父、天体演化学的创立者之一、分析概率论的创始人、应用数学的先驱，拿破仑的老师，法国科学院院士、法兰西学院院士兼院长、多个国家学会的会员或者科学院的院士。

～ 性格要素 ～

家境贫寒、少勤学有成就、才华出众、政治投机客、功成名就。

～ 评价与启迪 ～

拉普拉斯在数学与天体力学上的成就是许多人一生都无法企及的，至今仍旧在无形中影响着我们生活的方方面面。他的经历能给我们很多的启发，他少年贫寒，靠着邻居资助得以求学，他刻苦读书，把握机会，终有所成。这对于很多穷人家的孩子，尤其是现在正在求学中的寒门子弟来说，是一个很好的借鉴。他说过一句话"我们知道的是很微小的；我们不知道的是无限的。"这句谦卑的话语，是他的遗言，也是留给后世的警醒之语，推动着后来的科学家们不断摸索探究广袤无限的未知世界。

尽管他在政治上的投机行为显得品味很低、有失人格，是值得鄙视、不值得学习的。但是，一分为二地看，这种投机行为也可以说得上是一种聪明，是保护自己不受伤害的一种生活智慧，使得他在动荡的社会中仍然能过着优渥的生活，也保证自己的科学研究不受影响。这和我国五代十国时期的万年宰相冯道类似。细想来，也有一种大智若愚的感觉在内。

第三节　经典物理学阶段

经典物理学是以绝对时空观（连续时空观）为基础的物理学。以牛顿定律（经典力学）、热力学（经典统计力学）和麦克斯韦电磁理论（经典电磁场理论）三大支柱为核心的物理理论体系已经成功，经典物理大厦已经坚实，在解释宏观现象方面取得了成功；代表人物是创建经典力学的牛顿和创建经典电磁场理论的麦克斯韦。

经典物理学包括力学、热学、电磁学、声学和光学 5 个部分。这些部分还可以合并而总结成 3 个方面：经典力学、热力学和经典统计力学、经典电动力学。经典力学研究宏观物体低速机械运动的现象和规律。经典力学的基本理论有三种表述形式：牛顿运动方程形式、拉格朗日的微分形式和哈密顿的积分形式。经典力学包含质点力学、刚体力学、分析力学、弹性力学、流体力学、声学等；理论的基本部分还可分为运动学、静力学和动力学。本书第二章中第二节主要介绍了经典力学，包括天体力学和流体力学的科学家。

19 世纪初，可测重量物体的整个运动理论都是从经典力学定律尤其是牛顿运动定律推导而得，并在天文学上获得了惊人的成功。但是，并不是所有已知的物理现象都能得到合理的解释，如何确定不可估计重量物体的电、磁、热等量，仍旧没有解决方法，这在当时是一个重要的研究领域。

热力学和经典统计力学研究物质热运动的规律及热运动对物质宏观性质的影响。热力学是热运动的宏观理论，是从能量守恒和转化的角度来研究热运动规律的。经典统计力学是热运动的微观理论，它从宏观物质系统是由大量微观粒子所组成的这一事实出发，认为物质的宏观性质，是大量微观粒子运动的平均效果，宏观物理量是微观量的统计平均值，用统计的方法研究物体的宏观性质。热力学最基本的规律是热力学第一定律、第二定律、第三定律，经典统计力学的最基本定理是刘维尔定理（相密度守恒原理）。

经典电动力学研究电磁场的基本属性、它的运动规律以及它和带电物质之间的相互作用。从广义上看，也包含了电磁学和波动光学的内容。经典电动力学的表述形式与经典力学的表述形式有很大不同，它刻画任一时刻的场，指明它在空间每一点的值，即给出场函数，而且空间与时间坐标都是独立参量；经典电动力学的基本理论可由麦克斯韦方程组中的 4 个方程表述。

19 世纪末，人们普遍认为经典物理学大厦已经相当牢固了。德国著名科学家、量子论奠基人普朗克在慕尼黑大学上学期间，他的物理老师就告诫他"不要学习理论物理"，因为那时候他认为"物理学高度发展起来了，已经至善至美了"。普朗克的另一位名师、柏林大学的基尔霍夫也曾说过"物理学已经无所作为，往后无非在已知规律的小数点后面加上几个数字而已"。然而，在 1895 年至 1897 年这三年中，三大物理发现揭开了近代物理学的序幕，分别是 X 射线（德国伦琴，1895 年 11 月 8 日）、天然放射性（法国贝克勒尔，1896 年 2 月）、电子（英国汤姆逊，1897 年）。

在这个阶段，光学、热学和电磁学等都得到了迅猛发展，有众多的科学家为经力学大厦的建立做出了巨大贡献。对电学和电磁学做出重大贡献的是库伦、安培、奥斯特、欧姆、法拉第、亨利、基尔霍夫、麦克斯韦、亥维赛和赫兹等；对光学做出重大贡献的是托马斯·杨和菲涅耳等（前面章节介绍了斯涅尔、笛卡尔、惠更斯）；对热学做出重大贡献的是傅里叶、焦耳、亥姆霍兹、克劳修斯和玻尔兹曼等；而开尔文则在热学、电磁学、流体力学、光学等多方面都有贡献。一直到汤姆逊发现了电子，从而了解到原子是可以再分的，普朗克提出了量子论，才标志着经典力学向量子力学的过渡。

本节从傅里叶介绍到赫兹；这一阶段属于经典物理学迅猛发展的阶段，属于从理论知识过渡上实践的关键阶段，这一阶段的发展大大影响了人类的历史进程，促进人类生产力的大幅度提升。

24. 温室效应提出者、被热死的数学物理学大师——傅里叶

姓　　名　让·巴普蒂斯·约瑟夫·傅里叶
性　　别　男
国　　别　法国
学科领域　热学
排　　行　第四梯队(三流物理学家、一流数学家)

✒ 生平简介 ✒

傅里叶像

傅里叶（1768 年 3 月 21 日—1830 年 5 月 16 日）生于欧塞尔一个贫穷裁缝家庭，9 岁时父母双亡，沦为孤儿，被当地教堂收养；12 岁时被教会送入镇上的军校就读，表现出对数学的特殊爱好，期间曾想当兵或者去巴黎从事研究，但因家贫又遇到法国大革命而未能实现愿望，21 岁回家乡母校任教。26 岁在巴黎高等师范学校读书，27 岁在巴黎综合工科学校担任拉格朗日的助教，从事数学教学；同年，他被当作罗伯斯庇尔（1758—1794 年，法国大革命时期重要的领袖人物）的支持者被捕入狱，经同事营救获释。30 岁随拿破仑军队远征埃及，深受拿破仑赏识，担任埃及研究院的秘书，一边从事外交活动一边进行数学物理方面的

研究；回国后于 33 岁被任命为地方长官，40 岁被拿破仑晋封为男爵。傅里叶早在 1807 年就写成关于热传导的基本论文《热的传播》，但经法国数学家拉格朗日、拉普拉斯和勒让德（1752—1833 年，椭圆函数论的奠基人，31 岁当选法国科学院院士）审阅后被法国科学院拒绝。经过历时 4 年的修改，他 43 岁时再次提交了论文并获科学院大奖。傅里叶在该论文中推导出著名的热传导方程，并在求解该方程时发现解函数可以由三角函数构成的级数形式表示，从而提出任一函数都可以展成三角函数的无穷级数；傅里叶级数、傅里叶分析、傅里叶变换等理论均由此创始。1815 年，傅里叶在拿破仑百日王朝的末期辞去爵位和官职，返回巴黎，在友人帮助下担任统计局主管，借以谋生并全力投入学术研究。1816 年由于对热传导理论的贡献，当选为法国科学院院士，但被国王路易十八拒绝，理由是怀疑他和拿破仑关系紧密，一年后的 1817 年方才任职，但也受到了泊松的阻挠；1822 年因在热力学研究中的突出成就任该院终身秘书。1827 年，他被选为法兰西学院院士，后又任法兰西学院终身秘书和理工科大学校务委员会主席，位高权重；还被英国皇家学会选为外国会员。1830 年于巴黎去世。

～ 花絮 ～

（1）经典著作《热的解析理论》出版。

1822 年，傅里叶出版了专著《热的解析理论》，这部经典著作将欧拉、伯努利等人在一些特殊情形下应用的三角级数方法发展成内容丰富的一般理论，三角级数后来就以傅里叶的名字命名。傅里叶应用三角级数求解热传导方程，同时为了处理无穷区域的热传导问题又导出了现在所称的"傅里叶积分"，这一切都极大地推动了偏微分方程边值问题的研究。然而傅里叶的工作意义远不止此，它迫使人们对函数概念作修正、推广，特别是引起了对不连续函数的探讨；三角级数收敛性问题更刺激了集合论的诞生。

（2）提出温室效应。

随着拿破仑去埃及打仗时，傅里叶患上了黏液水肿——一种让人总是感觉寒冷的疾病。回到法国后，他整年披着一件大衣，将大部分时间用于对热传递的研究。他想到这样一个问题，当阳光射到地球表面，给地球带来温暖的时候，为什么这颗行星不继续升温，直到和太阳本身一样热呢？

1820 年，傅里叶认为：受热的地表发射出看不见的红外辐射，把热量送回了太空。但是，他利用自己的新理论方法计算辐射效应之后，认为一个大小像地球一样的物体并有到太阳的距离实际上应该更冷，甚至远在冰点之下。傅里叶认识到，差距是由地球的大气层造成的，大气层拦截住从地表发出的部分红外辐射，防止它们散发到太空中去，地球的大气层可能作为某种绝缘体阻止了热量的散失，是一种隔热体，就像地球的衣服；这被比喻成"温室效应"。1824年，他的论文《地球及其表层空间温度概述》发表，说的就是这事儿；他的看法目前已经被广泛承认。

（3）傅里叶变换。

傅里叶变换是一种线性的积分变换，这种变换是从时间转换为频率的变换或其相互转换；简单通俗理解就是把看似杂乱无章的信号考虑成由一定振幅、相位、频率的基本正弦（余弦）信号组合而成，是将函数向一组正交的正弦、余弦函数展开。傅里叶变换的目的就是找出这些基本正弦（余弦）信号中振幅较大（能量较高）信号对应的频率，从而找出杂乱无章的信号中的主要振动频率特点。傅里叶变换对于信号分析来说至关重要；傅里叶变换可以用来压缩文件；也可以用来发现分子的结构。减速机故障时，通过傅里叶变换做频谱分析，根据各级齿轮转速、齿数与杂音频谱中振幅大的对比，可以快速判断哪级齿轮损伤。

（4）被热死。

由于傅里叶极度痴迷热学，他认为热能包治百病。于是在一个夏天，他关上了家中的门窗，穿上厚厚的衣服，坐在火炉边，结果因二氧化碳中毒于1830年5月16日卒于法国巴黎，后葬于拉雪兹神父公墓。1831年他的遗稿被整理出版成书。

∾ 师承关系 ∾

正规学校教育，拉格朗日是其导师，泊松是他的同门师兄弟。

∾ 学术贡献 ∾

最伟大的贡献是在数学上，但他是在研究物理问题的时候建立的数学理论。他在物理方面的主要贡献是在研究《热的传播》和《热的解析理论》时创立了一套数学理论，对19世纪的数学和物理学的发展都产生了深远影响；提出关于热量的导电扩散的偏微分方程（著名的热传导方程），也就是现在传授给每一个学生的数学物理。

最有名的成果是傅里叶变换，描述的是时间和频率的关系；最初是作为热过程的解析分析的工具被提出的。傅里叶变换能将满足一定条件的某个函数表示成三角函数（正弦和/或余弦函数）或者它们的积分的线性组合。

∾ 代表作 ∾

《热的传播》（1807年）、《热在固体中的运动理论》（1810年）、《热的解析理论》（1822年）和《地球及其表层空间温度概述》（1824年）。《热的传播》

论文的内容是关于不连结的物质和特殊形状连续体（矩形、环状、球状、柱状、棱柱形）中的热扩散（即热传导）问题；提出运用正弦曲线来描述温度分布，认为任何连续周期信号可以由一组适当的正弦曲线组合而成。

《热的解析理论》影响了整个 19 世纪分析严格化的进程；在数学史，乃至科学史上公认是一部划时代的经典性著作。

获奖与荣誉

无，但他的名字被刻在埃菲尔铁塔上，也许这就是最好的奖励。

学术影响力

傅里叶的工作成果使人们对函数概念作修正和推广，引起了数学界对不连续函数的探讨，而三角级数收敛性问题更是刺激了集合论的诞生。他的工作还大大地推动了对偏微分方程问题的研究。时至今日，傅里叶的热传导公式更是广泛应用于工业上。小行星 10101 号被称为傅里叶星；约瑟夫·傅里叶大学以其名字命名；很多数学概念都以他的名字命名，例如傅里叶变换、傅里叶级数；傅里叶红外光谱仪也是以他的名字命名。

名人名言

对自然界的深刻研究是数学发现的最丰富的来源。

学术标签

数学物理学大师、法国国家科学院院士、法国国家科学院终身秘书（实际负责人）、法兰西学院院士兼终身秘书、理工科大学校务委员会主席、英国皇家学会外国会员。

性格要素

为人热情正直、待人友善、乐于助人、非常有正义感。

评价与启迪

傅里叶非常有正义感，曾替恐怖行为受害者申辩而被捕入狱。他一生为人热情正直，曾对许多年轻的科学家给予无私的支持和真挚的鼓励，包括著名物理学家奥斯特和著名数学家尼尔斯·亨利克·阿贝尔（1802—1829 年，阿贝尔积分、阿贝尔函数、阿贝尔积分方程、阿贝尔群、阿贝尔级数等），成为他们的至交好友，并得到他们的忠诚爱戴。

唯一不和睦的是泊松（1781—1840 年，法国著名数学家、几何学家和物理学家，有泊松比、泊松分布、泊松积分、泊松级数、泊松变换、泊松定理以及泊松方程等科学贡献）；唯一遗憾的是因病弄丢了著名青年数学家伽罗瓦（1811—1832 年，是法国对函数论、方程式论和数论作出重要贡献的数学家）关于群论的论文手稿。

他一生坎坷，既有高光时刻，晋封男爵，成为贵族，实现了阶级跨越；也曾遭遇失业、经济窘迫以及政治声望下降的困难落魄时期。他无论身在官场或失意坊间，均不忘初心，始终坚持科学研究，终有所成。他的科研成果虽曾遭恩师拉格朗日的质疑，但他并不气馁，坚持不懈，攻坚克难，成功解决了热传导问题；这也是他一生最重要的成就，影响至今。他因热学研究而成功，也因过热而去世，可谓成也萧何败也萧何。

25. 最先破译了古埃及象形文字、与牛顿为敌的全才物理学家——托马斯·杨

姓　　名　托马斯·杨
性　　别　男
国　　别　英国
学科领域　光学、弹性力学、声学
排　　行　第三梯队（二流）

☙ 生平简介 ❧

托马斯·杨像

托马斯·杨（1773 年 6 月 13 日—1829 年 5 月 10日）出生于英国萨默塞特郡的一个富裕家庭，从小受到良好教育，天才禀赋，是个超级神童，兴趣十分广泛。2 岁会看书，4 岁能背诗，6 岁能阅读圣经，9 岁掌握车工工艺，能自己动手制作一些物理仪器；几年后，他学会微积分和制作显微镜与望远镜。14 岁之前，已经掌握 10 多门语言，可用拉丁文写自传。之后，他又学习了东方语言，如希伯来语、波斯语、阿拉伯语等。他不仅阅读了大量的古典书籍，还读完了牛顿的《自然哲学的数学原理》、拉瓦锡的《化学纲要》以及其他一些科学著作。杨可谓才智超群，能弹奏当时的各种乐器。

在杨成年后，他受家人影响选择学医，希望未来成为医生。21 岁时，即以他的第一篇关于眼睛调节机理的医学论文《视力的观察》成为英国皇家学会会员。22 岁时他到德国哥廷根留学，一年后取得了博士学位。在那里，他受到一些德国自然哲学家的影响，开始怀疑起光的微粒说。1797 年，24 岁的杨回到英

国，进入剑桥的伊曼纽尔学院继续攻读医学。1799 年杨在剑桥大学完成了学习，此时他已经读完了关于振动弦的著作，并进行了深入钻研，提出了自己的一些理论，不过后来他发现自己所提出的理论已经有人提出过，这是杨在理论物理研究领域初露才华。他叔叔去世时给他留下一大笔遗产，使他在经济上完全独立，帮助他度过了一生。

由于他对生理光学和声学的强烈兴趣，后来转而研究物理学。1801 年，28 岁的托马斯·杨进行了著名的杨氏干涉实验，为光的波动说的复兴奠定了基础。29 岁时被选为皇家学会的外事秘书，一直到他去世。30 岁时，已是知名的物理学家的杨被聘为伦敦皇家学院自然哲学教授。

1807 年，杨出版了《自然哲学和机械技术讲义》两卷，在这本内容丰富的教材中，除了叙述他的双缝干涉实验。他还首先使用"能量"的概念代替"活力"，并第一个提出材料弹性模量的定义，即杨氏模量。1811 年起在伦敦行医；1818 年起兼任经度局秘书。

晚年的杨成为举世闻名的学者，为大英百科全书撰写过 40 多位科学家传记以及无数条目，包罗万象。他还被任命为《航海天文历》的主持人，做了许多工作以改进实用天文学和航海援助。除了科学，精力旺盛的他还喜欢艺术，爱好音乐、美术甚至杂技。1829 年他去世时终年 56 岁，临终前还在编写一本埃及字典。

❧ 花絮 ❧

（1）与牛顿为敌以及著名的杨氏双缝干涉实验。

牛顿曾在其著作《光学》中提出光是由微粒组成的观点被世人普遍接受。但是在之后的近百年时间，人们对光学的认识几乎停滞不前，直到杨的诞生，他成为开启光学真理的一把钥匙，为后来的研究者指明了方向。

杨爱好乐器，几乎能演奏当时的所有乐器，这种才能与他对声振动的深入研究是分不开的。他从水波和声波的实验出发，大胆提出：在一定条件下，重叠的波可以互相减弱，甚至抵消。他对光、声振动的实验研究，使他了解到二者的相似性和波动说也有正确性。他怀疑，光会不会也和声音一样，是一种波？为解决这个困惑，1801 年杨做了著名的杨氏干涉实验，证明了光的干涉现象，为光的波动说奠定了基础。

这个著名的实验如今已进入中学物理教科书：让通过一个小针孔的一束光，再通过两个小针孔和，变成两束光。这样的两束光来自同一光源，在后面屏幕上看见了明暗相间的干涉图样；后来，又以狭缝代替针孔，进行了双缝实验，得到了更明亮的干涉条纹，见图 2-9。由于它的重大意义，已作为物理学的经典实验之一流传于世。

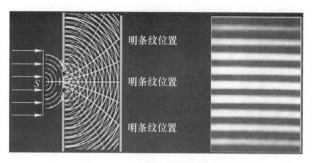

图 2-9 杨氏干涉实验示意图

然而，这个自牛顿以来在物理光学领域最重要的研究成果在当时小册子并没有受到应有的重视，还被权威们压制和嘲弄，被压制了近 20 年。杨没有向权威低头，而是撰写了一本《关于光和声的实验与研究提纲》的论文进行反击。

1803 年，30 岁的托马斯·杨发表了《物理光学的实验和计算》一文，力图用干涉现象解释衍射现象，文中还提出当光由光密媒质反射时，光的相位将改变半个波长即所谓半波损失。1817 年，他在得知阿拉果和菲涅耳共同进行偏振光干涉实验后，在给阿拉果的信上提出了光是横波的假设。

（2）率先破译了数千年来无人能解读的古埃及象形文字。

1814 年，41 岁的托马斯·杨对光学研究失去了信心，转而对象形文字产生了兴趣。拿破仑远征埃及时，发现了刻有两种文字的著名的罗塞达碑，这块碑后来被运到了伦敦。罗塞达碑据说是公元前 2 世纪埃及为国王祭祀时所竖，上部有14 行象形文字，中部有 32 行世俗体文字，下部有 54 行古希腊文字。之前已经有人研究过，但并未取得突破性进展。托马斯·杨利用其丰富的语言学知识，转向考古学研究，解读了罗塞达碑中下部的 86 行字，破译了王室成员 13 位中的 9 个人名，根据碑文中鸟和动物的朝向，发现了象形文字符号的读法。由于托马斯·杨的这一成果，诞生了一门研究古埃及文明的新学科。1829 年，托马斯·杨去世时，人们在他的墓碑上刻上这样的文字——"他最先破译了数千年来无人能解读的古埃及象形文字"。

⚜ 师承关系 ⚜

正规学校学习医学，但他在医学上并没有取得显赫的成就；他自学物理学，自学是他取得物理学上成功的主要手段。

⚜ 学术贡献 ⚜

托马斯·杨研究过光波学、声波学、流体动力学、造船工程、潮汐理论、毛细作用、用摆测量引力、虹的理论等，在力学、数学、光学、声学、语言学、动物学、埃及学等都有建树。在物理学上最杰出的贡献是在光学、声学和弹性力学领域，认为声和光都是波的传播。

（1）他第一次发现人的眼睛晶状体的聚光作用，提出人眼是靠调节眼球的晶状体的曲率达到观察不同距离物体的观点，结束了长期以来对人眼为什么能看到物体的原因的争论。

（2）做了著名的杨氏干涉实验，发展了惠更斯的光学理论，形成了波动光学的基本原理，提出了光波的频率和波长的概念，把干涉原理应用于解释衍射现象，为光的波动说的复兴奠定了基础，并最先提出"干涉"这个术语。

（3）发现利用透明物质薄片可观察到干涉现象，用干涉原理解释了牛顿环的成因和薄膜的彩色，并第一个近似地测定了七种颜色光的波长，指出一切色彩都可以从红、绿、蓝这三种原色中得到，即最先建立了三原色原理；完全确认了光的周期性，为光的波动理论找到了又一个强有力的证据；提出了光是横波的假设。

（4）对弹性力学很有研究，第一个提出材料弹性模量的定义。

☙ 代表作 ❧

1793 年出版了关于生理光学的论文《对视觉过程的观察》；1800 年出版《自然哲学讲义》，全面论述了他的光学实验和理论，包括双缝干涉实验，提出了干涉的概念。此外还有《自然哲学与机械工艺课程》《声和光的实验和探索纲要》《自然哲学讲义》和《物理光学的实验和计算》等著作。

☙ 获奖与荣誉 ❧

无；托马斯·杨的伟大无需任何奖励来证明。

☙ 学术影响力 ❧

（1）杨氏双缝干涉实验为光的波动说奠定了基础。

（2）后人为了纪念他的贡献，把纵向弹性模量以他的名字命名为杨氏弹性模量（正应力与线应变之比）。

☙ 名人名言 ❧

尽管我仰慕牛顿的大名，但是我并不因此而认为他是万无一失的；我遗憾地看到，他也会弄错，而他的权威有时甚至可能阻碍科学的进步。

☙ 学术标签 ❧

英国皇家学会会员、法国科学院院士、最懂物理的医生、与牛顿为敌的物理学家、光的波动说的奠基人之一、最先破译了古埃及象形文字的人。

性格要素

神童、天资聪颖、天才、大神一般的存在，尊重权威但不迷信权威。

评价与启迪

总结托马斯·杨的一生，可谓是多才多艺、精力旺盛、多姿多彩；他本身学医，在医学上建树平平。他热爱物理学，在行医之余，花了许多时间研究物理，故而在物理学上，他领袖群英、名享世界，是光的波动说的奠基人之一。他涉猎甚广，对艺术也颇有兴趣，热爱美术，几乎会演奏当时的所有乐器，并且会制造天文器材，还研究了保险经济问题。托马斯·杨擅长骑马，并且会耍杂技走钢丝。被誉为最后一个什么都知道的人、百科全书式科学家。可谓是"天赋异秉"的巨人。

他是一个热爱知识和追求真理的学者，没有因为牛顿名满天下就迷信权威，而是坚持自己的发现，与牛顿的学说论争。他涉猎广、意志深，有顽强的自学能力和自信心；他惜时如金，一生中没有虚度过任何一天。现在有一句话很流行，最可怕的是比你聪明的人还比你更努力；这句话很适合托马斯·杨。伟人之所以是伟人，不只是是因为我们仰视他们而已，他们有的意志力不是每个人都能做到的！从品行上来说，托马斯·杨没有流出任何有损私德的做法和说法，可见其人品才华俱佳。

26. 对近代科学发展做出了重要贡献——毕奥

姓　　名　让·巴蒂斯特·毕奥
性　　别　男
国　　别　法国
学科领域　物理学
排　　行　第四梯队（三流）

生平简介

毕奥（1774 年 4 月 11 日—1862 年 2 月 3 日）出生于名门，父亲任职于法国财政部，也是个大农场主，在社会上很有声望。毕奥中学和大学期间学习成绩非常优秀，尤其对数学产生了浓厚的兴趣。但 1791 年他退学了，开始一边当私人数学教师，一边自学数学。父

毕奥像

亲希望毕奥在商业上发展，可是毕奥对商业不感兴趣，不愿意遵循父亲的意见。

时值法国大革命，毕奥参军，于 1792 年 9 月成为一名炮兵，在法国军队服役一年，与以英国为首的反法同盟作战。他于 1794 年 1 月被著名的桥梁堤坝学

校录取，同年转到革命政府新成立的著名的巴黎综合技术学校，在拉格朗日和贝托莱（法国化学家，32 岁被选为法国科学院院士，曾作为科学顾问随拿破仑远征埃及，被封为上议员和伯爵）指导下学习。

毕奥 23 岁时毕业于巴黎综合技术学校，同年结婚；婚后育有一子，就是后来有名的法国工程师、天文学家和汉学家 E. C. 毕奥。此后，他因自己的一篇数学论文得到了拉普拉斯的赏识，毕奥协助拉普拉斯完成了其天文学巨著《天体力学》的校对工作。在拉普拉斯的提携下，他对物理学十分感兴趣。

毕奥时期的法国正是当时世界科学的中心。毕奥的研究领域十分广阔，他一生中的科研成果多达 300 多项，遍及力学、电磁学、热学、光学、声学等差不多当时的全部物理学科。而且，他对数学、天文学、大地测量学等学科也有卓有成效的贡献，对近代科学的发展做出了重要贡献。

比傅里叶年轻的毕奥更早地投入对导热的研究。1803 年，29 岁的他当选为法国科学院院士，因反对拿破仑利用科学院实现政治目的而成为令人瞩目的人物。同年 4 月 26 日，在巴黎以西下了一场"石雨"，他奉命调查此事。3 个月后，毕奥向法国科学院报告，用令人信服的实验结果证实了陨石确实是来自外层空间，使科学界相信了陨石的存在，也支持了恩斯特·克拉德尼的研究结果。毕奥和克拉德尼分享了"陨石之父"的美誉。

1804 年，毕奥根据平壁导热的实验结果，提出了导热量正比于两侧温差、反比于壁厚的概念。傅里叶正是在阅读此篇文章后，于 1807 年提出求解偏微分方程的分离变量法和可以将解表示成一系列任意函数的概念。

1806 年，经过拉普拉斯提议，32 岁的他担任经度局的天文学副教授。1808 年，拿破仑成立法兰西学院的时候，他被聘为天文学教授，也被允许教授与电磁学、热学、声学和光学相关的课程。1814 年，波旁王朝复辟后，鉴于毕奥在科学和教育上的贡献，授予他荣誉军团骑士称号。

从 1804 年开始，毕奥就从事金属棒的热传导实验研究。到 1815 年，毕奥给出了热量散失的方程：$t=aT+bT^3$。式中，t 代表热量散失，T 代表物体温度和周围环境的温度差，a、b 是常数。这个公式修正了牛顿的冷却定律，即高温物体的温度损失率不仅如牛顿所说的和环境的温度差成正比，还跟差的三次幂成正比的项有关。

1815 年，他当选为英国皇家学会会员。同年，他证明液态有机化合物或有机化合物溶液实际上有可能使偏振光按顺时针方向或逆时针方向旋转。他提出，这可能是由于分子结构本身存在着不对称性造成的。1819 年，他成为彼得堡科学院国外名誉院士。

1820 年之前，人们普遍认为电和磁是两个概念，二者没有任何联系，包括库伦、安培、托马斯·杨和毕奥都如此认为。1820 年，丹麦著名物理学家奥斯特通过著名的奥斯特实验证明了在通电导线周围存在着磁场。这个实验开创了把电和磁联系起来的电磁学，对法国物理学界造成了巨大的震动。安培、阿拉果等人先后宣读了关于电磁现象的论文。毕奥迅速改变主意，支持奥斯特。1820年9月30日，他和菲利克斯·萨伐尔宣读了他们的论文《运动中电传递给金属的磁化力》，给出了著名的"毕奥—萨伐尔定律"。

1822年，他与傅里叶竞聘法国科学院秘书，惜败于傅里叶。1835年，他担任法兰西学院副院长。同年，他发现了根据偏振光的强度变化判明蔗糖水解程度的方法，创立了测偏振术。由于他的卓越成就，1840年，他获得了英国皇家学会授予的旨在奖励"对物质的热学或光学性质做出杰出新发现的在欧洲工作的科学家"的拉姆福德奖章。

毕奥是一个具有多方面兴趣爱好的科学家。1840—1849年他一直担任巴黎大学理学院院长。从1841年开始，他还曾经研究过埃及和中国等古代天文学家的一些著作。而他的儿子E. C. 毕奥则是法国著名的汉学家，对中国古代天文学、气象学和地质学都做过研究，发表了大量的研究中国历史和中国天文学史的文章。1856年，82岁高龄的毕奥被选为法兰西学院的院士，这是一个科学家很难得的荣誉。

在毕奥的后半生，发明沿用至今的巴氏消毒法并开创了微生物生理学的大神级人物、法国微生物学家、化学家巴斯德（"科学虽无国界，但科学家却有自己的祖国"的著名言论就出自他之口）向他演示了偏振光通过镜像晶体的水溶液时的反方向旋光（角度相同，但方向相反）。他活到了亲眼看到巴斯德证明有机晶体的不对称现象，这种晶体的非对称性使偏振光产生旋转效应。他虽长寿，但也未来得及看到他所预言的分子不对称现象通过范托夫和勒贝尔的研究而变成有机化学的一个重要分支，非常遗憾。1862年2月3日，他在巴黎逝世，享年88岁。

❧ 花絮 ❧

（1）人类首次热气球升空实验。

在1804年，他和伙伴约瑟夫·路易·盖·吕萨克一起，采用拿破仑埃及之役留下的一个热气球来作科学实验，他们携带着仪器和各种小动物，上升到了5000米的高度，目的是为了研究地球的大气层，证明了在他们所升到的高空上，地磁仍未减弱。这是对上层大气的一次试验性科学探索，从此发端的这一探索，在20世纪中叶所达到的火箭时代达到了顶峰。他和盖吕萨在1~3英里之间的高空做了许多实验，收集到许多观测数据。气球降落是危险的，很难驾驭，毕奥十分惊慌。同年，吕萨克又做了一次升空，高度达4英里，但是毕奥没有参加。

（2）学术争议导致友谊的破裂。

阿拉果（是法国科学院院士、巴黎天文台台长。他也是光波动说的捍卫者，和菲涅耳在光学上长期合作，成就不亚于菲涅耳，曾经提出光是横波，与德国教育家洪堡保持了 40 多年的友谊）是毕奥相交了十年的好朋友。两人曾经于 1806 年相约到西班牙，进行一次子午线测量考察。按道理，和这样学界、政界两头通吃的牛人做朋友应该很开心。但是，后来对于光学本质的认识使得他们的友谊烟消云散。原来，杨的双缝干涉实验使光的波动说复活，造成当时物理界大混乱。一开始，阿拉果和毕奥都热烈地拥护粒子说，毕奥还对它作了巧妙的数学论述，使他的老恩师拉普拉斯大为高兴。但是后来，阿拉果放弃了原来的观点，变成了波动说的主要鼓吹者，支持菲涅耳、马吕斯（1775—1812 年，法国物理学家和军事工程师，研究了光在晶体中的双折射现象）、托马斯·杨等人的波动说，与坚持微粒说的拉普拉斯、毕奥等人抗争。这两个朋友之间展开了激烈的争论，他们的友谊也随之消亡了。

师承关系

不详；后来受到拉普拉斯的赏识和关照，拉普拉斯对毕奥有知遇之恩，可以称得上他的恩师。

学术贡献

（1）在 1800 年代初期，他研究了通过溶液的光的偏振，创立了测偏振术。

（2）研究了电流和磁场之间的关系，提出了毕奥—萨伐尔定律，这是静磁学的一个基本定律，是以他和菲利克斯·萨伐尔（菲利克斯·萨伐尔（1791 年 6 月 30 日—1841 年 3 月 16 日）法国物理学家和医生。他不仅在电磁学上做出贡献，且在声学上，他发展出一种声学仪器——萨伐尔音轮；萨伐尔音轮利用齿轮来控制旋转的角速度，它可以发出各个不同的特定频率的声音）名字命名的。该定律精确描述了由一个稳定的电流所产生的磁场，可以计算即使是在原子或者分子水平的磁响应。

定律文字描述为：电流元 IdI 在空间某点 P 处产生的磁感应强度 dB 的大小与电流元 IdI 的大小成正比，与电流元 IdI 所在处到 P 点的位置矢量和电流元 IdI 方向之间的夹角的正弦成正比，而与电流元 IdI 到 P 点的距离的平方成反比。

（3）第一个发现云母独特的光学性质，因此以云母为基础的矿物黑云母就是以毕奥的名字命名的。

代表作

1820 年 9 月 30 日，《运动中电传递给金属的磁化力》出版，提出了著名的毕奥—萨伐尔定律。

获奖与荣誉

1840 年，他获得了英国皇家学会授予的拉姆福德奖章。

❧ 学术影响力 ❧

（1）毕奥—萨伐尔定律源于电流和磁场之间的关系实验又高于实验，因为在试验中无法得到电流元，该定律无法用实验直接证明，但是可以根据各种分布电流的磁场间接地证明它是正确的。毕奥—萨伐尔定律是稳恒电流激发磁场的基本规律，是建立静磁场基本方程的出发点，也是讨论稳恒电流的磁场性质和计算其磁场分布的基础。

（2）以毕奥名字命名的毕渥数为传热学术语，记为 Bi，反映了物体对流热阻与导热热阻相对大小关系，与傅里叶数（Fo）、普朗特数（Pr）、努塞尔数（Nu）等无量纲数一样都是传热学重要参量。

（3）毕奥是在法国确认陨石是来自地外天体的第一人，他的研究也标志着法国人认识陨石的开始，月球上有一个陨石坑是以毕奥命名的。

❧ 名人名言 ❧

无从考证。

❧ 学术标签 ❧

法国科学院院士、英国皇家学会会员、彼得堡科学院国外名誉院士、法兰西学院院士、法兰西学院副院长、与克拉德尼分享"陨石之父"的美誉。

❧ 性格要素 ❧

非常能干，涉猎广泛，成就斐然；与同时代其他科学不一样，他终身不涉足于政治，认为有政治目的的研究不纯洁，无法带来长久持续的发展。

❧ 评价与启迪 ❧

他在 1795 年 10 月参加街头暴乱后被拿破仑镇压并被捕入狱，从此他走上了与拿破仑对抗的道路。这一点与老谋深算的拉普拉斯有很大的不同。如果说拉普拉斯是政治上的墙头草，而他就是政治上的坚定派，毫不动摇。可以说是性格使然，不同的性格有不同的人生。

其实毕奥对于政治和科学之间关系的观点有点片面：科学是为人类的文明进步而服务的，政治也是为人类的文明进步服务的，二者之间存在联系也是非常必要的，能够相互促进。事实上，结合其他科学家的故事可以知道，政治参与科学确实会促进科学的发展。

他孜孜以求、永不倦息、敢于冒险、实地考察、大胆创新的科学精神更是非常难得的；没有这些宝贵的品质，他绝对不会取得优异的成就。他曾经认为电和磁没有任何关系，但是奥斯特发现通电导线周围存在着磁场之后，他迅速改变观点去支持奥斯特，并提出了毕奥-萨伐尔定律这个静磁场基本方程，做出了巨大的贡献。知错能改善莫大焉！

唯一遗憾的是，他如果谨慎处理他与阿拉果之间的关系，不去做无谓的争执而进行深入探讨和研究的话，说不定波粒二象性的发现者就是他了，也就没有德布罗意什么事了。这给我们一个借鉴，绝对不能因为学术争端或者其他任何争议而丢掉友谊。在友谊的灌溉下，说不定能取得更优异的成绩。

27. 电学中的牛顿、生平坎坷的电动力学之父——安培

安培像

姓　　名　安德烈·玛丽·安培
性　　别　男
国　　别　法国
学科领域　电磁学
排　　行　第二梯队（准一流）

🙠 生平简介 🙢

安培（1775年1月22日—1736年6月10日）出生于里昂一个富商家庭。他年少时是个远近闻名的神童，诗歌、历史、自然科学、拉丁文样样精通。父亲信奉卢梭（1712—1778年，法国思想家、哲学家和教育家）的自然教育思想，给他大量图书自学。《科学史》《百科全书》等书籍激发起他对自然科学、数学和哲学的兴趣。同时，他对历史、旅行、诗歌及哲学等多方面都有涉猎。

与生俱来的天赋使安培尤其精通数学，12岁学习微积分，13岁发表论述螺旋线的第一篇数学论文。他熟读拉格朗日和欧拉的著作，18岁时已能重复拉格朗日的《分析力学》中的某些计算。据安培回忆，他所有的数学知识是在18岁前学到的。

1793年，父亲在法国大革命期间被送上断头台，亲眼目睹父亲送命的安培患上了精神病，直到6年后才痊愈。1799年，24岁的他与一个善良的姑娘结婚，育有一子一女。但不幸的是，4年后他的妻子因病去世。

安培善于运用数学进行定量分析，他的学术地位也因此不断提高。1799年他在里昂一所中学担任数学教师，写了有关概率论的论文。1801年他被聘为博各学院物理学与化学教授。1802年2月开始在布尔让—布雷斯中央学校任物理学和化学教授，4月他发表了一篇论述赌博的数学理论，引起学界的关注。后来他

在拿破仑创立的法国公学任职数学教授，期间发表了一些概率论及数学分析方面的论文。1808 年被任命为新组建的法国帝国大学总学监，此后一直担任此职。1809 年担任巴黎工业大学数学教授，1814 年被选为法兰西科学院院士，1819 年主持巴黎大学哲学讲座。

1820 年，丹麦物理学家奥斯特发现了电流磁效应。尽管安培不相信电磁之间存在关系，但是他敏感地认识到了奥斯特结果的正确性，于是马上进行实验验证，短短两周就总结出了关于电场方向和磁场方向之间关系的定则——安培定则即右手螺旋定则。结果一经发布，就引起了剧烈反响。

他的发现使得人类更进一步地掌握了电学原理，为现代社会科技提供了理论基础。右手螺旋定则的发现激发了安培的物理潜能，随后几个月之内他相继发现了圆形电流之间相互吸引并进一步探讨了直线电流之间的相互作用，很快发现了电流的相互作用规律。为了克服孤立电流元无法直接测量的困难，他创造性地设计出了关于电流相互作用的 4 个著名的实验，运用高度的数学技巧总结出了载流回路中电流元在电磁场中的运动规律——安培定律。

1821 年 1 月，安培根据磁是由运动的电荷产生的这一观点说明了地磁的成因和物质的磁性，提出了举世闻名的分子电流假说，第一次提出了电动力学的说法。然而，这一假说由于当时关于物质结构的知识太少而无法证实，并未引起学术界的重视，反而使得包括法拉第在内的大批物理学家的强烈反对。后来得益于 20 世纪初人们对于物质结构的详细掌握，分子电流假说有了实在的内容，成为了认识物质磁性的重要依据，获得了普遍承认。

1822 年，安培开始向当时的物理学高峰——电动理论发起挑战。1824 年，他开始担任法兰西学院实验物理学教授，并于 1827 年当选为英国皇家学会会员。此外，他还是柏林、斯德哥尔摩等科学院的院士。1836 年 6 月 10 日，他在巡视法国各大学途经马赛时不幸染上急性肺炎，医治无效逝世。

✌ 花絮 ✌

（1）跟着"移动黑板"解题。

一次，安培在大街上散步，突然想起一道物理题的解法，于是他迅速地从口袋里掏出粉笔，走到一块"黑板"前进行演算。突然，"黑板"竟向前移动起来，安培只好跟着前进，边走边解题。周围人对他的举动很吃惊，继而捧腹大笑。他抬头一看才明白，原来他演算的工具——"黑板"竟是一辆运动马车上的黑色车篷。这个典故在初中英语课文中出现过。

（2）怀表被当作卵石扔了。

一次，安培到外地讲学，走过塞纳河边，拾到一块鹅卵石，便仔细琢磨起来：是什么力的作用才使原来有角有棱的石头变得这样光滑圆润呢？他反复地看石头并认真地推理。因怕耽误了讲学，另一只手拿着怀表，边走边思考问题边看时间，最后他想把石头扔掉，结果却不小心弄错了，把怀表当作卵石扔到河里了。

（3）"原来安培先生不在家"。

安培一生惜时如命。为了不受别人的打扰而静心研究物理问题，他在自家门上挂了一块醒目的牌子：安培先生不在家。一次，他从学校回家，边走边思考物理问题，不知不觉到了自家门口。抬头望见门上牌子上的字，惊讶地自言自语："原来安培先生不在家"，扭头又向回走。

（4）精神病患者。

1793 年法国大革命，大批里昂纺织工人失业，安培的父亲向议会呈递工人的陈情信，却被逮捕并判了死刑。安培亲眼看着父亲被送上断头台；与父亲感情深厚的他因目睹父亲之死而患上精神疾病，喃喃自语："生命有什么意义？"患病后的他却因祸得福，侥幸躲过秘密警察的迫害。

安培的母亲把他送到里昂，请卡侬先生照顾。此后六年，卡侬的女儿茱丽无微不至地照顾安培，而他也在慢慢恢复。一本关于植物的书让失神的安培开始恢复记忆，直到最终康复。

1799 年 8 月，安培与茱丽结婚。安培找到在中学教书的工作，为了省下车马费，他不得不住在学校。此间，他不断地写信回家，表达对妻子的爱、思念与感恩。至今，法国博物馆还珍藏着许多安培给妻子的信。但 4 年后，茱丽死于瘟疫，安培深受打击，但却为了年幼的儿女勇敢地活下去；他写道："我不能失去信心，否则怀疑将使我的心承受无法承受的酷刑。"

（5）迷途知返、浪子回头。

1808 年，安培到巴黎担任帝国大学总学监后，在工作上顺风顺水，生活中却经历了一场处心积虑的骗婚。人财两空、苦不堪言的安培，人生发生巨变。白天他是大学教授与督察，夜晚却隐名换姓出入声色场所放纵情欲。1814 年，安培才对自己的行为有所警觉，但仍难以从情欲中自拔，沮丧的他甚至尝试自杀。1817 年，安培发现基督教作家托马斯·厄·肯培的名著《效法基督》。阅读完此书，安培开始信仰基督教，重新振作起来。

（6）知错能改，善莫大焉。

与拉普拉斯、毕奥等人一样，安培一开始也不相信磁和电有关系，认为二者毫不相关。1820 年 7 月 21 日，电流磁效应的发现者、丹麦技术大学创办者奥斯特写成《论磁针的电流撞击实验》的论文，并通过报告的形式宣布了他的实验结果，引起了法国物理学界的热议。听完报告后，安培第二天就重复了奥斯特的实验，并于一周后向法国科学院报告了第 1 篇论文，提出了磁针转动方向和电流方向的关系服从右手定则，以后这个定则被命名为安培定则。此后，他设计了多个电磁学相关实验，成就了他的电磁学伟业。

（7）失败的父亲。

安培的女儿长大后非要嫁给一个酒鬼，面对父亲的反对，女儿抗议道："我会改变他的！妈妈当年嫁给你时，你不也是个精神病人？"这句话深深触痛安培的心，他回答说："结婚不能改变一个人，能够改变人的，只有上帝。"女儿执意嫁给那个男人，从此迈入不幸的婚姻。出于对女儿的爱，明知她做了错误的决定，安培还是陪她直到去世。

师承关系

启蒙教育来自他的父亲，但是后来基本靠自学成才。

学术贡献

安培在电磁作用方面的研究成就卓著，对数学和化学方面也有贡献。

（1）发现了安培定则——提出了磁针转动方向和电流方向的关系。

通电直导线中的安培定则（安培定则一）：用右手握住通电直导线，让大拇指指向电流的方向，那么四指的指向就是磁感线的环绕方向；通电螺线管中的安培定则（安培定则二）：用右手握住通电螺线管，让四指指向电流的方向，那么大拇指所指的那一端是通电螺线管的 N 极。

（2）发现电流的相互作用规律——他发现通电的线圈与磁铁相似，两根载流导线存在相互影响，电流方向相同的两条平行载流导线互相吸引，电流方向相反的两条平行载流导线互相排斥；对两个线圈之间的吸引和排斥也作了讨论。

（3）提出分子电流假说——他认识到磁是由运动的电产生的，提出了分子电流假说：电流从分子的一端流出，通过分子周围空间由另一端注入；非磁化的分子的电流呈均匀对称分布，对外不显示磁性；当受外界磁体或电流影响时，对称性受到破坏，显示出宏观磁性，这时分子就被磁化了。

（4）创造了"电流"这个名词，又将正电流动的方向定为电流的方向；发明了电流计。安培发现，电流在线圈中流动的时候表现出来的磁性和磁铁相似，创制出第一个螺线管，在这个基础上发明了探测和量度电流的电流计。这是一种用来探测和度量电流的仪器，也是安培从电流在线圈里的流动规律研究出来的，产生了极大的影响。

（5）1822 年总结了电流元之间的作用规律——安培定律（磁场对运动电荷的作用力公式），电流元之间的作用力与距离的平方成反比，与距离的乘积成正比。安培定律是物理学中一个非常重要的电磁定律，表示电流和电流激发磁场的磁感线方向间关系，也叫左手螺旋定则。

（6）提出了安培环路定律：磁感应场强度矢量沿任意闭合路径一周的线积分等于真空磁导率乘以穿过闭合路径所包围面积的电流代数和。

（7）他还提出，在螺线管中加软铁芯，可以增强磁性。

（8）1820 年他首先提出利用电磁现象传递电报讯号。

（9）他在数学和化学方面也有许多贡献，曾研究过概率论和积分偏微方程；他几乎与戴维同时认识元素氯和碘，导出过阿伏伽德罗定律，论证过恒温下体积和压强之间的关系，还试图寻找各种元素的分类和排列顺序关系。

代表作

（1）1822 年，总结电动理论研究成果，发表了《电动力学的观察汇编》。

（2）1827 年，安培将他的电磁现象的研究综合在《电动力学现象的数学理论》一书中。这是电磁学史上一部重要的经典论著，被麦克斯韦称赞为科学史上最光辉的成就之一。

（3）1834—1843 年，写出了《人类知识自然分类的分析说明》这一涉及各科知识的综合性著作。

获奖与荣誉

无。麦克斯韦称赞安培的工作是"科学上最光辉的成就之一"，还把安培誉为"电学中的牛顿"。

学术影响力

他的每一项成就都极大地推动了物理学的发展，指引着人类社会的正确方向，孕育着非凡成就的萌生。

（1）安培定则的发现使得人类更进一步地掌握了电学原理，为现代社会科技提供了理论基础。安培环路定理是电磁学 4 大基本方程之一。

（2）在 1881 年法国召开的第一届国际电学大会上，根据赫姆霍兹的提议，用他的名字命名了电流的单位"安培"（A），定义为在 1Ω 电阻上加 1V 电动势产生的电流，简称"安"。

（3）他提出的分子电流假说，为正确认识物质磁性指出了方向；安培把磁和电流联系起来，从本质上认识了磁和电的统一。

（4）安培第一个把研究动电的理论称为"电动力学"，在安培之前的物理学界，大家都把电动力学和电磁学混淆了，认为这两个事物是同一范畴的，安培第一次细致区分了两者，并把电动力学放到了物理学中。

（5）安培是当代发展了测电技术的第一人。

名人名言

（1）物理定律不能单靠"思维"来获得，还应致力于观察和实验。

（2）实验物理与理论物理密切相关，搞实验没有理论不行，但只停留于理论而不去实验，科学是不会前进的。

（3）方程式之美，远比符合实验结果更重要。

学术标签

电动力学的先创者、电动力学之父、电学中的牛顿、英国皇家学会会员、柏林、斯德哥尔摩等科学院的院士、帝国大学总学监。

性格要素

在学习和研究问题时，思想高度集中，专心致志，达到了忘我的痴迷程度；知错能改，不固执己见；勇于攀登，敢于超越，不满足于已有的成就。

评价与启迪

安培经历丰富的一生如同一部厚重的史诗，每一页都是星光熠熠的科学成就。他是稀有的天才学者，天赋被努力开发到了极致。安培出身富裕家庭，是个富二代，可是他并没有靠着家庭的庇护成为一个纨绔子弟。相反，他是勤奋刻苦的，勇于攀登，敢于超越，严以律己，不满足于已有的成就。

安培求学时认真读书，以书为朋友，学问渐增；做学问专心致志，全身心投入达到忘我境地，故而能取得优异的成就。安培喜欢思考，是个很难受外界环境影响的人，这是安培成功的一个重要因素。安培精湛的实验技巧和探索根源的精神受到后人的称颂。

他知错能改，当他意识到奥斯特的观点是正确的时候，他立即改正自己的错误观点，并积极跟进，发现了很多电磁学现象，提出了创新观点，成就了自我。试想一下，如果他固执己见，那他在电学上还能取得如此丰硕的成果，获得电学的牛顿美誉吗？知错能改，善莫大焉！

安培对亲人怀着诚挚的朴素的感情，爱心永存。他人生坎坷，青年时期（18~28 岁）先后丧父丧妻，患上精神病；中青年时期（32 岁到 42 岁）遭逢巨变，经历了一场处心积虑的骗婚，导致人财两空、苦不堪言，经历了非常灰暗的时期。为此他日夜声色犬马，但他及时醒悟，浪子回头，振作起来，重启征程。晚年又遭遇女儿婚姻不幸，他本人也得了急性肺炎去世，实在让人扼腕、痛心不已！

安培的故事一波三折，跌宕起伏，可谓曲折坎坷。这也告诉我们每个人，人生是崎岖不平的，人生旅途要经历风风雨雨和高山低谷，起起伏伏十分正常，充满了戏剧性。当人处于低谷的时候，千万不要灰心气馁，一定要振作，发愤图强，在逆境中成就辉煌的人生。一个人如何去面对人生的苦难，也许是安培的故事所告诉我们的最重要的信息。人生所遭遇的每一件事，都有演变渐进的程序，要有耐心去看演变的结果。

从安培的生平简史中可以看出，想要取得成功就要付出加倍的努力且要一直坚持下去；持之以恒方能有所成就。另外，安培的故事也教会我们在逆境中坚持，决不低头，艰苦奋斗——苦难也许是成就我们辉煌人生的催化剂。

28. 不计较名利得失的分子物理学之父——阿伏伽德罗

姓　　名　阿莫迪欧·阿伏伽德罗
性　　别　男
国　　别　意大利
学科领域　分子物理学
排　　行　第三梯队（二流）

阿伏伽德罗像

生平简介

阿伏伽德罗（1776 年 8 月 9 日—1856 年 7 月 9 日）出生于意大利都灵的显赫司法家族。中学毕业后，16 岁的阿伏伽德罗进入都灵大学学习法律，20 岁获法学博士，此后从事律师工作，曾任地方官吏。1800—1805 年又专门攻读数学和物理学，毕生致力于化学和物理学中关于原子论的研究。

1803 年，27 岁时发表了第一篇科学论文，28 岁被都灵科学院选为通讯院士；1809 年被聘为维切利皇家学院的物理学教授。1819 年被都灵科学院选为院士；1820 年任都灵大学设立了意大利的第一个物理讲座，他被任命为此讲座的教授。1822 年由于政治上的原因，这个讲座被撤销，直到 1832 年才恢复，1833 年阿伏伽德罗重新担任此讲座的教授，直到 1850 年退休。他还担任过意大利度量衡学会会长，由于他的努力，使公制在意大利得到推广。1856 年 7 月 9 日他在都灵逝世，终年 80 岁。他生前非常谦逊，对名誉和地位从不计较，因此得到了后辈无数科学家的敬仰。

花絮

（1）阿伏伽德罗分子假说。

当时由于道尔顿和盖·吕萨克的工作，近代原子论处于开创时期，阿伏伽德罗从盖·吕萨克定律得到启发，于 1811 年在他的论文《原子相对质量的测定方法及原子进入化合物时数目之比的测定》中首先引入了"分子"的概念，提出了一个对近代科学有深远影响的假说：在相同的温度和相同压强条件下，相同体积中的任何气体总具有相同的分子个数。但他这个分子假说却长期不为科学界所接受，主要原因是当时科学界还不能区分原子和分子，同时由于有些分子发生了离解，出现了一些阿伏伽德罗假说难以解释的情况。直到 1860 年，阿伏伽德罗假说才被普遍接受，后称为阿伏伽德罗定律。

（2）阿伏伽德罗常数的概念，见图 2-10。

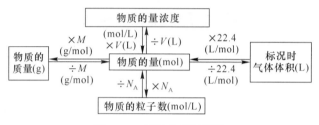

图 2-10　阿伏伽德罗常数

阿伏伽德罗在 1811 年的著作中写道："吕萨克曾说，气体化合时，它们的体积成简单的比例。如果所得的产物也是气体的话，其体积也是简单的比例，这说明了在这些体积中所作用的分子数是基本相同的。"

物质的量是国际单位制中 7 个基本物理量之一，摩尔是物质的量的单位，1 摩尔任何物质中都含有阿伏伽德罗常数个微粒。阿伏伽德罗常数，也叫作阿伏伽德罗常量，为一个热学常量，经常用符号 N_A 来表示；它的正式定义是 0.012kg 碳 12 中包含的碳 12 的原子的数量，其近似值为 6.0221367×10^{23}，可通过单分子膜法、电解法等测出。

正式提出阿伏伽德罗常数这个称呼的是法国物理学家让·巴蒂斯特·佩兰（1870—1942 年）。也许是出于对阿伏伽德罗的崇敬，佩兰提议用阿伏伽德罗数这个名称（后来改成阿伏伽德罗常数），来表示 1 摩尔分子氧气（约 32 克）中所含有的氧分子数。克分子是以前所使用的一个定义，当物质以克为单位计量质量的数值等于其相对分子质量时，该些物质就是 1 克分子，等同于现在所说的 1 摩尔。

（3）阿伏伽德罗常数的测定。

在相同的温度和压强下，同样体积的气体里有同样数量的气体粒子。到底有多少粒子呢？阿伏伽德罗也说不清楚。不过，他把气体中有多少粒子的问题引入了热力学中，而此时正是热力学大发展的时期。人们开始用质量、体积、温度、压强等宏观指标描述气体，也开始脑补其中粒子微观的运动规律。但是，似乎还缺少了某种东西连接两个尺度的知识。如果能随着阿伏伽德罗的工作，进一步地探寻气体中的粒子数量问题，这个问题便有望解决。

阿伏伽德罗常量的值最早由奥地利化学及物理学家约翰·约瑟夫·洛施米特于 1865 年所得，这位高中教师通过研究气体/液体中粒子的自由程向答案迈进了一步。他透过计算某固定体积气体内所含的分子数（理想气体的数量密度，即"洛施米特常数"），成功估计出空气中分子的平均直径。洛施米特常数大约与阿伏伽德罗常量成正比。

自由程，是随机运动的一个粒子和另一粒子碰撞两次，这之间走过的距离。就像越拥挤的地铁站里越容易被别人撞到一样，这一数字和一个容器中粒子的数量成反比。在知道某一体积气体粒子的平均自由程后，洛施密特估算了一下一立方米气体中粒子的数目：答案是 $2.6867773×10^{25}$ 个。虽然这不是阿伏伽德罗常数，但他在思想上已经与其意义十分接近了。随后，汤姆逊等人都曾进行过计算。

法国物理学家让·佩兰也致力于用科学实验测定阿伏伽德罗常数的值。1909年，他在爱因斯坦新提出的布朗运动模型基础上进行了一次新的尝试。佩兰使用的模型专用于描述受重力影响的颗粒在水中的运动：规律就是越来越多的颗粒会沉底，而它们的分布遵循一个函数。通过一系列的计算，佩兰首先得到了另外两个重要物理常数的值：气体常数和玻尔兹曼常数，二者相除就是阿伏伽德罗常数。在算出这个数之后，佩兰决定用老前辈阿伏伽德罗的名字命名，佩兰因此获得了 1926 年诺贝尔物理学奖。阿伏伽德罗常数因为能将宏观（比如质量、体积等物理量）与微观（即所含的分子数）等联系起来，在科学研究上是一个很有用的常数，所以精确测定阿伏伽德罗常数意义重大，也是一些科学家孜孜不倦研究的方向。

要准确地量度出阿伏伽德罗常量的值，需要在宏观和微观尺度下，用同一个单位，去量度同一个物理量。随着技术的进步，人们还尝试过更多高端的方法修正阿伏伽德罗常数。1910 年，美国物理学家罗伯特·密立根进行了著名的油滴实验，测量了在电场中把带电油滴悬浮起来所需的电压，据此推导出了单个电子所带的电荷量，成功量度到一个电子的电荷，借助单个电子的电荷进行了微观量度。1 摩尔电子的电荷是一个常数，叫法拉第常数，在麦可·法拉第于 1834 年发表的电解研究中有提及过。把 1 摩尔电子的电荷除以单个电子的电荷可得阿伏伽德罗常量。

到了 20 世纪中叶，像 X 射线衍射这样的技术已经使科学家们可以测量物质原子层面的结构了。人们确实可以通过"数原子"，也就是统计样品中原子排列的密度测算出 1 摩尔物质的量了。在物理和化学界的两大联盟——IUPAC 和 IUPAP 的一次联合会议上，双方决定将 12 克碳 12 原子的数量定义为 1 摩尔。1971 年的国际度量衡大会确立了"摩尔"作为国际标准单位的地位，自此"物质的量"就被认定是一个独立的量纲。

（4）阿伏伽德罗常数被认可的过程。

阿伏伽德罗反对当时流行的气体分子由单原子构成的观点，认为氮气、氧气、氢气都是由两个原子组成的气体分子。当时，科学界还不能区分分子和原子，分子假说很难被人理解，且学术权威不认可分子假说。那时，化学界的权威瑞典化学家 J. J. 贝采利乌斯的电化学学说很盛行，在化学理论中占主导地位；电化学学说认为同种原子是不可能结合在一起的。因此，英国、法国、德国的科学家都不接受阿伏伽德罗的假说，该假说被冷落了半个多世纪。

由于不采纳分子假说而引起的混乱在当时的化学领域中非常严重，各人都自行其是，碳的原子量有定为 6 的，也有定为 12 的，水的化学式有写成 HO 的，也有写成 H_2O 的，醋酸的化学式竟有 19 种之多。当时的杂志在发表化学论文时，也往往需要大量的注释才能让人读懂。

1860 年，欧洲 100 多位化学家在德国的卡尔斯鲁厄举行学术讨论会，会上意大利化学家 S. 坎尼扎罗声言他的本国人阿伏伽德罗在半个世纪以前已经解决了确定原子量的问题。他以充分的论据、清晰的条理、易懂的方法，很快使大多数化学家相信阿伏伽德罗的学说是普遍正确的。同时，坎尼扎罗散发了一篇短文《化学哲学教程概要》，重新提起阿伏伽德罗假说；这篇短文引起了德国青年化学家迈耶尔的注意，他认真研究了阿伏伽德罗的理论，在 1864 年出版了《近代化学理论》一书，更多科学家从这本书里了解并接受了阿伏伽德罗假说，才结束了上述混乱状况。可惜那时候，阿伏伽德罗已经去世多年了，他致死也没有看到自己的学说胜利的那一刻。至今，阿伏伽德罗定律已为全世界科学家所公认。

师承关系

正规学校教育。

学术贡献

阿伏伽德罗最大贡献是提出了分子假说；第一个认识到物质由分子组成、分子由原子组成；分子学说使人们对物质结构的认识推进了一大步。阿伏伽德罗定律认为：在同温同压下，相同体积的气体含有相同数目的分子。阿伏伽德罗常数指摩尔微粒（可以是分子、原子、离子、电子等）所含的微粒的数目。阿伏伽德罗还反对当时流行的气体分子由单原子构成的观点，认为氮气、氧气、氢气都是由两个原子组成的气体分子。

代表作

1811 年，《原子相对质量的测定方法及原子进入化合物时数目之比的测定》，引入了分子的概念，提出了阿伏伽德罗定律。他的四卷作品《有重量的物体的物理学》（1837—1841 年）是第一部关于分子物理学的教程。

获奖与荣誉

他没有到过国外，也没有获得任何荣誉称号。

❧ 学术影响力 ❧

（1）他是第一个认识到物质由分子组成、分子由原子组成的人；他提出的分子假说，促使道尔顿原子论发展成为原子-分子学说，使人们对物质结构的认识推进了一大步，推动了物理学、化学的发展，对近代科学产生了深远的影响。阿伏伽德罗定律、阿伏伽德罗常数均以他的名字命名。

（2）1911年，为了纪念阿伏伽德罗定律提出100周年，在纪念日首次颁发了阿伏伽德罗纪念章，出版了阿伏伽德罗选集，在都灵建成了阿伏伽德罗的纪念像并举行了隆重的揭幕仪式。

（3）1956年，意大利科学院召开了纪念阿伏伽德罗逝世100周年纪念大会。在会上，意大利总统将首次颁发的阿伏伽德罗大金质奖章授予两位著名的诺贝尔化学奖获得者：美国化学家鲍林（因对化学键本质和复杂分子结构理论的研究获得1954年诺奖，因反对核试验获得1962年诺贝尔和平奖）和英国化学家邢歇伍德（提出了分支支链式反应理论，并发现了爆炸反应的界限，获得1956年诺奖）。他们在致辞中一致赞颂了阿伏伽德罗，指出"为人类科学发展作出突出贡献的阿伏伽德罗永远为人们所崇敬"。

❧ 名人名言 ❧

无从考证。

❧ 学术标签 ❧

分子物理学之父、都灵科学院院士。

❧ 性格要素 ❧

非常谦逊，对名誉和地位从不计较。

❧ 评价与启迪 ❧

阿伏伽德罗一生从不追求名誉地位，只是默默地埋头于科学研究工作中，并从中获得了极大的乐趣。阿伏伽德罗早年学习法律，又做过地方官吏，后来受兴趣指引，开始学习数学和物理，并致力于原子论的研究，他提出的分子假说，促使道尔顿原子论发展成为原子—分子学说。该学说使人们对物质结构的认识推进了一大步。但遗憾的是，阿伏伽德罗的卓越见解长期得不到化学界的承认，反而遭到了许多科学家的反对，被冷落了将近半个世纪。

不管取得多么巨大的成就，人都要谦逊；谦虚的态度可以使人进步，使人受到尊重，使人立于不败之地。淡泊名利，宁静致远；对名利地位计较越多，失去的就越多；对名利的态度往往反映着一个人的人品和格局，阿伏伽德罗就是一个人格高尚、格局远大的人。

29. 安徒生的密友、电流磁效应的发现者——奥斯特

姓　　名　汉斯·克里斯蒂安·奥斯特
性　　别　男
国　　别　丹麦
学科领域　电磁学
排　　行　第四梯队（三流）

奥斯特像

❦ 生平简介 ❧

奥斯特（1777 年 8 月 14 日—1851 年 3 月 9 日）出生于兰格朗岛一个药剂师家庭，父亲在小镇里开了一个药房。由于岛上没有学校，奥斯特兄弟只能自学。17 岁时，以优异的成绩考取了哥本哈根大学的免费生。他一边当家庭教师，一边学习药物学、天文、数学、物理、化学等。1799 年他获博士学位，论文题目是《大自然形而上学的知识架构》。

1801—1804 年奥斯特去德国、法国等国家访问，结识了许多物理学家及化学家。其中，约翰·芮特深信在电与磁之间隐藏着一种关系。早在读大学时，奥斯特深受康德哲学思想的影响，认为各种自然力都来自同一根源，可相互转化。因此，奥斯特对芮特的想法很感兴趣，便开始从事该领域的研究。

奥斯特 29 岁起任哥本哈根大学物理学、化学教授，研究电流和声等课题。他非常重视科研和实验，他认为："所有的科学研究都是从实验开始的"。在他的努力指导与推行之下，哥本哈根大学发展出一套完整的物理和化学课程，建立了一系列崭新的实验室。凭借其教书天分，奥斯特的讲课广受欢迎。

1814 年，37 岁的奥斯特结婚，育有三男四女。1815 年起任丹麦皇家学会常务秘书。1820 年 4 月终于发现了电流对磁针的作用，即电流的磁效应，从此声名远播。因这一杰出发现获英国皇家学会科普利奖章以及很多其他奖章与荣誉；并于 1822 年当选为瑞典皇家科学院外籍院士。

他还是卓越的讲演家和自然科学普及工作者，1824 年倡议成立丹麦科学促进协会。1829 年起任丹麦技术大学校长，直到 1851 年 3 月 9 日在哥本哈根逝世，终年 74 岁。

⌘ 花絮 ⌘

（1）成就非凡的奥斯特家庭。

奥斯特一家在法律界和政治界成就非凡。他的妹夫后来成为挪威最高法院从 1814 年至 1827 年的首席大法官，他的妹妹芭芭拉的儿子两度成为挪威国防部长和奥斯陆市长；他的弟弟安德斯·奥斯特成为 1853 年至 1854 年期间的丹麦总理。

（2）电流磁效应的发现——奥斯特实验。

汉斯·克里斯蒂安·奥斯特自从库仑提出电和磁有本质上的区别以来，很少有人再会去考虑它们之间的联系。而安培和毕奥等物理学家认为电和磁不会有任何联系。奥斯特信仰康德的自然哲学观，相信自然界的各种力是统一的，光、电、磁、化学亲和力等在一定条件下可以互相转化。当时，有些人做过实验，寻求电和磁的联系，结果都失败了。

在这种哲学思想的指导下，他一直试图寻找电力与磁力之间的联系，尤其是富兰克林曾经发现莱顿瓶放电能使钢针磁化，更坚定了他的观点。他做了许多实验，都失败了。经过长期不屈不挠的研究和反复的实验，1820 年 4 月，奥斯特终于发现了电流磁效应，见图 2-11。

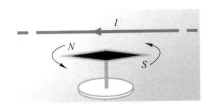

图 2-11　电流磁效应示意图

在一次讲课快结束的时候，奥斯特又作了一次实验。他把一条非常细的铂导线放在一根用玻璃罩盖着的小磁针上方，接通电源的瞬间，发现磁针跳动了一下，这让奥斯特喜出望外。后来的 3 个月时间，他作了多次实验，发现磁针在电流周围都会偏转。又经过 3 个月深入地研究，奥斯特终于弄清楚了在通电导线的周围，确实存在一个环形磁场——这正是他一直在寻找的电流的磁效应。

1820 年 7 月 21 日，奥斯特写成论文《论磁针的电流撞击实验》，正式向学术界宣告发现了电流磁效应，使欧洲物理学界产生了极大震动，导致了大批实验成果的出现，由此开辟了物理学的新领域——电磁学。

（3）与安徒生的忘年交。

安徒生这位文学家是科学家奥斯特的密友。两人是相差 28 岁的忘年交，都有一样的名字：汉斯·克里斯蒂安。安徒生是丹麦著名童话作家，在 16 岁的时候第一次去哥本哈根拜见了 44 岁的、誉满全球的奥斯特。从那时始，安徒生就成了奥斯特家中的常客。后来安徒生报考根本哈根大学的时候，奥斯特是他的主考官，二人亦师亦友。安徒生与奥斯特家人的关系很好。

两人的友谊不仅丰富了双方的精神生活，还对俩人的事业发展很重要。安徒生的写作深受奥斯特的自然观的影响，而奥斯特则尝试创作诗歌与散文。两人还就信仰与知识的关系、当时的技术发明、科学在艺术中的地位等交流了很多看法。安徒生曾预言飞机的发明和英吉利海峡海底隧道的兴建；而奥斯特则预言气球将在气象研究中大显身手，对天气形势进行预报。

安徒生觉得奥斯特像一位慈祥的、具有鼓舞力的、见多识广的父执和朋友，奥斯特则视安徒生为一位对自己充满敬佩心的知己朋友。他俩的友谊是科学与人文可以而且应当交融的活生生的见证。

✺ 师承关系 ✺

先自学，后正规学校教育。

✺ 学术贡献 ✺

他曾对物理学、化学和哲学进行过多方面的研究。

（1）在物理学领域，他首先发现载流导线的电流会产生作用力于磁针，使磁针改变方向；即发现了电流对磁针的作用，即电流的磁效应。

（2）奥斯特曾经对化学亲和力等作了研究。

（3）1822 年，他精密地测定了水的压缩系数值，论证了水的可压缩性。

（4）1823 年，他还对温差电现象作出了成功的研究。

（5）他对库仑扭秤也作了一些重要的改进。

（6）在化学领域，铝元素是他最先发现的；他在 1825 年最早提炼出铝，但纯度不高。这项成就在冶金史上归属于德国化学家弗里德里希·维勒。

（7）他创建了"思想实验"名词，是第一位明确地描述思想实验的现代思想家。

（8）他最后一项研究是 19 世纪 40 年代末期对抗磁体的研究，试图用反极性的反感应效应来解释物质的抗磁性；但法拉第证明不存在所谓的反磁极，并用磁导率和磁力线的概念统一解释了磁性和抗磁性。

✺ 代表作 ✺

（1）1820 年发表了《论磁针的电流撞击实验》，这篇论文仅用了 4 页纸，描述了奥斯特实验，宣告了电流磁效应，开辟了物理学的新领域——电磁学。

（2）他的重要论文《奥斯特科学论文》在 1920 年整理出版。

✎ 获奖与荣誉 ✐

1820 年，因为电流磁效应获得了英国皇家学会的科普利奖章。另外，还获得了很多其他奖章与荣誉。

✎ 学术影响力 ✐

（1）奥斯特发现的电流磁效应，是科学史上的重大发现，它立即引起了那些懂得它的重要性和价值的人们的注意。在这一重大发现之后，一系列的新发现接连出现。两个月后安培发现了电流间的相互作用，阿拉果制成了第一个电磁铁，施魏格发明电流计等。

（2）奥斯特的发现揭开了物理学史上的一个新纪元；奥斯特对磁效应的解释，虽然不完全正确，但并不影响这一实验的重大意义，它证明了电和磁能相互转化，这为电磁学的发展打下基础。

（3）1908 年丹麦自然科学促进协会建立"奥斯特奖章"，以表彰做出重大贡献的物理学家。

（4）1934 年，国际电工委员会为了纪念丹麦物理学者汉斯·奥斯特，以"奥斯特"命名 CGS 单位制（厘米-克-秒单位制）中的磁场强度单位。

（5）1937 年美国物理教师协会设立"奥斯特奖章"，奖励在物理教学上做出贡献的物理教师。

（6）丹麦的第一颗卫星被命名为奥斯特。

✎ 名人名言 ✐

我不喜欢那种没有实验的枯燥讲课，所有科学研究都是从实验开始的。

✎ 学术标签 ✐

电流磁效应的发现者、丹麦皇家学会常务秘书、哥本哈根工学院院长、安徒生的密友。

✎ 性格要素 ✐

博学、严谨；热情洋溢，重视科研和实验。

✎ 评价与启迪 ✐

奥斯特的发现揭示了长期以来认为性质不同的电现象与磁现象之间的联系，电磁学立即进入了一个崭新的发展时期，法拉第后来评价这一发现时说："它猛然打开了一个科学领域的大门，那里过去是一片漆黑，如今充满光明。"安培写道："奥斯特先生已经永远把他的名字和一个新纪元联系在一起了"。

有人说奥斯特的电流磁效应是"偶然地发现了磁针转动"，但是法国的巴斯德说得好："在观察的领域中，机遇只偏爱那种有准备的头脑。"

从1820年7月奥斯特发表电流的磁效应到12月安培提出安培定律，这期间仅仅经历了4个多月时间。但电磁学却经历了从现象的总结到理论的归纳这一大飞跃，从而开创了电动力学的理论。这些成就的取得反映了当时物理学界的杰出人物的思维敏捷与高超的数学水平，也反映了物理学家们锲而不舍的科学钻研精神。

30. 盖·吕萨克定律发现者——吕萨克

姓　　名　约瑟夫·路易斯·盖·吕萨克
性　　别　男
国　　别　法国
学科领域　物理学
排　　行　第四梯队（三流）

ᵔ 生平简介 ᵔ

吕萨克（1778年12月6日—1850年5月9日）出生于塞因特-伦纳德一个比较富裕的家庭，拥有大量土地，父亲是当地的一名检察官。资产阶级大革命在法国爆发后，在他15岁时其父因为涉嫌保王党而被

吕萨克像

捕，家庭的社会地位和经济生活发生了重大变化。他在本地只受过初等教育，但仍刻苦自学。

19岁考入著名的巴黎工业学校；该校学生一律享受助学金，可以减轻家庭的负担，且该校学术水平较高，有不少著名的专家学者都在这里任教。年轻的盖·吕萨克受到过克劳德·贝托莱、德莫沃和福尔克拉等人（此三人都是拉瓦锡的好朋友。其中，贝托莱曾任拿破仑科学顾问，被授予伯爵爵位，1780年被选为法国科学院院士，1789年被选为英国皇家学会会员）的指导。盖·吕萨克非常重视科学观察和实验，他总是认真地记录并分析实验现象和实验数据，反复思考后谨慎地得出自己的结论。他尊重事实而不迷信权威，能够洞察人所不知的奥秘，发现科学真理。为此，他得到贝托莱等人的赏识。毕业后，勤奋好学的吕萨克直接当了贝托莱的助手，从此走上了科研之路。

1805年，与德国科学家洪堡合作，曾历时一年周游欧洲各地，详细地考察过地磁的分布及其规律，并利用各种方法测试了空气中氧气的比例。1806年，在法国科学院的庆祝大会上，28岁的盖·吕萨克当选为该院正式院士。

在他的科学生涯中，由于在与英国科学家戴维的科学竞赛中获得胜利，拿破仑很高兴的任命盖·吕萨克为巴黎大学的物理教授，一直到 1832 年。1826 年被选为彼得堡科学院的名誉院士；1832—1850 年任巴黎国立自然史博物馆化学讲座教授。吕萨克还是一位出色的教师，他的讲课才能吸引了许多学生；他还主办了《化学和物理常年鉴》，为科学事业献出了毕生的心血。

盖·吕萨克不仅是杰出的科学家，还是一位社会活动家。1831 年被选为法国下院议员；1839 年他又进入上院，作为一名立法委员度过了他的晚年。长期的繁忙和危险的工作，潮湿的实验室，使他身患严重的关节炎，健康状况日益恶化。1850 年 5 月 9 日，这位著名科学家在巴黎逝世。这对当时世界科学中心的法国，无疑是个巨大的损失。

❧ 花絮 ❧

（1）推翻导师贝托莱的结论。

当时，他的导师贝托莱正在同化学家普鲁斯特围绕着定比定律进行一场激烈的学术争论。贝托莱让吕萨克以实验事实来证明自己的观点。然而，吕萨克经过反复的实验，所记录到的事实都证明其导师的观点是错误的。他毫不犹豫地将这个结果如实地汇报给老师，指出了老师的错误。对于大科学家来说，真理比自尊心更可贵，贝托莱看完他的实验记录之后，高度赞赏他的敏捷思维、高超的实验技巧和强烈的事业心，特将自己的实验室让给他进行工作，这对吕萨克的早期研究工作起了很大作用。

（2）强烈的爱国主义精神。

特别值得一提的是他的爱国主义精神，他总是把自己的研究工作和祖国荣誉联系在一起。1813 年法国两位化学家在海草灰里发现了一种新元素，但在尚未分离出来时无意地把原料都给了戴维。吕萨克知道后十分激动，坚持认为法国应该率先发现新元素而不是拱手将荣誉让给英国人戴维。于是，他立即动手，昼夜不停地做实验，终于比戴维早 9 天确证了新元素——碘，为法国争得了荣誉。为此，拿破仑也十分高兴。

（3）升空探索之旅。

1804 年的一天，为了研究大气现象和地磁现象，吕萨克和好友毕奥乘坐热气球到高空去采集样品。气球一直升高到了距海平面 5800 米，但毕奥本人不适应高空反应，所以不得已采集了一些空气样品后着陆了。一个半月以后，吕萨克单身再次进行升空试验，使气球达到了 4 英里的高度（超过了阿尔卑斯山顶峰的高度）创造了当时世界上乘气球升空的最高纪录。两次探测的空气样品证明，在高空领地磁强度是恒定不变的，空气的成分也基本相同，只有氧气的含量随着高度而减少。

🖎 师承关系 ❧

正规学校教育。

🖎 学术贡献 ❧

盖·吕萨克在化学上的成就非常巨大。他在物理学上主要从事分子物理和热学研究，在气体性质、蒸汽压、温度和毛细现象等问题的研究中都作出了出色的贡献，对于气体热膨胀性质的研究成果尤为突出。

（1）1801 年，他与道尔顿各自独立地发现了气体体积随温度改变的规律，发现了一切气体在压强不变时的热膨胀系数都相同。这个热膨胀系数经历半世纪后由英国物理学家开尔文确定了它的热力学意义，建立了热力学温标。

（2）1802 年，他研究气体的热膨胀问题，发现了一条重要的定律：一定质量的气体，在压强不变的条件下，温度每升高（或降低）1℃，增加（或减少）的体积，根据一百分度的温度计，等于各气体在冰点与沸点之间体积的 100/26666，现代理想值为 1/273.15。查理（法国物理学家，发现气体的压强随着温度变化的规律——查理定律）比他早几年也作出了同样的发现，但他没有公布于众。后来，人们把气体质量和压强不变时体积随温度作线性变化的定律叫盖·吕萨克定律。

（3）1804 年，为探明高空与地面的空气成分及磁现象的差别做出了开拓性贡献。

（4）1807 年，率先测出气体的比定压热容 C_p 和比定容热容 C_v 的比值 $y = C_p/C_v = 1.372$。同年，他发现了空气膨胀时温度降低，压缩时（无热交换）温度升高。同年，他还发现了空气膨胀时温度降低，压缩时（无热交换）温度升高。

（5）1808 年，盖·吕萨克总结出"在相同温度相同压强下相同体积的不同气体的原子数目相同"的假说，后经过阿伏伽德罗修正，成为阿伏伽德罗定律。

（6）1809 年，盖·吕萨克发现几种气体形成化合物时，它们是按体积比化合的，这种关系可以用来测定原子量。然而，道尔顿拒绝接受盖·吕萨克的成果，他坚持认为吕萨克测出的原子量是错误的。吕萨克研究了前人测定不同气体热膨胀系数很不一致的原因后指出：必须使实验气体充分干燥。

（7）盖·吕萨克通过实验证明，硫、磷等物质中都不含氧，它们是元素，不是化合物。同样，氯化氢的水溶液是酸但不含氧。所以，酸类可分为含氧酸和无氧酸两类，并非所有的酸都含氧。

（8）盖·吕萨克和他的旧友泰纳尔（男爵，法国化学家，研制出了为大家所熟悉的"泰纳尔蓝"（含有氧化铝钴），适用于制造陶瓷的颜料）用钾来处理氧化硼时得到了硼，这是首次获得的元素形态的硼。戴维比他们晚 9 天也宣称独立地分离出了硼。

（9）1813 年，盖·吕萨克还进一步研究了库图瓦所发现的碘，证明这是一种新元素，为碘命名。他又发明了碱金属钾、钠等的新制备方法，继而发现了硼、碘等新元素，在化学上取得了巨大成就。

（10）1815 年，他发现氰，并弄清它作为一个有机基团的性质；他对各种氰化物进行了一系列的研究，最后得出的结论证明氢氰酸或氰化氢不含有氧。这项研究终于证明酸是可以不含有氧的，而且至少证实了拉瓦锡在这方面是错误的。据此，人们得出结论：氢是酸中的主要成分。

（11）他为分析化学家的武器库增加了一项新技术，这就是应用了碱和滴定法。

（12）他特别重视把科学理论成果转化为生产力。他对硫酸制造工艺的改进，就是他对硫化物研究成果的重要应用。19 世纪初流行铅室法制硫酸工艺，但氧化氮不能回收，造成严重污染。1827 年，他提出建造硫酸废气吸收塔，直至 1842 年才被应用，称为盖·吕萨克塔。

❧ 代表作 ❧

盖·吕萨克共发表过 148 篇论文，主要著作有《气体热膨胀》和《湿法检验含银材料的实验规则》等。盖·吕萨克在 1802 年发表了他的论文《气体热膨胀》，文中记叙道："我的实验都是以极大的细心进行的。它们无可争辩地证明，空气、氧气、氢气、氮气、一氧化氮、蒸汽、氨气，粗盐酸、亚硫酸、碳酸的气体，都在相同的温度升高下有着同样的膨胀。我能够得出这个结论：一切普通气体，只要置于同样条件下，就可以在同样温度下进行同样的膨胀"。

❧ 获奖与荣誉 ❧

无从考证。

❧ 学术影响力 ❧

（1）盖·吕萨克定律是一个极为重要的发现。发现数十年后，物理学家克劳修斯和开尔文据此建立了热力学第二定律，并提出了热力学温标（即绝对温标）的概念。

（2）阿伏伽德罗在 1808 年其提出的假说："在相同温度相同压强下相同体积的不同气体的原子数目相同"的基础上，提出了著名的分子假说。

❧ 名人名言 ❧

无从考证。

学术标签

盖·吕萨克定律发现者、法国科学院院士、彼得堡科学院的名誉院士。

性格要素

尊重权威但是不惧权威、勇敢执着、拥有强烈的爱国主义精神、身患重疾却不屈不挠；他顽强地同病魔搏斗，坚持研究工作。

评价与启迪

他尊重权威但是不惧权威；比如对待自己十分敬重的导师，他发现导师是错误的时候，尊重事实，指出导师的错误而不是试图为之遮掩。当然，他的导师也是一位心胸坦荡的人，并没有因为被人指出错误而恼羞成怒，反而非常欣慰，大方认错并对吕萨克进行鼓励。

吕萨克勇敢执着，先后两次做了升空探索实验，创造了当时世界上乘气球升空的最高纪录，成为当时升空最高的人。他不仅仅是一位科学家，也是一个冒险家，敢于冒着生命危险探索大自然的奥秘。他以勇敢无畏的科学精神，奋力探索，使当时人们摆脱了许多错误看法。由于盖·吕萨克等人的杰出成就，法国成了当时世界最大的科学中心。

吕萨克拥有强烈的爱国主义精神，践行了"科学研究没有国界，但是科学家却有国界"的精神。以只争朝夕的精神，比英国科学家戴维率先 9 天发现碘元素，为法国赢得了荣誉。

在晚年身患重疾下，仍不屈不挠地持续研究工作，这种精神激励着人们在各自的工作岗位上爱岗敬业、奉献拼搏。

31. 中学老师出身的电学大师——欧姆

姓　　名　乔治·西蒙·欧姆
性　　别　男
国　　别　德国
学科领域　电学
排　　行　第三梯队（二流）

生平简介

欧姆（1787 年 5 月 16 日—1854 年 7 月 6 日）出生于德国埃尔朗根城一个贫苦的家庭，母亲在他 10

欧姆像

岁的时候就去世了。他的父亲是一位有远大志向的锁匠，他凭借自学掌握了数学和物理方面的知识，成为欧姆的首位老师。受其父影响，欧姆爱好物理和数学，尤其是数学天赋异于常人。11 岁时欧姆就读中学，算是接受了正规的学校教育。后来得到了埃尔朗根大学教授兰格斯多弗的赏识，16 岁时，欧姆进入埃尔朗根大学学习数学、物理和哲学。但可惜的是，此间欧姆变成了一个"问题少年"，跳舞、滑冰、打台球，没有把心思放在学习上。父亲很是恼火，加上生活困难，欧姆不得不辍学并被送到了瑞士，在一所中学任数学教师。此后 20 多年的时间内，他都基本上是在中学任教。

兰格斯多弗 1809 年前往德国海德堡大学任教，欧姆希望跟随他前往海德堡大学继续学习数学，但被拒绝了。兰格斯多弗建议他自学欧拉、拉普拉斯和拉克洛瓦（法国数学家，1765—1843 年，出版了三卷本的《微积分转论》）的著作。于是，欧姆一边当家教一边自学，终于完成了学业，1811 年以《光线和色彩》获得了埃尔朗根大学博士学位。此后，他在母校做了 3 个学期的数学讲师。由于生活所迫，他辗转在几家中学教书：1813 年在班贝格、1817 年在科隆、1826 年在柏林。他热爱科学，工作之余，坚持进行科学研究。

他感兴趣的是当时的研究热点是电学。1825—1827 年，经过多次失败，他终于提出了欧姆定律。欧姆在自己的许多著作里还证明了：电阻与导体的长度成正比，与导体的横截面积和传导性成反比；在稳定电流的情况下，电荷不仅在导体的表面上，且在导体的整个截面上运动。但科学界对他偏见极深，不肯承认他的成果。

直到 1831 年，英国科学家波利特在实验中多次利用他的欧姆定律并得到准确的结果，论文发表后欧姆定律才引起了科学界的注意，并逐步得到认可。1833 年，他担任纽伦堡皇家综合技术学校的教授，终于如愿以偿地从中学教师成为大学教授，并于 1839 年开始担任该校的校长。

1841 年，英国皇家学会授予他科普利金质奖章，并且宣称欧姆定律是"在精密实验领域中最突出的发现"，54 岁的他得到了应有的荣誉。1842 年英国皇家学会聘他为国外会员，1845 年他被接纳为德国巴伐利亚科学院院士，年届六旬的他终于得到了认可，可谓大器晚成。1849 年他任教于慕尼黑大学。1852 年，65 岁的欧姆任实验物理学教授兼任物理系主任，实现了多年的凤愿。不幸的是，1854 年 7 月，67 岁的欧姆在德国满纳希逝世。

～ 花絮 ～

（1）首战失败。

在欧姆之前，虽然还没有电阻的概念，但是已经有人对金属的电导率（传导率）进行研究，傅里叶发现的热传导规律使他受到启发。欧姆第一阶段的实验是探讨电流产生的电磁力的衰减与导线长度的关系，即随着电线长度的增加，电线产生的电磁力减少，他认为电压和电流之间存在一个可测量性公式，1825 年 7 月他发表了第一篇电学论文。但是出现了错误结果，他因此受到了诟病，被认为是一个半路出家的沽名钓誉之徒。这次失败给了他一个深刻的教训——凡事不能急于求成，做研究务必严谨、不能轻率，实验结果务必反复验证。除了一个陌生的科学家波根多夫看到了他身上那种追求真理勇于创新的精神而鼓励他继续钻研并给了他十分中肯的意见外，他听到的只有嘲讽和讥笑。为此，他的自尊心很受伤害，但不愿意就此罢休，决心挽回影响和名誉损失。

（2）电流扭秤。

欧姆的研究工作是在十分困难的条件下进行的，他不仅要忙于教学工作，而且图书资料和仪器都很缺乏，他只能利用业余时间，自己动手设计和制造仪器来进行有关的实验。他花费了很多的时间研究电学原理并向工人学习多种加工技能，以便制备出合适的研究设备。

欧姆用伏打电池或温差电池做实验时，遇到了测量电路不准确的困难。1821年，波根多夫发明了一种原始的电流计，让他看到了精确测量电流的希望。他用一根扭丝挂着磁针并与电线平行放置，强度不同的电流会让磁针偏转不同的角度，最后他制作出了利用电流磁效应原理的电流扭秤，这就是我们现在使用的电流计的雏形。电流扭秤的制备为他后来提出欧姆定律奠定了坚实的基础，因为他可以精确地测试出电流了。

（3）提出欧姆定律。

1826 年，他在两年前错误实验的基础上，用了德国物理学家塞贝克（1770—1831 年，温差电动势的发现者）铋/铜温差电池，不再采用伏打电堆，重新认真地做电流随电压变化的实验。

他把一个接头浸入沸水中，温度保持 100℃；另一接头埋入冰块，温度保持 0℃，从而保证一个能供应稳定电压的电源。该实验中，欧姆巧妙地利用电流的磁效应，利用自己动手制成的电流扭秤，用它来测量电流强度，取得了较精确的结果。他用各种不同的金属导线做实验。他发现，当导线中通过电流时，磁针的偏转角与导线中的电流成正比。

1826 年 4 月，他发表了两篇论文，通过实验给出了傅里叶热传导模型中电导率的数学描述，首次提出了欧姆定律的表述，这为他出版关于电力理论的著作打下了基础。

（4）身处逆境。

1827 年，欧姆在他最重要的著作《伽伐尼电路的数学研究》一书中，完整论述了后来被称为"欧姆定律"的公式。但令人失望的是，这本书的出版非但没有得到应有的认可，反而招来不少讽刺和诋毁。这与两年前他的错误及本身中学教师的身份有关，科学界对他有很深的成见，不认可他的结果。

当时，他的研究成果被忽视，经济也极其困难，欧姆精神抑郁，十分痛苦。他在给朋友的书信中表露自己的理论"生不逢时"，他说自己著作的诞生给他带来了痛苦，埋怨身居高位的科学界主流人士学识浅薄、不识金镶玉。当时的欧姆可谓身处逆境，物质和精神都十分痛苦。

⌘ 师承关系 ⌘

正规学校教育；但是自学的成分也很多。

⌘ 学术贡献 ⌘

欧姆的研究方向主要是电磁学，他做出的最大贡献就是发现了欧姆定律，其定律及其公式的发现给电学的计算带来了很大的方便。

（1）发现了电阻中电流与电压的正比关系，即著名的欧姆定律。欧姆定律是欧姆最大的学术贡献，这在电学史上是具有里程碑意义的贡献。

（2）欧姆独创地运用库仑的方法制造了电流扭力秤，用来测量电流强度，引入和定义了电动势、电流强度和电阻的精确概念。

（3）证明了导体的电阻与其长度成正比，与其横截面积和传导系数成反比；在稳定电流的情况下，电荷不仅在导体的表面上，而且在导体的整个截面上运动。

⌘ 代表作 ⌘

（1）1826 年 4 月，《金属导电定律的测定》发表在德国《化学和物理学杂志》上，提出了欧姆定律。

（2）1827 年，欧姆在他最重要的著作《伽伐尼电路的数学研究》一书中，对欧姆定律作了数学处理，得到一个更加完满的公式 $S = \gamma E$。式中，S 表示电流，E 表示电动势，即导线两端的电势差，γ 为导线对电流的传导率，其倒数即为电阻。欧姆定律应用至今，在教科书中经常出现。

⌘ 获奖与荣誉 ⌘

1841 年被英国皇家学会授予科普利金质奖章。

学术影响力

（1）欧姆定律及其公式的发现，给电学的计算，带来了很大的方便。1864年，英国科学促进会决定以他的名字作为电阻单位。现在，电阻的国际单位制"欧姆"仍然以他的名字命名，符号 Ω。1 欧姆定义为电位差为 1 伏特时恰好通过 1 安培电流的电阻。

（2）欧姆的名字也被用于其他物理及相关技术内容中，比如"欧姆接触""欧姆杀菌""欧姆表"等。欧姆接触是指金属与半导体的接触，而其接触面的电阻值远小于半导体本身的电阻，使得组件操作时，大部分的电压降在于活动区而不在接触面。欧姆杀菌是借助通入电流使食品内部产生热量达到杀菌目的的一种杀菌方法。欧姆表是测量电阻的仪表，中学上课的时候会学到且有实际操作机会；日常生活中很多家庭也有欧姆表。

名人名言

无从考证。

学术标签

欧姆定律发现者。

性格要素

不甘心接受命运摆布、勤奋顽强、卓有才能、追求真理、勇于创新。

评价与启迪

乔治·西蒙·欧姆是一个天才的研究者，一个很有天赋和科学抱负的人。他不甘心接受命运的安排，不屈服于家庭困难的现状，不甘心一辈子做一个中学老师。他业余时间勤奋科研，经过很多失败甚至嘲讽，但做出了电学历史上巨大的贡献，发现了欧姆定律。这在当时来说是非常了不起的事情。

虽然欧姆的科研成果最终得到了认可，但是他被嘲笑被挖苦被讽刺的痛苦经历依旧时不时地折磨他，难以释怀，他为此患上了抑郁症。在那段不堪回首的黑暗日子里，他的朋友劝慰他说："请你相信，在乌云和尘埃后面的真理之光，最终会透射出来并含笑驱散它们"。

科学道路并非坦途，有人跌跌绊绊，有人被摔得头破血流，成功者总是少数；更有路人幸灾乐祸，甚至雪上加霜。希望更多的支持和鼓励出现，能够雪中送炭，就像波根多夫一样，多些中肯的意见。

科学研究不能急于求成，一定要反复试验多加验证，否则带来的后果不堪设想。欧姆的教训可谓深刻，不能不引以为鉴。

32. 英年早逝的物理光学缔造者——菲涅耳

姓　　名　奥古斯丁·让·菲涅耳
性　　别　男
国　　别　法国
学科领域　光学
排　　行　第四梯队（三流）

菲涅耳像

◈ 生平简介 ◈

菲涅耳（1788 年 5 月 1 日—1827 年 7 月 14 日）出生在法国诺曼底的一个贫寒的建筑师家庭。菲涅耳从小体弱多病，直到 8 岁才开始上学，但成绩非常优秀，尤其是数学。18 岁的菲涅耳毕业于巴黎综合工业学校，进入巴黎路校学院学习，并于三年后取得土木工程师的文凭。

毕业后，他当了一名工程师，其后当了法国保皇党员，因反对拿破仑复位而丢掉了职位；直到路易十八复位，他才又复职。26 岁起，菲涅耳开始研究光学，并在次年发表了相关的论文。1823 年，35 岁的菲涅耳当选法国科学院院士；1826 年，当选英国皇家学会会员，并获伦福德奖章。

菲涅耳具有高超的实验技巧和才干，他长年不懈地勤奋工作，获得了许多内容深刻和数量正确的结果。菲涅耳的科学研究都是在业余时间和艰苦的条件下进行的，仅靠微薄的收入来维持研究工作。这种投入花费了他有限的收入并损害了他的健康。1824 年，菲涅耳因严重的咯血而不得不停止科学活动。1827 年，菲涅耳因肺病医治无效去世，年仅 39 岁。

◈ 花絮 ◈

（1）肯定了光的干涉现象。

1814 年，菲涅耳在不知道托马斯·杨已经做了双缝干涉实验并提出干涉原理的情况下开始了光的衍射现象的研究。他将一根细直而光滑的线放在点光源发出的光束中，在屏上看到了彩色条纹，但是当时很多科学家认为这是光的衍射造成的。后来，菲涅耳设计了双面反射镜，利用双面镜的反射得到相干光，产生了明晰的干涉条纹，避开了衍射的因素，从而充分肯定了光的干涉现象的存在。

（2）惠更斯—菲涅耳原理。

1815 年，菲涅耳向法国科学院提交了一篇关于衍射的研究报告。在报告中，菲涅耳根据波的叠加和干涉原理，提出了"子波相干迭加"的概念，对惠更斯原理作了物理上的补充，以严密的数学推理从横波观点出发，圆满地解释了光的偏振。他认为从同一波面上各点发出的子波是相干波，在传播到空间某一点时，各子波进行相干叠加的结果决定了该点的波振幅。为了进行定量的计算，他具体提出了半波带法；半波带法构思之精妙还在于无需什么数学推导。他用半波带法定量计算了圆孔、圆板等形状的障碍物所产生的衍射纹，推出的结果与实验吻合很好。他从波动理论出发，解决了泊松亮斑的生成原理，回答了惠更斯原理所不能圆满解释的一个难题。后来，人们将这个由相干迭加发展了的惠更斯原理称为"惠更斯—菲涅耳原理"。

（3）半波带法。

菲涅耳半波带法是他在 1815 年取得的另一项重要成果。它利用惠更斯-菲涅耳原理来计算从点光源发出的光在传播到任一观察点 P 时的振幅。菲涅耳半波带法构思十分巧妙，并且不需要数学推导，就可以知道衍射条纹形成的概貌。

（4）泊松亮斑与光的波动说。

1818 年，为了鼓励用理论解释光的衍射现象，当时的法国科学院进行了一次有奖科技竞赛。在阿拉果的支持下，菲涅耳向科学院提交了应征论文，以严密的数学推理，从横波观点出发，圆满地解释了光的偏振；用半波带法定量计算了圆孔、圆板等形状的障碍物所产生的衍射花纹，推出的结果与实验非常符合。但是，竞赛委员会的成员包括毕奥、拉普拉斯、西莫恩·德尼·泊松（1781—1840 年，著名数学物理学家，法国科学院院士，深受拉普拉斯和拉格朗日的赏识。他工作的特色是应用数学方法研究各类力学和物理问题，对积分理论、行星运动理论、热物理、弹性理论、电磁理论、位势理论和概率论都有重要贡献，以他的姓名命名的有泊松定理、泊松公式、泊松方程、泊松分布、泊松过程等十几种。是坚定的微粒说者，而盖·吕萨克则态度暧昧，只有阿拉果已经转向了波动说。于是，著名的亮斑"泊松亮斑"出现了，见图 2-12。

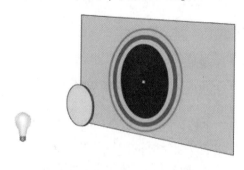

图 2-12　"泊松亮斑"示意图

菲涅耳用事实证明了"泊松亮斑"的存在，使评委会的委员们大为折服。在事实面前泊松等人只好认输，后来人们为纪念在这一问题上泊松的失误，把这阴影中心的亮点称为"泊松亮点"。最终，巴黎科学院将最佳论文奖授予了这位年仅 30 岁的业余研究者，这成了科学史上的一段佳话。在理论和事实面前，微粒说的观点开始动摇，很多人开始放弃微粒说，而加入到波动说的行列中来了。菲涅耳由于在物理光学研究中的重大成就被誉为"物理光学的缔造者"。

（5）铁三角关系。

在菲涅耳的科研生涯中，托马斯·杨和阿拉果（1786—1853 年，法国物理学家和天文学家，完成了著名的圆盘实验）给予了他重要的支持。当然，他的研究对与托马斯·杨通过双缝干涉实验得出的波动理论给予了强有力的支持。菲涅耳和托马斯·杨是复活光的波动学说的两员大将。

菲涅耳与阿拉果合作多年，就二人的关系而言，阿拉果是菲涅耳的恩师，有提携和培养他的恩情；在菲涅耳的论文受到了泊松的诘难时，阿拉果第一时间挺身而出，支持菲涅耳；而菲涅耳的观点也影响了阿拉果，使得他从相信牛顿的微粒说转变成了光的波动说的支持者，甚至为此不惜与毕奥反目。但是，在确定光的偏振性关键问题上，阿拉果不敢坚持这个说法，所以后来的论文没有他的署名。光是横波的理论，菲涅耳也是受到了托马斯·杨的影响（阿拉果转告给菲涅耳）；而托马斯·杨的理论被当时压制了 20 多年，正是菲涅耳的研究才使得托马斯·杨的理论重新被重视并获得了应有的荣誉。托马斯·杨自己也很感谢菲涅耳与阿拉果两人对他的支持。

他们三位是光的波动学说的中流砥柱、铁三角，有共同的目标和追求，他们亲密合作、坦诚相助、互相谦让、互相鼓励。他们之间不存在任何学术利益之争，相比于牛顿和莱布尼茨，在科学史上非常罕见。

菲涅耳在光的波动学说上的贡献远远大于托马斯·杨和阿拉果，比如双面镜干涉实验、惠更斯—菲涅耳原理、半波带法、菲涅耳公式和光的横波性提出等五项重大成果，奠定了他在光的波动说建立中的第一人的地位。

◢ 师承关系 ◣

正规学校教育。

◢ 学术贡献 ◣

菲涅耳一生最主要的贡献是在光学研究上，他在波动光学的研究和发展上取得了一系列重大的研究成果，被誉为"物理光学的缔造者"。菲涅耳的科学成就主要有两个方面，一是衍射，另一成就是偏振。

（1）菲涅耳认为光和热是一组相似的现象，既然光是物质粒子振动的结果，那么热也应当是物质粒子振动的结果，是物质的一种运动形式，而不是什么虚无缥缈没有质量的东西。

（2）菲涅耳在理论上导出了光在以太参照系中运动物体内的速度公式，也就是菲涅耳运动物体中的光速公式，后来被洛伦兹的电子论推导所证实。

（3）他以惠更斯原理和干涉原理为基础，提出了半波带法，用新的定量形式建立了惠更斯–菲涅耳原理，完善了光的衍射理论。菲涅耳严格地把所有衍射现象归于统一的观点，并用公式予以概括，从而永恒地确定了它们之间的相互关系。

（4）菲涅耳设计了双面反射镜，利用双面镜的反射得到相干光，产生了明晰的干涉条纹，避开了衍射的一切因素，实验的结果充分肯定了光的干涉现象的存在。研究了偏振光的干涉，发现了光的圆偏振和椭圆偏振现象，用波动说解释了偏振面的旋转。

（5）1821 年确定了光是横波，得出了振动面转动理论、反射和折射理论、双折射理论的重要结论。光振动是横向的这个假设是非常大胆的，因为根据弹性理论，在稀薄的以太里是不可能产生横向振动的。

（6）1823 年，他发现了光的圆偏振和椭圆偏振现象，用波动说解释了偏振面的旋转。

（7）推出了反射定律和折射定律的定量规律，即菲涅耳方程。由菲涅耳公式可以求一定入射角下反射和透射的相对振幅，也可从振幅的平方求出强度，可以很好地解释光的反射与折射的起偏问题、内全反射现象及半波损失。

（8）解释了马吕斯的反射光偏振现象和双折射现象，奠定了晶体光学的基础，较好地解释了物质的旋光性。

（9）曾利用自己设计的双面镜和双棱镜做光的干涉实验，继托马斯·杨之后再次证实了光的波动性。

（10）他设计了一种特殊的透镜，称为"螺纹透镜"（菲涅耳透镜）。计算出光在运动媒质中传播时所谓的"曳引系数"，以后也为实验所证实。

代表作

1819 年，菲涅耳和阿拉果联名发表了《关于偏振光线的相互作用》，对偏振现象的物理机制和实验情况做出了相应解释，提出了光是横波的说法。书中第二部分涉及到光的偏振性并以菲涅耳的名义发表。

获奖与荣誉

（1）30 岁时荣获巴黎科学院最佳论文奖。

（2）1826 年获得英国皇家学会伦福德奖章。

学术影响力

（1）为确立光的波动学说做出了突出贡献；惠更斯–菲涅耳原理、菲涅耳公式、菲涅耳透镜、菲涅耳半波带法都是以他的名字命名。很多如今仍通行的实验和光学元件都冠有菲涅耳的姓氏，例如：双面镜干涉、波带片、菲涅耳透镜、圆孔衍射等。

（2）光的横波性是波动光学的一个里程碑，开创了光学研究的新阶段，标志着光学进入一个新的时期，奠定了晶体光学的基础。

～ 名人名言 ～

无从考证。

～ 学术标签 ～

法国科学院院士、英国皇家学会会员，被誉为"物理光学的缔造者"。

～ 性格要素 ～

家境贫寒，健康不佳，但具有不畏惧权威、坚持实事求是的科学精神。

～ 评价与启迪 ～

菲涅耳在他短暂的一生中，为波动光学的建立付出了艰苦的劳动，取得了巨大的成功，是19世纪波动光学的集大成者。他以惊人的毅力、勇气和高效率，在科学研究的道路上奋力攀登。他不畏惧权威，具有坚持实事求是的科学精神，充分发挥自己的想象力和创造力，以事实为依据，以严密的数学推理论争和极富创造力的观点，解决了光的波动理论所遇到的一个又一个困难。菲涅耳在波动光学方面的开拓性贡献及其实事求是的科学精神将永存。

33. 自学成才的科学巨匠、电学之父——法拉第

姓　　名　迈克尔·法拉第
性　　别　男
国　　别　英国
学科领域　电学
排　　行　第一梯队（超一流）

～ 生平简介 ～

法拉第（1791年9月22日—1867年8月25日）出生在英国一个贫苦的铁匠家庭。法拉第的童年十分凄苦，幼年时没有受过正规教育，只读了两年小学。他贫穷但质朴的父亲教育子女成为勤劳朴实、不要贪

法拉第像

图金钱地位的正直人，这对法拉第的思想和性格产生了很大的影响。

贫困的家庭无法供他上学。12 岁那年，迫于生计，他上街头当了报童，第二年又到一个书商家里当学徒，正是这个当学徒的机会改变了他的一生。书店里书籍堆积如山，法拉第带着强烈的求知欲望，如饥似渴地阅读各类书籍，汲取了许多自然科学方面的知识。当时，著名的《化学对话》《大英百科全书》等强烈地吸引着他。也正是因为这些著作，使他的视野更加开阔，激发了他对科学的浓厚兴趣。

他努力地将书本知识付诸实践，利用废旧物品制作静电起电机，进行简单的化学和物理实验。他还与青年朋友们建立了一个学习小组，常常在一起讨论问题，交换思想。他有幸参加了学者塔特姆领导的青年科学组织——伦敦城哲学会。通过一些活动，他初步掌握了物理、化学、天文、地质、气象等方面的基础知识，为以后的研究工作打下了良好基础。

法拉第的好学精神感动了一位书店的老主顾，在他的帮助下，法拉第有幸聆听了著名化学家汉弗莱·戴维的演讲。他把演讲内容全部记录下来并整理清楚，回去和朋友们认真讨论研究，还把整理好的演讲记录送给戴维，并且附信，表明自己愿意献身科学事业。结果他如愿以偿，20 岁做上了戴维的实验助手。从此，法拉第开始了他的科学生涯。戴维虽然在科学上有许多了不起的贡献，但他说我对科学最大的贡献是发现了法拉第。

重视实践尤其是科学实验的特点，贯彻在法拉第一生科学活动的始终。1815 年 5 月，24 岁的法拉第回到皇家研究所，在戴维指导下做独立的研究工作。1816 年在戴维的指导下，25 岁的法拉第发表了自己的第一篇科学论文。到了 1821 年，30 岁的他已经发表了超过 30 篇论文。从 1818 年起他和斯托达特合作研究合金钢，首创了金相分析方法。1820 年，他用取代反应制得六氯乙烷和四氯乙烯。

1821 年，法拉第成功以实验证明了电磁转动的现象，完成了第一项重大的电发明。在这两年之前，奥斯特已发现电流磁效应。法拉第从中得到了启发，成功地发明了一种简单的装置，只要有电流通过线路，线路就会绕着一块磁铁不停地转动；这是世界上第一台电动机。虽然简陋，但却是今天世界上使用的所有电动机的祖先。

1823 年，他发现了氯气和其他气体的液化方法。1824 年 1 月，33 岁的他当选为英国皇家学会会员。1825 年 2 月接替戴维任皇家研究所实验室主任，同年发现苯。

1831 年，法拉第作出了关于电力场的关键性突破，永远改变了人类文明。1831 年 10 月 17 日，法拉第发现当一块磁铁穿过一个闭合线路时，线路内就会有电流产生；即首次发现电磁感应现象，并进而得到产生交流电的方法。这个效应被约瑟夫·亨利于大约同时发现，但法拉第的发表时间较早。

1831 年，法拉第用铁粉做实验，形象地证明了磁力线的存在。他指出，这种力线不是几何的，而是一种具有物理性质的客观存在。这个实验说明，电荷或者磁极周围空间并不是以前那样认为是一无所有的、空虚的，而是充满了向各个方向散发的这种力线。他把这种力线存在的空间称之为场，各种力就是通过这种场进行传递的。1831 年 10 月 28 日，法拉第发明了圆盘发电机，这是人类创造出的第一个发电机。

1833—1862 年，他任皇家研究所富勒化学讲座教授。为了证实用各种不同办法产生的电在本质上都是一样的，法拉第仔细研究了电解液中的化学现象，1834 年总结出法拉第电解定律：电解释放出来的物质总量和通过的电流总量成正比，和那种物质的化学当量成正比。这条定律成为联系物理学和化学的桥梁，也是通向发现电子道路的桥梁。

1837 年，他引入了电场和磁场的概念，指出电和磁的周围都有场的存在，这打破了牛顿力学"超距作用"的传统观念。1838 年，他提出了电力线的新概念来解释电、磁现象，这是物理学理论上的一次重大突破。1839 年，他成功完成了一连串的实验带领人类了解电的本质。法拉第使用"静电""电池"以及"生物生电"来产生静电相吸、电解、磁力等现象。他由这些实验，做出与当时主流想法相悖的结论，即虽然来源不同，产生出的电都是一样的。另外，若改变大小及密度（电压及电荷），则可产生不同的现象。

1843 年，法拉第用有名的"冰桶实验"，证明了电荷守恒定律。1852 年，他又引进了磁力线的概念，从而为经典电磁学理论的建立奠定了基础。后来，英国物理学家麦克斯韦用数学工具研究法拉第的磁力线理论，最后完成了经典电磁学理论。

为了探讨电磁和光的关系，他在光学玻璃方面费尽了心血。1845 年，也是在经历了无数次失败之后，他终于发现了"磁光效应"，用实验证实了光和磁的相互作用，为电、磁和光的统一理论奠定了基础。

1846 年，他荣获伦福德奖章和皇家勋章。1848 年，受英国女王丈夫引见，法拉第受赐在萨里汉普顿宫的恩典之屋，并免缴所有开销与维修费。这曾是石匠师傅之屋，后称为法拉第之屋，现位于汉普顿宫道 37 号。

1858 年，法拉第退休并在萨里汉普顿宫的恩典之屋定居。1867 年 8 月 25 日，迈克尔·法拉第因病医治无效与世长辞，享年 76 岁。法拉第和他夫人撒拉没有生育后代，故而没有子女给他送行。

⌒ 花絮 ⌒

（1）发现电磁感应定律的过程。

1821 年，英国《哲学年鉴》的主编约请戴维撰写一篇文章，评述自奥斯特的发现以来电磁学实验的理论发展概况。戴维把这一工作交给了法拉第。法拉第在收集资料的过程中，对电磁现象产生了极大的热情，并开始转向电磁学的研究。他仔细地分析了电流的磁效应等现象，认为既然电能够产生磁。反过来，磁也应该能产生电。于是，他企图从静止的磁力对导线或线圈的作用中产生电流，但是努力失败了。

经过近 10 年的不断实验，到 1831 年法拉第终于发现，一个通电线圈的磁力虽然不能在另一个线圈中引起电流，但当通电线圈的电流刚接通或中断的时候，另一个线圈中的电流计指针有微小偏转。法拉第经过反复实验，都证实了当磁作用力发生变化时，另一个线圈中就有电流产生。他又设计了各种各样实验，比如两个线圈发生相对运动，磁作用力的变化同样也能产生电流。这样，法拉第终于用实验揭开了电磁感应定律。显然，奥斯特只是发现了电流的磁效应，法拉第则掌握了电与磁的相互转变及更多理论。

（2）伉俪情深。

法拉第的夫人撒拉是法拉第好友的妹妹，两人是在教会中认识的。1819 年，法拉第每个星期日晚上都会去好友家中吃饭，跟好友讨论科学或一同唱歌，慢慢地法拉第喜欢上了撒拉。1821 年 6 月 12 日，法拉第与撒拉结为夫妇；二人因为法拉第紧张的研究，无法蜜月旅行，撒拉很是理解。事实证明，撒拉是法拉第的好伴侣：她是法拉第研究成果的第一个分享者，常常鼓励法拉第分享自己的快乐与忧愁；在法拉第遭遇挫折的时候，她总是第一个站出来给予鼓励和安慰，帮助法拉第走出困境。法拉第惊诧于妻子的坚强和善良，他对自己的婚姻十分满意。

法拉第并没有因为婚姻放弃他的读书、研究与朋友，他的生活还是一样很忙碌，在皇家学院做实验、替穷人朋友上化学课等。懂事的撒拉对法拉第十分信任与体谅。当有人质疑撒拉不懂科学如何跟科学家丈夫相处，撒拉很坚定的回答："科学已经深深地吸引他到了剥夺睡眠的地步，我非常满足于成为他内心安歇的枕头。"对撒拉而言，丈夫的健康远比罗曼蒂克的幻想更为重要。婚后，撒拉亲自照顾法拉第的饮食起居。有了撒拉的照顾，法拉第的生活作息变得很规律，不再像从前为了科学研究连饭都吃不及时。

这是段人人羡慕的美好婚姻，长达 46 年，两人一起经历贫穷、不孕、失忆症的危机，但这一切却使得两人情比金坚。在法拉第年老最后的一场演讲中，法拉第最感谢的是他的妻子："她，是我一生第一个爱，也是最后的爱。她让我年轻时最灿烂的梦想得以实现；她让我年老时仍得安慰。每一天的相处，都是淡淡的喜悦；每一个时刻，她仍是我的顾念。有她，我的一生没有遗憾。"

（3）法拉第的恩师戴维。

汉弗里·戴维是英国伟大的化学家、物理学家，但是他在化学上的成就远远大于其在物理学上的成就。他出身贫寒，自幼成长在木匠家庭；但他勤奋好学，逐渐走上了科研的道路。1801 年，23 岁的戴维被皇家研究所聘请，任化学讲师兼管实验室。由于他具有丰富的知识和高超的实验技术，在到职后的 6 个星期就被升为副教授，第二年提升为教授。

戴维的主要成就是发现了治疗面瘫的"笑气"，具有麻醉作用的一氧化二氮。一氧化二氮普遍用于外科手术，主要用来止痛和麻醉，这个发现让他名满天下。1807 年用电解法离析出金属钾和钠；1808 年他成功分离制备了银白色的金属钙和金属镁、锶和钡。1815 年发明了在矿业中检测易燃气体的"戴维灯"，发现了氯，氟，碘等，被认为是发现元素最多的科学家。他发现了制取电弧的方法；发明了电解法置换金属的这一方法，后来这个方法在世界化学界得到了广泛的应用。

由于他的伟大贡献，先后被选为英国皇家学会会员、秘书和会长；并于 1812 年被英国皇室授予爵士爵位，成为英国贵族。戴维是一位在近代化学上做出巨大贡献的伟大化学家，也是法拉第的恩师和伯乐。

法拉第听了戴维的化学讲座之后，将其演讲做了详细记录，他将笔记重新誊并做了精美的装订，在圣诞节前夕送给戴维。他附上一封信，详细介绍了自己的经历，讲述了自己在困难的生活状况下对于科学研究的热爱和执着。这让戴维感同身受，因为戴维本身出身贫寒，在蒸汽机的发明者瓦特的帮助下走上了科研之路，靠着发现笑气名满天下。他深受感动——从笔记本誊抄、装订的技巧以及信件里诚挚得体的语句中，他仿佛看到了法拉第周密谨慎、井井有条的做事作风，这是科学研究不可或缺的。

很快，戴维在实验室里接见了法拉第。两个出身贫寒的人之间存在着天然的亲近感，戴维对法拉第的印象非常好。在戴维的运作下，1813 年 3 月，法拉第如愿以偿地进到皇家研究所的化学研究室，做了戴维的助手。

法拉第在成为戴维的实验室助理后，勤奋好学，工作努力，便深得戴维的喜爱和器重。1813 年 10 月，戴维力排众议带着爱徒法拉第前往欧洲大陆考察，而法拉第的公开身份是仆人，但他不计较地位，也毫不自卑，而把这次考察当作学习的好机会。戴维带他拜会安培、伏特、奥斯特这些欧洲大陆上著名的科学家，参加了各种学术交流活动，还学会了法语和意大利语，开阔了眼界，增长了见识。从此，法拉第慢慢走上了人生的巅峰，而戴维则成了法拉第的恩师和伯乐。

（4）星期五科学沙龙。

法拉第不但是伟大的科学家，也是热心的科普宣传家。在担任皇家研究所实验室主任后，法拉第继承戴维的传统，在讲坛上作了一系列生动有益的科学讲演，这些讲演给皇家学院带来了声誉和不断的捐赠。法拉第每次主讲都很成功，他特有的风度是表面上看去既简单又明白，只有和他相识的多年老友，才知道他讲的内容是进行过深入研究的，并且不知道耗去多少时间和心血。

法拉第在皇家研究所发起了一个"星期五科学沙龙"。每逢星期五晚上，邀请专家学者在皇家研究所举行讲座和研讨，形式不拘，参加者可以携带夫人、家属；讨论题目涉及各个科学领域，可以是最新的实验发现，也可以是信息交流或者高水准的理论探讨。这个周五科学沙龙受到许多专家泰斗的欢迎，也给皇家研究所带来可观的效益。与会者中学识不足的，可以追随大家得到许多新的启发，学识深厚者可以把自己的研究和见解，推广开来。法拉第曾经主讲过一百多次"星期五科学沙龙"。

此后，伦敦皇家研究所的科学演讲持续了将近两个世纪，对英国的科学、文化做出了很大贡献。为其打下基础的是戴维，使其趋于完善的是法拉第。以一般市民为对象的星期五演讲的传统是在戴维、法拉第时代形成的，作为世界上最著名的"科学剧场"直至现在，产生了很大的影响。

（5）黎明前的黑暗时刻。

大概在 1831 年 7—8 月，法拉第未经戴维同意，私自将电磁转动的研究投稿至科学季刊，毁誉参至。有人讥讽他抄袭、只是好运。外来的言语攻击，恩师戴维的冷漠，名教授沃拉斯顿不肯为自己澄清冤情，这是法拉第一生中，唯一想放弃科学的时刻。在一天夜里，法拉第非常难过地说："亲爱的撒拉，我真是狼狈到极点。"撒拉坚定地回答："我宁愿你像一个孩子，因单纯而受到伤害，也不要像一个小人，因受到伤害而处处对人设防"。法拉第惊讶妻子如此坚强，也因为妻子的鼓励而坚持下去。两个月后，当法拉第发表他著名的通电导线在地球磁场影响下的转动实验，在会场里给他最大掌声的却是沃拉斯顿教授。

（6）伯乐和千里马反目成仇。

戴维是法拉第的恩师和伯乐。正是由于戴维的提携，法拉第在 1813 年才得以进入皇家学会的实验室，并从此走上了科研的成功道路。但是，戴维及其新婚妻子一直把法拉第当成自己的学生甚至仆人对待。

当上戴维的助理后，法拉第凭借自己的勤奋与天赋，从实验室里的杂活干起，无论是清洁卫生还是烧制仪器，无论是记录结果还是设计方案，他都认真完成。法拉第作为戴维手下最能干的助手，完美地完成了戴维交给他的所有任务——协助戴维发现了碘元素，证明了金刚石的成分是碳。在完成了琐碎的工作之后，在皇家研究所的地下室里进行了一些自己感兴趣的实验。

法拉第一直对电磁学很感兴趣。但是，他知道恩师戴维将其视为禁脔，不允许他研究电磁学。后来，戴维外出访问，留在伦敦的法拉第查阅了有关电与磁的一切文献，重复了一系列的实验。通过简陋的装置，法拉第发明了世界上第一台电动机。显然，奥斯特只是发现了电流的磁效应，法拉第则掌握了电与磁的相互转变及更多理论。

朋友们都认识到这个发明的重要性，规劝法拉第抓紧对外公布。按道理，法拉第应该等戴维回来，详细汇报后再公布。但考虑当时各国研究电与磁方面的竞争异常激烈，而戴维归期未定，法拉第遂公布了电磁转动的结果。整个欧洲科学界一片哗然，毁誉参半，甚至有人认为他是抄袭。而戴维回到伦敦就被此消息当头棒喝——自己引以为傲的学生、最忠心的助手，竟然背着自己闯进了自己的私家领地，摘取了最大的果实，这引起恩师戴维的极大不满。知名电磁学教授、英国物理学家、化学家沃拉斯顿（1766—1828 年）也怀疑他偷窃了自己的科研成果；法拉第狼狈不堪。

更为严重的是，情商不够高的法拉第没有等戴维回来做解释，反而带着新婚妻子去远方的海滨度假去了，这更加让戴维愤怒，未及深思熟虑的戴维决定"反击"。

不久，法拉第回到伦敦，听到的噩耗是盛传的法拉第"剽窃沃拉斯顿的研究成果"。法拉第忍受不了自己的人格受到怀疑和玷污，当即去沃拉斯顿的实验室，问是怎么回事。沃拉斯顿让法拉第再做了一次关于电动机的实验；看到这一切，沃拉斯顿高兴地说："你发明发动机的方法与我完全不同。关于你'剽窃'我研究成果这件事，纯属子虚乌有！"征得沃拉斯顿的同意，法拉第发表了一篇回顾关于电磁转动问题的研究的全部历史的文章，从而，关于"剽窃"的疑团就烟消云散了。

至此，戴维和法拉第师徒二人反目成仇。甚至在 1824 年众人推荐法拉第加入英国皇家学会的时候，身为会长的戴维竟然给他投了唯一一张反对票。为了平息老师对自己的不满，法拉第放弃了自己擅长的电学研究，转向了自己并不太擅长的领域——用钢与其他金属做成合金以改善钢的性能以及光学玻璃的研制等新型领域。解决这些工程上的问题，浪费了他不少的时间和精力，但除了发现碳氢化合物苯之外，没有取得更大的进展。

直到 1829 年，身患重病的戴维临终之前说道"我最伟大的成绩是发现了法拉第。"算是了结了一段恩怨。这位著名的人物留给我们的，不仅有经验，还有他的教训。

为戴维去世难过一个多月后，法拉第终于拥有了自己独立的实验室，继续从事电磁学研究。质朴的他心怀感恩，一直把戴维记在心间。几年后，他在某会议室看到恩师的画像，发颤地说："我的朋友，这是一个伟大的人！"

（7）年金事件。

大约 1835 年，英国政府感觉科学家待遇太低，于是准备效仿政治家和军事将领，授予在科学上或者文学上有杰出贡献的人年金。皮尔首相很赏识法拉第的卓越成就，他曾对人说："我相信，在活着的学者当中，没有一位比法拉第先生更有资格得到政府的关照。"法拉第知道消息后，马上给首相写了封信，表示自己可以自食其力，坚决拒绝这份年金。但是，这封信在寄出以前被朋友们制止了，他们劝法拉第改变主意，说这样可以改变他窘困的生活状况，但是法拉第执意不肯。

后来政府出现更迭，新任首相不了解法拉第，言语中流露出对科学技术人员的轻视。他认为年金对文臣武将来说是受之无愧的，对科学家或者作家来说，那就算是一种恩惠了。法拉第感觉受到了莫大的侮辱，他立刻结束谈话，告别回家，并给他写了第一张便条，措辞简短而坚决，拒绝接受政府恩惠。首相不知道自己触怒了法拉第，直到后来才感到问题严重，亲自写来道歉信，信的措辞坦率而客气，这场"年金事件"才算圆满解决。圣诞节前夕，政府宣布授予法拉第一项特别年金，每年 300 英镑，以表彰他对英国科学事业的特殊贡献。

（8）法拉第冰桶实验。

1843 年法拉第做了冰桶实验，用来验证电荷守恒定律。法拉第把白铁皮做的冰桶放在绝缘物上，用导线把冰桶外面与金箔验电器相接。用丝线将带电小黄铜球吊进冰桶内，随着小球的深入，验电器箔片逐渐张开并达到最大张角；随后即使小球再深入，甚至与冰桶接触，张角也不再变化；且结果与冰桶内是否装有其他物质以及小球是否与之接触均无关。冰桶实验表明，其中的电荷可以转移变动，但不会无中生有，也不会变有为无，总量守恒。这是电荷守恒定律第一个令人满意的实验证明。

（9）圣诞节少年科学讲座。

法拉第亲自体会过科学讲座对少年儿童的重大影响，因此他在皇家研究所倡导了圣诞节少年科学讲座。他坚信，科学应该为大众了解，而且要从孩子开始。这个活动受到了广大市民的欢迎，就连维多利亚女王的丈夫阿尔伯特亲王都慕名带着两个王子来听讲座。法拉第的第一场讲座是关于蜡烛的化学变化问题，他从蜡烛的制造谈起，围绕着蜡烛燃烧时发生的各种化学变化，生动地阐述了氢、氧、氮、水、空气、二氧化碳等物质的特性和相互关系；讲座获得极大的成功。

这个讲座从 1860 年开始，每年圣诞节放假期间，都会为少年儿童举办一系列科普讲座。这个讲座，法拉第一共讲了 19 年；每一次讲座都像过节一样热闹非凡，充满着欢乐；期间有众多少年儿童听过讲座，他们之中的许多人受到法拉第的影响，也开始爱上了为人类谋福利的科学事业。

（10）《蜡烛的故事》。

法拉第关于蜡烛的系列讲座，后来由一位朋友替他编辑出版，取名《蜡烛的故事》，见图 2-13。这本生动有趣的科普读物后来被翻译成世界各国文字，直到一百多年后的今天还深受欢迎。

在《蜡烛的故事》里，法拉第殷切地说道："希望你们年轻的一代，也能像蜡烛为人照明那样，有一分热，发一分光，忠诚而踏实地为人类伟大的事业贡献

图 2-13 《蜡烛的故事》封面

自己的力量。燃烧自己,把光明献给人类。"

这种蜡烛精神正是法拉第一生的写照!为了追求真理,造福后世,法拉第默默地奉献出自己的每一分热、每一分光。

(11)拒绝受封爵士。

按照英国皇室的传统,授予杰出人物以贵族称号。远自牛顿,近至戴维都曾获此荣耀。鉴于法拉第在科学研究上的丰功伟绩,皇室考虑要封他为爵士;凭其贡献和声望,他是当之无愧的。但是,当皇室几次派人来说明此意时,法拉第都谢绝了。他答复说:"我以生为平民为荣,并不想变成贵族。"

这是法拉第与其恩师戴维很大的不同。戴维以受封爵士为荣,并且喜欢到处用爵士衔签名。法拉第却拒绝了贵族称号,他永远是一个来自人民又造福人民的平民科学家。

(12)拿破仑给法拉第写信。

法拉第在科学上的贡献太大了,以至于大名鼎鼎的法国皇帝拿破仑在第二次被囚禁期间,也从圣赫勒拿岛给法拉第写信,表达对法拉第的敬意。"我在报纸上读到您在科学上的重要发现和发明,对您非常钦佩。我联想到自己的一生,深深感到遗憾,我过去的岁月实在浪费在太多无聊的事情上了。"

∽ 师承关系 ∽

基本是自学成才,也是英国著名化学家戴维的学生和助手。

学术贡献

在电学方面，法拉第研究负载直流电的导体与附近磁场之间的关系，奠定了电磁学的基础。化学方面发现电分解定律，发现苯，实现了氯气的液化。

(1) 1931 年 10 月 17 日首次发现电磁感应现象，并进而得到产生交流电的方法。他用实验证明了运动中的电能感应出磁，同样运动中的磁也能感应出电；10 月 28 日发明了圆盘发电机——人类历史上第一台发电机。在电磁学方面做出了伟大的贡献。

发现法拉第电磁感应定律——是电磁学中的一条基本定律（因磁通量变化产生感应电动势的现象）：任何封闭电路中感应电动势的大小，等于穿过这一电路磁通量的变化率。该定律与变压器、电感元件及多种发电机的运作有关系，他的发现奠定了电磁学的基础，是麦克斯韦的先导。

(2) 在对于静电的研究中，法拉第发现在带电导体上的电荷仅依附于导体表面，且这些表面上的电荷对于导体内部没有任何影响。造成这样的原因在于，在导体表面的电荷彼此受到对方的静电力作用而重新分布至一稳定状态，使得每个电荷对内部造成的静电力互相抵销。这个效应称为屏蔽效应，并被应用于法拉第笼上。

(3) 证明不存在所谓的反磁极，并用磁导率和磁力线的概念统一解释了磁性和抗磁性。

(4) 在物理学中建立起电场和磁场的概念，奠定了电磁学的基础；法拉第在研究电场时首先提出场的观点。他认为电荷会在其周围空间激发电场，处于电场中的其他电荷将受到力的作用，即电荷与电荷的相互作用时通过存在于它们之间的场来实现的。

(5) 发现了电磁感应、抗磁性及电解定律，推广许多专业用语，如阳极、阴极、电极及离子等。

(6) 提出了电力线、磁力线和电磁线以及静电、电池、生物生电、静电相吸、电解的新概念来解释电、磁现象。

(7) 通过冰桶实验证明了电荷守恒定律。

(8) 发现磁场能对光线产生影响。发现如果有偏振光通过磁场，其偏振作用就会发生变化，这一发现具有特殊意义，首次表明了光与磁之间存在某种关系（磁光效应），进而在 1845 年发现两者间的基本关系——法拉第效应（法拉第命名为抗磁性）。法拉第效应会造成偏振平面的旋转，这旋转与磁场朝着光波传播方向的分量呈线性正比关系；证明了光和磁力有联系。

(9) 在对静电的研究中，法拉第发现在带电导体上的电荷仅依附于导体表面，且这些表面上的电荷对于导体内部没有任何影响。造成这样的原因在于在导体表面的电荷彼此受到对方的静电力作用而重新分布至一稳定状态，使得每个电荷对内部造成的静电力互相抵销。这个效应称为遮蔽效应。

（10）首创了金相分析方法。

（11）在他生涯的晚年，他提出电磁力不仅存在于导体中，更延伸到导体附近的空间里。法拉第也提出电磁线的概念：这些流线由带电体或者是磁铁的其中一极中放射出，射向另一电性的带电体或是磁性异极的物体。

～ 代表作 ～

法拉第将他的一生所做的实验进行了总结，1831 年写出了《电磁实验研究》，详细描述了电磁感应现象。由于法拉第基本上不懂数学，在这部著作中人们几乎找不到一个数学公式，以至于有人认为它只是一本关于电磁学的实验报告。但是，正是因为他不懂数学，他才不得不想尽方法用简单易懂的语言来表达高深的物理规律，才有力线和场这样简明而优美的概念。他在物理上具有足够的"灵性"捕获新思路，这一点比处处依赖数学的玻恩强。

他自 1820 年开始到 1862 年，每天坚持整理记录他的实验日记，并于 1932 年出版，共七大卷，3000 多页。

～ 获奖与荣誉 ～

1846 年获得伦福德奖章和皇家勋章。

～ 学术影响力 ～

（1）电磁感应现象是电磁学中最重大的发现之一，它显示了电、磁现象之间的相互联系和转化。电磁感应现象扫清了探索电磁本质道路上的拦路虎，对其本质的深入研究所揭示的电、磁场之间的联系，开通了在电池之外大量产生电流的新道路，对麦克斯韦电磁场理论的建立具有重大意义。事实上，没有哪一项技术特征能像电的使用那样完全地渗入当代世界，具有划时代意义的电磁感应现象永远改变了人类文明。

（2）提出了电力线和磁力线的新概念来解释电、磁现象，这是物理学理论上的一次重大突破。通过强调不是磁铁本身而是它们之间的"场"，为当代物理学中的许多进展开拓了道路，其中包括麦克斯韦方程。这个概念帮助世人能够将抽象的电磁场具象化，对于电力机械装置在 19 世纪的发展有重大的影响，而这些装置在之后的 19 世纪中主宰了整个工程与工业界。

（3）法拉第常数（F）以法拉第的名字命名，它是近代科学研究中的重要物理常数，尤其在电化学中。代表每摩尔电子所携带的电荷，是阿伏伽德罗常数与元电荷的乘积（$F=eN_A$）；在确定一个物质带有多少粒子或者电子时这个常数非常重要。一般认为法拉第常数的值是 96485.33289±0.00059C/mol，此值是由美国国家标准局所依据的电解实验得到的，也被认为最具有权威性。

（4）用实验证实了光和磁的相互作用，为电、磁和光的统一理论奠定了基础。

（5）电磁线这个概念帮助世人能够将抽象的电磁场具象化，对于电力机械装置在 19 世纪的发展有重大的影响；这些装置在之后的 19 世纪中主宰了整个工程与工业界。

（6）法拉第的发现为大规模利用电力提供了基础，后来人们利用法拉第电磁感应定律制造了感应发电机，他发明的圆盘发电机是现代发电机的开端，从此蒸汽机时代进入了电气化时代。

❧ 名人名言 ❧

（1）我不能说我不珍视这些荣誉，并且我承认它很有价值，不过我却从来不曾为追求这些荣誉而工作。

（2）拼命去争取成功，但不要期望一定会成功。

（3）科学家不应是个人的崇拜者，而应当是事物的崇拜者。真理的探求应是他唯一的目标。

（4）希望你们年轻的一代，也能像蜡烛为人照明那样，有一分热，发一分光，忠诚而踏实地为人类伟大的事业贡献自己的力量。

（5）一旦科学插上幻想的翅膀，它就能赢得胜利。

（6）学习这件事不在乎有没有人教你，最重要的是在于自己有没有觉悟和恒心。

（7）爱情既是友谊的代名词，又是我们为共同的事业而奋斗的可靠保证，爱情是人生的良伴，你和心爱的女子同床共眠是因为共同的理想把两颗心紧紧系在一起。

❧ 学术标签 ❧

由于他在电磁学方面做出了伟大贡献，被称为"电学之父"和"交流电之父"；号称 19 世纪全世界最懂电磁波实验的有两人，一位是法拉第，另一位就是赫兹；英国皇家学会会员、世界十大杰出物理学家之一。

❧ 性格要素 ❧

他在学术上孜孜以求，在生活上谦虚谨慎，是一个正直、诚实、懂得感恩的人；忠诚、踏实、默默付出、甘为人梯。

❧ 评价与启迪 ❧

在他留下来的笔记中，有下面一段话："我一直冥思苦索什么是使哲学家获得成功的条件。是勤奋和坚韧精神加上良好的感觉能力和机智吗？但是，我长期以来为我们实验室寻找天才却从未找到过。不过我看到了许多人，如果他们真能严格要求自己，我想他们已成为有成就的实验哲学家了。"

开尔文勋爵在纪念法拉第的文章中说："他的敏捷和活跃的品质，难以用言语形容。他的天才光辉四射，使他的出现呈现出智慧之光，他的神态有一种独特之美，这有幸在他家里或者皇家研究所见过他的任何人都会感觉到的，从思想最深刻的哲学家到最质朴的儿童。"

法拉第成为英国著名的物理学家、化学家，是通过他自己的不断努力得来的，他是自学成才的科学家典型模范。仅仅只上过几年小学的法拉第，通过自己的自学成才，最终成为了皇家研究所实验室主任。

法拉第是一个伟大的人，他对于科学有着坚韧不拔以及坚持不懈的探索精神，他所有的发明都为了人类的进步做出了相当巨大的贡献，而且他所有的科学研究都是在艰苦的环境之中进行的。他的科学研究造福了世界，社会之所以可以有今天的繁荣和富强，必定要与法拉第这样的科学家息息相关的，没有他们的研究和发明，社会的文明程度就有可能就不是今天的面貌了，所以法拉第是世界的造福者，是伟大的科学家。他忠诚而踏实地为人类伟大的事业贡献自己的力量；"蜡烛精神"是法拉第一生的写照！为了追求真理，造福后世，法拉第默默地奉献出自己的每一分热、每一分光。

英国学者托马斯·富勒说过："妒忌使他人和自己两败俱伤。"在逐渐成为法拉第进步的绊脚石之后，戴维自己的科研和健康就在走下坡路，直至英年早逝；而如果不是他的阻碍，法拉第注定能为人类做出更多更大的贡献。可以想见，如果不是戴维的妒忌，法拉第紧接着他1821年的发现探索下去，电磁感应定律的诞生或许会提早许多年。放眼古今中外，这样的例子在科学圈，甚至在人类社会各个领域都不鲜见。"往者不可谏，来者犹可追"，即使不是一方巨擘，平凡如你我，应该也能从戴维和法拉第的故事里得到些许启示吧。宽容大度是每个人品格上应该追求的优点。而嫉妒就是一个恶魔！

虽然法拉第是一位非常出色的实验学家，他的数学能力与之相形就显得相当薄弱，只能计算简单的代数，甚至难以应付三角学，这与他没有接受正规教育是分不开的。不过，法拉第懂得使用条理清晰且简单的语言表达他科学上的想法。他的实验成果后来被麦克斯韦使用，并建立起了当今的电磁理论的基础方程式。试想，倘若他有雄厚的数学功底，说不定麦克斯韦方程的建立者就未必是麦克斯韦。数学是一切自然科学的基础和工具，学好数学对人类的成长至关重要；即使不做科研，数学仍然十分重要，可以帮助我们提高逻辑思维能力。

34. 英年早逝的悲剧性人物、热机理论奠基人——卡诺

姓　　　名　萨迪·卡诺
性　　　别　男
国　　　别　法国
学科领域　热力学
排　　　行　第四梯队（三流）

卡诺像

☙ 生平简介 ❧

卡诺（1796 年 6 月 1 日—1832 年 8 月 24 日）在巴黎小卢森堡宫降生，时值法国资产阶级大革命之后和拿破仑夺取法国政权之前的动乱年月。卡诺的父亲拉扎尔·卡诺在法国大革命和拿破仑第一帝国时代担任军政要职；先后是罗伯斯庇尔的十二人公安委员会的成员之一、拿破仑第一执政手下的战争部长及滑铁卢战争前百日政权的内政部长。其父在法国大革命战争中获得伟大的名号——"组织胜利的人"，是极其优秀而成功的军备与后勤天才，在法国历史上，只有路易十四的军备天才卢福瓦侯爵才与他并肩齐名（卢福瓦，1641—1691 年，法国政治家，路易十四时代法国最著名的伟大人物之一，先后担任陆军国务大臣和战争部长，对法国军队进行了大刀阔斧的改革；他的军队改革措施帮助法国在 1672—1678 年的法荷战争中夺取了胜利）。

拿破仑能够称霸欧洲，过半原因都要归功于征兵制与拉扎尔·卡诺的贡献。当拿破仑帝国在 1815 年被倾覆后，拉扎尔被路易十八流放普鲁士，1823 年病死于易北河畔、现萨克森-安哈尔特州的首府。拉扎尔的民主共和的思想给卡诺打上了深刻的烙印，他后来遭受的厄运给卡诺造成了巨大的精神创伤，并导致了社会对卡诺的歧视。

拉扎尔不仅是一位政治家，而且是一位对机械和热学颇有研究的科学家，1796 年被选为法国科学院院士。他于 1782 年、1787 年和 1803 年先后发表过《通用机器》《拉扎尔·卡诺数学全休》和《运动和平衡的基本原理》；在热学及能量守恒与转化定律的发现上，均有所贡献。

1807 年，拉扎尔辞去军政界的职务，专事对卡诺及其弟进行科学教育。父亲教给他们科学知识，使年轻的卡诺兼具理论才能和实验技巧。1812 年，16 岁的卡诺考入巴黎综合理工学院，主要攻读分析数学、分析力学、画法几何和化学；受教恩师包括盖·吕萨克、安培、泊松和阿拉果这样一著名科学家。

蒸汽机的发明，使法国和英国日益工业化，为它们增加了国力和财力。亲身经历了这场蒸汽机革命冲击的卡诺对热机效率这个问题产生了兴趣。他在走访工

厂期间发现热机效率低是当时工业界的一个普遍难题，这引导他走上了热机理论研究的道路。

他兼有理论科学才能与实验科学才能，是第一个把热和动力联系起来的人，是热力学的真正的理论基础建立者。他出色并创造性地用"理想实验"的思维方法，提出了最简单，但有重要理论意义的热机循环——卡诺循环，并假定该循环在准静态条件下是可逆的，与工质无关，创造了一部理想的热机（卡诺热机）。

其父拉扎尔病故后，卡诺的弟弟回到巴黎，协助卡诺完成了《谈谈火的动力和能发动这种动力的机器》这部书的写作，在 1824 年 6 月 12 日发表；卡诺在这部著作中提出了"卡诺热机"和"卡诺循环"的概念及"卡诺定理"。

七月革命（拿破仑在滑铁卢惨败之后，1830 年 7 月法国推翻复辟波旁王朝，拥戴路易·菲利浦登上王位的革命）后，革命党人提名他为巴黎内阁成员。他厌恶这种官衔世袭的作法，断然拒绝并继续从事科学研究。1831 年，卡诺开始研究气体和蒸汽的物理性质。

1832 年 6 月，他患了猩红热，不久后转为脑炎，身体受了致命的打击。后来他又染上了流行性霍乱，同年 8 月 24 日逝世，终年 36 岁。卡诺性格孤僻而清高，他一生只有屈指可数的几位好友。

❧ 花絮 ❧

（1）死后遗物大量丢失。

卡诺去世时年仅 36 岁，按照当时的防疫条例，霍乱病者的遗物应一律付之一炬。因此，卡诺生前所写的大量手稿被烧毁，幸得他的弟弟将他的小部分手稿保留了下来。这部分手稿中有一篇是仅有 21 页纸的论文——《关于适合于表示水蒸气的动力的公式的研究》。其余内容是卡诺在 1824—1826 年间写下的 23 篇论文，它们的论题主要集中在这样 3 个方面：关于绝热过程的研究；关于用摩擦产生热源；关于抛弃"热质"学说。这些遗作直到 1878 年才由他的弟弟整理发表出来。

（2）抛弃"热质说"。

卡诺在 1824 年论著中借用了"热质"的概念，这是他的理论在当时受到怀疑的一个重要原因。卡诺之所以要借助于"热质"，是为了便于通过蒸汽机和水轮机的形象类比来发现热机的规律。在卡诺看来，"热质"正如水从高水位流下推动水轮机一样，它从高温热源流出以推动活塞，然后进入低温热源。在整个过程中，推动水轮机的水没有量的损失。同样，推动活塞的"热质"也没有损失。为了避免混乱，卡诺在谈到热量或热与机械功的关系时，就不用"热质"一词，而改用"热"。在他后来的研究记录中彻底抛弃了"热质"一词。在一个很长的时间内，不少人说卡诺是"热质"论者，这是有误解的。

卡诺抛弃"热质"学说是受到菲涅耳的影响。菲涅耳认为光和热是一组相似的现象，既然光是物质粒子振动的结果，那么热也应当是物质粒子振动的结果，是物质的一种运动形式，而不是什么虚无缥缈没有质量的东西。卡诺接受了菲涅耳的设想，他一方面运用热的动力学新概念重新审度他在 1824 年提出的热机理论，发现只要用"热量"一词代替"热质"，他的理论仍然成立。另一方面，他又深入研究伦福德伯爵和戴维的摩擦生热的实验，并计划用实验来揭示在液体或气体中的摩擦热效应的定量关系，他计算出热功当量为 3.7 焦耳/卡，比焦耳的工作超前将近 20 年。

（3）卡诺理论被认可的曲折而漫长的过程。

在卡诺去世两年后，1834 年《谈谈火的动力和能发动这种动力的机器》才有了第一个认真的读者——伯诺瓦·保罗·埃米尔·克拉佩龙。克拉佩龙，1799—1864 年，法国物理学家，法国科学院院士；发展了可逆过程的概念，给出了卡诺定理的微分表达式，是热力学第二定律的雏形；他用这一发现扩展了克劳修斯的工作，建立了计算蒸气压随温度变化系数的克劳修斯—克拉佩龙方程。他将波义耳定律和查理—盖吕萨克定律结合起来，把描述气体状态的 3 个参数：压强、体积和温度归于一个方程，即一定量气体，体积和压力的乘积与热力学温度成正比，被称为克拉佩龙方程，即理想气体状态方程 $PV=nRT$。

克拉佩龙是巴黎综合理工学院的毕业生，只比卡诺低 3 个年级。1834 年，他在学院出版的杂志上发表了题为《论热的动力》的论文，但未引起学术界的注意。虽然卡诺已经发展了一种更为清晰的分析热机的方法，他仍然使用了烦冗落后的热质说来解释。克拉佩龙则使用了更为简单易懂的图解法，表达出了卡诺循环在 P-V 图上是一条封闭的曲线，曲线所围的面积等于热机所做的功。

10 年后，开尔文在法国学习时，偶尔读到克拉佩龙的文章，才知道有卡诺的热机理论。然而，他找遍了各图书馆和书店，都无法找到卡诺的 1824 年论著。实际上，他在 1848 年发表的《建立在卡诺热动力理论基础上的绝对温标》一文，主要根据克拉佩龙介绍的卡诺理论来写的。1849 年，开尔文终于弄到一本他盼望已久的卡诺著作。之后，克劳修斯也遇到了同样的困难，他一直没有原著，只是通过克拉佩龙和开尔文的论文熟悉了卡诺理论。

这些事实表明，在 1824 年至 1878 年间，卡诺的热机理论一直没有得到广泛传播。卡诺生前的好友罗贝林在法国《百科评论》杂志上曾经这样写道：卡诺孤独地生活、凄凉地死去，他的著作无人阅读，无人承认。

很难说清学术界是什么时候开始公认卡诺热机理论的，因为在他去世后，没有任何学术团体或学校授予卡诺任何称号。可以这样说，卡诺的学术地位是随着热功当量的发现，热力学第一定律、能量守恒与转化定律及热力学第二定律相继被揭示出来的过程慢慢地形成的。卡诺的理论除了对克拉佩龙、开尔文和克劳修斯等少数几位物理学家产生过影响外，它在整个物理学界未曾引起过反响。直到 1878 年他的《谈谈火的动力和能发动这种动力的机器》第二版和他生前遗稿发表后，物理学界才普遍知道了卡诺和他的理论。不过，那时热力学已经有了迅速发展，他的著作就成了历史遗物，除少数科学史家和教科书编纂者偶尔翻翻外，没有更多人去认真读它。

卡诺的理论不仅是热机的理论，它还涉及热量和功的转化问题，因此也就涉及热功当量、热力学第一定律及能量守恒与转化的问题。可以设想，如果卡诺的理论在 1824 年就开始得到公认或推广的话，这些定律的发现可能会提前许多年。这种估计不算过分，根据前面的分析，卡诺至迟在 1824—1826 年间就计算过热功当量，这比焦耳的工作要早近 20 年。虽然他的计算不够精确，但他的理论见解是正确的。我们有理由相信，在他那些被烧毁的手稿中可能还有更多的热力学知识。

∾ 师承关系 ∾

基本是正规学校教育。

∾ 学术贡献 ∾

1824 年，卡诺在"热质说"和"永动机不可能"的基础上证明了后来著名的"卡诺定理"，这不仅推论出了热机效率的最上限，而且也包含了热力学第二定律的若干内容；提出了"卡诺热机"和"卡诺循环"的概念。

∾ 代表作 ∾

（1）1824 年发表论文《谈谈火的动力和能发动这种动力的机器》中提出了"卡诺热机"及"卡诺定理"，还提出了热机最高效率的概念。

（2）卡诺在《关于热的动力的思考》中还引进了可逆循环的概念；将热机做功的过程总结成包括两个等温过程和两个绝热过程的卡诺循环，用现代的术语来表达这种新的循环包括等温膨胀、绝热膨胀、等温压缩和绝热压缩 4 个过程。

∾ 获奖与荣誉 ∾

没有任何荣誉；其著作少人知晓。

∾ 学术影响力 ∾

卡诺循环和卡诺定理的提出是热力学重要的理论基础，从理论上解决了提高热机效率的根本途径。卡诺的理论在当年抓住了热机的本质，也成为热力学的第一块奠基石。卡诺定理的应用非常广泛，几乎能够适用于任何热力学系统的卡诺循环过程，具有明显的普适性。

∾ 名人名言 ∾

无从考证。

学术标签

热机理论奠基人、热力学的创始人之一。

性格要素

性格孤僻而清高，厌世，仅有少数几个朋友，孤独地生活，凄凉地死去。

评价与启迪

卡诺对热力学做出了不凡的贡献；他不仅解决了热机效率的工程问题，而且开创了热力学这门物理新学科，如果他不是英年早逝的话，很有可能是在热力学上做出更大的贡献。卡诺是个悲剧式的人物，尽管他做出了不朽的贡献，其影响力甚至一直延续到现在，但英年早逝，天妒英才，可悲可叹。由于他的个性使然，无形中使得他的悲惨遭遇得到了放大；倘若他能及时改变自己，乐观向上，奋发有为，那么他仍然可以改变自己的命运，无论是做人还是做学问上。可惜，天资聪慧的卡诺情商太低，导致了他的人生悲剧。

其实，前面已经介绍了很多遭逢不幸的科学家，比如安培，可能遭遇到的事情更多，但是他并未沉沦，浪子回头，及时醒悟，振作起来，努力作为，重启征程，发愤图强，在逆境中成就辉煌的人生。

所以说，身处逆境一定要积极乐观，一定要振作，不灰心不丧气，勇于接受生活的挑战，奋发有为，广交朋友，才能在生活和事业上立于不败之地，避免卡诺式的悲剧。

35. 美国科学院前院长、电磁学的无冕之王——亨利

姓　　名　约瑟夫·亨利
性　　别　男
国　　别　美国
学科领域　电磁学
排　　行　第二梯队（次一流）

生平简介

亨利像

亨利（1797—1878 年 5 月 13 日）出生在纽约州一个贫穷的工人家庭。由于家境贫困，他 10 岁就在乡村小店里当伙计。13 岁那年爱上了读书，尤其是 1808 年伦敦出版的《格利戈里关于实验科学、天文学和化学的演讲集》对他影响最大。

这本著作提出了一个问题："向空中扔一块石头或者射出一支箭，为什么它不是一直向前飞去？"这个问题把亨利彻底迷住了，将他引导向科学事业。13 岁失学后，他在钟表铺当学徒。后来，自学考进了奥尔巴尼学院，学习化学、解剖学和生理学，准备当一名医生。毕业后为了谋生，他先后做过勘探员、助教和讲师，期间刻苦从事电磁学研究。

他被认为是本杰明·富兰克林之后最伟大的美国科学家之一，对于电磁学贡献巨大，有些方面甚至媲美法拉第。例如他于 1830 年的独立研究中发现法拉第电磁感应定律，比法拉第早发现这一定律，但并未公开。1832 年，亨利成为新泽西学院（今普林斯顿大学）的自然哲学教授，一直到 1846 年。

约瑟夫·亨利是美国促进科学研究所的创始成员之一，也是史密森尼学会首任会长。史密森学会的创建源于 19 世纪英国一位著名的化学家和矿物学家詹姆斯·史密森的捐赠，他 22 岁被选为英国皇家学会会员；史密森学会是唯一由美国政府资助的半官方性质的博物馆机构，1846 年创建于首都华盛顿特区，在哪里建造了一座以史密森名字命名的庞大博物馆群；史密森学会下设 14 所博物馆和 1 所国立动物园。

1848~1878 年，他是新成立的史密森研究所（从 1848 年起，亨利把史密森学会办成了美国进行基础科学研究的史密森研究所，成为 1861 年南北战争前美国联邦政府拥有的唯一的基础科学研究机构）的秘书和第一任所长，负责气象学研究。南北战争期间（1861 年 4 月 12 日—1865 年 4 月 9 日），亨利受命担任了北方政府的军事发明顾问。1867 年起，亨利任美国科学院院长，直到 1878 年 5 月 13 日在华盛顿逝世。

花絮

（1）制作强电磁铁，为改进发电机打下了基础。

1827 年，他用纱包铜线在一铁芯上绕了两层，然后在铜线中通电，发现仅重 3 千克的铁芯竟然吸起了 300 千克重的铁块，远远超过一般天然磁铁的吸引力。电转变为磁产生如此大的力量，立即深深地吸引了亨利继续对这些电磁现象进行探讨。1829 年，亨利对英国发明家威廉·史特京（1783—1850 年）发明的电磁铁作了改进，他把导线用丝绸裹起来代替史特京的裸线，使导线互相绝缘，并且在铁块外缠绕了好几层，使电磁铁的吸引作用大大增强。后来他制作的一个体积不大的电磁铁，能吸起 500 千克重的铁块。

（2）发现电磁感应现象。

1830 年 8 月，亨利在电磁铁两极中间放置一根绕有导线的条形软铁棒，然后把条形铁棒上的导线接到检流计上，形成闭合回路。他观察到，当电磁铁的导线接通的时候，检流计指针向一方偏转后回到零；当导线断开的时候，指针向另一方偏转后回到零。这一发现，比法拉第发现电磁感应现象早一年，但亨利没有及时发表这一实验成果。因此，亨利失去了发明权。

（3）发现电流自感现象。

1832 年，他在研制有更强大吸引力的电磁铁时发现，绕有铁芯的通电线圈在断开电路时有电火花产生，这就是自感现象。1833 年 8 月，亨利对这种现象又进行了研究。1832 年他发表了《在长螺旋线中的电自感》的论文，宣布发现了电流的自感现象。他进一步于 1835 年又发表了解释自感现象规律的论文。1837 年，亨利访问了欧洲，在法拉第面前，亨利做了电流的自感实验。法拉第对此大加赞赏，亨利向他解释自感的道理。

（4）实现无线电波的传播。

1842 年亨利在实验室里安装了一个火花隙装置，在 30 多英尺处放一个线圈来接收能量，线圈和检流计相接，形成回路。当火花隙装置的电火花闪过的时候，和线圈相接的检流计指针就发生偏转。这个实验的成功，实际上实现了无线电波的传播。亨利的实验虽然比赫兹的实验早了 40 多年，但是当时的人们包括亨利自己在内，还认识不到这个实验的重要性。

（5）莫尔斯与亨利。

莫尔斯制造的电报机实际上得到了亨利的帮助。但是他拒不承认，并和亨利对簿公堂。但后来有证据表明亨利确实给他提供了帮助，由此也可见莫尔斯的人品。尽管首批入选了美国名人堂（1900 年）且获得了很多的荣誉和名誉，但他的人品让人不堪，这也反衬出了亨利的高尚人格。

❧ 师承关系 ❧

早年自学，靠自学考进大学，然后接受正规学校教育。

❧ 学术贡献 ❧

亨利在电磁学上有杰出的贡献，只是有的成果没有立即发表，因而失去了许多发明的专利权和发现的优先权。

（1）强电磁铁的制成，为改进发电机打下了基础。

（2）发现电磁感应现象，比法拉第早一年。

（3）发现了电流自感现象。

（4）实现了无线电波的传播。

（5）亨利实际上是电报的发明者，但莫尔斯发明的由点、划组成的"莫尔斯电码"，是他对电报的独特贡献。

（6）亨利为电报机的发明做出了贡献，实用电报的发明者莫尔斯和惠斯通都采用了亨利发明的继电器。亨利把电磁铁改换成使用绝缘导线的强力电磁铁，用继电器把每个备有电池的电路串联起来，把文字信号中继转发出去，电路中的一条导线可用地线代替，而不需要两条往返导线。

（7）发明了继电器、无感绕组等，改进了一种原始的变压器，还发明过一台像跷跷板似的原始电动机。

（8）发现了电子自动打火的原理。

❧ 代表作 ❧

无从考证。

❧ 获奖与荣誉 ❧

无从考证。

❧ 学术影响力 ❧

亨利的贡献很大，只是有的没有立即发表，因而失去了许多发明的专利权和发现的优先权。但是，人们没有忘记亨利的杰出贡献。为了纪念亨利，用他的名字命名了自感系数和互感系数的单位，简称"亨"。

❧ 名人名言 ❧

19世纪历史的显著特点是，将抽象的理论应用于实用技术，让物质世界的内在力量为智慧所控制，成为文明人的驯服工具。

❧ 学术标签 ❧

电流自感现象的发现者、电磁感应现象的发现者、美国科学院院长。

❧ 性格要素 ❧

强烈的求知欲，自强不息，艰苦奋斗。

❧ 评价与启迪 ❧

亨利是美国梦的又一位代表人物，从家境贫困的苦孩子通过坚强的毅力，克服物质生活上的困乏，通过勤奋刻苦的学习，成长为美国科学院院长，成为继富兰克林之后美国最伟大的科学家之一。美国梦就是逆袭之梦，就是成功之梦。每个人都要有通过自我奋斗成就人生巅峰的伟大理想。

36. 自学成才的典范、分子动力学研究的先驱——焦耳

姓　　名　詹姆斯·普雷斯科特·焦耳
性　　别　男
国　　别　英国
学科领域　电学、热学、分子动力学
排　　行　第二梯队（准一流）

焦耳像

生平简介

　　焦耳（1818 年 12 月 24 日—1889 年 10 月 11 日）出生于曼彻斯特近郊，父亲是一个酿酒厂主。焦耳自幼跟随父亲参加酿酒劳动，除了年幼时曾短期在家乡一个家庭学校里就学没有受过正规的教育。16 岁的焦耳兄弟俩认识了著名的化学家道尔顿，道尔顿除了教给他数学、哲学和化学知识外，还教会了焦耳理论与实践相结合的科研方法，为其后来的研究奠定了基础。道尔顿激发了焦耳对科学的兴趣，这段经历影响了焦耳的一生。期间，焦耳于 1835 年入读曼彻斯特大学。

　　焦耳是个生意天才，他曾把自家的啤酒厂经营的生财有道，并非常富有，直到 1854 年卖出啤酒厂。焦耳在研究用新发明的电动机来替换啤酒厂的蒸汽机的可行性的时候，才进入科学研究领域。

　　1837 年，焦耳制成了用电池驱动的电磁机，并发表了关于这方面的论文。1838 年，他的第一篇关于电学的科学论文被发表在《电学年鉴》。1840 年，焦耳把环形线圈放入装水的试管内，测量不同电流强度和电阻时的水温。同年 12 月，他的一篇关于电流生热的重要论文《论伏打电所生的热》被送到英国皇家学会，文中指出电导体所发出的热量与电流强度、导体电阻和通电时间的关系，此即焦耳定律。1842 年，俄国物理学家楞次（1804—1865 年，曾任圣彼得堡大学校长，还提出了电磁感应现象的楞次定律）也独立发现了同样的定律，该定律也被称为焦耳—楞次定律。

　　1847 年 8 月，焦耳在阿尔卑斯山度婚假期间，还与开尔文去测量瀑布顶部和底部的温度差，此后二人保持了 40 年的友谊。1852 年，焦耳和开尔文发现气体自由膨胀时温度下降的现象，被称为焦耳—汤姆逊效应，这在低温和气体液化方面有广泛应用。

　　1850 年，焦耳凭借他在物理学上作出的重要贡献成为英国皇家学会会员，当时他 32 岁，两年后他接受了皇家勋章，许多外国科学院也给予焦耳很高的荣誉。此后由于经济和健康等原因，他的科研没有取得更大的进展。1878 年，60

岁的焦耳发表了他的最后一篇论文。

1889 年 10 月 11 日，焦耳在索福特逝世，被埋葬在该市的布鲁克兰公墓。在他的墓碑上刻有数字 "772.55"，这是他在 1878 年的关键测量中得到的热功当量值。后人在威斯敏斯特教堂为他建造了纪念碑。

⇝ 花絮 ⇜

（1）否定热质说。

1843 年，焦耳设计了一个新实验。将一个小线圈绕在铁芯上，用电流计测量感生电流，把线圈放在装水的容器中，测量水温以计算热量。这个电路是完全封闭的，没有外界电源供电，水温的升高只是机械能转化为电能、电能又转化为热的结果，整个过程不存在热质的转移。这一实验结果完全否定了热质说。

（2）热功当量的测定。

1843 年 8 月 21 日在英国学术会上，焦耳报告了他的论文《论电磁的热效应和热的机械值》，他在报告中说 1 千卡的热量相当于 460 千克米的功（测定热功当量）。他的报告没有得到支持和强烈的反响，这时他意识到自己还需要进行更精确的实验。

1847 年，焦耳做了迄今认为是设计思想最巧妙的实验：他在量热器里装了水，中间安上带有叶片的转轴，然后让下降重物带动叶片旋转，由于叶片和水的摩擦，水和量热器都变热了。根据重物下落的高度，可以算出转化的机械功；根据量热器内水的升高的温度，就可以计算水的内能的升高值。把两数进行比较就可以求出热功当量的准确值来。焦耳还用鲸鱼油代替水来作实验，测得了热功当量的平均值为 423.9 千克米/千卡。

当焦耳在 1847 年的英国皇家学会的会议上再次公布自己的研究成果时，很多科学家都怀疑他的结论，认为各种形式的能之间的转化是不可能的。直到 1850年，其他一些科学家用不同的方法获得了能量守恒定律和能量转化定律，他们的结论和焦耳相同，这时焦耳的工作才得到承认。

此后，他用不同材料进行实验，比如用水银来代替水；并不断改进实验设计，结果发现尽管所用的方法、设备、材料各不相同，结果都相差不多；并且随着实验精度的提高，趋近于一定的数值。最后他将多年的实验结果写成论文发表在英国皇家学会《哲学学报》1850 年第 140 卷上，其中阐明：第一，不论固体或液体，摩擦所产生的热量，总是与所耗的力的大小成比例。第二，要产生使 1磅水（在真空中称量，其温度在 50~60 华氏度之间）增加 1 华氏度的热量，需要耗用 772 磅重物下降 1 英尺的机械功。

焦耳又不断改进实验方法。1875 年，英国科学协会委托他更精确地测量热功当量。他精益求精，1878 年得到的结果是 4.15，非常接近 1 卡 = 4.184 焦耳的现代值。这时距他开始进行这一工作将近 40 年了，他已前后用各种方法进行了 400 多次的实验。

（3）从怀疑到肯定。

一开始人们对焦耳的科研成果持有怀疑态度，其中包括法拉第和开尔文男爵。主要原因是因为他的工作依赖于极端精确的测量，比如他声称可以将温度的测量精确到 1/200℉（3mK）以内；这个精度在当时的实验物理领域是很不寻常的。

但也有科学家欣赏焦耳的贡献，例如亥姆霍兹、斯托克斯等。亥姆霍兹熟悉了焦耳的工作及尤利乌斯·罗伯特·冯·迈尔在 1842 年的类似研究，在 1847 年结论性的宣布能量守恒定律时承认了他俩的贡献。

在 1847 年英国协会于牛津召开的会议上，焦耳做了一个报告，当时的听众中有乔治·斯托克斯、迈克尔·法拉第、开尔文。斯托克斯坚信焦耳成果的正确性，法拉第虽然心存怀疑但还是"被焦耳的理论所震惊"。

（4）与开尔文的合作。

开尔文是在 1847 年牛津会议上认识焦耳的，焦耳的研究结果让他感到震惊，怀疑焦耳的结论；但他同时也通过焦耳的结论表示了对"热质说"的怀疑。受焦耳的影响，开尔文开始由支持卡诺—克拉佩龙学说转而开始相信焦耳的观点；但他仍然认为热的动能理论是基于卡诺—克拉佩龙学说和焦耳的理论学说。焦耳读到开尔文的论文之后给其写信，之探讨学术问题，二人在争议中逐渐加深了了解，结下了深厚的友谊，开始了富有成果的合作。

有代表性的是，1847 年 8 月 18 日，焦耳和阿米莉娅·葛莱姆丝结婚，去位于欧洲屋脊阿尔卑斯山最高峰勃朗峰脚下的欧洲滑雪圣地——霞慕尼度假，在那里与开尔文爵士不期而遇。而为二人共同去测量色朗契斯瀑布顶部和底部的温度差。焦耳认为瀑布冲下时的能量改变，会稍微增加水的热量与温度；但是在大自然下，还有许多其他的因素会影响水温，所以他们没有收获；但是这个想法还是正确的，这是能量转化（机械能转化成热能）的一个例证。

二人的合作属于典型的理论结合实践，焦耳进行实验，开尔文分析实验结果并建议进一步的实验。他们的合作从 1852 年持续到 1856 年，取得了包括焦耳—汤姆逊效应在内的一系列研究成果。该成果及其相关论文使得焦耳的研究和分子运动论被广为接受。

（5）焦耳—汤姆逊效应。

1843 年，焦耳通过实验得出结论：气体的内能和只是温度的函数，而与体积和压力无关；此结论只适用于理想气体。1852 年焦耳和汤姆逊设计了另外一个新实验，设法克服了由于环境热容量比气体大得多，而不易观察到气体膨胀后温度可能发生变化的困难，比较精确地观察了气体由于膨胀而发生的温度改变。

焦耳—汤姆逊效应就是在这以绝热节流过程中发现的。

对于理想气体，经绝热节流过程后，温度应不变。对于实际气体，经绝热节流过程后，温度可能降低、升高或不变，分别称为正的、负的或零焦耳—汤姆逊效应。正的焦耳—汤姆逊效应亦称致冷效应，负的焦耳—汤姆逊效应亦称致热效应，零焦耳—汤姆逊效应相应的温度称为焦耳—汤姆逊效应的转变温度。

焦耳—汤姆逊效应是气体通过多孔塞膨胀后所引起的温度变化现象，也是实际气体偏离理想气体的结果；其在工业上的重要用途是让流体经过节流阀进行节流膨胀，以获得低温和液化气体，对汽轮机、喷气机、压气机和压缩器等装置中喷管和扩压管的设计也有重要意义。

◦§ 师承关系 §◦

上大学之前自学成才，道尔顿教给了他数学、哲学和化学方面的知识；上大学后接受了正规教育。

◦§ 学术贡献 §◦

（1）1837年，焦耳装成了用电池驱动的电磁机。

（2）提出热功等效和热功转化学说，花费了将近40年（1840—1878年），测试多种物质后精确测定了热功当量值；这也是焦耳一生最大的贡献。得出结论：热功当量是一个普适常量，与做功方式无关。热功当量的测定否定了热质说。

（3）在研究热的本质时，发现了热和功之间的转换关系，提出能量守恒与转化定律：能量既不会凭空消失，也不会凭空产生，它只能从一种形式转化成另一种形式，或者从一个物体转移到另一个物体，而能的总量保持不变，奠定了热力学第一定律（能量守恒定律）的基础。

（4）1840年12月他指出电导体所发出的热量与电流强度、导体电阻和通电时间的关系，即焦耳定律。其后不久，楞次也发现了这个规律，故被称作焦耳-楞次定律。

（5）1852年，他与开尔文合作发现了气体自由膨胀时温度下降的现象——焦耳—汤姆逊效应，应用于低温和气体液化；他对蒸汽机的发展也做了不少工作。

（6）1844年，焦耳研究了空气在膨胀和压缩时的温度变化，他在这方面取得了许多成就。通过对气体分子运动速度与温度的关系的研究，计算出了气体分子的热运动速度值，解释了气体对器壁压力的实质；从理论上奠定了波义耳—马略特和盖·吕萨克定律的基础，并解释了气体对器壁压力的实质。

（7）观测过磁致伸缩效应；焦耳对解释绿闪光现象也有所贡献，他在1869年给曼彻斯特文学与哲学学会的一封信中提到这个现象。

花絮

绿闪光现象。

绿闪光和绿光是在日没之后和日出之前，出现的短暂光学现象，是由光线在大气层内折射造成的，因为大气层的密度逐渐增加，使折射的作用增强；故而可以称为被强化的海市蜃楼。在太阳的上缘或是日没点的上方，可以看见绿光或绿色的光斑，通常只能维持 1~2 秒。绿闪光是一种真实的现象，有许多不同的成因，足以成为一个家族，但其中只有少数几种是常见的。绿闪光可以在各种不同的高度上看见（包括在飞机上），它们通常要在视野无障碍的地点，例如在海洋上，而在云端之上或高山顶也可以看见。在月球和明亮的行星，包括木星和金星，也可以看见绿闪光。

代表作

（1）1843 年，他在英国《哲学杂志》第 23 卷第 3 辑上发表《论电磁的热效应和热的机械值》，提出热功当量的计算。

（2）发表在英国皇家学会《哲学学报》1850 年第 140 卷上的论文阐明：1）不论固体或液体，摩擦所产生的热量总是与所耗的力的大小成比例；2）要产生使 1 磅水（在真空中称量其温度在 50~60 华氏度）增加 1 华氏度的热量，需要耗用 772 磅重物下降 1 英尺的机械功。

获奖与荣誉

1866 年荣获英国皇家学会科普利奖章。

学术影响力

（1）热功当量值为热运动与其他运动的相互转换，为能量守恒与转换定律等问题提供了证据，焦耳因此成为能量守恒定律的发现者之一。

（2）无论是在实验方面，还是在理论上，焦耳都是从分子动力学的立场出发，进行深入研究分子动力学的先驱者之一。

（3）18 世纪，人们对热的本质的研究走上了一条弯路，"热质说"在物理学史上统治了一百多年；虽然曾有一些科学家对这种错误理论产生过怀疑，但人们一直没有办法解决热和功的关系的问题。焦耳的研究解决了热和功之间的关系，彻底否定了"热质说"。

（4）把能量或功的单位命名为"焦耳"，简称"焦"。

（5）用焦耳姓氏的第一个字母"J"来标记热量以及"功"的物理量。

名人名言

我一生只做了两三件事，没有什么值得炫耀的。

◆ **学术标签** ◆

英国皇家学会会员、热功当量的精确测试者。

◆ **性格要素** ◆

对验证科学原理的近似着迷及坚定不移是最大的性格特征，还很谦虚。

◆ **评价与启迪** ◆

无论是在实验方面，还是在理论上，焦耳都是从分子动力学的立场出发，进行深入研究的先驱者之一。在从事这些研究的同时，焦耳并没有间断对热功当量的测量。长期以来，人们一直没有办法解决热和功的关系问题，时焦耳的开创性工作揭示了二者的相互转化关系，使得"热质说"彻底破产，也大大推动了热力学的发展，为以后的工业应用奠定了基础，尤其是蒸汽机。

焦耳追求真理，孜孜不倦，即便是蜜月期也不忘做实验验证自己的理论——热和机械功可以互相转换。他历尽艰难，遭受过压制，但不折不挠，历经近 40 年的努力、400 多次实验，终于取得了辉煌业绩，测出了相对精确的热功当量值，并慢慢得到世人的肯定。他的研究工作为热运动与其他运动的相互转换以及运动守恒等问题提供了无可置疑的证据。焦耳是真正的实验物理学大师，也是一位归纳总结物理理论的大师。

焦耳的性格是追求真理、孜孜不倦，求真务实。他也非常谦虚，愿意与别人分享自己的研究并不断进步。

37. 伟大的流体力学大师、光谱学先锋——斯托克斯

姓　　名　乔治·加布里埃尔·斯托克斯
性　　别　男
国　　别　爱尔兰
学科领域　流体动力学、光谱学
排　　行　第二梯队（次一流）

◆ **生平简介** ◆

斯托克斯（1819 年 8 月 13 日—1903 年 2 月 1 日）出生于爱尔兰海边的小村庄，是六兄妹中最小的一个，家教严格，从小就非常有教养。13 岁的斯托克斯进入都柏林学校学习。1837 年，18 岁的斯托克斯

斯托克斯像

以优异的成绩考进剑桥大学彭布罗克学院。1841 年，22 岁的他荣获剑桥大学数学荣誉学位考试第一名，成为第一位史密斯数学奖的得奖人。

毕业后，他主要从事流体动力学方面的研究。1846 年，他所作的"关于流体动力学的研究"的报告标志着他正式成为一名著名数学家。除了流体力学，他在光波理论、荧光和偏振等方面也有开创新贡献。1845—1846 年间发表了有关光行差的研究；1848 年发表了有关光谱的研究；1849 年，他发现了衍射的动力理论，证明了偏振面与传播方向必须成正角。凭借优秀的科研成果，1849 年斯托克斯成为剑桥大学彭布罗克学院的数学教授，同时获得剑桥大学卢卡斯数学教授席位。在此后的 50 年他一直担任这个职位。

1851 年，他发现虽然石英与玻璃看似相同，但石英可让紫外线穿透，玻璃却只能让可见光穿透，无法让紫外线透过；这个发现使他荣升为英国皇家科学院的会员；1854 年出任英国皇家学会秘书。1857 年，他和一位天文学家的女儿结婚。1885—1890 年期间出任英国皇家学会会长；1886 年当选为维多利亚学院院长直至去世。1888—1891 年间代表剑桥大学出席国会；1889 年被封为从男爵，是维多利亚时代的社会名流。

剑桥大学卢卡斯教授这个职位曾归牛顿、霍金拥有，斯托克斯担任学术界的杰出位置——卢卡斯教授这一职位长达 50 多年；斯托克斯为继牛顿之后任卢卡斯教授、皇家学会秘书、皇家学会会长这三项职务的第二人。1899 年 6 月 1 日，他任卢卡斯教授 50 周年，剑桥大学举行了盛大庆祝会，校监向他颁发金牌。

ᓚ 师承关系 ᕀ

正规学校教育，名牌大学毕业；对他有重要影响的科学家包括拉格朗日、拉普拉斯、傅里叶、泊松和奥古斯丁·路易斯·柯西（1789—1857 年，法国科学院院士，巴黎大学教授，男爵，很多数学的定理和公式也都以他的名字来称呼，如柯西极限存在准则、柯西序列、柯西不等式、柯西积分公式）等。

ᓚ 学术贡献 ᕀ

主要贡献在流体动力学、光学和数学物理学。

（1）1842—1843 年，他研究关于不可压缩流体的稳定流动。

（2）斯托克斯的主要贡献是对黏性流体运动规律的研究。在 1845 年，他就流体流动的摩擦力及弹性固体的平衡和运动发表论文；斯托克斯从改用连续系统的力学模型和牛顿关于黏性流体的物理规律出发，在《论运动中流体的内摩擦理论和弹性体平衡和运动的理论》中给出黏性流体运动的基本方程组，这组方程后称纳维–斯托克斯方程，它是流体力学中最基本的方程组。

（3）1847 年，斯托克斯发现流体表面波的非线性特征，其波速依赖于波幅，并首次用摄动方法处理了非线性波问题。

（4）斯托克斯对弹性力学也有研究。他指出各向同性弹性体中存在两种基本抗力，即体积压缩的抗力和对剪切的抗力，明确引入压缩刚度和剪切刚度（1845年），证明弹性纵波是无旋容胀波，弹性横波是等容畸变波（1849年）。

（5）在1850年探讨流体的内部摩擦力对摆运动的影响。1851年提出"黏滞度定律"，即"斯托克斯定律"，预测圆球在黏性介质中运动的摩擦力 F 的定律：当物体在黏滞性流体中作匀速运动时，物体表面附着一层液体，这一液层与其相邻液层之间有内摩擦力，因此物体在移动过程中必须克服这一阻滞力，如果物体是球形的，而且液体相对于球体作层流运动。斯托克斯定律发展了流体动力学，也是确定密立根油滴实验的理论基础。

（6）研究光波的理论。他有关光行差的研究于1845—1846年间发表；1848年发表了有关光谱的研究；1849年，衍射的动力理论证明了偏振面与传播方向必须成正角。

（7）1849年，斯托克斯发表了著名的"颗粒沉降理论"：水中悬浮的颗粒，受重力而向下，受浮力而向上，最后会趋于平衡。

（8）1849年，他提出衍射的动力理论，证明了偏振面与传播方向必须成正角。

（9）1851年，他发现虽然石英与玻璃看似相同，但用紫外线一照，石英可让紫外线穿透，玻璃却只能让可见光穿透，无法让紫外线透过。

（10）1852年，斯托克斯用向量与流线解释水的运动情形。

（11）研究了光的偏振现象。1852年，他发表论文，讨论不同偏振光线的构成和分解；1853年，他对由非金属物质所发出具金属性质的反射进行研究，探讨了光的偏振现象；约在1860年，他深入研究由金属板反射出来或穿过一叠薄金属板的光线的强度。

（12）于1852年命名和说明荧光性的现象。描述了萤石和铀玻璃的荧光现象，他认为该些物质可将不可见的紫外线，转化为波长较长的可见光。

（13）发表了地球磁场的变动，开创了"大地测量学"，利用测量地球表面的重力变化来测量地形。

（14）他也曾就声音的理论作出贡献，如风对声音强度的影响。

（15）解释了关于结晶的不同轴有不同折射率的现象，包括冰洲石、透明方解石等。

（16）数学上提出了斯托克斯定理和斯托克斯公式。斯托克斯定理是微分几何中关于微分形式的积分的一个命题，它一般化了向量微积分的几个定理。斯托克斯公式，指的是根据斯托克斯理论建立的计算大地水准面上及其外部空间扰动位的公式。斯托克斯公式是格林公式的推广，利用斯托克斯公式可计算曲线积分。直至现代，此定理在数学、物理学等方面都有着重要而深刻的影响。

（17）提出射电天文学上和大电流测量相关的特征极化辐射的斯托克斯参量。荧光波长一定大于激发光波长的斯托克斯荧光定律也是他的贡献。

（18）他在对光学和流体动力学进行研究时，推导出了在曲线积分中最有名的"斯托克斯定理"。在流体力学中，当封闭周线内有涡束时，则沿封闭周线的速度环量等于该封闭周线内所有涡束的涡通量之和。该定理表明，沿封闭曲线 L 的速度环量等于穿过以该曲线为周界的任意曲面的涡通量。

（19）对太阳光谱中的暗线（即夫琅和费线）作出解释。

⚜ 代表作 ⚜

（1）1842—1843 年，斯托克斯发表了题为《不可压缩流体运动》的论文。

（2）1845 年，在《论运动中流体的内摩擦理论和弹性体平衡和运动的理论》中给出黏性流体运动的基本方程组，这组方程后称纳维–斯托克斯方程，是流体力学中最基本的方程组。

（3）1851 年，斯托克斯在《流体内摩擦对摆运动的影响》的研究报告中提出球体在黏性流体中作较慢运动时受到的阻力的计算公式，指明阻力与流速和黏滞系数成比例，这是关于阻力的斯托克斯公式（$F = 6\pi\eta vR$。式中，R 是球体的半径，v 是它是相对于液体的速度，η 是液体的黏滞系数）。

（4）1862 年，他为英国科学促进协会撰写了一份关于双折射的报告，关于结晶的不同轴有不同折射率的现象，包括冰洲石、透明方解石等。

（5）斯托克斯的数学和物理论文结集成五册出版，首三册（剑桥，1880 年、1883 年和 1901 年）由他亲自编辑，其余两册（剑桥，1904 年和 1905 年）则由英国数学家和物理学家负责编辑。

（6）此外，还著有《论光》（1887 年）和《自然神学》（1891 年）等书。

⚜ 获奖与荣誉 ⚜

（1）1852 年荣获拉姆福德奖章。

（2）1893 年荣获科普利奖章。

⚜ 学术影响力 ⚜

（1）描述荧光现象的斯托克斯位移就是以他的名字命名；是指相同电子跃迁在吸收光谱和发射光谱（如荧光光谱和拉曼光谱）中最强波长间的差值。

（2）直至现代，斯托克斯定理在数学、物理学等方面都有着重要而深刻的影响。

（3）光学里有斯托克斯效应、反斯托克斯效应（反斯托克斯效应即物质的发射光波长短于激发光波长的反常现象）、斯托克斯线、反斯托克斯线（在拉曼线中，把频率小于入射光频率的谱线称为斯托克斯线，而把频率大于入射光频率的谱线称为反斯托克斯线）、斯托克斯位移（指荧光光谱较相应的吸收光谱红移）、反斯托克斯位移（荧光光谱发生向短波方向的位移）、反斯托克斯荧光（气态自由原子吸收了光源的特征辐射后，原子的价电子跃迁到较高能级，然后又跃迁返回基态或较低能级，同时发射出小于光源激发辐射的波长的荧光）就是以他的名字命名；对于光谱学研究意义重大。

（4）他的研究标志着流体动力学新里程，不但有助解释自然现象（如空中云的运动、水中浪的运动等），更有助解决技术问题，例如水在河道、管道的流动和船只的表面阻力等。

（5）黏滞流体力学有"斯托克斯定律"。即描述球形物体在黏滞层流中克服的阻力，在曲线积分中有最有名的"斯托克斯定理"。

（6）运动黏度单位——stokes 斯托克斯，便以他的名字命名。

（7）斯托克斯数是一个无量纲数，颗粒松弛时间和流体特征时间的比，它描述了悬浮颗粒在流体中的行为。

（8）斯托克斯法——用落球法测量常温下透明或半透明液体的黏滞系数，这些液体的黏滞系数通常比较大；在物性研究、工农业生产和国防建设等各方面都有重要的实际意义。

❧ 名词解释 ❧

斯托克斯数。

斯托克斯数的物理意义：表征着颗粒惯性作用和扩散作用的比值，它的值越小，颗粒惯性越小，越容易跟随流体运动，其扩散作用就越明显；反之，斯托克斯数值越大，颗粒惯性越大，颗粒运动的跟随性越不明显。

❧ 名人名言 ❧

承认一位有品格的上帝存在，必然就会引出有神迹奇事的可能性。如果自然界的规律是按照他的旨意运行，那么定下规律的上帝也可能叫规律暂停。

❧ 学术标签 ❧

伟大的光谱学先锋、流体力学大师、剑桥大学英卢卡斯教授、英国皇家学会会员、英国皇家学会秘书、英国皇家学会会长。

❧ 性格要素 ❧

坚强、勤奋、好学。

✎ 评价与启迪 ✑

斯托克斯为流体力学和光谱学的发展做出了巨大贡献，影响至今。在数学上也有较大贡献，如斯托克斯定理。他值得人们的尊敬和怀念。

斯托克斯 13 岁时，他的父亲去世，家庭经济状况变差，只能由其叔叔抚养。面对家庭变故，他坚强面对，勤奋好学，个人奋斗的内因具备；后来师从众多名师，得到他们的精心指导；斯托克斯的研究是建立在剑桥大学前一辈科学家的研究成果之上的，拉格朗日、拉普拉斯、傅里叶、泊松和奥古斯丁·路易斯·柯西都对他由重要影响。这两方面弥补了他家庭教育的缺失，使得他最后成为著名科学家。他在流体力学和光谱学上做出了巨大贡献；很多成就直到现在还有应用价值，比如 N–S 公式。人们要记住他的贡献和勤奋好学的精神。

38. 科学帝国的总理、能量守恒学说的最终创立者——亥姆霍兹

姓　　名　赫尔曼·路德维希·斐迪南德·冯·亥姆霍兹

性　　别　男

国　　别　德国

学科领域　光学、电磁学、热力学、流体力学

排　　行　第二梯队（次一流）

亥姆霍兹像

✎ 生平简介 ✑

亥姆霍兹（1821 年 8 月 31 日—1894 年 9 月 8 日）出生于柏林波茨坦一个中学教师家庭，兄妹四人，他是老大。少年时体弱多病，只好在家里读书；11 岁升入中学一年级。他性格温和、沉默寡言，具有极强的自学能力，但记忆力较差，语言文字等需要记忆和背诵的都让他感到头疼。整个中学阶段，他的成绩也算优秀，数学和物理成绩最好；他曾提交了一篇《论自由落体定律》的论文，表明了他对物理问题的深思熟虑。

中学毕业后，亥姆霍兹由于经济上的原因入读柏林的弗里德里希—威廉皇家医学院。除了繁重的医学课程的学习之外，他还在柏林大学听了许多化学和生理学课程，自修了欧拉、达朗贝尔、拉普拉斯、拉格朗日、毕奥和伯努利等人的著作，极大提高了自己的数学、物理水平。导师繆勒的思想"只有严格的、有条理的实验才能使科学原理成为可接受的和基础牢固的"，对他产生了重要的影响。21 岁的他提交了《无脊椎动物神经系统的结构》的博士论文，同年获得医学博士学位。

　　1843 年，亥姆霍兹被任命为波茨坦驻军军医，这期间他开始研究生理学特别是感觉生理学。5 年的军医生涯极大地提高了他的科学素养。此间，他醉心医学，完成了一系列生理学实验研究。

　　19 世纪上半叶，"活力"的存在和本性是当时的迷，亥姆霍兹通过严格的实验，驳斥了当时流行的"活力论"。他从永动机不可能实现的这个事实入手研究发现能量转化和守恒原理。在他看来，"热质说"是站不住脚的，必须以动能代替，而机械能、化学能等都是同一能量的不同存在形式。1847 年，他在德国物理学会发表了著名的关于力的守恒讲演，第一次以数学方式提出能量守恒定律，被看作是关于能量守恒定律普适性的第一次充分、明确的阐述。这为他在科学界赢得巨大声望，被特许从军队退役，正式进入学术界。

　　1849 年初，他担任了柯尼斯堡大学生理学副教授，在康德（1724—1804 年，西方最具影响力的思想家、哲学家）的故乡柯尼斯堡工作。1849 年 8 月 26 日，28 岁的他与奥尔加结婚，婚姻生活幸福美满，奥尔加全力支持赫姆霍兹的工作。期间，亥姆霍兹测量了神经刺激的传播速度，发表了生理力学和生理光学方面的研究成果。在 1851 年他发明了眼科使用的检眼镜，用于检查眼睛的内部，并提出了这一仪器的数学理论。他给发酵和腐烂现象以科学解释。

　　1855 年，他转到波恩大学任解剖学和生理学教授，并开始流体力学的涡流研究。1857 年起，他担任海德堡大学生理学教授，他利用共鸣器（称亥姆霍兹共鸣器）分离并加强声音的谐音。1859 年，奥尔加病逝，为此他深受打击。但是，他执着于工作，通过刻苦的工作摆脱痛苦。

　　1868 年，亥姆霍兹研究方向转向物理学，并于 1871 年任柏林大学物理学教授。亥姆霍兹主张基础理论与应用研究并重。在 19 世纪 70 年代后，他的主要研究领域是热力学、电动力学和电磁学，他的研究预测了麦克斯韦方程组中的电磁辐射，相关的方程式也以他的名字来命名。

　　他的科研成就为他赢得了巨大的荣誉和地位——1860 年，39 岁的亥姆霍兹被选为英国皇家学会会员。1873 年获英国皇家学会科普利奖章；1877 年担任柏林大学校长；1887 年，亥姆霍兹任国家科学技术局主席；1888 年担任国家物理工程研究所所长。在他生命最后的十年中，他一直研究最小作用量原理，试图找出支配自然界统一原理的数学式。尽管亥姆霍兹为了统一自然界的理论做出了巨大的努力，但最后与爱因斯坦后半生统一场的研究一样，无功而返，但是其思想却影响了一代又一代的科学家。

　　1894 年 9 月 8 日，亥姆霍兹因脑出血在夏洛滕堡逝世。德国皇帝、皇后、各界名人政要参加了追悼大会，德国皇帝拨款在柏林大学主楼前建造亥姆霍兹纪念馆，并于 1899 年 6 月 6 日揭幕。

🙢 师承关系 🙠

正规学校教育；著名物理学家赫兹是他的博士生，威廉·维恩（1864—1928年，德国物理学家，研究领域为热辐射与电磁学等；1911年，他因对于热辐射等物理法则贡献而获得诺贝尔物理学奖）、亨利·奥古斯特·罗兰（1848—1901年，证明磁导率是随磁感应强度而变化）、迈克尔逊（1852—1931年，1907年获诺贝尔物理学奖）都是他的学生。

🙢 学术贡献 🙠

在生理学、光学、电动力学、数学、热力学等领域中均有重大贡献。他的主要论点：（1）一切科学都可以归结到力学；（2）认为牛顿力学和拉格朗日力学在数学上是等价的，因而可以用拉氏方法以力所传递的能量或它所作的功来量度力；（3）所有这种能量是守恒的。

（1）研究了眼的光学结构，发展了梯·扬格韵色觉理论，即扬格—亥姆霍兹理论。1851年，他发明了眼科使用的检眼镜（验目镜），并提出了其数学理论。

（2）对肌肉活动的研究使他丰富了早些时候詹姆斯·焦耳等人的理论，创立了能量守恒学说。1847年，他指出了莱顿瓶的放电特性，指出楞次定律正是电磁现象符合能量守恒与转换定律的例子。

（3）在电磁理论方面，他的研究预测了麦克斯韦方程组中的电磁辐射。他测出电磁感应的传播速度为 314000km/s，由法拉第电解定律推导出电可能是粒子。

（4）在电磁场研究中的亥姆霍兹定理总结了矢量场的基本性质，对于研究矢量场的空间分布、矢量场变化规律与场源的关系以及矢量场的性质等方面都有重要的意义，因此在电磁场理论中也占有重要的地位。

（5）提出流体力学中的亥姆霍兹定理，这是有关涡旋的动力学性质的一个著名定理。它指出，在无黏性、正压流体中，若外力有势，则在某时刻组成涡线、涡面和涡管的流体质点在以前或以后任一时刻也永远组成涡线、涡面和涡管，而且涡管强度在运动过程中恒不变。亥姆霍兹定理和开尔文定理合在一起全面地描述了在无黏性、正压、外力有势这3个条件下流体中涡旋的随体变化规律。

（6）他测定了神经脉冲的速度。1894年，他重新提出托马斯·杨的三原色（红、绿、紫，这三种颜色可以不同比例混合构成其他颜色）视觉说，认为人眼视网膜上有三种能分别感受红绿蓝颜色的接收器，一切颜色特性都由这些接收器的响应量比例来表示。他还研究了音色、听觉和共鸣理论，发明了角膜计和立体望远镜。

（7）在热力学研究方面，他把化学反应中的"束缚能"和"自由能"区别开来，指出前者只能转化为热，后者却可以转化为其他形式的能量。从克劳修斯方程，导出了后来称作的吉布斯—亥姆霍兹方程（热力学中计算自由能随温度变化的重要方程式）。

（8）他还研究了流体力学中的涡流、海浪形成机理和若干气象问题，对冰物理和大气物理也做过研究。

（9）在数学中，他研究了黎曼空间的几何、黎曼度量和数学物理中的退化波动方程等课题。他提出的后经数学家李改进了的有关黎曼度量的论断以及李—亥姆霍兹空间问题的重要性，在许多自然科学领域中都得到了证实。他对黎曼创立的非欧几何学也有研究。

❧ 名词解释 ❧

（1）亥姆霍兹共鸣器。

在电声技术成熟之前，人们利用共鸣现象来分析复合音的组成或给乐器定音，所使用的是德国物理学家亥姆霍兹发明的一套用黄铜制成的球形头鸣器，每球有大小两个开口的管。大管接收外来的声源，声源频率与球体的固有频率一致时，就会产生共鸣，小管插入音乐家的耳中用来听辨定音。

亥姆霍兹共鸣器是一种最基本的声共振系统，它是一种利用共振现象进行声学测量的装置，可以用来分析复音，亥姆霍兹首次利用这种共鸣器对声音作频率成分的分析。亥姆霍兹共鸣器可以看作是弹簧振子在声学中的翻版。封闭在球体中的气体就像一个弹簧，大管内的空气可以看作振子。当外来声波传入大管时，其产生的气压波动会挤压（或拉拽）大管内的空气向下（或向上）运动，相应地改变了球体内的压强。由于球内的空气具有弹性，被压缩的气体会向上反弹，被拉拽的气体会向下回复。空气柱上下振动，从而产生一个共鸣音。

（2）电磁场中的亥姆霍兹定理。

亥姆霍兹定理，有时也称作矢量场的唯一性定理，是电磁场理论中的一条重要定理，可表述为：如果一个矢量场的散度和旋度只在有限区域内不为零，则该矢量场可唯一地由它的散度和旋度所确定。亥姆霍兹定理是刻画电磁场唯一性的基本定理——空间的一个矢量场由其散度、旋度和定解条件唯一确定。更具体地说，一个矢量场可以表示为一个无旋的散度场和一个无散的旋度场的叠加。

亥姆霍兹定理是研究电磁场理论的主线。无论是静态场还是时变场，都是围绕着其散度、旋度和边界条件展开分析的。根据亥姆霍兹定理，可以由麦克斯韦方程组自然地引出标量电位和矢量磁位函数，并可方便地导出库仑定律或毕奥—萨伐尔定律，以及位函数与场在自由空间的积分表达式。

亥姆霍兹定理也是场论中的一个重要定理。根据亥姆霍兹定理，一个矢量场可表述为某个标量函数的梯度与某个散度为零的矢量函数的旋度之和。因此，定理给出了解决散度和旋度不为零的场方法。

❧ 代表作 ❧

（1）1847 年，他的专著《力之守恒》提出了能量守恒定律，亥姆霍兹自由能即以他来命名，该书是科学史上的不朽之作。

（2）1853 年，他发表《论电流在物质导体中的分布定律及其在生物电实验中的应用》，使他真正进入数学物理学和数学心理学领域的研究成果，极大启发了诺依曼和韦伯。是电子的发现者汤姆逊花费了 10 多年的时间寻找原子涡旋模型的物理基础。

（3）1855 年，他出版了《生理学手册》第一卷。

（4）1863 年，出版了他的巨著《音调的生理基础》。

（5）1882 年，发表论文《化学过程的热力学》，是他物理化学研究的重要成果，把化学反应中的"束缚能"和"自由能"区别开来，指出前者只能转化为热，后者却可以转化为其他形式的能量。从克劳修斯方程，他推导出了吉布斯—亥姆霍兹方程。

（6）1886 年发表了《论最小作用量原理的物理意义》，1887 年发表了《最小作用量原理发展史》，后者是其科学史论文中最为深刻和透彻的一篇。1892 年发表了《电动力学中的最小作用量原理》，论证了麦克斯韦、诺依曼和韦伯提出的带电体间相互作用的假定在计算形式上与最小作用量原理相对应。

（7）他两部声学和光学的著作《作为乐理的生理学基础的音调感受的研究》和《生理光学手册》，对后世研究影响很大。其中，后者至今仍是生理光学方面的权威著作，是心理生理学的主要参考书。

❧ 获奖与荣誉 ❧

1873 年，荣获英国皇家学会科普利奖章。

❧ 学术影响力 ❧

（1）由于他的一系列讲演，麦克斯韦的电磁理论才真正引起欧洲大陆物理学家的注意，并且导致他的学生赫兹于 1887 年用实验证实电磁波的存在以及取得一系列重大成果。

（2）在热力学中，亥姆霍兹自由能是一个热力学势，用在恒定的温度和体积下从封闭热力系统能得到的最大"有用"功，也可以称为亥姆霍兹函数。亥姆霍兹函数是一个重要的热力学参数，等于内能减去绝对温度和熵的乘积；它也经常被用来在精确的热力学性质关系式中定义纯物质状态方程基本状态方程。

在物理学中，常用字母 F 来表示亥姆霍兹能，这是通常称为亥姆霍兹函数或简称为"自由能"。而国际理论和应用化学联合会则建议使用字母 A，并建议使用亥姆霍兹能作为名称。

（3）电磁学上有亥姆霍兹线圈，是指如果有一对相同的载流圆线圈彼此平行且共轴，通以同方向电流，当线圈间距等于线圈半径时，两个载流线圈的总磁场在轴的中点附近的较大范围内是均匀的；用它可以产生极微弱的磁场直至数百高斯的磁场；这对线圈称为亥姆霍兹线圈。亥姆霍兹线圈产生磁场的理论依据就是毕奥—萨伐尔定律。

亥姆霍兹线圈在生产和科研中有较大的实用价值，可用于地球磁场的抵消补偿、检测永磁体特性等，也常用于弱磁场的计量标准。亥姆霍兹线圈一般用来产生指定体积比较大、均匀度比较高，但磁场值比较弱的磁场；用户可以利用这个磁场来完成各种实验，亥姆霍兹线圈可根据不同的应用产生静态 DC 或 AC 磁场。其主要应用：地球磁场的抵消、判定磁屏蔽效应、电子设备的磁化系数、磁通门计和航海设备的校准、生物磁场的研究及与磁通计配合使用检测永磁体特性。

（4）亥姆霍兹方程也叫亥姆霍兹波动方程，是一条描述电磁波的椭圆偏微分方程，通常出现在涉及同时存在空间和时间依赖的偏微分方程的物理问题的研究中，也经常出现在物理学中电磁辐射、地震学和声学研究的问题中。电磁学上有"电亥姆霍兹势"和"磁亥姆霍兹势"的概念，经常出现在亥姆霍兹方程中。在电磁学中，当函数随时间作简谐变动时，波动方程化为亥姆霍兹方程。

（5）在声学中有"亥姆霍兹共鸣器""亥姆霍兹共振"以及"亥姆霍兹旋转木马"以及"亥姆霍兹谐振腔"的概念以其名字命名。

（6）亥姆霍兹速度分解定理是流体运动学中有关运动分析的一个重要定理，对于流体力学的发展有深远的影响。此外，流体力学中还有开尔文—亥姆霍兹不稳定性：上下两层流体若具有不同的密度和不同的切向流动（即沿着分界面）的速度，就会出现这种不稳定性。

（7）在电化学溶液中包括"亥姆霍兹层"和"外亥姆霍兹平面"的概念以其名字命名。在电极的金属表面上往往覆盖有一层或多或少定向排列的溶剂分子，因此，离子过剩电荷距电极表面的距离不能小于某一数值（d）。在 $x=0$（由金属表面算起）到 $x=d$ 的薄层中不存在离子电荷，这一层称为电化学双层的"亥姆霍兹层"；$x=d$ 处常称为"外亥姆霍兹平面"。

（8）德国亥姆霍兹联合会是拥有 19 个国家研究中心的德国最大科研机构，原名"大科学中心联合会"，也是围绕国家中长期政治和科技需求，以规划、设计、运行和管理大型科研装备为己任，志在为解决人类社会可持续发展所面临重大问题找到解决方案，而在能源、环境、医学健康、物质、关键技术和航空航天与交通等领域从事尖端科学研究的世界顶级科研组织。其对揭开深刻影响人类生存与环境的复杂系统的奥秘做出了自己的贡献。

德国亥姆霍兹联合会是德国和欧洲最大的科研机构。亥姆霍兹不仅通过科学合作与人员交流为中国培养了大量人才，现在也在国内合作运行着 3 个联合研究所和十余个联合实验室。亥姆霍兹联合会的中国战略合作伙伴是中国科学院，与中国科学院之间双边不仅联合资助过 15 个联合科研团队，尤其是在大科学领域有着长期稳定的合作关系。

（9）爱因斯坦认为，亥姆霍兹对于数学、几何学和力学基本概念的批判对他的认识论有重要的作用。亥姆霍兹的非欧几何思想甚至影响了狭义相对论的诞生。

（10）德国先后印制了多个纪念他的邮票，见图 2-14。

图 2-14　纪念亥姆霍兹的邮票

⤜ 名人名言 ⤐

（1）一旦把一切自然现象都化成简单的力，而且证明自然现象只能这样来简化，那么，科学的任务就算完成了（亥姆霍兹的这个观点是一种还原论的思维方法）。

（2）我们感知到的世界是无意识的推论；我们看到一株植物知道它是花，是根据以前见过的类似事物推测得出的。

（3）与杰出人物的交往能改变人的价值观，这种智力交流是人生最有意义的经历。

⤜ 学术标签 ⤐

能量守恒学说的最终创立者、杰出的哲学家、科学哲学的先驱、英国皇家学会会员、柏林大学校长、德意志国家科学技术局主席、德意志国家物理工程研究所所长。

⤜ 性格要素 ⤐

具有谦逊、诚实、正直、友好的人品，深受当时社会各界的喜爱和高度评价。他一本正经、博学多才、治学严谨，善于独立思考，可谓孤独的天才。

✎ 评价与启迪 ✎

亥姆霍兹是与马克思、恩格斯同时代的"自然科学上极伟大的人物",是现代科学哲学的主要奠基者与开拓者。恩格斯和列宁都对其哲学思想做了认真研究。他高尚的品格使他成为科学高尚正直的化身,他的科学素养和科学思想深刻地影响了一大批世纪之交的物理学天才,包括麦克斯韦、赫兹、普朗克和爱因斯坦——他们的思维在本质上是哲学的思维,既是科学家,也是哲学家。麦克斯韦认为亥姆霍兹是"一位智慧巨人"。普朗克则说:"我敬佩他的为人,并不亚于敬佩他是一位科学家"。而亥姆霍兹的每次赞扬,都会使得普朗克像赢得世界胜利一样高兴。亥姆霍兹领导的柏林热物理学派甚至导致了量子力学的诞生,这其中主要是维恩和普朗克的贡献。

由于个人天赋、时代环境和科学发展状况等方面的原因,亥姆霍兹的一生,研究领域十分广泛,他的开创性成就并不局限于一门学科——他在生理光学、心理学、几何学、物理学、数学、哲学、美学等众多领域都做出了杰出贡献。他对神经生理学和流体动力学有着杰出的贡献,在认识论和美学方面又有着极高见识和品味。亥姆霍兹大量阅读康德和休谟的哲学著作,这些哲学著作对他日后的哲学思想产生了深远的影响;他一直致力于哲学认识论,他确信:世界是物质的,而物质必定守恒。他企图把一切归结为力,是机械唯物论者,这是当时文化、社会、历史条件的局限性所致。

有历史学家和哲学家认为,亥姆霍兹是科学史上最后一位博学家。他是现代科学史上的一位大人物,在德国民众甚至称他为科学帝国的总理。亥姆霍兹的朋友科尼格斯伯格称他为一个孤独的天才,他的科学成就是非凡的天赋加上极其勤奋的工作的结果。

亥姆霍兹雄心勃勃的目标是探索生命与科学之间的关系。对于亥姆霍兹来说,科学既不是生硬的职业,也不是纯粹的职业,这是一种生活方式,一种习惯。为能量守恒定律最终确定而作出划时代成果的是亥姆霍兹。恩格斯在《自然辩证法》中称赞能量守恒原理奠定了唯物主义自然辩证观。

在19世纪中后期德国科学与哲学回归现实、回归实践的大潮中,他基于坚实的科学研究,反对思辨唯心主义、朴素唯物主义、庸俗唯物主义、实证主义和先验哲学等观点,在经验论和唯理论之间保持必要的张力,提出了许多丰富而深刻的哲学思想。他对新康德主义、实证主义、操作主义、进化认识论等哲学流派的重大影响进行了系统而透彻的研究,坚持以实证的科学态度解释和发展康德哲学的基本观点;对新康德主义、马赫哲学、维特根斯坦哲学、维也纳学派、弗洛伊德精神分析、卡西尔符号哲学、进化认识论、发生认识论、自然主义认识论、科学解释学等都产生的重要影响;这些哲学流派都从他那里获得了使自身流派得以产生和发展的营养，并把他作为自己的主要拥护者和最出色的见证人。

他经历了从早期拥护康德的认识论和形而上学到逐步走向经验主义而强烈反对形而上学的变化过程。早期受康德的影响，他最初把物质和力视为本体论意义上的实体，并且认为能够从形而上学上加以证明，后来在法拉第、费希特以及其他因素影响下，逐渐踏上了反形而上学的道路，并发展出一种经验主义认识论。

亥姆霍兹是一位善于严密哲学思考的科学家，对科学与哲学思想有深入的研究。他善于理性思维，融科学与哲学为一体。他的科学哲学具有开创性的意义和深远的影响。比如亥姆霍兹的"符号论"哲学思想以及他的学说通过赫兹而对奥地利裔英国籍哲学家维特根斯坦（1889—1951 年，语言哲学的奠基人，20 世纪最有影响的哲学家之一）哲学产生了重大影响。亥姆霍兹本人被认为是新康德主义的领导者和科学哲学的先驱。

亥姆霍兹的哲学思想告诉我们，富有批判精神的文化传统发挥着重要的助长剂和催化剂的作用。爱因斯坦也说："使青年人发展批判的独立思考，对于有价值的教育也是生命攸关的"。我们在课堂上教育青少年学生，不仅仅教给他们无血无肉的单纯的科学知识，还要教会他们如何批判，如何思考，学会扬弃，学会传承科学精神和科学思想，保持独立的判断力；这是我国科技兴旺所不可缺少的。正如维特根斯坦所说"人类生活的核心是思考"。

39. 历史上第一个精确表示热力学定律的科学家——克劳修斯

姓　　名　鲁道夫·克劳修斯
性　　别　男
国　　别　德国
学科领域　热力学、气体动力学
排　　行　第二梯队（次一流）

✎ 生平简介 ✎

克劳修斯（1822 年 1 月 2 日—1888 年 8 月 24
日）出生于普鲁士的克斯林（今波兰科沙林）的一个
知识分子家庭。他父亲创办了一所私立小学，克劳修
斯就在此接受初等教育。从青年时代起，克劳修斯就
对自然科学十分感兴趣，尤其是与热机有关的热学。

克劳修斯像

有了明确目标，克劳修斯学习异常勤奋，1840 年他入读柏林大学，1847 年在哈雷大学主修数学和物理学的哲学博士学位。

此后，克劳修斯主要从事分子物理、热力学、蒸汽机理论、理论力学、数学等方面的研究，是气体动理论和热力学的主要奠基人之一。从 1850 年起，克劳修斯先后任柏林炮兵工程学院、苏黎世工业大学、维尔茨堡大学和波恩大学物理学教授。1855 年在苏黎世工业大学担任教授时成家立业；1867 年，他任维尔茨堡大学教授；1869 年任波恩大学教授。1870 年，克劳修斯在普法战争中受了伤，被授予铁十字勋章。他的妻子于 1875 年难产而死，他只得独力抚养 6 个孩子，照顾家庭和孩子使得他从事科研的时间减少了许多。

克劳修斯是历史上第一位精确表示热力学定律的科学家。1865 年和 1868 年，克劳修斯分别当选法国科学院院士和英国皇家学会会员，还当选为彼得堡科学院外籍院士。1888 年卒于波恩。

ᔆ 花絮 ᔆ

（1）家境贫寒、勤奋学习、乐于助人。

克劳修斯从小就具有数理方面的天赋。在小学和中学阶段，他的成绩总是名列班级前茅，老师和同学都对他另眼相看。然而，真正让师生敬重的不是他的天赋，而是他的勤奋刻苦。

克劳修斯学习非常努力，在数理方面的能力超强，考试分数很高；但即便如此，他上课仍然十分专心，对老师布置的作业总是一丝不苟地完成。课余时间他广泛阅读各类书籍，特别是在兴趣浓厚的数学和物理。到了大学和博士阶段，家境清贫的他为减轻家庭负担，一边学习一边兼任家庭师。半工半读的生活十分辛苦，但为了不耽误学习和研究，克劳修斯以超乎异常的毅力严格要求自己，他认为每个人的成功都来自勤奋的工作。

他把全身心都扑在了科学研究上，然而一旦有人要他帮助，他都尽力去做，绝不推脱。在克劳修斯成名以后，常常会有人向他请教问题，有的书信求教，有的登门拜访，他都认真对待。在学校里，许多学生都愿意随克劳修斯学习，有些学生自以为很了不起，往往和他争论，克劳修斯就会心平气和地指出其不足之处和值得称道的地方，从不以势压人，反而如朋友一般地进行讨论，直到问题的解决。他的学生中就有著名物理学家、首届诺贝尔物理学奖得主伦琴。

（2）学术生涯的两个阶段。

他对物理学的贡献主要是在 1869 年去波恩前作出的，这是他学术生涯的高产阶段。去波恩后发生的两个不幸事件对他以后的学术生涯有很大损害。一是在 1870 年到 1871 年普法战争中，他领导一个学生救护队，不幸膝盖受了重伤，长期受伤痛折磨，这使他无法继续担任实验课教学。另一个是他的妻子在 1875 年生第 6 个孩子时因难产去世，他不得不独立照顾家庭，这让他减少了在科学研究上的投入。这是他学术生涯的低产阶段。

❧ 师承关系 ❧

正规学校教育；在苏黎世工业大学曾经教过伦琴热力学课程。

❧ 学术贡献 ❧

主要从事分子物理、热力学、蒸汽机理论、理论力学、数学等方面的研究，特别是在热力学理论、气体分子动理论方面建树卓著。克劳修斯开创性地解决了气体扩散速度小于分子运动速度之间的矛盾，使人们对于分子运动论充满了信心，开辟了研究气体运动现象的道路。

（1）克劳修斯在他关于光折射的博士论文中提出，蓝天、日出及日落时看见各种红色天空，都是由光的折射和反射导致的。

（2）提出热力学第二定律的克劳修斯表述为：热量不能自发地从低温物体转移到高温物体（1850 年），1850 年提出蒸汽机的理想的热力学循环（兰金-克劳修斯循环）。

（3）1851 年从热力学理论论证了克拉佩龙方程，故这个方程又称克拉佩龙-克劳修斯方程，是用于描述单组分系统在相平衡时压强随温度的变化率的方法。

（4）1857 年发展了气体动理论的基本思想，阐述了多个有关分子运动的问题。克劳修斯从气体是运动分子集合体的观点出发，认为考察单个分子的运动既不可能也毫无意义，系统的宏观性质不是取决于一个或某些分子的运动，而是取决于大量分子运动的平均值。因此，他提出了统计平均的概念，这是建立分子运动论的前提。第一次推导出著名的理想气体压强公式，并由此推证了玻义耳-马略特定律和盖·吕萨克定律，初步显示了气体动理论的成就。克劳修斯计算了碰撞器壁的分子数和相应的分子的动量变化，并通过一系列复杂的演算和论证，最终得出了因分子碰撞而施加给器壁的压强公式，从而揭示了气体定律的微观本质。不仅如此，克劳修斯还把目光投向了气体的固态和液态。他论断说：三种聚集态中的分子都在运动，只是运动的方式有所差异而已。

（5）1857 年引入了分子的平移、旋转及振动运动，引入了在单位时间内所发生的碰撞数和分子运动的自由程两个概念，并得出了第一个平均自由程的公式。对分子运动论领域做出了贡献。

（6）1857 年，他提出电解理论——他假设，在液体中部分离子处于非结合状态，他们在液体中徘徊寻找配偶，很弱的电动势也能对它们起作用。

（7）1858 年从分析气体分子间的相互碰撞入手，引入单位时间内所发生的碰撞次数和气体分子的平均自由程的重要概念，解决了根据理论计算气体分子运动速度很大而气体扩散的传播速度很慢的矛盾，开辟了研究气体输运过程的道路。

（8）1865 年把一新的态参量正式定名为"熵"，并将上述积分推广到更一般的循环过程，得出热力学第二定律的数学表示形式。即所有可逆循环的克劳修斯积分值都等于零，所有不可逆循环的克劳修斯积分值都小于零，这就是著名的克劳修斯不等式——$\oint \dfrac{dQ}{T} \leqslant 0$。该不等式描述在热力学循环中，系统热的变化及温度之间的关系。克劳修斯不等式是热力学第二定律的必然结果。

（9）1870 年，他创立了统计物理中的重要定理之一：位力定理。该定理广泛用于描述自引力系统在平衡状态下不同形式的能量之间的关系；由于天文学的研究对象多为自引力系统，自然少不了把位力定理作为研究工具。由于天文学的研究对象多为自引力系统，自然少不了把位力定理作为研究工具。

（10）他对电动力学和介质极化理论也很感兴趣。1879 年他提出了电介质极化的理论，导出介电常数和电介质密度的关系，是克劳修斯—莫索提方程的贡献者之一；该方程是关于解释分子 α 的极化率与介电常数 ε（在这种极化性中由分子组成的电介质物质）的关系，是电介质物理的基础方程。在微观量（极化性）和宏观量（介电常数）之间建立起一个连接。它在 1850 年由意大利物理学家莫索提（1791—1863 年）由宏观静电学衍生而出，并在 1879 年由克劳修斯独立推导出来。它在气体领域运作良好，在液体和固体中仅仅是近似真实，尤其在介电常数很大的时候。

（11）克劳修斯对热学理论的最后一个有意义的贡献是在 1880 年提出了范德华状态方程（是荷兰物理学家范德华于 1873 年提出的一种实际气体状态方程，是对理想气体状态方程的一种改进，考虑气体分子自身大小和分子之间的相互作用）的改正形式，这个方程后来被人称为克劳修斯方程。

（12）其他贡献：从理论上论证了焦耳—楞次定律；1853 年他发展了温差电现象的热力学理论；他重新陈述了萨迪·卡诺的定律，即卡诺循环，把热理论推至一个更真实更健全的基础。

✺ 名词解释 ✺

（1）熵增原理。

他于 1865 年 4 月 24 日在苏黎世自然科学家联合会上作了题为《关于热动力理论主要方程各种应用的方便形式》的演讲，该文同年发表于德国《物理和化学年鉴》。克劳修斯在文中第一次引进了"熵"的概念，证明了熵在绝热过程中的增加，并将热力学定律表述为"宇宙的能量保持不变，宇宙的熵趋于极大值"这样两个宇宙的基本定律。

利用熵这个新函数，克劳修斯证明：任何孤立系统中，系统的熵的总和永远不会减少，或者说自然界的自发过程是朝着熵增加的方向进行的。这就是"熵增原理"，它是利用熵的概念所表述的热力学第二定律。后来克劳修斯不恰当地把热力学第二定律推广到整个宇宙，1867 年提出了"热寂说"。但是，这个说法后来被证明是错误的。

（2）荒谬的热寂说。

1867年9月23日，克劳修斯在法兰克福举行的第41届德国自然科学家和医生代表大会上，做了"关于热力学第二定律"的演说，提出宇宙的热寂说，引起科学界乃至欧洲社会各阶层人士的极大关注，从此引发了一场旷日持久的争论。事实上，"热寂说"首先是由开尔文于1852年提出的。

克劳修斯认为，按照热力学第二定律，对于任何独立系统，当宏观过程在系统各部分间具有温度差的条件下进行时，则温差必将渐消失。而在孤立系统中，没有温差的热运动是不能再转化为功的。由此得出结论：整个宇宙也将达到各处温差都消失的热动平衡状态，这时一切宏观变化都将停止，能量的总值虽然不变，但已不能再被利用，结果宇宙就趋于死灭（热寂）状态。

事实上，宇宙是无限的，并无最终平衡态可言。热寂说把对于有限孤立系统所获得的经验，推广到整个宇宙，把相对的平衡看成是绝对的，这是一种形而上学观。

❧ 代表作 ❧

（1）克劳修斯最重要的论文《论热的动力以及由此导出的关于热本身的诸定律》于1850年发表，给出了热力学第一定律的数学表达形式；克劳修斯不仅否认了"热质说"的基本前提，还认为热量不能看作是物质状态的函数而与过程有关。

（2）1854年发表论文《力学的热理论的第二定律的另一种形式》，正式提出热力学第二定律的名称，给出了可逆循环过程中热力学第二定律的数学表示形式，称为热力学第二定律的克劳修斯表述（另一个是开尔文的表述）。同年，他还发表了《论自然力的相互关系》，文中印证开尔文首提"热寂说"。

（3）1857年发表论文《论热运动形式》，以十分明晰的方式发展了气体动理论的基本思想；论文内容丰富，阐述了多个有关分子运动的问题；第一次推导出著名的理想气体压强公式，并由此推证了波义耳—马略特定律和盖·吕萨克定律，初步显示了气体动理论的成就。在文中，克劳修斯初步讨论了比热理论，第一次计算了氧、氮、氢3种气体分子在冰点时的速率。

（4）1858年发表论文《关于气体分子的平均自由程》，从分析气体分子间的相互碰撞入手，引入单位时间内所发生的碰撞次数和气体分子的平均自由程的重要概念，解决了根据理论计算气体分子运动速度很大而气体扩散的传播速度很慢的矛盾，开辟了研究气体输运过程的道路。

（5）1865年发表论文《力学的热理论的主要方程之便于应用的形式》，把一新的态参量正式定名为熵，严格证明了熵增原理，并得出热力学第二定律的数学表示形式。

此外，还有《势函数与势》和《热理论的第二提议》等重要论文。

☙ 获奖与荣誉 ❧

克劳修斯生前曾得到过许多的荣誉，也获得过无数的奖赏，还被许多科学团体选为名誉成员。

（1）1870年获惠更斯奖和铁十字勋章。

（2）1879年获英国皇家学会科普利奖章。

（3）1883年获彭赛列奖。

（4）1882年获维尔茨堡大学颁授荣誉博士学位。

☙ 学术影响力 ❧

（1）在热力学理论、气体动理论方面建树卓著，是热力学第二定律的两个主要奠基人（另一个是开尔文）之一，是历史上第一位精确表示热力学定律的科学家。

（2）克劳修斯、麦克斯韦、玻尔兹曼被称为气体动理论的三位主要奠基人，由于他们的一系列工作使气体动理论最终成为定量的系统理论。

（3）1857年克劳修斯第一次明确提出了物理学中的统计概念，这个新概念对统计力学的发展起了开拓性的作用。

（4）克劳修斯开创性地解决了气体扩散速度小于分子运动速度之间的矛盾，终于打消了人们心头的疑虑，使得他们对于分子运动论充满了信心，开辟了研究气体运动现象的道路。

（5）克劳修斯指出，如果热力学第二定律适用于全宇宙，则"宇宙的能量是恒定的""宇宙的熵趋于某个极大值"；这个结论引出了后来广为争议的"热寂说"。

（6）月球上的克劳修斯环形山以他的名字命名。

☙ 名人名言 ❧

无从考证。

☙ 学术标签 ❧

历史上第一个精确表示热力学定律的人、热力学的奠基人兼熵概念的创始者、热力学第二定律建立者之一（另一个是开尔文）、气体动理论的主要奠基人、法国科学院院士、英国皇家学会会员、彼得堡科学院外籍院士。

☙ 性格要素 ❧

性格显得有些孤僻，但是他为人极其坦诚，从不阿谀奉承，也不自高自大，他性格温和，乐于助人。

✍ 评价与启迪 ✍

克劳修斯的一生成就斐然，他提出了热力学第二定律和熵的概念，成为热力学理论的奠基人；他还计算得出了分子运动速度，成为分子运动论的奠基者之一。此外，他还创立了电解分离理论，开创了统计物理学这一崭新的学科。克劳修斯在人类科学史上功绩卓著；人们习惯性地把他和麦克斯韦、玻尔兹曼一起称为分子运动论的奠基人。

但克劳修斯也并非完人，他犯了两个错误。第一是对亥姆霍兹的错误批评，这事发生在 1853 年，他也误认为亥姆霍兹剽窃了迈尔和焦耳的能量守能理论；第二个错误在于得出了荒谬的"热寂说"。

克劳修斯的错误在于，他把物理定律绝对化，没有理解他们只不过是客观真实的或多或少地近似，并有其发生作用的特定场合范围，并不一定适用于任何场合，因此，把我们所处的有限时空中概括出的定律随意的外推是危险的。现代天文观察已发现不少新的恒量正在形成，天体演化学的新成就，以其雄辩的事实，宣告了"热寂说"的破产。

公理化方法对于概括和整理已有的科学知识，建立科学理论体系是很重要的，但不能把它的可靠性绝对化，也不能把它的普遍性看作无条件的。否则，就会像克劳修斯那样，走向其反面。

40. 绝对黑体概念提出者、光谱学先驱、电路求解大师——基尔霍夫

姓　　名　古斯塔夫·罗伯特·基尔霍夫
性　　别　男
国　　别　德国
学科领域　电学、光谱学
排　　行　第四梯队（三流）

✍ 生平简介 ✍

基尔霍夫（1824 年 3 月 12 日—1887 年 10 月 17 日）出生于普鲁士的肯尼希斯堡（今为俄罗斯加里宁格勒），卒于柏林。基尔霍夫在柯尼斯堡大学读物理，1847 年毕业后去柏林大学任教，3 年后去布雷斯劳作临时教授。1854 年由化学家本生（罗伯特·威廉·本

基尔霍夫像

生（1811—1899 年）出生于德国的哥廷根，研制了实验煤气灯，后来被称为本生灯，一直到现在许多化学实验室还使用这种灯。本生灯是一种燃气灯（见图

2-15），可以产生温度很高的纯净火焰，是完美的实验室用灯。直到今天，人们还在使用这个以他的名字命名的仪器）推荐任海德堡大学教授。1875年基尔霍夫因健康不佳不能做实验，到柏林大学担任理论物理教授，直到逝世。

图 2-15 本生灯

◦ᴥ **师承关系** ᴥ◦

正规学校教育。

◦ᴥ **学术贡献** ᴥ◦

对电路、光谱学的基本原理有重要贡献。

（1）基尔霍夫（电路）定律是电路中电压和电流所遵循的基本规律，是分析和计算较为复杂电路的基础，包括基尔霍夫电流定律（KCL、在集总电路中，任何时刻对任一节点，所有流出节点的支路电流的代数和恒等于零）和基尔霍夫电压定律（KVL、在集总电路中，任何时刻沿任一回路，所有支路电压的代数和恒等于零）；是电路理论中最基本也是最重要的定律之一。

（2）1859年，基尔霍夫做了用灯焰烧灼食盐的实验。在对这一实验现象的研究过程中，得出了关于热辐射的定律，后被称为基尔霍夫（热辐射）定律。它是传热学定律，被用于描述物体的发射率与吸收比之间的关系。

（3）1862年，他提出绝对黑体的概念。

（4）在菲涅耳衍射积分公式提出60余年后，基尔霍夫用严格的数学理论推导出菲涅耳—基尔霍夫衍射公式，给出了惠更斯—菲涅耳原理的更严格的数学形式。在光学里，菲涅耳—基尔霍夫衍射公式可以应用于光波传播的理论分析模型或数值分析模型，可以推导出惠更斯—菲涅耳原理，并且解释该原理无法解释的物理现象与结果。菲涅耳—基尔霍夫衍射公式常被简称为"基尔霍夫衍射公式"。

（5）他还讨论了电报信号沿圆形截面导线的扰动。

（6）提出了薄板直法线理论。即任一垂直于板面的直线，在变形后仍保持垂直于变形后的板面；板的中面，在变形过程中没有伸长变形。这个假设后来被逐步改进，形成现今的直法线假设，基尔霍夫给出了搬到边界条件的正确提法，并且给出了圆板的自由振动解，同时比较完整地给出了振动的节线表达式。这就是力学界著名的基尔霍夫薄板假设。

（7）在海德堡大学期间与本生合作制成一台光谱仪，并合作创立了光谱化学分析法（把各种元素放在本生灯上烧灼，发出波长一定的一些明线光谱，由此可以极灵敏地判断这种元素的存在），从而发现了元素铯和铷。

（8）他们研究了太阳光，并且首次对环绕太阳的大气层作了化学分析，指出环绕太阳的大气也是由地球上已知的那些元素组成的。

名词解释

（1）基尔霍夫定律（电路）。

1845 年，他发表了第一篇论文，提出了稳恒电路网络中电流、电压、电阻关系的两条电路定律，即著名的基尔霍夫电流定律和基尔霍夫电压定律。前者应用于电路中的节点（会于节点的各支路电流强度的代数和为零），后者应用于电路中的回路（沿回路环绕一周，电势降落的代数和为零），解决了电器设计中电路方面的难题。他拓展了欧姆定律，让人们可以计算复杂电路中的电流与电压。后来，他又研究了电路中电的流动和分布，从而阐明了电路中两点间的电势差和静电学的电势这两个物理量在量纲和单位上的一致，使基尔霍夫电路定律具有更广泛的意义。

（2）光谱分析仪。

1859 年，基尔霍夫和本生开始共同探索通过辨别焰色进行化学分析的方法，决定制造一架能辨别光谱的仪器。他们把一架直筒望远镜和三棱镜连在一起，设法让光线通过狭缝进入三棱镜分光；这就是第一台光谱分析仪。

光谱仪安装好以后，他们合作系统地分析各种物质，一边灼烧各种化学物质，一边进行观察、鉴别和记录。他们发现用这种方法可以准确地鉴别出各种物质的成分。最令人惊奇的是，本生和基尔霍夫创造的方法，可以研究太阳及其他恒星的化学成分，为以后天体化学的研究打下了坚实的基础。

（3）发现铯和铷。

1860 年 5 月 10 日，基尔霍夫和本生用他们创立的光谱分析方法，在狄克海姆矿泉水中，发现了新元素铯；1861 年 2 月 23 日，他们在分析云母矿时，又发现了新元素铷。人类应用光谱技术共发现了 18 种元素。1861 年，英国化学家克鲁克斯用光谱法发现了铊；1863 年德国化学家赖希和李希特也是用光谱法发现了新元素铟，以后又发现了镓、钪、锗等。

（4）绝对黑体。

投射到物体上的辐射热全被该物体吸收时，此物体称为绝对黑体。即一个物体能全部吸收投射来的各种波长的热辐射线（物体的吸收率 $\alpha = 1$）。黑体是对热辐射线吸收能力最强的一种理想化物体，实际物体没有绝对黑体；但在理论研究中可设计种种绝对黑体。

在遥感热红外扫描仪系统中，装有高温黑体和低温黑体，作为探测地物热辐射的参考源。实用的绝对黑体是由人工方法制成的。

◢ 代表作 ◣

1850 年，他出版《弹性圆板的平衡与运动》，指出泊松的错误，从三维弹性力学的变分开始，引进了力学界著名的基尔霍夫薄板假设。此外，还著有《数学物理学讲义》4 卷。

◢ 获奖与荣誉 ◣

1887 年 12 月 26 日的法国天文学会宣布将第一枚让森奖章放在已经在 10 月去世的基尔霍夫的墓碑上，"至高荣誉以纪念这位海德堡的伟大学者"，表彰他在光谱学上的贡献。让森奖章设立于 1886 年，以法国著名天文学家皮埃尔·朱尔·塞萨尔·让森（1824—1907 年）的名字命名，他发现了氦元素。让森奖章不同于法国天文学会的年度奖项朱尔·让森奖（1897 年设立）。

◢ 学术影响力 ◣

（1）基尔霍夫（电路）定律既可以用于直流电路的分析，也可以用于交流电路的分析，还可以用于含有电子元件的非线性电路的分析。直到现在，基尔霍夫电路定律仍旧是解决复杂电路问题的重要工具。

（2）基尔霍夫的热辐射定律和绝对黑体概念是开辟 20 世纪物理学新纪元的关键之一；1900 年普朗克的量子论就发轫于此。

（3）科学家利用基尔霍夫和本生创立的光谱化学分析法，还发现了铊、铟等许多种元素。

（4）基尔霍夫矩阵也叫作拉普拉斯矩阵或导纳矩阵或离散拉普拉斯算子，主要应用在图论中，作为一个图的矩阵表示。

（5）基尔霍夫对德国的理论物理学的发展有重大影响。

◢ 名人名言 ◣

力学是关于运动的科学，它的任务是以完备而又简单的方式描述自然界中发生的运动。

学术标签

首次提出绝对黑体概念的人、光谱学先驱、电路求解大师。

性格要素

动手和理论分析能力强、善于合作、勤于研究而忽视健康。

评价与启迪

在电路和光谱学领域都做出了突出贡献，各有根据其名字命名的基尔霍夫定律。黑体的概念直接引发了量子力学的诞生，对现代社会发生了翻天覆地的影响。如果他能注意健康，生命更长一点，对人类的贡献必将更大！

41. 十岁读大学的神童、绝对温标的创立者、热力学之父——开尔文

姓　　名　威廉·汤姆逊（开尔文）
性　　别　男
国　　别　爱尔兰
学科领域　热力学、电磁学、光学
排　　行　第一梯队（一流）

开尔文像

生平简介

开尔文（1824 年 6 月 26 日—1907 年 12 月 17 日）出生于爱尔兰首府贝尔法斯特一个和睦热闹温馨的高级知识分子之家。6 岁时，母亲不幸去世，开尔文养成了孤单、愁闷的性情。父亲此后严格教育孩子，从小培养他们思考的习惯。开尔文自幼聪慧好学，无论启蒙教育还是大学预科学习，都是父亲用自编教材在家授课。后其父任教于格拉斯哥大学，开尔文就旁听课程。10 岁时作为神童被录取进格拉斯哥大学预科学习，约 14 岁开始学习大学课程。当其他同学沉湎于神学的时候，开尔文却在数学、物理学和天文学方面努力学习。15 岁时获物理学奖，16 岁时获天文学奖，同年其论文《地球形状》获得金奖章，该文中的一些重要概念，开尔文在往后还常常用到。

17 岁时，他把电力线和磁力线同热力线加以类比。18 岁，接触到了热传播不可逆性。在研究这些问题的时候，他娴熟地运用了很多新的数学定理。开尔文 1841 年 5 月转到了剑桥大学圣彼得学院求学，成绩优秀，毕业考试之前一个主考

教授甚至对他的同事开玩笑说，他们都不配批改开尔文的卷子。1845年他顺利毕业于剑桥大学，获数学学士学位，荣膺兰格勒奖金第二名，史密斯奖金第一名。剑桥大学的数学家霍普金斯（1793—1866年，斯托克斯和麦克斯韦都曾是他的学生）曾经指导过他，使他受益匪浅。

毕业后，他到巴黎大学留学，给著名科学家亨利·维克托·勒尼奥（1810—1878年，1835年发现聚氯乙烯）担任助手，结识了毕奥、刘维尔、斯图姆、柯西等名家。1846年11月，年仅22岁的开尔文如愿以偿入选格拉斯哥大学自然哲学教授，长期从事电磁学和热力学研究。开尔文担任格拉斯哥大学教授长达53年，到1899年退休。期间三次拒绝了剑桥大学卡文迪许实验室的教授职位聘请，坚持在格拉斯哥大学任教。

1848年，24岁的开尔文创新绝对温标；1851年，27岁的开尔文当选英国皇家学会会员和瑞典科学院院士；1852年，28岁的开尔文跟表妹玛格丽特结婚；婚后开尔文细心照料体弱多病的妻子，直到1870年妻子去世。

他试图统一电与磁研究，曾无限接近电磁学的真相，走到了电磁理论的边缘。但是，后来由于他致力于大西洋海底电缆的铺设而耽误了，但他告诉了麦克斯韦自己的研究心得，间接导致电磁理论的诞生，成就了后者一生的荣耀。

1854年，31岁的开尔文提出了关于海底电缆信号传递衰减的理论，解决了铺设长距离海底电缆的重大理论问题。巧合的是，后来麦克斯韦提出电磁理论是31岁，赫兹证实电磁波的存在也是31岁。1860年，开尔文滑冰摔断左腿，不幸成了残疾。但他并不灰心，仍旧执着于工作。由于他作为技术负责人铺设第一条大西洋海底电缆有功，英政府于1866年封他为爵士，并于1892年晋升他为开尔文男爵，开尔文这个名字自此开始。

1877年，他被选为法国科学院院士；1890—1895年开尔文任英国皇家学会会长；1896当选彼得堡科学院名誉院士；1904年他出任格拉斯哥大学校长。开尔文的一生是非常成功的，他可以算作世界上最伟大的科学家中的一位。他于1907年12月17日在苏格兰的内瑟霍尔去世时，得到了几乎整个英国和全世界科学家的哀悼，葬于伦敦西斯敏斯特大教堂，与牛顿为伴。

❧ 花絮 ❧

（1）酒窖实验室。

开尔文22岁时在30多个竞争者中脱颖而出，终于获得了其父心心念念的格拉斯哥大学物理教授的职位，令很多高龄对手眼红。开尔文申请拨给他一间房子进行课外实验，其他教授们很反感开尔文的做法，但抱着看笑话的心态还是给开尔文腾出学校的酒窖做实验室。开尔文不嫌弃，英国第一所现代实验室就诞生于酒窖里。

（2）塔楼办公室。

刚工作不久的开尔文劲头十足，他挑选优秀的学生，督促他们工作，累积实验成果。他寻求更大的物理空间来开拓自己的实验，但由于当时学校的办公条件很紧张，没有多余的房间给他，只好让他使用塔楼，于是塔楼办公室诞生了。

（3）与妻子玛格丽特的故事。

开尔文创立了绝对温标，取得了巨大的成就，入选皇家学会会员。但是，事业上的成功也让很多年轻女性对他望而却步，唯一例外的是他的表妹玛格丽特。玛格丽特温柔贤惠，非常欣赏开尔文的执着和对科学的追求。1852 年，开尔文跟玛格丽特正式结婚。婚后两人感情融洽，妻子十分支持开尔文的工作，她的陪伴给了开尔文无穷的动力。玛格丽特体弱多病，婚后身体越来越糟，体贴的开尔文一直对她悉心照料。

在开尔文主持铺设大西洋海底电缆的 10 年期间，两人聚少离多；尽管开尔文不能陪在身边，妻子玛格丽特毫无怨言，默默支持他的工作，不让他因自己体弱多病而分心。开尔文牵挂妻子，经常致信问候，给妻子讲述外边的事情，让妻子开心。海底电缆铺设成功的那天，开尔文第一时间给妻子拍电报报喜。功成名就后的开尔文准备购买游艇带着妻子周游世界，但不幸的是，多年缠绵病榻的玛格丽特于 1870 年逝世。第二年，开尔文终于购置了一艘游艇，开始了独自一人的环游天下之旅。漫长的航行中，开尔文一边考虑着物理问题，一边泪流满面地思念妻子。

（4）功亏一篑。

开尔文倾心于电磁学研究，他用数学方法分析电磁力的性质，试图用数学公式把电力和磁力统一起来。这个想法与后来麦克斯韦的想法一致，他也取得了很好的成果。他用很精确的实验，证明了莱顿瓶放电具有振荡性质，他还用数学方法推导出电振荡过程的方程和振荡频率的公式。

1846 年 11 月 28 日，开尔文在当天的日记里写下了这样的话："上午十点一刻，我终于成功地用'力的活动影像法'来表示电力、磁力和电流了。"他通过实验证明了磁力和光有相互关系并写成了论文。实际上这是发现电磁波的前兆，已经到了电磁理论的边缘，只要再向前一步，就能够发现真理。

遗憾的是，开尔文就此止步了。他或许已感觉到了曙光，但却缺少锲而不舍的精神。他写道："促使我能够把固体对电磁和电流有关系的状态重新做一番更特殊的考察，就会超出现在所知的范围，不过那是以后的事了。"1854 年，他收到剑桥大学年轻的毕业生麦克斯韦向他求教怎样研究电磁的来信。开尔文毫无保留地把自己研究的成果告诉了他。后来，麦克斯韦沿着开尔文开辟的道路一直走下去，终于完成了开尔文没有完成的统一电磁学理论的伟业。

后来他没有继续深入这项电磁学研究，功亏一篑，致使建立电磁理论的桂冠戴在麦克斯韦头上。当然，开尔文的功绩也不可否认：第一，是他做了开拓性的工作；第二，是他把自己的思想毫无保留地告诉了麦克斯韦。这正是开尔文人格伟大之处——不保守，不自私，乐于成人之美。

开尔文没有能够把电磁理论的研究进行到底，有多种原因。最主要的，他没有能够及时得到法拉第的指导，尽管他及时写信告诉了法拉第他的发现，但却未得到回复，使他在关键时刻没有得到宝贵的指导。其次，是当时有项举世瞩目的工程——铺设第一条大西洋海底电缆，耗费了他的精力。

（5）与法拉第的交往留遗憾。

1845 年初夏，开尔文从法国回到剑桥大学，参加了英国科学协会的会议。出席这次会议的都是著名学者，包括法拉第、焦耳等世界第一流的大科学家。年轻的开尔文在会上大胆发表自己的见解，介绍自己对电磁学的研究，提出法拉第的磁力线可以用数学公式来表示，提出光线在两块带不同电荷的玻璃片之间发生极化现象。

法拉第对开尔文表示了赞赏，他送给开尔文自己的电学专著《电学实验研究》，二人还就为什么光束通过带电介质会发生极化现象进行了探讨。法拉第认为这个问题很难，自己之前多次验证，都未成功。开尔文特别想与法拉第合作，因为自己的数学功底很强，可以弥补法拉第的不足，但作为比法拉第小 30 岁的晚辈，他始终不敢表态，对二人来说，都失去了一次最宝贵的机会。后来，法拉第始终没有能够把自己的研究提高到理论的高度；开尔文的愿望，也要到麦克斯韦手里才能变成现实。

1847 年夏天，开尔文把自己电磁研究的论文抄寄给法拉第。他从数学上论述了电力和磁力相同的地方，并表明在电力和磁力之间存在着必然的联系，认为可以和光的波动理论联系起来，就完全可以解释磁性使物质发生极化的现象了。信中的精辟见解，在今天看来也是令人惊叹的。因为当时除了法拉第以外，还没有第二个人把电磁现象和光波联系起来。可惜的是，开尔文没有得到法拉第的回信，在关键时刻没有得到宝贵的指导；从而错失了电磁学理论发现者的桂冠。这座桂冠最后落在了麦克斯韦的头上。

（6）铺设大西洋海底电缆。

开尔文生活的年代，电报只能进行有线传送，只能在陆地上使用。随着资本主义的发展，英国和欧洲大陆以及欧美两地之间传统的利用邮船通信的方式，已经远不能满足需要，于是制造和铺设海底电缆成了最迫切的任务。

1851 年 11 月，工程师布雷特在英法之间的多佛尔海峡成功地铺设了最早的全长 30 千米的海底电缆，把英国和欧洲大陆成功的连接在了一起。人们希望把北美与欧洲连接起来，而这在当年来说是一个十分艰巨的任务。

1854 年，年轻的美国富豪塞勒斯·韦斯特·菲尔德负责投资铺设从纽约到纽芬兰的海底电缆。成功后，他立刻投入到跨大西洋海底电缆的宏伟工程中。菲尔德的越洋电缆这项伟大工程，是当时全世界的报纸头条。

1855 年，31 岁的开尔文提出了海底电缆信号衰减的理论，为海底电缆工程奠定了重要的理论基础。第二年大西洋海底电缆公司选聘开尔文当董事，负责铺设大西洋海底电缆这项巨大的工程。

1857 年 8 月 5 日，第一条大西洋海底电缆开始铺设。电缆两头的登陆点，是加拿大的纽芬兰岛和英属爱尔兰岛。英国政府为菲尔德提供了皇家海军最大的战舰之一"阿伽门农"号，而美国政府提供了排水量 5000 吨的战舰"尼亚加拉"号。这两艘当时最大吨位等级的舰船经过特殊改装，才各自能装下跨洋电缆的一半。位于海底的越洋电缆，必须非常结实不能断裂，同时又必须非常柔软，否则很难铺设。另一方面，其制造工艺必须十分精密。否则，一点点瑕疵就可能导致电信号的不稳定和中断。十分不幸的是，8 月 11 日晚上，在成功铺设到 355 海里的时候，电缆断裂，第一次铺设沉放失败了。

开尔文没有气馁。他分析事故，找出了电缆断裂的原因是由于表层机械强度不够。1858 年春，开尔文受反光镜的启发，自费发明了灵敏度很高的镜式电流计电报机，给长距离电缆通信提供了实用的终端设备。

1858 年 6 月 10 日，第二次铺设正式开始，船队计划先航行到大西洋中央，将电缆的两半接起来，然后兵分两路，分别向欧洲和北美两个方向铺设。但不幸的是，船队半路遇到暴风雨，负载很重的"阿伽门农"号近乎倾覆，大量的电缆被损毁；第二次尝试又宣告失败。

1858 年 7 月 17 日，第三次大西洋海底电缆沉放工程开始。7 月 28 日，"阿伽门农"和"尼亚加拉"在大西洋中部成功接头，开始越洋电缆的铺设。不料，海船驶进大西洋的第二天遭遇暴风。但开尔文和工作人员不顾危险，坚持工作。8 月 5 日，"尼亚加拉"到达纽芬兰海岸，"阿伽门农"也在同一天到达爱尔兰海岸。开尔文拍发出从欧洲到美洲的第一份电报，5 分钟以后，美洲一端清晰地收到了信号；茫茫的大西洋终于被征服了！

但命运是残酷的，科学的道路总是不平坦的。第一条大西洋海底电缆使用一个月以后，发生了严重的故障，信号变得模糊不清。又过了两个星期，电缆完全损坏，刚建立的横跨大西洋的通信中断，再一次铺设提上了日程。

1865 年，开尔文花费大量心血改进海底电缆。当年 6 月，第四次铺设开始。行动不便的开尔文坚持参加了远航，领导施工。这次铺设电缆的海船是当时世界第一巨轮"伟大的东方人号"。然而，巨轮航行到距离北美还有两天航程的时候，电缆突然断裂，坠进了 4000 米的深渊，第四次尝试再次失败，公司损失惨重。

1866 年 4 月，"伟大的东方人号"再次启航，开尔文继续主持第五次铺设工程。有志者事竟成，这次沉放完全成功。不久，又成功找到了上次失败的那条电缆，并且继续铺设成功。6 月中旬，海底电缆的终端在爱尔兰登陆，很快就同美洲进行了通报，效果很好。1866 年 7 月 27 日，第一条跨越大西洋的永久海底电报电缆顺利完工。两条电缆把欧洲和北美紧密地联系在一起。经过四次失败，耗资百万英镑，全部工程整整持续了 10 年，第五次铺设终于获得最后的成功！

大西洋海底电缆铺设成功，实现了全球性的远距离通信。它和电报的发明一样，是人类通信史上一座新的里程碑。在当时，这就是时代的奇迹——浩瀚的大洋再也不是信息不可逾越的天堑。

开尔文也因为主持铺设大西洋海底电缆的功绩，获得了很高的荣誉。1866年，他被英国政府封作爵士；1892 年又被授给"开尔文勋爵"这个封号，从此人们就称他"开尔文勋爵"。

（7）与焦耳密切交往成就了热力学研究。

1847 年，在牛津大学召开的英国科学协会的会上，焦耳宣讲自己的热功当量理论；声称各种形式的能都可以定量地互相转化，比如机械能可以定量地转化为热能。当时，著名的热力学家都认为这种转化是不可能的；但开尔文却认可焦耳的理论，和焦耳成了莫逆之交。当时，焦耳 29 岁，开尔文才 23 岁。在焦耳的鼓励下，开尔文把注意力转到热力学研究方面。结果，他的天才在电磁学领域里没有充分显示出来，却在热力学的领域里充分显示了出来。第二年，他就提出了绝对温标；他还同焦耳合作，发现了著名的焦耳—汤姆逊效应（被压缩的气体通过窄孔，进入大容器以后，就膨胀降温）。这个效应，为近代低温工程奠定了重要基础。

（8）第十一条戒律。

当开尔文还只有 16 岁时，就在日记中写下了第十一条戒律。正如十诫是宗教对他的良心的召唤一样，这第十一条戒律则是心智对开尔文理性的召唤：科学领路到哪里，就在哪里攀登不息：前进吧，去测量大地，衡量空气，记录潮汐；去指示行星在哪一条轨道上奔跑，去纠正老皇历，叫太阳遵从你的规律。

（9）勋爵与爵士。

威廉·汤姆逊是 19 世纪英国现代物理学的领袖人物，开尔文是热力学温度测量的基本单位。与牛顿相比，他的学术成就当然逊色，但牛顿只封了个爵士，开尔文却是男爵。

按照英国传统，女王（或国王）可以根据内阁首相的提议，将某种贵族爵位授予某人，但受封的人数是有限的，每年大约在 20 名以内。贵族爵位分为公爵、侯爵、伯爵、子爵和男爵 5 个等级。

实际上，"勋爵"是个很大的范围，除公爵外的男性贵族在普通场合，都可称之为××勋爵。而侯爵、伯爵、子爵、男爵都会把头衔标示为"××勋爵"。按照规定，勋爵候选人推荐的标准是，接受荣誉勋爵的人须在各自的领域，包括商业、艺术、科学、文学等做出重大贡献；开尔文受封为男爵，这也是平民所能博取的最高等级的勋爵，故而可以称为开尔文勋爵。

勋爵（Lord）与爵士（Sir）之间的差别，后者只能由国王（女王）加封，是不能传承的；而前者既可以传承，也可以加封，还带有一个名誉上的领地，通常是被加封人的故乡。威廉·汤姆逊男爵的领地位于格拉斯哥附近的一个地方开尔文（开尔文是地名，是流经格拉斯哥大学附近的一条小河，现在逐渐演化成了人名）；格拉斯哥西行不远即到开尔文森林公园，那里有个中世纪磨坊的遗址和培育植物幼苗的玻璃温室，小巧的开尔文河流经此地。

（10）自然界有一个统一完善的理论。

开尔文的思想很丰富，数学能力很强，在物理学的各个方面都开辟了许多新的道路，在当时科学界享有极高的名望，受到英国本国和欧美各国科学家的推崇。

他的科学观点可以引用 1800 年 5 月他在伦敦皇家研究所关于大气电学的讲演中对现象与本质问题的话来说明："常常提出这样的问题，人们是否只管事实和现象，而放弃追究隐藏在现象后面的物质的最终性质呢？这是一个必然由纯正哲学者回答的问题，它不属于自然哲学的范围。但是近许多年来世界上看到从这个屋子的实验结果中所发生的，在实验科学史上未曾有过的一连串的令人惊奇的发现。这些发现必然把人们的知识引导到这样一个阶段，将使无生物世界的规律表现出每一现象基本上与所有全体现象相连，而无穷无尽的多样化的运用规律所达到的统一性将被认为是创造性智慧的产物。"这一段话表达了开尔文的科学理想，他想象一个完善的统一的理论，能把世界的现象包罗无遗。

（11）谦虚谨慎的态度。

他为人谦虚、谨慎。1896 年在格拉斯哥大学庆祝他 50 周年教授生涯大会上，他说："我在过去 55 年里所极力追求的科学进展，可以有'失败'这个词来标志。我现在不比 50 年以前当我开始担任教授时知道更多关于电和磁的力，或者关于以太、电与有重物之间的关系，或者关于化学亲和的性质。在失败中必有一些悲伤；但是在科学的追求中，本身包含的必要努力带来很多愉快的斗争，这就使科学家避免了苦闷，而或许还会使他在日常工作中相当快乐。"这足以说明他的谦虚品德，也说明了他不断探索的精神以及对于科学知识永不满足的境界。这段话可以说是对自己的科学生涯的总结。

（12）活到老学到老。

到了晚年，他非常珍惜自己的时间，经常抱怨光阴流逝得太快。"一秒钟是太短促了，我们需要长一些的时间量度。"为了节约时间，他用口述的形式记录自己的探究成果。他有两名秘书，各自记录他分别口授的东西，题目各不相同。

在开尔文的晚年，正是知识大爆炸的黄金时期，伦琴、居里夫人等人的成就层出不穷，他为此感到自己很渺小。任职 50 周年庆祝后又过了 3 年，他辞去了格拉斯哥大学教授的职务。董事会希望他不要退休，继续工作。但是，他摇摇头："请不必感情用事吧，我已经没有什么用处了。"1899 年，当学年开始时，这位 76 岁的年迈学者，同大学本科生一道，走进注册室，也报了名："开尔文勋爵，研究生。"

（13）老汤姆逊的成功教育方式。

他的父亲老汤姆逊为他的 6 个子女，提供了一套旨在保护他们的心灵而磨砺他们智力的教育方式。他所设计的这个教育方式，既有广度，又有深度。几乎从婴儿时期起，孩子们的成长就与思想的广阔天地结成友谊。他们被地质学和天文学的原理所吸引，而植物则是他们游玩时的小伙伴。当他们围坐在桌子四周时，他们惊奇地注视着桌上的玩具地球仪，他们梦想着到地球上最遥远的地方去遨游。而后他们的眼睛又转移到另外一个更大的球体上。这是他们的父亲为他们购买的一个天球仪——它讲出了天体的史诗，而地球只不过是这个伟大史诗中一个小小的音节而已。开尔文的成功与他的父亲老汤姆逊的教育方式密不可分，也值得每个做父亲的人学习。

（14）每个困难一定有解决的办法。

开尔文终生不懈地致力于科学事业，对待科学研究和生活上的磨难，他有着坚强的意志。他在 1904 年出版的《巴尔的摩讲演集》的序言上关于如何对待困难有这几句话："我们都感到，对困难必须正视，不能回避；应当把它放在心里，希望能够解决它。无论如何，每个困难一定有解决的办法，虽然我们可能一生没有能找到。"开尔文终生不懈地致力于科学事业，他不怕失败，永远保持着乐观的战斗精神。大西洋海底电缆的铺设经历就印证了他的坚韧不拔和不屈不挠的精神。

（15）开尔文也会犯错误。

与当时很多科学家一样，开尔文坚信一些错误的观念。第一，他企图通过研究把电磁现象和光现象的完整理论在牛顿经典力学的骨架上建造起来。因此，他很热心于以太理论，把假想的以太当作一种实际存在的物质加以研究，以求能充分地解释电磁现象和光现象作为以太的某种运动形式（目前来看这个观点也有正确的成分，还需要更多实验数据的支持）。第二，他认为引力收缩是天体的唯一能源，并估计太阳在引力位能支持下，可以发光发热多久，由此错误地得出地球年龄只有数亿年的结论。第三，他曾宣称任何比空气重的机器都不能飞。第四，开尔文从地面散热的快慢估计出，假如没有其他热的来源的话，地球从液态到达现在状况的时间不能比一亿年长；这个时间比地质学家和生物学家的估计短得多；开尔文与地质学家和生物学家为了地球年龄问题有过长期的争论，地质学家从岩石形成的年代，生物学家从生命发展的历史，都认为开尔文估计的年限太短，但是又无法驳倒他的理论。后来，到 1896 年发现了放射性物质，出现了热的新来源，开尔文的估计不成立了，这问题才解决。这是他在学术上的错误。

开尔文有好几次想把自己对电磁的研究总结成理论性的东西，但是都失败了。他的主要缺点是不善于吸取别人的长处，他对法拉第虽然很敬重，却从没有系统地读过《电磁学研究》。对于其他人的著作，他当然就更少过目了。有人说，他在 40 年里没有认真读过一本书，这话虽然有些夸张，但是也说明了开尔文的弱点。他在实验中的一些发现，有的确实闪耀着天才的光芒，有的却是重复了别人早已发现过的事实。

（16）地球年龄的测定。

我们所依赖生存的地球年龄到底几何？人们经常提出这类问题，稍有点常识的人都会说是 46 亿年。但是这个数字准确吗？如何得来的？怎么测定的？这里面有什么隐情或者故事吗？

其实自古以来就有很多科学家对地球的年龄就很好奇，利用了多种手段测算了地球年龄。首先正确认识到地球演化的漫长过程的科学家是亚里士多德，但是在那个时代无法推算地球年龄。

基督教徒们也经常推算地球年龄，但是他们推算后的结果相差巨大。其中，以爱尔兰大主教詹姆斯·乌雪的推算流传最广，他根据《圣经》记载及历法考证，将《创世纪》中所有的族长的年龄相加，认为世界创造于公元前 4004 年 10 月 22 日下午 6 点。乌雪的推算在当时得到了广泛的认可，1701 年起被印在了英国出版的《圣经》上，从此该时间被视为真理。

与基督教徒通过宗教计算地球年龄不同，科学家们希望通过实验而不是宗教来推算地球年龄。出生于 1707 年的法国皇家花园主管布丰伯爵在他的百科全书式的巨著《自然史》中描绘了宇宙、太阳系、地球的演化。他亲自在铁铺中锻造出大小不一的铁球，将其加热到熔点后，测量这些铁球的冷却速度，证明铁球的直径与冷却时间相关，并据此推断一颗像地球这么大的球冷却所需的时间。根据铁的冷却率，布丰推论地球年龄应为 75000 年，大大早于乌雪推算的公元前 4004 年。正因为如此，他的观点受到天主教的谴责与反对，其出版的书籍被焚毁。布丰伯爵在私下曾多次表示，75000 年远远低估了地球的年龄，他认为地球的年龄可能长达十几亿年。

开尔文勋爵试图利用热力学定律来揭开地球年龄的神秘面纱。他通过计算地球表面从完全熔融状态冷却到目前的温度所花费的时间，来厘定地球的年龄；但他并没有将地球物质放射性衰变以及热量对流考虑在内。按照这个理论，地球在诞生的时候是一个高热量的岩浆球，其温度随着时间的不断降低，直到将热量完全消耗变得彻底冰冷，这样一来，只要我们能够知道地球的初始温度，就能够根据公式计算出地球的年纪，开尔文将岩浆的温度设定为 3870 摄氏度，然后估算了导热系数和地温的平均值。经过计算，他认为地球年龄最长为 4 亿年。而这个数据是目前精确测定后数值的十分之一。

美国地质学家和地球化学家克莱尔·帕特森通过测定陨石的年龄来推算地球年龄，因为他认为陨石是宇宙形成后遗留下来的较小天体。他花费数年时间收集了大量的陨石样本，并用当时最新式的质谱仪进行测定，推算出地球年龄大约是 45.5

亿年（误差正负 7000 万年）。此后科学家们又根据放射性理论，通过测定岩石和古生物化石年龄的办法来推算地球年龄，逐渐得出了目前的 46 亿年的数值。

这个数值准确吗？正如宇宙的年纪大约是 138 亿年，但是科学家们在宇宙中发现了比宇宙年龄还大的天体。现在我们还不能够确定地球的准确年龄，毕竟人类的科技也是有限的；随着人类科技的不断进步，未来人类一定会有其他更加先进的方法来测定地球的年龄，希望到时候我们能够测定出地球的真正年龄！

（17）笼罩在经典物理学上空的两朵乌云。

1900 年 4 月 27 日，在英国皇家研究所，开尔文发表了题为《遮盖在热和光的动力理论上的 19 世纪乌云》的著名演讲。

他在回顾物理学所取得的伟大成就时说，物理大厦已经落成，物理世界晴空万里，所剩的只是一些修饰工作。同时，他在展望 20 世纪物理学前景时讲道："动力学理论断言，热和光都是运动的形式。但是现在这一理论的优美性和明晰性却被两朵乌云遮蔽而显得黯然失色；第一朵乌云出现在黑体辐射实验和理论的不一致（光的波动理论争议上），第二朵乌云出现在关于能量均分的麦克斯韦-玻尔兹曼理论上（著名的迈克尔逊—莫雷实验发现光速不随运动参考系而变）。"

他认为动力理论可以解释一切物理问题，唯有两个小问题有待解决：以太理论和黑体辐射的理论解释。他所说的第一朵乌云，主要是指迈克尔逊—莫雷实验结果和以太漂移说相矛盾；他所说的第二朵乌云，主要是指热学中的能量均分定则在气体比热以及热辐射能谱的理论解释中得出与实验不等的结果，其中尤以黑体辐射理论出现的"紫外灾难"最为突出（黑体辐射及紫外灾难知识介绍见后面玻尔兹曼部分）。

正是这两朵乌云，却成了摧毁经典物理学大厦的急先锋。后来，光被证明具有波粒二象性，以太根本不存在；普朗克提出普朗克常量解决了黑体辐射问题。这两个困难到 20 世纪都得到了解决，以太理论的困难是由狭义相对论消除的，能量均分定理的困难是量子论解决的。物理学的发展历史表明，正是 19 世纪这两朵小乌云所引起的讨论和研究带来了狂风暴雨，经典物理学大厦被瞬间颠覆，发展出 20 世纪物理学两个最重要的范畴：相对论和量子力学。第一朵乌云导致量子力学的爆发；第二朵乌云导致相对论的爆发。

师承关系

正规学校教育。

学术贡献

在热学、电磁学、流体力学、光学、地球物理、数学、工程应用等方面都做出了贡献。他对物理学的主要贡献在电磁学和热力学方面。在电学方面，开尔文以极高明的技巧研究过各种不同类型的问题，从静电学到瞬变电流。他在热力学上也做出了突出贡献，被认为是热力学的奠基人之一。在格拉斯哥大学时他与友人进行密切合作，研究了电学的数学分析、将第一和第二热力学定律公式化，把各门新兴物理学科统一为现代形式。

（1）开尔文于 1848 年提出在 1854 年修改的热力学温标（绝对温标），零下 273.15 摄氏度是人类所知的最低温度，是现在科学上的标准温标。他指出：这个温标的特点是它完全不依赖于任何特殊物质的物理性质。

（2）1851 年，他提出热力学第二定律：不可能从单一热源吸热使之完全变为有用功而不产生其他影响；这是公认的热力学第二定律的标准说法。并且指出，如果此定律不成立，就必须承认可以有一种永动机，它借助于使海水或土壤冷却而无限制地得到机械功，即所谓的第二种永动机。他从热力学第二定律断言，能量耗散是普遍的趋势。

（3）1852 年，他与焦耳合作进一步研究气体的内能，对焦耳气体自由膨胀实验作了改进，进行气体膨胀的多孔塞实验，发现了焦耳—汤姆逊效应，即气体经多孔塞绝热膨胀后所引起的温度的变化现象，在理论上是为了研究实际气体与理想气体的差别。这一发现成为获得低温的主要方法之一，广泛地应用到低温技术如液化空气中。

（4）他预言了一种新的温差电效应，即当电流在温度不均匀的导体中流过时，导体除产生不可逆的焦耳热之外，还要吸收或放出一定的热量（称为汤姆逊热），这一现象后叫汤姆逊效应。

（5）在交流电方面，他深入研究了莱顿瓶的放电振荡特性，推算了振荡的频率，为电磁振荡理论研究做出了开拓性的贡献。企图通过研究把电磁现象和光现象的完整理论在牛顿经典力学的骨架上建造起来。

（6）装设大西洋海底电缆是开尔文最出名的一项工作。1855 年，开尔文研究电缆中信号传播的情况，系统地分析了海底电缆信号的衰减原因，得出了信号传播速度减慢与电缆长度平方成正比的规律。1856 年，新成立的大西洋电报公司筹划装设横过大西洋的海底电缆，并委任开尔文负责这项工作。经过 9 年的努力，几经周折，终于安装成功。

除了在工程的设计和制造上花费了很大的力量之外，开尔文的科学研究对此也起了不小的作用。大西洋海底电缆铺设成功以后，开尔文继续替海底通信研究新装置。他的后半生一直和大海联系在一起。

（7）开尔文在电工仪器上的主要贡献是建立电磁量的精确单位标准，为近代电学单位标准奠定了基础。他设计各种精密测量的仪器，包括绝对静电计、开尔文电桥（双臂电桥）、圈转电流计、累积功率计等。他发明的镜式电流计可提高仪器测量的灵敏度。1867 年，他制成了海底电报自动记录器，这样，大西洋彼岸发来的电信号就可以自动记录下来了。在此项试制过程中，他还发明了圈转电流计等精密测量仪。电学的标准单位欧姆、安培的确立，也是在开尔文的推动下完成的。

（8）电像法是开尔文发明的一种很有效的解决电学问题的方法，对计算一定形状导体电荷分布所产生的静电场问题很有效。

（9）他对电报机所做出的贡献（受反光镜的启发，发明了镜式电流计电报机，是一台灵敏度很高的电报机，可以给长距离电缆通讯提供了终端设备）使他开始出名并带给他财富和荣誉。

（10）在波动和涡旋理论方面做出了许多理论贡献。1876年，他发明了适用于铁船的特殊罗盘，这一发明后来为英国海军所采用，而且一直用到被现代回转罗盘代替为止。而开尔文的企业生产了许多磁罗盘和水深探测仪，从中获利。

（11）他揭示了傅里叶热传导理论和势理论之间的相似性。

（12）他曾用数学方法对电磁场的性质作了有益的探讨，试图用数学公式把电力和磁力统一起来。1846年，他成功地完成了电力、磁力和电流的"力的活动影像法"，这已经是电磁场理论的雏形了。

（13）讨论了法拉第关于电作用传播的概念，1875年预言了城市将采用电力照明，1879年又提出了远距离输电的可能性，他的这些设想以后都得以实现。1881年，他对电动机进行了改造，大大提高了电动机的实用价值。

（14）他研究过太阳热能的起源和地球的热平衡，试图用落到太阳上的陨石或用引力收缩来解释太阳热能的起源。大约在1854年，他估算太阳的"年龄"小于5×10^8年，而这只是我们现在知道的值的十分之一。

（15）估算地球年龄，他从地球表面附近的温度梯度试图推算出地球热的历史和年龄，他的估算太低，仅为4×10^8年，而实际值约为5×10^9年。

（16）他研究过潮汐理论，提出了潮汐分析和预报的方法，使潮汐研究逐渐发展成潮汐学，1876年研制成功潮汐调和分析仪。

（17）1882年，从气压变化的谐谱分析出发，他提出了大气共振理论。此外，还发现了热带平流层波动中的开尔文波。

（18）在陀螺稳定性研究上，提出了"开尔文—泰特—切特耶夫定理"，这是一个有关陀螺力和耗散力对保守系统平衡状态稳定性的定理。这个定理是首先由开尔文和泰特等人提出，后又由切塔耶夫利用里雅普诺夫定理作了严格的证明。近年来，这一定理由于在航空和航天中的应用，受到广泛的重视。

（19）提出了流体力学中的一个著名定理——"开尔文定理"，其内容是：在无黏性、正压流体中，若外力有势，则沿由相同流体质点组成的封闭曲线的速度环量在随体运动过程中恒不变。即"开尔文—亥姆霍兹定理"，很多重要流体现象都可以用此定理来解释。

（20）提出了"开尔文最小能量定理"——流体力学中有关不可压缩无黏性

流体运动的一个定理。该定理揭示，在定理所作的假设下，无旋运动由于具有最小能量因而成为最优的运动形态，从而加深了对无旋运动特性的了解。

（21）开尔文—亥姆霍兹不稳定性是在有剪力速度的连续流体内部或有速度差的两个不同流体的界面之间发生的不稳定现象。例如风吹过水面时，在水面上表面的波的不稳定，而这种不稳定状况更常见于云、海洋、土星的云带、木星的大红斑、太阳的日冕中。

本理论可预测不同密度的流体在不同的运动速度下的不稳定状态发生，并且层流变成湍流的界限。这种不稳定产生的开尔文—亥姆霍兹波是一种自发增长的波动，经常发生在流体具有强切变的界上。如气象学中出现的波状云也被称之为开尔文—亥姆霍兹不稳定性现象，这种云通常在广阔的平原地区出现。在平原地区，风速迅速改变形成涡流，移动迅速的轻密度云朵滑动到移动缓慢的云层上，于是就制造出了波浪的视觉效果。快速移动且密度较低的云层在速度较慢且密度更高的云层上方移动，形成云浪。云浪是一层卷云内部出现湍流的结果，卷云内的气流速度和方向存在差异，导致云朵形成好似在水上翻滚的景象。

⤳ 名词解释 ⤳

（1）焦耳—汤姆逊效应。

英国物理学家詹姆斯·普雷斯科特·焦耳与威廉·汤姆逊有着多年的合作，他们做了许多实验进行热力学分析，并致力于推动这一学科的发展。1852 年，焦耳和开尔文在探索过程中取得了突破性进展。他们设计了一个新实验，设法克服了由于环境热容量比气体大得多，而不易观察到气体膨胀后温度可能发生变化的困难，比较精确地观察了气体由于膨胀而发生的温度改变。他们发现，在气体通过节流阀的过程中，会产生压力突变，继而引起温度发生改变。这种现象被称为焦耳—汤姆逊效应，又称节流效应（是指流体经过节流膨胀过程前后的焓不变，其在工业上的重要用途是让流体经过节流阀进行节流膨胀，以获得低温和液化气体）。

焦耳—汤姆逊效应发生的原因是因为实际气体的焓值不仅是温度的函数，而且也是压力的函数。大多数实际气体在室温下的节流过程中都有冷却效应，即通过节流元件后温度降低，这种温度变化叫做正焦耳—汤姆逊效应。少数气体在室温下节流后温度升高，这种温度变化叫做负焦耳—汤姆逊效应。在某一温度下，焦耳—汤姆逊效应的正负将发生改变，这一温度成为反转温度。每一气体都有其反转温度，空气、氮和氧的反转温度都高于室温，氢的反转温度是 192.5K。

事实证明，这一现象对制冷系统以及液化器、空调和热泵的发展起到了非常重要的作用。例如，这一效应可以用来解释为什么当我们从自行车轮胎中释放空气时，轮胎气门会变冷。当流动的气体通过调压器时（此时调压器起到的作用类似于节流装置、阀门或多孔塞），就会发生焦耳—汤姆逊效应所描述的温度变化。然而，这种温度变化并不总是我们想要的。为了平衡与焦耳—汤姆逊效应相关的温度变化，我们往往会用到加热或冷却元件。

（2）汤姆逊效应。

汤姆逊效应也叫温差电效应。汤姆逊效应是指金属中温度不均匀时，温度高处的自由电子比温度低处的自由电子动能大。像气体一样，当温度不均匀时会产生热扩散，因此自由电子从温度高端向温度低端扩散，在低温端堆积起来，从而在导体内形成电场，在金属棒两端便引成一个电势差。这种自由电子的扩散作用一直进行到电场力对电子的作用与电子的热扩散平衡为止。

1821年，德国物理学家塞贝克发现，在两种不同的金属所组成的闭合回路中，当两接触处的温度不同时，回路中会产生一个电势，此所谓"塞贝克效应"。1834年，法国实验科学家帕尔帖发现了它的反效应：两种不同的金属构成闭合回路，当回路中存在直流电流时，两个接头之间将产生温差，此所谓帕尔帖效应。1837年，俄国物理学家愣次又发现，电流的方向决定了吸收还是产生热量，发热（制冷）量的多少与电流的大小成正比。

1856年，开尔文利用他所创立的热力学原理对塞贝克效应和帕尔帖效应进行了全面分析，并将本来互不相干的塞贝克系数和帕尔帖系数之间建立了联系。开尔文认为，在绝对零度时，帕尔帖系数与塞贝克系数之间存在简单的倍数关系。在此基础上，他又从理论上预言了一种新的温差电效应，即当电流在温度不均匀的导体中流过时，导体除产生不可逆的焦耳热之外，还要吸收或放出一定的热量（称为汤姆逊热）。或者反过来，当一根金属棒的两端温度不同时，金属棒两端会形成电势差。这一现象后叫汤姆逊效应，成为继塞贝克效应和帕尔帖效应之后的第三个热电效应。

（3）绝对温标。

开尔文设计出一种绝对温度标，上面的零度所表示的温度，就是各种分子全部停止运动的温度，不可能再有比这种温度更低的了。他还把这一温度定为-273.15℃。这种温标得到广泛采用，我们现在所使用的绝对温标是-273.15℃，与开尔文当年发明的几乎完全一样。

绝对温标，简称开氏温标，是国际单位制七个基本物理量之一，单位为开尔文，简称开（符号为T、单位为K），其描述的是客观世界真实的温度，同时也是制定国际协议温标的基础，是一种标定、量化温度的方法。绝对温标是热力学和统计物理中的重要参数之一。一般所说的绝对零度指的便是0K，对应零下273.15摄氏度。绝对温标是于1848年利用热力学第二定律的推论卡诺定理引入的，是一个纯理论上的温标，因为它与测温物质的属性无关。

绝对温标常用于测量光源的色温。色温基于黑体发出的光的颜色取决于辐射体的温度的原理。温度低于约 4000K 的黑体为浅红色，温度高于约 7500K 为浅蓝色。色温在投影和摄影的领域很重要，约 5600K 的色温需要匹配"日光"胶片。在天文学领域，恒星的光谱和它们在赫罗图（1913 年，美国天文学家亨利·诺里斯·罗素发表了关于恒星的亮度、颜色和光谱之间的统计关系，这个结果与丹麦天文学家埃希纳·赫茨普龙的研究结果一样，他们各自独立地创制了表示恒星光谱型与光度关系的图，称为"赫茨普龙—罗素图"，简称"赫罗图"）中的位置部分取决于他们的表面温度，被称作有效温度。例如，太阳的光球的有效温度为 5778K。

1954 年第 10 届国际计量大会（CGPM）第 3 号决议给出了热力学温标的现代定义，表明水的三相点为其第二定义点，并规定将其温度定为 273.15K。

1967—1968 年第 13 届 CGPM 第 3 号决议将热力学温度的单位增量由"绝对度"（符号 K）更名为"开尔文"（符号 K）。同时，因为意识到要更明确地定义单位增量的程度的必要，第 13 次在国际度量衡大会第 4 号决议中指出"开尔文，热力学温度单位，等于水的三相点的热力学温度的 1/273.16。"

2018 年 11 月 16 日，国际计量大会通过决议，1 开尔文将定义为"对应玻尔兹曼常数为 $1.38060649 \times 10^{-23} J \cdot K^{-1}$ 的热力学温度"；新的标准定义于 2019 年 5 月 20 日起正式生效。

◦▸ 代表作 ◂◦

他一生发表了 600 多篇学术论文，获得了 70 种发明专利。

（1）1842 年，《论热在均匀固体中的均匀运动及其与电的数学理论的联系》，利用傅里叶的热分析方法，建立起热、电和磁这三种现象的共同的数学模型。

（2）1848 年在其论文《关于一种绝对温标》中写道，需要一种以"绝对的冷"（绝对零度）作为零点的温标，使用摄氏度作为其单位增量。开尔文用当时的空气温度计测算出绝对零度等于-273℃。

（3）1851 年，27 岁时发表《热力学理论》一书，建立热力学第二定律的汤姆逊原始表述，使其成为物理学基本定律。

（4）1852 年 4 月 19 日，他在《爱丁堡皇家学会议事录》发表论文《论自然界中机械能散逸的普遍趋势》，开尔文首次提出"热寂说"的思想。

（5）1853 年发表了《莱顿瓶的振荡放电》的论文，推算了振荡的频率，为电磁振荡理论研究做出了开拓性的贡献。

（6）1853 年发表了《瞬间电流》，是开尔文一生中最出色的一篇论文，而且也是电磁学史上光彩夺目的篇章。在这篇论文里，他指出带电体的放电有两种，一种是连续放电，一种是振荡放电。

（7）1855 年，开尔文发表了信号传输理论的论文。该论文系统地分析了海底电缆信号的衰减原因，阐明了解决信号延滞的办法，这个理论成了后来设计海底电缆通信工程的重要理论根据。

（8）另外，还有 1867 年与 P. G. 泰特合著《论自然哲学》，1882—1911 年著有《数学和物理科学论文集》6 卷，1872 年有《静电学和磁学论文重印本》和《关于分子动力学与光波理论的演讲》等。

获奖与荣誉

他的一生获得了一切可能给予的荣誉，几乎获得过全世界各主要大学的荣誉学位，受到了 250 多个学校和团体的敬仰；而他也无愧于这一切，这是他在漫长的一生中所作的实际努力而获得的；这些努力使他不仅有了名望和财富，而且赢得了广泛的声誉。

学术影响力

（1）是热力学第二定律的两位主要奠基人之一（另一位是克劳修斯）。

（2）100 年后的 1954 年，国际会议确定热力学温标为标准温标，为表彰和纪念他对热力学所做出的贡献，热力学温标的单位为开尔文，是现在国际单位制中 7 个基本单位之一、几乎每个人都用到开尔文温标。

（3）他在电磁学上的贡献为麦克斯韦最后完成电磁场理论奠定了基础。

（4）根据他的建议，1861 年英国科学协会设立了一个电学标准委员会，为近代电学单位标准奠定了基础。

（5）海底电缆的铺设成功不仅使英国在海底电报通信上居世界领先地位，还对现代大型工程的建设起了重要推动作用，为互联网和地球村奠定了坚实的基础。

名人名言

（1）人类承认自己所知的有限，是科学最关键的原理。

（2）科学领路到哪里，就在哪里攀登不息。

学术标签

绝对温标的创建者、热力学之父、英国皇家学会会员、英国皇家学会会长、彼得堡科学院院士、瑞典科学院院士、法国科学院外籍院士、格拉斯哥大学校长。

性格要素

开尔文一生谦虚勤奋，意志坚强，不怕失败，百折不挠；他不怕前进中的困难和失败，正视困难、不回避，始终保持致力于科学研究事业的乐观主义精神，千方百计去解决它。

➳ 评价与启迪 ⟲

开尔文在科学上的贡献是多方面的。他在当时科学界享有极高的名望，受到英国本国和欧美各国科学家、科学团体的推崇，他还是首位进入英国上议院的科学家。

30 岁以前，他就成了电磁理论的开路先锋和热力学的奠基人之一。尽管他没有登上电磁理论的顶峰，却为麦克斯韦和赫兹开辟了道路。他的伟大之处，在于能把自己的全部研究成果，毫无保留地介绍给了麦克斯韦，并鼓励麦克斯韦建立电磁现象的统一理论，为麦克斯韦最后完成电磁场理论奠定了基础。他是一名尖兵，一位伟大的科学向导。

另外，在应用工程的很多互不相关的领域里，也能够看到他智慧的结晶。他当了 50 多年教授，其实是当了 50 多年工程师。他不善于教课，有人曾经这样描述过："在他讲课的时候，学生实在没有办法听下去。有时，他想把声音提高一点，结果，反而发出了听不清的单音来。"他主持的格拉斯哥大学物理系，实际上成了应用工程系。他的很多工程发明，都是在这里的实验室里试制出来的。

开尔文在理论科学和应用科学方面的贡献非常多，但他一生做的工作太多太杂，因此有的传记作家说他"博而不专"。英国著名传记作家克劳塞曾经这样评论他："开尔文就因为对科学思想缺少健全的直觉，所以不能在科学上完成更伟大的功绩。他在科学上没有远大的洞察力。他不能察觉光的电磁波属性已经孕育在自己的研究里了。"正因为这样，他走到真理面前，又几次失之交臂。开尔文的成功和失败，对今天的科学技术人员，仍有很多值得借鉴的地方。

开尔文是一位在科学道路上从不满足的人，这也是他的伟大所在！开尔文在科学上取得了很多令人佩服的成就，对人类生活影响很深，甚至影响到现在。他终生不懈地致力于科学事业，孜孜以求，这种终生不懈地为科学事业奋斗的精神，永远为后人敬仰。

他同时还有很多值得人们学习的科学研究的思想、态度和方法。他很重视实践，能把理论和生产、工程结合起来，把数学、科研和生产建设联为一体，这也给他带来了巨额的财富。这就是目前常说的产学研转化吧？他自己就是产学研转化的受益者啊！他的成果给他带来了巨大的收益。他尊重别人的研究成果，善于与别人合作，并能使自己的学生也参加到自己的科学研究中去，这使得他取得了更大的成就，也有利于人才培养。

但是他也存在着致命的不足，最主要的缺点是不善于吸取别人的长处。他很少阅读他人的文献，即便是法拉第的论文，他也很少从头到尾认真读下来，这造成他的部分研究成果被证明已经被他人所发现。另外，他缺乏锲而不舍的精神，不能够寻究探源，例如他实际上已经走到了电磁理论的边缘，只要再向前迈进一步，就能够发现真理。但遗憾的是，开尔文就在这里停步了。

我们除了学习开尔文优秀的品质之外，还需要克服不善于吸取别人长处的不足，尽量多地阅读他人的文献，对待任何事情，都要有锲而不舍的精神，都要寻根问底，溯本求源，这样无论做什么事情都会取得较大成绩。

42. 现代文明奠基人、统一光电磁的人——麦克斯韦

麦克斯韦像

姓　　名　詹姆斯·克拉克·麦克斯韦
性　　别　男
国　　别　苏格兰
学科领域　数学物理学家
排　　行　第一梯队（超一流）

✎ 生平简介 ✎

麦克斯韦（1831 年 6 月 13 日—1879 年 11 月 5 日）出生于苏格兰爱丁堡印度街的克拉克家族，是当地的名门望族。识文达理、性格坚毅的母亲是麦克斯韦幼年教育的启蒙者，教他识字，培养他对各种事物的好奇心，一直到他 8 岁，母亲患肺结核去世。父亲约翰从事律师工作，可是对科学研究却情有独钟，还是爱丁堡皇家学会的会员，他的求索精神也影响到了儿子。麦克斯韦自小就对任何事物好奇，母亲的早逝，使少年麦克斯韦在感情上受到沉重打击，让他的个性变得相当孤僻，再加上麦克斯韦喜欢探索研究，自顾自思考的个性，同学都慢慢远离他。童年时期的麦克斯韦，父亲是他唯一的依靠和精神寄托。

少年麦克斯韦的智力发育格外早，10 岁时进入当地名校爱丁堡中学学习，年仅 14 岁时，就向爱丁堡皇家学会递交了一篇讨论一种绘制卵形曲线新方法（二次曲线作图）的数学论文，发表在《爱丁堡皇家学会学报》上，显露出出众的才华。麦克斯韦的方法比早年笛卡尔提出的方法更简单且更具有一般性。1847 年，他 16 岁中学毕业，进入苏格兰的最高学府爱丁堡大学学习。他在这里专攻数学物理，并且显示出非凡的才华。作为班上年纪最小的学生，他考试成绩却总

是名列前茅。他读书非常用功，但并非死读书，在学习之余他仍然写诗，不知满足地读课外书，积累了相当广泛的知识。

1850 年，征得父亲的同意，他离开爱丁堡，到人才济济的剑桥三一学院数学系学习，1854 年以第二名的成绩获史密斯奖学金，发表了纯数学论文《论曲面的弯曲变换》，毕业留校任职 2 年。1856 年，在苏格兰阿伯丁的马里沙耳学院任自然哲学教授。在这里，麦克斯韦认识了马里沙耳学院院长的女儿、年长他 7 岁的凯瑟琳·玛丽·迪尤尔。他热烈地追求凯瑟琳。1858 年 7 月 4 日，麦克斯韦与凯瑟琳·玛丽·迪尤尔在阿伯丁正式结婚，夫妇二人婚后幸福和谐，但一直没有孩子。

麦克斯韦的电学研究始于 1854 年，当时他刚从剑桥毕业。他读到了法拉第的《电学实验研究》，立即被书中新颖的实验和见解吸引住了。在潜心研究了法拉第关于电磁学方面的新理论和思想之后，坚信法拉第的新理论包含着真理。数理功底扎实的他，决定用数学定量表述法拉第的电磁理论。他抱着给法拉第的理论"提供数学方法基础"的愿望，决心把法拉第的天才思想以清晰准确的数学形式表示出来。

他推广傅里叶在热的理论中开始的程序，宣布了同质量、长度、时间度有关的电学量和磁学量的定义，以便于提供对那种二元的电学单位制的第一个最完整透彻的说明。他引入了成为标准的记号，把量纲关系表示为用括弧括起来的质量、长度、时间量度的幂的乘积，带有各自的无量纲的乘数。

他的论文，《论法拉第的力线》通过数学方法，把电流周围存在磁力线的特征，概括为一个矢量微分方程，导出了法拉第的结论。1860 年，麦克斯韦到伦敦国王学院任自然哲学和天文学教授，之前还在马歇尔学院执教并解决了土星环卫星问题，1861 年 30 岁的他入选英国皇家学会。

1865 年春，他辞去伦敦国王学院的教职回到家乡系统地总结他的关于电磁学的研究成果。他还在控制领域做出了贡献，撰写了《论控制装置》。1871 年，受聘为剑桥大学新设立的卡文迪什实验物理学教授，负责筹建著名的卡文迪许实验室。

1874 年，担任建成后的卡文迪许实验室的第一任主任，直到 1879 年 11 月 5 日在剑桥因患胃癌逝世。值得注意的是，当年爱因斯坦诞生。1871—1879 年这最后 8 年，麦克斯韦主要是整理卡文迪许的文稿并筹建卡文迪许实验室。

❧ 花絮 ❧

（1）自幼聪慧好学。

麦克斯韦从小就有很强的求知欲和想象力，爱思考，好提问。例如"肥皂泡上为什么有五彩缤纷的颜色""死甲虫为什么不导电""活猫和活狗摩擦会生电吗"等问题。当麦克斯韦 10 岁时进中学学习时，因衣着土气和浓重的乡下口音，受到同学的嘲笑、欺侮，但他十分顽强，勤奋学习，不受干扰。上课时，他认真听讲，积极思考；不但爱提一些别出心裁的问题，而且还能纠正老师讲课中出现的错误。当同学们玩耍时，麦克斯韦常常一个人入迷地思考和演算着数学难题。很快，他就显示出自己的才华，扭转了别人的看法。他在全校的数学竞赛和诗歌比赛中都夺得了第一名，成了有名的"神童"，从此他受到同学们的崇拜。

（2）名师指导。

很幸运麦克斯韦遇到了福布斯、哈密顿、霍普金斯、开尔文和斯托克斯几位好老师，这几位在当时可都是赫赫有名的大科学家。

福布斯是实验物理学家和登山家，因发明地震计、发现辐射热的偏振以及在冰川运动方面的几项开拓性工作而闻名。他培养了麦克斯韦对实验技术的浓厚兴趣，他强制麦克斯韦写作要条理清楚，并把自己对科学史的爱好传给麦克斯韦。

期间，他在福布斯教授的实验室，与其合作研究了颜色，撰写了《有关颜色的实验》和《色觉理论》，后者为他带来了拉姆福德奖章。他还提出，通过三种颜色的滤波器拍摄图像再叠加，就能获得彩色照片；他展示过自己叠加合成的彩色照片，这也是世界上的第一张彩色照片。

英国数学家、物理学家哈密顿是逻辑学和形而上学教授（1805—1865 年），他建立了光学的数学理论，把这种理论移植到动力学中去；建立了与系统的总能量有关的哈密顿函数；发明了超复数四元数，永久地改变了物理学和数学，给予了数学家们一种描述空间旋转的新方式。哈密顿教授培养麦克斯韦对事物本质进行哲学思考的本质。

剑桥大学数学教授霍普金斯严格要求麦克斯韦的学业，对他的每一个选题，每一步运算都要求很严，教导麦克斯韦要讲究秩序，帮助他克服了杂乱无章的学习方法。

霍普金斯还把麦克斯韦推荐到剑桥大学的尖子班学习，这个班由霍普金斯曾经的学生、著名科学家威廉·汤姆逊（开尔文）和斯托克斯主持。经这两位优秀科学家的指点，麦克斯韦进步很快，不到三年，就掌握了当时所有先进的数学方法，成为有为的青年数学家。霍普金斯曾对人称赞他说："在我教过的所有学生中，毫无疑问，这是我所遇到的最杰出的一个。"

（3）与法拉第的忘年交。

法拉第看到麦克斯韦的论文时大喜过望，他说："你不应停留于用数学来解释我的观点，而应该突破它！"这句话激励着麦克斯韦，他开始全力进攻电磁学。此后，他与年龄相差 40 岁的法拉第结成忘年之交，共同构筑了电磁学理论的科学体系。

❧ 师承关系 ❧

正规学校教育；接受名师福布斯、哈密顿、霍普金斯、开尔文和斯托克斯的指导。

❧ 学术贡献 ❧

麦克斯韦主要从事电磁理论、分子物理学、统计物理学、光学、热力学、弹性理论方面的研究。他的工作影响巨大，如热力学、通信、太空探索、流变学（物质流动行为的解释）、摄影、工程、数学和核能等领域。他是经典电动力学创始人及气体动理论的创始人之一。

（1）1853 年，推广用偏振光测量应力的方法。

（2）1856 年，他对土星环卫星进行研究。他认识到土星环不是一个整体的环，确定稳定的土星环成分只有一种可能，由很多可分离的固体碎片组成，土星环是无数个小卫星在土星赤道面上绕土星旋转的物质系统。

（3）1859 年，他首次用统计规律得出麦克斯韦速度分布律，主张气体的动热能由线性及旋转能量所等量摊分，从而找到了由微观量求统计平均值的更确切的途径。他是统计物理学的奠基人之一。

麦克斯韦速度分布律：任何（宏观）物理系统的温度都是组成该系统的分子和原子的运动的结果。这些粒子有一个不同速度的范围，而任何单个粒子的速度都因与其他粒子的碰撞而不断变化。然而，对于大量粒子来说，如果系统处于或接近处于平衡，处于一个特定的速度范围的粒子所占的比例却几乎不变；麦克斯韦—玻尔兹曼分布具体说明了这个比例。后来被玻尔兹曼推广到存在势能（有外力场）的情形，即麦克斯韦—玻尔兹曼分布。

（4）宣布了同质量、长度、时间度有关的电学量和磁学量的定义，引入了成为标准的记号，把量纲关系表示为用括弧括起来的质量、长度、时间量度的幂的乘积，带有各自的无量纲的乘数。

（5）提出了涡旋电场和位移电流假说，创立了经典电动力学，是电磁现象的经典的动力学理论，它研究电磁场的基本属性、运动规律以及电磁场和带电物质的相互作用。麦克斯韦提出的涡旋电场和位移电流假说的核心思想是：变化的磁场可以激发涡旋电场，变化的电场可以激发涡旋磁场；电场和磁场不是彼此孤立的，它们相互联系、相互激发组成一个统一的电磁场。

（6）麦克斯韦提出电场和磁场以波的形式以光速在空间中传播，并提出光是引起同种介质中电场和磁场中许多现象的电磁扰动，即提出了光的电磁说，预言了电磁波的存在；这种理论预见后来得到了充分的实验验证。

麦克斯韦的最大功绩是提出了将电、磁、光统归为电磁场中现象的麦克斯韦方程组，是一组描述电场、磁场与电荷密度、电流密度之间关系的偏微分方程，揭示了光电磁现象本质的统一性，形成了完整统一的理论体系。

（7）1860 年，麦克斯韦给出了气体分子速率分布律，计算出了平均速率和方均根速率。他推进了分子运动论的发展，1866 年给出了分子按速度的分布函数的新推导方法，这种方法是以分析正向和反向碰撞为基础的。麦克斯韦推导出了求已知气体中的分子按某一速度运动的百分比公式，这个公式叫做"麦克斯韦分布式"，是应用最广泛的科学公式之一，在许多物理分支中起着重要的作用。发展了一般形式的输运理论，并把它应用于扩散、热传导和气体内摩擦过程。玻尔兹曼当年将这个规律推广到存在势能的情形，而被后人称之为麦克斯韦—玻尔兹曼分布。

（8）1864 年提出结构力学中桁架内力的图解法，指出桁架形状和内力图是一对互易图，并提出求解静不定桁架位移的单位载荷法，奠定了结构刚度分析的基础。同年，提出弹性力学中的位移互等定理和单位载荷法。

位移互等定理又称麦克斯韦位移互等定理。它可表述为：若在某线性弹性体上作用有两个数值相同的载荷（力或力矩）P_1 和 P_2，则在 P_1 单独作用下，P_2 作用点处产生的沿 P_2 方向的广义位移（线位移或转角），在数值上等于在 P_2 单独作用下，P_1 作用点处产生的沿 P_1 方向的广义位移。

单位载荷法是麦克斯韦于 1864 年、德国工程师 O. 莫尔（还提出莫尔强度理论）于 1874 年分别独立提出，故又称麦克斯韦—莫尔法；它常用于解决杆、杆系结构和薄壁结构的问题，对静定结构和静不定结构都适用。

（9）1867 年引入了"统计力学"这个术语，他发展了气体动力学理论，使用热力学基础理论来解释这些观察和实验。

（10）1868 年对温度做了定义。即温度是表征一个物体与其他物体交换热量能力的热状态参数；如果两个物体处于热接触，其中一个失去热量，而另一个物体得到热量，则失去热量的物体比得到热量的物体，具有更高的温度；与同一物体具有相同温度的其他物体，它们的温度都相等。麦克斯韦的观点为热力学第零定律奠定了基础。

（11）1868 年对黏弹性材料提出一种模型（后称麦克斯韦模型），并引进松弛时间（弛豫时间）的概念。有一类材料在突加荷载时既产生突然弹性响应，又产生连续应变，其应力响应介于弹性固体和黏性流体之间。由于有内部摩擦效应存在，存在热力学损耗，这个过程是不可逆的，卸载后应变不能完全消失。这一类物体称为黏弹性体。

（12）1868 年，他在《论调节器》中分析了蒸汽机自动调速器和钟表机构的运动稳定性问题。

（13）1870 年，他将英国天学学家乔治·比德尔·艾里（1801—1892 年，皇家天文学会会长）提出的弹性力学中的应力函数由二维推广到三维，并指出它应满足双调和方程。

（14）1873 年，给出荷电系统中引力和斥力引起的应力场。

（15）麦克斯韦也从事过色彩分析研究，提出了彩色摄影的基础理论，是为实用彩色摄影奠定基础的人；他早在 1849 年在爱丁堡的实验室就开始了色混合实验。

（16）麦克斯韦的另一项重要工作是筹建了剑桥大学的第一个物理实验室——著名的卡文迪许实验室。

❧ 花絮 ❧

（1）卡文迪许实验室。

卡文迪许实验室是英国剑桥大学的物理实验室，卡文迪许实验室旧址入口实际上就是它的物理系。剑桥大学的卡文迪许实验室建于 1871—1874 年，是当时剑桥大学的一位校长威廉·卡文迪许私人捐款兴建的。他是 18—19 世纪对物理学和化学做出过巨大贡献的科学家亨利·卡文迪许的近亲。为纪念他的前辈，伟大的物理学家、化学家、剑桥大学校友亨利·卡文迪许，而命名为卡文迪许实验室，当时用了捐款 8450 英镑（那个年代应该是一笔巨款），除去盖成一栋实验楼馆，还买了一些仪器设备。

麦克斯韦是运用数学工具分析物理问题和精确地表述科学思想的大师，他非常重视实验，由他负责建立起来的卡文迪许实验室，在他和以后几位主任的领导下，发展成为举世闻名的学术中心之一。作为该实验室的第一任主任，麦克斯韦在 1871 年的就职演说中对实验室未来的教学方针和研究精神作了精彩的论述，是科学史上一个具有重要意义的演说。麦克斯韦的本行是理论物理学，但他却清楚地知道实验称雄的时代还没有过去。他批评当时英国传统的"粉笔"物理学（纸上谈兵，不做实验的意思），呼吁加强实验物理学的研究及其在大学教育中的作用，为后世确立了实验科学精神。

在他的主持下，卡文迪许实验室开展了教学和多项科学研究，按照麦克斯韦的主张，在系统地讲授物理学的同时，还辅以表演实验。表演实验则要求结构简单，学生易于掌握。他说："这些实验的教育价值，往往与仪器的复杂性成反比，学生用自制仪器，虽然经常出毛病，但他却会比用仔细调整好的仪器，学到更多的东西。仔细调整好的仪器学生易于依赖，而不敢拆成零件。"从那个时候起，使用自制仪器就形成了卡文迪许实验室的传统。

麦克斯韦在担任实验室主任的同时也获得了卡文迪许物理教授这一头衔。由于麦克斯韦的崇高地位和卡文迪许实验室的光辉历史，卡文迪许物理教授的头衔已成为如卢卡斯数学教授般备受尊敬且代代相传的荣誉头衔，是物理学界最重要的校内教授称号之一（从 1871 年起，一共只授予过 9 位学者，并且前人不退后人不上。这 9 个人分别是电磁学之父麦克斯韦、瑞利散射和氩气发现者瑞利、电子发现者汤姆逊、原子物理学奠基人卢瑟福、X 射线衍射定律发现者布拉格、当今最重要的凝聚态物理学家之一的莫特、超导体相关长度概念提出者派帕德、场论贡献者之一爱德华、有机半导体领域贡献者之一弗伦德）。

卡文迪许实验室是近代科学史上第一个社会化和专业化的科学实验室，主要研究领域包括天体物理学、粒子物理学、固体物理学、生物物理学。实验室曾进行了多种实验研究，例如：地磁、电磁波的传播速度、电学常数的精密测量、欧姆定律、光谱、双轴晶体、利用 X 射线衍射的方法研究蛋白质和 DNA、利用英国空军废弃的雷达改造成射电望远镜研究天体物理学等；这些工作为后来的发展奠定了基础，催生了大量足以影响人类进步的重要科学成果，包括发现电子、发现质子、发现中子、发现 α 和 β 射线、发现原子核的结构、发现氢的同位素氘、发现 DNA 的双螺旋结构、发明了质谱仪、膨胀云室和静电加速器等，为人类的科学发展做出了举足轻重的贡献。

卡文迪许实验室建立了一整套培养研究生的管理体制，树立了良好的学风。研究生的课题都是自己决定的，导师很少出头，也很少过问，有问题同学们讨论，帮着出主意，每个研究生做的题目都不一样。该实验室对整个实验物理学的发展产生了极其重要的影响，众多著名科学家都曾在该实验室工作过，例如：卢瑟福、朗之万、W.L.布拉格、C.T.R.威尔逊、里查森、巴克拉等人，其中多人获得了诺贝尔奖。

卡文迪许实验室被誉为"诺贝尔奖获得者的摇篮"。从 1904—1989 年的 85 年间一共产生了 29 位诺贝尔奖得主，占剑桥大学诺贝尔奖总数的三分之一。若将其视为一所大学，则其获奖人数可列全球第 20 位，与斯坦福大学并列。著名的诺贝尔物理学奖获得者，如发现了瑞利散射的约翰·威廉·斯特拉特（第三代瑞利男爵）、发现了电子的汤姆逊、原子核物理的开创者卢瑟福以及 X 射线分析晶体结构的威廉·劳伦斯·布拉格等，他们分别担任第二任、三任、四任、五任实验室主任。另外，还有发现康普顿效应的阿瑟·康普顿、发现中子的詹姆斯·查德威克等著名科学家。

卡文迪许实验室取得了如此丰硕的成果与该实验室"自由开放的学术氛围"有莫大的关系。卡文迪许实验室的用人之道很独特，不拘泥于科研者的论文数量，也不刻意追求科研者的知名度，而是有一套自己的评价标准。例如：根据对科学才能的洞察力、对科学研究的深刻理解选拔人才，看重有长期深远或重大意义课题的研究人员。它兼容并蓄，广纳各地人才，重用有真才实学的学者。卡文迪许实验室鼓励"想入非非，胡思乱想"，总是给研究人员很大的自主权，让其自由发展。

卡文迪许实验室的科研效率惊人，成果丰硕，举世无双。在其鼎盛时期甚至获誉"全世界二分之一的物理学发现都来自卡文迪许实验室"。卡文迪许实验室成了物理学研究的圣地；它像一颗耀眼的明星影响了多个学科。20 世纪 70 年代以后，古老的卡文迪许实验室搬离了剑桥并加以大大扩建，仍不失为世界著名实验室之一。在卡文迪许实验室二楼走廊处的开放式博物馆里，收藏着第一任实验室主任麦克斯韦用过的桌子、历届主任的亲笔文稿，还有许多伟大的发明、古老的仪器等保存完好。

（2）麦克斯韦妖。

在提出第二定律的同时，克劳修斯还提出了熵的概念 $\Delta S = Q/T$，Q 为热能，T 为温度，以绝对温标表示，S 即为熵；并将热力学第二定律表述为：在孤立系统中，实际发生的过程总是使整个系统的熵增加（见图 2-16）；即熵增原理，热量从高温流向低温，这意味着从有序走向无序。

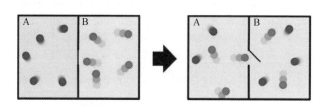

图 2-16　熵增加直到达到热平衡示意图

伴随着这一进程，宇宙进一步变化的能力越来越小，一切机械的、物理的、化学的、生命的等多种多样的运动逐渐全部转化为热运动，最终达到处处温度相等的热平衡状态，这时将不会再有任何力量能够使热量发生转移，宇宙处于死寂的永恒状态，此即"热寂论"。

换而言之，就是宇宙的最大寿命期限来临——使一切文明都变得毫无意义的，达到终极的末日。麦克斯韦从概率统计的角度认真思考这个假说，意识到大自然中必然有适合于如宇宙这种"开放系统"的某种机制，使得系统在某些条件下，貌似违反了热力学第二定律。也就是说，麦克斯韦意识到自然界存在着与熵增加相拮抗的能量控制机制。但他无法清晰地说明这种机制，于是便诙谐地设想了一种假想的"小妖精"，即著名的"麦克斯韦妖"，即能够按照某种秩序和规则把作随机热运动的微粒分配到一定的相格里（为了批驳"热寂论"，1871 年，他在《热理论》的最后一章"热力学第二定律的限制"中，设计了一个假想的存在物——"麦克斯韦妖"，这个著名的思想实验主要为了说明违反热力学第二定律的可能性而设想出的某种能探测并控制单个分子的运动的神奇力量）。

麦克斯韦妖有极高的智能（见图 2-17），可以追踪每个分子的行踪，并能辨别出它们各自的速度。它处在一个盒子中的一道闸门边，它允许速度快的微粒通过闸门到达盒子的一边，而不允许速度慢的微粒通过闸门到达盒子的另一边。这样，一段时间后，盒子两边产生温差。

麦克斯韦假想这种智能小生物能探测并控制单个分子的运动，如下图所示，小妖精掌握和控制着高温系统和低温系统之间的分子通道。

从熵的角度看，可逆系统维持熵不变，不可逆系统从有序状态变为无序状态，即熵增。到目前为止，我们还没有违反这条定律，但是混乱的状态会自行回

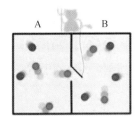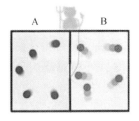

图 2-17　麦克斯韦妖

归秩序吗？第二定律告诉我们它不会，但麦克斯韦妖试图违反第二定律。麦克斯韦的假想"妖"利用了分子运动速度的统计分布性质。根据麦克斯韦分布，即使是低温区，也有许多高速分子，高温的系统中也有低速度的分子，如果真有一个能够控制分子运动的小妖精，在两系统的中间设置一个门，只允许快分子从低温往高温运动，慢分子则从高温往低温运动。在"妖"的这种管理方式下，高温的系统中只有高速度的分子，低温系统中只有低速度的分子；那么两边的温差会逐渐加大，高温区的温度会越来越高，低温区的温度越来越低；这似乎是从无序变成有序，违背了熵增原理，即违背了热力学第二定律。

　　小妖精造成的温度差是否可以用来对外做功呢？可以把高温和低温分子集合当成两个热源，而且在它们之间放置一个热机，让热机利用温差对外做功。即，由于麦克斯韦妖的引进，可以从单一热源吸热，并把它完全转化为对外做功。在这里就出现了违反热力学第二定律的第二类永动机。

　　由于上述原因，有人认为麦克斯韦妖是现代非平衡态统计中耗散理论的雏形，但对麦克斯韦妖作如此高标准的诠释，未必就是麦克斯韦当年假想这个妖精时的初衷。"麦克斯韦妖"被提出后就有无数的人想要证明其存在与否。在相当长的时间内，物理学家们没有能够给出一个很满意的解释。

　　对这个问题的一个重要的进展是 1929 年匈牙利物理学家利奥·西拉德引入的一个单分子热机模型，见图 2-18。这个模型实际上是一个简化了的麦克斯韦

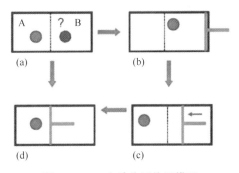

图 2-18　一个单分子热机模型

妖热机模型。麦克斯韦妖的作用是：1）确定分子处在左边还是右边并且记录信息；2）根据它掌握的信息让单分子推动活塞对外做功（如果它发现分子在左边就让它向右做功，如果它发现分子在右边就让它向左边做功）。

这里的关键是，妖精完成这一项工作的时候似乎并不需要来自外界的力量，这就意味着一个非常奇特的现象：似乎只要能够掌握足够多的信息，就能够摆脱热力学第二定律的支配。那也同样意味着，不论是永动机还是永生都成为了真正的可能。甚至连宇宙，都有可能摆脱它终极的宿命。信息似乎正从无序中凭空创造着有序，这就是信息背后隐藏着的可怕力量。

利奥·西拉德首次将信息的概念引入到热力学循环中；他直观地认为麦克斯韦妖在测量分子处于左边还是右边的过程（获取信息的过程）中会消耗能量，从而导致整体的熵的增加。即，操作信息需要消耗能量。不论是进行一次最简单的运算，还是删除一个比特的信息，都需要消耗一个最小的能量。由于消耗的能量无法回复，于是封闭系统内的熵永远不可能减少。这个操纵一比特信息所需要的最小能量，被称为"兰道尔极限"，那是热力学第二定律允许的最小消耗量。就像量子在物理学中的地位，兰道尔极限也是宇宙最基础的组成部分。如果把这个效果包含到热力学循环中来，热力学第二定律就不会被违反，麦克斯韦妖佯谬也就被解决了。针对这个问题的研究还在不断持续。

需要注意的一点是，尽管信息删除不是一个可逆的过程，但信息传输是可逆的。当我们删除信息时，热能就产生了，即信息是物理的实体；因为它总是储存在一种物理介质中，并且受物理宇宙的可能限制所束缚。我们将信息存储在一个物理系统中，不管它是一张纸还是一个固态驱动器，物理定律（包括经典的和量子的）控制着这些设备的特性，这反过来限制了我们处理信息的能力。信息本身与能量有关，就像熵一样，信息是受物理定律支配的物理量。信息处理能力在两个物理领域，即经典物理学和量子物理领域的不同，引发了量子信息论（2010年日本物理学家从信息中产生了能量）。

麦克斯韦绝不会想象到他的妖在我们理解熵和信息的过程中所造成的影响，他关于妖的想法是为了说明热力学系统的统计性质，但妖潜伏了一个半世纪，困扰了几代物理学家，甚至引来了新的研究方向——量子信息论，这可能是麦克斯韦当初设计"麦克斯韦妖"思想实验时所意想不到的。

❧ 代表作 ❧

麦克斯韦的著述以清晰和有条理著称。在前人成就的基础上，他对整个电磁现象作了系统、全面的研究，凭借他高深的数学造诣和丰富的想象力接连发表了电磁场理论的三篇论文：

（1）1855 年 12 月—1856 年 2 月的《论法拉第的力线》，该文通过数学方法，把电流周围存在磁力线的特征，概括为一个矢量微分方程，导出了法拉第的结论。

（2）1861—1862 年的《论物理的力线》：这不再是简单地将法拉第理论进行数学翻译，这一次他首创"位移电流"概念，预见了电磁波的存在。

（3）1864 年 12 月 8 日的《电磁场的动力学理论》。在这篇论文里，他完成了法拉第晚年的愿望，验证了光也是一种电磁波，预言了电磁波的存在（1888年德国物理学家赫兹用实验验证了电磁波的存在），认为电磁波只可能是横波，并推导出电磁波的传播速度等于光速，揭示了光现象和电磁现象之间的联系。为解决在电磁量与光速之间的纯唯象问题提供了一个新的理论框架，它以实验和几个普遍的动力学原理为根据，证明了不需任何有关分子涡旋或电粒子之间的力的专门假设，电磁波在空间的传播就会发生。

（4）1863 年的《论电学量的基本关系》，他推广傅里叶在热的理论中开始的程序，宣布了同质量、长度、时间度有关的电学量和磁学量的定义，以便于提供对那种二元的电学单位制的第一个最完整透彻的说明。他引入了成为标准的记号，把量纲关系表示为用括弧括起来的质量、长度、时间量度的幂的乘积，带有各自的无量纲的乘数。

（5）1873 年出版的《论电和磁》，也叫《电磁学通论》，系统、全面、完美地阐述了电磁场理论，这一理论成为经典物理学的重要支柱之一。《电磁学通论》是一部经典的电磁理论著作，可与牛顿的《数学原理》（力学）、达尔文的《物种起源》（生物学）相提并论，它的出版是电磁学发展史上一个划时代的里程碑。《论电和磁》出版后，他的朋友和学生以及科学界的人士对他的这本书更是期待已久，争相到各地书店去购买，以求先睹为快，所以书的第一版很快就被抢购一空。

在这部著作中，麦克斯韦比以前更为彻底地应用了拉格朗日的方程，推广了动力学的形式体系；系统地总结了人类在 19 世纪中叶前后对电磁现象的探索研究轨迹，其中包括库仑、安培、奥斯特、法拉第等人的不可磨灭的功绩（库仑定律、安培定律、高斯定律、毕奥—萨伐尔定律和法拉第定律）。更为细致、系统地概括了他本人的创造性努力的结果和成就，将电磁场理论用简洁、对称、完美数学形式表示出来，以他特有的数学语言，建立了电磁学的微分方程组，揭示了电荷、电流、电场、磁场之间的普遍联系，从而建立起完整的电磁学理论。这个电磁学方程，就是后来以他的名字著称的"麦克斯韦方程组"。经后人整理和改写，成为经典电动力学主要基础的麦克斯韦方程组。

然而，在当时，由于没有实验的验证，麦克斯韦理论当时得不到大多数科学家的理解。正如物理学家劳厄后来说："像亥姆霍兹和玻尔兹曼这样有异常才能的人为了理解它也需要花几年的力气。"因此，当时支持他理论的科学家很少，因为没人看得懂，说他的书籍晦涩难懂。

获奖与荣誉

麦克斯韦生前没有享受到他应得的荣誉，因为他的科学思想和科学方法的重要意义直到 20 世纪科学革命来临时才充分体现出来。在麦克斯韦百年诞辰时，爱因斯坦本人盛赞了麦克斯韦，称其对于物理学做出了"自牛顿时代以来的一次最深刻、最富有成效的变革"。

学术影响力

（1）麦克斯韦被普遍认为是 19 世纪物理学家中，对于 20 世纪初物理学的巨大进展影响最为巨大的一位，他为物理学树起了一座丰碑。

（2）科学史上，牛顿把天上和地上的运动规律统一起来，实现了第一次大综合。麦克斯韦建立了完整的电磁场理论体系，不仅科学地预言了电磁波的存在，而且揭示了光、电、磁现象的内在联系及统一性，在电磁学领域把电、磁和光统一起来，实现了第二次大综合。他的研究影响深远，直至当今。

（3）麦克斯韦方程组融合了电与磁的四大定律，是 19 世纪物理学发展的最光辉的成果，是科学史上最伟大的综合之一，是人类历史上空前绝后的物理学大一统。

（4）他的科学工作为狭义相对论和量子力学打下理论基础，是现代物理学的先声。

（5）物理学历史上认为牛顿的经典力学打开了机械时代的大门，而麦克斯韦电磁学理论则为电气时代奠定了基石。

（6）造福人类的无线电技术就是以电磁场理论为基础发展而来的。没有电磁学就没有现代电工学，也就不可能有现代文明。

（7）他一生没有发表任何专门的哲学论著，但人们却称他是认识论领域的巨匠，因为他的科学著作和诗文中充满了哲学议论。

（8）位于夏威夷休眠的莫纳克亚火山顶部的、当今世界上最大的亚毫米波天文望远镜詹姆斯·克拉克·麦克斯韦望远镜，是为了纪念他而命名。人类首次直接拍摄到的黑洞照片就有这架望远镜的贡献。

（9）金星上的麦克斯韦山脉和土星环中的麦克斯韦缝也以他的名字命名。

（10）爱丁堡大学的詹姆斯·克拉克·麦克斯韦楼、伦敦国王学院滑铁卢校区的詹姆斯·克拉克·麦克斯韦楼、爱丁堡公学的詹姆斯·克拉克·麦克斯韦中心。

（11）厘米-克-秒制下磁通量的单位麦克斯韦（MX），国际单位制下磁通量的单位是韦伯。

名人名言

（1）可以说，数学统治着整个量的世界，而算数的四则运算则可以看作是数学家的全部装备。

（2）电和磁的实验中最明显的现象是，处于彼此距离相当远的物体之间的相互作用；因此，把这些现象化为科学的第一步就是，确定物体之间作用力的大小和方向。

（3）把数学分析和实验研究联合使用所得到的物理科学知识，比一个单纯的实验人员或者单纯的数学家能具有的知识更加坚实、有益而牢靠。

◆ 学术标签 ◆

现代文明的奠基人、经典电动力学创始人、统计物理学奠基人之一、卡文迪许实验室创建者、卡文迪许实验室首任主任、卡文迪许物理学教授。

◆ 性格要素 ◆

无论是作为一位科学家还是一位普通人，麦克斯韦都是一个很有趣味的人。他不善言辞却老实诚恳，天真与执着、谦逊与自信、犀利与温和、怪诞与机敏，都在他身上得到体现。从他身上，我们既可以看到近代自然哲学家的风范，又可以看到现代科学家的气质。

◆ 评价与启迪 ◆

（1）物理学的第二次大统一。

麦克斯韦对物理学的主要贡献是他建立了气体动力学理论和电磁场的动力学理论；后者的影响尤其巨大。麦克斯韦是电磁学理论的集大成者，在电磁学上取得的成就被誉为继牛顿之后"物理学的第二次大统一"。

在当时的德国，人们依然固守着牛顿的传统物理学观念，法拉第、麦克斯韦的理论对物质世界进行了崭新的描绘，但是违背了传统，因此在德国等欧洲中心地带毫无立足之地，甚而被当成奇谈怪论。这种状况一直持续到后来赫兹发现了人们怀疑和期待已久的电磁波为止。

（2）伟大的向往。

在麦克斯韦那个年代，哲学家与物理学家们都将自然看做一个和谐而统一的整体，追求和谐与统一是物理学不变的主题，也是无数物理学家梦寐以求，孜孜追求的目标。追求统一，也就是要为物理世界的一切规律在数学中找到它们的表现形式，使之符合数学的美。可想而知，这是多么令人向往而又伟大的工作。

麦克斯韦的电磁理论是建立在法拉第工作基础之上的。当时法拉第的力线思想还只是一枝幼嫩的思想萌芽，要生长发育成物理学领域的参天大树，还必须冲破三重巨石的压迫：数学表述、实验证实和观念变革。而与此相应的法拉第思想萌芽的继续培育者分别是麦克斯韦、赫兹和洛伦兹。当时法拉第虽然已经解释了电与磁的相互联系与转化，但由于缺乏数学技巧，始终不能将其构造出一个综合统一的理论，这为麦克斯韦发挥其数学能力留下了空间，甚至连他都认为自己的工作实质上是将法拉第思想翻译成数学语言。

数学独具的简单性以及论证论证的严密性，再加上麦克斯韦本身对数学方法的偏爱，激发了他希望通过用数学语言表达物理规律的愿望。他的努力目标就是建立一组电磁学的完整的数学方程式，用这组方程式可以精确的和严格的表明所有业已发现的电磁现象规律。

（3）富于创见的成功。

麦克斯韦将电、磁、光等过去认为互不联系的现象统一起来，实现了经典物理学的大综合，彻底改变了人们原来对于电、磁、光的观点，完成一次物理学上的革命。爱因斯坦曾这样描述这次革命："在我的学生时代，最迷人的主题就是麦克斯韦的理论。由远距离的力向作为基本的量值的场的转变使它看来好像是一种革命的理论。把光学结合到电磁理论之中，这一理论所确立的光速与绝对静电和电磁单位系统之间的联系，折射指数与介电常数的联系，以及一个物体的反射率和金属传导率之间的质的联系——它就像是一个天启。"

将光现象归结为电磁现象，在今天看来似乎简单且平常，但是在当时，力学模式说明一切的机械论自然观根深蒂固，他的理论可谓是富于创见。

（4）贡献仅次于牛顿和爱因斯坦。

他被普遍认为是对20世纪最有影响力的19世纪物理学家，他对物理学的发展做出的贡献仅次于牛顿和爱因斯坦。他的工作很多是建立在法拉第的基础上，法拉第与他的关系就像伽利略与牛顿的关系一样。当剑桥的科学家向爱因斯坦提到他"站在牛顿的肩膀上"时，他回答说"不，我站在麦克斯韦的肩膀上"。爱因斯坦在另一个场合也说过："狭义相对论的起源归功于麦克斯韦的电磁场方程。"

（5）重视实验、热爱科研。

通过麦克斯韦的经历，我们可以看到数学在物理学科中的重要作用。麦克斯韦精通数学，他用精确的数学语言把实验结果升华为理论，用数学完美的形式使得法拉第的实验结果更加和谐美丽，显示了数学的巨大威力。麦克斯韦是运用数学工具分析物理问题和精确地表述科学思想的大师，但他仍然非常重视实验。这再次说明了数学的重要性以及实验的价值：再好的理论也需要实验的验证，未经验证的理论只能称为假说，而不是真理。

他对于科学研究的热爱，已经到了痴迷的地步，他把自己所有的精力都放在了对于电、光、磁的研究上面。在做实验的条件是相当艰苦的，他所有的科学实验都是在自己租住的寓所里面进行的。那是一间狭长的阁楼，他们只能通过生炉火来调节室内的温度了，好在他有一个善解人意的妻子，在他做实验的时候妻子常常给他充当助手，环境艰苦的难以想象。但是正是那一段艰苦的科学研究，才导致了伟大科学理论的问世。现在他的老房子，爱丁堡印度街 14 号已经变成了麦克斯韦基金会的办公地点。

（6）麦克斯韦精神。

艰苦的环境能够磨炼意志，培养人坚韧不拔的精神，让人走向成功。我们每个人都要对照麦克斯韦，反思自己的情况。事实上，现在的条件远远优于他那个时候的条件，我们有什么理由不作出更大的成就呢？

麦克斯韦热爱真理，忙于科学研究，无心顾及自己的身体状况，最终 48 岁就因病与世长辞。这再次告诉人们，身体健康是多么的重要，无论工作再忙，也要照顾好自己的身体。

一个天才除了与生俱来的天赋和个人努力之外，还需要拥有伯乐的赏识，如高斯、欧拉、牛顿皆都是如此。麦克斯韦很幸运，求学阶段得到了名师福布斯、哈密顿、霍普金斯、开尔文和斯托克斯的指导；在科研阶段遇到了良师挚友法拉第；两人 40 多年的交情让电磁场理论最终确立起来，在物理学界上具有划时代的意义。这也再次说明了科研合作的伟大意义。

一个人要想成功，需要良好的家教、名师指引以及自身勤奋好学，三者缺一不可。这其中，第三条是内因，前两条是外因，如果前两条外因不具备，那最起码要具备最关键的内因，毕竟，内因决定外因，把握命运的咽喉，需要有内因这个关键因素。

43. 批判牛顿、引发现代物理学革命的伟大的思想导师——马赫

姓　　名　恩斯特·马赫
性　　别　男
国　　别　奥地利、捷克
学科领域　力学、热学、哲学
排　　行　第二梯队（准一流）

✑ 生平简介 ✑

马赫（1838 年 2 月 18 日—1916 年 2 月 19 日）祖籍在波希米亚。其父受过高等教育，后来成为贵族巴隆·布莱顿的家庭教师，母亲热爱音乐、绘画和诗歌，性格快活文雅。

马赫童年时代善于用听觉、触觉观察事物的因果

马赫像

关系，初中时，他对教会学校的课程不感兴趣而被视为问题孩子。7 岁迷恋上科学，父亲的藏书成了他自学的宝库，8 岁时旁听父亲给别的学生上代数课。15 岁

的马赫进入中学学习，对数学和科学颇感兴趣，对拉马克（1744—1829 年，法国博物学家）的进化论和康德—拉普拉斯的宇宙形成学说很有兴趣。

17 岁到维也纳大学学习数学、物理和哲学，1860 年以放电和电感应方面的论文获物理学博士学位。随后 2 年在维也纳大学从事光学和声学研究，尤其是对多普勒效应进行详细研究。1864—1867 年在格拉茨大学先后任数学教授和实验物理学教授，利用照相设备研究了声波的传播，马赫数和马赫角就是那时提出的，并用实验证实了冲击波的存在，提出了马赫锥。1867—1895 年在布拉格大学任实验物理学教授，两度被选为校长（布拉格大学和德语大学），是有名的物理学教育家。

1895 年马赫携第一流哲学家之声望回归母校，被任命为维也纳大学历史上首位科学哲学教授。1897 年因病瘫痪，1901 年被选为奥地利上议院议员。1913 年到德国居住；1916 年 2 月 19 日在德国特斯特腾逝世。

❧ 花絮 ❧

（1）马赫对原子论的态度。

在 19 世纪许多物理学家看来，原子仅仅是一种理论假设而已，甚至是没有必要的假设。例如，德国籍物理化学家奥斯特瓦尔德（1853—1932 年）等人相信唯能论，认为能量是唯一真实的实在，各种现象都可以用能量及其相互转化来解释，物质、原子、分子的概念都是多余的。

在反对原子论的物理学家中，影响最大的是奥地利物理学家马赫。实际上，马赫学术生涯初期是支持原子论的。1863 年，马赫对自然现象采取彻底的机械论解释，并且毫无保留地接受了原子论，承认气体动力学理论，至少是把原子论当作有用的工作模型或工作假设。马赫仿效在物理学家中流行的观点，对物理现象作了富于哲学性的原子论的描述。他早期关于原子论的观点包括在关于多普勒效应、毛细现象、气体光谱、共振以及声音在耳中传播的研究中。他认为，以原子论为基础的波动论对物理学而言是有生命力的，因而原子论也是有生命的。他觉得物质的原子理论比动力理论和连续理论更能可信地解释各种物理现象，热和光现象也受到原子假设的支持。

1864 年，当马赫到格拉茨大学接受了数学正教授职位后，他对原子论的观点发生了重大的修正。他就炽热气体的光谱发表了第二篇短论。他说："我绝没有认为原子理论是本质上已经成立的东西；而宁可把它看作是有用的、暂时性的经验处方，看作是接近真理的一种有规则的虚构。"他在同年的另一篇文章中对原子和力学解释表示失望。

1864 年之后，他逐渐开始对当时物理学的许多基本观点产生了怀疑。在他看来，物质、运动、规律都不是客观存在的东西，而是人们生活中有用的假设。1872 年，马赫出版《功的守恒定律的历史和根源》，标志着马赫对原子论进行批判的开始。在这本著作中，把他批判原子论的观点明显地与他的自然观、科学观和方法论联系起来，提出了抛弃力学自然观的结论。马赫同意路德维希·玻尔兹曼的哲学，坚决反对亥姆霍兹和克劳修斯用原子、分子论解释热理论的观点，也反对其他提倡物理学原子理论的人。

马赫在19世纪80年代和90年代对原子论提出了尖锐批判。他承认原子是一个有用的概念，可以用来解释很多现象，但是这并不等于原子就是真实存在的；原因在于原子过于微小而不能被直接观察到。在1883年出版的《力学史评》中，马赫认为"原子是为着一定的目的而专门设计的产物，是人造的、假设的精神设计物"。那时候并无说得通的原子模型，所以马赫认为它只是一个假想的概念而已。他否认气体动理论和原子、分子的真实性，认为原子和分子只是表示"感性要素相对稳定的复合体"的"一种不自觉地构成的、很自然的思想符号，不是客观存在"。

在科学史上，也曾经有过类似的概念，例如用来解释燃烧的"燃素"、用来解释热的"热质"，后来都被证明是不存在的；同理可以推断原子是不存在的。马赫反对原子论的观点遭到了玻尔兹曼等人的激烈反对，甚至引起了原子论的世纪之争，导致了玻尔兹曼的自杀身亡。

在马赫的后半生，他对原子理论的认识发生了改变。有一次，维也纳物理学家斯忒藩·迈耶尔向马赫演示α粒子在荧光屏上产生的可见痕迹时，马赫喊道："现在我相信原子的存在了，在短短的两三分钟内，我的整个世界观改变了。"1910年9月爱因斯坦到维也纳访问马赫，他们的对话表明马赫内心在开始接受原子论。1914年，他认为自己的著作《功的守恒定律的历史和根源》中关于原子理论方面的表述存在错误。这些都表明马赫对原子论的观点在发生转变，由反对原子论转变为开始接受原子论。而在他之前，通过对布朗运动的研究，许多反对原子论的科学家逐渐改变了立场。例如奥斯特瓦尔德在1908年就表态接受了原子论。

虽然马赫等人对原子论的批评最终被证明是错误的，但是这一争论是相当重要而且是有益的。它是正当的学术争论，迫使相信原子论的人们去寻找能够确凿地证明原子的存在的实验证据，让原子论完全、彻底地摆脱了哲学思辨的阴影，让物理和化学有了更坚实可靠的基础。

（2）多次获得诺贝尔奖提名。

1910—1914年，斯德哥尔摩的诺贝尔委员会收到许多科学家的信和呼吁书，提名恩斯特·马赫为诺贝尔物理学奖的候选人。在这些书信中，洛伦兹赞扬马赫的"美妙的工作"，特别是声学和光学方面的工作，确实它们至今仍未失去光辉，他又补充说，"所有的物理学家"都知道马赫的历史和方法论著作，并且"许多物理学家尊称他为大师，是他们的思想导师。"卡尔·费迪南德·布朗

（德国物理学家，1909 年与马可尼因为发明无线电而一起荣获诺贝尔物理学奖）的提名信指出，既然诺贝尔奖很快就要授予新的时空理论，那么它应该首先授予马赫，因为他是这条思想路线上最早的创导者，又是一个大的实验物理学家。而且，布朗也坚持认为，马赫通过"他的明晰的、深刻的物理学历史研究和哲学澄清"，产生了广泛的影响。

（3）马赫的启蒙精神。

在科学家中，马赫被公认为是向渗透 19 世纪科学的"绝对"观念（例如绝对空间、绝对时间、绝对实体、绝对活力）作经验论挑战的最具战斗力的人之一。比如他说，"绝对时间既无时间价值，也无科学价值，没有一个人能提出证据说他知道关于绝对时间的任何东西，绝对时间是一种无用的形而上学的概念。"

由于马赫以反对形而上学和统一科学为目标和己任，追求和探寻科学的起源、发展、结构和本性，因而客观上成为他那个时代最有影响的哲学家之一。马赫不是纯粹的哲学家，而是作为科学家的哲学家。他认为，要实现科学统一，就必须清除形而上学；只有清除形而上学，才能为统一科学的进程扫除障碍。马赫用实证主义打碎旧世界，他认为没有实验证实的东西就是不存在的，就是荒谬的，不可理解的。马赫对经典力学的敏锐洞察和中肯批判，是物理学革命行将到来的先声，具有科学的启蒙精神。

马赫的启蒙精神在 1883 年出版的《力学史评》中得到了充分体现。在这部历史批判著作中，马赫洞察了力学的成长，分析了古典力学中流行已久的概念；不是依据形而上学，而是依据它们同观察的相互关系，指明了力学概念的正确性和适用性所依赖的条件，揭示了概念从经验所给予的东西中产生。他通过剖析力学中的神学、泛灵论和神秘主义观点，表达了自己的思想和理智倾向。马赫的启蒙式的批判，唤醒了在教条式中昏睡的物理学家，为物理学的进一步发展扫清了障碍，发出了世纪之交物理学革命的先声。

马赫哲学的启蒙精神的核心就是反对对现存偶像的盲从和崇拜，提倡一种积极的怀疑精神和坚不可摧的独立性，这充分表现在他同误用概念进行毫不妥协的斗争上。在哲学家和科学家中，因为马赫坚持经验论的科学观而毁誉参半。马赫的学说很快被纳入欧洲和美国的学者思想之中。对于马赫思想的发展和转化，美国这个传统上对经验论和实用主义开放的国家更为适合。

马赫正是通过清除形而上学来实现科学统一，从而成为"科学统一运动"的思想先驱。他对人类心灵的关照以及他对牛顿体系不留情面的批判都成为青年人竞相追逐的潮流，马赫成了精神偶像般的存在，很多那个时代的物理学家称他为思想导师。

❧ 师承关系 ❧

前期基本靠自学，后期接受正规学校教育；爱因斯坦称自己为马赫的学生。

🖎 学术贡献 🖎

马赫早期的研究着眼光学和声学中的多普勒效应，后来马赫又开始热衷起感觉的生理学，在力学、光学、声学、热力学、流体力学、电学、实验心理学以及哲学等方面都有重要建树。

（1）他的最重要成就是在研究物体在气体中的高速运动时，发现了激波，并拍摄下激波的清晰照片。

（2）提出了超声学原理，确定了以物速与声速的比值（即马赫数）为标准，来描述物体的超声速运动，其中又有细分多种马赫数，如飞行器在空中飞行使用的飞行马赫数、气流速度之气流马赫数、复杂流场中某点流速之局部马赫数等。至今，已成为表征流体运动状态的重要参数，在力学上做出了历史性贡献。

（3）用纹影技术研究飞行抛射体的工作最为人所熟知。他1887年写的几篇文章解决了以声速传播的球面波问题，引进了马赫波的概念。

（4）发现了马赫带效应，这是一种明度对比的视觉效应，是一种主观的边缘对比效应；当观察两块亮度不同的区域时，边界处亮度对比加强，使轮廓表现得特别明显。

（5）他首先用仪器演示声学多普勒效应，提出过 n 维原子理论等。

（6）马赫造就了在19~20世纪颇有影响力的科学哲学。

🖎 名词解释 🖎

（1）马赫数。

1881年，马赫在巴黎国际展览会上，听到了一个比利时炮师的报告。这个报告讨论了从炮口喷出的压缩空气的破坏作用，并且认为炮弹携带的压缩空气超前于炮弹又引起像爆炸一样的机械破坏效应。这个问题引起了马赫的兴趣，1885年他发表了一篇文章公布了1884年拍摄的4种不同波（飞弹波、声波、火花波、抛体激波）的照片。在这篇文章中，他引进了流速与声速之比的参量，由于这个比值在空气动力学研究中日益重要，1929年德国空气动力学家 J. 阿克莱特建议用马赫数表示这一比值。

马赫数成为流体力学中的一个常用概念，即物体（如飞机）在流体中的运动速度与声音在流体中的速度之比。以 Ma 表示，飞行器速度在 $M=0.3$ 以下可以认为是低速（可以不考虑空气压缩性影响）；速度在 $M=0.8$ 以下的为亚音速；在 $M=0.8\sim1.2$ 上下的为跨音速；$M=1.2\sim5$ 的为超音速，$M=5.0$ 以上的为高超音速。一般民用飞机飞行速度多为亚音速或高亚音速，军用战斗机可以达到 $M=$

3.0 或更高，美国最新高超音速飞机已达到 $M=7.0$，航天飞机再入大气层可以达到 $M=25$ 以上。

（2）马赫带。

马赫带是马赫发现的一种明度对比现象，它是一种主观的边缘对比效应。当观察两块亮度不同的区域时，边界处亮度对比加强，使轮廓表现得特别明显。例如，将一个星形白纸片贴在一个较大的黑色圆盘上，再将圆盘放在色轮上，再将圆盘放在色轮上快速旋转。可看到一个全黑的外圈和一个全白的内圈，以及一个由星形各角所形成的不同明度灰色渐变的中间地段。而且还可看到，在圆盘黑圈的内边界上，有一个窄而特别黑的环。由于不同区域的亮度的相互作用而产生明暗边界处的对比，使我们更好地形成轮廓知觉。这种在图形轮廓部分发生的主观明度对比加强的现象，称为边缘对比效应。边缘对比效应总是发生在亮度变化最大的边界区域。人们可以用侧抑制来解释马赫带的产生。侧抑制是指相邻的感受器之间能够互相抑制的现象。由于相邻细胞间存在侧抑制的现象，来自暗明交界处亮区一侧的抑制大于来自暗区一侧的抑制，因而使暗区的边界显得更暗。同样，来自暗明交界处暗区一侧的抑制小于亮区一侧的抑制，因而使亮区的边界显得更亮。

❦ 代表作 ❦

马赫的一生主要致力于实验物理学的研究，发表过 100 多篇关于力学、声学和光学的研究论文和报告。主要代表作有：

（1）1863 年，出版了《医用物理学纲要》，在书中使用原子理论解释物质的物理性质和化学性质。

（2）1872 年，出版《功的守恒定律的历史和根源》，标志着批判时期的开始。他在这本著作中，把他批判原子论的观点明显地与他的自然观、科学观和方法论联系起来。他提出了抛弃力学自然观的结论，他坚决反对亥姆霍兹和克劳修斯用原子、分子论解释热理论的观点。还出版《光学−声学实验》。

（3）1883 年，出版影响力巨大的《力学史评》，是一部在物理学史上划时代的著作。

（4）在 1883 年出版的巨著《从历史批判角度展现的力学发展》中展开了对牛顿的批判。

（5）1887 年，马赫与 P. 扎尔谢合著的关于超声速流动的著名论文《射体穿过空气时的定影》。

（6）此外，马赫还著有：《感觉的分析》（1886 年）、《热学原理》（1896 年）、《我的自然科学认识论的基本思想和同时代人对它的态度》（1901 年）、《认识和谬误》（1905 年）、《空间和几何》（1906 年）、《文化和力学》（1915

年）以及在他逝世后出版的《物理光学原理》（1921年）。

（7）马赫还写过再版20次使用40年的《大学生物理学教程》（1891年）和《中学生低年级自然科学课本》（1886年）。

✎ 花絮 ✎

马赫是一位具有批判精神的理论物理学家，是最早系统的研究力学史的学者。他通过对科学的历史考察和科学方法论的分析，写过几本富有浓厚认识论色彩和历史观点的著作，其中以《力学及其发展的批判历史概论》（又译《力学及其发展的批判历史概论》，简称《力学史评》）这部著作影响最大，对物理学的发展产生了深刻的影响。

《力学史评》1883年在莱比锡出版，此后曾重版多次，1960年出第6版，且有英译本，其中对经典力学的时空观、运动观、物质观作了深刻的批判，是一部在物理学史上具有划时代意义的著作。《力学史评》共分五章：静力学原理的发展、动力学原理的发展、力学形式的发展、力学原理的推广应用和力学的演绎发展、力学和其他知识领域的关系。

《力学史评》是对到他那时为止的力学史的总结，批判继承是《力学史评》的主要宗旨，一方面，马赫详细论述了经典力学的基本观点和发展线索，充分肯定了牛顿及其后继者的历史功绩，对于牛顿为首的经典力学体系进行了肯定，承认其历史功绩和历史地位，盛赞了牛顿《自然哲学的数学原理》表述的明晰性，对其给予褒奖。

但他同时从怀疑论（怀疑的经验论）和逻辑的角度出发，系统地批判了经典力学的基本概念和基本原理。他认为牛顿的很多表述并不清晰，尤其是质量和时间，充满了形而上学。马赫指出，牛顿的质量概念（物质的量）不具备必要的明晰性，是一个伪定义，它无助于实际的质量测量；认为在牛顿引以为傲的"欧几里得式"公理体系中隐藏着一个致命的低级错误——逻辑循环，物理学最至高无上的"教皇"竟然"愚蠢"到先用密度定义质量而后又不得不用质量去定义密度，这是一种逻辑悖论。没有可靠的质量定义，何来严谨的力学体系？

赫认为质量的真正定义只能从物体的力学关系中推导出来，且提出相对质量的定义 $m_1/m_2 = -a_2/a_1$（m 表示质量，a 表示加速度）。在此基础上，马赫又把力定义为 $m \times a$，他认为这样便消除了形而上学的朦胧性，使质量和力都变成可测量的。这样，牛顿的第一定律、第二定律便包含在力的定义中。

至于时间，尤其是绝对时间，无法通过运动来度量，从而无法测定，因而是形而上学的概念。对于绝对空间和绝对运动，马赫认为这纯粹是人为创造的，是理智构造的产物，不是产生于经验的。

马赫反对把惯性看作是物体固有的性质，而把它看作是物体与宇宙之间动力联系所规定的本质。他在书中对牛顿的绝对时间、绝对空间的批判以及对惯性的理解，对爱因斯坦建立广义相对论起过积极的启迪作用，成为后者写出引力场方程的依据，后来爱因斯坦把他的这一思想称为马赫原理。

马赫的批判矛头直指力学自然观和力学先验论。他明确指出，力学原理尽管在一些领域是有效的，但从来也没有不预先经过实验检验就被接受，把这些原理推广到经验界限之外是毫无意义的。马赫断言，力学并不具有凌驾于其他科学之上的特权，力学自然观是毫无道理的，把力学当作物理学其余分支的基础，以及所有物理现象都要用力学观念来解释的看法是一种偏见。

在物理学革命的前夕，马赫在对经典力学的批判中，卓越地表达了当时还没有成为物理学家公共财富的思想。它导致对经典物理学的科学和哲学基础的讨论，产生了比较深远的影响，并逐渐形成以马赫为首的批判学派。马赫的批判，对于削弱长期盛行的力学自然观和力学先验论具有积极作用，它有助于破除迷信、解放思想，为新发现和新理论的涌现创造了一种自由气氛。马赫的科学认识论在自然科学家中产生过强烈的反响，受其影响的科学家最著名的是爱因斯坦和布里奇曼（哈佛大学教授，1946 年由于发明超高压装置和在高压物理学领域的突出贡献获诺贝尔奖）以及量子力学哥本哈根学派的一些物理学家如海森堡和泡利。

《力学史评》的出版成为 19 世纪和 20 世纪之交物理学革命的先声，对爱因斯坦创立相对论产生了引人注目的影响。马赫坚定的怀疑精神和独立性给年轻的爱因斯坦以极大的激励，马赫对绝对时空观的批判使爱因斯坦深受启迪，促使他一举把时间的绝对性和同时性的绝对性从物理学中排除出去，在创立狭义相对论中取得了决定性的进展。在创立广义相对论的过程中，马赫对于惯性本质的理解也使爱因斯坦受到启发。爱因斯坦认为，马赫的《力学史评》为相对论的发展铺平了道路，马赫是相对论的先驱。当然，在马赫的《力学史评》中也存在一些错误和混乱，尤其是他的狭隘的经验论和描述主义的科学观，不适应现代科学发展的需要。

获奖与荣誉

马赫曾多次获得诺贝尔奖提名，却未曾得奖；洛伦兹赞扬他美妙的工作。

学术影响力

马赫认为世界是由一种中性的"要素"构成的，无论物质的东西还是精神的东西都是这种要素的复合体。在他看来，物质、运动、规律、压力、空间、时间都不是客观存在的东西，而是人们生活中有用的假设；因果律是人们心理的产物，应该用函数关系取代。世界因此表现为要素之间的函数关系，科学对此只能描述而不能解释，描述则应遵循"思维经济原则"，即用最少量的思维对经验事实作最完善的陈述。

（1）马赫的思想影响是十分深远的。他的整个工作，他精湛的实验，他的历史著作，他的科学哲学学说，将列入人类的思想宝库，永远受到人们的怀念与发掘。

（2）马赫的思想对爱因斯坦创立相对论起了一定的作用，爱因斯坦誉其为相对论的先驱，相对论是对经典力学基本观念的彻底革新。

（3）马赫数、马赫锥、马赫带效应、马赫效应、马赫波、马赫角等术语以马赫命名，在空气动力学中广泛使用，这是马赫在力学上的历史性贡献。

（4）马赫是表示速度的量词，通常表示飞机、导弹、火箭的飞行速度。

名人名言

（1）思维的经济原则在数学中得到了高度的发挥；数学是各门科学在高度发展中所达到的最高形式的一门科学，各门自然学科都频繁地求助于它。

（2）也许听起来奇怪，数学的力量在于它规避了一切不必要的思考和它惊人地节省了脑力劳动。

学术标签

批判牛顿的人、经验批判主义的创始人之一、相对论先驱、引发现代物理学革命的伟大哲学家。

性格要素

心平气和、态度公正、没有偏见、独立自主、信念坚定。马赫是一位富有人文主义精神的科学家。他追求真理，酷爱和平，主持正义，关心人类的前途和命运，投身于人类思想解放事业，具有高度的社会责任感。他站在马克思主义的社会民主党一边，反对教权主义，争取民众的民主权利和工人的合法权益。马赫不仅力图使自然科学得以统一，而且自然科学、人文科学在他身上取得了和谐的一致。马赫一生对科学哲学和科学史怀有浓厚的兴趣。

评价与启迪

马赫是一位冲破教条主义统治的启蒙哲学家和富有人文主义精神的自由思想

家。他的学术生涯是从物理学开始，经过科学史，然后到达哲学。他研究哲学的目的是为了寻找各门科学统一的基础。在大学教学中，马赫把物理学应用于生理学和心理学研究，为后来提出的哲学观点打下坚实的基础。在马赫 1867 年担任布拉格大学实验物理教授职务以后，那里形成了他的思想的拥护者和批评者的一个大网络，在几十年内，使他成为建立现代世界观的核心人物之一。

他的著作不仅被物理学家所阅读、争论、使用，而且也被数学、逻辑、生物学、生理学、心理学、经济学、科学史和科学哲学、法学、社会学、人类学、文学、建筑学和教育学中的大思想家所阅读、争论、使用。马赫的科学认识论曾在自然科学家中产生过强烈的反响，受其影响的科学家最著名的是爱因斯坦和布里奇曼（1946 年诺贝尔奖得主，曾任美国物理学会主席）及量子力学哥本哈根学派的一些科学家（如海森堡和泡利，马赫是泡利的教父）。

马赫主义即批判经验主义既有积极意义，推动了物理学等相关学科的进步，带来了现代物理学的革命，影响深远，也有错误和不足；但是整体上，积极意义更大。尽管后来对马赫的思想提出了批评，但早期的爱因斯坦高度评价马赫的工作，他说："马赫把一切科学都理解为一种把作为元素的单个经验排列起来的事业，这种作为元素的单个经验他称之为'感觉'。这个词使得那些未仔细研究过他的著作的人，常常把这位有素养的、慎重的思想家，看作是一个哲学上的唯心论和唯我论者。"爱因斯坦承认马赫的《力学史评》在相对论发展过程中的巨大作用，对他产生了深刻的影响，他认为马赫的批判论证的范例是他发现相对论所必需的，并自称为马赫"敬仰您的虔诚的学生"，把马赫看作是自己的老师。海森堡和泡利也承认马赫对其思想的指导。

对马赫的观点人们褒贬不一，毁誉参半。对此，维也纳学派和逻辑实证主义的创始人弗里德里希·阿尔伯特·莫里茨·石里克（1892—1936 年）评论说："没有任何批评会有损于马赫作为伟大思想家的声誉：心平气和的公正态度，没有偏见和独立自主，他就以这些原则作为出发点来研究他的问题，他不可动摇地热爱真理和明晰性，这些品德在任何时候都能使哲学家做出解放人类思想的事业。"爱因斯坦在 1916 年对马赫的悼词中也认为："我甚至相信，那些自命为马赫的反对者的人，几乎不知道他们曾经如同吸他们母亲的奶那样吮吸了多少马赫的思考方式"。当然，爱因斯坦后来批评了马赫的观点。

马赫坚定不移的怀疑主义和独立性，他珍惜思想自由胜过珍惜生命安全和对治理财产的占有的高尚品格，他的人道主义的言论和行动所显示的博大胸怀，将作为一种精神财富，永远激励着人类自身的更新和文明社会的进步。

44. 科学领袖、声学和光谱学奠基者——瑞利

瑞利像

姓　　名　约翰·威廉·斯特拉特（瑞利勋爵）

性　　别　男

国　　别　英国

学科领域　声学、光谱学

排　　行　第一梯队（准一流）

✤ 生平简介 ✤

瑞利（1842 年 11 月 12 日—1919 年 6 月 30 日）出生于英国埃塞克斯郡。父亲是男爵，母亲是海军上校的女儿。瑞利年幼时身体虚弱，毕业于著名的哈罗公学。瑞利刚开始上学时十分贪玩，人虽聪明，可学习成绩一直平平。10 岁那年曾连续两次逃学，父母为了孩子的前途迁居伦敦。环境的改变，对瑞利的成长起到了良好的作用。另外，父母为他聘了一名家庭女教师，从此瑞利一改贪玩习性，一心学习。

1861 年瑞利进入剑桥大学三一学院学习数学，成为数学家 E.J. 劳恩的学生，同时还得到物理学家斯托克斯讲座的激励和数学教授西亚姆的帮助，并先后于 1865 年和 1868 年获得学士和硕士学位。

1865 年从剑桥大学毕业时，名列最优。毕业后，26 岁时到欧洲大陆、美国考察。1868 年，他购买一些实验设备，设立了一座私人实验室，进行声学和光学的实验研究，还研究光学仪器的光栅，改进前人发明的光谱仪；成为英国当时很有名的物理实验室；他本人也成为当时全世界最著名的声学专家。1871 年成为剑桥大学三一学院的研究员，对乳状液、悬浮液和胶体溶液等光的散射现象进行研究，同年提出了著名的瑞利散射定律来解释天空为什么是蓝色的这一难题。

1871 年，29 岁的瑞利结婚，妻弟和妻舅都曾担任英国首相。夫妻两人育有 3 个儿子，长子后来成为帝国理工学院物理教授。1873 年，瑞利 32 岁时，父亲去世，他继承为第三代瑞利男爵；同年当选为英国皇家学会会员。同时他继承家业，是英国著名的农场主，经营奶制品，产业遍布英国。

1879 年，瑞利接替麦克斯韦担任剑桥大学实验物理教授及卡文迪许实验室主任。从 1880 年后期起，他把大部分时间放在自己的实验室工作上，对物理学曾做出了很大的贡献，他在科学界地位非常高。1884 年，瑞利离开剑桥大学，同年被推举为英国科学促进会会长。

1885—1896 年，瑞利一直担任英国皇家学会秘书。瑞利在其他公共事业方面，也有很多的贡献。例如，他担任过国防部一个重要小组的组长，又担任过伦

敦煤气公司改进工作的顾问。1887 年，瑞利在皇家研究所担任自然哲学讲座教授，并担任戴维—法拉第实验室主任。长期研究中，他感觉到基本单位准确是十分重要的，故而建议英国政府成立国立物理实验室，并最终在 1900 年成立起来，该实验室至今仍然是国际上的重要标准化机构。

1904 年，因"研究气体密度并从中发现氩"，瑞利被授予诺贝尔物理学奖。1905—1908 年，担任英国皇家学会会长。1908—1919 年，任剑桥大学名誉校长。1919 年 6 月 30 日，瑞利在埃塞克斯郡威特姆去世。

❧ 花絮 ❧

（1）扶持青年科学家。

他在英国皇家学会担任秘书的 11 年里，很重视提拔青年科学家。例如有一位苏格兰青年学者对于气体的分子理论发表了很重要的见解，可却被很多人忽视。瑞利重新审查了被埋没的论文，特别关照把这篇论文送交英国皇家学会的刊物上发表。

（2）优秀的卡文迪许实验室主任。

瑞利任卡文迪许实验室主任后，对教学科研事业热情极高，投入了全部身心。他扩大了招生人数，使得女性可以和男性一样享受同等的受教育权利。在此期间，他带头捐献了 500 英镑，动员友人捐献了 1500 英镑，为实验室添置了大批的仪器设备。他获得诺贝尔奖之后，将全部奖金捐出，用于卡文迪许实验室扩建和补充设备。

（3）简陋的实验室，伟大的成就。

瑞利去世后，科学家们参观他的实验室，众人无不为其所用实验仪器的简单而感到惊讶。他实验室的一切重要设备虽然外形粗糙，但都制造得十分精密。他就是利用这些简陋的仪器做出了极为出色的定量分析。后人经常记起这位伟大科学家的名言：一切科学上的伟大发现，几乎都来自精确的量度。

（4）新旧物理学转折期的瑞利及其认识。

瑞利所处的时代，恰好是经典物理学向着现代物理学（量子理论和相对论）转折的时候。19 世纪末，经典物理学会遇到难以解释的问题，比如光谱就是一个典型的例子。瑞利敏感的觉得经典物理学存在问题，但是他却并不清楚问题出在哪里，仍然尝试各种办法去解释新的现象。

在他和他人共同发现了瑞利—金斯定律之后，普朗克在他们研究的基础上提出了"能量量子化"的概念，人类由此逐步迈入量子时代。但是，瑞利认为这个理论太冒进。他也曾想利用经典物理理论来解释原子光谱，如氢原子的发射光谱，但他的尝试以失败告终；玻尔提出解释氢原子光谱的理论时，他又觉得这种学说太激进。总之，瑞利对于量子理论并不认可。

与之相反，瑞利很快就相信了相对论的正确性，但是没有放弃以太学说；他对于之前证明以太不存在的实验（比如著名的迈克尔逊—莫雷实验）心存怀疑，认为如果以太不存在，很多问题难以解释；他认为迈克尔逊的实验很让人失望，并敦促他继续重复该实验。

◈ 师承关系 ◈

正规学校教育，成为劳恩、斯托克斯和西亚姆的学生。

◈ 学术贡献 ◈

瑞利勋爵的最初研究工作主要是光学和振动系统的数学研究，后来的研究几乎涉及物理学的各个方面，如波的理论、彩色视觉、电动力学、电磁学、光的散射、液体的流动、流体动力学、气体的密度、黏滞性、毛细作用、弹性和照相术。在众多学科中都有成果，其中尤以光学中的瑞利散射和瑞利判据、黑体辐射问题、氩的发现、物性学中的气体密度测量几方面影响最为深远，对现代声学基础理论也做出了开创性贡献。

（1）他的坚持不懈和精密的实验导致建立了电阻标准、电流标准和电动势标准，后来的工作集中在电学和磁学问题。

（2）他导出了被称为瑞利散射定律的分子散射公式（散射光的强度与散射的方向有关，并与波长的四次方成反比），引用光学理论来解释"天空为什么呈现蓝色"这个长期令人不解的问题。提出了被后人命名的瑞利散射。

（3）他进行了光栅分辨率和衍射的研究，第一个对光学仪器的分辨率给出明确的定义；这项工作导致后来关于光谱仪的光学性质等一系列基础性的研究，对光谱学的发展起了重要作用。

（4）发现了氩气，测定了惰性气体的密度；协助拉姆赛发现了氦、氖、氪、氙和氡等整族惰性气体元素，确定了它们在元素周期表中的位置。

（5）他创立的电话理论，目前已发展为一门新兴的学科——电声学。他在声学方面的理论分析工作，至今仍被奉为声学基础研究的经典。在声学领域的第一个成就是他于1882年设计的测量质点速度的仪器——瑞利盘。

他把数学方法巧妙地用于均匀且各向同性的弹性固体，他从理论上指出声波在弹性固体中传播时可以有一种能量集中于表面附近的弹性波，被称为声表面波（瑞利波），建立了固体的表面波理论，得到了满足声表面波（瑞利波）传播的瑞利方程（1885年）；利用他的理论研制的微形声表面波器件，为现代声电子学领域开拓了广阔的应用前景。

（6）瑞利对黑体辐射问题进行了很有成效的研究，他与金斯一起，用经典的电磁理论及能量按自由度均分定理去解决黑体辐射问题，并于1900年公开发表了后来称为"瑞利—金斯定律"的著名公式。这个公式在波长很长的情况下与黑体辐射规律符合得很好。几个月后，普朗克在他们工作的基础上提出了他有名的"能量子"理论。

（7）瑞利—里兹法为 20 世纪兴起的有限元方法奠定了基础；这一方法最早由瑞利在 1877 年在《声学理论》一书中首先采用。

（8）他利用准确的仪器做了很重要的研究工作，对电学的 3 个基本单位：欧姆、安培和伏特的精确数值进行了仔细研究计算。他的研究成果，成为物理学界长期使用的基数。

（9）他用光学理论，解决了被浓雾挡住光线的问题。

（10）对声光相互作用、机械运动模式、非线性振动等也有研究。

❧ 花絮 ❧

（1）瑞利散射解释天空为什么呈现蓝色。

瑞利散射由英国物理学家瑞利的名字命名；它是半径比光的波长小很多的微粒对入射光的散射；瑞利散射光的强度 I 和入射光波长 λ 的 4 次方成反比。在组成阳光的七种可见光中，红光波长最长，蓝光波长较短；而蓝光在空气的微小尘粒中的散射能力，却比红光强十倍以上。太阳光在穿过大气层时，与空气分子（其半径远小于可见光的波长）发生瑞利散射，各种波长的光都要受到空气的散射，其中波长较长的波散射较小，大部分传播到地面上；而波长较短的蓝光受到空气强烈的散射，正是由于这些散射光的存在天空才呈现蔚蓝色。

（2）氩气的发现。

瑞利最引人注目的、最著名的成就就是氩的发现了，可以说它是瑞利的逻辑推理和艰苦实验两者共同的硕果。瑞利花了将近 20 年的时间对气体密度进行严格的测量，他在测定氮气密度的实验过程中发现了一种奇怪的现象，即从氨中得到的氮与从空气中得到的氮，其密度是不一样的；前者为 1.2508g/L，而后者却为 1.2572g/L。瑞利用三种不同的方法制取的氧，密度完全相等，但氮气的研究结果则使人不解。他由氨制得的氮总比从大气中除去氧、二氧化碳、水汽后所得的氮轻千分之五左右。于是，他将这事实刊登在英国 1892 年 9 月 29 日的《自然》周刊上，请读者解释，可是他没有收到任何答复。

1895 年，当瑞利阅读卡文迪许发表的论文时，发现他在一个给定的空气容器中，用一种原始的静电起电机激发空气使氮氧化，结果不管激发的时间多长，总有一些气体残余存在而无法进一步氧化。读了这个报告以后，瑞利开始相信空气里除了氧和氮之外，一定还有另外的一种气体。

瑞利在氮密度的测量上知难而上。他使用一个感应线圈来提供电火花来使得氮气氧化，但这是一个十分缓慢的过程，于是英国化学家威廉·拉姆塞（1852—

1916 年）向瑞利建议不再用放电的办法，改用化学方法。瑞利和拉姆塞终身一起合作，关系非常和谐融洽，共同为科学而努力，最后得出大气中还有另一种极不活泼的元素的结论。

该方法获得成功，他们两个人在 1895 年共同写成一篇论文，在英国科学促进大会上宣读。因为，他们对这种新气体当时并没有命名，大会主席建议名为 Argon，来自希腊文"懒惰"之意，中文音译成"氩"。科学界对瑞利和拉姆塞的功绩作了充分的肯定。由于这个伟大的发现，瑞利荣获了 1904 年诺贝尔物理学奖，同年威廉·拉姆塞荣获了诺贝尔化学奖。

瑞利和拉姆塞发现氩的过程，历经了 10 年之久的平凡琐碎的化学实验工作，付出巨大劳动，终于取得有历史意义的重大成果。在发现氩之后，拉姆塞在瑞利的协助下又发现了氖、氪和氙，分离出了氦和氢，并确定了它们在元素周期表中的位置。据说，拉姆塞在研究其他惰性气体时，曾将百余升的液态空气慢慢蒸发，逐步检查，才得以对空气的组成作出明确的判定。

（3）瑞利判据。

瑞利判据指在成像光学系统中，分辨本领是衡量分开相邻两个物点的像的能力。由于衍射，系统所成的像不再是理想的几何点像，而是有一定大小的光斑（称为爱里斑），当两个物点过于靠近，其像斑重叠在一起，就可能分辨不出是两个物点的像，即光学系统中存在着一个分辨极限。这个分辨极限通常采用瑞利提出的判据：当一个爱里斑的中心与另一个爱里斑的第一级暗环重合时，此时对应的两个物点刚好能被人眼或光学仪器所分辨，这个判据称为瑞利判据。这时两个物点（或相应的两个爱里斑的中心）对光学系统的张角 q_0 就是该光学系统的最小分辨角；最小分辨角 q_0 的倒数，就是光学仪器的分辨本领。值得注意的是，瑞利判据并不是一个很严格的判据。在有利条件下，有的人可以分辨更小的角宽度。

（4）黑体辐射。

任何物体都具有不断辐射、吸收、反射电磁波的本领。辐射出去的电磁波在各个波段是不同的，也就是具有一定的谱分布。这种谱分布与物体本身的特性及其温度有关，因而被称之为热辐射。

为了研究不依赖于物质具体物性的热辐射规律，物理学家们定义了一种理想物体——黑体，以此作为热辐射研究的标准物体。所谓黑体是指入射的电磁波全部被吸收，既没有反射，也没有透射。

黑体辐射是指由理想放射物放射出来的辐射，在特定温度及特定波长放射最大量之辐射。理论上黑体会放射频谱上所有波长的电磁波。理想黑体可以吸收所有照射到它表面的电磁辐射，并将这些辐射转化为热辐射，其光谱特征仅与该黑体的温度有关，与黑体的材质无关；绝对黑体是不存在的。

在黑体辐射中，随着温度不同，光的颜色各不相同，黑体呈现由红—橙红—黄—黄白—白—蓝白的渐变过程。某个光源所发射的光的颜色，看起来与黑体在某一个温度下所发射的光颜色相同时，黑体的这个温度称为该光源的色温。"黑体"的温度越高，光谱中蓝色的成分则越多，而红色的成分则越少。例如，白炽灯的光色是暖白色，其色温表示为4700K，而日光色荧光灯的色温表示则是6000K。正是对于黑体的研究，使自然现象中的量子效应被发现；也正是黑体辐射研究导致了量子力学的产生。

黑体辐射的三大基本定律，即普朗克辐射定律、维恩位移定律和斯特藩—玻尔兹曼定律，是分析光源辐射特性的理论基础。从经典物理学出发推导出的维恩定律在低频区域与实验数据不相符；而在短波区域（当波长接近紫外时），从经典物理学的能量均分定理推导出瑞利—金斯定律（用于计算黑体辐射强度）在辐射频率趋向于无穷大时计算结果和实验数据无法吻合，即能量会变得无穷大，理论值与实验值在短波区的南辕北辙被埃伦费斯特用"紫外灾难"来形容经典理论的困境。

（5）瑞利—金斯定律。

1900年，瑞利从统计物理学的角度提出一个关于热辐射的公式，研究密封空腔中的电磁场，得到了空腔辐射的能量密度 $w(v,T)$ 按频率 v 分布的公式。曾任皇家天文学会会长的J.H.金斯（1877—1946年）1905年修订了瑞利1900年提出的黑体辐射能量随波长分布的公式，即瑞利—金斯公式，这是根据经典电动力学和统计力学导出的热平衡辐射能量分布公式，见图2-19。

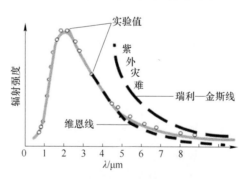

图2-19 辐射本领与波长的关系示意图

$$w(v,T)\,\mathrm{d}v = (8\pi v^2/c^3)\,k_B T \mathrm{d}v,$$ k_B 玻尔兹曼常数，c 是光速，T 是温度。在长波区域，该公式计算出的理论值同实验值符合得很好，但是在短波区域，当波长趋向于零或频率趋向于无穷大的时候，这个公式就会计算出荒谬的结果，即能量密度 $w(v,T)$ 也会趋于无穷大，这与实验数据相违背。瑞利—金斯公式的这一严重缺陷，在物理学史上称作"紫外灾难"，它深刻揭露了经典物理的困难，从而对辐射理论和近代物理学的发展起了重要的推动作用，为量子论的出现准备了条件。

❧ 代表作 ❧

（1）1877—1878 年，他的《声学理论》分为两卷出版。这部著作成了物理学史上一部不朽的名著，至今不仅为研究机械振动的声学工作者当作经典巨著，而且也是对其他物理学者很有助益的参考文献。1905 年以后，他发表的论文就有 90 篇，并且一直在修订出版《声学原理》；该书是对之前 200~300 年之间有关声学方面研究成果做了最后总结。

（2）他的科学工作体现在 6 大卷的《科学论文集》中，他还参与《大英百科全书》的编写。

前后 50 多年的科学活动，一共写了 430 多篇科学论文，后来被集成六大卷，至今仍然有参考价值。1921 年 12 月，电子的发现者汤姆逊对瑞利的科学贡献作了如下的评价："在构成这几卷著作的 446 篇论文中，没有一篇是无足轻重的，没有一篇不是把论述的课题向前推进了的，没有一篇不是扫除了某种障碍的。在众多的文章中几乎找不到一篇因时代的进步而需要进行修正。瑞利勋爵以物理学作为自己的领地，拓展了物理学的每一个分支。读过他的文章的人都留下了深刻的印象，这不仅是由于他得到的新结果十分完美，而且在于它们十分清晰和明了，使人们对该主题有了新的领会。"

❧ 获奖与荣誉 ❧

（1）1882 年，获皇家奖章。
（2）1894 年，获马泰乌奇奖章。
（3）1899 年，获科普利奖章。
（4）1902 年，获得梅里特勋章。
（5）1904 年，获诺贝尔物理学奖。
（6）1920 年，被追授拉姆福德奖章。

他一生得过的名誉学位，共计有 13 次之多。在全世界的学会之中，他取得了 50 多个名誉会员的称谓。

❧ 学术影响力 ❧

（1）固体的表面波理论，很快被其他物理学家应用于压电介质中，由于具有各向异性的压电介质在传播表面波时，将伴有电场分布的传播。这种表面波，通常被称为广义瑞利波，这一特性在电子学领域有着极其广泛的应用价值。1965 年，在压电介质表面上，用所谓叉指换能器有效地产生了表面波，并研制成功了许多很有特色的声表面波器件，为现代电子学领域开辟了广阔的应用前景。

（2）火星和月球上有环形山以瑞利的名字命名。

（3）小行星 22740 也被命名为"瑞利星"。

ᥤ 名人名言 ᥣ

（1）一切科学上的伟大发现，几乎都来自精确的量度。

（2）我到 60 岁以后，对任何新思想不发表意见。

ᥤ 学术标签 ᥣ

1904 年诺贝尔物理学奖获得者、英国皇家学会会员、英国皇家学会会长、卡文迪许实验室主任、剑桥大学名誉校长、英国科学促进会会长。

ᥤ 性格要素 ᥣ

以作风严谨、知识广博和精深、精确著称于世。

ᥤ 评价与启迪 ᥣ

瑞利是 19 世纪后期到 20 世纪初期英国最出名的一位物理学家，他既在实验物理方面，又在理论物理方面，有过重大的贡献；他是 19 世纪末叶达到经典物理学顶峰的少数学者之一。尽管他的主要贡献是在经典物理学方面，可是他晚年对于近代物理学，如量子论和相对论，都发表过重大意见。他是一位承前启后的大科学家。

他的研究，对整个物理学的发展都具有深远影响。在众多学科中都有成果，其中尤以光学中的瑞利散射和瑞利判据、物性学中的气体密度测量几方面影响最为深远。他是一位造诣很高的物理学家，善于用简单的设备作实验而能获得十分精确的数据，同时也是很和顺可亲的一位学者。他一生选择以学术为业，他时刻都对周围的事物保持着理智的好奇心和了解真理的渴望，并以诚挚之努力去领悟自然界中显示出来的那些理性的部分，且完全沉醉于获得理性的欢乐，他全神贯注地献身于自己的事业，并给他的事业赋予尊严，这就是瑞利一生在众多领域取得重大成就的原因所在。

瑞利具有个性鲜明的科研风格和对周围事物沉于理性思考的特征。他非常谦虚，认为人过 60 岁以后就不应该再对别人指手画脚，否则弊多利少。我们选择学术为业，应"以人为镜"。

45. 自杀身亡的学术斗士、热力学和统计力学的奠基者——玻尔兹曼

姓　　名　路德维希·玻尔兹曼
性　　别　男
国　　别　奥地利
学科领域　热力学和统计物理学
排　　行　第一梯队（准一流）

玻尔兹曼像

⚬ 生平简介 ⚬

玻尔兹曼（1844 年 2 月 20 日—1906 年 9 月 5日）出生于维也纳。玻尔兹曼自幼年就受到了很好的家庭教育，15 岁时父亲因病去世，次年弟弟又不幸夭折。母亲极度悲痛，将全部希望都寄托在玻尔兹曼身上。玻尔兹曼天资聪颖、兴趣广泛，上学期间学习成绩优异。他好奇心强、善于独立思考、具有敏锐的洞察力、渴望理解自然，文理兼修，尤其是文学与哲学，学习钢琴成了他生活的重要组成部分。

1863 年，他在林兹读完大学预科以后，进入维也纳大学学习物理学和数学。在著名物理学家斯特藩（斯洛文尼亚人，1958 年获得维也纳大学哲学博士学位，1963 年在该校任教授）的精心指导下，玻尔兹曼学到了气体和辐射方面的基础知识，并掌握了必要的实验技巧，还得知了麦克斯韦关于气体动力学方面所做的工作，对与原子论相关的气体分子运动论和热力学第二定律的解释产生了极大的兴趣。

大学毕业后，玻尔兹曼担任了斯特藩的助手，并继续攻读博士学位。1866 年，他 22 岁时凭借论文《力学在热力学第二定律中的地位和作用》获维也纳大学博士学位。之后的两年，玻尔兹曼一直研究气体与热力学之间的关系，后来从统计学的角度解释了热力学中的相关定律。1869 年，玻尔兹曼受聘于格拉茨大学。从此，25 岁的玻尔兹曼开始在国际物理学界逐渐崭露头角。

1868—1871 年，玻尔兹曼把麦克斯韦的气体速率分布律推广到分子在任意力场中运动的情况，得出了有势力场中处于热平衡态的分子按能量大小分布的规律，得到了经典统计的分布规律——玻尔兹曼分布律，又称麦克斯韦—玻尔兹曼分布律；进而得出气体分子在重力场中按高度分布的规律，有效地说明大气的密度和压强随高度的变化的情况。

1872 年，玻尔兹曼研究实际热力学过程的不可逆性即热力学第二定律的微观本质，进一步研究气体从非平衡态过渡到平衡态的过程，于 1872 年建立了玻尔兹曼积分微分方程。他引进了著名的 H 定理。H 定理与熵 S 增加原理相当，都

表征热力学过程由非平衡态向平衡态转化的不可逆性。

玻尔兹曼曾先后在格拉茨大学、维也纳大学、慕尼黑大学及莱比锡大学等地任教。1869 年，斯特藩推荐 25 岁的玻尔兹曼担任格拉茨大学教授。他学识渊博，对学生要求严格而从不以权威自居，在课堂上总是妙语连珠，让学生对抽象的物理学有深刻的认识，深受学生欢迎。1887 年，玻尔兹曼 43 岁被任命为格拉茨大学校长；他常常主持以科学最新成就为题的讨论班，带动学生进行研究；他对青年严格要求、热情帮助，培养了一大批物理学者。后来玻尔兹曼不断“跳槽”，先后在维也纳大学、慕尼黑大学和莱比锡大学等任教。

1889 年，他受邀成为奥地利皇家宫廷顾问；1899 年被选为英国皇家学会会员；他还是维也纳、柏林、斯德哥尔摩、罗马、伦敦、巴黎、彼得堡等科学院院士。1906 年，他因忍受不了生活的磨难和与他人无休止的争执，于意大利杜伊诺上吊自杀。

花絮

（1）与奥斯特瓦尔德之间的论争。

玻尔兹曼与奥斯特瓦尔德之间发生的“原子论”和“唯能论”的争论，在科学史上非常著名，两人的这场论战被列宁描述为唯物与唯心的论战。1895 年，在德国吕贝克举行了一场自然科学家会议，这次会议由于掀开了“唯能论”“原子论”两派长达十几年的论战而被载入了史册，可以说是仅次于 20 世纪爱因斯坦与玻尔论战的索尔维会议。两个人之间的唇枪舌剑被后来的众多科学家津津乐道，按照普朗克的话来说，“这两个死对头都同样机智，应答如流，彼此都很有才气”。当时，双方各有自己的支持者。奥斯特瓦尔德的“后台”是不承认有“原子”存在的马赫。由于马赫在科学界的巨大影响，当时有许多著名的科学家也拒绝承认“原子”的实在性。

玻尔兹曼这个笃信原子的人，坚定地捍卫原子论。因为，玻尔兹曼的统计力学是建立在原子论的基础上的，如果原子、分子不是真实存在的话，他的主要学术成果也就成了泡影。为此，他与马赫、奥斯特瓦尔德展开了激烈的论战，对二者的观点提出过尖锐的批评。但是，他在战斗中显得很孤单，由于无法说服大多数物理学家接受原子论，玻尔兹曼心灰意冷，在与外界的长期斗争中患上了严重的忧郁症。他性格中的自负心理与极端不自信的矛盾混杂在一起，消磨着这个伟人的心灵，这也是造成他悲剧人生的一个重要原因。

后来，大名鼎鼎的普朗克站在玻尔兹曼一边，但由于普朗克当时名气还小，最多只是扮演了玻尔兹曼助手的角色。玻尔兹曼不太认可普朗克的功劳，甚至有点不屑一顾。尽管都反对“唯能论”，普朗克的观点与玻尔兹曼的观点还是有所区别。尤其让玻尔兹曼恼火的是，普朗克对玻尔兹曼珍爱的原子论并没有多少热情。后来，普朗克的一位学生泽尔梅罗写了一篇文章指出玻尔兹曼的 H 定理中的一个严重的缺陷，这就更让玻尔兹曼恼羞成怒。玻尔兹曼以一种讽刺的口吻答复泽尔梅罗，转过来对普朗克的意见更大。即使在给普朗克的信中，玻尔兹曼常常也难掩自己的"愤恨"之情。只是到了晚年，当普朗克向他报告自己以原子论为基础来推导出普朗克黑体辐射定律时，他才转怒为喜。尽管最终玻尔兹曼取得了论战的胜利，但是胜利的喜悦在他生命的道路上来得太慢了。

1905 年 4 月，风华初露的爱因斯坦完成了论文《分子大小的新测定法》，提出通过观察由分子运动的涨落现象所产生的悬浮粒子的不规则运动来测定分子的大小，以解决半个多世纪来科学界和哲学界争论不休的原子是否存在的问题。

1908 年，法国物理学家佩兰以精密的实验（布朗运动）证实了爱因斯坦的理论预测，从而无可非议地证明了原子和分子的客观存在，汤姆逊也发现了电子的存在，这些实验结果使奥斯特瓦尔德于 1908 年 9 月公开表示接受原子论。他在其《普通化学基础》一书第四版的导言中宣布："原子假说已经成为一种基础巩固的科学理论"，明确承认原子的存在。至此，原子论在物理学界取得了完全的胜利。

（2）学术斗士：坎坷的一生。

玻尔兹曼的一生，既是成功的，也是艰辛坎坷的。他的一生被掌声围绕，他的祖国奥地利全国上下都认为他是最伟大的科学家，声誉极高，终身受到科学界最高的待遇。玻尔兹曼的婚姻也很顺遂，32 岁结婚后家庭幸福，育有二子三女，没有遭受过像安培那样的感情挫折；他生活富足，从来没有遭受贫困的威胁。总之他是十足的人生赢家。

按常理而言，这样一位杰出的天才学者应该在学术和生活上一帆风顺，受人尊敬，然而玻尔兹曼的处境却大相径庭。他拥有异于常人的思想和坚持，也承受着别人无法体会的煎熬与无助，甚至他的生活每一天都是煎熬的，最后选择了自杀来结束了他伟大而艰辛的一生。

从他的生平来分析他自杀的原因，首先是他的亲人离世对他打击过大。他 15 岁丧父（1859 年），41 岁丧母（1885 年），这让他十分难过，以致这一年里他都没有发表论文，甚至没有与外界通过一次信件。1889 年，其 11 岁的长子死于阑尾炎，他感到自己没有担负起父亲的职责，也让他非常自责痛苦。亲人的接连离去让玻尔兹曼一次次陷入失去至亲的痛苦中。

其次是玻尔兹曼的生活背景。他的祖国是当时被称为"多瑙河畔的中国"的奥地利，属于奥匈帝国管辖。奥匈帝国外表上极其强盛，但内部矛盾重重。在学术界，人们常常为一些繁文缛节而浪费时间，不断的文牍折磨着疲倦的学者，遵从一定的礼仪程序比具体的事情更重要。担任校长和宫廷顾问后，玻尔兹曼从单纯的学术圈到逐渐参与或主持一些世俗事务以及校园政治，这些对于他来说都构成严重的精神压力，他对学术界的繁文缛节十分憎恨。

第三，在奥地利和巴伐利亚，教授阶层尽管地位不低，但并不属于最受尊敬的阶层，退休后还得为没有着落的养老金发愁，经济上比较窘迫。这就是玻尔兹曼生活的背景，也是造成他悲剧的根本原因之一。1888 年，为了是前往德国任职还是继续留在奥地利，这一选择所带来的犹豫取舍令其非常痛苦。从他的经历中可以看出，他一生不断漂泊，先后在奥地利、德国、意大利等多处工作或生活，身无定所；不断面临着选择，这让他身心受挫。

第四，玻尔兹曼老年之后健康欠佳。他年老之后视力极差，最后几年完全靠助手给他念科学文献，再通过口述给妻子来写作文章。同时，还有哮喘病以及其他并发疾病，这让他肉体上痛苦不堪。

第五，原因来自他的性格。玻尔兹曼是一个个性特别矛盾的人，充满不安和焦虑，这主要和他的柔软的内心性格有关。玻尔兹曼的妻子是他心灵的寄托，每次离开妻子，他总是会流泪。玻尔兹曼也很疼爱自己的孩子，他是个爱家的好男人，心软、善良、责任感强。

玻尔兹曼是位好教师，他对于课堂教学的极度认真，过于谨慎。据说，玻尔兹曼对学生很好，教书非常认真；在课堂上是个有名的段子手，授课幽默风趣，十分吸引人。如果学生听不懂的时候，他会非常自责。但在这种风趣幽默的表象下，掩藏着极其痛苦的内心，这种痛苦来自于内心的极度自傲和极度缺乏自信的冲突。晚年，他接替马赫担任归纳科学哲学教授，后几次哲学课上的不大成功，使他对自己能否讲好课，产生了怀疑。这其实还是性格原因。

他自己说："如果对于气体理论的一时不喜欢而把它埋没，对科学将是一个悲剧；例如：由于牛顿的权威而使波动理论受到的待遇就是一个教训。我意识到我只是一个软弱无力的与时代潮流抗争的个人，但仍在力所能及的范围内做出贡献，使得一旦气体理论复苏，不需要重新发现许多东西。"这体现了他对于科学真理的追求，骨子里不畏权威，但是性格过于软弱，有其心无其力。总之，玻尔兹曼是个心软、矛盾的性情中人。

一方面他很享受甚至很在乎外界给予他的至高名誉，另一方面他又得面对占当时主流的唯能论者对他的学术观点的质疑甚至否定。就当时来说，玻尔兹曼的研究很超前，按照现在的话来说，他的成果属于"颠覆性成果"，超出了当时人们的认知，造成很多观点别人无法认同，每一次独特观点的论文发表也都带来如潮的议论和人们的不理解，这让他心情沮丧。但他却很坚持自己的观点，决不妥协，绝不认输，是个不折不扣的学术斗士——他和别人就学术问题展开旷日持久的争议而不是友好的探讨以期共同进步。这种状况使得他比较难受，比较痛苦，久而久之使他患上了较为严重的抑郁症。从 1888 年开始，他开始陷入精神疾病的陷阱，以至于晚年他不得不求助于精神病医院。

还有，玻尔兹曼在进一步探究分子热运动的规律时发现热分子总是朝冷分子的方向运动，最终封闭体系的冷热分子混合均匀，不再有发展变化；这意味着世界最终将变成一锅混沌的糨糊，没有了时间变化，也不再有生命可以存在。即，玻尔兹曼对原子论的深信，导致他对这个世界发展的未来推导到了一个生命和时间无法继续发展的绝境。这是个让人绝望无趣的未来；对这些自然现象苦苦思索却始终找不到答案，他难过而绝望，这使得他的抑郁症加重。对世界的观念建立在经典物理学形成的公理前提下，一切都被客观决定了。

最后，与奥斯瓦尔德有关"原子论"的争议成了压垮骆驼的最后一根稻草。作为哲学家，他反对实证论和现象论，并在原子论遭到严重攻击的时刻坚决捍卫它。玻尔兹曼的原子和分子理论是坚持实证主义的马赫等人所不能接受的，因为当时既没有可信的原子模型，也没有可靠的实验证据。玻尔兹曼沉浸在与这些不同见解的斗争中，常常动怒，与马赫和奥斯特瓦尔德的学术争论，一定程度上损害了他的生理和心理健康。一轮接一轮的唇枪舌剑搞得玻尔兹曼身心疲惫；他一直有一种孤军奋战、势单力薄的感觉，精神上的孤立感使得他处在与日俱增的痛苦之中，又无法求得外界的理解，情绪逐渐失控。尽管普朗克给予他支持，但普朗克资历不够，对他的支持有限，直到1900年普朗克以他的原子论为基础得到了黑体辐射理论的时候，他才高兴起来。

种种事件不断冲击着这位内心执着又无助的科学巨匠，内心脆弱、孤助无援、矛盾和挫败感让他不知所措。他曾两度试图自杀，第一次在1900年，自杀未成。第二次是1906年9月5日，玻尔兹曼辞去维也纳大学的教职后带着妻儿来到意大利杜伊诺度假，这一次他没有战胜抑郁症，在一间旅社房间内，用一截窗帘绳索结束了自己的生命。据说那天他看起来特别兴奋，当他的妻子和女儿去游泳之后，他采取了自杀行动。

总之，孤立感、抑郁症及各种疾病缠身是促成他自杀身亡的根本原因，死后他被葬在维也纳中央公墓里。他的自杀给当时想要投在他门下的两个年轻人——19岁的薛定谔以及17岁的路德维希·维特根斯坦（1889—1951年，剑桥大学教授、是20世纪最有影响力的哲学家之一）带来了很大的打击。值得一提的是，在玻尔兹曼的墓碑上，没有记录他一生经历的墓志铭，也没有歌颂他在科学领域做出的巨大贡献，只有熵增公式 $S = k \ln \Omega$。

玻尔兹曼是连接麦克斯韦与爱因斯坦的最伟大的物理学家和思想家，他没有等到人类对世界的认知发展更加细微精深的量子物理学阶段，那时他的学术观点全部得到了认可，否则他不会绝望自杀；倘若诺贝尔物理学奖授予他，估计他也不会走上绝路。他的自杀是人类智慧历史上罕见的悲剧，否则很多物理学说也许会提前很多年诞生。

师承关系

正规学校教育；其博士导师是斯特藩。他是一位优秀的教师，培养了很多优秀的学生，著名物理学家埃伦费斯特就是他的博士生。

学术贡献

作为一名物理学家，玻尔兹曼的贡献主要在热力学和统计物理方面。他最伟大的功绩是发展了通过原子的性质（例如原子量、电荷量、结构等等）来解释和预测物质的物理性质（例如黏性、热传导、扩散等等）的统计力学，并且从统计意义对热力学第二定律进行了阐释。

（1）1869 年，他将麦克斯韦速度分布律推广到保守力场作用下的情况，即存在势能的情况，把物理体系的熵和概率联系起来，阐明了热力学第二定律的统计性质，并引出能量均分理论，得到了麦克斯韦—玻尔兹曼分布律。

（2）1872 年，玻尔兹曼从更广和更深的非平衡态的分子动力学出发而引进了分子分布的 H 函数，进一步证明得出分子相互碰撞下 H 随时间单调地减小，从而得到著名的 H 定理，从而把 H 函数和熵函数紧密联系起来，这是经典分子动力论的基础。它对于理解宏观热力学系统中不可逆性的来源和趋于平衡的过程起过重要作用。

（3）1872 年，建立了玻尔兹曼动理方程，简称玻尔兹曼方程，用来描述气体从非平衡态到平衡态过渡的不可逆过程；它是含时间的分布函数的演化方程，是讨论输运过程的基本方程；因方程中既有积分又有微分，故又称玻尔兹曼积分微分方程。1875 年，玻尔兹曼用它推导了输运过程的黏滞系数、扩散系数和热传导率，故称为输运方程。现在，玻尔兹曼方程已经成为研究流体、等离子体和中子的输运过程的基础公式。玻尔兹曼方程描述了由分子组成的气体的统计性质，这是人类发现的第一个关于概率随时间变化的方程，也是第一个将宏观概念的熵与微观粒子的相互作用过程联系起来的方程。

（4）1876 年，玻尔兹曼因表明了平均能量是被一系统中各独立分量所等分，而将能量均分原理进一步扩展。玻尔兹曼应用了均分定理去为固体比热容的杜隆—珀蒂定律提出了一个理论解释。

＊杜隆—珀蒂定律是物理学中描述结晶态固体由于晶格振动而具有的比热容的经典定律，由法国化学家皮埃尔·路易·杜隆和阿列克西·泰雷兹·珀蒂于1819 年提出。尽管杜隆—珀蒂定律形式极为简单，但它对多数晶体在高温下热容的描述仍是十分精确的。在低温下，由于量子效应逐渐明显，本定律不再适用。对晶体低温热容较好的描述是固体物理学中的德拜模型。

（5）1877 年，他又提出了著名的玻尔兹曼熵公式（一切自发过程，总是从概率小的状态向概率大的状态变化，从有序向无序变化）；用"熵"来量度一个系统中分子的无序程序度 Ω（即某一个客观状态对应微观态数目，或者说是宏观态出现的概率）之间的关系为 $S \propto \ln\Omega$；揭示了宏观态与微观态之间的联系，指出了热力学第二定律的统计本质。只有完美晶体且绝对温度等于零的情况其值才能等于 1，这两个条件非常难达到，只有宇宙大爆炸的奇点才接近这个条件，所以 S 也只能是 ≥0 的正值。

1900 年，普朗克为公式增加了一个常数 $k = 1.38 \times 10^{-23}$J/K，普朗克将常数 k 命名为玻尔兹曼常数，于是公式变为 $S = k\ln\Omega$，这就是著名的玻尔兹曼熵公式。玻尔兹曼常数等于理想气体常数 R 除以阿伏伽德罗常数 N_A，即 $R = kN_A$，其物理意义是单个气体分子的平均动能随热力学温度变化的系数。

（6）1877 年，玻尔兹曼假设原子的能量可取某个单位值的整数倍，则在粒子数和总能量一定的条件下，最可几分布是每个能量 Ei 对应的粒子数的分布状态，这就是所谓的玻尔兹曼分布。

（7）他最先把热力学原理应用于辐射，导出热辐射定律，称斯特藩—玻尔兹曼定律，是一个典型的幂次定律，也是热力学中的一个著名定律。

（8）他大力支持与宣传了麦克斯韦的电磁理论，并测定介质的折射率和相对介电常量与磁导率的关系，证实麦克斯韦的预言。1897 年，玻尔兹曼发表的论文证明了麦克斯韦方程组也会出现时间反演性。

❧ 名词解释 ❧

（1）麦克斯韦—玻尔兹曼分布。

麦克斯韦—玻尔兹曼分布对应于由大量不相互作用的粒子所组成、以弹性碰撞为主的独立域系统中最有可能的速率分布，由于气体中分子的相互作用一般都是相当小的，因此麦克斯韦—玻尔兹曼分布提供了气体状态的非常好的近似。通常指气体中分子速率的分布，但它还可以指分子的速度、动量，以及动量的大小的分布，每一个都有不同的概率分布函数，而它们都是联系在一起的。麦克斯韦—玻尔兹曼分布形成了分子运动论的基础，它解释了许多基本的气体性质，包括压强和扩散。

（2）H 定理。

H 定理是 1872 年由玻尔兹曼提出的。他引进非平衡态的、由分子速度分布函数 f 定义的一个泛函数 H，证明 f 发生变化时，在孤立系统以非平衡态趋于平衡态的过程中，H 随时间单调地减小，H 减少到最小值时，系统达到平衡状态——这就是著名的 H 定理。

在经典统计力学中，用于描述物理量 "H" 在接近理想气体系统中的下降趋势，其中 H 代表分子随时间流逝因传递而改变的动能。H 可以用作定义热力学熵的一种表述，实际上指的就是负熵。H 定理可以从玻尔兹曼动力学方程"玻尔兹曼方程"中推导得出，是早期用来展现统计物理的威力，可以进一步从可逆微观机制推导出热力学第二定律。H 定理让玻尔兹曼对热力学的本质做出越来越多概率的论述。1967 年，依靠分子模拟方法证明了 H 定理的正确性。

（3）玻尔兹曼熵公式。

玻尔兹曼熵公式 $S = k\ln\Omega$ 的提出却引起了轩然大波。首先在社会学界引发了抗议，因为依照玻尔兹曼的理论，人只能更坏，社会也走向分崩离析，最后灭亡。热力学第二定律是当时名声最坏的定律，被认为是堕落的渊薮这是社会学家们多虑了，因为人类社会并不是一个热力学隔离系统，而是一个自适应系统，熵增原理并不适用于人类社会。

该公式在科学界的影响也并不比在社会学界小。根据玻尔兹曼熵公式，如果把系统扩大到整个宇宙，作为一个"孤立"的系统，宇宙的熵会随着时间的流异而增加，由有序向无序，当宇宙的熵达到最大值时，宇宙中的其他有效能量已经全数转化为热能，所有物质温度达到热平衡，这样的宇宙中再也没有任何可以维持运动或是生命的能量存在，这就是"热寂说"。

其实热寂说的一个基本假设是宇宙是一个孤立的稳定系统，假如宇宙不再稳定，那么热寂说自然就不存在了。1929 年，美国天文学家哈勃观测到"所有星云都在彼此互相远离，而且离得越远，离去的速度越快"，提出了宇宙膨胀学说。依照此学说，死亡之时即为新生之时，因为最终将发光体不存在，只有高质量的暗物质。但此情形很难一直持续下去，更可能因为零点能作用产生大撕裂，甚至产生新的宇宙大爆炸，这总算给了宇宙一点希望。

对熵增原理更大的诘难来自于洛施密特悖论，洛施密特指出如果对符合具有时间反演性的动力学规律的微观粒子进行反演，那么系统将产生熵减的结果，这是明显有悖于熵增原理的。

针对这一悖论，玻尔兹曼提出：熵增过程确实并非一个单调过程，但对于一个宏观系统，熵增出现要比熵减出现的概率要大得多；即使达到热平衡，熵也会围绕着其最大值出现一定的涨落，且幅度越大的涨落出现概率越小。

熵的涨落理论造成我们这个秩序井然的低熵体世界，从一片混沌无序中有了地球的产生，有了低熵体生命，对于生命产生的理论玻尔兹曼的解释比达尔文还要基本，因为物种起源都是建立在低熵的世界上。

（4）斯特藩—玻尔兹曼定律。

斯特藩—玻尔兹曼定律的内容为：一个黑体表面单位面积在单位时间内辐射出的总能量（称为物体的辐射度或能量通量密度）与黑体本身的热力学温度（绝对温度）的四次方成正比，$j^* = \varepsilon\sigma T^4$；其中，辐射度 j^* 具有功率密度的量纲 [能量/（时间·距离^2）]，国际单位制标准单位为焦耳/（秒·平方米），即瓦特/

平方米。绝对温度 T 的标准单位是开尔文，ε 为黑体的辐射系数；若为绝对黑体，则 $\varepsilon=1$；比例系数 $\sigma=5.670\times10^{-8}(J/(m^2\cdot s\cdot K^4))$ 称为斯特藩—玻尔兹曼常数或斯特藩常量，是对所有物体均相同的常数。

该定律由斯洛文尼亚物理学家约瑟夫·斯特藩和奥地利物理学家路德维希·玻尔兹曼分别于 1879 年和 1884 年各自独立提出。提出过程中斯特藩通过的是对实验数据的归纳总结，玻尔兹曼则是从热力学理论出发，通过假设用光（电磁波辐射）代替气体作为热机的工作介质，最终推导出与斯特藩的归纳结果相同的结论；是唯一一个以斯洛文尼亚人的名字命名的物理学定律。该定律只适用于黑体这类理想辐射源。

从某种意义上来说，由于我们生活在一个辐射能的环境中，我们被天然的电磁能源所包围，就产生了测量和控制辐射能的要求。随着科学技术的发展，辐射量的测量对于航空、航天、核能、材料、能源卫生及冶金等高科技部门的发展越来越重要。而黑体辐射源作为标准辐射源，广泛地用作红外设备绝对标准，可以作为一种标准来矫正其他辐射源或者红外整机。另外，可以利用黑体的绝对辐射定律找到实体的辐射规律，计算其辐射量。

（5）能量均分定理。

在经典统计力学中，能量均分定理是一种联系系统温度及其平均能量的基本公式。能量均分的初始概念是热平衡时能量被等量分到各种形式的运动中；例如，一个分子在平移运动时的平均动能应等于其做旋转运动时的平均动能。黑体辐射所展现出的问题，也就是著名的麦克斯韦-玻尔兹曼能量均分学说，最终导致了量子论革命的爆发。这也是 20 世纪，物理学跳跃式的进步。

（6）"可逆性佯谬"。

H 定理从微观粒子的运动上表征了自然过程的不可逆性，为当时科学家们所难于接受。1874 年，开尔文首先提出所谓"可逆性佯谬"：系统中单个微观粒子运动的可逆性与由大量微观粒子在相互作用中所表现出来的宏观热力学过程的不可逆性这两者是矛盾的，由单个粒子运动的可逆性如何会得出宏观过程的不可逆性这样的结论？

玻尔兹曼继续潜心研究，1877 年圆满地解决了这一佯谬，从而使自己的研究工作推向了一个新的高峰。他建立了熵 S 和系统宏观态所对应的可能的微观态数目（即热力学几率）的联系：$S\propto\ln W$。这样玻尔兹曼表明了函数 H 和 S 都是同热力学几率 W 相联系的，揭示了宏观态与微观态之间的联系，指出了热力学第二定律的统计本质：H 定理或熵增加原理所表示的孤立系统中热力学过程的方向性，正相应于系统从热力学几率小的状态向热力学几率大的状态过渡，平衡态热力学几率最大，对应于 S 取极大值或 H 取极小值的状态；熵自发地减小或 H 函数自发增加的过程不是绝对不可能的，不过几率非常小而已。

代表作

（1）1872 年，玻尔兹曼在维也纳皇家科学院的学刊上发表了题为《关于分子气体热平衡态的进一步研究》的文章，在这篇文章中他提出了著名的"玻尔兹曼动理方程"，随后又提出了 H 定理。

（2）玻尔兹曼的名著《气体理论讲义》被译成多国文字，至今仍有重要学术价值。

（3）《物质的动理论》，讲述自然科学的哲学问题。

获奖与荣誉

一生获得 5 次诺贝尔奖提名，1905 年、1906 年普朗克都提名玻尔兹曼。

学术影响力

（1）玻尔兹曼于先前的大约 1877 年已经将一个物理学系统的能量级可以是不连续的作为其理论研究的前提条件；存在分立能级的思想对建立量子力学具有启发性的意义。1900 年，普朗克在利用玻尔兹曼的方法推导黑体辐射定律时，提出了作为现代物理学标志的普朗克"能量子假设"，掀开了量子时代的帷幕。也就是说，玻尔兹曼为量子力学的发展奠定了基础。

（2）玻尔兹曼的工作是标志着气体动理论成熟和完善的里程碑，同时也为统计力学的建立奠定了坚实的基础，从而导致了热现象理论的长足进展。美国著名理论物理学家和化学家吉布斯（1839—1903 年）正是在玻尔兹曼和麦克斯韦工作的基础上建立起统计力学大厦。

（3）如今火热的人工智能领域，有种名为玻尔兹曼机的神经网络算法，其改进型受限玻尔兹曼机是种非常高效的快速学习算法，在数据降维、分类、协同过滤、特征学习等领域有广泛应用，而且对于有监督和无监督的机器学习场景均能使用。

（4）近些年来，在计算流体力学中，格子玻尔兹曼方法（是 20 世纪 80 年代中期建立和发展起来的一种流场模拟方法，是一种基于介观模拟尺度的计算流体力学方法）成为研究和应用的热点，它与传统的有限元、有限体积方法在处理问题的视角上有很大不同。这种方法在处理大雷诺数、多相、湍流等问题有其独到的优势。

（5）玻尔兹曼开创了非平衡态统计理论的研究，玻尔兹曼积分微分方程对非平衡态统计物理起着奠基性的作用，无论从基础理论或实际应用上，都显示出相当重要的作用。

（6）他对物理学的发展所作出了不朽功绩，如劳厄所说"如果没有玻尔兹曼的贡献，现代物理学是不可想象的"。

（7）有相当多的物理学量和概念以他的名字命名，包括流芳百世的玻尔兹曼常数、玻尔兹曼统计、玻尔兹曼分布和玻尔兹曼方程等。例如，玻尔兹曼常数是将物质的动能（E）和它的温度（T）联系起来的常数；玻尔兹曼统计是描述独立定域粒子体系分布状况的统计规律；还有神经网络中的概念玻尔兹曼机和受限玻尔兹曼机。

（8）他作为统计热力学的伟大奠基者，成了当时物理学正处在重大转型历史时期的关键性人物，是 19 世纪的麦克斯韦和 20 世纪的爱因斯坦之间的接传棒人。

❧ 名人名言 ❧

如果对于气体理论的一时不喜欢而把它埋没，对科学将是一个悲剧。例如，由于牛顿的权威而使波动理论受到的待遇就是一个教训。我意识到我只是一个软弱无力的与时代潮流抗争的个人，但仍在力所能及的范围内做出贡献，使得一旦气体理论复苏，不需要重新发现许多东西。

❧ 学术标签 ❧

热力学和统计力学的奠基者、气体动理论的 3 位主要奠基人之一、原子论捍卫者；英国皇家学会会员，维也纳、柏林、斯德哥尔摩、罗马、伦敦、巴黎、彼得堡等科学院院士，格拉茨大学校长，奥地利宫廷顾问，学术斗士。

❧ 性格要素 ❧

做事严谨，勤奋好学，对物理上有超常的敏锐与理解，但是性格偏执。

❧ 评价与启迪 ❧

玻尔兹曼主要从事气体动理论、热力学、统计物理学、电磁理论的研究；在这些方面他都做出了重大的贡献。他是气体动理论的 3 位主要奠基人之一（还有克劳修斯和麦克斯韦），由于他们三人的工作使气体动理论最终成为定量的系统理论。他与德国著名化学家罗伯特·威廉·本生（发明了实验煤气等，本生灯一直到现在很多实验室还在使用）、基尔霍夫、亥姆霍兹等超级牛人有多次合作。

在玻尔兹曼时代，热力学理论并没有得到广泛的传播。他在使科学界接受热力学理论，尤其是热力学第二定律方面立下了汗马功劳。通常人们认为他和麦克斯韦发现了气体动力学理论，他也被公认为热力学和统计力学的奠基者、原子理论的捍卫者。对于许多奥地利人而言，玻尔兹曼在有生之年没有获得诺贝尔奖是件天大的憾事。玻尔兹曼的思想显然大大超出了自己所处时代的认知，他首先将随机引入到堪称"严密科学"的物理学中,直接触犯从牛顿以来已经延续了几百年历史的机械因果论观点,最终引起了科学概念的根本变革。

玻尔兹曼年少聪明,少年得志,成名日久。他治学严谨、勤奋刻苦、认真好学。他学术上取得巨大的成就,生活上却屡遭不幸、命运坎坷,既有社会的因素,更有他性格上的原因。玻尔兹曼的一生颇富戏剧性,他独特的个性也一直吸引着人们的关注。有人说他终其一生都是一个"乡巴佬",他自己要为一生的不断搬迁和无间断的矛盾冲突负责,甚至他以自杀来结束自己辉煌一生的方式也是其价值观冲突的必然结果。

1965年,诺贝尔物理学奖得主费曼曾这样评价原子论对于人类的重要性:"假如在一次浩劫中所有的科学知识都被摧毁,只剩下一句话留给后代,什么样的语句可用最少的词汇包含最多的信息呢?我相信,这就是世间万物都由原子组成的原子假说。"玻尔兹曼正是科学原子论初创阶段的建立者和捍卫者。但很不幸的是,与玻尔兹曼同时代的人并没有费曼这般的认知。

他一生都在捍卫他的学说,不断地和各路科学大神相抗争,例如开尔文、马赫和奥斯特瓦尔德等人。尽管最后证明他的学术观点都是对的,但是这些争论却大大损害了他的身体和精神的健康,最终使他走上了不归路。

46. 首届诺贝尔物理学奖获得者、X 射线的发现者——伦琴

姓　　名　威廉·康拉德·伦琴
性　　别　男
国　　别　德国
学科领域　物理学
排　　行　第二梯队（准一流）

伦琴像

⟿ 生平简介 ⟾

伦琴（1845年3月27—1923年2月10日）出生于德国莱茵州一个小企业主家庭,是家中独子。伦琴3岁时举家搬到了荷兰并入籍,故他在荷兰完成中小学教育。17岁时,伦琴进入乌德勒支一所技术学校。但是,他在这里受人诬陷偷画而失去上大学的机会。

1865年11月,伦琴进入不需要中学毕业证书的苏黎世联邦工业大学（ETH）学习机械工程,在这里伦琴跟随克劳修斯学习热力学课程。后伦琴开始跟随当时一流的实验物理学家孔特教授（1839—1894年,发明了测量气体或固体中的声速的孔特管;1866年因发明用粉尘图形测量声速的方法而声名鹊起）

学习光学理论，并在孔特的实验室里做关于气体不同属性的实验。

伦琴对孔特特别尊重，把其奉为自己的人生楷模。1868 年 8 月 6 日，伦琴由于毕业成绩优异破格提前获得了机械工程师的资格证书，并成为孔特主持的实验物理研究所的助手。后伦琴独立选定"空气的比热"的课题，准备完善克劳修斯的热力学理论，精确地测出定容比热和定压比热的比值；1869 年，他以论文《气体的特性》获哲学博士学位。

1871 年，伦琴随孔特到维尔茨堡大学；1872 年又随他到斯特拉斯堡大学工作，同年 27 岁的伦琴结婚。1879 年，伦琴在德国吉森大学取得了教授职衔，在这里研究"光"和"电"的关系。1888 年，他又回到了维尔茨堡大学，继孔特之后，任物理研究所所长。1894 年，伦琴被选任维尔茨堡大学校长。

1895 年 12 月 28 日，他发表《关于一种新的射线》，宣布 X 射线的发现。1896 年 1 月 13 日下午 5 时，伦琴应邀在德皇威廉二世和皇后御前作讲演和表演，德皇与他共进晚餐并授予二级宝冠勋章和勋位，并批准在波茨坦桥旁为他建立塑像的荣誉。1900 年，伦琴任慕尼黑大学物理学教授和物理研究所所长。由于发现 X 射线这一重大成果，伦琴荣获了 1901 年的诺贝尔物理学奖。1923 年 2 月 10 日在慕尼黑逝世。

～ 花絮 ～

X 射线的发现过程。

1895 年 11 月 8 日夜晚，伦琴在实验时，用黑色硬纸板把放电管严密封好，在接上高压电流进行实验时，发现荧光屏上发出微弱的浅绿色闪光，一切断电源闪光就立即消失。产生疑问，或许这是一种肉眼看不见的未知射线。

作为一位谨慎的研究者，伦琴确信这一新奇的现象是未观察过的。为了排除视力的错觉，他利用感光板把他在光屏上观察到的现象记录下来，反复实验以证实这个偶然的观察是否属实。他独自在自己的实验室里研究新的射线及其特性，用各种物体遮挡，例如木板、纸、书和铝箔来试验，发现射线可以穿透它们。换成铅片后，绿光消失了，说明铅可以截断射线。

1895 年 12 月 22 日晚上，他夫人把手放在荧光屏后，发现荧光屏上有戒指和骨骼的图形。伦琴亲自在照相底板上用钢笔写上：1895. 12. 22。

伦琴深信已发现了一种新的神秘射线。1895 年 12 月 28 日，他给维尔茨堡物理学医学学会递交了论文：《一种新的射线》，正式公布了 X 射线的发现。这是他为人类奉献的一份最珍贵的礼物，以未知数符号"X"命名。

1896 年 1 月 5 日，他在《维也纳日报》作了详细的报道，这一伟大的发现立即传遍了全世界。1 月 23 日，伦琴在自己的研究所中作了第一次报告。结束时，伦琴请求用 X 射线拍摄维尔茨堡大学著名解剖学家克利克尔的一只手（见

图 2-20）。拍好的干板经过显影后显示出手骨，克利克尔带头向伦琴欢呼三次，并建议将这种射线命名为"伦琴射线"。这次报告印刷成单行本出版了五次，还被译成了英文、法文、意大利文和俄文。

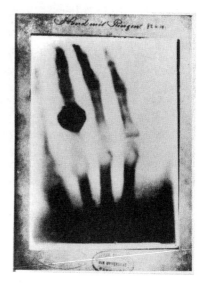

图 2-20　人类第一张 X 射线拍的手部图

伦琴把他的新发现公之于众后立即引起了巨大的轰动，其反应之强烈，影响之迅速，实为科学史上罕见，大学生们举行火炬游行来庆祝。世界上所有研究机构的物理学家都开始仿造伦琴的实验设备，抓紧时间重复他的实验，伦琴陆续收到了威廉·汤姆逊（开尔文）、斯托克斯、玻尔兹曼等著名科学家的来信，这些热情洋溢的信都赞扬他为科学做出了极大的贡献。

1896 年 9 月举行的大英科学促进协会年会上，协会主席李斯特提出"按首先明确地向世界揭示它们的人命名"。后来著名物理学家罗兰认为应该把"伦琴射线"和"X 射线"的名称并用。同时，把 X 射线（或 γ 辐射）的照射剂量的单位称为"伦琴"。

伦琴的工作是在简陋的环境中完成的，见图 2-21。一个不大的工作室，窗下是张大桌子，左边是个木架子放着日常用品，前面是个火炉，右边放着高压放电仪器，这就是人类第一次进行 X 射线试验的地方。

图 2-21　伦琴简陋的实验室

师承关系

正规学校教育；1865 年 11 月至 1868 年伦琴跟随克劳修斯学习热力学课程；

随后跟随名师孔特学习，担任他的助手；他选择物理学为终生事业也是受孔特的影响，并得到了他很多的帮助。

学术贡献

生平最大的贡献发现了 X 射线。伦琴一生在物理学许多领域中进行过实验研究工作，如对电介质在充电的电容器中运动时的磁效应、气体的比热容、晶体的导热性、热释电和压电现象、光的偏振面在气体中的旋转、光与电的关系、物质的弹性、毛细现象等方面的研究都做出了一定的贡献，由于他发现 X 射线而赢得了巨大的荣誉，以致这些贡献大多不为人所注意。

代表作

1895 年 12 月 28 日发表《一种新的射线》，正式宣布了 X 射线的发现这一重大成果。

获奖与荣誉

（1）1896 年，德皇授予他二级宝冠勋章和勋位。
（2）1901 年，他成为诺贝尔物理学奖第一位获奖者。
（3）据不完全统计，他生前和逝世后所获得的各种荣誉不少于 150 项。

学术影响力

（1）伦琴射线是人类发现的第一种所谓"穿透性射线"，它能穿透普通光线所不能穿透的某些材料。此种射线能透视人体，显示出患者骨骼和内脏的结构，准确地指出病变部位和其他情况，便于确诊治疗。
（2）X 射线（或 γ 辐射）的照射剂量的单位称为"伦琴"。

名人名言

假如没有前人的卓越研究，我发现 X 射线是很难实现的。
1540—1895 年，对 X 射线的发现有关的科学家有 25 位，其中有玻尔、牛顿、富兰克林、安培、欧姆、法拉第、赫兹、克鲁克斯、雷纳德等，伦琴在他们的基础上加上自己的努力探索终于取得了成功。

学术标签

X 射线的发现者、首届诺贝尔物理学奖获得者、维尔茨堡大学校长。

性格要素

谦虚谨慎，从不居功自傲，品格高尚，不追求名利。

◈ 评价与启迪 ◈

他谢绝了贵族的称号，淡泊名利；他获得诺贝尔奖后，没有将奖金用于生活享受，而是立即把奖金转赠给所在的维尔茨堡大学物理研究所，用于添置各种实验设备之用。

尽管他身为校长，但从来不为自己谋利益，而是以一个普通成员的身份从事教学和科研。他的 X 射线研究工作从当前的水平来看，已非常完整。他不申请专利，不谋求赞助，使 X 射线的应用得到迅速发展和普及，让更多人得到科技带来的好处。在学术圈追名逐利盛行的今天，伦琴高雅的品德让我们赞赏、佩服。

47. 为纯科学研究呼吁的美国物理学继往开来者——罗兰

姓　　名　亨利·奥古斯特·罗兰

性　　别　男

国　　别　美国

学科领域　物理学

排　　行　第三梯队（二流）

罗兰像

◈ 生平简介 ◈

罗兰（1848 年 11 月 27 日—1901 年 4 月 16 日）出生于宾夕法尼亚州洪斯代尔一个声名显赫的神学世家。其父要求罗兰去耶鲁大学学习神学，但罗兰对神学不感兴趣，却对化学和工程学十分着迷。17 岁时，开明的父母尊重他的意愿送他进入美国最早的工业技术学校之一的伦塞勒工学院，1870 年毕业并获土木工程学士学位。随后先后担任铁路勘探员和教师职位，2 年后出任伦塞勒工学院物理学助教。

1875 年，他成为约翰·霍普金斯大学物理学教授。在教学之余，作为杰出的实验物理学家，他将时间和精力全部投身到电磁学研究上：他证明磁导率是随着磁感应强度变化的，他精确的测定欧姆绝对值、荷质比、热功当量值，第一个证明了水的比热随温度变化的关系，这些研究使他成为当时的权威人物。1879 年，他指导他的研究生霍尔成功发现了霍尔效应。

1881 年，罗兰根据霍尔效应解释磁致旋光现象，他认为霍尔效应是磁场作用下金属中传导电流旋转的结果，而磁致旋光是同样条件下媒质中位移电流旋转的结果，从而在数学上推导出与麦克斯韦一致的旋光方程。

罗兰对科学的最大贡献是 1882 年开始研制的衍射光栅。他研制出的高精度螺杆驱动式光栅刻线机，能在一块 25 平方英寸的金属板上刻出每英寸 43000 条线的光栅。接着又发明了有自聚焦作用的凹球面衍射光栅，后来用此种光栅制成了约有 14000 条谱线的太阳光谱图，沿用了很长时间。

他用凹球面衍射光栅重新测量了太阳的谱线，获得了精度比前人高 10 倍以上的太阳光波长表。1888 年，他制作的 11 米长的"太阳常规光谱照相图表"成了当时的标准图表。

罗兰是美国国家科学院院士、英国皇家学会会员和法国科学院的外籍院士。他是美国物理学会的创始人之一，并担任学会的第一任主席。他十分强调基础研究的重要性，对美国物理学的发展做出了巨大贡献。

1901 年 4 月 16 日，罗兰在巴尔的摩逝世。根据他生前的愿望，他的骨灰葬于约翰·霍普金斯大学物理实验室的地下室里。

❧ 花絮 ❧

（1）初次投稿被拒。

第一个实验是关于铁磁性方面的课题，发现了铁磁体在磁场中磁化时的一些特性，进行了关于磁导率的研究，证明磁导率不是如当时铁磁学文献上普遍所说的随磁场强度（H）变化，而是随着磁感应强度变化的。他写成论文投稿到《美国科学杂志》，却不幸被拒稿（大神般的人物也有被拒稿的经历，那平凡的我们在科研路上被拒稿几次又算得了什么呢）。他不死心，将论文邮寄给了麦克斯韦，得到了他的赏识和高度评价，推荐给英国的《哲学杂志》发表了。不过，罗兰也算是因祸得福，以后得到了麦克斯韦的扶持和帮助。

（2）为美国实验室购买仪器设备。

当时的美国不重视科研，认为大学老师应该专门搞教学。一向重视实验的罗兰对此不满但又无计可施，直到 1875 年遇到他生命中的贵人、美国著名教育家吉尔曼。当时，曾经执掌过加利福尼亚大学伯克利分校的吉尔曼决定担任新成立的约翰·霍普金斯大学校长一职。他求贤似渴，四处网罗有志之士，打算按照德国模式成立美国第一所拥有健全的研究生培养制度的研究型学府。麦克斯韦向他推荐了罗兰；罗兰与吉尔曼理念相通，一拍即合，年仅 27 岁的罗兰接受了约翰·霍普金斯大学物理教授的职位。

作为大学首批 6 名教授中最年轻的一位，随后他被派到欧洲学习实验技术并采购实验设备。在一年的学术访问中，他在德国亥姆霍兹（1880 年迈克尔逊也来此学习）的实验室做了带电旋转盘的磁效应实验，第一次揭示了运动电荷能够产生磁场，引起了物理学界的注意。

罗兰最终从欧洲购回了一批仪器，在约翰·霍普金斯大学建立起美国当时最好的实验室。相对于当时其他大学简陋破旧的实验室而言，罗兰的实验室可以称得上豪华（迈克尔逊甚至自掏腰包从事光速测量的科研）。

（3）对外出售实验设备。

罗兰除了为自己的实验室制造新式仪器外，也小批量地制造凹球面衍射光栅，并且以很高的价格提供给其他物理学家和世界各地的光谱学家和分析人员；很快凹球面衍射光栅就成为了欧洲和美国实验室的标配及常用设备，直到今日仍然有人使用。

（4）重视科研和研究生培养。

罗兰全身心地投入科研，难免忽略了教学，因此同事们认为他顽固偏执、严厉直率，难以接近；但后来他取得了学术成就之后将很大的精力用在了研究生的培养上并最终培养了一大批美国早期的物理学家，比如后来著名的物理学家、诺奖得主霍尔。

（5）霍尔效应。

罗兰指导学生霍尔发现了"霍尔效应"，是电磁效应的一种，见图 2-22。它定义了磁场和感应电压之间的关系，这种效应和传统的电磁感应完全不同。当电流垂直于外磁场通过半导体时，载流子发生偏转，垂直于电流和磁场的方向会产生一附加电场，从而在半导体的两端产生电势差，这一现象就是霍尔效应，这个电势差也被称为霍尔电势差。霍尔效应使用左手定则判断。

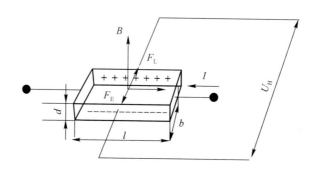

图 2-22　霍尔效应示意图

霍尔效应在应用技术中特别重要；电子产品应用赫尔效应的也非常多，比如线性磁流体发电机、精密传感器，特别是机床自动化程度高方面，赫尔效应更有优势。目前现代汽车上广泛应用的霍尔器件有：汽车速度表和里程表、各种用电负载的电流检测及工作状态诊断、发动机转速及曲轴角度传感器、各种开关等等；比如用作汽车开关电路上的功率霍尔电路可起到抑制电磁干扰的作用。霍尔效应的发现及应用为我们的生活带来了极大的方便。

值得指出的是，在霍尔效应发展史上，华人也有一定的贡献。例比如美籍华人崔琦就发现了分数量子霍尔效应，荣获 1998 年诺贝尔奖。2013 年，由清华大学薛其坤院士领衔、清华大学物理系和中科院物理研究所组成的实验团队从实验上首次观测到量子反常霍尔效应，美国《科学》杂志于 2013 年 3 月 14 日在线发表这一研究成果。量子反常霍尔效应的美妙之处是不需要任何外加磁场，在零磁场中就可以实现量子霍尔态，容易应用到人们日常所需的电子器件中。

（6）为纯科学呼吁。

1883 年 8 月 15 日，美国著名物理学家、美国物理学会第一任会长罗兰在美国科学促进会（AAAS）年会上做了题为《为纯科学呼吁》的演讲。该演讲的文字后发表在 1883 年 8 月 24 日出版的 Science 杂志上，并被誉为"美国科学的独立宣言"。

罗兰演讲节选：

我时常被问及这样的问题：纯科学和应用科学究竟哪个对世界更重要。为了应用，科学本身必须存在。假如我们停止科学的进步而只留意科学的应用，我们很快就会退化成中国人那样，多少代人以来他们（在科学上）都没有什么进步，因为他们只满足于科学的应用，却从来没有追问过他们所做事情中的原理。这些原理就构成了纯科学。

中国人知道火药的应用已经若干世纪，如果他们用正确的方法探索其特殊的原理，就会在获得众多应用的同时发展出化学，甚至物理学。因为只满足于火药能爆炸的事实，而没有寻根问底，中国人已经远远落后于世界的进步。我们现在只能将这个所有民族中最古老、人口最多的民族当成野蛮人。

希望从事纯科学研究的人必须以更多的道德勇气来面对公众的舆论，他们必须接受被每一位成功的发明家所轻视的可能。在这些发明家肤浅的思想中，这些人以为人类唯一的追求就是财富，那些拥有最多财富的人就是世界上最成功的人。每个人都理解 100 万美元的意义，但能够理解科学理论进展的人却屈指可数，特别是对科学理论中最抽象的部分。我相信这是只有极少数人献身于人类至高的科学事业的原因之一。

师承关系

正规学校教育，其指导的学生之一是霍尔效应的发现者、诺贝尔奖得主霍尔。

学术贡献

他擅长数学，但做了一些电磁理论研究，是杰出的实验物理学家。

（1）1870—1872 年，他进行了关于磁导率的研究，证明磁导率不是如当时铁磁学文献上普遍所说的随磁场强度变化，而是随着磁感应强度变化的；得到了麦克斯韦的高度评价。

（2）1875—1876 年，他做了带电旋转盘的磁效应实验，第一次揭示了运动电荷能够产生磁场。

（3）精确测定了欧姆绝对值、荷质比、热功当量值；第一个证明了水的比热随温度变化的关系，使他成为当时的权威人物。

（4）1879 年，指导学生霍尔发现了霍尔效应现象。

（5）1881 年，认为霍尔效应是磁场作用下金属中传导电流旋转的结果，而磁致旋光是同样条件下媒质中位移电流旋转的结果，从而在数学上推导出与麦克斯韦一致的旋光方程。

（6）罗兰对科学的最大贡献是 1882 年开始研制的有自聚焦作用的凹球面衍射光栅，获得了极其精密的太阳光谱；编制的"太阳光谱波长表"被作为国际标准，使用长达 30 年之久。

（7）1897 年，发明了多用打印电报机。

❧ 代表作 ❧

1880 年的《热功当量》、1883 年的《论用于光学用途的凹面光栅》、1886 年的《论太阳谱线中相联系的波长》。

❧ 获奖与荣誉 ❧

无从考证。

❧ 学术影响力 ❧

罗兰是美国 19 世纪后半期最重要的物理学家之一，也是当时美国本土少数几位享有世界声望的科学家。他不但在物理学研究方面有过杰出的贡献，而且在培养新一代美国物理学家方面成绩显著。更重要的是，他继承并大力发扬了亨利所倡导的重视纯科学研究的观念，认为重视纯科学才能创造美国科学的未来，十分强调基础研究的重要性，对美国物理学的发展做出了巨大贡献。这也大大影响了国际科研形势，不仅仅使得基础研究成为了各国重视的焦点，也使得美国成为世界上基础研究最好的国家，极大地提升了美国的学术影响力和科研实力。罗兰为美国基础物理学从边缘走向世界的中心起到了承上启下、继往开来的作用。

❧ 名人名言 ❧

（1）教育的目的是促进科学进步。

（2）从事纯科学研究需要高贵的精神品质。

（3）财富不能成就大学，大楼也不能，大学是由教授和跟随他们学习的学生们构成的。

（4）当教授职位的工作和能力有明确要求时，当教授被要求要跟上所在领域的发展并要尽全力促进领域的发展时，特别是当他因这些原因而被选出时，那么教授就是一个值得为之努力争取的职位，成功的竞争者就会得到相应的尊重。

（5）从事纯科学研究者是先驱，他们不可能在城市和已经文明化的社会中徘徊，他们必须一头扎入未知的森林，攀登迄今无法涉足的高山，在那里俯览希望之乡的美景。

（6）没有辛勤的工作，宇宙的问题就不会被解开；没有一定数量的知识分子和恰当的物理工具，这些问题就不会被攻克；缺乏数学知识的物理学家不会走得太远。

（7）没有人会期待一匹没有经过良好训练的马能赢得伟大的长距离赛马比赛。

（8）教学工作会消耗大部分精力，这也是绝大多数在教授职位上不进行任何科学工作的人的一个借口，但是常言道"有志者事竟成"。

（9）教师是一个受尊重的职位，但这个职位不会因一个假定的错误头衔而变得更为崇高。而且，头衔越多，越容易获得，它就越没有值得追求的价值。

（10）一所大学的老师队伍中不仅要有伟大的人，而且还要有无数的各类小教授和助理，并要鼓励他们从事最高级的工作，不为别的原因，而是为了鼓励学生们要尽他们最大的努力。

（11）赞美让我们受到鼓励，指责则刺激我们重新努力。

（12）最伟大的奖励等待着伟大的智力付出最大的努力，他必须通过持续不断的实践来保持敏锐的目光和新鲜的思想。

（13）我们心智的工具，我们的数学知识，我们的实验能力，我们对前人创造的知识的掌握，所有这些都需要通过努力才能获得。

（14）最伟大的头脑经过最伟大的努力才能给我们带来少量的珍宝，但是无穷的海洋在我们面前，它隐秘的深谷中充满了钻石和宝石。

✎ 学术标签 ✎

美国物理学继往开来者、美国国家科学院院士、英国皇家学会会员、法国科学院外籍院士、美国物理学会的创始人之一及第一任主席。

✎ 性格要素 ✎

热爱科学，对国家和民族有着崇高的责任感和使命感。

✎ 评价与启迪 ✎

罗兰鼓励大家说："要树立崇高理想，攀登科学高峰；因为从事纯科学研究者是先驱，他们攀登迄今无法涉足的高山。""不是所有的人都是天才，但至少我们能够指引他们向我们身边的天才学习。我们自己也许无法从科学获得太多的好处，但我们可以有崇高的理想，并将它们逐渐渗透给我们接触到的人们。为了我们自己的幸福，为了我们国家的富强，为了全世界的利益，我们应该形成一套能够真正衡量人或事的价值和地位的评价体系，在我们的头脑中把所有高尚、有益和高贵的思想放在前面，把所有对科学发展重要的东西放在前面，高于那些平庸的、低级的和琐碎的东西，这是我们义不容辞的责任！"

我们这一代科研工作者肩负着中华民族伟大复兴的重任，呼吁大家携起手来共同努力，把我国的科研创新搞上去；尤其是希望年轻人能在内心深处，耐住寂寞和"清贫"，发奋努力，让我们国家科技水平跻身世界一流行列。

48. 最牛民间科学家、麦克斯韦方程组微分形式的表述者——亥维赛

姓　　名　奥利弗·亥维赛
性　　别　男
国　　别　英国
学科领域　电磁学
排　　行　第四梯队（三流）

亥维赛像

❧ 生平简介 ❧

亥维赛（1850 年 5 月 18 日—1925 年 2 月 3 日）出生于伦敦一个贫寒的雕刻师之家，他小时患过猩红热，造成部分失聪，中学时学业优秀。他没有接受过正规高等教育，靠自学学会了当时世界上最高深的理论：微积分和电磁学。亥维赛善于用直觉进行论述和数学演算，在数学和工程上都做出了许多原创性的成就。

1868 年，年仅 18 岁的他离开了学校，在身为电磁学专家的姑父查尔斯·惠斯通（成功的电报系统的联合发明者）的帮助下成了丹麦大北电报公司的电报员，在这里他努力学习摩氏密码。1872 年，他通过艰苦的努力终于成为纽卡斯尔市的主电报员，出于兴趣，他同时开始自学电磁学知识。亥维赛于 1873 年读到麦克斯韦开创性的《电磁学导论》，深感兴趣；1874 年，他辞职在家专门搞研究。

1880 年，他研究电报传输上的集肤效应。1880—1887 年，他提出了一套将微分方程转换为普通代数方程的方法，即运算微积分，引入了微分算子 D。

1887 年，他提出以电感器来消除噪声；1888 年和 1889 年，他计算了电场和磁场受移动中的电荷而产生的改变，和电荷进入更密的媒质时的影响；这跟后来

的切仑可夫辐射和洛伦兹—菲茨杰拉德收缩理论有关。

1889 年前后，受到约瑟夫·汤姆逊提出的电子的影响，亥维赛钻研了电磁质量，提出了一个方程，并据方程将电磁质量计算成真实的物质质量般。德国物理学家威廉·维恩后来证实亥维赛的方程在速度远低于光速时无误。

他的科学成就最终得到了认可——1891 年以独立科研者的身份当选为英国皇家学会会员。1905 年，哥廷根大学授予他名誉博士头衔。1902 年为了解释无线电波的反射，亥维赛猜想大气有一层导电物质，1923 年证实了这层大气的存在，称为肯涅利—亥维赛层。1910 年，工程师们开始运用他的方法解决棘手的通信问题。晚年的亥维赛性格变得古怪，深居简出，衣着脏乱邋遢，深受不时发作的黄疸病所折磨，最后在德文郡逝世。

✎ 花絮 ✎

（1）辞职搞科研。

受到麦克斯韦巨著《电磁学通论》的影响，亥维赛执着于电磁学研究。那时存在电缆在一个方向传输的信号比相反方向的更清晰的问题，谁也不知道这是为什么，更不知该如何解决。出于兴趣，他开始利用数学来理解信号的传播方式。为了有更多的时间，他甚至辞职回家全身心投入科研，目的就是为了发展成一套完整的输电线路理论。他发现，通过均匀分布的电磁感应可以减少信号的衰减和失真。他提出了电报员方程——传输线上平均分布的电感会减少衰减和噪声，若电感够大且电阻够小，所有频率的电流会同等的衰减，电路便会无噪声。他写了一篇论文邮寄给了电子的发现者汤姆逊，得到了他的赞赏。

（2）差点被开除。

他研究信号失真问题的举动被其他工程师所嫌弃，令一些有影响力的工程师大为光火，因为他们自己搞不出来。这帮人极力排斥亥维赛，试图开除他的电报工程师协会会员的资格。这令他很难过也很不满，一怒之下他开始了走了一条与众不同的科研之路——置身于科学研究的主流圈子之外独立自主地搞科研；按照现在的话就是"民科"。

他在《电工》杂志上发表了大量的论文，靠着杂志社付给的每年收入 40 英镑的微薄收入维持生计，他还在《自然》上发表过论文。尽管他的论文深奥难懂，但却受到了奥利弗·洛奇（电磁学先驱，与赫兹差不多同时证明了电磁波的存在，但是由于度假错过第一发布时间）、乔治·菲茨杰拉德（依据麦克斯韦方程提出制造急速振荡电流即可产生电磁波的仪器）和海因里希·赫兹（1888 年证明电磁波的存在）等科学家的赞赏，他们都与他保持着紧密联系。

后来，他的科研成就得到了越来越多的认可。电气工程师协会打算授予他法拉第奖章，但由于之前曾差点被电气工程师协会开除会员身份的痛苦经历，让他毅然拒绝了这个奖励。

（3）改写麦克斯韦方程组的微分形式。

他发明了属于自己的科学术语，引入了矢量来表示电场和磁场的大小和方向，他独自创立了矢量微积分学，即如今物理学中常用的矢量分析方法。亥维赛利用新发明的矢量微积分符号，在麦克斯韦逝世的 6 年后的 1885 年，将在电磁学上举足轻重的麦克斯韦方程组重新表述，由四元数改为向量（也称矢量），将原来 20 条方程减到 4 条简洁对称的微分方程。

那 4 个方程式，正如每一个物理学家所知道的，描述了静态和流动电荷，磁偶极和电磁感应的本质。亥维赛成功消除了麦克斯韦理论在数学上的复杂性，提供了一个导波和传输线实际应用的基础。如今麦克斯韦方程组的微分形式具备的简洁美，要归功于自学成才的亥维赛。

（4）拒绝接受报酬。

1887 年，他提出以电感器来消除噪声；可惜这因政治原因而无法实行。后来美国电报电话公司（AT&T）的研究者研究过亥维赛输电线路的理论，并继续发展，设计出感应式负载线圈，于 1915 年成功实现了纽约至旧金山的通话，获得了巨额财富。

AT&T 申请了有关的专利，不止包括他们内部研究者的工作，也包括亥维赛制作卷线的方法以及亥维赛创立的数学理论。为此，AT&T 提出向亥维赛买下他提出的电磁消除噪声方法，愿意为他早期的工作支付报酬，但被行事古怪的亥维赛拒绝了，尽管当时他穷困潦倒。他要求 AT&T 承认那一部分完全是他的工作才肯接受报酬，这个做法确实让人不可思议。

（5）切仑可夫辐射。

切仑可夫辐射是苏联物理学家切仑可夫（1904—1990 年，发现和解释了切仑可夫辐射而获得 1958 年诺贝尔物理学奖，成为首次获得诺奖的苏联人。）发现的。切仑可夫辐射是透明介质中穿行的速度超过介质中光速的带电粒子所发出的一种辐射；介质中的粒子群速度超过介质中的光速，会产生切仑可夫辐射。

（6）洛伦兹—菲茨杰拉德收缩。

洛伦兹—菲茨杰拉德收缩就是长度收缩，分别被爱尔兰物理学家菲茨杰拉德在 1889 年和洛伦兹在 1892 年提出的，对于爱因斯坦的狭义相对论起到了奠基性的作用。

（7）肯涅利—亥维赛层。

无线电波和光波都是直线运动。然而，无线电波并没有跑到太空，而是似乎遵循地球曲率，比如从英国传到加拿大纽芬兰的无线电信息未受地表弯曲的阻隔。为什么无线电波没有跑到太空而是沿着地球表面弯曲？1902 年，亥维赛和美国电机工程师阿瑟·肯涅利在基本同一时间（肯涅利要早几个月提出）从理论上证明了无线电波之所以在世界范围内传播，是因为大气上层存在一层带电粒子层，能够反射无线电波。

❧ 师承关系 ❧

前期是正规学校教育，后期是自学成才。

❧ 学术贡献 ❧

他的工作涉及了工程实践、物理学和数学；他自创了数学理论，通过创造性地运用数学工具而获得重大物理发现，如预报了电离层的存在等，用来解决很多实际问题；同时为数学本身提供新的概念与方法。他是向量分析的创始人之一，并建立了系统的向量符号。

（1）提出了电报员方程（传输线理论），是描述导波系统中电磁波运动的规律的数学形式。他指出，传输线上平均分布的电感会减少衰减和噪声，若电感够大且电阻够小，所有频率的电流会同等地衰减，电路便会无噪声。

（2）1880 年，他研究电报传输上的集肤效应（当交变电流通过导体时，电流将集中在导体表面流过，即导体通过交流电流时，在导体截面中，存在边缘部分电流密度大，中心部分电流密度小的现象），提出了一种屏蔽电报传输线的设计，并获得该设计的专利权。

（3）将在电磁学上举足轻重的麦克斯韦方程组重新表述，由四元数改为向量，将原来 20 条方程减到 4 条微分方程。

（4）1885 年，首先提出驻极体的概念。驻极体是一种永久保持电极化状态的电介质，电介质的这种特性就像铁磁物质在外磁场作用下能够获得永久磁性一样。

（5）提出用电感器来消除电报噪声。1887 年，亥维赛建议沿着电话线在固定间距使用感应线圈，如此可以产生均匀的电感，大大降低信号在电线中传输的失真量。

（6）1888 年，研究等速运动的点电荷所产生的电场和磁场，并推导出后来称为毕奥—萨伐尔点电荷定律的方程组。

（7）钻研了电磁质量，提出了一个方程，并据方程将电磁质量计算成真实的物质质量般。维恩后来证实亥维赛的方程在速度远低于光速时无误。

（8）1902 年，猜想大气有一层导电物质，即肯涅利—亥维赛层。预测地球大气有离子化的反射层，反射层会将无线电波反射回地球，这样无线电波会随着地球而弯曲。

（9）提出了亥维赛阶跃函数和在向量（矢量）微积分，还发展了运算微积分，可以将不同的方程式转换为代数方程式来解。

代表作

他在《电工》杂志和《自然》上发表了大量的论文，有关电报员方程的论文得到了电子发现者汤姆逊教授的赞赏。

获奖与荣誉

（1）1905 年，哥廷根大学授予他名誉博士头衔。

（2）电气工程师协会要授予他法拉第奖章，但被他拒绝了。

学术影响力

（1）现在的麦克斯韦方程微分形式就是他利用矢量符号重新表述出来的。

（2）他的成果成为现代电气工程的核心，其成果至今仍然被使用。

（3）亥维赛阶跃函数是物理学家经常使用的一个数学工具，尤其是在控制理论和信号处理方面，可在一个特定时间开启一个信号。

名人名言

（1）逻辑能够很有耐性，因为它是永恒的。

（2）数学是一门实验的科学，定义不是一开始就出现，而是之后才到来。

（3）我不会只因为我不了解消化的过程而拒绝吃晚餐。

学术标签

麦克斯韦方程组微分形式的表述者、英国皇家学会会员、最牛"民科"、连通世界的遁世奇才。

性格要素

性格古怪、作风离奇、人缘不佳、自学成才，是当时的传奇人物。

评价与启迪

今天的电子技术及为全球通信方面带来的一切，很大程度上归因于亥维赛的工作。他一生并未因他许多的成就而获得应有的肯定，他因此很痛苦，这一点也确实很奇怪。有的人因为科研功成名就，名利双收，比如开尔文等，但亥维赛却是个例外，看来他不太懂得产学研合作的道理。他性格古怪，人缘不佳，长期游离于核心科研圈子之外，鉴于他对电磁学领域做出的巨大贡献，有人称呼他是连通世界的遁世奇才。

他脱离主流科学家圈子独立搞科研，算是有一定的志气；能靠自学并独立做出这么多的成就，是有一定的才气；拒绝曾经想开除他会员资格的电气工程师协会授予他的法拉第奖章，算是有一定的骨气；谢绝 AT&T 公司的报酬，算是有一定的"傻气"。

人们对他的了解还是不够深。但毫无疑问，他在性格上是存在缺陷的，如果他能够易于交流，那他受到的承认肯定会更多。这一点告诉我们，无论有无才华，性格随和易于沟通是多么重要。如果不能变成天才，那就做一个好性格的普通人，也一样成就相对美满的人生。

49. 美国科学院前院长、测量光速的人——迈克尔逊

迈克尔逊像

姓　　名　阿尔伯特·亚伯拉罕·迈克尔逊
性　　别　男
国　　别　波兰裔美国籍
学科领域　光学和光谱学
排　　行　第四梯队（三流）

～ 生平简介 ～

迈克尔逊（1852 年 12 月 19 日—1931 年 5 月 9日）出生于普鲁士斯特雷诺（现属波兰），两岁时随着犹太商人父亲全家移民美国，生活在加利福尼亚州和内华达州。

1869 年，被选拔到美国安纳波利斯海军学院学习；1873 年毕业并留校任讲师，教物理和化学。大约在 5 年后，开始进行光速的测量工作。1880—1882 年游学欧洲攻读研究生，在德国柏林大学、海德堡大学和法国法兰西学院学习光学，曾在德国著名物理学家亥姆霍兹手下学习。

回国后离开海军成为凯斯学院物理学教授；1883 年任俄亥俄州克利夫兰凯斯应用科学学院物理学教授；1889 年成为麻省伍斯特的克拉克大学的物理学教授。1892 年改任芝加哥大学物理学教授，后任该校第一任物理系主任，在这里培养了他对天文光谱学的兴趣。

1910—1911 年担任美国科学促进会主席；1923—1927 年担任美国科学院院长；还被选为法国科学院院士和英国皇家学会会员。迈克尔逊因为创制了精密光学仪器和借助这些仪器进行的光谱学和基本度量学的研究工作做出的贡献获得1907 年的诺贝尔物理学奖。1931 年 5 月 9 日，因脑溢血于加利福尼亚州的帕萨迪纳逝世。

✑ 师承关系 ✑

正规学校教育，曾在德国著名物理学家亥姆霍兹手下学习。

✑ 学术贡献 ✑

迈克尔逊主要从事光学和光谱学方面的研究，他以毕生精力从事光速的精密测量，在他的有生之年，一直是光速测定的国际中心人物。

（1）发明了一种用以测定微小长度、折射率和光波波长的干涉仪（迈克尔逊干涉仪），在研究光谱线方面起着重要的作用。

（2）进行了著名的迈克尔逊—莫雷实验，这是一个最重大的否定性实验，否定了以太的存在，动摇了经典物理学的基础，奠定了相对论的实验基础。

（3）他研制出高分辨率的光谱学仪器，经改进的衍射光栅和测距仪。

（4）1926 年，用多面旋镜法比较精密地测定了光的速度。

✑ 花絮 ✑

（1）迈克尔逊干涉仪。

迈克尔逊干涉仪是 1881 年美国物理学家迈克尔逊为证明是否存在"以太"而设计制造出来的精密光学仪器，它是利用分振幅法产生双光束以实现干涉。仪器装置见图 2-23。

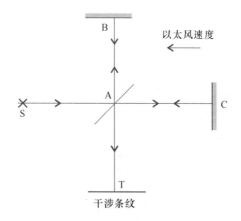

图 2-23 迈克尔逊干涉仪示意图

图 2-23 中 A 是半镀银镜，B 和 C 是两个反射镜，且 AC＝AB＝L，光从 S 出发，经 A 分为两束，再经 B 和 C 反射后到达 T 处。当两个光速有一定光程差时，即在 T 处出现干涉条纹。为了保持仪器的水平，迈克尔逊把仪器放在水

槽上。通过调整该干涉仪，可以产生等厚干涉条纹，也可以产生等倾干涉条纹。

迈克尔逊干涉仪主要用于长度、折射率和光波波长的测量。在近代物理和近代计量技术中，例如在光谱线精细结构的研究和用光波标定标准米尺等实验中都有着重要的应用。利用该仪器的原理，研制出多种专用干涉仪。

（2）迈克尔逊—莫雷实验。

在 19 世纪，以太被认为是经典物理学存在的基础。无论是牛顿力学中的绝对惯性系，还是麦克斯韦电磁学方程组都依赖这个假说。证明以太是否存在就变得尤为重要。若能测定以太与地球的相对速度，即以太漂移速度，便可证明以太的存在。多年来，许多科学家用各种光学和电学实验均未获得成功。迈克尔逊下决心攻克这个难题，他的首次实验 1880 年在柏林筹备，1881 年在波茨坦天体物理观测站进行实验。

虽然实验仪器比较粗糙，但测量方法的基本设想和仪器装置的基本构思已经确定。他认为如果存在以太，则应该出现 0.1 个干涉条纹。但 1881 年实验完成结果出乎迈克尔逊的意料，看到的条纹移动远比预期值小，仅仅有 0.004～0.005 个条纹移动，这个微小的变化可以看作是实验误差，而且与地球的运动没有确定的位相关系。于是，迈克尔逊大胆推测：“结果只能解释为干涉条纹没有位移，可见，静止以太的假设是错误的。”但是包括洛伦兹在内的两位物理学家认为这次实验精度不高、计算有误，所以大家都没有把这次实验看成是决定性的。而迈克尔逊此后集中精力测定光速，所以短期内没有继续进行该实验。

1884 年秋天，迈克尔逊因为去巴尔的摩听电子发现者威廉·汤姆逊的报告而遇到了瑞利勋爵，他们就 1881 年的干涉实验交换了意见，瑞利勋爵鼓励迈克尔逊改进实验设备，继续进行深入研究，迈克尔逊深受鼓舞。

1887 年 7 月，迈克尔逊与爱德华·威廉姆斯·莫雷合作，对原有仪器作了进一步改进，在克利夫兰再次进行实验测试。为了增加光程，他们将干涉仪的臂长增大为 11 米，并安装了多个反光镜，使得钠光束来回往返 8 次。他们计算后认为应该出现 0.37 个干涉条纹，但是实测值仍然达不到 0.01，该结果发表在《美国科学杂志》上。

这个实验一个最重大的否定性实验，它动摇了经典物理学的基础，被开尔文认为是经典物理学上空的第一朵乌云。它带来的直接影响是以太假说的不成立（迈克尔逊—莫雷实验成了压垮“以太”学说的最后一根稻草；目前主流科学家都抛弃了以太假说，认为不存在以太，但仍有少部分科学家相信以太的存在），为爱因斯坦的狭义相对论的提出建立了一定的基础。

迈克尔逊对实验结果大为失望，他亲自告诉爱因斯坦，自己除了创制了一台灵敏度高的仪器之外，还引来了相对论这样一个怪物，实在有点懊悔。洛伦兹对这个实验结果十分懊恼，多次催促迈克尔逊继续重复实验；瑞利勋爵和威廉·汤姆逊也十分沮丧。此后，科学家们不断改进实验装置、实验条件、实验规模，一再重复这个实验，从 1881 年到 1930 年先后就有 11 位科学家的 13 项准确记录，但结果始终是零或者在误差范围内的痕量数据。

◢ 代表作 ◣

无从考证。

◢ 获奖与荣誉 ◣

因发明精密光学仪器和借助这些仪器在光谱学和度量学的研究工作中所做出的贡献，荣获 1907 年诺贝尔物理学奖。

◢ 学术影响力 ◣

他创造的迈克尔逊干涉仪对光学和近代物理学是一巨大的贡献。它不但可用来测定微小长度、折射率和光波波长等，也是现代光学仪器如傅里叶光谱仪等仪器的重要组成部分。

◢ 名人名言 ◣

无从考证。

◢ 学术标签 ◣

美国科学促进协会主席、美国科学院院长、诺贝尔物理学奖获得者、法国科学院院士、英国皇家学会会员。

◢ 性格要素 ◣

谦虚，勤奋，谨慎。

◢ 评价与启迪 ◣

由于证明以太不存在而在西方科学界享誉盛名。

50. 公认的科学领袖、德高望重的经典电子论创立者——洛伦兹

姓　　名　亨德里克·安东·洛伦兹

性　　别　男

国　　别　荷兰

学科领域　经典物理学

排　　行　第二梯队（准一流）

洛伦兹像

✎ 生平简介 ✎

　　洛伦兹（1853 年 7 月 18 日—1928 年 2 月 4 日）出生于荷兰一个小康之家，4 岁时母亲去世，他跟随继母长大。洛伦兹 6 岁上学，天资聪颖加上勤奋好学，小学和中学成绩优异。父亲让他在当地的一所青年夜校学习，为他的基础知识奠定了基础，尤其是数学功底很好。洛伦兹的文科成绩相当出众，特别是语言天赋和惊人的记忆力，同时还广泛地阅读历史和小说，熟练地掌握多门外语。

　　1870 年，洛伦兹考入莱顿大学，学习数学、物理和天文。1871 年，洛伦兹进行学士学位答辩；1873 年，他以优异的成绩通过博士考试，1875 年以《光的反射和折射理论》一文获得博士学位，文中洛伦兹运用麦克斯韦电磁场理论重新推导了菲涅耳公式，完成了麦克斯韦的未竟事业，这项研究使洛伦兹确立了他的学术地位，其推导方法沿用至今并出现在教科书中。

　　在莱顿中学当了一年中学物理老师后，1878 年他拒绝了乌德勒支大学的邀请，成功加入莱顿大学担任理论物理学教授，这个职位最早是为学术地位很高的物理学家范德华（1837—1923 年，提出范德华力和实际气体的状态方程范德华方程，1910 年获诺贝尔物理学奖）设立的，而洛伦兹年仅 25 岁，是荷兰最年轻的教授。

　　他在莱顿大学任教 35 年，对物理学的贡献都是在这期间做出的。1880 年，洛伦兹以很高的精度测定了热功当量。1881 年他根据霍尔效应解释了磁致旋光现象，推导出罗兰磁致旋光方程与麦克斯韦旋光方程等价。1896 年 10 月，洛伦兹的学生塞曼发现，在强磁场中钠光谱的 D 线有明显的增宽，即产生塞曼效应，证实了洛伦兹的预言。塞曼和洛伦兹共同获得 1902 年诺贝尔物理学奖。

　　作为以太论的拥趸，1899 年洛伦兹讨论了惯性系之间坐标和时间的变化问题后，进一步得出了电子质量与速度有关的结论，并在 1904 年导出并发表了位置、时间在不同运动参照系中的变换方程及质量与速度的关系式。前者被称为洛伦兹变换式，后者指出了光速是物体相对于以太运动的极限。

　　1912 年，洛伦兹辞去莱顿大学教授职务，到哈勒姆担任一个博物馆的顾问，

同时兼任莱顿大学的名誉教授，每星期一早到莱顿大学就物理学当前的一些问题作演讲。第一次世界大战后，洛伦兹的国际主义活动带有若干政治色彩。1919—1926 年，在教育部门工作，期间 1921 年起担任高等教育部部长。1909—1921 年，他担任荷兰皇家科学与文学研究院物理组的主任时，以自己的影响来说服人们参加战后盟国创立的国际性科学组织。1923 年他成为国联文化协作国际委员会的 7 名委员之一，并继承亨利·伯格森（1859—1941 年，法国哲学家，1927 年获得诺贝尔文学奖）担任主席；他还是世界上许多科学院的外国院士和科学学会的外国会员。

1928 年 2 月 4 日，洛伦兹在荷兰的哈勃姆去世，终年 75 岁。为了悼念这位荷兰近代文化的巨人，举行葬礼的那天，荷兰全国的电信、电话中止三分钟，政府大厦降半旗以示默哀。出席葬礼的有荷兰王室、政府以及来自世界各国科学院的代表，道路两旁站满了送别的人群。

英国皇家学会会长、著名的实验物理学家卢瑟福，普鲁士科学院代表、第二代职业理论物理学家的领导人爱因斯坦在他的墓旁致悼词。致辞说：洛伦兹的成就"对我产生了最伟大的影响"，他是"我们时代最伟大、最高尚的人"。

✤ 花絮 ✤

（1）出色的教育家。

洛伦兹还是一位教育家，他在莱顿大学从事普通物理和理论物理教学多年，写过微积分和普通物理等教科书，还曾致力于通俗物理讲演。他一生中花了很大一部分时间和精力审查别人的理论并给予帮助。他为人热诚、谦虚，受到爱因斯坦、薛定谔和其他青年一代理论物理学家们的尊敬，他们多次到莱顿大学向他请教。爱因斯坦曾说过，他一生中受洛伦兹的影响最大。

（2）公认的领袖。

在物理学家中，洛伦兹是最富有国际性的。在他事业的最初 20 年中，他的国际性工作仅限于著作。他的电子理论使他在物理学界获得领导地位，1897 年之后他开始离开莱顿广泛地与国外科学家进行接触或者进行学术交流。1898 年，洛伦兹接受玻尔兹曼的邀请，为德国的自然科学与医学学会的迪塞尔多夫会议物理组作演讲。1900 年在巴黎，为国际物理代表会（世界性物理学家集会）作演讲。

由于洛伦兹在理论物理方面享有很高的威望、通晓多种语言并善于驾驭最为紊乱的辩论，所以他生前每次都被邀请参加物理学界最重要的国际会议，并以他的理论和思想对新、老物理学两大体系产生了巨大而深远的影响，被公认为国际理论物理学共同体的领袖，经常担任大会的主席。

洛伦兹在物理方面最重要的国际性活动是担任物理学的索尔维会议的定期主席（1911—1927 年）。1911 年洛伦兹主持了第一届索尔维会议。这次会议使量子概念从四面八方突破了德语世界的边境，成为一个在法国和英国同样使人感兴趣的论题，其后一直连任会议主席直至去世。他在临终前一年的 1927 年还主持了最后一次会议，就是著名的第五届索尔维会议，那次会议玻尔和爱因斯坦爆发了长达 20 多年的争论。大家对他渊博的学问、高明的技术、善于总结最复杂的争论以及无比精练的语言都非常佩服。

（3）大师风范、领袖气质。

作为第一代理论物理学家，洛伦兹的显著特点之一是对于一套套的新思想表现出不同寻常的开放态度。洛伦兹对理论物理的影响不仅通过他的著作，而且也通过他同从世界各地慕名而来的青年物理学家的个人交往。爱因斯坦、薛定谔和其他理论工作者经常到莱顿去拜访他，听取他对于他们一些最新思想的意见。但他从不干扰别人的思想，他和他们的关系是靠和善而平淡的基本个性来维持的，这实在难能可贵。

不过，洛伦兹的开放态度不完全是出于他的性格。从他在莱顿大学的就职演说中可以了解到，这也是洛伦兹作为理论物理学家的专业见解。洛伦兹说过，物理学研究的目的就在于寻求简单的可以说明一切现象的基本理论。他认为，由于人们不能深入地洞察事物的本性，因而把任何已有的认识途径作为唯一可靠的途径加以提倡是轻率的。按照洛伦兹的观点，各种基本的理论途径应该同时由不同的研究者加以探索。

洛伦兹的电子论把经典物理学推向了新的高度。但他感到遗憾的是，面对世纪之交时新旧物理学的革命，他感到措手不及，他希望自己有生之年看不到新的物理学的诞生，以免自己痛苦。但是，具有开放和海纳百川包容精神的他在新生事物面前很快"缴械投降"，愉快地接受了新的理论，这体现了他的大师风范和领袖气质。

❧ 师承关系 ❧

正规学校教育；塞曼效应的发现者塞曼是他的学生。

❧ 学术贡献 ❧

洛伦兹最重要的贡献是补充和发展了经典电磁理论，确立了经典电子论，提出了洛伦兹变换，为狭义相对论奠定了基础。

（1）洛伦兹是经典电子论的创立者。

1875 年前，光的电磁理论与物质分子理论相结合的统一设想，还没有被人明确提出。此后，洛伦兹对其进行了深入研究，写出了题为《光的反射与折射理论》的论文，对光的旧波动理论与光的新电磁理论作了综合性评述。

洛伦兹从介质极化和入射光的频率的关系找到了光色散的本质，从而完美地解决了麦克斯韦不能解决的光的色散问题。他在 1878 年发表的《关于光的传播速度和介质的密度及成分之间的关系》一文中，将当时认可的"以太"和"物质"区分开来，而且还用电粒子的振荡将二者从物理上联系起来。先于汤姆逊 19 年正式提出"电粒子"概念。据此创立了物质的电子论，同时使麦克斯韦的电磁理论有了更加坚实的理论基础。

他认为一切物质分子都含有电子，阴极射线的粒子就是电子，把以太与物质的相互作用归结为以太与电子的相互作用。利用经典电子论很好地解释了物质中的一系列电磁现象以及物质在电磁场中运动的一些效应，如塞曼效应（塞曼效应是一种解释置于磁场中的光源发射的各种谱线，受磁场影响分裂成几条，各分谱线之间间隔的大小与磁场强度成正比的理论）。洛伦兹用实验证实了塞曼理论的正确，使塞曼效应在理论和实验上都站住了脚，成了物理学中的一个经典定律。

他把物体的发光解释为原子内部电子的振动产生的，这样当光源放在磁场中时，光源的原子内电子的振动将发生改变，使电子的振动频率增大或减小，导致光谱线的增宽或分裂。

（2）解释了磁致旋光现象。

1881 年，他根据霍尔效应解释了磁致旋光现象，推导出罗兰磁致旋光方程与麦克斯韦旋光方程等价。

（3）提出了洛伦兹变换公式。

1892 年，他研究过地球穿过静止以太所产生的效应，为了说明迈克尔逊—莫雷实验的结果，他独立地提出了长度收缩的假说，认为相对以太运动的物体，其运动方向上的长度缩短了。1895 年，他发表了长度收缩的准确公式，成为爱因斯坦狭义相对论的思想基础。1899 年，他分析了惯性系之间坐标和时间的变换问题，并得出电子与速度有关的结论。

1904 年，他发表了著名的变换公式（庞加莱首先称之为洛伦兹变换）以及质量与速度的关系式，用伽利略变换使麦克斯韦方程组从一个惯性系变换到另一个惯性系时能够保持不变，并指出光速是物体相对于以太运动速度的极限，为爱因斯坦创立狭义相对论奠定了基础。洛伦兹变换用于解释迈克尔逊—莫雷实验的结果。根据他的设想，观察者相对于以太以一定速度运动时，以太（即空间）长度在运动方向上发生收缩，抵消了不同方向上的光速差异，这样就解释了迈克尔逊—莫雷实验的零结果。

洛伦兹变换是观测者在不同惯性参照系之间对物理量进行测量时所进行的转换关系，在数学上表现为一套方程组。洛伦兹变换最初用来调和 19 世纪建立起来的经典电动力学同牛顿力学之间的矛盾，后来成为狭义相对论中的基本方程组。洛伦兹变换结合动量定理和质量守恒定律，可以得出狭义相对论的所有定量结论。

（4）提出洛伦兹力的概念和洛伦兹力公式。

他根据电子论，以电子概念为基础来解释物质的电性质，从电子论推导出运动电荷在磁场中要受到力的作用，确立了洛伦兹力的概念，即带电粒子在磁场中运动时受到的磁场力。它的方向可用左手定则来判断；伸开左手，使拇指与其余4个手指垂直，并且都与手掌处于同一水平面，让磁感线从掌心进入，四指指向正电荷运动的方向，拇指指向即为洛伦兹力的方向。

1892 年，他开始发表电子论的文章，明确地把连续的场和包含分立电子的物质完全分开。他认为一切物质的分子都含有电子，阴极射线的粒子就是电子，电子是很小的有质量的钢球，电子对于以太是完全透明的，以太与物质的相互作用归结为以太与物质中的电子的相互作用。在此基础上，1895 年他提出了著名的洛伦兹力公式。

（5）验证塞曼效应并用电子论对其进行解释。

1896 年，指导学生塞曼发现了塞曼效应（磁场中光源的光谱线发生分裂，即原子光谱的磁致分裂现象），并利用电子论对其进行了定量的解释。洛伦兹断定该现象是由原子中负电子的振动引起的，他认为电子存在轨道磁矩，并且磁矩在空间的取向是量子化的，因此在磁场作用下能级发生分裂。他从理论上导出的负电子的荷质比，与汤姆逊之后从阴极射线实验得到的结果相一致，两者相互印证，进一步证实了电子的存在。

（6）研究黑体辐射。

他也曾推导过黑体辐射的能量分布公式，但是他只能计算到能谱的长波极限。他是最早认可普朗克理论的人，并指出了量子假说与经典电子论存在矛盾之处。

～ 代表作 ～

（1）1875 年，在其博士论文《光的反射与折射理论》中，洛伦兹运用麦克斯韦的电磁场理论对菲涅耳的定理重新进行了处理，提出了光的电磁理论与物质分子理论相结合的统一设想。

（2）1892 年，他发表了《论地球对以太的相对运动》一文，在文中他提出了长度收缩假说：物体在运动方向上的长度收缩了。是狭义相对论的前驱。

（3）1895 年，洛伦兹还发表了《麦克斯韦电子学理论及其对运动物体的作用》一文，这是标志着"电子论"诞生的一篇论文。在这篇文章中，洛伦兹不仅赋予了物质中电荷的负荷体一个基本的电量，而且推导出了洛伦兹力的公式，用来联系连续的场和分立的电子。在此基础上，将电磁光的各种结果整合并格式化，得到了经典电子论的基础。

～ 获奖与荣誉 ～

（1）由于对塞曼效应的发现及合理解释，1902 年与其学生塞曼共同获得诺贝尔物理学奖。

（2）此外，洛伦兹还获得过英国皇家学会的伦福特和科普利奖章。

（3）获得了巴黎大学和剑桥大学名誉博士的称号。

❧ 学术影响力 ❧

（1）洛伦兹力、洛伦兹公式、洛伦兹分布和洛伦兹变换都是因洛伦兹而名，洛伦兹力公式是与麦克斯韦方程组同等重要的经典电动力学基本原理。

（2）在狭义相对论中，洛伦兹变换是最基本的关系式，狭义相对论的运动学结论和时空性质，如同时性的相对性、长度收缩、时间延缓、速度变换公式、相对论多普勒效应等都可以从洛伦兹变换中直接得出。

（3）洛伦兹的电子论把经典物理学推上了它所能达到的最后高度；洛伦兹本人几乎成了 19 世纪末、20 世纪初物理学界的统帅；他填补了经典电磁场理论与相对论之间的鸿沟。

（4）洛伦兹还是一位教育家，他在莱顿大学从事普通物理和理论物理教学多年，写过微积分和普通物理等教科书，他一生中花了很大一部分时间和精力审查别人的理论并给予帮助。

（5）为纪念洛伦兹的贡献，荷兰政府决定从 1945 年起把每年他的生日那天定为"洛伦兹节"。

❧ 名人名言 ❧

要想驾驭物理学，必须掌握好数学手段；利用数学上的逻辑思维，借助实验来寻找一切未知。

❧ 学术标签 ❧

经典电子论的创立者、诺贝尔物理学奖获得者、以太的拥趸，是世界上许多科学院的外国院士和科学学会的外国会员、荷兰高等教育部部长、索尔维物理学会议的固定主席、德国物理学会和英国皇家学会国外会员；他还是世界上许多科学院的外国院士和科学学会的外国会员；经典物理和近代物理承上启下的科学巨擘。

❧ 性格要素 ❧

热诚、谦虚、伟大、高尚。

❧ 评价与启迪 ❧

洛伦兹在物理学上最重要的贡献是他的电子论，电子论很好地解释了物质中的一系列电磁现象以及物质在电磁场中运动的一些效应。洛伦兹提出的"洛伦兹变换"是观测者在不同惯性参照系之间对物理量进行测量时所进行的转换关系，在数学上表现为一套方程组，最初是用来调和 19 世纪建立起来的经典电动力学同牛顿力学之间的矛盾，后来却成为了狭义相对论中的基本方程组。

他为人热诚、谦虚，受到爱因斯坦、薛定谔和其他青年一代理论物理学家们的尊敬，他们多次到莱顿大学向他请教。爱因斯坦曾说过，他一生中受洛伦兹的影响最大。总之，做人做事都要学习洛伦兹，成为一个人人敬仰的人。

这种本质上的伟大开放精神，使洛伦兹不仅在学术上富有成就，而且在人品上也赢得了同时代人和后人的敬重。

51. 低温超导现象发现者、绝对零度先生——昂内斯

姓　　名　海克·卡末林·昂内斯
性　　别　男
国　　别　荷兰
学科领域　低温物理学
排　　行　第四梯队（三流）

昂内斯像

⌇ 生平简介 ⌇

昂内斯（1853 年 9 月 21 日—1926 年 2 月 21 日）出生于格罗宁根，1870 年他进入格罗宁根大学攻读物理，次年转入德国海德堡大学，在这里跟随化学家罗伯特·威廉·本生及物理学家基尔霍夫学习。1873 年回到了格罗宁根，1876 年从格罗宁根大学本科毕业，1879 年获格罗宁根大学博士学位。

1882 年昂内斯任莱顿大学实验物理学教授，将实验室的主攻方向定为低温物理学；1887 年，他和玛丽亚·安德利娜结婚，美满的婚姻助力他的事业发展。

1894 年，昂内斯创建了闻名世界的低温研究中心——莱顿实验室。为了满足低温研究的需要，莱顿实验室于 1892—1894 年建成了大型的液化氧、氮和空气的工厂。1904 年液化了氧气，1906 年可以大量生产液氢，为液化氦打下了坚实的基础（氦的原子连接松散，这使其成为最难液化的气体）。经过两年奋斗，终于在 1908 年 7 月 10 日首次成功地液化了氦，以 -269℃（4.2K）刷新了人造低温的新纪录。为在液氦温度下研究物质的性质创造了条件；随后又用液氦获得了 0.9K 的更低温。昂内斯因此被称为"绝对零度先生"。

1911 年，昂内斯利用液氦将金和铂冷却到 4.3K 以下，发现铂的电阻为一常数。随后他又将汞冷却到 4.2K 以下，测量到其电阻几乎降为零。1913 年，昂内斯又发现锡和铅也和汞一样具有类似现象。

他意识到，在非常低的温度下，某些物质的分子热运动会接近消失，出现电阻趋近于零的现象，他把这种现象称为超导，处于超导状态下的物质是超导体。科学界很快意识到了昂内斯工作的科学价值。1913 年，由于对物质在低温状态下性质的研究以及液化氦气，昂内斯被授予诺贝尔物理学奖。在昂内斯的领导下，莱顿大学物理实验室成为世界低温物理学的研究中心。1923 年，昂内斯退休；1926 年 2 月 21 日在莱顿病逝。

师承关系

正规学校教育，跟随化学家本生及物理学家基尔霍夫学习。

学术贡献

（1）1908 年，首次液化氦气。

（2）1911 年，昂内斯利用液氦将金和铂冷却到 4.3K 以下，发现铂的电阻为一常数；随后他又将汞冷却到 4.2K 以下，测量到其电阻几乎降为零，这就是物体的超导性。

（3）1913 年，发现锡和铅也和汞一样具有超导性。

（4）研究物质在低温状态下的性质。

代表作

无从考证。

获奖与荣誉

1913 年获得诺贝尔物理学奖；获得过荷兰狮团、荷兰奥伦治—纳萨骑士团、挪威圣奥拉夫骑士团、波兰波洛尼亚收复军团的爵位；柏林大学荣誉博士；荣获马提乌斯奖章、伦福德奖章、巴姆伽顿奖章、富兰克林奖章。

学术影响力

（1）在昂内斯的领导下，莱顿大学物理实验室成为世界低温物理学的研究中心。

（2）昂内斯实验室赢得了日益重大的国际声誉。实验室的其他研究项目包括热力学、放射性规律、光学及电磁现象，例如荧光和磷光现象，在磁场中偏振面的转动、磁场中晶体的吸收光谱以及霍尔效应、介电常数、特别是金属的电阻等方面。

（3）为纪念他，莱顿大学物理实验室 1932 年被命名为"卡末林·昂内斯实验室"。

⌐ 名人名言 ⌐

无从考证。

⌐ 学术标签 ⌐

低温物理学奠基人，诺贝尔物理学奖获得者，绝对零度先生，低温超导现象发现者，阿姆斯特丹皇家科学院院士，哥本哈根、乌普萨拉、都灵、维也纳、哥廷根、哈雷等科学院院士，巴黎科学院、罗马科学院的外籍院士，伦敦皇家学会外籍会员，斯德哥尔摩物理学会名誉会员，瑞士自然科学学会名誉会员，伦敦皇家研究院的名誉研究员，西班牙物理化学协会名誉会员，费城富兰克林研究院名誉研究员。

⌐ 性格要素 ⌐

心地善良、富有爱心和同情心、谦虚谨慎。

⌐ 评价与启迪 ⌐

昂内斯爱好家庭生活，经常帮助那些需要帮助的人。虽然工作是他的嗜好，但他不是高傲的学者，而是一个有巨大个人魅力的慈祥的人。在第一次世界大战前和战争期间，他积极调解科学家之间的政治分歧，救济处于饥荒的国家的儿童。1901 年，昂内斯创办了实验室附设的培训仪器制造工人和玻璃吹制工人的学校，也使他的实验室在全世界赢得了声誉。

52. 体弱多病的法国科学院前院长、相对论的理论先驱——庞加莱

姓　　名　亨利·庞加莱
性　　别　男
国　　别　法国
学科领域　数学物理学
排　　行　第三梯队（二流）

⌐ 生平简介 ⌐

庞加莱（1854 年 4 月 29 日—1912 年 7 月 17 日）出生于法国南锡显赫世家，卒于巴黎。他自幼聪慧，5 岁患白喉病后体弱多病，语言表达能力弱。庞加莱的童年

庞加莱像

主要接受母亲的教育；他记忆力超群，喜爱读书，且速度极快，能对读过的内容迅速、准确、持久地记住，他甚至能讲出书中某件事是在第几页第几行中讲述的。《大洪水前的地球》一书给他留下了终生难忘的印象；他喜欢地理和历史，成绩优异。他在儿童时代还显露了文学才华，有的作文被誉为"杰作"；他老被称为神童。

庞加莱 1862 年进入南锡中学读书，成绩优异，15 岁时对数学有了特殊兴趣，显露了非凡才能，老师称呼他是数学巨人。从此，他习惯于一边散步，一边解数学难题，这种习惯一直保持终身。1870 年 7 月 19 日普法战争爆发后，庞加莱曾经一度中断学业。

复学后，1872 年庞加莱两次荣获法国公立中学生数学竞赛头等奖，从而使他于 1873 年被法国高等工科学校以第一名录取。高等工科学校毕业后，庞加莱 1875—1878 年在国立高等矿业学校学习工程，但他发现自己对当工程师确实不感兴趣。

1879 年 8 月 1 日，庞加莱以微分方程一般解的论文获得了法兰西科学院的数学博士学位，然后到卡昂大学理学院任数学分析讲师。1881 年任巴黎索邦大学教授，讲授力学和实验物理学，直到去世。他在数学和物理学领域都做出了基础的贡献。为了研究行星轨道和卫星轨道的稳定性问题，1881—1886 年他创立了微分方程的定性理论。

1885 年，瑞典国王奥斯卡二世设立 "n 体问题" 奖，引起庞加莱研究天体力学问题的兴趣，他进行了大量天体力学研究，引进了渐进展开的方法，得出严格的天体力学计算技术。庞加莱在天体力学方面的另一重要结果是，在引力作用下，转动流体的形状除了已知的旋转椭球体、不等轴椭球体和环状体外，还有三种庞加莱梨形体存在。1888 年 11 月，他赢得了 "n 体问题" 奖的奖金 2500 克朗；评委认为他的论文将开创天体力学历史上一个新纪元。

庞加莱对经典物理学有深入而广泛的研究，对狭义相对论的创立有贡献。早于爱因斯坦，庞加莱在 1897 年发表了一篇文章《空间的相对性》，其中已有狭义相对论的影子。1898 年，庞加莱阐述了相对论基本原理。根据这个原理，没有机械或电磁试验可以区分匀速运动的状态和静止的状态。同年庞加莱发表《时间的测量》一文，提出了光速不变性假设。

在同荷兰物理学家洛伦兹的合作中，他把时间的物理推向极限来解释快速运动的电子的行为；这项工作最终由爱因斯坦完成。1904 年，庞加莱将洛伦兹给出的两个惯性参照系之间的坐标变换关系命名为"洛伦兹变换"。他从 1899 年开始研究电子理论，首先认识到洛伦兹变换构成群（1904 年）；1905 年 6 月，庞加莱先于爱因斯坦发表了《论电子动力学》的相关论文。1905 年，爱因斯坦创立狭义相对论时也得出相同结果。

1887 年，庞加莱当选为法国科学院院士，年仅 33 岁。1906 年庞加莱当选为法国科学院院长，1908 年以作家身份（散文家）成为法兰西学院院士，这是一位法国科学家所能达到的最高地位。

1908 年庞加莱因血栓梗塞，在巴黎逝世，终年仅 58 岁。

⚓ 花絮 ⚓

（1）十项全能教授。

庞加莱自 1881 年始终在巴黎索邦大学任教，即现在的巴黎大学。他曾教授过的课程包括物理、实验力学、数学物理、概率论、天体力学和天文学。一个有趣的小插曲足以证明庞加莱在当时的地位：当政府部长下令砍掉"没用的天文学"课程时，庞加莱说"我来教这门课"，官员们就只好闭嘴。因为，谁也不敢阻拦庞加莱开设任何科学课程。

庞加莱的一生中在数学和物理的各个领域都有建树，其中以其本人命名的科学发现就有庞加莱球面、庞加莱映射、庞加莱引理等。曾有人说：把一个微分几何学家和广义相对论学家从睡梦中摇醒，问他什么是庞加莱引理；假如答不出来，那他一定是假的。

（2）与爱因斯坦的关系。

庞加莱否认狭义相对论的基本原理，无法接受爱因斯坦的狭义相对论，尽管两人的研究结果几乎是一样的。庞加莱虽然一生作了不少关于相对论的演讲，但是他从来就没提起过爱因斯坦与相对论这两个词。爱因斯坦不仅不引用庞加莱的工作，并宣称从未读过。当爱因斯坦的母校 ETH 聘请他当教授时，庞加莱写了一封信，大大地夸奖了爱因斯坦一番，最后一段话耐人寻味："我不认为爱因斯坦的预言都能被将来验证，他从事的方向那么多，因此我们应该会想到，他的某些研究会走向死胡同。但在同时，我们有希望认为他走的某一个方向会获得成功，而某一个成功，就足够了。"

庞加莱于 1908 年去世，有个数学界的组织者给爱因斯坦去了一封信，说要出个纪念文集来纪念庞加莱，爱因斯坦拖了 4 个月才回信说，由于路上的耽搁，信刚刚收到，估计已经晚了。组织者不死心，说晚了也没关系，你写了就行。于是爱因斯坦又过了两个半月回信说，由于事务繁忙，实在没力气写了，然后不了了之。看来爱因斯坦并不情愿给庞加莱写纪念文稿，可能他对庞加莱不肯承认他的理论心中有气。

随着时间的推移，爱因斯坦对庞加莱的成见也逐渐消除了，最终在 1921 年的讲演中公正地肯定了庞加莱对相对论的贡献。爱因斯坦评价庞加莱为相对论先驱之一。他说："洛伦兹已经认出了以他命名的变换对于麦克斯韦方程组的分析是基本的，而庞加莱进一步深化了这个远见"。

🍃 师承关系 🍃

正规学校教育。

🍃 学术贡献 🍃

（1）在数学物理学上做出了巨大贡献，研究范围泛，比如天体力学、流体力学、数学物理、光学、电学、电报、毛细现象、弹性理论、热动力学、势理论、量子理论、相对论和宇宙学。他对经典物理学有深入而广泛的研究，1899年开始研究电子理论，首先为洛伦兹变换命名并认识到洛伦兹变换构成群；他对狭义相对论的创立有重大贡献；他也提出了著名的"庞加莱回归定理"（1890年）。

（2）他进行了大量天体力学研究，引进了渐进展开的方法，得出严格的天体力学计算技术。庞加莱还开创了动力系统理论，1895年证明了"庞加莱回归定理"。他在天体力学方面的另一重要结果是：在引力作用下，转动流体的形状除了已知的旋转椭球体、不等轴椭球体和环状体外，还有三种庞加莱梨形体存在。庞加莱运用了他发明的相图理论，最终发现了混沌理论。标志着天体力学的一个新时代的诞生，为科学界做出了不可磨灭的贡献。

（3）庞加莱为了研究行星轨道和卫星轨道的稳定性问题，解决了"三体问题"。在1881—1886年发表的四篇关于微分方程所确定的积分曲线的论文中，创立了微分方程的定性理论。他研究了微分方程的解在四种类型的奇点（焦点、鞍点、结点、中心）附近的性态。他提出根据解对极限环（他求出的一种特殊的封闭曲线）的关系，可以判定解的稳定性。

（4）1904年提出庞加莱定理，是指关于力学体系运动可逆性（或可复性）的定理。简单理解就是：如果一个空间的所有封闭曲线都可以收缩为一个点，那么这个空间必定是一个三维圆球，这就是著名的庞加莱定理，是拓扑学最基础重大的猜想。同年率先提出了相对性原理。这一理论创举，是对伽利略支持"日心说"、批驳"地心说"思想的"精致化"和"定量化"，是理论表述上和实质内容上的一个大步飞跃。

（5）他在数学上做出的贡献更大，涉及数论、代数学、几何学、拓扑学、多复变函数论等，最主要的是在分析学方面。他的著名数学成就包括自守函数理论（1878年他利用后来以他的名字命名的级数构造了自守函数，并发现这种函数作为代数函数的单值化函数的效用）和单值化定理（1883年）等。尤其是创造了组合拓扑学，通过引进贝蒂数、挠系数和基本群等一些概念，创造流形的三角剖分、单纯复合形、重心重分、对偶复合形、复合形的关联系数矩阵等工具，借助它们推广欧拉多面体定理成为欧拉—庞加莱公式，并证明流形的同调对偶定理。他创立了微分方程的定性理论；他指出可以依据解对极限环的关系，来判定解的稳定性。他留下了著名的世纪难题——庞加莱猜想。

❧ 花絮 ❧

（1）庞加莱回归。

19世纪末，庞加莱研究了无法以完美精度全面分析的系统，例如由许多行星和小行星组成的太阳系，或者是保持相互碰撞的气体粒子。他的研究成果令人惊喜：每个物理上可能的状态都会在某一时刻被系统占有（至少是非常地接近）。如果等的足够久，在某个时刻，所有的行星将会形成一条直线，如同巧合一样。盒子中的气体粒子将会形成有趣的图案，或者返回实验开始时它们所处的状态。

庞加莱回归指的是一个孤立而有限的系统在演化过程中，会无限次任意接近自己的初始状态，即有限系统的轮回；尽管这个时间的长度远远超出我们所能想的，但是它必然会实现，这样一个周期就称为一个庞加莱回归（见图2-24）。该理论可应用于能量封闭在其中的系统；庞加莱回归是现代混沌理论的基础。

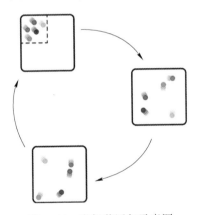

图2-24　庞加莱回归示意图

自然界的微观粒子无时无刻不在进行着随机运动，并在运动中消耗能量，根据热力学第二定律，孤立系统的熵恒增加，是说大的动态系统不可逆地向更高的熵的状态发展，所以如果从一个低熵的状态出发，系统永远不会返回到它。但熵增原理的一个最大的问题是会导致令人绝望的"热寂论"。1871年开始，麦克斯韦等人陆续对该定律提出质疑。

1890年，庞加莱证明了存在有限系统的回归；庞加莱回归理论显得和热力学第二定律矛盾。该如何理解这两个理论之间的"矛盾"呢？事实上，热力学定律只适用于粒子数趋于无穷大的情形，而庞加莱定理则不需要考虑粒子数到底有多少。换句话说，热力学第二定律是一个近似理论，而庞加莱定理则是更加准确的理论，但这不代表热力学第二定律就是错误的。相反，我们的宏观世界由于粒子数众多，导致庞加莱回归定理里面的"足够长时间"基本上就是无穷大，所以完全可以认为，热力学第二定律是正确的。不仅如此，热力学第二定律其实是庞加莱回归定理的特例！

近几十年来，科学家们一直都在研究如何将这个理论应用于量子力学世界。但是迄今为止，只在非常少量的粒子上进行了演示，这些粒子的状态可以被尽可能精准地测量。这一过程极度复杂，而且将系统带回到其初始状态的时间，随着粒子数量的增加而显著增加。干涉图样中也可以发现"庞加莱回归"，经过一段时间，它将回归初始的平行图案。

2018 年 3 月，奥地利维也纳技术大学的研究人员成功地在多粒子量子系统中，演示了"庞加莱回归"，研究成果发表于《科学》杂志。这证明了庞加莱回归定理的量子力学版本是：有限粒子数的量子体系，在足够长时间以后，回归到初始状态附近。庞加莱回归意味着历史的重演，宇宙万物存在着漫长的轮回过程。

（2）庞加莱猜想。

1904 年，庞加莱提出了一个拓扑学的猜想："任何一个单连通的，闭合的三维流形一定同胚于一个三维的球面。"简单地说，一个闭合的三维流形就是一个有边界的三维空间；单连通就是这个空间中每条封闭的曲线都可以连续地收缩成一点，或者说在一个封闭的三维空间，假如每条封闭的曲线都能收缩成一点，这个空间就一定是一个三维球面。后来，这个猜想被推广至三维以上空间，被称为"高维庞加莱猜想"。庞加莱猜想是一个拓扑学中带有基本意义的命题，将有助于人类更好地研究三维空间，其带来的结果将会加深人们对流形性质的认识。后来，该猜想被推广到三维以上的空间。

庞加莱猜想是美国克雷数学研究所悬赏 100 万美元的 7 个千禧年大奖难题之一，N-S 方程组也是其中之一。其中，三维的情形被俄罗斯数学家格里戈里·佩雷尔曼（1966 年至今，数学神童，他性格孤僻但为人友善有爱心，是一个潜心研究、淡泊名利、待人以诚、来去无踪的神奇人物，拒绝被选为俄罗斯科学院院士，拒绝接受菲尔兹奖和千禧年数学奖；现在不知所踪）利用瑞奇流方程和奇异点于 2003 年前后证明。2006 年，数学界最终确认佩雷尔曼的证明解决了庞加莱猜想。这是数学发展，也是人类思想发展的里程碑。

佩雷尔曼的研究是非线性方程的一个里程碑，引发了弦理论的第三次革命，让微分几何和代数拓扑迎来一个新时代。庞加莱猜想的证明促进了数学和物理学科的发展，在医学成像上也有广泛应用。

◈ 代表作 ◈

庞加莱一生发表的科学论文约 500 篇、科学著作约 30 部，几乎涉及数学的所有领域以及理论物理、天体物理等的许多重要领域。1905 年 6 月发表《论电子动力学》；1905—1910 年发表《体力学新方法》和《天体力学课程》，这两本重要著作，使得天体力学建立在严格的数学基础之上。庞加莱的哲学著作《科学与假设》《科学的价值》《科学与方法》也有着重大的影响。

✒ 获奖与荣誉 ✒

（1）1888 年，获瑞典国王奥斯卡二世奖金。

（2）1905 年，获匈牙利科学院颁发的 10000 金克朗的鲍尔约奖金。这个奖励是授予给过去 25 年对数学做出最大贡献的科学家。

✒ 学术影响力 ✒

（1）他在天体力学方面的研究是牛顿之后的一座里程碑。

（2）他因为对电子理论的研究被公认为相对论的理论先驱，量子力学的思想先驱。

（3）推动了位势论的发展。

（4）以其本人命名的科学发现有庞加莱球面、庞加莱映射、庞加莱引理、庞加莱群、庞加莱不等式、庞加莱回归等。

（5）月亮上的一个火山口和一颗小行星都以他的名字命名。

✒ 名人名言 ✒

（1）数学家是天生的，而不是造就的。

（2）我们靠逻辑来证明，但要靠直觉来发明。

✒ 学术标签 ✒

法国科学院院士、法国科学院院长、法兰西学院院士、狭义相对论研究的先驱、拓扑学的开创者、综合成就最接近于牛顿的数学家。

✒ 性格要素 ✒

身体病弱但毅力超强。

✒ 评价与启迪 ✒

庞加莱在科学史上，在数学与物理综合成就最接近于牛顿的数学家，物理学史上最伟大的数学家。虽然在物理上无法与牛顿相提并论，但狭义相对论仅次于爱因斯坦贡献者，以及天体力学仅次于牛顿，开创的混沌理论，以及对量子力学的影响，无不显示其在物理学界的地位和影响力。

大多数数学家都认为庞加莱是全能数学家，认为他是最后一个在数学所有分支领域都造诣深厚的数学家。一位数学史家曾经如此形容庞加莱："有些人仿佛生下来就是为了证明天才的存在似的。每次看到亨利，我就会听见这个恼人的声音在我耳边响起。"

他以一己之力开创拓扑学这个堪称数学史上难度最大的最重要的数学构造之一，成为数学和理论物理最重要的基石之一，影响到多维时空的研究与发展。人们普遍认为，在未来的物理学的关键性突破，必须依赖于拓扑学有重大突破。

伯特兰·阿瑟·威廉·罗素（1872—1970 年，英国哲学家、数学家、逻辑学家、历史学家、文学家，分析哲学的主要创始人，世界和平运动的倡导者和组织者）认为，20 世纪初法兰西最伟大的人物就是亨利·庞加莱。

但他否认狭义相对论的基本原理，所以即使他比爱因斯坦更早推出了狭义相对论方程，也极大地降低了他应得的荣誉，否则庞加莱将成为狭义相对论的第一发现人。

53. 电子的发现者、现代原子物理学的创立者——汤姆逊

姓　　名　约瑟夫·约翰·汤姆逊
性　　别　男
国　　别　英国
学科领域　粒子物理学
排　　行　第二梯队（准一流）

汤姆逊像

～ᴗ 生平简介 ᴗ～

汤姆逊（1856 年 12 月 18 日—1940 年 8 月 30 日）出生于英国曼彻斯特，以其对电子和同位素的实验著称。他的父亲结识了曼彻斯特大学的一些教授，例如焦耳。汤姆逊从小就受到这些学者的影响，学习很认真，14 岁便进入了曼彻斯特大学欧文斯学院学习工程学。汤姆逊 16 岁时父亲病逝，但他在母亲劝说下坚持完成了学业。

1876 年他 20 岁时，被保送进了剑桥大学三一学院学习数学，获得了全额奖学金；他听过麦克斯韦讲课，也在瑞利勋爵的指导下发表过几篇理论论文。1880 年他参加了剑桥大学的学位考试，以第二名的优异成绩顺利毕业，随后被选为三一学院学员，在卡文迪许实验室从事研究，两年后又被任命为剑桥大学讲师。1884 年，年仅 28 岁的汤姆逊在恩师瑞利勋爵的推荐下担任了第三任卡文迪许实验室物理学教授及实验室主任。

1897 年，汤姆逊在研究阴极射线管中稀薄气体放电的实验中，证明了电子

的存在，测定了电子的荷质比，轰动了整个物理学界。1903 年，他为了解释原子电中性的问题，提出了原子的"葡萄干蛋糕模型"，对电子在原子里的分布问题等给出合理的解释，在对原子结构的科学研究过程中，有着重要的推动和促进作用（后来被卢瑟福的有核模型所取代）。

1905 年，他被选为英国皇家会会员；1906 年荣获诺贝尔物理学奖；1916 年任皇家学会主席；1919 年被选为科学院外籍委员会首脑。1940 年 8 月 30 日，汤姆逊逝世于剑桥，终年 84 岁。他的骨灰被安葬在西斯敏斯特大教堂的中央，与牛顿、达尔文、开尔文等伟大科学家的骨灰安放在一起。

⇝ 花絮 ⇜

（1）自己制作仪器。

汤姆逊对学生要求非常严格，他要求学生在开始做研究之前，必须学好所需要的实验技术，进行研究所用的仪器全要自己动手制作。他认为大学应是培养会思考、有独立工作能力的人才的场所，不是用"现成的机器"投影造成出"死的成品"的工厂。因此，他坚持不让学生使用现成的仪器，他要求学生不仅是实验的观察者，更是做实验的创造者。

（2）桃李传承。

汤姆逊在担任卡文迪许实验物理教授及实验室主任的 34 年，桃李满天下。汤姆逊的成功离不开他老师瑞利勋爵的帮助与认可。汤姆逊自己在成为剑桥教授后也继承了他的老师瑞利"慧眼识英才"的能力，并且性格和蔼可亲，关爱学生，在剑桥学生界受到一致好评。卡文迪许实验室在汤姆逊的领导下，建立了一整套研究生培养制度和良好的学风，培养了众多的人才。在他领导的卡文迪许实验室的毕业生中，有 9 位获得了诺贝尔奖。汤姆逊后来推荐自己年仅 28 岁的学生卢瑟福到加拿大麦吉尔大学担任物理学教授，再后来推荐卢瑟福接替自己的卡文迪许实验室的主任。从瑞利到汤姆逊到卢瑟福，师徒三人依次成为卡文迪许实验室主任，传承了一段佳话。

（3）汤姆逊的著名学生。

他领导的卡文迪许实验室培养的学生或者助手当中，著名的有卢瑟福、朗之万、J.S.E.汤森（英国物理学家，1903 年提出了解释气体放电机制的最早理论——汤森理论）、麦克勒伦（指出只要周围气体的压强足够低，从带负电的铂丝放出的电流就几乎完全不受气体性质和压强变化的影响；为里查森研究热离子现象奠定了基础）、威廉·亨利·布拉格、查尔斯·汤姆逊·里斯·威尔逊（威尔逊云室发明者，1927 年诺贝尔物理学奖获得者）、R.J.斯特拉特（瑞利勋爵的儿子）、O.W.里查森（1879—1959 年，伦敦大学教授，提出对无线电电子学的发展有深远影响的热电子发射定律，1928 年诺贝尔物理学奖获得者）、弗朗西斯·

威廉·阿斯顿（1877—1945 年，英国实验物理学家，因发现多种非放射性元素的同位素获得 1922 年诺贝尔化学奖，质谱仪的发明人）、G.I.泰勒（1886—1975年，英国皇家学会会员，被授予爵位，参与在新墨西哥州进行的第一颗原子弹爆炸试验，他的工作集中在流体力学）、查尔斯·格洛弗·巴克拉（1917 年，因发现 X 射线的散射现象，获得了诺贝尔物理学奖）以及儿子乔治·佩吉特·汤姆逊（证实了电子的波动性，1937 年诺贝尔物理学奖获得者）等，这些人都有重大建树，都成了著名的科学家。其中，有 9 位获得诺贝尔奖，有的后来调到其他大学主持物理系工作，成为科学研究的中坚力量。

（4）阴极射线管。

阴极射线管最广为人知的用途是用于构造显示系统，故俗称显像管，又称布劳恩管。它是利用阴极电子枪发射电子，在阳极高压的作用下，射向荧光屏，使荧光粉发光，同时电子束在偏转磁场的作用下，作上下左右的移动来达到扫描的目的。早期的 CRT 技术仅能显示光线的强弱，展现黑白画面。而彩色 CRT 具有红色、绿色和蓝色三支电子枪，三支电子枪同时发射电子打在屏幕玻璃上磷化物上来显示颜色。由于它笨重、耗电，所以在部分领域正在被轻巧、省电的液晶显示器取代。

最早的阴极射线管是由英国人威廉·克鲁克斯（1832—1919 年，1913—1915 年担任皇家学会会长，是 81 号铊元素的发现和命名者）首创，可以发出射线，这种阴极射线管被称为克鲁克斯管。德国人卡尔·费迪南德·布劳恩（1850—1918 年，1909 年诺贝尔物理学奖获奖者，继马可尼发明无线电之后，布劳恩对无线电报技术进行了重大改进；他将发射器分为两个振荡电路，为扩大信号的传递范围创造了条件）在阴极射线管上涂布荧光物质，此种阴极射线显像管被称为布劳恩管。

当时的人们对于阴极射线很不了解，有的科学家说它是电磁波；有的科学家说它是由带电的原子所组成；有的则说是由带阴电的微粒组成，众说纷纭，一时得不出公认的结论。英法的科学家和德国的科学家们对于阴极射线本质的争论，竟延续了 20 多年。

（5）电子的发现过程。

汤姆逊将一块涂有硫化锌的小玻璃片，放在阴极射线所经过的路途上，看到硫化锌会发闪光。这说明硫化锌能显示出阴极射线的"径迹"。他发现在一般情况下，阴极射线是直线行进的，但当在射击线管的外面加上电场，或用一块蹄形磁铁跨放在射线管的外面，结果发现阴极射线都发生了偏折。根据其偏折的方向，不难判断出带电的性质。

汤姆逊在 1897 年得出结论：这些"射线"不是以太波，而是带负电的物质粒子。但他反问自己："这些粒子是什么呢？它们是原子还是分子，还是处在更细的平衡状态中的物质？"这需要做更精细的实验。当时还不知道有比原子更小的东西，因此汤姆逊假定这是一种被电离的原子，即带负电的"离子"。他要测量出这种"离子"的质量来。

为此，他设计了一系列既简单又巧妙的实验。单独的电场或磁场都能使带电体偏转，而磁场对粒子施加的力是与粒子的速度有关的。汤姆逊对粒子同时施加一个电场和磁场，并调节到电场和磁场所造成的粒子的偏转互相抵消，让粒子仍做直线运动。这样，从电场和磁场的强度比值就能算出粒子运动速度。而速度一旦找到后，单靠磁偏转或者电偏转就可以测出粒子的电荷与质量的比值。汤姆逊用这种方法来测定"微粒"电荷与质量之比值。

他发现这个比值和气体的性质无关，并且该值比起电解质中氢离子的比值（这是当时已知的最大量）还要大得多。这说明这种粒子的质量比氢原子的质量要小得多。前者大约是后者的1/2000。后来，美国的物理学家罗伯特·密立根在1913年到1917年的油滴实验中，精确地测出了新的结果，前者是后者的1/1836。汤姆逊测得的结果肯定地证实了阴极射线是由电子组成的，人类首次用实验证实了一种"基本粒子"——电子的存在。"电子"这一名称是由物理学家斯通尼在1891年采用的，原意是定出的一个电的基本单位的名称，后来这一词被应用来表示汤姆逊发现的"微粒"。

自从发现电子以后，汤姆逊就成为国际上知名的物理学者。在这之前，一般都认为原子是"不能分割的"。汤姆逊的实验指出，原子是由许多部分组成的，这个实验标志着科学的一个新时代，人们称他是"一位最先打开通向基本粒子物理学大门的伟人"。

（6）电子概述。

物质的基本构成单位——原子是由电子、中子和质子三者共同组成。相对于中子和质子组成的原子核，电子的质量极小。电子是一种基本粒子，重量为质子的1/1836。电子属于亚原子粒子中的轻子类；轻子被认为是构成物质的基本粒子之一，即其无法被分解为更小的粒子。它带有1/2自旋，即是一种费米子（费米子是组成物质的粒子，玻色子是传递力的粒子），通常被表示为 e。

电子围绕原子核做高速运动，通常排列在各个能量层上。能量越大距核运动的轨迹越远，有电子运动的空间叫电子层。第一层最多可有2个电子，第二层最多可以有8个，第 n 层最多可容纳 $2n$ 个电子，最外层最多容纳8个电子，最后一层的电子数量决定物质的化学性质是否活泼，1、2电子为金属元素，3、4、5、6、7为非金属元素，8为稀有气体元素。当原子互相结合成为分子时，在最外层的电子便会由一原子移至另一原子或成为彼此共享的电子。

物质的电子可以失去也可以得到，物质具有得电子的性质叫作氧化性，该物质为氧化剂；物质具有失电子的性质叫作还原性，该物质为还原剂。物质氧化性或还原性的强弱由得失电子难易决定，与得失电子多少无关。

电子的反粒子是正电子，它带有与电子相同的质量，自旋和等量的正电荷。正电子首先被我国物理学家赵忠尧院士发现，但是遗憾的是，他并未因此获得诺贝尔奖。

当电子脱离原子核束缚在其他原子中自由移动时，其产生的净流动现象称为电流。静电是指当物体带有的电子多于或少于原子核的电量，导致正负电量不平衡的情况。当电子过剩时，称为物体带负电；而电子不足时，称为物体带正电。当正负电量平衡时，则称物体是电中性的。静电在我们日常生活中有很多应用方法，其中例子有喷墨打印机。

（7）葡萄干蛋糕模型。

汤姆逊为了要解析原子带中性电的性质，1903 年他提出原子是由 N 个带正电的颗粒和 N 个带负电的电子所组成，它们相互均匀地分布。如果把电子看成葡萄干，而原子的其余部分为蛋糕。电子分布在球体中有点像葡萄干点缀在一块蛋糕里，故把这个原子模型看为"葡萄干蛋糕模型"，见图 2-25。

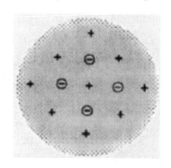

图 2-25 葡萄干蛋糕模型

汤姆逊认为原子中 N 个电子在这个球体内运行；他按照阿尔弗雷德·迈耶尔关于浮置磁体平衡的研究证明，如果电子的数目不超过某一限度，则这些运行的电子所成的一个环必能稳定。如果电子的数目超过这一限度，则将列成两环，如此类推以至多环。这样，电子的增多就造成了结构上呈周期的相似性。

葡萄干蛋糕模型不仅能解释原子为什么是电中性的，电子在原子里是怎样分布的，而且还能解释阴极射线现象和金属在紫外线的照射下能发出电子的现象。而且根据这个模型还能估算出原子的大小约 10^{-8} 厘米，这是件了不起的事情。汤姆逊模型曾在一段时间内受到学界广泛的认可；该模型能对原子的电中性、电子在原子里的分布问题等给出合理的解释，很容易被许多物理学家所接受。在对原子结构的科学研究过程中，汤姆逊的葡萄干蛋糕模型有着重要的推动和促进作用。

师承关系

正规学校教育；他的博士导师是约翰·斯特拉特和爱德华·约翰·劳思（也

是威廉·亨利·布拉格的博士导师），瑞利勋爵指导他发表理论论文。

学术贡献

（1）发现和证明电子的存在，诠释了阴极射线的本质，打破了原子是物质结构最小单位的观念，解决了困扰学界近20年的难题；用磁偏法测出电子的荷质比，证实电流是由电子组成的。

（2）创造了把质量不同的原子分离开来的方法，为后人发现同位素提供了有效的方法。

（3）汤姆逊提出"原子可分"的概念，否定了"原子是不可再分的最小粒子"的学说，认为电子是原子的一部分。

（4）提出了原子的"葡萄干蛋糕模型"，对电子在原子里的分布问题等给出合理的解释，在对原子结构的科学研究过程中，有着重要的推动和促进作用。

代表作

汤姆逊的著述很多，如《电与磁的现代研究》《电与磁数学基本理论》《论涡旋环的运动》和《论动力学在物理学和化学中的应用》等。

获奖与荣誉

因在"气体导电方面的理论和实验研究"的成就，于1906年荣获诺贝尔物理学奖。

学术影响力

（1）电子的发现，打开了人类通往原子科学的大门，标志着人类对物质结构的认识进入了一个新的阶段。

（2）电子的发现，打开了现代物理学研究领域的大门，标志着人类对物质结构的认识进入了一个新阶段。

（3）电子的发现，不仅是物理学发展史上的一项划时代的重大发现，而且具有极其深远的哲学意义。

名人名言

（1）我觉得自己像一个钓鱼的人，用一只轻巧的钓鱼具，在一个意想不到的地方抛出了一线钓丝，钓到了一条鱼，这条鱼太重而使这个钓鱼的人不能把它钓到岸上来。

（2）我坚持奋战50余年，致力于科学的发展。用一个词可以道出我最艰辛的工作特点，这个词就是"失败"。

学术标签

电子的发现者、现代原子物理学的创立者、第三任卡文迪许实验室主任、英国皇家学会会员、英国皇家学会主席。

性格要素

治学严谨、不骄傲自满，治学严谨、关爱学生。

评价与启迪

他非常谦逊，在他成名之后，好多国家邀他去讲学，但他从不轻易应允。如美国著名的普林斯顿大学曾几度请他去讲学，最后他才答应去讲 6 个小时。他讲授的内容相当重要，对核物理有一定的价值。这足以说明他治学十分严谨，不讲则已，讲则要有新的创见。尽管取得了优异的成就，但是他并没有因此而停步不前，仍然一如既往，兢兢业业，继续攀登科学的高峰。没有这些优秀的品质，他也很难在科学之路上取得成功。

他同时也是一个在学问上严厉的老师，但是生活上性格和蔼可亲，非常关爱学生，是个伯乐型的名师，后来的卢瑟福等就得益于他的慧眼识英才。瑞利勋爵是他的伯乐，他也是卢瑟福的伯乐。他领导的实验室培养出来的诺贝尔奖获得者与后面的索末菲有得一拼，都是优秀的物理学大师。只不过他培养的学生更多是在他领导下，而索末菲培养的学生则是他本人的博士研究生或者博士后。他这种严谨求实又甘当人梯的做法是值得每个人学习的。

54. 与法拉第齐名的实验物理学家、英年早逝的电磁波之父——赫兹

姓　　名	海因里希·鲁道夫·赫兹
性　　别	男
国　　别	德国
学科领域	电磁学
排　　行	第二梯队（准一流）

生平简介

赫兹（1857 年 2 月 22 日—1894 年 1 月 1 日）出生于汉堡一个家境殷实的犹太知识分子家庭。赫兹从小受到父亲广博知识的熏陶，自幼展现出良好的科学和语言天赋，喜欢学习阿拉伯语和梵文，动手能力强，喜欢光学和力学实验。

赫兹像

他曾经在德国德累斯顿、慕尼黑和柏林等地学习科学和工程学，19 岁他进入德累斯顿工学院学习工程，次年转入柏林大学。1880 年，赫兹在亥姆霍兹指导下获柏林大学博士学位；1883 年，26 岁的赫兹任基尔大学理论物理学讲师。

1885 年 3 月，赫兹到卡尔斯鲁厄工业大学担任物理学教授。赫兹从事电磁学研究，尽管实验经费少得可怜，他却一点一滴造出一间精密的电磁实验室，并且在上课时示范电学实验。他的同事多尔教授十分欣赏他，把自己的女儿伊丽莎白·多尔介绍给他。

1885—1889 年，赫兹首先通过实验全面验证了麦克斯韦理论的正确性。在实验室产生了无线电波，证明了无线电辐射具有波的特性，首次证实了电磁波的存在，测量了波长和速度。随后，赫兹还通过实验证实电磁波是横波，具有与光类似的特性。他指出无线电波的振动性及它的反射和折射的特性，与光波和热波相同，结果他确凿无疑地肯定：光和热都是电磁辐射。

1887 年，发现了光电效应的最早迹象——他研究了紫外光对火花放电的影响，发现了光电效应，即在光的照射下物体会释放出电子的现象。这一发现，后来成了爱因斯坦建立光量子理论的基础。1889 年，赫兹接替克劳修斯担任波恩大学物理教授直到去世。1889 年在一次著名的演说中，赫兹明确地指出光是一种电磁现象。

1892 年，赫兹不幸被诊断出感染了韦格纳肉芽肿（发病时会经历剧烈的头痛），他努力去治疗这种疾病。1894 年元旦，年仅 37 岁的赫兹因为败血症在前联邦德国首都波恩英年早逝，死后被埋在汉堡的犹太墓地。

～ゐ 花絮 ゐ～

（1）1879 年悬赏课题。

1879 年冬，德国柏林科学院根据亥姆霍兹的倡议，颁布了一项科学竞赛奖，以重金向当时科学界征求对麦克斯韦部分理论的证明，题目是："证明或者否定麦克斯韦所假设的在介质中所产生的电极化的形成或者消失过程中所产生的电动力效应的存在，或者证明或否定由电磁感应的电动力所产生的介质极化现象的存在"。

亥姆霍兹希望自己的高足赫兹能够应征参加竞赛，亥姆霍兹对赫兹说："这是一个很困难的问题，也许是本世纪最大的一个物理难题；你应该闯一闯！"赫兹欣然接受导师的建议。从此，麦克斯韦的电磁理论一直盘旋在赫兹的脑海之中。亥姆霍兹启发他说："关键在于找到电磁波！不然你就证明永远找不到它。"在导师的指导和鼓励下，年轻的赫兹萌发了进行这种实验的雄心壮志，并开始了他对电磁波的实验研究。

（2）给他带来世界性声誉的电磁波实验。

早在 1862 年，年仅 31 岁的英国物理学家麦克斯韦就从理论上科学地预言了电磁波的存在，但是他本人并没有能够用实验证实。当时，德国物理界深信本国著名物理学家威廉·爱德华·韦伯的电力与磁力可瞬时传送的理论。在导师的鼓励下，赫兹向该领域进军，准备攻克世纪难题——以实验来证实韦伯与麦克斯韦理论谁的正确。

经过前期大量的实验，赫兹归纳总结经验和教训之后认为：如果麦克斯韦电磁场理论是正确的，那么振荡偶极子产生的交变电磁场就会在空间产生新的电磁场，也就是在空间出现电磁波，在离此振荡偶极子一定距离的地方用共振偶极子检测到这种变化的电磁场，不就证明了电磁波的存在吗？于是赫兹沿着这条思路继续实验下去。

他埋头苦干，但迟迟没有结果。有一段时间，他甚至误入歧途，得出了与麦克斯韦理论相矛盾的结论。无数次失败并没有动摇赫兹的信心，他几乎是整日整夜地沉浸在实验之中。1886 年 10 月，29 岁的赫兹在做放电实验时，偶然发现身边的一个线圈两端发出电火花，原来是一个微弱的小火花在迅速地来回跳跃。他想到，这可能与电磁波有关，于是开始有计划地进行这方面的研究。直到 1888 年，在一年多的时间里，他进行了多次实验，反复改变导体的形状、大小，介质的种类，放电线圈与感应线圈之间的距离。

赫兹根据电容器经由电火花隙会产生振荡原理，设计了一套电磁波发生器，后来，他制作了一个十分简单而又非常有效的电磁波探测——谐振环，就是把一根粗铜丝弯成环状，环的两端各连一个金属小球，球间距离可以调整。最初，赫兹把谐振环放在放电的莱顿瓶（一种早期的电容器）附近，反复调整谐振环的位置和小球的间距，终于在两个小球间闪出电火花。赫兹认为，这种电火花是莱顿瓶放电时发射出的电磁波，被谐振环接收后而产生的。后来，赫兹又用谐振环接收其他装置产生的电磁波，谐振环中也发出了电火花。所以，谐振环就好像收音机一样，它是电磁波的接收器。1887 年 11 月 5 日，赫兹在寄给亥姆霍兹一篇题为《论在绝缘体中电过程引起的感应现象》的论文中，总结了这个重要发现。

接着，赫兹还通过实验确认了电磁波是横波，具有与光类似的特性，如反射、折射、衍射等，并且实验了两列电磁波的干涉，同时证实了在直线传播时，电磁波的传播速度与光速相同。赫兹在暗室远端的墙壁上覆有可反射电波的锌板，入射波与反射波重叠应产生驻波，他以谐振环在距振荡器不同距离处侦测加以证实。赫兹先求出振荡器的频率，又以谐振环量得驻波的波长，二者乘积即电磁波的传播速度。正如麦克斯韦预测的一样，电磁波传播的速度等于光速。

1888 年，赫兹的实验成功了，人们怀疑并期待已久的电磁波终于被证实了其存在，并发现了它的性质。由法拉第开创，麦克斯韦总结的电磁理论至此才取得决定性的胜利，也因此获得了无上的光彩。1888 年 2 月 13 日，在柏林科学院，赫兹将他的实验结果公布于世，整个科技界为之震动。

物理学史上许多关键问题的解决最后都是诉诸于实验的。赫兹实验就是科学史上的最著名的验证性实验之一，也是科学史上最激动人心的事件之一。赫兹的电磁波实验具有划时代的意义，它以确凿的实验事实全面验证了麦克斯韦电磁理论的正确性。这对物理学的发展产生了重大的影响，是物理学发展中的一个里程碑。赫兹此后进一步完善了麦克斯韦方程组。

（3）向往简单安静的生活。

1887年10月，德国著名物理学家基尔霍夫在柏林去世，亥姆霍兹强烈地推荐赫兹成为柏林大学基尔霍夫教授职位的继任者，但赫兹却拒绝了。他认为柏林的喧嚣并不适合他，他向往简单安静的生活，在平静安宁的生活中揭示大自然的奥妙。亥姆霍兹理解自己学生的想法，写信勉励他说："一个希望与众多科学问题搏斗的人最好还是远离大都市。"

（4）无线电通信的诞生。

赫兹实验不仅证明了电磁波的存在，同时也导致了无线电通信的产生，开辟了电子技术的新纪元。电磁波被确证以后，有一些工程界人士对于其实用价值极感兴趣，但赫兹本人对此却持怀疑和否定的态度。1889年12月，赫兹在与他人的通信中说：如果要利用电磁波进行通信联系，那非得有一面和欧洲大陆面积差不多大的巨型装置才行，而且还要把它"悬挂在很高很高的天上"。他之所以这么说是基于当时德国当时的电气技术条件，这当然也体现了赫兹的局限性；直到他去世之前，德国在无线电方面的技术中还存在众多的短板。但是，德国之外的科学家们却对此极为关注。

就在赫兹去世的1894年，一位在伦巴第度假的20岁意大利青年古列尔莫·马可尼（1874—1937年，无线电之父，1909年获得诺贝尔物理学奖）读到了他的关于电磁波的论文，清楚地表明了不可见的电磁波是存在的，这种电磁波以光速在空中传播。马可尼很快就想到可以利用这种波向远距离发送信号而又不需要线路，这就使电报完成不了的许多通信有了可能。经过一年的努力，于1895年成功地发明了一种工作装置。1896年，马可尼在英国的公开场合进行无线电的通信表演——他用电磁波进行约2千米距离的无线电通信实验，这是第一次以电磁波传递讯息。

1897年，马可尼利用风筝作为收发天线，使无线电信号越过了布里斯托尔海湾，距离14千米，创造了当时最远的通信纪录。1897年7月他在伦敦成立"马可尼无线电报公司"并成功地于1900年获得了专利权。1898年该公司第一次发射了无线电；翌年他发送的无线电信号穿过了英吉利海峡。1901年，马可尼又成功地将无线电信号从英格兰传送到大西洋彼岸的美洲——加拿大的纽芬兰省，实现两地的实时通信。1910年他发射的无线电信息成功地穿越6000英里的距离，从爱尔兰传到阿根廷。

与此同时，俄国的波波夫也在无线通信领域做了同样的贡献。马可尼和波波夫掀起了一场革命的风暴——无线电通信，把整个人类带进了一个崭新的信息时代。其他利用电磁波的技术，也像雨后春笋般相继问世。无线电报（1894年）、无线电广播（1906 年）、无线电导航（1911 年）、无线电话（1916 年）、短波通信（1921 年）、无线电传真（1923 年）、电视（1929 年）、微波通信（1933 年）、雷达（1935 年）以及遥控、遥感、卫星通信、射电天文学等，它们使整个世界面貌发生了深刻的变化。

师承关系

正规学校教育，是基尔霍夫和亥姆霍兹的学生，亥姆霍兹是其博士研究生导师。

学术贡献

赫兹对电磁学有很大的贡献。波动方程（一种重要的偏微分方程，主要描述自然界中的各种的波动现象，包括横波和纵波，例如声波、光波、无线电波和水波）和光电效应的发现都离不开赫兹的贡献。

（1）1887 年，证明了介质中位移电流的存在。

（2）1888 年，首先证实了电磁波的存在；测出电磁波速度，得出电磁波传播的速度等于光速的结论；观察到电磁波有聚焦、直进、反射、折射和偏振现象；以实验证明人类千古的谜团——光的本质是电磁波；实验了两列电磁波的干涉，电磁波实验给他带来了世界性的声誉。

（3）证明了当原子受到电子的冲击激发而发射谱线，能量是分立的；为爱因斯坦和普朗克提出量子理论奠定了基础。

（4）1887 年，他注意到带电物体当被紫外光照射时会很快失去它的电荷，发现了光电效应，即在光的照射下物体会释放出电子的现象，后来由阿尔伯特·爱因斯坦给予解释。

（5）验证麦克斯韦电磁学理论，证明了无线电辐射具有波的所有特性，并发现电磁场方程可以用偏微分方程表达，通常称为波动方程；完善了麦克斯韦方程组，使它更加优美、对称，得出了麦克斯韦方程组的现代形式。

（6）证明电信号像詹姆士·麦克斯韦和迈克尔·法拉第预言的那样可以穿越空气，这一理论是发明无线电的基础。

（7）建立赫兹接触理论。接触力学是研究相互接触的物体之间如何变形的一门学科。赫兹 1882 年发表了关于接触力学的著名文章《关于弹性固体的接触》，赫兹进行这方面研究的初衷是为了理解外力如何导致材料光学性质的改变。根据接触应力和法向加载力，接触体的曲率半径，以及弹性模量之间的关系建立了赫兹接触理论（接触方程）。赫兹接触理论的主要缺点是没有考虑两个接触体之间的结合力。

（8）赫兹很早就对阴极射线的研究很感兴趣，他在 1891 年就发现了阴极射线可以像光透过透明物质一样，穿透某些金属薄片。

❧ 代表作 ❧

（1）1887 年 11 月 5 日，他完成了题为《论介质中电扰动所产生的电磁效应》论文，证明了介质中位移电流的存在。

（2）1882 年，发表《关于弹性固体的接触》，建立赫兹接触理论。

（3）1887 年 11 月 5 日，赫兹在题为《论在绝缘体中电过程引起的感应现象》的论文中总结了一个重要发现"无线电辐射具有波的所有特性，电磁场方程可以用偏微分方程表达，提出了波动方程"。

（4）他研究了紫外光对火花放电的影响，发现了光电效应，即在光的照射下物体会释放出电子的现象。这一发现，后来成了爱因斯坦建立光量子理论的基础。1888 年 1 月，赫兹将这些成果总结在《论动电效应的传播速度》一文中。

（5）1888 年 3 月，完成了《论电磁波在空气中的传播及其反射》论文。

（6）在 1888 年 12 月 13 日向柏林科学院作了题为《论电辐射》的报告，论述了对电磁波偏振、反射和折射现象实验研究的方法和实验结果，以充分的实验证据全面证实了电磁波和光波的同一性。

❧ 获奖与荣誉 ❧

无从考证，但是他的实验改变了世界，带来了全新的电磁时代，使得人类步入了信息社会。

❧ 学术影响力 ❧

（1）以他的名字命名频率的国际单位制单位"赫兹"（Hz）；赫兹代表的是在每一秒中，事物能有周期性地变化的次数，尤其是电流，它会以一定的速度在电线中流动，它每秒钟流动的次数就是频率，用最通俗易懂的话说，就是电一秒钟之内在电线中做往返运动的次数。而频率就是一件事重复出现的次数，例如你打字，一秒钟可以重复打的字的个数就是频率。赫兹就是一个在物理中表示频率的单位。

一般来说，电的频率是有规定的，而且这个规定还具有地域性、国家性，也就是不同国家的电的频率是不同的，即赫兹不同，中国规定的电的频率是一秒钟 50次。在电话通信中，话音信号的频率范围是 300~3400 赫；在调频（FM）广播中，声音的频率范围是 40 赫~15 千赫，电视广播信号的频率范围是 0~4.2 兆赫等。

（2）发现光电效应，成了爱因斯坦建立光量子理论的基础。

（3）赫兹的发现具有划时代的意义，它不仅证实了麦克斯韦发现的电磁学真理，更重要的是开创了无线电电子技术的新纪元，为无线电、电视和雷达的发展找到了途径。

（4）赫兹在电磁学实验研究的过程中，涉及制作了一系列电磁波的发射器、接收器和探测器，为其后无线电技术的快速发展奠定了良好的基础。

（5）赫兹在接触力学领域所做出的贡献不应该被他在电磁学领域杰出的成就而忽视。

（6）虽然赫兹的一生非常短暂，然而却极为有深度。他在物理学上的研究除了给当时的社会带来了变革的理论依据以外，他生前留下的大量实验数据也为后人的研究提供了指导。

（7）1994年，为纪念赫兹去世100周年，德国发行了纪念邮票。

名人名言

（1）我不相信一个人只有理论就可以知道实际。

（2）来源于实验者，亦可以用实验验证之。

学术标签

赫兹与法拉第一样被认为是"19世纪全世界最懂电磁波实验的人"、电磁波之父。

性格要素

赫兹是一个脚踏实地研究的人，在自己研究的过程当中，始终把实验当作检验真理的重要手段。他具有一贯的谦虚和富有自我批评精神，具有精湛的实验技能和敏锐的观察能力，总是耐心细致地重复自己的实验，从蛛丝马迹中寻找真理；正是因为这样严谨的态度和能力，赫兹的科学成就斐然。

评价与启迪

赫兹是纯粹的科学家，把对真理的追求当作人生最大的价值，不计较名利，不追求虚荣和繁华，不向往大城市的喧嚣，而喜欢宁静的科研。虽然赫兹的一生非常短暂，然而却极为有深度。他通过成千上万次的实验所发现的电磁波，对于人类文明的贡献实在是太伟大了，改变了人类的历史进程，让人类步入工业文明乃至信息时代。

他在物理学上的研究除了给当时的社会带来了变革的理论依据以外，他生前留下的大量实验数据也为后人的研究提供了指导。量子论之父普朗克曾高度赞扬赫兹，称他"是我们科学的领袖之一"。纽约大学物理系教授薛默士回顾历史上物理学家，由伽利略到爱因斯坦，他认为最伟大的实验物理实验家就是赫兹。

赫兹严谨耐心细致的研究风格，也极大地影响了物理学后来的发展。他十几年如一日，孜孜不倦地和实验打交道，把自己短暂的一生全部献给了电磁波研究的光辉伟业。

榜样的力量之物理风云

——对世界影响巨大的 100 位物理学家

（中册）

石锋 编著

北 京

冶 金 工 业 出 版 社

2022

内 容 提 要

本书共3册，分绪论、古今伟大的100位物理学家、后记等3章，介绍了物理学发展概论以及对世界影响巨大的100位物理学家的生平事迹、学术地位、学术贡献、相关的逸闻趣事和所涉及的各个学科的发展脉络。作者力图通过严谨科学的术语和诙谐幽默的语言，全方位、多层次地向广大读者展示在人类历史上做出不平凡贡献的大科学家们的不平凡事迹，普及他们的学术和思想，吸引人们特别是广大青少年投身到科学研究中。

本书适合社会各界读者，特别是广大青少年朋友和家长朋友们阅读。

图书在版编目(CIP) 数据

榜样的力量之物理风云：对世界影响巨大的100位物理学家：上、中、下册/石锋编著 . —北京：冶金工业出版社，2022. 6

ISBN 978-7-5024-9095-9

Ⅰ. ①榜… Ⅱ. ①石… Ⅲ. ①物理学—普及读物 Ⅳ. ①O4-49

中国版本图书馆 CIP 数据核字 (2022) 第 046593 号

榜样的力量之物理风云——对世界影响巨大的100位物理学家 （中册）

出版发行	冶金工业出版社	**电 话**	（010）64027926
地 址	北京市东城区嵩祝院北巷 39 号	**邮 编**	100009
网 址	www. mip1953. com	**电子信箱**	service@ mip1953. com

责任编辑 姜晓辉 美术编辑 吕欣童 版式设计 孙跃红
责任校对 王永欣 责任印制 李玉山
三河市双峰印刷装订有限公司印刷
2022 年 6 月第 1 版，2022 年 6 月第 1 次印刷
710mm×1000mm 1/16；69. 25 印张；1328 千字；1060 页
定价 360. 00 元 （上、中、下册）

投稿电话 （010）64027932 投稿信箱 tougao@cnmip. com. cn
营销中心电话 （010）64044283
冶金工业出版社天猫旗舰店 yjgycbs. tmall. com
（本书如有印装质量问题，本社营销中心负责退换）

总　目　录

上　册

中　册

下　册

中册目录

第四节　旧量子论阶段

量子力学的建立是人类思维最伟大的成就，它建立的背景是经典力学和经典电磁学理论在研究微观粒子的运动时遇到了无法解决的困难。量子力学是在旧量子论的基础上发展起来的；旧量子论对经典物理理论加以某种人为的修正或附加条件以便解释微观领域中的一些现象。旧量子论包括普朗克的量子假说、爱因斯坦的光量子理论和玻尔的氢原子理论。

1900 年，普朗克提出辐射量子假说，假定电磁场和物质交换能量是以间断的形式（能量子）实现的，能量子的大小同辐射频率成正比，比例常数称为普朗克常数，从而得出黑体辐射能量分布公式，成功地解释了黑体辐射现象。1905年，爱因斯坦引进光量子的概念，并给出了光子的能量、动量与辐射的频率和波长的关系，成功地解释了光电效应。其后，他又提出固体的振动能量也是量子化的，从而解释了低温下固体比热问题。1913 年，玻尔在卢瑟福有核原子模型的基础上建立起原子的量子理论。按照这个理论，原子中的电子只能在分立的轨道上运动，原子具有确定的能量，它所处的这种状态叫"定态"，而且原子只有从一个定态到另一个定态，才能吸收或辐射能量。这个理论虽然有许多成功之处，但对于进一步解释实验现象还有许多困难。

旧量子论的代表主要是普朗克、爱因斯坦、玻尔和索末菲，其中索末菲一直努力修补旧量子论，他把玻尔的原子理论推广到包括椭圆轨道，并考虑了电子的质量随其速度而变化的狭义相对论效应，导出光谱的精细结构同实验相符。而玻尔则是新旧量子论的过渡人物；他一方面对旧量子论做出了贡献，另一方面率领根本哈根学派完成了量子力学的根本哈根诠释，并影响了当时的众多物理学家。

当然，说起旧量子论，不得不提到基尔霍夫和维恩；基尔霍夫首先提出了绝对黑体的概念，引发了西方世界对黑体辐射的影响；开尔文提出的两朵乌云其中之一就是"黑体辐射"；维恩则根据热力学的普遍原理和一些特殊的假设提出一个黑体辐射能量按频率分布的公式，后来人们称为维恩辐射定律。瑞利勋爵也对黑体辐射做出了贡献。本节中，最特殊的是爱因斯坦，他既是旧量子论的重要贡献者，提出了"光量子"假说；又是相对论的创立者，靠一己之力提出了狭义相对论和广义相对论并引起了世界性的巨大影响。所以，本书把爱因斯坦单独描述，不与普朗克、索末菲等人放在同一节中。

55. 爱因斯坦的伯乐、量子理论之父——普朗克

姓　　名　马克斯·卡尔·恩斯特·路德维希·普朗克
性　　别　男
国　　别　德国
学科领域　物理学
排　　行　第一梯队（超一流）

普朗克像

⤙ 生平简介 ⤚

普朗克（1858 年 4 月 23 日—1947 年 10 月 4 日）出生于丹麦王国基尔（现属德国），是德国著名物理学家和量子力学的重要创始人，量子理论提出者，和爱因斯坦并称为 20 世纪最重要的两大物理学家。

普朗克出身于书香门第、贵族世家，优越的家庭条件使得普朗克从小就受到了良好的教育，无论是人文精神还是自然科学。普朗克在慕尼黑的马克西米利安文理中学读书，并在那里他受到数学家奥斯卡·冯·米勒（德意志博物馆的创始人）的启发，引起自己对数理方面的兴趣。

1874 年，普朗克进入慕尼黑大学攻读数学专业，但是后来改读物理学专业，导师是物理学家菲利普·冯·约利教授。1877 年转入柏林大学，在著名物理学家亥姆霍兹和基尔霍夫及被誉为"现代分析之父"的数学家魏尔施特拉斯手下学习。此间，普朗克认真学习了克劳修斯的著作《力学的热理论》，使他立志投身于热力学研究。

1878 年 10 月，普朗克在慕尼黑完成了教师资格考试，1879 年 2 月递交了他的博士论文《论热力学第二定律》，探讨了热过程的不可逆问题，提出了熵定律的最一般表述方式：不管用什么方法都不可能使导热过程完全可逆，获得慕尼黑大学博士学位。1880 年 6 月以论文《各向同性物质在不同温度下的平衡态》获得大学任教资格。

博士毕业后，他在慕尼黑大学担任物理讲师。在热理论领域工作，克劳修斯所提出的"熵"的概念在普朗克的工作中处于中心位置。普朗克在慕尼黑提出了热动力学公式。但是，这一公式此前已由美国物理化学家约西亚·威拉德·吉布斯（1839—1903 年）提了出来。

1885 年 4 月，普朗克被基尔大学聘为理论物理特聘教授，继续他对熵及其应用的研究，主要解决物理化学方面的问题。例如为瑞典化学家阿伦尼乌斯（1859—1927 年）的电解质电离理论提供了热力学解释，但发现存在矛盾。他还

对原子假说进行深入研究。

普朗克先后有两段婚姻，分别在 1887 年 3 月和 1911 年 3 月结婚。1889 年 4 月，经过亥姆霍兹推荐，普朗克前往柏林大学接替基尔霍夫任副教授，1892 年后任教授和理论物理学研究所所长。

从 1894 年起，他把研究注意力转向黑体辐射问题。同年，普朗克被选为普鲁士科学院的院士。在世纪交替之际，长期从事热力学研究工作的普朗克逐渐成为该领域德国公认的学术权威。他先后担任普鲁士科学院的领导职务和《物理学年刊》的主要编辑。

1910 年前后，普朗克担任柏林大学的校长。1918 年他被选为英国皇家学会会员，同年获得诺贝尔物理学奖。1926 年，他被推举为英国皇家学会的最高级名誉会员，美国也选他为物理学会的名誉会长，同时还担任了柏林威廉皇家研究所所长。普朗克于 1926 年 10 月 1 日退休，继任者是薛定谔。

1930—1937 年任德国科学研究的最高机构德国威廉皇家学会的会长，该学会后为纪念普朗克而改名为马克斯·普朗克学会。1944 年，普朗克移居到哥廷根，这使他得以在战争中幸存。1947 年 10 月 4 日，普朗克在哥廷根大学医院去世，下葬在哥廷根市公墓。

～❧ 花絮 ❧～

（1）不要学物理。

在 19 世纪中后期，经典物理学的大厦已经基本竣工，物理学家们很难有什么重大的理论提出来。因而，慕尼黑的物理学教授菲利普·冯·约利曾苦口婆心地劝说普朗克不要学习物理，他认为"这门科学中的一切都已经被研究了，只有一些不重要的空白需要被填补，没有任何机会留给年轻人了"，这也是当时许多物理学家所坚持的观点。而普朗克回复道："我并不期望发现新大陆，只希望理解已经存在的物理学基础，或许能将其加深。"而且普朗克很快就把研究转向了理论物理学。

（2）音乐、登山与物理。

普朗克的父亲教导子女的格言是："音乐和物理学并重"——音乐可以陶冶性情，松弛神经，而物理学则可以提高智慧，经世致用。优越的家境、良好的教育环境使他多才多艺，具有音乐天赋。他不但会弹钢琴，还会拉大提琴和演奏管风琴。尽管此后声名卓著，普朗克依然没有放弃对音乐的热爱。

普朗克全家住在柏林的一栋别墅中，与柏林大学的教授们为邻，其别墅逐渐发展成一个社交和音乐中心，许多知名的科学家如爱因斯坦、哈恩和迈特纳等都是普朗克家的常客。他或者为好朋友、著名匈牙利小提琴家约瑟夫·约阿希姆（1831—1907 年）伴奏，或者在一个包括爱因斯坦在内的三人小组中演奏；或者普朗克弹钢琴，爱因斯坦拉小提琴为他伴奏。

在战火纷飞的年代，在妻子和子女一个个离世的痛苦时刻，钢琴给了他莫大安慰，甚至在生命的最后一天他依然挚爱音乐，坚持弹奏一个小时的钢琴。除了音乐，他还喜欢爬山；长寿的普朗克直到晚年仍把音乐、登山和物理学看作三大生命支柱。80 岁前后，他还分别登上了阿尔卑斯山、海拔 3000 多米的大威尼迭格峰和东蒂罗尔峰。

（3）授课高手。

普朗克曾在柏林大学教授理论物理学课程，整个课程长达 6 个学期。他的教授风格独树一帜，学生们评价他讲课"冷静理智，有些一本正经"。一位英国人曾表述普朗克讲课"不用讲稿，从不犯错误，从不手软，是我所听过的最好的讲师"。听普朗克授课的人从 1890 年的不到 20 人增加到了 1909 年的 140 多人。他不仅仅讲课很有吸引力，他的学生也成就非凡，可以说桃李满天下。

普朗克对中学生的学习也非常关心，他曾提出许多关于物理基础教程的任务和内容的重要设想，这些设想至今仍有现实意义。

（4）坚持正义的有良知的教师。

1907 年，维也纳大学曾高薪聘请普朗克前去接替玻尔兹曼的教职，但他没有接受，而是留在了柏林，受到了柏林大学学生会的火炬游行队伍的感谢。

普朗克曾被柏林大学指定去解决一位校聘教师的去留问题。这位教师是忠诚的社会民主党成员，普鲁士文化教育部要求学校解聘他，但普朗克拒不同意。他认为该教师是一位优秀的教师和非常有潜力的科学家，并没有用其政治观点影响正常的教学工作；该教师属于校聘教师，去留问题只有学校能决定，教育部不能越俎代庖。面对政治立场与专业素养的问题，当时引起很大的舆论争议。但普朗克坚持自己的立场不动摇，直到普鲁士为此专门颁布了法律规定教育部门有权直接解职大学教师为止。从这一点来看，普朗克是有原则的，为了保护教师不惜得罪教育部。

（5）量子论的诞生。

从 1894 年起，他把注意力转向当时物理学界正热烈探究的黑体辐射问题。1860 年，德国物理学家基尔霍夫首先提出黑体辐射问题。此后，包括普朗在内的有关科学家对之进行了一系列的深入研究。在开拓精神的驱动下，普朗克终于在黑体辐射问题上有了革命性的重大突破。他在悉心研究后发现，在某些放射作用的过程中，原有的经典物理学已无法作出透彻的解释。这就意味着要对之有所突破。对于一位科学工作者来说，这需要极大的勇气。

1900 年的一天，普朗克对儿子说："今天我完成了一项重大发现，其重要性可与牛顿的发现媲美"。1900 年 10 月下旬在《德国物理学会通报》上发表一篇只有三页纸的论文，题目是《论维恩光谱方程的完善》，第一次提出了黑体辐射公式，很好地吻合了黑体辐射的实验数据。1900 年 12 月 14 日，普朗克在柏林亥姆霍兹研究所召开的德国物理学会上发表了论文：《论正常光谱的能量分布理论》，宣告了量子论的诞生，是现代物理学上的一场革命性突破。

他在研究黑体辐射的时候发现，物体热辐射发出的光不是连续的，而是断断续续的、一份一份的，这些不连续的能量被称为能量子或量子，这就是所谓的量子化现象。量子是大小不一的，它们随着各量子的放射频率的不同而变化，只能取最小能量值的整数倍。因此，量子最初指的是能量的最小单位，就像构成物质的基本粒子一样。量子的大小与频率之间的比例常数可以用一个常数来代表，这个常数就是当今物理学上的普朗克常数（能量的最小数值 $\varepsilon = h\nu$，ν 是辐射的频率）。普朗克的量子论打开了量子世界的大门。

然而，作为一名开拓者，普朗克的新发现在开始时没有得到什么响应。由于他的理论打破了经典物理学的旧体系，许多物理学家起初都拒绝接受它。直到 1913 年，丹麦物理学权威尼尔斯·玻尔用量子论第一次成功地计算出光谱的特殊谱线的位置时，普朗克理论的伟大意义才被人们所公认。

普朗克的量子概念破坏了经典物理学的庞大体系，成了当今科学的重要基础。根据经典物理学，能量与其他物理量一样，可以连续取值。而能量不能连续的思想引入物理学后，经典物理学所碰到的许多疑难问题很快就得到了解答。在量子化概念的引导下，微观物理学迅速发展为 20 世纪物理学的主流，并为后来的爱因斯坦在这一理论上的推进和突破打下了坚实的基础。

令人讽刺的是，普朗克最大的成就是普朗克常数。这个与经典物理学相悖的假说，被作为是量子物理学诞生的标志，但在普朗克后来的日子里，他一直试图将自己的这一理论纳入经典物理学的框架之下。

（6）爱因斯坦的伯乐。

普朗克不仅是量子力学奠基者，还是爱因斯坦的伯乐。普朗克发现了爱因斯坦的才华。1905 年，当时尚完全不为人所知的爱因斯坦在普朗克担任编辑的科学杂志《物理学年刊》中发表了五篇开创性的论文，其中包括光量子假说，成功解释了光电效应的问题。其实，当时其他编辑并不认可爱因斯坦的观点，不愿意刊出他的论文。但是，普朗克力排众议，坚持发表了这五篇对后世影响力巨大的论文。

普朗克给未成名的爱因斯坦写信，对他的光电效应解释十分赞同，因为量子化是他自己提出来的，爱因斯坦的光量子假说很显然是受到了普朗克的影响。普朗克也是少数很快发现爱因斯坦狭义相对论重要性的人之一，他不遗余力地对物理界推广相对论。由于普朗克的影响力，相对论很快在德国内得到认可。事实上，普朗克自己也对狭义相对论的完成做出了重要的贡献。

1910 年，爱因斯坦指出低温下比热的不正常表现，是又一个无法用经典理论解释的现象。为了对这些有悖经典理论的现象寻求合理的解释，普朗克和能斯特于 1911 年在布鲁塞尔组织了第一次索尔维会议。在这次会议上，爱因斯坦终于说服了普朗克。

1913 年，他亲赴瑞士登门礼聘爱因斯坦，他想尽办法说服爱因斯坦从瑞士来到了德国当时欧洲最好的洪堡大学，普朗克开给爱因斯坦的薪酬是令人惊讶的年薪 12000 克朗，比普朗克本人的年薪都高出很多。支付这笔钱的是德国一位商人。当时，普朗克带着爱因斯坦见这位商人，爱因斯坦大致介绍了他的研究和理论之后，这位商人很不满意，质问普朗克："你介绍给我的就是这样一位人？他研究的这些对于我有什么用处呢？"普朗克回答："帮你做具有实际应用价值的人已经够多了，你眼前的这位所做的研究将是颠覆 200 年前的牛顿理论的那种研究。"这位商人不情愿地勉强接受了。

爱因斯坦课上得很烂，可普朗克反而在聘书中明文规定：聘请爱因斯坦为柏林洪堡大学讲席教授，不用上课。于是，爱因斯坦在德国最著名的洪堡大学待了下来，他在那里继续做出了一系列震惊世界的研究成果。可以说，如果没有他，爱因斯坦后来的理论和研究是否会出现，真的很难说。后来普朗克成为柏林大学的校长，他将爱因斯坦请到了柏林，并在 1914 年为爱因斯坦设立了一个新的教授职位，他们结下了深厚的友谊。

在剑桥大学天文台长爱丁顿证实相对论之前，普朗克是唯一当众称爱因斯坦"当代哥白尼"的著名物理学家。但是在学术观点上，他俩并非完全一致。尽管普朗克提出了量子的概念，但爱因斯坦更进一步，提出电磁辐射本身就是由一份一份的光量子组成的观点，而普朗克很多年以后才接受了这个观点，但这丝毫没有影响他们二人的友谊。普朗克推荐爱因斯坦为威廉皇家科学院院士。

1916 年 5 月，普朗克提前引退德意志物理学会会长一职，而他力荐的继任者正是年不高、德不劭、名尚未满天下的爱因斯坦。投桃报李，爱因斯坦对普朗克一向执弟子礼。1918 年，苏黎世联邦工业大学意识到当年放走爱因斯坦吃了大亏，遂联合苏黎世大学向爱因斯坦发出待遇远超洪堡大学的任教邀请，爱因斯坦出于对普朗克的忠诚当场拒绝。

（7）爱因斯坦在普朗克 60 岁生日宴会上的讲话。

1918 年 4 月，在柏林物理学会举办的普朗克 60 大寿庆祝会上，爱因斯坦发表了著名的讲话，题目是《探索的动机——献给所有真正志于科学研究的人》。讲话热情洋溢，对普朗克表示最大程度的尊重。讲稿最初发表在 1918 年出版的《庆祝马克斯·普朗克 60 寿辰：德国物理学会演讲集》。1932 年爱因斯坦将此文略加修改，作为普朗克文集《科学往何处去？》的序言。

发言很长，作者摘抄简短部分如下：

在科学的神殿里有许多楼阁，有许多人爱好科学是因为科学给他们以超乎常人的智力上的快感，科学是他们在这种娱乐中寻求生动活泼的经验和对他们自己雄心壮志的满足。我们的普朗克就是其中之一，这也是我们所以爱戴他的原因。

物理学家的最高使命是得到那些普遍的基本定律，由此世界体系就能用单纯的演绎法建立起来。会有多种可能同样适用的理论物理学体系；几年前马赫和普朗克的论战，根源就在这里。

渴望看到这种先天的和谐，是无穷的毅力和耐心的源泉。我们看到，普朗克就是因此而专心致志于这门科学中的最普遍的问题，而不是使自己分心于比较愉快的和容易达到的目标上去的人。我们敬爱的普朗克今天就坐在这里，内心在笑我像孩子一样提着第欧根尼的风灯闹着玩。我们对他的爱戴不需要作老生常谈的说明，我们但愿他对科学的热爱将继续照亮他未来的道路，并引导他去解决今天理论物理学的最重要的问题。这问题是他自己提出来的，并且为了解决这问题他已经做了很多工作。祝他成功地把量子论同电动力学、力学统一于一个单一的逻辑体系里。

（8）普朗克与马赫的论战。

青年时代的普朗克是马赫的追随者。1787 年，普朗克在柏林大学撰写博士论文时，研读了马赫的名著《功守恒定律的历史和根源》。他深受马赫实证主义思想的影响，成为一名实证主义者。他把热现象的分子运动论看做不正确的假说，不相信玻尔兹曼的分子运动论和原子论，他的科研特点是纯粹的经验主义和唯象方法。马赫在他的书中也承认普朗克受到了他的学说的影响。

普朗克自己承认，他青年时在基尔工作的时候（1885—1889 年）是马赫哲学的虔诚信徒，马赫学说对他的物理思想产生过很大的影响。一直到 1896 年，他开始研究热辐射时，仍然拒不承认热力学第二定律的统计解释，认为几率定律都有例外，不是绝对性的。为此，他和玻尔兹曼有过一次激烈的论战。但是，他很快就后悔了，他决定联手玻尔兹曼与奥斯特瓦尔德浅薄的唯能论相对抗。

他开始对马赫理论的怀疑开始于 1897—1900 年。在此期间，他研究了黑体辐射。但是整个研究过程充满了艰辛曲折，走了很多的弯路，让普朗克不胜其烦，但是无计可施。直到后来他大胆地尝试抛弃成见，转而求助于他一向厌恶的玻尔兹曼的统计方法和几率理论，才取得成功。按照普朗克本人的说法，"能量子假说"地提出属于"孤注一掷、不惜代价"的行为，这意味着他背离了马赫的哲学思想。同时，他从反对热力学第二定律的统计解释到支持，从原子论的反对者到赞成者，提出了"量子的概念"，动摇了经典物理学的根基。

（9）其他贡献。

普朗克除了在物理上做出的突出贡献之外，在生活和政治上都有一定的贡献。在普朗克的倡议下，柏林物理学会在 1898 年改为了德国物理学会。

第一次世界大战期间，他坚持学术自由的旗帜。在他的坚持下，由他担任四个常任主席之一的普鲁士科学院在 1915 年将奖项颁给了一项意大利的研究成果，虽然在当时的战争中意大利是德国的敌人；1916 年，签署声明反对德国的军国主义。普朗克加入了古斯塔夫·施特雷泽曼（1926 年获诺贝尔和平奖）的德国人民党，该党的国内政策自由，而对外政策则相对保守。普朗克反对普选权，并认为纳粹独裁是"人民大众法治升华"的结果。

在第一次世界大战后的动荡时期，享有德国物理学界的最高地位的普朗克，向他的同事们发出了"坚持到底，继续工作"的口号。1920 年 10 月，他和弗里茨·哈伯创建了"德国科学临时学会"，其目的是为陷入困境的科学研究提供资金支持，其中的大部分资助来自国外。

1933 年，纳粹上台时普朗克 75 岁，对于在普鲁士传统下成长起来的普朗克来说，对国家的无条件忠诚是理所应当的，为了德国科学的发展，受尽艰辛和屈辱，竭尽全力挽救一切可以挽救的东西。普朗克认为，带有种族主义的法律会对德国科学造成巨大伤害。他请求希特勒接见，见面后普朗克谨慎地把自己的观点传达出来，结果希特勒勃然大怒。

为了国家和民族大计，作为威廉皇家学会的主席，他在 1933 年 7 月 14 日上书内政部长威廉·弗里克（1877—1946 年），表示学会愿意投入到帝国的种族纯净研究中。国家权力的被滥用，使得普朗克身不由己地放弃了自己的立场，他目睹了许多犹太人朋友和同事们被驱逐出他们的工作岗位，并被羞辱，数以百计的科学家被迫离开了德国。普朗克再次尝试用"坚持到底，继续工作"的口号，请求正在考虑移民国外的科学家们不要离开德国，并成功说服了其中的部分人留在了德国。

第二次世界大战期间，普朗克为受迫害的犹太籍科学家提供过尽可能的支持与帮助。1918 年诺贝尔化学奖得主、人工合成了化肥的德国化学家弗里茨·哈伯由于是犹太人，受到了纳粹政权的迫害，在 1934 年死于流亡生活中。一年后，普朗克以威廉皇家学会主席的身份，为哈伯举行了一次纪念活动。普朗克还竭尽全力，使得一些犹太人科学家能够在一段时间内在威廉皇家学会的研究所内继续工作。1936 年，普朗克结束了威廉皇家学会主席的任期，在纳粹的威胁之下，他放弃参加连任的选举。

总之，他是德国科学界深孚众望的伟大领袖。这位学养深厚的贵族教授温文尔雅、平易近人，赢得上至德皇威廉二世、下至普通民众的广泛爱戴。

（10）纳粹当政期间虚与委蛇。

当纳粹对犹太科学家和德国科学进行摧残时，普朗克和他的学生劳厄没有选择离开，而是借助于表面的合作暗地斗争的方式尽力作工作，通过官方渠道去阻止、延迟或者取消对重要的科学家解雇命令，以便让他们尽可能多地居留开展正常的科学活动。

普朗克是政治与科学之间的斡旋者。在纳粹最初掌权的日子，普朗克也曾想离开自己的职位，毕竟自己年事已高，对国家的热爱和强烈的责任感使他留下来。1933年希特勒成为国家元首时，普朗克在德国的科学机构里担任两个重要职务：普鲁士科学院秘书和威廉物理学会主席。这两个组织都是需要政府赞助的，所以他对新的政权有所妥协。他曾和希特勒有过一个会面，力图使他相信强迫犹太人移民会扼杀德国的科学，但他失望了。

普朗克感到无力直接对抗政府，他选择与政府表面上的合作，与纳粹虚与委蛇，他要求自己并尽量说服别的科学家特别是年轻科学家尽量不要和政府发生正面冲突。作为普鲁士科学院的秘书，普朗克要考虑的是科学院的命运。科学院作为一个研究机构能否存在要比某一个人的命运重要得多。

作为威廉皇家学会的主席，普朗克通过与政权表面结盟的方式保护了学会。通过一系列幕后的努力，普朗克不仅帮助了和保护了一些犹太科学家继续留在德国工作，如莉泽·迈特纳。他努力说服一些德国年轻的优秀科学家留在德国，如海森堡，和他一起与纳粹政府周旋。他也阻止了更多的纳粹分子进入科学院和学会。与一些大学和其他组织不一样，威廉皇家学会一直没有被纳粹政府控制，使学会的大多数研究机构在纳粹掌权的早期没有受到大的干扰，而且还在1938年建立起了威廉皇家物理研究所。

普朗克所有这些努力都为德国战后的科学保留了种子和科研平台。尽管他这种务实的态度让爱因斯坦等人很不理解，但是这的确是当时最好的选择。我们不能不佩服普朗克顾全大局的气魄和胸怀。

（11）与爱因斯坦反目。

爱因斯坦后来与普朗克发生了龃龉，起因是一份签名。第一份是1914年10月。为了寻找战争借口并欺骗人民，军国主义分子发表了《告文明世界的宣言》，为德国发动的侵略战争辩护，鼓吹德国高于一切，全世界都应该接受"真正德国精神"。其中，竟有如此令人毛骨悚然的话："要不是由于德国的赫赫武功，德国文化早就荡然无存了。"

德国的科学界和文化界，包括艺术家、学者、牧师等93人，在军国主义分子的操纵和煽动下，被洗脑了的知识精英们多数忘记了战争带来的灾难后果，个个忙于为战争出力，纷纷签名表示支持，包括普朗克、伦琴、能斯特、海克尔（1834—1919年，德国博物学家，达尔文进化论的支持者、捍卫者和传播者）以及和爱因斯坦办公室对门的德国化学家弗里茨·哈伯（1918年诺贝尔化学奖获得者，犹太人，合成氨技术的建立者；一战中设计制造了大量的毒气等化学武器，造成百万计的伤亡，尤其是给犹太同胞造成了巨大伤害，广受指责）等人都签了名。后来，两人被国防部聘请为顾问，授予少校军衔。本次签名的德国科学界人共有93人（里面一共诞生了14名诺贝尔奖获得者），史称"93人宣言"。

1914 年 10 月 4 日，德国各大报纸上都发表了这份臭名昭著的宣言。这份宣言作为"真正知识分子的无耻宣言"进入历史，它成为了德意志民族耻辱的象征。签名者中没有爱因斯坦和希尔伯特。这份签名成了两人关系破裂的导火索。第一次世界大战结束，德国败降，普朗克等学者公开为《告文明世界的宣言》道歉。

第二次世界大战期间，纳粹政府通缉爱因斯坦，普朗克虽然全力营救保护爱因斯坦，却得不到纳粹暴政的积极回应。在德国科学院开除爱因斯坦的决议上，只有劳厄一人拍案而起，普朗克却无力回天，这件事也加剧了二人的生疏。所以，才有了后来的爱因斯坦的"问候劳厄"的流传。这句话的背后是爱因斯坦表达普朗克对战争贩子暧昧态度的不满！

但在普朗克去世后，爱因斯坦不计前嫌地为普朗克写悼词，高度称赞了普朗克对于学术的贡献："一个以伟大的创造性观念造福于世界的人，不需要后人来赞扬，他的成就本身就已给了他一个更高的报答"。

（12）悲惨的晚年。

尽管普朗克一生受尽称颂和爱戴，但他却依然是悲情的。他的一生完整经历了德国的崛起和两次世界大战后的衰落。1909 年，普朗克的妻子因病去世了（中年丧妻）。1916 年，他的长子在凡尔登战役期间战死，两个女儿也在一战期间都死于难产（老年丧子）。1944 年 2 月，英美空袭柏林，普朗克的房子被夷为平地，他的书籍、文稿、信件、日记全部焚毁，他毕生的研究成果毁于一旦。而普朗克的次子在 1944 年卷入到刺杀希特勒的"7·20 政变"中，被纳粹投进监狱。尽管普朗克动用了他所有的能量，但还是没能把他唯一在世的亲人救出来。

1945 年，他的次子埃尔文被纳粹处以绞刑。至此，他与前妻所生的 4 个孩子全部死于非命。当时，普朗克已经是 87 岁高龄了，这对他来说是致命打击。战争的最后一段时间，普朗克和妻子到乡下居住。1945 年 4 月，盟军和德军残部在普朗克居所附近会战，普朗克夫妇与周围百姓躲进山林，高龄的普朗克受尽流离失所、饥寒交迫之苦。他们住到卖奶人家中，两周后被美军认出，得到了初步安置。后来，普朗克在哥廷根的侄女家住了两年，在这里他受到人们的尊敬并享有崇高的荣誉。

1947 年 3 月，已经 88 岁高龄的普朗克，支撑着虚弱不堪的病体，从柏林来到英国，参加英国皇家学会举办的、因战乱而推迟了四年的牛顿诞生 300 周年纪念会。在所有与会科学家中，普朗克是唯一被邀请的德国人。

在这里，普朗克做了他人生中最后一次演讲——《精密科学的意义和范畴》。在经历了几十年残忍的折磨之后，普朗克只是在演讲中无比平静地说："值得我们追求的唯一高尚的美德，就是对科研工作的真诚，这种美德是世界上任何一股力量，都无法剥夺的，这种幸福是世界上任何一种东西，都无法比拟的。"1947年10月4日，他因滑倒而骨折，在哥廷根大学医院里去世，享年89岁。

普朗克的墓地位于德国下萨克森州哥廷根市的公墓内，其标志是一块简单的矩形石碑，上面只刻着他的名字，下角写着"尔格·秒"。他的墓碑是一块长方形的石头，上面刻着他的名字和属于他的常数"$h = 6.626196 \times 10^{-27}\,\mathrm{erg} \cdot \mathrm{s}$"。这也是对他毕生最大的学术贡献，提出光量子假说的肯定。

师承关系

正规学校教育；听过亥姆霍兹和基尔霍夫的课程，博士导师是菲利普·冯·约利。普朗克仅有过约20名博士生，其中包括：马克斯·亚伯拉罕（1875—1922年）、维也纳学派创始人摩里兹·石里克、瓦尔特·迈斯纳（1882—1974年）、马克斯·冯·劳厄（1914年诺贝尔物理学奖获得者）、弗里茨·赖歇（1883—1960年）、瓦尔特·朔特基（1886—1976年）、古斯塔夫·赫兹（1887—1975年，电磁场发现者赫兹的侄子，1925年诺贝尔物理学奖获得者）和瓦尔特·威廉·格奥尔格·博特（1891—1957年，1954年诺贝尔物理学奖获得者）。相比爱因斯坦这种单打独斗型，他培养的博士生实在太厉害了，和玻恩、索末菲和卢瑟福等优秀教师有得一拼。

学术贡献

（1）作为一个理论物理学家，普朗克早年研究热力学，他最大的贡献是在解释黑体辐射问题时，为了解释黑体辐射的能量密度与波长的关系，第一次提出了"量子"的概念（能量量子），首先提出了量子假说，对量子力学的发展做出了重要贡献。

（2）发现普朗克辐射定律，是热辐射最基本的定律；提出著名的普朗克辐射公式，在论证过程中提出普朗克常数，以便调和经典物理学理论研究热辐射规律时遇到的矛盾，成为此后微观物理学中最重要的方程常数之一。另外，玻尔兹曼常数也是他推导出来并以他的前辈物理学家玻尔兹曼命名的。

（3）在热理论领域工作，提出了热动力学公式，这一公式在此前已由吉布斯提出。

（4）1906年，他导出了相对论动力学方程，得出电子能量和动量的表达式，从而完成了经典力学的相对论化。同年，他引入了"相对论"这个术语。

（5）1907年，在狭义相对论的框架内推广了热力学。

代表作

（1）1880年6月，他以论文《各向同性物质在不同温度下的平衡态》获得大学任教资格。

（2）1885—1889 年，他把一些已发表的论文汇集起来，出版了《论熵增加原理》一书。

（3）1900 年 12 月，普朗克在德国物理学会上发表了影响现代文明的著名论文——《论正常光谱的能量分布定律》，宣告了量子论的诞生。

（4）1906 年，普朗克在《热辐射讲义》一书中，证明了麦克斯韦方程组也会出现时间反演性，系统地总结了他的工作，为开辟探索微观物质运动规律新途径提供了重要的基础。

普朗克一生著述甚多，此外还有《普通热化学概论》（1893 年）、《热力学讲义》（1897 年）、《能量守恒原理》（第二版，1908 年）、《热辐射理论》（1914年）、《理论物理学导论》（共 5 卷，1916—1930 年）、《热学理论》（1932 年）、《物理学论文与讲演集》（共 3 卷，1958 年）、《物理学的哲学》（1959 年）等。其中，五卷集《理论物理学引论》享有世界声誉，先后几代物理学家都学过这部书。

🖝 获奖与荣誉 🖝

（1）他曾获得哥廷根大学哲学系关于能量本质论文征文的二等奖；

（2）1897 年，哥廷根大学哲学系授奖给普朗克的专著《能量守恒原理》；

（3）1915 年，获 Pour le Mérite 科学和艺术勋章；

（4）1918 年，获得诺贝尔物理学奖；

（5）1928 年，获德意志帝国雄鹰勋章；

（6）1929 年，与爱因斯坦共同获马克斯·普朗克奖章。

🖝 名词解释 🖝

普朗克奖章于 1929 年由德国物理学会设立，用于奖励在理论物理学领域，特别是与马克斯·普朗克本人的工作有联系领域的杰出成就，以纪念这位著名的德国物理学家。普朗克奖章包括一枚奖章、一份奖状，由德国物理学会评选和颁奖。每年一次，候选人由若干名前获奖者组成的一个委员会推荐，每次必须提出两名候选人。

普朗克奖章对世界各国科学家开放；历届获奖者包括普朗克本人、爱因斯坦、玻尔、索末菲、劳厄、海森堡、薛定谔、德布罗意、玻恩、德拜、狄拉克、费米、泡利、朗道、维格纳、戴森、南部阳一郎等著名物理学家。南部阳一郎是唯一一位亚洲获奖者。

🖝 学术影响力 🖝

（1）普朗克提出量子的概念，从此物理学由经典时代迈向量子时代，量子规律的发现重构了整个科学领域，从物理、化学、生物、材料再到工程应用领域比如电子信息产业。包括现在互联网，没有量子规律的发现，大部分的现代科技都不会产生。所以说普朗克提出量子这一概念的划时代创意，天才的设想，可能连普朗克本人都没有意识到他的发现对于人类科技造成的空前影响。没有任何一个概念能够比量子更加具有深远的影响力，说它是人类有史以来最大的创新毫不为过。

（2）量子论的诞生是物理学思想的一次重大革命，彻底改变人类对原子与次原子的认识，打破了经典物理学的旧体系，是现代物理学上的一场革命性突破。能量不能连续的思想引入物理学后，经典物理学所碰到的许多疑难问题很快就得到了解答。

（3）他的研究也曾影响过爱因斯坦，他引入了"相对论"这个术语。

（4）量子论与相对论一起构成了 20 世纪物理学的基础。

（5）普朗克的主要成就普朗克定律，是基于对热力学第二定律为起因开展的（是普朗克于 1900 年从理论上确定的，是热辐射最基本的定律）、普朗克公式（在量子论基础上建立的关于黑体辐射的正确公式）、普朗克常数（记为 $h = 6.62606896(33) \times 10^{-34} J \cdot s$，是一个物理常数，用以描述量子大小，在量子力学中占有重要的角色；$1 erg = 10^{-7} J$）、普朗克长度（有意义的最小可测长度；普朗克长度由引力常数、光速和普朗克常数的相对数值决定，它大致等于 1.6×10^{-35} 次方米，即 1.6×10^{-33} 厘米，是一个质子大小的 1/1022；是经典的引力和时空开始失效、量子效应起支配作用的长度标度）、普朗克时间（指时间量子间的最小间隔，为 10^{-43} 秒，没有比这更短的时间存在；普朗克时间＝普朗克长度/光速）、普朗克温度（与绝对零度相反，普朗克温度是热力学温度的基础上限；现代科学认为推测任何东西比这更热是毫无意义的；据现时的物理宇宙学，这是宇宙大爆炸第一个瞬间的温度）等都是以他的名字命名的。

（6）1957—1971 年，德国官方 2 马克硬币使用普朗克的肖像。

（7）1938 年，第 1069 号小行星（1927 年 1 月 28 日由德国天文学家马克斯·沃夫在海德堡发现）以普朗克的名字命名为 Planckia。

（8）1983 年，德意志民主共和国发行一枚 5 马克纪念硬币，纪念普朗克诞辰 125 周年。

（9）1948 年 9 月，德国威廉皇家学会为纪念普朗克而将其改名为马克斯·普朗克学会，全名为马克斯·普朗克科学促进学会，是德国的一个大型科研学术组织，在第二次世界大战前成为德国顶尖的科学研究机构，也是国际上规模最大、威望最高和成效最大的由政府资助的自治科学组织，这个几乎涵盖所有科学领域研究的协会直到今天仍是德国重要的研究机构。如今，有很多学校和大学以普朗克的名字命名，如德国政府为了纪念这位伟大的物理学家，把威廉皇家研究所改名叫马克斯·普朗克研究所。

（10）2008 年，德国发行了普朗克纪念邮票。

（11）以他的名字命名的宇宙辐射探测器"普朗克"，2009 年 5 月 14 日从法属圭亚那库鲁航天中心发射升空，对宇宙微波背景辐射进行深度探测。

（12）1938 年，在普朗克的 80 寿辰庆祝会上，人们送给他一个永久性的礼物——一颗以普朗克命名的小行星。

名人名言

（1）在诺贝尔颁奖典礼上，他发表感言道："我对原子的研究最后的结论是——世界上根本没有物质这个东西，物质是由快速振动的量子组成!"他进而剖析说："所有物质都是来源于一股令原子运动和维持紧密一体的力量，我们必须认定这个力量的背后是意识和心智，心识是一切物质的基础。"

（2）人类的整个发展取决于科学的发展。

（3）科学不能或者不愿影响到自己民族以外，是不配称作科学的。

（4）科学和宗教这两者并不是对立的，在每一个善于思索的人的心目中，它们是相互补充的。

（5）思考可以构成一座桥，让我们通向新知识。

（6）智力上的跃进，唯有创造力极强的人生气勃勃地独立思考，并在有关事实的正确知识指导下走上正轨，才能实现。

（7）物理定律不能单靠"思维"来获得，还应致力于观察和实验。

（8）值得我们追求的唯一高尚的美德，就是对科研工作的真诚，这种美德是世界上任何一股力量，都无法剥夺的，这种幸福是世界上任何一种东西，都无法比拟的。

学术标签

量子力学创始人、量子力学之父、量子理论之父、量子论的奠基者、近代物理学的开拓者之一、普鲁士科学院院士、英国皇家学会会员、英国皇家学会最高级名誉会员、德国威廉皇家学会会长、美国物理学会名誉会长、与爱因斯坦同时被称为 20 世纪最重要的两大物理学家。

性格要素

性格中有着矛盾的一面。一方面，他是经典力学的拥趸，但是却提出了量子理论，改变了世界；另一方面，他试图推翻自己的量子理论。他为人正直，尊重前辈，提携后辈，反对战争，但是也犯过错误。他老成持重，深孚众望，成为德国乃至欧洲物理学界的领袖人物。

❧ 评价与启迪 ❧

普朗克为人平和、正直、谦虚，被誉为"学林古柏"，其高尚的人品是值得人们敬仰的。爱因斯坦曾说：与普朗克一起生活是一件快乐的事。迈特涅尔也说：普朗克内心纯洁、公正，与他外表的谦虚完全一致。

他的影响力是巨大的，使得物理学发生了翻天覆地的变化，从宏观领域进入了微观领域，量子理论是微观世界的统治者，他位列影响世界的前十大物理学家也是实至名归。

爱因斯坦对普朗克的量子理论评价说：这一发现成为 20 世纪整个物理学研究的基础，从那个时候起几乎完全决定了物理学的发展；要是没有这一发现，那就不可能建立起分子、原子以及支配它们变化的能量过程的有用的理论；肯定了普朗克对物理学发展的不朽贡献。令人讽刺的是，普朗克自己并不完全相信量子理论，而是试图将这一理论纳入经典物理学的框架之下；所以说他是一个新旧量子论时期的转折人物，性格具有两面性。

普朗克的另一个鲜为人知伟大的贡献是推导出玻尔兹曼常数 k。他沿着玻尔兹曼的思路进行更深入的研究得出玻尔兹曼常数后，为了向他一直尊崇的玻尔兹曼教授表示尊重，建议将 k 命名为玻尔兹曼常数。普朗克的一生推导出现代物理学最重要的两个常数 k 和 h，是当之无愧的伟大物理学家。

普朗克本人是一个不情愿的革命者。其成就的深远影响在经过多年以后才得到普遍公认，爱因斯坦对此起了最为重要的作用。自 20 世纪 20 年代以来，普朗克成为德国科学界的中心人物。他的公正、正直和学识，使他在德国受到普遍尊敬，具有决定性的权威。纳粹政权统治下，他反对种族灭绝政策，并坚持留在德国尽力保护各国科学家和德国的物理学家。为此，他承受了巨大的家庭悲剧和痛苦。他凭借坚忍的自制力一直活到 89 岁。

普朗克唯一的错误就是在第一次世界大战期间，在臭名昭著的《告文明世界的宣言》上，与其他 92 名知识分子一起签名，后来认识到战争的错误的他十分后悔。

在纳粹政府最为猖獗之时，普朗克坚守着自己和平主义的信仰。他为了反对种族灭绝政策和纳粹政权据理力争，为了保护在德国的科学家不受侵害而忍辱负重，斡旋于纳粹政府之间，他甚至在表面上向纳粹政府妥协："我想利用这一良机为我的犹太同事说些好话。"

普朗克意识到，要保护更多科学家，只能"曲线救国"。出于对德国科学界的责任心和人道主义的精神，为了避免更多权力落入勒纳德、斯塔克等科学界的"纳粹党徒"之手，高龄的普朗克毅然坚持活跃在工作岗位上。他起到了深度卧底的作用，堪称纳粹时期的《无间道》。他在纳粹高压下，忍辱负重，在别人的不解中坚持，将个人荣辱置之度外，不惜背负骂名，尽可能地保护正义的反战科学家。

普朗克十分伟大，他位列超一流物理学家绝对实至名归，这是公认的；但这并不意味着他所说的每一句话都是正确的，哪怕这句话多次被人们引用。附带说一下，普朗克还说过一句常常被引用的话："女子从事学术研究是与她们的天性相违背的。"这句话当然也是大大值得商榷的，不管你是不是一个女性主义者，都不会赞成普朗克的这个偏见。但难能可贵的是，他被才华出众的莉泽·迈特纳打动了，普朗克这位不赞成女性参与科学活动的保守人士，破例同意她到自己的实验室工作。

普朗克的一生，是荣誉和磨难相伴的一生。作为德国科学界最高权威，普朗克始终谦逊地对待学术荣誉和个人快乐，因为他知道，命运随时随地会把他拽入深渊中。

56. 父子同获诺贝尔奖的 X 射线晶体学奠基人——亨利·布拉格

姓　　名　威廉·亨利·布拉格

性　　别　男

国　　别　英国

学科领域　固体物理学

排　　行　第三梯队（二流）

～ 生平简介 ～

亨利·布拉格像

亨利·布拉格（1862 年 7 月 2 日—1942 年 4 月 10 日）出生于英国的一个贫苦家庭，父母都没有上过学，但深知知识的重要性，特别重视孩子的教育。在亨利·布拉格 7 岁的时候，年仅 36 岁的母亲不幸去世。懂事的布拉格十分珍惜来之不易的学习机会，学习非常刻苦认真，成绩总是名列前茅。中学毕业前夕，他被老师推荐到威廉皇家学院学习。

1881 年，亨利·布拉格以优异的成绩被推荐到世界著名的英国剑桥大学三一学院去深造，并获得奖学金维持生活。在剑桥大学，他在著名教师爱德华·约翰·劳思的指导下刻苦学习数学，是一名优等生，4 年后从剑桥大学毕业。亨利·布拉格经电子的发现者汤姆逊推荐，被澳大利亚阿德莱德大学聘为数学物理教授，于 1886 年初正式上任，并在这所大学工作了整整 23 年。

1903 年，亨利·布拉格被任命为澳大利亚科学促进会物理学部主席，他需要发表主席致辞，因此涉及最新的电子与放射性现象，他的研究兴趣因此产生。

1904 年，亨利·布拉格真正开始了物理学研究工作。

　　凭借他在放射性方面的研究成绩，1907 年他当选英国皇家学会会员。1909 年，他接受了利兹大学的物理教授的职位。当时，德国物理学家冯·劳厄发现了第一张 X 射线衍射图，这激起了亨利·布拉格的兴趣，在其长子劳伦斯·布拉格的帮助下开展对于 X 射线的研究。他发明了 X 射线分光计，并与他的儿子劳伦斯创立了用 X 射线分析晶体结构的新学术领域。

　　1914 年，布拉格父子使用 X 射线衍射研究晶体原子和分子结构。由于在 X 射线晶体学分析方面所作出的开创性贡献，他与儿子威廉·劳伦斯·布拉格分享了 1915 年诺贝尔物理学奖。父子两代同获一个诺贝尔奖，这在历史上恐怕是绝无仅有的。

　　1915 年，威廉·布拉格被伦敦大学学院聘为奎恩物理教授；第一次世界大战期间为英国政府服务，研究课题是与测量潜水艇位置有关的水下声音的探测与测量。1917 年，他被任命为大英帝国骑士团司令官，1918 年，他回到伦敦，担任海军司令部的顾问。恢复在大学的工作后，他主要从事的研究仍然是晶体结构分析。1920 年，亨利·布拉格被英国皇室授予爵士爵位，1931 年获功勋奖章。

　　1925 年起，亨利·布拉格成为皇家研究所的富勒里安化学教授和戴维·法拉第研究实验室的主任。1935 年，他当选为英国皇家学会的会长，至 1940 年卸任。他一生成果累累，于 1942 年 3 月 10 日逝世，结束了辉煌奋斗的一生。

❧ 花絮 ❧

　　（1）穷人的孩子早当家。

　　年幼的亨利·布拉格看到父母劳累得疲惫不堪，就找到一家杂货店，利用上学之余去帮工挣钱，希望能够减轻一些家里的负担。这件事很快就被父母知道了，他们坚决制止了亨利·布拉格的帮工。父亲对亨利·布拉格说："你的想法是对的，但你现在最要紧的是尽全力去念书，因为像我们这种家庭，如果成绩一般的话，是很难得到深造机会的。"在亨利·布拉格身上，贫穷一直笼罩着他的幼年时光。但在常人眼中的不幸，却成了他拼搏的原动力。

　　（2）中学奋发图强。

　　母亲去世后，家庭经济条件常年拮据。亨利·布拉格的父亲并没有因为亲人的离世和面对繁重的生活负担而萎靡不振，他反而更加清晰自己肩上的责任，他深知科学与知识的重要性，一直坚持让自己的孩子读书。

　　懂事的亨利·布拉格深知父亲的一番苦心，深知自己每一分学费都来之不易，十分珍惜来之不易的学习机会，学习非常刻苦认真，成绩名列前茅。凭借着自己的聪颖才智，他以优异的成绩完成中学学业，被保送进入了威廉皇家学院。威廉皇家学院的院长一开始听说亨利·布拉格并非出身名门，直皱眉头，但当他看到亨利·布拉格的成绩，并在对他进行了面试之后，毅然决定接收亨利·布拉格，并且还授予了他一笔助学金。

（3）发奋图强。

到了威廉皇家学院，他从不讲究穿戴，也不与其他同学攀比；亨利·布拉格穿着寒酸的衣服，脚上穿着与其脚不相称的、来自他父亲的又大又破的鞋子，所以经常遭到一些富家子弟对他的讽刺和挖苦。

父亲给他写了这样一封信："儿子，我把我穿旧了的一双旧皮鞋给你，你穿着它肯定不合脚。我为自己不能给上大学的儿子买一双合脚的皮鞋而感到歉意。"父亲的殷切希望和不断鼓励让亨利·布拉格获得了无穷的动力，他克制自己，一心埋头苦学。

凭借其努力和优秀的成绩，终于打动了学校的领导和老师，被推荐进入英国最著名的顶尖高校——剑桥大学读书。进入剑桥大学后，尽管这时他脚上已经换上了新鞋，但父亲给他的那双旧鞋子并没有被他扔掉，它始终激励着亨利·布拉格努力拼搏，发愤图强。

（4）数学家到物理学家的凤凰涅槃。

在阿德莱德大学担任物理学教授后，此前他的物理知识并不多，在阿德莱德他才大量学习物理知识。在别人眼中亨利·布拉格才智超群，但他直到 40 岁才开始真正意义上的物理学研究工作，这在物理学史上也是很奇特的一个现象。

在阿德莱德大学担任物理学教授期间，他把大部分时间都花在教学、通俗演讲以及追踪、学习并重复别人的实验上。他回忆那段时光曾说："我是数学物理教授，但我从未学过物理，除了取得学位后的两个学期，我也没有在卡文迪许实验室做过物理实验。"他甚至没有弄明白食盐就是氯化钠。

为了提高自己的物理学水平，他经历了一个含辛茹苦、呕心沥血的自我学习、自我提高的过程，几乎从零开始，对物理学知识、物理实验和科研技术进行自我充电、自我完善，而且抽时间去设备制造公司当学徒，学习机床使用，培养自己的动手能力，以便自己能够制备科研仪器设备。同时，他关注学科前沿，重复前沿实验，不断掌握最新的科学知识。这个过程促使他从一个物理学菜鸟蜕变成一个物理学能手。

这是因为有了这些基础，才使得他在物理学上有了敏锐的直觉，对光的粒子性还是波动性的考虑就是一个他能掌握热门前沿领域的例子；还使得他具备了高超的动手能力，比如亲自动手改进分光计，动手做实验验证布拉格定律等。

（5）X 射线衍射实验。

1914 年，受到劳厄衍射花斑的影响和激励，布拉格父子开始使用 X 射线衍射研究晶体原子和分子结构。他们解决的第一个晶体结构是岩盐，结果显示整个晶体形成了一个巨大的栅格，每个钠离子被 6 个等距离的氯离子包围，每个氯离子被 6 个等距离的钠离子包围；不存在单独的氯化钠分子。这一发现震惊了理论化学界，立即引发了人们对盐在溶液中行为的新思索。

布拉格实验室的另一个成功是发现了钻石的结构，验证了早先化学家的理论，它纯粹是由碳原子组成的四面体；布拉格父子接着又解决了其他几个晶体的结构。X 射线分析这项技术的应用为稍后 DNA 双螺旋结构的发现奠定了基础。

❧ 师承关系 ❧

正规学校教育；他的博士导师是爱德华·约翰·劳思（也是约瑟夫·约翰·汤姆逊的导师），其子威廉·劳伦斯·布拉格是自己的博士生。

❧ 学术贡献 ❧

与其子威廉·劳伦斯·布拉格通过对 X 射线谱的研究，提出晶体衍射理论，建立了布拉格公式（布拉格定律），并改进了 X 射线分光计。

说到布拉格父子对科学的贡献，不能不提的是 X 射线衍射技术对现代分子生物学发展的关键性作用。所谓"X 射线衍射技术"，是通过晶体的 X 射线衍射花样，与晶体原子排布之间的相互转换关系（互为傅里叶变换），来精确测定原子在晶体中的空间位置。

❧ 代表作 ❧

（1）1904 年，发表了《气体电离理论的新发展》。

（2）1912 年，出版了他的第一本著作《放射能研究》等作品。

❧ 获奖与荣誉 ❧

他获得过许多奖章和奖金，是十六所大学的名誉博士，主要有：

（1）1915 年，荣获诺贝尔物理学奖。

（2）1915 年，荣获马泰乌奇奖章。

（3）1916 年，荣获拉姆福德奖章。

（4）1920 年，被英国皇室授予爵士爵位。

（5）1930 年，荣获科普利奖章（由首相亲自授予）。

（6）他还先后被英国王室授予司令勋章（1917 年）、爵级司令勋章（1920 年）和功勋奖章（1931 年）。

（7）他曾是 16 所大学的名誉博士，而且是国外一些主要学会的会员。相继担任南澳大利亚阿德莱德大学、英国利兹大学、伦敦大学及皇家研究所的教授，最后担任英国皇家学会主席，还是一名杰出的社会活动家。

◈ 学术影响力 ◈

（1）布拉格这个名字几乎是现代结晶学的同义词，奠定了现代固体物理学尤其是晶体学的理论根基。

（2）他上过的文法学校和威廉国王学院都有以他名字命名的建筑，作为对这位杰出毕业生的纪念。

（3）自 1992 年起，澳大利亚物理学会设立一个全国年度最佳物理博士论文奖项，向最佳论文的作者颁发"布拉格金牌"（The Bragg Gold Medal for Excellence in Physics），这枚奖牌的命名是为了纪念布拉格父子。

◈ 名人名言 ◈

一个人的衣着好坏，并不重要，重要的是内心。漂亮的服饰并不能掩盖空虚的心灵，而具有远大志向和美好心灵的人，是不会因为他简朴的衣着而黯然失色的。

◈ 学术标签 ◈

X 射线晶体学的奠基人之一、英国皇家学会会长，而且是国外一些主要学会的会员。

◈ 性格要素 ◈

少年亨利·布拉格性格孤僻内向，不善交际言谈，毫无野心，但是有着强烈的上进心，希望摆脱贫困的生活。成年后，亨利·布拉格是那种一方面坚守科学的"价值中立"，另一方面又坚信科学必将造福人类的科学家。不仅如此，作为一名社会活动家，"科学怎样才能有益于社会"是其贯穿一生的行动主题。在生活中，他仁慈地看待这个世界，赞成友好相处，然后独立地走自己的路。可见，他是一位谦和的长者，有着远大的社会理想和抱负的人。

◈ 评价与启迪 ◈

"穷人的孩子早当家"。威廉·亨利·布拉格就是穷孩子励志的典型。他深切地知道，唯有读书才能改变命运，除此之外别无他途。他坚持刻苦学习，发奋图强，获得了良好的教育机会，先是威廉皇家学院，后是剑桥大学。通过在名校求学，通过知识武装自己的头脑，通过学习不断使自己强大。勤奋刻苦是他逆袭的前提条件，良好的教育机会是他成功的保证。"天助自助者"，唯有自强不息，才能获得成功。这也给了像他一样的穷苦孩子一个样本，可以走他的道路取得人生的成功。完全可以这么说，他的成功可以复制。

在物理学上，他可以说是半路出家。但是，他孜孜不倦的去学习，无论是基础理论还是动手能力，他都不耻下问，不断丰富自己的头脑，不断提高自己的能力，让自己变得更加优秀。通过向最前沿的科学家们学习，他始终站在科研的最前沿，X射线和波动性的结合成就了父子二人的诺奖之路，实现了人生的逆袭，造就了科学史上的神话。

唯有改变自己，用知识武装头脑，才能逆袭功！这个道理，千古不变，颠扑不破，古今中外概莫能外！另外，谦虚、和蔼、谨慎、克己、勤奋、刻苦，这些也都是获得成功的必要的道德品质。

57. 被开除的诺贝尔奖得主、浪子回头的塞曼效应发现者——塞曼

姓　　名　彼得·塞曼
性　　别　男
国　　别　荷兰
学科领域　光学
排　　行　第四梯队（三流）

塞曼像

◈ 生平简介 ◈

塞曼（1865年5月25日—1943年10月9日）出生于荷兰宗内迈雷一个神职人员家庭。塞曼小学和中学虽然很聪明，但因为不用功，成绩平平。中学最后一年，他的物理成绩没有及格。母亲看到他的成绩单非常生气，告诉他出生时的惊险。惭愧不已的塞曼洗心革面，奋发图强，夜以继日地刻苦学习，成绩直线上升，尤其是物理。18岁，塞曼结束了高中教育后，他遇到了1913年的诺贝尔物理学奖获得者、年长他12岁的昂内斯。

1885年，进入莱顿大学在亨德里克·洛伦兹和海克·卡末林·昂内斯的指导下学习物理学。受洛伦兹的影响，塞曼对他的电磁理论十分熟悉，并且实验技术精湛。1890年毕业之后，他留校担任洛伦兹的助教。他的母亲看到塞曼的聘书后欣慰地闭上眼睛。母亲逝世后，塞曼自己制作了个小相框，把母亲的遗像挂在胸前，几十年如一日。

他在莱顿大学参与到了关于克尔效应的深入研究中，这也是他未来做出重要研究工作的基础。1892年，塞曼因为仔细测量了克尔效应（物质折射率的变化与外加电场强度的平方成正比）而获金质奖章。1893年，在洛伦兹指导下获得博士学位。1895年，他回到莱顿大学任讲师。

1896 年，在完成博士学位三年以后，他用实验室的设备测量了在强磁场作用下光谱的分离，发现了原子光谱在磁场中的分裂现象，被命名为塞曼效应。随后，洛伦兹在理论上在理论上解释了谱线分裂成 3 条的原因。1897 年，他被邀请到阿姆斯特丹大学担任讲师，三年以后，被提升为全职教授。

塞曼效应是继 1845 年法拉第效应和 1875 年克尔效应之后发现的第 3 个磁场对光有影响的实例（磁光效应）。这个现象的发现是对光的电磁理论的有力支持，证实了原子具有磁矩和空间取向量子化（原子磁矩的空间量子化），为研究原子结构提供了重要途径，被认为是 19 世纪末 20 世纪初物理学最重要的发现之一。1902 年，塞曼因这一发现与洛伦兹共享诺贝尔物理学奖金。1943 年 10 月 9 日，塞曼于荷兰阿姆斯特丹逝世，享年 79 岁。塞曼与爱因斯坦、埃伦费斯特在实验室，见图 2-26。

图 2-26 爱因斯坦（中）与朋友保罗·埃伦费斯特（右），
1920 年在阿姆斯特丹拜访彼得·塞曼（左）

❧ **花絮** ❧

（1）塞曼效应。

塞曼效应实验是物理学史上一个著名的实验，研究电磁场与光的相互作用，而这一直是物理学家研究的重要课题，见图 2-27。1896 年，塞曼发现把产生光谱的光源置于足够强的磁场中，使用半径 10 英尺的凹形罗兰光栅观察磁场中的钠火焰的光谱，磁场作用于发光体，使其光谱发生变化，他发现钠的 D 谱线似乎出现了加宽的现象。这种加宽现象实际是谱线发生了分裂，即一条谱线即会分裂成几条偏振化的谱线，这种现象称为塞曼效应。其本质是外加磁场给了原子附加能量，造成了原子能级的分裂。

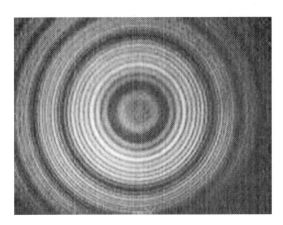

图 2-27　塞曼效应示意图

他的实验首先证明了原子内部具有细致的结构，并非"不可再分"，这是对洛伦兹关于"原子里有带电微粒"的最好支持。其次，实验证实了洛伦兹关于"磁场中发出的光会发生偏振"的理论，这也意味着电、磁、光可以相互影响。作为著名的磁光效应，塞曼效应使世人对物质的原子、光谱等有了更多了解，被誉为继 X 射线之后物理学最重要的发现之一。实验中不仅可以观测到光谱发射线的塞曼效应，吸收线也会发生塞曼效应，这被称为逆塞曼效应。

塞曼效应的产生是原子磁矩和外加磁场作用的结果。塞曼效应的实验证实了原子具有磁矩和空间取向的量子化，并得到洛伦兹应用经典电子论对这种现象进行了解释。他认为，由于电子存在轨道磁矩，并且磁矩方向在空间的取向是量子化的，因此在磁场作用下能级发生分裂，谱线分裂成间隔相等的 3 条谱线。

（2）塞曼效应的实际用途。

1）塞曼效应的发现及其解释对研究原子中电子的角动量和反应角动量耦合作用的朗德因子等原子结构信息有重要作用。

2）塞曼效应的发现使人们对物质光谱、原子、分子有更多了解，由物质的塞曼效应可以分析物质的元素组成。

3）利用塞曼效应可以测量电子的荷质比。由此计算得到的荷质比数值与约瑟夫·汤姆逊在阴极射线偏转实验中测得的电子荷质比数量级是相同的，二者互相印证，进一步证实了电子的存在。

4）在天体物理中，塞曼效应可以用来测量天体的磁场。1908 年美国天文学家海尔（1868—1938 年，组织建成了芝加哥伍德天文台，发明了太阳单色光照相仪，通过太阳色球层的日饵照片发现了太阳耀斑的存在。1895 年，海尔创刊了《天体物理学》杂志）等人在威尔逊山天文台利用塞曼效应，首次测量到了太阳黑子的磁场，这是对地球外磁场的最早发现。

5）塞曼效应在核磁共振频谱学、电子自旋共振频谱学、磁振造影以及穆斯堡尔谱学方面有重要的应用。

（3）逆塞曼效应。

进一步的研究发现，很多原子的光谱在磁场中的分裂情况非常复杂，分裂成更多条且裂距大于或小于一个洛仑兹单位（洛仑兹单位又称"拉莫尔频率"，是原子物理的物理量之一），称为反常塞曼效应。

1897 年 12 月，英国的物理学家普雷斯顿首先报告了锌和镉原子在弱磁场中的反常塞曼效应光谱，即光谱并非分裂成 3 条。其后，美国物理学家迈克耳逊于 1897 年，德国的龙格 1902 年和帕邢于 1912 年先后观察到光谱线有时分裂多于 3 条，称为反常塞曼效应。

反常塞曼效应在很长时间里一直没能得到很好的解释，此后 20 多年一直是物理学界的一件疑案。1912 年，德国的帕邢和拜克发现在极强磁场中，反常塞曼效应又表现为三重分裂，叫做帕邢—拜克效应。这些现象从当时的物理理论上无从解释。正如不相容原理的发现者泡利后来回忆的那样："这不正常的分裂，一方面有漂亮而简单的规律，显得富有成果；另一方面又是那样难于理解，使我感觉无从下手。"

1921 年，德国物理学家朗德发表《论反常塞曼效应》的论文，引进朗德因子 g 表示原子能级在磁场作用下的能量改变比值，这一因子只与能级的量子数有关。1925 年，荷兰乌仑贝克（1900—1974 年）和古德斯米特（1902—1978 年）提出了电子自旋假设；1926 年，海森堡和约当引进自旋 S，从量子力学对反常塞曼效应作出了正确的计算很好地解释了反常塞曼效应。由此可见，塞曼效应的研究推动了量子理论的发展，在物理学发展史中占有重要地位。

只有当外磁场的强度比较弱，不足以破坏自旋-轨道耦合时才会出现反常塞曼效应，这时自旋角动量和轨道角动量分别围绕总角动量作快速进动，总角动量绕外磁场作慢速进动。当磁场很强时，自旋角动量和轨道角动量不再合成总角动量，而是分别围绕外磁场进动。这时反常塞曼效应被帕邢-巴克效应所取代，其效果是恢复到正常塞曼效应，即谱线分裂成 3 条，相互之间间隔一个洛仑兹单位。这里磁场的"强"与"弱"是相对的，例如 3T（3 特斯拉）的磁场对于钠 589.6 纳米和 589.0 纳米的双线是弱磁场，不会引起帕邢—巴克效应，但对于锂的 670.785 纳米和 670.800 纳米的双线是强磁场，足够观察到帕邢—巴克效应。

（4）被莱顿大学开除。

1896 年，31 岁的塞曼被开除了。起因是他不听莱顿大学实验室主管的安排，悄悄进行光谱线磁场分裂的实验。他把光源放在很强的磁场里，结果发光体的光谱发生变化，谱线一分为三。塞曼平静地把实验过程和结果写成论文提交给荷兰皇家艺术与科学院，然后离开莱顿大学。

当年 10 月 31 日，洛伦兹在皇家艺术与科学院开会时偶然间发现塞曼关于光谱研究的论文，大为震惊。两天后的早上，他把塞曼请到办公室。塞曼详细叙述了关于光谱实验的过程。洛伦兹仔细聆听后表示，磁场中光谱发生变化的根本原因是原子中带负电的微粒振动。由于洛伦兹的强力推荐，塞曼的实验引起西方科学界的重视。

（5）致敬母亲。

在 1902 年 12 月 10 日的第二届诺贝尔奖颁奖典礼上，塞曼上台领奖时，他胸前并没有和其他人一样戴花，而是挂着一个五六寸大的金制相框，相片上是他去世的母亲，以示对母亲的尊重和怀念。因为在塞曼出生时，由于拦海大坝决堤，塞曼的母亲躺在颠簸的木船上，克服一切困难把他生了下来；他平安了，母亲却留下了后遗症。

"我要挣扎，我要探出头来！"母亲生他时，一直默念着这句荷兰的古训。这句话也激励着塞曼一路奋斗，最后走向诺贝尔奖颁奖台。他用自己的成功向天堂中的母亲致敬，这成为诺贝尔颁奖史上的一段佳话。

❧ 师承关系 ❧

正规学校教育；是洛伦兹和昂内斯的学生，洛伦兹是其博士导师。

❧ 学术贡献 ❧

发现了原子光谱在磁场中的分裂现象，被命名为塞曼效应。

❧ 代表作 ❧

无从考证。

❧ 获奖与荣誉 ❧

1902 年，塞曼与其导师洛伦兹一起获得诺贝尔物理学奖。

❧ 学术影响力 ❧

（1）塞曼效应是 19 世纪末 20 世纪初物理学最重要的发现之一，是对光的电磁理论的有力支持，可以间接证明电子的存在。至今塞曼效应仍然是研究原子内部能级结构的重要方法。塞曼效应的研究推动了量子理论的发展，在物理学发展史中占有重要地位。

（2）塞曼效应（除法拉第效应和克尔效应之外的第 3 个磁光效应）、塞曼分裂（天文学专有名词）、塞曼扣背景（扣背景技术分为三种：塞曼扣背景、氘灯扣背景、自吸扣背景；整体上看塞曼扣背景优点最多，适用于全波长，唯一的缺点是曲线向下翻转，线性范围小；塞曼扣背景仅能用于石墨炉，针对元素塞曼扣背景的能力范围比自吸收扣背景的更宽）以及塞曼原子吸收分光光度计等都以其名字命名。

（3）塞曼效应对电子自旋地发现起了很大的作用。

（4）为了表示对他的纪念科学界把月球背面的一座环形山以其名字命名。

名人名言

无从考证。

学术标签

塞曼效应的发现者、被开除的诺贝尔物理学奖获得者。

性格要素

科研上有创新精神，对父母很孝顺。

评价与启迪

尊重自己的母亲，用自己的最大成就向母亲致敬，以示尊重。塞曼浪子回头，发愤图强的故事告诉我们，许多人并不是没有理想，并不是没有潜力，但最终都碌碌无为，一事无成，其主要原因是不愿意吃苦，不能克制自己，不愿为了自己的长远利益而牺牲眼下的享乐。塞曼认识到了自己的弱点，并想办法克服它、战胜它，所以他就能自强，就能成功！

58. 励志典范、两获诺贝尔奖的女性、钋和镭的发现者——居里夫人

姓　　名　玛丽·居里

性　　别　女

国　　别　法国籍波兰裔

学科领域　放射物理

排　　行　第二梯队（准一流）

玛丽·居里像

生平简介

居里夫人（1867 年 11 月 7 日—1934 年 7 月 4 日）出生于波兰王国华沙市一个正直、爱国的中学教师家庭，幼名玛丽·斯可罗多夫斯卡，家人对其的爱称为"玛妮雅"。

玛丽小时候生活十分艰苦，母亲和哥哥先后去世，父亲失业，祖国被侵略，

但生活的磨难并没有击垮他们。玛丽自小就勤奋好学，16 岁时以优异的成绩中学毕业，拿到了金奖章。为了补贴经济困难的家庭，玛丽做了 5 年的家庭教师；除了教育主人的几个孩子外，还挤出时间教当地农民子女读书，并坚持了自学。她以俭朴生活所节省下来的工资帮助姐姐去巴黎求学。

1889 年，她无意中来到一个实业和农业博物馆的实验室，这里使她着了迷。以后只要有时间，她就沉醉在各种物理和化学的实验中。她对实验的特殊爱好和基本的实验技巧，就是在这里培养起来的。

1891 年 11 月，在父亲和姐姐的帮助下，她进入索尔本大学（即巴黎大学）理学院物理系学习。1893 年，她以第一名的成绩毕业于物理系。第二年又以第二名的成绩毕业于该校的数学系，先后获得了巴黎大学物理和数学学士学位。

玛丽的勤勉、好学和聪慧，使她赢得了法国知名物理学家加布里埃尔·李普曼教授（1845—1921 年，因为发明制作彩色玻璃照相技术于 1908 年获得诺贝尔物理学奖）的器重，在他的实验室开始了自己的科研工作，从事钢铁的磁性研究。1894 年 4 月，经人介绍，玛丽与比埃尔·居里结识，想利用居里领导的、设备较好的实验室。当年，她获得了硕士学位。

比埃尔·居里 1859 年生于巴黎一个医生的家庭。18 岁通过了大学毕业考试并获得了理科硕士学位。19 岁被聘任为巴黎大学理学院德山教授的助手；1883 年年仅 24 岁的比埃尔被任命为新成立的巴黎市理化学校的实验室主任。当他与玛丽相识时，已是一位有作为的物理学家了。他早期的主要贡献为确定磁性物质的转变温度（居里温度），建立居里定律和发现晶体的压电现象（1880 年）。

尽管玛丽受教育较晚，却没阻挡她在物理学、化学等领域的贡献。1895 年 4 月，她的论文《铀和钍的化合物之放射性》，由李普曼教授在法国科学院公开宣读。

1895 年 7 月 26 日，玛丽与比埃尔·居里在巴黎结婚，玛丽·斯可罗多夫斯卡从此更名为玛丽·居里。1896 年 8 月，玛丽通过大学毕业生担任教师的职称考试；在理化学校物理实验室工作，与比埃尔共事。她在 1897 年开始攻读博士学位，她选择的是放射性作为一生的研究目标，比埃尔也很快便加入了妻子的工作。

1898 年 7 月，居里夫妇向法国科学院提出《论沥青铀矿中一种放射性新物质》，说明发现新的放射性元素 84 号，比铀强 400 倍，居里夫人建议以她的祖国波兰的名字构造新元素的名称钋。

1898 年 12 月，居里夫妇和同事贝蒙特向科学院提出《论沥青铀矿中含有一种放射性很强的新物质》，说明又发现新元素 88 号，放射性比铀强百万倍。居里夫妇把它命名为镭，它的拉丁语原意是"放射"。1900 年 3 月，玛丽在巴黎西南的赛福尔女子高等师范学校任教，讲授物理学，期间发表论文《论放射性钡化物的原子量》。

1902 年，经过 3 年又 9 个月的提炼，居里夫妇从数吨残渣中分离出微量（一分克）氯化镭 $RaCl_2$，测得镭原子量为 225，后来得到的精确数为 226。

1903 年 6 月，居里夫人以放射性为题，通过论文答辩，获巴黎索邦大学物理科学博士学位。1903 年 11 月初居里夫妇获颁英国皇家学会的戴维奖章；同年 11 月中旬与贝克勒尔同获诺贝尔物理学奖这一最高荣誉。1911 年，居里夫人因发现元素钋和镭再次获得诺贝尔化学奖，成为世界上第一个两获诺贝尔奖的人。

在长时间与放射性物质接触的过程中，居里夫人不幸患上了严重的恶性白血病。1934 年 7 月 4 日，居里夫人与世长辞。

～ 花絮 ～

（1）艰苦的求学。

在巴黎，她每天乘坐 1 个小时马车早早地来到教室，选一个离讲台最近的座位，以便清楚地听到教授所讲授的全部知识。为了节省时间和集中精力，也为了省下乘马车的费用，入学 4 个月后，她从姐姐家搬出，迁入学校附近一住房的顶阁。阁楼里没有火，没有灯，没有水，只在屋顶上开了一个小天窗，依靠它，屋里才有一点光明。经济异常拮据的她，对这种居住条件已很满足。

在这里，她每日的一切开支很少，吃得很差，常常头昏眼花；冬天只买很少的煤，为省钱也是自己搬运到阁楼。夜间冻得睡不着，便把所有的衣服穿上。为了节约灯油和取暖开支，她每天晚上都在图书馆读书，一直到图书馆关门才离开。她一心扑在学习上，虽然清贫艰苦的生活日益削弱她的体质，然而丰富的知识使她心灵日趋充实。

（2）正式被称为居里夫人。

结婚后玛丽任女子中学教师赚钱补贴家里的经济。繁忙的家务及 1897 年大女儿的出生都没有阻碍这对热爱科学的夫妇，特别是作为母亲和主妇的玛丽，她一直坚持着学习和科研。在女儿出生 3 个月后，玛丽发表了关于钢铁磁化的研究报告，并就此一举成名，被人称为居里夫人。

（3）贫困简朴的生活。

1895 年，居里夫人和比埃尔·居里结婚时，新房里只有两把椅子。丈夫居里觉得椅子太少，建议多添几把，以免客人来了没地方坐，居里夫人却说，椅子够用就好，多了会影响科研。常年的贫困生活，使得居里夫人养成了节约的习惯，甚至是"抠门"。后来居里夫人的年薪已增至 4 万法郎的高薪时，她仍旧很节俭。每次从国外回来，她总要带回一些宴会上的菜单，因为这些菜单都是很厚很好的纸片，在背面写字很方便。难怪有人说居里夫人一直到去世都"像一个匆忙的贫穷妇人"。有一次，一位美国记者寻访居里夫人，他在村子里一座破房子门前向赤足的一位妇女打听，当她抬起头来时，才知道赤足妇女就是居里夫人。

（4）放射性的发现。

1896 年法国物理学家贝克勒尔（1852—1908 年，1903 年诺奖得主）发现一种铀盐能自动地放射出一种性质不明的射线。这一发现引起玛丽的极大兴趣，在一间原来用作储藏室的闭塞潮湿的房子里，玛丽利用极其简单的装置，开始研究放射性物质。在这里，她发现铀盐的这种惊人的放射强度与化合物中所含的铀量成正比，而不受化合物状况或外界环境（光线、温度）的影响。她认为，这种不可知的放射性是一种元素的特征。

难道只有铀元素才有这种特性？她决定检查所有已知的化学物质。通过繁重而又艰巨的普查，她发现了另一种元素钍的化合物也能自动地发出与铀射线相似的射线，发现钍及其化合物的特性与铀相同。由此她深信具有放射现象绝不只是铀的特性，而是一种自然现象。她提议把这种现象叫作放射性，把铀、钍等具有这种特性的物质叫作放射性物质。

居里决定暂时停止他在晶体方面的研究，协助玛丽共同工作。从此，居里夫妇密切合作，共同研究，建立最早的放射化学工作方法。这种通力合作持续了 8 年，直到一次意外事故夺去了比埃尔的生命。

（5）钋的发现。

在研究中，居里夫妇发现有些矿物的放射性强度比其单纯由所含铀或钍所产生的放射性强度要大得多。在一种来自波希米亚的沥青铀矿中，她发现，其放射性强度比原先设想的要大很多倍。这表明这些矿物中含有放射性比铀、钍强得多的某种未知元素。

这种存在于铀沥青矿中的未知元素在矿石中的含量只不过百万分之一。他们废寝忘食，夜以继日，继续化学分析的程序，分析矿石所含有的各种元素及其放射性。经过不懈的努力，1898 年 7 月，他们终于提炼出一种新元素，它的化学性质与铅相似。

1898 年 7 月，居里夫妇向法国科学院提出《论沥青铀矿中一种放射性新物质》，说明发现新的元素 84 号，放射性比铀强 400 倍。居里夫人建议以她的祖国，那个在当时的世界地图上已被俄、德、奥瓜分掉的国家——波兰的名字构造新元素的名称钋。

为了表示对祖国的热爱，玛丽在论文交给法国科学院的同时，把论文原稿寄回祖国，故而玛丽·居里关于发现新元素钋的报告，也用波兰文在华沙《斯维阿特罗》画报月刊上发表；发表时间和巴黎几乎同时，她为祖国人民争得了骄傲和光荣。

（6）镭的发现。

发现钋元素之后，居里夫妇继续以孜孜不倦的精神，继续对放射性比纯铀强

900 倍的钡化物进行分析。1898 年 12 月,居里夫妇和同事贝蒙特向法国科学院提出《论沥青铀矿中含有一种放射性很强的新物质》,说明又发现新元素 88 号,居里夫妇把它命名为镭。

1900 年 10 月,两位德国学者瓦尔柯夫和吉泽尔宣称镭对生物组织有奇特效应,后经居里夫妇证实镭射线会烧灼皮肤,据此居里夫妇写成论文《论新放射性物质及其所发射线》,并在巴黎国际物理学会上宣读。

镭的发现在科学界爆发了一次真正的革命。居里夫人这一巨大成功凝聚了居里夫妇多少汗水、多少泪水,是居里夫妇共同心血的结晶。

(7) 居里车祸去世。

1906 年 4 月 19 日,比埃尔·居里在一场马车车祸中不幸遇难去世。居里夫人丧失了一个在科学事业中同甘共苦、患难与共的伴侣,她强忍着悲痛,继任了比埃尔的教授职务,建立了世界第一流的物理实验室,建立了镭学研究所。1910年,出版了她的划时代的《放射性专论》。

(8) 教女有方。

居里夫人有两个女儿,"把握智力发展的年龄优势"是居里夫人开发孩子智力的重要"诀窍"。早在女儿不足周岁的时候,居里夫人就引导孩子进行幼儿智力体操训练,引导孩子广泛接触陌生人,去动物园观赏动物,让孩子学游泳,欣赏大自然的美景。孩子稍大一些,她就教她们做一种带艺术色彩的智力体操,教她们唱儿歌、讲童话。再大一些,就让孩子进行智力训练,教她们识字、弹琴、搞手工制作等,还教她们开车、骑马。后来大女儿也获得了诺贝尔奖,二女儿则是优秀的教育家和作家。

1935 年,她的长女伊雷娜·约里奥—居里和女婿约里奥·居里共同获诺贝尔化学奖(外国妇女出嫁后通常随夫姓,而这对夫妇为纪念居里这一伟大姓氏,采取了夫妻双姓合一的方式)。1937 年,次女艾芙·居里出版的《居里夫人》,成为风靡全球的一本传记,她在 2007 年 102 岁高龄时去世。次女是家族中唯一没有走上科学家道路的人。次女丈夫亨利·理查德森·拉布伊斯曾代表联合国儿童基金会领取过诺贝尔和平奖。居里家族共有 5 人 6 次获得诺贝尔奖。

(9) 淡泊名利。

居里夫人天下闻名,但她淡泊名利。她一生获得各种奖金 10 次,各种奖章16 枚,各种名誉头衔 117 个,却全不在意。一天,她的朋友在她家,看见她的次女在玩英国皇家学会刚颁发给她的金质奖章,问道:"获得英国皇家学会的奖章是极高的荣誉,怎么能给孩子玩呢?"居里夫人说:"想让孩子从小知道,荣誉就像玩具,绝不能看得太重,否则就将一事无成。"

居里夫人还把得到的诺贝尔奖金赠送有需要的人,尤其是发给另一些贫寒而又立志争取更大荣誉的波兰青年。

（10）原子量的测定。

科学的道路从来就不平坦。钋和镭的发现，以及这些放射性新元素的特性，给科学界带来极大的不安，动摇了几个世纪以来的一些基本理论和基本概念。按照传统的观点是无法解释钋和镭这些放射性元素所发出的放射线的。因此，无论是物理学家，还是化学家，虽然对居里夫人的研究工作感兴趣，但是心中都有疑问。当时谁也不能确认他们的发现，一些物理学家保持谨慎的态度，要等研究得到进一步成果，才愿发表意见。一些化学家则明确地表示，宣布一种新元素的时候，必须拿到实物，并精确地测定出它的原子量；测不出原子量，就无法表示钋和镭的存在。

为了最终证实这一科学发现，也为了进一步研究镭的各种性质，居里夫妇必须从沥青矿石中分离出更多的纯净的镭盐。但他们并不知道新元素的任何化学性质，唯一的线索是它有很强的放射性。他们创造了分离放射性同位素的技术，一种新的化学分析方法。

要从铀矿中提炼出纯镭或钋，并把它们的原子量测出来，这对于当时经济异常拮据的居里夫妇来说，非常困难。他们四处奔波，争取多方面的帮助和支援，终于打动了奥地利政府，先捐赠一吨重的残矿渣，且许诺后续在最优惠的条件下供给矿渣。

他们的工作环境异常简陋，在学校的一个四壁通风的破漏棚屋，经常漏雨，夏天燥热，冬天寒冷，居里夫妇就在这样简陋恶劣的环境中奋斗了近 4 年。为提高工作效率，居里分工研究镭的特性，而居里夫人负责提炼纯镭。

居里夫人年复一年，日复一日的反反复复提炼着一吨吨的铀沥青矿石，亲自搬运矿石，连续几个小时不间断地用一根比她还高的粗大的铁棍搅动沸腾的渣液，而后从中提取仅含百万分之一的微量物质。为了筹措实验费用，她还得去教书赚取外快，以至于没有太多时间照顾女儿。

4 年中，他们不叫苦，不退缩，对科学事业的执着追求使艰辛的工作变成了乐趣，百折不挠的毅力使他们终于获得成功。在 1902 年 9 月，经过无数次的浓缩、结晶，居里夫妇从数吨残渣中分离出微量（0.1 克）不很纯净的、在黑暗中闪烁着蓝色荧光的白色粉末——氯化镭 $RaCl_2$。他们测得镭原子量为 225，后来得到的精确数值为 226。这意味着他们苦寻的镭元素是存在的。

这么一点点镭盐，这一简单的数字，凝聚了居里夫妇多少心血！每当居里夫人回忆起这段生活，都认为这是"过着他们夫妇一生中最有意义的年代"。

镭虽不是人类第一个发现的放射性元素，但却是放射性最强的元素。利用它的强大放射性，能进一步查明放射线的许多新性质。医学研究发现，镭射线可以破坏繁殖快的癌细胞，这个发现使镭成为治疗癌症的有力手段。

（11）镭是属于全人类的。

提取纯镭耗费了居里夫妇大量的时间、精力和金钱。但当居里夫人知道镭的发现将促进科学的发展，毫不犹豫地把千辛万苦提炼出来的、价值高昂的镭无偿赠送给了研究治疗癌症的实验室——巴黎索邦大学镭研究所。居里夫人也毫无保留地公布镭的全部性质和提炼方法，使全世界更多国家都能提炼和研究镭。

居里夫人说："镭是属于全人类的，对病人有好处，不该借此谋利"。

（12）荣耀背后的辛酸。

如果只以事业的成就来衡量，人们容易认为居里夫人一生十分幸福。她创了两个纪录：同一家庭中得诺贝尔奖的人数最多，以及个人在两个领域拿了两个诺贝尔奖。但事业的成功不能简单地套入"才能+努力+机遇"的公式，否则个人独特的个性和遭遇就会被淹没了。读美国著名传记女作家苏珊·昆的新书，我们可以看到居里夫人的一生并非一帆风顺，她面对许多常人也会遇到的逆境，遭受着物质的匮乏和精神的苦闷，遭受着众多的不公正、歧视、打击，从中我们也能看见居里夫人的个性。

玛丽的人生可以分成三个阶段，第一阶段是婚前；第二阶段是夫唱妇随时；第三阶段是其夫去世后。

婚前，居里夫人生活异常辛苦，家境贫寒。6 岁时父亲失业；9 岁时大姐去世；10 岁时母亲去世。同时波兰被瓜分亡国。做家庭教师时，男主人嫌弃居里夫人家境贫寒，反对她与主人家大儿子的婚事，这对深陷感情漩涡的她造成了一定的伤害。

居里夫人的幸福生活主要来自于婚后。她和比埃尔有共同的兴趣和追求，婚姻生活十分和谐。他们经常出去度假，即便是在科研最繁忙的时候，也会抽空出去共享天伦。居里夫人会记账，把家庭的收支整理得井井有条。比埃尔去世后，居里夫人天天给比埃尔写永远发不出去的信件，表达自己的思念之情。

第三阶段是丈夫去世后。她独居一段时间后，大约在 1910 年与丈夫生前的学生朗之万产生了感情（朗之万也是一名优秀的物理学家，他当时已婚且有两个儿子，但是婚姻状况很糟糕。居里夫人抱着与朗之万共同生活的态度对待这段感情，十分投入）。但是 1911 年，朗之万夫人截获了两人的信件并将之公开。一时间舆论哗然，各种报纸纷纷炒作这段绯闻，声称玛丽拆散别人的家庭，攻击居里夫人是第三者。

居里夫人和朗之万都是社会名人，在当时的社会上造成了很大的轰动。但开明的爱因斯坦对此表示支持，他说，"关键在于二人是否真心相爱；如果真心相爱倒也无妨，毕竟比埃尔已经去世；朗之万只要离婚，二人就可以生活在一起。"他还写信安慰居里夫人。

居里夫人虽两次获诺贝尔奖，但却由于当时社会对女性科学家的偏见而终身未能进入法国科学院，没有资格在科学院宣读自己的论文。比埃尔去世之后，巴黎索邦大学并没有将比埃尔遗留下来的教职给居里夫人。经她多方申请才被许可继续使用比埃尔的实验室。

居里夫人两次获诺贝尔奖的过程也十分曲折。1903 年的诺贝尔奖，居里夫人居然没有被正式提名。当时的提名是针对比埃尔·居里和出身化学世家的贵族科学家贝克勒尔。比埃尔给瑞典皇家科学院写信说明情况，坚决要求增加玛丽的名字，瑞典皇家科学院才不得不将居里夫人放进名单。但是，瑞典科学院只邀请比埃尔作学术报告，而没有邀请居里夫人。

居里夫妇在 1903 年得奖后，社会舆论始终把居里夫人放在从属地位，说她是丈夫的好助手。而事实上，在发现放射性元素的过程中，他们合作无间，各有贡献，而玛丽几乎独立完成了镭的提纯以及对放射性物质的探索和结论，比埃尔更多的是她的合作伙伴和助手。但是，由于对女性的歧视，社会各界执意把居里夫人描绘成配角。贝克勒尔在发言中说："居里夫人的贡献是充当了比埃尔·居里先生的好助手，这有理由让我们相信，上帝造出女人来，是配合男人的最好助手。"甚至有报社写专栏，介绍相夫教子的玛丽是如何帮助其丈夫完成放射性实验的。

居里夫人第二次得诺贝尔奖前，正遇上与朗之万的绯闻事件，瑞典科学院著名物理化学家阿伦尼乌斯竟然写信给居里夫人，要她主动谢绝奖项。居里夫人义正词严地拒绝，表示科学和个人生活没有任何关系。1911 年 12 月，居里夫人第二次获得诺贝尔奖，并第一次被邀请作获奖报告。

～∮ 师承关系 ∮～

正规学校教育。

～∮ 学术贡献 ∮～

居里夫人对巴黎居里实验室的建立作出很大贡献；她开创了放射性理论、发明分离放射性同位素的技术、发现两种新元素钋和镭。在她的指导下，人们第一次将放射性同位素用于治疗癌症。

～∮ 代表作 ∮～

1910 年，发表划时代的《放射性专论》。

～∮ 获奖与荣誉 ∮～

（1）她曾两次获诺贝尔奖，1903 年因为对放射性的研究与其夫比埃尔和法国物理学家贝克勒尔同获诺贝尔物理学奖，1911 年因发现钋和镭而独自获诺贝尔化学奖。

（2）她曾获得过包括诺贝尔奖等在内的 10 种著名奖金，得到国际高级学术机构颁发的 16 枚奖章及世界各国政府和科研机构授予的 117 个各种头衔。

学术影响力

（1）钋的纯化和另一新元素镭的分离等现象的发现，对化学研究有很大刺激；而放射性研究，则是物质本质研究的突破性发现。

（2）镭元素对于癌症的治疗有非常大的作用，居里夫人发现挽救了千千万万的家庭。在法兰西共和国，镭疗术被称为居里疗法。

（3）镭的发现从根本上改变了物理学的基本原理，对于促进科学理论的发展和在实际中的应用，都有十分重要的意义。

（4）放射性和放射元素的研究直接导致了原子弹的出现，影响了世界安全格局的变迁。

（5）居里夫人被看成励志的典型，在世界范围内具有广泛的影响力。

名人名言

（1）人必须要有耐心，特别是要有信心。

（2）荣誉就像玩具，只能玩玩而已，绝不能永远守着它，否则就将一事无成。

（3）愿你们每天都愉快地过着生活，不要等到日子过去了才找出它们的可爱之点，也不要把所有特别合意的希望都放在未来。

（4）我只惋惜一件事：日子太短，过得太快。一个人从来看不出做成了什么，只能看出还应该做什么。

（5）人类看不见的世界，并不是空想的幻影，而是被科学的光辉照射的实际存在；尊贵的是科学的力量。

（6）科学的基础是健康的身体。

（7）使生活变成幻想，再把幻想化为现实。

（8）不知道爱情有没有放射性，我先拿一个到实验室去做做实验！

（9）我把你们的奖金当做荣誉的借款，它帮助我获得了初步的荣誉。借款理应归还，请把它再发给另一些贫寒而又立志争取更大荣誉的波兰青年。

（10）我们最重要的原则是：不要叫人打倒你，也不要叫事情打倒你。

（11）我从来不曾有过幸运，将来也永远不指望幸运，我的最高原则是：不论对任何困难都决不屈服！

（12）在科学上，我们应该注意事，不应该注意人。

（13）科学的探讨与研究，其本身就含有至美，其本身给人的愉快就是报酬，所以我在我的工作里面寻得了快乐。

（14）荣誉使我变得越来越愚蠢。当然，这种现象是很常见的，就是一个人的实际情况往往与别人认为他是怎样很不相称。比如我，每每小声咕噜一下也变成了喇叭的独奏。

（15）我相信我们应该在一种理想主义中去找精神上的力量，这种理想主义要能够不使我们骄傲，而又能够使我们把我们的希望和梦想放得很高。

（16）我以为人们在每一个时期都可以过有趣而且有用的生活。我们应该不虚度一生，应该能够说"我已经做了我能做的事"，人们只能要求我们如此，而且只有这样我们才能有一点欢乐。

（17）我丝毫不为自己的生活简陋而难过。使我感到难过的是一天太短了，而且流逝得如此之快。

（18）人类需要善于实践的人，这种人能由他们的工作取得最大利益；……但是人类也需要梦想者，这种人醉心于一种事业的大公无私的发展，因而不能注意自身的物质利益。

（19）好奇心是学者的第一美德。

（20）科学本身就具有伟大的美。一位从事研究工作的科学家，不仅是一个技术人员，并且他是一个小孩，在大自然的景色中，好像迷醉于神话故事一般。

（21）祖国更重于生命，是我们的母亲，我们的土地。

（22）我们波兰人，当国家遭到奴役的时候，是无权离开自己的祖国的。

（23）我们要把人生变成一个科学的梦，然后再把梦变成现实。

（24）那些很活泼而且很细心的蚕，那样自愿地、坚持地工作着，真正感动了我。我看着它们，觉得我和它们是同类，虽然在工作上我或许还不如它们组织得完密。我也是永远忍耐地向一个极好的目标努力，我知道生命很短促而且很脆弱，知道它不能留下什么，知道别人的看法不同，而且不能保证我的努力自有道理，但仍旧如此作。我如此作，无疑地是有使我不得不如此作的原因，正如蚕不得不作茧。

（25）我认为，我们必须从一种理想主义中去寻求精神力量，在不使我们骄傲的情况下，这种理想主义可把我们的希望和幻想上升到一个很高的境界。

（26）我们须相信，我们既然有做某种事情的天赋，那么无论如何都必须把这种事情做成。

（27）为公众的幸福工作的人，不论在哪个部门，都不能被国界所隔断，他们的劳动成果并不只属于一个国家，而是属于整个人类。

（28）我们的生活都不容易，但是那有什么关系？我们必须有恒心，尤其要有自信力！我们必须相信我们的天赋是要用来做某种事情的，无论代价多么大，这种事情必须做到。

（29）科学家的天职叫我们应当继续奋斗，彻底揭示自然界的奥秘，掌握这些奥秘以便能在将来造福人类。

（30）如果能追随理想而生活，本着正直自由的精神，勇往直前的毅力，诚实而不自欺的思想而行，则定能臻于至善至美的境地。

（31）如果一个人把生活兴趣全部建立在爱情那样暴风雨般的感情冲动上，那是会令人失望的。

（32）不管一个人取得多么值得骄傲的成绩，都应该饮水思源，应该记住是自己的老师为他们的成长播下了最初的种子。

（33）一个人不应该与被财富毁了的人交接来往。

（34）弱者坐待良机，强者制造时机。

（35）人要有毅力，否则将一事无成。

（36）诚实不自欺的思想而行，一定能臻于至美至善的境地。

（37）我们不得不饮食、睡眠、浏览、恋爱，也就是说，我们不得不接触生活中最甜蜜的事情，不过我们必须不屈服于这些事物。

（38）生活中没有什么可怕的东西，只有需要理解的东西。

（39）体操和音乐两个方面并重，才能够成为完全的人格。因为体操能锻炼身体，音乐可以陶冶精神。

（40）我认为我们应该在一种理想主义中去寻找精神力量，这种理想主义使我们不骄傲，而能使我们把我们的希望和梦想达到高尚的境界。

（41）祖国更重于生命，是我们的母亲，我们的土地。

❧ 学术标签 ❧

放射物理学的奠基人、钋和镭的发现者、励志的典范、两获诺贝尔奖的女科学家。

❧ 性格要素 ❧

自强不息、勤奋刻苦、顽强拼搏、毅力坚韧、淡泊名利、热爱科学、谦虚谨慎、爱家爱国、大公无私、胸怀天下、品格高贵。

❧ 评价与启迪 ❧

在世界科学史上，居里夫人是一个永远不朽的名字。这位伟大的女科学家，以自己的勤奋和天赋，在物理学和化学领域都作出了杰出的贡献，并因此而成为唯一一位在两个不同学科领域、两次获得诺贝尔奖的人。作为杰出科学家，居里夫人有一般科学家所没有的广泛社会影响力，她是女性成功的先驱，她的典范激励了很多人。

居里夫人是一位伟大的学者，是一位竭诚献身、为科学牺牲的伟大妇女，是一位自立自强、坚强不屈的优秀女性，更是一位坚定的爱国者。她有着坚韧不拔的精神和坚强的信心、顽强的意志以及执著的精神。她不因名利荣耀而满足，是一个淡泊名利的人，热爱科学，轻视金钱与荣誉。爱因斯坦高度评价居里夫人的伟大人格："在一切可以赞美的事物中，唯有居里夫人的名声是永远不会毁灭的。"

自 1903 年获得诺贝尔奖以来，给她的荣誉和好评如潮水般涌来，但是她一如既往地谦虚谨慎。著名科学家爱因斯坦给予了她很高的评价："在所有的世界著名人物中，玛丽·居里是唯一没有被盛名宠坏的人。"150 多年来，称颂她的文章、书籍从未间断，可见她所建立的勋业和她所具有的品质深深地留在后人的印象中，成为科学家和广大青少年学习的楷模。

但是，居里夫人的一生并非一帆风顺，而是命运多舛，充满忐忑和艰辛。幼年时贫穷困顿的物质生活没有使她意志消沉，反而磨炼了她坚强的意志，增强了她孜孜以求的上进心；她会抓住每个命运抛来的稻草，靠着顽强的拼搏精神和坚韧不拔的毅力取得了最终的成功。非如此，不足以成就伟大的事业和辉煌的名声。

事实上，荣耀背后自有艰辛；伟大的人物同样会遭受很多曲折和磨难，卓越的科学家也会遇到常人遇到的烦恼，而且这些烦恼在公众人物身上往往被无限放大。总之，居里夫人荣耀的背后是感情和事业两方面的辛酸，存在困苦、委屈、不解和苦恼。她一生中仅有 11 年和比埃尔拥有美好而短暂的婚姻生活。早年物质生活困顿，中晚年遭受了丧夫之痛并陷入了流言蜚语，遭受了常人难以理解的磨难甚至不公。她命运充满不顺，一生坎坷，屡受挫折，如此多的不幸发生在居里夫人的身上，谁还能认为她是幸运的人呢？

伟人都会遭受如此之多的劫难，我辈籍籍无名之辈受点委屈、碰到点困难又算得了什么呢？这样想来，人们把居里夫人看成励志的典型也就合情合理了！她具有坚强不屈的毅力、顽强拼搏的精神和奋发图强的作风，不屈服命运的安排，完美地诠释了个人奋斗的历程。这是不是更应该被我们所学习，所吸取，所采纳呢？！

居里夫人有着金子一般的心灵和高贵的品格；她谦虚谨慎，淡泊名利，视金钱和地位为粪土，这对于我们这些芸芸众生的小人物是不是有所启发呢？我们活着的目的是为了什么？为了名声？为了利益？还是为了金钱和地位？我们是不是该学习一下她那种胸怀天下、大公无私的精神呢？是不是该学习她高贵的品格呢？和她相比，我们是不是觉得很渺小呢？

在生活上，她同样是我们学习的榜样。她从小就有高度的自我牺牲精神，早年她为了供姐姐上学，甘愿去别人家里做佣人。她待人以诚，待夫以忠，做事以严，待情以真，待女以爱；松严结合，不仅仅自己优秀，而且培养出了同样优秀的两个女儿。这么多优秀的品质和金子般的心灵，我们不去学习，不去效仿，岂非可惜？

59. 伟大的物理学教师、现代量子力学教父——索末菲

姓　　名　阿诺德·索末菲
性　　别　男
国　　别　德国
学科领域　量子力学、固体物理学、热力学
排　　行　第一梯队（准一流）

索末菲像

∾ 生平简介 ∾

索末菲（1868 年 2 月 5 日—1951 年 4 月 26 日）出生于东普鲁士的柯尼斯堡（今俄罗斯的加里宁格勒）。中学毕业后，1886 年，索末菲和德国实验物理学家威廉·维恩（1864—1928 年，发现维恩位移定律，1911 年诺贝尔奖得主）同年进入柯尼斯堡大学，主修数学。1891 年他在享有盛名的费迪南德·冯·林德曼（1852—1939 年，1882 年证明 π 是一个超越数；林德曼是克莱因的博士生，也是希尔伯特、闵可夫斯基和索末菲的博士导师）教授的指导下完成了数学物理中的任意函数方面的研究，获得博士学位。数学家大卫·希尔伯特和物理学家艾密·维谢（李纳—维谢势和地震波的理论创始人）也让他受益良多。

1892 年，他顺利地通过了全国考试，获得教师证明。1893 年 10 月，索末菲在服完一年兵役后，进入了德国的数学中心哥廷根大学。1894 年 9 月，开始担任数学家菲利克斯·克莱因的助手，记录课堂的讲课内容，潜心研习克莱因的数学讲义让他受益匪浅。

1895 年，索末菲发表了论文《衍射的数学理论》，将物理中的衍射问题转化为计算数学积分。这一成果使索末菲在物理学界声名鹊起，正式成为哥廷根大学的数学无俸讲师。1895 年和 1896 年，在克莱因教导旋转物体之下，索末菲和克莱因将多年来的研究成果逐渐整理出了一套四册的教材：前两册关于理论，后两册与地球物理学、天文学和科技的应用有关。

1897 年 10 月，29 岁的索末菲被聘请为克劳斯塔尔工业大学的数学教授，继承他的同学、物理学家威廉·维恩的位置。1900 年由克莱因推荐，任亚琛工业大学任应用力学教授。在此期间，他致力于把数学和工程力学联系起来，使工程力学有坚实的数学基础。他对流体动力学产生浓厚的兴趣，尤其湍流，发展出许多关于流体动力学的理论，他的学生维尔纳·海森堡继续流体动力学的研究，写出高品质的博士论文。

1906 年，索末菲已经连续发表了一系列金属电子学的理论以及化学中关于

化合价的理论，他的声誉已经可以和玻尔兹曼、洛伦兹等人比肩。同年起被威廉·伦琴指派接替玻尔兹曼成为慕尼黑大学理论物理学教授，不久主持成立了理论物理研究所并任所长。在这里，索末菲为量子力学等现代物理理论的诞生、发展与整合做出了决定性的贡献，逐渐成为享誉世界的伟大物理学家。

在克莱因的要求下，1898—1926 年索末菲编辑了《数学科学百科全书》的第五册。期间，他与当时的物理权威们打交道，了解该领域尚未解决的重要问题，从而受到激发并在各个问题上投入研究，把自己的数学能力与当时物理学研究的前沿结合起来。在此过程中，索末菲直言不讳、不耻下问的做法让他收获了许多友谊。例如，他曾经指出比自己大 15 岁且享有很高学术地位的前辈洛伦兹文章中的不足，也会亲自跑到比他小 11 岁的晚辈爱因斯坦那里请教相对论问题，他用数学方法对相对论的表达形式做了改进。1907 年在德国自然研究者大会上，索末菲为爱因斯坦的理论辩护，他在这个领域所做的工作，为后来的韧致辐射理论提供了理论基础。1911 年，索末菲参加了在布鲁塞尔举行的第一届索尔维会议，会上与爱因斯坦对量子理论持相同的态度。

1913 年，玻尔的原子模型理论成功地解释了氢原子的光谱线系以后，索末菲在以后三四年间，对玻尔原子理论作了进一步的扩充，这些成果在早期量子论对微观世界的探索中作出了重要的贡献。1914 年，他与法国物理学家里昂·布里渊（1922 年提出了布里渊散射，可以研究气体、液体和固体中的声学振动，固体物理学中一个十分重要的概念布里渊区就以他的名字命名）共同研究传播电磁波的色散介质。

1919 年，索末菲出版了《原子结构和光谱线》一书，并在他所主持的高年级学生理论研讨班上使用，引导学生理解物理学的最新发展，也使自己的研究工作与当时物理学的发展一同前进。1929 年，他又写成了《波动力学补篇》一书，两书都多次修订再版，这些名著成为几代学习物理学学生的"圣经"。

1926 年，当柏林大学理论物理学教授普朗克准备退休时，他想到的最理想接班人是索末菲，但索末菲不想放弃在慕尼黑 20 多年建立的事业。他觉得"在庞大而繁忙的柏林，与学生之间的交流很难像在慕尼黑那样密切"。他喜欢巴伐利亚的生活方式，轻松愉快，接近自然。

1940 年，索末菲在慕尼黑大学退休。在第二次世界大战中，索末菲开始致力于编写《理论物理学讲义》，计 5 卷。在最后一卷尚未完全定稿时，1951 年 4 月 26 日索末菲因车祸在慕尼黑逝世，此书由他的学生继续完成。后来，出版为 6 卷书籍《理论物理讲义》。这是与他的《原子结构和光谱线》相媲美的又一部著作。

索末菲于 1951 年 4 月 26 日与两个孙子外出时，被一辆汽车撞倒后不治而卒于巴伐利亚的慕尼黑，享年 83 岁。

✤ 花絮 ✤

（1）最优秀的物理学教师。

索末菲在培养人才方面是无与伦比的，是一位杰出的物理老师。他在慕尼黑大学教书 32 年，桃李满天下。作为一位教授与研究院院长，索末菲经常邀请同事和学生们与他共同合作，乐意地接纳他们尖锐的想法与建议。他会邀请他们到他的房间，并在研讨会前会和他们在咖啡屋会面。索末菲在山中有一个度假屋。每当节庆假日，他总会欢迎他的学生和同事来度假屋钓鱼、打猎、爬山、或滑雪。暂时放下手里的工作，欣赏大自然的美景。对于索末菲的很多学生来说，巴伐利亚山区的滑雪旅行是慕尼黑学生时代难忘的经历。

索末菲除了教授一般和专业课程，例如力学、变形体力学、电动力学、光学、热力学、统计力学和解偏微分法等，这些课程都是基于当前的热门题目及索末菲的研究兴趣的。从这些课程中得到的结论，时常会出现在索末菲发表的科学论文中。这些特别课程的目的是要解决当下理论物理的焦点问题，同时使他与他的学生共同有系统地了解这些焦点问题。

此外，索末菲还举办了许多研讨会和座谈会。索末菲是个思想开放的人，他乐于追踪新思想，喜欢搜集科学前沿文章并且善于整理，他常把当时著名物理学家的文章带到研讨会上，供学生们研究讨论，这使得所有与会学生有幸接触最新的科研成果，见图 2-28。

图 2-28　1937 年，年届 70 的索末菲在上课

他的讲座富有传奇性，在课堂上他是组织规范和条理明晰的楷模。他的演讲风格足以引起学生们的兴趣，语速中等，思维清楚，引导听者理顺量子物理学的主要论点，每一步他都要仔细地把物理发现同数学解释联系起来。

索末菲很喜欢和每个学生保持密切联系，是一位热心、诚恳并善于鼓励学生的慈父般的老师。他喜欢在一家小咖啡馆里谈论物理，边讲边用铅笔在桌上写下算式，他还每星期抽出很长的时间与每个学生进行交谈。在这些研究讨论中，询问他们工作的进展，提出指导意见，并给予鼓励。索末菲具有一种独特的德国式的乐观精神：他坚信德国科学和德国音乐与哲学一样，代表了人类的最高成就；这也间接影响了他的学生，比如海森堡。

索末菲与同事和学生们都相处融洽，是一位善于发掘人才的优秀教师。第二次世界大战前，在德国教书的所有物理学家中，有三分之一在索末菲的研究院里做过学生或助教。这些才俊包括劳厄、德拜、沃尔夫冈·泡利、维纳·海森堡、保罗·埃瓦尔德、汉斯·贝特、保罗·爱泼斯坦、格雷戈尔·文策尔、瓦尔特·海特勒、福里茨·伦敦、卡尔·贝歇尔特以及外国学者爱德华德·康顿、埃西多·拉比、爱德华·泰勒、劳伦斯·布拉格和泡利。他的许多学生在学术上超过了他，其中至少9位诺奖得主受他影响。海森堡说："我从玻恩那里学到了数学，从玻尔那里学到了物理，而从索末菲那里学到了乐观。"另外，他还培养了几十位一流的物理学教授，在物理学界有着显赫成就，他们的名字足可铺成一条20世纪物理学的星光大道。

爱因斯坦当年赞赏地说道："我特别佩服你的是，你一跺脚，就有一大批才华横溢的青年理论物理学家从地里冒出来""我特别欣赏您培养出了如此众多的青年才俊"。1949年，索末菲去世前两年，他被授予奥斯特奖章（以电流会产生磁场的发现者汉斯·奥斯特的名字命名），以表彰他在物理教学领域的杰出贡献。同年，在《美国物理学期刊》上发表的一篇文章中，这次索末菲承认对自己教学活动的认可是他整个科学生涯中最快乐的事情之一。

埃克特在他的传记《阿诺德·索末菲：科学、生活与动荡年代（1868—1951）》中恰当地总结道："普朗克是权威，爱因斯坦是天才，索末菲是老师。"毫无疑问，索末菲可谓是大师之师。

（2）没有状元老师，却有状元学生。

索末菲知道如何发掘与招募优秀人才，提升他们对物理与数学的兴趣，培育他们成为理论物理的精英。他教导和培养了很多优秀的理论物理学家，尽管他本人与诺贝尔奖失之交臂，但他却是目前为止教导过最多诺贝尔物理学奖得主的人。

在索末菲的学生之中，有7人获得过诺贝尔奖，形成了一门"7位诺奖得主"的现象——包括海森堡、泡利、德拜和汉斯·贝特（揭示太阳能量的来源）等4位博士和鲍林（化学键）、拉比（发明核磁共振）、劳厄等3位硕士生及助手。还有曾经两次获得诺贝尔奖提名的人：弗洛里希。

索末菲善于发现天才，并想尽办法引导他们迅速成长。他"知道如何对付自命不凡的学生"，有时在教育学生时又认为"不必循规蹈矩"。索末菲发现和培养海森堡、德拜、泡利的过程是物理学史上经典的例子。

当索末菲在亚琛工业大学任教时就注意到德拜，后来他到慕尼黑任教后就让其成为自己的第一个博士生，并将许多习题课交给德拜来上。当大二学生海森堡对反常塞曼效应的光谱测量有自己的想法时，索末菲鼓励他将想法写出来发表，并向同事郑重推荐。正是在索末菲的鼓励下，还是大一新生的泡利就为《数学科学百科全书》的"相对论"写了词条，后来单独出版，得到爱因斯坦的赞赏。

2016 年的诺贝尔物理学奖授予大卫·索利斯等人，而他的导师就是贝特和派尔斯，这两人又都是索末菲的学生。师徒三代人共同谱写了物理学史上的一段传奇。正因如此，当时形成了"索末菲学派"的神话，他也被称为"大师之师"。

（3）心系湍流。

索末菲对流体力学付出了几十年的心血和精力，湍流问题成了他一生的纠葛，直到高龄时都还经常耿耿于怀。20 世纪流体力学权威，钱学森、郭永怀等人的老师冯·卡门，在自传中记录了这样一段往事："索末菲，这位著名的德国理论物理学家，曾经告诉我，在他死前，他希望能够理解两种现象——量子力学和湍流。"海森堡对这段话的说法有点不同："索末菲说过，见到上帝时我想问他两个问题：为什么会有相对论？为什么会有湍流？"

（4）备受学生尊重的索末菲。

索末菲本人虽从未得过诺贝尔奖，却是一位无冕之王，是物理史上最伟大的教师之一，他在让号称"上帝的鞭子"的泡利敬重的物理学家中拔得头筹是实至名归的。一生不羁放纵爱自由的泡利，在他这位老师面前永远表现得谦卑无比像个孩子一样，见图 2-29。传说对自己的学生极其严格的泡利在见到索末菲的时候总是极其敬重，一生都在索末菲的面前谨守弟子礼仪。哪怕当泡利早已成为在国际上享有盛誉的物理学家，只要索末菲走进他的屋子，泡利就会立刻站起来，亲切的问候他的导师，甚至鞠躬行礼。后来泡利的学生——奥地利物理学家韦斯科夫曾经这样记载：当索末菲来到苏黎世访问时，泡利对他的反应和态度都变得不一样了。泡利嘴里的话由严厉变成了："是，枢密顾问先生（枢密顾问是德国成就卓著的教授的一种荣誉称号）。是，那是最有趣的。是，虽然我也许会倾向于稍稍不同的表述。是，我可不可以这样来表述？"对此，他这样记述："对于经常成为泡利霸气牺牲品的我们来说，看到这样一个规规矩矩、富有礼貌、恭恭敬敬的泡利是一件很爽的事情"。

很多科学家都大感不解，天不怕地不怕，敢于叱责爱因斯坦、玻尔等世界顶尖物理学家的泡利，为何独独在索末菲面前如同孩子。答案在索末菲 70 岁生日临近时，泡利写给索末菲的信中："亲爱的枢密顾问先生，自从 1918 年我第一次见到您以来，一个深藏在我心中的秘密就是，为什么只有您这样成功的让我感到敬畏。……我的这种敬畏您的心理，是由于您的独特人格魅力所带来的，我多么

图 2-29 索末菲（左）、泡利（右）

庆幸能够成为您的学生。"

事实上，索末菲所有的学生在他面前都保持着恭敬的礼节，而索末菲本人似乎也很喜欢这种礼节。索末菲是老派的德国教授，十分注重礼仪，也喜欢学生们在自己面前保持恭敬的礼节。他晚年被授予"枢密顾问"，他本人也很在意这个头衔，如果不这么称呼他，他就不太高兴。坚毅、古板的面孔配以八字胡，加上脸上的剑伤，海森堡称他是"轻骑兵上校"。

而索末菲的威严中隐藏着和蔼，可以想象在讨论物理问题时，索末菲会把这些礼节都忘掉。索末菲的学生们十分敬重自己的老师，他们出版了《现代物理学的问题》一书来祝贺老师的 60 岁生日；以 1938 年 12 月的《物理学评论》作为他 70 岁生日的献礼；海森堡将 15 个演讲整理为《宇宙辐射》一书来纪念索末菲老师的 75 岁生日。

（5）为何被诺贝尔奖遗忘。

索末菲在 1917 年至 1951 年间被诺贝尔奖提名 84 次之多，其中普朗克就提名他 7 次。仅 1929 年，他就获得了 9 次提名，其中包括三位诺贝尔物理学奖得主——普朗克、弗兰克和劳厄的提名。但他最终未能如愿获奖；他何以被诺贝尔奖与历史遗忘呢？

索末菲的不幸或者说遗憾源自于其遵从的科学方法论，或者说是他对数学的态度。索末菲是依靠应用数学或具体上说是数学物理学进入科学圈的；他致力于利用数学来解决物理学上的问题，在科学方法上他过于依赖并坚持数学，这使得他相对缺乏发现新物理现象和问题的直觉和敏锐。

在那个物理学思想大爆发的时代，他更多的工作是对别人工作的检验和完善，如对玻尔工作的补充和完善。总体上，索末菲的工作让人感觉是缺乏原创性，这是他始终没有获得诺贝尔奖的重要原因。他同时代的学者，批评索末菲是物理学家中的数学家、数学家中物理学家也确有其道理。

这还有一个原因可以解释，那就是：自 19 世纪末期到现在，我们物理学研究的狂热度都放在对经典反叛的赞扬与鼓励上去了，对于像索末菲这样固守经典的物理学研究者自然不会给予鼓励与掌声。索末菲旧量子理论给我们的启迪是——用"开普勒运动"可以解决波尔轨道形成与变化问题，用"谐振子模型"可以解释量子的离散、概率问题，用三维"旋转子模型"可以确定角动量、空间量子化问题等，这些解释所用的理论都属于经典力学范畴。但是，那个时代的主题确实现代量子论，发现新的科学现象并予以解释才会受到诺贝尔奖评委的青睐。

索末菲还是一位造诣极深的陀螺运动研究专家。如果他当时能够认识到微观粒子就像一个自旋小磁陀螺一样，有自旋和自旋磁矩存在，且粒子自旋可以产生自旋磁场，那么他的旧量子理论所取得的成就肯定会更大，绝不会处于"被取代"的命运中。事实上，仅仅凭借他提出的精细结构常数就足够授予他诺奖了。后人曾说，如果那年他没有因为车祸意外去世，理应评上诺贝尔物理学奖。

❧ 师承关系 ❧

正规学校教育。费迪南德·冯·林得曼是他的博士导师；他是 7 位诺贝尔奖获得者的老师。索末菲的博士生里面，有著名的理论物理学家海森堡（1932 年度的诺贝尔物理学奖）、德拜（1936 年度的诺贝尔化学奖）、泡利（1945 年度的诺贝尔物理学奖）、汉斯·贝特（1967 年度的诺贝尔物理学奖）；而弗洛里希曾两次获得诺贝尔物理学奖提名。他的硕士生鲍林（1954 年诺贝尔化学奖、1962 年诺贝尔和平奖）也在索末菲的实验室访问过 1 年；劳厄、埃西多·拉比也是他的硕士生。诺贝尔奖得主劳伦斯·布拉格也曾担任过他的助教。他的学生或助手总共获得诺贝尔物理学奖 6 个、诺贝尔化学奖 2 个、诺贝尔和平奖 1 个。

2016 年的诺贝尔物理学奖授予大卫·索利斯等人，而索利斯的导师就是贝特和派尔斯，这两人又都是索末菲的学生。师徒三代人共同谱写了物理学史上的一段传奇。

此外，他的学生或助手中著名的物理学家还有爱瓦尔德（X 射线衍射理论里的爱瓦尔德球）、朗德（解释了塞曼效应）、楞次（伊辛模型）、派尔斯（派尔斯相变）、海特勒（把量子力学引入了化学）以及保罗·埃瓦尔德、保罗·爱泼斯坦、格雷戈尔·文策尔、福里茨·伦敦、卡尔·贝歇尔特、爱德华·泰勒等。

❧ 学术贡献 ❧

索末菲对旧量子力学的发展与完善方面所做出的功绩可以与玻尔比肩。他在流体力学、数学和光学领域也作出了突出贡献。他以其深厚的数学功底，对湍流、对狭义相对论的数学基础以及电磁波在介质中的传播等课题，也做了重要的贡献。他研究过电子波的物理特性和关于旋转陀螺的理论，对于应用复变函数理论解决边界问题颇有造诣。

（1）索末菲最重要的遗产是众所周知的索末菲原子模型，是玻尔模型的推广。他对原子结构及原子光谱理论有巨大贡献——在解释氢原子轨道运动时，借开普勒轨道运动思想，提出用椭圆轨道代替玻尔原子模型的圆轨道，把相对论应用于高速运动的电子，引入轨道的空间量子化等概念，首先提出第二量子数（角动量子数）和第四量子数（自旋量子数），成功地解释了氢原子光谱和重元素 X 射线谱的精细结构以及正常塞曼效应。他把玻尔原子理论扩充到包括椭圆轨道理论和相对论精细结构理论，还提出空间量子化概念，从而确立了他在量子力学发展史上的地位。

从索末菲的原子模型可知：不同角动量量子数的轨道之间的能级差正比于某个无量纲常数的平方。索末菲最引人注目的成就之一，是在狭义相对论的框架内对类氢原子的研究，这为氢原子的精细结构提供了理论解释。1916 年，他发现了原子的精细结构常数 $\alpha = e^2/2\varepsilon_0 hc$，是电磁相互作用中电荷之间耦合强度的无量纲度量，是一个关于电磁相互作用的很重要的常数；α 可理解为一定距离的两电子间的库伦势能同该距离对应波长的光子能量之比。

（2）在对原子谱线研究的基础上提出来索末菲—柯塞尔位移定律，指的是一次离化的原子之谱线结构与周期表中前一个元素的中性原子的谱线在细节上也是一样的。

（3）索末菲—威尔逊量子化把电子当成三维系统处理，引进了角动量量子数和自旋量子数。

（4）在固体物理学中，他的金属自由电子论，1928 年索末菲用量子力学和费米—狄拉克统计的原理来描述金属电子的运动，建立了索末菲模型，对温差电和金属导电的研究很有价值，成功解释了金属特有的良好导热性质。该理论目前仍旧是固体物理教科书中的经典理论。

（5）1895 年，索末菲对数学衍射理论做出了重大贡献，提出了索末菲衍射理论和瑞利—索末菲衍射公式。索末菲公式是一个关于球面波展开的公式，适用于圆柱坐标中各类波动方程的定解问题，比如光纤光学。

（6）1912 年 6 月 8 日，索末菲向慕尼黑科学院展示了 X 射线的波属性，并研究原子晶格中，波长处于光学区域的电磁波的行为，开创了 X 射线波动理论。

（7）研究了湍流理论，提出了奥尔—索末菲方程，是一个微分方程，通过解出方程，或者研究其特征值等，可以作为判断流体动力稳定性的条件。

（8）索末菲在数学方面做了许多重要的贡献，给予狭义相对论更踏实的数学基础，帮助解释这理论的正确性，使许多仍旧持有怀疑态度的物理学家能够心服口服。

✍ 名词解释 ✍

精细结构常数。精细结构常数是物理学中一个重要的无量纲数，表示电子在第一玻尔轨道上的运动速度和真空中光速的比值；它可以用来度量带电粒子（如电子）与电磁场的作用强度。这个常数描述相对论效应对电子能级的影响，进而反映在原子谱线的精细结构上。常用希腊字母 α 表示，自 1916 年被索末菲提出后，科学家认为 α 始终具有相同的值，被认为是描述宇宙的基本常数之一。

$$\alpha = e^2 / (4pe_0 c\hbar)$$

e 是电子的电荷，ε_0 是真空介电常数，$\hbar$ 是约化普朗克常数，c 是真空中的光速。这个常数描述相对论效应对电子能级的影响，进而反映在原子谱线的精细结构上；也被用来在量子电动力学中描述带电基本粒子之间的电磁相互作用力。引入精细结构常数后，原子模型中电子的运动速度和能级可以被表示成更为简洁的形式。精细结构常数将电荷 e、普朗克常数 h 及光速 c 联系在一起；3 个常数分别表征现代物理中 3 个不同的理论：电动力学、量子力学和相对论；有何深意？理论物理的发展，将精细结构常数赋予了更深刻的物理意义。

曾去非洲观测日全食验证广义相对论的英国物理学家爱丁顿是最早一位尝试用纯理论方法计算精细结构常数的科学家。他用纯逻辑证明，精细结构常数应当等于 1/136；目前精细结构常数的测量日益精确，大约等于 1/137.03599913，这又是什么意思呢？这个谜一样的数值多年来令物理学家们百思而不得其解。

关于精细结构常数，物理学家费曼有一段十分有趣的话："这个数字自五十多年前发现以来一直是个谜。所有优秀的理论物理学家都将这个数贴在墙上，为它大伤脑筋。它是物理学中最大的谜之一，一个该死的谜：一个魔数来到我们身边，可是没人能理解它。你也许会说'上帝之手'写下了这个数字，而我们不知道他是怎样下的笔。"

1938 年，英国物理学家狄拉克提出了大数假说，认为万有引力常数 G 是随时间变化的。1948 年，匈牙利裔美籍物理学家爱德华·泰勒等人提出精细结构常数与万有引力常数之间可能有一定的联系，再加上狄拉克大数猜想，他们推测精细结构常数现在正以约每年 3 万亿分之一的速度在增大。氢和氦谱线的测量表明，α 可能在空间或时间上变化 0.0001%。

然而，用时空的几何性质来描述引力现象的广义相对论却不允许精细结构常数随时间改变。因为广义相对论以及一切几何化的引力理论的基础是等效原理，它要求任何在引力场中作自由落体的局域参照系中所做的非引力实验都有完全相同的结果，而与实验进行的时间地点无关。如果关于精细结构常数随时间变化的猜想属实，广义相对论就有必要进行修正。正因为如此，长期以来物理学家们一直在致力于测量精细结构常数随时间的变化情况。

可以用来检验精细结构常数随时间变化情况的实验手段有很多。从检验的时间段来分，可以区分为仅仅测量精细结构常数在现阶段变化情况的"现代测量"和测量数十亿乃至百亿年来变化情况的"宇宙学测量"。来自遥远类星体的光可以提供沿途遇到的气体云和星系团、星系、丝状构造等介质的信息。发射或吸收线的确切性质取决于精细结构常数，因此这早已是探测精细结构常数的时间或空间变化的主要方法之一。

现在科学家们普遍倾向于认为，如果精细结构常数的变化是由光速的改变引起的，那么强相互作用的精细结构常数与电磁作用的精细结构常数的变化应该是一致的。

根据量子电动力学，原子钟的振荡频率可以表示为精细结构常数的幂级数形式。如果精细结构常数随时间发生变化，原子钟的频率也将随着时间而发生漂移。而精细结构常数对原子钟频率的影响，还与原子核的带电量，即原子序数有关。原子序数越大，精细结构常数的变化对频率的影响也越大。这样，只要比较用不同的原子制成的原子钟的频率漂移情况，就能够探测出精细结构常数的变化情况。

如果我们确实有力地观察到精细结构常数的这种变化，那我们观察到的在宇宙中不变的东西，比如电子电荷、普朗克常数或光速，在空间或时间上实际上可能不是恒定的。这将颠覆我们目前的认知。同样，精细结构常数的增大会使元素周期表中稳定元素减少，当 $\alpha > 0.1$ 时，碳原子将不复存在，到那时，所有的生物都将面临彻底的毁灭。

对于精细结构常数是否有变化以及变化的原因，科学家们还有很大的争议，因为它涉及宇宙的起源和未来走向问题，同时影响着相对论学说的正确性。索末菲的伟大从这精细结构常数就可以得知。

❧ 代表作 ❧

（1）1919年，他对玻尔原子理论的扩充和他所著的《原子结构和光谱线》这部深具影响的教科书。这本传奇的教科书遍布世界各地，把一代代物理专业的学子引入核物理领域。

（2）1929年，他又写成了《波动力学补篇》一书，两书都多次修订再版，这些名著被誉为"原子物理学的圣经"。

（3）第二次世界大战期间，他出版了六卷本的《理论物理学教程》（包含力学、电动力学、光学、热力学与统计、偏微分方程），是与他的《原子结构和光谱线》相媲美的又一部著作，成为当时那个年代理论物理学领域里最系统、最前沿的标志性读物。

（4）索末菲还有同其导师克莱因合著的四卷本（陀螺理论，1897—1910 年）以及四卷本《圆的理论》。

ᕕ 获奖与荣誉 ᕗ

索末菲一生得过无数的荣誉，像马克斯·普朗克奖章，洛仑兹奖章，奥斯特奖章。他拥有许多大学颁发的荣誉博士学位。他唯一没有得到的是诺贝尔奖，但他曾经被提名 84 次之多，甚至超过了德裔美国著名核物理学家及实验物理学家、卡内基·梅隆大学物理学教授奥托·斯特恩（1888—1969 年，1922 年通过斯特恩—盖拉赫实验实验证实了原子角动量的自旋量子化，1943 年获得诺贝尔物理学奖）。斯特恩以 82 次提名位居第二，但他最终获得了诺贝尔奖。索末菲的被提名次数也多于爱因斯坦 62 次的被提名次数，是迄今被提名最多的物理学家。

ᕕ 学术影响力 ᕗ

（1）没有索末菲就没有精细结构常数，就没有现代量子力学。直到 100 年后的今天，"玻尔—索末菲原子"和"索末菲精细结构常数"仍是物理学家熟知的概念。

（2）培养了众多的诺贝尔奖获得者和著名的物理学家，是 20 世纪物理学界最伟大的导师之一，被称作"现代量子力学教父"。

（3）2004 年，为了纪念索末菲对于理论物理的贡献，慕尼黑大学新成立的理论物理中心命名为索末菲理论物理中心。

ᕕ 名人名言 ᕗ

如果你想成为物理学家，你必须要做三件事情，第一学习数学，第二学习更多的数学，第三坚持这样做。

ᕕ 学术标签 ᕗ

（1）索末菲数是一个无量纲量，通常用在流体动力润滑分析（轴承理论）。

（2）索末菲是量子力学与原子物理学的开山鼻祖之一。

（3）量子力学三大重要学派领袖之一（索末菲的慕尼黑派、玻尔的哥本哈根派以及玻恩的哥廷根派）。

（4）他被选入英国皇家学会，美国国家科学院，俄罗斯科学院，印度科学理工学院，以及许多其他在柏林，慕尼黑，哥廷根，威尼斯等等的科学院。

ᕕ 性格要素 ᕗ

索末菲是一个谦和、博学，乐观开朗且乐于助人的高尚之人，胸襟非常宽广。永远是穿着干净，发型整洁，一副标准的普鲁士军官派头。无论做什么事情，他永远都是谦虚谨慎，一丝不苟。他曾一度受到盲目爱国主义的迷惑，但终其一生，历经动荡岁月，他还是保持了一位正直学者应有的风骨。

∼ 评价与启迪 ∽

（1）儒雅包容，有教无类。

索末菲是个胸襟非常宽广的人，无论是在学术上还是在个人品格上都是如此。在学术上，他的包容性、接受能力非常强，可以非常迅速地接受新理论。他是最先接受相对论的一批优秀物理学家，而且他不仅接受了相对论，还主动把相对论引入到原子物理，用相对论来描述电子的高速运动，从而取得了非常卓越的研究成果。

在对待学生上，他也是如此。当年"毒舌"泡利一见索末菲就提出不读本科，直接读研究生的无理要求，大多数古板的老师肯定严词拒绝。然而，索末菲竟然破例收他为徒，还把他调教成诺贝尔奖得主。学生都是有缺点的璞玉，老师发现他们的优点并精心把学生雕琢成才，言传身教，让他们变成优秀的人；对待这样的授业恩师，泡利他们能不尊敬他吗？

（2）对数学高度重视的物理学家。

一直到19世纪晚期与20世纪初期，在德国，实验物理比理论物理更受重视，拥有较高的地位。可是，在20世纪初期，靠着索末菲和马克斯·玻恩这样的理论物理学家在数学方面的造诣与天赋，完全将情况翻转过来，理论物理成为了主动者，而实验物理则成为配角。

尽管索末菲是物理学教授，但他却异常重视数学，可以说是"物理学家中的数学家"。他认为数学是科学的工具，掌握更多的数学，才能更容易在科学上有所突破。正是因为索末菲极度重视数学基本功的训练，他的学生们在学生时代就打好了极佳的数学基础，所以他们日后往往能在科学上作出突出贡献。但过度重视数学而忽视实验，也算是索末菲的缺点之一。

（3）美梦难圆。

索末菲思想开放，乐于追踪最新观点，并把感悟到的最新思想的重要之处传达给学生，从而使他当之无愧地成为20世纪物理学界最伟大的导师之一。他一生被提名诺贝尔奖84次，但却从未有幸圆梦。但是，他曾获马克斯·普朗克奖章，洛仑兹奖章和奥斯特奖章，这些著名的奖项也证明了他的实力。

（4）正直正义的科学家。

像这一时代大多数德国学者一样，索末菲不可避免地具有时代的局限：对国家无条件的忠诚，把军国主义视作德国文化不可分割的一部分。后来在纳粹当政后，遇到的一些事情开始让他反省。尤其是到索末菲的退休年龄，纳粹教育当局任命力学教授威廉·米勒而不是理论物理教授海森堡接替他的职位。这让索末菲清醒过来，不再忠于军国主义。

索末菲有强烈的正义感，对科学无比真诚；他坚决反对纳粹德国的反犹太运动和所谓"德意志物理学"，无畏地表示了自己的立场，受到当局的压制和打击，纳粹刊物曾攻击他是"文化界中犹太文化的代理人"。

（5）感悟。

人们由衷地敬佩他的"固执"秉性、怀念他的"守望"精神！他是一个爱国者，一个科学家，一个受到迫害后又自我反省的人。终其一生，他配得上一位正直学者的称号；这样的学者在任何一个时代都是稀缺品。

索末菲是一个伯乐，善于发现人才并培养人才；要知道，"千里马常有，而伯乐不常有"。为别人做垫脚石不仅仅是富有牺牲精神，也不仅仅是具备成人之美的度量，更需要高尚的情操。索末菲就是这样一个完美的人；唯一的遗憾是没有获得诺贝尔奖。可那又如何呢？诺贝尔奖也说明不了太多，索末菲毕生积累的学术成就一直到现在还在发挥作用，这就是最好的认可，也是最高的表彰，比诺贝尔奖还要重要。他严谨治学的精神，更是为物理学领域培养了一大批成就卓著的人才，这才是最难能可贵的。

致敬，无冕之王，索末菲。致敬，大师之师，索末菲。

致敬，培养最多诺贝尔奖获得者的伟大的物理教师，索末菲！他激励我辈笃志前行。

60. 20 世纪最伟大的实验物理学家、原子核物理学之父——卢瑟福

姓　　名　欧内斯特·卢瑟福
性　　别　男
国　　别　新西兰
学科领域　原子核物理学
排　　行　第一梯队（一流）

❦ 生平简介 ❦

卢瑟福像

卢瑟福（1871 年 8 月 30 日—1937 年 10 月 19 日）出生于纳尔逊一个家境贫寒的手工业工人家庭里。父亲是一位很有才能的数学家，很重视子女的教育，尽管家庭收入仅够糊口，还是努力供他读书，一直供他念完大学。12 岁时，卢瑟福立志做一名科学家。

1889 年，他获得大学奖学金，进入新西兰惠灵顿大学。1891 年，以"电

磁研究"申请科学展览奖学金。1893 年，他以文学、数学和物理科学 3 个学位毕业。毕业之后，他继续在大学里作为研究人员工作了一小段时间，从事无线电研究。1894 年，他发表论文《用高频放电法使铁磁化》曾引起世界科学界的广泛注意。这一年，卢瑟福还在一座 18 米长的工棚里进行了电磁波收发表演。有人把这次表演中收发的信号，称作"越过新西兰上空的第一份无线电报"。

1894 年，他获得奖学金，前往剑桥大学三一学院卡文迪许实验室学习。卢瑟福在新西兰已经作了关于高频磁场的一些工作，他到剑桥后仍在电子的发现者汤姆逊指导下从事这项研究。

在卡文迪什实验室初期，他发明了一种电磁波探测器。与汤姆逊一起，他们研究了离子在被 X 射线处理过的气体中的行为。到了 1897 年，他研究了离子的迁移率与电场强度之间的关系，还研究了光电效应等一些相关课题。1898 年，他报告了铀辐射中存在 α 和 β 射线，并指明了它们的一些性质，同时预言可能存在一种穿透力更强的射线。后来，他在镭的试验中找到了这种射线，这就是后来由他命名的 γ 射线。就这样，19 世纪最后十年的三大发现，出手不凡的卢瑟福在同一个实验里全部得到了解释。

1898 年，由于加拿大麦吉尔大学的麦克唐纳物理系主任一职空缺，他在恩师汤姆逊的推荐下担任这一职务。

在麦吉尔大学，他从事放射性现象研究。1900 年，牛津大学的化学家弗雷德里克·索迪来到麦吉尔大学，他与卢瑟福合作，1902 年共同创立了放射性的"衰变理论"，他们认为放射性现象是一种原子过程，而不是分子过程。1901 年10 月—1903 年 4 月，他发表了 9 篇重要论文，为放射学的严格研究奠定了基础。他的理论得到了大量实验证据的支持，大量新的放射性物质相继被发现，包括居里夫人的研究。

1905 年，他与博特夫德合作第一次提供了运用放射性测定远古矿物样品年代的方法。同年，他们利用放射性元素的含量及其半衰期，成功计算出太阳的寿命约为 50 亿年，开创了利用放射性元素的半衰期计算天体寿命的先河。1905 年，卢瑟福和索迪一起提出了一种大胆的原子嬗变理论，打破了元素不会变化的传统观念。1913 年索迪在此前研究的基础上，和法扬斯同时发现放射性元素位移规律，并提出同位素的概念。

他通过铀岩的放射性研究，于 1907 年成功解释了放射性现象的本质。次年，他因"对元素衰变和放射性物质化学的研究"获得诺贝尔化学奖。1908 年，他选择了实验条件较好的曼彻斯特大学继续他的射线研究。他把注意力转到放射性衰变中发射的 α 辐射，证明 α 辐射是失去两个电子的氦原子组成的。他注意到当一束 α 粒子穿过空气或一层薄薄的云母片时，就会变得模糊，其散射角度大约为

2°，这表明存在强度为 100MV/cm 的电场。卢瑟福因此断定，原子内一定有很强的电场存在。

卢瑟福和德国物理学家汉斯·盖革于 1908 年发明了盖革计数器，精确地测量了这些以小角度从金箔散射的 α 粒子的数量。卢瑟福从 1909 年起指导学生做了著名的 α 粒子散射实验，成功发现了质子。

1915—1916 年，卢瑟福用声学方法探测潜艇为海军服务，解决了当时在战争中的一个亟待破解的难题，他将定向水听器用在了舰队的船只上，用于在水下探测潜水艇。1919 年，他接替退休的汤姆逊，担任剑桥大学卡文迪许实验室讲座教授兼主任。就在这个实验室，他又作出第三项重要发现——人工核蜕变。按照马斯登某些早期实验，在一个可以充入不同气体的圆筒中装置一个 α 粒子源，在圆筒的一端开一个小孔，盖上金属片，一些原子可以穿过金属片逸出。圆筒内充入氮，就产生高能粒子，它们正是氢核（即质子）。在 1919 年，卢瑟福发表了 4 篇关于轻原子的论文。他在第 4 篇文章《氮的异常效应》中指出，"在与高速 α 粒子迎头碰撞中产生的强力作用下，氮原子蜕变了，而释放出来的氢原子是构成氮核的一个组成部分。"也就是说，他从氮核中打出的一种粒子，测定了它的电荷与质量，都是一个单位，卢瑟福将之命名为质子；由于其质量与原子核不同，故他预言存在一种不带电的粒子，即中子。

卢瑟福同查德威克在 1920—1924 年间继续指出，在用 α 粒子轰击时，大多数较轻元素发射质子。1925 年当选为英国皇家学会会长，1931 年受封为纳尔逊男爵，1937 年 10 月 19 日因病在剑桥逝世，享年 66 岁。卢瑟福火化后被安葬在西斯敏斯特大教堂公墓的中央部分，与牛顿、法拉第和他的老师汤姆逊并排安葬。为了表达对恩师的怀念，玻尔把自己最小的儿子取名为欧内斯特·玻尔。

❦ 花絮 ❧

（1）艰苦求学的经历。

由于家庭经济的拮据，卢瑟福知道要想上学就要靠自己劳动挣钱。上小学的时候，卢瑟福兄弟就利用暑假参加劳动，一个暑期可以赚十几个英镑，差不多够一个学期的学费。后来他听说学习成绩优秀就可以得到奖学金，就更加努力学习。他学习的时候特别专心致志，即使有人用书本敲他的脑袋也不会分散他的注意力。通过自己的刻苦努力，这个穷孩子完成了他的学业。许多年后，在一个很隆重的宴会上，卢瑟福十分感慨的说："如果不是我的父亲和母亲，我永远也不会有今天的成绩。"

（2）外号鳄鱼。

这段艰苦求学的经历培养了卢瑟福一种认准了目标就百折不回勇往直前的精

神。后来学生为他起了一个外号——鳄鱼，并把鳄鱼徽章装饰在他的实验室门口。因为，鳄鱼从不回头，他张开吞食一切的大口不断前进。

（3）是我制造了波浪。

卢瑟福属于那种"性格极为外露"的人，他总是给那些见过他的人留下深刻的印象。他个子很高，声音洪亮，精力充沛，信心十足，并且极不谦虚。当他的同事评论他有不可思议的能力并总是处在科学研究的"浪尖"上时，他迅速回答道："说得很对，为什么不这样？不管怎么说，是我制造了波浪，难道不是吗？"几乎所有的科学家都同意这一评价。

（4）最后一个土豆。

由于学习成绩优秀，大学毕业时卢瑟福获得了文学学士、理科学士和硕士学位，但是卢瑟福决心在科学研究中取得更大的成绩。卢瑟福申请的是大英博览会奖学金，这一奖学金是授予学习成绩特别出色、具有培养前途的学生，以使他们能够进入久享盛名的英国高等学府深造。

卢瑟福参加了这项考试，结果他和一个叫麦克劳林的人都具备了录取条件，但名额只有一个。基金委员会经过争论决定把奖学金授予麦克劳林，卢瑟福只好回家等待以后的机会了。但后来麦克劳林因为结婚，奖学金无法负担两个人的生活费，于是放弃了机会。这样"从天而降的馅饼"落在了卢瑟福头上。1895年4月的一天，在农场挖土豆的卢瑟福收到了英国剑桥大学发来的通知书，通知他已被录取为伦敦国际博览会的奖学金学生。卢瑟福接到通知书后扔掉挖土豆的锄头喊道："这是我挖的最后一个土豆啦！"

（5）著名的 α 粒子散射实验。

卢瑟福从 1909 年起指导学生和助手做了著名的 α 粒子散射实验，又称金箔实验或卢瑟福 α 粒子散射实验，是一个著名物理实验，号称"物理最美实验"之一。其目的是想证实汤姆逊"葡萄干蛋糕原子模型"的正确性，实验结果却成了否定汤姆逊原子模型的有力证据。在此基础上，卢瑟福提出了原子核式结构模型。

为了要考察原子内部的结构，必须寻找一种能射到原子内部的试探粒子，这种粒子就是从天然放射性物质中放射出的 α 粒子。1909 年，他的助手盖革和年仅 20 岁的本科生欧内斯特·马斯登在按照卢瑟福的建议，用 α 粒子轰击金箔来进行实验，用涂有硫化锌的屏探测这些粒子。

在一个铅盒里放有少量的放射性元素钋（Po）、铀或镭，它们发出的 α 射线从铅盒的小孔射出，形成一束很细的射线射到金箔上。当 α 粒子穿过金箔后，射到荧光屏上产生一个个的闪光点，这些闪光点可用显微镜来观察。为了避免 α 粒子和空气中的原子碰撞而影响实验结果，整个装置放在一个抽成真空的容器内，带有荧光屏的显微镜能够围绕金箔在一个圆周上移动。

实验结果表明，绝大多数 α 粒子穿过金箔后仍沿原来的方向前进，但有少数 α 粒子发生了较大的偏转，并有极少数 α 粒子的偏转超过 90°，有的甚至几乎达到 180°而被反弹回来，这就是 α 粒子的散射现象。

发生极少数 α 粒子的大角度偏转现象是出乎意料的。根据汤姆逊模型的计算，α 粒子穿过金箔后偏离原来方向的角度是很小的，因为电子的质量不到 α 粒子的 1/7400，α 粒子碰到它，就像飞行的子弹碰到一粒尘埃一样，运动方向不会发生明显的改变。正电荷又是均匀分布的，α 粒子穿过原子时，它受到原子内部两侧正电荷的斥力大部分相互抵消，α 粒子偏转的力就不会很大。然而事实却出现了极少数 α 粒子大角度偏转的现象（大约 8000 个中有 1 个）；这完全出乎他们的意料。

卢瑟福后来将此描述为："这是我一生中所遇到过的最惊人的事件，它就像你用一颗 15 英寸的炮弹轰击一张薄纸而炮弹反弹回来将你击中那样令人难以置信。"为了对这种结果作出解释，卢瑟福在 1911 年想通了原子的结构，提出了一种原子结构模型（行星模型），认为在原子的中心，有一个只占据了原子千分之一大小的核结构，据此提出了"原子核"的概念。

卢瑟福对 α 粒子散射实验的结果进行了分析，认为原子内部存在较大的空间，只有原子的几乎全部质量和正电荷都集中在原子中心的一个很小的区域，才有可能出现 α 粒子的大角度散射。无可辩驳地证明了原子是由带负电的电子环绕带正电的原子核所构成，该实验被评为"物理最美实验"之一。从此把原子结构的研究引上了正确的轨道，被誉为近代原子核物理学之父，这是他对物理学的最大贡献。他还提出了一个理论公式——卢瑟福散射公式，表明在不同角度被一个核所散射的粒子数。原子核的观念又被尼耳斯·玻尔进一步发展。

（6）原子的行星模型。

在恩师汤姆逊"葡萄干蛋糕原子模型"的基础上，卢瑟福在 1911 年提出了原子的核式行星结构模型（见图 2-30），即经典的行星原子模型，又称"有核原子模型""原子太阳系模型"。

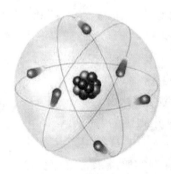

图 2-30 行星绕太阳模型（核式结构模型）

该模型认为在原子的中心有一个很小的带正电的核，称为原子核，原子的全部正电荷和几乎全部质量都集中在原子核里，带负电的电子在核外空间里绕着核旋转。根据 α 粒子散射实验，可以估算出原子核的直径约为 10^{-15} 米 ~ 10^{-14} 米，原子直径大约是 10^{-10} 米，所以原子核的直径大约是原子直径的万分之一，原子核的体积只相当于原子体积的万亿分之一。

这个模型最大的成功之处是提出了原子核的概念，这比恩师汤姆逊的"葡萄干蛋糕模型"进步了一大截。但它也有缺点——它无法正确地解释光谱的不连续性，与经典的力学理论矛盾；如果它放出光子即会消耗能量，那么电子将会落到原子核上，失去了稳定性，而这显然不可能。

（7）盖革计数器。

盖革计数器是一种专门探测电离辐射（α 粒子、β 粒子、γ 射线和 X 射线）强度的记数仪器，最初是在 1908 年由德国物理学家汉斯·盖革和著名的英国物理学家卢瑟福在 α 粒子散射实验中，为了探测 α 粒子而设计的。1928 年，盖革又和他的学生米勒对其进行了改进，使其可以用于探测所有的电离辐射。1947 年，一位美国博士对盖革计数器做了进一步的改进，使得盖革管使用较低的工作电压，并且显著延长了其使用寿命，称为"卤素计数器"。

1964 年，在美国和德国都有了成熟技术，并且有专业的生产厂家开始量产。盖革计数器因为其造价低廉、使用方便、探测范围广泛，至今仍然被普遍地使用于核物理学、医学、粒子物理学及工业领域。

现代盖革—米勒计数器已开始采用大规模集成电路代替了当年的三极管驱动发声器件的方式实现有效计数并可计算出相应的辐照强度及累积受辐照量，并可通过显示设备精确显示出来。

（8）发现嬗变理论。

1900 年卢瑟福指出，第三种辐射在磁场中不偏转，是高能电磁辐射，他称这种辐射为"γ 射线"。卢瑟福和索迪还开始研究放射性元素钍，钍除了 α、β、γ 射线之外，还发出一种放射性气体，他称之为"射气"。他指出，射气在活动性方面以一种特定速度衰减，在某一固定期间（半衰期）失去活动性的一半。卢瑟福指出有一种更为活动的物质钍 X 存在；他们终于了解到，射气是钍 X 产生的，而钍 X 又是从天然钍产生的。也就是说，有一种序列存在，其中一种化学元素正在改变（嬗变）为其他元素。卢瑟福成功地作出了第一次原子嬗变，改变了元素不可变化的传统观念。

（9）学生的伯乐和领路人。

卢瑟福是一位杰出的学科带头人，他不仅自己在学术上有一系列重大发现，他指导的学生和他的助手也都颇有成就。其中，有 6 位学生、3 位助手相继获得了诺贝尔奖，他们很多人的研究，都受到了卢瑟福的启发。

科学界中，至今还传颂着许多卢瑟福精心培养学生的小故事。例如他的学生威尔逊发明了一种仪器，可以利用凝结的水珠观察到灰尘，称为灰尘计数器。汤姆逊得知后，想让他在此基础上发明一种可以看见电子的仪器，并告诉了威尔逊他自己的想法。没想到正是因为汤姆逊不经意间的一句话，让威尔逊潜心研究，终于在十几年后发明了"云室"，用于探测电子轨迹，并因此获得了 1927 年诺贝尔物理学奖。"云室"这一发明也造福了后世物理学的研究，成为重要的研究仪器。

在卡文迪许实验室里，卢瑟福是最激励人心的领导者，他引领了许多后来成为诺贝尔奖得主的科学家走向属于他们自己的伟大成就。1922 年度诺贝尔物理学奖的获得者玻尔曾深情地称卢瑟福是"我的第二个父亲"。他的学生或者助手中获得诺贝尔奖的名单如下：

1921 年，助手索迪获诺贝尔化学奖；1922 年，学生阿斯顿获诺贝尔化学奖；1922 年，学生玻尔获诺贝尔物理学奖；1927 年，助手威尔逊获诺贝尔物理学奖；1935 年，学生查德威克获诺贝尔物理学奖；1948 年，助手布莱克特获诺贝尔物理学奖；1951 年，学生科克罗夫特和沃尔顿共获诺贝尔物理学奖；1978 年，卢瑟福的学生卡皮察获诺贝尔物理学奖。还有其他一些曾在卡文迪许与他共事过的诺奖得主：G.P.汤姆森、阿普尔顿、鲍威尔和阿斯顿。

❧ 师承关系 ❧

正规学校教育；汤姆逊是其博士导师；学生中有 8 次 9 人获得诺贝尔奖。

❧ 学术贡献 ❧

在放射性和原子结构等方面做出了重大的贡献。

（1）第一个重要研究是对原子物理学起重大作用的放射性研究，发现了放射性的 α、β、γ 射线，并且证实了 α 射线是带正电的氦离子流，具有很弱的透射能力，但电离能力很大，可以在电场和磁场中发生偏转；证实 β 射线具有很强的透射能力，但电离能力很小；指出 γ 射线在磁场中不偏转，是高能电磁辐射。

（2）确立了放射性是发自原子内部的自然衰变，创立了放射性的"衰变理论"，认为放射性现象是一种原子过程，而不是分子过程。首先提出放射性半衰期的概念，证实放射性涉及从一个元素到另一个元素的嬗变。

（3）第 3 个重要研究是 40 岁发现原子的核式结构，成功地证实在原子的中心有个原子核，证明了原子内部存在空间，创建了卢瑟福模型（行星模型）。卢瑟福在有核模型基础上导出了一个实验能验证的散射公式——卢瑟福散射公式。后来实验证明了卢瑟福散射公式正确，从而也就证明了散射公式所赖以建立的原子有核模型正确。

（4）第 4 个重要研究是 48 岁他最先成功地在氮与 α 粒子的核反应里将原子分裂，在实验里发现了质子，并且为质子命名；预言了中子的存在。

（5）人工核反应的实现是卢瑟福的另一项重大贡献。自从元素的放射性衰变被确证以后，人们一直试图用各种手段，如用电弧放电，来实现元素的人工衰变，而只有卢瑟福找到了实现这种衰变的正确途径。在卢瑟福的晚年，他已能在实验室中用人工加速的粒子来引起核反应。

（6）其他研究成果包括：发现了氡、确定了提供了运用放射性测定远古矿物样品年代的方法、计算出了地球的年龄。

～ 代表作 ～

1904 年，其名著《放射性》出版，受到科学界的普遍推崇。后来，卢瑟福出版了《新炼金术》。

～ 获奖与荣誉 ～

（1）因为"对元素蜕变以及放射化学的研究"获 1908 年诺贝尔化学奖。
（2）1925 年，拉塞福获得英国政府颁发的功绩勋章。
（3）1931 年，被封为"纳尔逊的卢瑟福男爵"。

～ 学术影响力 ～

（1）卢瑟福在这一领域中的种种成就，实际上开创了一门完全崭新的学科——核物理学。

（2）衰变理论的发现打破了元素不会变化的传统观念，能使一种原子改变成另一种原子，使人们对物质结构的研究进入到原子内部这一新的层次，这是一般物理和化学变化所达不到的，为原子物理学做了开创性的工作。

（3）卢瑟福是新西兰最伟大的科学家，他也完全能够被称之为任何时代最伟大的实验物理学家之一。他的事业几乎正好纵伸核物理学的第一个伟大时期，他对这个领域作了许多贡献并长期居于主导地位。

（4）他通过 α 粒子为物质所散射的研究，无可辩驳地论证了原子的核模型，因而一举把原子结构的研究引上了正确的轨道，被誉为原子核物理学之父。

（5）这种用粒子或 γ 射线轰击原子核来引起核反应的方法，很快就成为人们研究原子核和应用核技术的重要手段。

（6）第 104 号元素为纪念他而命名为"鑪"，元素符号 Rf；是人造放射性元素，属周期系 ⅣB 族。

～ 名人名言 ～

（1）科学家不应是个人的崇拜者，而应当是事物的崇拜者。

（2）真理的探求应是他唯一的目标。

（3）科学家不是依赖于个人的思想，而是综合了几千人的智慧，所有的人想一个问题，并且每人做它的部分工作，添加到正建立起来的伟大知识大厦之中。

（4）科学只有物理一个学科，其他学科都是'采集样本'而已，相当于集邮活动。

（在卢瑟福的时代仅物理学形成了严密的体系和理论架构，而其他科学如生物学很大程度上还停留在分类和猜测的阶段。）

（5）这是我一生中碰到的最不可思议的事情。就好像你用一颗 15 英寸大炮去轰击一张纸而你竟被反弹回的炮弹击中一样。

（很生动地叙述了汤姆逊模型碰到的困难，即原子不可能是质量均匀分布大小为 1 埃的球。）

（6）不要让我看到任何人在我们物理系里谈论宇宙。

（反映了卢瑟福反对空谈，强调实际的工作态度，但具有讽刺意味的是正是卢瑟福开创的量子物理开启了谈论宇宙的大门，在今天的物理系里，宇宙论是标准的话题而非离经叛道。）

（7）科学是一步一个脚印地向前发展的，每个人都要依赖前人的成果。

学术标签

原子核物理学之父、原子的行星结构模型的提出者、公认的继法拉第之后可以媲美赫兹的最伟大的实验物理学家；被誉为"从来没有树立过一个敌人，也从来没有失去一位朋友"的人。

性格要素

卢瑟福有一种认准了目标就百折不回勇往直前的精神；他也是一个善于启发善于诱人的好老师。在学业和事业上来看，卢瑟福属于非常勤奋用功的人，具有坚定的信念和意志；他想做的事情，他会克服种种困难去完成；学业如此，事业也一样。他学业上的优异成绩来自他的性格，他事业上的成功也来自他的性格。

评价与启迪

（1）科学成就斐然。

卢瑟福在原子物理上取得了重要的学术突破；发现了放射性的 α、β、γ 射线；发现了元素的嬗变理论；发现了原子核，发现了质子；预言了中子的存在；实现人工核反应；发现了氡。这任何一个发现都对人类生产和生活起到了巨大的影响。

他的合著者 C.D. 埃利斯曾说："卡文迪许的大多数实验实际上都是在卢瑟福

的直接或间接建议下开始的"。虽然对单个 α 粒子的探测、对原子核结构的发掘，以及对质子的发现没有为他迎来第二次诺贝尔奖，但很少有人会去质疑这位物理学巨匠所作出的巨大贡献。在科学研究中，他一直保持活跃，直到生命的尽头。

（2）淡泊名利、泰然处之。

一系列的成就使卢瑟福在科学界名声大噪，面对各大名校的巨额薪酬，他不为所动。他对自己不是获得物理学奖感到有些意外，他风趣地说："我竟摇身一变，成为一位化学家了。""这是我一生中绝妙的一次玩笑！"

（3）遇到良师。

他也是一个幸运的人，导师汤姆逊给卢瑟福提供了广阔的发展舞台，推荐他去加拿大麦吉尔大学，推荐他接替自己担任卡文迪许实验室的主任。同样，他也是玻尔等人的恩师和伯乐。

由此可见，人生需要领路人。在人这一生中，遇到一位良师益友，遇到一位品德高尚、才能卓越的好师长，为自己引路，是多么幸运的事情啊。"做对事成功一阵子，而跟对人却能成功一辈子"！

（4）培养大批诺奖得主。

当人们评论卢瑟福的成就时，总要提到他"桃李满天下"。有人说，如果世界上设立培养人才的诺贝尔奖的话，那么卢瑟福毫无疑问应该是名列前茅的候选人。在他的助手和学生中，先后荣获诺贝尔奖的多达 9 人。

电子发现者汤姆逊、卢瑟福和前面介绍的索末菲成为指导学生或者助手获得诺贝尔奖最多的人。同样的，玻恩和玻尔也影响造就了一大批诺贝尔奖得主。

61. 爱因斯坦的好朋友、水声学奠基人——朗之万

姓　　名　保罗·朗之万
性　　别　男
国　　别　法国
学科领域　物理学
排　　行　第四梯队（三流）

◦ﾟ 生平简介 ﾟ◦

朗之万（1872 年 1 月 23 日—1946 年 12 月 19 日）出生于巴黎的一个普通工人家庭，他从小聪慧过人，曾就读于巴黎市立高等工业物理化学学校及巴黎高等师范学校。1897 年毕业后，他来到剑桥大学，在约瑟

朗之万像

夫·汤姆逊的指导下于卡文迪许实验室学习一年。1889 年朗之万回到巴黎索邦大学，并在比埃尔·居里的指导下于 1902 年取得博士学位。

1904 年，朗之万成为法兰西学院的物理学教授。

1926 年，朗之万成为巴黎市立高等工业物理化学学校主任。1905 年提出关于磁性的经典理论，用基元磁体的概念对物质的顺磁性及抗磁性作了经典的说明。1908 年，发展了布朗运动的涨落理论。1930 年和 1933 年，他两度当选为索尔维物理学会议主席。1934 年当选为法兰西科学院院士。1944—1946 年任法国人权联盟主席，并加入法国共产党。朗之万在巴黎解放两年后的 1946 年逝世。朗之万去世后，法国政府给予国葬，并于 1948 年将他和佩兰的遗骸安放于象征法国光荣的伟人祠。

❧ 花絮 ❧

（1）水中金鱼。

朗之万有一次在课堂上提问学生："根据阿基米德定律，物体浸入水中必将排除相同体积的水，为什么金鱼放到水里却不会排除水呢?"同学们有的说，金鱼的鳞片有特殊的结构；有的说，因为金鱼的身体到水里会收缩；还有的说，阿基米德定律只适用于非生物，不适用于生物；他们认真思考的态度让朗之万很高兴。

其中一个学生想了一阵，她不满意这些答案，开始怀疑老师出错了题目。于是她找来一条鱼，在量杯里倒了水，先测出水的体积，然后放进金鱼。哈! 水面上升了一大段! 金鱼在水里也是要排除水的，就像国王的皇冠要排除水一样! 学生们终于醒悟过来：是老师的问题不对，他们"上当"了。

朗之万故意出错题是为了学生们勇于质疑，并且去发现问题、解决问题，让学生们在错误的迷宫中自己走出来。他认为，这样的教育教学行为非常好，这比灌输知识更有好处。因为这样教学很民主，让学生们懂得，真理要靠自己去思考、发现。在真理面前，人人平等；这样上课能激发学生们学习探究的兴趣，增强自信心。

（2）水声学的诞生。

第一次世界大战期间，朗之万用压电效应激发的石英板，在水下成功地发射了声波，并接收到了海底的回声，研制出第一台水声设备——测深仪。以后，根据这种原理制造出译名叫"声呐"的设备，可用来发现海面下的潜水艇、礁石及其他水下目标。现在，利用近代的信息理论结合电子技术，研究声波在海水中的发射、传播和接收的问题，已形成一门内容十分丰富的近代声学科学——水声学。

（3）朗之万炮弹。

1905 年，朗之万看到爱因斯坦的论文后，对相对论表示了浓烈的兴趣，他形象地阐述相对论并在法国做出很多传播相对论的工作。朗之万曾对爱因斯坦说过，全世界只有 12 个人知道什么是相对论；英国著名天文学家爱丁顿却认为只有他和爱因斯坦才懂相对论。

为了让人们能明白其中的道理，朗之万设想把一个旅行家装在一个与光速相差两万分之一的高速飞行的炮弹飞船里，由地球出发到宇宙中去旅行，一年后再以同样的速度返回地球。这样两年以后，当旅行家走下炮弹飞船时，就会发现地球上已经过去了 200 年。如果在他出发前有一个不满周岁的儿子，当他返回地球时，他的儿子早已去世了，欢迎他的将是他从不相识的曾孙了。这说明了，当以接近光速的速度飞行时，时间会变慢。"朗之万炮弹"的美称就是这么得来的。

（4）水下声波探测器。

他最著名的研究是使用比埃尔·居里的压电效应的紫外线应用。第一次世界大战期间，他开始用声波去探测潜艇并以其回音确定其位置的研究。但等到装置能够运作时，大战已经结束了。

（5）与居里家族的情感纠葛。

朗之万的导师是居里夫人的丈夫比埃尔·居里，两人相差 13 岁。由于良好的师生关系，朗之万与居里一家过从甚密。比埃尔车祸丧命后，遭受沉重打击的居里夫人一度陷入悲痛和抑郁而不能自拔，多亏了朗之万的悉心关怀和帮助才重新振作。两位大科学家之间的情感互动很快就超越了一般的师生情谊。

当时朗之万与妻子感情冷淡，婚姻很不幸。朗之万的妻子是一个没有文化、性格暴躁粗鲁野蛮只认钱的人，藐视朗之万的科学研究；还曾用花瓶打破朗之万的头。朗之万夫人知道丈夫和居里夫人的事情后，在《巴黎新闻报》曝光两人的恋情，一时间闹得沸沸扬扬，甚至影响了居里夫人的诺贝尔奖。

两人无法承受巨大的社会压力，最后只能不了了之。但后来居里夫人的女儿伊蕾娜·居里的博士导师就是朗之万，而其女儿后来嫁给了朗之万的孙子。至此，朗之万与居里家族的情感纠葛，终于以喜剧的方式告一段落。

（6）与爱因斯坦的友谊。

1905 年，朗之万因相对论而与爱因斯坦结下了友谊，他用朗之万炮弹解释相对论、宣传相对论。在与居里夫人的情感纠葛中，爱因斯坦第一时间给予声援和支持。

1931 年，朗之万曾高度评价爱因斯坦说："大家都知道，在我们这一时代的物理学史中，爱因斯坦的地位将在最前列。他现在是并且将来也还是人类宇宙中有头等光辉的一颗巨星，因为对于科学的贡献更深入到人类思想基本概念的结构中。"

1933 年希特勒上台后，有犹太血统的爱因斯坦选择移民美国，放弃愿意为他提供避难所的欧洲国家。悉知该消息时，朗之万评价道："这是一个重大事件，其重要程度就如同把梵蒂冈从罗马搬到新大陆一样。"

二人互相支持，此外二人还有一个同样的特征，就是他们一样热爱和平，反对法西斯且对华友好。

（7）反对侵略，对华友好。

著名的朗之万以直言不讳反对纳粹主义著称，在第二次世界大战中，朗之万与法西斯进行了一系列的斗争。他是一个反对法西斯运动的倡导者——反法西斯知识分子警觉委员会的创始人之一，该委员会是一个尾随 1934 年 2 月 6 日极右暴乱成立的反法西斯组织。

纳粹德国占领法国时，他被维希政府革职，1944 年方恢复原职。他曾于 1944 年至 1946 年任法国人权联盟主席（当时他刚加入了法国共产党）。朗之万反对侵略，对中国抗战持支持态度。值得一提的是，在第二次世界大战中朗之万参与了很多声援中国的游行，对当时日本侵略中国发出了严厉的批判。

此外，他对中国的物理学也有一定的贡献。1931—1932 年，正值"九一八事变"发生之际，朗之万受国际联盟指派来考察中国教育，对中国人民的抗日活动表示声援。他甚至呼吁中国物理学界联系起来，在他的建议和推动下，酝酿已久的中国物理学会 1932 年在北京成立。朗之万本人也成为中国物理学会第一位名誉会员。

（8）朗之万—瓦隆教育改革方案。

1944 年，法国临时政府委托先后由朗之万和瓦隆担任主席的教育改革委员会制定战后教育发展计划。1947 年，委员会提出一份报告《教育改革方案》；该方案批评了法国教育的弊端，对各级学校的组织和制度以及教育内容和方法，提出了具体的改革意见。教育委员会强调教育应彻底重新加以改造，消除双轨制，实现教育民主化。

后来人们以其先后两任主席命名该报告为"朗之万—瓦隆计划"。该计划受"统一学校"和"新教育"两种思潮的影响，提出了"教育民主化"的思想和"以儿童为中心"的改革，提出了战后法国教育改革的 6 大原则：

1）社会公正原则，即男女儿童和青年，不论家庭、社会地位和种族出身如何，都有受适合其自身才能的教育的平等权利。

2）各种类型的教育和训练方式，居于同等地位。

3）普通教育是一切专门教育和职业教育的基础，学校应该成为传播普通文化的中心。

4）学校教育应该重视学生的才能、兴趣、禀赋的发展，并给予科学指导，使学生能够适应社会的需要。

5）建立单一的前后连贯的学校制度，义务教育的年限是 6~18 岁，各级教育实行免费。

6) 加强师资培养，提高教师地位。

这一计划虽因政治尚不稳定、经济还未恢复、意见不够一致而没有付诸实施，但它指出了"战后教育改革"的方向，奠定了思想基础。它所提出的"教育民主化"思想对法国教育具有深远的影响，为法国教育改革指出了方向，被称为法国教育史上的"第二次革命"。

❧ 师承关系 ❧

正规学校教育，曾经在汤姆逊的实验室工作。朗之万的学生包括莱昂·布里渊（1889—1969年，美籍法裔物理学家，硅基布里渊激光器以其名字命名，不仅定义了倒易空间中的布里渊区，对量子力学、大气中无线电波传递和固体物理以及信息论都有所贡献，美国国家科学院院士）、路易·维克多·德布罗意（提出了物质波的理论，1929年获得诺贝尔物理学奖）、莫里斯·德布罗意（前者的哥哥）、约里奥·居里（居里夫人的长女伊雷娜·约里奥·居里的女婿，1935年夫妇二人同获诺贝尔化学奖，是著名的和平卫士，曾指导过其夫人伊雷娜的学生钱三强，还曾郑重地向毛泽东主席建议发展原子能科学、制造原子弹）等。

❧ 学术贡献 ❧

以对次级X射线、气体中离子的性质、气体分子动理论、磁性理论、离子理论以及相对论方面的工作著称。

（1）主要贡献有朗之万动力学及朗之万方程。

（2）1905年，基于统计力学理论，他提出用现代的原子中的电子电荷去解释关于磁性的现象，用基元磁体的概念对物质的顺磁性及抗磁性作了经典的说明，得到了朗之万经典顺磁性理论和朗之万抗磁性理论，后者可用于解释闭壳层原子构成的物质的抗磁性。

（3）1908年发展了布朗运动的涨落理论。

（4）研制出第一台水声设备——测深仪。

（5）提出原子结合能理论。

❧ 名词解释 ❧

（1）朗之万动力学。

控制模拟系统能量的一种常用算法，在多种分子模拟软件中都可以看到。分子模拟在一定的系统下进行，所以要保持系统状态不变，例如控制系统温度、压强等。由于计算机不是百分百精准，微小的误差在长时间的模拟过程中可能被不停积累和放大，于是需要不同的方法对系统进行不停调整。

朗之万动力学的实现方法是给原子添加两个额外的作用力，即摩擦力和随机力。该摩擦力大小为原子速度乘以其质量再乘以一个摩擦因子，其方向与原子速度相反。而随机力可以理解为来自溶液分子的随机相互作用等。这两个力一起调节系统中各个原子的运动，以达到对整个系统能量的调控，即调控系统温度、压强等。

（2）朗之万方程。

在统计物理中，朗之万公式是一个描述自由度的子集的时间演化的随机微分方程。朗之万方程描述了布朗运动，是布朗粒子运动方程的一般形式。

∽ 代表作 ∾

无从考证。

∽ 获奖与荣誉 ∾

1915 年获得休斯奖章。休斯奖章是由英国皇家学会授予，以表彰在物理科学发现的最初发现，特别是电力和磁力或其应用。休斯奖章以戴维·爱德华·休斯的名字命名，获奖者会获得 1000 英镑的奖品。休斯奖章自 1902 年颁发给电子的发现者约瑟夫·汤姆逊以来，已颁发超过 100 次。玻尔、玻恩、德布罗意、钱德拉塞卡、劳伦斯·布拉格、密立根、理查森、朗缪尔等也获得过这个奖项。1940 年获得科普利奖章。

∽ 学术影响力 ∾

（1）朗之万促进了水声学的诞生，是水声学的奠基人。

（2）朗之万动力学、朗之万方程、朗之万振子、朗之万模型、朗之万函数（朗之万函数及其修正—布里渊函数，是在固体物理学和统计力学中是两个非常重要的函数）以及朗之万—德拜公式（利用顺磁性的量子理论推导出原子或离子系统磁化率的普遍公式）都以其名字命名。

（3）推动中国物理学会的建立。

∽ 名人名言 ∾

（1）必须对生活先有信心然后才能使生活永远延续下去；而所谓信心，就是希望。

（2）我不是哄骗你们；我是想让你们知道，科学家的话，也不一定都是对的，要动手做做看。

∽ 学术标签 ∾

水声学奠基人、法兰西科学院院士、爱因斯坦终生挚友。

⁓ 性格要素 ⁓

心地纯洁、品质高尚、坚信理性和知识的力量，为人正直，反对法西斯，对华友好，但婚姻生活很不幸。

⁓ 评价与启迪 ⁓

爱因斯坦评价他具有丰硕的成果；认为他对知识问题有敏锐的眼光，对高尚事业有热忱，对一切人抱谅解的好意，受到大家的尊敬和爱戴。"在科学思考方面具有非凡的明确性和敏捷性，同时对于关键问题又有一种可靠的直觉眼力"，"他为促进全人类的幸福生活的愿望，也许比他为纯粹知识启蒙的热望还要强烈"。"因为他为人具有道义上的伟大，他受到了许多比较无聊的知识分子的刻骨仇视；他却完全谅解他们，由于他的好心肠，他从不怀恨任何人。"

一个在学术上颇有成就、品质高尚、在教育上贡献极大，一个热爱和平、对华友好的科学家，怎么能让我们不喜欢呢？法国政府为之举行国丧也在情理之中吧！

62. 空气动力学之父和现代流体力学之父——普朗特

姓　　名	路德维希·普朗特	
性　　别	男	
国　　别	德国	
学科领域	空气动力学、流体力学	
排　　行	第二梯队（次一流）	

⁓ 生平简介 ⁓

普朗特像

普朗特（1875 年 2 月 4 日—1953 年 8 月 15 日）出生于弗赖辛，卒于哥廷根。普朗特的母亲常年患病，因此普朗特的少年时期更多的时间是与作为工学教授的父亲一起度过的。在与父亲在一起的生活经历使普朗特养成了观察自然、仔细思考的习惯。普朗特在大学时学机械工程，后在慕尼黑工业大学 A. 弗普尔（1854—1924 年）教授指导下攻读弹性力学，1900 年获得博士学位。

他获博士学位后去机械厂工作，发现了气流分离问题。1901—1904 年任汉诺威大学教授，进行水槽实验，用自制水槽观察绕曲面的流动，观察到边界层和它的分离现象；3 年后提出边界层理论，建立绕物体流动的小黏性边界层方程，并求出其解，以解决计算摩擦阻力、求解分离区和热交换等问题。

1904 年，克莱因推荐他担任哥廷根大学任教授，并建立应用力学系，后又支持他创立并主持空气动力实验所和威廉皇家流体力学研究所。在随后的几十年中，普朗特将这所、系发展成为空气动力学理论的推进器，在这个学科中领先世界直到第二次世界大战结束。普朗特注意理论与实际的联系，在空气动力学方面取得许多开创性的成果。

普朗特在固体力学方面也有许多贡献。他的博士论文探讨了狭长矩形截面梁的侧向稳定性，他继承并推广了圣维南所开创的塑性流动的研究。卡门在他指导下完成的博士论文是关于柱体塑性区的屈曲问题。

1902—1907 年，普朗特曾经跟随英国空气动力学家弗雷德里克·兰开斯特（提出了风力端板的概念）、德国物理学家阿尔伯特·贝茨（1919 年提出贝兹理论，是风力发电中关于风能利用效率的一条基本理论，即风力机空气动力学的三大基本理论之一）和德国空气动力学专家麦克斯·芒克（普朗特的学生，1917 年在哥廷根大学获得博士学位）一道，为研究真实机翼的升力问题寻找有用的数学工具。相关的工作在 1918—1919 年间发表，即"兰开斯特—普朗特机翼理论"。

后来普朗特还专门研究了带弯度翼型的气动问题，并提出简化的薄翼理论。这项工作使人们认识到对于有限翼展机翼，翼尖效应对机翼整体性能的重要性。这项工作的主要贡献在于指出翼尖涡和诱导阻力的本性，这个问题在很长时期内一直没有得到重视。在这些理论的指导下，飞机设计师们第一次可以在飞机被制造出来前就能了解其基本性能。

1908 年，普朗特与他的学生西奥多·梅耶提出第一个关于超声速激波流动的理论，普朗特—梅耶膨胀波理论成为超声速风洞设计的理论基础。此后他一直没有时间在这个问题上继续研究下去，直到 1929 年他和德国空气动力学家阿道夫·布斯曼（在 20 世纪 30 年代就提出了后掠翼的概念）一起提出一种超声速喷管的设计方法。直到今天，所有超声速风洞和火箭喷管的设计仍然采用普朗特的方法。关于超声速流动的完整理论最后由普朗特的学生西奥多·冯·卡门完成。

1925 年，普朗特提出混合长理论，用混合长概念求解涡黏度，成为湍流模式理论的基石，同年开始担任马克斯·普朗克流体力学研究所所长。1922 年，普朗特与理查德·冯·米塞斯（德国著名经济学家路德维希·冯·米塞斯的弟弟）一起创建国际应用数学与力学学会（GAMM），并在 1922—1933 年担任主席。1925 年以后又建立哥廷根大学威廉皇家流体力学研究所，并兼任所长，以后该所改名为普朗特流体力学研究所。

1933 年希特勒上台后，普朗特默许了对犹太同事的开除，并为保持德国在国际科学界的地位进行了大量宣传活动。在第二次世界大战前和第二次世界大战期间，普朗特与纳粹二号人物赫尔曼·戈林的帝国空军有密切的合作关系；1953年8月15日去世于哥廷根。

❧ 花絮 ❧

（1）乱点鸳鸯谱成就好姻缘。

普朗特做过很多天真的事。例如他在 34 岁的时候决定结婚，于是他就跑到他的老师奥古斯特·福波教授那里，请教授把女儿嫁给他，但是又不说是哪个女儿。福波教授和夫人经过紧急讨论并做出聪明决定，让大女儿嫁给普朗特。事实证明，这个决定无比正确，普朗特和夫人共同度过了幸福愉快的一生。

（2）师傅徒弟审讯师祖。

第二次世界大战快结束的时候，美军奉命搜索德国军事专家。美国火箭组长钱学森被授予陆军航空队上校军衔，他和导师陆军航空队少将冯·卡门一同前往德国。钱学森和冯·卡门一起审讯了德国力学奠基人普朗特，而普朗特是冯·卡门的老师，师傅徒弟审讯师祖，堪称历史奇观。

❧ 师承关系 ❧

正规学校教育。普朗特培养了许多国际知名的力学家，除近代力学另一奠基人冯·卡门外，还有德国空气动力学家 J.阿克莱特（建立了二元线性化机翼的超声速举力和阻力理论）、A.L.纳戴、W.普拉格（理想塑性固体理论的作者）等。S.P.铁木辛柯（力学大师，《结构理论》的作者）和 J.P.邓哈托（力学家、名著《机械振动》的作者）也曾跟他作过研究工作。我国著名的流体力学家、北京航空学院（现名北京航空航天大学）创建人之一陆士嘉教授也是普朗特的学生，而且是他唯一的一位女学生。

❧ 学术贡献 ❧

普朗特在流体力学和空气动力学方面做出了重要的贡献，主要包括边界层理论、风洞实验技术、机翼理论、升力线理论，超声速流动、紊流理论等；被称作空气动力学之父。普朗特在流变学、弹性力学和结构力学方面也有诸多贡献。普朗特的开创性工作，将 19 世纪末期的水力学和水动力学研究统一起来，因而被称为"现代流体力学之父"。

（1）1904 年他创立了边界层理论，研究层流稳定性和湍流边界层，为计算飞行器阻力、控制气流分离和计算热交换等奠定了基础。边界层理论为黏性不可压缩流体动力学的发展创造了条件。当流体在大雷诺数条件下运动时，可把流体的黏性和导热看成集中作用在流体表面的薄层即边界层内。根据边界层的这一特点，简化纳维—斯托克斯方程，并加以求解，即可得到阻力和传热规律。普朗特数是边界层理论中的一个无量纲数值。

（2）风洞实验技术。他认为研究空气动力学必须作模型实验。1906 年他建造了德国第一个风洞（见空气动力学实验），1917 年又建成格丁根式风洞，开创风洞模型实验技术，推动了空气动力学研究。

（3）机翼理论。在实验基础上，他于 1913—1918 年提出了举力线理论和最小诱导阻力理论，后又提出举力面理论等。提出升力线、升力面理论等，充实了机翼理论。相关的工作在 1918—1919 年间发表，此即"兰开斯特—普朗特机翼理论"。后来普朗特还专门研究了带弯度翼型的气动问题，并提出简化的薄翼理论。这项工作使人们认识到对于有限翼展机翼，翼尖效应对机翼整体性能的重要性。这项工作的主要贡献在于指出翼尖涡和诱导阻力的本性，在这些理论的指导下，飞机设计师们第一次可以在飞机被制造出来之前就能了解其基本性能。

（4）湍流理论。他提出层流稳定性和湍流混合长度理论；用混合长概念求解涡黏度，成为湍流模式理论的基石。

（5）还有亚声速相似律和可压缩绕角膨胀流动（普朗特—梅耶流动），与他的学生梅耶一起研究了膨胀波现象，并首次提出超声速喷管设计方法。

（6）普朗特研究了超声速流动，提出适用于亚声速薄机翼的普朗特—葛劳渥法则。

（7）对可压缩性问题进行了研究，提出普朗特—葛劳渥修正公式。

（8）1903 年，提出了柱体扭转问题的薄膜比拟法。

（9）普朗特还解决了半无限体受狭条均匀压力时的塑性流动分析。

❧ 名词解释 ❧

普朗特数。普朗特数（Pr 数）是由流体物性参数组成的一个无因次数（即无量纲参数），表明温度边界层和流动边界层的关系，反映流体物理性质对对流传热过程的影响。

普朗特数的大小可直接用来衡量两种边界层厚度的比值；数在不同的流体于不同的温度、压力下，数值是不同的。液体的 Pr 数随温度有显著变化；而气体的 Pr 数除临界点附近外，几乎与温度及压力无关。大多数气体的 Pr 数均小于 1，但接近于 1，空气的 Pr 数近似为 3/4。常温下水的 Pr 数可达 10 以上。

❧ 代表作 ❧

（1）1904 年，《论黏性很小的流体的运动》首次描述了边界层及其在减阻和流线型设计中的应用，描述了边界层分离，并提出失速概念。

（2）他与 O.G.蒂琼合写了《应用水动力学和空气动力学》，1931 年出版。

（3）普朗特在应用力学、水动力学和空气动力学方面的全部论文汇编为《普朗特全集》，共三卷，1961 年出版。

（4）他的流体力学专著《流体力学概论》，1942 年出版，中译本 1974 年出版，1981 年出增订本。

（5）他在气象学方面也有创造性论著。

🙠 获奖与荣誉 🙢

无从考证。

🙠 学术影响力 🙢

（1）普朗特的边界层理论把理论和实验结合起来，奠定了现代流体力学的基础。

（2）普朗特在空气动力学领域的工作对于近代飞行器的研制起到了巨大的推动作用。尤其是在第二次世界大战期间，当飞机飞行速度接近声速时，他提出的普朗特—葛劳渥修正公式发挥了重要作用。

（3）哥廷根大学威廉皇家流体力学研究所为了纪念普朗特，后改名为普朗特流体力学研究所。

🙠 名人名言 🙢

无从考证。

🙠 学术标签 🙢

现代流体力学之父、空气动力学之父、代力学奠基人之一。

🙠 性格要素 🙢

注意理论与实际的联系。

🙠 评价与启迪 🙢

普朗特重视观察和分析力学现象，养成非凡的直观洞察能力，善于抓住物理本质，概括出数学方程。他曾说："我只是在相信自己对物理本质已经有深入了解以后，才想到数学方程。方程的用处是说出量的大小，这是直观得不到的，同时它也证明结论是否正确。"

第五节　相对论阶段

相对论是现代物理学的基础理论之一，它在本质上是关于空间、时间、物质、运动相互之间关系的一种普遍理论，主要由爱因斯坦创立。相对论的基本假设是光速不变原理、相对性原理和等效原理。相对论提出了"同时的相对性""四维时空""弯曲空间"等全新的概念，极大地改变了人类对宇宙和自然的"常识性"观念，改变了人们的物质观、时空观和运动观。

爱因斯坦在建立该理论时，首先考虑的是自然界的统一性问题。他发现，在牛顿力学领域中普遍成立的伽利略相对性原理，即力学定律对于任何相互匀速运动着的参照系都是一样的，也就是一切惯性系都是等效的，但它在麦克斯韦电动力学中却不能成立。他吸取了休谟对先验论、马赫对绝对时空概念的批判成果，从考察两个在空间上分隔开的事件的"同时性"入手，否定了没有经验根据的"同时性"的绝对性及其有关的绝对时间概念，从而也否定了绝对空间概念以及实质上被当作绝对空间的"以太"的存在。他发现如果以此为基础，把传统的空间和时间概念加以适当的修改，上述不统一性就可以消除。于是，他把伽利略发现的力学运动的相对性原理适应的范围加以扩充，使它不仅包括力学定律，而且包括所有的物理定律，并且把它提升为一切物理理论的前提。同时，又把所有"以太漂移"实验所显示的光在真空中总是以确定的速度传播的基本事实，提升为原理。爱因斯坦还发现，要使相对性原理和光速不变原理同时成立，不同的惯性系的空间坐标和时间之间就必须存在一种确定的数学关系，即洛伦兹变换。

相对论分为狭义相对论和广义相对论。狭义相对论否定了绝对时空观，精确地揭示了作为物质存在形式的空间和时间在本质上的统一性以及空间、时间同物质运动的联系。狭义相对论把力学和电磁学在运动学的基础上统一了起来。

广义相对论实质上是引力理论，它用空间结构的几何性质表示引力场，使19世纪20年代建立的非欧几里得几何学获得了物理意义。从广义相对论的角度看，现实的物理空间不是平坦的欧几里得空间，而是弯曲的黎曼空间；空间弯曲的程度（曲率）取决于物质分布状况，空间曲率体现了引力场的强度。广义相对论揭示了四维空间同物质的统一性，指出空间—时间不可能离开物质而独立存在，这就在更深的意义上否定了牛顿的绝对空时观。

总之，相对论破除了绝对的、静态的、机械的世界观对于人类思维的束缚，相对论也为人们提供了辩证地看待世界的途径。它不仅仅是物理学本身的革命，更深远的意义在于思想领域的深刻震动和反思，它影响了整个科学，影响了整个世界。

在本节里，有爱因斯坦和对相对论特别关注的劳厄二人，他们两人也是特别要好的朋友。实际创立相对论的人和对相对论的创立和发展做出贡献的大有人在，但他们都淹没在爱因斯坦的巨大光环下了。

63. 比肩牛顿的世纪伟人、现代物理学之父——爱因斯坦

姓　　名　阿尔伯特·爱因斯坦
性　　别　男
国　　别　德国
学科领域　现代物理学
排　　行　第一梯队（超一流，比肩牛顿）

爱因斯坦像

生平简介

爱因斯坦（1879 年 3 月 14 日—1955 年 4 月 18 日）出生于德国乌尔姆市班霍夫街 135 号一个犹太人家庭。父亲赫曼·爱因斯坦在一个电器工厂负责商业，叔叔雅各布负责技术。雅各布是一位工程师，他非常喜爱数学，他总是用很浅显通俗的语言把数学知识介绍给小爱因斯坦。在叔叔的影响下，爱因斯坦较早地受到了科学和哲学的启蒙。

幼年时期的爱因斯坦发育迟缓，直到两岁多，才能勉强说些单词，而且说话时总把句子重复两三遍。到 9 岁了仍然说话不太流利，父母担心他是个智力逊常的孩子，家里的女仆甚至干脆背地里叫他"笨瓜"。但他好奇心十足。在他上学之前，父亲给了他一个罗盘（指北针），罗盘的指针总要指着南北极，使小爱因斯坦研究和着迷了很久，直到成年，他都还记得这件使他印象深刻的事。另一次经历给他的印象也很深刻。在上学几年后，他领到一本欧几里得几何学课本，书中论证得无可置疑的许多公理，使他产生了强烈的好奇心，以至于无法按照课程进度学习，而是一口气就将它学完。

在就读小学和中学时他表现平常，不爱与人交往，老师和同学都不喜欢他。教授他希腊文和拉丁文的老师曾经公开责骂他："你将一事无成。"他的父亲曾写信对朋友说："爱因斯坦的功课成绩并不完全符合我的希望和期待。很久以来，我已经看惯了他的成绩单上总是有不太好的和很好的成绩。"

1888 年，9 岁的阿尔伯特·爱因斯坦进入中学学习，接受宗教教育；10 岁的他在医科大学生塔尔梅引导下，阅读科普读物和哲学著作。1891 年，12 岁的爱因斯坦自学欧几里得几何和高等数学。1892 年，13 岁的爱因斯坦开始读康德的著作（康德整个哲学基础建立在对时间和绝对空间的牛顿力学基础上）。1894 年，15 岁的爱因斯坦一家人移居意大利米兰。针对他中小学成绩差的问题，1935 年，爱因斯坦回应说："我数学一直都学得很好，15 岁之前就掌握了微积分。"

1895 年，16 岁的爱因斯坦离开德国，在瑞士阿尔高州的阿劳州立中学学习；

同年他写了一篇物理学论文，题目是《磁场里以太状态的研究》，他写到"如果我以光速运动，我看到光会是静止不动的吗？不会，不管我是什么速度，光波还是会以光速运动。"1895 年，爱因斯坦在瑞士苏黎世联邦理工学院（ETH）的入学考试失败。1896 年，17 岁的爱因斯坦从阿劳州立中学毕业，终于考上瑞士名校 ETH。

1896 年 10 月 29 日，爱因斯坦迁居苏黎世并在瑞士联邦理工学院就读，开始了 4 年的大学生涯。读的是专门为中学培养数学和物理老师的师范专业，上课期间对物理学韦伯教授枯燥乏味的理论毫无兴趣，经常逃课，对教授们莽撞无礼，甚至直呼他们的名字。由于频繁的逃课，他得罪了物理学教授韦伯（评价爱因斯坦：聪明过人，但是却不听别人说什么），物理实验课佩尔内（物理实验入门这门课给爱因斯坦 1 分），数学家闵科夫斯基（爱因斯坦被他称为一条懒狗），逃过胡尔韦兹的微积分课，他自己坦言较之数学，他对物理学更感兴趣，数学的分支太多，每个分支都可能耗尽一生。

期间，爱因斯坦开始思考当一个人以光速运动时会看到什么现象，对经典理论的内在矛盾产生困惑。1899 年 10 月 19 日，20 岁的爱因斯坦正式申请瑞士公民权。1900 年大学毕业，成绩中等，最重要的是数学没有学好，所以他没能如愿留在苏黎世联邦理工学院担任助教，只能靠当家教维持生活。1901 年 3 月 21日，22 岁的爱因斯坦正式取得瑞士国籍。

爱因斯坦很多年后承认"学生时代我还不明白，更深入地理解物理学基本原理是同最复杂的数学方法联系着的"。由于他数学成绩很差，在班里 5 个同学中倒数第二。由于爱因斯坦的莽撞无礼和叛逆，所有教授都没有给他助教职位，而他的父亲也生意惨败，诸事不顺，他感到颇为绝望，甚至有过轻生的念头。

爱因斯坦后来回忆到"忽然之间我被所有人抛弃了"，他是唯一一个没有找到工作的学生。在后面几年找工作的过程中，爱因斯坦到处投简历求职，但都泥牛入海。他有时候他挑剔其他教授的错误，直接写信指出来并天真地要求对方给予他职位。他那时候靠当家教兼职各种零工为生，最多的时候一个秋天就找了 8份家教，还靠给人补习功课维持生活。他自嘲自己有 4 年过得是吉卜赛人的流浪生活，但他终究没有退缩而选择去卖保险。他父亲也厚着脸皮给得过诺贝尔化学奖的奥斯特瓦尔德写信推荐自己的儿子，结局当然是杳无音信。

爱因斯坦在大学有两个好朋友，一个是数学家格罗斯曼，一个是埃伦费斯特。1902 年 6 月，23 岁的爱因斯坦终于在大学同窗好友格罗斯曼的父亲帮助下，瑞士联邦专利局局长哈勒答应给他安排一个职位；他最终被伯尔尼瑞士专利局录用为技术员，从事发明专利申请的技术鉴定工作，年薪 3500 瑞士法郎。薪水虽然不多，但是事情不少；他保持乐观平和的心态，利用工作之余的时间积极从事他热爱的科学研究中，将全部空闲时间用来思考自己沉迷的物理问题。1902 年

10月10日，他的父亲赫尔曼在意大利米兰去世。两年后，爱因斯坦由专利局的试用人员转为正式三级技术员；再两年后，晋升为专利局二级技术员；再一年后，升职为专利局一级技术员，实现了三级跳。

1908年2月7日，他被邀请去伯尔尼大学试讲，获得了教学资格。1908年10月，29岁的爱因斯坦兼任瑞士伯尔尼大学编外讲师。1909年10月，在博士导师阿尔弗莱德·克莱纳的帮助下，30岁的爱因斯坦离开伯尔尼专利局，任ETH理论物理学副教授。1911年3月，经普朗克等人推荐，32岁的爱因斯坦从瑞士迁居到布拉格任德意志大学理论物理学教授兼物理系主任，出席在布鲁塞尔举办的第一届索尔维会议。1912年8月，33岁的爱因斯坦任母校瑞士苏黎世联邦理工学院（ETH）的理论物理学教授。

1913年7月10日，应马克斯·普朗克和瓦尔特·能斯特的提名，34岁的爱因斯坦当选为普鲁士科学院院士，12月7日接受院士称号。1914年4月，35岁的爱因斯坦接受德国科学界的邀请，迁到柏林担任柏林大学物理学教授，但并无实际授课任务。1916—1918年，接替普朗克兼任德国物理学会会长；1917年10月开始担任柏林威廉皇帝物理研究所长，直到1932年末。1919年，40岁的爱因斯坦与米列娃离婚，与表姐爱尔莎结婚。

1920—1930年，应亨德里克·安东·洛伦兹和保尔·埃伦菲斯特的邀请，爱因斯坦兼任荷兰莱顿大学特邀教授。1921年，首次访问美国为耶路撒冷希伯来大学的创建筹措资金。1921年当选为英国皇家学会会员，1924年当选为美国艺术与科学院外籍荣誉院士，1926年当选为苏联科学院院士，1927年当选为爱丁堡皇家学会会员。1930—1932年，作为美国加州理工学院的特邀教授每年冬季去那里做访问研究，1930年当选为美国哲学学会会员。

1932年12月10日，爱因斯坦和妻子离开德国去美国普林斯顿大学。1933年爱因斯坦54岁时，纳粹掌权后从普鲁士科学院辞职并迁居美国，在普林斯顿高等研究院工作。德国纳粹政府4月1日开除他的院士资格，查抄他在柏林的寓所，焚毁其书籍、没收其财产，9月悬赏10万马克索取他的人头。爱因斯坦宣布不再回德国，不再访问欧洲。1935年，他申请美国永居权。1940年10月1日，爱因斯坦取得美国国籍。

1946年，67岁的爱因斯坦担任原子科学家紧急事务委员会主席，支持军控，敦促建立世界政府，反对美国的种族主义。1950年5月，爱因斯坦发表声明，抗议对奥本海默的政治迫害。美国联邦调查局局长胡佛命令，秘密调查他是否是从事颠覆活动的共产党分子。

1951年，爱因斯坦设立一个理论物理学的奖项——"阿尔伯特·爱因斯坦奖"，首次由普林斯顿高等研究院颁发，奖金15000美元，后来奖金降至5000美元。爱因斯坦曾经做过该奖评委。

1939—1951 年，爱因斯坦由其来美避难的胞妹照顾，胞妹逝世后，其晚年生活主要由继女玛戈特和犹太人杜卡斯（1928 年起获得爱因斯坦私人秘书职位）小姐照料。

1955 年 4 月 13 日，爱因斯坦在草拟一篇电视讲话稿时发生严重腹痛，后诊断为动脉出血。4 月 15 日，他住进普林斯顿大学医院。4 月 18 日，爱因斯坦被诊断出患有主动脉瘤。1955 年 4 月 18 日凌晨 1 点 10 分，护士发现睡梦中的爱因斯坦呼吸困难。她想请医生来，突然听到爱因斯坦用德语说了几句话，但护士只能听懂英语，便走近床前。就在这一瞬间，见他深深地呼吸了两下，便溘然长逝了，时间是凌晨 1 点 15 分。最终死因是主动脉瘤破裂导致大脑溢血，终年 76 岁。当天 16 时其遗体在新泽西州首府特伦顿火化（除脑部外）。遵照其生前遗嘱，不发讣告，火化时免除所有公共集会，免除所有宗教仪式，免除所有花卉布置及所有音乐典礼，骨灰撒放在不为人知的秘密地点，不筑坟墓，不立纪念碑。

1955 年，爱因斯坦去世后劳厄主持再版《相对论》，在扉页上题字："伊人已逝，著作永生!"爱因斯坦一生的成就，至今没有人可以超越，他是一位伟大的科学家，值得科学界和全人类敬仰。他的一生都在努力科研，没有任何的娱乐，唯一的爱好是拉小提琴。

花絮

（1）爱因斯坦学术生涯大事记。

1899 年 6 月，爱因斯坦在实验室引起一场爆炸，手部严重烧伤。1900 年 7 月毕业于苏黎世联邦理工学院 ETH，获得数学和物理学学士学位，爱因斯坦的动手能力并不强，这也是他转做理论物理研究的根本原因。

大学毕业后开始攻读苏黎世大学 UZH 博士学位，其博士导师先是 ETH 的海因里希·弗里德里希·韦伯，研究课题是热电现象。但两人发生矛盾，爱因斯坦称韦伯的知识落后时代 50 年；而韦伯也讨厌爱因斯坦，他说："你很聪明，但有个缺点，你听不进别人的话"，爱因斯坦的女友米列娃时常与韦伯教授冲突，指责他对爱因斯坦不公平。1901 年，爱因斯坦的博士导师转为 UZH 的物理教授、哲学学院二部主任、瑞士实验物理学家阿尔弗莱德·克莱纳，研究课题转为分子运动学。

1901 年 11 月，爱因斯坦第一次向苏黎世大学递交了一篇博士论文，但被建议主动撤回申请。这篇博士论文是关于气体分子间作用力（没有保留下来），但是动力学理论方面的部分内容于 1902 年发表在杂志上，论文对当时的著名学者甚至是玻尔兹曼提出了批评。此前，爱因斯坦还曾写信给其中的一人，告之其理论的错误之处，并天真地寻求工作，结果被愤怒地拒绝了。

1901 年 12 月 19 日，爱因斯坦与导师讨论了他关于运动物体的电动力学方面的一些新观点，导师鼓励他写成论文发表。1901 年底爱因斯坦就基本完成了博士论文，并在 1902—1904 年间发表了多篇热力学与统计力学论文。1905 年，爱因斯坦第二次申请博士学位时，选择了相对保守的工作。但他的博士论文仍然出现一些周折——1905 年 7 月 20 日他向苏黎世大学提交了《分子大小的新测定法》这篇 17 页的论文。申请博士学位。其实一开始提交的是《论动体的电动力学》，但是导师们看不懂，所以苏黎世大学拒绝了。《分子大小的新测定法》这篇论文质量很高，被导师们评价也很高，但是仍然绝了他，因为有笔误，格式也不全对，同时感觉与动辄百页的博士论文相比，17 页太少了。于是，爱因斯坦补充了几页，凑够了 21 页。7 月 24 日被苏黎世大学接受，其内容是通过糖溶液的扩散与黏滞系数确定分子的大小。论文中，他将流体动力学的技巧与扩散理论相结合创造出一种测定阿伏伽德罗常数和分子半径大小的新的理论策略，并推导出计算扩散速度的数学公式，对证实分子的实在性作出重要贡献。1906 年 1 月 15 日，爱因斯坦获得苏黎世大学哲学博士学位。

1900 年 12 月完成论文《由毛细管现象得到的推论》，次年发表在莱比锡《物理学年刊》。1901 年 5—7 月，完成了电势差的热力学理论的论文。

爱因斯坦在职业生涯早期就发觉经典力学与电磁场无法相互共存，经过与朋友的探讨，爱因斯坦想清楚了一件事——时间没有绝对的定义，时间与光的速度有密不可分的联系。经过 5 个星期的努力工作，爱因斯坦发展出了狭义相对论。他发现，相对论原理可以延伸至引力场的建模，从研究出来的一些引力理论。

1905 年，他发表包括狭义相对论、光电效应和质能方程在内的 5 篇石破天惊的重要论文。当时并没有立即引起很大的反响，但德国物理学的权威人士普朗克认为爱因斯坦的工作可以与哥白尼相媲美。正是由于普朗克的推动，相对论很快成为人们研究和讨论的课题，爱因斯坦也受到了学术界的注意。

1906 年 11 月，他完成固体比热的论文，提出了固体比热容的爱因斯坦模型。缺点是在极低温度下理论值与实验值不一致，德拜模型很好地克服了这个不足，但仍然存在粗糙的地方；这两模型的相同之处是认为"能量是量子化的"。这是爱因斯坦关于固体的量子论的第一篇论文。

1907 年，爱因斯坦撰写了关于狭义相对论的长篇文章《关于相对性原理和由此得出的结论》，在这篇文章中爱因斯坦第一次提到了等效原理。

1910 年 10 月，31 岁的爱因斯坦完成关于临界乳光的论文。

1912 年，33 岁的爱因斯坦提出"光化当量"定律。此时，爱因斯坦的好朋友格罗斯曼帮助爱因斯坦利用黎曼几何和张量微积分开始构造新的引力场方程，验证他的"时空弯曲"的想法。

1915 年 11 月，36 岁的爱因斯坦先后向普鲁士科学院提交了 4 篇论文，提出广义相对论引力方程的完整形式。至此，爱因斯坦创立"广义相对论"，并且成功地解释了水星近日点进动。

1916 年 3 月，37 岁的爱因斯坦发表了总结性论文《广义相对论的基础》；5 月，提出宇宙空间有限无界的假说，用广义相对论来建立大尺度结构宇宙的模型，8 月，完成关于辐射的量子理论的论文《关于辐射的量子理论》，总结量子论的发展，自发辐射和受激辐射概念，归纳了受激辐射理论，成为镭射的理论基础。

1917 年，38 岁的爱因斯坦完成关于宇宙结构的论文，建立了宇宙模型。

1918 年，39 岁的爱因斯坦完成引力波的论文。

1922 年 1 月，43 岁时完成关于统一场论的第一篇论文。

1923 年 12 月，第一次推测量子效应可能来自过度约束的广义相对论场方程。

1924 年 12 月，取得最后一个重大发现，从统计涨落的分析中得出一个波和物质缔合的独立的论证。此时，还发现了玻色—爱因斯坦凝聚态。

1925 年，接受科普利奖章，为希伯来大学的董事会工作，发表《非欧几里得几何和物理学》。

1926 年，47 岁时爱因斯坦同海森堡讨论关于量子力学的哲学问题；接受"皇家天文学家"的金质奖章；当选苏联科学院院士。

1927 年，48 岁时出席索尔维会议，开始与玻尔就量子力学展开争论。

1935 年，爱因斯坦同同鲍里斯·波多尔斯基和纳森·罗森合作，发表向哥本哈根学派挑战的论文，宣称量子力学对实在的描述是不完备的；即著名的 EPR 悖论。

1936 年，爱因斯坦和罗森发现了爱因斯坦方程组的一类新的解。它描述了一个膨胀的圆柱状宇宙，因此所有的事情在随时间变化的同时，也沿着空间中的某一个方向变化。这种形状简化了纷繁复杂的爱因斯坦方程组，使人们得以找到一个精确解。

1937 年，在两位助手配合下，三人合作完成论文《引力方程和运动问题》，从广义相对论的引力场方程推导出运动方程，进一步揭示了空间、时间、物质、运动之间的统一性，这是广义相对论的重大发展，也是爱因斯坦在科学创造活动中所取得的最后一个重大成果。

1925—1955 年，除了关于量子力学的完备性问题、引力波以及广义相对论的运动问题以外，爱因斯坦几乎把他全部的科学创造精力都用于统一场论的探索，同时他更多的投身于社会活动，直到去世。

（2）被销毁的研究手稿件。

这位思想超前的科学家巨匠留下了三大预言，分别是"虫洞"、黑洞以及引力波的存在。如今，黑洞和引力波的存在都已经得到了证实，而如果虫洞也得到证实的话，那么未来人类将可以实现穿越，从而让科幻电影中主人公回到过去或者去到未来那样的情节成为现实。

关于引力波，相传爱因斯坦在去世前，其实就已经发现了它存在的有效证据，掌握了更多关于引力波的奥秘，探索到引力波与宇宙中其他大质量星球之间存在的隐晦的联系。但是，就在这种关键时刻，他不幸突发疾病去世，引力波的发现途径就此停顿，使得引力波的研究滞后很多年。

他去世之前，亲自销毁了自己关于宇宙学的研究手稿。有人说，他的手稿里存在关于核武器的资料，他担心资料外泄，给世界带来巨大的破坏。另一种说法则是，爱因斯坦其实已经掌握了时空穿越的技术和方法，研究出了通往"虫洞"的方法，但他担心人类在成功实现穿越后，会扰乱时空秩序，因此才决定将其毁掉的。还有一种说法是，手稿中记载着有关宇宙的终极秘密。爱因斯坦晚年可能对宇宙的真相有了一定的了解，甚至已经找到了宇宙背后的真相，但这个真相却不能公开，因为人类文明还是太弱了，一旦引起宇宙背后力量的注意，可能会给人类带来麻烦和灾难，因此爱因斯坦把这个秘密烧毁掉。最后一个说法是手稿里面存在错误，但这种可能性较小。

（3）爱因斯坦被盗窃的大脑。

爱因斯坦生前曾留有遗嘱："我死后，将我的身体火化，不要举行葬仪，不要设立坟墓，不要建立纪念碑，将骨灰撒在一个没有任何标记的地方。"爱因斯坦去世后，他生前挚友、同时也是他遗嘱执行人的奥托·内森负责全权处理后事。在征得爱因斯坦的儿子汉斯的同意后，该医院病理科主任托马斯·哈维对尸体进行了解剖。

42岁的哈维和爱因斯坦曾有过一面之缘，对爱因斯坦非常崇拜，机缘巧合使得他有幸成为这位天才的大脑保管者。哈维解剖爱因斯坦的尸体，逐一检查器官，将它们称重并描述器官外观，回答了全世界都想了解的问题：爱因斯坦死于"大动脉瘤破裂"。基于对爱因斯坦的崇拜之情，哈维为了对其大脑进行更加细致的研究，他背着爱因斯坦的家人悄无声息地"偷走"了爱因斯坦的大脑。切下爱因斯坦的大脑之后，一直将它保存得很好，他从脑动脉中注入防腐剂，又从各个角度拍了很多照片。另外，他还请一位画家为大脑画了素描。

爱因斯坦的大脑被盗，当时轰动了全世界，而哈维作为爱因斯坦的尸检负责人，嫌疑最大。事实上，盗窃者恰恰就是哈维；而哈维迫于舆论，最后不得不离开了普林斯顿大学。为方便研究，哈维将爱因斯坦大脑切成240块，并将每一块的位置详细标注。他把它们每一块都用火棉包好，分别装进10个储存组织切片的盒子里和两个大广口瓶中，精心保管。直到爱因斯坦去世42年之后，年过八旬的哈维才将爱因斯坦的大脑交还给了普林斯顿大学医院。

痴迷爱因斯坦大脑的科学家可远远不止哈维一个，有些别有用心的人私底下找到哈维，开出几十万甚至上百万美元的高价，想要买一块爱因斯坦大脑的切片，其中就包括苏联的间谍，但都被哈维严词拒绝。几十年来，加入爱因斯坦大脑研究的科学家一批接着一批，大到尺寸，小到脑细胞、神经元数量，把这颗智慧的大脑研究了个遍。此项研究进行了43年左右，终于有了一些实质性的发现。有人发现爱因斯坦的大脑中有比较多的被称为神经胶质的细胞，这些细胞支持左侧顶叶"思考"神经元的运行，这可能与爱因斯坦超乎寻常的空间、数学思维有关；还有人发现伟人的大脑顶叶要比一般人大脑宽百分之十五左右，而这部分大脑区域，正是主控空间思维、数学思维能力以及各种抽象能力。

（4）1905年的5篇论文。

在瑞士伯尔尼专利局期间，即1902—1909年，他先后发表了50篇学术论文，尤其是1905年发表的5篇论文，确定了20世纪科学的进程。

1905年3月，26岁的爱因斯坦完成了《关于光的产生与转化的一个启发性观点》；6月9日，该文在位于莱比锡的《Annalen der Physik 物理学年刊》发表；这篇论文是该期刊最成功的论文之一，提出光量子假说，圆满地解释了困扰物理学家20多年的光电效应问题，并在历史上第一次证明了光既是微粒也是波，揭示了微观物体的波粒二象性，一统惠更斯和牛顿对立的光学理论。值得注意的是，这个期刊是个水平很一般的期刊，拒稿率很低。

他持续研究统计力学与量子理论，导致他给出粒子论与对于分子运动的解释，4月30日完成了《分子大小的新测定法》；8月15日，爱因斯坦将它邮寄给了德国的《物理学年刊》，最终发表在1906年第四期上。这篇论文至今仍然是物理学论文引用率冠军，远超过了相对论和光电效应的论文。

5月他完成论文《根据分子运动论研究静止液体中悬浮微粒的运动》，提供了原子真实存在布朗运动的有力证明。该文7月18日发表在《物理学年刊》；由于他通过布朗运动证明了原子的存在，改变了当时科学家们的认识，被公认为是第二篇对世界产生革命性影响的科学论文。他通过对蔗糖溶液的黏滞性和扩散率进行计算，最后算出1g物体中的原子数大约为3.3×10^{23}个。3年后，法国物理学家佩兰用实验证实了爱因斯坦的理论预言，他也因此获得了1926年的诺贝尔物理学奖。

6月30日，他完成了长篇著作《论动体的电动力学》，9月26日发表在《物理学年刊》上。论文独立而完整地提出狭义相对性原理，标志着相对论的诞生，开创了物理学历史上的新纪元。

9月完成了《物体的惯性同它所含的能量有关吗？》，11月21日发表在《物理学年刊》。这篇文章是第4篇论文的延续，只有区区3页，导出了最著名的质能方程$E = mc^2$，为原子核能的释放和利用奠定了理论基础。

这5篇论文，每一篇都是开天辟地的，都给人类社会带来了巨大冲击。论贡献，每一篇论文的成果都可以获得一个诺贝尔奖。第一篇提出了光量子假说，解释了光效效应；第二篇，给出粒子论和对于分子运动的解释；第三篇，通过布朗运动证明了原子的存在，以原子论解释布朗运动；第四篇，提出了惊世骇俗的狭义相对论，改变了人们的时空观；第五篇，提出了质能方程，为人类进入核能时代奠定了理论基础。

（5）不幸福的家庭生活。

堪称人类历史上最伟大的科学家之一的爱因斯坦，是一个讨女人欢心的男人，他一生却有过两个妻子和至少十个红颜知己。

爱因斯坦的初恋是他16岁在阿劳中学补习时候、老师约斯特·温特勒的大女儿玛丽，当时她18岁。可是当爱因斯坦考上大学之后，就写信终止了这段恋情。其原因在于他喜欢上了比其大三岁的、来自伏伊伏丁那省的大学同班同学、匈牙利籍塞尔维亚女数学家米列娃·玛丽克（1875—1948年）。米列娃是班里的唯一女生，她外貌平凡普通，身材矮小，且有一点跛足，性格阴郁内向，但却是一个很有才华的女孩，学业优秀，家庭富裕，有着独立的思想和固执的个性。这位才女对于科学富有激情，喜欢沉思冥想，有一种迷人的忧郁，爱因斯坦被她的性格和声音所吸引。他曾经在一封信里感慨，"科学与浪漫在米列娃身上水乳交融"。

爱因斯坦生性散漫不修边幅，而米列娃比他年龄大，在生活上能照顾他，而她又和爱因斯坦有着共同的爱好和志向，是能和他讨论科学问题的为数极少的女孩，这些都深深地吸引了爱因斯坦。但他们的关系受到了双方家庭的强烈反对，尤其是爱因斯坦的父母不喜欢米列娃的家庭背景，认为她身体不够健康，指责米列娃影响了的她儿子的前途。

而爱因斯坦之所以坚持娶米列娃为妻，是因为米列娃确实在学术和事业上能帮助他，在精神上也能支持他。据说米列娃是ETH有史以来接收的第5个女生，是数理专业的第一位女生，大概也是全欧洲高校第一位学习数理的女生。如果不是后来嫁给了爱因斯坦，米列娃甚至有可能成为居里夫人第二。米列娃由于怀孕产子没有通过数学考试，无法取得毕业证书；后来她依靠家庭的资助，一边准备补考，一边在老师的指导下写论文，希望有一天能拿到博士学位，并成为科学家。在这个时候，米列娃身体不好，甲状腺肿大，后来又发现自己怀孕了。在各种困难下，补考没有通过，她的职业理想遭到了重创。她打短工支持爱因斯坦，照顾他的生活，成为那个特殊时期爱因斯坦的精神支柱。

1903年，24岁的爱因斯坦与米列娃结婚，见图2-31。婚后，米列娃更是承担了大量的家务劳动以及抚育孩子的责任，同时也赚钱补贴家用，为爱因斯坦安心从事学术研究扫清了障碍。他们过了几年幸福的时光，尤其是在伯尔尼专利局的时候，米列娃亲口说"我们同甘共苦，现在的生活比在苏黎世的时候还幸福"。1904年他们的第一个孩子汉斯·爱因斯坦出生；1910年，爱因斯坦的第二个儿子爱德华·爱因斯坦出生。但是，婚后的琐事逐渐冲淡了一开始的浓情蜜意，二人渐行渐远。由于出色的研究，爱因斯坦在专利局工作 7 年后，终于在大学找到了工作，重新回到了学术界。接下来这几年，爱因斯坦频繁地更换学校，学术地位也越来越高。米列娃也跟随着爱因斯坦不停地奔波。

图 2-31　爱因斯坦与妻子米列娃

爱因斯坦的名气在上升，而米列娃的担忧在加剧。1909 年的晚些时候，米列娃给她的好朋友海伦娜·萨维奇写信："你知道，有了这样的名气，给妻子的时间就不多了。"

获取事业上的成功并非易事，为此爱因斯坦付出了大量的时间和精力，忍受着常人难以忍受的痛苦和孤独，把全部时间和精力投入到了科学研究中。爱因斯坦自己也说"我每天超负荷的工作，这简直是非人的生活"。这也就是为什么米列娃抱怨爱因斯坦不够关心家庭的根本原因。

这时候发生了一件事，令他们的婚姻蒙上了阴影。安娜是爱因斯坦在大学期间旅游时认识的女孩子，此时已经结婚。她在报纸上看到了爱因斯坦的好消息，于是给他写了一封祝贺信。爱因斯坦热情地回了信，回忆了当年相遇的时光，并邀请她到苏黎世来玩。安娜又回了信，而这封信被米列娃截获了。于是，米列娃写了一封信给安娜的丈夫，指责安娜意图引诱她的丈夫。这让爱因斯坦处于尴尬的境地，只好写了一封道歉信给安娜的丈夫，声明这只是出于米列娃的误会。

米列娃的行为让爱因斯坦十分反感。1912 年，爱因斯坦重逢了他的表姐爱尔莎（一个离婚带孩子的 36 岁的中年妇女，家庭生活不快乐），并与表姐爱尔莎互生好感。

1913 年，普朗克推荐爱因斯坦去柏林大学任教，但是米列娃不希望爱因斯坦和爱尔莎在一起，而且她也和爱因斯坦的家人关系不佳，所以内心却很排斥爱因斯坦到柏林工作，爱因斯坦对此大为恼火。到了柏林后，爱因斯坦经常不回家，也不告诉妻子自己的去向。但米列娃知道他很多时间都和爱尔莎在一起。无奈之下，1914 年 7 月，二人正式分居，为此爱因斯坦痛苦异常，甚至整个下午和晚上都在"号啕大哭"。第一次世界大战期间，米列娃和孩子们一直生活在苏黎世（见图 2-32），而爱因斯坦则和后来成为他第二个妻子的爱尔莎生活在柏林。小儿子爱德华身患精神疾病，为了给他治病，分居后的米列娃几乎花光了全部积蓄，后来只能靠教钢琴维持生计。为此，她不得不经常找爱因斯坦要钱；而爱因斯坦却怀疑她是故意报复。

图 2-32　米列娃和孩子们

1916 年，爱因斯坦写信给米列娃要求离婚，但米列娃拒绝了爱因斯坦的离婚要求。1918 年，他提出给予米列娃更多的经济补偿；当时米列娃经济拮据，为了生活不得不同意离婚，但她提出如果爱因斯坦以后能获得诺贝尔奖金的话，她要分一部分奖金。1922 年，当爱因斯坦拿到奖金后，确实付给了她一些，但她到底得到了多少钱，至今仍然是一个谜（有一种说法是 2.8 万美元；还有一种说法是爱因斯坦将全部奖金给了她，米列娃用这笔钱在苏黎世购买了三套公寓；一栋自己住，两栋出租）。她一边照顾养育两个儿子，一边当私人教师，教授钢琴和数学。

后来，爱因斯坦长期生活在普林斯顿。他与第二位妻子爱尔莎的婚姻也不美满。爱尔莎个性和米列娃相反，她对科学毫无兴趣，对物理学一窍不通，对爱因斯坦的事业没有任何帮助；但她热情开朗，善于社交，虚荣心强，好出风头。爱因斯坦是这样评价这次婚姻的"不成功尝试的婚姻，由于某种偶然维持了下来"；他甚至还说，"婚姻是愚蠢的"。

（6）狭义相对论基本思想和基本内容。

《论动体的电动力学》这篇论文包含了狭义相对论的基本思想和基本内容。狭义相对论所根据的是两条原理：相对性原理和光速不变原理。爱因斯坦解决问题的出发点是他坚信相对性原理。

伽利略最早阐明过相对性原理的思想，但他没有对时间和空间给出过明确的定义。牛顿建立经典力学体系时也讲了相对性思想，但又定义了绝对空间、绝对时间和绝对运动，在这个问题上他是矛盾的。而爱因斯坦大大发展了相对性原理，在他看来，根本不存在绝对静止的空间，同样不存在绝对同一的时间，所有时间和空间都是和运动的物体联系在一起的。对于任何一个参照系和坐标系，都只有属于这个参照系和坐标系的空间和时间。

论文中爱因斯坦没有讨论将光速不变作为基本原理的根据，他提出光速不变是一个大胆的假设，是从电磁理论和相对性原理的要求而提出来的。

相对论认为，光速在所有惯性参考系中不变，它是物体运动的最大速度。由于相对论效应，运动物体的长度会变短（尺缩效应），运动物体的时间膨胀（钟缓效应）。但由于日常生活中所遇到的问题，运动速度与光速相比都是很低的，故而看不出相对论效应。爱因斯坦在时空观的彻底变革的基础上建立了相对论力学，指出质量随着速度的增加而增加（质增效应），当速度接近光速时，质量趋于无穷大。他并且给出了著名的质能关系式 $E=mc^2$，质能关系式对后来发展的原子能事业起到了指导作用。

（7）广义相对论基本思想和基本内容。

1916 年 3 月，37 岁爱因斯坦完成总结性论文《广义相对论的基础》。在这篇文章中，爱因斯坦首先将以前适用于惯性系的相对论称为狭义相对论，将只对于惯性系物理规律同样成立的原理称为狭义相对性原理。进一步表述了广义相对性原理：物理学的定律必须对于无论哪种方式运动着的参照系都成立。

从等效原理（1907 年）开始到后来（1912 年前后）发展出"宇宙中一切物质的运动都可以用曲率来描述，重力场实际上是弯曲时空的表现"的思想，爱因斯坦历经漫长的试误过程，于 1916 年 11 月 25 日写下了重力场方程而完成广义相对论。这条方程称作爱因斯坦重力场方程，或简为爱因斯坦场方程或爱因斯坦方程，简称 EFE，这个方程描述了物质和能量所导致的时空弯曲。

爱因斯坦的广义相对论认为，由于有物质的存在，空间和时间会发生弯曲，而引力场实际上是一个弯曲的时空；这是第一个预言。爱因斯坦用太阳引力使空间弯曲的理论，很好地解释了水星近日点进动中一直无法解释的 43 秒。广义相对论的第二大预言是引力红移，即在强引力场中光谱向低频红端移动。1920 年代，天文学家在天文观测中证实了这一点。广义相对论的第三大预言是引力场使光线偏转，最靠近地球的大引力场是太阳引力场。爱因斯坦预言，遥远的星光如果掠过太阳表面将会发生一点七秒的偏转。1919 年，在英国天文学家爱丁顿的鼓动下，英国派出了两支远征队分赴两地观察日全食，最后的结论是：星光在太阳附近的确发生了一点七秒的偏转。

英国皇家学会和皇家天文学会正式宣读了观测报告，确认广义相对论的结论是正确的。会上，著名物理学家、英国皇家学会会长汤姆逊说："这是自从牛顿时代以来所取得的关于万有引力理论的最重大的成果"，"爱因斯坦的相对论是人类思想最伟大的成果之一"。

（8）补授诺贝尔奖。

爱因斯坦在科技上做出了很多重大贡献，至少有三项工作都是诺贝尔奖级的"光电效应的量子理论、布朗运动统计理论及相对论"。自 1910 年开始就有众多的科学家陆续提名他为诺贝尔奖候选人，但爱因斯坦一直没有获奖。1922 年，推荐信又陆续寄到了诺奖委员会（全称：瑞典皇家科学院诺贝尔奖评审委员会），推荐爱因斯坦的著名科学家也越来越多，达到了空前的 16 人。法国物理学家布里渊甚至在信上写道："试想：如果诺贝尔获奖者的名单上没有爱因斯坦的名字，那 50 年代以后人们的意见将会是怎样。"

这时，形势已经不再是爱因斯坦盼望得诺贝尔奖，而是诺贝尔委员会非要以某种原因把诺贝尔奖授予爱因斯坦了。因为，爱因斯坦在科学界的名声如日中天。有些人认为，如果爱因斯坦不先得奖，再无法考虑其他候选人；有些人还说，爱因斯坦的威望已经比诺贝尔奖还要高。因此德国物理界老前辈、学术权威普朗克建议，1921 年的物理学奖补发给爱因斯坦（1921 年是一个特殊的年份，当年度诺贝尔物理学奖没有产生）。在巨大的压力下，瑞典皇家科学院诺奖委员会听从了普朗克的建议，把 1921 年空缺下来的物理学奖授予爱因斯坦。

诺贝尔奖是在瑞典当地时间 11 月 9 日公布的，瑞典皇家科学院 10 日即向爱因斯坦柏林的家拍发了电报，电报内容是："在昨天的会议上，皇家科学院决定把去年（1921 年）的诺贝尔物理学奖授予您，理由是您在理论物理学方面的研究，尤其是您发现了光电效应定律，但是没有考虑您的相对论和引力理论的价值，将来这些理论得到确认后再考虑。"

1922 年 7 月 11 日，爱因斯坦在 2000 名听众面前做了题为《相对论的基本思想和问题》的报告，瑞典国王古斯塔夫五世也在座聆听。12 月 10 日，正式颁奖典礼举行，爱因斯坦终因光电效应定律的贡献获得 1921 年度诺贝尔物理学奖，他本人颇为欣慰。要知道，这可是他陪跑 12 年，被提名 62 次后才获得的重量级奖项。

但是，他本人却因为去日本做学术演讲而错过了该典礼。或许在爱因斯坦本人看来，这个奖励给得太勉强了，估计就诺贝尔奖委员会对相对论的态度，爱因斯坦应该是颇为不快的，否则无论何种原因，他都不应该缺席如此重要的典礼。"缺席颁奖典礼就是无声的抗议"。而 1923 年爱因斯坦的诺贝尔奖演说，讲的是相对论而不是光电效应量子论。

（9）为何相对论没有获诺贝尔奖？

相对论包括狭义相对论和广义相对论；前者引入了两个原理，即狭义相对性原理和光速不变原理，通过洛伦兹变换扩展了牛顿运动学；而后者则是关乎物质间引力和动力学的理论，提出了引力场和引力波概念，确立了等效原理和广义相对性原理，然后应用黎曼几何拓展了牛顿的万有引力定律。"相对论"的贡献应该远远大于光电方程，它的影响深远，直接改变了人们的时空观念，可谓是开天辟划时代的贡献。

爱因斯坦认为狭义相对论只是一种有趣的运动学，是基于前人的成就对已有理论的一种完善，这些前人包括牛顿、麦克斯韦、马赫、玻尔兹曼、洛伦兹、庞加莱等理论物理学家，以及迈克尔逊等实验物理学家。这并非过分谦虚，而是他对前辈和同时代同行的真诚认可。他对自己一手创立的广义相对论非常自豪，他说"这是我一生中最幸福的思想"。

相对论预言了一系列非常有趣的现象，如光线引力偏折、光频引力红移及引力波等。水星近日点反常进动是科学家们很早就观察到的现象，广义相对论很好地解释了该现象。行星的每个公转轨道近日点不是重合的，而是会不断发生变化，这就是近日点进动现象。1919 年光线在太阳附近弯曲的现象被发现了，于是很多科学家都相信相对论是靠谱的理论，之后爱因斯坦迅速进入公众视野，成为世界级学术明星，人们对其获诺贝尔奖的呼声很高。

1903 年，诺贝尔奖得主洛伦兹于 1919 年 9 月 22 日写信给埃伦费斯特说：日食观测的结果是所曾得到过的对一种理论的最光辉的证实之一，而且很适于铺设通往诺贝尔奖的道路。1919 年 11 月，英国皇家学会会长、电子的发现者、1906 年诺奖得主汤姆逊就宣布：爱因斯坦的相对论是牛顿以来最重要的物理学进展，是人类思想史上最高的成就之一。可见权威物理学家对相对论的认可。

1909 年 10 月，德国著名化学家奥斯特瓦尔德首先提名爱因斯坦为 1910 年诺贝尔物理学奖候选人，推荐理由是爱因斯坦狭义相对论的伟大贡献。以后他又于 1912 年、1913 年再度提名爱因斯坦。1912 年，德国物理学家普林斯海姆推荐爱因斯坦为诺奖候选人，推荐理由还是他在相对论方面的成就。

普朗克在 1919 年 1 月 19 日因广义相对论的成就提名爱因斯坦为获奖候选人，理由是他迈出了超越牛顿的第一步。当年度，许多以前获得诺贝尔奖的科学家因为广义相对论而继续提名爱因斯坦，其中包括劳厄等人。

1919 年，已经由观测日食证实了广义相对论的一个预言，所以 1920 年涌现出了更多的科学家因广义相对论而提名爱因斯坦。尤其是玻尔也第一次开始提名爱因斯坦，他特别强调相对论是"第一位的和最重要的，我们面临着物理学研究中最有决定性意义的进步"。

1921 年，普朗克以及英国著名物理学家爱丁顿、美国著名物理学家赖曼（1874—1954 年，哈佛大学教授，美国科学院院士）都因为广义相对论的贡献而提名爱因斯坦为获奖候选人。但是诺贝尔奖委员会的关键成员，如瑞典物理化学家、诺贝尔化学奖获得者同时也是诺贝尔奖委员会关键成员的阿伦尼乌斯（提出了描述了化学反应速率 k 与温度 T 和反应活化能 E_a 之间的关系的阿伦尼乌斯方程式，并预测到大气中二氧化碳浓度升高会导致全球变暖）、因对阴极射线的研究而获诺奖的德国物理学家勒纳和发现了原子和分子光谱谱线在外加电场中发生位移和分裂的现象而获诺奖的斯塔克都认为相对论是未经证实的猜想的理论，极力反对相对论获奖。

有人认为，相对论没有获诺贝尔奖，主要原因包括：1）诺贝尔奖委员会忠实于诺贝尔的遗嘱，希望奖励与"发现或发明"有关的科学；2）诺贝尔奖委员会对一些宏大的科学理论特别警惕和排斥；3）诺贝尔奖委员会是保守的，他们要求新理论得到充分的验证后才考虑授奖；4）当时诺贝尔奖委员会的委员们也有个人的知识局限和偏见。

事实上，就当时来说，相对论太超前了，它的正确性还缺乏大量事实验证，尤其是广义相对论预言的"红移"尚未被证实。1919 年的日食观测结果也有人提出了批评和质疑。当时地球上大部分物理学家，其中包括相对论变换关系的奠基人洛伦兹，都觉得相对论难以接受。甚至有人说"当时全世界只有两个半人懂相对论"。1922 年，爱因斯坦获奖理由中说"没有考虑您的相对论和引力理论的价值，将来这些理论得到确认后再考虑。"这说明，等相对论被"确认"后，诺贝尔奖委员会愿意再次考虑给爱因斯坦授奖。

阿伦尼乌斯和德国科学家革尔克错误地认为水星近日点的进动问题在爱因斯坦之前就由德国物理学家格伯解决了。其实早在 1917 年，爱因斯坦就指出，格伯的理论基础以及革尔克的意见是相互矛盾的。诺贝尔奖委员会错误的认识使得相对论错失诺贝尔奖；这种事情不是第一次也不是最后一次；在大众中享有盛誉的宇宙学家斯蒂芬·霍金也终生没有获得诺贝尔奖，估计也是诺贝尔奖委员会不喜欢这种太宏伟旖旎的科学理论所致。

2015 年，世界各地的千余位科学家合作发现了引力波，这是对相对论的终极确认，该团队的三位主要成员获得 2017 年诺贝尔奖，这也算是诺贝尔奖委员会向爱因斯坦相对论的一份致敬吧。此时，离爱因斯坦提出相对论已经百余年，而爱因斯坦也已作古 60 余年。

（10）坚信因果论。

对于爱因斯坦来说，一个没有严格因果律的物理世界是不可想象的。物理规律应该统治一切，物理学应该简单明确：A 导致了 B，B 导致了 C，C 导致了 D。环环相扣，每一个事件都有来龙去脉，原因结果，而不依赖于什么"随机性"。至于抛弃客观实在，更是不可思议的事情。这些思想从他当年对待玻尔的电子跃迁的看法中，已经初露端倪。1924 年，他在写给波恩的信中坚称："我决不愿意被迫放弃严格的因果性，并将对其进行强有力的辩护。我觉得完全不能容忍这样的想法，即认为电子受到辐射的照射，不仅它的跃迁时刻，而且它的跃迁方向，都由它自己的'自由意志'来选择。"

旧量子论已经让爱因斯坦无法认同，那么更加"疯狂"的新量子论就更使他忍无可忍了。虽然，爱因斯坦本人曾经提出了光量子假设，在量子论的发展历程中作出过不可磨灭的贡献，但现在他却完全转向了这个新生理论的对立面。爱因斯坦坚信，量子论的基础大有毛病，从中必能挑出点刺来，迫使人们回到一个严格的，富有因果性的理论中来。玻尔后来回忆说："爱因斯坦最善于不抛弃连续性和因果性来标示表面上矛盾着的经验，他比别人更不愿意放弃这些概念。"

（11）爱因斯坦与量子力学。

量子力学是研究物质世界微观粒子运动规律的物理学分支，主要研究原子、分子、凝聚态物质，以及原子核和基本粒子的结构、性质的基础理论。它与相对论一起构成现代物理学的理论基础。量子力学不仅是现代物理学的基础理论之一，而且在化学等学科和许多近代技术中得到广泛应用。

量子力学的奠基人主要有普朗克（首提量子理论）、爱因斯坦（提出光量子学说、发现波粒二象性、提出固体的振动能量也是量子化的）、玻尔、玻恩、索末菲、海森堡、薛定谔、泡利、狄拉克、德布罗意等人，他们发现旧有的经典理论无法解释微观系统，于是在 20 世纪初创立量子力学，解释了这些现象。量子力学从根本上改变了我们对物质结构及其相互作用的理解。除广义相对论描写的引力外，迄今所有基本相互作用均可以在量子力学的框架内描述（量子场论）。

量子力学从诞生以来，就充满了争议。费曼和狄拉克都说"世界上没有人真正懂得量子力学"。哥本哈根学派的领袖玻尔就曾说过：如果有人不对量子力学感到困惑，那只能说明他不懂量子力学。爱因斯坦有句著名的言论，"无论如何，我都确信，上帝不会掷骰子"。人们把这句名言当做他断然否定量子力学的证据，因为量子力学把随机性看作是物理世界的内禀性质。事实上，爱因斯坦本身对量子力学做出了突出贡献，他说这句话仅仅是针对"不确定性原理"而言的。这个重要原则是量子力学的核心思想。

根据量子力学，世界是由无数个各自独立演化的个体所组合的多样性整体，这个整体一定是非线性的。它的确定性在于它的存在性、客观性、联系性；它的不确定性在于它的运动性，组合扰动性，距离性。也就是说，没办法同时测量到微观粒子的位置和动量的信息，测了一个，另一个就不准了。

爱因斯坦对于量子力学是又爱又恨。一方面，他是量子力学的创立者之一，量子力学的发展凝聚了他的心血；另一方面，他对量子力学的基本规律持有异议。爱因斯坦其实承认了量子力学的非决定性，但他不能接受"非决定论是大自然的基本原则"这一思想。如果非决定性是一种基本原则，这将意味着科学的终结。

爱因斯坦时代，人们遇到的问题在于，量子现象是随机的，但量子理论如薛定谔方程百分之百地遵从决定论。以著名科学家玻尔为代表的哥本哈根学派把观察到的随机性看作量子力学表面上的性质，而无法做出进一步解释；波函数的坍缩是哥本哈根诠释的核心。爱因斯坦并不反对量子力学，但他反对哥本哈根诠释，因为哥本哈根诠释是完全禁止你知道过程的，爱因斯坦正是无法接受这点。他不喜欢测量会使得连续演化的物理系统出现跳跃这种想法，这就是他开始质疑"上帝掷骰子"的背景。

爱因斯坦认为，波函数坍缩不可能是一种真实的过程。这要求某个瞬时的超距作用，保证波函数的左右两侧都坍缩到同一个尖峰，甚至在没有施加外部作用的情况下；这与现在的量子纠缠本质上是一回事。不仅是爱因斯坦，同时代的每个物理学家都认为这样的过程是不可能的，因为这个过程将会超过光速，显然违背相对论。

爱因斯坦还认为，根本哈根诠释是不完备的，之所以量子看起来是随机的，那是因为我们没有掌握其中的未知变量，就好比掷骰子中不知道骰子抛出去时的参数，一旦我们掌握了这些变量，那么量子就不再是随机的了。基于这个思想，爱因斯坦试图一个新的量子力学理论，现在叫做"隐变量诠释"，其实就是量子力学的另外一种解释，后来无漏洞贝尔实验证明贝尔不等式不成立，实验彻底否定了隐变量诠释。也就是说，目前的量子力学奉根本哈根诠释为正统，爱因斯坦的隐变量诠释已经被证实是错误的，爱因斯坦在量子力学的观点上站错了队，但并不妨碍他推动量子力学的发展。

（12）EPR 悖论。

1935 年，美国《物理评论》发表了论文《物理实在的量子力学描述能否认为是完备的?》，署名有爱因斯坦、波多尔斯基和罗森（Einstein - Podolsky - Rosen），EPR 是前三位物理学家姓的头一个字母。EPR 悖论（称为 EPR 佯谬）是这三位物理学家为论证量子力学的不完备性而提出的一个悖论，这个悖论涉及到如何理解微观物理实在的问题。EPR 实在性判据包含着"定域性假设"，即如果测量时两个体系不再相互作用，那么对第一个体系所能做的无论什么事，都不会使第二个体系发生任何实在的变化。人们通常把和这种定域要求相联系的物理实在观称为定域实在论。

爱因斯坦等人认为，如果一个物理理论对物理实在的描述是完备的，那么物理实在的每个要素都必须在其中有它的对应量，即完备性判据。当我们不对体系进行任何干扰，却能确定地预言某个物理量的值时，必定存在着一个物理实在的要素对应于这个物理量，即实在性判据。

实在论主张，做实验观测到的现象是出自于某种物理实在，而这物理实在与观测的动作无关。换句话说，定域论不允许鬼魅般的超距作用。实在论坚持，即使无人赏月，月亮依旧存在，即与观测者无关。总之他们认为，量子力学不满足这些判据，所以是不完备的；就是说量子力学不自洽，有模糊的地方。粒子的位置怎么会不确定呢？他们相信会有一个更完备的量子理论。

面对爱因斯坦等人的反驳，玻尔对 EPR 实在性判据中关于"不对体系进行任何干扰"的说法提出了异议。玻尔认为，任何测量不可能没有任何搅扰。也就是说测量系统、测量行为必然会影响测量结果。玻尔认为测量物体与测量机器本身就是不可分的系统，这样就说明了爱因斯坦的前提"定域实在论"假设不成立。认为"测量程序对于问题中的物理量赖以确定的条件有着根本的影响，必须把这些条件看成是可以明确应用'物理实在'这个词的任何现象中的一个固有要素，所以 EPR 实验的结论就显得不正确了"。玻尔以测量仪器与客体实在的不可分性为理由，否定了 EPR 论证的前提——物理实在的认识论判据，从而否定了 EPR 实验的悖论性质。

这个很好理解，举例来说因为万有引力存在，我们不能避免测量系统，测量行为与测量物质的绝对隔离。也就是说我们要在能量空间中测量微观粒子的运动的位置和速度，怎么可能避免能量的搅扰呢！也就是说这种搅扰不是可以把握的事情，所以就不能做到同时准确测量到粒子的位置和动量。

应该说，玻尔的异议及其论证是无可厚非的。可是，爱因斯坦却不承认玻尔的理论是最后的答案。爱因斯坦认为，尽管哥本哈根学派的解释与经验事实一致，但作为一种完备的理论，应该是决定论的，而不应该是用概率语言表达的理论。

从科学史上看，量子力学基本上是沿着玻尔等人的路线发展的，并且取得了重大成就，特别是通过贝尔不等式（出生于北爱尔兰的贝尔法斯特的约翰·斯图尔特·贝尔，1964 年提出震惊世界的该理论）的检验更加巩固了它的基础。贝尔不等式提供了用实验在量子不确定性和爱因斯坦的定域实在性之间做出判决的机会；贝尔不等式不成立意味着，爱因斯坦所主张的局域实体论，其预测不符合量子力学理论。这就是贝尔不等式及其验证结论的科学意义，它把量子力学中纠缠着哲学思辨的争论演化成了可以运作的检验，这是具体的；贝尔不等式的验证经历与显现效应的现实意义也是重大的，它指引我们窥视到信息领域已经展现的神奇美景。它不仅对量子力学的完备性和量子实体的不可分离性起到了"见证"的作用，而且对开阔人们的思维和视野也将产生积极长久的影响。

爱因斯坦等人提出的 EPR 悖论，实际上激发了量子力学新理论、新学派的形成和发展，也为量子力学的发展做出了突出贡献。

（13）爱因斯坦与统一场论。

从科学史上看，物理学最大的进展就是新的理论可以对以前没有任何关联的现象做出统一的解释。17 世纪时，牛顿把天与地的物理学统一在了一起，引力不仅使苹果落地，而且也使月亮绕着地球旋转，行星绕着太阳旋转。19 世纪时，麦克斯韦把电现象和磁现象统一起来，认识到不仅振荡的磁场可以产生电场，振荡的电场也可以产生磁场，光其实是一种电磁波。

统一场论是从相互作用是由场（或场的量子）来传递的观念出发，统一地描述和揭示基本相互作用的共同本质和内在联系的物理理论。1905—1925 年，他在科学上取得了一次又一次的成功。1915 年，爱因斯坦的广义相对论表明，引力只不过是时空几何的效应。在这一辉煌的胜利之后，下一步显然就是要找到一种理论能够对引力和电磁力作出统一解释。

早在他获得诺贝尔奖后的演讲中，爱因斯坦就说过："两种场（指引力场和电磁场）互相独立的存在不能令寻求统一的心灵满意"，"我们寻找数学上的统一场论，其中引力场与电磁长只是同一个场的不同分量。"1925—1955 年，除了关于量子力学的完备性问题、引力波以及广义相对论的运动问题以外，爱因斯坦几乎把他全部的科学创造精力都用于统一场论的探索。

爱因斯坦统一场论思想的提出主要来自广义相对论和黎曼几何。在广义相对论中，电磁力可以作为能量动量张量的一部分被考虑进场方程中。而黎曼几何中的度规是对称的、实数的，将它应用于引力理论时天衣无缝，但电磁场理论却似乎需要引进一些反对称的关键元素。在探索统一场论时，爱因斯坦对物理和数学的观念发生了一些微妙的变化。或许是因为黎曼几何之于引力理论的重要性给他的冲击太大，印象太深刻了；也有可能是他对自己的物理直觉太过于自信了，以为不需要多想，那种自觉自然就在那里。总之，在后来几十年的研究中，他似乎不再像原来建立两个相对论时那样深究物理概念，提出革命思想，而是转而企图以几何出发来将广义相对论拓展到电磁场。可是很遗憾，这种从数学走向物理的想法没有使他成功，这耗费了爱因斯坦生命后期的 30 年。直到生命的最后，他仍然认为量子力学是缺少基本原理的经验理论集合，希望用"统一场论"把相对论、电磁学、量子力学等都编织成一幅伟大的科学画卷；可惜限于当时的技术水平和知识情况，他未能如愿，而且也没有对其他物理学家的工作产生任何重要影响——现代统一场论早已跳出了爱因斯坦的思路。

爱因斯坦始终囿于经典的广义相对论和麦克斯韦电动力学，而无视当时已经在发展的、量子力学所描述的微观物理学。我们知道，爱因斯坦认为量子力学不完备，这阻止了他去参与以量子力学为基础的前沿研究。事实上，爱因斯坦相信，如果建立了统一场论，量子力学的困难也可以得到解决。爱因斯坦的统一场论工作受到时代的局限；彼时，构成世界的四种作用力还没有被完全发现和揭示出来。即便如此，爱因斯坦还是以非凡的理论勇气，探索着整个时空的尽头的终极奥妙。一般认为，爱因斯坦在最终的探索上失败了，然而我们见证了非凡头脑对终极真理的思考，见证了伟大理性对宇宙的深刻洞察。

（14）吐舌头的爱因斯坦。

在现存的爱因斯坦的照片中，有一张有趣的图片几乎被人们所熟知，那就是爱因斯坦吐舌头的照片，见图 2-33。

图 2-33　爱因斯坦吐舌头的照片

1951 年 3 月，在爱因斯坦 72 岁生日聚会上，经过众多记者轮番拍摄之后，这位年逾古稀的老人脸都笑麻了，但仍有许多摄影师仍然不依不饶的想要拍摄到爱因斯坦微笑的镜头。后来，他不得已用吐舌头代替僵硬的笑容。这幅照片成为 20 世纪具有影响力的一张形象符号。

爱因斯坦后来答问为何要吐舌头，他说他是为全人类拍摄吐舌头的照片；这张照片发出来后广受追捧，一度成为男女老少竞相模仿的对象。

（15）爱好和平的爱因斯坦。

爱因斯坦是个坚定的和平爱好者，他的后半生积极地投身于各种反战中。由于他的巨大声望，使得他成为了那个时代反战的代表人物，影响力巨大。他先后参加了多个反战活动。

1914 年 8 月，第一次世界大战爆发。"一战"彻底改变了世界，也彻底改变了人们对世界的看法，爱因斯坦从此成为和平主义者。他虽身居战争发源地，生活在战争鼓吹者的包围之中，却坚决地表明了自己的反战态度。9 月，爱因斯坦义无反顾地参与德皇御医尼可莱发起的反战团体"新祖国同盟"，在这个组织被宣布为非法、成员大批遭受逮捕和迫害而转入地下的情况下，爱因斯坦不为所动，仍坚决参加这个组织的秘密活动。

1914 年 10 月，德国的科学界和文化界在军国主义分子的操纵和煽动下，发表了《告文明世界的宣言》，为德国发动的侵略战争辩护。在"宣言"上签名的有 93 人，都是当时德国有声望的科学家、艺术家和牧师等，但爱因斯坦断然拒绝签字。

爱因斯坦和哲学教授尼古拉·别尔嘉耶夫联合起草了《告欧洲人书》，针对许多德国社会名流签署的《告文明世界的宣言》的，表明其反对战争的立场。可惜签署的人只有包括爱因斯坦在内的 4 个人，报纸也不敢发表，在社会上的影响微乎其微。尽管如此，他却毅然宣布："欧洲必须联合起来保护它的土地、人民和文化"，要开展"声势浩大的欧洲统一运动"，这份宣言在洪堡大学教职员工中传阅甚广。

第一次世界大战期间，爱因斯坦曾说希望德国战败，这样才能制约普鲁士的强权。他主张按地理分界线把德国一分为二，北边的普鲁士为一国，而南德和奥地利组成另一个国家。爱因斯坦身为一个德国出生的人，在德国与法英美苦战时公然鼓吹"分裂国家"，德国舆论大哗；还有德国的犹太科学家大骂爱因斯坦的立场"损害民族尊严"，痛骂他"叛国"。爱因斯坦遭广大德国人民充满"爱国"热情的疯狂围剿。

他从 1920 年起就宣布科技可能被发展为杀人工具，现在更呼吁建立国际组织防止科学发明用于战争，同时积极参加左翼组织活动，很快成为右翼极端分子眼中钉，收到死亡威胁已经是家常便饭。德国反犹的右翼民族主义者攻击爱因斯坦，还在 1920 年 8 月 24 日举行了一次反相对论的集会，爱因斯坦愤怒之下写了一篇反驳文章，提出"如果我不是犹太人，而是德国民族主义者，不管有没有纳粹标志，那么理论就不会被攻击"。

1922 年 4 月，他加入国际联盟下属的反战组织"国际知识分子合作委员会"，并且劝说居里夫人等人参加。但是后来法国侵占德国鲁尔区，国际联盟无所作为。1923 年 3 月 22 日，访华回国后不久，爱因斯坦十分不满地宣布从"国际知识分子合作委员会"辞职。1924 年 6 月 21 日，国联秘书长埃里克·德拉蒙德正式邀请爱因斯坦重新参加该委员会，他欣然同意并任职到 1930 年。他说："应当重写教科书。我们的整个教育制度应当灌注新精神，而不该延续古人的怨恨和成见。教育应始于摇篮，全世界母亲都有责任在自己孩子的心灵播下和平的种子。"

1925 年 5—6 月，他签署反强制兵役声明，签名者包括印度非暴力不合作运动领袖圣雄甘地、印度诺贝尔文学奖得主泰戈尔和英国作家赫伯特·乔治·韦尔斯（《时间机器》和《世界大战》的作者）等。爱因斯坦深信，如果全世界都反强制兵役，和平就得到了保证。

1927 年 2 月，48 岁的爱因斯坦在巴比塞起草的反法西斯宣言上签名。参加国际反帝大同盟，被选为名誉主席。1928 年 1 月，49 岁的被选为"德国人权同盟"理事，其前身为德国"新祖国同盟"。1929 年 9 月，50 岁的爱因斯坦同法国数学家阿达马进行关于战争与和平问题的争论，坚持无条件地反对一切战争。

1930 年，爱因斯坦再次宣布永久退出国际联盟下属组织"国际知识分子合作委员会"。1930 年 5 月，在"国际妇女和平与自由同盟"的世界裁军声明上签字；签名者还包括罗素·罗兰和巴甫洛夫等世界名人。1930 年 12 月 14 日，美国新历史学会在纽约开会，爱因斯坦在会上发表著名演讲"战斗的和平主义"，提出两条制止战争的具体行动方针，开宗明义就呼吁"不妥协地反对战争，并且毫无保留地拒服兵役"。他指出，只要拒服兵役的人达到应服兵役人数的百分之二，政府就束手无策，因为，世界上没有哪个国家有这么多监狱来关百分之二的青年！这就是爱因斯坦著名的"百分之二原则"。他用数学方程式来计算和平的可能性："我相信，良心拒服兵役运动一旦发动，如有 5 万人同时行动，那就势不可当。"人们可以嘲笑爱因斯坦的书生之见，但却不得不景仰他为人类和平的良苦用心。

1931 年，他写道："有两条道路反对战争——合法途径和革命途径，合法途径即全面推行志愿兵，而非将其局限于某些特权者，让它成为全民权利；革命途径即不妥协抵抗，打破军事主义和平时期大权在握、战争时期掌控国家资源的局面。"1931 年 12 月，爱因斯坦再度去加利福尼亚讲学，为参加 1932 年国际裁军会议，他特地发表了一系列文章和演讲。

1932 年 7 月，爱因斯坦同大心理学家弗洛伊德通信，讨论战争的心理问题，号召德国人民起来保卫魏玛共和国，全力反对法西斯。

纳粹曾经让爱因斯坦在一份协议上面签字，从而证明纳粹是正义的，爱因斯坦说违背良心的事情我是不会做的，并且因此得罪了纳粹。爱因斯坦不仅拒绝在纳粹的协议上面签字，而且公开发表反战声明，希特勒悬赏重金要捉拿爱因斯坦，爱因斯坦只得辞职离开德国。

1933 年 3 月 29 日，帝国特派员下令德国文化部开除爱因斯坦。1939 年 4 月 1 日，德国最伟大的科学院开除了人类有史以来最伟大的科学家。这项声明从此成为普鲁士科学院挥之不去的永久耻辱。1933 年，德国纳粹政府查抄他在柏林的寓所，焚毁其书籍，没收其财产，银行存款、保险箱、游艇和卡普特木屋等统统被充公，并悬赏 10 万马克索取他的人头。

1940 年 5 月 22 日，爱因斯坦致电罗斯福，反对美国在第二次世界大战中的中立政策，呼吁美国尽早同民主国家站在一起，共同抗击法西斯的侵略和屠杀。1944 年，为支援世界人民的反法西斯战争，65 岁的爱因斯坦以 600 万美元拍卖 1905 年狭义相对论论文手稿，把拍卖所得全部捐给了反法西斯事业。他还应海军部之邀，做了海军军械局的临时顾问。

1948 年 4 月，69 岁的爱因斯坦同天文学家夏普林利合作，全力反对美国准备对苏联进行"预防性战争"，抗议美国进行普遍军事训练。

1953 年 5 月 16 日，给受迫害的教师弗劳恩格拉斯写回信，号召美国知识分子起来坚决抵抗法西斯迫害，引起巨大反响。

1954 年 3 月，爱因斯坦通过"争取公民自由非常委员会"，号召美国人民起来同法西斯势力作斗争，公开反对麦卡锡主义。当月，爱因斯坦被美国参议员麦卡锡公开斥责为"美国的敌人"。

1955 年 2 月，在他去世前两个月，76 岁高龄的爱因斯坦同社会学家罗素通信讨论和平宣言问题；4 月 11 日，他在罗素—爱因斯坦和平宣言上签名，反对核武器扩散；4 月 18 日因病去世，临终时仍在思考统一理论。

（16）爱因斯坦与中国。

爱因斯坦对中国人民所经历的苦难怀着深切的同情。他 1921 年访问美国和 1922 年访问日本，曾两次途经上海，共停留了 3 天。

北京大学蔡元培先生很早就希望能邀请到爱因斯坦来北大演讲，但是由于中间种种误会造成正式访华计划流产，这成了爱因斯坦的"莫大痛苦"和蔡元培的"最大遗憾"。在上海停留期间，爱因斯坦目睹身处水深火热之中的中国人民，深感同情和不平，认为"这是一个勤劳的，在奴役下呻吟的，但却是顽强的民族"。

1922 年 11 月 13 日上午 10 时，爱因斯坦乘坐北野丸号驶入黄浦江，在上海当时的汇山码头靠岸登陆。德国驻沪总领事、日本改造社代表稻垣夫妇以及《中国新报》的记者曹谷冰前往码头迎接爱因斯坦。爱因斯坦在上海期间住在"礼查饭店"也就是今天的"上海浦江饭店"。

爱因斯坦的上海之行，全由日本的改造社代表稻垣安排。下船后的第一顿饭，稻垣参照了中方当年接待罗素的标准，在"一品香"吃午餐。饭后，到小世界游乐场欣赏昆曲，爱因斯坦虽然听不懂唱词，但是对华丽的服装和优美的舞姿很感兴趣。下午爱因斯坦在稻垣的陪同下，离开租界到上海城隍庙一带的弄堂里仔仔细细看看人民的生活；在这里爱因斯坦近距离接触了中国普通民众的生活，十分同情中国人民受到的疾苦。

当天的重头戏是中国大商人、书画家王一亭在梓园设宴招待爱因斯坦夫妇。梓园是王一亭的私宅，稻垣之所以选在这里，一是因为王一亭跟日本政商界关系好；二是因为梓园是一座精致的中式庭院，在这里爱因斯坦可以欣赏到许多中国名画。

出席宴会的中国人有上海大学校长于右任、前北京大学教授张君谋博士、浙江法政学校教务长应时及其家人、《中华新报》总编辑张季鸾和记者曹谷冰等。另有几位德国及日本的学者和知名人士参加。14 日，爱因斯坦在稻垣陪同下参观了龙华寺，见图 2-34。

在旅行日记中，爱因斯坦将中国人描述为：勤劳、肮脏和愚钝。他写道："中国人吃饭时不坐在凳子上，而是像欧洲人在树林里如厕那样蹲着。（中国人）安静、拘束，就连孩子看上去都很呆板、愚钝。"他还写道，中国人"生很多孩子""繁衍能力很强"，"如果这些中国人取代了所有其他种族，那真是遗憾"。

图 2-34 爱因斯坦与上海租界的各界人士的合影留念

有人把这些话视为对中国人的歧视，很多中国人自己也愤然，西方各大媒体更是借机炒作，纷纷用"震惊""种族主义""排外情绪"等词汇来形容这位一度被认为是"反种族主义者"的犹太裔科学家。就事论事，爱因斯坦仅仅是从一个科学家的角度客观描述当时的中国状况，并没有涉及到种族歧视的意思，他仅仅是对遭受帝国主义和封建主义压迫的中国劳动人民抱有的深切同情；外国的欺压和国内封建势力的压榨造成了中国的现状，中国人生活在水深火热中的这种现状亟须改变。客观地讲，那个时候的中国和中国人的确存在着让人诟病的地方，这一点，鲁迅的小说中描写得淋漓尽致。

事实上，爱因斯坦对中国和中国人民一直是友好的。爱因斯坦曾对日本稻垣郑重地说：再过 50 年，中国人一定能赶上外国人。他多次公开谴责日本帝国主义对中国的入侵和种种暴行。1931 年，日本军队侵占中国东北三省，爱因斯坦一再向全世界各国呼吁，对日本采取严厉的经济制裁。1932 年，陈独秀被国民党逮捕，爱因斯坦和罗素、杜威联名致电蒋介石，要求释放陈独秀，1937 年 3 月，为声援被国民党政府拘捕的抗日的"七君子"，爱因斯坦都曾联合罗素、杜威等 15 位英美知识文化界知名人士表示声援，向国民党当局提出了抗议，要求无条件放人。1938 年 6 月，在中国的抗日战争最艰苦的时候，爱因斯坦和罗斯福总统的长子一同发起"援助中国委员会"，他走遍美国 2000 个城镇的大街小巷，开展援华募捐活动。

对中国的科学，爱因斯坦认为"中国的先贤没有走上科学道路不令人奇怪"；因为在爱因斯坦看来，西方科学是建立在希腊哲学家发明的形式逻辑体系和文艺复兴时期的通过系统实验找到因果关系这两个基础之上的。而中国，当时外部处于被帝国主义侵略、内部处于封建主义压迫的内焦外困时期，科学上几乎一片空白，迎接爱因斯坦访华的学者中，居然没有一位物理学工作者，主要是书画界及报界的一些人士。

当时的中国缺少科学存在的土壤，这才是中国在科学上不如西方的原因。首先中国讲究官本位的，而科学研究则是等而下之的。其次，中国也没有科学研究的哲学基础；中国的哲学观点是"夫唯不争，故天下莫能与之争"，这将科学产生和科研创新的希望扼杀了。更重要的，当时的中国也没有科技应用的基础，把一切发明创造称为"奇技淫巧"。

在爱因斯坦看来，中华文明缺少形式逻辑和实证研究两大传统。这样的文化也是导致中国不能产生爱因斯坦之类人才的根本原因，所以爱因斯坦说"中国的先贤没有走上科学道路不令人奇怪"这句话也就在情理之中了。

（17）拒绝担任以色列总统。

爱因斯坦本人以及他的父母都是犹太人，所以他对于犹太人抱有深深的感情。在法西斯残酷迫害犹太人期间，爱因斯坦痛斥法西斯对犹太人所犯下的暴行。

第二次世界大战结束后，1948年5月14日，以色列国诞生。但不久以色列与周围阿拉伯国家的战争便爆发了。已经定居在美国十多年的爱因斯坦立即向媒体宣称："现在，以色列人再不能后退了，我们应该战斗。犹太人只有依靠自己，才能在一个对他们存有敌对情绪的世界上生存下去。"

为了以色列的建设和强大，爱因斯坦也在积极做出努力。1921年4月5日至5月30日，为了给耶路撒冷的希伯来大学的创建筹集资金，爱因斯坦同魏茨曼总统一起首次访问美国。1923年2月2日，44岁的爱因斯坦从日本返回途中，到巴勒斯坦访问，在希伯来大学首次发表演讲，逗留12天。1923年2月8日，爱因斯坦成为特拉维夫市的第一个名誉公民。1924年，45岁的爱因斯坦加入柏林的犹太组织并成为缴纳会费的会员。

1950年，71岁的爱因斯坦在遗嘱中指定遗稿，包括各种学术研究成果、手稿和私人信件等，存放在耶路撒冷的希伯来大学。1952年11月9日，爱因斯坦的老朋友以色列首任总统哈伊姆·魏茨曼逝世，以色列政府请他担任第2任总统。而在此前一天，就有以色列驻美国大使向爱因斯坦转达了以色列总理戴维·本古里安的信，正式提请爱因斯坦为以色列共和国总统候选人。

不久，爱因斯坦在报上发表声明，正式谢绝出任以色列总统。爱因斯坦说："我整个一生都在同客观物质打交道，既缺乏天生的才智，也缺乏经验来处理行政事务以及公正地对待别人。所以，本人不适合如此高官重任。""方程对我更重要些，因为政治是为当前，而方程却是一种永恒的东西。"另外，他也反对狭隘的犹太民族主义，他希望看到犹太人与阿拉伯人和平地生活在一起，这也是他拒绝当总统的很重要的原因。

（18）爱因斯坦与原子弹。

爱因斯坦在物理学上的研究成果——质能方程可以与核裂变建立关系，指明了原子分裂或者聚变时会释放出巨大的能量，为核武器尤其是原子弹提供了可靠的理论基础，从而确保原子弹是具备极大的成功可能的。爱因斯坦并没有为美国制造原子弹，但他却为美国原子弹研究计划几乎策划了整个团队，这为曼哈顿计划的成功实施打下了坚实的基础！自相对论扬名世界以来，爱因斯坦在科学界的影响力是空前的，当科学界意识到隐藏在原子核内部的巨大能量时，这绝对不能被以德国为首的轴心国首先掌握，否则对同盟国将是另一场更为巨大的灾难。因此，当科学界致信爱因斯坦时，他毫不犹豫地向美国总统提出了建议并且联系了一大批未来为曼哈顿计划出力的顶尖科学家。

1939 年 8 月 2 日，爱因斯坦在美籍匈牙利裔理论物理学家利奥·西拉德（原子时代最具远见的先驱者，1958 年获爱因斯坦奖，1959 年获原子能和平利用奖，1961 年被选为美国国家科学院院士）推动下，上书罗斯福总统，力陈链式核反应的巨大潜力，建议美国抓紧原子能研究，尽一切努力赶在纳粹德国之前研制出原子弹；这直接催生了影响甚巨的"曼哈顿工程"，费米等研制出链式热中子反应堆，奥本海默等利用铀裂变链式反应研制出了原子弹，最终美国在一大批物理学家的努力下，抢先制造出了原子弹。

1943 年 12 月，同斯特恩、玻尔讨论原子武器和战后和平问题，听从玻尔劝告，暂时保持沉默。1945 年 3 月，爱因斯坦同西拉德讨论原子军备的危险性，写信介绍西拉德去见罗斯福，未果。纳粹德国的崩溃，消除了来自德国的原子弹的威胁，但是爱因斯坦担心美国可能用原子弹轰炸日本。

1945 年 8 月 6 日，当爱因斯坦在纽约知道了日本广岛长崎遭原子弹轰炸的消息和爆炸效果后，极度震惊。作为推动美国开始原子弹研究的第一人，爱因斯坦改变了对核武器的态度，他遗憾地说："我现在最大的感想就是后悔，后悔当初不该给罗斯福总统写那封信。我当时是想把原子弹这一罪恶的杀人工具从疯子希特勒手里抢过来。想不到现在又将它送到另一个疯子手里。"

原子弹变成人类自我毁灭的工具，对那些曾经参与或关注过原子弹研究和制造的科学家们产生了巨大的震撼，这些科学家大多都对此表示一种深深的忏悔和自责。作为一名和平主义者，爱因斯坦说："第三次世界大战将要使用的武器我并不知道，但是第四次世界大战将会用木棍和石头开战。"

从 1945 年 11 月—1949 年 9 月，爱因斯坦连续发表了一系列关于原子战争和世界政府的言论。1949 年 11 月，"原子科学家非常委员会"停止活动，直到

1951 年 9 月，"原子能科学家非常委员会"被解散。1950 年 2 月 13 日，爱因斯坦发表电视演讲反对美国制造氢弹。

1955 年 7 月 9 日，为挽救人类的毁灭，爱因斯坦、罗素发表了著名的《罗素—爱因斯坦宣言》，敦促世界各国政府放弃核武器、放弃战争；但这些伟大的声音并没有得到人们的响应。直到爱因斯坦去世之前，爱因斯坦都利用一切机会呼吁美国不要把科学的发现变成杀人武器，并号召全世界科学家团结起来反对核战争。

（19）爱因斯坦的伯乐和知己。

1905 年可谓是爱因斯坦的奇迹年，他发表了光电效应量子论、布朗运动理论、狭义相对论和质能关系等名垂青史的论文。

他的文章在著名学术期刊发表几个月后，爱因斯坦才收到了第一封读者来信，这位读者就是普朗克（比爱因斯坦年长 20 来岁的普朗克时任普鲁士科学院院长；他看出了爱因斯坦关于光电效应的量子解释与他自己的黑体辐射理论一脉相承）。他特别欣赏狭义相对论这篇文章，他给爱因斯坦的第一封信就是关于狭义相对论的一些问题。正是由于普朗克的大力推崇，当时的科学界才慢慢接受了爱因斯坦的狭义相对论。

后来普朗克提名爱因斯坦为普鲁士科学院院士，再后来又提名爱因斯坦为德国物理学会会长，并多次提名爱因斯坦为诺奖候选人。无独有偶，普朗克于 1918 年获诺贝尔奖，提名人正是爱因斯坦。准确地说，他们惺惺相惜，普朗克既是爱因斯坦的伯乐更是他的知己，见图 2-35。

图 2-35　普朗克与爱因斯坦（右）

投桃报李，爱因斯坦对普朗克一向执弟子礼。1918 年，苏黎世 ETH 大学意识到当年放走爱因斯坦吃了大亏，遂联合苏黎世大学向爱因斯坦发出待遇远超洪堡大学的任教邀请，爱因斯坦出于对普朗克的忠诚当场拒绝。

（20）请问候劳厄。

爱因斯坦和普朗克后来的分歧出现在对战争和纳粹的态度上。1940 年 10 月 1 日，定居美国 7 年的爱因斯坦加入美国籍。其后不久，埃瓦德（1888—1985 年，德国著名物理学家，1933 年因反纳粹控制教育愤而辞去斯图加特理工大学校长，1938 年流亡国外）访美，顺便到普林斯顿拜访爱因斯坦。告辞时爱因斯坦嘱咐：请问候劳厄（1914 年诺贝尔物理学奖获得者）。

埃瓦德顺口说："也问候普朗克吧？"话音未落，爱因斯坦立刻重复道："请问候厄劳。"后来埃瓦德在回忆文章中写道："普朗克只是个悲剧角色。英雄只有一个，他是厄劳，而不是普朗克。时至今日，我方恍然大悟。"

"请问候劳厄。"这是爱因斯坦送给全世界每一位知识分子的如山赠言。这句平和的问候是爱因斯坦对德国知识精英的永不宽恕。这句话的背后是爱因斯坦对德国知识精英的一部长篇起诉书：德国挑起两次世界大战，德国知识精英罪责难逃，其中也包括普朗克和伦琴。

当年，希特勒下令废除德国高校不得解雇教授的数百年传统，凡反对"元首"的，无论职称多高、资历多老，一律当场开革。整个帝国科学界都噤若寒蝉，德高望重的普朗克也不敢站出来为爱因斯坦讲话，反倒是普朗克的学生劳厄公开要求普鲁士科学院收回成命。但是，仅仅有两个普鲁士科学院院士同意劳厄的做法，大部分科学家拜服在权力的淫威下。

这件事让爱因斯坦对普朗克和劳厄有了不同看法，这也是为什么只是问候劳厄而不问候普朗克的根本原因。爱因斯坦当时也十分信任劳厄，他写信给劳厄而不是职位更高的普朗克说，为了不给仍在德国的许多朋友带来大麻烦，拜托劳厄帮忙将他在各种组织中的名字删去，且是全权代理；这足以说明此时爱因斯坦对普朗克心灰意冷而对劳厄充满感激。

（21）爱因斯坦和小提琴。

爱因斯坦热爱拉小提琴，小时候就梦想成为尼科罗·帕格尼尼（1782—1840 年，意大利著名小提琴家，作曲家，是历史上著名的小提琴大师之一）那样的小提琴家。他 6 岁开始学拉小提琴，母亲是他的启蒙老师。

爱因斯坦学习小提琴的技巧并不是通过正规的小提琴霍曼教程，而是通过莫扎特的奏鸣曲来学习的。他认为热爱就是最好的导师，从此他爱上了莫扎特，小提琴也成了爱因斯坦科学生涯中的终身伴侣和欢乐女神。

此后爱因斯坦一直将莫扎特和巴赫视作自己最喜欢的作曲家，因为二人的作品清楚、简明。至于他的小提琴水平，有专业人士通过遗留的资料证明他的姿势不对，水平肯定一般；也有人说他的造诣颇深。

不管怎样，他热爱小提琴是真的。不管旅行到哪里，他总是身不离琴，甚至参加柏林科学院的会议，也要随身携带，以便会后拜访普朗克、玻尔时，能在一起拉拉弹弹。一旦遇到科研难题，因思索陷入困顿时，就会拉上一曲，缓解压力。音乐也催化出爱因斯坦的科学创见和思维火花。

除了拉提琴减压、娱乐外，他还喜欢与人一起拉小提琴，比如比利时伊丽莎白王后；比如埃伦费斯特。尤其是后者，他是出色的钢琴手。而在柏林科学院，爱因斯坦（拉小提琴）同普朗克（弹钢琴）一起演奏贝多芬的作品，也是人们广为流传的美谈。

20世纪30年代，爱因斯坦和艾尔莎在新泽西州的普林斯顿定居，每周三晚上他们都会在家里举办室内音乐会。这些音乐会可谓神圣不可侵犯，他总会重新安排行程以确保自己能够按时出席。

爱因斯坦一生热爱音乐，只是年老后他的左手无法很好地掌控手指，这才让他彻底把小提琴收了起来。他留下遗嘱，把他的小提琴留给了自己的孙子伯恩哈德·凯撒·爱因斯坦；他的重孙子保罗·爱因斯坦成为了一名出色的小提琴演奏家。

（22）爱因斯坦写给罗斯福总统的信。

这封信由西拉德于1939年8月2日起草，爱因斯坦署名；主要目的是为了敦促美国发展核武器，以便消除纳粹德国率先发展核武器的威胁。该信件由美国白宫顾问萨克斯于同年10月1日面呈罗斯福。这封信被称为"20世纪最重要的信"。

1939年夏天，阿尔伯特·爱因斯坦签名的信交给了美国时任总统罗斯福，信中力陈链式核反应的巨大潜力。罗斯福在白宫办公室里，默默地研究了爱因斯坦的信，开始感到举棋不定；经过一星期的全面考虑，他对来信作了肯定的回答，但并未立即同意大规模开展，而是先成立了一个铀元素委员会，委员会的报告认同了开展此项研究的重要性，同时也表示该项目复杂，存在诸多技术上的问题。因此最开始的研究进程是比较慢的，但后来当罗斯福想到德国正在加紧研制原子弹时，就暗暗下了决心。

事实证明，第二次世界大战末期，日本被核爆，跟爱因斯坦有着极大的关系。后来因为担心原子能被用于战争，核武器会对人类造成巨大破坏，爱因斯坦表示后悔写这封信。

（23）爱因斯坦给5000年后子孙的信。

直到晚年，爱因斯坦都认为他人生的最大遗憾是推动研制了核武器。正是在这种情况下，爱因斯坦以一种充满欣喜和忧虑的语言，给5000年后的子孙写了一封信。信中，他一方面用一种赞美的语言，描述了科学的进步给人类所带来的幸福和快乐；另一方面，他又用一种悲哀的语言，表达了自己的忧虑。

"我们这个时代产生了许多天才人物，他们的发明可以使我们的生活舒适得多。我们早已利用机器的力量横渡海洋，并且利用机械的力量可以使人类从各种辛苦繁重的体力劳动中最后解放出来。我们学会了飞行，我们用电磁波从地球的一个角落方便地同另一个角落互通讯息。"

"但是，商品的生产和分配却完全是无组织的。人人都生活在恐惧的影里，生怕失业而遭受悲惨的贫困。而且在不同的国家里的人民还不时互相残杀。由于这些原因，所有的人一想到将来，都不得不提心吊胆和极端痛苦。所有这一切，都是由于群众的才能和品格，较之那些对社会产生真正价值的少数人的才智和品格来，是无比地低下。"

在这份信件的手稿中，爱因斯坦以一种远大和智慧的眼光，看待未来，告诫子孙。可是，让我们无比震惊的是，原以为要5000年后才能出现的一些状况，今天就已经成为了现实。例如恐怖主义、地区冲突、生灵涂炭还在发生并持续着，人们的生活缺少安全感；社会分配不公，贫富差距拉大，人们充满忧虑和恐惧。爱因斯坦给5000年后子孙的忠告，仿佛就是给我们今天人类提出的忠告。

（24）爱因斯坦的学术思想。

爱因斯坦深信，美是探索理论物理中重要结果的一个指导原则。

爱因斯坦说："我想知道上帝是如何创造这个世界的。对这个或那个现象、这个或那个元素的光谱我并不感兴趣。我想知道的是他的思想，其他的都只是细节问题。"

爱因斯坦对一个理论的美学要求达到了一种不可思议的地步。从麦克斯韦电磁学里发现的洛伦兹不变性成了狭义相对论的核心，但是爱因斯坦觉得狭义相对论偏爱惯性系，这点让他很不满。他觉得洛伦兹不变性的范围太窄了，上帝不应该让这么美的思想局限在惯性系里，所以他要以一个在所有参考系里都成立的不变性为前提，重新构造一个新的理论，这就是广义坐标不变性和广义相对论的来源。

爱因斯坦觉得：这么好的对称性，这么美的想法，如果上帝你不选用它作为构造世界的理论，那上帝简直就是瞎子。爱因斯坦深信上帝一定是用简单和美来构造这个世界的，所以我从如此简单和美的对称出发构造的理论一定是有意义的。

（25）爱因斯坦的思想实验。

爱因斯坦提出了很多思想实验，主要是与相对论有关。爱因斯坦的光线思想实验，证明了对于虚拟的观察者，物理定律应该和相对于地球静止的观察者观察到的一样。爱因斯坦的火车思想实验，表明相对运动状态下的观测者，对同一事件的发生时间会有不同的观测结论。爱因斯坦的火箭实验证明了重力引起加速度，加速度引起重力，它们是完全等价的。旋转木马实验引出现代引力理论。坠落思想实验引出空间被弯曲的想法。升降电梯实验，表明加速运动的参考系可以等效为静止在一个重力场中（引力和加速度等效），而物理定律在任何参考系中都是相同的。此外，还有"爱因斯坦圆盘"和"爱因斯坦光盒"等，都是思想实验史上的经典之作。

☙ 师承关系 ☙

正规学校教育；爱因斯坦的老师是闵可夫斯基，师伯是希尔伯特，他与普朗克、朗之万、埃伦费斯特、劳厄、居里夫人等世界著名物理学家十分友善。

☙ 学术贡献 ☙

爱因斯坦对现代物理学的贡献无人可以匹敌，他在科学生涯中始终孜孜追求，探寻物理学领域的普遍的、恒定不变的规律。他的理论涵盖自然界的一切基本问题，大到宇宙、小到次原子粒子；他修正了时间和空间、能量和物质的传统概念。

爱因斯坦在研究毛细现象、阐明布朗运动、建立狭义相对论并推广为广义相对论、提出光的量子概念，并以量子理论完满地解释光电效应、辐射过程、固体比热，发展了量子统计，在分子运动论和量子统计理论等物理学的许多领域都有贡献。

其最主要的学术贡献包括光量子假说（质能方程）、狭义相对论、广义相对论和宇宙学等4部分，任何一部分都能使人名垂青史。

（1）爱因斯坦提出了被誉为"世界上最著名的方程"——质能方程 $E = mc^2$，E 表示能量，m 代表质量，而 c 则表示光速（常量 $c = 299792.458 km/s$）。光照射到金属上，引起物质的电性质发生变化；这类光变致电的现象被人们统称为光电效应。光电效应分为光电子发射效应、光电导效应和光生伏特效应；前一种现象发生在物体表面，又称外光电效应；后两种现象发生在物体内部，称为内光电效应。

（2）创立了现代物理学的两大支柱之一的相对论。爱因斯坦在时空观的彻底变革的基础上建立了相对论力学，狭义相对论成功地揭示了能量与质量之间的关系，指出质量随着速度的增加而增加，当速度接近光速时，质量趋于无穷大。狭义相对论解决了长期存在的恒星能源来源的难题，近年来发现越来越多的高能物理现象，狭义相对论已成为解释这种现象的一种最基本的理论工具。而广义相对论也解决了多个天文学上多年的不解之谜，比如解释了水星近日点进动、光线弯曲现象、红移现象等，还成为后来许多天文概念的理论基础。广义相对论对于解释黑洞和类星体等奇异星体的运动来说也是十分重要的。

（3）他提出了光量子假说，发现了波粒二象性；在光量子理论基础上导出了光化学定律，提出了自激辐射和受激辐射理论，为激光的出现奠定了理论基础。他质疑量子力学提出的量子纠缠态。

（4）爱因斯坦对天文学最大的贡献莫过于他的宇宙学理论；他创立了相对论宇宙学，建立了静态有限无边的自洽的动力学宇宙模型，并引进了宇宙学原理、弯曲空间等新概念，预言了黑洞和引力波的存在，大大推动了现代天文学的发展。

（5）统一场论。在他生命的最后30年，爱因斯坦把科学兴趣主要放在发展统一场论方面，试图在一个更广泛的数学结构中解释重力与电磁学。虽然，因为时代的原因他没有取得成功，但是却为后世研究统一场提出了要求、奠定了基础。

（6）提出了物质的第五种状态：玻色—爱因斯坦凝聚态，导出了玻色—爱因斯坦统计（一种玻色子所依从的统计规律）。

（7）证明正是大量水分子的无规则热运动导致了布朗运动。他根据扩散方程建立了布朗运动的统计理论，成功解释了布朗运动的规律，该理论也成为分子运动论和统计物理学发展的基础。爱因斯坦对布朗运动的解释是原子论的一个重要物理学证据，由此原子论终于得到科学界的完全认可。

（8）利用普朗克的量子化假设，提出了固体比热容的爱因斯坦模型。爱因斯坦第一次预言了所观察到的实验趋势。与光电效应在一起，这成为需要量子化的最重要的证据之一。他在现代量子力学出现的许多年之前解决了量子谐振子问题，引入谐振子零点能的概念。

名词解释

（1）玻色—爱因斯坦凝聚。

玻色—爱因斯坦凝聚（BEC）是爱因斯坦在100年前预言的一种新物态。这里的"凝聚"与日常生活中的凝聚不同，它表示原来不同状态的原子突然"凝聚"到同一状态（一般是基态），即处于不同状态的原子"凝聚"到了同一种状态。玻色—爱因斯坦凝聚态是物质的一种特殊状态，是玻色子原子在冷却到接近绝对零度所呈现出的一种气态的、超流性的物质状态（物态），即所有原子的量子态都束聚于一个单一的量子态的状态。如果将一群原子以一群人来表示，那么进入玻色—爱因斯坦凝聚态则意味着这群人同时成为了训练有素的士兵，整齐划一地行动。

1920年代，印度物理学家萨特延德拉·纳特·玻色（1894—1974年，印度数学物理学家，英国皇家学会会员，成就突出但却没有获得诺奖）和爱因斯坦以玻色关于光子的统计力学研究为基础，对这个状态做了预言。他们预言当这类原子的温度足够低、原子的运动速度足够慢时，所有的原子就像一个原子一样，具有完全相同的物理性质，此时会有相变——新的物质状态产生，所有的原子会突然聚集在一种尽可能低的能量状态，这就是我们所说的玻色—爱因斯坦凝聚态，属于物质的第五种状态。

玻色子，其中包括光子和氦-4之类的原子，可以分享同一量子态。玻色子具有整体特性，在低温时集聚到能量最低的同一量子态（基态）；而费米子具有互相排斥的特性，它们不能占据同一量子态，因此其他的费米子就得占据能量较高的量子态，原子中的电子就是典型的费米子。

1938年，彼得·卡皮察（1894—1984年，苏联著名物理学家，获得1978年诺贝尔物理学奖）等人发现氦-4在降温到2.2K时会成为一种叫做超流体的新的液体状态。超流的氦有许多非常不寻常的特征，比如它的黏度为零，其漩涡是量子化的，很快人们就认识到超液体的原因是玻色—爱因斯坦凝聚。

玻色—爱因斯坦凝聚态只有将气态原子云被冷却至极接近绝对零度时才能形成，与绝对零度仅相差几十亿分之一摄氏度。当一群原子被冷却至如此低温时，便不再会以单个原子的形式运动，而是会聚合成一个巨大的"超级原子"。在严酷的温度条件下，量子机制控制下的原子表现异常，开始聚结、交叠并逐步同步，成千上万个原子突然变得不可区分，按照统一的波长一同缓慢振动，形成物质的全新状态，比如同时表现出波和粒子两种状态。从理论上来说，周围哪怕出现再细微的引力干扰，都可以被这种物质探测到。这种超敏感性或将使玻色—爱因斯坦凝聚态成为探测引力波的有力工具。

20世纪90年代以来，由于朱棣文等三位物理学家的杰出工作，激光冷却与囚禁中性原子技术得到了极大发展，为玻色—爱因斯坦凝聚奇迹的实现提供了条件。玻色—爱因斯坦凝聚态在1995年被观测到，成为有史以来最热门的物理话题之一。

1995年麻省理工学院的德国物理学家沃尔夫冈·克特勒（1957年至今）与科罗拉多大学鲍尔德分校的美国物理学家埃里克·康奈尔（1961年至今）和科罗拉多大学的美国物理学家卡尔·韦曼（1951年至今，现任教于斯坦福大学）在天体物理实验室联合研究所使用气态的铷原子在170nK（$1.7×10^{-7}$K）的低温下首次获得了像激光一样极其纯净的凝聚的物质状态BEC，即玻色—爱因斯坦凝聚。在这种状态下，几乎全部原子都聚集到能量最低的量子态，形成一个宏观的量子状态。4个月后，麻省理工学院的沃尔夫冈·克特勒使用钠-23独立地获得了玻色—爱因斯坦凝聚。克特勒的凝聚较康奈尔和韦曼的含有约100倍的原子，这样他可以用他的凝聚获得一些非常重要的结果，比如他可以观测两个不同凝聚之间的量子衍射。

他们的研究在物理界引起了强烈反响，是玻色—爱因斯坦凝聚研究历史上的一个重要里程碑；2001年，康奈尔、威曼和克特勒为他们的研究结果共享诺贝尔物理学奖。2003年11月，克特勒等人制造了第一个分子构成的玻色—爱因斯坦凝聚。

此后，有关 BEC 的研究迅速发展，观察到了一系列新的现象。如 BEC 中的相干性、约瑟夫森效应、蜗旋、超冷费米原子气体。其中许多是当年爱因斯坦和玻色未曾想象过的，BEC 被诸多领域现代物理学家的关注。

极端温度下对量子现象进行观察，能验证一些最重要的物理学基础定律。2016 年 5 月 17 日，来自澳大利亚的研究团队首次使用人工智能制造出了玻色—爱因斯坦凝聚；人工智能在此项实验中的作用是调节要求苛刻的温度和防止原子逃逸的激光束。

2017 年 1 月 23 日，瑞典基律纳上方 256 千米处，一枚小小的薄片成为了宇宙中最冷的所在，并持续了几分钟。这枚薄片很小，约为一枚邮票那么大，上面紧密分布着成千上万个铷-87 原子。科学家先是用一枚 12 米长的无人火箭将这枚薄片送入太空，然后用激光进行轰击，直到薄片中的原子被冷却至零下 273.15 摄氏度，仅比宇宙中可能达到的最低温——绝对零度高一点儿。在接下来的 6 分钟里，科学家获得了一个难得的机会，深入了研究这种宇宙中最奇特、最陌生的物质状态——玻色—爱因斯坦凝聚态；这也是科学家首次在太空中创造出这种物态。

（2）宇宙常数。

1917 年，爱因斯坦利用他的引力场方程，对宇宙整体进行了考察，建立起第一个自洽的宇宙模型。为了解释物质密度不为零的静态宇宙的存在，他在引力场方程中引进一个与度规张量成比例的项，用符号 Λ 表示，以保持模型稳定。该比例常数很小，在银河系尺度范围可忽略不计。只在宇宙尺度下，Λ 才可能有意义，所以叫作宇宙常数；开创了在严格的理论基础之上的宇宙学研究的全新阶段。在 20 世纪 20 年代，天文学家包括爱因斯坦在内都认为宇宙的大小是固定的，也就是说宇宙常数是不变的。

1929 年，哈勃发现宇宙不是静态的而是一直膨胀的。1931 年，因哈勃的发现使得人们"不必以宇宙项来抵消重力"，让天文学家放弃对静态、稳定宇宙的原有认识，重新开始揭示一个奇异而令人困惑的宇宙。此后，爱因斯坦正式放弃了宇宙常数。后来爱因斯坦说他这辈子犯下的最大错误是在广义相对论方程式中加入"宇宙常数"，即一种他设想的未知宇宙能量。

在接下来的 60 年里，宇宙常数被排除在宇宙学之外。然而造化弄人，最新的研究表明，根据哈勃太空望远镜的观测结果，爱因斯坦没错，宇宙中确实存在被科学家称为"宇宙常数"的神秘力量，它能够对抗万有引力，使空间膨胀、星系相互远离；这种能量推动宇宙按爱因斯坦的"宇宙常数"在加速膨胀。

最新的研究结果表明，"宇宙常数"（澳大利亚悉尼大学科学家叶夫根尼-伍斯塔德尼克）以及万有引力常数（狄拉克）都会发生变化。也就是说，随着宇宙年龄和宇宙膨胀的进行，"宇宙常数"不断减小，这是一个动态过程，具体数值还不明晰。

～ 代表作 ～

爱因斯坦总共发表了 300 多篇科学论文和 150 篇非科学作品。

（1）1905 年 3 月，完成了《关于光的产生与转化的一个启发性观点》，提出光量子假说，在历史上第一次证明了光既是微粒也是波，揭示了微观物体的波粒二象性。

（2）1905 年 4 月，论文《分子大小的新测定法》以强有力的论据最终证明了原子论学说。

（3）1905 年 5 月完成论文《论动体的电动力学》，独立而完整地提出狭义相对性原理，开创物理学的新纪元。

（4）1905 年 9 月，爱因斯坦在论文《物体的惯性同它所含的能量有关吗》中提出了质能关系一个原始形式，后经改写即成为狭义相对论中最著名的质能方程：$E = mc^2$。

（5）1906 年，爱因斯坦完成了关于固体比热《普朗克的辐射和比热理论》的论文，创建了固体比热量子理论的第一个模型：爱因斯坦模型。

（6）1907 年，出版了《关于相对性原理和由此得出的结论》，在这篇文章中第一次提到了等效原理，迈出了创建广义相对论的第一步。

（7）1915 年 11 月 25 日，爱因斯坦成功地建立起广义相对论的引力场方程（著名数学家希尔伯特比爱因斯坦早五天用数学方法推导出了场方程，因此场方程有时也称为希尔伯特—爱因斯坦引力场方程），完成了广义相对论的理论创建工作。1916 年 3 月，37 岁的爱因斯坦发表了总结性论文《广义相对论的基础》。

（8）1916 年 8 月，完成《关于辐射的量子理论》，总结量子论的发展，提出受激辐射理论，成为激光技术的理论基础。

（9）1916 年，他写了一本通俗介绍相对论的书《狭义与广义相对论浅说》，到 1922 年已经再版了 40 次，还被译成了十几种文字广为流传。

（10）1925 年，发表《非欧几里得几何和物理学》。

（11）1927 年，爱因斯坦发表《牛顿力学及其对理论物理学发展的影响》，对于量子力学后来的发展产生了深远的影响。

（12）1929 年 2 月，50 岁的爱因斯坦发表《统一场论》；同年发表《我的世界观》、《宗教和科学》等文章。

（13）1931 年，发表《麦克斯韦对物理实在观念发展的影响》。

（14）1934 年，爱因斯坦文集《我的世界观》出版。

（15）1936 年发表《物理学和实在》《论教育》。

（16）1937 年，爱因斯坦同英费尔德、霍夫曼合作完成论文《引力方程和运动问题》，从广义相对论的场方程推导出了物质的运动方程，进一步揭示了时空、物质和运动的深刻的内在联系，这是爱因斯坦取得的最后一项重大成就。

（17）1940 年 5 月 15 日，爱因斯坦发表《关于理论物理学基础的考查》。

（18）1941 年，发表《科学和宗教》等文章。

（19）1950 年 4 月，发表《关于广义引力论》。

（20）1952 年，爱因斯坦发表《相对论和空间问题》《关于一些基本概论的绪论》。

（21）1954 年 11 月，爱因斯坦完成了《非对称的相对论性理论》。

❧ 获奖与荣誉 ❧

（1）因利用量子理论成功解释光电效应上的贡献，爱因斯坦于 1922 年荣获了补授的 1921 年诺贝尔物理学奖。

（2）1921 年，在哥伦比亚大学获巴纳德勋章。

（3）1925 年，接受科普利奖章。

（4）1926 年，接受"皇家天文学家"金质奖章；

（5）1929 年，获普朗克奖章。

（6）1935 年，获富兰克林奖章。

❧ 学术影响力 ❧

（1）爱因斯坦在狭义相对论、广义相对论和量子力学上都有贡献，这三大革命不只是重大的学术突破，对人类日常生活的改变和发展也非常重要。到了 20 世纪 50 年代，整个物理学最集中要解决的就是统一场论的方向。统一场论是爱因斯坦在 20 世纪初就提出来的。而且，这还是今天整个物理学界最主要的、有待解决的问题；他提出的从高维几何局域对称性出发进行统一相互作用力的思想至今仍指导着基本相互作用大统一理论的发展方向。在他的深刻影响下，开创了现代科学技术新纪元；被公认为是自伽利略、牛顿以来最伟大的科学家、物理学家。

（2）他创造了量子理论和相对论，两个学说为人们带来了崭新的世界观，揭示了时空、物质和运动的深刻的内在联系，打破了牛顿物理定律中时间和空间是绝对的观点，动摇了牛顿物理学的根基；改变了人们的时空观，为人类的思维方式带来巨大的改变，也为人类自然科学的发展奠定坚实的基础。

（3）他的量子理论对天体物理学有很大的影响，理论天体物理学的第一个成熟的方面——恒星大气理论，就是在量子理论和辐射理论的基础上建立起来的。

（4）布朗运动间接证实了分子的无规则运动，对于气体动理论的建立以及确认物质结构的原子性具有重要意义。

（5）他创立了代表现代科学的相对论，为核能开发奠定了理论基础：当铀原子发生裂变的时候，其质量的微量损失能够转变成能量，这一依据也是来自著名的质能方程 $E = mc^2$，为核能开发奠定了理论基础。目前，世界上有很多国家采用核能供电。

（6）爱因斯坦在现代科学技术和他的深刻影响下开创了现代科学新纪元。爱因斯坦对整个 20 世纪物理学的贡献是非常大的，而这些贡献对人类日常生活有着极大的影响。比如，爱因斯坦对光子的研究让后世研制激光奠定了基础，目前激光广泛应用于从 DVD 到激光打印机的多种电子产品中。全球定位系统可以将物体的位置精确到米，其依据是爱因斯坦的相对论，在相对论的基础上对地球卫星发出的信号进行了修正。亚原子粒子的特性是相对论的直接结果，其存在可以解释从化学元素的特性到磁铁作用的多种现象。通过量子力学和相对论的研究，人类发展出半导体技术，也正是由于半导体的发展，才有了今天人们对于手机和网络通信的应用。此外，冰箱、烟雾探测器、平坦的公路、电脑显示器、太阳能电池、数码相机、药物以及控制 X 射线的能量等现代生活中常用的产品也与爱因斯坦的科学发现有关系。

（7）他对于人们世界观的改变也作出了巨大贡献，在他那篇著名的演讲《我的世界观中》，爱因斯坦第一次向人们敞开心扉，他的演讲震撼了在场的所有人，把人们带入到一个之前从未有过的新世界中。

（8）爱因斯坦还取得了其他一些研究成果，比如通过研究布朗运动证实了原子的存在，利用布朗运动创立了将微观数量和宏观数量联系在一起的统计法，同时致力于推动人类和平事业和科普宣传工作。

（9）爱因斯坦成功预言了引力波、玻色—爱因斯坦凝聚态、光频引力红移、引力透镜效应、反物质以及虫洞。其中，除了虫洞尚未得到证实之外，其余都已经得到了证实。

（10）诺贝尔奖得主维格纳曾说"我们所有人，都在爱因斯坦的庇荫之下"。1999 年 12 月 26 日，爱因斯坦被美国《时代周刊》评选为"世纪伟人"。

（11）2005 年 1 月 19 日，德国总理施罗德宣布 2005 年是"爱因斯坦年"，他称赞爱因斯坦"用他的思想给科学带来了彻底变革，并改变了世界"。

（12）在《相对论简史》中，霍金曾写道："在过去的 100 年中，世界经历了前所未有的变化。其原因并不在于政治，也不在于经济，而在于科学技术——直接源于先进的基础科学研究的科学技术。没有别的科学家能比爱因斯坦更代表这种科学的先进性。"

（13）为纪念他，第 99 号元素被命名为"锿"。

（14）为了纪念他，爱因斯坦世界科学奖以他的名字命名，象征着国际科学界的崇高荣誉，由世界文化理事会设立。该奖项从 1984 年开始每年颁发 1 次，每次获奖人数仅为 1 人，目的是表彰和鼓励世界科学技术领域的重大研究进展，授予为人类带来福祉的杰出科学家。

该奖获奖人由来自 50 个国家和地区的 124 位世界著名科学家组成的跨学科委员会选出，委员会成员包括 25 名诺贝尔奖得主。奖品包括一张奖状、一枚纪念奖章和一笔 10000 美元的奖金。第一届获奖者是霍金，1995 年杨振宁获此奖励；2019 年，王中林院士获得该奖；该奖励被视为仅次于诺贝尔奖的世界性大奖。此外，世界文化理事会还每两年评选一次"爱因斯坦世界艺术奖""爱因斯坦世界教育奖"。

名人名言

（1）发展独立思考和独立判断的能力，应当始终放在首位。

（2）学习时间是个常数，它的效率却是个变数，单独追求学习时间是不明智的，最重要的是提高学习效率。

（3）想象力比知识更重要，因为知识是有限的，而想象力概括着世界上的一切，推动着进步，并且是知识进化的源泉。严格地说，想象力是科学研究中的实在因素。

（4）科学研究好像钻木板，有人喜欢钻薄的，而我喜欢钻厚的。

（5）逻辑会把你从 A 带到 B，想象力能带你去任何地方。

（6）只有少数人在用他们自己的眼睛观察、用他们自己的头脑思考。

（7）如果你不能把它简单地解释出来，那说明你还没有很好地理解它。

（8）有一个现象的明显程度已经让我毛骨悚然，这便是我们的人性已经远远落后我们的科学技术了。

（9）自从牛顿奠定了理论物理学的基础以来，物理学的公理基础的最伟大变革，是由法拉第、麦克斯韦在电磁现象方面的工作所引起的。

（10）唯一使我免于绝望的，就是我自始至终一直在自己力所能及的范围内竭尽全力，从没有荒废任何时间；日复一日，年复一年，除了读书之乐外，我从不允许自己把一分一秒浪费在娱乐消遣上。

（11）并不是我很聪明，我只是和问题相处得比较久一点而已。

（12）生命会给你所需要的东西，只要你不断地向它要，只要你在向它要地时候说得一清二楚。

（13）想象力比知识更重要；因为知识是有限的，而想象力是无限，它包含了一切，推动着进步，是人类进化的源泉。

（14）学习知识要善于思考，思考，再思考。我就是靠这个方法成为科学家的。

（15）一个人的价值，应当看到他贡献什么，而不应当看他取得什么。

（16）只有为别人而活的生命才是值得的。

（17）提出一个问题往往比解决一个问题更重要。

（18）不要试图去做一个成功的人，要努力成为一个有价值的人。

（19）对于我来说，生命的意义在于设身处地替人着想，忧他人之忧，乐他人之乐。

（20）一个人在科学探索的道路上，走过弯路，犯过错误，并不是坏事，更不是什么耻辱，要在实践中勇于承认和改正错误。

（21）在真理和认识方面，任何以权威自居的人，必将在上帝的嬉笑中垮台！

（22）天才和愚蠢之间的区别就是天才是有极限的。

（23）你要知道科学方法的实质，不要去听一个科学家对你说些什么，而要仔细看他在做什么。

（24）科学的不朽荣誉，在于它通过对人类心灵的作用，克服了人们在自己面前和在自然界面前的不安全感。

（25）不管时代的潮流和社会的风尚怎样，人总可以凭着自己高贵的品质，超脱时代和社会，走自己正确的道路。

（26）对一个人来说，所期望的不是别的，而仅仅是他能全力以赴和献身于一种美好事业。

（27）一个人对社会的价值首先取决于他的感情、思想和行动对增进人类利益有多大作用。

（28）我要做的只是以我微薄的绵力来为真理和正义服务。

（29）每一个有良好愿望的人的责任，就是要尽其所能，在他自己的小天地里做坚定的努力，使纯粹人性的教义，成为一种有生命的力量。如果他们在这方面作了一番忠诚的努力，而没有被他同时代的人践踏在脚下，那么，他可以认为他自己和他个人处的社会都是幸福的了。

（30）如果我给你一个芬尼，你的财富增长而我的财富缩减，幅度都是一个芬尼。但如果我给你一点想法，尽管你有了新的想法，我却并没损失什么。

（31）如果我们知道我们在做什么，那么这就不叫科学研究了。不是吗？

（32）态度上的弱点会变成性格上的弱点。

（33）照亮我的道路，并且不断地给我新的勇气去愉快地正视生活的理想，是善、美和真。

（34）人们所努力追求的庸俗的目标——财产、虚荣、奢侈的生活，我总觉得都是可鄙的。

（35）任何技术的应用都必须以人为本，关怀人的命运。

（36）要关心如何安排人的劳动和分配财富，以保证科学的成果用于造福人类，而不是用于破坏的那些尚未解决的大问题。

（37）国家是为人而存在，而不是相反，科学也是一样。

（38）科学研究好像钻木板，有人喜欢钻薄的，而我喜欢钻厚的。

（39）这个世界可以由音乐和音符组成，也可以由数学的公式组成。

（40）人们总想以最适当的方式来画出一幅简化的和易领悟的世界图像，于是他就试图用他的这种世界体系来代替经验的世界，并来征服它。

（41）没有侥幸这回事，最偶然的意外，似乎也都是有必然性的。

（42）探索真理比占有真理更为可贵。

❧ 学术标签 ❧

（1）他是相对论、质能关系、激光的提出者，决定论量子力学诠释的捍卫者。

（2）普鲁士科学院院士、苏联科学院院士、柏林威廉皇帝物理研究所所长。

（3）他是相对论的奠基人，也是量子理论的少数几位奠基人之一，被誉为是"现代物理学之父"及20世纪世界最重要的科学家之一。

（4）爱因斯坦是有史以来对自然科学贡献最大者之一，可以比肩牛顿、麦克斯韦；被公认为是自伽利略、牛顿以来最伟大的科学家、物理学家。

❧ 性格要素 ❧

爱因斯坦性格似乎一直以来就是人们所遗弃的一个问题，人们看到的只有表面的光鲜，却从未想过爱因斯坦心中是怎么想的，毕竟天才总是孤独的，成为天才的路上，爱因斯坦经受了太多，再加上他错综复杂的哲学思想造成了他的心扉不会向常人打开。

爱因斯坦小时候有些暴躁、孤僻，喜欢独立思考（独立思考、独立分析、独立判断始终贯穿爱因斯坦的一生）；年轻时候的爱因斯坦是个激情洋溢的年轻人。自从离开德国之后，他的性格逐渐变得开朗，待人温和。成年之后，他越发善良，富有正义感，热爱和平，阳光开朗；为了世界和平，他在全世界奔走，演讲，曾被誉为"世界上最善良的人"。爱因斯坦的成功很大程度上与他强烈的好奇心有关，他非常地坚韧不拔，而且意志力超群，不管遇到什么困难都坚信自己能够克服，所以导致了他后来的声名大噪。

❧ 评价与启迪 ❧

爱因斯坦的学术贡献可与牛顿比肩。普朗克曾这样评论爱因斯坦的科学成就："这个原理在物理世界观上所引起的革命，只有哥白尼世界体系的引入才能与之相提并论。"

爱因斯坦临终前说："关于这个世界，最不可理解的是，这个世界是可以理解的。"他的成功大部分取决于他的执着，和他的物理洞察力。这里的洞察力不是看一个东西的那种能力，而是物理直觉。而物理直觉也是通过他长期训练而成的。也许他也没有故意去训练，但是兴趣驱使他思考。

（1）实事求是、锐意创新。

爱因斯坦是一位理论物理学家，但他始终坚持以实验事实为出发点，反对以先验的概念为出发点。爱因斯坦这一科学思想坚持了一位自然科学家必须具有的科学唯物论的传统，符合实践—理论—实践的科学认识论。爱因斯坦坚信自然界的统一性和合理性，相信人对于自然界规律性的认知能力。

爱因斯坦的伟大根本原因在于他的创新锐意。因为如果没有他的大胆，没有他的勇气，没有他的创新，那么狭义相对论或许能在不久后被提出，然而广义相对论将被推迟很久。不墨守成规、敢于挑战权威，这是创新的真谛；物理学的每一次突破都离不开创新。同样，人类社会每向前迈进一步也必然伴随着伟大的创新和发现。

（2）饱经磨难、不改初心。

爱因斯坦的一生饱经磨难却初心不改，矢志不渝。人们盛赞爱因斯坦广义相对论方程的真和美，殊不知他在十年探索过程中屡遭挫折，不断改正错误，最终才得到正确的方程。

他一生中发生过许多事件，使他饱受磨难。第一个磨难来自生活。他小时候智力平平，大学期间学业一般，毕业后找不到工作，1900年7月—1902年6月靠打零工和家教谋生，收入很低且不稳定；为此他认为自己是一个多余的人，不应该出生的人。他的博士学位获得过程也很艰辛，经历了换导师换课题和论文多次被打回的崎岖经历。

第二个磨难来自情感方面。他的父母不支持他和米列娃的婚事，让他伤心费力；他未婚生女，又未得见，不知所终；他的二儿子一生患精神疾病；他的大儿子后来娶了他作为父亲并不认可的女人为妻（比他大9岁且身高只有150厘米）。他一生有两位妻子，更有十多个红颜知己，其中竟然还有苏联间谍。

第三个磨难来自于难以获得一个教职。事实上，直到他1900年从苏黎世联邦工学院毕业后第九年（以及在促成物理学革命并最终获得博士学位的奇迹年之后四年），他才在博士导师的帮助下获得了苏黎世大学副教授职位，还被嫌弃讲课能力不强。而凭着他的成绩，即便是名牌大学的教授都易如反掌。后来他频繁在不同大学间变动，职位不稳定，频繁地搬家，给他的家庭生活带来了不便。

第四个磨难来自于诺贝尔奖。他的成就本应该授予多个诺奖，但他却经历了12年辛苦的陪跑过程，在62次提名下才获奖，而且还是补授，也没有在瑞典风光出席颁奖仪式。而他的得意之作，相对论竟然迟迟无法被授奖。

第五个磨难来自于纳粹的侵扰。他是位和平爱好者，坚决抵制纳粹的战争言论和做法，被纳粹视为眼中钉，先是被人监视，随后被纳粹通缉，最后不得不亡命美国。他在德国的家产被查封，住房、书籍、部分研究手稿、资金等都被充公，本人也被悬赏。在美国，他写信激烈地批判麦卡锡主义，捍卫公民的权利，谴责国家恐怖主义，因而被骂为"美国的敌人"。

第六个磨难来自于对推动原子弹研发、造成巨大危害的悔恨。他后悔自己推动了原子弹的研发，对人类的未来和命运造成了威胁，他很后悔自己给罗斯福总统写信，敦促美国研发原子弹，让核武器落入了"恶魔的手中"。

第七个磨难来自于他对正义和学术的坚守。因为"战争签字事宜"以及"纳粹开除事宜"与普朗克发生龃龉，坚决不问候自己前期的伯乐普朗克；因为对量子力学诠释的不同理解和玻尔以及普朗克发生论战。

他说："照亮我的道路，并且不断地给我新的勇气去愉快地正视生活的理想，是善、美和真"。他的科学思想远远超越当时的时代，具有非凡的前瞻性和深刻性，以致他许多重要的理论发表以后，短期内得不到物理界的普遍认同。他的科学发现不是天才的灵机一动，而是通过自学掌握了当时最前沿的科学成就，经过多年艰苦的思索才完成的。

（3）珍惜时间、孜孜不倦。

爱因斯坦去世后，人们在他的床头发现了他预备在以色列独立日发表的演说草稿，旁边还放着12页写着方程式的草稿纸，满是删改的痕迹。直到生命的最后一刻，他仍在苦苦追寻那种难于发现的统一场论。

爱因斯坦共有13条成功秘诀。1）良好的家庭教育；2）良好的自学习惯；3）善于交流；4）成功地运用数学；5）精通哲学；6）高尚的精神境界；7）治学有道；8）更自由的眼光；9）不拘成见，勇于创新；10）坚持不懈的毅力；11）对科学有强烈的好奇心；12）对科学认真负责的态度；13）珍惜时间。

他认为必须通过文体活动，来获得充沛的精力，以便保持清醒的头脑。爱因斯坦根据自己的亲身体会总结出一个公式，即 $A = X+Y+Z$。A 代表成功，X 代表正确的方法，Y 代表努力工作，Z 代表少说废话，要谦虚。他把这个公式的内容，概括成两句话：工作和休息是走向成功之路的阶梯，珍惜时间是有所建树的重要条件。

（4）生活简朴、品德高尚。

爱因斯坦说，"对于我来说，生命的意义在于设身处地替人着想，忧他人之忧，乐他人之乐。"他不仅仅自己在学术上取得了令人瞩目的成就，而且也是一个乐于助人的热心人，一个脱离了低级趣味的人。他还说："我每天上百次地提醒自己，我的精神生活和物质生活都依靠别人的劳动。我必须尽力以同样的分量来报答我领受了的和至今还在领受的东西，我强烈地向往着简朴的生活，并常常为发现自己占有了同胞过多的劳动而难以忍受"。

他追求的不是物质、财富、财产、虚荣的名声和奢侈的生活，而是为了人类的进步，为了改造世界，带给人类更加幸福和谐的生活。在他创造力最丰富的青年时代，他的生活非常艰苦，经历过歧视和失业，但他从不屈服去追求庸俗的目标，而是全神贯注于科学研究。即使到美国定居以后，他主动要求不要给他很高的薪水，继续过着俭朴的生活。

（5）淡泊名利、谦逊平静。

爱因斯坦之所以能够专心于科学理论的研究，和他淡泊名利的性格有绝大的关系。他说："当我还是一个相当早熟的少年的时候，我就已经深切地意识到，大多数人终生无休止地追逐的那些希望和努力是毫无价值的。而且，我不久就发现了这种追逐的残酷，这在当年较之今天是更加精心地用伪善和漂亮的字句掩饰着。"在日常生活中，他对于金钱和生活都没有追求。他到美国后，普林斯顿大学高等研究院打算给他当年最高的年薪1.7万美元，但是他非常谦逊地表示只要3000美元年薪就够了。

1922年底获得诺贝尔奖后，爱因斯坦写下了："平静谦逊的生活比焦躁不安的追求更能让人幸福""有志者，事竟成"两张纸条以自勉。

爱因斯坦的特别之处在于他那天马行空的思想和灵魂，始终为一种谦卑所调节。他说："宇宙定律中显示出一种精神——这种精神远远超越于人的精神，在它面前，力量有限的我们必定会感到谦卑。"

爱因斯坦的一生多姿多彩。他在艰苦条件下坚持献身科学的理想，他维护正义、反对法西斯和强调以人为本的社会责任感，他不唯上、不唯书、不迷信权威、不惧怕困难、不为世俗名利动心、不受传统制度和观点的束缚，独立自主，自由思考，不拘成见，勇于创新，刨根到底地追求科学真理。所有这些都为后人提供了极其宝贵的启示。

（6）知错能改，善莫大焉。

子曰：君子之过如日月之食。爱因斯坦深谙此理，并身体力行。在与哥本哈根诠释20多年的论战中，他慢慢意识到几率解释的正确性，并在1953年10月12日致波恩的信中表示支持几率解释。在他后期长期从事统一场理论研究中，他被当时还籍籍无名的小字辈泡利挑战。泡利对爱因斯坦说：你的这个理论是纯数学的，与物理现实无关。他认为不可能实现统一场，预言他在一年内会放弃。当时名满天下的爱因斯坦并没有生气，之后他公开向泡利认错：到底是你对，小淘气。爱因斯坦在这位年轻后辈面前坦然认错，体现出虚怀若谷的大师风范。

（7）结交好友，助力生活和事业。

爱因斯坦的大学好友格罗斯曼对他帮助极大。格罗斯曼是一位天才数学家和有条理性的学生，他上大学时借给爱因斯坦笔记用于复习；毕业后请自己的父亲出面帮助他找工作，让爱因斯坦不至于为了生活奔波、流离失所；在建立广义相对论方程的时候用自己擅长的黎曼几何帮助他。此外，爱因斯坦的好友米歇尔·贝索对他的事业和生活也有巨大帮助，正是他把马赫介绍给了爱因斯坦，启发他最终建立了狭义相对论，也帮助爱因斯坦照顾家庭。

格罗斯曼之于爱因斯坦，有如鲍叔牙之于管仲。爱因斯坦说："他帮助了我，我后来才进了专利局。这有点像救命之恩，没有这份工作我大概不至于饿死，但精神会颓废起来。"

爱因斯坦工作后，与同时代的科学家们保持着良好的个人关系，并得到了前辈如普朗克和洛伦兹的赏识和提携。普朗克提名他去柏林大学任教并且不上课，提名他担任普鲁士科学院院士，提名他接替自己担任自己的各种学术职位；而洛伦兹的洛伦兹变换是相对论的数学基础。他还与多人保持密切交往和良好的个人关系。希尔伯特用他高超的数学技巧帮助他建立了广义相对论的引力场方程；劳厄在爱因斯坦被纳粹政权迫害的时候，勇于站出来为他讲话；埃伦费斯特敢于指责他对量子力学的态度；与玻尔和玻恩的交往促进了量子力学的进步。总之，良好的个人友谊对爱因斯坦有很大的帮助，无论是生活还是事业。

（8）知耻后勇，赶超先进。

爱因斯坦说过："人只有献身于社会，才能找出那实际上是短暂而又有风险的生命的意义。"他用自己的一生佐证了这一点。

四大发明为代表的中国一系列伟大发明和发现无一不是我们先人智慧的代表。中国要成为科学强国，必须学习爱因斯坦的精神，改革教育方法，创造良好的研究环境，培养和造就一代有理想，有道德，充满社会责任感，掌握、创造和应用最新科技成就，敢想敢干，敢于超越，全身心献身振兴中华的青年英才。只有不断创新，才能在激烈的世界市场竞争中占据有利地位。

64. 维护学术尊严和科学自由的 X 射线衍射晶体学之父——劳厄

姓　　名　马克斯·冯·劳厄
性　　别　男
国　　别　德国
学科领域　固体物理学
排　　行　第四梯队（三流）

❦ 生平简介 ❦

劳厄（1879 年 10 月 9 日—1960 年 4 月 24 日）出生于科布伦茨一个贵族家庭。劳厄在青少年时期就显示出对自然科学的兴趣，在中学时就阅读亥姆霍兹的通俗科

劳厄像

学讲演集，了解科学发展的前沿；还做过当时刚被伦琴发现的 X 射线实验。

19 岁中学毕业后，冯·劳厄服了一年的兵役；接着开始在斯特拉斯堡大学学习数学、物理和化学；不久后转学到了哥廷根大学，主要研究光学，并受到物理学家马克斯·亚伯拉罕以及数学家大卫·希尔伯特的重要影响。此后，冯·劳厄又在慕尼黑大学跟随索末菲学习过一个学期。

1902 年，转去柏林洪堡大学。1903 年，24 岁的冯·劳厄以《平行平面板上的干涉现象的理论》为题完成了博士论文，获得柏林洪堡大学博士学位，导师是马克斯·普朗克。此后他又去了哥廷根大学两年，1905 年回到柏林，成为普朗克在柏林大学理论物理学研究所的助手，直到 1909 年。

1905 年，劳厄在普朗克的讨论班上得悉爱因斯坦的工作，深为关于空间时间的这个新思想所吸引。1906 年，冯·劳厄获得大学任教资格后，开始研究爱因斯坦的相对论。1907 年他专程去伯尔尼拜访了爱因斯坦，二人从此成为终生的挚友，同年他利用光学实验证明了爱因斯坦的速度叠加理论。1907—1911 年，他发表了 8 篇关于相对论应用的论文。1911 年，劳厄写成第一本阐述爱因斯坦理论的专著《相对性原理》，阐明了新的空间时间概念和以接近于光速的速度运动物体的运动，为爱因斯坦的理论赢得更多的支持。1921 年又出版了另一本关于广义相对论的著作，两本书都再版多次。

1909 年起，在慕尼黑大学的理论物理学研究所任教光学、热动力学和相对论。1912 年冯·劳厄成为苏黎世大学的物理学教授；1914 年冯·劳厄又去了法兰克福大学，同年他获得了诺贝尔物理学奖。1916 年起加入了维尔茨堡大学，从事用于电报和无线通信的高真空管研究。1919 年，被任命为柏林大学物理学教授，同年任理论物理研究所所长，直到 1943 年。

1917 年 10 月，威廉皇帝物理研究所成立，爱因斯坦任所长，劳厄任副所长；他负责研究所的大部分管理工作，与德国的科学研究机构接触紧密。在这段时期及以后，劳厄对德国科学研究的发展起到了重要的作用。1922 年开始，劳厄担任威廉皇帝物理研究所代理所长，实际全权负责所里事务。自 1934 年起，他又是柏林帝国物理技术学院的顾问。1943 年，在纳粹当局的强制命令下，他不得不从洪堡大学提前退休。

在柏林期间，劳厄逐渐成为德国物理学界的权威之一。1944 年，劳厄随着威廉皇帝物理研究所一起搬迁到了赫钦根，并一直在那里工作到 1945 年。期间，他致力于《物理学历史》一书的撰写，这本书先后共出版了四版，被从德语翻译成其他 7 种语言。第二次世界大战末，劳厄在赫钦根迎接法国军队，并被扣留去了英国，一同被拘留的共有 10 位德国核物理学家，直到 1946 年获释。在英国期间，劳厄写了一篇关于 X 射线衍射时低吸收的论文，于 1948 年贡献给了在哈佛大学的国际晶体学家联盟。

第二次世界大战结束后，冯·劳厄积极参与到组建新的德国物理学机构中。1946—1949 年担任新组建的英国占领区内的德国物理学会主席，他还参与了德意志联邦共和国多家物理学会合并组成的德国物理学会，并担任会长；参加了不伦瑞克联邦物理学技术学院的新建。

1946 年，他作为马克斯·普朗克研究所的执行主任前往哥廷根，任哥廷根大学的名誉教授。1948 年成为国际晶体学家联盟的荣誉主席，1949 年被评为英国皇家学会会员。1951 年，冯·劳厄被选为马克斯·普朗克学会在柏林的物理化学研究所所长，从事 X 射线光学的多项研究，直到 1958 年退休。1960 年 4 月 8 日，冯·劳厄在驾车前往实验室的途中发生交通事故，在 1960 年 4 月 24 日去世，时年 80 岁。

❧ 花絮 ❧

（1）首次用 X 射线研究晶体结构。

冯·劳厄认为 X 射线是电磁波，电磁射线的波长越短，会在某种介质中引起衍射或者干涉现象，而晶体则正是这样一种介质。他在与博士研究生厄瓦耳交谈时，产生了用 X 射线照射晶体以研究固体结构的想法。他设想，X 射线是极短的电磁波，而晶体是原子（离子）的有规则的三维排列。只要 X 射线的波长和晶体中原子（离子）的间距具有相同的数量级，那么当用 X 射线照射晶体时就应能观察到干涉现象。在劳厄的鼓励下，索末菲的助教弗里德里奇和伦琴的博士研究生克尼平在 1912 年开始了这项实验，并终于成功证明了这一想法的正确性。他们把一个垂直于晶轴切割的平行晶片放在 X 射线源和照相底片之间，结果在照相底片上显示出了有规则的斑点群，见图 2-36。冯·劳厄给出了这一现象的数学公式，并于 1912 年发表了这一发现。

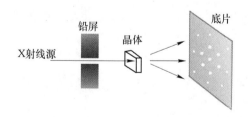

图 2-36　晶体中的 X 射线衍射实验

劳厄的设想一举解决了 X 射线的本性问题，并初步揭示了晶体的微观结构。爱因斯坦曾称此实验为"物理学最美的实验"。随后，劳厄从光的三维衍射理论出发，以几何观点完成了 X 射线在晶体中的衍射理论，成功地解释了有关的实验结果。但由于他忽略了晶体中原子（离子）的热运动，这个理论还只是近似的。到 1931 年，劳厄终于完成了 X 射线的"衍射动力学理论"。

（2）对超导问题的研究。

冯·劳厄的另一项重要贡献是对超导问题的研究，完成于他任柏林洪堡大学理论物理学教授期间。这一时期，科学家发现许多金属在相当于液氦温度时呈现的电阻消失现象，冯·劳厄在1932年对这一现象作出了解释，破坏超导性的磁场阈值依物体形状的不同而改变，因为磁场是在超导状态建立后才形成的，磁场由所用金属表面的超导电流引起。这一解释得到了确认，并为"对超导体消除其内部整个磁场的发现"开创了道路，并成为F.伦敦和H.伦敦超导理论的基础。

伦敦方程是F.伦敦和H.伦敦（伦敦兄弟）所建立的描述超导体性质的方程，含有两个方程，分别成为伦敦第一方程以及伦敦第二方程。其中，伦敦第一方程描述超导体的零电阻性质，伦敦第二方程描述的是超导体的抗磁性。冯·劳厄与F.伦敦和H.伦敦一同发表了一篇论文，他在1937年至1947年间总共发表了12篇相关论文和一本著作。

（3）纳粹当政期间的劳厄。

冯·劳厄是一个典型的与纳粹不合作者。在1933年9月的德国物理年会上，他把德国纳粹政府对待爱因斯坦和相对论的行为比喻为中世纪宗教裁判所对伽利略的审判，发言结尾时他用意大利语说出了伽利略临终时的话："地球仍在转动"。

普朗克等人曾提议1919年诺奖得主、亲纳粹的物理学家约翰尼斯·斯塔克（1874—1957年，斯塔克效应、斯塔克—爱因斯坦方程、斯塔克数的发现者；纳粹党员，被希特勒任命为德国物理技术研究所所长，曾多次在公开场合批判和攻击海森堡；后因屡次干涉纳粹上层官员的事务，被开除纳粹党籍）为普鲁士科学院院士。这个提议遭到了劳厄的强烈反对，认为斯塔克的加入将使科学院成为被耻笑的对象。劳厄的反对使得施塔克没有如愿以偿，作为报复，斯塔克解除了劳厄担任了10多年的帝国研究所的顾问职务。

表明公开的态度后，他私下采取的是与普朗克不同的行动。他常写信向国外同行求援，希望给自己的同事寻找职位，或者通过别的渠道获得这方面的信息。1937年，他把儿子送到美国求学以免受纳粹的影响。

劳厄认为自己留在德国有几个原因。一是他不希望占据那些比他境遇差的人急需的国外职位；更重要的是"留下来等到第三帝国垮台后可以很快地重建德国文化"；二是"憎恨纳粹所以必须靠近他们"。作为独立精神象征的劳厄战后参加了审判纳粹的作证，帮助了德国科研组织的新生，负责了帝国物理技术研究院的重建。

师承关系

正规学校教育，跟随希尔伯特和索末菲学习过，普朗克的博士生，爱因斯坦的好友。

学术贡献

（1）冯·劳厄最著名的研究是发现了晶体中的 X 射线衍射现象，借此不仅证明了 X 射线的波特性，也证明了空间点阵学说和空间群理论的正确性；最终完成了 X 射线的"衍射动力学理论"；创新了劳厄法，为以后的科学发展起到了推动性作用。

（2）冯·劳厄的另一项重要贡献是对超导问题的研究，他成功解释了许多金属在超低温时（相当于液氦温度）呈现的电阻消失现象——破坏超导性的磁场阈值依物体形状的不同而改变，因为磁场是在超导状态建立后才形成的，磁场由所用金属表面的超导电流引起。

名词解释

（1）劳厄法。

劳厄法是晶体对 X 射线衍射的照相方法之一；指的是用固定不动的单晶作试样，以连续 X 射线进行晶体结构分析的方法。是 X 射线结构分析中的粉末法或德拜–谢乐法的理论基础；在测定单晶取向的劳厄法中，所用单晶样品保持固定不变动（即 θ 不变），以辐射束的波长作为变量来保证晶体中一切晶面都满足布拉格条件，故选用连续 X 射线束。

（2）劳厄图样。

一束 X 射线穿过一个晶体投射到一个照相底片上，会产生斑点图样，根据这些斑点的分布图样和黑度，可获得晶体对称性和其他内部结构的知识；即劳厄图样或者劳厄衍射花样，见图 2–37。

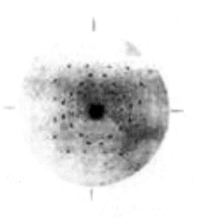

图 2-37 劳厄图样

（3）劳厄方程式。

劳厄方程式的 3 个等式，说明了入射光被晶格衍射的情形，劳厄方程表示的就是晶面光学性质，每个晶面的衍射峰方向。

代表作

（1）1912 年，劳厄发现了 X 射线通过晶体时产生衍射现象，证明了 X 射线的波动性和晶体内部结构的周期性，并发表了《X 射线的干涉现象》一文。

（2）《物理学历史》一书先后出版了四版，被翻译成其他 7 种语言。

（3）《相对性原理》是阐述爱因斯坦理论的专著，为爱因斯坦的相对论赢得更多的支持。

（4）劳厄逝世后，1961 年出版了他的《著作和报告全集》，计 3 卷。

获奖与荣誉

（1）由于发现 X 射线在晶体中的衍射现象，劳厄获得了 1914 年的诺贝尔物理学奖。

（2）1952 年获得骑士勋章，1953 年获得大十字勋章；还获得过包括马克斯·普朗克奖章在内不计其数的荣誉，曾获得了波恩大学、斯图加特大学、慕尼黑大学、柏林大学、曼彻斯特大学和芝加哥大学的荣誉博士学位。

学术影响力

（1）劳厄的 X 射线衍射对晶体结构的测试工作为在实验上证实电子的波动性奠定了基础，对此后的物理学发展作出了贡献。这是固体物理学中具有里程碑意义的发现，这一发现"使物理学中关于物质结构和研究领域从客观进入微观，从经典过渡到现代，发生了质的飞跃"。从此，人们可以通过观察衍射花纹研究晶体的微观结构，并且对生物学、化学、材料科学的发展都起到了巨大的推动作用，例如 1953 年詹姆斯·沃森和佛朗西斯·克里克就是通过 X 射线衍射方法得到了 DNA 分子的双螺旋结构。

（2）劳厄图样、劳厄法、劳厄方程都以他的名字命名。

（3）为了纪念冯·劳厄，法国格勒诺布尔的劳厄·朗之万研究所以他和另一名法国物理学家朗之万的名字共同命名。

（4）1967 年，为了纪念物理学家马克斯·冯·劳厄和保罗·朗之万，法、德两国科学家将世界第一个基于反应堆和加速器的高通量中子源，命名为劳厄-朗之万研究所（ILL）。

ILL 位于法国格勒布诺尔，与欧洲同步辐射装置毗邻。ILL 是著名的国际性科学组织，除发起国法国（原子能研究中心和国家科学研究院）、德国（冯-黑尔姆霍尔茨联合会）外，英国 1973 年加入合作和管理，由英国政府委托科学和技术设施委员会执行。之后，另有西班牙、瑞士、奥地利、意大利、比利时、匈牙利、俄罗斯、捷克、瑞典等 11 个欧洲国家成为合作伙伴。

ILL 的高通量核反应堆 RHF（High-FluxReactor）提供世界最高强度的中子源，拥有近 40 套先进的并不断升级改造的设备和仪器。各国用户在中子源上的使用时间由各国政府的投资份额决定。法国占有 1/3 时间。多年来，ILL 坚定不移地致力于研究液态和软物质的微结构和动力学在材料科学和工程、固体物理、化学和生物医学领域的应用。每年，来自世界 45 个国家的 1800 多名用户进行基础物理、化学、生物、生化技术、纳米、结晶、材料科学、超导、磁学、液体胶态等领域 800 多项试验。

（5）1979 年，德意志民主共和国曾发行一枚特种邮票，以纪念冯·劳厄诞辰 100 周年。

✑ 名人名言 ✑

物理学的任务是发现普遍的自然规律。因为这样的规律的最简单的形式之一表现为某种物理量的不变性，所以对于守恒量的寻求不仅是合理的，而且也是极为重要的研究方向。

✑ 学术标签 ✑

X 射线衍射动力学理论发现者、X 射线衍射晶体学之父、俄罗斯学会、柏林科学学会、德国物理学会、法国物理学会、法国矿物学和晶体学会的成员；马克斯·普朗克学会的荣誉议员；德国伦琴学会的荣誉成员；哥廷根、慕尼黑、都灵、斯德哥尔摩、罗马、马德里等科学学会以及伦敦皇家学会的会员；国际晶体学家联盟的荣誉主席；德国物理学会主席。

✑ 性格要素 ✑

为人正直、有骨气、性情耿直、对公正和公平有着强烈的责任感。

✑ 评价与启迪 ✑

劳厄是一位正直和有骨气的科学家，本无意于政治活动，但当科学研究自由受到威胁时，他总是义正词严地起来捍卫它。在整个第三帝国时期，他始终反对民族主义和德国的法西斯暴政，曾给予爱因斯坦巨大的精神援助。早在 1920 年，当勒纳等人在柏林召开反爱因斯坦广义相对论的公开集会第二天，劳厄就和能斯特、鲁本斯联名在柏林日报上发表公开信予以反击。

劳厄为德国科学研究的发展做出了重要的贡献，他对普鲁士有着一种深深的爱，对公正和公平有着强烈的责任感。在希特勒和纳粹统治时期，冯·劳厄冒着受到谴责和人身伤害的危险，始终坚持科学真理，公开抨击纳粹党，支持不被纳粹党所接受的相对论，反对纳粹迫害犹太科学家。劳厄一直支持爱因斯坦，支持相对论和量子理论，反对受到纳粹影响的 20 世纪上半叶的德国物理学。当爱因斯坦退出物理学会时，学会内仅有劳厄一人提出了抗议。

1946 年英国皇家学会主持召开国际结晶学会议时，唯一一位受邀的德国人是劳厄；他不仅没有受到冷落，还被与会者赞扬为"真正的人和真正的科学家"，称赞他维护了科学的自由和尊严。

第六节　量子力学阶段

一、量子力学的创立

由于旧量子论不能令人满意，人们在寻找微观领域的规律时，从两条不同的道路建立了量子力学。量子力学的横空出世凝聚了众多天才科学家的智慧和聪明才智。除了上述普朗克等科学家之外，当时的物理学家如玻恩、薛定谔、狄拉克、海森堡、德布罗意、泡利、费米、费曼、约当、玻色等人甚至是玻尔本人也对新量子理论做出了贡献。

量子力学建立的基础是波粒二象性——在人们认识到光具有波动和微粒的二象性之后，为了解释一些经典理论无法解释的现象，法国物理学家德布罗意于 1923 年提出微观粒子具有波粒二象性的假说，这一假说不久就为实验所证实；自此引出了新的量子论。1925 年，海森堡基于物理理论只处理可观察量的认识，抛弃了不可观察的轨道概念，并从可观察的辐射频率及其强度出发，同玻恩、约当一起建立起矩阵力学。1926 年，薛定谔基于量子性是微观体系波动性地反映这一认识，找到了微观体系的运动方程，从而建立起波动力学。其后不久薛定谔本人和狄拉克都证明了波动力学和矩阵力学的数学等价性。狄拉克和约当各自独立地发展了一种普遍的变换理论，给出量子力学简洁、完善的数学表达形式。1927 年，海森堡得出不确定性原理，同时玻尔提出了互补原理，对量子力学给出了进一步的阐释。

二、量子力学的理论解释

关于量子力学的解释涉及许多哲学问题，其核心是因果性和物理实在问题。按动力学意义上的因果律说，量子力学的运动方程也是因果律方程，当体系的某一时刻的状态被知道时，可以根据运动方程预言它的未来和过去任意时刻的状态。在量子力学中，因果论被部分程度的抛弃，量子力学对决定状态的物理量不能给出确定的预言，只能给出物理量取值的几率。在这个意义上，经典物理学因果律即决定论在微观领域失效了。据此，一些物理学家和哲学家断言量子力学摈弃因果性，任何问题都要考虑一个"几率"；而另一些物理学家和哲学家则认为量子力学因果律反映的是一种新型的因果性——几率因果性。

量子力学表明，微观物理实在既不是波也不是粒子，真正的实在是量子态；而量子态又受到测量的影响，所以是"测不准"的。测不准关系则提出了改变主体与客体的认识关系。根本哈根几率诠释是目前广为接受的对量子力学的权威解释，它是玻恩提出的，后来玻恩因此获得他诺贝尔物理学奖。

三、量子力学的思想

量子力学中代表量子态的波函数是在整个空间定义的，态的任何变化是同时在整个空间实现的。20 世纪 70 年代以来，关于远隔粒子关联的实验表明，类空分离的事件存在着量子力学预言的关联。这种关联是同狭义相对论关于客体之间只能以不大于光速的速度传递物理相互作用的观点相矛盾的。于是，有些物理学家和哲学家为了解释这种关联的存在，提出在量子世界存在一种全局因果性或整体因果性，这种不同于建立在狭义相对论基础上的局域因果性，可以从整体上同时决定相关体系的行为。

量子力学用量子态的概念表征微观体系状态，深化了人们对物理实在的理解。微观体系的性质总是在它们与其他体系，特别是观察仪器的相互作用中表现出来。人们对观察结果用经典物理学语言描述时，发现微观体系在不同的条件下，或主要表现为波动图像，或主要表现为粒子行为。而量子态的概念所表达的，则是微观体系与仪器相互作用而产生的表现为波或粒子的可能性。

量子力学表明，微观物理实在既不是波也不是粒子，真正的实在是量子态。真实状态分解为隐态和显态，是由于测量所造成的，在这里只有显态才符合经典物理学实在的含义。微观体系的实在性还表现在它的不可分离性上。量子力学把研究对象及其所处的环境看作一个整体，它不把世界看成由彼此分离的、独立的部分组成的。关于远隔粒子关联实验的结论，也定量地支持了量子态不可分离。

对于物理学家来说，需要建立起崭新的概念和思想方法，也就是需要有新的哲学观点才能解释量子力学新观点。同时，量子力学的诞生也引发了一场空前的物理学和哲学上的大争论。比如，波函数、不确定关系、互补原理等量子力学中的主要概念和原理，各学派之间有着不同的看法和观点。当然，这场争论也逐渐推动量子力学的发展。

四、量子力学的影响

量子力学是描写微观物质的一种物理学理论，与相对论一起被认为是现代物理学的两大基本支柱，它们是在 20 世纪头 30 年发生的物理学革命的过程中产生和形成的，并且也是这场革命的主要标志和直接的成果。许多新学科如原子物理学、固体物理学、核物理学和粒子物理学以及其他如激光技术、电子技术、通信技术和半导体技术等相关学科都是以量子力学为基础的。

通过量子力学许多现象才得以真正地被解释，新的、无法直觉想象出来的现象被预言，但是这些现象可以通过量子力学被精确地计算出来，而且后来也获得了非常精确的实验证明。除通过广义相对论描写的引力外，至今所有其他物理基本相互作用均可以在量子力学的框架内描写（量子场论）。它不仅是人类洞察自然所取得的富有革命精神和极有成效的科学成果，而且在人类思想史上也占有极其重要的地位。如果说相对论作为时空的物理理论从根本上改变人们以往的时空观念，那么量子论则很大程度改变了人们的实践，使人类对自然界的认识又一次深化；它对人与自然之间的关系的重要修正，影响到人类对掌握自己命运的能力的看法。

通过量子力学的发展人们对物质的结构以及其相互作用的见解被革命化地改变，即改变了我们对物质世界的基本观念，其改变的程度也许甚至比相对论还要大。在量子学说的实际应用的行列之中，有诸如电子显微镜、激光器和半导体等现代仪器。它在核物理学和原子能领域里也有着许许多多的应用；它构成了我们的光谱学知识的基础，广泛地用于天文学和化学领域；它还用于对各种不同论题的理论研究，诸如液态氦的特性、星体的内部构造、铁磁性和放射性等。

然而量子力学带来的结果并不仅仅是物质观和世界观的变化，甚至是人生观也会发生变化；比如量子纠缠，人们会好奇地问，真的有超光速现象存在？那岂不是心灵感应？有没有灵魂？人类死后是不是进入到了另外一个世界？平行宇宙在哪里？

本节所介绍的物理学家对于量子力学的诞生和发展起到了极大的作用，尤其是玻恩、薛定谔、海森堡、狄拉克等人。其中，埃伦费斯特和玻尔身跨旧量子论和量子力学两个阶段，承上启下，对量子力学的诞生起到了重大作用。而埃伦费斯特由于无法完全接纳量子理论，自认不可能跟得上新物理学而自杀身亡。

65. 自杀身亡的伟大物理学教师、浸渐原理提出者——埃伦费斯特

姓　　　名　保罗·埃伦费斯特

性　　　别　男

国　　　别　奥地利

学科领域　物理学

排　　　行　第四梯队（三流）

埃伦费斯特像

◢ 生平简介 ◣

埃伦费斯特（1880 年 1 月 18 日—1933 年 9 月 25 日）出生于维也纳一个穷苦的犹太家庭，靠杂货店维持生计。6 岁直接上小学二年级，成绩很好，但中学的成绩并不理想；在他转学到新的中学后有所改观，1899 年通过了学终测试。

1899 年开始，埃伦费斯特在奥地利工业大学主修化学，选修了力学、矿物学和数学。他经常去维也纳大学上课，特别是跟随玻尔兹曼学习他的热力学中的分子运动论，激发了埃伦费斯特对理论物理的兴趣，他一直视玻尔兹曼为良师益友。

1901 年，埃伦费斯特转学到了哥廷根大学学习了一年半。在那里，他选修了克莱因的力学和数学、希尔伯特的势能理论课、弗格托的电学和晶体光学课等，他的同学中有著名物理学家能斯特和史瓦西（黑洞理论中的史瓦西半径提出者，就是黑洞视界）。

1903 年的春天，在前往莱顿的一次短途旅行上他认识了荷兰著名物理学家洛仑兹，跟随他学习理论物理课程。1904 年 6 月 23 日，他以《液体中的刚体运动和赫兹力学》获得了维也纳大学哲学博士学位。

1906 年，埃伦费斯特开始研究普朗克辐射定律的统计力学基础。1907 年埃伦费斯特与他的俄国妻子搬迁至圣彼得堡，认识了俄国著名科学家约飞。1911 年，发表了关于玻尔兹曼热力学理论的著作，这本著作花费了埃伦费斯特和他妻子几年的时间。尤其是受克莱因邀请在《数学百科全书》中的一章"力学的统计方法概念基础"，他阐明了当时统计力学中还存在着的若干概念上的模糊和矛盾。

1912 年初，埃伦费斯特游历几所德语大学，希望能获得一个永久职位。洛仑兹指定他继任莱顿大学物理学教授职位。1912 年 8 月埃伦费斯特抵达莱顿，在 9 月 4 日他发表了就职演说，终生在莱顿大学任教。

1922 年，埃伦费斯特获得荷兰国籍。1925 年 9 月，在纪念洛仑兹获得博士

头衔之际，埃伦费斯特邀请了玻尔和爱因斯坦去莱顿，希望调解他们在量子理论上的分歧。在 1927 年第五届索尔维会议上，爱因斯坦和玻尔就量子力学的诠释发生了分歧。在二人的大辩论中，埃伦费斯特十分沮丧地站在了玻尔一边。

1925 年秋天，两个年轻的荷兰物理学家乌伦贝克和古德施密特提出自由度是由电子的自转产生的。一开始泡利不支持这个想法，担心违反相对论。但是，埃伦费斯特鼓励他们发表了一个小短文，这就是量子力学中电子自旋的由来。

1933 年，埃伦费斯特在研究超导和液氮中超流现象时，首次提出了二级相变的概念，并对相变进行分类，他将熔化、汽化、升华等称为一级相变；将超导物质从正常态到超导态的转变、合金的有序和无序转变等称为二级相变。他计算得到了二级平衡相变中，系统的压强随温度变化的公式，后来称为"埃伦费斯特方程"。

1933 年纳粹党上台，身为犹太人的埃伦费斯特面对严峻和恶劣的政治形势，开始变得消沉，从而患上了严重的抑郁症。1933 年 9 月 25 日，埃伦费斯特在荷兰阿姆斯特丹开枪自杀了。

❧ 花絮 ❧

（1）循序善诱的好老师。

埃伦费斯特在教学上有很高的声誉。他的教学很有特色，能够深入浅出地讲解难懂的物理理论，把焦点放在一些简单的模型以及用于阐明理论采纳的例子，同时尝试避免数学上的繁琐。他常常鼓励学生就学术问题展开研讨，组织了讨论组和互助会，同学生有良好的互动，长时间讨论物理问题。他总是努力去认识每一个对物理学感兴趣的学生。

他有着苏格拉底式的谈话才能，这种才能和他仁慈的性格有机地结合，使他当之无愧地成为一位伟大的教师。同学们都认为他是一位难得的学识渊博而又循循善诱的老师；教育大师索末菲就非常喜欢他的课程——清晰、简洁、明白。

（2）"瓮"模型。

1906 年他前往哥廷根，他的恩师玻尔兹曼自杀了，这对他的影响甚大。他一面积极宣传老师的理论，一面继续老师对热力学第二定律的解释问题，后来为了表明玻尔兹曼概念内部存在的不一致，他提出了一个埃伦费斯特"瓮"模型，用这个模型可以使得玻尔兹曼理论的本质特征明确而又简洁的突出出来。这个模型在哥廷根玻尔兹曼研讨会上获得了同行的一致好评。

（3）浸渐假说。

埃伦费斯特逐渐认识到浸渐不变性概念对量子理论的重要性；浸渐表示无限缓慢的过程，这个概念起源于玻尔兹曼和克劳修斯企图将热力学第二定律还原为纯力学的尝试。1871 年，克劳修斯重申了这一论点，并且指出研究渐变过程的重要性。埃伦费斯特曾于 1912 年专程与爱因斯坦讨论，爱因斯坦对他的思想给予很高评价。

1913 年，埃伦费斯特提出了浸渐不变性原理。1914 年，爱因斯坦称埃伦费斯特的原理为"浸渐假说"。浸渐原理揭示了量子化条件的奥秘，并对玻尔和索末菲的研究很有启发。1918 年，玻尔充分肯定埃伦费斯特的贡献，承认在自己后来的工作中浸渐原理起了很重要的作用。

（4）与众友好。

埃伦费斯特是一个出色的讨论者，他能很快地指出弱点和概括本质。同时他与当时著名的科学家保持密切的联系，并经常邀请他们来访学。他人缘很好，跟那个年代的著名物理学家，例如洛伦兹、爱因斯坦、玻尔、普朗克、索末菲、奥本海默等人都保持了良好的关系。他邀请了许多有前途的外国年轻科学家去莱顿讲授，同时他鼓励他的学生留学海外。这样，他创造了一间国际理论物理学校，他的几乎所有学生以后都继续了对他们各自的科学事业的追求。

（5）爱因斯坦的挚友。

爱因斯坦与埃伦费斯特交往多年，是非常要好的朋友，敢于指责爱因斯坦缺点也就只有埃伦费斯特了。例如他在玻尔和爱因斯坦的索尔维大论战中，站到了玻尔的一边，出于爱护地对爱因斯坦提出批评。

作为终身挚友，但在相对论问题上，两人争论不休。从 1920 年起，爱因斯坦接受荷兰的邀请，成了莱顿大学的特邀教授，每年都来几个星期，住在埃伦费斯特家里，讨论、争论自然是免不了的事。埃伦费斯特思维敏捷，又心直口快，批评意见尖刻、毫不留情。这点恰好与爱因斯坦棋逢对手，唇枪舌剑之后，能统一观点自是皆大欢喜。遇到无法统一的争论，两个好朋友会自动休战。

1923 年德国的极端民族主义者对爱因斯坦发出了死亡威胁，爱因斯坦就在埃伦费斯特家里逗留了几个星期，以躲避伤害。1925 年 9 月，埃伦费斯特邀请玻尔和爱因斯坦去莱顿，希望调解他们在量子理论上的分歧。

爱因斯坦对他的学术思想评价颇高，也非常关心埃伦费斯特。1932 年 8 月，在埃伦费斯特自杀的前一年，忧心忡忡的爱因斯坦还特地写了一封信给莱顿大学董事会，表达了对埃伦费斯特深切的关心以及提出了一些令埃伦费斯特减少工作量的方案，希望他能慢慢好起来。他留给爱因斯坦、玻尔等挚友的遗书表明，他的崩溃，不仅因为社会、家庭的风雨飘摇，也因为物理学的冲突动荡，他已无法理解这个世界。爱因斯坦认为导致他走向死亡的根本原因在于：作为科学家的他对解决科学在他面前提出的任务感到力不从心。

（6）与玻尔的友谊。

玻尔说过很多次自己的思想曾经受过埃伦费斯特的启发：他在浸渐假说的帮助下，1918 年得到了对应原理的量子论。

玻尔十分珍惜与埃伦费斯特的友谊，1919 年他第一次访问莱顿。后来为了克拉默斯的博士论文答辩事宜，他写信给埃伦费斯特说："我坐在这里，想着你告诉我的一切，我感觉无论怎样思考都会想到许多从你那学到的对我很重要的事情。同时，我急切地向表达我对你的友谊的喜悦和对你展现给我的自信和同情心的感激，我找不到适合的词去形容它。"

（7）自杀原因剖析。

埃伦费斯特的自杀有多重原因，根本就是自己信仰的崩塌造成心理上的巨大负担。他所在的时代，物理学风起云涌，经典物理学与量子力学处于新旧交替的十字路口。从今天的医学角度看，埃伦费斯特其实常年遭受抑郁症的困扰，而这种疾病通常会被患者充沛的活力、日常的微笑所掩盖。这种抑郁症起因于他无法理解当前的物理学，他承受不了新的理论冲击。

他一方面为量子力学的发展做出了贡献，另一方面他并不太相信量子力学的内容。他曾说，普朗克公式为物理学引入了全新的东西，这些东西无法由此前已有的物理学推导得出，甚至也无法与之相匹配。

他在玻尔与爱因斯坦开战的时候，无所适从；尽管他站在了玻尔一边，与他共同署名论文，但是他也确实无法理解玻尔的理论："玻尔在量子理论上的成果令人绝望；如果这个方法能实现目标，那么我一定会放弃物理学"。但他又对爱因斯坦说："在与你达成一致以前，我的思想永远得不到解脱。"可见他内心的矛盾是多么深重，不断地在两人的思想之间徘徊。

埃伦费斯特曾写信给玻尔的学生克拉默斯，说："几乎所有新的理论物理学都如同一道完全无法理解的墙，竖立在我面前，我全然不知该如何是好。我再也不能理解符号和语言的含义了，再也搞不清楚问题是什么了。"同时，埃伦费斯特把"泡利效应和狄拉克方程都看作物理学的'灾祸'，但又无法阻止年轻一代疯狂的想象力。"对埃伦费斯特而言，狄拉克这些年轻人代表了他自认不可能跟得上的新物理学；尽管狄拉克很认可他在第五届索尔维会议上的重要作用，但是他却认为自己"没有活下去的力量。"

学术思想的碰撞是最主要的原因，然后就是家庭的原因。他的小儿子是一个唐氏综合征患者，属于希特勒纳粹政权清除的目标："为防止遗传疾病削弱后代"，要对伤残儿童进行"人道灭绝"。深爱自己儿子的他绝望了；他只有自杀以求解脱。

爱因斯坦对埃伦费斯特比较了解，在爱因斯坦看来，酿成悲剧的主要原因是对自己不自信，不自我肯定，缺乏自我调节能力，最终丧失了从事研究所必需的平和心境，选择逃避人世。

师承关系

正规学校教育，玻尔兹曼是他的博士导师。他是 1969 年诺贝尔经济学奖获得者简·丁伯根的老师。1925 年他支持他的学生乌伦贝克和古德施密特首次提出的电子自旋的概念，发表在《自然》上；费米曾跟随他短期学习。

学术贡献

埃伦费斯特对现代物理学基本概念的评价、创造和理解作出了特殊的贡献；在理论物理学领域取得许多单项成果，其方向与他的老师玻尔兹曼一脉相承，多集中在统计力学、热力学和量子力学领域。与学术成就相比，埃伦费斯特在教育以及推动物理学发展方面做出的贡献更大，是一位伟大的教师。他喜欢去揭示一个理论观念的本质，剥去它的数学外衣，直到简单明了的基本思想显露出来为止。他的贡献主要是在统计力学及对其与量子力学的关系的研究上。

（1）他建立了埃伦费斯特"瓮"模型，很好地诠释了玻尔兹曼的理论。

（2）完成了统计物理学的评价性工作。

（3）创立浸渐原理，解决经典力学和量子力学之间的矛盾。

（4）提出二级相变的概念，并对相变进行分类。

（5）获得了埃伦费斯特方程。

（6）还有绝热不变量及埃伦费斯特定理。

埃伦费斯特相信热力学和经济过程之间存在类比关系，所以对发展经济学中的数学理论有兴趣。他的博士研究生简·丁伯根（经济计量学模式建造者之父）成为了一位经济学家，并于 1969 年获得了诺贝尔经济学奖。

名词解释

（1）绝热不变量。

1912—1933 年，埃伦费斯特最重要的成就是绝热不变量。这是一个经典力学中的概念，一方面可以用作精炼某些临时原子力学的方法，另一方面联系了原子力学和统计力学。绝热不变量即浸渐不变量，是指在一个缓慢变化的系统中，若并不具有完全周期性运动的运动积分仍然为常数，则该运动积分可以称为绝热不变量，又称浸渐不变量，此处系统的变化需要比运动周期慢。绝热不变量一方面可以用作精炼某些临时原子力学的方法，另一方面联系了原子力学和统计力学。

（2）埃伦费斯特定理。

埃伦费斯特定理是因物理学家保罗·埃伦费斯特命名。埃伦费斯特定理与哈密顿力学（哈密尔顿于 1833 年建立的经典力学的重新表述，由拉格朗日力学演变而来）的刘维尔定理（是热力学统计物理中的一个定理，它揭示了解析函数的一个性质；提供了一种证明解析函数为常数的方法）密切相关；刘维尔定理使用的泊松括号，对应于埃伦费斯特定理的对易算符。

简单说来就是：量子算符的期望值对于时间的导数，跟这量子算符与哈密顿算符的对易算符相关。使用埃伦费斯特定理，可以简易地证明，假若一个物理系统的哈密顿量显性地不相依于时间，则这系统是保守系统。由埃伦费斯特定理，可以计算任何算符的期望值对于时间的导数，特别是速度的期望值和加速度的期望值。知道这些资料，就可以分析量子系统的运动行为。

（3）二级相变。

一级相变时有焓变、熵变、自由能的变化。而发生二级相变时，既没有焓变，也没有熵变；但物质的比热容 C，热膨胀系数 α 和压缩系数 κ 会发生改变。例如铁磁性物质加热到某一温度时，磁畴被破坏，转变为顺磁性物质；这一磁性转变点称为居里点，此温度称为居里温度，此转变是二级相变。

∽ 代表作 ∾

埃伦费斯特的大多数科学论文都和基础科学有关，而且只阐明个别论点。1913 年发表《玻尔兹曼的力学理论及其与能量子理论的关系》，提出浸渐原理。该出版物因解决悖论并提出更清晰的描述而闻名。

∽ 获奖与荣誉 ∾

无从考证。

∽ 学术影响力 ∾

（1）如果说，玻尔的对应原理是在经典物理学和量子力学之间架起的一座桥梁，那么，埃伦费斯特的浸渐原理则是两者之间的又一座桥梁。埃伦费斯特的浸渐不变原理，确实推进了旧量子论的发展进程，加速了旧量子论的诞生。

（2）浸渐原理揭示了量子化条件的奥秘，对玻尔的氢原子模型和索末菲氢原子模型产生过较深的影响。

（3）埃伦费斯特相对性悖论以他的名字命名。

(4) 埃伦费斯特时间是一种量子动力学和经典动力学在其中表现差异的时间。

❧ 名人名言 ❧

无从考证。

❧ 学术标签 ❧

浸渐原理的提出者、伟大的物理学教师。

❧ 性格要素 ❧

在科学界口碑和人缘极好；不自信，自信心不足，从未摆脱对自己要求过于严格导致的自卑心理，悲观情绪较多。

❧ 评价与启迪 ❧

爱因斯坦在悼念埃伦费斯特的总结中写到他的优点是：他能够领会一个理论观点的实质，他能够剥去一个理论的数学外衣直至简单的基本观点清晰地凸显出来。同时爱因斯坦也指出了埃伦费斯特的不足：他在批评方面的天赋超出了他的建设能力，因此他总感到痛苦。可以说，他的批评精神剥夺了他对自己思想成果的热爱。

埃伦费斯特在中学期间的成绩并不优秀，老师对他并不喜爱。爱因斯坦说："过分自我批评的倾向似乎与童年的经历有关。无知而自私的教师所带来的羞辱与精神压力，在年轻的心灵中酿成严重恶果永远无法消除，而且在未来的生活中会经常产生有害的影响。"

这一段话对当下如何把握教育孩子的度很有帮助。我们教育孩子应该采用鼓励激励的方法，引导孩子。孩子在不同年龄和知识阶段，自我化解精神压力的方式方法不同，在这方面我还没有什么好的引导教育的方法，没有经验，以后一定要注意加强这方面的学习，加强与家长们沟通交流。

另外，在成长过程中，严格要求自己是对的，但是没必要太苛刻，这样容易使得自己失去信心而变得自卑。爱因斯坦说："自信是想成功迈出的第一步"，居里夫人也说："人必须要有耐心，尤其是要有信心"。

在人生的成长过程中，信心比天才还重要，充满信心对于漫漫人生大有裨益——人有了坚定的信念才是不可战胜的，而自信和自立是坚强的柱石。信心是命运的主宰，"宁可折断骨头，不可放弃信念"，这句话将永远激励人们满怀信心地去追逐梦想。

66. 航空航天时代的科学奇才、现代宇航科技之父——卡门

姓　　名　西奥多·冯·卡门
性　　别　男
国　　别　匈牙利、美国
学科领域　哲学
排　　行　第二梯队（次一流）

卡门像

生平简介

　　卡门（1881 年 5 月 11 日—1963 年 5 月 6 日）出生在布达佩斯一个素有名望的犹太人家，父亲是大学的著名教育学教授，母亲出身于书香门第。他自小就有超常的运算能力，6 岁时就能对 5 位数的乘法略微思索就报出答案来，但父亲却对他感到担忧，担心他成为"方仲永"。父亲让他读地理、历史、诗歌来代替做数学习题，直到十几岁才恢复对数学的学习。一生崇尚人文主义的他始终很感激父亲启发他对知识的好奇心，卡门在父亲规划好的道路上走得一帆风顺。

　　1897 年，16 岁的卡门进入皇家约瑟夫理工学院（1949 年后改名为布达佩斯理工大学）。在大学期间，他能够独立、专注地思考问题。1902 年，冯·卡门毕业并取得硕士学位。大学毕业后，冯·卡门在军队服务一年；1903—1906 年，他在母校任职，还是匈牙利一家发动机制造厂的顾问，在航空器结构和材料强度方面进行了一些有价值的工作，比如精确化了"欧拉压杆"这一当时著名的难题。

　　1906 年，25 岁的卡门获得匈牙利科学院奖学金，到了世界科学圣地哥廷根大学，跟随普朗特研究材料力学并在其指导下攻读博士学位，对非弹性杆弯曲现象作了一系列研究。1908 年的一天，冯·卡门目睹了法国航空先驱法尔芒的飞行表演。那架简陋的早期飞机引起了他极大的兴趣。正是这次参观把冯·卡门引上了毕生从事航空航天研究的道路。

　　不久，普朗特邀请卡门到哥廷根大学去做他的助手，从事教学和研究飞艇的工作，他愉快地接受了邀请，开始了他航空科学家的生涯。1908 获得哥廷根大学博士学位，留校任教 4 年。当时，普朗特正在从事流体边界层分离现象的研究；1911 年卡门判明流体在圆柱后面形成的两排交叉的涡旋是稳定的，归纳出钝体阻力理论，即著名的"卡门涡街"理论。这一发现成为流体力学中的一次重大发现。

　　1912—1929 年，冯·卡门成为亚琛工业大学气动力研究所所长和航空学院

院长。第一次世界大战中在奥匈帝国中服兵役 4 年，在奥地利的德军用飞机制造厂研究世界上最早的系留式直升机。他在气动力学方面有许多重要突破，为一些企业研制飞艇、全金属运输机、火箭担任顾问。

1922—1926 年，他主持召开了三次国际应用力学会议。1922 年的会议上，冯·卡门首次提出"湍流"概念，并初步阐明了它的理论基础。在 1924 年的会议上，普朗特把气体分子运动论的观点移用到湍流问题上。冯·卡门又从更加普遍的角度提出了新的理论概念。在 1926 年的会议上，冯·卡门成功作了题为《湍流中的力学相似》的报告。

1930 年他移居美国，在加州理工学院担任物理学教授，顺便把哥廷根大学的民主学风也带到了美国。他每星期主持召开一次研究讨论会和一次学术研讨会。这些学术活动十分民主，气氛活跃，大家畅所欲言，发表自己的学术观点，并展开讨论。

在加州理工学院，他指导古根海姆气动力实验室和加州理工学院第一个风洞的设计和建设。在任实验室主任期间，他还提出了附面层控制的理论；1935 年又提出了未来的超声速阻力的原则；1936 年，研究火箭推进技术并入美国籍。1938 年，卡门指导美国进行第一次超声速风洞试验，发明了喷气助推起飞，使美国成为第一个在飞机上使用火箭助推器的国家。1940 年，他和马利纳研制出飞机起飞助推火箭的样机。这种火箭也是美国"北极星""民兵"和"海神"远程导弹上固体火箭的原型。

1946 年，冯·卡门提出跨声速相似律，它与普朗特的亚声速相似律、钱学森的高超声速相似律和阿克莱的超声速相似律合起来为可压缩空气动力学形成一个完整的基础理论体系。同年，他在第 10 届莱特兄弟纪念演讲会上作了题为《超声速空气动力学的理论和应用》的重要演讲，向人们宣告了超声速时代即将到来。

1963 年 2 月，82 岁高龄的冯·卡门被肯尼迪总统授予国家科学奖章。1963 年 5 月 6 日，冯·卡门在去亚琛的路上去世，终年 82 岁；先安葬在帕萨迪娜，后安葬于美国加州好莱坞公墓。他终生未婚。

⚛ 花絮 ⚛

（1）飞机为什么能飞起来？

1908 年的一天，冯·卡门目睹了法国航空先驱法尔芒又一次打破纪录的飞行。飞行结束后，冯·卡门从人群中挤过去，与法尔芒之间有过一段精彩的对话。

冯·卡门问法尔芒，"飞机为什么会飞起来？"法尔芒幽默地回答："飞机为什么会飞起来，作为教授的您应该研究它。"法尔芒的话令冯·卡门大吃了一惊，他暗暗思忖："现在我终于知道我今后的一生该研究什么了。我要不惜一切努力去研究风以及在风中飞行的全部奥秘。"

后来冯·卡门对他的学生说："我的老师并不是那些世界级的权威专家，而是位飞行员法尔芒，他教会了我一个令我为之付出一生的人生真理，那就是千万不能盲目相信权威，自己的路要靠自己走。"

（2）湍流。

1930年，他提出了关于"湍流理论"的论文，湍流定律在教育上的影响更大。由于大学规定讲授湍流运动原理，从而使一代一代工程师愈来愈相信，任何复杂的自然现象都可以解决，而且用数学来加以阐明。用冯·卡门自己的话说："湍流概念今天说起来并不深奥，不过对我来说，它却是宇宙间伟大和谐的一个环节。这一伟大的和谐在背后支配着宇宙的一切运动"。

（3）研制火箭。

为了研究用火箭提高飞机的性能，特别是缩短从地面或航空母舰上起飞的距离，1940年第一次证明能够设计出稳定持久燃烧的固体火箭发动机。不久研制出飞机起飞助推火箭的样机，这种火箭也是美国北极星、民兵、海神远程导弹上固体火箭的原型。1941年，他参与创建美国制造火箭发动机的通用航空喷气公司。同年与钱学森合作，解决了圆柱薄壳结构在轴向压力作用下的大挠度失稳问题。到1944年，他已在火箭技术领域取得了许多重大成果，如固体和液体起飞助推火箭、火箭发动机飞机、自然点火液体推进剂。

（4）卡门将军。

1944年6月，第二次世界大战即将结束时，美国陆军航空司令阿诺德将军要求冯·卡门去开会，讨论美国航空技术发展的现状，预测未来的发展，制定今后20—50年的美国空军的发展计划，确保美国空军未来的领先地位。卡门欣然接受，组织了一个由36位专家组成的科学顾问团。

第二次世界大战结束前夕，阿诺德将军授予冯·卡门少将军衔，要他率领一批专家去德国进行接收工作。德国投降后，以冯·卡门少将等为首的美国空军顾问团，率领有关火箭方面的科学家，专程赶赴德国"参观考察访问"。

他们来到隐蔽在不伦瑞克附近一片松林中的德国空军秘密研究所，详细地查看了德国的研究设备，分析了300多万份重达1500多吨的研究报告。又前往哥根廷、亚琛和慕尼黑等地调查。在哥根廷，审讯了包括他的老师普朗特在内的近千名研究人员。接着，又审讯了德国设在佩内明德的V-2火箭基地的400名逃往慕尼黑的技术人员。经过审讯，顾问团获得了一项惊人的秘密：德国已经着手研制可以达到美国纽约的3000英里射程的火箭。德国人的火箭、导弹计划远远走在美国前面。

1945年12月，冯·卡门向美国政府递交了题为《朝着新水平前进》的报告。对比了美、德两国在战争期间的科学技术发展，并指出美国已有可能研制射程达到 9600 千米的导弹。报告涉及从空气动力、飞机设计到炸药、末端弹道等众多内容，报告被誉为"美国空军的蓝图"。报告对美国空军的建设产生了十分深刻的影响，冯·卡门成为美国空军的首要智囊人物。

1949 年 4 月，北约组织成立。冯·卡门想利用北约设立一个国际合作的试验工厂，这个设想被最高当局采纳。接着，他又设立了发展国际航空研究的咨询小组，并在比利时筹建了气动力学训练中心，后来改名为"冯·卡门中心"。20 世纪 50 年代，冯·卡门主持了在巴黎和哥本哈根召开的两次国际航空会议，并创建了国际宇航科学协会。

（5）冯·卡门与中国学生。

冯·卡门对中国的航空事业有巨大帮助。1929 年，他来到中国并建议在清华大学开设航空课程。1931 年，他派遣他的养子沃登道夫来华担任清华大学航空系科学顾问。1938 年 6 月，他再次来到中国，在南昌观看了即将竣工的大型风洞。

在加州理工学院时期，冯·卡门培养了一批出色的中国科学家，其中有钱学森（被誉为"中国航天之父""中国导弹之父""中国自动化控制之父"和"火箭之王"、中国两弹一星功勋奖章获得者）、郭永怀（中国两弹一星功勋奖章获得者）、钱伟长（曾任清华大学副校长、上海工业大学校长、上海大学校长，著名教育家）、林家翘（美国国家科学院院士、国际公认的力学和应用数学权威、天体物理学家）、范绪箕（上海交通大学原校长、著名力学家和航空教育家）和张捷迁（纽约科学院、台湾中央研究院院士、著名科学家、教育家和社会活动家）等人，间接地为中国军事和航天事业做出巨大贡献。

卡门指导钱学森合作建立崭新的"亚音速"空气动力学和"超音速"空气动力学，提出了"卡门—钱学森公式"。该公式描述了在可压缩的气流中，机翼在亚音速飞行时的压强和速度之间的定量关系；同时解决了圆柱薄壳结构在轴向压力作用下的大挠度失稳问题；指导钱伟长发表的世界上第一篇关于奇异摄动的理论，使钱伟长成为国际上公认的该领域的奠基人。

卡门教授在加州理工学院期间，培养了大批中国学生，扩大了中国航天学的影响力，促进了中国航天专业和航天教育的发展。卡门教授将严谨求实和实用的精神传递给这些学生，并将自身灵活加简化的科研作风渗透其中，他热爱中国文化，使得他对中国留学生偏爱有加；同时，他接待了许多来自中国的访问学者，这些人将最先进的航空理念带回中国，使中国能够追赶上世界航空发展的步伐。卡门培养的钱学森等人是中国航天的核心力量。

（6）给钱学森道歉。

一次钱学森向冯·卡门汇报他的一项科研成果。谁知冯·卡门听了许久也没有听明白，就不耐烦地打断了钱学森的汇报。钱学森坚持自己的学术观点，毫不退让，令冯·卡门十分生气。

钱学森十分矛盾：自己的科研成果明显是正确的，可老师又是德高望重的世界科学权威，该怎么办呢？正当他一筹莫展的时候，年过花甲的导师冯·卡门教授却主动登门致歉了。只见冯·卡门站在门外，身子挺得笔直，无比郑重地向钱学森鞠了一躬，诚恳地说："昨天晚上你走了以后，我整整地思考了一夜，经过反复的思考，终于得出结论：你的科研成果是正确的。是我弄错了，我向你道歉！"钱学森感动得热泪盈眶。

后来有人对冯·卡门教授说："钱学森毕竟是您的学生啊，您完全没有必要那样向他道歉，更没有必要向他鞠躬！"冯·卡门一脸严肃地说："不！你知道吗？我是在向真理鞠躬，向科学鞠躬，这是一个科学家最起码的道德！"后来，当钱学森后来放弃在美国的优厚待遇，毅然决然回中国时，他的导师冯卡门对钱老说："钱，你在学术上已经超过了我"。

冯·卡门博大的胸怀、民主的精神和在真理面前的虔诚和谦恭，令钱学森终身不忘。钱学森回国后，也将冯·卡门的这种"学术民主"作风带了回来，并在航天这样的大规模科学技术工作中，发挥出了重要的作用。

（7）上升时需要助力。

1963 年 2 月的一天，白宫举行了盛大的授奖仪式。为表彰著名的美国航空学家冯·卡门在火箭、航天等技术上作出的巨大贡献，美国政府决定授予他国家科学奖章。当时的冯·卡门已有 82 岁，并患有严重的关节炎。当他气喘吁吁地登上领奖台的最后一级台阶时，踉跄了一下，差一点摔倒在地，给他颁奖的肯尼迪总统急忙跑过去搀扶住了他。冯·卡门幽默在对肯尼迪总统说："谢谢总统先生，物体下跌时并不需要助推力，只有上升时才需要"。

❧ 师承关系 ❧

正规学校教育；普朗特是其博士导师，我国著名科学家钱伟长、钱学森、郭永怀、林家翘、范绪箕和张捷迁都是他的亲传弟子。

❧ 学术贡献 ❧

冯·卡门在流体力学、湍流理论、超声速飞行、工程数学、飞机结构和土壤风蚀等方面，都有重要贡献。他的有关流体力学的出版物几乎统治了整个流体力学领域。

（1）提出"卡门涡街"理论，成为流体力学中的一次重大发现。

（2）建立"湍流"概念，并初步阐明了它的理论基础。

（3）冯·卡门对人类实现超声速飞行的贡献是十分巨大的。1932 年以后他发表了很多篇有关超声速飞行的论文和研究成果，首次用小扰动线化理论计算一个三元流场中细长体的超声速阻力，提出超声速流中的激波阻力概念和减小相对厚度可减少激波阻力的重要观点。

（4）1939 年，冯·卡门建立崭新的"亚音速"空气动力学和"超音速"空气动力学，提出了著名的"卡门—钱学森公式"。

（5）1946 年，冯·卡门提出跨声速相似律，它与普朗特的亚声速相似律、钱学森的高超声速相似律和阿克莱的超声速相似律合起来为可压缩空气动力学形成一个完整的基础理论体系。

⚛ 代表作 ⚛

1946 年，他在第 10 届莱特兄弟纪念演讲会上作了题为《超声速空气动力学的理论和应用》的重要演讲，向人们宣告了超声速时代即将到来。

⚛ 获奖与荣誉 ⚛

1963 年美国政府授予他国家科学奖章（总统科学奖），由肯尼迪总统亲自给他颁奖；这也是第一届美国国家科学奖。

＊美国国家科学奖，也称总统科学奖，是由美国总统授予曾在行为与社会科学、生物学、化学、工程学、数学及物理学领域作出重要贡献的美国科学家。是由美国国会法令 86-209 的基础上在 1959 年 8 月 25 日建立的；美国总统肯尼迪通过行政命令于 1961 年成立国家科学奖章委员会，该委员会由美国国家科学基金会管理；国家科学奖章委员会负责推荐候选人给总统。

⚛ 学术影响力 ⚛

（1）他在航空事业上的卓越成就是无可辩驳的，航空学和航天学上一些最光辉的理论、概念都是以他的名字命名。

（2）"卡门涡街"理论大大改变了当时公认的气动力原则，很好的解释了1940 年华盛顿州塔科马海峡桥在大风中倒塌的原因。

（3）在美国陆军航空司令阿诺德将军依靠冯·卡门为美国空军打下了科技建军的坚实基础。冯·卡门是现代航空大师、美国空军的首要智囊人物；他的智慧和阿诺德将军的胆识相结合，对美国空军的建设起了十分重要的作用。

（4）月球上有一个以冯·卡门命名的陨石坑。

（5）为了纪念冯·卡门，他的祖国匈牙利在 1992 年 8 月 3 日发行了一枚纪念他的邮票；1992 年 8 月 31 日，美国也发行了一枚冯·卡门的纪念邮票。

⚛ 名人名言 ⚛

科学家研究已有的世界，工程师创造未来的世界。

❧ 学术标签 ❧

20 世纪最伟大的航天工程学家、航空航天时代的科学奇才。

❧ 性格要素 ❧

卡门精力充沛，性格开朗，幽默风趣，爽朗而又健谈。他道德高尚、尊重真理、尊重科学实际、对待科学问题严谨。

❧ 评价与启迪 ❧

（1）航空航天时代的科学奇才。

冯·卡门是 20 世纪最伟大的航天工程学家，开创了数学和基础科学在航空航天和其他技术领域的应用，被誉为"航空航天时代的科学奇才"。他所在的加利福尼亚理工学院实验室 GALCIT 后来成为美国国家航空和航天喷气实验室。而航空史上令人瞩目的里程碑，如齐柏林飞艇、风洞、滑翔机、超声速飞行、远程导弹、全天候飞行、卫星和火箭等，可以说 20 世纪的一切实际飞行和模拟飞行的成功都与他有密切的关系。他掀开了航天史上一页页的新篇章。

（2）诚恳而善良的灵魂。

科学成就的大小往往与科学家本人的个性品质相联系。卡门的成功一部分得益于他那开朗幽默、独立民主的性情。作为一名伟人，达官贵人都竭力想与他交朋友，卡门也乐意与他们交往，他也会毫不迟疑地把一个花匠介绍给显贵们，并且一视同仁。他曾说过，爱因斯坦诚恳而善良的灵魂正是他所毕生追求的。

（3）特殊能力。

卡门还善于把享乐和事业结合起来。他有一种特殊能力，表面上从事某种活动，脑海里却进行着自己的科学思考。他常会在聚会中溜走一两个小时，去推导一个方程或拟写一篇论文，然后再若无其事地回来，重拾他的话题。卡门这种开朗奔放、无拘无束的性格让人对他非常喜爱，且没有戒心。

（4）行万里路。

冯·卡门阅历极广，到过世界上很多国家，与 20 世纪许多大科学家有密切交往。他事业上的成功令人崇拜，而他的思想个性和为人处世一样为人们所敬仰。晚年的他虽有些虚荣，但他并不专横，也不老朽。在年过七旬之后仍然频繁地周游列国，为世界和人类的进步而工作着。

（5）教学相长。

他认为，师生之间没有贵贱之分，只是贡献和学历上的差别，而且教与学是相长的。在教学方法上，他主张采用简单直观的方式，略去次要细节，抓住本质，采用形象的比拟和直观的图解，并根据学生的平均水平进行讲解。

他一生培养了许多具有国际声望的人才，遍及世界各地，被人称之为"卡门科班"，这其中也包含着他的许多中国弟子。现今各国居于领导地位的航空航天科学家，多出自"卡门科班"。

他"不唯师，不唯上，只唯真理"！伟人之所以伟大，是因为在他们心灵的天平上，真知始终高于权威！

67. 忠厚正直的长者、大器晚成的晶格动力学创始人——玻恩

姓　　名　马克斯·玻恩
性　　别　男
国　　别　德国
学科领域　量子力学、固体物理学
排　　行　第一梯队（一流）

玻恩像

　　📚 生平简介 📚

玻恩（1882年12月11日—1970年1月5日）出生于德国的布雷斯劳（今波兰城市弗罗茨瓦夫）的一个犹太人家庭，父亲是大学教授，母亲在玻恩4岁时就去世了。受父亲影响，玻恩小时候喜欢摆弄仪器和参加科学讨论。

玻恩19岁起先后在布雷斯劳、海德堡、苏黎世和哥廷根等大学学习，先是法律和伦理学，后是数学、物理和天文学。他在哥廷根大学结识了一大批杰出的科学家和数学家，曾跟随希尔伯特（1862—1943年，德国数学家，数学界的无冕之王，被公认为20世纪最伟大的数学家）、克莱因、闵可夫斯基（1864—1909年，俄国数学家）等学习数学，也曾跟随史瓦西（1873—1916年，德国天文学家，找到了广义相对论球对称引力场的严格解，是玻尔原子光谱理论的先驱者之一；提出了史瓦西半径，也叫做视界。）学习天文学。1907年他在哥廷根大学希尔伯特指导下获得博士学位，1909年获得大学任教资格，在该校担任无薪讲师。

在他的早期生涯中，玻恩的兴趣集中在固体中原子振动的理论——点阵力学上。1912年与冯·卡门合作发表了关于晶格振动谱的题为《关于空间点阵的振动》著名论文，从此开始了他以后几十年创立点阵理论的事业。

1912年，接受迈克尔逊的邀请前往芝加哥讲授相对论，并与迈克尔逊合作完成了一些光栅光谱实验。1913年8月2日，玻恩与爱伦伯格结婚。

1915年，玻恩去柏林大学任理论物理副教授，并在那里与普朗克、爱因斯

坦和能斯特并肩工作，与爱因斯坦结下了深厚的友谊。玻恩在柏林大学期间，曾加入德国陆军，负责研究声波理论和原子晶格理论。

第一次世界大战结束后，玻恩转去法兰克福大学任教并领导一个实验室。他的助手是奥托·斯特恩（1888—1969 年，德裔美国核物理学家、著名实验物理学家，发展了核物理研究中的分子束方法并发现了质子磁矩），1943 年也获得了诺贝尔物理学奖。

1921—1933 年，玻恩与好友詹姆斯·弗兰克（1882—1964 年，德国物理学家，与赫兹同获 1925 年诺贝尔物理学奖，弗兰克—赫兹实验证明原子内部结构存在分立的定态能级，是对玻尔的原子量子化模型的第一个决定性的证据。）一同回到哥廷根大学任教授，玻恩担任物理系主任；主要的工作先是空间点阵（晶格）研究，然后是量子力学理论。他在哥廷根与费米、狄拉克、奥本海默和梅耶夫人等一大批著名物理学家合作。

1923 年前后，他致力于发展量子理论，泡利、海森堡和沃尔特·海特勒等人先后与其共事，成为玻恩的助理，并且对量子力学的迅速发展有极大的贡献。1925—1926 年，玻恩与泡利、海森堡和帕斯库尔·约当（1902—1980 年，时年 23 岁，德国物理学家）一起发展了现代量子力学（矩阵力学）的大部分理论。

1926 年，发表了他自己的研究成果——玻恩概率诠释（波函数的概率诠释）。他从具体碰撞问题的分析出发，提出了波函数的统计诠释——波函数的二次方代表粒子出现的概率，后来成为著名的"哥本哈根解释"。

1933 年纳粹上台后，犹太人血统的玻恩被强制停职，并与当时许多德国科学家一样被迫移居国外，1936 年甚至被剥夺了德国国籍。玻恩在移居英国后，1934 年起受邀在剑桥大学任教授，这段时间的主要研究集中在非线性光学，并与利奥波德·英费尔德（1898—1968 年，波兰物理学家，主要在波兰和加拿大工作，曾签署罗素—爱因斯坦宣言）一起提出了玻恩-英费尔德理论。1935 年冬天，玻恩在印度班加罗尔的印度科学研究所待了 6 个月，与拉曼共事。1936 年，前往爱丁堡大学担任泰特自然哲学教授，直到 1953 年退休。

1937 年，玻恩当选为英国伦敦皇家学会会员。他很想把量子力学和相对论统一起来，因此他于 1938 年提出了他的倒易理论，即物理学的基本定律在从坐标表象变换到动量表象时是不变的。1939 年，玻恩加入英国国籍。

玻恩退休后返回德国哥廷根居住，这时他仍继续从事爱因斯坦和英费尔德曾探索过的统一场论的研究。1953 年 6 月 28 日玻恩成为哥廷根的荣誉市民。1954 年，大器晚成的他终于获得了诺贝尔物理学奖，这个奖本该在海森堡获奖那年授予他。

1970 年 1 月 5 日，马克斯·玻恩在哥廷根逝世并被葬于哥廷根大学。临终前，他吩咐把曾被称为"海森堡非对易关系"的公式：$pq-qp=(h/2\pi i)I$（I 是单位矩阵），铭刻在自己的墓碑上。

除了在物理领域的杰出研究外，玻恩还是"哥廷根十八人"之一，《哥廷根宣言》的签署人。该宣言旨在反对德国联邦国防军使用原子武器装备。

～ 花絮 ～

（1）哥廷根物理学派。

玻恩所创建的哥廷根物理学派当时名列世界首位，与玻尔的哥本哈根物理学派和索末菲的慕尼黑物理学派并称为物理学三大派，对物理学的发展产生过很大影响。在玻恩领导下，哥廷根物理界群星荟萃。

事实上，一个科学学派的学术氛围、研究作风与研究纲领，主要是由学派领袖的性格、学术积淀、学术视野与学术追求所决定的。玻恩则属于量子的革命派，是旧量子理论的摧毁者，认为新量子论必须另起炉灶，用公理化方法从根本上解决问题；他追求普遍性。玻尔的理论比较模糊，但是其中包含着丰富的内容，给后来的物理学家提供了很大的发展空间。量子理论的发展历程中，索末菲被称为是量子工程师，玻恩是量子数学家，而玻尔则是量子哲学家。

在玻恩（物理系主任）和弗兰克（实验室主任）的管理下，哥廷根大学物理系成为理论物理研究中心；很多来自欧洲或者美国的博士后学生愿意来这里访学。作为科学学派的领导人，玻恩的主导作用通过学术本身（包括教学与科研）和组织工作两方面体现出来。玻恩善于赏识人才，并能调动他们学习的积极性。他请普朗克担任编外教授，经常与其组织学术活动，每周一次的"物理结构讨论班"吸引了大批学生参加。讨论班的形式轻松活泼，每个人都不拘礼节，允许争论；这个讨论班对量子力学的发展有决定性的作用。

玻恩学派的学术氛围良好。先后参加过讨论班的成员有泡利（1921 年秋季索末菲推荐给玻恩做助手，在那里大约 1 年）、海森堡（在索末菲那里取得博士学位，1923—1924 给玻恩担任过助手约 1 年）、奥本海默（1926 起在玻恩那里读博士，得到玻恩—奥本海默计算式；但是奥本海默本人性格比较冲，毕业后二人不相往来，实在令人遗憾）、康普顿、约当（玻恩的助手）、狄拉克、鲍林等。

研讨会参加者除了物理系的师生，还有专业上较为密切的其他系部人员，如应用力学系的普朗特等。很多重要成果就是在这样非正式的场合被提出来的；玻恩在他的回忆录中说以他为核心的哥廷根大学物理系部的研讨会是"伟大的激动人心的"。

玻恩不仅是一位卓越的研究者，更是一位成就卓越的善于教书育人的教授，在教学中尤其善于培养学生的科研能力。玻恩因条理清晰、不拘形式、讲授清晰以及在典型的德国教授不屑与学生握手的环境中，他对学生表现出热情关怀而受到称道。他上课非常精彩，与学生互动频繁，允许学生自由讨论，但是不允许他们抄袭。迈耶夫人认为他的讲课难度深、不浅显、很精彩。

玻恩精心撰写了很多教材，对物理学后辈的影响深远。这其中包括《光学原理》《晶格动力学理论》《原子力学》《爱因斯坦的相对论》《永不停息的宇宙》等。

玻恩在指导研究生时："以有吸引力的和有启发性的方式来提出科学问题，是一种艺术工作，类似于小说家甚至戏剧作家的工作。"玻恩经常和学生打成一片，一起参加散步、野餐、讨论各类问题，在非正式的场合中加深了对彼此的了解和对于物理学的掌握。玻恩和妻子都能弹奏钢琴，常常邀请喜欢音乐的同学参加他的家庭音乐会。玻恩善于因材施教，根据每个学生自己的特点给他们选定研究方向，比如奥地利著名物理学家维克托·维斯科普夫（1908—2002 年），当时是玻恩的博士生，有一段时间对于学习物理很是迷茫，玻恩鼓励他说，将来人类生活的很多方面都会和物理有关；后来果真如此。再比如美国物理学家、地磁起源的发电机理论的提出者沃尔特·埃尔萨瑟当时不太明确自己能做什么，玻恩明确指出他的数学天赋不强，但是强项是物理概念推理；这在后来得到了证明。

哥廷根物理学派与玻尔的哥本哈根学派之间不仅仅是简单的竞争关系，他们互相交流，共同提高。为了繁荣哥廷根的学术环境，1922 年 6 月他把玻尔邀请来访问讲学，做了一系列有关量子论和原子结构的演讲，哥廷根把这次访问的日期称为玻尔节。包括玻尔、玻恩、索末菲三位领袖的学生在内的德国乃至欧洲的物理学家都在这里聚会。他们互相学习，取长补短：玻恩的学生从玻尔那里学到了依赖于物理直觉、灵感和洞察力的思维特点，为他们注重数理分析的思维方式增加了自觉与想象的翅膀。自由争论的学术气氛是学派健康成长和学术繁荣的必要条件。

作为哥廷根物理学派的领袖，玻恩为 20 世纪的物理界培养并影响了一大批优秀人才，促进了量子力学的发展，其中包括几位后来大有作为的著名中国物理学家。玻恩和玻尔、索末菲以及爱因斯坦一样，都属于量子力学中的领袖人物。

（2）玻恩的中国学生。

玻恩的中国学生主要有王福山、彭恒武、杨立铭、程开甲以及助手或合作伙伴黄昆（1919—2015 年，中科院院士，中国固体物理和半导体物理学奠基人和开拓者之一，声子物理第一人，曾与玻恩合著《晶格动力学理论》，预见了晶体光学声子和电磁场的耦合振动模式，提出了著名的黄昆方程、黄–佩卡尔理论、黄—朱模型和声子极化激元的概念，与其北大校友王选一起荣获 2001 年度国家最高科学技术奖）。

这其中，中国物理界第一个直接受到玻恩较大影响的物理学子是王福山

（1907—1993 年）。1929 年 4 月，王福山到哥廷根选修物理实验课。一年后他因病休学。1932 年复学后，他选修了玻恩的原子物理和电磁学两门课。王福山认为玻恩的电磁学课对他的影响超过了原子物理学课：我得益更多的是接下来听玻恩的电磁学课。后来玻恩因为纳粹的原因不得不离开德国，他临走之前安排王福山去海森堡那里攻读博士学位。后来，王福山先后担任同济大学和复旦大学物理系教授、主任。王福山是中国物理学界对玻恩哥廷根物理学派的教学与科研氛围有较深刻直接观感的唯一中国物理学家。王福山和后来获得 1963 年诺贝尔物理学奖的玛丽·戈佩特·迈耶女士都赞扬玻恩授课、讲座很精彩，让学生参加讨论，调动学生的积极性。

在爱丁堡大学工作期间，他为中国物理界培养出了三名优秀的年轻博士，即彭桓武、程开甲和杨立铭。另外，他与才华横溢的黄昆合作，撰写了晶格动力学领域最权威的学术专著。他们都给玻恩留下了上佳的深刻印象，他曾说："在我的学生中，有 4 个很有天赋的中国人"。

玻恩当年对年轻中国物理学家的培养与提携，客观上是对于中国物理学发展的直接支持。他的第一个中国博士生是彭桓武（1915—2007 年），1938 年到 1945 年在玻恩指导下分别获得爱丁堡大学哲学博士学位和科学博士学位，回国后先后在云南大学、清华大学和北京大学任教，领导了我国核反应堆和核武器的理论设计；1948 年当选为爱尔兰皇家科学院院士，1955 年当选为中国科学院学部委员（院士），是我国两弹一星元勋。1944 年，玻恩给爱因斯坦写了两封信，提及到了彭桓武，并对他的工作充满了期待。彭桓武与玻恩密切交往，他对玻恩了解颇深，他说"玻恩作为一个理论物理学家，家中竟然有车床，他的演示仪器都是自己加工出来的"。彭桓武回国后，由于从事原子弹研制工作，出于保密需要而没有给玻恩写信联系，玻恩很不高兴。由此可见玻恩很器重彭桓武，很希望和他有所往来。

后来程开甲（1918—2018 年）和杨立铭（任教于北京大学，1991 年入选中国科学院院士）两人在玻恩名下攻读博士学位。玻恩自己在传记里对于这两位新弟子也有很高的评价："在彭之后有两个他的同胞来到了爱丁堡，他们是程（程开甲）和杨（杨立铭）。这两位与彭不是同一类型。在精神上彭是单纯的，除了他那不可思议的科学天赋，他看起来像个强壮的农民。而后来的这两位有教养、气质文雅，是受过良好教育的绅士，两个人在数学方面都受过很好的训练，在物理学方面也有天赋，然而可能没有彭那样高的水平。"

程开甲最早在玻恩指导下从事超导研究，玻恩认为他们合作的理论比海森堡的更好，二人合作在 Nature 等期刊发表了多篇关于超导的文章。回忆起在爱丁堡的求学经历，程开甲曾讲："在这里，我学到了许多先进知识，特别是不同观点的争论。"玻恩当年曾以爱因斯坦为范例告诫程开甲，科学研究的秘诀是不要迷信权威，要敢于"离经叛道"。程开甲认为玻恩的这一教诲是对他学术精神的一场洗礼。

1948 年秋程开甲获得博士学位，1950 年回国。从 1962 年起，程开甲受命负责核武器试验中技术问题，并组建核武器试验基地，人称其为"核司令"，是我国核武器事业的开拓者之一，也是我国核试验科学技术体系的创建者之一，1980 年当选中国科学院院士。程开甲院士为我国国防科技事业做出了突出贡献，是"两弹一星"功勋奖章获得者，是 2013 年国家最高科学技术奖获得者，2017 年 7 月 28 日程开甲被中央军委主席习近平授予"八一勋章"，2019 年 9 月 17 日程开甲被习近平主席授予"人民科学家"国家荣誉称号。

杨立铭 1945 年即到英国留学，辗转多地后在 1946 年（稍早于程开甲）投身于玻恩门下，1948 年 12 月获得博士学位。杨立铭跟随玻恩学习几个月之后，就得到了玻恩的认可。玻恩从当时英国哈威尔原子能中心为杨立铭申请到了奖学金。玻恩认为原子核中存在着壳层结构以及可能的统计解释，杨立铭在很短的时间内，在合理的核密度分布下，导出了这些幻数；这使玻恩很高兴，他们共同在 Nature 上发表了这项工作。

为推介杨立铭关于原子核壳层结构幻数的研究成果并为之辩护，年迈的玻恩先后给当时科学界的知名专家撰写了 20 余封信函，这让人十分感动。从玻恩写给玻尔、海森堡与费米的信函中可以看出，玻恩迅速向这几位物理界重量级人物介绍自己的博士生杨立铭取得的学术成果。该成果简单应用托马斯 - 费米方法，成功解释了当时刚发现的原子核壳层结构中的幻数，引起了国际上的重视，1951 年发表在英国物理学会会刊。玻恩说，杨立铭是按照他的建议做这一研究的，但连他自己也为这一方法如此有效而吃惊；他期待玻尔、海森堡与费米等人对于这一研究成果予以支持。

研究方向也是固体物理的黄昆在获得博士学位后也到爱丁堡大学访问，他来到玻恩这里的主要目的是学习玻恩学派研究晶格的方法和知识。玻恩很欣赏黄昆，请他参与自己的关于晶格动力学的著作，认为他是最合适的合作者。黄昆经过思考之后答应了玻恩的请求；他对于书籍的编撰提出了自己的建议并得到玻恩的采纳，认为需要增加一些理论的实际用途的说明，而不是仅有理论推导。在之后的 3—4 年时间内，两人经常见面讨论书稿的写作问题；具体是黄昆主笔，而玻恩出思路。成稿后，年近七旬的玻恩逐字逐句每个公式都加以校对，核实全部的计算。他对与黄昆的合作很满意，充分肯定了黄昆在本书撰写过程中所起到的决定性作用。

1950 年 9 月 3 日，玻恩在致爱因斯坦的信中说："目前我正在与一位中国合作者做完我一年前开始的关于晶格量子力学的书稿。这一专题工作完全超越了我目前的驾驭能力，如果我能理解年轻人黄昆以我们两人的名义写的任何东西，那对我将是值得高兴的事。但是书中的很多观点需要回溯到我的年轻时代。"在黄昆回国前，玻恩单独找他谈话，告诉他中国很苦，让他多买些吃的带回去；这体现了玻恩对待学生的爱护。

当然，玻恩也有不足，他擅长数学推导而物理直觉可能弱些；海森堡就说过，他在玻恩那里学到了数学，而在玻尔那里学到了物理；彭恒武就被人提醒"向老师学习时要学习其优点而避免其缺点。"总之，玻恩在 20 世纪 40—50 年代对于杨立铭等学生的大力栽培、提携，是其一生培养众多人才过程的缩影。这时的玻恩已进入自己科研与教学事业的尾声，但是他为弟子们的成长而付出的努力，在教书育人时不吝心血的高风亮节，绝非一般人所能比拟。

王福山、彭恒武、程开甲、杨立铭，以及与玻恩有过重要合作经历的黄昆，都对玻恩敬重有加，珍惜与这位物理大师之间的感情。1950 年杨立铭结婚，玻恩曾送一块台布为礼物。杨立铭在世时，这份承载着学生对恩师满满的回忆与怀念的礼物一直被珍藏。

也有多人早哥廷根大学从事访问学者，深受玻恩的影响，比如叶企孙先生听取了玻恩讲授的热力学，魏时珍研修了玻恩的几乎全部课程。当年玻恩培养和影响过的这几位中国年轻人，归国后都成为了物理学家、名校教授，5 人中有 4 位成为中国科学院院士，两位获得我国"两弹一星元勋"称号，一人成为中国固体物理学先驱、中国半导体物理和技术奠基人。因此，当年的这 5 位年轻人都成为了对于中国物理界以及对于中国整个国家都十分重要的历史人物。他们做出的贡献将载入新中国物理学史册，而培养或影响了他们的国际物理大师玻恩为中国物理学界人才培养所作出的重要贡献，也该重笔写入新中国物理学史册。

（3）创建矩阵力学。

矩阵力学是量子力学其中一种的表述形式，它是由海森堡、玻恩和约当于 1925 年完成的。矩阵力学的思想出发点是针对玻尔原子模型中许多观点，诸如电子的轨道、频率等，都不是可以直接观察的。反之，在实验中经常接触到的是光谱线的频率、强度、偏极化及能阶。

海森堡是玻恩最为赏识的学生之一，他称赞海森堡为最敏锐和最有能力的人。1925 年 6 月初，海森堡因患花粉过敏症到荒无人烟的赫尔兰岛疗养，闲来无事，就思考量子力学的问题，并研究出用"某种新的乘法规则"，导出量子定态的能量。疗养归来，海森堡完成了量子力学史上具有划时代意义的论文——《关于运动学与力学关系的量子论转译》（著名的"一人论文"），交给了导师玻恩，然后到英国卡迪文许实验室访问去了。玻恩慧眼识珠，意识到这篇论文意义重大，这篇半截文章经过玻恩的完善后推荐到《物理学杂志》顺利发表（1925 年 7 月）。

之后，学养深厚的玻恩仔细思索了海森堡的论文，意识到海森堡论文中涉及到的表格是矩阵。从海森堡的论文之中，玻恩认识到了海森堡物理思想的重要，但玻恩同时敏锐地察觉出"其方法在教学方面仍处于初始阶段，其假设仅用了简单例子，而未能充分发展成为普遍理论。"

对于当时的欧洲物理学家来说，矩阵几乎是一个完全陌生的名字。甚至连海森堡自己对其也了解甚少，波恩当即决定为海森堡的理论打一个坚实的数学基础。他找到泡利，希望与之合作，但泡利断然拒绝，认为数学运算会损害物理思想。不得已，他找到精通数学、熟悉矩阵运算的年仅 23 岁的助手约当合作，完成《论量子力学》的论文（著名的"二人论文"）。在这篇文章中，玻恩和约当采用海森堡的方式，把坐标 q 动量 p 全部用矩阵加以表示，重建了一种量子力学的新的对易关系：$pq-qp=(h/2\pi i)I$，并发表在《物理学杂志》（1925 年 9 月）。这个关系是非常优美而且重要的公式，晚年玻恩曾回忆说，发现这个优美的公式给他带来的激动，"就像长期远航的水手远远看见了渴望的陆地一样。"波恩和约当奠定了一种新的力学——矩阵力学的基础。

论文发表后，玻恩与海森堡约定进一步合作完善矩阵力学体系。后来，玻恩、海森堡、约当合作写了一篇论文《量子力学Ⅱ》（著名的"三人论文"），发表在 1926 年初的《物理杂志》上。至此，一个崭新的"矩阵力学"王国宣告成立。这个被海森堡称为"新力学"的量子理论，最先解释了原子领域的一系列新问题，其中包括氢光谱的经验公式、光谱在电场磁场中的分裂，光的散射等，对 20 世纪物理学的迅速发展起了巨大的推动作用。

带领弟子们建立量子力学的矩阵力学表达形式是玻恩科学事业的巅峰期，在他看来对易关系式是量子力学的核心，对易关系式是玻恩最了不起的贡献。玻恩在先行者的理论严重失效的情况下，带领学生通过研究，进一步揭示玻尔原子理论的局限性（只能解释最简单的氢元素的光谱），摸索建立新的力学的思想方法和数学工具，经过努力，他们最早成功建立了量子力学的矩阵表达形式。矩阵表达形式是量子力学的一种表达形式，标志着量子力学的诞生。

（4）迟到的诺贝尔奖。

玻恩的诺奖之路非常坎坷。他的学生海森堡、泡利和他的助手奥托·施特恩（1888—1969 年，德国裔美国物理学家，1943 年因发展分子束方法并测出质子磁矩获得诺贝尔物理学奖）都先于他而获奖，为此他常常闷闷不乐。后来玻尔、费米、德布罗意多次提名玻恩为诺贝尔物理学奖获得者。他的老朋友弗兰克在祝贺玻恩 70 周岁生日的贺信中表示，希望玻恩充分认识到自己工作的重要价值，要有信心，将来一定得到诺奖。

玻恩在创立矩阵力学中的作用巨大。事实上，1925 年创立矩阵力学的三篇论文中，他占据了 2.25 篇，第一篇的一小半（算四分之一吧，尽管没有他的署名），第二篇和第三篇，不仅如此，他主导创立了对易关系式；海森堡是 1.75

篇，第一篇的一大半和第三篇；而约当是 2 篇，第二篇和第三篇各一篇。第一篇论文仅仅是海森堡自己，这样算来三个人就都是 2 篇。但是玻恩将第一篇论文进行了完善和深入，因为海森堡给他的仅是论文的一大部分，还没有最后完善；如果玻恩看不到这篇论文所提出思想的重要性，同样不会有后来的矩阵力学的诞生。

作者认为，玻恩在矩阵力学创立中的作用是主导作用。在学术上的贡献和海森堡一样大，海森堡的作用是灵光一现将这个思想进行了初次表述，而约当则是被动的参加，玻恩则是论文的通讯作者，其重要性不在海森堡之下甚至更高。另外，他创立的晶格动力学以及对波函数的理论统计诠释都是重大的科学成果，以他在理论物理学术圈中的资历、地位和成就，应当拿到诺贝尔奖。

只是矩阵力学问世后，由于海森堡是第一篇论文的独立作者，立即受邀到美国、日本等多个国家访问和演讲，国际知名度大大提高。建立矩阵力学的功劳似乎成了他一个人的，连玻恩创立的公式"$pq-qp=(h/2\pi i)I$"也被称为"海森堡非对易关系"。对此海森堡三缄其口，不予置评。

1933 年，海森堡获得 1932 年度的诺贝尔物理学奖，玻恩却榜上无名。事实上，20 世纪 50 年代之后，海森堡在纪念普朗克的文章中亲口承认，当年他还不懂什么是矩阵，矩阵力学最后形式是由玻恩和约当完成的。海森堡 1963 年接受记者采访的时候再次承认这一点。所以，就矩阵力学创立上的贡献而言，玻恩和约当理所当然应该和海森堡一起被授予诺贝尔物理学奖。

海森堡在他的演讲以及各种场合中没有充分肯定玻恩的贡献，反而多次提及玻尔，这多少有点不厚道。相反，玻恩在多个重要场合都把海森堡称为"量子力学的创立者""新理论的奠基者"。尽管玻恩对海森堡的不厚道十分不满、十分失望，但在 1951 年的一次重要学术会议上，他仍然推崇海森堡，把他和爱因斯坦和玻尔等人并列为科学界领袖。由此可见，玻恩为人厚道。

玻恩承认新量子论内在统计随机性，据此做出一生中最大的贡献就是基于对原子系统内碰撞问题的研究而对波函数给出的几率诠释，将微观客体的波动性和其粒子性同意了起来。按照玻恩的观点，电子仍然是粒子，波函数给出的，是电子在空间某处的概率幅。概率幅的平方，决定了电子出现于空间这个点的概率。当时，大多数物理学家都接受他的观点，但爱因斯坦、普朗克、薛定谔和德布罗意等物理学界权威对此抱有怀疑态度。玻恩的几率诠释被哥本哈根学派接受，发展成为对量子力学的哥本哈根诠释。直到 20 多年后，玻恩的量子力学的几率诠释观点被认定是正确的，才被授予诺贝尔物理学奖，此时玻恩已经 72 岁。

获奖后，爱因斯坦发来贺信，信中提到与他在量子理论中做出的贡献相比，这是一个迟来的奖项（事实上，他 1928 年就提名海森堡、玻恩、约当三人因创建矩阵力学而为诺奖候选人）；爱因斯坦认为玻恩对于量子力学的统计解释净化了当时物理学家们的思想。玻恩在回信中说当年未能和海森堡一起被授予诺贝尔物理学奖，一直深深地伤害着他。

（5）《光学原理》的出版。

玻恩任职哥廷根大学物理系主任后，凡事亲力亲为，一个人几乎承包了包括光学在内的所有理论物理课程（20多门课），也关注实验研究。多年高强度的教学和科学研究使得玻恩疲劳成疾，后来妻子移情别恋对玻恩的精神和感情形成几乎致命一击，他心力交瘁。1928年，他不能进行科研和正常教学。在休息了一年之后，他慢慢开始工作但是恢复得比较慢，开始写作《光学》。该书主要内容是他的讲义，在两个学生的帮助下最后写成了完整、全面的光的电磁理论的教科书。后来，由于希特勒上台，这本书因是犹太人的著作无法出版。玻恩严谨的态度和他致力于寻求最好的表述方式等高标准，为后来写作《光学原理》奠定了坚实的基础。

临近退休时，玻恩打算重新编写一本关于光学的书籍，起名《光学原理》。由于年事已高，无法独立完成。于是，他寻找了一位合作伙伴——布拉格的沃尔夫（1922年至今，美国著名光物理学家）。玻恩和沃尔夫经过多轮讨论定下了写作风格、写作内容和章节安排等，经过很多挫折，历经8年这本书终于撰写完成，1959年1月出版，这本书成为了光学领域的圣经。到2005年，其英文版已经再版了7次，翻印了20多次。中文版也经过多人翻译多次出版，包括科学出版社等知名出版社。

《光学原理》全书以麦克斯韦宏观电磁理论为基础，系统阐述光在各种媒质中的传播规律，包括反射、折射、偏振、色散、干涉、衍射、散射以及金属光学（吸收媒质）和晶体光学（各向异性媒质）等。几何光学也作为极限情况（波长→0）而纳入麦克斯韦方程系统，并从衍射观点讨论了光学成像的像差问题。新版增加了计算机层析术、宽带光干涉、非均匀媒质光散射等内容。该书基础性、系统性和学术性兼备。

师承关系

正规学校教育；玻恩的博导希尔伯特，闵可夫斯基曾经教过他；他也在电子的发现者汤姆逊那里做过助手。他至少亲自指导了24位博士生，包括后来的1963年诺贝尔物理学奖获得者迈耶夫人（1930年获得博士学位，有物理学术语玻恩—迈耶势）、1969年诺贝尔生理学奖马克斯·德尔布吕克和奥本海默（1947年获得博士学位）；斯特恩、拉比、维格纳、鲍林、塔姆、赫兹伯格、莫特等多名诺奖得主也深受玻恩影响。玻恩培养了三名中国博士生：彭桓武（1938—1945年，在玻恩指导下获得爱丁堡大学哲学博士学位和科学博士学位）、杨立铭（1946—1951年，在玻恩指导下攻读博士学位并从事博士后研究）、程开甲

（1946—1948 年，在玻恩指导下获得获英国爱丁堡大学哲学博士学位）。

　　王福山在本科阶段选修了玻恩的两门课程；叶企孙（1898—1977 年，中国近代物理学的奠基人）听取了玻恩讲授的热力学；魏时珍（1895—1992 年，哥廷根大学第一个中国留学生，教育家，曾任川康农工学院院长、国立成都理学院院长）研修了玻恩的几乎全部课程。

　　费米在意大利获得博士学位后，1923 年曾到哥廷根玻恩学派的研究团队进修，但是由于性格内向等原因没能成为当时受玻恩器重的核心人物。后来，费米曾多次提名玻恩为诺贝尔奖候选人，包括 1954 年玻恩获奖当年。

　　✦ **学术贡献** ✦

　　他在量子力学、点阵力学、光学甚至化学等领域都曾有卓越非凡的贡献。玻恩还研究了流体动力学、非线性动力学、弹性系统的稳定性、液体理论、场论、相对论等多个领域有重要贡献。

　　（1）玻恩和海森堡、帕斯库尔·约当（1902—1980 年，时年 23 岁，德国物理学家）共同创立矩阵力学，一起发展了现代量子力学的大部分理论，这个理论解决了旧量子论不能解决的有关原子理论的问题。提出 $pq-qp=(h/2\pi i)I$，I 是单位矩阵，h 是普朗克常数，i 是虚数单位，p 是动量和 q 是位置，这是量子力学中的一个基本关系，它被认为是玻恩一生中最为重要的一项贡献。该式是量子力学中动量与坐标的对易关系式，也是矩阵力学里的新量子化条件。杨振宁曾称此方程为物理学"理论框架中之尖端贡献"，达到了"物理学的最高境界"。

　　（2）玻恩在量子物理学中的主要成就是对薛定谔的波函数作出统计解释，即量子力学的几率诠释；提出了玻恩定则，即波函数可以用来计算概率。

　　玻恩以德布罗意的物质波思想和电子具有波动性两条思路为研究起点，系统地提出了一种理论体系，把其中德布罗意电子波认为是电子出现的几率波，即物质波在某一地方的强度跟在该处找到它所代表的粒子的几率成正比；电子运动可以用一个波函数来表征，它不表示一个电子确定的运动方向与确定的轨道，却说明电子占据空间某一点所存在的几率（物质波是几率波）。犹如抛硬币，事先无法判别正反面的方向，却知道它们各自的几率是多少。玻恩用几率波成功地说明了量子力学的波函数的确切含义。

　　（3）晶格动力学是玻恩毕生的研究领域，创立点阵理论，提出了玻恩—卡门边界条件。在这一方面他取得了辉煌的成就，奠定了当代固体物理学的基础，培养了众多在本领域的物理学家。

　　（4）在晶格动力学理论研究过程中，玻恩创立了基于点阵能简单计算化学能的方法，这一方法为化学家所广泛使用。其反响令玻恩感慨："这个浅显的应用给我带来的荣誉却超过点阵理论本身，或者超过我的任何其他研究。或许科学界是对的，在需要的时候取得一些看似不重要的琐碎贡献，要比参与一次哲学革命困难得多，也重要得多。"

（5）他讲授光学课，按照自己希望的方式从基本理论出发去推导和解释光学现象，并精心撰写光学教材。他说在撰写光学著作时，"试图以这样一种方式来表述理论，使得一切结果，追本溯源，实际上都可归到麦克斯韦电磁理论的基本方程，而这组方程就是我们整个考虑的出发点"。玻恩用他从基本原理出发导出一切的方法，严谨地描绘了一幅相当完整的光学知识图画。玻恩的努力极其成功，其著作《光学原理》被光学专家成称为光学界的《圣经》。

（6）在 20 世纪 40 年代末，玻恩较早带领格林开始对液体做原创性理论研究。他发展了一种新方法，它由 N 个分子的 $6N$ 维的相空间开始，然后逐渐递减少这个多维空间内的连续性方程，直到一个分子的六维相空间或其坐标的普通三维空间。玻恩对于自己在较为封闭的爱丁堡仍然能够捕捉物理学前沿生长点感到十分满意。

（7）建立的量子力学微扰理论，在后期的研究中成为处理近似问题的利器。此外还有玻恩定则、玻恩—哈伯循环、玻恩近似、玻恩—英费尔德理论等。

　⮑ **名词解释** ⮐

（1）波函数的统计诠释。

波函数是量子力学中用来描述粒子的德布罗意波的函数，是空间和时间的函数。1926 年，玻恩在爱因斯坦光量子理论中光波振幅正比于光量子的几率密度这一观点的启发下，联系到量子力学中的散射理论，提出了波函数的统计诠释："波函数是一种几率波，它的振幅的平方正比于粒子出现的几率密度，并且波函数在全空间的积分是归一的。"描写粒子波动性的几率波是一种统计结果，几率波的概念将微观粒子的波动性和粒子性统一起来。

（2）玻恩定则。

马克斯·玻恩最先于 1926 年发表论文提出玻恩定则。在这篇论文里，玻恩解析了一个散射问题的薛定谔方程，由于受到爱因斯坦在光电效应研究的启发，玻恩在一个脚注里总结，玻恩定则对于解答给出唯一可能的诠释，即波函数可以用来计算概率。约翰·冯·诺伊曼（1903—1957 年，美籍匈牙利数学家、计算机科学家、物理学家，现代计算机之父、博弈论之父）在他的 1932 年著作《量子力学的数学基础》里阐明谱理论应用于玻恩定则的论述。

在量子力里，玻恩定则是一个基础公设，由原本提出这定则的物理学者玻恩而命名。它给定对量子系统做测量得到某种结果的概率，它与海森堡测不准原理将概率的概念引入量子力学，因此使得量子力学展现出其独特的非决定性质。物理学者做实验尚未发现任何违背玻恩定则的量子行为。

（3）玻恩—卡门边界条件。

在固体物理学中，玻恩—卡门边界条件，又称周期性边界条件，是布拉菲点阵上给定函数的空间周期性边界条件。该条件常在固体物理学中用于描述理想晶体的性质，是分析许多晶体性质，如布拉格衍射和带隙结构的重要条件。

（4）玻恩—哈伯循环。

一个化学反应从始态到终态的实际历程可能比较复杂，甚至不能直接进行，然而我们可以设计一个分步的、甚至是虚构的途径，尽管设计的途径和实际途径不同，但它们的热效应总是相同的。在这种想法的基础上，玻恩和德国化学家哈伯（1868—1934 年，第一个从空气中制造出氨的科学家）设计了一种循环，可以用来进行各种热化学数据的简单的计算，起到验证和补充的实验数据的作用，即波恩-哈伯循环。

（5）玻恩近似。

玻恩近似是玻恩—奥本海默近似的简称，是由物理学家奥本海默与其导师玻恩共同提出的，是一种普遍使用的解包含电子与原子核的体系的量子力学方程的近似方法。玻恩近似在 1928 年发展成为原子轨道模型，在分布理论中起到了先驱作用。在玻恩近似下，体系波函数可以被写为电子波函数与原子核波函数的乘积。玻恩近似由于在大多数情况下非常精确，又极大地降低了量子力学处理的难度，被广泛应用于分子结构研究、凝聚态物理、量子化学、化学反应动力学等领域。

◢ 代表作 ◣

玻恩一生著述丰富，撰写了 300 多篇论文，出版专著 30 部。

（1）1912 年，与冯·卡门合作发表了《关于空间点阵的振动》的著名论文，是有关晶体振动能谱的著述，这项成果早于劳厄（1879—1960 年）用实验确定晶格结构的工作。从此开始了他以后几十年创立点阵理论。

（2）1915 年，他发表了第一部著作《晶体点阵动力学》，该书总结了他在哥廷根开始的一系列研究成果。

（3）1925 年，出版了关于晶体理论的著作《原子动力学问题》，开创了一门新学科——晶格动力学。

（4）玻恩在 1926 年 6 月发表的论文《论碰撞过程的量子力学》中，有这样一个脚注："一种更加精密的考虑表明，几率与的平方成正比。"在科学思想上废除了决定论。

（5）1954 年，与黄昆合作出版了经典著作《晶格动力学理论》，这是一部享誉世界的名著。该书系统、全面地阐述了晶格动力学的有关理论，是固体物理领域的经典著作之一，书中给出了作者在这些领域多年的具有世界水平的研究成果。原书英文版自 1954 年由牛津出版社出版后，至今仍继续再版发行，该书已被世界各国的大学列为有关学科研究生的必读参考书。

（6）1959 年，与埃米尔·沃耳夫（美国罗切斯特大学教授，是玻恩的最后一个助手，曾任美国光学学会主席）合著了《光学原理》，至 2001 年已出至第七版，成为光的电磁理论方面的一部公认经典著作。

☙ 获奖与荣誉 ❧

（1）1948 年，获得了马克斯·普朗克奖章。

（2）1950 年，获得皇家学会 Hughes 奖章。

（3）因对波函数的统计学诠释与德国的另一位科学家瓦尔特·波西于 1954 年同获诺贝尔物理学奖。

（4）他曾被全世界许多学术团体选为荣誉会员并授予多项名誉学位。如剑桥斯托克斯奖章（1934 年）、爱丁堡皇家学会 MacDougall–Brisbane（麦克杜加尔—布列兹班）奖章（玻恩的学生彭恒武一同获奖）和 Gunning–Victoria Jubilee 奖（1945 年）、德国物理学会马克斯·普朗克奖章（1948 年）、哥廷根市荣誉市民（1953 年）、德国联邦十字勋章（1959 年）等；获剑桥大学、牛津大学和柏林大学等十多所大学名誉博士学位。

☙ 学术影响力 ❧

（1）在量子理论的发展历程中，玻恩属于量子的革命派，他认为旧量子论本身内在矛盾是根本性的，为公理化的方法所不容，构造特性架设的办法只是权宜之计，新量子论必须另起炉灶，用公理化方法从根本上解决问题。

（2）从最基础的角度、以最基本的方式在科学界推翻了牛顿以来的决定论，提出了掀起科学思想革命的量子力学几率诠释；在 19 世纪和 21 世纪物理学之间架起宏桥。

（3）以他名字命名的玻恩—奥本海默近似方法在 1928 年发展成为原子轨道模型，玻恩近似在分布理论中起到了先驱作用。

（4）世界知名研究机构、柏林马克斯·玻恩非线性光学和短时间光谱学研究所以其名字命名。该研究所在非线性光学、短脉冲激光产生及其与物质相互作用等研究方面成绩显著。

（5）1982 年，哥廷根大学庆祝玻恩和弗兰克诞辰 100 周年。

（6）为了纪念马克斯·玻恩的贡献，德国物理学会与英国物理学会自 1973 年起每年颁发"马克斯·玻恩奖"给在物理学领域做出特别有价值的科学贡献，轮流颁发给英国和德国的科学家。

名人名言

（1）科学在每个时期都和当时的哲学体系互相影响，它向哲学体系提供观测事实，同时从它们得到思想方法。

（2）粒子运动遵循概率定律，而概率本身按照因果律传播。

（3）我从来不愿意成为专家，而在通常认为属于我的研究领域，我也是一知半解。

学术标签

晶格动力学的创始人、矩阵力学的创始人之一、量子力学的奠基人之一；1939年当选伦敦皇家学会会员，他还是美国国家科学院和美国艺术与科学院院士以及爱丁堡皇家学会会员，是柏林、哥廷根、哥本哈根、斯德哥尔摩等科学院院士。

性格要素

玻恩为人正直、低调、克制、厚道、安静、随和、热情、不张狂、不傲慢，不追求在公众场合成为大家瞩目的核心与焦点。他对待学问，非常严谨；对待自身，非常谦虚、虚怀若谷；对待朋友，非常热情、不争强好胜、不拉帮结派；对待学生，诲人不倦、非常宽容、栽培提携、不遗余力。他的缺点是有时候胆怯、容易让步、妥协、缺乏自信，有时候又直率、倔强而自负。这是玻恩生前身后给人们留下的总体印象。

评价与启迪

（1）巨大贡献。

玻恩的一生是创造的一生，他研究空间点阵学说，探索创立晶格动力学；建立量子力学的矩阵表达形式，提出了量子力学的几率诠释；他发展了倒易原理，坚信物理学基本定律从位置表述到动量表述的变换下具有不变性，这一表述被最早应用于相对论，后来玻恩将它应用于基本粒子。玻恩的物理学贡献巨大，是量子力学诞生的总司令、总指挥。

（2）勤奋、谦虚。

玻恩首要的性格要素是勤奋和谦虚。他在专业上野心勃勃，如果有 3 个月写不出重要的文章，他就情绪低落；这揭示了玻恩既内向、跟自己较劲，又有强烈科学追求的特征。玻恩不认为自己天赋一流，他取得最重要的研究成果时已经年逾 40。但是，他一生勤奋，几乎每天都在思考科学问题，即使在蜜月期也不例外。

玻恩不认为仅凭借自己的努力，就能取得已有的成就，成就不决定于自己，也不仅仅属于自己。在玻恩看来，他的成功很大程度上靠的是好运气。他说"有这样的双亲、找到这样的妻子，拥有这样的孩子、老师、学生以及合作者，都是我的幸运。"换言之，这些人都是他成功的必要条件。

玻恩曾告诫自己不要把自己看成像爱因斯坦、玻尔、海森堡、狄拉克那样一流的物理学家。"如果现在（1961年）我的地位上升了，大家公认我是一流物理学家的话，那完全是因为我运气好地出生在这样的一个历史时期：有许多最基本的成果明摆在那里，等着人们去捡；而我勤奋地做了些工作；还因为我到了相当大的年龄。"玻恩"软"性格的他对世俗追逐的很多目标无所觊觎，毫无称霸学界的野心。

（3）性情绵软，享受科研。

1977年诺贝尔奖获得者、固体物理学家莫特（1905—1996年，卡文迪许实验室第6任主任，我国著名学者黄昆院士的博士导师）曾说："无论怎么评价玻恩的工作，在我看来，他独立做出的对晶体物理学的巨大贡献，本身就是诺贝尔奖水平的成就，如果没有玻恩，这些工作恐怕还要等上10年或更多时间。"

玻恩对于权力与管理性事务缺乏兴趣。玻恩虽然在政治与社会是非面前有原则、有坚持，但是天生倾向于妥协而不好斗。性格偏软仅仅指为人做事不强势、不咄咄逼人，并不是说玻恩软弱无能、没有事业追求。软而不弱、有学术追求且胸怀开阔的玻恩，不是具有统治力的科学政治人物、不能成为科学活动家，但是为科学探索之心所强烈驱使，玻恩既能自己做出一流的学术研究，也能称职地组织和领导一个高效的科学研究团队。

玻恩没有出人头地的领袖欲。作为一位乐于享受安静状态的学者，科学研究与培养杰出人才的工作能给玻恩带来最大乐趣。他说：科学研究的乐趣有点像解十字谜的人所体会到的那种乐趣，然而它比那还要有趣得多；它甚至比在其他职业方面做创造性的工作更有乐趣。

（4）热爱和平、反战勇士。

玻恩一生对于政治十分敏感，尤其晚年投入大量精力关注、探讨并呼吁科学家负起自己的历史使命、关注人类的现状和未来。他还是一位正直、热爱和平的反战勇士，对战争越来越残酷感到忧虑。在自传《我的一生》中，他轻松地叙述了他作为一个和平主义者、一个犹太人和一个忍受顽固性气喘和支气管炎折磨的人，仍然被强迫在德国军队中服役的经历。

后来，玻恩站在公开的立场上反对发展核武器，反对把科学知识用于战争。他是帕格沃希运动的创始人之一；这个运动也叫做帕格沃什（帕格沃什是地名，位于加拿大）科学和世界事务会议，是一个学者和公共人物的国际组织，超越意识形态，动员自然科学家与社会科学家密切合作，为军备控制、核裁军与国际安全献计献策，目的是减少武装冲突带来的危险，寻求解决全球安全威胁的途径。他始终反对原子战争，希望科学仅仅为人类的幸福服务。

（5）宽容大度，忠厚正直。

玻恩有真正的容人雅量，并且脚踏实地培养学生和助手。泡利、奥本海默及贝特等年轻一辈都对玻恩有不敬的举动，但玻恩对他们毫无怨恨，也没做过任何惩罚行为。特别是对于海森堡，他表现得十分大度。当薛定谔的波动力学出来后，他没有因为自己是矩阵力学创始人之一而拒不承认波动力学，而是以欣赏的态度接受了薛定谔的理论。海森堡不理解他的几率诠释并谴责他背叛矩阵力学，对此他淡然一笑；当别人将他最重要的成就对易公式误认为是海森堡的成就时，他也没有任何回应；而应该授予他的诺贝尔奖单独授给了海森堡，他内心虽然很受伤，但是仍旧大度地对海森堡表述祝贺。体现了一个忠厚长者的高风亮节。

68. 饱受争议的物理化学奇才——德拜

姓　　名　彼得·约瑟夫·威廉·德拜
性　　别　男
国　　别　荷兰、美国
学科领域　物理化学、固体物理
排　　行　第三梯队（二流）

德拜像

❧ 生平简介 ❧

德拜（1884 年 3 月 24 日—1966 年 11 月 2 日）出生于荷兰马斯特里赫特，卒于美国纽约。从小聪明伶俐，特别喜欢动脑，他在家乡接受了早期的中小学教育；上学期间，他目标明确，认真刻苦，善于思考，成绩优异。父亲是一位机械师，他跟随父亲学到了很多电机方面的知识，具有很强的动手能力。

1901 年，18 岁的他凭借聪明的头脑和傲人的成绩，进入德国极负盛名的理工类大学——亚琛工业大学学习机电工程，1905 年获机电工程师学位。后来，他对物理学产生了浓厚的兴趣，故而转学物理。在索末菲的指导下，进行研究并于 1910 年获得慕尼黑大学物理学博士学位。

1910 年博士毕业后，他独自开始研究光在各种介质中传播的问题，讨论了各种效应，这为光学研究的发展，甚至激光技术打下了基础。1911 年，他继爱因斯坦受聘为苏黎世大学任理论物理教授。1912 年，回国任荷兰乌得勒支大学教授。在此期间，发现爱因斯坦的比热模型在低温下不吻合，于是改进了他的模型，提出了著名的德拜模型，使得计算值与实际测试值吻合度较高。同年，他改进了"克劳修斯—莫索提方程"，阐释了介电常数和恒定极化率常数之间的关系。

1914—1920 年，任哥廷根大学物理学教授；1920 年重新回苏黎世联邦工业大学 ETH，任实验物理学教授和物理研究所所长。1927 年，去莱比锡大学，任实验物理所所长。

1935 年，德拜成为柏林威廉皇家物理研究所（后来命名为马克斯·普朗克研究所）的所长；1936 年由于在 X 射线衍射和分子偶极矩理论方面的杰出贡献，德拜获得了诺贝尔化学奖。1939 年，纳粹政府命令他加入德国籍，他拒绝并回到荷兰。1940 年他的祖国被希特勒军队入侵之前两个月，他来到美国在康奈尔大学担任化学系系主任和化学教授的职务；1946 年，他加入美国国籍。

1952 年，70 岁的德拜在康奈尔大学退休，但又被返聘为终身荣誉教授。1966 年 11 月 2 日，德拜因心脏病发作，病逝于美国纽约州，享年 82 岁；逝世后被安葬于风景怡人的格罗夫墓地。

❧ 花絮 ❧

饱受争议的德拜。

德拜之所以饱受争议，甚至到了 21 世纪还被广泛调查，其原因是他在纳粹统治时期和纳粹政权的暧昧关系。纳粹铁血统治下的科学界可谓是血雨腥风，在这种人人自危的境地下，德拜不仅仅没有受到迫害反而得到重用——还被委任为莱比锡大学物理研究所所长，1935 年被派往柏林主持改建威廉皇家物理研究所，这不由得别人会怀疑他和纳粹有某种默契。

身为管理者的他在和纳粹政权打交道期间有一些过头的言论，无法断明是否真心。如 1938 年 12 月 9 日，德拜写信给纳粹政府，称"在当前形势下，按照德国法律规定，犹太人不能在德国工作。我要求所有犹太成员递上辞呈，希特勒万岁!"这样做客观上保全了自己，否则在纳粹统治下身为外国人的德拜怎会平安无事？第二次世界大战爆发后，纳粹希望德拜加入德国国籍，甚至不惜采用武力威胁。但德拜婉拒，以回乡探母为由请假离开德国。

1939 年 3 月，为避祸他来到美国讲学，家人一直留在德国并毫发无损。后来，竟然在战争最激烈的 1943 年安然无恙地接走家人，逃往敌对国美国，这实在让人匪夷所思，也是德拜广受争议的根本原因。

有人认为德拜为人处世圆滑，一直和纳粹政权虚与委蛇，保全自身；也有人认为德拜积极抵抗纳粹政权，得到人民的支持和保护；更多的人认为德拜是纳粹走狗。爱因斯坦就曾经误会德拜，写信给康奈尔大学反对聘任德拜。

这场争论直到 21 世纪仍未平息。2006 年出版的《爱因斯坦在荷兰》一书将这场争论推向高潮，称德拜参与了清洗德国犹太人的活动，引起学界的轩然大波，马斯特里赫特政府、乌得勒支大学和康奈尔大学分别介入调查。该书对德拜的名声影响很大，以至于相关大学取消了德拜命名的学院和奖励。

经过多方调查，没有找到德拜与纳粹勾结的证据。相反，有记录表明他与纳粹进行暗战——德拜和他的同事冒着很大的风险帮助被纳粹追杀的奥地利著名女物理学家、被爱因斯坦称为"德国的居里夫人"犹太人莉泽·迈特纳（曾经成功解释了核裂变）逃离德国。

他的儿子保罗说，德拜对政治不感兴趣，只想搞科研。2007 年，有人指出，纳粹统治期间，科学家的压力都很大。为自保，很多人不得不违心发表一些支持纳粹的言论，比如劳厄也曾说过"希特勒万岁"之类的官话，因此不能枉顾当时的情况对德拜苛责求全。

有媒体宣称德拜是机会主义者。他在第二次世界大战期间躲到敌对国美国，为了自身利益暂时与纳粹政权保持一定联系。他这模棱两可的态度是当时部分德国公职人员的无奈之举。

最终，荷兰官方调查结果表明，德拜不是纳粹党员，不是反犹太主义者，没有进一步的纳粹宣传，不是配合纳粹发动战争的鹰犬；但他也不是个民族英雄，他是一个相当务实、灵活和精明的科学家。直到现在，有关德拜的争论也没有休止。2010 年，又有报道怀疑德拜可能是英国第六军情处的间谍。

～❧ 师承关系 ❧～

正规学校教育；博士导师是索末菲，在他的学生中莱纳斯·卡尔·鲍林（1901—1994 年，曾经在德拜实验室访问过一段时间）和拉斯·翁萨格（1903—1976 年，第二次世界大战期间利用他创立的多种热动作用之间相互关系的理论解决了从比较普通的铀 238 中分离出铀 235 的气体扩散法的理论基础，这是发展核弹和核动力的重要一步）先后获诺贝尔化学奖。

～❧ 学术贡献 ❧～

德拜是物理化学界的奇才，他从 26 到 80 岁不断有科研成果问世。在物理化学的多个分支领域中做出重大贡献，他研究范围之广、科研成果之多，堪称物理化学史上的奇迹。

（1）德拜的第一个重要的研究是对偶极矩的理论处理，提出了分子偶极矩概念及其测定方法，提供了分子中原子的排列和原子间距的知识。

（2）1910 年，德拜开始研究光在各种介质中的传播问题，并探讨了各种效应，得出了相应的结论。这些问题的研究为光学研究的发展，甚至为激光技术开辟新的应用领域打下了基础，甚至为汉塞尔（美国科学家）的光导纤维设想开拓了思路。

（3）1911 年，提出了分子的偶极矩公式。

（4）1912 年，他改进了爱因斯坦的固体比热容公式（晶格以同一频率振动的假设过于简单），即德拜模型。他考虑到了频率的分布，德拜模型把晶格当成弹性介质处理，他具体分析的是各向同性的弹性介质提出了德拜模型，得出在常温时服从杜隆—珀替定律，在温度 T→0 时和 T³ 成正比的正确比热容公式；他在导出这个公式时，引进了德拜温度 Θ_D 的概念；每个固体都有自己的德拜温度。但由于过于简化，他的模型在中间温度不太准确。

（5）1916 年，他和谢乐一起发展了劳厄用 X 射线研究晶体结构的方法（德拜—谢乐法），采用粉末状的晶体代替较难制备的大块晶体；粉末状晶体样品经 X 射线照射后在照相底片上可得到同心圆环的衍射图样（德拜谢乐环），它可用来鉴定样品的成分，并可决定晶胞大小，适用于多晶样品的结构测定。

（6）1916 年，他大胆提出了点偶极矩的概念。

（7）研究强电解质理论，1923 年成功地得出了强电解质溶液的当量电导表达式（德拜—休克尔公式）。他和休克尔（1896—1980 年）将阿伦尼乌斯关于溶液中盐离解为带正、负电的原子（离子）的理论加以推广，证明不是部分电离，而是全部电离；提出了强电解质溶液的离子互吸理论。即德拜—休克尔理论。日后，这一理论成为阐明溶质性质的关键。他与休克尔建立了阐述电解质溶液某种性质的数学表达式，即德拜—休克尔公式，这一方程成为现代阐明溶液性质的关键。

1927 年，拉斯·翁萨格（1968 年诺贝尔化学奖得主，提出了电解质溶液的电导公式）在德拜指导下，发展了德拜—休克尔方程，把它推广到不可逆过程，创建了"德拜—休克尔—翁萨格电导理论"，从理论上解决了强电解质的摩尔电导计算问题，成为了强电解质领域诸多理论的基础，为后人研究发展溶液理论奠定了基础。

（8）1929 年，提出了极性分子理论，确定了分子偶极矩的测定方法，为测定分子结构、确定化学键的类型提供数据。他定量地研究了溶质与溶剂分子间的联系，解释了稠密溶液中的一些反常现象。他在分子极化方面的工作，使人们对分子中原子排列的认识有了飞跃。

（9）在溶液理论中他引入一个被称为德拜长度的特征长度，描述了一个正离子的电场所能影响到电子的最远距离。

（10）他的主要成就在于发现了原子比热与温度间关系的规律，对热力学第三定律起了重要作用。

（11）提出了"德拜比热式"，奠定了电解质偶极理论。

（12）1926 年，德拜提出用顺磁盐绝热去磁致冷的方法，用这一方法可获得 1K 以下的低温。

（13）1930 年后，他致力于光线在溶液中散射的研究，发展了测定高分子化合物分子量的技术。

（14）1932 年，德拜和西尔斯以及卢卡斯和比夸特分别独立地观察到超声波对光的衍射。近年来，由于高频声学和激光器的飞速发展，人们利用这一效应对光束频率、强度和传播方向的控制作用制成了声光偏转器和声光调制器等。这些器件已广泛应用于激光雷达扫描，电视大屏幕显示器的扫描，高清晰度的图像传真，光信息储存等近代技术。

（15）德拜通过 X 射线拍摄很多气体分子甚至有机分子，结合偶极距的理论分析得出分子的准确结构，对晶体结构研究方法的改进，拓宽了晶体研究的思路，对人类认识晶体结构起了至关重要的作用。

（16）制成德拜相机，用来研究不同物质的晶体结构。

❦ 代表作 ❧

其主要著作收入《德拜全集》（1954 年）中。

❦ 获奖与荣誉 ❧

（1）因为他通过偶极矩研究及 X 射线衍射研究对分子结构学所作贡献而于 1936 年获诺贝尔化学奖。

（2）他一生中获得过 16 所大学的名誉学位，成为 20 多个国家和地区性科学院的院士，曾获吉布斯、尼科尔斯、普里斯特利等 12 块奖章和 18 个荣誉证书。其中，包括 1950 年德拜获得德国政府颁发的马克斯·普朗克奖章。

❦ 学术影响力 ❧

（1）人们为了纪念德拜，把偶极矩的单位称为"德拜"。

（2）德拜模型、德拜温度、德拜长度（德拜半径）、德拜频率、德拜势、德拜—法尔肯哈根效应、德拜球、德拜级数、德拜比热公式、德拜晶体衍射图、米—德拜散射理论、德拜—沃勒因子、德拜—休克尔理论、德拜—西尔斯效应、德拜屏蔽效应、德拜—休克尔—翁萨格电导理论都众多物理化学名词以其名字命名。

（3）电偶极矩的概念的提出给电磁学加上浓墨重彩的一笔。介电常数可以测量，通过公式可以计算出偶极矩，然后可以很轻松地推测出分子的结构。这一成果为研究分子结构提供了新方法，它成功地阐明了大量有机无机分子的结构。德拜在偶极矩方面的创造性工作大大丰富了人们有关分子结构的知识，得到了欧洲科学界的关注与赞扬。

（4）1962 年，美国化学会设立德拜奖，奖金 5000 美元，用来奖励在物理化学方面或者实验领域有杰出贡献的人士，是美国化学会最负盛名的奖励。大多数获奖者后来都得到了诺贝尔奖。华裔李远哲曾于 1986 年获该奖。

（5）1939 年，他的家乡马斯特里赫特市中心建起了德拜广场，他的半身塑像坐落于广场中心，受后人敬仰。

（6）德拜通过 X 射线研究分子结构的实验十分完美地证实了化学家们所确信的观点——即结构式实际上代表了分子中原子的空间排布，而这一空间排布是与性质相对应的，并且为衍射仪的制造奠定了基础。

（7）如今，德拜相机作为研究晶体结构的基本仪器，广泛运用于冶金化工、地质及工矿企业，目前很多大学的物理实验室仍用德拜相机做晶体结构实验。

～ 名词解释 ～

（1）德拜比热公式（德拜模型）。

1911 年，德拜提出了分子的偶极矩公式和物质比热容的立方定律，也叫德拜公式，或者叫做计算固体热容的原子振动模型——德拜模型。1912 年，德拜改进了爱因斯坦模型，认为爱因斯坦模型假设晶格以同一频率振动过于简单，德拜考虑了晶体中原子的相互作用，认为晶体对热学性能的贡献主要是弹性波的振动，即波长较长的声学支的振动，由于声学支波长远大于晶格常数，故可认为晶体为连续介质。

该模型弥补了爱因斯坦比热模型的不足。德拜模型揭去了低温热容问题的面纱，理论推导和实验数据的矛盾终于得到了化解，这一模型是固体物理中的经典模型，是教材中的必学内容。

（2）德拜温度。

在导出德拜模型时，引进了德拜温度 Θ_D 的概念，也叫德拜特征温度，是固体的一个重要物理量，来源于固体的原子热振动理论，对应于晶格振动的最高频率。它不仅反映晶体点阵的畸变程度，还是该物质原子间结合力的表征，实际上是晶体结合最强键合的一种反映；物质的许多物理量都与它有关，如弹性、硬度、熔点和比热等；不同材料的德拜温度不同，熔点高，即材料原子健结合力强，则德拜温度越高。

德拜考虑到固体中有驻波，而且各原子的振动幅度由该原子在驻波中的位置决定，即每种物质都有自己的德拜温度 Θ_D，这一理论推翻了爱因斯坦理论中分界温度恒定的说法。低于德拜温度固体的热熔与温度 T^3 成正比的规律被称为德拜模型（定律）；大于德拜温度时，固体比热是个常数。

（3）德拜长度。

德拜长度，也叫德拜半径，是描述等离子体中电荷的作用尺度的典型长度，是等离子体的重要参量，常用 λ_D 表示；反映了等离子体中一个重要的特性—电荷屏蔽效应。成为溶液理论和等离子体物理中的一个基本物理量，也是衡量一团电离气体是否为电中性的标准。

*德拜频率是天文学固有频率；德拜球、德拜势是天文学专有名词。

（4）德拜—法尔肯哈根效应。

1929 年，德拜于法尔肯哈根研究电解液在电场作用下的离子运动情况时认为，由于溶液中离子间的相互作用，而产生它们的空间关联，任何离子的转移，都要求近邻离子重新调整它们的相对位置，而这些都是与时间有关的，因而使电导和介电常数和所加电场的频率有关，从而发现德拜—法尔肯哈根效应。即加在电解液上的电压的频率很高时，可使电解液的电导增加。这种效应经过水对二恶烷和甲醇及甲苯系统的检验，证明是正确的。

（5）德拜级数。

德拜级数是麦克斯韦方程的严格解，同时它将散射系数展开成一个无穷级数之和，给出了各种散射过程的物理意义。

（6）德拜—沃勒因子。

德拜—沃勒因子，得名于彼得·德拜和伊瓦尔·沃勒，在凝聚态物理学中描述的是 X 射线衍射中由热运动引起的衰减，又被称作 B 因子或者温度因子。

（7）德拜—休克尔理论。

德拜—休克尔理论，是 1923 年提出的强电解质溶液理论，为其他电解质溶液理论基础。德拜和休克尔（1896—1980 年，德拜的博士生，曾任玻恩的助手）根据电磁学理论和分子运动论，提出了用离子强度计算水溶液中正、负离子平均活度系数的公式，简化后的方程称为德拜—休克尔极限公式，即强电解质溶液的当量电导表达式。

（8）德拜—西尔斯效应。

德拜—西尔斯效应，也叫声光效应。1921 年布里逊曾预言：在有短波长的压力波横向通过的液体中，当可见光照射时，会出现类似于一刻线光栅那样产生衍射现象。是 1932 年由德拜、西尔斯等人分别观察到了声光衍射现象——当超声波穿过介质时，在其内产生周期性弹性形变，从而使介质的折射率产生周期性变化，相当于一个移动的相位光栅。当光通过这一受到超声波扰动的介质时就会发生衍射现象；这种现象称为声光效应。德拜—西尔斯效应在于拓宽应用频率，可以测定超声波在液体中的速度。随着声光现象的研究和相关技术的发展，声光器件研制成功，声光信号处理也已经成为光信号处理的一个分支。

（9）德拜屏蔽效应。

德拜屏蔽效应是指等离子体有一种消除内部静电场的趋势，这种效应是带电粒子通过改变其空间位置的组合而产生的。若在等离子体内放入两个分别带有正、负电荷的电极，它们将吸引异种电荷的粒子，排斥同种电荷的粒子，在它们的周围就形成了一层空间电荷层，空间电荷的电量正好与电极上的电荷量相因此，它们所产生的电场完全等而符号相反。被空间电荷的电场所屏蔽，在等离子体内没有电场。

（10）电偶极矩。

连接+q 和-q 两个点电荷的直线称为电偶极子的轴线，当所考虑的电场内的一点到这两个点电荷的距离比它们之间的距离大的多时，从-q 指向+q 的矢径$\vec{r}$和电量 q 的乘积定义为电偶极子的电矩，也称电偶极矩，通常用$\vec{p}$表示。电偶极矩的物理意义是电荷系统的极性的一种衡量。

✒ 名人名言 ✑

无从考证。

✒ 学术标签 ✑

物理化学奇才、1936 年诺贝尔化学奖获得者。

✒ 性格要素 ✑

治学上孜孜不倦、勤奋求实，生活上务实、灵活和精明。

✒ 评价与启迪 ✑

德拜的科研生涯等同于他的生命，退休后的他仍然活跃在各种科学研讨会上，思路依然非常清晰，在他生命的最后 12 年里，仍是美国科学界的一面旗帜。德拜在物理化学发展史上留下的贡献是不可磨灭的。他在物理化学领域的研究成就使他无愧于物理学家和化学家的双重称号，就像许多伟大的科学家都是数学家一样。作为一个科学家，他的一生是伟大而辉煌的，他做出的贡献举世瞩目，无愧于物理化学奇才这个名号。

69. 不务正业的守门员、哥本哈根理论物理学派教父——玻尔

姓　　名　尼尔斯·亨利克·戴维·玻尔
性　　别　男
国　　别　丹麦
学科领域　量子力学
排　　行　第一梯队（超一流）

✒ 生平简介 ✑

玻尔（1885 年 10 月 7 日—1962 年 11 月 18 日）出生于哥本哈根一个较为富有的家庭，从小受到良好的家庭教育，性格温婉但有决断力的母亲对玻尔的性格影响很大。身为大学教授的父亲对工作一丝不苟，

玻尔像

经常在家和哲学或物理学教授聚会，讨论社会科学或自然科学问题。玻尔从懂事时就开始旁听，父辈的言论对玻尔起到了潜移默化的作用。

幼年的玻尔做事缓慢却十分认真，学习勤奋，成绩优秀，尤其是物理和数学。他的不足是学语言十分费力，但他从未放弃，一生都在努力克服这个困难。无论是科学论文、大会发言稿，还是给朋友的信件，他都会花费很多时间去一遍又一遍地抄写手稿。这反映了玻尔对准确性的迫切要求和使自己的著作能传递尽可能多信息的强烈愿望。

为了培养玻尔的动手能力，父亲为他购置了车床和工具，使其在修理钟表或者自行车的过程中，锻炼了动手能力。1903 年，18 岁的玻尔进入哥本哈根大学数学和自然科学系，主修物理学。1907 年，玻尔以有关水的表面张力的论文获得丹麦皇家科学文学院的金质奖章，并先后于 1909 年和 1911 年分别以关于金属电子论的论文获得哥本哈根大学科学硕士和哲学博士学位。随后去英国学习，先在剑桥大学汤姆逊（电子的发现者）主持的卡文迪许实验室担任科研助手；几个月后转赴曼彻斯特，参加了曼彻斯特大学以卢瑟福为首的科学集体，从此和卢瑟福建立了长期的密切关系，亦师亦友。

1912 年，玻尔注意到了金属中的电子运动，并明确意识到经典理论在阐明微观现象方面的严重缺陷。此时普朗克和爱因斯坦将量子理论引入电磁学，玻尔适时地意识到这一概念的重要性，并积极地引入量子学说的观点，极富创造性地把普朗克的量子说和卢瑟福的原子核概念结合了起来。

1913 年初，玻尔任曼彻斯特大学物理学教授时，开始研究原子结构。他认为电子在原子核心周围移动，就像行星绕太阳移动一样，这是一种革命性的物理思想。通过对光谱学资料的考察，玻尔写出了《论原子和分子构造》的长篇论著，提出了量子不连续性，成功地解释了氢原子和类氢原子的结构和性质，提出了原子结构的玻尔模型。正是由于电子轨道也就是原子结构的稳定性和经典电动力学的矛盾，才导致玻尔提出背离经典物理学的革命性的量子假设，成为量子力学的先驱。

1916 年，玻尔任哥本哈根大学物理学教授；1917 年，当选为丹麦皇家科学院院士。1921 年 3 月正式创建哥本哈根理论物理研究所并任所长，在此后的 40 年他一直担任这一职务。他所在的理论物理研究所在 20 世纪二三十年代成为物理学研究的中心，逐渐形成了哥本哈根物理学派。

1921 年，玻尔发表了《各元素的原子结构及其物理性质和化学性质》的长篇演讲，阐述了光谱和原子结构理论的新发展；诠释了元素周期表的形成，对周期表中从氢开始的各种元素的原子结构作了说明，同时对第 72 号元素的性质作了预言。1922 年，第 72 号元素铪的发现证明了玻尔的理论，玻尔由于对于原子结构理论的贡献获得诺贝尔物理学奖（普朗克提名）。1930 年代中期，研究发现了许多中子诱发的核反应；玻尔提出了原子核的液滴模型，很好地解释了重核的裂变。1921 年玻尔针对量子力学提出哥本哈根诠释，但遭到了独立提出相对论的爱因斯坦和薛定谔等人的反对，他们从决定论的物理思想出发与玻尔他们的几率论针锋相对。至此，玻尔与爱因斯坦间开始了物理学界思想的伟大交锋。

1939 年，玻尔任丹麦皇家科学院院长。第二次世界大战开始后，丹麦被德国占领。1943 年 9 月底，犹太血统的玻尔一家为躲避纳粹的迫害，离开丹麦，绕道瑞典前往英国。

1944 年，玻尔担任"曼哈顿计划"顾问，前往美国洛斯阿拉莫斯参与曼哈顿计划，即原子弹有关的理论研究。费曼后来回忆说，当时玻尔被大家当成物理学界的神一样尊敬，亲昵地称他为"尼克大叔"。1945 年战争结束后，玻尔一家回到丹麦，此后致力于推动原子能的和平利用。

1947 年，丹麦政府为了表彰玻尔的功绩，授予他"宝象勋章"。1952 年，玻尔倡议建立欧洲原子核研究中心（CERN），并且自任主席。1955 年，玻尔参加创建北欧理论原子物理学研究所，担任主任。同年，丹麦成立原子能委员会，玻尔被任命为主席。

1962 年 11 月 18 日，玻尔因心脏病突发在丹麦的卡尔斯堡寓所逝世，享年 77 岁。至此，人类失去了一位天才的科学家和思想家，一位争取世界和平和各国人民相互谅解的战士，一位纯朴、诚实、善良和平易近人的全人类的朋友。世界上许多国家的有关机构给丹麦皇家科学协会发来了唁电、信函，沉痛悼念这位科学巨人。玻尔的夫人是玛格丽特女士，其四子奥格·尼尔斯·玻尔（1922 年 6 月 19 日—2009 年 9 月 8 日）也是物理学家，也参与了曼哈顿计划，并于 1975 年获得诺贝尔物理学奖，成就了父子双诺贝尔奖的佳话。

❧ 花絮 ❧

（1）爱挑刺的刺头。

玻尔性格耿直，经常给教材和老师挑毛病，让大家很尴尬。他大学的时候给父亲的老友霍夫丁教授的教材挑毛病，指出其中不合逻辑的地方。宽厚的霍夫丁接受了批评，甚至还对玻尔缜密的逻辑思维大加赞赏。

玻尔爱挑刺的性格让他吃了大亏。玻尔对汤姆逊提出的曾经广受接纳和好评的"葡萄干蛋糕模型"提出了批评，指出其很多不合理的错误，还在第一次见面就指出了汤姆逊论文中的错误，为此彻底惹怒了汤姆逊。而耿直的他还拿出自己的论文希望汤姆逊推荐发表在英国皇家学会的刊物上。玻尔在剑桥大学卡文迪许实验室度过了非常难受的半年时光。甚至在他后来提出了让他名扬天下的原子模型的时候，汤姆逊批评说"这根本就是无知"。

如果不是后来卢瑟福出手，让他加入曼彻斯特大学自己的研究团队，玻尔还真不知以后怎么办呢？这也是为什么后来玻尔一直尊称卢瑟福为自己的第二位父亲的根本原因：危难时候出手相助，雪中送炭，给了他温暖。

（2）不务正业的守门员。

玻尔喜欢足球运动。在故乡，玻尔是一名足球运动员，而不是科学家，他经常和弟弟哈那德·玻尔（著名的数学家）共同参加职业足球比赛。可当他喜欢上物理学之后，就把心思都放在了物理上；在哥本哈根大学的足球场上，玻尔经常因为思考物理问题而忘记了足球比赛，他这个守门员也就成了摆设。

1908 年，玻尔和其弟哈那德并肩出现在奥运会足球赛场上，23 岁的玻尔担任守门员，哈那德担任中场球员，两人所在的丹麦国家队在决赛中对阵英国，结果丹麦输了比赛，是不是与玻尔这个不务正业的守门员有关系呢？

（3）免费啤酒屋。

在玻尔的家乡，他很受人尊敬。一个丹麦酿酒公司为玻尔建造了一座名为"荣誉之家"的住宅。该公司给该房子修建了一条能供给新鲜啤酒的管道，当然，这完全是免费的，打开水龙头就可以直接饮用啤酒。从此以后，玻尔的家里总是宾客如云！

（4）爱好和平，支持正义。

玻尔热爱和平，热爱自己的国家，为维护国家安全世界和平他也奉献了自己的一分力量。

1933 年希特勒夺取了政权，德国沦为法西斯国家。玻尔敏锐察觉到纳粹将要对犹太人实施迫害，及时转移了大批犹太科学家，还亲自参加丹麦的抗敌组织，反对纳粹暴行。玻尔还积极创立丹麦救援移民委员会，对从德国逃难到丹麦的难民给予大量支持和帮助。

1940 年，法西斯侵占了丹麦，丹麦政府宣布投降。这时许多大学打电话邀请玻尔全家到他们那里去避难和工作，但他依旧坚定地留在哥本哈根理论物理研究所。玻尔拒绝与侵略者合作并不与支持侵略者的人来往；1943 年 9 月，希特勒政权准备逮捕玻尔，要劫持他到德国去。为躲避纳粹的迫害，玻尔一家在反抗运动参加者的帮助下冒着极大的危险，通过厄勒海峡（位于瑞典南部同丹麦西兰岛之间）的一条秘密通道逃往瑞典。去瑞典之前，将他的诺贝尔奖金牌溶于王水之中，后来回丹麦后重新铸造了那枚金质奖章。

过了不久，弗雷德里克·林德曼（数学家，索末菲曾跟随其学习数学）来电报邀请玻尔到英国工作。在英国待了两个月后，根据美国总统罗斯福和英国首相丘吉尔签署的魁北克协议，玻尔被任命为英国的顾问与查德威克等一批英国原子物理学家远涉重洋去了美国，参加制造原子弹的曼哈顿计划。玻尔也和爱因斯坦一样，以科学顾问的身份积极推动了原子弹的研制工作。

玻尔不但有科学家的直觉，也不乏政治家的远见。他预感到核武器的危害，试图尽力说服各大国首脑达成禁止使用核武器的协议。他坚决反对在对日战争中使用原子弹，也坚决反对在今后的战争中使用原子弹，始终坚持和平利用原子能的观点。他积极与美国和英国的国务活动家取得联系，参加了禁止核试验，争取和平、民主和各民族团结的斗争。对于原子弹给日本造成的巨大损失，他感到非常内疚，并为此发表了《科学与文明》和《文明的召唤》两篇文章，呼吁各国科学家加强合作，和平利用原子能，对那些可能威胁世界安全的任何步骤进行国际监督，为各民族今后无忧无虑地发展自己的科学文化而斗争。

（5）玻尔的氢原子结构模型。

1911 年，英国物理学家卢瑟福根据 1910 年进行的 α 粒子散射实验，提出了原子结构的行星模型。在这个模型里，电子像太阳系的行星围绕太阳转一样围绕着原子核旋转。但是根据经典电磁理论，这样的电子会发射出电磁辐射，损失能量，以至瞬间坍缩到原子核里。这与实际情况不符，卢瑟福无法解释这个矛盾。

1912 年，玻尔在卢瑟福行星模型的基础上引入了普朗克的量子概念，创造性地把普朗克的量子说和卢瑟福的原子核概念结合了起来。1913 年 2 月，受后来哥本哈根大学校长、光谱学家汉斯提醒，玻尔注意到了巴尔末公式，从光谱线的组合定律达到定态跃迁的概念使得他顿受启发。玻尔豁然开朗，明白了为何电子稳定存在于轨道上的原因——电子只能在特定的轨道上释放特定的能量，受到激发的电子会跃迁到更高的轨道，然后释放出符合巴尔末公式的能量后又回到基态，基态就是玻尔规定的电子势能为零的那个轨道。此事被称为玻尔的"二月转变"。

玻尔在原子结构问题上迈出了革命性的一步，提出了定态假设和频率法则，从而奠定了这一研究方向的基础。1913 年 3 月 6 日，玻尔结合了普朗克的量子概念、里德伯-里兹组合原则和卢瑟福关于原子的核式结构模型，阐述氢原子结构的半经典理论。他提出了电子在核外的量子化轨道，解决了原子结构的稳定性问题，描绘出了完整而令人信服的原子结构学说。当年 7 月、9 月、11 月，经由卢瑟福推荐，《哲学杂志》接连刊载了玻尔的以《论原子和分子构造》《单原子核体系》和《多原子核体系》为题的一组三篇论文，标志着玻尔原子结构模型的正式提出。论文中，玻尔采用了当时已有的量子概念，提出了几条基本的"公设（公认为真，因而无需证明其为正确的陈述或表述）"，提出了至今仍很重要的原子定态、量子跃迁等概念；有力地冲击了经典理论，推动了量子力学的形成。这三篇论文也成为物理学史上的经典，被称为"玻尔模型的三部曲"，立即轰动了世界物理学界。这是原子理论和量子理论发展史上的一个重要里程碑。

玻尔认为：在原子系统的设想的状态中存在着所谓的"稳定态"。在这些状态中，粒子的运动虽然在很大程度上遵守经典力学规律，但这些状态稳定性不能用经典力学来解释，原子系统的每个变化只能从一个稳定态完全跃迁到另一个稳定态。与电磁理论相反，稳定原子不会发生电磁辐射，只有在两个定态之间跃迁才会产生电磁辐射。辐射的特性相当于以恒定频率作谐振的带电粒子按经典规律产生的辐射。按照这一模型，电子环绕原子核作轨道运动，外层轨道比内层轨道可以容纳更多的电子，离核愈远能量愈高，可能的轨道由电子的角动量必须是 $h/2\pi$ 的整数倍决定，较外层轨道的电子数决定了元素的化学性质，如果外层轨道的电子落入内层轨道，将释放出一个带固定能量的光子，辐射的频率和能量之间关系由 $E=h\nu$ 给出。

玻尔原子模型通过定态假设和频率法则说明了原子的稳定性，通过引入量子化条件成功地解释氢原子光谱线规律，大大扩展了量子论的影响，加速了量子论的发展，见图 2-38。

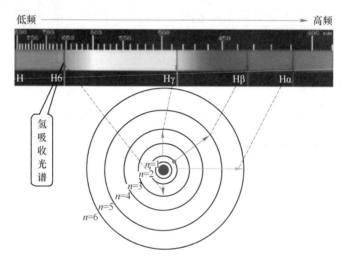

氢原子由带正电的原子核和带负电的电子构成；
电子只能在一系列特定的轨道上运动；
当电子从低能级轨道跳到高能级轨道时，会吸收特定频率的光子；
当电子从高能级轨道跳到低能级轨道时，会释放特定频率的光子。
图 2-38　玻尔的氢原子模型

1914 年，玻恩的好友、德国哥廷根大学物理系教授弗兰克和电磁波的发现者 H.赫兹的侄子 G.赫兹一起进行了用电子轰击汞蒸汽的实验，即弗兰克—赫兹实验。他们利用电场加速由热阴极发出的电子，使电子获得能量并与管中水银蒸气原子发生碰撞。实验结果显示，当电子能量达到某一临界值时，就发生非弹性碰撞，电子将一定量的能量传递给水银原子，使其激发，进而便可观察到水银原子发射的光谱线，发现了汞原子内存在的能量为 4.9eV 的量子态。1920 年代，二人又继续改进实验装置，发现了汞原子内部更多的量子态，这个事实无可非议地说明了水银原子具有玻尔所设想的那种"完全确定的、互相分立的能量状态"，有力地证实了玻尔模型的正确性。因此，这个实验是玻尔所假设的量子化能级的第一个决定性的证据；二人也因为这个出色的贡献，分享了 1925 年的诺贝尔物理学奖。

1915 年，德国物理学家索末菲把玻尔的原子理论推广到包括椭圆轨道，并考虑了电子的质量随其速度而变化的狭义相对论效应，导出光谱的精细结构同实验结果吻合；再一次证明了玻尔原子模型的正确性。1931 年底，美国物理学家哈罗德·克莱顿·尤里观察到了氢的同位素氘的光谱，测量到了氘的里德伯常数，和玻尔模型的预言符合得很好。

玻尔的理论第一次将量子观念引入原子领域，提出了定态和跃迁的概念，开创了揭示微观世界基本特征的前景，为量子理论体系奠定了基础，这是一种了不起的创举。玻尔理论在解释氢原子光谱的频率规律方面取得了相当圆满的结果，在说明星体光谱中某些线系的起源方面纠正了流行的看法，他的定态概念得到了越来越确切的实验验证，他的某些理论预见也得到了实验的证实，见图 2-39。爱因斯坦评价说："玻尔的电子壳层模型是思想领域中最高的音乐神韵"。开尔文爵士写信祝贺玻尔时承认，玻尔论文中很多新东西他不能理解，但他有句话说得十分深刻，大意是：基本的新物理学必将出自无拘无束的头脑！

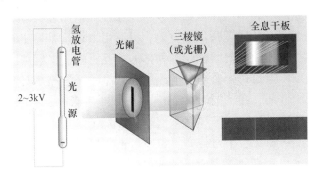

图 2-39 记录氢原子光谱原理示意图

玻尔的原子结构模型是旧量子论的内容；旧量子论是在经典力学的基础上引入一些量子化假说的一种过渡化的理论，仍有很大的局限性——如该模型强行规定电子轨道定态，电子运动并不辐射能量；不能解释氢原子光谱的精细结构，不能解释氢原子光谱在磁场中的分裂；且对于稍微复杂一点的多点子原子如氦原子，玻尔理论就无法解释它的光谱现象；这说明玻尔理论还没有完全揭示微观粒子运动的规律。它的不足之处在于保留了经典粒子的观念，仍然把电子的运动看做经典力学描述下的轨道运动。实际上，原子中电子的坐标没有确定的值。因此，我们只能说某时刻电子在某点附近单位体积内出现的概率是多少，而不能把电子的运动看做一个具有确定坐标的质点的轨道运动。

（6）互补原理。

1927 年初，海森堡、玻尔、薛定谔、狄拉克等成功地创立了原子内部过程的全新理论量子力学，玻尔对量子力学的创立起了巨大的促进作用。玻尔认识到他的理论并不是一个完整的理论体系，还只是经典理论和量子理论的混合；他的目标是建立一个能够描述微观尺度的量子过程的基本力学。

1927 年 9 月 16 日，在意大利科莫召开的"纪念伏特逝世一百周年"的国际物理大会上，玻尔在标题为《量子公设和原子理论的晚近发展》的演讲中，首次提出了著名的"互补原理"。这是他于 1927 年 2—3 月间在挪威度假滑雪期间灵机一动构想出来的。玻尔表示，量子现象无法用单独一种的物理图景来展现，而必须应用互补的方式才能完整地描述。在随后举行的第五届索尔维会议上，玻尔再一次提出互补原理，其发言稿整理后登载在英文的《自然》期刊。

当描述微观物体的量子行为时，必须同时思考其波动性与粒子性。互补原理阐明，不能用单独一种概念来完备地描述整体量子现象，为了完备地描述整体量子现象，必须将分别描述波动性、粒子性的概念都囊括在内。这两种概念可以视为同一个硬币的两面。按照玻尔的说法，微观物体具有的相互矛盾的波动性与粒子性同时存在，互为补充，无法在验证一种特性的同时保证另一个特性不受到干扰或破坏。互补原理从哲学高度概括了波粒二象性，指出经典理论是量子理论的极限近似，而且按照互补原理指出的方向，可以由旧理论推导出新理论。

互补原理起因于实验仪器与被观测物体的相互影响。在经典力学里，仪器与物体的相互作用可以通过对实验条件的改进而减小甚至忽略不计。可以同时去测量物体的各种不同性质，在此过程中不会对物体产生影响，把这些性质加起来，就可以对于物体的现象给出完整描述。但是，在量子力学里，仪器与物体的相互作用在原则上是不可避免、不可控制、也不可被忽略的。在测量物体的任意一种性质的同时，会不可避免地对物体产生搅扰，因此不能同时测量物体的所有性质。另外，不同的实验可能会得出互相矛盾的结果，这些结果无法收集于单独一种物理图景中。因此，只有采用互补原理这更宽广的思维框架，包容这些互相矛盾的性质，才能完整地描述量子现象。总之，互补原理是宏观与微观理论以及不同领域相似问题之间的对应关系。

互补原理又称互补性原理、并协性原理，是量子力学基本原理之一，与海森堡的不确定关系是量子力学哥本哈根解释的两大支柱。互补原理奠定了哥本哈根学派对量子力学解释的基础，这在后来量子力学的建立发展过程中得到了充分的验证。海森堡在互补原理的指导下，寻求与经典力学相对应的量子力学的各种具体对应关系和对应量，由此建立了矩阵力学。互补理论在薛定谔、狄拉克发展波动力学和量子力学的过程中也起到了指导作用。

互补原理的提出，使我们的认识论有了进一步的推广，指出了经典认识论只是在一定条件下才适用。由互补原理引出的认识论指出，单独说客体的属性、规律是没有意义的，必须同时说明主体的情况与其采取的观测方式，主体对客体的认识必须通过对客体施加影响来实现。因此，主客体之间存在着不可分离的联系。但是在一定条件下主体对客体的影响可以忽略，这时经典认识论就是适用的。

玻尔和海森堡都认为，不确定性原理是更深层互补性概念的表象，是互补原理的必然结果。事实上，互补原理，不确定性原理，波粒二象性是相辅相成的。

（7）对应原理。

对应原理（也称对应论证）是旧量子论时期玻尔（1920 年正式提出）的一个重要贡献。在矩阵力学出现后，玻尔曾表示："量子力学的整个工具，可以看成是对包含在对应原理中的那些倾向的一种精确表述"。

玻尔的宏伟目标却从一开始就是要说明各种原子和分子的形形色色的物理性质和化学性质，特别是说明显示这些性质的变化情况的元素周期表，为了达到这样的目的，为了更深入地探索经典理论和量子理论之间的关系，玻尔逐步发展并于 1918 年初次阐述了对应原理。他注意到，随着量子数的不断增大，他的理论和经典理论趋于一致，在量子数趋于无穷大的时候，原子的能量趋于连续，这与经典力学一致。

他认为，按照经典理论来描述的周期性体系的运动和该体系的实际量子运动之间存在着一定的对应关系。具体地说，体系的经典广义坐标傅里叶系数和体系的跃迁几率之间存在着简单的对应关系。后来这一理论被称为对应原理，其主要内容是：在原子范畴内的现象与宏观范围内的现象可以各自遵循本范围内的规律，但当把微观范围内的规律延伸到经典范围时，则它所得到的数值结果应该与经典规律所得到的相一致。对应原理也可以描述为：在涉及众多量子的经典极限下，量子定律的平均结果应导致经典方程。上面的几种说法完全等效。

从哲学上来说，普遍的对应原理可以描述为任何一个新理论的极限情况，必须与旧理论一致。对应原理对科学研究有重大指导作用，可以间接地说明新理论的正确性，同时也阐明了物理定律、原理等都有一定的适用条件和范围。玻恩认为，对应原理在当时的发展水平上是从经典力学通向量子力学的桥梁。

玻尔的对应原理触发了大量的研究工作，突出的表现是在矩阵力学的建立上——玻恩和海森堡在对应原理的指导下创立了矩阵力学。而玻尔本人则吸收了别人的研究成果，利用自己的对应原理对各种元素的光谱和 X 射线谱、光谱线的塞曼效应和斯塔克效应、原子中电子的分组和元素周期表，甚至还有分子的形成，都提出了相对合理的理论诠释。

对应原理反映了物质在数量增多的情况下，各种理论之间都是连续的，都是可以互相印证的；如果新的理论在极限情况下不能达到旧的理论，那新的理论的正确性就存疑问。可见，这是一个重要的物理哲学思想。

（8）哥本哈根理论物理学派。

该学派是玻尔创立的，他是这个学派的领袖和灵魂人物。其实这个学派的由来十分不容易，玻尔刚去哥本哈根大学任物理学教授的时候，他的办公室很难满足研究的需要。第二年，他向学校数理学院提交了一份建议书，希望成立一个"既是教授理论物理学的中心，又是为联系这一学科中的科学工作而进行数学计算和实验考察创造机会的中心"，哥本哈根大学十分重视并上报丹麦教育部。在国家的高度重视下，1918 年 11 月，丹麦教育部长正式颁布同意开始兴建"大学理论物理研究所"的批文。丹麦政府投资 500 万克朗，在哥本哈根大学建设研究所大楼，嘉士伯基金会（丹麦啤酒公司的品牌）提供了大部分购买仪器设备的经费，索末菲也大力支持该研究所的成立。

1921 年 3 月 3 日，哥本哈根大学理论物理研究所正式成立，玻尔担任所长。玻尔在充满激情的致词中强调指出，研究所不仅是科学研究的场所，而且也是科学教育的中心，特别要不断吸收青年一代，让他们熟悉科学的最新成果和研究方法。此后，按照这个思路，他缔造了举世闻名的哥本哈根理论物理学派，成为了世界一流的原子物理研究机构。

为了尽快提高研究所人员的科研素养并扩大研究所的学术影响力，玻尔邀请各地具有声望的物理学家如薛定谔、奥地利女物理学家梅特涅等人来研究所讲学、交流，举办学术研讨会。在玻尔的热忱邀请下，1922 年年轻的物理学家泡利来到哥本哈根工作一年；玻恩的学生海森堡于 1924 年初次到哥本哈根逗留了 8 个月，1926 年担任了研究所的讲师。

在哥本哈根大学理论物理研究所成立后的 10 年间，从世界各地 17 个国家前来访问并连续逗留时间超过 1 个月的物理学家共有 63 位，其中大部分是年轻人，分别来自欧洲、北美和亚洲，包括中国的周培源（1902—1993 年，中国科学院院士，中国近代力学奠基人和理论物理奠基人之一，曾任清华大学校长、中科院副院长、九三学社中央主席等职）。

玻尔开展学术活动以讨论为主；为了追求科学真理，年轻人可以畅所欲言，也可以争论，不怕丢丑；讨论气氛严肃活泼并有幽默感。在这里，个性较强的泡利也能得到充分发挥并得到广泛的尊重。在这种"哥本哈根精神"的激励下，成功地建立了世界一流的理论物理学派，成为当时世界上力量最雄厚的物理学派，一些最有前途的、年轻而思想尚未成熟的物理学者可以在学派内自由地展现自己的才华。海森堡、薛定谔、泡利、狄拉克、汉斯·克拉默斯（海森堡不确定性原理的先驱者）、奥斯卡·克莱因（瑞典理论物理学家）及乔治·德海韦西（匈牙利化学家，1943 年获诺贝尔化学奖）等人都先后曾在那里研究学习受此影响，取得了很多世界级的科研成果。

哥本哈根理论物理学派坚持从实验事实出发建立理论，并以实验结果检验自己的理论，打破经典力学的框框，重视微观世界同宏观世界的联系。他们曾创立量子力学、矩阵力学，发现测不准关系，提出量子力学的统计解释，还重视量子力学中哲学问题的研究，但受到实证主义思潮的影响。为解释测不准关系，玻尔提出"互补原理"。

玻尔具有热心提携青年、奖掖后学的美德（哥本哈根学派成员中大多数是30岁左右的年轻人）；玻尔具有开放性的国际性精神（不同国籍、语言、文化和性格的科学家纷纷赶到哥本哈根，共同探索量子力学的深刻含义）；玻尔在性格上是幽默的、外向的、合群的，"在生活中和思想上迫切需要和别人在一起"，这一点与爱因斯坦在科学上的离群个性迥异。

哥本哈根学派已经突破了丹麦这一地域概念，它的成员来自英国、法国、德国、美国和苏联等，具有广泛的国际性。其中，玻尔、海森堡、泡利以及狄拉克等都是这个学派的主要成员。哥本哈根学派对量子力学的创立和发展作出了杰出贡献，并且它对量子力学的解释被称为量子力学的"正统解释"。玻尔本人不仅对早期量子论的发展起过重大作用，而且他的认识论和方法论对量子力学的创建起了推动和指导作用，他提出的著名的"互补原理"是哥本哈根学派的重要支柱。

该学派提出的量子跃迁语言和不确定性原理（即测不准关系）及其在哲学意义上的扩展（互补原理）在物理学界得到普遍的采用。因此，哥本哈根学派对量子力学的物理解释以及哲学观点，理所当然是诸多学派的主体，是正统的、主要的解释。

玻尔有能力把世界上最活跃、最有天资、最敏锐的物理学家集合在自己的周围，逐渐树立了自己的风格，"哥本哈根精神"——高度的智力活动、大胆的涉险精神、深奥的研究内容、完全自由的讨论和判断与快活的乐观主义精神。

尖端的科研方向、适宜的科研环境、卓越的学术领袖，直接孕育和缔造了伟大的哥本哈根学派。哥本哈根学派享誉世界，与玻恩的哥廷根学派、索末菲的慕尼黑学派并驾齐驱，成为当时国际物理学的三大研究中心之一，被许多物理学家誉为"物理学界的朝拜圣地"和"量子力学的诞生地"，开创了现代物理学史上的黄金时代。

这里先后培养了600多名物理学家，先后有32位诺贝尔奖获得者曾受益于这个中心或在这里工作过。他还经常在此举办非公开的小型年会，邀请各国著名的物理学家出席，相互学习，启发交流，人们誉之为"哥本哈根精神"。"哥本哈根精神"是玻尔留给科学界永远的财富，也留给人类最宝贵精神财富：高度的智力活动、大胆的涉险精神、深奥的研究内容与快活的乐天主义的混合物，科学家们在切磋中互相提高，在争论中完善理论，彼此之间平等无拘束地讨论以及紧密合作的学术气氛。这种精神至今仍在科学研究领域受到推崇。

哥本哈根理论物理研究所就在丹麦首都哥本哈根一条不起眼的街道旁，没有围墙，也没有警卫，就几栋五六层高的小楼。在研究所主楼前的广场上，有一个巨石雕塑，在这个雕塑下，曾经有无数的诺贝尔物理学奖得主在这里留过影像，见图 2-40。玻尔，既有高水平科研能力，也有鼓动力、号召力，学术思想灵活但又坚持原则，能开宗立派，能带领团队走向成功，这也是为什么他能名列前十，位列超一流物理学家的根本原因。

图 2-40　哥本哈根大学理论物理研究所（左图）、玻尔曾经的办公室（右图）

大多数年轻物理学家对玻尔都非常敬重，其中包括以狂傲著称的泡利和朗道。泡利终生对玻尔执弟子礼，十分敬重，把认识玻尔看成是自己的幸运。朗道不仅敬重玻尔，而且还很谦虚地向他请教过有什么秘诀能把这么多有才华的年轻人聚集在自己周围；玻尔的回答是：我只是不怕在他们面前暴露自己的愚蠢。

（9）著名的科莫会议。

科莫市是意大利北部靠近米兰的一个小城，也是亚历山德罗·伏特的故乡。1927 年，在伏特去世一百周年纪念上，在科莫市召开了一个著名的学术会议，后来称为"科莫会议"。

科莫会议邀请了当时几乎所有的最杰出的物理学家，在纪念科学伟人伏特的同时探讨物理学的最新进展。赴会者包括玻尔、海森堡、普朗克、泡利、波恩、洛伦兹、德布罗意、费米、克拉默斯、劳厄、康普顿、维格纳、索末菲、德拜、诺依曼等人，遗憾的是，爱因斯坦和薛定谔未能出席，同样没能赶到科莫的还有狄拉克和玻色。

在准备科莫会议讲稿的过程中，互补原理的思想进一步在玻尔脑中成型；他决定在这个会议上把这一大胆的思想披露出来。在准备讲稿的同时，他还给《自然》杂志写短文以介绍这个发现。

会上，玻尔以《量子公设和原子论的最近发展》为题做了发言，讲稿长达 8

页。这个演讲中玻尔第一次描述了波粒的二象性，用互补原理详尽地阐明我们对待原子尺度世界的态度。他强调了观测的重要性，声称完全独立和绝对的测量是不存在的。当然，互补原理本身在这个时候还没有完全定型，一直要到后来的索尔维会议它才算最终完成，不过这一思想现在已经引起了人们的注意。

波恩赞扬了玻尔"中肯"的观点，同时又强调了量子论的不确定性；他特别举了波函数"坍缩"的例子，来说明这一点。这种"坍缩"显然引起了冯诺依曼的兴趣，他以后会证明关于它的一些有趣的性质。海森堡、费米和克拉默斯等人也都作了评论。

但是，也有人持反对或者不理解的态度。比如罗森菲尔德说："这个互补原理只是对各人所清楚的情况的一种说明"，意思是玻尔在"自圆其说"，不具备普适性。维格纳总结道："大家都认为玻尔的演讲没能改变任何人关于量子论的理解方式。"但科莫会议的历史作用仍然不容低估，互补原理第一次公开亮相，标志着量子力学的哥本哈根诠释迈出了关键的一步。

（10）量子力学的哥本哈根诠释。

哥本哈根学派对量子力学的解释至今为止一直被称为量子力学的正统解释。哥本哈根经典解释即哥本哈根诠释是量子力学的一种诠释；是由玻尔和海森堡于1927年在哥本哈根合作研究时共同提出的。

根据哥本哈根诠释，在量子力学里，量子系统的量子态，可以用波函数来描述，这是量子力学的一个关键特色，波函数是个数学函数，专门用来计算粒子在某位置或处于某种运动状态的概率，测量的动作造成了波函数坍缩，原本的量子态概率地坍缩成一个测量所允许的量子态。哥本哈根诠释包含了几个重要的观点。

1）一个量子系统的量子态可以用波函数来完全地表述，波函数代表一个观察者对于量子系统所知道的全部信息。

2）按照玻恩定则，量子系统的描述是概率性的，一个事件的概率是波函数的绝对值平方（马克斯·玻恩）。

3）不确定性原理阐明，在量子系统里，一个粒子的位置和动量无法同时被确定（海森堡）。

4）物质具有波粒二象性；根据互补原理，一个实验可以展示出物质的粒子行为，或波动行为；但不能同时展示出两种行为（尼尔斯·玻尔）。

5）测量仪器是经典仪器，只能测量经典性质，像位置、动量等。

6）对应原理：大尺度宏观系统的量子物理行为应该近似于经典行为（尼尔斯·玻尔与海森堡）。

玻恩提出的"波函数的概率表达"、海森堡著名的"不确定性原理"和玻尔提出的"互补原理"，三者共同构成了量子力学"哥本哈根诠释"的核心。前两者摧毁了经典世界的（严格）因果性，互补原理和不确定原理又合力捣毁了世界的（绝对）客观性。这条诠释在整个自然科学以及哲学的发展和研究中都起着非常显著的作用，至今仍然深刻地影响着我们对于整个宇宙的终极认识。

爱因斯坦等人提出的 EPR 佯谬使得物理学家对于量子力学的哥本哈根诠释的完备性产生很大的疑问。德布罗意认为量子效应表面上的随机性完全是由一些不可知的变量所造成的，假如把那些额外的变量考虑进去，整个系统是确定和可预测的，符合严格因果关系的。所以，恢复实在论和决定论的最佳方法是在波函数中加入隐变量，使得系统获得完备的描述。但玻尔和海森堡认为没有必要在量子理论中加入隐变量；当 1932 年美籍匈牙利裔科学家冯·诺依曼宣布证明了隐变量的量子理论是不可能时，他们很高兴。

1964 年，爱尔兰数学家约翰·贝尔发表了非常重要的贝尔不等式（一个强有力的数学不等式，在定域性和实在性的双重假设下，对于两个分隔的粒子同时被测量时其结果的可能关联程度建立了一个严格的限制），证明了定域性隐变数不可能存在。贝尔不等式不成立意味着，爱因斯坦所主张的局域实体论的预测不符合量子力学理论，对哥本哈根诠释是个很好的支持。但是，这种支持并不完全，因为非定域性的隐变数诠释仍未被推翻。随着技术上不断突破经典和量子领域之间模糊不清的疆界，当今的物理学家对于原子的实在性表现出更多的不安。因此，我们将审慎研究哥本哈根解释，这也是前沿物理学家所默许的立场。

目前，也存在其他多种诠释。比如多世界诠释认为，所有量子理论所做出的可能性的预言，全部同时实现，这些现实成为互相之间一般无关的平行宇宙。在这个诠释中，总的波函数不塌缩，它的发展是决定性的。但是由于我们作为观察者，无法同时在所有的平行宇宙中存在。因此，我们只观察到在我们的宇宙中的测量值，这个诠释不需要对测量的特殊的对待。薛定谔方程在这个理论中所描写的也是所有平行宇宙的总和。

（11）错误的 BKS 理论。

康普顿在美国发现了康普顿效应，表明了光量子的存在。这让一直笃信波动理论的玻尔大卫困惑，他不太倾向于相信光量子的存在。为了调停波动理论与粒子理论的矛盾，玻尔于 1924 年与其助手克拉默斯及斯雷特三人发表了一篇题为《辐射的量子理论》的论文。论文中提到了以 3 个人名字的首个字母命名的 BKS 理论，提出"波子"及"几率波"模型，尝试同时从波和粒子的角度去解释能量转换。在 BKS 理论看来，在每一个稳定的原子附近，都存在着某些"虚拟的振动"。这个理论放弃了光是粒子的光量子假设，尝试运用对应原理，在波与粒子之间建立一种对应关系。这样一来，就可以同时从两者的角度来解释能量转换，用统计方法重新解释能量及质量守恒。

BKS 理论主要包含三个核心想法，分别来自三位作者。第一个想法是所谓的

"虚辐射场"，它被认为是不同原子间的一种联系，并具有诱发量子跃迁的功能，这是斯雷特的贡献；第二个想法是放弃建立在光量子概念之上的不同原子对辐射的吸收与发射间的因果联系，这个表述得有些含糊的想法是克拉默斯的点子；第三个想法则是放弃基元过程（即单个光量子与电子的相互作用）中的能量动量守恒，而将之弱化为一个统计性的定律，这是玻尔的主意。

玻尔放弃能量动量守恒是斯雷特所反对的，在后者的原始想法中不仅没有放弃能量动量守恒，甚至还为光量子概念留出了位置，只是屈服于玻尔才勉强同意了玻尔的观点。后来当 BKS 理论被实验证伪后，玻尔向斯雷特表示了歉意。克拉默斯也反对玻尔对光量子的看法及对能量动量守恒的放弃。泡利和爱因斯坦等明确表示坚决反对 BKS 理论，因为放弃能量和动量守恒是违背物理学基本原则的。另外，玻尔提出的氢原子理论虽然引用了普朗克的量子化概念，却没有跳出经典力学的范围，而电子的运动并不遵循经典物理学的力学定律。

最终对 BKS 理论构成重击的则是实验判决。这一判决来得很快，距离 BKS 论文的发表仅仅过了一个月左右，德国物理学家玻特（1928 年用 α 粒子轰击轻金属铍）和盖革（1882—1945 年，卢瑟福的助手，发明了盖革计数器）对康普顿效应进行了细致研究，其实验的初步结果对 BKS 理论很不利；康普顿等人的研究也与 BKS 理论是完全矛盾的，对玻尔的观点直接判了死刑。

放弃能量动量守恒是一个异常大胆的想法，这明显违背了经典物理学，而放弃光量子的想法则违背了量子力学。物理学的基本原则和重要支柱都放弃了，怎么可能正确呢？1925 年 4 月 21 日，玻尔正式认错，短命的 BKS 理论寿终正寝。

应当指出，BKS 理论中仍然存在一定的正确成分。比如玻尔等人提出的微观粒子以"虚辐射场""虚振子发射"等观念，却极有价值；经过改进和完善，已经形成量子场论中关于粒子相互作用的一种普遍图像，成为粒子物理中广泛使用的概念。而玻尔的学生兼助手克拉默斯有人利用 BKS 的虚拟振子思想研究了色散关系。

通过玻尔原子理论发展历程的研究，揭示了人们认识客观世界的科学思维和研究方法也在不断的演变，同时也体现了人类认识客观世界的手段和工具的进化，以及科学研究方法演变和突破。

（12）玻尔第二次错误。

关于在微观尺度下，能量和动量的守恒性，玻尔一直持怀疑态度，这个想法持续了有 10 多年，大体从 1924—1936 年。在他的 BKS 理论破产后，玻尔又提出了一个重大的问题，就是 β 衰变中的能量损失问题。

从宏观尺度进入原子尺度时我们经历了量子力学革命；玻尔认为从原子尺度进入到更细微的原子核尺度时，也要经历另一次科学革命；他把互补原理用在了从原子尺度到原子核尺度的变化。

1929 年，玻尔将自己的观点写成一篇题为《β 射线谱和能量守恒》的短文寄给了泡利。在那篇短文中，他不仅提出了 β 衰变中能量动量不守恒的可能性，而且还设想这种不守恒性或许有助于解释当时尚未盖棺论定的太阳的发光之谜。泡利建议他冷静，因为违反能量守恒是不可能的。

在接下来的几年间，他在信件、会议讨论及公开演讲中不止一次地提到核物理中能量动量不守恒的可能性。而泡利本人则于 1930 年提出了能量问题的正解，那就是 β 衰变在发射电子的同时还发射了一种看不见的中性粒子，是它带走了一部分能量，使其余部分看起来不守恒了。泡利提议的中性粒子就是我们如今所说的中微子。

玻尔直到 1936 年才放弃能量动量不守恒的提议。那时虽然中微子仍未被观测到，但意大利物理学家费米在中微子假设基础上建立起来的四费米子相互作用理论得到了很好的实验支持。当玻尔最终认识到了自己的错误，并真正从错误中走出来了，而且对来自其他人的类似想法产生了抵御能力。比如他提醒狄拉克不要犯了他类似的错误（认为能量动量有可能不守恒）。

另外，玻尔还犯过一个错误。玻尔对于爱因斯坦提出的光量子，一直抱有深刻的疑虑，不赞成把光子看做电磁场的基本单元。因此，玻尔在同他的合作者讨论的时候，取消了斯雷特原来关于虚光子传递电磁作用这一后来在量子电动力学的发展中被证明具有关键意义的正确想法。这个错误也为后来玻—爱之争埋下了伏笔。

（13）索尔维会议及玻—爱之争。

索尔维国际物理学化学研究会是由比利时企业家欧内斯特·索尔维于 1912 年在布鲁塞尔创办的一个学会。此前一年他通过邀请方式，在比利时布鲁塞尔举办了第一届国际物理学会议，即第一次索尔维会议。在此次成功之后，研究会继续负责邀请世界著名的物理学家和化学家对前沿问题进行讨论的会议。索尔维会议致力于研究物理学和化学中突出的前沿问题，每三年举办一次，规律为第一年是物理学，第二年轮空，第三年是化学。这会议常被趣称为"集中了全人类三分之一的智慧"。

1927 年，第五届索尔维会议在比利时布鲁塞尔召开了，因为发轫于这次会议的阿尔伯特·爱因斯坦与尼尔斯·玻尔两人的大辩论，这次索尔维峰会被冠之以"最著名"的称号。本次峰会大腕云集，年龄跨度很大，从二十几岁到年近七旬的都有。主要参与者有普朗克（量子论的创始人，为量子力学的创立奠定了基础），主持人是洛伦兹（经典电子论的创立者，填补了经典电磁场理论与相对论之间的鸿沟，是经典物理和近代物理间的一位承上启下式的科学巨擘）。其余成员主要有爱因斯坦、玻尔、洛伦兹、玻恩、朗之万、埃伦费斯特、海森堡、狄拉克、德拜、居里夫人、薛定谔、泡利、W.L. 布拉格、康普顿、德布罗意、布里渊、朗缪尔、威尔逊等29位著名科学家，其中有17人获得了诺贝尔奖，号称物理史2000年来最豪华阵容被称为人类历史上智商最高群体的照片，见图2-41。

图2-41　第五届索尔维会议参加者、物理科学史上迄今为止最强合影

会议从1927年10月24—29日，主题是"电子和光子"。会议议程是：布拉格作关于X射线的实验报告，康普顿报告康普顿实验以及其和经典电磁理论的不一致，德布罗意作量子新力学的演讲（主要是关于粒子的德布罗意波），玻恩和海森堡介绍量子力学的矩阵理论，薛定谔介绍波动力学。最后，玻尔在科莫演讲的基础上再次做那个关于量子公设和原子新理论的报告，进一步总结互补原理，给量子论打下整个哲学基础。这个议程本身简直就是量子论的一部微缩史，从中可以明显地分成三派：只关心实验结果的实验派、哥本哈根派和爱因斯坦阵营。

互补原理引起了爱因斯坦的严重不满，并激发了两派之间的长久论战，两大学派主要人物见图2-42、图2-43。在第五届索尔维会议上，爱因斯坦以"上帝不掷骰子"的观点反对海森堡的不确定性原理，向玻尔发出了攻势。玻尔却不失诙谐地答道"爱因斯坦，不要告诉上帝该怎么做。"二人之间思想交锋的次数不胜枚举。长期论战非但没有使他们变得"仇人相见"，反而使他们之间产生了更加深厚的情谊。

玻尔　　　　海森堡　　　　泡利　　　　玻恩

图2-42　哥本哈根学派四大奖

爱因斯坦　　　　　　　德布罗意　　　　　　　薛定谔

图 2-43　爱因斯坦阵营三大将

本次大会的看点是哥本哈根学派与爱因斯坦阵营的大对决，双方就量子力学的解释问题进行激烈论战。以玻尔为中心的便是哥本哈根学派，年轻、激情是他们的标签，因而被称为反叛的一群。其中有尼尔斯·玻尔、马克斯·玻恩、海森堡、沃尔夫冈·泡利等。爱因斯坦阵营除了爱因斯坦本人之外，还有薛定谔和德布罗意等人。两派争论的焦点是量子力学的理论诠释。玻恩的概率解释、海森堡的不确定性原理和玻尔的互补原理，三者共同构成了量子论"哥本哈根诠释"的核心。

从根本上来说，爱因斯坦的相对论虽然推翻了牛顿的绝对时空观，却仍保留了严格的因果性和决定论。而哥本哈根诠释却更激进——概率解释和不确定性原理摧毁了经典力学构建的严格因果性，互补原理和不确定原理又合力捣毁了世界的绝对客观性。哥本哈根诠释抛弃了经典的因果关系，宣称人类并不能获得实在世界的确定结果，它称自己只有由这次测量推测下一次测量的各种结果的分布几率，而拒绝对事物在两次测量之间的行为做出具体描述。这导致了爱因斯坦与哥本哈根学派之间的尖锐争执。

第五届索尔维峰会一开始就充满了火药味。因为观念的差异，爱因斯坦与玻尔领导的哥本哈根学派之间的分歧不断扩大。整个巅峰对决主要有三个阶段；第一轮，"上帝的鞭子"泡利首先开火攻击德布罗意的导波理论（粒子是波场中的一个奇异点，波引导着粒子运动），认为这是开历史的倒车；德布罗意招架不住，不得已举起白旗投降。第二轮，玻恩和海森堡集中火力猛烈攻击了薛定谔的"电子云"，后者认为电子的确在空间中实际地如波般扩散开去；他们认为波函数本身是个不可观测量，波函数的平方代表粒子在空间某点出现的概率，电子本身不会像波那样扩展开去，只是它在空间出现的概率像一个波，严格地按照波函数的分布展开。如此一来，量子规律本质上是统计性的，非决定论的。薛定谔最后只能选择缴械投降。

第三轮，双方主帅爱因斯坦与哥本哈根学派掌门人玻尔在会议上就量子力学的哥本哈根诠释是否完备展开了精彩的对决，两位物理史上的大师在此次会议上展开的争论将会议掀至高潮。哥本哈根学派主张：量子力学是一种完备的理论，它的基本物理假说和数学假设是不能进一步修改的；而信仰因果律的爱因斯坦认为哥本哈根的概率诠释并不完备，强调量子力学不能描写单个体系的状态，只能描写许多全同体系的一个系统的行为，违反了决定论。

爱因斯坦指出波函数坍缩过程与相对论的不相容，爱因斯坦认为，波函数坍缩不可能是一种真实的过程，这要求某个瞬时的超距作用。他的这一分析是关于量子力学与相对论的不相容的最早认识。然而，与会的物理学家对波函数的坍缩过程的认识还很模糊。他们普遍认为，这一过程只是一种瞬时的选择过程，不需要进一步的描述和说明。爱因斯坦以"上帝不会掷骰子"的观点反对海森堡的不确定性原理，而玻尔反驳道："爱因斯坦，不要告诉上帝怎么做"。

1927 年这场高峰对决，爱因斯坦终究输了一招；哥本哈根派和它对量子论的解释大获全胜。玻恩哀叹说："我们失去了我们的领袖（指爱因斯坦）。"海森堡在写给家里的信中说："我对结果感到非常满意，玻尔和我的观点被广泛接受了，至少没人提得出严格的反驳，即使爱因斯坦和薛定谔也不行。"埃伦费斯特则气得对爱因斯坦说："你把自己放到了和那些徒劳地想推翻相对论的人一样的位置上了；我为你感到脸红！"

最有名的一次争论发生在三年后第六次索尔维会议上。爱因斯坦提出了光盒的问题，以求驳倒不确定性原理。玻尔当时无言以对，但冥思一晚之后发现巧妙地进行了致命的反驳，使得爱因斯坦用来否定不确定原理的"光盒"倒变成了论证不确定原理的理想实验，爱因斯坦只得承认不确定性原理是自洽的。玻尔去世前一天还在工作室的黑板上画了当年爱因斯坦那个光盒的草图。第七次索尔维会议爱因斯坦因为流亡美国而没有参加。

1935 年 5 月，爱因斯坦等人发表了题为《能认为量子力学对物理实在的描述是完备的吗》的论文，提出了著名的"EPR 悖论"，使这场论战再次出现了一个高潮。由于第二次世界大战，论战平息了一个时期。

1949 年，为纪念爱因斯坦 70 寿辰，玻尔写了题为《就原子物理学中的认识论问题和爱因斯坦进行的商榷》的文章，爱因斯坦则以《对批评的回答》论文作为反驳。这两篇文章都带有总结性，不过他们都没能说服对方。爱因斯坦与玻尔在争鸣中惺惺相惜，爱因斯坦高度评价玻尔的贡献，玻尔也感念爱因斯坦的支持，他们之间建立了长久的友谊。尽管发生在两个伟人之间的巅峰论战，其结果有的还尚需进一步实践的检验，但是两人这种不畏艰难险阻、勇于坚持真理的精神足以使玻尔及其哥本哈根学派名载史册。

1927—1937 年，玻尔和爱因斯坦已就量子力学的诠释问题进行长达 10 年的争论，其间 1927 年、1930 年、1935 年是三次高潮。这一争论持续了 20 多年。

但越来越多的精确实验证明量子论的结果正确，使之成为有史以来最精确的理论。在事实面前，爱因斯坦有所省悟，态度也在逐渐改变。在 1936 年写道："毫无疑问，量子力学已经抓住了真理的美妙一角。但是，我不相信量子力学是寻找基本原理的出发点，正如人们不能从热力学（或者统计力学）出发去寻找力学的根基。"另外，他在 1953 年 10 月 12 日致玻恩的信中表示支持几率解释。

近年来，世界各国都在做实验验证两人争论的正确性，结果所有的实验结果都支持量子力学的结论，证明爱因斯坦定域实在论是错误的。二人的争论也在我国"墨子号"卫星上得到了检验；2017 年，我国"墨子号"卫星进行的对量子"纠缠态"的实验确认，以超过 99.9% 的置信度在千公里距离上验证了量子力学的正确性，其成果发表在国际权威学术期刊《科学》杂志上。

（14）与爱因斯坦的友谊。

玻尔和爱因斯坦是在 1920 年相识的。那一年，年轻的玻尔第一次到柏林讲学，从此和爱因斯坦结下了长达 35 年的友谊。但也就是在他们初次见面之后，两人即在认识上发生分歧，随之展开了终身论战。他们只要见面，就会唇枪舌剑，辩论不已。爱因斯坦与玻尔围绕关于量子力学理论基础的解释问题，开展了长期而剧烈的争论，但他们始终是一对相互尊敬的好朋友。玻尔高度评价这种争论，认为它是自己"许多新思想产生的源泉"。有一次爱因斯坦诘问玻尔："请您说一下究竟什么是光？"玻尔毫不客气地说："您可以去请德国政府下道命令：光就是波，禁止利用光电效应；或音光就是微粒，禁止利用光栅衍射。"

长期论战丝毫不影响他们深厚的情谊，他们一直互相关心，互相尊重。爱因斯坦直到 1922 年秋才被决定授予他 1921 年度的诺贝尔物理学奖，瑞典皇家学会诺贝尔奖评选委员会并决定把 1922 年度的诺贝尔物理学奖授予玻尔。这两项决定破例同时公布。

当时玻尔对爱因斯坦长期未能获得诺贝尔奖深感不安，怕自己在爱因斯坦之前获奖。因此，当玻尔得知这一消息后非常高兴。立即写信给正在去日本交流旅途中的爱因斯坦。玻尔在信中表示，自己之所以能取得一些成绩，是因为爱因斯坦作出了奠基性的贡献。因此，爱因斯坦能在他之前获得诺贝尔奖，他觉得这是"莫大的幸福"。爱因斯坦在接到玻尔的信后，当即回信说："您热情的来信像诺贝尔奖一样使我感到快乐。您担心在我之前获得这项奖，您的这种担心我觉得特别可爱——它显示了玻尔的本色。"

（15）玻尔的性格中的两面性。

由于在原子结构上的伟大贡献，玻尔被誉为"原子结构学说之父"。玻尔不仅是玻尔研究所的至高无上的权威和统治者，无论在什么场合，玻尔都尽展理论物理代言人的做派与强大气场。富有魅力的个人性格和强势不屈服的学术原则，使得他的性格具有两面性。

玻尔虽然学问渊博，但也有不少缺点。有人说他是一个脾气古怪的教师，口才欠佳，有时候思维混乱，不容易让人理解。他的这些缺点会使他的学生或者科研助手受到考验。玻尔思考和写作的习惯，是在同学生、助手或访客的讨论中逐步修改成形。他写文章，是每想到一点，就让人记录下来，然后再反复修改。一次玻尔让狄拉克做记录，狄拉克被这种翻来覆去的修改弄得十分烦躁，实在憋不住而爆发出来："玻尔教授，我念中学时老师就教我说，在把句子想好之前不要开始写。"

第二次世界大战之后，芝加哥大学物理系有人建议请玻尔来作讲座。对此，费米非常反对，当建议者以"让学生见一见这位伟大人物大有好处"为由劝说费米时，费米说，事实上玻尔混乱、糊涂的思想只能伤害学生。

玻尔最大的特点也许就是他的思维和理解力的缓慢，在科学会议上他也明显地表现为反应迟缓。常常会有来访的年轻物理学家就自己对某个量子论的复杂问题所进行的最新计算发表宏论。每个听的人对论证都会清清楚楚地懂得，唯独玻尔不然，于是每个人都来给玻尔解释他没领会的要点。

（16）玻尔与中国学者。

我国周培源院士是第一个到玻尔研究所访问的中国物理学家。1928年秋，周培源到德国莱比锡，在海森堡领导下工作。1929年上半年至秋，应瑞士泡利教授之约从事量子力学研究。由二人推荐，周培源于1929年4月到哥本哈根，参加了玻尔召集的会议，会见了当时很多知名的物理学家。

1937年2月初到4月底，周培源、吴有训、蔡元培、李书华、蒋梦麟、梅贻琦、罗家伦、孙洪芬等人分别代表中央研究院、国立北平研究院、国立北京大学、国立清华大学、国立中央大学、浙江大学和中华教育文化基金会等机构先后多次发出正式邀请信，请玻尔访华。1937年4月30日玻尔给吴有训回信，感谢来自中国大学和科学机构的邀请，并告知将于5月20日到达上海，在中国逗留两三个星期。在中国讲演的题目是"原子核"和"原子物理中的因果性"。

1937年5月20日（星期天）下午4时，玻尔偕夫人玛格丽特及儿子汉斯·玻尔乘客轮抵达上海，受到中央研究院物理研究所所长丁燮林及上海科学界著名人士的热烈欢迎。随后玻尔一行先后到过上海、杭州、南京和北京等城市，先后在上海交通大学、浙江大学文理学院、国立中央大学、北京大学理学院等作了几场学术报告。演讲的内容主要涉及原子物理、核物理以及因果关系等问题，玻尔所到之处皆受到热烈欢迎。在访问中国期间，当玻尔见到中国古代的太极图时显得无比兴奋，如获至宝，他认为中国古代的太极图完美准地表达了他互补原理的思想精髓。

在中国访问的2—3周内，玻尔和中国当时的文化名流进行了广泛的接触，主要有丁燮林（1893—1974年，时任中央研究院物理研究所所长）、黎照寰

（1898—1968 年，时任上海交通大学校长）、庄长恭（1894—1962 年，时任中央研究院化学研究所所长）、杨肇燫（1898—1974 年，北京物理学会第一届理事长，当时朱光亚是秘书长）、胡刚复（1892—1966 年，中国近代物理学先驱，时任浙江大学文理学院院长）、张绍忠（1896—1947 年，物理学家、教育家、曾代理浙江大学校长，时任浙大物理系主任）、何增禄（1898—1979 年，时任浙江大学物理系教授）、束星北（1907—1983 年，中国伟大的理论物理学家和杰出的教育家，曾担任爱因斯坦的助教，其主要工作在广义相对论与量子力学方面，被誉为"中国雷达之父"，李政道、程开甲以及曾任浙江大学副校长的李文铸等都是他的学生）、王淦昌（中国科学院院士、"两弹一星功勋奖章"获得者）、竺可桢（时任浙江大学校长）、朱家骅（时任浙江省政府主席、中央研究院院长）、罗家伦（时任国立中央大学校长）、楼光来（时任中央大学文学院院长）、郑晓沧（曾任浙江大学代理校长）、吴有训（时任清华大学理学院院长）、饶毓泰（时任北京大学理学院院长）、李书华（时任北平研究院院长）、孙洪芬（时任中华教育文化基金会干事长）、蒋梦麟（时任北大校长）、吴大猷（中国物理学之父，李政道和杨振宁的老师，曾任台湾中央研究院院长）、郑华炽（我国著名光谱学家，曾任西南联合大学物理系主任、北京大学教务长、北京师范大学研究部副部长和副教务长等职务）、梅贻琦（时任清华大学校长）、赵忠尧（第一次发现反物质正电子，入选本次排行榜）、霍秉权（改进威尔逊云室，曾任清华大学物理系主任、郑州大学副校长、河南省科学院副院长）等多位知名学者。

在玻尔访问杭州期间，王淦昌与束星北等中国学者有过深度学术交流，讨论了许多物理问题；玻尔称束星北是爱因斯坦一样的大师。王淦昌曾问他是什么原因引起了宇宙线中的簇射现象，玻尔回答说这个问题已经搞清楚了，这种现象是由电磁相互作用引起的。在杭州，束星北直截了当地问玻尔对他和爱因斯坦的大论战持什么看法；玻尔直率地回答，在这个问题上，自己是对的，而爱因斯坦的想法不对。

在中国访问期间，玻尔一行在多位文化名人的陪同下，游览了杭州西湖、灵隐寺、岳坟、龙井、九溪十八涧等地；在上海游览了上海市中心；在南京游览了明孝陵和中山陵；在北京期间游览了玻尔游览了北海公园、景山、故宫、颐和园、十三陵、长城等名胜古迹。玻尔离开中国仅一个月后，卢沟桥事变就爆发了，此后玻尔与中国的联系较少；有交往的仅有张宗燧（1915—1969 年；在剑桥大学开课第一人，北京大学教授，中科院院士，是"两弹一星"元勋、共和国勋章获得者于敏院士的导师）、胡宁（1916—1997 年，北京大学教授、中国科学院院士）、罗忠恕（1903—1985 年，时任华西大学文学院院长、联合国教科文组织哲学顾问）等几位学者。特别是张宗燧，他在玻尔研究所工作时间最长，与玻尔交往最久，和玻尔一家建立了深厚的、感人的友谊。

在玻尔访问上海、杭州、南京、北平期间，上海《大公报》、杭州《东南日报》、南京《中央日报》、北京的《晨报》都有所报道。

中国学者当中，真正可以称得上玻尔学生的只有一位，就是张宗燧。1938年，张宗燧博士毕业之后，曾在哥本哈根大学理论物理研究所工作半年左右，算是尼尔斯·玻尔手下，类似于科研助手，或者现在的博士后。当时年轻的张宗燧受到玻尔全家的关怀，而且得到了玻尔本人的赏识。1939年1月，在一封推荐信中，玻尔写道："在哥本哈根的半年来，张显示了很高的学术才能和人品；张在处理新的复杂的数学方法上表现出十分不平常的水平，并且还能最透彻地理解其物理内涵。"

1950年5月，中华人民共和国和丹麦建交；玻尔曾要求他夫人代表他出席中国驻丹麦使馆举行的国庆招待会，表现出对新中国和中国人民的友好。1956—1957年，郭沫若曾邀请玻尔再次来华访问，可惜未能成行。

1960年，吴有训率中国科学院代表团参加英国皇家学会300周年庆典时遇见了玻尔。玻尔说，希望中国能派学者去他的研究所。1962年1—10月，中国科学院原子能研究所的冼鼎昌到玻尔研究所从事访问研究，玻尔对他十分爱护。1962年底，玻尔要求他的儿子奥格·尼尔斯·玻尔（1975年诺贝尔物理学奖获得者）携其夫人玛丽塔来中国访问，并会见张宗燧。在此期间，玻尔去世，他的儿子回国奔丧。中国方面多人发去唁电，如中国驻丹麦大使馆临时代办、冼鼎昌（1935—2014年，中科院院士）、张宗燧、周培源、陆平（时任北京大学校长）和中国科学院武汉物理研究所所长王天眷等，奥格均一一回电答谢。

总之，玻尔来华时间虽短，但是他对中国人民很有感情，非常友好，与众多的而中国学者有往来。尽管他的研究所内中国学生并不多，但是他对中国物理学界的影响颇大。

（17）玻尔与玻恩。

玻尔与玻恩同属于那个时代的领军人物，分别创立了哥本哈根学派和哥廷根学派，都是桃李满天下、著作等身的领袖人物；他们共同培养了很多人才，比如泡利、海森堡等。但二人也有很大的不同。玻尔属于物理学家中的哲学家，他思考问题主要是从哲学角度，他提出对应原理和互补原理就是出于哲学思维。玻尔说："我们必须理解物理学是怎么有效工作的，只有在完全理解了这一点之后，我们才能借助于数学工具表述它。"泡利热切赞扬玻尔重视物理学直觉和超越物理学的哲学思考的研究范式，且深受影响。

玻恩更加重视数学的学习和应用，他认为"一些新的数学工具在理解物理学方面可能会具有决定性的帮助作用。"玻恩的数学造诣在他那个时代，其他物理学家难以超越；海森堡认为只有在玻恩那里他才能学到真正的数学技术，他说"在哥廷根更重视数学的立场、形式化的立场；在哥本哈根则更重视哲学的立场。

对于玻恩而言，物理学的描述永远应该是数学的描述。"

海森堡认为玻尔之所以不像玻恩那样重视数学，其一是因为玻尔在思想上轻视数学，其二是因为玻尔不具备较好的数学禀赋，玻尔不是一个具有数学头脑的人。玻尔自己也当着好友弗兰克的面承认，他自己不是一个数学高手，而是业余选手，一遇到高深的数学问题就听不懂，比如维格纳的报告。

玻恩与玻尔的研究理念是泾渭分明的。玻恩致力于首先寻求适当的数学去描述实验事实，玻尔则坚持要先对问题做哲学上的分析与理解。在建立量子力学时期，玻尔强烈反对玻恩的做法，"他认为当基础认识还不严格明朗的情况下，缔造更加严格的数学理论是无用的"。

应该说，玻尔的哲学思想对于量子力学的创立起到了很大的作用，比如对应原理建立了从经典物理学向量子物理学过度的思想基础；互补原理从哲学高度概括了波粒二象性。而玻恩从数学角度出发，与海森堡和约当一块创立了矩阵力学，并对薛定谔的波动力学做出了合理的解释。玻尔与玻恩一个擅长战略一个擅长战术，在量子力学中缺一不可。玻尔的哲学思想影响更广一些。

（18）玻尔与恩师卢瑟福。

卢瑟福是玻尔敬重的恩师，他一直称呼卢瑟福是自己的"第二个父亲"。在玻尔被电子的发现者汤姆逊看不顺眼的时候，卢瑟福收留了玻尔，邀请他来到了曼彻斯特大学。在卢瑟福"葡萄干蛋糕模型"的基础上，他提出了著名的"玻尔原子模型"，让自己跻身顶尖科学家的行列。

和卢瑟福一样，玻尔也是个老烟鬼，他还总是向人讨要火柴。两人都是深刻直观的思想者，都对数学很不精通，但他们的表达方式完全不同：卢瑟福说话很直率、直截了当；而玻尔说话时总是改不了含糊其词的毛病。玻尔与人辩论的时候很有礼貌，他在脑子里努力组织着语言，拐弯抹角地进行辩论。但玻尔的话很有哲理，很值得一听。

✺ 师承关系 ✺

正规学校教育。玻尔几乎不带博士生，而只邀请物理界名宿以及崭露头角的新星来他的研究所交流。而根据目前科技史界的共识，有据可证能够算作玻尔指导的物理博士生只有亨德里克·安东尼·汉斯·克拉默斯一人。克拉默斯（1894—1952 年），提出了光谱学中著名的克拉默斯—克罗尼格（Kramers - Krönig）色散关系以及反铁磁性物体内的超交换作用，1947 年获得洛仑兹奖章，1951 年获得休伦奖章；但他的博士学位还是在 1919 年 5 月 8 日于莱登大学获得；红外光谱研究中的 K-K 转换公式中就是以他的名字 Kramers 命名，也称 K-K 色散关系；后来接替了埃伦费斯特在莱顿的物理学教授位置。而 Krönig 则是德国物理学家克罗尼格，他是美国哥伦比亚大学的博士生，他在哥廷根大学的朗德（索末菲的学生，1921 年发表了《论反常塞曼效应》的论文）实验室访问过。1925 年 1 月，他提出了电子自旋的假设，但是被泡利否定了，从而错失"电子自旋首次提出者"的称号。

↬ 学术贡献 ↫

玻尔在量子力学的创建和发展中扮演了主要的角色，在他的组织领导下发展起来的量子理论为核能利用、激光、半导体等新兴技术奠定了理论基础。

（1）最大的贡献是在 1913 年提出了原子结构的理论，玻尔认为原子是由原子核和围绕着核运动的电子构成的。

（2）通过引入量子化条件，提出了玻尔模型来解释氢原子光谱，提出了量子不连续性，成功地解释了氢原子和类氢原子的结构和性质。

（3）阐述了光谱和原子结构理论的新发展，诠释了元素周期表的形成，对周期表中从氢开始的各种元素的原子结构作了说明，同时对周期表上的第 72 号元素的性质作了预言。

（4）提出互补原理和哥本哈根诠释来解释量子力学。

（5）1935 年，提出了原子核的液滴模型，很好地解释了重核的裂变。

（6）1952 年，玻尔和美籍丹麦人莫特尔逊在梅耶夫人的"原子核结构的壳层模型理论"的基础上，提出了原子核的集体模型。他们指出，对于核子除个别运动外，还考虑它们的集体运动；对于质子数或中子数为幻数的核，其形状近似为球形，因而可以用壳层模型去解释；当核子数与幻数值偏差较大时，集体运动、振动和转动的重要性开始增加。他们还指出，原子核中的核子运动，可分解为快速的独立粒子运动和相对慢速的一个总体的协同运动方式，并以适当的变量来描述它。在原子核反应理论上也做出重要贡献。

↬ 代表作 ↫

（1）1913 年，发表《论原子和分子构造》《单原子核体系》和《多原子核体系》三部曲，提出了著名的原子结构的玻尔模型，解释了氢原子的结构和性质。

（2）1921 年，发表《各元素的原子结构及其物理性质和化学性质》，诠释了元素周期表的形成，对周期表中从氢开始的各种元素的原子结构作了说明，同时对周期表上的第 72 号元素的性质作了预言。

↬ 获奖与荣誉 ↫

（1）1921 年 11 月，英国皇家学会授予玻尔最高荣誉——休斯奖章，以表彰他在原子结构理论方面的卓越贡献。

（2）1922 年荣获诺贝尔物理学奖、1926 年荣获富兰克林奖章、1907 年荣获丹麦皇家科学和文学院金质奖章；1923 年，获得英国曼彻斯特大学和剑桥大学名誉博士学位。

（3）1947 年，由于玻尔在科学上的杰出成就以及对丹麦文化的杰出贡献，丹麦国王破格授予玻尔"宝象勋章"，勋章的正中选用的图案就是太极图，意指玻尔的互补原理，也饱含他对中国文化的诠释。

（4）1955 年，丹麦国王授予他丹麦一级勋章。

（5）l957 年，美国福特基金会将第一届"原子为了和平"奖授予玻尔，以表彰他"在全世界迫切需要的原则上，以友好的精神进行科学探索，在和平利用原子能以满足人类需要方面作出了榜样"。

学术影响力

（1）创立哥本哈根学派，对 20 世纪物理学的发展有深远的影响。

（2）玻尔是丹麦的骄傲，在他诞辰 60 周年和 70 周年时，丹麦全国广泛举行了庆祝活动。在庆祝他 60 周年诞辰时，为他建立了 40 万克朗的独立基金，以便他用来鼓励各种研究活动。在祝他 70 周年诞辰时，国王授予他丹麦一级勋章，政府和科协会决定设立铸有他头像的玻尔金质奖章，用来奖励那些有卓越贡献的现代物理学家。

（3）1965 年，玻尔去世三周年时，哥本哈根大学物理研究所被命名为尼尔斯·玻尔研究所。

（4）以他的名字命名 107 号元素。

（5）500 元丹麦克朗正面印有玻尔的头像。

名人名言

（1）如果量子理论没有让你感到震惊的话，那说明你还没有理解它。要做出准确的预测是非常困难的，特别是在未来方面。

（2）谁也不能对科学的未来作出肯定的许诺，因为新出现的障碍只能用十分新颖的思想去克服。随着青年一代的培养和成长，会使新鲜血液和新鲜思想不断注入到科学研究之中，并引起大家从新的角度来考虑问题。

（3）不存在一个量子世界，只存在一个量子物理学的抽象描述。说物理学的任务是去发现自然界怎样行动是错的。物理学处理的只是关于自然界我们能说什么。

学术标签

根本哈根理论物理学派创始人和教父、量子力学的主要创始人之一、极富感召力的领袖人物；丹麦皇家科学院院长、丹麦皇家科学院院士、剑桥哲学学会正式会员、俄罗斯科学院的外国通讯院士。

∾ 性格要素 ∾

性格中存在两面性：生活上气质高贵、品行善良、豁达、乐观、积极向上、善于和各种人相处，很有吸引力；但是学术上很强势，具有敏锐的观察力、批判精神及追求真理的执着，他大胆创新，具有领袖气质。

∾ 评价与启迪 ∾

玻尔的哥本哈根学派认为量子力学是完备的、是永远不被取代的终极理论。而爱因斯坦把所有的理论，包括他自己的相对论，都当做是更高级的理论的垫脚石。这是玻尔和爱因斯坦的一点区别。确实，人类对于知识的追求是永无止境的，科技也是不断发展和进步的；科学史告诉我们，一段时间内有效的理论也许多年以后就会有更新的理论完善通过玻尔原子理论发展历程的研究，揭示了人们认识客观世界的科学思维和研究方法也在不断的演变，同时也体现了人类认识客观世界的手段和工具的进化，以及科学研究方法演变和突破。甚至取代它。量子力学和相对论都在不断进步；爱因斯坦后来在统一场上作出的努力就证明了这一点。这也是伟大的玻尔虽然能超入一流物理学家之列，但却始终无法和爱因斯坦相提并论的一个主要原因之一。

玻尔是一位杰出的辩才，为了追求科学真理，他能够"打遍天下无敌手"，甚至伟大的爱因斯坦也不是对手，乖乖投降。他和薛定谔针对"量子跃迁"辩论不止，甚至薛定谔病倒在了病床上，他也不肯罢休，仍旧喋喋不休的辩论；他与自己的弟子海森堡也针对互补原理而争论不休；他和爱因斯坦20多年的辩论更是推动了量子力学的完善。海森堡就曾这样形容玻尔："他在争论的对手面前不肯退后一步，而且有丝毫的含糊不清，他都不能容忍。"

玻尔高度评价与爱因斯坦的争论，认为它是自己"许多新思想产生的源泉"；而爱因斯坦也曾这样评价玻尔："作为一位科学思想家，玻尔之所以有这么惊人的吸引力，在于他具有大胆和谨慎这两种品质的难得融合；很少有谁对隐秘的事物具有这一种直觉的理解力，同时又兼有这样强有力的批判能力。他不但拥有关于细节的全部知识，而且还始终坚定地注视着基本原理。他无疑是我们时代科学领域中最大的发现者之一。"

成为一位科学家，不仅需要有非凡的智慧，还需有怀疑和批判精神。术业有专攻，一个人并不是擅长所有领域，但要在某一领域有所建树并非易事。玻尔一生在努力研究量子物理，并将研究成果贡献给伟大的世界和平事业。他不断探索，不断进取，从不轻易言输，这正和奥运的进取精神如出一辙，这种进取精神将继续鼓舞后人不断前进。

玻尔也会犯错误，比如 BKS 理论和对 β 衰变中的能量衰减问题的解释；这两次重大错误浪费了他 12 年的时光，但是这些错误或者争议也推动了正确理论尽快形成，还会对以后有所警醒；比如他及时提醒狄拉克不要有认为能量和动量有可能不守恒的想法。科学史上几乎没有哪位伟大的科学家是从不犯错的；在宁静水边行走的人或许能不湿脚，但是在波涛汹涌的大风大浪前勇敢搏击的人却必然会沾水，伟大的科学家是后者而不是前者。知错能改善莫大焉！

玻尔是一位天才的科学家和思想家，一位争取世界和平和各国人民相互谅解的战士，一位纯朴、诚实、善良和平易近人的全人类的朋友。这是很多科学家很尊重玻尔的根本原因，即便是狂傲的朗道也尊称玻尔是自己终生的导师。玻尔也是一位令人尊敬的爱国者。1918 年，玻尔的老师卢瑟福邀请他赴英国工作，他在回信中说："虽然哥本根大学在财力、人员、能力和实验室管理上，学科网都达不到英国的水平，但我立志尽力帮助丹麦发展自己的物理学研究工作我的职责是在这里尽我的全部力量。"

玻尔一生爱好和平，崇尚民主，反对略，反对独裁。从 30 年代到 40 年代初，他积极创立和参加丹麦救援组织，尽力帮助逃到哥本哈根的科学家与其他难民，为营救、协助受纳粹迫害的知识分子做了大量工作；后来还亲自参加了丹麦的抗敌组织，反对纳粹暴行。第二次世界大战后，他大力呼吁和平，反对核军备竞赛，提出了开放世界的理想。玻尔不但有科学家的直觉，也不乏政治家的远见。他预感到核武器的危害，试图尽力说服各大国首脑达成禁止使用核武器的协议。他对中国人民极为友好。

70. 测量银河系尺寸的人、自学成才的造父变星之父——沙普利

姓　　名　哈洛·沙普利
性　　别　男
国　　别　美国
学科领域　天文学
排　　行　第四梯队（三流）

☙ 生平简介 ❧

沙普利（1885 年 11 月 2 日—1972 年 10 月 20 日）出生于密苏里州的一个贫寒的农民家庭，没有受过系统的教育，小学五年级辍学；16 岁参加工作，在报社做一名报道犯罪故事的记者；在强烈的求知欲驱使下，沙普利自学成才，利用短短两年时间自学完成高中课程。

沙普利像

1907 年，22 岁的沙普利前往密苏里大学学习新闻，但新闻学院开学推迟了一年，他决定改修天文学。在密苏里大学，沙普利遇到了一位一流的天文学老师，在这位老师的点拨下，他学到了很多天文学知识，而他的勤奋和独立思考的能力也得到了这位老师的赞许。毕业后，沙普利获得奖学金，经这位恩师推荐，他前往普林斯顿大学攻读研究生课程，师从亨利·诺利斯·罗素（研究恒星演化），最终通过刻苦学习并成为了举世闻名的大科学家。

1914 年，他在加利福尼亚州帕萨迪纳的威尔逊山天文台任职。沙普利与玛莎·贝茨于 1914 年 4 月结婚，妻子后来协助其在威尔逊山天文台和哈佛大学的天文学研究。1921—1952 年，沙普利成为哈佛大学天文学教授，并被聘为哈佛大学天文台台长。

从 1941 年起，沙普利在匹兹堡周期研究基金会常设委员会任职。1943—1946 年，担任美国天文学会会长。20 世纪 40 年代，沙普利帮助成立政府资助的科学协会，其中包括国家科学基金会。同时，他还承担联合国教科文组织"S"类大纲。

❧ 花絮 ❧

（1）太阳不在银河系中心。

在天文学的发展史上，伽利略是第一个用望远镜发现银河是由大量恒星组成的。在这后来相当长的时间里，人们一直把太阳当作了银河系的中心。

1907 年，沙普利研究发现，银河系中的一种很亮的由上百万颗恒星组成的特殊天体——球状星团。他利用威尔逊山天文台利用那里威力强大的大型望远镜去研究星团。到 1918 年，他研究了当时已知的大约 100 个球状星团，发现 90% 以上的球状星团坐落在以人马座为中心的半个天球上，其中 1/3 集中分布于人马座方向。设想球状星团在银河系内是对称分布的，如果太阳位于银河系中心，那么从地球上来看球状星团在天空中就应该呈球对称分布，这与观测结果是矛盾的。沙普利由此推想，如果太阳并不在银河系中心，那么在地球的天空中球状星团就不是球对称分布了。经过多年的观测和研究，沙普利正确地得出太阳不在银河系中心的结论。银河系的中心是在人马座方向，太阳离这个中心很远很远，位于银河系的边缘。他推断太阳位于银面附近且距离银河中心约 3 万光年。

沙普利的测量和分析既简单又直接，一举改变了人们的旧观念。也就是说大概直到 100 多年前，天文学家才完全认识到太阳不仅从物理性质上说是银河系内一颗普通恒星，从所处位置上来说，也没有任何特殊性。

多年来，科学家通过射电天文学、光学天文学、红外天文学，甚至 X 射线天文学等各种技术手段，更精确地测定了银河系螺旋形两翼、气体云、尘埃云、分子云等位置。现代研究得出的基本结论是：我们的太阳系位于银河系螺旋翼内侧的边缘，距离银河系中心大约 2.5 万光年。

（2）造父变星。

造父变星是一类高光度周期性脉动变星（光变现象），也就是其亮度随时间呈周期性变化。1783 年约翰·古德利克（1764—1786 年，英籍荷兰裔聋哑天文学家）发现了光变现象，指出仙王座 δ 星是一颗本身光度就在变化的真正意义上的变星，以仙王座 δ 星（中文名造父一）和天琴座 β（中文名渐台二）为代表的一大类恒星称为造父变星。

1912 年，哈佛天文台的女天文学家勒维特发现了造父变星的周光关系：变星由明转暗再转明所需的时间与它们向各个方向放射的总亮度之间有紧密的联系，即光变周期与它的光度成正比。由于根据造父变星周光关系可以确定星团、星系和星际的距离，因此造父变星被誉为"量天尺"。沙普利论证了造父变星不是食双星，从而成为提出造父变星是脉动变星的第一人。食双星是一种双星系统，两颗恒星互相绕行的轨道几乎在视线方向，这两颗恒星会交互通过对方，造成双星系统的光度发生周期性的变化。

（3）测定银河系形状和大小。

对于地球上的天文学家来说，弄清楚银河系从外面看起来是什么样子和多大尺寸并非易事。1915 年，沙普利成功地解决了造父变星零点标定的问题。他根据光周期变化，测出了星团之间的距离，并使用造父变星测定出我们银河系最初的大小和形状以及太阳在其间的位置。沙普利对银河系的实际大小作出比较合乎实际的估计是星系天文学的一个里程碑。

（4）银河系模型。

银河系是太阳系所在的恒星系统，包括一二千亿颗恒星和大量的星团、星云，还有各种类型的星际气体和星际尘埃。根据星团距离，1918—1919 年，沙普利建立了一个银河系的模型：银河系看上去像是镶在球状星云中的一个扁平圆盘，银河系直径 80 千秒差距，太阳离银心 20 千秒差距。

20 世纪 20 年代，银河系自转被发现以后，沙普利的银河系模型得到公认。不过，因为星际消光（电磁波、尘埃、气体，造成光减弱）的存在，沙普利计算出来的银河系数值过大。

沙普利之后，随着一些重大发现，银河系模型也在不停地更新和完善，主要依靠观测技术的逐渐提升，见图 2-44。现代天文学界对银河系结构的流行看法是：银河系是一个旋涡星系，呈扁球体，隶属于本星系群，最近的河外星系是距离银河系 4.2 万光年的大犬座矮星系。

银河系的中央是超大质量的黑洞（人马座 A＊），自内向外分别由银心、银核、银盘、银晕和银冕组成。扁球体中间突出的部分叫银核，明亮密集，大多数的恒星集中在那里，半径约为 7000 光年。银河系具有的巨大的盘面结构是银盘，在银盘外面有一个更大的球形，那里星少，密度小，称为银晕，直径为 70000 光

图 2-44 模拟出来的银河系全景图（原图像素高达 81 亿）

年；在外边是银冕。总体上，银河系具有旋涡结构，即由一个银盘和两条主要的旋臂及两条未形成的旋臂组成，旋臂相距 4500 光年。

银河系的四条旋臂，分别命名为矩尺座旋臂和天鹅座旋臂、人马座旋臂、南十字座旋臂和盾牌座旋臂、英仙座旋臂。太阳位于银河一个支臂猎户臂上，至银河中心的距离大约是 3 万光年。银河系中央区域多数为老年恒星（以白矮星为主），外围区域多数为新生和年轻的恒星。另外，银河系不仅仅是螺旋形，还是一个棒旋星云，这个螺旋星系不是像百合花的花瓣那样从一个圆点散发出来，而是从位于星系中心的一个矩形长条的两个较短的边散发。

在银河系中，所有恒星都在围绕着银河系中心旋转，这叫做银河系自转。此外，整个银河系本身还在以每秒 200 多千米的速度朝着麒麟座方向运动。现在一般认为，银河系的总质量约为太阳的 1 万—2 万亿倍，年龄为 145 亿年。

（5）沙普利超星系团。

20 世纪 30 年代，沙普利发现了一个庞大的由多个星系聚集形成的星系团，长达 40 亿光年，是银河系的 4000 倍，以他的名字命名为"沙普利超星系团"，见图 2-45。欧洲航天局称，沙普利超星系团包含 8000 多个星系，其质量是太阳的 1000 亿倍。这个星系团是科学界已知的、最大的由引力结合的物体。由引力结合指的是，随着宇宙不断扩张，星系团中的星系之间的引力足够克服宇宙膨胀，使各星系得以永远聚在一起。

（6）沙普利宇宙观中的错误。

100 年前，银河系的本质以及宇宙本身仍然是一个备受争论的问题。1920 年 4 月 26 日，美国国家科学院举办了一场举世闻名的"世纪天文大辩论"。辩论的一方是认为"仙女座大星云"位于银河系外的赫伯·柯蒂斯，另一方则是认为星云位于银河系内的沙普利，辩论的题目是宇宙的形状以及银河系的大小和宇宙问题。沙普利认为银河系构成整个可见宇宙，毫不含糊地否认银河系以外还有什

图 2-45 沙普利超星系团

么星系。柯蒂斯认为在银河系之外存在"螺旋星系"。其中最关键的问题是确定螺旋星系（星云）之间的距离。沙普利认为螺旋星云只是气体，而柯蒂斯则认为它们包含恒星，而且非常遥远。

结束这场争论并揭示了漩涡星云之谜的人是埃德温·哈勃。1924 年 11 月 23 日，哈勃撰文宣称，仙女座星云中的造父变星证明星云本身就是一个星系。哈勃借助望远镜拍摄了一批漩涡星云的照片，它们能帮助人们建立银河和河外星系的距离"量尺"，推算出了两个星云与地球间的距离大约为 100 万光年（现代测试 220 万—240 万光年）。仙女座星云不在银河系之内，而在其他星系，并且宇宙中存在众多星系。这是人类第一次证实河外星系的存在，击碎了沙普利的宇宙观。这一发现在 1925 年美国天文学会和美国科学促进会共同召开的一次会议上宣布。

（7）了不起的天文台台长。

在辩论前，沙普利正在威尔逊山天文台任职，辩论之后，他被聘为哈佛大学天文台台长。他担任哈佛大学天文台台长这一职位长达 31 年（1921—1952 年）。这期间，他领导同事们在天文学研究、学生培养等方面做了大量工作，让这个天文台成为众多青年天文学者向往的地方。

例如，他为了增强天文台的学术气氛，不仅定期召开讨论会，还会不时举办一些形式灵活的小会，大家在会上可以畅所欲言，可以讲自己的研究进展，也可以讲刚刚发生的科学新闻。这种小会既能调动大家的积极性，又能让每个人有所收获，因此大家都很乐意参与其中。良好的学术环境，对天文学的发展同样有重要的作用。

（8）秒差距。

秒差距是天文学上的一种长度单位，是一种最古老的同时也是最标准的测量恒星距离的方法，主要用于量度太阳系外天体的距离。秒差距是建立在三角视差的基础上的，1 秒差距定义为天体的周年视差为 1 秒时的距离。以地球公转轨道的平均半径为底边所对应的三角形内角称为视差；当这个角的大小为 1 秒时，等腰三角形的一条边的长度（地球到这个恒星的距离）就称为 1 秒差距。

日常生活中我们有这样的经验：当我们移动自己的视线时，与自己远近不同的物体会出现移位，越近移得越大，越远移得越少，因此利用这个位差我们也可以推算出物体的距离。1 秒差距等于 3.26164 光年，或 206265 天文单位，或 30.8568 万亿千米。在测量遥远星系时，秒差距单位太小，常用千秒差距和百万秒差距为单位。

❧ 师承关系 ❧

大学前自学成才；大学后正规学校教育，普林斯顿大学亨利·诺里斯·罗素（1877—1957 年）是其博士生导师。

❧ 学术贡献 ❧

在天文学上作出了重要贡献，主要从事球状星团和造父变星研究。

（1）对球状星团和造父变星进行了系统的研究；论证了造父变星不是食双星，从而成为提出造父变星是脉动变星的第一人。

（2）1911 年，他利用罗素的结果并通过测定互相交食的双星的光度变化，求出双星系统成员星的大小。

（3）1915 年，沙普利成功地解决了造父变星零点标定的问题，应用造父变星的周光关系，测定球状星团的距离，从球状星团的分布来研究银河系的结构和大小。

（4）提出银河系模型，指出太阳系不在银河系中心，而是处于银河系边缘，位于银面附近且距离银河中心约 3 万光年，银河系的中心在人马座方向。

（5）发现沙普利超星系团。

（6）20 世纪 40 年代，沙普利认为通古斯事件中没有留下陨石坑，这是由于撞击天体本身是一颗彗星；彗星自身质量较小且结构松散，它在空中会爆炸解体；这个观点盛行了几十年。

（7）他还研究了银河系邻近的星系，特别是麦哲伦星云，发现星系有成团趋势，他称之为总星系。

❧ 代表作 ❧

《星团》《开天辟地以来》《星系》和《内总星系》。

❧ 获奖与荣誉 ❧

（1）1926 年，获亨利·德雷珀奖。
（2）1934 年，获英国皇家天文学会金质奖章。
（3）1939 年，获布鲁斯奖。
（4）1940 年，获得由法国科学院颁发的天体物理学奖项——让森奖章。
（5）1950 年，获得美国天文学会终身成就奖：亨利·诺利斯·罗素讲座。

❧ 学术影响力 ❧

（1）他的研究为人们认识银河系奠定了基础；对银河系的实际大小作出比

较合乎实际的估计，是星系天文学的一个里程碑。

（2）他利用罗素的结果并通过测定互相交食的双星的光度变化，求出双星系统成员星的大小，这种方法被作为标准方法沿用了 30 多年。

（3）以他的名字命名为"沙普利超星系团"。

（4）沙普利陨石坑（月球上）、1123 号小行星。

名人名言

一些虔诚的人认为上帝是一切的起源，但是我说氢才是一切的起源。

学术标签

造父变星之父、提出造父变星是脉动变星的第一人、美国科学院院士、哈佛大学天文台台长、美国天文学会会长。

性格要素

求知欲强烈。

评价与启迪

沙普利自幼贫穷，上大学之前基本靠自学，靠着强烈的求知欲不断进步，最后取得了成功。沙普利在退休后积极参与科学普及活动，他富有激情并饱含哲理的演说，使年轻的听众大受裨益，并从中诞生了一批知名的科学家。沙普利是 20 世纪科学史上最杰出的人物之一。

71. 物理学家中的哲学家、特立独行的波动力学创始人——薛定谔

姓　　名　埃尔温·薛定谔
性　　别　男
国　　别　奥地利
学科领域　量子力学
排　　行　第一梯队（一流）

生平简介

薛定谔（1887 年 8 月 12 日—1961 年 1 月 4 日）出生于维也纳，原名埃尔温·鲁道夫·约瑟夫·亚历山大·施罗丁格。他的父亲是生产油布和防水布的工厂主，同时也是一名园艺家；母亲是大学教授的女儿，具有一半奥地利血统和一半英国血统。薛定谔同

薛定谔像

期学习父母的母语——英语和德语。在薛定谔幼年时期，他深受德国著名哲学家叔本华（是哲学史上第一个公开反对理性主义哲学的人并开创了非理性主义哲学的先河，也是唯意志论的创始人和主要代表之一，认为生命意志是主宰世界运作的力量）的影响，广泛阅读他的作品，他的一生对色彩理论、哲学、东方宗教深感兴趣，特别是印度教。

薛定谔自小表现出了过人的才智，但父亲担心会拔苗助长，没有让他上小学。11 岁他进入了中学，是一个优秀的学生，门门功课成绩优秀。19 岁进入维也纳大学物理系学习，23 岁获得哲学博士学位。毕业后，在维也纳大学第二物理研究所工作，直到 1920 年。1911 年薛定谔成为 K.埃克斯纳（1877 年 K.埃克斯纳在研究散射光干涉现象时，在夫琅和费衍射亮环内观察到辐射颗粒状散斑图样，这种辐射状是光源单色性不够引起的）的助理。

1914 年第一次世界大战爆发，薛定谔作为炮兵预备役军官入伍上前线参战。他服役于一个偏僻的炮兵要塞，利用闲暇研究理论物理学。33 岁结婚，战后他回到维也纳大学第二物理研究所。

1920 年，薛定谔开始担任耶拿大学维恩物理实验室的助手。

1921—1927 年，薛定谔在苏黎世大学任数学教授。开始几年，他主要研究有关热学的统计理论问题，写出了有关气体和反应动力学、振动、点阵振动的热力学以及统计等方面的论文。他还研究过色觉理论，他对有关红-绿色盲和蓝-黄色盲频率之间的关系的解释为生理学家们所接受。

1924 年，薛定谔写了一篇有关气体简并与平均自由程的文章，详细评述了理想气体熵的计算问题。爱因斯坦对薛定谔的文章作了高度评价并将德布罗意波的想法介绍给薛定谔。1925 年，薛定谔受德拜的邀请，做一个关于德布罗意物质波的演讲。起因是之前德拜受邀评审德布罗意的博士论文，但是他搞不清楚德布罗意方程中关于物质波的方程是否正确，因此请薛定谔帮忙。其实之前薛定谔就在爱因斯坦那里知道了德布罗意物质波的思想。在报告的时候，德拜提出，既然是物质波，那一定要有一个波动方程，这提醒了薛定谔。

薛定谔综合爱因斯坦、德布罗意的思想，首先将自己原来气体理论的研究工作做了一个总结，并于 1925 年 12 月 15 日发表了一篇题为《论爱因斯坦的气体理论》的文章。这篇文章中，薛定谔充分运用了德布罗意的理论，将它用来研究自由粒子的运动。

1925 年底到 1926 年初，薛定谔在爱因斯坦关于单原子理想气体的量子理论和德布罗意的物质波假说的启发下，从经典力学和几何光学间的类比，把电子看成环形波，把能级与波节联系起来，利用经典物理的哈密顿—雅克比方程+变分法+德布罗意公式，推算得出了对应于波动光学的非相对论性波动力学方程，后被称为薛定谔方程。

薛定谔用波动方程描述微观粒子运动状态的理论，奠定了波动力学的基础。薛定谔用该方程来处理电子状态，得出了与实验数据相符的结果。1926 年 1—6 月，他一连发表了 4 篇论文，题目都是《量子化就是本征值问题》，囊括了量子理论、哈密顿光学+力学、原子模型、光谱学等多个物理领域，集新老量子论成果之大成，建立起形式完整、逻辑自洽、应用广泛的波动力学体系。

此前，玻恩、海森堡等人于 1925 年 7—9 月建立了矩阵力学。1926 年 4 月，薛定谔发表了《论海森堡、玻恩与约当和我的量子力学之间的关系》，发现波动力学和矩阵力学在数学上是等价的，是量子力学的两种形式，可以通过数学变换从一个理论转到另一个理论。后来，狄拉克也单独证明了这个结论。

1927 年应普朗克的邀请，薛定谔接替普朗克任柏林大学理论物理学教授、物理系主任，并成为普鲁士科学院院士，与爱因斯坦成为好朋友。因纳粹迫害犹太人，1933 年离开德国到澳大利亚、英国、意大利等国家，曾在英国牛津大学在马格达伦学院担任访问学者；期间获得了诺贝尔物理学奖。1939 年辗转到爱尔兰，在都柏林高等研究院工作了 17 年。此前，在比利时根特大学短暂担任访问教授。

1956 年，薛定谔返回维也纳大学物理研究所任职荣誉教授，获得奥地利政府颁发的第一届薛定谔奖。1961 年 1 月 4 日，他因患肺结核病逝于维也纳，死后如愿被埋在了风景优美的阿尔卑巴赫村，墓碑上刻着以他命名的薛定谔方程。

❧ 花絮 ❧

（1）物理学家中的哲学家。

本来薛定谔是想献身哲学的，物理学作为爱好。但是造化弄人，战争打乱了一切，哲学的饭碗随着奥匈帝国的瓦解，被打得粉碎。从此，世上少了个爱好物理的哲学家，多了个哲学味十足的物理学家。薛定谔甚至一度设想过在教书之余，以哲学为主要兴趣，以至于被当代著名物理学家西蒙尼认为"是我们世纪的物理学家中最为引人注目的哲学家"。

他认为科学是人们致力于回答一个包容了所有其他问题的重大哲学问题，即"我们是谁"这一整体中的一部分。他把量子力学和热力学用于生命科学，提出用物理学的概念和方法来解释生命现象，促进了生物学向分子水平发展。他后来提出的薛定谔的猫的思想实验，实际上也是一种哲学思想。

可见，说他是一个物理学家中的哲学家还是非常有道理的。也许就是因为他具备了哲学家的思想，有了哲学思想的启迪才会有如此巨大的成就！

（2）波动力学的创立。

波动力学创立的过程充满戏剧性。一天，德拜劝说薛定谔，认为他的研究方向不对，建议他考虑德布罗意的物质波。薛定谔听从这个建议，开始研究物质波并写了文章，做了报告。德拜听后说了一句话，"要处理波的特性，应该有一个波动方程。"经典的波都有波动方程，物质波也不例外。薛定谔听后默然，从此开始了他一生中最伟大的工作，寻找波动方程。

薛定谔想，这个波动方程一旦被建立起来，首先可以应用于原子中的电子上，结合玻尔的原子模型，来描述氢原子内部电子的物理行为，解释索末菲模型的精细结构。但他一时也不知道怎么建立这个波动方程，为此他还专门请教过爱因斯坦关于德布罗意物质波和他的光量子假说的联系，仍然没有头绪。就在他在圣诞节去阿尔比斯山去滑雪度假期间，脑洞大开，推导出了让他名闻天下的薛定谔波动方程，成功创立了波动力学。

波动力学出台后，爱因斯坦赞扬薛定谔是伟大的天才，埃仑费斯特花了两个星期来研究它。全世界的物理学家都为之欢呼，因为他们从海森堡的繁杂的矩阵力学中解放出来了！

当时量子力学存在五种表述，即有五种不同的数学体系——矩阵力学（海森堡、玻恩和约当在哥廷根建立）、Q-代数（由狄拉克在剑桥建立）、积分方程理论（由兰酋斯在法兰克福建立）、算符力学（由玻恩和 N. 维也纳合作完成）以及波动力学。在这五种不同表述中，薛定谔的波动力学最为实用，因为它的数学形式直观简洁，可以计算当时所有的原子问题。

（3）伟大的薛定谔方程。

薛定谔方程是薛定谔提出的非相对论量子力学中的基本方程，也是量子力学的一个基本假定，其正确性只能靠实验来检验。它是将物质波的概念和波动方程相结合建立的二阶偏微分方程，可描述微观粒子的运动，每个微观系统都有一个相应的薛定谔方程式，通过解方程可得到波函数的具体形式以及对应的能量，从而了解微观系统的性质。

薛定谔方程是描述物理系统的量子态怎样随时间演化的偏微分方程，被称为史上最伟大的公式之一，在原子物理学中应用最广、影响最大的公式。薛定谔方程的诞生首先就论证了氢原子的离散能量谱；揭示了微观物理世界物质运动的基本规律，是量子力学的核心方程。就像牛顿定律在经典力学中所起的作用一样，它是原子物理学中处理一切非相对论问题的有力工具，在原子、分子、固体物理、核物理、化学等领域中被广泛应用。英国科学期刊《物理世界》曾让读者投票评选了"最伟大的公式"，结果薛定谔方程位列其中。

薛定谔于 1926 年 1 月从哈密顿—雅可比方程导出薛定谔方程，是描述微观粒子运动状态的基本定律，奠定了波动力学的基础。这个方程既体现了电子的微粒性，又描述了电子的波动性，把电子的波粒二象性完美地统一了起来。在薛定谔方程中，电磁波不需解释为真实的波，而是解释为几率波；几率波在每一点的强度决定该点的原子吸收（或发射）一个光量子的几率。

$$i\hbar\frac{\partial}{\partial t}\Psi(\bar{r}, t) = \hat{H}\Psi(\bar{r}, t)$$

$\hat{H}$ 为哈密顿量，是系统的动能和势能之和。$\Psi(\bar{r}, t)$ 是波函数，表示粒子在 t 时刻的运动状态；Ψ 是粒子的概率密度，即在时刻 t，在点 (x, y, z) 附近单位体积内发现粒子的概率，波函数 Ψ 因此就称为概率幅；$\bar{r}$ 是粒子运动的位置矢量；$\hbar$ 是约化普朗克常数 $=h/2\pi$。由于粒子肯定存在于空间中，因此，将波函数对整个空间积分，就得出粒子在空间各点出现概率之和，结果应等于 1。玻恩解释波函数是几率波，振幅的平方是粒子在该点出现的几率。

薛定谔的波动方程，以人们熟悉的波入手，避免了海森堡矩阵力学晦涩的数学计算，一经推出，立刻受到了爱因斯坦、玻尔、普朗克、埃伦费斯特等的一致好评。但是薛定谔方程仅适用于速度不太大的非相对论粒子，其中也没有包含关于粒子自旋的描述；当计及相对论效应时，薛定谔方程由相对论量子力学方程所取代，其中自然包含了粒子的自旋。

尽管薛定谔对于量子力学框架搭建、学科发展有着巨大作用，然而他本人对于量子力学却并不感冒。甚至他自己表示自己很后悔，万万没想到为量子力学做了这么多的贡献；可谓是"有心栽花花不开，无心插柳柳成荫"。

（4）玻尔与薛定谔的争论。

薛定谔的波动方程和玻尔的波动力学发表后，物理学界反响热烈。但随之而来的是观点碰撞——玻尔认为在相同的量子态上的所有粒子是物理上相同的，波函数给出了单个粒子的物理行为的完备描述。而薛定谔则认为在相同的量子态上的所有粒子是物理上不同的，波函数只是给出了一个粒子系统的统计描述，因此它在描述单个粒子上一定是不完备的。

1926 年的 7 月 21 日，海森堡质问薛定谔："怎样利用你的连续模型解释如光电效应和黑体辐射这样的量子过程呢？"薛定谔思考着但还没来得及回答，在场的维恩就打断了海森堡，严厉地斥责一番。海森堡回忆当时的情形还有点胆战心惊："差点儿把我从那屋子里扔出来。"

深受打击的薛定谔满腹委屈地给玻尔写信诉说此事。当年 9 月，玻尔邀请薛定谔到哥本哈根进行学术访问。薛定谔刚一下车他们就开始了对量子跃迁问题的论战，这种交锋几乎无休无止。

"根据电动力学定律，跃迁必须平稳连续的发生。"薛定谔紧皱眉头。"推导普朗克黑体辐射定律时，原子的能量就必须是离散的，它的变换也是不连续的！"玻尔寸土必争，毫不相让；争论没有达成任何共识。急火攻心的薛定谔最终因感冒发热病倒了。玻尔夫人悉心照料薛定谔，玻尔却毫不罢休，在探病的时候仍想说服薛定谔。薛定谔近乎绝望地喊道："如果这些该死的量子跳跃真的必须要保留，我将遗憾自己曾经卷入了量子理论！"玻尔却向床前凑了一下："但是，我们大家却全都非常感谢你，你的波动力学这么清晰简洁，真是一次巨大的进步!"为此，薛定谔哭笑不得。

玻尔本人是个非常和蔼的人，生活里几乎没有和任何人发过脾气，但在这件事情上却表现出了寸步不让的狂热。海森堡回忆说："他们都不准备向对方做出丝毫的妥协，也不准备容忍最小程度的含糊。简直难以形容他们辩论时感情强烈的程度，也难以形容他们的每一句话中人们可以觉察出来的那些根深蒂固的信念。"

薛定谔拒斥"哥本哈根解释"关于量子测量和量子跃迁所持的工具主义态度，但是他的客观化原理的哲学观是相当混乱的。一方面，他认为在物理学研究和在日常生活中，不能摒弃朴素的实在论，不能取消真实的外在世界的观念。他反对量子力学的几率解释，认为波函数只不过是体现了人们的认识的说法。可另一方面，在思维和存在的关系问题上，薛定谔却力图把思维和存在、心和物"合二为一"。他曾说："主观和客观就是一个东西，主观和客观之间的界限并不因为现代物理学的成果而崩溃，因为这种界限并不存在。"其实他本身的哲学就是有矛盾性的。

这次争论深深地影响了二人，薛定谔意识到同时承认波和粒子的重要性，玻尔则带着他的互补性概念继续向前。海森堡也在他们二人争论的基础上继续研究，最终发现了不确定性原理。

薛定谔和玻尔、海森堡之间没有个人恩怨，但他们毫不留情地批评对方对于量子力学的解释，体现了他们追求科学真理的求真精神。比如泡利给薛定谔写信说："这不是针对你个人的不友善行为，我只是认为：量子现象很自然地展示出连续物理学（场物理）概念无法表达的内容。不过千万别认为这样想会让我觉得好受些，它已经使我痛苦万状。"薛定谔回信："我们都是好人，只对事实感兴趣，并不在乎最后谁对谁错。局外人认为我们反复无常，可我们知道对科学来说，这种反复无常到比始终如一好得多。"

（5）追求科学的统一。

薛定谔对物理学的哲学意义也有着浓厚的兴趣，他在"科学是统一的"这一信念的支持下投身到生命科学的研究中。科学的统一，是薛定谔毕生的追求。他认为，科学创造活动的本质，正是力图用一个凝练、简洁的公式、定律、定则或原理去概括最大量、最丰富的众多自然现象。在他看来，那些具有最大统一性的科学理论，绝非是众多事实的简单堆砌，而是按照"通过建立在简单准则上的数学构造的方式来理解"和谐的自然界。

在建立量子力学的过程中，他从波动理论与量子理论的结合推导出量子力学方程，又从哈密顿光学和力学的形式使方程的推导方法更为直观，合乎逻辑；在量子力学的物理解释中，他先后对微观客体的波粒二象性做了大量的表述。他把量子力学和热力学用于生命科学，提出用物理学的概念和方法来解释生命现象，促进了生物学向分子水平发展。

晚年，他又致力于统一场论的研究，试图给予当时已知的引力、电磁力和核力以统一的表述。他说一群专家在一个狭窄的领域所取得的孤立的知识，其本身是没有任何价值的，只有当他与其他所有的知识综合起来，并且有助于整个综合知识体系回答"我们是谁"这个问题时，它才真正具有价值。

（6）成果并非原创。

他自认少有原创，却善于借种生花，做出独一无二的创建。颇有讽刺意味的是，尽管为革命性的量子力学作出了基础性的贡献，薛定谔本人的初衷却是恢复微观现象的经典解释。而更令人称绝的是，薛定谔本人坦承他的科学工作，常常并非是独创性的，但他总能敏锐地抓住一些人的创新性观念，加以系统的构建和发挥，从而构成第一流的理论：波动力学来自德布罗意，《生命是什么》来自玻尔和德尔布吕克（1906—1981 年，玻尔的研究生，玻恩的博士生、信息学派先驱者之一），而"薛定谔的猫"则来自爱因斯坦。

（7）著名的思想实验——"薛定谔的猫"。

根据量子力学理论，物质在微观尺度上存在两种完全相反状态并存的奇特状况，这被称为有效的相干叠加态。由大量微观粒子组成的宏观世界是否也遵循量子叠加原理？1935 年，薛定谔提出了"薛定谔的猫"这个著名的思想实验，如图 2-46 所示。在这个试验中他把量子力学中的反直观的效果转嫁到日常生活中的事物上来，并想以此来表达他对想要用一般的统计学说来解释量子物理的拒绝。该实验验证从宏观尺度阐述微观尺度的量子叠加原理的问题，巧妙地把微观物质在观测后是粒子还是波的存在形式和宏观的猫联系起来，以此求证观测介入时量子的存在形式。

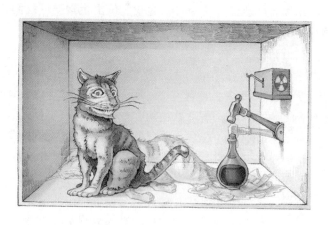

图 2-46　薛定谔的猫思想实验示意图

在一个封闭的盒子里装有一只猫和一个与放射性物质相连的释放装置。在一段时间之后，放射性物质有可能发生原子衰变，进而触发释放装置放出毒气，猫是死的；也有可能不发生衰变，猫是活的。因此依据常识，这只猫或是死的，或是活的；用函数来表示这个系统的状态的话，它将是一个活猫和死猫的混合态。

薛定谔认为，按照量子力学的解释，箱中之猫处于"死-活叠加态"——既死了又活着。在不打开盒子的情况下就不知道猫是活着还是死了，只有等到打开箱子看猫一眼才知道其生死。这使量子力学的微观不确定性变为宏观不确定性，微观的混沌变为宏观的荒谬——猫要么死了，要么活着，两者必居其一，不可能同时既死又活。该实验试图从宏观尺度阐述微观尺度的量子叠加原理的问题，巧妙地把微观物质在观测后是粒子还是波的存在形式和宏观的猫联系起来，以此求证观测介入时量子的存在形式。

这个现象的全称是薛定谔佯谬，是薛定谔和爱因斯坦一起参与对哥本哈根量子诠释的大论战，提出这个思想实验本意是为了让玻尔难堪，试图证明量子力学的哥本哈根诠释在宏观条件下不完备，被爱因斯坦称为反驳哥本哈根学派论点的最有力证据。

哥本哈根派认为，量子系统中的叠加态，会因由和外部世界的相互作用，或被外部世界测量时而变成一种固定态。"薛定谔的猫"这个实验的目的，就是薛定谔最初用来反驳这一理论而设计的，即量子力学中的叠加态，不会因由和外部世界的相互作用，或被外部世界测量时而变成一种固定态。参照实验来说，即猫是在被外部世界所观察之后，它的生死才处于一种固定态。客观来说，这个猫，不管你外部观察与否，它的生死早就固定了。而依据量子力学中通用的解释，在观察之前，这只猫应处于不死不活的迭加态，这显然有悖于人们的常识。

"薛定谔的猫"这个思想实验通俗易懂，描述了微观领域中，粒子违反逻辑的行为。它曾经是物理学的"灾难"；它告诉物理学家，我们什么都不知道，什么东西都不是客观的，而且一个东西的存在与否都得看概率；这几乎摧毁了物理学家们所信奉的机械唯物主义。正因如此，"薛定谔的猫"成为物理学史上最著名的思想实验之一。

关于"薛定谔的猫"的解释有很多种。例如 1963 年诺贝尔物理学奖得主、美国著名物理学家尤金·保罗·维格纳认为，人类意识的独特之处在于内省或自我指涉，可以切断统计配位链，报告自己的状态，从而导致波函数塌缩，这无疑将意识提高到了参与宇宙建构的高度！约翰·R·格利宾（科普作家，撰写了一本跨越量子力学、物理学及哲学等多学科的科普图书——《寻找薛定谔的猫》）所赞成的多世界解释，认为猫死与猫活这两种结果分属两个独立平行且真实存在的世界，是我们的观察行为选择了其中之一，就是我们的世界。

美国国家标准和技术研究所的莱布弗里特等人宣称他们已实现拥有粒子较多

而且持续时间最长的"薛定谔猫"态。他们使 6 个铍离子在 50 微秒内同时顺时针自旋和逆时针自旋，实现了两种相反量子态的等量叠加纠缠，也就是"薛定谔猫"态。奥地利因斯布鲁克大学的研究人员也宣称，他们在 8 个离子的系统中实现了"薛定谔猫"态，但维持时间稍短。

"薛定谔猫"态不仅具有理论研究意义，也有实际应用的潜力。例如，多粒子的"薛定谔猫"态系统可以作为未来高容错量子计算机的核心部件，也可以用来制造极其灵敏的传感器以及原子钟、干涉仪等精密测量装备。

（8）特立独行、大器晚成。

薛定谔是一位好老师而不是一位好导师。他语言优美，讲课生动，颇受学生喜爱。然而，他的科研工作是独立完成的，不擅长、不喜欢协作，他基本没有指导学生。他对想当他研究生的人说："第一年，除了数学什么都不做；第二年，还是数学；第三年时，你可以过来与我谈谈。"

薛定谔一贯远离政治，但在奥地利格拉茨大学任教时，迫于亲纳粹当局的压力，曾发表声明对自己以往的"不敬"行为表示"忏悔"，结果在当地报纸和《自然》杂志上都刊出了他向纳粹妥协的消息。

在纳粹刚刚上台，开始刁难驱逐犹太科学家之时，薛定谔因不愿与纳粹同流合污，主动辞去了柏林大学理论物理学教授的职位，而为其他科学家所赞赏；因为按照他的雅利安血统，宗教背景和普朗克继承人的学术地位，他当时是完全可以自保其身的。后来他又逃到英国，并为自己的行为作辩解，反倒令其他科学家颇为尴尬。

薛定谔除工作之外，非常喜欢滑雪、溜冰、游泳或者爬山。薛定谔精通文学和哲学，热爱诗歌和艺术，天生浪漫多情，不拘礼法；除了物理和生物之外，他还会搞哲学、伦理学和宗教研究。原本，他是反对根本哈根学派的量子力学诠释，提出薛定谔的猫是为了难为玻尔他们，谁承想他的成果竟然成就了量子力学。

薛定谔于 1926 年提出其波动力学时已 39 岁，比起量子力学史上的其他英雄们算是很晚的。在这一点上，薛定谔与普朗克很相似，大器晚成。

（9）沉醉于数学之美。

薛定谔从早期统计力学的研究到著名的波动力学论文及晚年对统一场的探索，无一不体现他对"数学神秘力量的信仰"。出于对数学之美的倾心与向往，薛定谔进一步简化了海森堡矩阵力学的对易关系，使矩阵可以由薛定谔的本征函数建立。反之，也证明了波动力学与矩阵力学在数学上完全等价。薛定谔的理论系统地回答了当时已知的实验现象，而且证明了波动力学与海森伯矩阵力学在数学上是等价的，令整个物理学界为之震惊。

狄拉克曾对薛定谔沉醉于数学美做过最好的概括："在我所认识的物理学家

中，我觉得他与我本人最相像。""我相信其原因就在于我和薛定谔都极为欣赏数学美。这种对数学美的欣赏曾支配我们的全部工作。这是我们的一种信条，这对我们像是一种宗教。奉行这种宗教是很有益的，可以把它看成是我们许多成功的基础"。的确，薛定谔和狄拉克两个人都是相信数学之美。在一定程度上，玻恩也类似。

（10）薛定谔与爱因斯坦。

薛定谔是爱因斯坦的老朋友，二人一直保持着通讯往来。薛定谔不属于哥本哈根学派，他也一直反对不确定性原理和量子力学的统计学诠释，在这方面他和爱因斯坦持有相同的观点。当初，薛定谔创立波动力学时还请教过爱因斯坦关于德布罗意物质波和他的光量子假说的联系。爱因斯坦和玻尔的哥本哈根学派论战时，薛定谔为表示对爱因斯坦的支持，设计了一个叫薛定谔的猫的思想实验，被爱因斯坦称为反驳哥本哈根学派论点的最有力证据。但是二人没有想到，在量子力学支持者的手中，这只猫成了恰好揭示量子力学本质的存在，那就是量子叠加态原理。薛定谔本意帮助爱因斯坦反驳哥本哈根学派，结果却无意中将板砖打在了爱因斯坦身上。薛定谔本人也对 EPR 悖论表示赞同。

（11）《生命是什么?》。

1943 年，诺贝尔物理学奖获得者埃尔温·薛定谔在都柏林圣三一学院做了一个系列演讲，旨在探讨生命的物质基础，并在 1944 年结集成书。这本书就是《生命是什么?》，见图 2-47。这本书使许多青年物理学家开始注意生命科学中提出的问题，引导人们用物理学、化学方法去研究生命的本性，使薛定谔成为蓬勃发展的分子生物学的先驱。

图 2-47 《生命是什么》中译本影印件

《生命是什么?》一书虽然简短却被证明是20世纪最有影响力的科学著作之一。他的著作开创了从物理学角度研究生命科学的先河,试图用热力学、量子力学和化学理论来解释生命的本性;更深远的意义的是他将对生命现象的解释从细胞水平提高到了分子水平。这本书给生物界带来了多大的"地震波"真的难以估量;据说搞清楚DNA双螺旋结构的沃森和克拉克就深受此书影响,都声称他们寻求生命奥秘的强烈愿望是受到了薛定谔《生命是什么?》一书的启发。

1991年,与霍金齐名的英国物理学家彭罗斯读到此书后也说这本书"确实值得一读再读"。书中主要观点认为,物理学和化学原则上可以诠释生命现象。它是为门外汉写的通俗作品,然而事实证明它已成为分子生物诞生和随后DNA发现的激励者和推动者,为分子生物学的诞生作了概念上的准备。

(12)抒情诗人薛定谔。

薛定谔在自然科学史上是一个独特的现象;他是一位抒情诗人,为后人留下独具一格的不朽诗作。1949年,薛定谔在联邦德国一家出版社出版发行了一部《诗集》。其中的一首这样写道:

> 葡萄饱含着汁液鲜美而香甜,
> 在那山前,它现出目光深沉的容颜。
> 太阳在八月蔚蓝色的天空里,
> 发热,燃烧着,让冷飕飕的山风消散。
> 紫色的野果把红日引到身边:
> 请尝一尝串串的果儿馈赠的香甜。
> 汁液沿太阳的血管缓缓流动,
> 它蕴藏着给你和他人的欢乐无限。
> 啊!已临近岁暮,那成熟之年,
> 夜晚降临了,带来的是凛冽严寒。
> 云儿在高空飘浮,在那日出之前,
> 寒霜覆盖网一般的别致的藤蔓。

谁能想到一个严肃的物理学家竟然能写出这么优美的诗句来呢?

❧ 师承关系 ❧

正规学校教育;薛定谔的导师是Franz S. Exner,而Franz S. Exner的导师是玻尔兹曼;也就是说,薛定谔是玻尔兹曼的徒孙。

❧ 学术贡献 ❧

在量子力学、固体的比热、统计热力学等方面也做了大量的工作;发展了分子生物学,最早提出生物遗传密码。

（1）量子力学的另一形式——波动形式的创立者，提出著名的薛定谔方程，描述微观粒子运动状态的基本定律；该方程描述了物理系统的量子态怎样随时间演化的偏微分方程，是量子力学的核心方程。

（2）提出史上最有名的思想实验之一"薛定谔的猫"，该思想实验是所有科学领域中最精细的思想实验之一。

（3）证明自己创立的波动力学与海森堡、玻恩和约当所创立的矩阵力学在数学上是等价的。

（4）在后期，薛定谔研究有关波动力学的应用及统计诠释，新统计力学的数学特征以及它与通常的统计力学的关系等问题。他还探讨了有关广义相对论的问题，并对波场做相对论性的处理。此外，他还写出了有关宇宙学问题的一些论著。与爱因斯坦一样，薛定谔在晚年特别热衷的是把爱因斯坦的引力理论推广为一个统一场论，但也没有取得成功。

❧ 代表作 ❧

（1）薛定谔于1926年1—6月，一连发表了4篇论文，题目都是《量子化就是本征值问题》，系统地阐明了波动力学理论。

（2）1926年3月，发表文章《微观力学到宏观力学》，阐明量子力学与牛顿力学之间的联系。

（3）1926年4月，薛定谔发表了《论海森堡、玻恩与约当和我的量子力学之间的关系》，发现波动力学和矩阵力学在数学上是等价的，是量子力学的两种形式。

（4）1944年，薛定谔出版了《生命是什么？》。

（5）他曾先后写作了《自然与希腊人，科学与人文主义》《科学理论与人》《心与物》《我的世界观》和死后出版的《自然规律是什么》等哲学论著和文集。

（6）1956年，薛定谔在剑桥三一学院做了另一个系列演讲，讨论意识的物质基础、心智是否有进化的趋势、科学与宗教、感官之谜等问题，后集结成《意识和物质》一书。迄今为止，书中讨论的观点，仍启发着国内外一流的思想家、生物学家。

（7）他还发表了许多的科普论文，它们至今仍然是进入到广义相对论和统计力学的世界的最好向导。

❧ 获奖与荣誉 ❧

（1）1933年，因为"发现了在原子理论里很有用的新形式"（即量子力学的基本方程——薛定谔方程和狄拉克方程），薛定谔和英国物理学家保罗·狄拉克共同获得了诺贝尔物理学奖。

（2）1937年，荣获马克斯·普朗克奖章。

学术影响力

（1）量子力学里薛定谔方程，就像经典力学里的牛顿运动方程一样重要。

（2）奥地利 1000 先令（1983—1997 年流通）正面是薛定谔的头像。

（3）维也纳大学摆放的薛定谔大理石胸像上刻有薛定谔方程。

名人名言

（1）我们的任务不是去发现一些别人还没有发现的东西，而是针对所有人都看见的东西做一些从未有过的思考。

（2）创造力最重要的不是发现前人未见的，而是在人人所见到的现象中想到前人所没有想到的。

（3）对意识来说，没有曾经和将来，只有包括记忆和期望在内的现在。

（4）科学从不强加于人们任何事物，它只是陈述。科学的目的只不过是对客观事物做出正确恰当的陈述。

（5）我们热切地想知道自己从哪里来到何处去，但唯一可观察的只有身处的这个环境。这就是为什么我们如此急切地竭尽全力去寻找答案。这就是科学、学问和知识，这就是所有精神追求的真正源泉。

（6）物理学的新发现已经推进到了主观与客观的神秘分界线，并且告诉我们这根本不是一个明显的界限。它使我们明白，对一个物体的观察永远无法不被自己本身的观察行为所修改，它同时也让我们理解，在改进观察方法和对实验结果进行思考之后，主客观间的那种神秘界限已经被破坏。

（7）即使一百次尝试都已失败，也不应该放弃到达目标的希望；要敢于坚持对真理的信仰。

（8）如果缺乏彼此间的相互理解，教育就无法对那些我们负有责任的孩子产生持久的影响。

学术标签

量子力学的波动形式的创立者、最早提出生物遗传密码的人、普鲁士科学院院士、诺贝尔物理学奖获得者。

性格要素

薛定谔个性复杂矛盾却极具教养、口才好。哥本哈根学派评论他是独立、有趣、友好、慷慨。他崇尚理性，热爱科学，毕生致力于人类对自然的理解，有志于探索宇宙的和谐，追求科学的统一，他擅长形象思维，讲究科学创造的艺术性。他谦虚而文雅，却热情而固执；他远离名利场，却在多个学术领域夺人眼球；他博学多才，却大器晚成；他在政治上极其幼稚，却在经济上城府颇深，政治经济学在他身上完全分裂；他自认少有原创，却善于借种生花，做出独一无二的创建。这就是冲突与矛盾的统一体薛定谔。

❧ 评价与启迪 ❧

薛定谔是 20 世纪最具影响力的科学家之一。对于 20 世纪的物理学和生物学而言，薛定谔都具有极其显著的重要性。波动方程这一描述电子绕原子核运动的方程式被玻恩称为物理学史上最卓越的成就。总之，薛定谔以他的波动方程闻名天下，取得了和牛顿运动方程类似的地位，"薛定谔的猫"思想实验更是脍炙人口，家喻户晓；其巨大影响力不会随着时间的消逝而衰退。

1961 年薛定谔逝世时，玻恩在一篇悼文中这样评价他："我无法描绘这位出色的、多才多艺的人物形象。他涉足的许多领域我知之甚少，特别是在文学和诗作方面。"当然，我们无法说出诗人与科学家、文学与科学之间究竟有什么内在的、必然的有机联系。但是，爱因斯坦与玻尔各自的一席话，却能引起我们无限的深思。爱因斯坦说："在科学思维中，永远存在着诗歌的因素。"玻尔则认为艺术之所以能丰富我们的想象，其原因"就在于艺术能给我们提示系统分析所达不到的和谐。可以说，文学、造型和音乐艺术形成表现方法的连贯性，而在这种连贯性中，越来越充分地放弃科学报道所特有的准确定义，从而为幻想提供更多的自由"。

薛定谔的成功，显然是与他高超的文学艺术素养所息息相关的，它对薛定谔创造性思维的发展无疑起了积极的作用，这就是所谓的"通才取胜"。可以说：研究自然科学的人，如果不懂得艺术，那将是一个很大的欠缺。

72. 亚洲第一个诺贝尔奖得主、印度最伟大的科学家——拉曼

拉曼像

姓	名	钱德拉塞卡拉·文卡塔·拉曼
性	别	男
国	别	印度
学科领域		光谱学
排	行	第三梯队（二流）

❧ 生平简介 ❧

拉曼（1888 年 11 月 7 日—1970 年 11 月 21 日）又译喇曼，出生于印度南部。父亲是一位大学数学、物理教授，自幼对他进行科学启蒙教育，培养他对音乐和乐器的爱好。拉曼天资出众，11 岁结束了中学的

学习进入了马德拉斯大学（印度历史最悠久的 3 所大学之一，它是印度南方所有大学的母亲，被誉为印度的牛津和剑桥）上学，并在 1904 年取得该学院的文学学士学位和优秀学生奖章，这时他年仅 16 岁。1906 年，仅 18 岁的他就在《自然》发表了论文，是关于光的衍射效应的。1907 年，他以优异的成绩获得了硕士学位。

由于生病，拉曼失去了去英国剑桥大学作博士论文的机会。独立前的印度，如果没有取得英国的博士学位，就意味着没有资格在科学文化界任职。但会计行业是当时唯一例外的行业，不需先到英国受训。于是拉曼就投考财政部以谋求一份职业，结果获得第一名，被授予了总会计助理的职务。

此后 10 年，他在财政部任职，期间靠着勤奋他在业余时间从事光学研究，取得了很好的成绩。1917 年加尔各答大学破例邀请他担任物理学教授，他从此专心于科学研究。加尔各答大学和拉曼小组逐渐成为印度科学研究中心的核心。1921 年，应英国皇家学会邀请，由拉曼代表加尔各答大学去英国讲学，说明了他们的成果已经得到了国际上的认同。

1921—1922 年，他在瑞利勋爵关于"海水的蓝色是反射了天空的颜色导致的"这个基础上，重新解释了"海水为什么是蓝色的"这个问题，认为海水的蓝色是起因于水分子对光的散射。

1924 年入选英国皇家学会会员。1928 年，他在研究光的散射过程中发现拉曼效应；在世界范围内引起强烈的反响，许多实验室重复他的实验并发展了他的结果，这一发现很快得到了公认。1929 年他被授予爵士爵位；随后获得英国皇家学会休斯奖章；1930 年，发现拉曼效应两年后，他被授予至高荣誉——诺贝尔物理学奖，成为了印度乃至全亚洲第一个诺贝尔奖得主。

1934 年，拉曼和其他学者一起创建了印度科学院，并亲任院长。1947 年，他被新成立的印度无党派政府任命为第一位国家教授。1948 年，他从印度科学院退休。1947 年，创建拉曼研究所并任所长；在 30 年中间，前后就有 66 名学者从他的实验室发表了光散射方面的论文 377 篇。

拉曼爱好音乐，也很爱鲜花异石。他研究金刚石的结构，耗去了他所得诺奖奖金的大部分。晚年致力于对花卉进行光谱分析。在他 80 寿辰时，出版了他的专集《视觉生理学》。拉曼喜爱玫瑰胜于一切，他拥有一座玫瑰花园。拉曼 1970 年逝世，享年 82 岁，按照他生前的意愿火葬于他的花园里。

花絮

（1）伟大的学者、优秀的教师。

拉曼在加尔各答大学任教 16 年，仍在印度科学教育协会进行实验，不断有学生、教师和访问学者到这里来向他学习、与他合作，逐渐形成了以他为核心的学术团体。许多人在他的榜样和成就的激励下，走上了科学研究的道路，其中有著名的物理学家萨蒂延德拉·纳特·玻色和米格那德·萨哈。

拉曼还是一位教育家，他从事研究生的培养工作，并将其中很多优秀人才输送到印度的许多重要岗位。拉曼很重视发掘人才，从印度科学教育协会到拉曼研究所，在他的周围总是不断涌现着一批批赋有才华的学生和合作者。他对学生谆谆善诱，深受学生敬仰和爱戴。拉曼为发展印度的科学和教育事业上立下了丰功伟绩。

＊玻色，1894—1974 年，孟加拉国首都达卡大学和印度加尔各答大学教授，著名成果是玻色—爱因斯坦统计及玻色—爱因斯坦凝聚，玻色子就以他的名字命名，先后 4 次获得诺贝尔奖提名；与德布罗意、居里夫人和爱因斯坦一起工作过，1958 年获选为英国皇家学会会员。

＊萨哈，1893—1973 年，孟加拉国人，加尔各答大学理学院院长，玻色的同班同学，曾任全印度最高学术机构印度国家科学院 INSA 的院长；最早将恒星的光谱与温度联系起来的人，最著名的工作是建立了描述元素电离平衡的萨哈方程，成为揭开恒星大气之谜的钥匙，他计算出宇宙中的 99.9% 的物质处于等离子状态；先后 6 次获得诺贝尔奖提名；在其 60 岁寿辰之际，甚至著名科学家玻尔、玻恩、海森堡、费米、哈恩、劳伦斯、康普顿和约里奥·居里等诺奖得主都向他发贺电庆祝其生日，影响力巨大。萨哈的作用远远超出自然科学本身，他承担了很多社会责任，在印度社会中发挥了卓越的作用。

（2）海水为什么是蓝色的。

1921 年，拉曼去英国访学交流，在英国皇家学会作了声学与光学的研究报告，后乘客轮"纳昆达"号经地中海回印度。途中坐在旁边的一对母子的对话引起了他的注意与兴趣，小男孩问他的妈妈"海水为什么是蓝色的"这个问题。小男孩的提问是他深入研究这个问题的契机。

瑞利勋爵认为海水的蓝色是由于反射天空的蓝色造成的，拉曼认为这值得商榷。他利用自制的简陋装置认真研究了这个问题。实验结果证明，消去天空的颜色后看到的是比天空还更深的蓝色。他又用光栅分析海水的颜色，发现海水光谱的最大值比天空光谱的最大值更偏蓝。可见，海水的颜色并非由天空颜色引起的，而是海水本身的一种性质。拉曼认为这一定是起因于水分子对光的散射，并写了两篇论文讨论这一现象，论文发表在伦敦的两家杂志上。

（3）拉曼效应的发现。

拉曼全力研究光经过固体、液体和气体等透明媒质时发生的散射现象。他带领学生们反复改变光源、透镜、检测器等来对实验结果进行验证。当时他们的实验条件非常简陋，使用简单水银灯、聚光透镜、分光计、滤色镜等仪器。

1923 年 4 月，拉曼的学生第一次观察到了光散射中颜色改变的现象，这引起了他的兴趣，但是百思不得其解。1924 年拉曼到美国访问，他结识了康普顿，并从康普顿效应得到了重要启示。进过多年研究，到 1928 年初，拉曼已经认识到颜色有所改变、比较弱又带偏振性的散射光是一种普遍存在的现象。他参照康普顿效应中的命名"变线"，把这种新辐射称为："变散射"。

拉曼又进一步改进了滤光的方法，在蓝紫滤光片前再加一道铀玻璃，使入射的太阳光只能通过更窄的波段，再用目测分光镜观察散射光。1928 年 2 月 28 日下午，拉曼和他的学生终于做出了一个非常漂亮的、在光学上具有判决意义的重要实验。他们采用单色光作光源，从目测分光镜看到在蓝光和绿光的区域里，有两根以上的尖锐亮线；每一条入射谱线都有相应的变散射线，这两根线的频率比入射光频率低，强度不高。偶尔也观察到比入射线频率高的散射线，但强度更弱。

综合长期以来的实验，他得出一个结论：光线照射到样品表面时，物质中的分子吸收了部分能量，发生不同方式和程度的振动，然后散射出较低频率的光。之后，拉曼在印度科学协会成立大会上，作了题为《一种新的辐射》的报告，详细介绍了他的发现及理论解释。除了描述新辐射的特点外，拉曼还采用了量子理论对其进行准确说明。

拉曼发现反常散射的消息传遍世界，引起了强烈反响，许多实验室相继重复，证实并发展了他的结果。科学界对他的发现给予很高的评价，英国皇家学会正式称之为"20 年代实验物理学中最卓越的三四个发现之一"。

在拉曼等人宣布了他们发现的几个月后，苏联物理学家兰兹伯格和曼德尔斯坦等也独立地发现了液体苯和固体石英对光的非弹性散射现象。早期称为联合散射，现在都称为拉曼散射。人们把光经过物质后频率改变的新发现称为拉曼效应。后人研究表明，拉曼效应对于研究分子结构和进行化学分析都是非常重要的。

❧ 师承关系 ❧

正规学校教育。

❧ 学术贡献 ❧

最重要的贡献：第一，解释了海色为什么是蓝色的根本原因是水分子对光发生了散射；第二，经过多年研究发现了拉曼效应——光经过物质后，除了正常的弹性散射之外，存在使得频率发生改变的拉曼散射。

❧ 代表作 ❧

1922 年，拉曼写了名为《光的分子衍射》的小册子，总结了各种媒质中光散射的规律，提到用量子理论分析散射现象。

☙ 学术获奖 ❧

（1）1929 年，获得英国皇家学会休斯奖。

（2）1930 年，因光散射方面的研究工作和拉曼效应的发现，获得了当年度诺贝尔物理学奖。

☙ 学术影响力 ❧

拉曼效应为光的量子理论提供了新的证据，对于研究分子结构和进行化学分析都是非常重要的。拉曼光谱以拉曼命名，是入射光子和分子相碰撞时，分子的振动能量或转动能量和光子能量叠加的结果，利用拉曼光谱可以把处于红外区的分子能谱转移到可见光区来观测。拉曼光谱是一种无损检测手段，它是基于光和材料内化学键的相互作用而产生的，是物质的指纹谱，可测试物质组成、张力和应力、晶体对称性和取向、晶体质量、物质总量、物质官能团的信息等。拉曼光谱分析目前成为了重要的材料表征手段。

☙ 名人名言 ❧

无从考证。

☙ 学术标签 ❧

英国皇家学会会员、第一位获得诺贝尔物理学奖的亚洲科学家。

☙ 性格要素 ❧

发愤图强、自强不息、眼光独到、坚持不懈。

☙ 评价与启迪 ❧

拉曼是印度人民的骄傲，也为第三世界的科学家作出了榜样，他大半生处于独立前的印度，竟取得了如此突出的成就，令人钦佩。

拉曼是印度国内培养的科学家，他一直立足于印度国内，发愤图强，艰苦创业，建立了有特色的科学研究中心，走到了世界的前列。在他持续多年的努力中，显然贯穿着一个思想，这就是：针对理论的薄弱环节，坚持不懈地进行基础研究。他很重视发掘人才，对后辈知无不言，倾囊相授，为印度培养了大批人才，为印度教育和科学事业的发展立下了丰功伟绩。

73. 历史上最年轻的诺贝尔物理学奖获得者——劳伦斯·布拉格

劳伦斯·布拉格像

姓　　名　威廉·劳伦斯·布拉格

性　　别　男

国　　别　英国

学科领域　晶体学

排　　行　第三梯队（二流）

✺ 生平简介 ✺

劳伦斯·布拉格（1890 年 3 月 31 日—1971 年）是著名物理学家威廉·亨利·布拉格的儿子，出生于南澳大利亚的阿德莱德。外祖父查尔斯·托德曾任澳大利亚邮政部长，是著名的天文学家，还是气象学的先驱，穿越澳大利亚中心地带的第一条电报线就是他铺设的。总之，家境优越，家里学术气氛浓厚，劳伦斯从小就受到了良好的教育；父亲给他讲原子的故事，而不是童话故事。在父母的启蒙下他非常善于思考，敢于提出问题也能够正视事实。5 岁时，他左肘受伤严重，父亲使用 X 射线对劳伦斯的手臂进行检查，成为澳大利亚首次在外科医学中使用 X 射线的记载。他这次受伤留下了后遗症，40 年后他不得不做手术来避免左手瘫痪。

少年劳伦斯显示出极强的接受能力和广泛的兴趣爱好，尤其是对科学和数学，经常在班里给同学们讲解难题。他很喜欢做化学试验，总是会提些独特的见解。劳伦斯年仅 14 岁时进入了父亲所在的阿德莱德大学学习数学、化学和物理。当时，亨利·布拉格正在研究 X 射线射程问题，经常与劳伦斯谈论有关的研究情况，这使他在学生时代就接触到了科学前沿知识；1908 年以优等成绩毕业，获得了一等荣誉学位。

1908 年，劳伦斯的父亲接受了利兹大学提供的教授职位，全家搬回英国。1909 年秋，尽管因患肺炎而在病床上参加考试，劳伦斯仍获得艾伦奖学金，开始入读剑桥大学三一学院。第一年学习数学，第二年他改学物理，仅用了一年的时间就学完了全部必修的物理学课程。22 岁时在自然科学考试中获优等成绩，顺利在剑桥大学毕业，再次获得一等荣誉学位。

大学毕业后他进入卡文迪许实验室，在著名汤姆逊指导下开始研究工作，从事关于围绕离子在各种气体中的迁移率等的科学研究工作。在卡文迪许实验室，劳伦斯注意学习实验技能，熟悉实验设备。他学过金属车削，自己设计制作仪器；他还经常利用假期到他父亲所在的利兹大学的实验室里工作，在那里有他父亲亲自安装的 X 射线设备。通过操作和训练，他不仅熟悉了有关设备的各种性能，还帮助父亲做过一些实验以及分析。父亲亨利不仅是劳伦斯科学的启蒙导师，同时还是他的精神导师。

从 1912 年到 1914 年劳伦斯和父亲一起工作，他对 X 射线的本质产生了兴趣。就在 1912 年秋天，他开始研究劳厄发现的 X 射线衍射现象，并于 11 月在《剑桥哲学学会学报》上发表了关于这个课题的第一篇论文《晶体对短波长电磁波的衍射》。

劳厄发现的 X 射线衍射现象，倾向于 X 射线是一种电磁波，父亲亨利相信，X 射线是本质是粒子。劳伦斯慢慢发现父亲的理论是不对的，利用波的行为才能获得正确的解释，他认为 X 射线的确是一种电磁波，并且在 1912 年提出了关键性的"布拉格方程"，清楚地解释了 X 射线晶体衍射的形成，证明能够用 X 射线来获取关于晶体结构的信息。1912 年 11 月，年仅 22 岁的劳伦斯以《晶体对短波长电磁波衍射》为题向剑桥哲学学会报告了上述研究结果。而亨利则设计出了一系列有独创性的实验，证明了劳伦斯的理论。1912—1914 年，父子二人经过两年多的共同研究，了解了多种物质的晶体结构，发表多篇论文。

1914 年劳伦斯成为三一学院讲师，同年荣获巴纳德奖章。1915 年发表题为《X 射线和晶体结构》的论文。同年度，他和父亲被授予诺贝尔物理学奖，仅仅在他们的成果发现 3 周年之后，可谓神速；这从侧面反映了他的科研成就的先进性。

1915—1919 年，劳伦斯担任法国声波测绘地图总局的技术顾问，1918 年获得大英帝国勋章和军功十字勋章。1919 年，秋劳伦斯前往曼彻斯特大学接替卢瑟福遗留下来的兰沃西荣誉物理学教授教席一直到 1937 年，在他的努力下逐渐形成了曼彻斯特大学晶体研究学派。

1921 年劳伦斯被选为皇家学会会员；同年与性格活泼富有魅力的爱丽丝·格雷斯·珍妮结婚，她的父亲是玻尔一家的家庭医生，他们婚姻非常幸福。

1927 年，他参加了著名的第五届索尔维会议，并于 1948 年到 1961 年担任第 8 届到第 12 届索尔维会议的主席。1937—1938 年任英国专管计量工作的科学机构：国家物理实验室主任。1938 年 10 月开始担任卡文迪许实验室主任直到 1953 年，同期担任剑桥大学卡文迪什实验物理学教授。

1941 年他被封为爵士，并获剑桥大学文学硕士学位。1953 年，劳伦斯成为皇家研究所富勒里安化学教授。像父亲一样，劳伦斯是一位杰出的演讲者和卓有成效的组织活动家。第二次世界大战后，他还曾帮助建立了晶体学国际联盟，并担任第一任主席。

1958 年到 1960 年他任频率顾问委员会主席。1965 年 12 月，他应诺贝尔基金会之邀，在斯德哥尔摩介绍了其研究领域过去 50 年来的发展状况，这也是历史上第一个"诺贝尔讲座"。劳伦斯在皇家研究所工作到 1966 年 9 月后退休；1974 年逝世于英国伊普斯维奇，享年 81 岁。

❧ 花絮 ❧

（1）沟通技能很重要。

劳伦斯喜欢语言文字，文学造诣很深，他认为交流沟通技能极其重要。布拉格既可以用词语来思维，也可以用图像来思维，在交流中也能够视对象的情况随心所欲地诉诸词语或图像。他观察力超人，对观察对象细节的记忆之准确令人吃惊。他善于在脑中将二维事物转化为三维事物，并开始"建模"。良好的沟通技巧有助于他的科学论文中生动准确的表达自己的意思。

（2）多才多艺。

劳伦斯·布拉格除了是一位伟大的物理学家，还是一位多才多艺、才华横溢的传奇学者。

劳伦斯·布拉格热爱绘画，水彩画和素描画得很好，他栩栩如生的肖像画作品，几乎已经达到了专业水准。

他经常带女儿观鸟。他教导女儿要注意鸟的"精气神儿"，它如何在草地上蹦蹦跳跳？如何飞翔？如何捕食？女儿小时候，劳伦斯带她用捕蝶网去抓蝴蝶；他认识各种品种的蝴蝶，也认识各种昆虫。劳伦斯还告诉女儿杜鹃蜂是怎么偷偷在其他蜂巢中产卵的。这些都是教育女儿如何培养敏锐的观察力。

（3）优秀的卡文迪许实验室主任。

卡文迪许实验室创立至今经历了从经典物理向现代物理演变的全过程，实验室的研究方向也几经改变，但其在世界范围内的领先地位却始终没有动摇，这与卡文迪许实验室的领导者有着密不可分的关系。劳伦斯作为第四任实验室主任，因其出色的领导才能推动了卡文迪许实验室的发展，做出了堪比前任的成就，他的学术成就和人格魅力，也同样被人们牢记。

1937 年卢瑟福意外去世后，剑桥大学选举团经过一年的考虑，选择了年轻的劳伦斯担任卡文迪许实验室主任。1938 年 10 月，劳伦斯去剑桥上任。

当时的卡文迪许实验室非常庞大，科研人员非常多，科学家、科研助手、机械师、研究生以及访问学者超过 500 人，同时承担着 160 多项科研任务，研究方向包括核物理、低温物理、晶体学、低温物理及数学物理等。劳伦斯上任后，果断放弃了花费颇高但实验室原本擅长的核物理，大力扶持固体物理学，鼓励发展生物物理学、天体物理学等学科，为实验室开辟了新的研究方向。为了解放科研人员并管理庞大的科研队伍，他首创科研秘书机制，实验室和大的课题组下面都有专门的科研秘书负责财务、实验室管理、房屋和设备等资源管理和分配、文件资料管理和学术会议安排等行政事务，使得科研效率大大提高。这一体制也在剑桥大学内部得到推广。

随着研究的逐步深入，劳伦斯敏锐的察觉到 X 射线衍射对探索生物分子结构

的重要性，他的研究兴趣转向了应用 X 射线分析蛋白质分子的结构，并在 1947
年成功劝说英国医学研究委员会支持他。1948 年，劳伦斯为研究应用 X 射线分
析蛋白质分子的结构，负责创建了一个使用物理方法解决生物问题的研究小组。
1953 年，DNA 双螺旋结构的发现引起了科学界的轰动。正是在劳伦斯的支持下，
弗朗西斯·克里克和詹姆斯·沃森在卡文迪许实验室开展的关于 DNA 双螺旋结
构的研究。同一时期，马克斯·佩鲁茨在卡文迪许实验室开展血红蛋白研究，3
人都在 1962 年诺贝尔奖。

后来，劳伦斯在皇家研究所戴维——法拉第实验室时继续了这项研究。他还
为此成立了分子生物学实验室，并在这一实验室中曾孕育出了众多诺贝尔奖级成
果，有超过 20 位诺贝尔奖获得者曾是这里的研究人员或是在此访问。

（4）劳伦斯·布拉格与中国学者。

劳伦斯·布拉格十分重视科学教育工作，培养以及与他合作的各国学者（包
括中国学者在内）近百人。郑建宣（物理学家、教育家，我国合金相图研究工
作的奠基人之一，曾任广西大学副校长）、陆学善（晶体物理学家，中国科学院
院士）、余瑞璜（著名 X-光晶体学家，中国科学院院士，被国际晶体学界誉为国
际上第一流晶体学家）三位物理学家曾于 1934—1936 年间留学英国曼彻斯特大
学。3 人在布拉格的指导下，从事 X 射线晶体学研究，并都取得了重要成果。这
一时期的留学科学研究对这 3 位物理学家日后的科研发展产生了重要的积极的影
响。3 人学成归国后继续从事晶体学的研究，推动了晶体学在中国的建立与
发展。

（5）布拉格方程。

著名的布拉格方程 $2d\sin\theta=n\lambda$ 描述了 X 射线在晶体中的衍射规律——X 射线
的波长（λ）、入射角（θ）以及晶面间距（d）之间的基本关系，是晶体衍射的
理论基础，见图 2-48。它给出了受到电磁辐射和粒子波照射时，晶体内原子平
面间隔与在该平面上产生最强反射的入射角之间的关系，根据这个方程，人们可
以利用已知波长的 X 射线去照射未知结构的晶体，通过衍射图样来揭示晶体的结
构；或者利用结构已知的晶体来反射 X 射线，以求得 X 射线的波长。

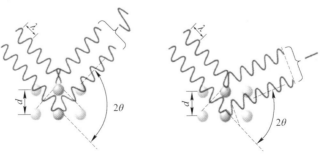

图 2-48 布拉格方程（$2d\sin\theta=n\lambda$）

师承关系

正规学校教育；他父亲亨利·布拉格是他的博士导师。

学术贡献

（1）与其父亲威廉·亨利·布拉格在使用 X 射线衍射研究晶体原子和分子结构方面所作出的开创性贡献，通过对 X 射线谱的研究，提出晶体衍射理论，1912 年建立了布拉格公式，并改进了 X 射线分光计；创立了用 X 射线分析晶体结构的新学术领域。

（2）劳伦斯后来的主要兴趣是应用 X 射线分析蛋白质分子的结构，这项工作先是在剑桥大学的卡文迪什实验室进行，后来他在皇家研究所戴维—法拉第实验室时继续了这项研究。这项研究获得了巨大成功，第一次确定了生命物质极其复杂的分子结构。

（3）由于其敏锐的观察力与分辨力，他非常了不起地发现了一个新的贝壳品种，于是该品种以他的名字命名。

代表作

1912 年 11 月，劳伦斯·布拉格发表了《晶体对短波长电磁波衍射》，提出了关键性的"布拉格方程"，解释了 X 射线晶体衍射的形成，证明了能够用 X 射线来获取关于晶体结构的信息。

劳伦斯和他父亲亨利在 1915 年发表了著名的论文《X 射线和晶体结构》，后又合写了许多关于晶体结构的科学论文：《结晶状态》（1934 年）、《电学》（1936 年）和《矿物的原子结构》（1937 年）。

获奖与荣誉

（1）1914 年，荣获巴纳德奖章。

（2）1915 年，获得马泰乌奇奖章。

（3）1915 年，因"开展用 X 射线分析晶体结构的研究"，父子二人一起获得诺贝尔物理学奖。当时他年仅 25 岁，成为历史上最年轻的诺贝尔奖获得者，这个纪录至今仍未被打破。

（4）1931 年，获英国皇家学会的休斯奖章。

（5）1946 年，获皇家学会的皇家奖章。

（6）1948 年，获美国矿物学会的罗布林奖章。

（7）1966 年，获科普利奖章。

（8）他先后被英国王室授予大英帝国勋章（1918 年）、军功十字勋章（1918年）和名誉勋位（1967 年），1941 年被封为爵士。

（9）美国矿物学会的罗布林奖章。

（10）他获得都柏林大学、利兹大学、曼彻斯特大学、里斯本大学、巴黎大学、布鲁塞尔大学、列日大学、达勒姆大学的荣誉科学博士学位，科隆大学的荣誉哲学博士学位，圣安得鲁斯大学的荣誉法律博士学位。

学术影响力

（1）劳伦斯·布拉格这个名字几乎是现代结晶学的同义词；现在从事材料科学与工程、材料物理、机械工程以及化学材料等相关专业的学生或者学者，进行材料的晶体结构分析最主要的手段就是 X 射线衍射，就是利用了著名的布拉格公式。

（2）迄今为止，X 射线技术仍是研究生物大分子结构的主要手段。

（3）自 1992 年起，澳大利亚物理学会设立一个全国年度最佳物理博士论文奖项，向最佳论文的作者颁发"布拉格金牌"，这枚奖牌的命名是为了纪念布拉格父子，奖牌正面图案为劳伦斯·布拉格肖像。

名人名言

如果你不能准确、清晰地描述一个概念，你就可能成为"模糊思维"的牺牲品。

学术标签

X 射线晶体学的奠基人之一、英国皇家学会会员、美国、法国、瑞典、中国、荷兰、比利时等国的科学院名誉院士、法国矿物和结晶学会名誉会员、国家物理实验室主任、卡文迪许实验室主任。

性格要素

出身良好的家庭，年少成名，但是不自满，勇于克服困难，包括科研上的困难和管理上的困难，愿意尝试，挑战自我。

评价与启迪

亨利和劳伦斯在 1912—1914 年的工作中创立了一个极重要和极有意义的科学分支——X 射线晶体结构分析。布拉格父子利用 X 射线系统地探测晶体结构，受到了科技界极大的关注，在他们成果发表之后的第三年即被授予诺贝尔物理学奖。

劳伦斯·布拉格年仅 25 岁时就荣获了诺贝尔奖，他是历史上最年轻的诺贝尔物理学奖获得者。1965 年 12 月，在斯德哥尔摩举行了庆贺他获得诺贝尔奖 50 周年典礼。

劳伦斯·布拉格年少成名，但是他并没有止步不前，仍然在科研上努力奋斗，并不断取得新的成绩。他后来担任卡文迪许实验室主任之后，创新管理模式，使得不断下滑的卡文迪许实验室焕发生机，在新的领域取得了优异的成就。他在科研上不断提携新人，弗朗西斯·克里克、詹姆斯·沃森以及马克斯·佩鲁茨等人在他的支持下均获得了诺贝尔奖。

74. 被导师送来诺贝尔奖的中子发现者——查德威克

姓　　名　詹姆斯·查德威克
性　　别　男
国　　别　英国
学科领域　原子核物理
排　　行　第二梯队（次一流）

❧ 生平简介 ❧

查德威克（1891 年 10 月 20 日—1974 年 7 月 24 日）出生于英国柴郡，小时候并未显现出过人天赋，常常沉默寡言。上中学的时候，他的学习成绩并不出色，对物理也没有太多的兴趣，有几次实验课甚至都不及格。

查德威克像

1908 年，查德威克考入曼彻斯特大学，阴差阳错地选择了物理专业，从此和物理结下了不解之缘，并很快在物理研究方面崭露出超群才华。卢瑟福教授非常看重查德威克在物理方面的天赋，毕业后就留他在曼彻斯特大学物理实验室从事放射性研究。正当他的科研事业初露曙光之际，第一次世界大战把他投入了集中营。第一次世界大战后，卢瑟福再次把这个不善交际、喜欢闷头做实验的学生继续留在了自己身边，自 1919 年开始，在剑桥大学从事 α 粒子人工轰击各种元素的试验。

1923—1935 年，他因原子核带电量的测量和研究取得出色成果，被提升为剑桥大学卡文迪许实验室副主任，与主任卢瑟福共同从事粒子研究。1932 年他经过多次实验终于发现了中子，完成了他 10 多年的心愿；1935 年，他因发现中子获诺贝尔物理学奖。1935—1948 年，任利物浦大学教授。1939—1943 年，参加英国及美国曼哈顿工程的原子弹研究，获得多种荣誉。1974 年 7 月 24 日去世。

❧ **花絮** ❧

（1）集中营中的实验室。

第一次世界大战爆发后，正在柏林的查德威克被德国当做英国俘虏拘押在鲁莱本的一个战俘集中营。

在集中营里，对物理念念不忘的查德威克遇到了英国军官埃利斯，两个无事可做的人成了好朋友，查德威克以极大的热情教授埃利斯原子物理。德国科学家闻知此事，被查德威克的这种科研精神深深感动。德国科学家同行向执政者呼吁，并以德国科学院的名义出面交涉，最终德国军方同意查德威克在战俘营里搭建实验室。就这样，外面炮火连天，而查德威克却在俘虏营里安静地进行自己的实验研究。而埃利斯在他的教导下，也成为原子物理方面的专家。

（2）中子的发现。

中子的发现是与人们对原子核的结构的探索分不开的。1920年圣诞节，卢瑟福在向少年儿童作有关原子物理学科普报告的时候，曾经提出一个很有启发的问题：既然原子中有带正电的质子，也有带负电的电子，为什么就不可以有一种不带电的中性粒子呢？说者无心，听者有意，查德威克对这个中性粒子产生了极大的兴趣，并想办法验证它是否存在。从1921年开始，他就从实验和理论两个方面着手寻找中子；但陆续尝试了很多办法都未成功。

1930年，德国物理学家瓦尔特·博特（1891—1957年，普朗克的学生，1954年诺贝尔物理学奖获得者；曾经被关押在西伯利亚战俘营一年）和他的学生贝克用氦核轰击铍观察到一种强度不大但穿透力极强的射线。这种射线可以穿透2厘米厚的铅板，而且穿过去后速度并不明显减小，这种射线不受电场和磁场影响，在电场和磁场中都不发生偏转，在穿透2厘米厚的铅板之后，射线的强度只减弱13%。当时，把这种射线称作是铍辐射。根据当时已经发现的各种辐射的研究，α射线和β射线都没有这么强的穿透力。唯一能穿透铅板且不带电的是γ射线，因此这两位物理学家错误地认为他们发现的是高能γ射线。韦伯斯特甚至对这种辐射做过仔细鉴定，发现了它的中性性质，但对这种现象难于解释，因而未再继续深入研究。

1932年，约里奥·居里夫妇重复了博特的铍辐射实验，很容易也得到了与博特相同的结果——铍射线。然而，约里奥·居里夫妇居里夫妇没有深究，把这一现象解释为γ射线对质子产生康普顿散射，最终与发现中子失之交臂。

查德威克得知此消息后，敏锐地觉察到铍辐射绝对不是辐射，很可能就是卢瑟福所预言的中子辐射。查德威克首先通过理论数据的计算，改进了约里奥·居里夫妇的实验装置，于电离室后加一放大器，再链接记录器。他用钋加铍作为放射源，使用这种新射线去轰击氢、氦、氮等元素。结果发现，这种射线的性质与通常的射线有所不同，通常的射线照射到物质上，物质密度越大，对射线吸收的就越厉害。而这种射线的性质刚好相反，密度越小的物质越容易吸收它。查德威克用这种射线去轰击氢原子时发现，氢原子核被弹射出去，这说明这种射线是具有一定质量的粒子流。由于这种粒子流不带电，电场和磁场对它不起作用，所以不能利用它在磁场或电场中的径迹来计算它的质量。

查德威克以特有的敏感性感觉到需要重新审查这一实验结果，他发现这种射线的速率只有光速的 1/10，不可能是 γ 射线，他确认这种中性射线是质量很大的中性粒子。查德威克用弹性碰撞的理论并结合动量守恒和能量守恒把这种粒子的质量算出来。通过对氢原子和氮原子的轰击，他算出这种粒子的质量与质子的质量近乎相等。

最终通过实验证实恩师预言的中性粒子是真正存在的。他采纳了美国化学家哈金斯（1936 年和鲍林一起提出氢键理论）的建议，把这种中性粒子叫做中子。在做过仅仅两周的实验后，查德威克于 1932 年 2 月发表了题为《中子可能存在》的论文。论文指出，实验的证据显示这个神秘射线的正确解释应该是中子。1932 年 5 月，查德威克又送出了更确定的题为《中子的存在》论文。到了 1934 年，这个新发现的中子是一个基本粒子的事实已得到了确认，中子较重但不带电；它并非如卢瑟福原先所提出的是由质子和电子的结合而成。

像约里奥夫妇一样贻误发现中子良机的还有奥地利女物理学家梅特涅和她的中国学生王淦昌。1930 年，王淦昌在柏林大学参加一次有关原子结构的讨论会，突发灵感设想做一个类似查德威克的实验；他曾向自己的导师梅特涅几次建议做这种实验，但都被困于传统观念的梅特涅拒绝了。

（3）让人落后的勤奋。

一天凌晨两点，英国剑桥大学物理实验室主任欧内斯特·卢瑟福发现研究生詹姆斯·查德威克还在实验室忙碌。卢瑟福问查德威克说，"你每天要忙 10 多个小时做实验，难道还有时间思考？"一时间，查德威克如同醍醐灌顶。于是，查德威克开始努力提高办事效率，并积极思考问题，没想到竟取得事半功倍的效果，成绩突飞猛进。后来，在对铍射线的研究没有太大进展的情况下，查德威克独辟蹊径，用带电粒子径迹探测器发现了中子。

（4）与美国物理学家欧内斯特·劳伦斯的友谊。

1933 年，第七届索尔维会议上，查德威克偶遇同样参会的美国物理学家欧内斯特·劳伦斯（美国实验物理学家，1932 年发明了回旋加速器，用它产生了人工放射性同位素，1939 年获诺贝尔物理学奖）。二人志趣相投，随后开始了长达 10 年热情的通信。

1939 年 7 月，由于劳伦斯的大力倡导，并派助手协助，查德威克在利物浦的回旋加速器终于产生了它的第一束加速粒子。1943 年，查德威克率领一英国科学家来到美国的洛斯阿拉莫斯，参加原子弹的研制工作。查德威克与劳伦斯在曼哈顿工程中再次相会，并肩工作。劳伦斯本人负责用电磁法分离制造原子弹用的铀 235 工作。

～ 师承关系 ～

正规学校教育；卢瑟福虽然不是他的导师，但是他在卡文迪许实验室从事研究助理的工作，卢瑟福对他给予了指导，他尊称卢瑟福为自己的导师。

～ 学术贡献 ～

查德威克主要从事原子核物理学的实验研究。1914 年，他首先发现 β 射线能谱是连续的。1920 年，他通过铂、银和铜核研究 α 粒子的散射，直接测出了原子核的电荷，从而证实了卢瑟福的原子理论和关于元素的核结构以及核电荷数与元素的原子序数相等的结论。他最大的贡献是发现了中子。

～ 代表作 ～

查德威克与卢瑟福和埃利斯合著《放射性物质的放射》一书，于 1930 年出版；这个埃利斯就是查德威克在战俘营中的好朋友。

～ 获奖与荣誉 ～

查德威克因为发现了中子获得了 1935 年的诺贝尔奖物理学奖。

～ 学术影响力 ～

中子的发现对核物理学的发展有巨大而深远的影响。在发现中子以前，人们对于原子核的内部结构不完全清楚。发现中子之后，人们才知道中子是一种全新的粒子，原子核是由中子与质子组成的。因此，中子的发现对认识原子核内部结构是一个转折点，使得建立一种没有电子参与的原子核模型成为可能，改变了当时人们对物质结构概念的认识，也解决了量子力学是否适用于原子核内部的问题。

科学家发现以中子撞击铀会导致铀原子核的分裂，而放射出巨大的能量，可用以制造核武器。查德威克中子的发现促进了核裂变研究工作的发展和原子能的利用，可以说中子敲开了人类进入原子能时代的大门。事实上，中子的发现为原子弹的研制铺平了道路，改变了世界的安全格局。

名人名言

会做则必须做对，一丝不苟；不会做又没弄懂，绝不下笔。

学术标签

中子的发现者。

性格要素

导师无意中的一句话就提醒了他，导致了中子的发现，可推测他是一个有心人；发现中子的过程持续了 12 年之久，可见他是一个有毅力的人。他能在别人没有注意的地方发现线索并顺藤摸瓜，于细微处见知著，说明他是一个严谨、认真、一丝不苟的人。他教给埃利斯原子核物理的知识，说明他是一个热情的人；他与欧内斯特·劳伦斯保持 10 多年的友谊，可见他是一个易于相处并热爱友谊的人。

评价与启迪

查德威克坚持自己的学习信条，那就是："会做则必须做对，一丝不苟；不会做又没弄懂，绝不下笔。"正是他这种不骛虚荣、实事求是、"驽马十驾，功在不舍"的精神，使他在科学研究事业中受益一生。

"中子"这个概念最初是卢瑟福为解决理论面临的困难提出来而后又在实验中找到的。查德威克所以获得成功的原因之一是，他在思想上对中子的概念早有考虑。在此之前，他曾用强放电或其他方法企图产生中子，未获成功，所以当中子出现时他能立即清楚而令人信服地发现了它。

而约里奥·居里夫妇，由于没有这种思想准备，中子显然在他们的实验中出现了，可他们却不认识它。这正如约里奥所说："要是我们夫妻俩听过卢瑟福的演讲的话，就不会让查德威克捷足先登了。"这从一个侧面也反映出在科学研究中学术思想的交流是多么必要。

中子的发现解决了原子研究中的难题，也让查德威克获得了诺贝尔物理学奖。在颁奖典礼上他说："我荣获的诺贝尔物理学奖，相当于导师的给予，他的告诫让我受益匪浅。有时马不停蹄不仅难以使人进步，反而可能落后，只有停下来思考，才能事半功倍。"

生活中有很多人都像查德威克一样，只顾低头赶路，却忘记了抬头思考。一味地赶路，效率不一定就会高，因为没时间思考，人们往往就会变得盲从，不知道前行的方向；相反，适当地停下来，留出思考与反省的时间，总结经验和教训，这样才能对未来的道路看得更清。

75. 爵位最高的物理学家、弃文从理的物质波之父——德布罗意

姓　　名　路易·维克多·德布罗意
性　　别　男
国　　别　法国
学科领域　量子力学
排　　行　第二梯队（次一流）

德布罗意像

⌒ℬ **生平简介** ℬ⌒

德布罗意（1892 年 8 月 15 日—1987 年 3 月 19 日）出生于法国塞纳河畔塞纳省一贵族家庭。维克多·德布罗意 14 岁的时候父亲去世，由其兄长莫里斯·德布罗意抚养长大。他天资聪颖，记忆力惊人，从小就酷爱读书，还能过目不忘；上小学期间，各门功课成绩优秀。德布罗意中学时代喜欢研究 "法国中世纪历史"，从 18 岁开始在巴黎索邦大学学习历史，1910 年获文学学士学位。

他的兄长莫里斯是一位研究 X 射线的专家，拥有设备精良的私人实验室。德布罗意曾随莫里斯一道研究 X 射线，两人经常讨论有关的理论问题。1911 年，担任第一届索尔维会议秘书的莫里斯带德布罗意参加了会议。会议议题激起了德布罗意对物理学的强烈兴趣，特别是他读了庞加莱的《科学的价值》和《科学和假设》等书，才意识到物理学才是他的最爱。于是，他开始钻研理论物理学并于 1913 年获理学士学位。

第一次世界大战期间，德布罗意在埃菲尔铁塔上的军用无线电报站服役 6 年，1919 年他退役后跟随物理学大师朗之万攻读物理学博士学位。亨利·布拉格的 X 射线具有粒子性的观点对莫里斯很有影响，这间接影响了维克多，使得他有机会深入思考波和粒子的问题。经过几年的努力，1923 年 9 月至 10 月间，维克多·德布罗意提出了位相波理论。

1924 年 11 月，他以一百多页的博士学位论文《量子理论的研究》（并非以讹传讹的只有一两页）获得巴黎大学博士学位；论文首用 "相波" 概念说明波长和动量成反比，频率和总能成正比之关系。

1927 年，美国贝尔实验室的克林顿·戴维森与雷斯特·革末及英国的 G. P. 汤姆逊通过电子衍射实验各自证实了电子确实具有波动性。至此，德布罗意的理论作为大胆假设而成功的例子获得了普遍的赞赏，使他获得了 1929 年诺贝尔物理学奖。

1926 年起德布罗意在巴黎大学任教，1932 年任巴黎大学理学院理论物理学

教授。1933 年被选为法国科学院院士。1933 年 10 月 12 日，他荣膺法兰西学院第一席位的院士。1943 年起任法国科学院常任秘书，1953 年当选为英国皇家学会的会员。

当德布罗意的长兄第六代德布罗意公爵莫里斯去世后，他在 1960 年成为法国公爵兼神圣罗马帝国亲王。1962 年退休，在普通的平民小屋里，过着简朴与世无争的生活，直到 1987 年去世，享年 95 岁。

花絮

（1）惊世骇俗的博士论文。

1924 年，在博士论文中他首次提出了"物质波"的假说，指出波粒二象性不只是光子才有，一切微观粒子，包括电子和质子、中子，都具有波粒二象性。他认为实物粒子如电子也是一种波动，也具有物质周期过程的频率，伴随电子的运动也有由相位来定义的相波，后人为了纪念他称其为"德布罗意波"。明确指出对电子而言，位相波谐振的条件是电子轨道的周长是位相波波长的整数倍，见图 2-49、图 2-50。

由佩兰（1870—1942 年，法国物理学家，1926 年诺贝尔物理学奖，在布朗运动和精确测定阿伏伽德罗常数上做出突出贡献）、朗之万、卡坦和莫格温组成的答辩委员会对德布罗意的论文印象很好，得到了高度评价，认为具有独创精神。但是由于当时物质波理论还没有任何实验证据的支持，所以多数委员会成员对相波的真实性存在疑虑。答辩委员会主席佩兰问道："这些波怎么用实验来证明？"德布罗意预言他的发现可以由"通过电子在晶体上的衍射实验，应当有可能观察到这种假定的波动的效应"；预言后来在多人所做的实验上得到了验证。

（2）一举成名。

光的波动和粒子两重性被发现后，许多著名的物理学家感到困扰。年轻的德布罗意却由此得到启发，大胆地把这两重性推广到物质客体上去，提出了德布罗意波（相波）理论。德布罗意论文中大胆且前卫的假说，这些新的见解令包括导师朗之万在内的很多学术大牛都心存疑惑，难以肯定理论的真实性。于是，朗之万曾将德布罗意的博士论文寄给爱因斯坦征求他的意见。

爱因斯坦翻看后非常高兴，意识到这篇论文很有分量，他为论文中超前的思想所动容。他万万没想到，自己创立的有关光的波粒二象性观念，在德布罗意手里发展成如此丰富的内容，竟扩展到了运动粒子。他对此评价道："一个物质粒子或物质粒子系可以怎样用一个波场相对应，德布罗意先生已在一篇很值得注意的论文中指出了。""这是天才的一笔，揭开了伟大帷幕的一角！"他将论文送去柏林科学院请大家传阅。他的评论使得德布罗意的工作引起了大家的关注；德布罗意和他的物质波理论从此在科学界名声大振。

RECHERCHES SUR LA THÉORIE DES QUANTA

Par M. Louis de BROGLIE

SOMMAIRE. — L'histoire des théories optiques montre que la pensée scientifique a longtemps hésité entre une conception dynamique et une conception ondulatoire de la lumière ; ces deux représentations sont donc sans doute moins en opposition qu'on ne l'avait supposé et le développement de la théorie des quanta semble confirmer cette conclusion.

Guidé par l'idée d'une relation générale entre les notions de fréquence et d'énergie, nous admettons dans le présent travail l'existence d'un phénomène périodique d'une nature encore à préciser qui serait lié à tout morceau isolé d'énergie et qui dépendrait de sa masse propre par l'équation de Plank-Einstein. La théorie de relativité conduit alors à associer au mouvement uniforme de tout point matériel la propagation d'une certaine onde dont *la phase* se déplace dans l'espace plus vite que la lumière (ch. I.)

Pour généraliser ce résultat dans le cas du mouvement non uniforme, on est amené à admettre une proportionnalité entre le vecteur Impulsion d'Univers d'un point matériel et un vecteur caractéristique de la propagation de l'onde associée dont la composante de temps est la fréquence. Le principe de Fermat appliqué à l'onde devient alors identique au principe de moindre action appliqué au mobile. Les rayons de l'onde sont identiques aux trajectoires possibles du mobile (ch. II.)

L'énoncé précédent appliqué au mouvement périodique d'un électron dans l'atome de Bohr permet de retrouver les conditions de stabilité quantiques comme expressions de la résonance de l'onde sur la longueur de la trajectoire (ch III). Ce résultat peut être étendu au cas des mouvements circulaires du noyau et de l'électron autour de leur centre de gravité commun dans l'atome d'hydrogène (ch. IV).

L'application de ces idées générales au quantum de lumière conçu par Einstein mène à de nombreuses concordances très intéressantes. Elle permet d'espérer malgré les difficultés qui subsistent, la constitution d'une optique à la fois atomistique et ondulatoire établissant une sorte de correspondance statistique

图 2-49 德布罗意博士学位论文其中的一页

Fondation Louis de Broglie

Créée en 1973 à l'occasion du cinquantenaire de la mécanique ondulatoire, dans le cadre de la **Fondation de France**, sous la présidence d'honneur de **Louis de Broglie**.

Président d'honneur : Louis NEEL

Président : René THOM Vice-Président : Michel CAZIN

Directeur : Georges LOCHAK

Président de l'Association de Gestion : Christian CORMIER-DELANOUE

Annales de la Fondation Louis de Broglie

Rédacteurs en chef : Daniel Fargue, Michel Karatchentzeff

Comité scientifique

L. Accardi
J. Andrade e Silva
A.O. Barut
A. Blaquière
R. Boudet
C. Cormier-Delanoue
O. Costa de Beauregard
S. Diner
R. Dutheil
E. Gunzig
R. Jancel
V.I. Khoziainov
J. Lameau
R. Lefebvre
P. Lochak
P. Loncke
P.W. Milonni
X. Oudet
T.E. Phipps jr.
A.F. Rañada
G. Della Riccia
M. Sachs
J. Salmon
M. Surdin

图 2-50 德布罗意博士毕业答辩委员会成员名单

德布罗意的位相波理论以后为薛定谔接受而导致了波动力学的建立，物质波概念确切的来说是由薛定谔在诠释波函数的物理意义时提出的；该理论把爱因斯坦关于光的波粒二象性的思想加以扩展。物质波的概念促进了量子力学的发展，也使德布罗意名垂青史。

（3）德布罗意公式。

德布罗意指出具有质量 m 和速度 v 的运动粒子也具有波动性，这种波的波长等于普朗克恒量 h 跟粒子动量 mv 的比。他虽然没有明确提出波长 λ 和动量 p 之间的关系式：$\lambda = h/p$（h 即普朗克常数），只是后来人们发觉这一关系在他的论文中已经隐含了，就把这一关系称为"德布罗意公式"。

第一德布罗意公式指出，例子波长 λ（亦称德布罗意波长）和动量 p 的关系；第二德布罗意波长指出频率 ν 和总能 E 之间的关系 $E = h\nu$。

这两个公式称为德布罗意方程组。后来通过两个独立的电子衍射实验，德布罗意方程组被证实可用来描述电子的量子行为。

（4）法兰西学院第一席位院士。

1933 年 10 月 12 日，他荣膺法兰西学院第一席位的院士。那时正当第二次世界大战德国纳粹占领法国期间，很多院士或者过世或被俘虏，学术院无法达到选举所必需的最少 20 位人数。但因这是特别时期，在参与的 17 位院士都一致投赞成票的情况下，法兰西学院接受了这选举结果。同样是院士的哥哥摩里斯，在法兰西学院历史中史无前例地代表全院欢迎亲弟弟德布罗意成为新院士。

✎ 师承关系 ✎

正规学校教育；朗之万是其博士导师；爱因斯坦应该是他的伯乐。

✎ 学术贡献 ✎

1924 年，德布罗意在博士论文中阐述了著名的位相波理论，并指出电子的波动性，确立了物质的波粒二象性。这一划时代的研究成果使他成为第一个以学位论文获得诺贝尔奖金的学者。他的德布罗意方程揭示了波长、动量、频率和能量等之间的关系。

✎ 代表作 ✎

（1）1923 年 9 月至 10 月间，维克多·德布罗意连续在《法国科学院通报》上发表了 3 篇有关波和量子的论文。

第一篇是《辐射—波与量子》，提出实物粒子也有波粒二象性，认为与运动粒子相应的还有一正弦波，两者总保持相同的位相；后来他把这种假想的非物质波称为相波。他把相波概念应用到以闭合轨道绕核运动的电子，推出了玻尔量子化条件，把量子论发展到了一个新的高度。

在第二篇《光学—光量子、衍射和干涉》论文中，德布罗意做了如下假说：

"在一定情形中，任一运动质点能够被衍射。穿过一个相当小的开孔的电子群会表现出衍射现象。正是在这一方面，有可能寻得我们观点的实验验证。"

在第三篇《量子气体运动理论以及费马原理》论文中，德布罗意把相波的假设应用于气体系统，用它的统计平衡的新概念证明了麦克斯韦分布；他认为气体原子像电子一样也具有波粒二象性。他进一步提出："只有满足位相波谐振，才是稳定的轨道。"

（2）1929 年，《波动力学导论》；

（3）1939 年，《物质和光：新物理学》；

（4）1953，《物理学中的革命》；

（5）1982 年，《海森堡不确定关系和波动力学的概率诠释》等。

获奖与荣誉

（1）1929 年，获法国科学院亨利·彭加勒奖章。

（2）1929 年，获诺贝尔物理学奖。

（3）1932 年，获摩纳哥阿尔伯特一世奖。

（4）1938 年，德国物理学会颁给他最高荣誉马克斯·普朗克奖章。

（5）1952 年，由于德布罗意热心教导民众科学知识，联合国教育、科学及文化组织授予他一级卡琳加奖。

（6）1956 年，获法国国家科学研究中心的金质奖章。

（7）1961 年，荣获法国荣誉军团大十字勋章。

（8）由于德布罗意在理论物理学的杰出贡献，他还获得了很多的荣誉，包括法拉第奖章和富兰克林奖章。他还是华沙大学、雅典大学等 6 所著名大学的荣誉博士。

学术影响力

（1）德布罗意的物质波理论统一了对微观世界的认识。从此，不仅电磁波具有粒子性，而且中子、电子等微观粒子也具有波动性；物理学家可以使用德布罗意波长，并用波动方程来解释物质的现象，后来基本粒子也被证实有波的性质，1999 年，富勒烯被测出有波的性质。物质波理论为建立波动力学奠定了坚实基础。

（2）如果说爱因斯坦的质能方程确定了质量与能量的关系，那德布罗意方程就揭示了波长、能量等之间的关系，并画上了一个完美的等号。

（3）德布罗意方程的出现，让争论不休的量子理论各大佬握手言欢，成为现代量子力学的基石之一，为量子力学的建立扫清了道路。

（4）此外，根据物质波理论人们发明了许多新技术，其中非常重要的一项是 1994 年诺贝尔物理学奖获得者沙尔发明的中子衍射。中子衍射通常指德布罗意波长约为 1 埃左右的中子（热中子）通过晶态物质时发生的布拉格衍射。中子衍射技术不但可用于研究晶体的空间结构，也可用于无损检测分析，在研究磁性材料方面更是具有独有的优势。如今已广泛应用于物质科学、生物医学等重要领域。

✑ 名人名言 ✑

无从考证。

✑ 学术标签 ✑

物质波理论的创立者、波动力学的创始人之一、量子力学的奠基人之一、中子衍射等重大技术应用的理论奠基人、法国科学院院士，英国皇家学会会员以及欧、美、印度等 18 个科学院院士。

✑ 性格要素 ✑

与世无争、工作狂、对人彬彬有礼、好脾气，是一位贵族绅士。

✑ 评价与启迪 ✑

德布罗意弃文从理，痴迷科研；他虽出身贵族，却不是纨绔子弟，从不恃宠而骄，从小就对知识充满渴望。他为人不仅具有谦逊的品性还具有研究精神，他一直都致力于自己感兴趣的研究，不仅丰富了人生，还奠定了物理学上关于量子学的基石。

他一生中生活简朴，平易近人，把毕生献给了科学事业。德布罗意一生未结婚，只有两位忠心耿耿的随从。他喜欢过平俗简朴的生活；卖掉了贵族世袭的豪华巨宅，选择住在平民小屋。他深居简出，从来不放假，是个标准的工作狂。他喜欢上班步行或者坐公交车，也没有属于自己的私人汽车。他秉承了贵族家庭中良好的绅士品质，对人彬彬有礼。

他的物质波贡献巨大，引发了人类思想史的革命和物理学的革命，真正让量子力学成为一门科学。当 1926 年薛定谔发表他的波动力学论文时，曾明确表示："这些考虑的灵感，主要归因于路易·维克多·德布罗意先生的独创性的论文。"导师朗之万也评价说："除了思想的创新之外，德布罗意以非凡的技巧做出努力，克服阻碍物理学家的困难"。

76. 华盛顿大学前校长、康普顿效应发现者——康普顿

姓　　名　阿瑟·霍利·康普顿
性　　别　男
国　　别　美国
学科领域　量子力学、天文学
排　　行　第四梯队（三流）

康普顿像

~ 生平简介 ~

康普顿（1892 年 9 月 10 日—1962 年 3 月 15 日）出生于俄亥俄州伍斯特一个学术世家；"康普顿"家庭在美国学术界和教育界历史上，赫赫有名。

康普顿 1914 年和 1916 年分别取得普林斯顿大学的硕士和博士学位。毕业后，康普顿在明尼苏达大学短暂执教一年，随后到匹兹堡一家公司当工程师两年。在此期间，康普顿为陆军通信兵发展航空仪器做了大量有独创性的工作，并且还取得钠汽灯设计的专利。为此，他与通用电气公司的技术指导佐利·杰弗里斯合作，在克利夫兰创办荧光灯工业，促进了荧光灯工业的发展。

1919—1920 年，他获得留学奖学金，去英国以访问学者的身份在卡文迪什实验室工作。他进行了 γ 射线的散射实验，发现用经典理论无法解释实验结果。汤姆逊对他的研究能力给予高度的评价，使他对自己的见解更加充满信心，期间与卢瑟福也建立了良好的个人关系。

1920—1923 年，他成为圣路易斯华盛顿大学韦曼·克劳讲座教授兼物理系主任，期间做出了最有名的发现，就是后来的康普顿效应或者康普顿散射。

1923 年，康普顿到芝加哥大学担任物理学教授，美国物理学家 R·A·密立根（做了著名的密立根油滴实验，1922 年诺贝尔物理学奖获得者）曾经担任过这一职位，同迈克尔逊共事，任冶金实验室主任。1927 年，因为康普顿效应的发现与英国的 A·T·R 威尔逊（1869—1959 年，发明了威尔逊云室）一起分享了诺贝尔物理学奖。同年，他被选为美国科学院院士，1929 年成为芝加哥大学 C·H·斯威夫特讲座教授。

1930—1940 年，康普顿致力于宇宙射线的研究，发现了逆康普顿效应。1934 年，康普顿担任美国物理学会主席；1939—1940 年担任美国科学工作者协会主席；1942 年担任美国科学促进会的会长。

1945 年，康普顿辞去芝加哥大学的职务。第二次世界大战爆发不久，康普顿于 1946 年回到圣路易斯华盛顿大学担任第 9 任校长，一直到 1954 年，1953 年起，改任自然科学史教授，直到 1961 年退休。

康普顿后来还担任加州大学伯克利分校物理教授，1962 年 3 月 15 日突发脑溢血，于加利福尼亚州的伯克利逝世，终年 70 岁。

～ 花絮 ～

（1）赫赫有名的康普顿家族。

父亲伊莱亚斯·康普顿是伍斯特学院的第一任院长，他的 4 个孩子本科也都毕业于伍斯特学院。3 个儿子后来都在普林斯顿大学获得更高的学位；其中大哥卡尔·泰勒·康普顿（1887—1954 年）是物理学家，美国科学院院士，曾任美国物理学会主席，后来曾担任麻省理工学院校长（1930—1948 年）；二哥威尔逊·H·康普顿是一名外交官，曾任华盛顿州立学院（现为华盛顿州立大学）第 5 任校长（1944—1951 年）。1946—1954 年，康普顿到圣路易斯华盛顿大学担任第 9 任校长。一门四校长，是美国历史上的一个传奇家庭。

（2）大学校长。

在康普顿的大学校长任内，圣路易斯华盛顿大学于 1952 年正式在本科生中废止了种族隔离制度，又委任了第一名女教授，使得女性能够有了从事教育和科研的正式职位。凭借着在科研界和政府的良好关系，阿瑟·康普顿带领圣路易斯华盛顿大学不断发展，从加入到曼哈顿工程到科研能力的提高都离不开阿瑟·康普顿的支持对这所学校做出了重要的贡献。为了纪念他，圣路易斯华盛顿大学和芝加哥大学都有许多的设施和纪念物，他的价值不仅在物理学的发展，也在于让这两所大学发展起来。

（3）发现康普顿效应。

康普顿 1918 年开始研究 X 射线的散射，研究了 X 射线经金属或石墨等物质散射后的光谱。1921 年，在实验中证明了 X 射线的粒子性。1923 年，他发现了散射光中除了有原波长 λ_0 的 X 光外，还产生了波长 $\lambda > \lambda_0$ 的 X 光，其波长的增量随散射角的不同而变化，即 X 射线被电子散射所引起的频率变小现象，这就是康普顿效应，是近代物理学的一大发现。

1923 年 5 月，康普顿在 Phys. Rev. 发表了论文《射线受轻元素散射的量子理论》，但没有得到广泛承认和支持，因为他的新理论还缺乏充分的实验证明。论文中，他采用单个光子和自由电子的简单碰撞理论，对这个效应做出了满意的理论解释——按经典波动理论，静止物体对波的散射不会改变频率；而按爱因斯坦光量子说这是两个"粒子"碰撞的结果。光量子在碰撞时不仅将能量传递而且也将动量传递给了电子，进一步证实了爱因斯坦的光子理论，揭示出光的二象性，从而导致了近代量子物理学的诞生和发展。另一方面，康普顿效应也阐明了电磁辐射与物质相互作用的基本规律。

康普顿效应后来被他的博士研究生吴有训在 1924 年和 1926 年两年进一步证

实。在 1927 年第五届索尔维的峰会上，他报告了康普顿实验以及其和经典电磁理论的不一致。康普顿假定，出射 X 射线波长变长证明了 X 射线光子带有量子化动量，散射应遵从能量守恒和动量守恒定律。按照这个思想列出方程后求出了散射前后的波长差，结果跟实验数据完全符合。由于这项成就，康普顿被授予 1927 年诺贝尔物理学奖。

（4）参加曼哈顿工程。

第二次世界大战期间，康普顿在芝加哥大学参与到曼哈顿工程中，战争期间他是曼哈顿工程的主要负责人之一，一直扮演着重要的科学顾问和管理者的角色。

1941 年 11 月 6 日，康普顿作为国立科学院铀委员会主席，发表了一篇关于原子能的军事潜力的报告，这篇报告促进了核反应堆和原子弹的发展。同年，康普顿与美国科学研究与发展办公室主任万尼瓦尔·布什以及回旋加速器的发明者欧内斯特·劳伦斯一起，接管了发展原子弹的计划。康普顿负责其中的"S-1 委员会"，这个委员会的任务是研究铀的属性以及制造方法。

不久之后，曼哈顿工区冶金实验室负责生产钚，这些方面的工作主要也是由康普顿和劳伦斯领导。1942 年，康普顿指定罗伯特·奥本海默为铀委员会的首席理论专家；委员会的工作在 1942 年夏天被美国军方接管，并成为曼哈顿工程的一部分。1942 年 12 月，他参与物理学家费米领导的小组在芝加哥大学建立人类第一台（可控）核反应堆——芝加哥一号堆。

在 1945 年计划的科学小组主要成员康普顿、劳伦斯、费米和奥本海默等人建议对日本使用原子弹。

❧ 师承关系 ❧

正规学校教育；他的老师是热离子学的创始人理查森，1928 年因发现热电子发射定律获诺贝尔物理学奖；理查森的导师是电子的发现者汤姆逊。

❧ 学术贡献 ❧

（1）提出电子有限线度的假设，用以解释他用实验所确定的 X 射线强度与散射角的关系，这是后来的"康普顿波长"的起源。

（2）确定了磁性晶体的磁化效应，提出电子也具有自旋相应的磁矩，并科学地预言了铁磁性起源于电子的内禀磁矩。

（3）1921 年，在实验中证明了光子具有动量，即具有粒子性。

（4）利用了布拉格父子发明的技术准确地测量散射 X 射线的波长。

（5）1923 年，发现了 X 射线被电子散射所引起的频率变小现象，即康普顿效应，阐明了电磁辐射与物质相互作用的基本规律。

（6）研究宇宙射线，发现了逆康普顿效应。

（7）参与并领导曼哈顿工程。

代表作

（1）1923 年 5 月，康普顿在《物理评论》上发表论文《射线受轻元素散射的量子理论》，提出了康普顿效应。

（2）1926 年，他把先后发表的论文综合起来写成《X 射线与电子》一书，还有《X 射线的理论和实验》。

（3）1953—1961 年，他发表了名著《原子探索》，该书完整而系统地汇集了战争期间曼哈顿工程中所有同事的研究成果。

获奖与荣誉

（1）1926 年，荣获拉姆福德奖。
（2）1927 年，因发现电磁辐射粒子性的康普顿效应而获诺贝尔物理学奖。
（3）1940 年，荣获休斯奖章。
（4）1940 年，荣获富兰克林奖章。

学术影响力

（1）康普顿效应是近代物理学的一大发现，无论从理论或实验上，它都具有极其深远的意义，导致了近代量子物理学的诞生和发展。康普顿效应阐明了电磁辐射与物质相互作用的基本规律。

（2）逆康普顿效应在天体物理中有重要意义。今天，高能电子与低能光子相互作用的反康普顿效应是天文物理学的重要研究课题。

（3）月球上的康普顿环形山的命名是为了纪念阿瑟·康普顿和他的兄长卡尔·康普顿的。

（4）圣路易斯华盛顿大学的物理研究大楼以其名字命名，芝加哥大学有学生宿舍楼被称为康普顿宿舍，康普顿在芝加哥的旧居被列入美国国家历史古迹。

（5）美国国家航空航天局把大型轨道天文台计划中的伽马射线天文卫星命名为康普顿伽马射线天文台。

名人名言

科学赐予人类的最大礼物是什么呢？是使人类相信真理的力量。

学术标签

康普顿效应的发现者、诺贝尔物理学奖获得者、美国科学院院士。

性格要素

无从考证。

❧ 评价与启迪 ❧

他是世界最伟大的科学家之一，所发现的"康普顿效应"是发展量子物理学的核心，该发现为自己在伟大科学家的行列中取得了无可争辩的地位。

77. 20 世纪最受冷落的天文学家、宇宙学的预言家——兹威基

兹威基像

姓　　名　弗里茨·兹威基
性　　别　男
国　　别　瑞士
学科领域　天文学
排　　行　第四梯队（三流）

❧ 生平简介 ❧

兹威基（1898 年 2 月 14 日—1974 年 2 月 8 日）出生于保加利亚的瓦尔纳，父亲弗里多林·兹威基是瑞士人，常年在保加利亚经商，是著名的实业家，曾担任挪威驻瓦尔纳的大使（1908—1933 年）。作为家中的长子，父亲希望他能够继承家族的产业，在他 6 岁的时候，将兹威基送到瑞士的祖父母那里学习经商。然而，他的兴趣很快转移到了数学和物理学上。

1920 年，兹威基毕业于爱因斯坦的母校——瑞士的苏黎世联邦理工学院（ETH），1922 年在该校获得博士学位。1925 年，他获得"洛克菲勒基金国际奖学金"之后，移民到美国；幸运地得到获 1923 年诺贝尔物理学奖的密立根教授的引荐，在美国加州理工学院工作。

1928 年，加州理工学院获得洛克菲勒基金会 600 万美元的捐助，建造一个口径为 5 米的望远镜，是原有的世界最大口径的望远镜——胡克望远镜口径的两倍，这确保该校帕洛马天文台在未来几十年里仍将是天文学的中心。他在这里一直从事天文学研究的工作，期间有了很多重大发现。

1942 年成为加州理工学院第一个天体物理学教授；同时他也在威尔逊山天文台和帕洛马天文台工作。1943—1961 年，他担任喷气式飞机顾问，有 50 多项专利，人称"现代喷气发动机之父"。在第二次世界大战结束后，兹威基收集并捐赠了 15 吨的科学书籍和期刊给饱受战争摧残的欧洲和亚洲的科学图书馆。

兹威基亲手将巴纳德·施密特抛光处理的镜片从德国带回来，他和巴德于 1953 年率先在天文台的最高峰上使用施密特望远镜（1930 年施密特发明的折反射望远镜，结合了早期折射和反射望远镜的特点）。此外，于 1961 年到 1968 年，

他编纂了包含 9314 个星系团的星系和星系团总表（CGCG）。兹威基还倡导形态学的研究方法，著有《形态天文学》等著作。

1972 年，74 岁的兹威基退休。1974 年 2 月 8 日，兹威基在美国加利福尼亚州去世。虽然兹威基一生大部分的时间在美国工作，但他一直保留了瑞士国籍。

> **花絮**

（1）个性鲜明兹威基。

1925 年，获得 1923 年诺贝尔物理学奖的密立根教授（时任加州理工学院执行理事会主席）引荐他来到加州理工学院。能与密立根这样的人一起工作，是多少人梦寐以求的事情。然而，兹威基对于这位推荐者的态度却很不屑，经常对他出言不逊，甚至当面指责密立根"从未提出过好的想法"。当密立根善意地提醒他要先自我反省时，兹威基却宣称自己不必担心，因为"每隔两年就能蹦出好点子"。密立根生气了，让他研究天文学，因为不相信他每两年就有好的成果。

然而，兹威基确实是个天才，有足够多的智慧。暗物质、超新星、中子星、宇宙射线、星系团、引力透镜效应这些天文学概念基本都与他有关，他预言了很多宇宙学现象且得到了确切的证实。

（2）提出暗物质假说。

1933 年的美国经济大萧条似乎同这个对星星着迷的 35 岁男人毫无关系，当时他把注意力完全放在了距离地球 3 亿光年的后发座星系团（直径大约 5000 万光年）上，见图 2-51。

图 2-51　后发座星系团

兹威基分别利用"动力学质量"（要求测量各星系之间的相对速度和平均速度）和"光度学质量"（要求测量各星系的光度）两种算法计算后发座星系团其中的8个星系的质量，正常情况两种方法的计算结果应该差不太多。但结果却不可思议，"动力学质量"是"光度学质量"的上百倍，似乎星系的运动速度似乎违反了牛顿的引力定律。为什么后发座星系团有99%的质量下落不明？难道星系团的主要质量并不是由可视的星系贡献的？

兹威基观测螺旋星系旋转速度时，发现星系外侧的旋转速度较牛顿重力预期的快，故推测必有数量庞大的质能拉住星系外侧组成，使其不致因过大的离心力而脱离星系。他推测螺旋星系内部必有神秘物质的存在，以保持星系的稳定状态。

上面两个现象促使兹威基用他那最具幻想力的头脑做出了以下推测：宇宙大部分质量不可见，因此光度方法测算不出。于是，就有了"暗物质"一词。

事实上，兹威基并不是最早获取这一发现的人。荷兰天文学家简·奥尔特、瑞典天文学家克努特·伦德马克等人都曾发现星系团引力与可见物质量之间比值异常，但暗物质在此后30多年时间里基本上被完全忽略了。

天文学家对卫星星系（在大质量星系附近的小质量星系）的运动进行了观测后发现，只有额外的看不见的物质存在时，才能够解释它们的运动。20世纪70年代初，美国天文学家鲁宾以及福特等人证实了兹威基关于暗物质的发现。此时，暗物质研究才再次流行起来。2007年，科学家们用电脑绘制出了暗物质的三维宇宙天图，人们终于彻底打消了对兹威基的怀疑。

（3）通过引力透镜效应观察暗物质。

引力透镜是爱因斯坦广义相对论的一个重要预言。当光线经过星系或星系团时，引力不仅仅会偏折光线，还能表现得像透镜一样。

虽然没有人能够看见暗物质本身，但暗物质能够通过引力影响它周围的物质，甚至是光。兹威基首先提出了通过引力透镜效应来观察暗物质，根据是：位于其他地方的发光物体所产生的光线，会因为暗物质的引力效应改变其传播路径，位于传播路径途中的大质量天体（比如星系团）会导致发光物体的光线路径发生偏折。当星系团足够重时，路径的偏折效应可以被观测到。

发光物体在强引力透镜作用下能够产生多个像。在弱引力透镜情况下，星系的形状会被扭曲，不会产生多个像，因此能够被应用于星系团的边缘。在那里，引力效应不是那么明显。尽管暗物质本身不可见，但通过被偏折的光所产生的可观测效应可以获知星系团的总质量。引力透镜效应非常有趣，在一定程度上它是一种直接看到暗物质的方式。

（4）寻找"超新星"。

兹威基的主要贡献是对超新星现象的研究。他曾在1934年和巴德一起确认宇宙中有比新星更激烈、释放能量更多、光变幅更大的灾变天体。例如，银河系内 1054 年、1572 年和 1604 年观测到的客星，仙女星系中 1885 年出现的比典型新星亮一万倍的新星他把它们定名为"超新星"。

1935 年，在他和巴德的共同倡议和推动下，加州理工学院第一台施密特望远镜在威尔逊山东南方的帕洛马天文台建成，口径为 45～65 厘米。这台望远镜具有非常大的视场，特别适合巡天观测，兹威基用它在河外星系中寻找超新星。

从 20 世纪 30 年代起，兹威基每当发现一个河外星系超新星，即和威尔逊山天文台的哈勃、巴德等人周密观测爆发过程中的光度和光谱，积累了大量资料。后来，他提出根据光变曲线、谱线特征、膨胀速度等因素，将超新星分类。

到 1941 年为止，在兹威基主持下，用它发现了 18 个超新星（同时还用 100 英寸望远镜发现了另一个超新星），而前人总共只是偶然观测到 12 个。根据巡天观测，推算出平均每一个河外星系，每 300 年产生一次超新星爆发。这个爆发频率值在以后的 40 年一直与观测资料相符。

从 1958 年起他主持 120～180 厘米施密特望远镜的遥远星系团超新星巡天，作为该台的常规科研项目一直持续到逝世之后的 1975 年，共 18 年。1959 年他倡议并组织国际超新星联合观测，全世界先后有 10 多个天文台参加。兹威基一生总共发现了 122 颗超新星，这一纪录直到 2006 年才被打破。

（5）喷气发动机之父。

令人惊叹的是，他同时还是喷射飞机工程公司的研究主任兼顾问，是航天喷气发动机技术的奠基人，开发出最早期的喷射引擎并且拥有 50 项以上的专利；他也是许多喷射推进器、水下喷射引擎（时间在 1949 年 3 月 14 日）、两段喷射马达和逆水脉冲器的发明者。兹威基曾长期研究火箭推进系统，被誉为"喷气发动机之父"。

（6）创立形态学。

兹威基在天文学和宇宙学领域做出了仅次于爱因斯坦的贡献。和其他保持神秘的天才不同的是，兹威基不仅大大方方地展示了自己思考问题时的独门绝招，还把它写成一本书，希望尽可能多的人从中受益！这种方法称为"形态学"，由于这种方法是表格式的，所以也叫"形态表格"。

1948 年，刚过 50 岁的兹威基在牛津大学发表了演讲，他借此机会讨论了"形态学"的概念。"形态学"（或者说一般形态学分析）发展为一种用于构建和研究那些包含在多维的、不可量化的问题中的复合性的方法，以此来处理那些看似不能被约化的复杂性。

形态表格是一种强大的思维工具，它要求使用者仔细思考和筛查一个复杂问题的主要影响因素，然后列举每个关键影响因素下的各个可能条件，并基于此组成一个表格。形态表格允许使用者同时思考多个关键维度，而传统的矩阵模型则只能涉及两个维度，所以在解决复杂问题时有非常大的优势。

他创立了形态学研究学会，在 20 世纪 30 年代初到 1974 年离世的 40 多年间，积极地推动了"一般形态学"的发展。兹威基认为，形态学是他寻找良久才终于得到的点金石。

他意识到是形态学方法的驱使，让他提出了中子星、星系引力透镜效应、超新星这些极端的概念。他将形态学方法应用于天体物理学之外的领域，引导他在战争期间，找到了能让飞机从航空母舰的短跑道上起飞的巧妙解决方案。另外，他的贡献还有推进发电厂和推进剂的发展、太空旅行和太空殖民法律方面的问题。

（7）古怪的性格。

暗物质、超新星、中子星、宇宙射线、引力透镜效应，都是天文学中耳熟能详的概念。不可思议的是，这些概念都与兹威基有关，而他却鲜为人知。比起同期的其他天文学家，兹威基并没有得到与之贡献相符的尊重。许多人称他为 20 世纪天文学领域最不为世人所知的天才。

他对自己的伯乐密立根都没有表现出足够的尊重。他还称他的天文学同事们为"球形混蛋"。他的毒舌让别人对他敬而远之，包括密立根在内；除了性情温和、好脾气、谦逊、平易近人的巴德之外。或许是因为互补的性格，自从巴德去到了威尔逊天文台，就和兹威基形影不离，惺惺相惜。二人合作产生了很多的科研成果。即便如此，兹威基有时候也因为巴德的德国血统而戏谑地称呼其为纳粹。但巴德并不生气，他欣赏兹威基在物理上的敏锐直觉。

兹威基时常会带自己的小女儿巴巴丽娜一起去工作，这也让她亲身体验到自己的父亲是有多不受欢迎。据巴巴丽娜回忆，"在加州理工学院天文系大楼的走廊上，每个人都躲他远远的。"面对人们的指责，巴巴丽娜一直努力为自己的父亲正名，但收效甚微。

总之，兹威基既是个天才，但性格令人难以忍受，他的特立独行让他"声名狼藉"，他的同事总是忽略他的预测和观测。这使得兹威基成了 20 世纪天文学领域最不为世人所知的天才。

师承关系

正规学校教育。

学术贡献

在理论和观测天文学上，包括超新星、星系团等方面做出了重要的贡献。暗物质、超新星、中子星、宇宙射线、星系团、引力透镜效应这些天文学概念基本都与他有关。毫无疑问，他是一位科学先知，他的几乎所有理论都得到了验证，他的成就照亮着科学世界。

（1）1933 年，提出宇宙中存在不可见的物质，即现在所说的暗物质。20 世纪 70 年代初，美国天文学家鲁宾以及福特等人证实了兹威基关于暗物质的发现。

（2）兹威基的主要贡献是对超新星现象的研究。1934 年，和巴德提出"超新星"的概念，用于描述正常恒星向中子星的转化过程。他预测，超新星爆发时，这些天体的亮度大约是太阳的 100 亿倍。超新星爆发会产生银河宇宙射线——以光速运行的高能亚原子粒子。兹威基独自发现了 122 颗超新星，这一纪录直到 2006 年才被打破。他认为宇宙物质的演化是沿着从稀到密和从密到稀两个方向进行的，超新星爆发是双向演化的典型：一方面外部物质抛散到空间，另一方面内部物质收缩为致密天体。

（3）他预言应有中子星存在，中子简并压能够支持质量超过钱德拉塞卡极限的恒星。20 世纪 60 年代中期，射电天文学家发现了银河系中第一颗中子星。

（4）还预言可能有整个星系核的大规模爆发，这在当时是非常惊人的观点。正如兹威基所预言的那样，天体物理学家如今相信，大多数银河宇宙射线来自超新星爆发。

（5）1937 年，提出星系团可用作引力透镜。在兹威基去世 5 年后，科学家才首次确认了引力透镜效应（爱因斯坦的广义相对论预言），并提出了重力透镜的说法。1979 年，人们观测到被称为"双类星体"的 Q0957+561，引力透镜效应首次获得证实。

（6）1938 年，兹威基和巴德建立了著名的宇宙距离尺度的内禀光度，建议使用超新星作为估计遥远深空距离的标准烛光，发表了六卷综合性的星系和星系团目录。

（7）兹威基发现星系成团的倾向，他还认为星系之间有弥漫星群以及由气体和尘埃组成的云。

（8）他在宇宙论中所设置的一些数值，对今天我们所认识的宇宙有深远的影响。

～ 代表作 ～

兹威基撰写了超过 300 篇的文章，出版了 10 部专著，拥有多项专利。他一生倡导形态学研究方法，著有《形态学天文》以及大量关于超新星的论述。他主编《星系和星系团总表》六卷以及《致密星系、星系的致密部分、爆发星系和爆后星系表》。兹威基与他的妻子玛格丽莎也出版了一本重要的致密星系目录，有时就简单地只称为红皮书。

～ 获奖与荣誉 ～

无从考证。

～ 学术影响力 ～

（1）为纪念他的贡献，人们为他立了纪念碑，纪念碑安置于兹威基在瓦尔纳诞生的屋子前，其中明确的提到他对中子星和暗物质理解的贡献。

（2）第 1803 号小行星和月球上的一座环形山以他的名字命名。

⌘ 名人名言 ⌘

无从考证。

⌘ 学术标签 ⌘

最不为人所知的天文学奇才、暗物质的发现者、超新星爆炸和中子星研究的开拓者、20 世纪天文学领域最不为世人所知的天才、现代喷气发动机之父。

⌘ 性格要素 ⌘

易怒、傲慢、粗暴、好斗、脾气古怪。

⌘ 评价与启迪 ⌘

（1）贡献巨大。

他的一生几乎都在加州理工学院工作，在理论和观测天文学上，包括超新星、星系团等方面做出了重要的贡献。他对天文学的发展有着举足轻重的作用，他有先见之明的洞察力，对之后几十年在宇宙年龄和大小的测量有着深远的影响。

在宇宙学领域，他的位次可能紧跟爱因斯坦。2017 年诺贝尔物理学奖得主、美国理论物理和天文学家基普·史蒂芬·索恩（1940~至今，提出了虫洞可以作为时间旅行工具的假说）后来将兹威基和巴德在 1934 年发表的关于超新星、中子星和宇宙射线的论文称为"物理学和天文学史上最具先见之明的文献之一"。

（2）终获承认。

如果要列出"20 世纪最受冷落科学家"的名单，兹威基肯定会排得排第一。兹威基具有"超新星"般亮眼的研究成果，却只博得"暗物质"般的名气。许多人称他为"二十世纪天文学领域最不为人所知的天才"，直到今天情况才稍微有所改观。

2007 年，科学家们用电脑绘制出了暗物质的三维宇宙天图，人们才终于打消了对兹威基的怀疑。现在的暗物质，已经成了天文学家们研究的热门课题，成为了科幻作品中必不可少的时髦元素。

（3）深刻的教训。

兹威基既是个天才又令人难以忍受，他特立独行的古怪性格让他"声名狼藉"，他的同事总是忽略他的预测和观测，或许他的想法超越了他的时代。假如他的个性不那么古怪的话，他的名字估计不会被同僚无视；他也应该得到众多的荣誉和奖励。

从兹威基的故事里我们可以得到的启发：一个人可以有才，可以聪明，但是绝对不能有傲气，不能忘恩负义，不能有毒舌，知恩图报、谨言慎行是必须的；唯有德才兼备，才能容易取得大家的认可，也才能容易立足于社会。

78. 物理学的良知、上帝的鞭子、泡利不相容原理提出者——泡利

姓　　名　沃尔夫冈·泡利
性　　别　男
国　　别　美籍奥地利裔
学科领域　量子力学
排　　行　第二梯队（次一流）

泡利像

❧ 生平简介 ❧

泡利（1900 年 4 月 25 日—1958 年 12 月 15 日）出生于维也纳一位高级知识分子家庭。老泡利与恩斯特·马赫是忘年交，故而马赫欣然成为了小泡利的教父。泡利从童年时代就受到科学的熏陶，并受到马赫的亲自指点。在良好的家庭环境下，14 岁的泡利就学会了微积分，中小学成绩相当不错——数学和物理一直格外优秀，而文科成绩一般。期间，老师曾认为他足够优秀，是"未来的高斯或玻尔兹曼"。

1918 年，18 岁的泡利在索末菲指导下发表了第一篇论文，是关于引力场中能量分量的问题。1919 年，泡利在两篇论文中指出德国物理学家外尔引力理论的一个错误，令 34 岁的外尔对这个不满 20 岁的青年非常看重，他 1919 年 5 月 10 日给泡利的信中写道："我难以想象你这么年轻是怎么掌握如此全面的知识以及获得思想之自由从而能够消化相对论的？"

1921 年，泡利以一篇氢分子模型的论文获得博士学位。同年，他受索末菲的委托，为其师爷克莱因主持的《数学科学百科全书》写了一篇长达 237 页的关于相对论的词条，包含 394 个注释和参考文献，该文到今天仍然是该领域的经典文献之一。

1922 年，泡利在哥廷根大学任玻恩的助教。在"玻尔节"中，玻尔了解到泡利的才华，邀请他到根本哈根，从此开始了他们之间的长期合作。当年秋，泡利就到了哥本哈根大学理论物理研究所从事氢分子模型和反常塞曼效应的研究工作。

1923—1928 年，泡利成为汉堡大学的讲师。1924 年泡利提出了他发现的最重要的原理——泡利不相容原理，得到社会的承认。1926 年，海森堡发表了量

子力学的矩阵理论后不久泡利就使用这个理论推导出了氢原子的光谱,这个结果对于验证海森堡理论的可信度非常重要。

1927 年,泡利运用了薛定谔和海森堡发现的现代量子力学理论解决了非相对论自旋的理论。1928 年,他被聘请为苏黎世联邦理工学院(ETH)物理学教授。1930 年,泡利考虑了 β 衰变中能量不守恒的问题。12 月 4 日,在一封给奥地利—瑞典原子物理学家莉泽·迈特纳(1878—1968 年,理论解释哈恩发现的核裂变现象,中国科学院院士、"两弹一星功勋奖章"获得者王淦昌的导师)的信中,泡利向迈特纳等人提出了一个当时尚未观测到过的、电中性的、质量不大于质子质量 1% 的假想粒子来解释 β 衰变的连续光谱。1932—1934 年,恩里克·费米将这个粒子加入他的衰变理论并称之为中微子。

1935 年,泡利全家移居美国;1940 年,受聘成为普林斯顿高级研究所理论物理学访问教授,同年泡利证明了自旋统计定理,即带半数自旋的粒子是费米子,带整数的自旋的粒子是玻色子。

1945 年,因他之前发现的不相容原理被瑞典皇家科学院授予诺贝尔物理学奖。1946 年,泡利重返苏黎世的联邦工业大学。1956 年,美国物理学家莱因斯(1918 年至今,荣获 1995 年诺贝尔物理学奖金)等人的实验首次证实了中微子的存在。1958 年 12 月 15 日,泡利不幸在苏黎世逝世,享年 58 岁。

🌺 花絮 🌺

(1)不读大学直接做研究生。

1918 年中学毕业后,泡利带着父亲的介绍信,到慕尼黑大学访问著名物理学家索末菲,要求不上大学而直接做索末菲的研究生。索末菲当时没有拒绝,在观察中他发现了泡利的才华,于是泡利就成为慕尼黑大学最年轻的研究生,而且索末菲认为自己"没什么好教给他"。

(2)泡利不相容原理。

1925 年春,从汉堡大学传出一个令世界物理学界瞩目的消息:一个新的物理学原理——不相容原理诞生了。它的提出者正是当时在这个大学任教的、名不见经传的年轻学者——25 岁的泡利。泡利是用他天才的洞察力从浩如烟海的光谱数据中得出的不相容原理,其难度甚至远大过开普勒整理行星轨道的数据。

泡利的不相容原理可以这样表述:一个原子中,任何两个轨道电子的 4 个量子数不能完全相同。这个原理解释了微观粒子运动的基本规律,是物理领域中最重大的发现。

这个原理指出在费米子组成的整个系统中,是不能有两个及其以上的粒子处于完全相同的状态中。例如,在原子的同一轨道中不能容纳运动状态完全相同的电子。一个原子中不可能有电子层、电子亚层、电子云伸展方向和自旋方向完全相同的两个电子。如氦原子的两个电子，都在第一层（K 层），电子云形状是球形对称、只有一种完全相同伸展的方向，自旋方向必然相反。每一轨道中只能容纳自旋相反的两个电子，每个电子层中可能容纳轨道数是 n 个，因此每层最多容纳电子数是 $2n$ 个。在核外的电子总是最先占据能量最低的轨道，只有在能量最低的轨道都占满之后，核外电子才会按照顺序依次进入到能量较高的轨道中去，也就是尽可能的让整个组成的体系能量处于最低的状态中。我们课本中原子的电子层分布图就遵循泡利不相容原理制作的。

（3）上帝的鞭子。

泡利以严谨博学而著称，也以尖刻和爱挑刺而闻名。他是完全的极端完美主义，在物理学这方面是完全容不下一粒砂子的，再加上其对物理学的造诣和超凡的洞察力，几乎没什么错误能逃得过他的眼睛，不管你名望有多大都会毫不留情的批评。因为他的毒舌和铁面，埃伦费斯特给她起了一个外号叫做"上帝的鞭子"，意思是他比上帝还挑剔，是上帝派来鞭打其他物理学家的人。

一次，泡利想去某地，但不知该怎么走，一位同事告诉了他。后来那位同事问他找到没有，他说："不谈物理学的时候，你的思路应该说是清楚的。"在泡利身边能经常听到的一句话是"我不同意你的观点"，因此人们幽默地称此为泡利的"第二个不相容原理"。

那时候大家都知道，在大多数的学术发表会上，泡利总喜欢认真地听着台上学者做陈述的同时摇晃着身体，假如他身体的振幅变大的话，下一步就可能要提出比较细致刁钻的问题了，此时台上的人可就要小心了。

有一次，泡利曾在听了意大利物理学家塞格雷（反质子的发现者）的报告之后，说道："我从来没有听过像你这么糟糕的报告。"塞格雷也只能一言不发。泡利想了一想，回身对同行的瑞士物理化学家布瑞斯彻说："如果你来做报告，情况会更加糟糕。当然，你上次在苏黎世开幕式的报告除外。"

泡利的挑剔从来不会因为对方是谁而有任何改变，即使是自己唯一的偶像爱因斯坦也不例外。传闻，在一次国际会议上，当爱因斯坦演讲完后，泡利站起来大大咧咧地说："我觉得爱因斯坦并不完全是愚蠢的。"

泡利对他的学生也很不客气。一次一位学生写了论文请泡利看，过了两天学生问泡利的意见，泡利把论文还给他说："连错误都够不上。"

泡利号称物理界的上帝之鞭，在物理学领域，不被泡利抽两鞭子的物理学家几乎不存在，唯一的例外是索末菲。泡利对索末菲终生执师生礼。对于泡利来说，说一句"这竟然没有什么错"已经是他对别人最高的赞赏了。

（4）悲摧的泡利效应。

科学家和实验室应该总是紧密联系在一起的，但对于作为理论物理学家的泡利来说，就不那么乐观了。泡利在实验方面不但看起来毫无天赋，而且还与实验室相克，无论哪一个实验室，只要泡利一接近，不是实验出现稀奇古怪的毛病，就是实验仪器的损坏，甚至有时候还会发生爆炸，和泡利一起工作的同事都戏谑地称之为"泡利效应"。

有次，实验物理学家弗兰克（1925 年诺贝尔物理学奖得主）位于哥廷根大学的实验室仪器突然失灵。于是弗兰克写信给泡利，很欣慰地告诉他说你总算无辜了一回。后来过了不久，泡利回信很诚实地"自首"说自己虽不在第一现场，但事发当时自己乘坐的从苏黎世到哥本哈根的火车却恰好在哥廷根的站台上停留了一会儿！据说弗兰克在总结这次实验失败的原因时，一本正经地在其中加了一个备注——"泡利经过此地"。

随着这类"泡利事件"累积，人们对泡利现象感到越来越离奇，后来发展到只要泡利进入实验室，工作人员都因害怕泡利效应而手忙脚乱，导致发生了更多悲摧的"泡利事件"。

（5）泡利和爱因斯坦。

波恩曾经认为，泡利也许是比爱因斯坦还牛的科学家，但他又补充道："在我看来，他不可能像爱因斯坦一样伟大。"尽管泡利也给爱因斯坦挑刺，但他对爱因斯坦这位 20 世纪最伟大的物理学家始终是充满敬意的。

泡利和爱因斯坦晚年曾在美国普林斯顿高等研究院共事过。1945 年，当泡利获得诺贝尔物理学奖时，普林斯顿的同事们为他举办了一个庆祝会。在会上，爱因斯坦出人意料地发表了简短的祝贺。泡利对来自爱因斯坦的这份祝贺极为珍视。几年后，爱因斯坦 70 岁生日时，泡利在给爱因斯坦的信中这样写道："您的 70 岁生日给了我一个愉快的机会，在向您表示由衷祝贺的同时，告诉您我是多么感激您在普林斯顿给予我的私人友情，以及您 1945 年 12 月在研究院庆祝会上的讲话给我留下的记忆有多么难忘。"

爱因斯坦去世后，泡利在给玻恩的信中，再次提到了爱因斯坦的那次讲话："这样一位亲切的、父亲般的朋友从此不在了。我永远也不会忘记 1945 年当我获得诺贝尔奖之后，他在普林斯顿所作的有关我的讲话。那就像一位国王在退位时将我选为了如长子般的继承人。"

（6）电子自旋的发现——泡利的第一个错误。

泡利一生最遗憾的是，他是那个时代公认最聪明的物理学家，却没有做一个划时代的发现。他一生喜欢评论别人的东西，经常是一针见血，不过很可惜，他一生反对错了最重要的两件事情，一个是电子自旋，一个是宇称不守恒。

他的助手、来自美国的物理学家克罗尼格（K-K 色散公式中的第二个名字 Krönig）认为自由度是电子的自旋产生的，并试图提出一个电子自旋物理模型。他认为，可以把电子的第四个自由度看成是电子具有固有角动量，电子围绕自己的轴在做自旋。他还进行了初步的计算，得到的结果竟和用相对论推出的结论相符。克罗尼格急切地与泡利讨论，但遭到了泡利的反对，泡利指出为了产生足够的角动量，电子的假想表面必须以超光速运动，这显然违反了相对论。泡利的批评让克罗尼格心灰意懒，决定放弃这种尝试，没有发表关于电子自旋的论文。

半年后，荷兰的乌伦贝克和古德施密特也提出了电子自旋的想法，他们在埃伦费斯特的鼓励下在《Nature》上发表了短文，得到了海森堡和玻尔等人正面的反应。为此，克罗尼格后悔不已——电子自旋首发权被抢走了，一个重大发现失去了。海森堡认为可以利用自旋—轨道耦合作用，解决泡利理论中所谓"二重线"的困难。玻尔没有想到困扰物理学家多年的光谱精细结构问题，居然能用"自旋"这一简单的力学概念就解决了。狄拉克在他的相对论性量子力学理论中得出了"电子具有内禀角动量"这个重要结论。

但是泡利始终反对利用力学模型来进行思考，他与玻尔争辩道："一种新的邪说将被引进物理学。"直到两年后，他才正式承认电子自旋的正确性。这是泡利关于电子自旋的第一个错误。后来我们都知道，电子的自旋角动量与经典力学中刚体的绕自身轴转动的角动量有本质的区别；电子的自旋角动量与电子的时空运动无关，是电子的固有性质。电子的自旋有重要的意义，比如对产生高温超导起关键作用。

（7）宇称不守恒的发现——泡利的第二个错误。

物理学界一直有宇称守恒的说法。物理定律的守恒性具有极其重要的意义，有了这些守恒定律，自然界的变化就呈现出一种简单、和谐、对称的关系，也就变得易于理解了。

1918 年，德国著名女数学家艾米·诺特提出了以其名字命名的诺特定理，揭示了自然界最深层次的奥秘，对所有基于作用量原理的物理定律是成立的。100 多年后的今天，诺特定理依然是已知物理学的基础。该定理连接了两个非常重要的概念：守恒定律和自然界中的对称性。诺特定理宣称，每一个这样的对称性都有一个相关的守恒定律，反之亦然——能量守恒对应时间平移不变性，动量守恒对应空间平移不变性，角动量守恒对应于旋转不变性。诺特定理仅用经典力学的原理就可以认出与海森堡测不准原理相关的物理量（譬如位置和动量），是罕见适用于经典力学与量子力学的伟大定理之一，也是发展量子引力（尝试结合广义相对论与量子力学）的潜在理论的必要工具。

诺特定理是诺特献给数学界、物理界最伟大的财富；是指导现代物理学发展的最重要的数学定理之一，对于实现宇宙大一统、统一四大力则更缺少不了诺特定理。爱因斯坦曾评价说："艾米·诺特是数学界的雅典娜，如果没有她，现代数学和它的教学将会是完全不同的，她所得到的成果是这一代传给下一代最珍贵的贡献"。美国最杰出的理论物理科学家之一、2004 年诺贝尔物理学奖得主弗兰克·维尔切克也说："诺特定理一直是 20 世纪和 21 世纪物理学的指路明灯。"

后来物理学家把对称和守恒定律的关系由经典力学进一步推广到微观世界。1924 年，物理学家拉柏铁提出了宇称守恒定律，维拉格用实验加以证明。在微观世界"宇称守恒"就是指一个基本粒子与它的"镜像"粒子完全对称。"物理全才"、拥有神通美誉的苏联物理学家朗道就坚信宇称守恒，对于别人给他的宇称不守恒的论文都当垃圾给丢掉了。

宇称不守恒原理，又称 P 破坏或 P 不守恒，是当代物理学的一个重要原理，由物理学家杨振宁与李政道于 1956 年提出——相对于宇称守恒，在弱相互作用中不成立而推论宇称守恒不成立。1956 年 6 月，他们二人在美国《物理评论》上共同发表《弱相互作用中的宇称守恒质疑》的论文，认为基本粒子弱相互作用内存在"不守恒"，θ 和 τ 是两种完全相同的粒子。

这篇论文在当时物理学界引起了一片轰动。杨李二人把论文寄给了天才泡利，希望得到这位著名物理学家的指点，但"上帝之鞭"泡利却说："我不相信上帝是一个弱左撇"，并准备投入大赌注与人打赌，坚称宇称守恒。费曼也坚信宇称守恒而与人打赌，赌金 50 美元。研究晶体的著名的物理学家布洛赫曾经说，如果宇称不守恒，他就把自己的帽子吃掉！

不过这次的鞭子抽在了泡利的脸上，幸亏没人和泡利打赌，否则泡利就倾家荡产了。因为，在泡利说这话的两天前，吴健雄女士就发表了证明"宇称不守恒"实验的论文。这是泡利的第二个错误。

（8）泡利所尊敬的三个半人。

泡利为人苛刻，言辞犀利，经常得罪人，按照现在的说法，他是情商超级低的人。他恃才傲物，谁也看不上。但难能可贵的是，物理学界仍旧有三个半人是他所尊敬的，见图 2-52～图 2-54。

图 2-52 海森堡（左）和泡利（右）

这半个人是海森堡。海森堡和泡利是好朋友，二人同是索末菲的博士生，年龄比他略小。泡利认为海森堡是一个有头脑的人，他很推崇海森堡的物理直觉，认为他的物理直觉能够直达问题的根本；他甚至担心玻恩的数学会破坏了海森堡

图 2-53　爱因斯坦（左）和泡利（右）

图 2-54　泡利（左）和玻尔（右）

的物理学思想。但是，二人也曾经发生过矛盾，例如后来海森堡致力于统一场理论，泡利一开始是参加的，但是后来他坚决退出，并认为海森堡是白费力气，对于 1958 年在日内瓦国际高能物理会议他进行了公开而且尖锐的批评。所以，海森堡只能算是半个。

　　第一个尊敬的人是爱因斯坦。由于泡利获得诺贝尔奖后，普林斯顿大学高等研究院为他庆祝，爱因斯坦发表了简短的贺词，这让泡利很感动，他对此极为珍视。在爱因斯坦 70 岁生日的时候，泡利专门致信，表示自己对爱因斯坦的敬仰。

第二个尊敬的人是玻尔。泡利深受玻尔哥本哈根学派的影响。1922 年，玻尔在哥廷根做了一系列演讲，由此结识了海森伯和泡利。演讲后泡利在给玻尔的信中表示："非常感谢您在哥廷根时那样亲切地让我了解到最广泛的问题，那对我来说有着无可估量的益处。"20 多年后，在回忆自己的科学生涯时，泡利再次表达了对玻尔的敬意，他说："我科学生涯的一个新阶段始于我第一次遇见尼尔斯·玻尔。"

有人认为玻尔是教皇，而泡利是"教皇的唱诗童子"。1924 年底，在讨论元素光谱时，泡利给玻尔的信件中说："如果我的胡思乱想居然真能使您又亲自关心起多电子原子的问题来，那我就将是世界上最快乐的人了。"世上能让泡利以如此语气写信的人，恐怕只有玻尔了。但当玻尔提出错误的、抛弃了能量守恒定律的 BKS 理论时，泡利也毫不留情的进行了批评。

第三个人是索末菲。索末菲是他的导师，泡利对他终生尊敬，恪守师生之礼；哪怕他成为了有名望的物理学家之后，只要索末菲进入，泡利就会立即站起来鞠躬行礼，对他的态度十分规矩和恭顺。泡利终生没有对索末菲提出过批评。可以说，索末菲是最受泡利尊敬的人。

✎ 师承关系 ✎

正规学校教育，他的导师是索末菲；Kramers-Krönig 色散公式中的后者，即 Krönig（克罗尼格）曾担任泡利的助手。泡利 1921 年从慕尼黑大学博士毕业，1922 年到哥廷根大学担任玻恩的助教，为期大约半年；1922 年秋到哥本哈根大学担任玻尔的助手，同样为期半年。也就是说，他同样接受过玻恩和玻尔的指导。所以，可以把泡利看成是索末菲、玻恩和玻尔 3 人的学生。但他本人对索末菲更敬重有加。

✎ 学术贡献 ✎

泡利的成就主要是在量子力学、场论和初级粒子理论方面，特别是泡利不相容原理和泡利矩阵的建立以及 β 衰变中的中微子假说等，对理论物理学的发展做出了重要贡献。

（1）1924 年，泡利在研究反塞曼效应时提出了泡利不相容原理，为元素周期表奠定了理论基础，这是最主要的贡献。

（2）将不相容性原理用于简并气体里粒子的统计，计算了自由电子气体的顺磁性。1921 年，提出玻尔磁子作为原子磁矩的基本单位。玻尔磁子是与电子相关的磁矩基本单位，是一项常数。其用在电子轨域角动量及自旋角动量相关磁性的表示。

（3）他 1925 年 1 月从美国来到朗德的实验室访问时，提出了朗德因子。

（4）提出了描述电子的自旋角动量。

（5）1924 年，泡利在文章中提出钠光谱的超精细结构可能是由于原子核的自旋，无疑他是核子自旋的最早发现者，但不是最早提出者。

（6）1927 年，提出了微观粒子自旋理论（2×2 泡利矩阵），开拓性地使用泡利矩阵作为一个自旋算子的群表述，并且引入了一个二元旋量波函数来表示电子两种不同的自旋态，解决了非相对论自旋的理论。

（7）证明了矩阵力学和波动力学的等价性。

（8）1930 年，泡利考虑了 β 衰变中能量不守恒的问题，预测了中微子的存在，并以接近光速穿梭在宇宙之中。中微子在 1953 年被发现。

（9）他还提出了粒子自旋和统计之间关系的阐述——自旋—统计定理：自旋半整数的粒子遵从费米—狄拉克统计，而自旋整数的粒子遵从玻色—爱因斯坦统计；也给出了黑体辐射普朗克公式的一种推导。

（10）量子场论。近代协变形式的量子场论开始于 1929 年、1930 年泡利和海森堡合作的两篇论文，1949 年泡利提出了量子场论的重整化。

✎ 代表作 ✎

据统计，泡利一生中共发表 93 篇文章，出版专著 11 本，但后来搜集到了 2600 余封与科学名家的往来信件，其中包含大量的重要物理思想甚至推导结果，被结集六大卷出版。据说，泡利的信件在当时都是许多物理学家的中意之物，有一些被复制后在物理圈里广为流传。

（1）1921 年，泡利为《数学科学百科全书》写了一篇长达 237 页的关于相对论的词条，该文到今天仍然是该领域的经典文献之一。

（2）1924 年，泡利发表的《关于原子中电子群闭合与光谱复杂结构的联系》一文中提出了他发现的最重要的原理——泡利不相容原理，为原子物理以后的发展做了铺垫。

（3）1926 年，发表的《量子理论》一文是对量子力学的综述；1933 年发表的《波动力学的一般原理》一文是对量子场论的综述；这两篇分别被誉为量子力学的"旧约全书"和"新约全书"。

（4）《泡利物理学讲义》是理论物理学的一套十分严谨、精练的经典教材。本套讲义原版分六卷出版，内容分别为：第一卷电动力学、第二卷光学和电子论、第三卷热力学和气体分子运动论、第四卷统计力学、第五卷波动力学、第六卷场量子化。2014 年 8 月 1 日，我国根据 MIT 出版社 1973 年出版的英译本并参考德文原版翻译出版中文版，供我国大学理工科师生参考。

（5）1946 年著有《核子的介子理论》；1958 年《量子理论》；还有《论不相容原理以及中微子》。

获奖与荣誉

1945 年，因发现泡利不相容原理被授予诺贝尔物理学奖。

学术影响力

（1）泡利不相容原理是原子物理学与分子物理学的基础理论，可用来解释很多种不同的物理现象与化学现象，这包括原子的性质、大块物质的稳定性与性质、中子星或白矮星的稳定性、固态能带理论里的费米能级等。

（2）泡利不相容原理主导原子的电子排布问题，可以解释原子里错综复杂的电子层结构以及原子与原子之间共用价电子的方式，解释了各种不同的化学元素与它们的化学组合，从而直接影响到日常物质的各种性质，从大尺度稳定性至原子的化学行为，促成了化学的变幻多端、奥妙无穷。海森堡应用泡利不相容原理来说明金属的铁磁性与其他性质。

（3）保罗·埃伦费斯特于 1931 年指出，"由于泡利不相容原理，在原子内部的束缚电子不会全部掉入最低能量的轨道，它们必须按照顺序占满能量越来越高的轨道。因此，原子会拥有一定的体积，物质也会那么大块。"

（4）1967 年，弗里曼·戴森（1923—2020 年，美籍英裔数学物理学家）等给出严格证明，他们计算吸引力（电子与核子）与排斥力（电子与电子、核子与核子）之间的平衡，推导出重要结果：假若泡利不相容原理不成立，则普通物质会坍缩，占有非常微小体积；任意两个大块物体混合在一起，就会释出像原子弹爆炸一般的能量！

名人名言

尖酸刻薄的评价性语言很多，正面的激励性的语言暂无从考证。

学术标签

泡利不相容原理提出者、中微子预言者、物理学的良知、上帝的鞭子、量子力学和量子场论的奠基人之一。

性格要素

治学严谨，具有一丝不苟的钻研精神，物理直觉敏锐；恃才傲物、自视颇高、为人刻薄、语言尖锐、好争论但绝不唯我独尊；勇于挑战权威但尊重真理。

评价与启迪

（1）贡献大。

　　泡利对近代物理有深入思考，他的成果很多没有发表，更多地体现在他喜欢用信件和他人交流而非撰文发表上。他的关于矩阵力学和波动力学的等价性证明是写在给约当的信件里，测不准原理首先出现在他给海森堡的信件里，狄拉克的泊松括号量子化被克拉默斯独立发现，而他指出，泡利早就指出了这种对易关系的表示方法。泡利对物理学尤其是量子力学的发展起到了巨大的作用，做出了突出的贡献，尤其是他的物理眼光更是很准。

　　泡利总是有与众不同的见解而且绝不轻易为别人说服，他好争论但绝不唯我独尊。当他验证了一个学术观点并得出正确结论后，不管这个观点是谁的，他都非常高兴。

　　（2）天赋高。

　　泡利天分过人。爱因斯坦对泡利的才智和能力高度评价："任何该领域的专家都不会相信，该文（关于相对论的词条）出自一个仅21岁的青年人之手，作者在文中显示出来的对这个领域的理解力、熟练的数学推导能力、对物理深刻的洞察力、使问题明晰的能力、系统的表述、对语言的把握、对该问题的完整处理、和对其评价，使任何一个人都会感到羡慕。"

　　在玻恩看来，泡利的天赋甚至高于爱因斯坦。玻恩评价泡利："他作为一个物理学家要比爱因斯坦伟大，但是没能达到爱因斯坦的伟大程度"，因为他出生晚了，没有机会独立发现相对论，正如拉格朗日感叹是牛顿发明了微积分而他没能赶上一样。泡利的学术贡献虽然巨大，但与其天赋相比仍略显逊色。他晚年也为自己的事业与天赋不协调而懊恼。泡利是大家公认的最出色的、最敏锐的批评家，在量子理论对旧理论的否定中表现出激进的革命态度。泡利被玻尔称为"物理学的良知"，因为他的敏锐、谨慎和挑剔，使他具有一眼就能发现错误的能力。

　　（3）遇名师。

　　命运给了泡利良好的生活、学习环境，他也自我证明了自己并未被命运宠坏。在读博士期间跟随索末菲，但索末菲认为自己"没有什么可以教给他的"。后泡利曾给马克斯·玻恩和尼尔斯·玻尔当助手；这两位当时站在世界物理学前沿的诺奖得主后来说到泡利时，都对他那寻根究底追本溯源一丝不苟的钻研精神和他那闪现灵敏的思想火花记忆犹新。他也从这些名师那里学到了富有教益的思维方法和实验技巧，为他后来的科研攀登打下了坚实的基础，终于以发现量子的不相容原理而迈入世界著名物理学家的行列。

　　（4）淡泊名利。

　　据说，泡利认为重要的是把事情做出来，至于荣誉落谁头上了、谁拿去发表了，那不重要。这个境界，远非一般的著名科学家可比。正是他这种远世俗重真理不计较名利的科学态度，赢得了索末菲、玻恩和玻尔的厚爱。

　　（5）物理学的良心。

泡利在学问上严谨博学，生活上虽然为人刻薄、语言尖锐，但这并不影响他在同时代物理学家心目中的地位，人们称呼他是"物理学的良心"。在那个天才辈出群雄并起的物理学史上最辉煌的年代，英年早逝的泡利仍然是夜空中最耀眼的几颗巨星之一。以至于在他死后很久，当物理学界又有新的进展时，人们还常常想起他："不知道如果泡利还活着的话，对此又有什么高见。"

79. 中子物理学之父、导致原子能时代到来的人——费米

姓　　名　恩里克·费米
性　　别　男
国　　别　美籍意大利裔
学科领域　原子能物理学
排　　行　第一梯队（准一流）

费米像

∽ 生平简介 ∾

费米（1901 年 9 月 29 日—1954 年 11 月 28 日）出生于一个不富裕的铁路工人费米像之家，常年生活在乡下。费米和哥哥朱利奥都非常聪慧，他们的动手能力超强，可以制作电动机、绘制飞机引擎草图、制作很多机械玩具和电动玩具。但费米在童年时期木讷寡言、不擅言谈，老师认为他是一个低能儿。当费米 10 岁时，他的天赋才真正展现出来，对物理和科学产生了浓厚的兴趣，并可以理解圆的方程式。

1915 年冬天，朱利奥突然不幸病逝，给费米造成了沉重打击。此后，他深深地沉醉在数学和物理学中，如饥似渴地阅读了大量书籍，如《物理数学初步》。这种阅读和学习培养了费米清晰的思维、数学方面的才能和对科学的兴趣，也为他后来的科学之路奠定了基础。

1918 年，中学毕业的费米参加了比萨大学高等师范学院的入学考试。费米被要求写一篇关于弦振动的论文，费米交的论文题为《声音的性质》，文中他列出了一根振动棒的偏微分方程，并用傅里叶分析解出了这个方程。这篇出自高中生之手的论文让主考官惊叹，甚至决定面见这个才华横溢的年轻人，并告诉费米他是一个"出类拔萃"的人。

进入大学后，费米认真地研读了法国科学家庞加莱的《涡流理论》、德国物理学家普朗克的《热力学》、英国物理学家理查森的《物质的电子理论》和卢瑟福的《放射性物质和它们的放射性》等诸多名家名作，甚至还包括丹麦物理学家玻尔论氢原子的第一篇论文，从他选择的书目就可以看出他超出同龄人的学术

鉴别能力。费米大学时期的物理学老师甚至要求费米教他理论物理学，而费米给老师开设了一门关于爱因斯坦相对论的课程。

1920 年，费米进入比萨大学物理系准备他的博士论文；他可以随时利用实验室和图书馆查阅资料、做实验；尽管费米是理论物理学家，但这段经历却锻炼了他的动手能力，且他一直认为理论与实验同等重要。

1922 年，21 岁的费米获得了物理学博士学位，论文内容是弯曲晶体的 X 射线衍射以及由此方法获得的图像。1923 年费米获得意大利教育部自然科学博士后奖学金，赴德国哥廷根，跟随玻恩学习量子论。1924 年，费米回到意大利在佛罗伦萨大学教授数学，期间发表了 30 多篇重要的学术论文。两年后，费米被邀请担任罗马大学理论物理学教授的职务，并开设了当时意大利国内第一个理论物理学讲座。26 岁的费米获得了人生第一个终身席位，对大多数教授来说，他们可能要到 50 岁才能得到这个席位。

1926 年，费米与狄拉克分别提出了一种基本粒子所遵循的统计规则，后来被称为"费米—狄拉克统计"。1930 年，费米的研究奠定了量子电动力学的基础。1929 年，28 岁的费米被推选为意大利皇家科学院院士。

1934 年，用中子轰击原子核产生人工放射现象，开始中子物理学研究。费米研究热中子辐照对铀元素的影响，取得了轰动性的成果。1938 年，费米因此成果获得了诺贝尔物理学奖。

墨索里尼上台后，他借口去斯德哥尔摩领奖，成功逃离了被墨索里尼控制的意大利，来到美国纽约。1939 年，费米成为美国哥伦比亚大学的一名物理学教授，1942 年到芝加哥大学工作任物理学教授和之后美国政府第一个国家实验室——阿贡国家实验室的主任。同年，费米参加了曼哈顿工程，首次进行了核能链式反应的实验。1944 年，费米加入美国国籍。

费米一生的最后几年主要从事高能物理的研究；1950 年当选为英国皇家学会外籍会员；1953 年被选为美国物理学会主席。可惜的是，在 1954 年 11 月费米刚刚接受了以他的名字命名的费米奖金后不久，1954 年在芝加哥因胃癌溘然长逝，年仅 53 岁。这与他在工作中受到较多辐射有关，因为当时人们的防护意识不强，并且防辐射的装备也没有，当时在进行反应堆实验时，费米采用的防护措施就是简单地拉上窗帘隔离反应堆。

费米的英年早逝给物理界留下了太多的遗憾。他去世后不久，费米夫人写成《费米传》一书。《费米传》的中文译本有两种，最早是香港今日世界出版社1973 年译本；另一种是何兆武先生的译本，由商务印书馆出版。

～ 花絮 ～

（1）恶作剧引发的"费米统计"。

佛罗伦萨大学物理实验室设在亚尔赛脱里山上，年轻的费米很喜欢恶作剧，常常和拉塞蒂去山上抓些无害的壁虎和小蜥蜴，放在饭厅里吓唬那些饭厅服务员。为了捕捉小动物，他们两个人时常一连几个钟头俯卧在草地上，等候小蜥蜴出现，同时脑子所想的却是别的事情。一次静伏时，他下意识地把泡利原理应用到完美气体理论的研究上，由此终于发现了他以前所不知道的要素：在气体里，没有两个原子能用同等的速度移动。用物理学家的话来说，就是在每一种相置状态中，只能有一个完美的单原子的气体。这个原理使费米能够将气体的运行轨迹完全准确地计算出来。这项研究后来被称为"费米统计"。费米和其他的物理学家后来又用这个原理来解释其他一些现象，包括金属对热和电的传导力。

（2）听不懂的博士毕业演讲。

按照惯例，博士毕业的费米要做一场学位论文公开演讲。很多人都期待听到这位在比萨大学俨然已经成为物理学权威人士的著名学生的演讲，但是 1922 年这个演讲却由于费米的演讲内容和物理学造诣超出了很多人的理解能力，除了少数几个人能听懂之外，大部分人不理解他的演讲。

（3）罗马学派。

从 1926 年起，费米开始在罗马大学工作，期间与自己大学时的同学、青年物理学家拉塞蒂一起成为了新成立的罗马大学物理研究所的核心人物。他们经常与几位有才华的年轻学者一起进行物理学探讨和研究，后来他们的研究小组被称为"罗马学派"。费米被推崇为该学派的"教皇"，拉塞蒂则成了"红衣主教"。年轻的"教皇"费米不久就让全世界的物理学家知道了他的能力而被誉为"中子物理学之父"、现代物理学的最后一位通才。

（4）费米阁下的司机。

1929 年，费米被选入意大利皇家科学院，成为当时最年轻的院士。出席科学院会议时要穿着特制的院士服，服装上有大量的镂花纹饰，裤子上镶有银片，看起来雍容华贵，银光闪闪。费米个性低调，非常不喜欢穿这种花哨的衣服。有一次会议必须穿着院士服，恰巧当天有一位画家在费米家中画画，难为情的费米怕被画家看到自己的装扮，央求夫人关闭了大厅中所有的门，给他"清道"。还有一次，费米穿着自己的普通衣服去参加科学院的会议，被警察拦住，最后他谎称自己是"费米阁下"的司机，才蒙混过关。

（5）人工放射性研究。

费米想到，1932 年查德威克发现的中子也许是一种创造新同位素的更好工具。中子虽然比 α 粒子质量小，但中子不带电，这使它能克服一个靶核的正电荷而不消耗中子的能量。

为了弄清人工放射性这个重大发现，费米等人用中子作为入射粒子，这样轰击原子核时就不会存在核内正电的静电斥力，因中子是不带电的。这样的思路，开创了一条完全未能预料的道路。费米等着手按照元素周期表原子序数增加的顺序逐一用中子辐照。他们试了氢、锂、铍、硼、磷、氦、氧，都没有发现发射性的发生。而费米用中子辐照氟时，得到了放射性的发生，证实了用中子辐照发生人工放射性的存在。

1934年春天，费米用中子辐照了元素周期表的最后一个元素铀，他们发现原子序数为92的铀被强烈地激活了，并产生了超过几个有着不同放射性半衰期的、原子序数超过铀的新的放射性元素。经过反复的实验测定，用化学方法验证了这几种放射性元素没有一种与原子序数大于铅的元素相符。于是，他们认为中子辐照铀可能生成了"超铀元素"及原子序数大于92的元素。他们认为，在这些铀的衰变产物中，有一种是原子序数为93的新元素，这是由于中子打进铀原子核里，使铀的原子量增加而转变成的新元素。

费米等人关于93号新元素的实验报告发表后，世界各国的报纸立即进行了轰动性的报道。关于93号元素问题，在各国科学家中引起一场激烈而持续的争论。许多人肯定，也有不少人持怀疑态度。这场争论迟迟没有定论的原因是当时缺乏一种有效的手段，可以对铀元素受到中子轰击后的产物进行精确的分离和分析。但实际上后来证明他所发现的只不过是原子分裂，人们称这一过程为原子裂变。

1934年10月，费米研究小组为解决这个谜团，却意外地取得另一项重大发现经过一段时间的研究，费米说，1934年的某天他偶然冲动地在中子源和靶子之间插入了石蜡，放在入射中子的前面，结果使激活强度增加几十到几百倍。这就是费米偶然发现的慢中子现象。慢中子是由于中子在到达被辐射物质之前，和含氢物质中的氢原子核碰撞，速度大大降低。这种降低了速度的"慢中子"，更容易引起被辐射物质的核反应。正如速度太快的篮球容易从球筐上弹出去，速度慢的较容易进篮球筐一样，使用慢中子轰击原子核很快被各国科学家采用。

慢中子的产生，后来在民用和军用的核能领域具有深远的影响。然而费米的任务是用慢中子照射尽可能多的元素，生产和研究大量新创造的放射性同位素和其性质。

（6）逃离意大利。

1938年11月10日，也就是93号元素发现4年多以后，费米接到来自斯德哥尔摩的电话，瑞典科学院宣布费米获得诺贝尔物理学奖。

1938年12月，费米一家人前往斯德哥尔摩接受诺贝尔奖，此后就没有返回意大利，而是直接去了纽约。其实在离开罗马启程赴斯德哥尔摩之前，墨索里尼统治下，费米的很多朋友都已经不得不离开了意大利，背井离乡远赴美国、加拿大另寻出路。费米一家也提前做好了逃离的准备，他的出走是早就计划好的。

费米的"叛逃"，纯属费米"个人行为"的选择，而决定这种行为选择的，是费米的价值判断。费米的逃离，恰恰是把个人选择与放弃结合起来，由此为人类自由与民主的制度作出了巨大贡献。

意大利法西斯主义的嚣张导致意大利科学天才的流失。而哥伦比亚大学则主动为费米提供教授职位，并为自己的师资队伍中增添了一位世界上伟大的科学家而感到自豪和骄傲。

（7）知错必改的诺贝尔奖得主。

1938 年 11 月 22 日，也就是在费米获得诺贝尔奖后的 12 天，哈恩把分裂原子的报告寄往柏林《自然科学》杂志，该杂志 1939 年 1 月便登出了哈恩的论文，推翻了费米的实验结果。听到这惊人的消息，费米的第一个反应是来到哥伦比亚大学实验室，利用那里较好的设备，重复了哈恩的试验，结果和哈恩的试验一样。这一事实，对费米来说无疑是难堪的。然而和人们的想象相反，费米坦率地检讨和总结了自己的错误判断，表现了一个科学家服从真理的高尚品质。

为了科学的进步，费米不计较个人的名誉得失，他在别人成就的基础上继续向前迈进。在哈恩等人裂变理论的基础上，费米很快提出一种假说：当铀核裂变时，会放射出中子。这些中子又会击中其他铀核，于是就会发生一连串的反应，直到全部原子被分裂。这就是著名的链式反应理论。根据这一理论，当裂变一直进行下去时，巨大的能量就将爆发。如果制成炸弹，它理论上的爆炸力是 TNT 炸药的 2000 万倍！

（8）参加曼哈顿工程。

1939 年初，报道显示中子被吸收后有时会引起铀原子裂变，费米立即认识到一个裂变的铀原子可以释放出足够的中子来引起一项链式反应，费米马上就预见到这样的链式反应可用于军事目的潜在性。

1939 年 3 月，费米与美国海军界接触，希望引起他们对发展原子武器的兴趣。1939 年 8 月 2 日，德裔物理学家爱因斯坦就此课题给总统富兰克林·德拉诺·罗斯福写了一封信，要求他启动一项政府计划研究原子弹。

在罗斯福总统的关心下，美国政府对原子能的而利用产生了兴趣。美国军方在 1942 年 8 月正式实施"曼哈顿工程"，9 月美国陆军工兵上校格罗夫斯被任命为负责人。费米在这个庞大而又有历史意义的工程中担任综合顾问，为了保密起见，他使用了一个叫作亨利·法默的假名字。

曼哈顿工程的首要任务是建立一个原子反应堆以探明自保持的链式反应是否确实可行。由于费米是世界中子物理学权威，且集理论与实验天才于一身，被选为攻关小组组长。他的任务是研究受控的、自持的核链式反应，他设计了核反应所必须的装置，并将其命名为"核反应堆"，见图 2-55。1942 年 12 月 2 日下午 3：25，费米指导设计和制造出来的铀—石墨核反应堆 CP-1 首次在芝加哥运转成功；这是人类第一次成功地进行了一次核链式反应，是原子时代的真正开端，见图 2-55、图 2-56。

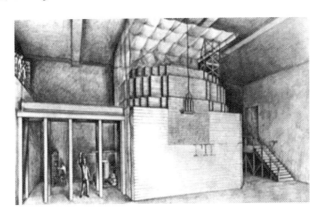

图 2-55 费米领导建立的第一座原子反应堆

图 2-56 在芝加哥大学为第一座反应堆做出贡献的科学家们，前排左一是费米

这项实验的成功，为原子弹的制造提供了可靠的基础，使得曼哈顿工程得以顺利推进。

（9）撒纸片计算原子弹的当量。

1945 年 7 月 16 日，美国成功试爆了第一颗原子弹，在爆炸 30 分钟后，冲击波到达了费米所在的掩蔽处，费米则将之前准备好的纸片一撒，随着纸片落地费米就说：这颗原子弹的威力相当于两万吨 TNT 炸药的能量。

这种小动作看似玩笑，可经过各种仪器的记录数据来看，计算结果和费米的几乎无差。谁也不知道当时的费米是通过什么样的方式将原子弹的当量测试出来的，这简直就是个奇迹。

（10）费米悖论。

费米悖论是一个有关飞碟、外星人、星际旅行的科学悖论，阐述的是对地外文明存在性的过高估计和缺少相关证据之间的矛盾。1950 年，物理学家费米提出了这一悖论，他曾用寥寥数语道尽了费米悖论的本质："其他人都在哪里？"在偌大的宇宙中，仅仅是银河系就存在数十亿颗恒星以及大量的围绕恒星运转的行星，更何况广袤无垠的宇宙呢？理论上来说其他星球上应该有文明的存在，那为什么我们从来没有发现文明的迹象？其他的生命形式有没有？如果有，他们会是什么样呢？他们在哪里呢？这就是费米悖论的核心论点，是世界十大悖论中最让人细思极恐的悖论！

费米悖论这个问题是几代科学家和思想家一直在努力解决的问题。对费米悖论的可能解释方案目前提出了很多，主要包括：宇宙中并没有出现其他智慧生命；智慧生命是存在的，只是缺乏与地球交流的必要技术。还有人说，也许地外生命早就存在而且在窥视我们，但是我们的文明程度太低，无法感知他们的存在。

还有一个让人细思极恐的说法，著名的"黑暗森林法则"就是其中的一个解释。如果整个宇宙都处于蛮荒阶段，人类和其他的外星文明发展的程度相差不大，但是谁先暴露自己，就有可能被攻击被抹杀被抢夺资源。

还有一个最新的说法是俄罗斯科学家提出的"先进后出"的解决方案，他认为唯一的解释是"我们人类是第一个到达星际阶段的物种，而且也最有可能的是最后一个。"费米总结称，肯定存在某种障碍，限制了具有智慧、自我认知和先进技术的太空殖民文明的兴起。

除去科幻的要素，费米悖论让人很谦卑。不是寻常的"我就是微不足道的短暂存在"这种感觉，而是在一种更私人的谦卑。很多科学家在努力寻找地外文明，但是霍金警告大家不要这么做，不要寻找更不要接触，因为这也许会给人类带来灾难。

❧ 师承关系 ❧

正规学校教育；1957 年诺贝尔物理学奖获奖者李政道的博士生导师；杨振宁也接受过费米的指导。发现了反质子、亚原子和反素粒子的欧文·张伯伦（1921 年 7 月 10 日—2006 年 2 月 28 日，荣获 1959 年诺贝尔物理学奖）和夸克之父默里·盖尔曼（荣获 1969 年诺贝尔物理学奖）也都是费米的学生；他对这些学生倾注了极大的心血和热情，并在费米的引导下都获得了巨大的成就。

⌖ 学术贡献 ⌖

费米在理论和实验方面都有第一流建树，这在近现代物理学家中是屈指可数的，他对量子力学、核物理、粒子物理学以及统计力学都做出了杰出贡献；他还参与了曼哈顿工程；被称为全能物理学家。

（1）提出了费米学说，发展了量子统计理论，用它来描述某类粒子大量聚集的行为，这类粒子人称费米子，包括电子、质子和中子。费米—狄拉克统计是统计力学的重要组成部分，为以后研究晶体中电子运动的过程指出了方向。他提出了费米方程，可以使人们更好地了解原子核、简并物质（诸如出现在某些种类星体内部的简并物质）的行为以及金属的特性和行为。他与托马斯一起提出了托马斯-费米方程，是计算原子中的电荷分布及电场的方程。

（2）1934 年，用中子轰击原子核产生人工放射现象，发现"慢中子"更容易引起被辐射物质的核反应。

（3）首创了 β 衰变理论，是弱相互作用理论的前导。1942 年 12 月 2 日，费米领导小组在芝加哥大学建立人类第一台可控核反应堆（芝加哥一号堆），人类第一次成功地进行了一次人工自持续核链式反应，为第一颗原子弹的成功爆炸奠定了基础，人类从此迈入原子能时代。

（4）1949 年，他揭示宇宙线中原粒子的加速机制，研究了 π 介子、μ 子和核子的相互作用，并提出宇宙线起源理论。

（5）1949 年，费米与杨振宁合作，提出基本粒子的第一个复合模型。

（6）1952 年，发现了第一个强子共振——同位旋四重态。

⌖ 代表作 ⌖

他共写了 250 多篇科学论文。1936 年出版的《热力学讲义》成为后人教学用书的著名蓝本，出版了现代物理学教科书《原子物理学导论》。

⌖ 获奖与荣誉 ⌖

（1）费米在 1938 年因发现新的放射性物质和发现慢中子的选择能力而获得诺贝尔物理学奖。

（2）费米还先后获得德国普朗克奖章、美国哲学会刘易斯奖学金和美国费米奖。

（3）他被德国海森堡大学、荷兰乌特勒支大学、美国华盛顿大学、哥伦比亚大学、耶鲁大学、哈佛大学、罗切斯特大学和拉克福德大学授予荣誉博士。

❧ 学术影响力 ❧

（1）他建立了人类第一台可控核反应堆，对未来世界产生了巨大的影响，使人类真正进入了原子能时代。

（2）1953 年，一种人工产生的放射性金属元素，第 100 号元素以他的名字命名为"镄"。

（3）原子核物理学使用的长度单位"费米单位"也以他的名字命名。以他的名字命名的科学名词有费米黄金定则、费米统计、费米子、费米面、费米液体、费米能级、费米函数和费米常数等。

*费米能级是经常接触到的一个概念——针对由费米子组成的一个微观体系而言，每个费米子都处在各自的量子能态上，如果一个能带中的某一个能级的能量设为 E，则该能级被电子占据的概率是符合一个函数规律的即为 $f(E)$，$f(E)$ 称为费米函数；当 $f(E) = 1/2$ 时，得出的 E 的值对应的能级为费米能级，常用 E_F 表示。费米能级的物理意义是，该能级上的一个状态被电子占据的几率是 $1/2$，可以简单的理解为：费米能级所在的位置有百分之五十的可能性存在电子。一般近似的认为费米能级以下的能级全部都被电子所填充。

严格来说，费米能级等于费米子系统在趋于绝对零度时的化学势，是绝对零度时电子的最高能级。但是在半导体物理和电子学领域中，费米能级则经常被当做电子或空穴化学势的代名词。费米能级在半导体物理中是个很重要的物理参数，只要知道了它的数值，在一定温度下，电子在各量子态上的统计分布就完全确定了。它和温度、半导体材料的导电类型、杂质的含量以及能量零点的选取有关。

（4）β 衰变理论开创了场论进入基本粒子物理学的先河。

（5）为纪念费米对核物理学的贡献，美国著名的费米实验室、芝加哥大学费米研究所都是为纪念他而命名的。

位于美国伊利诺伊州的费米实验室全称为费米国立加速器实验室，拥有目前全世界能量输出最高的粒子加速器，由于其经常取得世界瞩目的科研成果而闻名。

（6）美国原子能委员会（现在的能源部）建立了"费米奖"，以表彰为和平利用核能作出贡献的各国科学家，是由美国政府颁发的最有声望的科技类奖项之一。

（7）世界上最强大的望远镜是美国宇航局 NASA 主导设计并制作，并得到了法国、德国、意大利、日本和瑞典 5 个国家的政府机构及科研组织的资金和技术支持。它于 2008 年 6 月发射升空，设计观测寿命为 5~10 年。它通过高能伽马射线观察宇宙，最初被称作"伽马射线广域空间望远镜"。但是，当这台望远镜建成后开始正常运行时，为纪念高能物理学的先驱者费米，人们又根据费米的名字给它重新命名，称为"费米伽马射线太空望远镜"。由于有了美国宇航局的费米伽马射线太空望远镜，人们会对超大质量黑洞、暗物质和被称作伽马射线爆的神秘爆炸等一些宇宙中最令人费解的现象有更多了解。

～ 名人名言 ～

要从小把自己锻炼得身强力壮，能吃苦耐劳，不要娇滴滴的，到大自然里去远走高攀吧！

～ 学术标签 ～

中子物理学之父、全能物理学家、意大利皇家科学院院士、英国皇家学会外籍会员、美国物理学会主席；在核子物理研究领域乃是堪与爱因斯坦比肩的奠基人，也被诩为自伽利略以来意大利最伟大的物理学家；美国政府第一个国家实验室——阿贡国家实验室主任。

～ 性格要素 ～

资质聪明，心性敏捷，反对法西斯。

～ 评价与启迪 ～

费米是玻尔下一代物理学家中的杰出领袖之一，被誉为 20 世纪在理论与实验方面均为大师的最后一位全能物理学家，他先后创立了罗马学派和芝加哥学派。杨振宁曾评价费米："他是 20 世纪一位大物理学家，他是最后一位既做理论，又做实验，而且在两个方面都有一流贡献的大物理学家。认识费米的人普遍认为，他之所以能取得这么大的成就，是因为他的物理学是建立在稳固的基础上的，他总是双脚落地的。"

有人认为费米是 20 世纪意大利物理"教皇"，他的作用是独一无二的。费米之所以成为重要人物，有以下几个原因。一是他是无可争议的 20 世纪最伟大的科学家之一，而且是为数不多的兼具杰出的理论家和杰出的实验家天才的人。二是费米在发明原子爆破方面是一个非常重要的人物，尽管别人在推动这项事业的发展上也起了同样重要的作用。

80. 高级卧底、永远以哥伦布为榜样的量子力学奠基人——海森堡

姓　　名　维尔纳·卡尔·海森堡
性　　别　男
国　　别　德国
学科领域　量子力学
排　　行　第一梯队（一流）

海森堡像

生平简介

　　海森堡（1901 年 12 月 5 日—1976 年 2 月 1 日）
出生于德国的维尔茨堡的一个书香世家，外祖父和父
亲分别是知名中学的校长和知名大学的教授，具有很
好的古代文学修养。海森堡从小就受到家庭在古代文
学方面的熏陶。在父亲激励竞争的教育方式下，青少
年时期的海森堡就养成了自强不息、意志坚强的优秀品质，时常借助体育活动磨
炼自己，锐意进取的性格对其日后的科学研究产生了很大影响，见图 2-57。

图 2-57　哥哥（左）、父亲（中）、海森堡（右）

　　1920 年以前，海森堡在普朗克曾经就读的慕尼黑麦克西米学校读书。海
森堡读小学时成绩就很好，海森堡中学时成绩也总是名列前茅，很快展现出
科学方面的天赋，他利用业余时间自学更高级的数学和物理课程。父亲鼓励
他和哥哥竞争，不允许他们的学习成绩落后于他人。中学时代的海森堡迷上
了数学，数学成绩尤为优秀，13 岁就掌握了微积分，也研究过椭圆函数和
数论。

　　1920 年，海森堡以优异的成绩通过了中学毕业考试，并获得了奖学金。大
学入学考试后，他在旅行期间结果得了一场重病，卧床休养期间，他阅读了著名

数学家赫尔曼·外尔的著作《空间、时间与物质》；该书力图为爱因斯坦的相对论提供一种清晰的数学描述，并以此表明宇宙（时空）的和谐结构。这本书学术水平很高，同年龄的青年几乎都看不懂，而海森堡不但看懂了，还被里面深刻而抽象的数学表达和哲学思想深深迷住了。

在索末菲、维恩的指导下，他有机会参与一些理论物理学研究前沿领域，如反常塞曼效应的量子论分析，并充分发挥出他的天赋。索末菲针对海森堡重视原子物理的理论问题而缺乏系统知识的缺点，以流体力学中最困难的湍流问题作为他的博士论文题目，用以加强海森堡的基础训练。海森堡凭借扎实的数理功底和高超的研究技巧，不负导师所望，在第三学年就出色地完成了博士论文《关于流体流动的稳定和湍流》，详细研究了非线性理论的近似性，靠着直觉找到了奥尔—索末菲方程的近似解，并且推测当稳定流边界条件被打破时所产生的湍流性质，年终取得了慕尼黑大学的哲学博士学位。

海森堡攻读博士学位期间，跟随索末菲前往哥廷根大学，认识了玻尔、玻恩和希尔伯特等著名的科学家。1923 年 10 月，海森堡回到哥廷根，由玻恩私人出资聘请为助教。1924 年 6 月 7 日，他在哥廷根第一次遇见爱因斯坦。1924 年 7 月，海森堡的关于反常塞曼效应的论文通过审核，从而使他晋身为讲师，获得德国大学的任教资格。

1924 年 9 月 17 日，他得到洛克菲勒基金会的赞助的 1000 美元，去玻尔处访问。海森堡首先从玻尔的对应原理出发，从中找到充分的数学根据，使这一原理由经验原则变为研究原子内部过程的一种科学方法，解决了让玻尔长期困扰的问题。

1925 年 5 月，他在哥廷根大学任教。一个月后，他因患花粉过敏症在海格兰岛养病 10 天，期间突发奇想创立了自洽性的原子理论，被玻恩赞赏并修改。同年下半年，海森堡和玻恩、约当一起创立了量子力学的完备的数学体系——矩阵力学，也就是量子力学的第一种理论形式。1926 年下旬，薛定谔首先证明了波动力学与矩阵力学的等价性。之后，狄拉克进一步通过变换理论把矩阵力学和波动力学统一起来。至此，量子力学的理论体系被创建完成。

1926 年 5 月，他再次返回哥本哈根大学担任玻尔的助教。1927 年 10 月至1941 年期间，海森堡在莱比锡大学担任理论物理学教授。他以后的工作除将量子力学应用于具体问题如解释许多原子和分子光谱、铁磁现象等外，总是在物理学的前沿作新探索。1927 年，他提出了测不准原理，这是量子力学的基石，是微观世界的基本法则。

1929 年 3 月初，海森堡完成了一篇重要的研究手稿，概括了他两年来推导相对论性量子场论的尝试和结果。之后，访问了美国麻省理工学院、哥伦比亚大学、芝加哥大学，并做了"量子理论的物理原则"的系列讲座。随后经由夏威夷访问日本京都大学，向汤川秀树等日本同行介绍了最新的研究进展，最后取道中国和印度回到莱比锡。

1933 年 12 月 11 日，因此贡献而获得补授的 1932 年度的诺贝尔物理学奖 1934 年 6 月 21 日，海森堡提出正子理论，并在 1937 年结婚。

1941 年，海森堡被任命为柏林大学物理学教授和威廉皇家物理所所长，直到 1945 年。第二次世界大战期间，他被纳粹政府任命为德国研制原子弹核武器的领导人。但是，随着第二次世界大战的发展，海森堡决定遏制德国核武的发展。

第二次世界大战以后，在重振联邦德国的科学事业过程中，海森堡发挥了关键作用。1949—1951 年，他担任德意志研究院院长。他还先后担任过德意志科学研究委员会主席、德意志科学研究联合会主席、洪堡基金会主席、普朗克学会副主席、日内瓦西欧核子研究中心（CERN）首任科学政策委员会主席等职。

1946—1958 年，海森堡重建了哥廷根大学物理研究所，并担任所长，继续在德国从事量子力学以及基本粒子的研究。1955—1956 年，还兼任圣安德勒斯大学革福特讲座讲师，1955 年成为英国皇家学会会员。1948 年，威廉皇帝物理所所长易名为马克斯·普朗克物理研究所。第二次世界大战后，他规划设在卡尔斯鲁厄的联邦德国第一台核反应堆。

1953—1973 年，海森堡把重点转向基本粒子理论的研究，以他的研究不断推动现代物理向前发展。1952 年 6 月，由海森堡倡议的西欧核子研究中心在日内瓦正式创建；1953 年成为洪堡基金会的主席，他担任这一职务长达 27 年；后来先后担任欧洲核研究委员会德国代表团团长，日内瓦和平利用原子能会议上西德的代表。1957 年，海森堡和其他德国科学家联合反对用核武器武装德国军队。

1958—1970 年，海森堡被聘为慕尼黑大学的物理教授，马克斯·普朗克物理研究所也随他迁入慕尼黑，并改名为马克斯·普朗克物理及天文物理研究所（现在也称呼为海森堡研究所）。1958 年 4 月，他提出了非线性旋量理论。1976 年 2 月 1 日，海森堡在慕尼黑与世长辞，享年 75 岁。

❧ 花絮 ❧

（1）阴差阳错选读物理学。

入读慕尼黑大学后，海森堡开始想跟林德曼学习数学，林德曼因为海森堡阅读了《空间、时间与物质》，觉得不是纯数学，拒绝接纳他，后来他在父亲的帮助下跟随索末菲学习物理，就这样被大师索末菲引入了物理学殿堂。大学生涯改变了海森堡的命运。

（2）差点挂掉的博士答辩。

海森堡擅长理论物理，他发表的论文涉及解决河道从平滑的层流转变为涡流的精确过程；长达 59 页的论文含有满满的数学公式，最后还是利用他的物理直觉推算出了一个近似解。但海森堡的缺点很明明显，他和泡利、奥本海默一样，对物理实验一窍不通。

对他的博士答辩，擅长实验的维恩认为任何人都要会做物理实验，他对海森堡的近乎零分的物理实验很是不满，答辩的时候给了最低分。倒是导师索末菲的态度和维恩恰恰相反。索末菲称赞道："湍流问题确实太难了，除了海森堡，我不会让别的学生拿它作博士论文。海森堡在理论造诣上，我们都自愧不如。"索末菲和泡利等人对论文的评价是，海森堡完全掌握了数学工具，具有大胆新颖的物理思想。

维恩和索末菲意见不统一，导致海森堡勉强毕业，差点通不过答辩。郁闷之极的海森堡连导师的庆祝会都没参加。

1926 年，著名女数学家埃米·诺特的亲弟弟弗里茨·诺特曾否定海森堡的结果，认为他的解法有问题。大约 20 年后，中国学者林家翘（1916—2013 年，国际公认的力学和应用数学权威、天体物理学家）得出了与海森堡相符的研究结果。听说此事后，海森堡颇为得意，他在给索末菲的信中写道："我愉快地得知我博士论文的大部分内容依然是基本正确的。很明显，流体力学专家们现在已经同意抛物线速度剖面的流动的确是不稳定的。这正是我当年所声明的，而且我对不稳定区域的计算也是相当正确的。来自中国的科学家林家翘得到了同样的结果。"

（3）与泡利交好。

对海森堡而言，大学期间一件重要的事情就是和泡利的相识，在索末菲举办的研讨班里结下了深厚的友谊。索末菲的研讨班由一批最有才华、最有生气的学生组成，他们经常在一起研究物理学的最新文献，讨论由文献提出的新问题。由于经常接触物理学的前沿问题，研讨班培养了许多物理学的人才。海森堡在研讨班里崭露头角，他的敏捷思维和才华，他的勤奋好学和孜孜不倦的探索精神，使他成为佼佼者。

泡利是研讨班里最有才能的人，他能够对最新和最困难的理论成果加以透彻理解；他也具有较高的评判能力，常常能一针见血地指出问题的症结所在，是研讨班里最出色、最敏锐的批评家。

海森堡与泡利经常在一起研讨、争论科学问题，并开始对牛顿经典物理学的一些理论提出质疑，一些新的重大发现在逐渐孕育。一天，海森堡向泡利请教当前物理学的发展趋势和如何学好物理的若干问题，泡利回答说："当前的物理，已不能用我们日常生活中熟悉的概念来描述，必须用抽象的数学语言才行。我们必须有现代的数学训练，否则无法研究物理学了。"海森堡听后大受启发，深以为然，两人逐渐成为科研、学习与生活上的挚友。

他们都对理论物理更重视，对于实验却并不在行。泡利和海森堡有次一起学习做测定音叉震动频率的实验。但他们进了实验室之后，根本没做实验，却讨论起原子结构中一些有趣的问题；快到下课才想起实验还没做，于是泡利灵机一动，对海森堡说：“我敲一下音叉，你听出是什么音调，我就可以算出音叉的频率。”就这样，海森堡他们的实验课蒙混过关。海森堡同泡利一道曾为量子场论的建设打下了一定基础，但由于存在学术分歧，后来泡利自动退出了场论的研究。

（4）得到玻尔和玻恩的赏识。

1922年6月，应玻恩的邀请，索末菲带海森堡到哥廷根去听玻尔的讲课。在一次讲演会上，21岁的大学生海森堡对玻尔关于塞曼效应的解释表示了不同的意见，勇敢地指出玻尔理论的矛盾，引起了玻尔的注意。

会后，玻尔邀海森堡一起散步长谈，邀请他在适当时候去哥本哈根做访问学者，合作研究一些新课题，从此两人结下了深厚的友谊，见图2-58。这次谈话使海森堡受益匪浅，他回忆说：“这是我能够回忆起来的关于现代原子理论的基本物理学问题和哲学问题的第一次透彻的讨论”；他甚至说那次谈话是他“真正的科学生涯的开始”。在1933年获诺贝尔奖演说中，海森堡还专门对玻尔的贡献表示了感谢。玻尔对海森堡的影响主要是在哲学思想方面。

图2-58 玻尔（前排中）和海森堡（前排右）

和玻尔一样，玻恩也非常欣赏海森堡，他对海森堡给予了很大的帮助。1923年德国的经济危机进入了最困难的时期，海森堡一家遭遇了经济危机，玻恩聘请海森堡为私人助手。为了保证海森堡在经济困难时期能够安心于科学研究，不擅长拉赞助的玻恩竭力去为海森堡募集经费，给他较高的薪水，帮助他和他的父母克服了经济危机。1925年下半年，玻恩还从德国文化部为海森堡申请了两年的讲师生活资助。玻恩对海森堡学术影响主要是在数学方法方面，玻恩第一次系统地把海森堡带入数学原子物理学中。

玻恩曾说："海森堡是我所能想象的最敏锐和最有能力的合作者"，"要跟上年轻人，这对我一个上了年纪的人来说是很困难的"。据说有一次，玻恩在慕尼黑大学讲学，课后海森堡向他递了一张纸条，并谦虚地说："这是我对先生研究的一点心得。"玻恩一看十分吃惊，没想到年轻的海森堡竟能提出这么深刻的见解。当然，玻恩的数学工具、物理知识与研究思想和方法对海森堡也有重要启示。应该说，在海森堡所引领的量子力学革命中，也有玻恩巨大的学术贡献。

海森堡后来回忆说："在哥廷根玻恩那里我们受到了相当宽泛的物理教育，学到了理论物理学很多不同分支的内容。"可以说，海森堡一生中最重要的科学引路人就是玻恩。

（5）三人共创矩阵力学。

1925 年 6 月，他又解决了物理学上的另一个重要问题——如何解释一个非简谐原子的稳定能态，从而奠定了量子力学发展的纲领。7 月 29 日，在玻恩的帮助和完善下，他的论文《关于运动学和力学关系的量子力学解释》在物理学杂志上发表，将一类新的数学量引入了物理学领域，即矩阵力学。随后，玻恩与约当共同合作对矩阵力学原理进行了进一步的研究。1925 年 9 月，他俩一起发表了《论量子力学》一文，将海森堡的思想发展成为量子力学的一种系统理论。11 月，海森堡在与玻恩和约当协作下，发表《关于运动学和力学关系的量子论的重新解释》的论文，创立了量子力学中的一种形式体系——矩阵力学。从此，人们找到了原子微观结构的自然规律。

海森堡的矩阵力学中的精髓是 $I×II≠II×I$，也就是著名的 $p×q≠q×p$ 的问题；为了解决这个问题，海森堡引入了最为复杂的数学矩阵，而且他获得了难以想象的成功。海森堡将复杂的矩阵运算规则应用到了经典的动力学公式，将玻尔和索末菲的旧量子论改造成新的矩阵力学，可以轻易推导出玻尔的量子化的原子能级和辐射频率！

海森堡的矩阵力学所采用的方法是一种代数方法，它从所观测到的光谱线的分立性入手，强调不连续性。经过玻恩和约当的改造，阐明了矩阵力学的运算规则，将经典力学的哈密顿函数改造成矩阵模式，电子的动量 p 和位置 q 两个物理量称为了庞大的矩阵表格，而且不遵守乘法交换律！通过新的矩阵力学可以推导出牛顿经典力学中种种结论，比如能量守恒！爱因斯坦评价道："海森堡下了一个巨大的量子蛋。"

其实，新的矩阵力学是牛顿理论的一个扩展，老的经典力学被包含在矩阵力学中，成为一种特殊情况下的表现形式。新体系在理论上获得了巨大的成功。泡利很快就改变了他的态度，在写给克罗尼格的信里，他说："海森堡的力学让我有了新的热情和希望。"随后他很快就给出了极其有说服力的证明，展示新理论的结果和氢分子的光谱符合得非常完美，从量子规则中，巴尔末公式可以被自然而然地推导出来。非常好笑的是，虽然他不久前还嘲讽玻恩的研究充满了"冗长和复杂的形式主义"，但他自己的证明无疑动用了最最复杂的数学。

1926 年初，奥地利物理学家薛定谔采用解微分方程的方法，从推广经典理论入手，强调连续性，从而创立了量子力学的第二种理论——波动力学。薛定谔在认真研究了海森堡的矩阵力学之后，与诺依曼一起证明了波动力学和矩阵力学在数学上的等价性；狄拉克也做了该项证明工作。这两种理论的成功结合，大大丰富和拓展了量子理论体系。

（6）不确定性原理。

海森堡学说所得出的成果之一是著名的"不确定性原理"，也称"测不准原理"，见图 2-59。这条原理由他于 1927 年 3 月 23 日发表在《物理学杂志》上的论文《量子理论运动学和力学的直观内容》提出的，该论文解释了为什么会发生 $p×q≠q×p$，也就是电子的动量和位置这样的共轭量我们不可能同时获取；奠定了从物理学上解释量子力学的基础，被一般认为是科学中所有道理最深奥、意义最深远的原理之一。

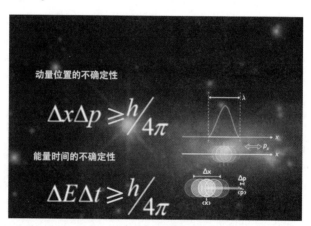

图 2-59 不确定性原理示意图

海森堡认为，当我们的工作从宏观领域进入微观领域时，我们的宏观仪器（观测工具）必然会对微观粒子（研究对象）产生干扰。平时，人们只能用反映宏观世界的经典概念来描述宏观仪器所测量到的结果，这样，所测量到的结果就同粒子的原来状态不完全相同。根据这个原理，海森堡宣称，人们不可能同时准确地确定一个物理的位置和速度，其中一个量测定得越准确，则另一个量就越不准确。因此，在确定运动粒子的位置和速度时一定存在一些误差。这些误差对于普通人来说是微不足道的，但在原子研究中却不容忽视。

测不准原理所起的作用就在于它说明了我们的科学度量的能力在理论上存在的某些局限性，具有巨大的意义。如果一个科学家用物理学基本定律甚至在最理想的情况下也不能获得有关他正在研究的体系的准确知识，那么就显然表明该体系的将来行为是不能完全预测出来的。根据测不准原理，不管对测量仪器做出何种改进都不可能会使我们克服这个困难！

不确定性原理表明从本质上来讲物理学不能做出超越统计学范围的预测。例如，一位研究放射的科学家可能会预测出在三兆个镭原子中将会有两百万个在翌日放射 γ 射线，但是他却无法预测出任何一个具体的镭原子将会是如此。在许多实际情况中，这并不构成一种严重的限制。在牵涉巨大数目的情况下，统计方法经常可以为行动提供十分可靠的依据；但是在牵涉小数目的情况下，统计预测就确实靠不住了。事实上在微观体系里，测不准原理迫使我们不得不抛弃我们的严格的物质因果观念。这就表明了科学基本观发生了非常深刻的变化。

这种不确定性并不是测量方法的好与坏，而是将物质粒子与波的本质和在一起后不可避免的结果。测不准原理并不是测量的一个实际限制，而是一个物体性质的限制，是宇宙基本结构的一部分！"测不准原则"原则上可以影响到物理学上或大或小的各种现象，但它的重要性在物理学上的微观领域表现得更加明显。通常，在实践中，如果研究中涉及的数量很大，那么统计的方法就为研究活动提供可靠的保障；然而如果涉及的数量很小时，那么测不准原理会让我们改变原有的物理因果关系的观点，并且接受测不准原理。

在测不准原理发现之前，很多人认为，如果能预先测量到自然界中每个粒子在任何时刻运动的位置和速度，那么对于整个宇宙的历史，无论是过去，还是将来，原则上来说都是可以计算出来的。然而，测不准原理却否定了这种情况存在的可能性。因为事实上，人们并不能在同一时刻准确地测量到粒子运动的位置和速度。测不准原理在一定程度上说明了科学测量存在的局限性，它说明物理学上的基本定律有时也不能让科学家在理想的状况下正确认识研究体系，因而无法完全预测这一体系将要发生的变化。这一原理的提出具有巨大而深远的意义，它是对科学上的基本哲学观——决定论思想的一次重大革新：它告诉人们，测量仪器的不断改进，也不可能克服实际存在的误差。在实践中，这一原理被越来越多的科学家所接受。

（7）深受师恩。

在海森堡的哲学著作和方法论著作中可以看到，他的快速成才得益于三位物理学家——索末菲、玻恩和玻尔的精心指导。海森堡原来在慕尼黑学习，是索末菲的得意门生，并先后在哥廷根的玻恩和哥本哈根的玻尔那里访问，因此可以说是慕尼黑、哥廷根、哥本哈根 3 个学派的共同学生和代表人物。

在理论物理学界，索末菲、玻恩、玻尔三大学派对量子物理学问题的解决方法是很不一样的。索末菲更多的关心的是量子理论的实际运用，他像一个"量子工程师"。玻恩热衷于在物理学问题上采用新的数学方法和技巧，他像一个"量子数学家"。玻尔在物理学方面具有精细入微的直觉和非凡的内在观察力，是一个"量子哲学家"。海森堡是索末菲、玻恩和玻尔三人共同的得意门生，这几乎是科学思想史上绝无仅有的现象。如果没有这一段特殊经历，那么海森堡在量子革命中也就难以担当这么重要的角色了。

海森堡兼容并蓄了 3 个学派的长处，融会贯通了三位老师的科研特点：索末菲对观测数据的重视、玻恩对物理量的数学化处理以及玻尔对物理现象的精彩直觉。海森堡自己曾说"他在索末菲那里学到了物理，从玻恩那里学到了数学，从玻尔那里学到了哲学"。

在索末菲那里他获得理论研究的最基本的训练，1925 年他提出矩阵力学得益于哥廷根学派的数学知识和对物理科学的公理化描述的追求精神，1927 年他提出著名的测不准原理则无疑受到玻尔的哲学思想的影响。

从玻尔那里，他导出了科学发明的社会和对话性质的概念；宏观物理学和微观物理学之间的对应原理；经典物理学的永恒性，但不一定有普适性；在微观物理学中，科学观测者的作用是相互的而不是被动的，因而微观物理学的定理有按照上下文而定的特点。他也是玻尔的互补性哲学的合著者。在后期工作中，他构想自然界的中心规律包含一组普适的对称素，这些对称素对于各种不同的微粒物质系统而言，可以用一个数学方程来表达。

另外，他也深受爱因斯坦的影响。从爱因斯坦那里，他导出自然界的中心规律的准则一定是简单的这一概念；科学的唯实论（即科学描写自然本身，而不仅是自然怎样可以被利用）；还有理论应载满科学的各种观测。

（8）对不起玻恩。

海森堡凭借矩阵力学获得诺贝尔奖之后收到了玻恩的贺信，他感到很惭愧，他给玻恩在回信中写道："当初这项工作是你、约当和我三人共同完成的，现在唯有我接受了诺贝尔奖金，我感到羞愧。"

后来在给玻尔的信中，海森堡写道："关于诺贝尔奖，我觉得很对不起薛定谔、狄拉克和玻恩。"在他看来，自己的奖应该和玻恩分享，而薛定谔和狄拉克不应该分享一个奖，"他们都配得上一个完整的奖"。

对于玻恩，海森堡是有愧疚的，因为没有玻恩的点拨和完善，矩阵力学不可能实现，著名的对易关系也是玻恩的贡献。1954 年，刚获诺贝尔奖的玻恩在给爱因斯坦的回信中说，"当年未能和海森堡由于共同创立矩阵力学而一起被授予诺贝尔物理学奖，一直深深地伤害着他"。

（9）玻尔与海森堡的矛盾。

纳粹势力统治德国的 1933—1945 年，海森堡的一些行为引起了广泛的争议，比如他参与了纳粹的一些军事研究。可能他的本意是保持德国的科学研究不至于中断，然而批评者认为他事实上成为了纳粹的帮凶。迫于纳粹德国的威胁，德国的许多科学家如爱因斯坦等纷纷背井离乡，坚决不与纳粹势力妥协，见图2-60。

图 2-60　1941 年，海森堡与夫人在哥本哈根

1941 年 9 月，临行前的玻尔同海森堡在哥本哈根进行了 20 世纪最著名的私人谈话之一——"哥本哈根会晤"。此次海森堡与玻尔会面，就制造核武器的可能性方面进行交谈。玻尔力劝海森堡赴英美避难，但海森堡却毅然拒绝，他说"祖国需要我"。这次不愉快的谈话，使海森堡失去了玻尔以及其他一些物理学家的信任和友谊。

这次会见是两人生平最后一次见面，成了战后物理学界乃至社会公众广为争议的一个话题。玻尔流亡英国期间，海森堡曾给他写信说，自己之所以拒绝国外那么多诱人的邀请，是因为"我们要为德国的科学而活"。

事实上，当纳粹政权的清洗蔓延到他周围的同事和朋友时，海森堡曾考虑从大学中辞职，他也一度进入纳粹的"黑名单"；但德高望重的物理学家普朗克使他相信，他们肩负了一种为德国文化和科学保留一块根据地的责任。海森堡因其对德国的热爱而留在德国并尽可能地挽救德国的科学；他说："德国需要我"。这与奥本海默在受调查期间不肯离开美国的原因一样，他们都是伟大的爱国者。

此后，玻尔辗转由英国远赴美国，而海森堡却被纳粹政权委以重任，负责领导研制原子弹的工作。远在异乡的玻尔愤怒了，师徒二人产生了尖锐的矛盾。

有趣的是，这位一直未能被玻尔谅解的科学家却在 1970 年获得了"玻尔国际奖章"；而这一奖章用以表彰"在原子能和平利用方面做出了巨大贡献的科学家或工程师"。历史在此开了个巨大的玩笑。海森堡就像他发现的"不确定性原理"一样让人感到困惑和不解。

（10）纳粹当政期间备受争议的表现。

纳粹当政的 12 年间，多数科学家受到了审查和迫害，海森堡也一样受到了波折。在希特勒上台之初，当诺贝尔奖得主勒纳德和斯塔克响应德国高校教师联盟向希特勒效忠时，海森堡就抵制参与此事。

1933 年底，在获得诺贝尔奖的消息传来时，纳粹支持的科学家团体要组织集会活动，以支持希特勒，点名要求海森堡参加，但他拒绝了。海森堡的缺席，在大学生中引发了热议，有青年人警告海森堡，要去扰乱他的课堂。

1934 年，由于没有在给希特勒的表忠信上签名，他受到了申斥。1935 年秋季，海森堡致信母亲谈到了他心目中的新任务："我必须满足于在科学的小领域中保护未来会变得重要的那些价值。在一片混沌中，这是我唯一清楚的任务。领域外面的世界确实丑恶，但工作是美好的。"

1937 年，纳粹分子攻击海森堡是同性恋，说他结婚是为了避嫌。这些指控和调查，让海森堡受尽屈辱。人们担心他的安危，劝他离德去美，他拒绝了。这点和奥本海默"我 TMD 就是爱这个国家"类似。

然而，怀着对德国的热爱，怀着对科学研究的信念，当纳粹政权提出"科学要为战争服务"，要求海森堡负责研制核武器时，他并没有拒绝。他告诉同事，也"可以用战争为科学服务"。海森堡向世人表明：他讨厌纳粹和希特勒，但忠实地执行对祖国的义务，作为国家机器的一部分来履行爱国的职责。这段如今已很难说清楚的历史，也让海森堡饱受争议。

早在 1939 年，德国就展开了原子弹的研究计划。德国占领的捷克斯洛伐克拥有世界上最大的铀矿，有世界上最强大的化学工业。尽管流失了大量科技人才，甚至是诺贝尔奖得主，但是德国仍然拥有世界上最好的科学家，如哈恩和斯特拉斯曼、劳厄、波特、盖革、卡尔·弗雷德里希·冯·魏扎克、瓦尔特·格拉赫、巴格、迪布纳、沃兹、哈特克、舒曼、施泰特等首屈一指的杰出物理学家。最重要的是有定海神针海森堡。所有的这些科学家都参与了希特勒的原子弹计划，成为"铀俱乐部"的成员之一，见图 2-61。海森堡是这个计划的总负责人，与核裂变的发现者之一哈恩一起研制核反应堆。

图 2-61 第二次世界大战时铀俱乐部的部分成员，海森堡位于后排左五

按道理而言，凭借着德国的优越条件和人才资源，希特勒理应先于其他国家造出原子弹来。但是，随着战争进程的推进，海森堡陷入矛盾之中，他热爱自己的祖国，但又仇恨纳粹暴行。因此，他便采取实际行动来遏制德国核武器的发展。

1942 年 6 月，海森堡向纳粹军备部长斯佩尔报告说，铀计划因为技术原因在短时间内难以产出任何实际的结果，在战争期间造出原子弹是不大可能的。但他同时也使斯佩尔相信，德国的研究仍处在领先的地位。斯佩尔将这一情况报告希特勒，两人一致认为：对原子弹不必花太大力气，但仍然继续下去。从那时起，德国似乎已经放弃整个原子弹计划，而改为研究制造一个能提供能源的原子核反应堆。

当时海森堡申请附加的预算只有寥寥 35 万帝国马克和区区 100 人，与曼哈顿工程相比简直就是一个笑话。这个计划在被高层留置了近两年后，1944 年被希姆莱所注意到。他下令大力拨款，推动原子弹计划的前进，并建了几个新的铀工厂。计划确实有所进展，不过到了那时，全德国的工业早已被盟军的轰炸破坏得体无完肤，难以进一步支撑下去——一切都太迟了。

1942 年的报告扑朔迷离，对海森堡起的作用历史学家们各执一词。但作者揣测，海森堡夸大原子弹研制的难度，延慢原子弹研究计划，故意拖延时间，巧妙地逼迫纳粹上层不重视这个计划。

战争后期，包括海森堡在内的 10 位德国最有名的科学家被逮捕，他们和大量资料以及设备被秘密送往英国。针对德国的原子弹研制计划，海森堡等人便起草了一份备忘录声称：1）原子裂变现象是德国人哈恩和斯特拉斯曼在 1938 年发现的，德国有能力有技术实现原子弹计划；2）战争爆发后，德国才成立了相关的研究小组，但是希特勒热衷于研制速效武器，对于原子弹这种长效大投入的武器并不是最感兴趣；3）物资奇缺，制造原子弹需要反应堆，但是反应堆需要重水作为中子减速剂，但是唯一的重水工厂在挪威，已经被炸的支离破碎，无法应用（事实上高纯度的石墨也可以用作减速剂）。另外，从天然铀中分离出稀少的同位素铀 235 却是一件极为困难的事情，需要大量的资源和人力物力，这项工作在战争期间是难以完成的，德国的经济基础和人力远远不够。

但是也有报道称，德国造不出原子弹是因为海森堡水平不够，他缺乏制造原子弹所必需的工程知识，他算错了很多关键参数比如制造原子弹所使用的铀 235 的临界重量（认为需要数吨铀 235，事实上只需要几十千克就够了）。是水平原因算错了还是出于良心考量故意算错了？结果一样，性质不同，如果是前者它将是历史的罪人；而如果是后者，他将受到万人敬仰。作者推测，故意算错的可能性比较大，因为他们都是顶尖物理学家，会反复计算甚至在不同人的手中验算以便确认，所以算错一说根本难以成立。

海森堡曾在《自然》杂志上撰文，他声称自己在为纳粹研制核武器时感到良心不安，他和很多同事都不希望德国获胜，并说他和他的同事实际上掌控了这项研究计划的进程。海森堡曾说："在专制政权的统治下，只有那些表面上与政府合作的人，才能进行有效的积极抵抗"。参与制造纳粹德国核武器计划的最后一位在世成员魏扎克声称没有造出原子弹的真正原因是：出于害怕纳粹政权获得核武器后的可怕后果，他和其他德国科学家故意不为纳粹德国制造核炸弹。

历史学家罗伯特·容克在 1957 年出版的书籍《比 1000 个太阳还亮》中认为，海森堡和魏扎克等人在整个过程中的行为都是令人尊敬的。原来海森堡是高级卧底啊，他上演了人世间最大的一出"无间道"，这可是需要大智慧大智谋以及大无畏的精神的。

但是后来玻尔的书信表明海森堡和魏扎克等同僚在 1939—1941 年期间确实在制造核炸弹。后来海森堡们消极怠工，是不是受了玻尔等人的影响？1942 年 6 月，海森堡给纳粹军备部长斯佩尔的报告恰好是访问玻尔后不久。

关于海森堡在第二次世界大战中角色的问题，到现在依然争论不休，这也被称为 20 世纪科学史上最大的谜题——"海森堡之谜"。至于历史的真相，需要更多官方资料的公开和历史学家们严谨审慎的给出最后结论——海森堡到底是助纣为虐还是高级卧底？是罪人还是英雄？从后来海森堡对原子弹等核武器的反对态度来看，绝大多数人以及绝大多数机构，包括作者本人在内，更倾向于他是上演"无间道"的高级卧底，是英雄，是有良知的科学家，是令人尊敬的。

（11）第二次世界大战后反对利用核武器。

战后的西方科学家对海森堡普遍憎恶。当海森堡访问洛斯阿拉莫斯时，那里的科学家拒绝同其握手，因为他是"为希特勒制造原子弹的人"。这在海森堡看来是天大的委屈，他不敢相信，那些"实际制造了原子弹的人"竟然拒绝与他握手！

这让海森堡很不愉快，对他来说原子弹在本质上就是邪恶的；不管为谁服务，研制原子弹这种"大规模杀人武器"都不能算得正义！

第二次世界大战后，海森堡在促进原子能和平应用上做出了很大贡献。作为联邦德国政府处理核问题的科学顾问，海森堡坚决反对政府制造任何核武器。1957 年，他和其他德国科学家联合反对用核武器武装德国军队。为此，1957 年 4 月还与其他科学家发表了著名的哥廷根限制核武器宣言。他还与日内瓦国际原子物理学研究所密切合作，并担任了这个研究机构的第一任委员会主席。

1970 年，年近七旬的海森堡被授予"玻尔国际奖章"，这一奖项是为了纪念像玻尔那样为核安全研究作出贡献的科学家。事实表明，海森堡战争中的"非暴力不合作"以及战后的种种表现，证明他绝非人们曾经误解的"纳粹帮凶"——他是一位坚定的和平主义者。第二次世界大战时期，他选择留在德国只是为了避免让丧心病狂的人为纳粹政权研制出原子弹。他故意延误原子弹的研制计划、误导纳粹高层，最后造成了纳粹德国的失败。

（12）晚年研究统一场论。

晚年的海森堡致力于建立一个描述基本粒子及其相互作用的统一量子场论，但研究结果没有被物理学界广泛接受，甚至曾经支持他的泡利也开始怀疑海森堡的想法并最终退出了合作。其原因与爱因斯坦研究统一场理论一样，就是数据不够全，很多粒子没有被发现，这个时候选择这个题目纯属误区，太超前；这种情况令他非常失望。

（13）进取心强，功利心重。

在他的观念中，德国文化掌握在少数精英手中。他想成为这样的精英，为德国文化作贡献。这或许让海森堡养成了在做每一件事情时都要出人头地的强烈的终生动力。他的中学老师在他的成绩报告中写道："该生自信心特强，并且永远希望出人头地。"这在他青年时期表现得也很明显：他没有滑雪天分，但通过训练他滑得很出色；他跑步也不是很好，但会在学校里自己跑圈并拿着秒表提升速度；他还挑战过古典钢琴曲与绘画。

当时，物理学家受困于解释反常塞曼效应中单条谱线在磁场中的分裂。而海森堡在一年后就提出一个似乎可以一举解决所有光谱谜题的原子实模型，让他的老师索末菲大吃一惊。相关论文发表在 1921 年的《物理学杂志》上，该模型展示了海森堡在他人无能为力的时候取得突破的能力。1926 年，他建立了矩阵力学；1927 年，刚满 26 岁的海森堡被任命为莱比锡大学理论物理学教授，成为德国最年轻的正教授。这些都反映了他极强的进取心。

他功利心重，对于荣誉和声望总是来者不拒。比如他闭口不谈玻恩和约当在矩阵力学创立中的巨大作用，独自一人获得诺贝尔物理学奖，甚至对于玻恩的对易关系也默认为自己的贡献，默认被人称为"海森堡非对易关系"，1927 年他提出的不确定性原理是该对易关系的延伸。他欣然接受纳粹的任命而不是拒绝；好在他也有底线，不愿意助纣为虐，使得纳粹德国的原子弹研制计划破产。也许，他的底线比起玻尔更低了一些，他的道德水准比起玻恩来更差了一些；但仍然无法得出他和纳粹沆瀣一气的结论，不能认定他是纳粹的帮凶。

～ 师承关系 ～

正规学校教育；索末菲是他的博士导师，玻恩和玻尔都曾指导他；氢弹之父爱德华·泰勒和布洛赫是他的博士生，"暗物质之母"鲁宾女士是他的徒孙。

～ 学术贡献 ～

在学术上，海森堡不仅开拓了量子力学的发展道路，而且为物理学的其他分支，如量子电动力学、涡动力学、宇宙辐射性物理和铁磁性理论等，都做出了杰出的贡献。除此以外，他还是一位杰出的哲学家。他也写一些哲学论文，相信在哲学的老问题如部分与整体以及单一和许多之间输入新的观点，可以有助于微观物理学的发现。

（1）海森堡得益于爱因斯坦的相对论的思路而于 1925 年建立了量子理论第一个数学描述——矩阵力学。后来，在解释氢分子光谱中强弱谱线交替出现的现象时，海森堡运用矩阵力学将氢分子分成两种形式：正氢和伸氢，即发现了同素异形氢。这是个了不起的发现。

（2）1925 年，海森堡提出了一个新的物理学说，一个在基本概念上与经典牛顿学说有着根本不同的学说——量子力学。这个新学说在海森堡的继承人做了某些修正并取得了光辉的成果，今天被公认为可以应用于所有的物理体系，而不管其类型如何或规模大小。

（3）1927 年，他阐述了著名的不确定关系，即亚原子粒子的位置和动量不可能同时准确测量（测不准理论）。

（4）1928 年，他与狄拉克同时提出交换相互作用概念，引入交换力。同时他于弗伦克尔各自独立地提出铁磁性的第一个量子力学理论，这一理论是以电子的交换相互作用力为基础的。

（5）1928 年，海森堡用量子力学的交换现象，解释了物质的铁磁性问题。

（6）1929 年，他与泡利一道引入场量子化的普遍方案，给出了量子电动力学的表述形式，为量子场论的建立奠定了基础。

（7）1932 年，他创建了关于原子核的中子–质子模型，指出质子和中子实际上是同一种粒子的两种量子状态，这一模型已成为现代人的科学常识。证实了中子和中子、质子和质子、质子和中子之间的相互作用力都是相同的，是一种特殊的核力。他指出核力是饱和力，发展了伊万年科—塔姆的交换相互作用概念，建立了核力理论。第一个提出基本粒子中的同位旋概念。

（8）1934 年 6 月 21 日，提出正子理论。

（9）1934—1936 年，他发展了狄拉克的空穴理论。

（10）1943 年，把描述相互作用的重要工具散射矩阵（S 矩阵）引入量子场论。此外，还对高能粒子的碰撞作用进行过理论研究，创立了 S 矩阵理论。

（11）第二次世界大战期间，他完成了核反应堆理论，与哈恩一起发展了核反应堆。

（12）1958 年 4 月，他提出了非线性旋量理论，这个理论的基础是 4 个非线性微分方程及其包括引力子在内的所谓 "宇宙公式"。这些方程系运用于自然界中，能体现出普遍对称性的基本形式的微分系统，而且能解释高能碰撞中产生的基本粒子的多样性。

（13）他研究宇宙线并对基本粒子进行探索，认为凡是符合能量和动量守恒定律以及有关粒子的"耦合"对称性的这些粒子，总能相互转变，它们不过是同一物质层次的不同特殊状态。

（14）晚年，他为建立统一场论作出过努力。

代表作

海森堡撰写了一系列物理学和哲学方面的著作，如《原子核科学的哲学问题》《物理学与哲学》《自然规律与物质结构》《部分与全部》和《原子物理学的发展和社会》等，为现代物理学和哲学做出了不可磨灭的贡献。

（1）1925 年，发表的《关于运动学和动力学的量子力学解释》是一篇具有划时代意义的论文，主要观点是认为量子力学的问题不能直接用不可观测的轨道来表述，应该采用跃迁几率这类可以观测的量来描述。这篇论文标志着量子物理学的一个重大突破，奠定了不久后产生的"矩阵力学"的基础。

（2）1927 年，发表的《论量子理论的运动学和力学的直观内容》是海森堡最著名和影响最广的物理学论文。文中提出了"测不准原理"，即亚原子粒子的位置和动量不可能同时准确测量。这一原理和玻恩的波函数概率解释一起，奠定了量子力学几率诠释的物理基础。

（3）他的《量子论的物理学基础》是量子力学领域的一部经典著作。

学术获奖

（1）1933 年 11 月 3 日，在德国物理学会全体会议上，海森堡被授予马科斯·普朗克奖章，这是德国物理学家在国内所能获得的最高荣誉。

（2）1933 年 12 月，为了表彰他创立的量子力学，尤其是运用量子力学理论发现了同素异形氢，瑞典皇家科学院给他颁发了推迟一年公布的 1932 年度的诺贝尔物理学奖。

（3）1970 年，海森堡获得了"玻尔国际奖章"。

（4）他还获得德国联邦十字勋章等，并被布鲁塞尔大学、卡尔斯鲁厄大学和布达佩斯大学授予荣誉博士头衔。

学术影响力

（1）从某种理论观点来看，量子学说改变了我们对物质世界的基本观念，其改变的程度也许甚至比相对论还要大，然而量子学说带来的结果并不仅仅是人生观的变化。

（2）量子力学是人们研究微观世界必不可少的有力工具。在量子学说的实际应用的行列之中，有诸如电子显微镜、激光器和半导体等现代仪器。它在核物理学和原子能领域里也有着许许多多的应用；它构成了我们的光谱学知识的基础，广泛地用于天文学和化学领域；它还用于对各种不同论题的理论研究，诸如液态氦的特性、星体的内部构造、铁磁性和放射性等。

（3）他为量子场论和粒子物理学的出现奠定基础；他的非线性旋量场理论包含了许多具有创新意义的物理思想，启发后人建立了电磁和弱相互作用的统一量子理论。

（4）在美国学者麦克·哈特所著的《影响人类历史进程的 100 名人排行榜》中，海森堡名列第 46 位。

❧ 名人名言 ❧

（1）提出正确的问题，往往等于解决了问题的大半。

（2）自然科学不是自然界本身，而是人和自然界关系的一部分，因而就依赖于人。

（3）美是各部分之间以及各部分与整体之间固有的和谐。

（4）官方的口号是利用物理学为战争服务，我们的口号是利用战争为物理学服务。

（5）所谓的专家，就是那些知道一些在他的学科里面所能犯的最严重的错误是什么而且知道如何避免这些错误的。

❧ 学术标签 ❧

量子力学的主要创始人之一、矩阵力学的创立者之一、诺贝尔物理学奖获得者、伦敦皇家学会的会员以及哥廷根、巴伐利亚、萨克森、普鲁士、瑞典、罗马尼亚、挪威、西班牙、荷兰、罗马、美国等众多科学学会的成员，德国科学院和意大利科学院院士。

❧ 性格要素 ❧

进取心强、求知欲强、勇于探索和创新，能言善辩，举止文雅，多才多艺，容易相处，大胆质疑，不畏权威；热爱祖国，善于政治妥协。

❧ 评价与启迪 ❧

（1）功勋卓著。

海森堡是近现代史上一位蜚声世界的物理学家，是继爱因斯坦之后最有作为的科学家之一。作为量子力学的奠基者，人们永远不会忘记他改变了人们对客观世界的基本观点及其在实际应用中对激光、晶体管、电子显微镜等现代化设备中所产生的巨大影响。在物理学微观世界中，他开拓了新的途径，成为量子力学的创始人之一，在微观粒子运动学和力学领域中做出了卓越的贡献。海森堡晚年没有取得像青年时代一样的成就，但是他在统一场论探索性研究中不畏艰险、勇于登攀的追求科学真理的精神也同样值得我们敬仰和学习。

1961 年，玻尔在为纪念海森堡 60 岁寿辰的文集中写道："海森堡在物理学发展中所起的作用，将被当作一种超等的作用而永志不忘。"他的物理直觉很敏感，就连"上帝之鞭"泡利都承认海森堡的物理感觉无人能及。

（2）海森堡哲学思想。

海森堡在哲学上也是一位颇有建树的人。对于海森堡来说，物理学和哲学是相互联系、不可分割的东西，"哲学，不管自觉不自觉，总是支配着基本粒子物理学的发展方向"。海森堡始终以哲学的观点分析问题，注重哲学对于科学的指导作用。他认为，一个理论物理学家不应该只盯着一组实验结果，而应该了解所有相关的实验发展情况，这样在得出理论时才不至于"见树不见林"。他利用哲学思想指导自己的科学研究，做出了别人无法企及的贡献。

他的物质观是唯心的。他说："身为物理学家，我相信物质、精神、运动等永恒性。纵使我血肉之身体逝去，我的精神仍是永恒，我将以量子式大跃进入世界的另一角"。但其哲学观主要还是辩证的。他强调人在认识世界过程中的主观能动作用，也注重偶然性对于科学发展的作用。

（3）进取心超强。

海森堡从小就有出人头地的强烈愿望，他希望成为掌握德国命运的精英。他的中学老师在其成绩报告中评价道："该生自信心特强，并且永远希望出人头地。"这在他青年时期表现得也很明显。比如，海森堡没有滑雪天分，但通过训练滑得很出色；他跑步也不是很好，但会在学校里自己跑圈并拿着秒表提升速度；他还挑战过古典钢琴曲、绘画、徒步旅游、登山以及背诵歌德的诗，他对人类文化的各个方面都感兴趣。

进入物理学领域后，他的进取心更强。例如他进入索末菲课题组一年后，就提出一个似乎可以一举解决所有光谱谜题的原子实模型，令导师吃惊他的才华；他还是当时德国最年轻的正教授，而他的超强进取心与自幼父亲对他的竞争式教育密不可分。

（4）探索新世界。

海森堡不迷信权威，注重独立思考，他敢于挑战玻尔和玻恩这样的学术权威。这也与父亲对他的教导有关："千万不要盲目！要保证内心的自由，不要受流行见识所左右。只应该相信自己的严格判断，并且只对这种判断负责。"

海森堡把这些话语牢牢记住并有效地用在研究上，他常对人说："如果你决心献身于科学，就应该对任何一种想法仔细考虑，一再加以怀疑，不能毫无批判地接受下来。"他还表示过这样的信念："在每一个崭新的认识阶段，我们永远应该以哥伦布为榜样，他勇于离开他已熟悉的世界，怀着近乎狂热的希望到大洋彼岸找到了新的大陆。"勇于探索的精神也使得他打开了量子力学的大门。

求知是让自己丰富，更让自己变得灵活机智、善于洞见。在这个世界上，相同的事情绝对不会重复出现。因此，当面临一种新的状况时，谁也不能把以前所学的东西，原封不动地运用上去。学习到的东西只能给人以知性的感觉，要使知性变得灵敏就必须融会贯通发表自己的见解。因此，敢于怀疑、独立思考就是求知的钥匙，从而才能开启智慧的大门。

（5）爱德国，爱和平。

海森堡因在纳粹德国统治时期的表现而被指责，是一个备受争议的科学家。首先海森堡是一位热爱自己的祖国的人，科学成果是没有国界的，但是科学家却是有国界的，作为一个著名的物理学家，海森堡一直都不曾离开自己的祖国。法西斯在德国执政之后很多科学家都逃离了德国，但是海森堡一直留在自己的祖国，并得到了重用，从这里可以看出海森堡对自己的祖国德国的热爱。总之，他是一个热爱祖国的知识分子，虽然性格有点固执，但他也是一个善于做政治妥协的人，尽管有人误会他是政治投机。

海森堡领导核武器研制小组的时候为了避免法西斯德国给人类带来更大的灾难，有意地遏制德国核武器的研发。但由于信息不对称而真相不明，人们对他有诸多误解。在误解和屈辱中，他忍辱偷生，成为高级卧底，上演了一出无间道，故意出错自毁名誉以便误导纳粹，可以说为人类的和平事业做出了自己的贡献。后来更是反对德国用核武器装备部队，从这里可以看出海森堡是一个和平爱好者。

"海森堡是一位很伟大的物理学家，一位深刻的思想家、一位很有教养的人，同时也是一个很有勇气的人。"电子自旋的发现者之一古德施密特在为他崇拜而又责备的海森堡写的讣文中说，"他是我们这个时代最伟大的物理学家之一，但是他在一些狂热的同事没根据的攻击下经受了严重的痛苦。按照我的意见，他在某些方面应该被看成是纳粹政权的受害者。"古德施密特的评价很有代表性。

（6）不苛责求全。

"人无完人，金无足赤"。海森堡也有不足之处，例如他对玻恩的不厚道。但他毕竟认识到了自己的错误，向玻恩表示"愧疚"。他的心理底线虽低，道德水准也不够高，但鉴于他对世界的巨大贡献，人们仍然要给他致以最大的尊敬，毕竟不能苛责求全。古德斯密特说："他也是纳粹政权的受害者。"

81. 追求数学美的孤独的王者、量子电动力学创始人——狄拉克

狄拉克像

姓　　名　保罗·埃卓恩·莫里斯·狄拉克
性　　别　男
国　　别　英国籍瑞士裔
学科领域　量子力学
排　　行　第一梯队（一流）

生平简介

狄拉克（1902年8月8日—1984年10月20日）出生于英格兰西南部，父亲是位法语老师，母亲曾任图书管理员。保罗·狄拉克有一个哥哥费利克斯和一个妹妹玛格丽特，狄拉克兄妹三人一出生就加入了瑞士国籍，直到他17岁才和父亲一起加入英国国籍。

他的父亲专制蛮横，母亲唯唯诺诺，家庭缺乏温暖。故此，狄拉克从小性情孤僻、沉默寡言，只能将精力放在书上。他的性格也造就了他强大的独立思考能力。小学期间，他的数学天赋就已显露，无论多难的习题，他都会在短时间内做出来。狄拉克所在的中学除了基本知识的学习之外，还十分重视技术课程，这让狄拉克学习到了丰富的理工科知识。

中学毕业后，狄拉克去了英国布里斯托大学学习电机工程，19岁时以第一名的成绩获得荣誉工程学士学位。尽管狄拉克最喜欢的是数学，但他表示工程教育才是对他影响最大的。

1923年，21岁的他大学毕业，获得奖学金进入剑桥大学圣约翰学院；在英国物理学家拉尔夫·霍华德·福勒爵士的指导下，狄拉克系统学习原子理论尤其是量子力学而非相对论，玻尔的理论令他非常震撼。他得出更明确的量子化规则（即正则量子化），1925年发表了名为《量子力学的基本方程》，克服了横在玻恩、海森堡和约当三人面前的巨大困难，完成了构造量子力学的数学形式体系的工作。海森堡对狄拉克的工作给予了高度评价，他认为狄拉克关于"量子微分的一般定义和量子条件与泊松括号间的联系"使量子力学大大前进了一步；他本人跻身到量子力学一流研究者的行列。

1926年，24岁的他以《量子力学》论文获剑桥大学物理学博士学位，留校任研究员。1926年9月，在福勒的建议之下，狄拉克前往哥本哈根玻尔的理论物理研究所进行访问研究；1927年2月狄拉克来到哥廷根大学玻恩那里，结识了赫尔曼·外尔和罗伯特·奥本海默等人；同年参加了第五届索尔维会议。

1928年，狄拉克把相对论进量子力学，研究电子的相对论性量子理论，创

立了量子电动力学（是关于电磁场以及带电粒子相互作用的量子理论，量子电动力学本质上描述了光与物质间的相互作用，而且是第一套同时完全符合量子力学及狭义相对论的理论）。建立了相对论形式的薛定谔方程，也就是著名的狄拉克方程，在相对论和量子力学之间架起了桥梁；1933年获得诺贝尔物理学奖。由于出色的成就，在1930年，年仅28岁的他就被选作英国皇家学会会员（费米也是28岁入选院士），1932年狄拉克担任剑桥大学卢卡斯数学教授，牛顿、斯托克斯和后来的霍金都曾担任这个职位。

1934年，海森堡将狄拉克方程重新诠释作所有基本粒子（夸克与轻子）的场方程——狄拉克场方程。在理论物理中，这个方程处于与麦克斯韦方程、杨—米尔斯规范理论、爱因斯坦场方程同等核心的地位。狄拉克被视作量子电动力学的奠基者，也是第一个使用量子电动力学这个名词的人。

第二次世界大战期间，狄拉克投入研发同位素分离法以取得铀235，这在原子能的应用上是极关键的技术。1948年、1971年分别被选作美国物理学会及英国物理学会荣誉会士。1969年，狄拉克辞去剑桥大学的职务去佛罗里达州立大学任教。1982年，狄拉克的健康开始恶化；1984年10月20日，狄拉克于佛罗里达州塔拉哈西因病去世，家人按其意愿将遗体埋在当地罗斯兰墓园。

花絮

（1）不幸的家庭背景。

狄拉克沉默寡言，他的性格与他的家庭生活很有关系。他从小就没有体会到家庭的温暖和幸福。父母性格迥异，感情不和，家庭生活沉闷。一家人很少沟通，他们甚至不在同一个饭桌上吃饭。狄拉克和哥哥费利克斯同在布里斯托大学上学且都学工程，兄弟二人街头擦肩而过也互不言语。狄拉克从小就对家人间无交流的现象习以为常。

狄拉克的父母不懂得关爱孩子，这让狄拉克产生了错觉"父母是不需要照顾孩子的，他们根本不在乎自己的孩子"。父亲说法语，也要求孩子们在家也说法语；但狄拉克的法语很不好，无法用法语表达他想说的话，所以只好选择沉默。父亲甚至限制孩子们的出行，小时候狄拉克兄妹三人不能外出游玩，过得很压抑。

不在沉默中爆发，就在沉默中死亡。1925年狄拉克的哥哥费利克斯由于压抑的氛围无法自拔而自杀身亡。但当看见父母悲痛万分的时候，狄拉克回忆说："我那时才知道，原来父母亲是很在乎我们的。"

狄拉克与专制偏执的父亲关系紧张。在他1923年去剑桥深造之前，他申请到了两笔奖学金，但缺乏路费。父亲给了他5英镑做路费，他以为是父亲的资助；但等他父亲1936年去世后，他才发现那区区5英镑也不是父亲的钱，而是一个教育机构的赞助。在父亲去世后，狄拉克没有过多悲伤，有种解放了的感觉：“我觉得我更自由了，我要做我自己。”

（2）孤僻的性格与狄拉克单位。

狄拉克是出了名的沉默，他很少讲话，更不愿与人争执，安静成了他的标签。他情感上孤僻，似乎丧失了对社会的敏感。在很多同事看来，他对数学之外的事物毫无兴趣，以致当他结婚时同事们都感到惊讶。他很喜欢看连环画和米老鼠电影，后来还迷上了一个美国女歌手。

剑桥大学的同事们描述狄拉克时开了善意的玩笑，他们将“1小时说一个字”定义为1个“狄拉克单位”，由此可见狄拉克言语之少。

但是在妻子曼茜面前，狄拉克与平时判若两人。他曾深情地对妻子说：“你让我成了有血有肉的人；就算我在今后的工作中什么成绩也没有，和你生活在一起我也能过得幸福。”

（3）决心治愈晕船的毛病。

狄拉克具有顽强的毅力。从英国去哥本哈根要在北海经历16个小时的航行，在航行过程中狄拉克始终在呕吐，当他抵达哥本哈根的时候，整个人已经筋疲力尽了。这次航行的经历却导致他做出了一个惊人的决定：他愿意今后继续在有风暴的海上航行，直到他晕船的毛病被治愈。

（4）猛怼玻尔。

在完成博士学业到哥本哈根后，他要一边学丹麦话一边跟玻尔工作。玻尔思考和写作的习惯，是在跟学生、助手或访客的讨论中逐步修改成形。他写文章，是每想到一点，就让人记录下来，然后再反复修改。一次让狄拉克记录，狄拉克被这种翻来覆去的修改弄得十分烦躁，实在憋不住而爆发出来：“玻尔教授，我念中学时老师就教我说，在把句子想好之前不要开始写。”他作为玻尔记录员的生涯大概只持续了半个小时。

（5）数学之美。

狄拉克理论的数学语言简洁优美，著名的狄拉克方程为定量分析微观粒子的状态和运动打下了深厚的基础，使得理论和实践等到了相当好的吻合，这一理论对量子力学的开创性工作令人叹为观止。

1955年，狄拉克在莫斯科大学物理系演讲时被问及他个人的物理哲学，他回答说：“一个物理定律必须具有数学美”。狄拉克写上这句话的黑板至今仍被保存着。狄拉克对数学美极端追求；1963年他在《美国科学人》的一篇文章中说：“使一个方程具有美感，比使它去符合实验更重要。”这一点，开普勒也说：“数学是美的原型”；海森堡在发现矩阵力学打开了量子力学的大门之后说：“美是真理的光辉”。

狄拉克经常谈到应该优先寻找美丽的方程，而不要烦恼其物理意义。史蒂文·温伯格说：“狄拉克告诉学物理的学生不要烦恼方程的物理意义，而要关注方程的美。这个建议只对那些于数学纯粹之美非常敏锐的物理学家才有用，他们可以仰赖它寻找前进的方向。这种物理学家并不多，或许只有狄拉克本人。"基于对数学美的要求，狄拉克不能接受使用重整化的方式去解决量子场论的无穷发散。

（6）狄拉克符号。

狄拉克受泊松括号和海森堡的矩阵表格启发，发现了隐藏在海森堡矩阵力学中深奥的代数本质，创造了互不对易的所谓"Q 数"，以及这些"Q 数"之间的运算规则，并以此发展出一个漂亮的量子力学符号运算体系。之后，狄拉克将泊松括号拆开为左右两半：分别叫做左矢<丨、右矢丨>；这成为表示量子态的著名的"狄拉克符号"。如此美妙而又深奥的形式数学，都是狄拉克在河边散步思考后的产物，是狄拉克谱写的美丽数学诗篇。

狄拉克符号与希尔伯特空间一起，构成了量子力学形式体系，是非常重要的基本概念。把希尔伯特空间一分为二，互为对偶的空间，就是狄拉克符号的优点。

（7）不想出名。

1933 年，狄拉克被授予诺贝尔物理学奖。但性格内向的他对卢瑟福说，他不想出名，讨厌媒体宣传和议论，他想拒绝这个奖。卢瑟福对他说："你如果拒绝了会更出名，别人会不停地来麻烦你"。听了卢瑟福的话，狄拉克才同意接受奖项。在颁奖典礼上，他扭捏地登上了领奖台，作了题为《电子和正电子理论》的获奖演说。

得奖后，狄拉克对记者说："我的工作并没有实用价值。"记者以为他开玩笑，便继续追问："它可能具有实用价值吗？"狄拉克十分淡定地回答："那我不知道，我想不会有吧。"

（8）无法判别女孩好坏。

1929 年，海森堡与狄拉克一同去日本参加学术会议。海森堡喜欢社交，晚会上经常与女孩子跳舞，狄拉克则只是静坐旁观。一次他问海森堡为何这么喜欢跳舞，海森堡说："和好女孩跳舞是件很愉快的事啊！"狄拉克听后沉思无语，过了好几分钟之后冒出一句："还未测试之前，你如何能判定她是或不是好女孩呢？"

（9）物理与诗。

知道奥本海默作诗之后，狄拉克在一次散步中对他说："我实在搞不懂你如何在研究物理的同时还能写诗，做科学就是说一些人们以前不知道的事，搞文字就需要每个人都能看懂。而写诗，就是要写一些人人认识但没人能懂的文字。"

（10）不能同时做两件事。

狄拉克在伯克利见奥本海默，对方安排自己的两个学生为狄拉克做了一刻钟的报告展示，但他们等来的是现场令人痛苦的漫长沉默。最终狄拉克打破了沉默，问了他们一个期待已久的问题："你们知道邮局在哪儿吗？"两个可怜的学生赶紧带他去了邮局，路上还想讨教他如何看待他们的展示。狄拉克告诉他们说："我不能同时做两件事。"

ᔐ 师承关系 ᔐ

接受正规学校教育。他的导师是劳夫·霍华德·福勒（1889—1944年，卢瑟福的女婿，著名物理学家和教育家）。狄拉克喜欢一个人做研究，不愿意指导学生，对教学并不热情。1930—1931年接手指导了福勒的学生钱德拉塞卡，1935—1936年因为马克斯·玻恩离开剑桥去了爱丁堡而收了两个原先玻恩指导的学生。第二次世界大战期间，由于缺乏教职人员，狄拉克在教学上的负担加重。另外，他还必须指导许多研究生；一生之中，狄拉克所指导的学生不到12人（大部分是在20世纪四五十年代）。

ᔐ 学术贡献 ᔐ

狄拉克的研究范围是相当宽泛的，涉及物理学的各个领域。他在近代物理的两大支柱——量子力学与相对论都有深入的研究。他在1925—1927年所做的一系列工作为量子力学、量子场论、量子电动力学及之后的粒子物理奠定了基础。他在量子力学的理论基础尤其是普遍变换理论的建立方面的贡献可以说是无与伦比的；在引力论和引力量子化方面也有杰出的工作。

（1）1926年12月，狄拉克提出了普遍变化理论，将薛定谔波动力学和海森堡矩阵力学两个形式结合起来，用多维态矢空间的几何概念，以坐标为手段，将量子力学同数学所联系，使得非相对性量子力学构成了一个完整严谨的理论体系。

（2）1927年，他把电磁场波函数看作Q数，然后再纳入正则量子化方案，把电磁场波函数量子化了，建立了一种完备的辐射理论。

（3）1928年，建立了相对论性电子理论，通过导入了一个4分量的数学函数——自旋量，给出了狄拉克方程，可以描述费米子的物理行为。他的理论成功解释了电子的自旋和氢能级的精细结构。在这个理论基础上，他提出了基于新的真空图像的解决方案，改变了人们对于真空图像的认识。

（4）在解狄拉克方程的时候，出现了电子处于负能态的解。据此，狄拉克首先预测了反物质（正电子）的存在。他诠释正电子来自于填满电子的狄拉克之海，开创了反粒子和反物质的理论和实验研究。他的电子理论提供了正电子产生和湮灭的理论方法，预言了正反粒子对的产生和消失。1932年，安德森在实验上证实了正电子的存在。

（5）1928年，用相对论量子力学完美地解释了电子的内禀自旋和磁矩。并与海森堡一起证明了静电起源的交换力的存在，奠定了现代磁学的基础。

（6）在量子场论尤其是量子电动力学方面作出了奠基性的工作，他提出了量子电动力学的概念，为量子场论奠定了基础。在1930年代早期，他提出了真空极化的概念，这个工作是量子电动力学发展的关键；在路径积分和二次量子化扮演了先驱者的角色，发展出了量子力学的基本数学架构。在引力论和引力量子化方面也有杰出的工作。

（7）将拓扑学的概念引入物理学，提出了磁单极的理论。1933年，狄拉克证明了单一磁单极的存在就足以解释电荷的量子化。这个思想一直在后来的研究上都有所涉及，但是由于没有直接的证据证明，磁单极这个思想依然被后人所探讨。1982年有报道宣称已有人发现磁单极存在的证据；若真可以从实验上证实磁单极的存在，必会引起物理理论的深刻变化。

（8）独立于沃尔夫冈·泡利的工作发现了描述自旋的2×2矩阵，同费米各自独立发现了费米—狄拉克统计法。

（9）狄拉克证明了海森堡的矩阵力学与薛定谔的波动力学是彼此互补的、在数学上是等价的。

（10）在1937年，狄拉克提出了大数假说，发表过大量有关宇宙学方面的论文，设计了一个自己的宇宙学演化模型，推动宇宙学研究的发展。

❧ 名词解释 ❧

（1）狄拉克方程。

1928年，狄拉克提出了一个电子运动的相对论性量子力学方程，即狄拉克方程：$i\hbar \dfrac{\partial \Psi(\bar{r},\ t)}{\partial t} = (-\alpha \nabla + \beta mc^2) \Psi(\bar{r},\ t)$。$\Psi(\bar{r},\ t)$ 是波函数，$\hbar$ 是约化普朗克常数，∇ 是拉普拉斯算子。即相对论形式的薛定谔方程。利用这个方程研究氢原子能级分布时，考虑有自旋角动量的电子作高速运动时的相对论性效应，给出了氢原子能级的精细结构，与实验符合得很好。从这个方程还可自动导出电子的。

方程有两个特点：一是满足相对论的所有要求，适用于运动速度无论多快的电子；二是它能自动地导出电子有自旋且自旋量子数应为1/2的结论。这一方程的解很特别，既包括正能态，也包括负能态。狄拉克由此做出了存在正电子（反物质）的预言，认为正电子是电子的一个镜像，它们具有严格相同的质量，但是电荷符号相反。1932年，美国物理学家安德森在研究宇宙射线簇射中高能电子径迹的时候，发现了正电子的存在。

在现代物理学里，狄拉克方程是一个无法忽视的存在，因为它开辟了一个新的领域，叫相对论性量子力学，是量子力学与狭义相对论的第一次融合。狄拉克方程开创了反粒子和反物质的理论和实验研究，促进了粒子物理、高能物理的发展，并且为电磁理论发展到量子电动力学做出了重要的贡献；同时还为建立量子场论奠定了基础。

（2）狄拉克之海。

狄拉克方程不仅能够计算氢原子光谱的精细结构，还可以自动产生电子的自旋量子数，并且狄拉克方程为了解释负能态，还提出了狄拉克之海，见图2-62。

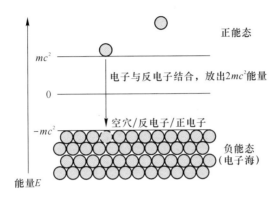

图 2-62　狄拉克之海示意图

因为狄拉克方程可解出自由电子的负能态，按能量最低原理，物质世界的电子都应跃迁到负能级上，由于电子是费米子，满足泡利不相容原理，每一个状态最多只能容纳一个电子，物理上的真空状态实际上是所有负能态都已填满电子，同时正能态中没有电子的状态。因为，这时任何一个电子都不可能找到能量更低的还没有填入电子的能量状态，也就不可能跳到更低的能量状态而释放出能量，也就是说不能输出任何信号，这正是真空所具有的物理性质。物质世界就像是浸没在负能级电子的海洋中，这就是狄拉克之海。

按照这个理论，如果把一个电子从某一个负能状态激发到一个正能状态上去，需要从外界输入至少两倍于电子静止能量的能量。这表现为可以看到一个正能状态的电子和一个负能状态的空穴。这个正能状态的电子带电荷-e，所具有的能量相当于或大于一个电子的静止能量。按照电荷守恒定律和能量守恒定律的要求，这个负能状态的空穴应该表现为一个带电荷为+e的粒子，这个粒子所具有的能量应当相当于或大于一个电子的静止能量。这个粒子的运动行为是一个带正电荷的"电子"，即正电子。狄拉克方程预言了正电子的存在。狄拉克之海也是对正电子存在的描述。

简言之就是，这个宇宙起初是由无数物质（电子）和反物质（正电子）构成的，物质和反物质的湮灭产生的无数的正负电子对就是所谓的迪拉克之海，也就是构成这个世界的基础。宇宙中物质多过反物质，所以未湮灭的物质构成了我们现在生活的这个世界。尽管这些粒子是不可观察的，但它们绝不是虚幻的，如果用足够的能量就可以形成，哪里有物质，哪里就有迪拉克之海，想象观察到的宇宙就好像漂浮在其表面上。

（3）费米—狄拉克分布。

费米—狄拉克分布是个统计规律，对它的命名来源于费米和狄拉克。1926年，两人分别独立地发现了这一统计规律，每人均发表了一篇论文，其中费米稍早一些。狄拉克称此项研究是费米完成的，他称之为"费米统计"，并将对应的粒子称为"费米子"。

费米—狄拉克分布的适用对象是，热平衡时自旋量子数为半奇数的粒子，即费米子，此时系统中各粒子之间的相互作用忽略不计。比如各能级被电子占据的数目就服从费米—狄拉克分布规律。费米分布规律不适用于非平衡状态。一般而言，电子占据各个能级的几率是不等的。1927 年，索末菲将费米 - 狄拉克统计应用到他对于金属电子的研究中。直至今日，费米—狄拉克统计仍然是物理学的一个重要部分。

ᴥ 代表作 ᴥ

（1）1927 年 1 月，狄拉克发表了关于变换理论的长篇论文《量子动力学的物理诠释》，用 δ 函数统一了矩阵力学和波动力学两种表述。

（2）1930 年，狄拉克出版了他的量子力学著作《量子力学原理》，这是物理史上重要的里程碑，至今仍是量子力学的经典教材。1939 年，他在此书第三版中加入了他的数学符号系统——狄拉克符号。

（3）1931 年，在《量子化电磁场中的奇点》中，首次提出磁单极这个概念。

（4）1966 年，发表了《量子力学讲义》，探讨了许多在弯曲时空下的量子力学，以哈密顿力学方式奠定了量子场论的基础。

（5）1975 年，《广义相对论》总结了爱因斯坦的广义相对论。

（6）1975 年，狄拉克在新南威尔士大学给了一系列 5 个演讲；这系列演讲1978 年被结集出版成了《物理学的方向》一书。

ᴥ 获奖与荣誉 ᴥ

（1）狄拉克与薛定谔由于"发现了原子理论的新形式"共同获得 1933 年的诺贝尔物理学奖。

（2）1939 年，获颁皇家奖章。

（3）1952 年，获颁科普利奖章以及马克斯·普朗克奖章。

（4）1973 年，获颁功绩勋章（在英国这是极高的荣誉）。

（5）他曾拒绝被册封为骑士，因为他不想对自己的名字作出变动。

❧ 学术影响力 ❧

（1）狄拉克的工作开创了反粒子和反物质的理论和实验研究。没有狄拉克方程，没有粒子和反粒子的产生与湮灭理论，规范力的重整化将无法实现，标准粒子的物理模型就无法实现。也就是说，狄拉克方程是标准粒子模型的源头。

（2）直到今天，狄拉克符号仍然是最广泛使用的一套量子力学符号系统。

（3）狄拉克童年在布里斯托住址所在的道路被命名为狄拉克路以示纪念；当地主教路小学的墙上挂上了一块牌子，展示了狄拉克最著名的狄拉克方程；英国物理学会在布里斯托的出版总部取名作狄拉克楼。

（4）狄拉克奖章是国际理论物理中心在 1985 年为纪念英国物理学家狄拉克而设置的年度性奖项，它是理论和数学物理领域的最高荣誉，不授予前诺贝尔奖、菲尔兹奖和沃尔夫奖获得者。国际理论物理中心每年在狄拉克的生日 8 月 8 日颁发 ICTP 狄拉克奖章。

（5）英国物理学会颁发狄拉克奖章和奖金以表扬"在理论（包含数学和计算方法）物理上的杰出贡献"。

（6）新南威尔士大学、佛罗里达州立大学都有以狄拉克名字命名的奖学金、图书馆名称、街道名称等。

（7）1995 年 11 月 13 日，一块刻有狄拉克方程的纪念石板在西斯敏斯特大教堂首次亮相，距离牛顿墓地不远。

❧ 名人名言 ❧

（1）自然的法则应该用优美的方程去描述。

（2）如果我们只是遵循物理思想本身，数学就可能引导我们走向未知的方向。

（3）我可以很确定的告诉大家：没有人真正了解量子力学。

（4）如果我们承认正负电荷之间的完全对称性是宇宙的根本规律，那么地球上负电子和正质子在数量上占优势应该看成是一种偶然现象。对于某些星球来说，情况可能是另外一个样子，这些星球可能完全是由正电子和负质子构成的。事实上，有可能是每种星球各占一半，这两种星球的光谱完全相同，以至于目前的天文学方法无法区分它们。

❧ 学术标签 ❧

量子辐射理论的创始人、量子电动力学的开创者、量子力学的奠基人之一、最早预言反物质的科学家、继牛顿之后英国最伟大的理论物理学家。

✤ 性格要素 ✤

性格孤僻、沉默寡言、热衷数学；但学术严谨、与人为善、品德高尚，与从事量子力学等相关领域研究的物理学家们都保持着忠实的朋友关系。他曾试图营救被苏联政府扣押的物理学家卡皮察，但没有成功；他还真诚地对待被怀疑为纳粹拥护者的海森堡。

✤ 评价与启迪 ✤

（1）学术贡献媲美爱因斯坦。

狄拉克方程刚推出时，许多物理学家包括他的导师、同事和他本人都没有认识到该方程的深远意义，甚至1932年发现正电子、1955年发现反质子后，人们仍旧无法理解狄拉克所概括的奇特世界。随着20世纪后半部分物理学的发展，有些物理学家才认识到，狄拉克对20世纪近代科学发展的贡献可能比爱因斯坦更大。

杨振宁在1991年发表《对称的物理学》一文，提到他对狄拉克学术贡献的看法："在量子物理学中，对称概念的存在，我曾把狄拉克这一大胆的、独创性的预言比之为负数的首次引入，负数的引入扩大改善了我们对于整数的理解，它为整个数学奠定了基础，狄拉克的预言扩大了我们对于场论的理解，奠定了量子电动场论的基础。"

总结狄拉克的一生，1979年诺贝尔奖得主、巴基斯坦理论物理学家穆罕默德·阿卜杜勒·萨拉姆说："狄拉克毫无疑问是这个世纪或任一个世纪最伟大的物理学家之一。1925—1927年他3个关键的工作，奠定了量子物理、量子场论及基本粒子理论的基础。没有人有办法在这么短的期间内对本世纪物理的发展作出如此决定性的影响；即便是爱因斯坦也做不到。"

（2）独特的学术风格。

狄拉克在学术方面的独特追求，为他在物理学上的大胆创新奠定了基础。狄拉克治学严谨，为量子力学的发展做出了巨大贡献。他对学术的研究，追求的是一种美的境界。他认为对于物理学，不要仅仅关注物理学本身的意义，更要关注物理过程；发现物理的美，享受物理的美。

狄拉克注重数学之美，写的文章干净利落。马克斯·玻恩回忆到他第一次看狄拉克的文章时说："我记得非常清楚，这是我一生的研究经历中最大的惊奇之一。我完全不知道狄拉克是谁，可以推测大概是个年轻人，然而其文章每个部分都相当完美且可敬。"而杨振宁曾提到狄拉克的文章给人"秋水文章不染尘"的感受，没有任何渣滓，直达深处，直达宇宙的奥秘。

（3）纯粹的学者、纯洁的灵魂。

狄拉克是一个少见的"纯粹"的、真正的学者型人物。玻尔对狄拉克影响很大，但玻尔曾说："在所有物理学家中，狄拉克拥有最纯洁的灵魂。"狄拉克品德高尚，是一个不追名逐利的人。由于他对物理学的卓越贡献，英国女王欲册封他为骑士，这是英国皇家对一个科学家的充分肯定。但是，狄拉克拒绝了，因为他不想对他的名字作出改动。

（4）与海森堡截然不同的性格。

海森堡创立了矩阵力学，对狄拉克走向量子力学研究有启发之功。海森堡性格活泼，他接受过广泛的文化教养，喜欢交谈，并且喜欢唱爱国歌曲，这个性格特点和狄拉克截然不同。

狄拉克是一个沉默寡言的人。不幸的家庭背景造就了他话少的性格，安静是他最好的标签。除了不说废话之外，他物质生活上也极为简单，不喝酒、不抽烟、只喝水。其他方面的兴趣也很少，最大的业余兴趣就是散步。一家伦敦报纸曾这样评价狄拉克："像羚羊一样害羞，如女王仆人一样谦逊"。

82. 首次预言金属氢、维格纳效应的发现者——维格纳

姓　　名　尤金·保罗·维格纳
性　　别　男
国　　别　美籍匈牙利
学科领域　原子核物理
排　　行　第三梯队（二流）

维格纳像

❧ **生平简介** ❧

维格纳（1902年11月17日—1995年1月1日）出生于布达佩斯一个皮革工人之家。9岁以前在家里由家庭教师指导，这期间培养了他对数学问题的兴趣。

他先后受教育于布达佩斯科技经济大学和柏林工业大学，期间他常参加德国物理学会在星期三下午的学术讨论会，与德国著名科学家普朗克、劳厄、海森堡、泡利等讨论学术问题。后进入威廉皇帝物理化学和电化学研究所，在麦克·波拉尼教授指导下，完成了学位论文"分子的形成与分解"，1925年获得工程博士学位，在其博士论文中首次提到分子激发态有能量展宽；他还获化学工程师称号。

维格纳完成学业回到布达佩斯，在父亲的制革厂工作。1926年在波拉尼的推荐下，担任威廉皇帝研究所（今马克斯·普朗克物理学研究所）卡尔·魏森伯格的助手，协助其在X射线晶体学的研究；6个月后，维格纳在理查·贝克处

工作；还曾担任希尔伯特的助手。维格纳对量子力学感兴趣，并深入研究群论。

1928 年，维格纳在柏林工业大学担任物理学讲师。1930 年去美国，1937 年入美国籍。由保罗·埃伦费斯特向普林斯顿大学积极推荐，1930 年至 1936 年维格纳在美国普林斯顿大学兼任数学物理讲师。1936—1938 年，维格纳受聘于美国威斯康星大学担任物理学教授。从 1938 年至 1971 年退休为止，他一直在美国普林斯顿大学担任数学物理教授。

他曾与西拉德、泰勒一起协助爱因斯坦致信美国总统罗斯福，警告纳粹德国可能在制造原子弹，这直接促成了曼哈顿工程的启动。曼哈顿计划期间维格纳领导了一个团队，成员包括阿尔文·温伯格（1915—2006 年，美国核能物理学家，他在物体实验核反应堆的基础上创造了低强度实验核反应堆的雏形；后来，他利用此反应堆又设计了加压水型核反应堆和沸腾水型核反应堆；此两种反应堆是现在所有的商用的核反应堆的基础；美国熔盐堆之父，曾任橡树岭国家实验室主任以及美国能源研究及发展署主任）等多人，设计让铀产生衰变的核子反应堆。1942 年 7 月，维格纳选择了具有石墨中子减速剂和水冷系统的设计。1942 年 12 月 2 日，芝加哥 1 号原子反应堆成功进行了历史上第一次人为的核连锁反应，维格纳也参与了这次的实验。

第二次世界大战后，维格纳服务于许多政府机构，包括 1947—1951 年国家标准技术研究所、1951—1954 年美国国家科学研究委员会数学部门和国家科学基金会物理部门。1945—1947 年，担任美国橡树岭国家实验室技术指导；1952—1957 年和 1959—1964 年，两次担任美国原子能委员会总顾问委员会委员。1956 年，担任美国核学会和物理学会会长；1970 年，成为英国皇家学会国外会员。

他曾提出原子核吸收中子的理论，并且发现在放射作用下固体改变其大小，即维格纳效应，获得 1963 年的诺贝尔物理学奖。1968 年，出席了约西亚·吉布斯讲座。他介绍自己的亲妹妹嫁给了狄拉克。1995 年，在新泽西州普林斯顿过世。

❧ 师承关系 ❧

正规学校教育，唯一的两次诺贝尔物理学奖得主巴丁是他的博士生。

❧ 学术贡献 ❧

（1）他建立了量子力学中对称性的理论基础，1927 年提出维格纳 D-矩阵；和数学家赫尔曼·外尔将数学中的群论带进了量子力学。

（2）维格纳从事原子核结构和碰撞理论研究，提出原子核吸收中子的理论，提出支配核子中质子和中子相互作用的原理，并且发现在放射作用（即维格纳效应）下固体改变其大小；提出了维格纳铀原子核模型。

（3）维格纳发现简并态的存在同量子系统对称性的不可约表示有关。他还研究不变性和对称性基本原理，特别是它们在量子力学中作用；化学反应的速率理论；金属结构；金属内聚力理论；核连锁反应及其利用问题等。

（4）提出了晶体学领域的维格纳—塞茨原胞。

（5）1927 年，维格纳首先用对称性成功地分析了原子光谱，提出了宇称的概念。1937 年，维格纳基于核的自旋、同位旋，引入超多重结构，建立了宇称守恒定律——有许多个粒子组成的体系，不论经过相互作用发生什么变化，它的总宇称始终保持不变。目前知道仅仅在强相互作用下适用，弱相互作用下宇称不守恒由杨振宁和李政道发现，吴健雄通过实验验证。

（6）1928 年，约当和维格纳引入了电子场的概念，给出了狄拉克的电子相对论量子力学方程的全新解释，并仿照狄拉克的电磁场量子化方式，建立了电子场的量子化理论，称量子电动力学。

（7）1931 年，证明了维格纳定理，是量子力学的数学表述的奠基石。

（8）阐明了分子的缔合与解离机制。

（9）与恩里克·费米一起研制出第一座原子反应堆。

（10）在群论上做出了巨大的贡献，将群论应用到量子力学。

（11）1935 年，维格纳和斯坦福大学物理学家希拉德·亨廷顿预测，氢在 25GPa 的高压下会变为金属氢。

（12）维格纳—埃卡特定理是量子力学中表示论的一个定理；将薛定谔方程式中的对称群与能量、动量、角动量的守恒用数学公式连结起来。

代表作

（1）1931 年，发表《群论及其量子力学和原子光谱中的应用》（德文版，该书于 1959 年在美国纽约出版了英译版），让群论被更多人所了解。

（2）1958 年，他与艾森巴德合著《原子核理论》。

（3）1958 年，他与温伯格合著《中子链式反应堆的物理学理论》。

（4）1959 年，发表《群论及其在原子谱量子力学方面的应用》。

（5）1964 年，发表《色散关系与因果律的联系》。

（6）1964 年，他与帕克合著《哈伯规划的总结报告》。

（7）1967 年，发表《对称与反射》。

（8）维格纳教授对科学哲学及科学史也很感兴趣，并发表许多有关方面的论文。1968 年他编辑出版《谁为民防事业讲话》，1969 年发表了《生存与炸弹孔》。1992 年，以 90 岁高龄，与传记作家安德鲁·史詹顿（英语：Andrew Szanton）合作出版了传记《乱世学人——维格纳自传》。

获奖与荣誉

（1）1963 年，由于他在原子核和基本粒子理论方面的贡献，特别是对基本对称性原理的发现和应用以及提出原子核吸收中子的理论，同玛丽·梅耶、约翰内斯·延森一起获诺贝尔物理学奖。

（2）获美国梅里特勋章、富兰克林奖章、费米奖章（1958 年）、普朗克奖章、美国国家科学奖章（1969 年）等。

（3）获威斯康星大学、华盛顿大学、芝加哥大学、宾夕法尼亚大学、卢万大学名誉博士学位。

学术影响力

（1）维格纳—塞茨原胞、维格纳点阵、维格纳定理、格纳效应、维格纳能、维格纳力、维格纳间隙、维格纳增长、维格纳核素、维格纳近似、维格纳释放、维格纳方程、维格纳—塞茨半径、维格纳半圆分布（概率分布）都是以维格纳命名的。此外，还有众多的公式、定理以他的名字命名，比如维格纳—埃克特定理、巴格曼—维格纳方程、布赖特—维格纳公式、维格纳—威利分布、维格纳—威尔分布、维格纳—玻尔兹曼方程、维格纳铀原子核模型等。其中，维格纳定理是量子力学数学表述的重要基石。

（2）匈牙利科学院建设有维格纳物理研究中心，以纪念这位了不起的匈牙利科学家。

（3）2013 年，匈牙利发行印有维格纳头像的椭圆形银币 5000 枚，面值是 3000 福林（约等于 70 元人民币）。

名词解释

（1）维格纳—塞茨原胞。

维格纳—塞茨原胞，是固体物理学中的一个概念，是晶体原胞的一种，简称 WS 原胞。以一个格点为原点，作原点与其他格点连接的中垂面（或中垂线），由这些中垂面（或中垂线）所围成的最小体积（或面积）即是维格纳—塞茨原胞。它是晶体体积的最小重复单元，每个原胞只包含 1 个格点，其体积与固体物理学原胞体积相同；第一布里渊区即为倒格子中的维格纳-塞茨原胞。

（2）维格纳点阵。

1934 年，维格纳通过对电子气的计算表明，当电子密度十分低时，点针状的分布比均匀分布具有更低的能量，所以预言在低温、低密度下可以出现电子晶体，这种晶体即被称为维格纳晶体或者维格纳点阵。

1979 年，C.C.格里姆斯等首先在极低温度下的液氦表面吸附的单层电子中证实了维格纳晶体的存在，这是二维的点阵。三维点阵还没有实验证据。

（3）维格纳定理。

维格纳定理是由尤金·维格纳在 1931 年证明的，这个定理是量子力学的数学表述的奠基石。这个定理描述的是系统的对称性（物理学），例如旋转，平移或者 CPT 这些操作是如何改变希尔伯特空间上的态。

（4）维格纳效应。

1942 年，维格纳第一次提出高能粒子（包括高能中子）可把原子从晶格中击出，即在放射作用下固体改变其大小，这一效应称为维格纳效应。

（5）维格纳能。

在快中子辐照下，石墨热熔的增量称为潜能或维格纳能。

（6）维格纳方程。

维格纳方程是由维格纳于 1932 年首次引用了一个新的方程式，也成为维格纳分布。

（7）维格纳—塞茨（W-S）半径和 W-S 原胞。

$R_0 = 1.3882(A/D)$ 是由物质密度决定的维格纳—塞茨半径，A 是原子量。维格纳—塞茨原胞，这是在计算晶体电子的能带结构时由塞茨提出来的一种原胞，它是晶格中比较对称的一种原胞。其构成方法是以某个格点为中心，做出其与最近格点和次近格点连线的中垂面，这些中垂面所包围的空间为维格纳—塞茨原胞；即 W-S 原胞。WS 原胞与固体物理学原胞（不是结晶学原胞即晶胞）具有相同的体积，并且也只包含一个格点，它与布拉菲格子具有相同的对称性，故也称为对称化原胞。

（8）维格纳铀原子核模型。

维格纳在研究多粒子系统相互作用问题（多体问题）时，对这个复杂的物理问题做了简化处理——他忽略单个粒子相互作用，认为粒子之间的作用是相等的，集中处理整个系统的平均统计行为。维格纳使用数字网格（矩阵）实现了这个设想，这些数字指定了粒子如何相互作用。他用随机数填充矩阵，他希望这种简化能使他继续进行计算，并且最后仍然能够产生有用的铀核描述参数。他发现他可以从随机矩阵中抽取特定的模式，模式包含特征值。这是他提出维格纳铀原子核模型的理论依据。

维格纳铀原子核模型中粒子都被紧紧地束缚在原子核这一很小的区域，所以每个粒子都和其他粒子发生相互作用，即没有考虑任何空间结构，粒子在原子核内近似均匀分布。这种没有考虑粒子间距的物理模型叫做"平均场"模型。

（9）预言金属氢。

1935 年，尤金·维格纳和物理学家希拉德·亨廷顿（美国斯坦福大学教授）预测，氢在 25GPa 的高压下，氢会转变成一个氢原子分配一个电子，且电子可以自由移动的金属状态——金属氢，类似碱金属。

这种材料具有超高的能量密度，理论预测是室温超导体和超流体，甚至可能是由未知的新物理机制操控的一种新颖的凝聚态。同时，金属氢也被认为是氢在木星、土星等大行星中的一种重要的存在形式。科学家们推测，在木星地核处的强大压力和低温下，存在液态和固态的金属氢。

金属氢是一种亚稳态物质，可以用它来做成约束等离子体的"磁笼"，把炽热的电离气体"盛装"起来，这样，受控核聚变反应使原子核能转变成了电能，而这种电能将是廉价的又是干净的，在地球上就会方便地建造起一座座"模仿太阳的工厂"，人类将最终解决能源问题。另外，金属氢可应用于军事上，作为火箭推进剂的最佳选择，还可以作为没有核辐射的"核武器"。

20 世纪 60 年代，通过高压，人们制备了"金属碘"。渐渐地，磷、硫等单质也被高压征服，只有氢还依然停留在理论当中。因此，有人将金属氢称为"高压物理的圣杯"。近一个世纪以来，高压学者通过不懈努力，已经使高压技术所能达到的压力接近预想中的条件，并在这一过程中发现了许多种氢的高压新相。

然而，维格纳和亨廷顿显然大大低估了形成金属氢所需的压力。至今，人类仍未实现静态高压下金属氢的相变，后来的研究认为金属氢相变的压力至少要达到 500GPa（地心压力是 360GPa）。

金刚石对顶砧使得人们能够制造超高压，是目前人类所能制造的最大压强的有效方法。2017 年 1 月 26 日，哈佛大学科学家在《科学》杂志上宣布利用金刚石对顶砧容器技术在 495GPa 下成功制取金属氢，这是地球上首个金属氢样本。我国科学家利用第一性原理推算，在 450 万倍大气压下，"金属氢"具有接近室温的超导特性。

目前，金属氢的研制已进入白热化阶段，如何在相对"较低"的压力下获得"金属氢"，成为目前重要研究方向。众多学者通过深入研究金属氢以及氢金属化过程，以探索其所蕴含的新的物理机制。

◈ 名人名言 ◈

（1）不考虑观察者的意识就不可能以完全一致的方式建立量子力学的定律，正是外部世界的研究得出人的意识是最高实在这个结论。

（2）坚持你的探索并且富有成效地投入进去，这就是成为一位一流科学家所需要的。

◈ 学术标签 ◈

曾任美国核学会和物理学会会长、美国国立科学院院士、美国艺术与科学学院院士、荷兰皇家科学院院士、奥地利科学院院士、哥廷根科学院通讯院士、英国皇家学会国外会员。

<æ 性格要素 æ>

维格纳宽厚谦虚、判断准确，有非凡的洞察力和思想的深度，却又一贯冷静、务实，为人和善、友好。

<æ 评价与启迪 æ>

他总是善于作出正确的判断，且深信物理学的任务应该是，提供一幅生动逼真的图像来描绘我们的世界。维格纳一生流离于欧洲和美洲，亲身经历了第二次世界大战的惨痛。他热爱匈牙利文化、憎恶纳粹和希特勒、期盼和平、追求科学。他与爱因斯坦、狄拉克、费米、冯·诺依曼、西拉德、特勒（1908—2003年，美籍匈牙利裔、氢弹之父）是多年好友，与人亲善，友好相处。他意识到了希特勒崛起的可怕后果，与爱因斯坦和西拉德一起推动了美国政府上马"曼哈顿工程"，并在这项工作中做出了巨大的贡献。他是一位师长，是一位朋友，是一位值得敬佩的人。

值得一提的是匈牙利的中学教育，准确地说是奥匈帝国的中学教育，它是如此的成功，竟培养出像冯·诺依曼、西拉德、特勒、冯·卡门、弗洛伊德、彼得·德鲁克（1909—2005年，现代管理学之父，管理学鼻祖；英特尔总裁安迪·格鲁夫、微软创始人比尔·盖茨、通用电气杰克·韦尔奇、中国海尔的张瑞敏等企业家都深受德鲁克的影响）这样为数众多的大师级人物，这样的教育模式在于摒弃了学习的功利性，在于让学生能够更好的思考事物的本质，在于让学生积极地探索，在于让学生掌握更为全面的知识，而不是过分的专门化。简单来说，这就是通识教育。他们在教育上的成功值得我们去学习。

83. 饱受冤屈的曼哈顿工程领导者、原子弹之父——奥本海默

姓　　名　尤利乌斯·罗伯特·奥本海默
性　　别　男
国　　别　美籍德裔
学科领域　量子力学、天文学
排　　行　第二梯队（次一流，学术水平二流，但是制造原子弹影响颇大）

奥本海默像

<æ 生平简介 æ>

奥本海默（1904年4月22日—1967年2月28日）出生于纽约一个富有的德裔犹太人从事纺织生意的家庭，自

幼就有着优裕的生长环境，是一个典型的"富二代"。母亲是一个天才画家，鼓励奥本海默接触艺术和文学，却在奥本海默 9 岁时去世。

奥本海默天资聪颖，兴趣广泛，幼时广泛涉猎文学、哲学、语言等领域。他是一个"乖得令人可怕的小男孩"，从不沾染任何恶习。5 岁时对他爷爷送给他的矿石着了迷，11 岁时成了纽约矿物俱乐部最小的会员。他聪明过人且勤奋好学，求知欲旺盛，全神贯注地埋头读书；1921 年，奥本海默以十门全优的成绩毕业于纽约菲尔德斯顿文理学校（美国很多的政商和文化界名人出自这个学校），因病延至次年入读哈佛大学化学系。

1922 年秋，奥本海默进入了哈佛大学化学系学习。入学后，他结识了布里奇曼（1882—1961 年，哈佛大学教授，由于发明超高压装置和在高压物理学领域的突出贡献获 1946 年诺贝尔物理学奖），并选修了他的高等热力学，认为这是一门研究自然规律与秩序的学科，探索物质和谐存在与运动的根源。在布里奇曼的影响下，奥本海默的兴趣逐渐转向理论物理学。他三年就读完了哈佛大学，1925 年以荣誉学生的身份提前毕业。

后来布里奇曼将奥本海默介绍给剑桥大学的卡文迪许实验室，卢瑟福将他安排在实验室一角负责制作铍薄膜，与汤姆逊毗邻。奥本海默动手能力极差，甚至无法将两根铜丝焊接在一起。卢瑟福认为他不适合实验物理，将他介绍给了从事理论物理的玻尔，玻尔又推荐他去玻恩那里攻读理论物理。

1926 年，奥本海默前去哥廷根大学师从玻恩学习理论物理，从事固体理论中绝热近似等研究。他经常参加玻恩学派的学术研讨活动，这段经历使得奥本海默遇到了当时全世界物理学界的顶尖天才们，比如玻尔、玻恩、狄拉克、海森堡、泡利等。这段学习生涯对奥本海默产生了巨大影响，也让自己的天赋得到了充分发挥。1927 年，奥本海默以量子力学论文获德国哥廷根大学博士学位。据称，答辩当天在座的评审教授竟无一人发言反驳其论点。1925—1927 年，奥本海默总共发表了 16 篇关于分子量子理论的论文。但在奥本海默毕业后，与导师玻恩两人由于性格上的原因而中断了往来。

经历了两年的苏黎世和莱顿游学之后，1929 年夏天，回到美国的奥本海默不幸感染肺结核。后来，他进入加州大学伯克利分校担任助理教授（据说因为那里图书馆中的古典文学书籍十分吸引他），研究核物理的链式反应和爆炸及冲击波等，并与欧内斯特·劳伦斯做邻居。

1941 年 10 月，物理学家康普顿组织了一个原子武器研讨会，奥本海默在会上提出了制造一枚原子弹所需的铀-235 的量。1942 年起，他被任命为曼哈顿工程的负责人；1943 年奥本海默创建了负责研制原子弹的主要实验室——位于新墨西哥州的美国洛斯阿拉莫斯国家实验室并担任主任。在他领导下，1945 年世界上第一颗原子弹试爆成功，他被誉为"原子弹之父"。

第二次世界大战后，奥本海默曾短暂执教于美国加州理工学院。1947—1966年，到美国普林斯顿高等研究院工作并担任院长。1947年起担任美国原子能委员会首席顾问，负责对政府和军方高层提出建议，直到1952年。奥本海默声望颇高，政府经常采纳他的意见。

1966年奥本海默退休，1967年2月18日因喉癌在普林斯顿去世，享年62岁。遵照他的遗嘱，火化后把他的骨灰撒到了维尔京群岛。

❧ 花絮 ❧

（1）学习三年就大学毕业。

奥本海默是个天才少年，聪慧又勤奋，自幼爱好广泛、多才多艺，高中阶段以第一名的成绩毕业。他天才的光芒即使在人才济济的顶级学府也让他显得鹤立鸡群。在哈佛大学上大学期间，别的同学一般只选四门课程，而他选了七门，但还是抱怨"作业太少"。他只花三年时间就以"优秀"的成绩从哈佛大学毕业了，在他的毕业照片上有一句特别注明："他只做了三年大学生。"他在哈佛宿舍讲的一句话"流传千古"，这句话是："今天天气太热了，啥事都不能做，我只能躺在床上看《瓦斯动力理论》。"

（2）锋芒毕露的奥本海默。

奥本海默年轻时爱开快车，一次和火车竞赛，车子撞毁了，车上的女友被撞得不省人事。他的父亲只好拿了两幅名画赔给女友。

读研究生时，他曾在课堂上打断导师的讲课，走到黑板前，拿起粉笔讲解起来；后来很多学生联合起来给玻恩写信抗议奥本海默这种不尊重人的做法。厚道的玻恩故意将抗议信放到了他容易看到的地方，奥本海默才有所收敛。

在他成名后，作为妇孺皆知的公众人物，打断别人的报告使演讲者难堪的事仍时有发生。火暴脾气的他与导师玻恩宽厚的个性存在巨大的差异，这是两人1929年后失去联系最重要的原因。

（3）毒苹果事件。

奥本海默在剑桥大学攻读研究生时的情感非常脆弱，他曾经想毒杀自己的实验老师——布莱克特（1897年11月18日—1974年7月13日），一位杰出的实验物理学家，由于改进了"威尔逊云室"以及在核物理和宇宙射线上的贡献获得1948年诺贝尔物理学奖。由于他却对做实验非常抗拒，两人最终形成了近乎敌对的关系。

为了报复，奥本海默把浸泡过有毒化学物质的毒苹果放到布莱克特的桌上。幸好布莱克特在遇到毒苹果之前，就发现实验室的药物不见了，他上报到学校，最终揭发出了奥本海默的恶劣行径。剑桥大学十分震惊，请来奥本海默的家人，对奥本海默处以警告，更想通过法律手段，对奥本海默进行处罚。最终是奥本海默家人苦苦哀求，奥本海默才得以幸免。

（4）享有盛誉的教师。

奥本海默不单单是一位了不起的科学家和领导者，还是一位享有盛誉的教师。除了做物理学研究，奥本海默还坚持广泛涉猎其他领域，包括天文、文学等，精通八种语言，还能读懂梵文经典。

在伯克利，他创办了"奥本海默理论物理学中心"；他上课很有特色，适应了学生的接受能力，尽力把各种概念之间的关系讲清楚，很快就吸引了一批最优秀的学生。奥本海默烟斗片刻不离嘴，又经常咳嗽，成为学生模仿的对象——衔着烟斗抽烟的形象一度成为他个人知名度最高的轶事之一。

他有辩才，擅长于组织管理能力。与挚友劳伦斯一道，建立了美国的亚原子物理学派，将伯克利发展成了美国著名的物理学研究中心之一，从欧洲夺得了该领域的霸权。他培养了一批有天分的学生，他们后来都成为各门学科的带头人。他出色的个人魅力为他在伯克利及学界赢得了普遍的好感。

（5）未能获得诺贝尔奖的原因。

奥本海默喜欢对别人的科研成果加以评价，他博学多才，尽管也有一些优秀的研究成果，但是他很难集中精力在一个领域深耕，比如"黑洞"或者"引力坍缩"，如果他能深入进行，否则也是大有希望获得诺奖的。许多诺贝尔奖获得者认为，奥本海默是那个时代最聪明的科学家之一；虽然他博学，但是对任何事情都不求甚解，不愿意集中精力去钻研某个具体问题；他具有天分，却缺乏必要的耐心和细心；他很难静下心来做学问。这个性格也是他能涉足政治并将政治和科学结合很好的根本原因。

（6）领导力超强的奥本海默。

奥本海默有一种无法遏止的充当主角的雄心，在每一次重大事件中，奥本海默总能抓住时机，并以罕见的能力进入事件的核心。就著名的曼哈顿工程而言，他在庞大的军工项目和繁重的行政事务中处理的得心应手，用很短的时间招集到世界上最顶尖的科学家（包括很多诺贝尔奖获得者）投入到曼哈顿工程中来。

奥本海默出色的组织管理才能在曼哈顿工程中得到淋漓尽致的发挥。"氢弹之父"爱德华·泰勒曾评价说："奥本海默作为全组的领导人，表现出的精明能干、稳重而又平易近人的气质。我不明白他是如何学会这种领导才能的。"

在美国洛斯阿拉莫斯国家实验室他对大规模技术工作的监督能力，对事无巨细的技术问题的把握能力，对恃才傲物的精英们的协调能力，都是举世无双的。一些参与核研究的物理学家后来回忆说，他们自己甚至都不如奥本海默清楚自己工作的细节和进展。在很多问题上，都是由于奥本海默的决断才取得突破，保证了原子弹研制时间表的执行。

奥本海默在科学家、普通职工和政府官员中的威望很高。洛斯阿拉莫斯素有

"诺贝尔奖获得者集中营"之誉，人们称奥本海默为这个集中营的"营长"。他的组织才能与人格魅力由此可见一斑。

原子弹项目军方主持人格罗夫斯准将在物色项目首席时，曾多次对众多科学家提到，奥本海默是唯一雄心勃勃不实现目标决不罢休的人。他认为奥本海默的领导岗位是不可替代的。他出色的组织管理才能得到了格罗夫斯将军的绝对信任，二人保持着良好的个人友谊；甚至在奥本海默去世后，年迈的格罗夫斯将军仍旧拖着病躯在恶劣的天气下参加奥本海默的纪念活动。

奥本海默和格罗夫斯将军和谐共事以及将军对他绝对信任使得曼哈顿工程空前团结；这也是曼哈顿工程得以顺利实施的重要原因之一。

（7）著名的曼哈顿工程。

制造了原子弹的"曼哈顿工程"是 20 世纪最神秘、影响最深远的一次科学工程，这些科学家的科研成果不仅震惊了世界，也改变了世界。1939 年 8 月 2 日，爱因斯坦等人给时任美国总统的富兰克林·罗斯福写信，信中阐述了研制原子弹对美国安全的重要性，要求发展原子武器。罗斯福成立了"铀顾问委员会"，由美国国家标准局局长布里格斯（1874—1963 年）担任主任，成员有西拉德、维格纳和爱德华·泰勒等人；对原子武器加以论证，并在全世界寻找铀矿，拨款支持费米和西拉德在哥伦比亚大学的中子实验室。

1941 年 12 月 6 日，在日本偷袭珍珠港的前一天，美国政府批准了美国科学研究发展局负责人布什（罗斯福总统的科学顾问，参与组织和领导"曼哈顿工程"。此后，他先后参与氢弹的研制工作、"阿波罗"登月计划）全力推进美国研制原子弹步伐的报告，正式制定了代号为"曼哈顿"的绝密计划，目标是赶在纳粹德国之前研发出原子弹。1942 年 6 月，在军方领导人的多次敦促下，罗斯福总统终于下定决心正式开展曼哈顿工程，并赋予其以"高于一切行动的特别优先权"。

由于关乎二战格局和世界存亡，"曼哈顿计划"由军方领导，属于绝密工程，开展于超过美国、英国和加拿大的 30 个城市，设置在包括橡树岭、田纳西、俄亥俄、华盛顿、新墨西哥等秘密地点。因为核武器的巨大威力以及战争的紧迫形势，为了避免刺激到德国加快发展他们的原子武器研制计划，采取严格保密措施十分必要。该工程的保密程度超过了美国历史上任何一个计划；美国高层也只有罗斯福总统和陆军部长知道，时任副总统杜鲁门直到罗斯福去世，他接任新一届总统时才知道这个计划。整个曼哈顿工程的所有参与者之中，只有 12 个人知道原子弹研究计划，其他人都不知道他们是在从事制造原子弹的工作。为了提防纳粹德国和苏联的谍报人员，美国政府在保密措施上做了大量工作，甚至连盟友英国也提防。

负责"曼哈顿工程"的美国军方主持人首先是马歇尔上校，但是他本人无法与技术人员友好相处。1942 年 9 月，改派曾领导修建五角大楼的陆军工程兵团建筑部副主任莱斯利·理查德·格罗夫斯准将负责该工程。他对于该工程的技术负责人要求甚高，要保证政治可靠、业务过硬、与著名科学家保持良好的个人关系且具有出色的管理才能。根据这些要求，格罗夫斯将军进行了大规模的筛选技术负责人的行动。

在众多的候选人，格罗夫斯淘汰了一批"忠诚度可疑"的顶尖科学家（比如到美国生活的外国人吴健雄、费米、维格纳、西拉德等学者）。后来，劳伦斯和康普顿坚持推荐以理论物理见长的奥本海默。他们认为"曼哈顿工程"是一个需要凝聚起全世界最顶尖大脑的"超级工程"，所以必须要有一个既懂科学又懂管理且与他们由良好个人关系的人才来把这批人组织起来，而奥本海默最合适。

格罗夫斯将军和军方人员再三审核了奥本海默的家庭成分和忠诚度在要求劳伦斯写下了保证书后，1942 年夏秋之交，格罗夫斯将军不顾军情局的反对，坚持任命 38 岁的奥本海默为整个"曼哈顿工程"的总指挥。

事实证明，格罗夫斯将军和劳伦斯、康普顿的眼光和决定是正确的——奥本海默不辱使命。作为耗资 25 亿美元（相当于现在的 500 亿美元，购买力上甚至更多）、最多时参与人达到 60 万的"曼哈顿工程"的总指挥，奥本海默充分展现了自己的科学素养和管理才能。就连一向挑剔且与奥本海默不和的爱德华·泰勒都佩服。

1942 年秋，奥本海默向格罗夫斯建议，把美国、英国和加拿大的原子物理学家集中起来，加强协作，使理论研究、实验研究及工程技术的开发结合起来，有利于发挥最大效果，还有利于保密。这个建议得到格罗夫斯的支持，军事当局决定建立一个新的研究基地。奥本海默亲自选定人迹罕至的荒凉地带——新墨西哥州洛斯阿拉莫斯沙漠作为总实验室地址，统一领导工作。凭着他的才能与智慧，以及他对于原子弹的深刻洞察力，奥本海默被任命为洛斯阿拉莫斯实验室主任。实验室建立后，临时从 4 所大学调来 4 台粒子加速器，后来又新建了 3 台粒子加速器、2 座小型核反应堆。

在奥本海默的游说和鼓动下，从 1943 年春天起，先后有数千名世界著名的科学家进驻美国洛斯阿拉莫斯实验室。他一度聚集了超过 6000 名全世界顶尖的科研工作者服务于该工程，包括诺奖得主在内的重量级科学家先后加入其中。费米、费曼、劳伦斯、康普顿、哈罗德·克莱顿·尤里、西伯格、汉斯·贝特、维格纳等人在其中起到了巨大的作用。玻尔、拉比、查德威克等诺贝尔奖获得者以及西拉德、诺依曼、奥托·罗伯特·弗里施、约翰·阿奇博尔德·惠勒、吴健雄（核物理女王，在 β 衰变研究领域具有世界性的贡献，美国科学院院士，1975 年获美国最高科学荣誉——国家科学勋章，曾任美国物理学会第一任女会长）和柯南特（曾任哈佛大学校长）等当时世界最顶尖的物理学家都先后加入了曼哈顿工程。

为了高效的科研，科学家及其家属的吃穿住行学都被实验室统一管理。奥本海默自己每天只睡 4 个小时，早上七点由他吹响第一声起床哨，敦促大家开始一天的工作。奥本海默注意倾听任何人的意见，尤其鼓励科学家们大胆地讨论原子弹的有关科学问题。尽管奥本海默和爱德华·泰勒不和，原子弹研发工作仍然在奥本海默的领导下顺利进行，他掌握着整个研究进程。经过全体人员的艰苦努力，原子弹的许多技术与工程问题陆续得到解决。

制造原子弹最重要的是要有大量的放射性物质是铀－235 以及钚－239（钚－239 的性质类似于铀－235，可以实现核裂变）；他们在自然界中属于痕量存在，所以需要浓缩提纯出来。铀－235 的浓缩和钚－239 的生产困难，特别是无法大量加工，往往使科学家感到沮丧。科学家们寻求从天然铀中分离铀－235 的方法，并确定制造这种炸弹所需的铀和钚的"临界质量"。美国不惜重金全力投入提取铀－235 及钚－239 的研究。

曼哈顿工程规模庞大，有 16 个分支工程，其中关键有 4 个工程。第一个是费米领导的原子反应堆。1942 年 12 月 2 日，在芝加哥大学建成了世界上第一座铀——石墨原子反应堆；成功地进行可控的链式反应，从实验上证实了链式反应理论，为原子弹的制造提供了可靠的基础。

第二个是由佩汀领导的核反应材料工厂。1943 年 6 月 21 日，在田纳西州建立了生产铀－235 工厂，代号"橡树岭"。在这里借助分离和浓缩铀－235。当时由于不知道三种方法哪种效果最好，只好三种方法同时进行、齐头并进。为了"曼哈顿工程"，美国政府决定使用国库中的白银，以弥补铜材的短缺。

该工厂的原料是来自非洲比利时殖民地刚果的钒酸钾铀矿石，从铀的天然存在形式中分离铀－235。比较成功的方法是劳伦斯方法和尤里方法。劳伦斯方法也叫电磁法，是采用质谱仪的原理，利用铀－235 和铀－238 质量上的差异而使之分离。尤里方法也叫气体扩散法，是根据轻的分子（像那些含铀－235 的分子）比含铀－238 的较重的分子容易、并较迅速地通过多孔障壁细孔的原理，于是把铀制成六氟化铀气体，使它通过 4000 次多孔障壁就能得到纯度为 99% 的铀－235。最终，用电磁法生产出数以千克计的铀－235；1944 年 3 月，橡树岭工厂生产了第一批浓缩铀－235。

第三个是由西伯格博士领导的核反应材料工厂，主要通过反应堆生产核反应的另一种优良原材料钚，美国人先在田纳西州的克林顿镇建立中间试验工厂的核反应堆，以从工艺上保证钚的生产和分离。为了生产足量的钚，1943 年 2 月 28 日又在华盛顿州汉福德开始建设提炼钚的工厂，至 1945 年 7 月已生产出 60 千克钚－239。

第四个是位于新墨西哥沙漠中的洛斯阿拉莫斯实验室，代号"Y 计划"，这里既承担原子弹的总装任务，又负责原子弹的研制工作，是整个"曼哈顿工程"的核心。在实验室中要进行原子弹的爆炸研究、原子弹的结构设计和弹体的具体制造以及炸弹的总装配。

在奥本海默的领导下，科学家的才能被充分调动起来，特别是英国物理学家把钚装料原子弹的内爆原理解决之后，使原子弹的最后装配取得了突破。在克服了理论、方法、材料以及技术工艺上的种种难题后，1945 年 7 月 12 日实验性原子弹开始最后装配。"曼哈顿工程"最终造出了首批 3 颗原子弹：铀弹和钚弹。一颗原子弹的核装料是铀-235，采用"枪式法"引爆，被称为"小男孩"；另外两颗原子弹的核装料是钚-239，采用"内爆法"，被称为"胖子"和"小玩意"。

在试爆的前刻，奥本海默脸色惨白，紧张、憔悴，几乎到了崩溃的边缘。1945 年 7 月 16 日凌晨 5 点 30 分，世界上第一颗原子弹"小玩意"在洛斯阿拉莫斯沙漠试爆成功，为人类的科学发展创造了新纪录。这颗原子弹的威力，要比科学家们原估计的大出了近 20 倍，约 2 万吨 TNT 当量（后来测算为 1.86 万吨），见图 2-63。

图 2-63 人类第一颗原子弹爆炸产生的蘑菇云

短短 3 年，杜鲁门所盛赞曼哈顿计划为"一项历史上前所未有的大规模有组织的科学奇迹"，不仅验证了科学技术的巨大威力，为尽早结束战争作出了贡献。

1945 年 8 月 6 日和 9 日，美国在太平洋蒂尼安岛上的空军基地分别在日本的广岛（上午 8 时 15 分 17 秒）（见图 2-64）和长崎投下了剩余的两颗原子弹"小男孩"和"胖子"，加速了日本军国主义的投降。奥本海默不单只是对美国，还对世界反法西斯做出了巨大的贡献，被尊称为原子弹之父。

图 2-64 美国投到广岛原子弹爆炸后升起的蘑菇云

他们应用了系统工程的思路和方法，大大缩短了工程所耗时间；这一工程的成功促进了第二次世界大战后系统工程的发展。

"曼哈顿计划"不仅造出了原子弹，也留下了 14 亿美元的财产，包括一个具有 9000 人的洛斯阿拉莫斯核武器实验室；一个具有 36000 人、价值 9 亿美元的橡树岭铀材料生产工厂和附带的一个实验室；一个具有 17000 人、价值 3 亿多美元的汉福特钚材料生产工厂，以及分布在伯克利和芝加哥等地的实验室。

（8）核武器。

目前，核武器的发展经历了三代——第一代为原子弹，第二代为氢弹，第三代是以中子弹为代表的、效应可转换的特种弹。原子弹、氢弹和中子弹及其由它们组装起来的各种导弹统称为核武器。

核武器有 5 种杀伤因素，既有快如闪电、比太阳光还亮的光辐射，即热辐射，又有形同飓风的冲击波；既有早期可使人致命的核辐射，又有斩不断、理还乱的长期放射性污染。除这些杀伤因素之外，还有一种电磁脉冲，它被称为原子弹的第 5 大破坏因素。

三代核武器其综合战术技术性能一代比一代先进，既显示了原子能科学技术水平的发展和提高，也满足了核武器用于战场的企图和要求。美国在开发核武器方面，始终走在世界各国的前头。目前，美国正在积极研究性能更先进的第四代核武器。目前，世界上核武器的总量可以毁灭世界 50 次。

（9）奥本海默的科学家良心。

当原子弹试爆成功时，现场受邀观看的 1000 多名观众欢呼雀跃，而奥本海默本"对自己所完成的工作有点惊慌失措",望着那片腾空而起的蘑菇云,奥本海默惊骇万状,从心底里感到了恐惧。他忽然想到了自己经常读的印度梵文诗《摩诃婆罗多经》中的《福者之歌》选段:"漫天奇光异彩,有如圣灵逞威。只有一千个太阳,才能与其争辉。我是死神,是世界的毁灭者。"他认为自己是毁灭人类的武器的始作俑者、世界的毁灭者。他对与其一起工作的其他科学家说了一句著名的、深刻自责的话:"妈的,现在,我们都成了狗娘养的了!"

他始终坚定地认为科学的存在应该是为改善人们生活、增进人类福祉服务的。在亲眼目睹原子弹爆炸的威力后,他对核能的使用和意义开始产生质疑,核武器在奥本海默心中留下了死亡的阴影和焦虑。特别是当原子弹在广岛和长崎造成巨大的破坏力使得奥本海默心中的罪恶感越来越大。他认为自己"双手沾满鲜血",他坦言:"无论是指责、讽刺或赞扬,都不能使物理学家摆脱本能的内疚,因为他们知道,他们的这种知识本来不应当拿出来使用。"

1945 年 10 月 16 日,奥本海默在接受美国陆军授予洛斯阿拉莫斯感谢状答词时说:"如果原子弹被一个好战的世界用于扩充它的军备,或被准备发动战争的国家用于武装自己,则届时人类将要诅咒洛斯阿拉莫斯的名字和广岛事件",他借机呼吁"全世界人民必须团结,否则人类就将毁灭自己。"

奥本海默怀着对于原子弹危害的深刻认识和内疚,怀着对于美苏之间将展开核军备竞赛的预见和担忧,怀着坚持人类基本价值的良知和对未来负责的社会责任感,满腔热情地致力于通过联合国来实行原子能的国际控制与和平利用。奥本海默是对核物质实施国际控制的激进提案的发起者之一,他还主张与包括苏联在内的各大国交流核科学情报以达成相关协议,这一思想即使在今天也是至关重要的。

(10)奥本海默案件。

1946 年 3 月,他在联合国召开的管制原子能的会议上的发言引起了杜鲁门和美国政府的强烈不满。

1946 年 7 月,奥本海默再次给总统杜鲁门写信,希望国家放弃原子弹爆炸试验。杜鲁门不仅没有停止原子弹的研发,反而对他越来越排斥。

20 世纪 50 年代初是好战思想和军备竞赛流行的年代,奥本海默反对核武器的思想自然就成为强力支持建造大规模杀伤性武器的人们诅咒的对象。由于与美国政府的立场相左,奥本海默在"麦卡锡主义"大行其道的年代里遭到了残酷的迫害。

1953 年,艾森豪威尔执政,奥本海默马上向总统发表自己的观点,希望国家要树立正确的核武器观念,艾森豪威尔为此很不开心。奥本海默极力反对发展氢弹,得罪了参与研发原子弹的科学家泰勒和官方。1953 年 12 月 3 日,艾森豪威尔政府"以他早年的左倾活动和延误政府发展氢弹的战略决策"为罪状起诉他，甚至怀疑他为苏联间谍。奥本海默被迫接受由原子能委员会组织的由 3 人小组"忠诚调查委员会"的调查，他被安全审查并被剥夺特许权，从此奥本海默与美国核秘密的联系被彻底切断。

1954 年 4 月 12 日—5 月 6 日，美国原子能委员会主席刘易斯·斯特劳斯和超级核弹的支持者、氢弹之父爱德华·泰勒，以及美国联邦调查局局长埃德加·胡佛在幕后精心策划了一场针对奥本海默是否叛国的安全听证会，这就是轰动一时的"奥本海默案件"。

其间尽管爱因斯坦多次在《纽约时报》等报刊上"抗议美国政府迫害原子物理学家奥本海默"；尽管洛斯阿拉莫斯实验室 158 名科学家联名抗议对奥本海默的审讯，尽管在听证会上作证的大多数科学家都指出因对核政策持不同意见而受审是对于民主的基本原则的践踏，真正的国家安全必须建立在对像奥本海默这样的知识精英的信任和使用上，而审查也"没有发现他对国家有过不忠诚的行为"，但 5 人组成的原子能委员会有 4 人认定他"有罪"。美国政府对他进行革职处理，结束了他的从政生涯和借助于原子能来寻求国际合作与和平的政治理想。

被从原子能委员会解职后，离开政府的奥本海默在普林斯顿大学从事教学工作，美国科学家联合会对他的审查进行抗议，认为他是麦卡锡主义的牺牲品。爱因斯坦认为他是"政治迫害的受害者"，多个著名科学家也曾出面要求为奥本海默平反，但最终都没起到任何作用。

约翰·肯尼迪担任总统后，与苏联敌对形势有所缓和，美国当局决定要为奥本海默平反。1963 年，总顾问委员会和原子能委员会成员一致投票赞成给奥本海默颁发象征原子物理学界终生荣誉的"恩里克·费米年度奖"。但肯尼迪尚在颁奖前 10 天遇刺；1963 年底，肯尼迪的继任者林登·约翰逊在上任 12 天后，"代表美国人民"亲自为奥本海默颁发了原子能领域的最高奖——费米奖。授奖只是形式上恢复了名誉，但奥本海默的"安全信任结论"并未恢复，仍然不允许他介入军事秘密。

1967 年 2 月底，600 多人聚集在普林斯顿高深研究院追悼 62 岁去世的院长奥本海默，爱因斯坦的女儿、李政道和军方代表及白宫代表都参加了。2014 年 10 月 3 日，被尘封了 60 年之久的原子能委员会秘密听证会数据和档案终于公布了，证明奥本海默是清白的。一些看过公布数据的史学家质疑能源部为什么拖到现在才公开这批无损于国家安全的档案，而使为国尽忠的奥本海默含冤多年。这确实是美国科学史上的一大奇案。

（11）麦卡锡主义。

1950 年 2 月，此前名不见经传的威斯康星州共和党参议员约瑟夫·麦卡锡很快变得臭名昭著；他掀起了美国历史上影响甚大的麦卡锡主义。麦卡锡主义是美国国内反共、反民主的典型代表，它恶意诽谤、肆意迫害共产党和民主进步人士甚至有不同意见的人，有"美国文革"之称。

"原子弹之父"奥本海默、电影大师卓别林、著名汉学家费正清以及著名核物理学家钱学森等人，就都是麦卡锡及其同伙疯狂迫害的牺牲品。更有甚者，曾担任驻华特使、美国国务卿和国防部长的乔治·马歇尔将军也被打成"叛徒"，并且将民主党执政的 20 年称为"叛国的 20 年"。到了 1953 年末，就连首倡"忠诚检查"的杜鲁门总统本人也被指控包庇苏联特工，对美国不忠。

据估算，麦卡锡主义盛行期间，至少有 800 万美国人要经常证明他们对国家的忠诚，这段时期在美国历史上被称为"忠诚宣誓的年代"。大约有 2000 千万美国公民受到了不同程度的审查，很多的进步书籍被列为禁书，包括幽默作家马克·吐温的作品。

从 1950 年初麦卡锡主义开始泛滥，到 1954 年底彻底破产的前后五年里，它的影响波及美国政治、外交和社会生活的方方面面，其影响至今仍然可见。美国右翼团体对麦卡锡的盖棺语是：了不起的勇敢的灵魂，伟大的爱国者。麦卡锡主义作为一个专有名词，也成为政治迫害的同义词。

（12）奥本海默的悲剧。

奥本海默是一个天才，他对哲学和历史领域的广泛涉猎使他成为了一个超出民族主义、关注全人类共同命运的科学家。但这也在相当程度上造成了他的悲剧人生：一方面，他需要依靠政治的力量来完成超出一个或几个科学家根本无法完成的事，如"曼哈顿工程"，他也希望借助政治的力量来实现他的人生理想，如推广原子能在国际范围的和平利用。

但另一方面，他和很多科学家那些认为是理所当然的道理，在政治人士眼里看起来却是近乎天真和幼稚的。更糟糕的是，他们这些人所谓的"抗争"，在强大的政治力量面前简直不堪一击。而且，他们有时候对自己身陷多方政治力量的角力也一无所知——奥本海默从某种意义上说也是当时美国陆军和空军较量的牺牲品。

空军想发展破坏力更强的炸弹以获得摧毁对方整个国家的能力，陆军则希望用小型炸弹抵制入侵。陆军要原子弹（核裂变），空军要氢弹（核聚变）。奥本海默站在陆军一边，所以要鼓吹战术核武器而反对发展氢弹。空军为了抵制陆军，就要想方设法把奥本海默赶出政府。在空军看来，任何人反对发展氢弹就是破坏国防。奥本海默的悲剧即是他个人的，更是科学家团体的；科学家们的智慧投入到了科学研究，而政治家们的智慧则更多的是"治人与治国"，这一点科学家们并不擅长。

其实，在政治面前，科学家们是很弱小的，也是很矛盾的。氢弹之父泰勒说，自己选择科学家这个职业，是因为他热爱科学；他也热爱和平，不爱武器；但为了和平，世界需要武器。泰勒的这番辩白也说明了他从事科学研究的基本出发点：对科学的兴趣和为和平的良心驱使。

见到原子弹爆炸威力的科学家们良心受到谴责，开始公开反对进行氢弹的研究。可是当氢弹得到政府支持正式启动后，他们又放弃了过去的想法，以极大的热情投入了氢弹研究。这些科学家包括贝特、斯坦尼斯瓦夫·乌拉姆（1909—1984 年，参与曼哈顿工程，1950 年参加美国第一颗氢弹的计算工作，1967 年任美国总统科学顾问委员会顾问，是美国导弹计划的发起人之一）、费米、诺依曼、费曼等，而贝特更是一个极端的例子。贝特曾拒绝泰勒的劝说回到洛斯阿拉莫斯，在著名的《科学美国人》杂志上发表了从科学、政治和道义上反对制造氢弹的文章，甚至还同其他 11 位科学家签名发出了谴责政府制造氢弹的决定的声明，可最后贝特还是在研究氢弹的过程中起到了决定性作用。

奥本海默是将科学与政治结合最好的科学家或者科学家之一，为此他走向了人生的巅峰，功成名就，被誉为"原子弹之父"。但是，在强大的政治面前，他仍旧很弱小；当他的意见与政府相左的时候，政治将他绝对碾压，而他却无还手之力。

（13）潘多拉盒子打开后著名科学家的反应。

原子弹爆炸并用于战争，造成了巨大的破坏力，打开了潘多拉魔盒！原子弹在日本广岛和长崎爆炸及其所带来的惨剧，使一些参加过原子弹研制的科学家感到强烈的震撼，很多人对此十分恐惧、十分懊悔。

爆炸的威力超出了费米原来的想象；他本来是一个冷静而有理智的人，这时也受到了很大的惊动，甚至无法自己开车回家。费米对所有持反对意见的同事只能重复这样的回答："不要让我跟你们一块受良心的折磨吧。无论如何，这毕竟是物理学上的一个杰出成就。"

因发现第 93 号元素镎而对原子弹的研制工作立下汗马功劳的英国科学家哈恩，在得知日本遭受原子弹打击的消息后，感到十分沮丧，他觉得正因为他的发现，原子弹才得以发现出来，因此他觉得他应该对这十几万人的死亡负有责任。他在多次场合表示，当他看到自己的科学发现可能带来的可怕后果时，他深深惊恐。如今，这一切可能性和担心都变成了现实，他觉得自己受到了良心的责备。

另一位犹太科学家，战时效力于麻省理工学院的拉比谈起自己当时的感受时说："那是一种难以名状的感觉。不知是何种原因，当时所受到的刺激至今也没能消失。那种感觉中带着恐怖和不祥，仿佛冻结在心底一样"。

曾经说服罗斯福总统关注核研究的爱因斯坦懊悔地写道："要是我知道这种担忧（指希特勒拥有原子弹）是没有根据的，同西拉德一样，我当初就不会插手去打开这只潘多拉盒子"。在广岛、长崎的原子弹爆炸之后，爱因斯坦还写了一封告美国公民书；书中呼吁到："我们将此种巨大力量释放出来的科学家，对于一切事物都要优先负起责任，原子能决不能被用来伤害人类，而应用来增进人类的幸福。"

曼哈顿工程带给科学家们最大的启示是，那种大科学中所强调的广泛合作精神在履行社会的责任中也同样重要。曼哈顿工程的结局使科学家们十分担忧地看到"科学实际上给人类提供了自我毁灭的手段"，看到了利用核武器的战争将使人类走向深渊。为了限制原子武器的发展及其所带来的危险的努力中，科学家们在世界范围内结成了广泛的联盟，呼吁世界各国人民及其国务活动家们行动起来，封闭那些通向毁灭的道路。

1949 年，约里奥-居里在巴黎主持召开了世界和平理事会第一次代表大会。他在演说时宣称："科学家们不愿成为那样一些力量的同谋者，这种力量有时为了罪恶的目的去利用科学家们的成果"。为此他呼吁："科学家们作为劳动者大家庭的成员，应当关心自己的发明是怎样被利用的"。

1955 年 7 月 9 日，罗素（1872—1970 年，英国著名哲学家、数学家、逻辑学家、历史学家、文学家，分析哲学的主要创始人，世界和平运动的倡导者和组织者）在伦敦发表了题为"科学家要求废止战争"的《罗素—爱因斯坦宣言》，该宣言起源于罗素对原子弹和氢弹爆炸后的深邃思考和思想转变。宣言指出由于制造核武器的竞赛，人类的前途令人担心，对核武器深表忧虑；呼吁世界各国领导人通过和平方式解决国际冲突。

在宣言上署名的有 11 位著名的科学家，其中 10 人为诺贝尔奖得主，包括玻恩（1954 年诺贝尔奖）、布里奇曼（1946 年诺贝尔奖）、约里奥—居里（1935 年诺贝尔奖）、穆勒（美国遗传学家、1946 年诺贝尔生理学或医学奖）、鲍林（1954 年诺贝尔化学奖和 1962 年诺贝尔和平奖）、汤川秀树（日本物理学家、1949 年诺贝尔物理学奖）、罗特伯·拉特（英国物理学家、1995 年诺贝尔和平奖）、塞西尔·弗兰克·鲍威尔（英国物理学家，发现了 π 介子粒子，被誉为粒子物理学之父，获得了 1950 年度诺贝尔物理学奖）。只有奥波德·英费尔德（波兰物理学家、爱因斯坦—英费尔德—霍夫曼理论的创始人之一）例外。1955 年 4 月 11 日，爱因斯坦临终前在宣言上签名，被视为"来自象征人类智力顶点的人的临终信息，恳求我们不要让我们的文明被人类的愚蠢行为所毁灭"。

1957 年 7 月，《罗素—爱因斯坦宣言》主张召开的科学家大会在加拿大的一个小渔村——普格沃什召开。首次帕格沃什会议由鲍威尔和拉特主持，包括我国科学家周培源在内的来自 10 个国家的 22 名科学家出席了会议。会议在原子战争的危害、核武器的控制和科学家的社会责任等问题上取得了积极成果。以后普格沃什会议大约每年举行一次，世界各国越来越多的科学家和热爱和平的人士踊跃参加会议或成立分支组织，以致形成了一场声势浩大的普格沃什和平运动。

❧ 师承关系 ❧

正规学校教育；跟随汤姆逊、卢瑟福和布莱克特这三位诺奖得主学习过，他的博士导师是玻恩。

❧ 学术贡献 ❧

研究领域非常广泛，涵盖天文、宇宙射线、原子核、量子电动力学和粒子物理学。

（1）1930年，他证明质子并不是狄拉克的"反电子"，从而为安德森两年后发现真正的"反电子"——正电子铺平了道路。

（2）1936年，奥本海默等证明存在一个临界质量，一颗热核能源耗尽的星体如果质量大于这个临界质量，就不可能成为稳定的中子星，它要么经过无限坍缩形成黑洞，要么形成介于中子星与黑洞之间的其他类型的致密星，这个临界质量被称为奥本海默极限——是稳定中子星的质量上限。

（3）1939年9月，奥本海默还根据广义相对论提出黑洞理论，发表在讲述引力连续塌缩的文章中。文章证明，质量远大于太阳的恒星最终都会成为黑洞，并推断，黑洞必定作为实体存在于我们周围的星空。他是最早提出"黑洞"概念的人，这是他一生中最出色的贡献、对科学唯一革命性的贡献。

（4）他领导了美国著名的曼哈顿工程，1945年主导制造出世界上第一颗原子弹。

❧ 代表作 ❧

无从考证。

❧ 学术获奖 ❧

（1）1963年12月2日，时任美国总统林登·约翰逊为奥本海默颁发了费米奖。其中包括一张不扣税的5万美元支票。当时，美国总统的年薪为7.5万美元，国务卿2.5万美元。奥本海默是费米奖第七位得主，这份奖肯定了他为原子弹事业做出的贡献。

（2）奥本海默一生获得过三次诺贝尔奖提名，但一次都没有获奖；他当时最有可能获诺奖的是关于"引力坍缩"的研究，但他没有持续研究下去。引力坍缩：是天体物理学上恒星或星际物质在自身物质的引力作用下向内塌陷的过程，产生这种情况的原因是恒星本身不能提供足够的作用力以平衡自身的引力，从而无法继续维持原有的流体静力学平衡，引力使恒星物质彼此拉近而产生坍缩。在天文学中，恒星形成或衰亡的过程都会经历相应的引力坍缩。

学术影响力

（1）创建了美国洛斯阿拉莫斯国家实验室。

（2）奥本海默培养了许多理论物理学家，促进了第二次世界大战后美国的新的物理学中心的形成。

（3）黑洞概念的提出对科学有着革命性的贡献，黑洞对宇宙进化起着决定性的作用。

（4）被美国权威期刊《大西洋月刊》评为影响美国 100 人第 48 名。

（5）尤利乌斯·罗伯特·奥本海默纪念奖和奖章是迈阿密大学理论研究中心于 1969 年至 1984 年颁发的奖项，它以美国物理学家奥本海默的名字命名。该奖由奖章、证书和 1000 美元奖金组成，授予对自然科学做出杰出贡献的科学家。

（6）奥本海默杰出奖是美国国家实验室设立的对全球开放的最高奖项，奖励那些在物理、化学、生物、材料、能源及环境等多学科中有建树有潜力成为各自领域学术带头人的杰出青年科学家。全球每年获奖者不超过 2 位。

名人名言

（1）科学家不应该对社会有益地或有害地利用他的成果承担责任；他仅对自己的工作或成果的科学价值负责。

（2）我们知道这世界将不会和过去一样，有些人笑，少数人哭，多数人保持沉默。

学术标签

曼哈顿工程的领导者、原子弹之父、最早提出"黑洞"概念的人。

性格要素

个性鲜明，才华横溢却又锋芒毕露；早期聪慧勤奋但却睚眦必报，中年后精明能干、稳重而又平易近人，善于协调处理各种复杂人际关系，具有超强的组织管理才能；后期为人正直、社会责任感强，反对核武器用于战争，主张和平利用核能。

评价与启迪

（1）不问政治却卷入政治。

奥本海默不看报纸、不看新闻报道，也不听收音机，对政治也缺乏兴趣。他的所作所为从某种意义上对科学研究和发展而言是具有重大意义的，而他本人其实也超越了一个作为埋首实验室和课堂的学者，发挥了更大的作用。奥本海默的终身奋斗目标一直是要做一个纯科学的科学家，他不断地谈论纯科学方面的新发现及困惑。制造原子弹和制定核政策对他来说只是暂时的中断。在奥本海默晚年的生活中，病衰和失望状态使他由于不再做科研而感到绝望——可见他是一个热爱科研大于热爱军事和原子弹的人。奥本海默把一生献给了社会公正、理性主义和自然科学。

（2）好恶分明。

在科学研究中，他对热点、重点和名人关注过多，而对非主流的工作与小人物很少注意。奥本海默不喜欢兹威基，因此他连兹威基为超新星坍塌后的剩余物起的名字"中子星"都不用。费曼的导师惠勒是氢弹的热情鼓吹者，奥本海默从来不用惠勒的"黑洞"来称呼引力坍塌的剩余物；他对两人的态度掺进了个人好恶及学术误判。

（3）诺贝尔奖的遗憾。

如果他能坚持在引力坍塌问题上持续研究下去，那他也极有希望拿到诺贝尔奖；但是原子弹的研制耽误了他的时间，使他没有精力从事引力坍塌问题的研究。不知道这是一个遗憾，还是一件幸事。诺贝尔奖得主有很多，奥本海默却只有一个，他对于美国、对于整个世界的影响都是极其巨大的！

（4）忠于美国。

奥本海默是终生以对美国极其忠诚为荣的。他把别人认为他对美国不忠而审判他，并把认为他会因受审而反悔参与原子弹制造，都当作是极大的诬蔑。对奥本海默而言，反悔为自己国家做出的努力等于站到敌人的一边。

总之，人才需要包容，包容他们的不是，包容他们的失误，更包容他们的个性——"荆岫之玉必含纤瑕，何况人乎"？爱护人才，给其改错的机会也是育人之道。

识才用才，历代被视为治国安邦之方略。人才往往个性鲜明，接受不了其个性，就难以发挥其才能；容忍不了其缺点，就无法欣赏其优点。人才往往有一股闯劲，敢为前人未敢为之事。于是就难免有失误乃至失败。应该懂得尊重人才的道理，对人才有一种由衷的敬重之情，对人才要多些耐心、爱心和热诚，多给他们一些时间和机会，不要以一时之成败论英雄。无论为党的事业，还是职责所系，我们都要大度宽容、真心诚意对待每一位人才。发现人才是能力，善用人才是本能。某种意义上，奥本海默是时势造英雄。

84. 杰出的科普作家、大爆炸宇宙理论之父——伽莫夫

姓　　名　乔治·伽莫夫
性　　别　男
国　　别　美籍俄裔
学科领域　核物理学、宇宙学、天文学
排　　行　第三梯队（二流）

伽莫夫像

❧ 生平简介 ❧

　　伽莫夫（1904—1968 年）是现代科学史上的一位传奇人物，他出生于敖德萨（现在乌克兰境内）一个世代军官家庭，母亲在他 9 岁的时候就病逝了。1914—1920 年在敖德萨师范学校学习，期间经历了第一次世界大战、十月革命和国内战争。伽莫夫虽在上学，但主要靠自学。他一直是班上最优秀的学生，并且对诗歌和几何学有着浓厚的兴趣。

　　1922—1923 年在大学学习期间，伽莫夫就已经小有名气。1924 年，20 岁时，因在一所红军野战炮校兼教物理赚取生活费，有红军炮兵上校的军衔。后来在曼哈顿工程和麦卡锡时代，这个军衔还困扰了他一段时间。1923 年转往列宁格勒大学物理系，与著名理论物理学家朗道和伊万年科是同窗，被同学们称为"三剑客"，当时他们的老师有数学家和宇宙学家弗里德曼。1926 年毕业于列宁格勒大学，1928 年获得哲学博士学位。

　　1928—1931 年，伽莫夫先后在哥本哈根大学、剑桥大学和哥廷根大学学习 1 年；师从玻尔、卢瑟福和玻恩，三人都很欣赏伽莫夫的才华。伽莫夫把量子论关于原子核的最新思想和处理方法带到了剑桥大学；他还指出使用质子来轰击原子核，其能量只需 α 粒子能量的 1/16；这使卢瑟福很受鼓舞，并由此催生了第一台质子加速器。

　　1931 年伽莫夫回到苏联，被任命为列宁格勒科学院首席研究员，并在列宁格勒大学担任物理教授。但是他发现，在斯大林高压统治下，科学家受到的待遇已与两年前大不相同，这使他大失所望。1933 年，他趁开会之机逃离了苏联。

　　1933—1934 年在巴黎居里研究所从事研究，期间到伦敦大学任访问教授。1934 年夏季移居美国，到密歇根大学讲学，同年秋被聘为华盛顿大学教授（1934 秋—1956 年）；1954 年任伯克利加利福尼亚大学访问教授。他在华盛顿大学主办每年一度的华盛顿理论物理会议，吸引了美国和欧洲很多优秀的物理学

家，并导致许多重大成果，例如恒星能源的碳氮循环和质子-质子循环、原子核裂变的机制等。1956—1958年改任科罗多大学教授。

伽莫夫是丹麦皇家科学院院士，美国物理学会、美国天文学会、美国哲学会、国际天文联合会会员。以倡导宇宙起源于"大爆炸"的理论闻名。在生物学领域，对译解遗传密码作出过贡献——他首先提出了生物学中的"遗传密码"理论，给了DNA之父克拉克以很大的启发。

在曼哈顿工程进行的时候，伽莫夫由于来自敌对国苏联，还有苏联红军的上校官衔，没有通过政审，无法参加这个秘密计划。第二次世界大战期间，伽莫夫在美国海军部军械局的高爆研究室中担任顾问。他多次以官方代表的身份向爱因斯坦报告有关研究方案，并讨论了许多物理学问题。第二次世界大战后，他曾有一段时间与泰勒等人在洛斯阿拉莫斯科学实验室从事氢弹研制工作。

1949年，当苏联第一颗原子弹爆炸成功后，杜鲁门总统下令研制"超级炸弹"——氢弹。伽莫夫和泰勒、斯坦尼斯拉夫、乌拉姆一起主持了第一个委员会的工作。1952年，伽莫夫参加华盛顿第一次洲际导弹火箭会议。

由于肝脏疾病伽莫夫于1968年于美国科罗拉多州的博尔德去世，享年64岁。在最后的时光里，他常常和他的学生阿尔弗通信，继续探讨学术问题。

✎ 花絮 ✎

（1）研究圣餐是否会变质。

伽莫夫很小时就对科学有浓厚兴趣。父亲给他一架显微镜，他就用它在俄罗斯东正教的圣餐仪式上做了一次圣餐质变的研究。在显微镜下他将面包屑、葡萄酒和平时的面包和酒做对比观察，并没有发现任何变成耶稣肉的迹象。后来他写道，"就是这次实验让我成为了一位科学家。"另一次是他13岁生日时得到了一件礼物——一架小望远镜，仰望星空激发了他探索宇宙奥秘的热情。这两件事，对于他日后投身科学大有影响。

（2）出逃。

27岁的伽莫夫在核物理上很快做出世界级水准的成果，苏联真理报甚至为他的研究成果谱写一首赞歌。1931年，他回到了苏联受到欢迎。报纸上称赞他："一个工人阶级的儿子解释了世界最微小的结构：原子的核"，"一个苏联学生向西方表明，俄国的土壤能够孕育出她自己的柏拉图们和才智机敏的牛顿们。"

但伽莫夫渐渐地不满苏联学术界的生活氛围，伽莫夫在心里对苏联当时的科学观滋生出一种厌恶。1932年，伽莫夫想要横渡黑海逃离到土耳其，但这是一个彻头彻尾的业余方案。伽莫夫又尝试过从北部的摩尔曼斯克穿过北冰洋到挪威，未果。

1933年，在玻尔和法国著名物理学家朗之万的促请下，伽莫夫千方百计通过莫洛托夫（苏联政治局委员、部长会议主席）的关系，获准带着新婚妻子去比利时布鲁塞尔参加第七届索尔维物理会议。会后，他们辗转在巴黎居里研究所、伦敦大学和根本哈根大学玻尔的研究所研究讲学约一年时间。1934 年秋，他们从欧洲到了美国，开始了 20 多年在华盛顿大学任教的经历。苏联领导人对他的逃离大为光火，缺席判处伽莫夫死刑。

（3）重视普及科学。

伽莫夫非常重视普及科学知识的工作。移居美国以后，他发现美国虽然经济发达，但许多人对 20 世纪初的科学成就、特别是当时刚出现不久的相对论、量子论和原子结构理论都一无所知。因此，他决定在从事教学和研究工作之余，动笔向普通读者介绍这些新生事物。

伽莫夫是科学家中的艺术家，他把人类在研究自然过程中的浪漫情怀完整地传达给热爱科学的公众。他是一个优秀的科普作家；他善于写作，落笔很快，常常一挥而就，各种思想在他的作品中自然流露，文笔形象生动，趣味盎然。其科普著作深入浅出，对抽象深奥的物理学理论的传播起到了积极的作用。

（4）是自我标榜还是实事求是。

伽莫夫的自传《我的世界线》写得简练、诙谐、率真、洒脱，很能体现伽莫夫的风格。该书的结尾，伽莫夫自己说过一段话，表明他为什么喜欢写作科普作品。

"我真的那么喜欢写科普作品吗？是的。我是不是把它当作自己的主要职业呢？不是。我的最大兴趣是攻克自然界的难题，不管它是物理学的、天文学的还是生物学的。然而在科学研究的领域里取得进展需要一种灵感，一种思想，而新颖、激动人心的思想并不是每天都出现的。每当我苦于缺乏新鲜想法来推进自己的研究时，我就写一本书；而每当一种对科学研究有效的新思想涌现时，写作就放在一边了。如果把 3 本有关核物理的书也算在内，那么我就写了 25 本书，对于人的一生来说，这也足够了。我已不打算写更多的书，原因之一是我实际上已把自己所知道的倾囊而出了。人们常常问我是怎样写出这些大获成功的书的，这可是一个很深奥的问题，深奥得连我自己都不知道该如何回答。"

这算是自我标榜还是实事求是？在作者看来，应该是稍有得意，更多是实事求是地表明自己的态度。稍有得意可以理解，毕竟写出了那么多的经典的科普作品，同时也没有耽误自己的学术研究，确实了不起。

（5）宇宙元素丰度。

伽莫夫特别感兴趣大爆炸和核合成（原子核形成）之间的关系。他想知道大爆炸联合核物理学能否解释观察到的原子丰度。我们知道宇宙中，按比例相对于一万个氢原子，有大约一千个氦原子、六个氧原子和一个碳原子。其他所有元素的原子总数加起来比不上碳原子的总数。伽莫夫觉得大爆炸的初期状况决定了我们这个以氢氦为主的宇宙，大爆炸本身又能解释更重些的元素各自的丰度。那些元素会很稀少，但对生命极为重要。

（6）论文发表中的恶作剧——导师硬塞了个第二作者。

1948 年的愚人节，《物理评论》上发表了一篇文章，题为《化学元素的起源》，署名拉尔夫·阿尔弗（伽莫夫的博士生）、汉斯·贝特和乔治·伽莫夫，谐音 α、β、γ。这个发表时间，这样的署名方式，怎么看都像个恶作剧。但这篇文章的内容可是认真的，它首次指出宇宙大爆炸以一定比例产生了氢、氦等元素；这篇文章认为，宇宙起源于一次大爆炸，地球上和宇宙中发现的原子都是大爆炸的产物。

其实这个 β 是伽莫夫在愚人节那天开的玩笑，把自己的好友汉斯·贝特的名字作为第二作者也加上去，这样三人的姓氏正好组成 α、β、γ 的谐音。阿尔弗对导师的决定很不高兴。他担心，论文署名里突然多出一个超级大牛人，谁还会注意到他？但是伽莫夫坚持要这么做，他后来在一篇文章里谈道："如果这篇文章的署名只有阿尔弗和伽莫夫，这似乎对希腊字母表不太公平，所以在准备手稿的时候，汉斯·贝特博士（缺席）的名字就被加进去了。"而贝特"碰巧"是《物理评论》的审稿人，他删掉了"缺席"二字。于是，这篇署名"α、β、γ"的文章，在愚人节当天发表了，戏称为"αβγ 理论"。据说，伽莫夫还试图说服另一位物理学家罗伯特·赫尔曼改名"δ"——罗伯特·德尔塔，放在作者名单的第四位，显然赫尔曼没有同意。

《物理评论》的文章发表后马上在学界引起轰动。不久后，阿尔弗进行博士毕业答辩，300 多人前来观看，这可能是他前半生的高光时刻。后来，阿尔弗跳去通用电气，而赫尔曼去了通用汽车，他们都改行了。直到 1993 年，二人才一同获得了美国科学院颁发的亨利·德雷珀奖。阿尔弗于 2005 年获得美国国家科学奖。

（7）伽莫夫未能获得诺贝尔奖的原因。

伽莫夫是属于科学史上少数几位成就显赫而未获诺贝尔奖的学者之一，主要原因是：

第一，伽莫夫的核势垒隧道效应理论是最值得称道的重要成就之一，这一理论对高压倍加器的建造起到了正确的指导作用，但是他由于偷渡美国而没有继续在这一领域持续研究下去。他爱好广泛，但是这严重分散了他的精力，使他无法在一个领域坚持长久地研究下去。否则，诺奖是手到擒来的。这一点与奥本海默有近似之处，二人均很难坚持在同一个领域持续深入研究；不同之处是后者有了"曼哈顿工程"总指挥的头衔，名垂青史。二人还有一个相同之处是同样短寿，都只活了六十三四岁，这与"氢弹之父"爱德华·泰勒不同，人家可是活了足足 95 岁。

第二，宇宙大爆炸学说与爱因斯坦的广义相对论一样，改变了人们的时空观。但当时仅仅是一个假设，还没有足够多的证据去证实。阿诺·彭齐亚斯（1933 年至今，任职贝尔实验室，德裔美籍射电天文学家，美国国家科学院院士）和罗伯特·威尔逊（1936 年至今，贝尔实验室无线电物理部主任，射电天文学家）于 1964 年发现了 3K 微波背景辐射，这一发现也确实为"大爆炸"学说提供了一个强有力的证据，但人们仅仅从 3K 微波背景辐射本身授予他们诺奖而没有与宇宙大爆炸学说联系起来。

第三，他在遗传密码方面的重要贡献也未能分享诺贝尔奖，其原因是他对该理论的阐述不够透彻完善，再则是他未能及时和实验家们配合。克里克自己也不否认，伽莫夫于 1954 年在《自然》杂志上发表的一篇短讯对他的启发作用很大，但他们之间缺少真正意义上的合作。

第四，他没有活足够久。伽莫夫的成果和后期影响要远大于他的苏联同胞卡皮察，卡皮察直到 1978 年 84 岁高龄时才与彭齐亚斯和威耳逊一道摘取诺奖桂冠，伽莫夫于 1968 年过早去世，使他永远失去了这一机会。几乎无须证明，倘若伽莫夫依然健在，那么他终将成为这同一奖项的得主。

第五，伽莫夫的成就特点主要是理论推测和猜想得多，但真正在实验落实方面却明显缺乏，这是他不能获奖的主要原因。

不管怎么说，即便没有获得诺奖，人们也会永远铭记伽莫夫的伟大贡献，他和安培、焦耳、伦琴、索末菲、费米、居里夫人、费曼等人并肩进入准一流物理学家的行列，实至名归。

（8）宇宙大爆炸学说。

宇宙大爆炸学说是现代宇宙学中最有影响的一种学说。它的主要观点是宇宙是由一个致密炽热的奇点于 137 亿年前一次大爆炸后膨胀形成的，认为宇宙曾有一段从热到冷的演化史。在这个时期里，宇宙体系在不断地膨胀，使物质密度从密到稀地演化，如同一次规模巨大的爆炸。

在该学说的演化过程中，需要浓墨重彩地讲述的一个人就是苏联科学家亚历山大·亚历山德罗维奇·弗里德曼，他是用数学方式提出宇宙模型的第一人，在他的宇宙模型物质平均密度是常数，而且除了膨胀因子或曲率半径外，其他所有参数都是可知的。他的模型对于从爱因斯坦广义相对论推出的宇宙模型具有重要意义。

事实上，他最早引入了"膨胀宇宙"这个词，并且估计的周期性宇宙的年龄非常接近我们今天的认知；他也引入了现代宇宙学的基本思想——宇宙的几何是演化的，甚至有可能源于一个奇点。如果不是英年早逝，他应该还能做出给广大的贡献，可惜天妒英才。

几年后，1927 年，比利时天文学家和宇宙学家乔治·爱德华·勒梅特（1894—1966 年，比利时神父和宇宙学家，鲁汶天主教大学的物理学教授，主要著作有《论宇宙演化》和《原始原子假说》）首次提出了宇宙大爆炸假说。1929 年，美国天文学家哈勃根据假说提出星系的红移量与星系间的距离成正比的哈勃定律，并推导出星系都在互相远离的宇宙膨胀说。

1946 年，伽莫夫等人正式提出了大爆炸宇宙理论——火球理论，认为宇宙发源于一次剧烈的爆炸。通过大爆炸模型定量计算了一些重要的结果，很好地解释当前宇宙中氢、氦元素的丰度比例，比如宇宙中氢原子丰度约为 25%，与观测符合。在这个理论的基础上，1948 年伽莫夫及其学生通过进一步研究宇宙中的元素丰度比例而改进了大爆炸模型，并由此预言了微波背景辐射的存在。微波背景辐射是支持大爆炸模型的关键证据，最终于 1964 年被观测证实，从而使大爆炸模型成为目前公认的最佳宇宙起源理论。

在微波背景辐射被观测证实之后，宇宙学迅速成为主流学科。结合现在的精确宇宙学的观测，可以推断出：宇宙源于大约 137 亿年前的一次大爆炸，然后开始膨胀（"普朗克"探测器推算出宇宙年龄约为 138 亿年）。大爆炸理论的建立基于了两个基本假设：物理定律的普适性和宇宙学原理。宇宙学原理是指在大尺度上宇宙是均匀且各向同性的。这些观点起初是作为先验的公理被引入的。根据对微波背景辐射的观测，宇宙学原理已经被证实在 10^{-5} 的量级上成立，而宇宙在大尺度上观测到的均匀性其偏差在 10% 的量级。

大爆炸理论的科学性最直接的证据来自对遥远星系光线特征的研究。在更广阔的宇宙学尺度上，大爆炸理论在多个方面经验性取得的成功也是对广义相对论的有力支持。比如，原初引力波就是爱因斯坦于 1916 年发表的广义相对论中提出的，它是宇宙诞生之初产生的一种时空波动，随着宇宙的演化而被削弱。科学家说，原初引力波如同创世纪大爆炸的"余响"，将可以帮助人们追溯到宇宙创生之初的一段极其短暂的急剧膨胀时期，即所谓"暴涨"，见图 2-65。2014 年 3 月 17 日美国物理学家宣布，首次发现了宇宙原初引力波存在的直接证据。

当然，大爆炸理论也存在争议。比如有科学家认为不存在黑洞，那现代的宇宙观可能被洗盘。孰是孰非，还需要加强科学研究。

（9）宇宙背景辐射的发现。

1964 年，美国贝尔电话公司年轻的工程师彭齐亚斯和威尔逊（见图 2-66），在调试他们那巨大的喇叭形天线时，出乎意料地接收到一种无线电干扰噪声。无线电干扰噪声各个方向上信号的强度都一样，历时数月而无变化；这个信号与时间空间无关。

这是怎么回事呢？难道是仪器出了故障？是栖息在天线上的鸽子引起的？他们把天线拆开重新组装，清除了天线上的鸽子窝和鸟粪，然而噪声仍然存在，很难解释。这种不明噪声信号的波长在微波波段（波长为 7.35 厘米），对应于有效温度为 3.5K 的黑体辐射出的电磁波——这个温度是根据电子学里的纳奎斯特定理估计出来的。他们分析后认为，这种噪声肯定不是来自人造卫星，也不可能来自太阳、银河系或某个河外星系射电源，因为在转动天线时，噪声强度始终不变。于是，他们在《天体物理学报》上以《在 4080 兆赫上额外天线温度的测

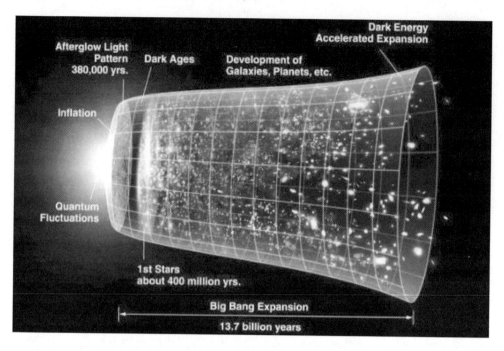

图 2-65　大爆炸后一直在膨胀的宇宙示意图

图 2-66　彭齐亚斯（左）和威尔逊（右）

量》为题发表论文正式宣布了这个发现，见图 2-67。这个文章虽然很短，但意义重大，因为这是人类第一次发现宇宙微波背景辐射。

We deeply appreciate the helpfulness of Drs. Penzias and Wilson of the Bell Telephone Laboratories, Crawford Hill, Holmdel, New Jersey, in discussing with us the result of their measurements and in showing us their receiving system. We are also grateful for several helpful suggestions of Professor J. A. Wheeler.

R. H. DICKE
P. J. E. PEEBLES
P. G. ROLL
D. T. WILKINSON

May 7, 1965
PALMER PHYSICAL LABORATORY
PRINCETON, NEW JERSEY

REFERENCES 四个作者的名字

Alpher, R. A., Bethe, H. A., and Gamow, G 1948, *Phys. Rev.*, **73**, 803
Alpher, R. A., Follin, J. W., and Herman, R. C. 1953, *Phys. Rev*, **92**, 1347.
Bondi, H., and Gold, T. 1948, *M N.*, **108**, 252.
Brans, C., and Dicke, R. H. 1961, *Phys. Rev.*, **124**, 925.
Dicke, R. H. 1962, *Phys. Rev.*, **125**, 2163.
Dicke, R. H., Beringer, R., Kyhl, R. L., and Vane, A. B. 1946, *Phys. Rev.*, **70**, 340
Einstein, A., 1950, *The Meaning of Relativity* (3d ed.; Princeton, N.J.: Princeton University Press), p. 107.
Hoyle, F. 1948, *M N*, **108**, 372.
Hoyle, F., and Tayler, R. J 1964, *Nature*, **203**, 1108
Liftshitz, E. M., and Khalatnikov, I. M. 1963, *Adv. in Phys.*, **12**, 185.
Oort, J. H. 1958, *La Structure et l'évolution de l'univers* (11th Solvay Conf [Brussels: Éditions Stoops]), p. 163.
Peebles, P. J. E. 1965, *Phys. Rev.* (in press).
Penzias, A. A., and Wilson, R. W. 1965, private communication.
Wheeler, J. A., 1958, *La Structure et l'évolution de l'univers* (11th Solvay Conf. [Brussels: Éditions Stoops]), p. 112.
———— 1964, in *Relativity, Groups and Topology*, ed C. DeWitt and B. DeWitt (New York: Gordon & Breach).
Zel'dovich, Ya. B. 1962, *Soviet Phys.—J.E.T.P.*, **14**, 1143.

彭齐亚斯和威尔逊致编辑的信

We are grateful to R. H. Dicke and his associates for fruitful discussions of their results prior to publication. We also wish to acknowledge with thanks the useful comments and advice of A. B. Crawford, D. C. Hogg, and E. A. Ohm in connection with the problems associated with this measurement.

作者致谢迪克

No. 1, 1965   LETTERS TO THE EDITOR   421

Note added in proof.—The highest frequency at which the background temperature of the sky had been measured previously was 404 Mc/s (Pauliny-Toth and Shakeshaft 1962), where a minimum temperature of 16° K was observed. Combining this value with our result, we find that the average spectrum of the background radiation over this frequency range can be no steeper than $\lambda^{0.7}$. This clearly eliminates the possibility that the radiation we observe is due to radio sources of types known to exist, since in this event, the spectrum would have to be very much steeper.

作者姓名

A. A. PENZIAS
R. W. WILSON

May 13, 1965
BELL TELEPHONE LABORATORIES, INC
CRAWFORD HILL, HOLMDEL, NEW JERSEY

迪克、皮布尔斯等人的论文

图 2-67 彭齐亚斯、威尔逊发表论文的影印件

这个神秘信号引发了普林斯顿大学罗伯特·迪克、詹姆斯·皮布尔斯（2019年诺布尔物理学奖获得者）、P.G.罗尔以及 D.T.威尔金森等人的强烈关注，他们也在同一期的《天体物理杂志》上发表了论文（致谢了彭齐亚斯和威尔逊），详尽地讨论了两人发现的信号的宇宙学意义：这个信号可能来自宇宙大爆炸。

宇宙微波背景辐射的发现，说明了早期的宇宙充斥着大量的辐射场，一种有极高的温度和压力的场，见图 2-68。该发现使许多从事大爆炸宇宙论研究的科学家们获得了极大的鼓舞，因为彭齐亚斯和威尔逊等人的观测竟与理论预言的温度非常接近。宇宙背景辐射的发现在近代天文学上具有非常重要的意义，它给了大爆炸理论一个有力的证据。

图 2-68 彭齐亚斯和威尔逊发现背景辐射的喇叭形天线

宇宙微波背景辐射的发现，为观测宇宙开辟了一个新领域，也为各种宇宙模型提供了一个新的观测约束，与类星体、脉冲星、星际有机分子一道，被列为20 世纪 60 年代天文学四大发现之一。彭齐亚斯和威尔逊也因此于 1978 年获得了诺贝尔物理学奖。瑞典科学院在颁奖决定中指出，这一发现，使我们能够获得很久以前宇宙创生时期所发生的宇宙过程的信息。28 年之后，美国科学家约翰·C·马瑟和乔治·F·斯穆特又因发现宇宙微波背景辐射的黑体谱形和各向异性而获得 2006 年度诺贝尔物理学奖。

当宇宙膨胀时候同时也在冷却着，很大一部分的能量转变成了物质相同的质子、中子、电子等，而今天这些物质正在我们旁边呼啸而过。然而还有一些的能量依然是能量的形式，以光子的形式围绕着我们。这些光子不是从任何能量源中放射出来的，只是弥漫在空间中（并且持续地在扩散）。而这些剩下的能量就被我们称为宇宙背景辐射。

微波背景辐射的最重要特征是具有黑体辐射谱，在 0.3～75cm 波段，可以在地面上直接测到。从 0.054cm 直到数十厘米波段的测量表明，背景辐射是温度近于 2.7K 的黑体辐射，习惯称为 3K 背景辐射。黑体谱现象表明，微波背景辐射是极大时空范围内的事件。因为只有通过辐射与物质之间的相互作用，才能形成黑体谱。由于现今宇宙空间的物质密度极低，辐射与物质的相互作用极小，所以我们今天观测到的黑体谱必定起源于很久以前。

宇宙微波背景辐射是宇宙中最古老的光，可以让我们了解宇宙"婴儿时期"的各种信息。但是，微波背景辐射只能告诉人们大爆炸 38 万年之后的事，而更早的宇宙就无法通过微波背景辐射了解。

基于宇宙学基本原理，大尺度上，宇宙是均匀、各向同性的，所以宇宙背景辐射应当也是各向同性的。各向同性说明，在各个不同方向上，各个相距非常遥远的天区之间，应当存在过相互联系。观测结果也大体上如此，不过在几乎均匀的基础上，还是存在约微量的涨落。这些细微的不均匀性是由于背景光子在旅途中与天体发生了相互作用，故而也携带了这些天体的信息。所以微波背景光子就像信使一样，给我们带来宇宙深处的消息。

宇宙微波背景辐射的存在已经是一个不争的事实，它带给人们一个新的研究领域，如何正确解读它是一个很值得讨论的问题，它的意义可能远比我们想象的更重大。比如在研究宇宙微波背景辐射信号时（见图 2-69），宇宙空间中发现的巨大的冷斑（也称宇宙空洞，即不存在任何的正常物质或者暗物质），这是否意味着平行宇宙的存在？

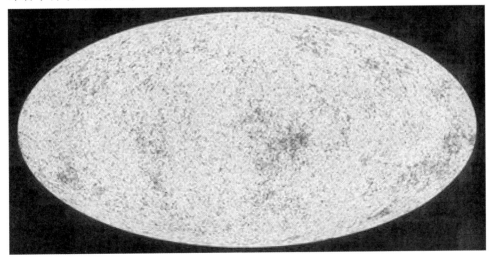

图 2-69　宇宙微波背景辐射（来自欧洲航天局）

❧ 师承关系 ❧

正规学校教育，曾受教于著名物理学家弗里德曼（伽莫夫选修了弗里德曼的"相对论的数学基础"这门课）、玻恩、玻尔、卢瑟福和爱因斯坦；他的博士生有暗物质之母薇拉·古柏·鲁宾。

❧ 学术贡献 ❧

他在众多的科学领域作出过开拓性的贡献，主要研究核物理和天文学，甚至还研究过数学、化学、生物学等学科。

（1）提出原子核的核流体假设，对建立现代核裂变和核聚变理论起了一定影响。

（2）1928 年，提出用质子代替 α 粒子轰击原子核，提出了著名的"核势垒隧道效应"解释原子核的 α 衰变，对核物理学发展具有重要意义。后来，人们赞誉这一成就"标志着核物理学的起点"。

（3）1928 年，提出了放射性量子论和首创原子核的"液滴"模型，解释了受激核的 γ 发射。

（4）1933 年，他与同学列夫·达维多维奇·朗道合作，提出可以根据恒星表面存在的锂元素推知其内部温度。

（5）1936 年，同"氢弹之父"爱德华·泰勒一起共同描述自旋诱发的原子核 β 衰变，确立了 β 衰变的伽莫夫—泰勒选择定则，两人一起研究了红巨星内部的核反应和能源问题。

（6）伽莫夫与巴西裔理论物理学家马里奥·申贝格合作，提出某些恒星内部的核反应会产生大量的中微子和反中微子，它们的突然逸出将导致巨额光能的释放，这种所谓的"尤卡过程"，可以解释超新星爆发现象。

（7）把核物理学用于解决恒星演化问题，1939 年提出超新星的中微子理论，1942 年提出红巨星的壳模型。到 20 世纪 40 年代中期，伽莫夫还研究了白矮星的机制、造父变星的机制、恒星内部元素的产生等各种课题。1938 年，在恒星反应速率和元素形成方面引入"伽莫夫"因子。

（8）1946 年，伽莫夫与他的学生——拉尔夫·阿尔弗（伽莫夫的博士生）和罗伯特·赫尔曼一道，将相对论引入宇宙学，正式提出了热大爆炸宇宙学模型——火球理论。该模型认为，宇宙由大约 140 亿年前发生的一次大爆炸形成；宇宙曾有一段从热到冷的演化史，宇宙最初开始于高温高密的原始物质，温度超过几十亿度。在这个时期里，宇宙体系在不断地膨胀，使物质密度从密到稀地演化，随着宇宙膨胀，温度逐渐下降，形成了现在的星系等天体，如同一次规模巨大的爆炸。

（9）他们还预言了宇宙微波背景辐射的存在，1964 年美国贝尔实验室的无线电工程师阿诺·彭齐亚斯和罗伯特·威尔逊（获得 1978 年诺贝尔物理学奖）偶然中发现了宇宙微波背景辐射，证实了他们的预言。

（10）1948 年提出新的化学元素起源理论，认为各种元素是在中子连续俘获过程产生的。该文章发表在《物理评论》，题目是《化学元素的起源》。它首次指出宇宙大爆炸以一定比例产生了氢、氦等元素，至今已经被引用上千次。

（11）1954 年，他提出蛋白质遗传密码的设想：DNA 双螺旋结构中由氢键生成而形成空穴的 4 个角为 4 个碱基，4 个碱基的不同排列组合就构成遗传密码。这一看法后来被沃森、克拉克和尼伦伯格等人所证实。

∽ 代表作 ∾

（1）1946 年 4 月，伽莫夫发表了题为《膨胀宇宙和元素的起源》的论文，分析了化学元素起源与宇宙早期膨胀过程的联系。他设想，在宇宙早期的迅速膨胀过程中，高密度的自由中子迅速地复合出各种核素，而在以后较冷的状态下又通过 β 衰变转变成各种不同的原子核，这篇论文是热大爆炸宇宙学思想的奠基石。

（2）1948 年，伽莫夫发表了《化学元素的起源》，并同阿尔弗和赫尔曼合作发表了《膨胀宇宙中的热核反应》。

（3）1949 年，出版《原子核理论与核能源》一书，是概括这一时期核物理学理论的经典文献。

（4）1956 年，伽莫夫发表《膨胀宇宙的物理学》一文，更清晰地描述了宇宙从原始高密状态膨胀、演化的概况；从现代宇宙学发展史的角度看，伽莫夫及其主要合作者已经基本建成了大爆炸宇宙学的主要框架。

（5）伽莫夫是一位杰出的科普作家，在他一生正式出版的 25 部著作中，有 18 部是科普作品。他的科普作品写作极有特色，总能向读者传达一种思考的办法，一种独特的视角以及一种科学的品味和一种人文的观念。他的许多科普作品风靡全球，重要的有《汤普金斯先生历险记》（1940 年和 1944 年）、《宇宙间原子能与人类生活》（1946 年）、《宇宙的产生》（1952 年）、《物理学基础与新领域》（1960 年）、《物理学发展过程》（1961 年）、《震惊物理学的三十年：量子理论的故事》（1966 年）等。

1947 年，发表的代表作是《从一到无穷大》。这是一本属于"通才教育"的科普书，是伽莫夫最著名的代表作，内容涉及自然科学的方方面面。伽莫夫从"无穷大数"开始讲起，从数学知识入手，逐步介绍了物理学、化学、热力学、遗传学、宇宙学等领域在 20 世纪取得的重大进展，探讨了人类对于微观世界和宏观世界的认知。全书涵盖内容广博，语言深入浅出。《从一到无穷大》是 20 世纪最具影响力的科普杰作之一；在 20 世纪 70 年代引进中国后曾引起重大反响，滋润了整整一代年轻人。

他的得意之作《物理世界奇遇记》出版于 1956 年，中文版于 1978 年第一次出版，当时的译本印刷了两次，总发行量达 60 万册，其受读者欢迎程度由此可见一斑。20 世纪后，这本书几乎每年再版一次。同时，这本书还于 1999—2000 年度获"牛顿杯"十大科普好书，并获 2001 年中国优秀科普作品奖一等奖。

《物理世界奇遇记》的成功，首先在于作者深厚的科学功底和高超的写作技巧，伽莫夫绕过理论的定量描述，避开令中学生读者望而生畏的数学困难，采用了类似于大学普通物理课程中重概念诠释和图像描绘的讲授方法来介绍物理的艰深内容。再加上在风格上风趣、诙谐、幽默而不失典雅，行文流水，使人读而不倦。

近 70 年来，对于真正关心过科学的西方人来说，从来没有读过《汤普金斯先生历险记》的人大概为数不多。而对于那些对科学倾注过同样热爱的中国人来说，对伽莫夫这个名字也一定不会感到陌生。这不仅是因为伽莫夫在科学领域的一系列杰出贡献，而且因为他成功塑造了一位家喻户晓的人物形象——漫游科学世界的汤普金斯先生。

从 1938 年起，他在英国剑桥大学出版社的支持下，发表了一系列有点离奇的科学故事。这些故事的主人公汤普金斯先生，一个只知数字而不懂科学的银行职员，通过聆听科学讲座和梦游物理奇境，初步了解了相对论和量子论的内容。伽莫夫从 1938 年开始塑造汤普金斯先生这个人物形象，此后不断补充和完善，使得这个形象越来越丰满。1940 年，他把第一批故事汇集成他的第一部科普著作《汤普金斯先生身历奇境》出版；1944 年又把其后的故事汇集成《汤普金斯先生探索原子世界》一书。这两本书出版后，深受读者欢迎。后来，为了补充介绍新的物理学进展，也为了使作品的内容更紧凑，他便把上述两本书合并、补充、改写重新出版。

甚至在他去世的前一年，也仍然没有忘记对这本书进行最后一次修订。可以说，这项工作倾注了伽莫夫对科普工作的全部热情和大半辈子心血。尽管这些故事本来是为物理学的门外汉撰写的，但作者对现代物理学的精辟介绍却具有持久不衰的魅力。正因如此，在他去世后的 30 年中，该书依然畅销不衰。至1995 年，该书共累计重印了 22 次，并被译成多种文字出版，深受各国读者喜爱。有许多科学家承认，由于青年时代读了这本书，才使他们走上了献身科学的道路。

☜ 学术获奖 ☞

由于他在普及科学知识方面所作出的杰出贡献，1956 年，他荣获联合国教科文组织颁发的卡林伽科普奖，被科普界奉为一代宗师。

☜ 学术影响力 ☞

大爆炸宇宙理论是现代宇宙学中最有影响的一种学说，为现代宇宙学竖起了一座里程碑。

☜ 名人名言 ☞

无从考证。

☜ 学术标签 ☞

大爆炸宇宙理论之父、杰出的科普作家、丹麦皇家科学院院士、美国物理学会、美国天文学会、美国哲学会、国际天文联合会会员。

☜ 性格要素 ☞

勇于探索、大胆创新；博学多才、兴趣广泛、联想丰富、富于幽默感；反应敏捷，判断力强，善于吸收最新观念，富有创新理念；独行侠，酷爱喝酒，擅长玩牌但喜欢出老千；性格古怪，想法天马行空。

☜ 评价与启迪 ☞

伽莫夫既是一个当之无愧的给人类带来新思想的人，又是一个能够将科学与人文达到有机完美结合、优势互补的人。美籍波兰裔著名数学家斯坦尼斯拉夫·乌拉姆曾经这样评论伽莫夫："总而言之，人们在他的研究中除了能看到各种出类拔萃的特点之外，还能看到业余性质的研究可以在很广的科学领域中进行的最新例证"。

伽莫夫作为一名有影响力的科学家，并未获得过诺贝尔奖。但是，却有那么多的诺贝尔奖得主对他钦佩有加。例如，1962 年诺贝尔生理学医学奖得主美国生物学家沃森在其名著《基因、女郎、伽莫夫》中谈到伽莫夫："一个大顽童，从原子跳到基因，又跳到空间旅行。伽莫夫同时涉足这些领域，他从不指望每次探索都有结果，因而总是在过程中寻找乐趣。如今回首自己的人生，才明白伽莫夫的睿智远远超出了我最初对他的评价。"

伽莫夫与经典意义上的学者不同，他是最具现代意义的典型学者。他反应敏捷，判断力强，善于吸收最新观念，富有创新理念，这使他在众多领域中都取得了经久不衰的成就，并留下了个人深刻的印记，而且随着时间的推移，他的成就却越来越广为人知。他兴趣广泛，不太愿意被困在自己专业狭隘的圈子内，喜欢在交叉学科，甚至和他所从事的专业相距甚远的其他前沿学科寻找灵感，获得创造性的原动力，并取得突破性的成就。伽莫夫别具一格的科研风格和他勇于探索、大胆创新，善于在交叉学科取得重大成就的精神，对我们今天的科学研究工作产生有益的启示；但他成就颇丰而未能获得诺贝尔奖的经验教训，将使我国的科技工作者在迈向斯德哥尔摩的道路上引以为戒。

榜样的力量之物理风云

——对世界影响巨大的 100 位物理学家

（下册）

石锋　编著

北　京

冶 金 工 业 出 版 社

2022

内 容 提 要

本书共3册，分绪论、古今伟大的100位物理学家、后记等3章，介绍了物理学发展概论以及对世界影响巨大的100位物理学家的生平事迹、学术地位、学术贡献、相关的逸闻趣事和所涉及的各个学科的发展脉络。作者力图通过严谨科学的术语和诙谐幽默的语言，全方位、多层次地向广大读者展示在人类历史上做出不平凡贡献的大科学家们的不平凡事迹，普及他们的学术和思想，吸引人们特别是广大青少年投身到科学研究中。

本书适合社会各界读者，特别是广大青少年朋友和家长朋友们阅读。

图书在版编目（CIP）数据

榜样的力量之物理风云：对世界影响巨大的100位物理学家：上、中、下册／石锋编著 . —北京：冶金工业出版社，2022.6
ISBN 978-7-5024-9095-9

Ⅰ.①榜… Ⅱ.①石… Ⅲ.①物理学—普及读物 Ⅳ.①O4-49

中国版本图书馆 CIP 数据核字（2022）第 046593 号

榜样的力量之物理风云——对世界影响巨大的 100 位物理学家 （下册）

出版发行	冶金工业出版社	电　话	（010）64027926
地　址	北京市东城区嵩祝院北巷 39 号	邮　编	100009
网　址	www.mip1953.com	电子信箱	service@ mip1953.com

责任编辑　姜晓辉　美术编辑　吕欣童　版式设计　孙跃红
责任校对　王永欣　责任印制　李玉山
三河市双峰印刷装订有限公司印刷
2022 年 6 月第 1 版，2022 年 6 月第 1 次印刷
710mm×1000mm　1/16；69.25 印张；1328 千字；1060 页
定价 360.00 元（上、中、下册）

投稿电话　（010）64027932　投稿信箱　tougao@cnmip.com.cn
营销中心电话　（010）64044283
冶金工业出版社天猫旗舰店　yjgycbs.tmall.com
（本书如有印装质量问题，本社营销中心负责退换）

总 目 录

上 册

中 册

下 册

下册目录

第七节　量子电动力学阶段

奠定了经典物理学基础的经典力学，不适用于高速运动的物体和微观领域；相对论解决了高速运动问题，而量子力学解决了微观亚原子条件下的问题。相对论和量子力学是现代物理学的两大基本支柱。

在解决原子核和基本粒子的某些问题时，量子力学必须与狭义相对论结合起来，产生了相对论量子力学。经狄拉克、海森堡和泡利等人的工作发展了量子电动力学。20世纪30年代以后形成了描述各种粒子场的量子化理论——量子场论，它构成了描述基本粒子现象的理论基础，并由此逐步建立了现代的量子场论。这一阶段的科学家主要有安德森、布洛赫、梅耶夫人、汤川秀树、泰勒、朗道、巴丁、钱德拉塞卡和费曼等人，本节主要介绍他们的事迹。

包含量子电动力学和量子色动力学（在第八节介绍）的量子场论是量子力学发展的最新阶段，群论是场论的基础，很多对称性全是用群论语言描述。量子场论是量子力学狭义相对论和经典场论相结合的物理理论，已被广泛地应用于粒子物理学和凝聚态物理学中。量子场论为描述多粒子系统，尤其是包含粒子产生和湮灭过程的系统，提供了有效的描述框架。量子场论的最初建立历程是和量子力学以及狭义相对论密不可分的，它是基本粒子物理标准模型的理论框架。

量子电动力学的对象是电磁相互作用的量子性质（即光子的发射和吸收）、带电粒子的产生和湮没、带电粒子间的散射、带电粒子与光子间的散射等。它概括了原子物理、分子物理、固体物理、核物理和粒子物理各个领域中的电磁相互作用的基本原理。对量子电动力学做出突出贡献的是海森堡、泡利，尤其是狄拉克，前两者奠定了量子电动力学的基础或者启蒙，后者被看作是量子电动力学的创始人和开创量子场论的先驱。

单电子量子力学理论，尤其是薛定谔方程有一些无法克服的困难；狄拉克海概念的引入就已经暗示着一个完整的量子理论不能只考虑一个粒子，必须考虑多粒子。狄拉克为解释他的狄拉克方程而启迪人们有了"量子场论"思想的萌芽。

量子电动力学起源于1927年狄拉克将量子理论应用于电磁场量子化的研究工作，他将电荷和电磁场的相互作用处理为引起能级跃迁的微扰，能级跃迁造成了发射光子数量的变化，但总体上系统满足能量和动量守恒。狄拉克方程成为了相对论量子力学的基本方程，同时它在量子场论中也是描述自旋为1/2粒子（夸克和轻子）的基本旋量场方程。在此项工作中狄拉克首创了"量子电动力学"一词。1932年狄拉克关于反物质存在的预言通过美国物理学家卡尔·安德森使用宇宙射线制造出正电子的实验得到了证实。

费曼继续狄拉克以及其他一些物理前辈的工作，他受到最小作用量原理的启发，提出了路径积分量子化的思想，把量子场论的研究向前推进了一大步。这一阶段的典型特点是粒子物理学取得了大的突破，比如发现了正电子、μ 子和介子。尤其是正电子的发现，引导物理学进入了反粒子时代，从此掀开了粒子物理大革命的序幕。

正电子的发现，很快就引起人们极大的兴趣。后来的实验进一步表明，不仅在宇宙射线中存在正电子，而且在某些有放射性核参加的核反应过程中，也可以找到正电子的径迹，同时，实验还指出，正电子总是和普通电子成对地产生，因为它们具有相同的质量，只是所带的电荷相反，所以在磁场中的径迹总是明显地呈现出一对半径相同但取向相反的圆。另外，对于正电子会在自己的飞行过程中遇到普通电子时湮灭而形成一个光子的说法也被实验所证实。

电子对的产生和湮灭的现象，促使人们不得不重新考虑究竟什么是"基本粒子"的问题。"基本粒子"这个术语的本来含义，到此为止已不再包含其"基本"的或"不可再分"的意思了。现在人们所看到的是，在适当的条件下，正、负电子可以成对地产生或湮灭，也就是说，基本粒子可以互相转化，物质的各种形态可以互相转变。这在认识上无疑是个巨大的飞跃。现在人仍相信所有粒子都有它们对应的反粒子：如反质子、反中子等。

这些新粒子的发现，使得粒子物理进入了新阶段，并为今后的统一场阶段奠定了基础。这一阶段物理学的发展也相应影响了其他学科的进步，比如对固体物理学有了促进——布洛赫从量子力学出发，来解释电子是如何于金属中的所有离子之间运动的，布洛赫还研究过量子电动力学的无穷大问题。

85. 第一个反物质粒子正电子的发现者——安德森

安德森像

姓　　名　卡尔·大卫·安德森

性　　别　男

国　　别　美籍瑞典裔

学科领域　粒子物理学

排　　行　第二梯队（次一流）

♨ 生平简介 ♨

安德森（1905 年 9 月 3 日—1991 年）出生于纽约市，是瑞典移民的后代。1927 年，安德森在加州理工学院本科毕业，在该校继续读研。在此期间，他在美国物理学家罗伯特·安德鲁·密立根（密立根油滴实验，测出电荷带电量）的指导下进行宇宙线观测研究，他的博士毕业论文是对 X 光从各种气体中散射出来的光电子的空间分布的研究。1930 年，25 岁的他获得哲学博士学位。

1930—1933 年留校当研究员，1932 年发现了正电子的存在；1933 年获得了伽马射线在通过实质物质时能产生正电子的直接证据。之后，安德森继续他在射线与基本粒子方面的研究工作。

1933 年，安德森在加州理工学院任助教。1936 年，安德森和内德梅尔博士观察到一些更罕见的宇宙射线粒子的径迹，这种粒子看起来比电子重但比质子轻。1938 年，这种粒子被改称为"介子"。1947 年，安德森发现的介子又被称作 μ 介子。1937 年任副教授；1939 年，34 岁的他任加州理工学院物理学教授。1941—1945 年，在美国国防研究委员会和科学研究与发展办公室工作，参与了炮箭研究项目。1942 年，安德森和奥本海默同时收到了曼哈顿计划的邀请。当时，物理学家康普顿的意图是让安德森挂帅，而奥本海默作为他的副手。而由于家庭原因，安德森最终谢绝了这个项目。

1946 年 6 月，当诺曼底登陆战役发动后，他参与了使用航空火箭的研究。1950 年和莱顿一起发现了 V 粒子（即 K 介子）的衰变。1962 年后，他担任加州理工学院物理、数学、天文学部的主任。他还是美国国立科学院院士，美国物理学会和哲学学会会员。

安德森于 1946 年与贝格曼结婚，生有两个儿子。他的喜好是打网球、爬山、沙漠旅行和欣赏音乐。他于 1978 年退休，1991 年去世，享年 86 岁。

∽ 花絮 ∾

（1）正电子的发现。

宇宙射线是由带电粒子构成的，它来自遥远的太空，它们的体积很小，速度十分惊人。1930 年春，在密立根指导下，安德森设计建立了一个规模较大的云室装置，"特别可以从宇宙射线粒子在磁场中的偏转曲率来测量它们的能量"。云室的尺寸是 17cm×17cm×13cm，垂直放置，还配备了一个强磁铁来提供 2.4T 的均匀磁场，这样还可以直接测量入射的宇宙射线所产生的第二代电子的能谱。

1932 年，安德森和奥本海默等人合作，利用充入过饱和的乙醚气的云室来观测进入其中的宇宙射线在强磁场作用下会不会转弯。他在云室中拍摄了 1300 多张照片，发现有 15 幅不同。他发现，宇宙射线进入云室穿过铅板后，轨迹确实发生了弯曲。而且，在高能宇宙射线穿过铅板时，有一个粒子的轨迹和电子的轨迹完全一样，但是弯曲的方向却相反。这就是说，这种前所未知的粒子与电子的质量相同，但电荷却相反，而这恰好是狄拉克曾通过相对论量子力学理论预言了的正电子。狄拉克理论指的是负能量状态的无限大的狄拉克海以及电子空穴猜想，这个猜想已经被量子场论所取代。

当时，安德森和奥本海默都没有想到这一点，他们认为是质子。安德森进一步研究了宇宙射线粒子的能量分布和高能电子在穿过物质时的能量损耗；根据行程和曲率，发现这个正电粒子不可能是质子。安德森进一步用计数水滴的方法测量低能正、负电子的电离比值，结果表明正电子的质量和电荷的大小与负电子的质量和电荷的差别不会大于 20% 和 10%。6 个月后，安德森通过阅读大量文献之后发表了关于正电子的论文，明确地提出存在着自由正电子。

1933 年，安德森又用 γ 射线轰击方法产生了正电子，从而从实验上完全证实了正电子的存在，并由此开辟了反物质领域的研究。

还有一点要提及的是，中国科学家赵忠尧当时和安德森都是密立根的学生。赵忠尧曾在 1930 年 10 月的美国《物理评论》上发表过题为《硬 γ 射线的散射》的论文，描述了他做的 2.65MeV 的 γ 射线在重元素上的康普顿散射实验时发现的正电子以及电子的湮没辐射，当时他称为反常吸收和辐射。他还测得辐射的光子能量为 0.55MeV，与一个电子的质量相当。他为正电子的发现做出了重要贡献，但是当时因为某种原因，赵先生与反物质的发现者这一殊荣失之交臂。赵忠尧的实验对安德森影响极深，1981 年，安德森在回忆往事时还特别提到是赵忠尧的实验引导他最终发现了正电子。

(2) 人类物理学史上第一个发现反物质的科学家——赵忠尧。

赵忠尧，1902—1998 年，清华大学物理系教授，他的导师是叶企孙教授。他是中央研究院院士、中国科学院院士，中国核物理研究和加速器建造事业的开拓者。他观测到的正、负电子湮没辐射比后来安德逊看到的正电子径迹早两年；他的研究成果为研制正负电子对撞机提供了理论基础，主持建成中国第一台、第二台质子静电加速器。

赵忠尧与他的老师叶企孙一起，还培养了一批后来为中国的原子能事业做出重要贡献的人才。例如，王淦昌、彭桓武、钱三强、邓稼先、朱光亚、周光召、程开甲、唐孝威，诺贝尔物理学奖得主杨振宁和李政道也都曾经受业于赵忠尧。他是中国真正核大师，是邓稼先和钱三强的老师，美军曾三次阻拦其回国。

叶企孙先生，1898—1977 年，物理学家、教育家；中国近代物理学奠基人、中国物理学界的一代宗师、中央研究院院士大学物理系教授。叶企孙教授是中央研究院院士，他毕生从事教学研究工作，对开拓、促进中国物理学及整个自然科学的发展、培育科学技术人才作出了不可磨灭的贡献，他得天下英才而育之，所提倡的教育思想结出了丰硕的果实。他曾经精确测定普朗克常数并被沿用 16 年之久。他创办了清华大学物理系，长期担任清华大学物理系主任和理学院院长。培养了众多名师大家，理论物理学家王竹溪、彭桓武、张宗燧、胡宁，核物理学家王淦昌、施士元、钱三强、何泽慧，力学家林家翘、钱伟长，光学家王大珩、周同庆、龚祖同，晶体学家陆学善，固体物理学家葛庭燧，地球物理学家赵九章、翁文波、傅承义，以及秦馨菱、李正武、陈芳允、于光远等。西南联大物理系毕业生中，后来成为著名科学家的有：黄昆、戴传曾、李荫远、萧健、徐叙瑢、朱光亚、邓稼先、杨振宁、李政道等。解放后毕业于清华物理系、后来成为著名物理学家的有：周光召、何祚庥、唐孝威、黄祖洽、胡仁宇、蒲富恪等。

中华人民共和国成立后 23 位"两弹一星"功勋奖章获得者中，有半数以上曾是他的学生，因而有人称他"大师的大师"。"两弹一星"功臣中的 16 位与叶企孙存在师承关系。

（3）正电子的研究及应用。

安德森发现的正电子激起了人们把正电子作为一种基本粒子来研究的兴趣，从而在粒子物理、核物理、原子物理等领域开创了正电子物理的新纪元。赵忠尧先生首先探测到的固体中的正电子湮没辐射现象，开创了正电子湮没谱学的先河；对正电子在凝聚态物质中湮没所产生的 7 射线的探测和对产生的 γ 射线所携带的信息分析构成了正电子湮没谱学的基础。

正电子湮没辐射能够携带有关固体电子结构、电子动量分布和缺陷结构的信息，正电子湮没实验逐渐发展成一门物理实验技术。目前这一技术在原子物理、固体物理、材料科学等方面都得到了广泛应用，而且在化学、生物学、医学等领域也有很强的发展趋势。特别是材料科学研究中，正电子对微观缺陷研究和相变研究正发挥着日益重大的作用。安德森在第 6 届正电子湮没国际会议开幕式上曾说过，在他发现正电子时，怎么也想象不到正电子湮没能发展成为像如今这样丰富多彩的一门科学。而正电子湮没技术和正电子湮没谱学的迅速发展则是对他的这一重大发现的最好的回报。

现代大型高能电子——正负电子对撞机就是利用两束反向环行的电子和正电子碰撞，使正负电子湮没从而转化成大量末态粒子以供实验使用。我国北京正负电子对撞机（BEPC）于 1988 年建成，它包括注入器、储存环、探测器、同步辐射区和计算机中心五部分组成，为我国取得重大科研成果做出了巨大贡献。北京正负电子对撞机是世界八大高能加速器中心之一，是我国第一台高能加速器，也是高能物理研究的重大科技基础设施。

（4）不要代父领奖。

1936 年，安德森成为诺贝尔奖金获得者时不过 31 岁。当安德森赴斯德哥尔摩领奖时，接待员不相信这样年轻的人会获得诺贝尔奖，就对他很不客气地说："先生，请回去告诉你的父亲，得奖的人从来没有打发儿子来代领奖金的，基金会宁愿由银行汇给他本人，也不愿由他的儿子经手。""先生，是谁告诉您说，得奖的是我父亲而不是我呢？"

◢ **师承关系** ◣

正规学校教育；1926 年诺贝尔物理学奖得主密立根的学生，我国著名教育家、物理学家、磁学先驱、山东大学郭贻诚教授的导师。

🌟 学术贡献 🌟

安德森一生从事教学与科学工作，围绕着电子、X 射线、γ 射线、宇宙射线等方面发表过许多重要的科学论文，对这些学科领域的发展起了重要的推动作用。安德森的全部研究工作与两种基本粒子的发现密切相关。

（1）1932 年，安德森通过对宇宙射线的仔细研究，发现了第一个反物质粒子——正电子。

（2）1933 年，安德森与内德梅尔博士获取了 ThC" 中的伽马射线在它们通过实质物质的时候能够产生正电子的直接证据。

（3）1936—1937 年，安德森和 S.H.尼德尔迈耶（他后来有了一些重要的发明，曾用在第一颗原子弹中）从宇宙线中发现了 μ 介子（它们的质量约为电子质量的 200 倍）。它们不稳定，自由 μ 介子衰变的平均寿命约为 2 微秒。如今被正式命名为 μ 子，不归入介子而归入轻子一类。

（4）1950 年，安德森和莱顿一起发现了 V 粒子的衰变。

（5）安德森还研究了宇宙射线粒子的能量分布与穿越物质中的高速运动的电子的能量流失。

🌟 代表作 🌟

他的大部分研究和发现发表在《物理评论与科学》期刊上。

🌟 学术获奖 🌟

（1）1935 年，获得纽约市美国研究院金质奖章。

（2）1936 年，因发现正电子获得诺贝尔物理学奖。

（3）1937 年，获得富兰克林研究所埃利奥特·克雷森奖章。

（4）1945 年，获得总统功勋证书。

（5）1960 年，获得美国瑞典工程师协会约翰·埃里克森奖章。

（6）1937 年获得科尔盖特大学科学荣誉博士学位，1949 年获得坦普尔大学法学荣誉博士学位。

🌟 学术影响力 🌟

（1）正电子的发现是 "20 世纪最重大的发现之一"，它确立了反粒子的概念，同时开启了通向研究反粒子世界的大门；而一切粒子都有与之相对应的反粒子，经事实证明已成为一个普遍规律。这些观念有力地促进了物理学的发展，并打开了物理学的又一个广阔的研究领域。

（2）反物质研究已经越来越成熟，宇宙中的正反物质对称性破坏，是目前宇宙学、粒子物理学等的一个非常关键的问题。作为开拓者的安德森和赵忠尧先生，将永远是反物质研究绕不开的两个名字。

名人名言

一个人需要有一个目标来达到真正健康。

学术标签

正电子的发现者、诺贝尔物理学奖得主。

性格要素

科学严谨、不断求知探索、心细如发。

评价与启迪

安德森的全部研究工作与两种基本粒子的发现密切相关。这两种基本粒子，一种是正电子，一种是介子。心细如发的他在几千张照片之中发现一张照片与众不同，并进行了深入分析，从而发现了正电子，这是科学严谨和不断求知探索的精神带来的必然结果。

86. 年少有为的能带理论奠基人、核磁共振现象发现者——布洛赫

姓　　名　菲利克斯·布洛赫
性　　别　男
国　　别　美籍瑞士裔
学科领域　固体物理学
排　　行　第四梯队（三流）

生平简介

布洛赫（1905年10月23日—1983年9月10日）出生于瑞士的苏黎世，中学毕业后，他想当一名工程师，于是直接进入苏黎世的联邦工业大学。一年后，他决定转学物理，通过薛定谔、德拜等教授的课程，他逐渐熟悉了量子力学。后来他到德国莱比锡大学和海森堡继续研究，1928年获得博士学位。

布洛赫像

布洛赫是一名在近代物理理论和实验上都作出过巨大贡献的物理学家。他早

年的博士论文《金属的传导理论》就是一项很有价值的科学文献，讲述了晶体中电子的量子力学和金属的导电理论；提供了金属和绝缘体结构的近代图像，是半导体研究的理论基础。

博士毕业后，他的研究固定在固体物理学领域，主要解释固体中电子在晶格中的运动状态及其描述，为后来的能带理论及核磁共振法奠定了基础。1933 年，受纳粹上台的影响，布洛赫移民美国。1934 年起他在斯坦福大学任教，1939 年加入美国国籍。1954 年曾担任过欧洲核子研究中心的第一任主任；后来回到斯坦福大学，开始研究超导电性和低温下的其他现象。1983 年逝世于慕尼黑，享年 78 岁。

❧ 花絮 ❧

（1）电子在固体中的运动问题。

在量子力学建立以后，布洛赫和路易·马塞尔·布里渊（1854—1948 年，法国物理学家）等人就致力于研究电子在固体中的运动问题，即周期场中电子的运动问题。

布洛赫从量子力学出发，来解释电子是如何于金属中的所有离子之间运动的。电子在晶体中的运动，可以看成是自由电子在原子周期势场中的运动，而原子周期势场是按照一定的规律起起伏伏的。既然势场是一个周期函数，布洛赫很自然地想到使用处理周期函数最强大的工具——傅里叶分析。

电子在晶格中的运动本是一个多体问题，非常复杂，但布洛赫作了一些近似和简化后，得出的结论直观而简明。他研究了最简单的一维晶格的情形，然后再推广到三维。布洛赫将傅里叶分析方法用于薛定谔方程，再进行一些近似和简化之后，发现得到了一个比较满意的结果。

布洛赫和布里渊等人阐明了在周期场中运动的电子的基本特征，为能带理论的建立奠定了基础。能带理论不仅解释了金属导电性与绝缘体和半导体间存在差别的内在原因——在晶体中，原子的外层电子可能具有的能量形成一段一段的能带，分成价带（满带）、禁带和空带（导带），电子不可能具有能带以外的能量值；而且能带理论在描述金属的导电和导热等输运过程方面获得了成功。

（2）核磁共振现象研究。

原子是由电子和原子核组成的。原子核带正电，它们可以在磁场中旋转。磁场的强度和方向决定原子核旋转的频率和方向。在磁场中旋转的原子核有一个特点，即可以吸收频率与其旋转频率相同的电磁波，使原子核的能量增加，当原子核恢复原状时，就会把多余的能量以电磁波的形式释放出来。这一现象如同拉小提琴时琴弓与琴弦的共振一样，因而被称为核磁共振。

布洛赫独立地观察并测量了核磁共振。1946 年，布洛赫提出了他的高精度测量核磁矩的方法："核感应"方法，其数学公式被称为"布洛赫方程"。布洛赫设想，在共振条件下，原子核的总磁矩与交变磁场成一有限的角度并绕恒定磁场作进动。他把观察到的信号看作是感应电动势；这样，原子核就变成了微型无线电发报机，而布洛赫收到了它发射的信号。由示波器屏幕上条纹的方向便可知道核的旋转是顺着磁场方向还是逆着磁场方向，进而便可推算出核的磁矩。

美国物理学家爱德华·米尔斯·珀塞尔（1912—1997 年，曾担任过艾森豪威尔、肯尼迪和约翰逊三位总统的科学顾问，还曾担任美国物理学会主席，1979年荣获美国国家科学奖章）利用其他实验手段得到了相同的结果，即发现了核磁共振现象，二人共同获得 1952 年诺贝尔物理学奖。

（3）核磁共振的应用领域。

NMR 技术即核磁共振谱技术，是将核磁共振现象应用于分子结构测定的一项技术。核磁共振分析可以用来探测物质的微观结构和各种相互作用。对于有机分子结构测定来说，核磁共振谱扮演了非常重要的角色，核磁共振谱与紫外光谱、红外光谱和质谱一起被有机化学家们称为"四大名谱"。

MRI 技术即核磁共振成像技术是核磁共振在医学领域的应用，它与 X 射线断层成像技术（CT）结合为临床诊断和生理学、医学研究提供重要数据，核磁共振人体成像有望成为诊断疾病的有力工具。

MRS 技术即核磁共振探测技术是 MRI 技术在地质勘探领域的延伸，通过对地层中水分布信息的探测，可以确定某一地层下是否有地下水存在，地下水位的高度、含水层的含水量和孔隙率等地层结构信息。

❧ 师承关系 ❧

正规学校教育，跟薛定谔、德拜学习过，海森堡是他的博士生导师。

❧ 学术贡献 ❧

布洛赫的研究主要集中在固体物理领域，只要有两个贡献：第一，在固体物理中提出了布洛赫定理，给出了严格的周期势场中单电子波函数和能谱的普遍规律；第二，独立地观察并测量了核磁共振。布洛赫还研究过量子电动力学的无穷大问题。

（1）布洛赫波的概念由菲利克斯·布洛赫在 1928 年研究晶态固体的导电性时首次提出的；是周期性势场（如晶体）中粒子（一般为电子）的波函数，又名布洛赫态。布洛赫波由一个平面波和一个周期函数（布洛赫波包）相乘得到；周期函数表现了固体中晶格上的离子对电子运动的影响，即电子被束缚的程度。更广义地，布洛赫波可用于描述周期性介质中的任何"类波动现象"，例如周期介电性介质（光子晶体）中的电磁现象；周期弹性介质（声子晶体）中的声波等。

（2）布洛赫函数或者称为布洛赫波函数，是在周期性势场中运动的电子的薛定谔方程的解；布洛赫函数是一种调幅平面波，是比自由电子波函数更接近实际情况的波函数。布洛赫函数反映了晶体电子运动的特点，即其中的指数部分反映了晶体电子的共有化运动，而其中的晶格周期函数部分反映了晶体电子围绕原子核的运动。

（3）遵从周期势单电子薛定谔方程的电子，或用布洛赫波函数描述的电子称为布洛赫电子。布洛赫电子的状态——布洛赫态是扩展态，这对应于能带电子的状态，即能带中的许多准连续的能级状态。研究晶格中电子运动的方程称为布洛赫方程。

（4）平面波波矢 $\bar{k}$（又称"布洛赫波矢"，它与约化普朗克常数的乘积即为粒子的晶体动量）表征不同原胞间电子波函数的位相变化，其大小只在一个倒易点阵矢量之内才与波函数满足——对应关系，所以通常只考虑第一布里渊区内的波矢。

（5）当势场具有晶格周期性时，其中的粒子所满足的波动方程的解的性质被称为布洛赫定理，该定理指出了在周期场中运动的电子波函数的特点。

（6）布洛赫也独立地观察并测量了核磁共振。1946 年，布洛赫提出了他的高精度测量核磁矩的方法："核感应"方法，其数学公式被称为"布洛赫方程"——磁化过程被考虑时，描述强度矢量 $\bar{M}$ 在磁场 B 中运动的方程。布洛赫方程是经典力学描述核磁共振现象最为重要的理论基础之一，是理解和做好核磁共振实验的必备知识。

代表作

无从考证。

学术获奖

1952 年，因为发展核磁精密测量的新方法及其相关的发现获得诺贝尔物理学奖。

学术影响力

（1）布洛赫定理、布洛赫函数、布洛赫波、布洛赫电子、布洛赫球、布洛赫振荡、布洛赫方程、光学布洛赫方程以及描述光场与二能级原子相互作用的麦克斯韦—布洛赫方程都以他的名字命名。

（2）能带理论为晶体管的产生准备了理论基础——利用能带的特征以及泡利不相容原理，1931 年威尔逊提出金属和绝缘体相区别的能带模型，预言介于两者之间存在半导体。

（3）核磁共振方法不仅在核物理研究中起着重要作用，而且在科学技术上也有着广泛的应用。核磁共振分析可以用来探测物质的微观结构和各种相互作用；核磁共振人体成像是目前诊断疾病的有力工具，影响甚大。

⚘ 名人名言 ⚘

无从考证。

⚘ 学术标签 ⚘

能带理论奠基人、核磁共振现象发现者、诺贝尔物理学奖获得者。

⚘ 性格要素 ⚘

创新意识强、勇于挑战权威。

⚘ 评价与启迪 ⚘

布洛赫的理论，主要起到了两个方面的作用。第一，他的研究描述了晶体中电子的真实运动情况，带来了能带理论以及其后的能带工程，为人类设计新材料和改造世界奠定了理论基础。第二，核磁共振对于人类的健康和各种新材料的分析十分重要，这是一种非常重要的分析手段；对医学和新材料研究至关重要。

87. 屡受不公、30 年没有薪水的核物理学史上的丰碑——梅耶夫人

姓　　名　玛丽亚·格佩特—梅耶
性　　别　女
国　　别　美籍德裔
学科领域　原子核物理学
排　　行　第三梯队（二流）

梅耶像

⚘ 生平简介 ⚘

梅耶（1906 年 6 月 8 日—1972 年 2 月 29 日）出生于普鲁士王国西里西亚省的卡托维兹（现属于波兰）一个书香世家。梅耶是家中独女，父亲也希望她将来做出一番成就，把家族的荣光继承下去。小时候，梅耶第一时间接触了当时世界上最优秀的科学家，并被科学深深吸引。她的生长环境里就充满了大学里的学生、教授、学者，其中甚至包括了诺贝尔奖得主费米、海森堡、狄拉克和泡利。

当时，女孩无法获得与男性同等的求学机会。在当地只有一所私立学校是接纳女生的，梅耶就在此就读。然而她才在这学习了两年，学校就直接倒闭了。她提前参加考试，天资聪慧的她于 1924 年顺利考进大师云集的哥廷根大学；马克斯·玻恩、詹姆斯·弗兰克等诺贝尔奖得主都是她的授业恩师。本来她的专业是数学，但是在听了量子力学奠基人波恩的讲课之后，梅耶发现她对物理学更感兴趣，于是改修理论物理学。

1930 年她以研究原子的双光子吸收之可能性的论文获得了博士学位，得到维格纳的高度好评。而这个现象一直到 1960 年代镭射发明后，在强大的激光束照射下，双光子吸收才得到证实。同年她嫁给了詹姆斯·弗兰克的助手、在该大学做研究工作的美国洛克菲勒公司化学物理学家约瑟夫·爱德华·梅耶博士，之后他们移居美国；1933 年梅耶夫妇加入美国国籍。

1930 年之后的 30 年时间里，由于性别歧视以及严格避免裙带关系的规定，格佩特—梅耶无法获得正式职位，只好在她丈夫任职的学校，约翰·霍普金斯大学、哥伦比亚大学和芝加哥大学，担任非正式或志愿的职位。

1942 年春天，她和其他物理学家一起参与了曼哈顿工程。战后，格佩特—梅耶成为了芝加哥大学物理系的志愿副教授。此外，邻近的阿贡国家实验室于 1946 年 7 月 1 日成立，格佩特—梅耶取得了理论物理组的兼职工作，主要从事核物理学研究。

这段时间，她发展了解释原子核壳层结构的数学模型。由于这个研究成果，她与约翰内斯·汉斯·丹尼尔·延森（1907—1973 年，德国海德堡大学教授，德国国家科学院院士）、维格纳共同获得 1963 年的诺贝尔物理学奖。

在 1940 年代与 1950 年代早期，格佩特—梅耶为爱德华·泰勒研究光学问题，其研究结果被应用到设计第一颗氢弹。1960 年，格佩特—梅耶到加州大学圣地亚哥分校担任教授。虽然到任不久后就中风，仍继续教学与研究数年。1972 年，梅耶夫人因心肌梗塞于加州圣地亚哥过世。

❧ · 花絮 · ❧

（1）洋葱女神。

梅耶夫人是继居里夫人之后第二位获得诺贝尔物理学奖的女性。因为她巧妙地将原子核的核壳模型形容为"洋葱"，加上梅耶夫人年轻的时候相貌甜美如花，堪称女神级的人物，所以就连科学界的毒舌之王泡利都夸其为"洋葱女神"。

（2）屡次遭受不公平待遇。

1930 年，她嫁给了从美国来做研究的约瑟夫·爱德华·梅耶，此后改称梅耶夫人，见图 2-70。

图 2-70　梅耶夫妇

丈夫约瑟夫在约翰·霍普金斯大学谋得化学副教授一职；但是梅耶夫人就没那么幸运了。学校以避免教职工间出现裙带关系为由，屡屡拒绝了她的求职申请。一心想要做物理学研究的梅耶夫人，却自愿提出不要报酬，也要留在那儿工作。当时许多人都认为她就是位"妻凭夫贵"的教授太太，只在大学中混个闲职过日子。

不过梅耶夫人却感觉没什么，毕竟她还被允许使用各种科研设备，能与学术同行进行交流接触。在此期间，梅耶夫人的高质量论文也开始频频崭露头角。1935 年，她就提出了双 β 衰变理论，并计算出了原子核的双 β 衰变过程。这篇文章让科学界对她刮目相看，但她的待遇却从未得到改善。1939 年，梅耶夫妇双双惨遭解雇。

不久后，约瑟夫在哥伦比亚大学化学系找到了新的教职，而梅耶夫人也开始了另一段无薪生涯。在哥伦比亚大学里，梅耶夫人与丈夫在 1940 年合著了《统计力学》一书。1946 年她随丈夫到芝加哥大学，依然没有薪资。

尽管在科研方面梅耶夫人都表现出极高的才能，但她却一直因为女性身份而受到诸多不公。经历过诸多不公的梅耶夫人毫不在意，她最大的满足就是能继续探索量子物理的秘密，与其他优秀物理学家们探讨问题。

一直到她获得诺贝尔物理学奖的前三年，即 1960 年，加州大学圣地亚哥分校才给她一个正式教授的职位；54 岁的她才终于名正言顺地领取薪水了，这也是她人生第一份教职报酬。而在之前的 30 年里，她都没获得过一份正式的薪水，一直都是义务劳动。

（3）创立原子核结构的壳层模型理论。

整个 20 世纪 40 年代后半期，梅耶夫人一直致力于研究核壳层结构问题。那个年代，科学虽对原子的核外结构已有较为深入的了解，但对原子核本身却知之甚少；仅仅知道电子在球形壳中绕着原子核运转，但是对于原子核本身的结构可以说是仍然是一个谜——尽管已经知道原子核由质子和中子构成，也知道当质子数和中子数为某个特定数值或两者均为这一数值时，原子核的稳定性会变大，这些数值被称为"幻数"，如 2、8、20、28、50、82 和 126 等，这与元素的周期性有非常相似的地方。

然而，在此之后，关于"幻数"存在的证明就没有任何进展了，因为证实了"幻数"，就等于证实了当时的一个猜想"核壳层模型"，即原子核内也存在着稳定的"壳层"，类似于原子内电子的壳层结构，被称为"核壳层模型"。然而，这个模型却与当时的权威，即著名物理学家尼尔斯·玻尔等人提出的用于解释原子核本身结构的"原子核液滴模型"截然相反，人们很自然地对核壳层模型采取否定的态度。再加上此研究一直没什么进展，也少有人愿意涉足。

原子核的液滴模型在 1939 年由玻尔等人提出，他们认为原子核就像一个带电的不可压缩的液体。这个模型在一定程度上可以说明原子核的表面振动也相当成功地说明了原子核裂变的机制，但其不足是不能解释"幻数"的存在和原子核性质的周期性变化现象。

1946 年，梅耶夫人直接盯上了原子核的壳层模型，并一直在为"幻数"的存在寻找更多证据（见图 2-71）。梅耶夫人再一次证明，原子核中存在着封闭壳层，内含封闭壳层的原子核具有异常的稳定性，其激态十分高，特性与含有封闭

图 2-71 梅耶夫人在芝加哥大学做核壳层模型计算

电子层的惰性气体相仿。质子和中子各自沿着自己的轨道独立运动，这种相互间的独立性大大超出人们以往的判断，它们便围绕着共有的质心运转，就像原子内电子围绕着原子核运转一样。原子核壳层与电子壳层不同，它的组成要素旋转的方向，在很大程度上决定了核轨道能量值的大小。很多科学家都说她疯了，竟然敢有与大师玻尔的原子核模型完全相反的荒谬的想法！

在费米的建议下，梅耶夫人研究了"自旋—轨道耦合"理论，首次用此来试图解决困扰物理学界多年的"幻数"问题。其实，"自旋—轨道耦合"概念在当时的物理学界早已为人所知，只是没有人想到还能用于解决"幻数"问题。她把原子核中质子和中子的运动，比喻为"在跳华尔兹"。质子和中子彼此按照一定的轨道环绕的同时旋转，就像舞厅中跳华尔兹的一对对伴侣，形成像洋葱那样一层层的构筑路径。

梅耶夫人于1949年提出了原子核壳层结构的数学模型，从投入原子核的研究，到成就原子核的壳层模型，梅耶夫人只用了短短两年时间。与此同时，德国物理学家延森等人也提出了"核壳层模型具有自旋—轨道耦合特性"理论。这一理论，恰巧和梅耶夫人的发现不谋而合，这就更坚定她的信心。

❧ 师承关系 ❧

正规学校教育，玻恩是她的博士导师，费米给过她指导。

❧ 学术贡献 ❧

致力于从事铀同位素分离和分子结构、固态物理、相变理论及统计力学等诸多方面的研究工作。1930年研究原子的双光子吸收之可能性，并计算出了两个光子同时发射或吸收的概率；1949年提出了原子核壳层结构的数学模型。

❧ 代表作 ❧

（1）梅耶夫妇在1940年合著了《统计力学》一书。

（2）1955年梅耶夫人与延森共同出版了《核壳层结构的基本理论》一书，详尽叙述壳层模型的重要性，全面剖析了原子核的基本结构，彻底解释了"为何特定数量的核子使原子核特别稳定"这个困惑物理学家许久的问题。这本书是他们合作研究的结晶，也是他们在核物理学领域中树立的一座丰碑。

❧ 学术获奖 ❧

（1）发展了解释原子核结构的数学模型。1963年，与延森、维格纳共获诺贝尔物理学奖，成为继居里夫人之后第二位获此殊荣的女科学家。

（2）位于美国特洛伊市的罗素塞奇学院（1916年建校）、全美最负盛名的顶尖文理学院之一的曼荷莲学院（美国第一所女子学院，"七姐妹学院"的大姐）、位于马萨诸塞州北汗普郡市的史密斯学院（创建于 1871 年，美国最出色的私立女子文理学院之一）等三所学校授予她荣誉博士学位。

～ 学术影响力 ～

（1）为了纪念梅耶，双光子的吸收截面单位被命名为 GM。

（2）格佩特—梅耶去世后，美国物理学会在 1985 年设立了以之命名的奖项，颁给杰出的年轻女性研究者，对象是所有取得博士学位的女性物理学家，奖品包括 2000 美元的奖金、3000 美元的讲学费、领奖旅费和获奖证书。

（3）金星上的格佩特—梅耶火山口（半径约 35 千米）也是为了纪念她而以她的名字命名。

～ 名人名言 ～

（1）成为一个受过良好教育的女性，力所能及地推动对科学的认知。

（2）我们的国家需要你们年轻人；我这一代人已经做出了我们的贡献，现在轮到你们继续下去了。

～ 学术标签 ～

美国国家科学院院士、美国艺术与科学学院院士、海德堡科学院通讯院士、历史上第二位女性诺贝尔物理学奖获得者。

～ 性格要素 ～

聪慧、勤奋、热爱科研、孜孜不倦、具有锲而不舍的钻研精神；勇于挑战学术权威、百折不挠、全身心投入。

～ 评价与启迪 ～

梅耶夫人在科学上取得如此卓越的功绩绝非易事，她的一生经历了两次世界大战，历经辛苦。虽然从小生活在良好的家庭环境和科学氛围之中，培养了她浓厚的科学兴趣，但其科学生涯却屡次因社会性别偏见和歧视而遭遇不公正的待遇。

遭受了如此不公的待遇并没有使她退缩，她仍能够不改初心，还是如当初一样对物理研究有着无比的执着和热爱；她 30 年如一日地坚持从事核物理学研究，并最终获得诺贝尔物理学奖的桂冠。

幸运的是，她个人不仅聪颖还很勤奋，既有超人的百折不挠的精神，又有克服各种困难的勇气和决心，不论做什么事都全力以赴。在关键的时候，她得到了费米的点拨和启发，梅耶夫人终于一步步地走进了原子核的世界。尽管核物理学对梅耶夫人而言属于新的学科，但她继续发挥锲而不舍的钻研精神，很快掌握了前沿专业知识，成为这个领域的精英。

面对玻尔这种超级学术权威，她并没有被吓住而止步不前，反而勇于挑战权威。正是靠这种不断进取的精神，赢得了最高荣誉，基本上成为与居里夫人齐名而蜚声世界的女科学家。由于她的成就和经历激励人心，使她成为励志的典型代表。她的这些品质，值得当代的科技工作者尤其是年轻女性科技工作者学习。

88. 上门女婿、第一个获诺贝尔奖的日本人、介子之父——汤川秀树

姓　　名　汤川秀树
性　　别　男
国　　别　日本
学科领域　粒子物理学、量子力学
排　　行　第三梯队（二流）

❧ 生平简介 ❧

汤川秀树像

汤川秀树（1907 年 1 月 23 日—1981 年 9 月 8 日）出生于日本东京的一个知识分子家庭，原名小川秀树。小学时候成绩优良，喜欢数学、科学、哲学，深受中国儒家、老子、庄子典籍的影响。他从小性情孤僻，不爱说话，不爱计较，非常能忍让，即便是受了委屈，也不愿意为自己辩解，家人曾给他起了个绰号叫"我不想说"，同学们则叫他"权兵卫"（意为无名小卒）。他用 4 年时间读完中学，高二开始阅读物理学文献，尤其是自学了普朗克 1900 年提出的量子假说和玻尔 1913 年提出的原子结构学说以及相关的原子、分子和光谱学等。

1925 年考入京都大学物理系，1929 年毕业。1932 年因入赘汤川家改姓汤川，并来到大阪，1933—1939 年担任大阪帝国大学的讲师，研究原子核和量子场论。1935 年，他从电磁理论得到启发，提出了关于核子力的"介子理论"，据此获得 1949 年诺贝尔物理学奖。1938 年获大阪帝国大学博士学位，1939 年回京都大学任物理学教授，直到 1970 年；长达 31 年。其中，1943—1945 年兼任东京大学教授。

他从 1946 年起主编英文杂志《理论物理学进展》，向国外介绍日本理论物理学的研究成果。1948 年，受聘为美国普林斯顿高级研究院客座教授。1949—1951 年，任哥伦比亚大学访问教授。1953—1970 年，任京都大学基础物理学研究所第一任所长。1957 年参加世界和平运动大会，呼吁和平利用原子能。1975 年以

后长期患病，经历了 6 年多疾病的残酷折磨，最终没能恢复健康，1981 年 9 月 8 日在京都逝世。

～ 花絮 ～

（1）良好的家教和家风。

汤川秀树出身于书香门第，家中随处可见各学科的书籍，从小就喜爱图书，养成了爱读、多想、勤写的好习惯。祖父和父亲都很喜欢汉语文学，在他们的熏陶下，幼小的汤川秀树会阅读除《中庸》之外的四书五经等书籍，这些书籍对他的理解能力有很大的帮助，从小受到了博大精深的中国古代哲学思想的熏陶。"家里泛滥的书抓住了我，给了我想象的翅膀。"汤川秀树在自传中这样写道。泛读了许多文学书使汤川秀树成了一位文学少年，也为他今后的成就奠定了基础。

他的父亲是个开明的人，从未像其他日本家庭那样硬要孩子遵命选择职业，而是谆谆诱导汤川秀树自己去抉择未来。父亲尊重孩子们的独立人格，希望孩子们可以深入研究适合自己素质与爱好的学问。

汤川秀树的母亲是为数不多学过英语的女子，她的教育原则是对孩子们公平。父亲曾对内向性格的汤川秀树是否上大学表示怀疑，希望送他去学习技术，能有一技之长。但是，很少反驳丈夫的母亲却坚持让汤川秀树上大学。其母注重培养孩子们的独立意识，并希望让每个孩子都成为学者，因此她能够培养出来 4 个日后在各学术领域都独树一帜的优秀儿子。

汤川秀树父子五人均成为各自领域里的顶级学者，可谓一门五状元。其中长子小川芳树曾任东京大学和早稻田大学教授、日本金属会会长、日本原子力委员会核燃料专门部会长。次子贝冢茂树，京都大学教授、中国古代史学、甲骨文研究的日本第一人。三子汤川秀树，诺贝尔物理学奖获得者。四子小川环树，日本中国古代文学研究的泰斗、东北大学教授。

（2）汤川秀树深受庄子的影响。

庄子的学说让汤川秀树耳目一新，为他开启了一个新的世界。汤川秀树作为科学家，有创新意识，敢于打破旧的传统思维，从旧世界里面发现新事物，他的这种能力就是来源于庄子。汤川秀树说过《庄子》给他很大的灵感，让他在混沌的时候，能够清醒地看到另外一个世界。

汤川秀树的科学发展观与老庄思想有着某种联系。特别是老子的"道可道，非常道。"对汤川秀树科学发展观有着深刻的影响。汤川秀树把老子这句话看作是反映科学理论发展过程中旧理论不断被新理论所代替的动态发展过程，从而把它与科学史联系起来，提出了"常道–非常道–新常道"的科学理论动态发展思想。

两千年前庄子写过《应帝王》一文，两千年后汤川秀树阅读后，他产生了新的想法，认为人在世界面前很小，人尽管可以通过自己的努力去改变一些微小的事情，但更多的时候是需要人去顺应自然。汤川秀树研究粒子学说遇到瓶颈期，他从庄子学说得到启发，提出介子说，将量子物理学带入了一个新的领域。汤川秀树还提倡尊重自然，反对过度开发，尤其是反对核武器战争，这些都和庄子提倡的世界观是一致的。

所以说汤川秀树和庄子虽然隔着时间和空间的距离，但是他们的思想和精神领域却有着许多的相同之处。

（3）自己选择量子力学专业。

勤奋向上的汤川秀树在他迈进大学的门槛时，决定专心致志地攻读物理学，还特地选定了当时新兴的量子物理学当作自己进击的目标。事实上，物理专业不是其父亲对他的要求，他的父亲希望他读地质学。但是，汤川秀树听从内心召唤，坚持学习物理学专业。

那个时候，日本的科学还是很落后的，量子物理学属于冷门专业，不被大多数人看好。汤川秀树的决定是十分大胆的，也是带有风险的，但是他毫不畏惧，充满信心地开始了对微观世界的探索。他千方百计地搜集和购买各种关于量子物理的书刊，广泛阅读欧洲、美国的科学家们最新发表的论文，虚心拜一位有名的物理学教授为师。这样，汤川秀树在大学里打下了坚实的知识基础。

（4）与汉奸胡兰成交好。

汤川秀树与中国作家、书法家、文学批评家、政论家及著名汉奸胡兰成（浙江人，1906—1981年）是学问上的知己，胡的相关著作《自然学》，就是专为他和数学家冈洁而写的。胡兰成擅书法，汤川中文底蕴深厚，书法也不错。汤川秀树曾根据《庄子·知北游》中的句子写书法：天地有大美而不言、四时有明法而不议、万物有成理而不说、圣人者原天地之美而达万物之理。

（5）废寝忘食做学问。

在大阪帝国大学和大阪大学教书期间，他废寝忘食地思索量子力学问题，患了轻微的失眠症。为了解开原子核结构之谜，汤川秀树在相当长的时期里，几乎每个晚上都是瞪着天花板度过的，对原子核结构的五花八门的想法都浮现在脑海里。为防遗忘，汤川秀树在枕头旁边准备好笔和本子，待思想的火花一出现，马上抓住记下来；但往往第二天他就把自己的想法推翻。

有一天他注意到，天花板上两个漏雨水痕的形状酷似中国的太极图。中国古典哲学的思辨方式使汤川秀树产生了一个大胆的假设：原子核中会不会存在一些相辅相成的微粒子，它们产生一种交换力，使核中的质子和中子既可以相互作用又不相互排斥，共同构成了原子核呢？

经过无数次的失败和长时间的积累以及艰辛的探求，不断从失败之中寻找教训。他终于在 1934 年 10 月，发现了基本粒子的一个崭新的天地——介子家庭，对质子和中子的结合做了很圆满的解释，为量子物理学的发展作出了卓越的贡献。

(6) 提出介子假说。

1934—1935 年间，汤川秀树受到电磁理论的启发（电磁相互作用可以看作是在荷电粒子之间交换光子，光子是电磁场的"量子"，它以光速运动因而静质量为零），提出"介子论"，对质子和中子的结合做了很圆满的解释。

汤川秀树假设质子和质子间、质子和中子间、中子和中子间，都另有一种交互吸引的作用力，在近距离时，远比电荷间的库仑作用力为强，但在稍大距离时即减弱为零，这种新作用称为核子作用或强作用，它是由于交换一种粒子称为介子而生的交互作用。

他预言，作为核力及 β 衰变的媒介存在有新粒子即介子，还提出了核力场的方程和核力的势，即汤川势的表达式。在核力理论的基础上预言了介子的存在。按照这一理论，质子和中子通过介子可以带正、负电荷或者是中性的，一个介子可以转化为一个电子和不带电的轻子（即中微子）。交换介子而互相转化，核力是一种交换介子的相互作用。他认为，质子（为费米子）和中子会扭曲周围的空间（核力场），为了抵消此一扭曲，遂产生了虚介子（介子为玻色子），借着介子的交换，质子和中子才能结合在一起；结合相对论和量子理论以质子和中子间新粒子的交换（介子叫"π 介子"）描述原子核的交互作用，汤川秀树推测粒子（介子）的质量大约是电子质量的 200 倍，这是原子核力介子理论的开端。

1937 年，正电子发现者安德森（1936 年诺贝尔物理学奖得主）等在宇宙线中发现新的带电粒子（后被认定为 μ 子）之后，经 C.F. 鲍威尔（英国物理学家、1950 年诺贝尔物理学奖得主）等人的研究，于 1947 年在宇宙射线中发现了另一种粒子，认定是汤川秀树所预言的介子，被命名为 π 介子；π 介子可以衰变成 μ 子。

(7) 曲折的诺贝尔奖获奖历程。

汤川秀树预言介子并发表英文论文，但是反响平平。玻尔、海森堡、奥本海默等人一开始拒不承认新的粒子的存在（泡利和狄拉克对于他们分别预言和发现的中微子以及正电子都不敢承认）。投稿给《自然》杂志的论文被奥本海默作为审稿人拒稿。

其后，安德森的研究虽然没有直接证据证明汤川秀树理论的正确性，但是却引起了大家的高度关注。后来英国物理学家鲍威尔发现了和汤川秀树预言一样的介子，他的成果才最终得到大家的承认。

汤川秀树首次被提名为诺贝尔奖候选人是在 1940 年。据后来了解，诺贝尔奖评选委员会详细查证了汤川秀树预言的介子，并撰写了一份报告。

受第二次世界大战影响，1940 年至 1942 年暂停了诺贝尔物理学奖的颁发。

1941 年爆发太平洋战争，日本被全球的科学界孤立起来。不过，德布罗意公正地评价了汤川秀树的成就，他于 1943 年和 1944 年连续 2 年提名汤川秀树为诺贝尔奖候选人。

战争结束后，汤川秀树于 1945 年、1946 年和 1948 年也分别获得外国著名理论物理学家的提名，他的成就在业界得到的评价越来越高。对汤川获奖起到决定性作用的，是英国物理学家鲍威尔，他在宇宙射线中发现介子，证明了汤川秀树预言的正确性。

鲍威尔认为，从太空深处飞向地球的高能宇宙射线中肯定存在汤川预言的介子。因此他想到一个方法，即制作厚的照相底片，在位于高原上的天文观测站放置一周时间，冲洗后调查留在底片上的粒子径迹。为寻找未知粒子，鲍威尔在全球各地的高原反复实验，终于在 1947 年发现了粒子径迹。

1948 年，从鲍威尔等人的发现中得到启发，加州大学物理学教授劳伦斯等人尝试利用回旋加速器来形成汤川介子，最终发现了目标粒子。不仅是宇宙射线，还利用加速器人工形成了介子，由此证明汤川秀树预言的正确性。

1949 年，提名汤川秀树为诺贝尔奖候选人的研究人员达到 11 人。诺贝尔物理学奖委员会抽调 6 人详细进行了研究，最终 5 人同意将当年的诺贝尔物理学奖单独授予汤川秀树；1 人反对，认为通过实验物理学证明了介子存在的研究人员应该与汤川秀树共同获得该奖项。不过，瑞典皇家科学院的大会决定按照委员会的推荐，将该奖项单独授予汤川秀树。

（8）介子。

在强子层次上，原子核或强子物质是核子和介子。弄清这些强子的结构，并由基本原理出发研究它们的性质，是当代核物理的重要课题。介子是一种首先在宇宙射线中观察到的性质不稳定的基本粒子，其典型的静态质量在电子质量与质子质量之间，所以取名为介子。介子是自旋为整数、重子数为零的强子，参与强相互作用；可带正电，也可带负电，或者不带电。

介子和重子都归属于强子，不属于基本粒子，共有 16 种粒子，每个粒子都包括了一个夸克和对应的一个反夸克；包括 π 介子、κ 介子、ρ 介子、η 介子、ω 介子、…（0、1、2）倍，即都是玻色子。介子都不能稳定存在，经历一定平均寿命后即转变为别种基本粒子。有的介子是荷电的，也有中性的；比如带正负电的以及中性的 π 介子，带正负电的以及中性的 κ 介子。后来在宇宙线中先后发现了 μ 和 π 介子，μ 介子的质量为电子的 206.6 倍，如今被正式命名为 μ 子，不归入介子而归入轻子一类，而 π 介子才是核力的媒介。

在各种介子中，π 介子是最轻且最重要的介子。关于自由空间中 π 介子的结构与性质、核介质内 π 介子的性质、π-核子相互作用与 π-核相互作用等问题，始终受到相当多的关注。π 介子在核物理中的作用直接联系着手征对称性，π 介子寿命极短，正常情况下是二百五十亿分之一秒，当 π 介子的速度相当接近光速时，它的寿命延长了 30 倍。

（9）反对核武器滥用。

汤川秀树在太平洋战争快结束前加入了以日本海军为中心的原子弹开发项目组，不过在该项目正式启动前战争就结束了。之后，汤川秀树积极参加反核运动，还在呼吁废除核武器的《罗素—爱因斯坦宣言》上签名。汤川秀树于 1957 年出席了由提出弃核科学家等组织的第一届帕格沃什会议，呼吁实现无核世界。

✨ 师承关系 ✨

正规学校教育，汤川秀树是长冈半太郎先生的学生，深受老师的影响，立志要振兴日本科技。

✨ 学术贡献 ✨

（1）1934—1935 年，汤川秀树提出核力理论和介子假说。

（2）汤川秀树和坂田昌一等人在 1937 年展开了介子场理论的研究。

（3）1947 年，提出了非定域场理论，试图解决场的发散问题；在 1953 年 9 月在京都召开的国际理论物理学会上，发表了非定域场的统一理论。

✨ 代表作 ✨

汤川秀树代表作品有《量子力学入门》《基本粒子理论入门》和《旅人》等。他的著作《人类的创造》有中译本。

✨ 学术获奖 ✨

1949 年诺贝尔物理学奖授予年仅 42 岁的汤川秀树，以表彰他在核力的理论基础上预言了介子的存在。

✨ 学术影响力 ✨

（1）他的核力理论给出了粒子间相互作用的一种物理机理，事实上是强相互作用力的首次提出者。

（2）预言介子的存在，促进量子理论的发展。

✨ 名人名言 ✨

（1）一个人在走红运的时候绝不会感到痛苦。

（2）科学世界是一个开放的世界。

（3）我认为觉悟到生活的意义而活在世上才是真正的现实主义的生活方式。

🙠 学术标签 🙢

第一位获得诺贝尔奖的日本人、日本第一位在量子论初期阶段的发展作出巨大贡献者。

🙠 性格要素 🙢

勤奋好学、喜欢钻研、具有创新意识、喜欢冷静思考，具有强烈的研究欲望，对喜爱的事物保持高度的兴趣，对于自己钟爱的领域坚持不懈探索、追根寻源；他敢于打破常规，发现未知领域。

🙠 评价与启迪 🙢

（1）贡献巨大。

汤川秀树是一个对世界有很大贡献的人，他的影响力在世界上也是巨大的，他提出的介子理论帮助量子物理学开启了新的世界。他是一位没有到过欧美留学，而是在日本国土生土长起来的理论物理学家。按照我国的说法就是一个纯粹的"土鳖"。人们对汤川秀树评价最多的是，汤川秀树是个很博学的人，他是个喜欢钻研和具有创新意识的人。

（2）勤奋探索。

汤川秀树生活在第二次世界大战前后，那个时候的日本军国主义盛行，普通老百姓生活得不幸福，生活负担很重，他所从事的量子力学在日本是一个冷门学科，并不被人看好。他的成功告诉人们：在落后的条件下，勤奋探索，勇往直前，同样可以到达光辉的顶点。为此，他曾经自谦地说："我不是非凡的人，而是在深山丛林中寻找道路的人。"

（3）鼓舞士气。

他获得诺贝尔奖，大大鼓舞了第二次世界大战后士气低落的日本人，对日本提高国际上的影响力有很大的帮助。他的成功，他的荣誉，成为激励日本人民在战后废墟上进行建设的精神力量。作为第一位获得诺贝尔奖的日本人，他在日本享有崇高的威望。

汤川秀树的成功，轰动了日本，同时吸引了大批青年学生热爱物理并投入这一研究领域，为物理学在日本的发展起到了积极的推动作用。他专心致力于物理学研究的精神鼓舞着日本的青年人，他写了多部关于物理学的著作，是当代学生学习物理学必须研读的经典。在他的鼓舞下，日本的科技进步神速，在中国还在为了一个自然科学领域的诺贝尔奖苦苦盼望的时候，日本已经进入井喷期——进入 21 世纪以来的 20 年，日本人拿了 19 个自然科学类诺贝尔奖，获奖人数仅次于美国，居世界第二。

（4）不足与反思。

汤川秀树也有很多缺点和不足。比如，他的社交能力很差，性格孤僻，动手能力不强（与奥本海默很像），他选择理论物理学就巧妙的回避了这些缺点和不足，也为他后来的成功铺就了道路。

任何一个人，都不是全能的，都有他的弱点，了解自己的弱点是很重要的。知道自己的弱点，就可以在选择自己的事业时有所回避，不去做那些与自己的天性不合的工作。对于我国的教育来说，根据每个人的性格实行特色化教学而非强行要求每个人全面发展，是相对正确的道路。这对我国基础教育也提出了挑战。让每个学生自由发展，比所谓全面发展也许会更好，毕竟任何性格的人都可以成才。性格孤僻的汤川秀树取得成功就是一个典型例子。

89. 性格怪异的瘸子、臭名昭著的冷战卫士、氢弹之父——泰勒

姓　　名　爱德华·泰勒

性　　别　男

国　　别　美籍匈牙利裔

学科领域　量子力学

排　　行　第二梯队（次一流，和奥本海默一样，学术水平二流，但是研发氢弹影响力很大）

泰勒像

∽ 生平简介 ∾

泰勒（1908 年 1 月 15 日—2003 年 9 月 9 日）出生于奥匈帝国布达佩斯的一个犹太人家庭，和爱因斯坦一样，将近两岁才张口说话的泰勒在小学就显露出超人的数学才能。当他还是一个年轻学生的时候，在慕尼黑的一次电车交通意外中严重受伤，导致他需要配戴一只义肢，终生都要一拐一拐地走路。

泰勒于 1926 年离开匈牙利赴德国学习，并在卡尔斯鲁厄大学化学工程系毕业，随后在维尔纳·卡尔·海森堡的指导下，于 1930 年获得莱比锡大学物理学博士学位，其博士论文涉及氢分子离子最早的一次准确量子力学论述。期间，他与乔治·伽莫夫及列夫·朗道成了朋友。泰勒终身的好友、捷克物理学家乔治·普拉切克对于泰勒的科学和哲学的研究非常重要，正是他安排泰勒与他一起拜访费米，从而将泰勒的研究方向定为核物理。

他在哥廷根大学度过了两年，于 1933 年在犹太人援助委员会的帮助下离开了德国。先到英国后到哥本哈根，在玻尔的指导下工作。

　　在乔治·伽莫夫的推荐下，泰勒于 1935 年收到美国乔治·华盛顿大学的邀请出任物理学教授一职，直至 1941 年，期间与伽莫夫共事。在发现裂变之前的 1939 年以前，泰勒作为一个理论物理学家从事量子、分子和核物理领域的研究。1941 年泰勒入美国国籍之后，他的兴趣转到核能量应用方面，对裂变和聚变的核能量都感兴趣。

　　1935 年，他与物理学家西拉德和维格纳共同说服了爱因斯坦，请他向美国总统讲述纳粹研制原子弹的潜在威胁，从而促成了美国的原子弹计划。1942 年成为曼哈顿计划的早期成员，参与研制第一颗原子弹。这期间，他还热衷于推动研制最早的核聚变武器，不过这些构想直到第二次世界大战结束之后才实现。

　　1946 年开始，泰勒长期任教于芝加哥大学和加州大学伯克利分校等高校。1952 年，他与欧内斯特·劳伦斯共同创建了美国劳伦斯利弗莫尔国家实验室（LLNL）。他首先出任顾问，1954 年出任副所长，1958 年到 1960 年出任所长，此后一直在那里担任顾问直到退休。1959 年又主持建立了加州大学伯克利空间科学实验室（SSL），主要负责研发包括核武器在内的美国国防科技。

　　爱德华·泰勒极力主张发展核聚变炸弹，主持了美国的氢弹研制，美国第一颗氢弹在 1952 年爆炸，但氢弹从没有在战争中使用过；他本人被誉为"氢弹之父"，但他本人对此称号并不在意。除氢弹之外，他对物理学多个领域也都有相当的贡献。

　　1975 年泰勒退休，被劳伦斯利弗莫尔国家实验室任命为荣誉主任，也被胡佛研究所任命为高级研究员。泰勒晚年对于一些军事与公共议题，发表了一些具有争议性的技术解决方法，其中包括计划在阿拉斯加利用热核爆开凿港口，他也是里根总统的战略防御计划的热衷支持者。2003 年，泰勒因为中风在加利福尼亚州的斯坦福去世。

✦ 花絮 ✦

　　（1）惹人厌恶的个性。

　　泰勒的才华出众，但是个性却惹人厌恶。他热爱弹钢琴，经常深夜在自己家中弹琴，影响了周围同事的休息，他的邻居对他感到厌烦，他却不思悔改。在曼哈顿工程中，他一心推广威力更大的核聚变武器，但是被其上司和同事奥本海默反对（就当时来说核裂变的困难都没有克服，更何况是核聚变呢），奥本海默主张集中精力制造原子弹，从此两人开始交恶。另外，他由于没有当上洛斯阿拉莫斯实验室理论物理部的主任而与同事关系紧张。他不肯服从任务安排，拒绝从事裂变弹的内向爆炸理论计算，这给曼哈顿工程带来了不少困扰。

　　第二次世界大战后，泰勒主持研制氢弹计划，急功近利的他对计划的进度缓慢感到不耐烦，并强烈要求需要更多理论学者介入，还指责他的同事缺乏想象力；这使得他与其他同事的关系变得更糟。

最让人不能接受的是，1954 年在对奥本海默的听证会上，他指控其对美国不忠诚，政治倾向有问题，做出了对奥本海默十分不利的证词。从而引起了大多数科学家的非议，很多著名的物理学家永远无法原谅泰勒的丑恶行径。有人认为他这样做的根本目的是为了争权夺利，以便从奥本海默手中争夺核科学家领袖的位置。

（2）领导氢弹研制。

氢弹，核武器的一种，也被称作热核弹，是利用原子弹爆炸的能量点燃氢的同位素氘、氚等轻原子核的聚变反应瞬时释放出巨大能量的核武器。它的爆炸过程大致是裂变—聚变—裂变，主要利用氢的同位素（氘、氚）的聚变反应所释放的能量来进行杀伤破坏；特点是借助热核反应产生的大量中子轰击铀 238，使铀 238 发生裂变反应。这种氢铀弹的威力非常大，放射性尘埃特别多，所以是一种"肮脏"的氢弹。

氢弹的杀伤破坏因素与原子弹相同，但威力比原子弹大得多。原子弹的威力通常为几百至几万吨级 TNT 当量，氢弹的威力则可大至几千万吨级 TNT 当量，其爆炸达到的温度约为 100 亿摄氏度，亦即太阳中心温度的 1000 倍。人类所制造破坏力最大的爆炸装置为苏联于 1961 年试爆的"沙皇氢弹"（代号"伊凡"），其原有设计拥有一亿吨 TNT 当量，但基于种种考虑，其实际制造当量约为 5000 万吨。

泰勒在 1942 年参加在新墨西哥州的洛斯阿拉莫斯科学实验室的曼哈顿计划，研制美国第一颗原子弹，他同时支持研制氢弹的想法。在苏联于 1949 年进行第一次原子弹试验后，泰勒就推动当时的杜鲁门政府进行氢弹研究。1950 年 1 月，杜鲁门决定研制氢弹，泰勒如愿担任负责研制氢弹工作的领导，利用原子弹促进爆炸时产生的高温，使氚发生聚变反应。在洛斯阿拉莫斯科学实验室，泰勒带领科学家们日夜加班研制氢弹。贝特、费米等著名科学家都有参加这项计划；其中波兰数学家斯坦尼斯瓦夫·乌拉姆做出了巨大贡献，他与泰勒一起提出了氢弹的"泰勒—乌拉姆设计方案"，泰勒将其开发成第一个可行的百万吨级氢弹设计。贝特在 1952 年就把这个贡献视为一项真正的创新，并在 1954 年指出泰勒的这个想法是"神来之笔"。

1951 年 5 月，氢弹原理试验准备工作就绪，试验弹代号"乔治"，在太平洋上的恩尼威托克岛试验场进行，研究裂变弹对氘氚混合物所产生的效应，试验证明爆炸威力大大超过原子弹。1952 年 11 月 1 日，具有实战意义的氢弹实验成功，代号为"常春藤迈克"的氢弹装置（使用泰勒—乌拉姆设计方案）在太平洋的恩尼威托克岛上爆炸，爆炸威力达 1000 万吨 TNT 当量，相当于广岛原子弹的 500 倍（见图 2-72）。不到三年，氢弹研发就获得成功。

图 2-72 氢弹爆炸产生的蘑菇云

由于氢弹研制是官方机密，政府发表的氢弹资料很少，媒体报道大部分把整个武器的设计与研发归功于泰勒以及他新的利弗莫尔实验室，媒体赞誉他为美国的"氢弹之父"。而泰勒也似乎喜欢一人独揽氢弹研制的所有功劳，比如他不肯承认乌拉姆在氢弹研发中做出的巨大贡献，他的许多同事因此被激怒，相当不满他的做法。最后在恩里克·费米的强烈要求下，泰勒写了一篇名为《许多人的劳动》的文章作为回应，发表于美国《科学》1955 年 2 月，强调氢弹研发中不止他一个人做出了贡献；但后来又予以否认，声称自己被逼无奈才承认了别人的贡献，认为他自己拥有该项方案的全部功劳。

实际上，1946 年，泰勒在计算氢弹所需氚的量时犯了错误，后来经过费米、斯坦尼斯瓦夫·乌拉姆和康尼留斯·厄瓦特等人做了重新计算，得到了真实准确的数字。另外，氢弹与原子弹相比，更具有毁灭性，属于超级炸弹，因此泰勒也因此颇受非议。

1953 年 8 月，苏联宣布氢弹试验成功，苏联的氢弹之父是安德烈·德米特里耶维奇·萨哈罗夫。1954 年，美国的第一颗实用型氢弹在比基发岛试验成功，1956 年实验成功第一颗可以空投的氢弹。随后，1957 年 5 月英国、1858 年 8 月法国也相继拥有了氢弹。我国于 1966 年 12 月 28 日成功地进行了氢弹原理试验，1967 年 9 月 17 日由飞机空投的 300 万吨氢弹试验获得成功；我国的氢弹之父是于敏教授。于敏，1926—2019 年，普通百姓家庭出身的国产土专家，中科院院士、中国工程物理研究院原副院长，长期主持核武器理论研究、设计，填补了中国原子核理论的空白，在氢弹原理突破中起了关键作用，提出了氢弹从原理到构形基本完整的设想，为氢弹研制起了关键作用，为我国核武器的发展作出了重要贡献。

从原子弹到氢弹，美国用了 7 年零 3 个月，苏联用了 4 年零 3 个月，英国用了 4 年零 7 个月，而综合国力尚属落后的新中国仅用了 2 年零 8 个月，速度之快让许多国家称为奇迹。

于敏教授为了研制氢弹，姓名和身份长期保密，隐姓埋名在山沟里扎根数十载。于敏曾荣获国家自然科学一等奖 1 次、国家科技进步奖特等奖 3 次；1999 年被国家授予"两弹一星"功勋奖章；2014 年度荣获国家最高科技奖；2018 年 12 月 18 日，党中央、国务院授予于敏同志改革先锋称号，颁授改革先锋奖章；2019 年 9 月 17 日，国家主席习近平签署主席令，授予于敏"共和国勋章"。

（3）冷战卫士。

他是一位冷战卫士。泰勒自 20 世纪 60 年代以来长期对以色列核技术进行技术咨询。泰勒为了遏制苏联的原子弹，研制了氢弹；等苏联有了氢弹，泰勒又要用别的办法来遏制苏联。到了 20 世纪 80 年代，特勒又意识到了世界各国弹道导弹的威胁。于是 1983 年，泰勒劝说里根总统推行反弹道导弹计划并被里根接受；泰勒提议以几十亿美元来发展战略防御体系，主要内容是使用激光或卫星摧毁来犯的苏联洲际弹道导弹，这个体系被称为"星球大战"。从而再次深远地影响了美国的国防政策，他也因此成为在民主共和两党间左右逢源的"冷战卫士"。

（4）悔恨投放原子弹。

1995 年，泰勒在回顾半个世纪以前的情况时，设想是否美国当时能够向日本显示炸弹的威力而无需毁坏城市。在 1945 年，他曾有建议，在东京港湾上空几英里处爆炸一颗原子弹，以吓唬的形式逼迫日本投降，减少伤亡。泰勒说，美国有机会和责任寻找机会去显示它的原子弹威力而不是滥用炸弹去伤及无辜，他对在第二次世界大战期间向平民城市投掷原子弹感到遗憾。

（5）支持核武器非军事化。

泰勒是核炸药非军事用途研究中最坚决、最有名的一位促进者，这研究又被称为犁头行动。他计划中最具争议性的一个方案，就是使用氢弹去开凿深水港，方案中提出用一个数百万吨级的氢弹，在阿拉斯加的庞特霍普附近，开凿一个深水港，用作煤矿及油田的资源采收。原子能委员会于 1958 年接纳了泰勒的计划书，并被定名为战车计划。最后，由于计划财政上不可行及辐射有关的健康问题，计划于 1962 年被取消。

师承关系

正规学校教育，维尔纳·卡尔·海森堡是他的导师。

学术贡献

他对物理学多个领域也都有相当的贡献，包括量子、分子、光谱学、表面物理学以及核物理领域的核裂变和核聚变方面。

（1）泰勒对科学最重要的贡献是 1937 年提出的姜—泰勒效应（JET），描述了基态时有多个简并态的非线性分子的电子云在某些情形下发生的构型形变（几何扭曲），分子发生几何构型畸变的目的是降低简并度，从而稳定其中一个状态；主要在金属的配合物中，特别是某些金属染料的着色过程。这个名称源于德裔英国科学家赫尔曼·亚瑟·雅恩及泰勒二人。广义的姜—泰勒效应还包括伦纳—泰勒效应（RTE），描述线形分子简并态的弯曲变形。

（2）在与布鲁诺尔及埃米特的合作下，泰勒也对表面物理和化学方面有重要贡献：1938 年他们三人一起发现布鲁诺尔—埃米特—泰勒（BET）等温线。

（3）泰勒对费米 β 衰变理论所作的延伸（其形式为所谓的伽莫夫—泰勒过渡）为这套理论的应用提供了一块重要的踏脚石。

（4）泰勒与汉斯·贝特合作开发了一套振荡波传播理论；他们为这种波背后的气体表现所作的解释，对导弹返回技术非常有价值。

（5）泰勒对托马斯—费米理论有贡献，该理论是密度泛函理论的先驱，是复杂分子经量子力学处理时所用的标准现代工具。1953 年，他与尼古拉斯·梅特罗波利斯（1915—1999 年，美籍希腊裔物理学家）及马歇尔·劳森布卢夫共同写了一篇论文，是为统计力学上蒙特卡罗方法应用的标准开端。

（6）参加曼哈顿工程，对原子弹研究有重要贡献，尤其是内向爆炸物理机制的说明。

（7）主持研制氢弹，提出了泰勒—乌拉姆设计方案以及裂变加速这个概念。

代表作

无从考证。

学术获奖

（1）2003 年，在泰勒去世前两个月，时任美国总统乔治·沃克·布什向他颁发了总统自由勋章，这是美国对平民的最高奖励。

（2）泰勒还获得了阿尔伯特·爱因斯坦奖章，恩里克·费米奖章和美国国家科学奖章。

学术影响力

（1）姜—泰勒效应和 BET 理论依然保留着它们原来的公式化表述，仍是化学和物理学的支柱。

（2）爱德华·泰勒将毕生的精力用以研发美国的核武器；他极力主张发展原子弹和氢弹、核能以及战略防御体系，反对试验禁令，对美国的国防和能源政策产生了深远影响。

（3）1957 年，他荣登美国著名杂志《时代》封面人物。

（4）爱德华·泰勒奖是美国核物理学会设立、以"氢弹之父"爱德华·泰勒命名的聚变能源领域最高奖项，每两年在国际惯性聚变科学与应用大会上颁发，每次授予两名杰出科学家，奖励他们在运用激光和离子粒子束产生高温高强物质来进行科学研究及可控热能核聚变上的前沿研究和领导力。

中国科学院院士、上海交通大学校长张杰教授和中国科学院院士、北京应用物理与计算数学研究所贺贤土研究员分别获得 2015 年和 2019 年度的爱德华·泰勒奖。

名人名言

无从考证。

学术标签

氢弹之父。

性格要素

泰勒的一生因其科学才能、欠佳的人际关系，以及善变的个性而知名，此外也被认为是 1964 年电影《奇爱博士》的灵感来源之一。泰勒因为其个性以及氢弹的研制，可谓是誉满天下、谤满天下。

评价与启迪

（1）有幽默感。

虽然在工作上十分严谨，但生活中的泰勒却是一个兴趣广泛而不乏幽默感的人。泰勒不仅是一名乒乓球好手，还经常演奏莫扎特等人的钢琴曲。即使在他晚年中风后，医生问及他是否是那位"著名的泰勒博士"时，泰勒也还幽默地回应说："不，我是那个臭名昭著的泰勒博士"。

（2）让人讨厌的个性。

泰勒个性不佳，人缘很差。此外，泰勒声称乌拉姆对氢弹的研发无显著贡献的言论以及他对奥本海默的人身攻击，使得整个物理学社群对泰勒的敌意更甚。费米曾经说过，泰勒是他唯一认识有着多种狂热的偏执狂；诺贝尔物理学奖得主拉比曾经指出"这个世界没泰勒的话会好得多"。由此可见，泰勒是多么的让人讨厌。他损人利己、自高自大和贪功于自的表现以及作伪证陷害奥本海默的行为都让人不齿，从这方面来看，他在做人方面是有着严重性格缺陷的，人品是值得质疑的。他积极倡导核武器开发、支持军备竞赛，被世人视为"疯狂科学家"。

（3）氢弹之父。

但就科学贡献而言，爱德华·泰勒不仅是美国的"氢弹之父"，也是名副其实的世界"氢弹之父"，是 20 世纪物理学发展中一个极为重要的人物。第二次世界大战期间，他与同时代的物理学家贝特和费米等人，成功地将物理宇宙新思维应用到实际问题的解决当中，研制了原子弹和氢弹，展现出科学思维改变世界历史命运的力量。虽然氢弹爆炸成功是当时美国苏联两个超级大国相互进行军备竞赛的产物，也给人类带来了严重而深刻的和平危机。但是，它无疑是人类科学和技术巨大进步的标志性产物。氢弹的成功爆炸宣告了人类可以也能够利用轻核能源时代的到来，尽管还不是完全可控的"热核聚变"利用方式。

同时，我们也可以从氢弹的试制成功看到，科学技术进步能够快速推动人类文明的进步，也能够毁灭人类的一切文明。它始终是悬挂在我们头顶上的一把双刃剑。我们关注科学技术进步的同时，也应当同样关切人类自身的命运和发展。

90. 命运多舛的科学狂人、世界上最后一个全能物理学家——朗道

姓　　名　列夫·达维多维奇·朗道
性　　别　男
国　　别　苏联
学科领域　物理学
排　　行　第二梯队（准一流）

⌘ 生平简介 ⌘

朗道（1908 年 1 月 22 日—1968 年 4 月 1 日）出生于今阿塞拜疆首都巴库的一个犹太人家庭，父母都在油田工作。朗道小时候身体瘦弱，几次重病都差点死掉。他性格高傲倔强，不服输；但具有很高的数学天赋，13 岁已学完了中学课程。作为年龄最小的学生，他 14 岁入读巴库大学，同时在数理系和化学系学习。

朗道像

16 岁巴库大学毕业，朗道来到列宁格勒，进入了 20 年代苏联科学研究中心——列宁格勒理工学院（现在的列宁格勒大学）学习物理，接触到了物理学的前沿领域。当时，苏联一些很有名望的物理学家如约飞（1880—1960 年，慕尼黑大学伦琴的博士生，苏联电子工程和高级物理奠基人，毕生致力于固体物理和半导体物理的研究，苏联物理学之父）、福克（玻尔的学生，是第一位对量子

力学发展作出突出贡献的苏联物理学家，1926 年，他独立地对薛定谔的波动方程作相对论推广）、弗伦克尔（证实了中间原子核的破裂过程与分子从凝结介质中的蒸发过程类似，提出了原子核的水滴模型说，并将热力学概念引入核物理学，为重核裂变理论奠定了基础）等人都在此授课，并讲授当时正在发展中的量子理论。

在那段时间，朗道把全部的热情倾注于学习，有时候累得脑子里不停地盘旋着各种公式而无法入睡。他痴迷于这些凝聚着人类的智慧和创造力的科学美，尤其是"时空弯曲"和"测不准关系"，即相对论和量子力学。

18 岁他就发表了第一篇学术论文，处理了双原子分子的光谱问题。19 岁，在用波动力学来处理韧致辐射的论文中，首次使用了后来被称为密度矩阵的概念，在量子力学和量子统计物理学中发挥了重要的作用。

他与首次提出了原子核由质子和中子组成的结构假说的伊万年科和伽莫夫号称列宁格勒大学"三剑客"。在 19 岁生日的前两天，朗道从列宁格勒大学毕业，成为苏联科学院列宁格勒技术物理研究所的研究生。

22—23 岁，朗道先后在德国、瑞士、荷兰、英国、比利时和丹麦进修访问，他见到了除费米之外几乎所有的量子物理学家。访问了卡文迪许实验室，结识了另一位苏联物理学家彼得·卡皮察。在这次访问期间，他发展了金属电子的"朗道抗磁理论"以及电子在磁场中的"朗道能级"及其态密度；这些在后来的量子霍尔效应中被广泛使用。

回国后，最初朗道在列宁格勒物理技术研究所工作不到 1 年，由于在学术问题上与研究所所长约飞有分歧，冒犯了这位权威，朗道最后不得不离开了列宁格勒。

24—29 岁，朗道在哈尔科夫的乌克兰科学院物理技术研究所工作，并担任了理论物理部的主任。期间的最主要工作是二阶相变热动力理论研究。他发展了普遍的二级相变理论，不但说明了许多当时认为很奇特的现象，而且为此后各种新型相变的研究开辟了道路。他就铁磁磁畴结构、铁磁共振理论和反铁磁态理论发表了一系列的重要文章。此外，他还对原子碰撞理论、原子核物理学、天体物理学、量子电动力学、气体分子运动论、化学反应理论和有关库仑相互作用下的运动方程等方面作了研究。

列宁格勒大学在 1934 年免去朗道的答辩环节，直接授予他理学博士和数学博士学位；1935 年任哈尔科夫理工学院教授。1937 年 2 月 8 日，因考试问题与哈尔科夫理工学院院长闹翻。朗道到了彼得·卡皮察所领导的苏联科学院莫斯科物理问题研究所工作，担任理论部主任。他在哈尔科夫的一些最有才能的学生同事，也随他而去（见图 2-73）。除了在研究所工作外，他还经常去莫斯科大学和莫斯科工程物理学院任教，直到 1962 年发生车祸。

图 2-73　朗道（前排右二）与他的学生和同事

1938 年 4 月 28 日，在当时的"清洗"中，朗道突然以"德国间谍"的罪名被捕，并被判处十年徒刑，送到莫斯科最严厉的监狱。由于卡皮察等人的竭力营救，一年后朗道获释。

在此之前的近 10 年中，属于朗道出成果的高产阶段，最高纪录是每 6 周出一篇论文。他的研究工作几乎涵盖了从流体力学到量子场论的所有理论物理学分支。经卡皮察提名，朗道于 1946 年直接当选为苏联科学院院士。

朗道曾经参与了苏联的核武器研制计划，在其中进行数值计算方面的工作，多次获得各种高级荣誉。1962 年 1 月 7 日，朗道经历了一次严重的车祸，从此住在医院。1962 年他与学生里弗席兹合著的《理论物理学教程》获得列宁奖；同年年底，他因为对凝聚态物质特别是液氦的开创性工作而获得了诺贝尔物理学奖。1968 年，朗道去世，临终的一句话是："我这辈子没有白活，总是事事成功"。

➳ 花絮 ➲

（1）敬仰玻尔。

1929 年，朗道来到玻尔研究所做第一次访问，在 1933 年和 1934 年，朗道再度短期访问过哥本哈根。在丹麦的哥本哈根，朗道深受"哥本哈根精神"的感染，并成为玻尔研究班上的活跃分子。在那里，朗道参加了玻尔主持的理论物理讨论班，初步展露出才华。

玻尔和哥本哈根理论物理学派的学术精神给朗道留下了难忘的印象，对他后来的发展起着重要的作用。玻尔和朗道虽然性格迥异，但是他们却成了好朋友，玻尔在物理方面的直觉令朗道佩服不已。后来玻尔在谈到朗道时说："他一来就给了我们深刻的印象。他对物理课题的洞察力，以及对人类生活的强烈见解，使许多次讨论会的水平上升了。"

尽管朗道为人狂放，目中无人，少有人喜欢，但玻尔因爱其才华给了他最大限度的容忍。有时候，面对朗道的喋喋不休，玻尔不得不提醒他："朗道，现在该轮到我说几句了"。

虽然，朗道在玻尔那里只待了 4 个月左右的时间，但他却对玻尔十分敬仰，终生只承认自己是玻尔的学生。朗道的数学功底非常扎实，喜欢用简单而深刻的物理模型说明问题，这种风格受到了玻尔的影响。玻尔也对他关爱有加，1962 年他经历了严重的车祸；已经 77 岁的玻尔不顾自己年老多病，马上安排一流的医生从哥本哈根奔赴莫斯科。由此可见二人的深厚友谊，超越了师生情谊！

（2）指出爱因斯坦的错误。

1929 年在玻尔的研究所，爱因斯坦做演讲。后排一位年轻人从座位上站起来说道："爱因斯坦教授告诉我们的东西并不是那么愚蠢，但是第二个方程不能从第一个方程严格推出。它需要一个未经证明的假设。"爱因斯坦对着黑板思索之后说道："年轻人说得完全正确，诸位可以把我今天讲的完全忘掉。"这位敢于提出爱因斯坦错误的年轻人就是 21 岁的朗道，此事在物理学界传为趣谈。

（3）退席抗议拉曼。

有一次，年迈固执的拉曼到物理问题研究所做报告；从头到尾都用非常繁琐的数学讲解，并在黑板上写，大家基本上都听不懂。朗道在这中间就插问了一个问题，拉曼一时卡壳了，就说"朗道你还是一个小孩子"。在普通情况下朗道可能就要反击了，但由于拉曼是一个外国人，朗道担心影响国际关系，他就退席以示抗议。

（4）朗道势垒。

朗道对学生的要求近乎苛刻，这对于苏联物理学界的学风产生了颇为深远的影响。报考朗道的研究生，必须经过一系列严格的考试（理论物理最低标准），即一套全面测试学生对理论物理学知识掌握程度的方法。后来被称为"朗道势垒"，意思是说只有能量最高的人才能顺利通过势垒，犹如"鲤鱼跃龙门"一般困难无比。这个考试除了 2 门数学内容测试学生的数学能力，包括如何计算微积分，相当于入门测验之外，还包括 8 门物理课程，包括理论力学、经典场论（狭义和广义相对论）、统计物理、非相对论量子力学、连续介质电动力学、物理动理学、连续介质流体力学和弹性力学、量子场论，几乎囊括了理论物理学所有的重要分支。考试中注重解决具体问题的能力，而不是抽象的理论框架。朗道有一次对年轻学生说，如果需做准备，有能力的学生应能在一年内完成"最低标准"。

最初朗道自己主持每次考试，后来由他的教授级的助手们分担大部分课程，但第一门数学和最后一门量子场论总是由朗道本人出面。朗道在每次考试时不问学生任何问题，也不和学生讨论相关的理论，他只是把应试者关进自己的书房，让他或她一个人数小时苦思冥想，去解决试卷中的难题。这使得应试者不得不运用自己的全部智慧和精力去艰难地攻克全部"势垒"。

朗道备有一个笔记本，他亲自记录下最终通过考试的人名和年份。在如此森严、难度极高的"势垒"面前，大部分学生要么无功而返，要么半途而废。从1933年到1961年底，在朗道逝世前，仅有43人冲过了这个"势垒"，他的学生甚至年龄比他还大。这43人中至少有18人后来成为苏联或加盟共和国科学院院士、通讯院士，有一位获得诺贝尔物理学奖。但在朗道眼里，他们都不是天才。如此残酷的考试，其副作用也是显而易见的：一些勇于挑战自我的学生在过关斩将之后精疲力竭，失去了对理论物理学的兴趣，甚至从物理学界销声匿迹。

有一位中国学生卓益忠先生（1932—2017年，中国原子能科学研究院核物理研究所研究员，为我国原子能事业和国防事业做出重要贡献，是茅广军的博士生导师）通过了全部"势垒"，但是朗道并不接受他做研究生，他认为卓益忠先生创造力不强，只能做个教师去教书。郝柏林先生（1934—2018年，中科院院士，中国科学院理论物理研究所所长）也通过了考试，但朗道后来遇到了车祸，就这样和朗道擦肩而过，他后来跟随阿列克谢·阿布里科索夫（在超导体和超流体理论上作出了开创性贡献获2003年诺贝尔物理学奖）学习。

朗道带学生的风格与玻尔不同，玻尔勇于在年轻人面前承认自己愚蠢，而朗道则勇于承认年轻人的愚蠢。朗道悉心教导自己的弟子，他在教室里挂了一幅画：画里牧人对着一群低头吃草的羊群吹风笛。他认为自己就是那个牧人，常常像"对牛弹琴"一样"对羊吹笛"。

朗道平常跟学生的关系很好，但他从来不手把手教给你什么东西。每个星期二上午在物理问题研究所固定有朗道的研讨会，非常专业；在朗道周围，逐渐形成了一个独具特色的"朗道学派"。成为"朗道的学生"是苏联青年物理学家们既向往而又很有些望而生畏的目标。做他的学生虽然在学术上能收获颇多，但同时也得饱受"精神上的折磨"。他对学生数学的要求极其严格，凡他门下的弟子，每人都要准备上一大摞厚厚的本子，像小学生一般工工整整地作上几千道繁难的数学题。临毕业之前，还须经过他亲自出题考核。这些考题涉及理论物理学的方方面面，其中的数学已经困难到夸张的地步，偏偏还不许查书，题量又是极大，很多人一看到卷子就被吓得面无人色。

由于朗道本人的独特天才和性格缺陷，这种苛刻有时甚至带有轻视的成分。学习中，学生被朗道训斥基本是家常便饭，学生们还得忍受他的轻视和非常有"科学含量"的嘲讽。朗道常常根据恩格斯的语录"劳动使猿变成人"说，人如果不劳动，就会重新长出尾巴爬上树去；于是那些被认为偷懒的研究生会被他骂为"长出尾巴来了"。曾经流传甚广的"对驴讲经图"描写的是朗道讲课时的情景，对于朗道来说，他的学生们基本都是愚蠢的驴子。曾经有人在朗道的办公室门口贴了一张告示："小心！他会咬人！"大家把朗道看成一条咬人的狼狗。

（5）牢狱之灾。

朗道虽然事业辉煌，一生却是磨难重重、命运多舛。他个性傲慢再加上心直口快，最终给他带来灾难。在苏联肃反运动期间，1938 年 4 月 28 日，因为随口表达对社会的不满，又被发现参与起草并在五一劳动节公开散发一份对政府不满的传单，指责和反对以斯大林为首的苏维埃政府，朗道被直接送进安全部门，以"反革命组织的头目"的罪名判处 10 年徒刑，被流放到西伯利亚。

为了营救他，卡皮察专门给苏联领袖斯大林写信，说朗道年轻气盛但是很诚实，是个很有前途的理论物理学家，请求斯大林多加关注；著名物理学家玻尔也专门给斯大林写信，恳求赦免。后来，卡皮察先后多次给莫洛托夫和贝利亚写信，认为朗道"是一个有雄心的人，在科学上成果累累，不可能有动机、精力和时间从事其他的活动"。他向克格勃提出个人担保，押上自己的身家性命向领袖保证，朗道不再从事任何反革命活动。更重要的是，他告诉斯大林和莫洛托夫等领导人，自己在低温领域的研究获得重大进展，亟须理论家帮助，而苏联只有朗道从事这方面的理论研究。

或许是斯大林认识到了朗道的价值，就在奄奄一息的朗道觉得自己"再在监狱待半年必然会死掉"时，他在 1940 年获准保释出狱，彼时朗道已经虚弱得不能行走了；朗道被释放的确是幸运之事。出狱后，朗道不负众望，几个月后就完成了液氮超流理论。

从此，这个自称"有学问的奴隶"的人，知道自己的言行会关系到好友和担保人卡皮察的安危，开始主动远离政治。

（6）与卡皮察交好。

朗道和卡皮察相识于卡文迪许实验室，这次见面使卡皮察见识了朗道的非凡才能，也成为他们二人数十年合作的开端，见图 2-74。朗道根据卡皮察提出的问题，建立了金属中电子的抗磁性理论。

图 2-74　朗道（左）和卡皮察（右）

他们两人年龄相差 14 岁，研究领域一致，有共同的追求，性格脾气相投，都很耿直，结下了深厚的友谊，也都先后遭受了类似的政治遭遇。朗道对人相当高傲，看不上绝大多数同时代的物理学家，但是对卡皮察却相当尊敬，视其为自己的良师益友——既是研究伙伴，又是肝胆相照的好友。卡皮察对朗道一直关爱有加，当朗道在哈尔科夫与院长闹翻后，他迅速给了朗道邀请，请他担任研究所理论物理部主任。

朗道擅长理论，卡皮察擅长实验，相互取长补短，密切合作，共同前进。1937 年初，卡皮察制得液氦；同年年底，发现液氦"超流"现象；1941 年，这些现象被朗道提出的液氦超流理论所解释并因此获 1962 年诺贝尔奖；而卡皮察也在 1978 年，因为对低温领域的贡献获得诺贝尔物理学奖。他们自身在科学研究上获得了举世瞩目的成果，二人的合作不仅在苏联科学事业的发展中起到了巨大的作用，也成为现代物理学史上理论物理学家和实验物理学家密切结合的典范。

卡皮察是一个沙皇将军的儿子，自 1921 年起，他在英国剑桥大学卢瑟福实验室工作 14 年，曾接受查德威克的指导，他擅长制造和操作大型实验设备制造强磁场或极高、低温而获得卢瑟福的赏识，1929 年当选为英国皇家学会会员和苏联科学院通讯院士。1934 年返苏探亲后被限制离境，并被任命为新成立的、专门为他而建的苏联科学院物理问题研究所所长。物理问题研究所坐落在莫斯科大学附近一条大道上的欧式建筑内，仿照卡皮察在剑桥时的实验室，现在叫卡皮察研究所。物理问题研究所规模很小，研究员加工作人员大约只有三十几人，但是影响力很大。

1939 年，卡皮察成为苏联科学院正式院士；后来多次获得斯大林勋章和列宁勋章以及美国富兰克林奖章。因其学术地位和国际影响，他参与了苏联核计划早期的领导工作，卡皮察受到诸如斯大林、中央政治局委员等苏联高层政治家一定程度的赏识，为此他先后于 1932 年和 1939 年先后帮助了正遭受迫害的福克和身陷囹圄的朗道。

1938—1945 年，他设计涡轮膨胀机用于分离、制备氧气；这些工作完全服从战争需要，发明的制氧气设备应用于军事航空和弹药生产。对卡皮察的帮助，朗道心存感激。多年后，在卡皮察 70 岁寿辰时，朗道曾这样讲："在那些年月，卡皮察（帮助我）的举动需要大勇、大德和水晶般纯洁的人格"。而卡皮察也因为朗道的研究，在其去世 10 年后获得诺贝尔物理学奖。

第二次世界大战后，卡皮察被要求参与原子弹研制任务，他却不小心犯了错误，给斯大林进言，认为贝利亚不适合担任原子弹研制的领导人。倘若不是因为他巨大的国际影响力，斯大林都可能保不住他。他被监视居住在莫斯科郊外的别墅，直到赫鲁晓夫上台后贝利亚被处决为止。朗道参与了原子弹的研制，当别人躲着卡皮察唯恐被牵连时，只有朗道每月前去拜访卡皮察。

（7）自负误判诺贝尔奖。

在学术上，朗道多少有些"学阀"作风，有些被朗道枪毙掉的论文，后来被证明是极重要的。他过于自负的个性使苏联蒙受了无法弥补的损失。

1956 年，苏联物理学家沙皮罗在对介子衰变的研究中，发现了介子衰变过程中宇称不守恒，他向朗道介绍了自己的发现。朗道认为，宇称一直是守恒的，无论是在宏观状态还在微观状态。他不认可沙皮罗的研究结果。当沙皮罗将自己的研究成果写成论文请他审阅时，他置之不理。

几个月之后，中国旅美学者杨振宁和李政道提出了沙皮罗已经发现的弱相互作用下宇称不守恒的理论。不久，又由吴健雄用实验做出了证明。第二年，杨振宁和李政道获得了诺贝尔物理学奖，而沙皮罗因为朗道的随手一扔，虽然发现在先，最终与诺贝尔奖失之交臂。当杨振宁和李政道获得诺贝尔奖的消息传到朗道耳中，他才如梦方醒。天才和成就造就的家长作风使朗道断送了苏联科学家获得诺贝尔奖的一次宝贵机会。

（8）严重的车祸。

1962 年 1 月 7 日早晨，朗道经历了一次严重的车祸，朗道身受重伤，撞裂了头盖骨，全身断了 11 根骨头，头脑和内脏严重受伤，陷入了深度昏迷。

朗道车祸住院的消息很快传遍世界物理学界。众多苏联物理学家聚集到朗道的病房，在医院的长廊点上烛光为他祈祷；世界各地的物理学家寄来各种名贵药材。著名物理学家玻尔亲自安排了一流的医生前往莫斯科，苏联政府也派出了最好的医生。捷克、法国、加拿大的很多医学教授等得知消息后纷纷前来会诊，为拯救朗道的生命而竭尽全力。

在经历数次临床死亡判决之后，经过精心治疗和及时抢救，在昏迷了大约两个月后，朗道终于醒来了。生命虽然保住了，但却未能完全康复，车祸严重损害了朗道的身体健康，留下了严重的后遗症——他的智力已经发生了严重的退化，无法再从事研究。这件事成了当年物理学界最轰动的新闻。

醒来后的朗道仍然不愿意循规蹈矩。在一次康复治疗中，医生让他画个圆圈，朗道就画了个十字架；医生让他画十字架，他却画了个圆圈。面对愤怒的医生，朗道说："言听计从会让我看起来像个白痴"。

作为一个普通人，朗道的生命又延续了几年，在最后的日子对朗道来说是极为痛苦的，生理上的病痛倒还在其次，不能从事物理学研究才是最让他不能忍受的。

（9）令人揪心的诺贝尔奖。

这次车祸也引起诺贝尔奖评奖委员会的关注，由于该奖不授予逝者，他们担心朗道会随时离世，而他的成就足可以授予诺贝尔奖，否则将是诺贝尔奖的遗憾。诺贝尔奖评奖委员会召开了专门的会议，有人认为他虽然能力非凡，成就出众，但性格怪异；但更多的人认为"诺贝尔奖看重的是对人类的科学贡献，而非获奖者本人的性情"，因此务必想办法给他颁奖。

紧急磋商之下决定，将当年的诺贝尔物理学奖授予学术生涯已经结束的朗道，表彰他对凝聚态物质的开创性研究和建立液氦的超流动性理论方面的贡献，见图 2-75。由于健康原因，朗道不能前往国外领奖，诺贝尔奖评审委员会打破了惯例，在历史上第一次不是在瑞典首都由国王授奖，而是由瑞典驻苏联大使在莫斯科授予了朗道这一物理学研究的最高荣誉。颁奖后，大使如释重负地说："我终于把这个揪心的奖项颁完了；朗道先生堪称是本世纪最传奇的物理学家。"

图 2-75　1962 年，病中的朗道被授予诺贝尔物理学奖

当卧病在床的朗道得知自己被授予诺贝尔物理学奖，倒是大出他意料之外，诺贝尔奖一向为西方所把持，一个苏联人要想折桂那是难上加难，何况他生性高傲，国外的那些大家和他大多交情泛泛，言语之中只怕还得罪过不少人。但他没有想到，也正是这些人将他送上了诺贝尔奖的领奖台。

（10）朗道排名。

朗道闲来无事给科学家们排起了名，且只对物理学天才进行排名；他的物理学家排名表也称朗道天才尺。这张表格曾被朗道放在他的上衣口袋里，而表格上的排名，则因时代的变化而变化。朗道按照 0 到 5 级对物理学家做了个排名，每相差一级，贡献相差十倍，即一位在朗道尺的物理学家对物理学的贡献，是比他低一级的十倍。

朗道天才尺中，0 级最高，分配给了牛顿，0.5 级给了爱因斯坦，这两个人是超一流物理学家。1 级给了玻尔、海森堡、狄拉克、薛定谔、费曼、德布罗意、维格纳、玻色等，朗道他开始给自己定位的是 2.5 级，后来当他在二级相变理论上做出贡献的时候，把自己升到了 2 级。朗道把排在他之前的看做是天才里的"极智者"，而排在他后面的人看做天才里的愚者，5 级的科学家被他称为"智障""低能儿"。事实上，他的排名表中的每位物理学家都做出了突出贡献，都可以大书特书，他竟然把他们看做"智障""低能儿"；此时朗道年仅 28 岁。

（11）生不逢时。

朗道自己最大的遗憾就是晚出生了几年，量子力学大厦的基座已如磐石，他做出的贡献只是为这座辉煌宫殿添砖加瓦，虽然这些砖瓦让他轻松获得诺贝尔奖，但他的志向和才能却远不止如此。

曾有史学家慨叹朗道的生不逢时，认为如果他早生个一二十年，赶上 20 世纪初物理学革命时代的话，以他的才情学识，对人类知识的贡献，应当可以跻身于爱因斯坦、玻尔这样的世纪级大师之列。而他自己也酸溜溜地说过："漂亮姑娘都和别人结婚了，现在只能追求一些不太漂亮的姑娘了。"这里的漂亮姑娘指的是让海森堡、薛定谔等人名声大噪的量子力学。量子力学的诞生掀起了物理学的革命，而他很不甘心没有充当这场革命的弄潮儿，没有在重大学术做出开创性的贡献；这也是为何贡献卓著的他无法跻身一流物理学家行列的根本原因。

（12）朗道与核武器研制。

朗道对核武器有着一种本能的厌恶，他参与但没有深入苏联核武器的研究，一方面大概是领导对他还不大放心；另一方面也是朗道本人认为一个有理性的人应该尽可能远离这类研究工作。朗道在苏联的核武器研制计划中从事的不是物理研究，他做的是应用数学和数值计算方面的工作，他推导出了原子弹能量的有效系数公式并沿用多年，他在氢弹计划的计算中发明了特殊的数学方法。1953 年，斯大林去世后，朗道跟人说："我用不着怕他了"，从此离开了核武器的研究。

～ 师承关系 ～

正规学校教育；朗道终生视玻尔为其导师，苏联科学院院士栗弗席兹是朗道的博士生；2003 年诺贝尔物理学奖得主维塔利·金兹伯格（在超导性和超流性两个量子物理领域做出贡献）并非出于朗道门下，但是在他提供给诺贝尔奖委员会的自传里，把朗道列为自己一生的导师。

～ 学术贡献 ～

朗道对物理学的贡献几乎遍及各个领域，诸如核物理、固体物理、等离子体物理、宇宙线物理、低温物理学、高能物理、流体力学、磁学、光谱学、量子力学等。朗道在物质凝聚态的研究方面进行过许多继往开来的基本工作，甚至有人说，从固体物理学到凝聚态物理学的过渡，可以认为是从朗道的工作开始的。朗道具有很高的物理直觉，他往往不经过繁冗的数学推演就直接给出理论公式。

在他 50 岁寿辰之际，苏联学界把他对物理学的十大贡献刻在石板上作为寿礼，以向先知（圣经中的摩西：摩西是远古时代的以色列人杰出的领袖，他曾率众历尽千辛走出埃及）一样的称谓称之为"朗道十诫"：

（1）1927 年，量子力学中的密度矩阵和统计物理学（朗道还与伊万年科合作尝试构建描述自旋的波动方程的相对论性方程）。

（2）1930 年，自由电子抗磁性的理论——朗道抗磁理论，相关现象被称为朗道抗磁性，电子的相应能级被称为朗道能级；计算了电子在磁场下不连贯的水平，预言了取决于强磁场的电纳系数的周期性变化。

（3）1934 年，超导体的混合态理论。

（4）1935 年，铁磁性的磁畴理论和反铁磁性的理论解释。

（5）1936—1937 年，二级相变的一般理论和超导体的中间态理论（相关理论被称为朗道相变理论和朗道中间态结构模型）。

（6）1937 年，创立原子核的几率理论。

（7）1940—1941 年，创立液氦的超流理论（被称为朗道超流理论）和量子液体理论。

（8）1954 年，创立了基本粒子的电荷约束理论。

（9）1956 年，创立了费米液体的量子理论（朗道费米液体理论）。

（10）1957 年，提出了弱相互作用的 CP 不变性。

最著名的是 1940—1941 年间，他在研究等离子体问题时，抓住了前人忽略了的黏性，用数学方法成功地解释了 He-4 在温度低于 2K 时完全失去黏滞性并具有很大的热导率的原因。他预言在超流性的氦中，声音将以两种不同的速度传播，也就是说声波有两种类型，一种是通常的压力波，另一种是温度波即所谓的"次声"，这一预见 1944 年得到了实验证实。他本人对超流性理论的工作特别满意，认为这是他一生中最得意的工作："超流性理论至今还没有人能够真正懂得它"。他的另一些引人注目的贡献是：

（11）在固体物理学方面，朗道提出了著名的元激发，引入了声子的概念。

（12）1937 年，利用费米气体模型推测恒星坍缩的质量。

（13）1943—1944 年，朗道还对基本粒子物理学和核相互作用理论进行过大量工作，研究了电子簇射的级联理论和超导体的混合态等问题。

（14）1944—1945 年，他发展了关于燃烧和爆炸的理论。

（15）1946 年，他发展了质子——质子散射和高速粒子在媒质中的电离损失等问题，还提出了等离子体的振动理论。

（16）1946 年，在理论上预言等离子体静电振荡中不是由碰撞引起的耗散机制（称为无碰撞等离子体中的朗道阻尼）的存在；过了 18 年后这一预言才由一些美国物理学家在实验上予以证实。

（17）1947—1953 年，朗道研究粒子在高速碰撞中的多重起源理论，对宇宙射线物理学相当重要。

（18）1950 年，与金兹堡一起创立超导理论（金兹堡—朗道唯象理论），给出了著名的金兹堡—朗道方程，可以准确地预测诸如超导体能负荷的最大电流等特性。

1957 年，朗道的学生，阿布里科索夫却用这个理论得到了一个堪称超导理论和材料史上的经典结果，这个结果就是金兹堡—朗道理论的一个解析解。阿布里科索夫的研究表明，还存在第二类超导体，这种超导体允许磁场穿过。今天几乎所有产生强大磁场的超导磁铁都是由第二类超导体制造的。而没有强大的磁场，就没有磁共振成像技术。

（19）1954 年，朗道研究了与量子场论的原理有关的一些问题，论证了量子电动力学和量子场论中所用的微扰方法在有些事例中并不是自洽的。

（20）1959 年，朗道在基本粒子理论上提出了一种方法，以确定粒子相互作用振幅的基本值。

（21）在流体力学上作出了重大贡献，主要针对湍流。例如提出朗道—霍夫湍流理论（1944 年），其中包括湍流的形成道路——朗道—霍夫道路。它的主要特点是将流体系统的周期运动和不规则的湍流联系了起来，因此对寻找湍流的动力学机理起了重大的影响作用。

（22）他提出了现在软凝聚态物理中非常著名的朗道胶体理论，建立了二元的中微子理论，他也对固体的缺陷理论作出了重要贡献。在数学领域，朗道也作出了重要贡献，那个微积分学里常用的表示高阶无穷小的小 o 记号，就是朗道发明的，引入了混合偶数性的概念，同时他还证明了几条重要的复变函数定理等。

除了纯学术性工作以外，朗道还为苏联陆军的工程委员会研究过远离爆炸源处的冲激波之类的问题。在苏联的核武器发展方面，朗道也起了很重要的作用，1946 年 2 月开始，他参加了由库尔恰托夫院士领导的核武器研制工作，推导出了原子弹能量的有效系数公式并沿用多年；他在氢弹计划的计算中发明了特殊的数学方法。

❧ 代表作 ❧

在 1930 年发表的《金属的抗磁性》这篇论文中，朗道应用量子力学来处理金属中的简并理想电子气，提出理想电子气具有抗磁性的磁化率；这一性质现被称为朗道抗磁性。

在哈尔科夫时，朗道开始计划写一部理论物理学教材，主要由朗道来构思和修改，由其学生栗弗席兹（苏联科学院院士）执笔完成的十卷本《理论物理学教程》。这是一部享誉世界的巨著，包括力学、场论、量子力学、相对论性量子理论（量子电动力学）、统计物理学、流体力学、弹性理论、连续媒质电动力学、物理动力学、统计物理学（2 卷）。

这部著作实质上是理论物理方面最基本最完善的论著。该书论述的独创性和所包罗材料的广博性，在世界各国都是极为罕见的。在这部著作里，朗道称赞相对论为"最优美的物理理论"。这部全集获得了巨大声誉，而朗道本人则被誉为理论物理大师。这部著作的原著为俄文，1938 年开始陆续出版，并于 1962 年获得列宁奖。

前七卷是由朗道和他的学生栗弗席兹在 20 世纪 40—50 年代陆续编写而成的，另外三卷由栗弗席兹和苏联科学院院士皮塔耶夫斯基等人按朗道的计划在 20 世纪 60—70 年代编写完成，后经不断补充完善，现已成为举世公认的经典学术著作。这部几乎包罗万象的物理学名著，现已有十余种文字的分卷译本，六种文字的全卷译本。

☙ 学术获奖 ❧

（1）朗道曾 3 次获得苏联国家奖，两次获得斯大林奖金。

（2）1949 年 10 月 29 日，由于研制原子弹有功，朗道获得颁发列宁勋章（共有 808 位有功人员）。

（3）1954 年，被授予"社会主义劳动英雄"称号。

（4）1961 年，获得马克斯·普朗克奖章和弗里茨·伦敦奖。

（5）1962 年，《理论物理学教程》获得列宁奖。

（6）1962 年底，因凝聚态特别是液氦的先驱性理论，被授予诺贝尔物理学奖。

☙ 学术影响力 ❧

（1）在许多学术领域里，有许多术语都冠以他的姓氏，像朗道阻尼、朗道能级、朗道抗磁、朗道系数、朗道—霍夫湍流理论等。

（2）成立于 1965 年的朗道理论物理研究所，是一个以研究理论物理学为主的世界著名研究中心，坐落在俄罗斯首都莫斯科附近的一个小镇切尔诺戈洛夫卡。成立后，即迅速增长至百名科学家，成为全球最知名和领先的理论物理研究所之一；多数成员是苏联或者俄罗斯科学院院士。主要研究领域包括：数学物理、计算物理学、非线性物理学、凝聚态物理学、粒子物理学、原子物理学、量子场论等。

（3）以色列 1968 年出过朗道的纪念邮票，称赞朗道是为人类文化事业作出突出贡献的犹太人。2008 年阿塞拜疆和俄罗斯分别发行了朗道诞辰 100 周年纪念邮票。

（4）解体后的俄罗斯、乌克兰和阿塞拜疆三国争相把朗道放进自己国家的先贤祠、名人堂里。俄罗斯银行和乌克兰国家银行在 2008 年还发行了铸有他头像的银币来纪念他的百岁诞辰。

2008 年，朗道诞辰 100 周年俄罗斯发行的纪念银币，正面图案的中心为俄罗斯银行的象征——双头鹰和银行的名称，以珍珠圈隔开的外圈标出发行年号"2008"、面额 2 卢布、贵金属符号、成色、重量等要素及圣彼得堡造币厂印记。背面图案被分成四个部分：左上部为朗道的肖像，右上部为遍布物理学各领域的各种数学公式，肖像下面为其姓名，右下部为其卒年。银币直径 33 毫米，重16.81 克，成色 92.5%，质量精制，发行量 7500 枚。

❧ 名人名言 ❧

宇宙学家经常犯错误，但他们从未被质疑过。

❧ 学术标签 ❧

朗道是物理学界公认的具有天才头脑的人物、世界上最后一个全能的物理学家。他还是苏联科学院院士、丹麦皇家科学院院士、荷兰皇家科学院院士、英国皇家学会会员、美国国家科学院外籍院士、美国国家艺术与科学院外籍院士、英国物理学会和法国物理学会的荣誉会员。

❧ 性格要素 ❧

朗道是 20 世纪最有个性的物理学家。在学术研究上，他思想敏锐、学识广博，他对多种科学领域都有百科全书式的知识，特别对边缘科学表现出强烈的兴趣，使他观察事物敏锐，分析问题深刻、全面，富于创见。

在为人处世上，他性情怪异、脾气暴躁、言辞尖刻、恃才傲物。他性格倔强傲骄，得罪的人数不可胜数。他专挑地位非凡、有权有势的大人物得罪，这给他带来很多的麻烦；比如他与当时的学界权威因脾性不合而屡遭排挤。卡皮察说："朗道在我们的研究所里也是个不易相处的人，不过加以提醒尚能改正。由于他的特殊天赋，我常宽容他的行为。"

在生活上，朗道很不讲究，不修边幅，会把领带转到背后。朗道的天赋和才华成就使他过于自负，对自己的智慧和直觉产生了太大的自信。朗道的狂傲在业界是出了名的，少年得志的他自视甚高、目空四海，瞧不起同时代的绝大多数理论物理学家，在朗道眼里世界上没有几个真正的物理学家，尤其是担任苏联科学院物理学部主任后，他在科学研究中更加固执、武断，缺乏民主精神。

无论在生活中还是在科学上，朗道都喜欢大发煽情的议论，经常出言不逊，以吸引公众的注意力，或者引发别人对他的愤怒，因此一生树敌众多。作为一个普通人，他是"简单化作风和民主作风、无限偏执和过分自信的奇妙混合体"，具有自信又自负的矛盾性格，这种复杂或矛盾的性格处处体现在他的生活和工作当中。

❧ 评价与启迪 ❧

（1）卓越的物理学家。

作为一个物理学家，朗道就像莫斯科物理问题研究所所长卡皮察所说："朗道在整个理论物理学领域中都做了工作，所有这些工作都可以用一个词来描述——卓越。"很显然，一个人的一生能够在科学上作出如此之多的重要贡献，是足以令他人所敬仰的。然而，朗道的贡献并不仅限于此。

费米是朗道最认可的一位物理学家，他评价费米为"一位不可多得的全能物理学家"。在他逝世后，朗道非常惋惜地慨叹道："现在我就是最后一位全能物理学家了。"应该承认，他的这种看法并非自夸自赞，而是有着真实根据的。

（2）标新立异的狂人。

朗道是典型的浪漫科学家，其特点是对多种多样的科学领域都有百科全书式的知识，特别是他对边缘科学表现出强烈的兴趣，思维和概念纷至沓来，但他通常不深究其细节。特别是，其创见和逻辑思维的过程富有直觉性，常常由奇妙的联想引申而来，思维相当发散、自由。除了科学工作之外，在生活的许多方面，朗道也喜欢标新立异，以其独特的风格独树一帜。

人们在承认他科学成就的同时，也对他的性格多有诟病。前半生，他是口无遮拦、目中无人的狂人；后半生，他是三缄其口、自黑自嘲的"懦夫"。辉煌的时光里，他有着聪明的头脑和杰出的成就，生命的最后岁月，上帝却夺走了他的过人智力和狂傲性格。朗道留给这个世界的，除了能让后人受益匪浅的科学成就外，或许更多的还是人们对他一生生不逢时、多舛命运遭遇的唏嘘和慨叹。

（3）反思。

一个人，无论有多少才华，无论有多大才能，一定要保持低调谦和谨慎，虚心地对待每一个人，让周围的人感觉舒服，这样对自己也有裨益，朗道的教训可谓深刻。倘若他是个普通人，没有那么多优秀的科研成果加持，那他在生活中一定处处惹人嫌弃。索性他的天才头脑弥补了他性格上的缺陷，他是成功的，但也是不完美的，天才伴随着狂妄自大，很不和谐的一幕发生在了朗道的身上。

91. 唯一两次获诺贝尔物理学奖的人、默默无闻的天才——巴丁

巴丁像

姓　　名　约翰·巴丁
性　　别　男
国　　别　美国
学科领域　固体物理学
排　　行　第二梯队（次一流）

∽ 生平简介 ∾

　　巴丁（1908 年 5 月 23 日—1991 年 1 月 30 日）出生于威斯康星州麦迪逊市一个经济优渥的家庭。9 岁上三年级，觉得功课简单，直接连跳三级上初中，成了班里年纪最小的学生；学习依然十分突出，尤其表现在数学方面，碾压一批大他几岁的同学，在麦迪逊市的代数竞赛中取得了优异成绩。

　　16 岁进入名校威斯康星大学麦迪逊分校电气工程系学习，20 岁毕业，21 岁获得硕士学位，毕业后留校担任研究助理。1930—1933 年，巴丁在匹兹堡海湾实验研究所从事地球磁场及重力场勘测方法的研究，发明了一种勘探石油的新电磁学方法，可以大大提高勘探效率。但他更喜欢从事理论科学研究，于是 1933 年辞职进入普林斯顿大学，在尤金·维格纳的指导下研究固体物理学，并于 1936 年凭借关于金属功函数的论文获得哲学博士学位。1936—1938 年，任哈佛大学研究员。

　　1938—1941 年，巴丁担任明尼苏达大学助理教授；1941—1945 年，在华盛顿海军军械实验室工作；1945—1951 年，在贝尔电话公司实验研究所研究半导体及金属的导电机制、半导体表面性能等问题。1947 年和同事沃尔特·豪泽·布喇顿（1902—1987 年，生于中国厦门，美国科学院院士）发明了半导体三极管；一个月后，威廉·布拉德福德·肖克利（1910—1989 年，英国出生的美国物理学家和发明家，一生共获得 90 多项专利，美国艺术与科学学院院士，毁誉参半）发明了 PN 结晶体管，三人因发现晶体管效应共同获得 1956 年诺贝尔物理学奖。

　　1951 年，巴丁离开贝尔实验室。同年 5 月 24 日，他到伊利诺伊大学香槟分校任物理学兼电气工程教授，退休后担任该校的名誉教授。在该校，巴丁帮助制订了超导性和半导体的研究规划，后期的研究兴趣主要集中在低温物理学的理论方面，包括对超流体氦 II 的研究。

　　1957 年，与两名年轻学者合作，成功揭示了超导现象的理论依据，并获得

1972 年诺贝尔物理学奖。1959—1962 年，任美国总统科学咨询委员会委员。1960 年以后，任罗彻斯特静电复印公司的经理。他是美国科学院院士，美国科学促进协会、物理学会和哲学学会的会员，并曾担任过美国物理学会的主席。1991 年，巴丁去世，享年 83 岁。

✿ 花絮 ✿

（1）干一行爱一行。

1930 年硕士毕业的巴丁，赶上了美国经济大萧条。他找第一份工作时，直接被专业对口的 AT&T（美国电话电报公司）拒绝。学电气工程的巴丁只好在海湾石油公司干起了勘测石油的工作。积极肯干的他在不久后就发明了一种勘探石油的新电磁学方法，大大提高勘探效率。而为了不让同行获得更多信息，海湾公司决定不申请专利，要将这项技术保密到底。直到 30 年后，他的这项发明才得以公布于世。

（2）幸福家庭。

在普林斯顿上学期间，巴丁遇上了珍妮·麦克斯韦；1938 年二人结婚，婚后育有两子一女。婚后，他尽自己的一切所能帮珍妮料理家务，洗衣烹饪样样精通。无论出国访问，还是出席重大授奖仪式，珍妮也总是陪伴在他身边。在读博期间，他就为了陪病重的父亲中断了在普林斯顿大学的博士生涯；直到父亲去世后，他才再次回到哈佛大学继续博士学位论文。巴丁是位好儿子、好丈夫、好父亲，在生活中对亲人无微不至。

（3）研制晶体管。

为了克服电子管的局限性，第二次世界大战结束后，贝尔实验室加紧了对固体电子器件的基础研究。肖克利等人决定集中研究硅、锗等半导体材料，探讨用半导体材料制作放大器件的可能性。

1945 年 4 月，巴丁加入到了贝尔实验室，成为固体物理研究小组的成员；肖克利是小组长，组员还有布喇顿。这个小组中，肖克利擅长用几何图像说明物理现象，布喇顿擅长研究固体表面现象，而巴丁在固体量子理论上有扎实的基础，善于用理论结构解释和协调实验数据及其现象；三人具有很好的专业互补性。

起初的工作是在金属—半导体结构上进行尝试。多次失败后，巴丁认识到半导体的表面缺陷有着非常不利的影响，必须找到"钝化"表面、消除缺陷的方法。后来，他提出至关重要的半导体表面态理论，发现了预期的电流调制作用。解决了这个最大难题后，巴丁和布喇顿终于把音频信号放大了 100 倍。1947 年 12 月 23 日，巴丁和布喇顿共同发明第一个锗半导体三极管，被称为世界上第一支点接触晶体管的半导体放大器问世了，标志着现代半导体产业的诞生和信息时代正式开启。

晶体管的发明，是研究小组送给贝尔实验室最好的圣诞礼物，大家都欢欣鼓舞。但肖克利非常沮丧，他因为当时有其他事情没能参与这关键的具有突破性的发明。第一支晶体管里面没有他的贡献，这严重刺痛了他的自尊心，同时又激发了他无限的争强好胜心。38 天后，背着其他二人，肖克利推导出了半导体载流子中少数载流子的输运理论和公式，利用 PN 结代替点接触，提出了更先进的结型晶体管理论。

1948 年 6 月 30 日，贝尔实验室报道了这一发明，公开了全球第一个晶体管问世的消息，并申请专利，但专利上只有巴丁和布喇顿的名字。巴丁的理论性强，而布喇顿动手能力强，二人的密切配合产生了积极的效果。

事实上，三人都可以称为"晶体管之父"。而巴丁的贡献更靠前一些，也更重要一些，是后来肖克利结型晶体管的前提。相比个性张扬的肖克利，性格温和的巴丁默默离开了贝尔实验室，退出了这场晶体管争夺战。

（4）BCS 理论。

1950 年代早期，巴丁就已经开始考虑超导电性的问题。他意识到电子与声子的相互作用是解决问题的关键。1953 年，约翰·罗伯特·施里弗（1931—2019 年）来到伊利诺伊大学，在巴丁的指导下攻读物理学博士学位，并选择超导问题作为博士论文题目。

1955 年，巴丁把在进行超导研究中意识到场论方法对求解粒子间带有吸引相互作用的费米气体多体问题，将是一种有利的工具。利昂·N·库珀（1930 年至今）是杨振宁推荐给巴丁的，他于 1955 年秋到了伊利诺伊大学。库珀的贡献在于为超导态建立了正确的物理图像，即提出了库珀电子对的概念——他证明了金属中的两个电子之间存在着通过交换声子而发生的吸引作用；而施里弗 1957 年 1 月底提出了超导体的基础波函数。

巴丁与两名青年学者密切合作，1957 年 3 人合作发表了论文，并正式在物理学会会议上宣布了这一发现，当时为了让青年学者得到承认，巴丁还决定不参加会议，论文由这两位年轻学者宣读。

从此一个全新的揭示超导电性的微观理论就诞生了——提出了以他们的名字首字母命名的 BCS 理论，是解释常规超导体的超导电性的微观理论，成功地解释了几十年来许多科学家，其中至少包括五位诺贝尔物理学奖金获得者没能解释的超导现象，他们三人堪称科学史上老年科学家与青年科学家相结合的典范。

在提出 BCS 理论后，考虑到自己因晶体管已经获得过诺贝尔奖了，他还单独提名了库珀和施里弗两人为诺贝尔奖候选人。因为在过去，还未出现过在同一领域获得两次诺贝尔奖的先例。所以巴丁正是担心委员会的不成文规定，会影响到两位年轻人应得的荣誉，才"出此下策"将所有机会让给后辈；或许这才是真正的"一日为师，终身为父"的真正诠释。令人欣慰的是，瑞典皇家科学院最后还是为巴丁打破了惯例，他们三人一同获得了 1972 年的诺贝尔物理学奖。而巴丁也因此成为了历史上首位，在同一个领域两次获诺贝尔奖的传奇。

（5）谦虚低调的天才。

巴丁性格平和温顺低调；性格过于内向的他通过自己的哥哥和妻子对外交流与沟通。有人曾经提出过"巴丁数"这一概念，用于形容"谦虚程度"，等于成就比上自我吹嘘。物理学家巴哈特就说，一般人的巴丁数等于 1 就很不错了，而巴丁则为无穷大。

在诺奖颁奖典礼上，巴丁甚至紧张到胃部痉挛说不出话来。曾有一次，欧洲犯罪问题委员会这样问他：作为一个诺贝尔奖得主，死刑在现代社会中的地位。他回答说："我并不认为获得了诺贝尔奖，就具备了对这个问题发表看法的特殊资格"。

《钱学森传》和《南京大屠杀》的作者、美籍华裔著名作家张纯如女士（1968—2004 年）曾想为这位两夺诺贝尔奖的传奇人物著述立传，遭到拒绝。他认为自己是除了科学成就外，生活没特别，无法引起大多数读者的兴趣。

尽管巴丁取得了巨大的成就，对人类的文明产生了深远的影响，但这个态度谦和的人却被媒体和公众所忽视。他没有费曼的幽默天赋，也没有爱因斯坦那一头不羁的头发。在那个古怪和出格的个性被看作是天才和创造力特征的时代，巴丁默默无闻，与公众眼中的天才形象完全不符合。天才常有，而谦虚低调的天才，才真正万中无一；他"平凡"的个性是最耀眼的存在。

～ 师承关系 ～

正规学校教育，维格纳是其博士导师；LED 的发明人尼克·何伦亚克（1928 年 11 月 3 日至今，被称为 LED 之父）和诺奖得主施里弗都是他的博士生。

～ 学术贡献 ～

（1）研制了晶体管，取代了电子管，改变了人类历史。

（2）提出了低温超导体的 BCS 理论，成功解释了常规超导现象。

～ 代表作 ～

（1）1949 年，与布喇顿合著《晶体管动作涉及的物理原理》，发表在〈Physics Review〉《物理评论》。

（2）1957 年，与库珀和施里弗合著《超导理论》，发表在《物理评论》。

～ 学术获奖 ～

（1）1956 年，同布喇顿和肖克利因发明晶体管获得诺贝尔物理学奖。

（2）1972 年，同库珀和施里弗因提出低温超导理论（BCS 理论）再次获得诺贝尔物理学奖。

❧ 学术影响力 ❧

（1）晶体管的发明是电子技术史上具有划时代意义的伟大事件，被誉为"20 世纪最伟大的发明"。它的诞生使电子学发生了根本性的变革，它加快了自动化和信息化的步伐，是微电子革命的先声，从而对人类社会的经济和文化产生不可估量的影响；开创了一个崭新的时代——固体电子技术时代，真正地改变了世界。晶体管出现后，人们可用一个小的、消耗功率低的电子器件，来代替体积大、功率消耗大的电子管了。巴丁的科技成果正阔步走进世界亿万人民的家庭，为集成电路、微处理器以及计算机内存等各种电子信息设备的产生奠定了基础。没有晶体管，就没有现在的电子信息时代。

（2）某些金属在极低的温度下，其电阻会完全消失，电流可以在其间无损耗的流动，这种现象称为超导。超导现象于 1911 年发现，但直到 1957 年，巴丁、库珀和施里弗提出 BCS 理论，其微观机理才得到一个令人满意的解释。自从量子理论发展以来，BCS 理论被称为是对理论物理学的最重要贡献之一，解决了困扰包括爱因斯坦和费曼等物理学家近 50 年的难题。对超导性的研究将导致种种新的实用成果，有望革新 21 世纪的科技，如超导磁铁、高速磁浮列车、超级原子对撞机、超导体电子计算机、功率传输线等。

❧ 名人名言 ❧

（1）成功来自于好运，正确的时间在正确的地点，且有合适的合作伙伴。

（2）导致晶体管的研究项目是一个基础研究，因为它是为了直接研究半导体的电特性。但是，为了这个项目工作的每一个人都意识到了它的长期目标及其重要性。在基础研究和应用研究之间不存在明显的分界线。

（3）大多数发明是根据现实需要而产生的，因此在完成基础研究之后，有必要制定一个实际目标。否则，研究就会毫无用处。

（4）或许两个诺贝尔奖的价值大于一个一杆进洞（形容他谦逊，并不把诺贝尔奖看得那么重要）。

❧ 学术标签 ❧

晶体管之父、第一个也是目前为止唯一一个在同一领域（固体物理学）两次获得诺贝尔奖的科学家、美国科学院院士、美国物理学会主席。

❧ 性格要素 ❧

勇于进取、性格平和、善于合作；他因个人风格不突出而鲜为人知。

❧ 评价与启迪 ❧

巴丁谦逊平和低调的与世无争；面对名利心极强的肖克利，面对他的咄咄逼人，他不是去争，而是退让，所以不声不响地离开了贝尔实验室，去伊利诺伊大学教书。巴丁甘做人梯，这一点从他主动推荐两位青年人才为诺贝尔奖候选人就可以知道。

巴丁是在同一学术领域中获得两次诺贝尔奖金的第一位科学家；就这一事实本身，人们不难看出巴丁在科学的道路上是何等的勇于进取和善于发挥集体的力量。巴丁善于与人合作，他的两次诺奖都是与人合作获得的。在1972年他接受诺贝尔奖金时，基金会成员赞扬他们说："珠穆朗玛峰只有一小部分热心攀登者才能到达。巴丁、库珀、施里弗三位在前人的基础上，终于成功地到达了这一顶峰。他们作为一支队伍，坚韧不拔，协力攻关。现在来自山顶上的那无限美好的景色终于展现在眼前。"

92. 被导师打压50年的印度天文学巨擘——钱德拉塞卡

姓　　名　苏布拉马尼扬·钱德拉塞卡
性　　别　男
国　　别　美籍印度裔
学科领域　天文学、物理学
排　　行　第四梯队（三流）

❧ 生平简介 ❧

钱德拉塞卡（1910年10月19日—1995年8月15日）出生在英属印度旁遮普地区拉合尔（现在的巴基斯坦）一个富裕的、接受了西方教育思想的官员家庭，父母都是婆罗门，十分重视教育，在印度属于上流社会，家庭藏书甚多。钱德拉塞卡被世人称为"钱德拉"，该词在梵语中意为"月亮"或"发光的"。

钱德拉塞卡像

他的亲叔叔拉曼是印度首位诺贝尔奖得主（1930年的诺贝尔物理学奖）。但拉曼对他们家不太友好，钱德拉的母亲受到了拉曼的歧视，因此她希望儿子能争一口气，最好超过拉曼。因此，尽管钱德拉把拉曼当成自己的榜样，但他却尽量远离拉曼，不受其影响。

钱德拉从小天资聪颖，很快就表现出超越常人的学习能力。他兴趣广泛，年轻时曾学习德语，读遍自莎士比亚到托马斯·哈代时代的各种文学作品。钱德拉5 岁开始在家中学习，父亲教他英语和数学，母亲教他泰米尔语。

11 岁时，他直接就读三年级，一年后课程有代数和几何，引起钱德拉的浓厚兴趣。印度传奇数学家拉马努金是钱德拉的榜样，他一直希望自己也成为一名数学家，但父亲希望他学习物理。1925 年他听从父亲的意见进入了金奈院长学院攻读物理学专业；1927 年暑假期间，17 岁的钱德拉就阅读了物理学前沿的许多文献和书籍，包括海森堡、狄拉克、泡利、索末菲、费米和福勒这些最著名的物理学家的论文；并于 1930 年获得学士学位。

钱德拉把费米—狄拉克统计应用到了康普顿效应的计算中，在 18 岁时写了两篇有关物理学的论文，获得剑桥大学拉尔夫·霍华德·福勒爵士（狄拉克的导师、首次提出热力学第零定律）的赞赏，第一篇论文"康普顿散射和新统计学"发表在《英国皇家学会会刊》，第二篇发表在《哲学杂志》上。1929 年 1 月，在印度科学大会上钱德拉宣读了这篇论文，获得了雷鸣般的掌声，钱德拉激动万分。

由于其优异的表现，他在 1930 年 7 月获得印度政府为他专设的奖学金，从孟买出发前往英国剑桥大学三一学院深造，成为福勒教授的学生。在其师兄狄拉克的建议下，钱德拉花费一年的时间在哥本哈根大学进行研究，并认识了玻尔。1933 年夏天钱德拉获得剑桥大学的博士学位，并且在当年 10 月成为三一学院的研究员。

在剑桥大学期间，他认识了剑桥大学天文台台长、英国天文学家亚瑟·斯坦利·爱丁顿爵士与爱德华·亚瑟·米尔恩（1896—1950 年，英国天文学家，1934—1935 年任英国皇家天文学会主席）。

1937 年起钱德拉开始在芝加哥大学工作，1943 年晋升为正教授；曾经在叶凯士天文台进行过一些研究。第二次世界大战期间，他用部分时间参与了美国的军事科研项目，比如进行弹道学的研究。1953 年加入了美国籍，父亲对此非常恼火，因为他一直希望钱德拉学成归国效力印度。

1944 年他当选英国皇家学会会员，1955 年当选为美国国家科学院院士。1952—1971 年，钱德拉任美国《天体物理学杂志》主编。1983 年，73 岁高龄的他凭借关于白矮星的成就，获得了诺贝尔物理学奖。1985 年退休，此后潜心研究牛顿的《自然哲学的数学原理》。1995 年他因心脏衰竭在芝加哥大学校医院与世长辞，终年 85 岁。全世界的物理学家们都对他的逝世表示哀悼。

花絮

（1）立志当英国皇家学会的会员。

1930 年 7 月得到奖学金后，教育局官员问钱德拉："我们对你寄予厚望，所以才会把奖学金给你。你去英国以后，能否在 4 年之内当上英国皇家学会的会员，好让我们也长长脸?"钱德拉哭笑不得，只好委婉地告诉那位官员，当英国皇家学会会员是一件极端困难的事，就连大名鼎鼎的狄拉克当时也没被选上。但钱德拉从此立志，以当选英国皇家学会的会员为自己的目标。14 年后他终于如愿以偿。

（2）结识索末菲。

1928 年，著名物理学家索末菲来到钱德拉的母校印度院长学院访问。在索末菲来访之前，勤奋的钱德拉将索末菲的经典教材《原子结构和光谱线》完全读懂，并在索末菲面前自我介绍。索末菲对他很满意，把自己将要发表的关于费米—狄拉克统计的论文送给了钱德拉，他因此很荣幸的成为了世界上首次阅读该论文的人之一。

（3）爱丁顿的侮辱。

爱丁顿（1882—1944 年），英国著名天文学家，他首次提出恒星的能量来自于核聚变，自然界密实物体的发光强度极限被命名为"爱丁顿极限"。1919 年他通过测量日全食验证了相对论的正确性，从此声名鹊起，成为了当时的天文学权威，爱因斯坦认为除了他自己没人比爱丁顿更懂相对论；而爱丁顿本人则认为没有第三个人懂得相对论。

钱德拉阅读了福勒的《论致密物质》及爱丁顿的《恒星的内部结构》，被论文中的内容深深吸引，开始了解到白矮星，爱上天文物理。1930 年，在由印度前往英国的邮轮上，他随身携带了爱丁顿的《恒星的内部结构》、康普顿的《X 射线和电子》及索末菲的《原子结构和光谱线》这三本名著，勤奋的他无心浏览海景，把旅途的 18 天时间都用在了科研上，勤奋阅读独自思考白矮星的问题。

白矮星是演化到末期的恒星，体积小亮度低，但质量大致密度极高。福勒认为电子可以用牛顿经典力学来计算，在巨大的引力作用下，电子会被压缩到原来万分之一的空间内，形成电子简并态。由于泡利不相容原理禁止不同的组成粒子占据同一量子态，因此减少体积就会迫使粒子进入高能态，从而产生极大的电子简并压力，使得白矮星能够抗衡自身引力的造成的收缩，保持平衡。这个解释得到了主流天文学界的一致认可，完美地揭示了白矮星高致密度之谜。

钱德拉根据费米和狄拉克建立的量子统计力理论，推断白矮星中有大批电子的运动速度极快，应该结合量子力学和相对论来研究恒星结构。通过计算他发现电子简并压是有限度的，当恒星质量超过某一上限时，其内部的电子简并压力不足以抵抗引力，电子简并压将被冲破，会继续坍缩成密度更高的天体，而不是维持白矮星的状态不变。当时天文学界的主流观点一致认为，一切恒星的最终归宿都将是白矮星；钱德拉获得的结果和当时天文学界的主流观念背道而驰。

在剑桥大学，他曾经把研究结果告诉过导师福勒，但福勒并不赞同，对他的结果表示强烈怀疑。在剑桥做研究员时，合作导师爱丁顿认可他的研究精神，也鼓励他再对这个问题进行更严密的思考和论证，经常来跟钱德拉讨论，将三一学院唯一的一台手摇计算机借给了他；爱丁顿觉得钱德拉计算中使用了很多近似和假设，认为如果用最严格的数学方法推导，钱德拉也许会推翻自己的结论。

1933年，钱德拉经过一段长期的思考和计算后，逐步完善了关于白矮星的理论。他初步计算出当恒星的质量超过1.44倍太阳质量的时候，恒星将不会变成白矮星，而是继续坍缩成其他更高致密度的星体；这一成果后来被命名为钱德拉极限。现在科学界发现，恒星除了白矮星这一最终状态外，还有中子星和黑洞。验证了钱德拉计算结果的正确性。

钱德拉在1935年英国皇家学会的会议上宣读了他的论文，论文中甚至还涉及了后来的黑洞概念："白矮星不会是一颗质量足够大的恒星的最终归宿，有一个恒星的极限值，超过极限值后恒星会不断收缩形成其他星体"。但爱丁顿的反应让人吃惊，他上台发言当众驳斥了钱德拉塞卡的理论，"钱德拉博士认为存在着两种简并：经典的和相对论的。但我的论点是：根本不存在相对论简并"。并称之为谬论，还将钱德拉的论文撕成了碎片。

年轻的钱德拉塞卡无论如何也不会想到会出现这种情况——爱丁顿对他进行猛烈的攻击，把钱德拉的推论批得一文不值，而在会议之前却毫无征兆！很多人都站在了爱丁顿一边，说爱丁顿是正确的。会议主持人还要求钱德拉塞卡向爱丁顿表示感谢，感谢他的建议。

钱德拉找到了玻尔、狄拉克、泡利、索末菲等著名量子力学家，向他们求助。他们都认为钱德拉的计算是正确的，认为爱丁顿不懂物理，但他们都不愿意公开声明反对天文学权威爱丁顿爵士。

"世界就是这样终结的，不是伴着一声巨响，而是伴着一声呜咽。"多年后，钱德拉仍然记得自己当时的自言自语。此后，他与爱丁顿的争论持续了好几年，爱丁顿曾多次公开抨击他，最终导致钱德拉在英国无法立足，只好到了美国寻找工作机会。

（4）认真教学。

离开英国后，他来到芝加哥大学任教。但由于爱丁顿等权威人士的抨击，尽管钱德拉教学严谨，板书讲稿整洁优美到可以拿去印刷出来，还是没有几个人去听他的课。后来，随着大家对他了解的加深，钱德拉的学识和风范吸引了来自世界各地的学生，越来越多的学生开始听他的课程，愿意跟着他攻读研究生学位。在学生眼中钱德拉严谨认真，举手投足无不散发出温文尔雅的大师般气质。

他无论工作多忙，都会亲自向研究生授课并指导他们的研究工作。他认为处在年轻人特别是具有批判精神的年轻人中间，会使自己精神振作。有人问他同著名科学家合作重要还是与学生一起重要？他回答说，同伟大的人在一起工作固然非常有意思，但跟学生在一起更为重要。如果不与费米等科学家一起合作，自己不会有任何损失；但离开了学生，就有重大损失。他认为"我的研究是和我的教学一起积累起来的，教学是我科学奋斗的基本组成"。

由他指导而获得博士学位的来自世界各地的研究生达 50 人以上，杨振宁与李政道是他最有名的两位学生。在 20 世纪 40 年代中后期，钱德拉顶风冒雪，坚持每星期从叶凯士天文台驱车几百英里去芝加哥大学给学生们上课。选修他的课程的只有两个学生，而这两个人正是杨振宁与李政道。虽然只有两位学生了，钱德拉还是坚持认真备课、认真上课，这种尽职尽责的精神也影响了二人。还有一次，他带着他的女研究生去外地上课，由于大雪导致翻车，两人差点丢掉性命。

（5）迟到半个世纪的诺贝尔奖。

自从 1935 年英国皇家学会的会议上受到爱丁顿爵士的公开批评之后，来到芝加哥大学的钱德拉不得不离开恒星结构与演化的研究领域。他从助教开始做起，靠着自己的勤奋和努力在工作中取得一个接一个的成就，也获得了很多的荣誉，6 年后升任芝加哥大学教授。

这次痛苦的经历也让钱德拉形成了一种独一无二的研究风格：每 10 年他就会踏入一个新的研究领域，他一生中先后进入了 7 个完全不同的天文学领域，在每一个领域都做到了领先。他的科研之路十分独特，不断更换研究方向，不断挑战新的科研高峰。

他在默默无闻中学会了放下，逐渐不再怨恨爱丁顿。1944 年爱丁顿逝世的时候，钱德拉在发表的讣告演说中依然给予他很高的评价，把爱丁顿誉为那个时代仅次于卡尔·史瓦西（1873—1916 年，1916 年推导出广义相对论球对称引力场的严格解，表征了球对称物体所产生的静态引力场的四维时空的度量性质，后来被命名为史瓦西度规；还是玻尔原子光谱理论的先驱者；最著名的是提出了史瓦西半径的概念，比如黑洞的视界）的最伟大的天文学家。他不认为当初爱丁顿反对他的理论是出于个人动机。

1930—1935 年以后差不多 30 年，白矮星质量极限理论这一伟大成果被称为"钱德拉塞卡极限"，得到了天体物理学界的公认。而 73 岁高龄的钱德拉在经过了漫长的 53 年的等待后，终于迎来了人生的巅峰——1983 年，瑞典诺贝尔奖评选委员会宣布，当年度诺贝尔物理学奖颁给因对恒星结构和演化研究做出重要贡献的钱德拉。1983 年 12 月 10 日，两鬓斑白的钱德拉塞卡从瑞典国王古斯塔夫十六世手中接过诺贝尔物理学奖证书和奖章，见图 2-76。

让人心酸的是，他教过的学生杨振宁与李政道早已在 1957 年获得诺贝尔奖。幸好瑞典科学院及时更正了错误，否则 20 世纪最大的科学冤案就诞生了。

（6）工作狂人。

钱德拉是一个典型的工作狂，除了日常教学、进行天文学研究、指导研究

图 2-76　年迈的钱德拉获颁诺贝尔奖

生、撰写论文和著作之外，他还是美国《天体物理学杂志》主编。其实一开始这个期刊是芝加哥大学学校内部的期刊，包括他在内只有两个人，要负责大量的日常工作，如校稿、出版、印刷、发行等，非常繁忙。当时杂志不仅面临着财政困难，而且审稿制度也尚未建立起来，但是钱德拉使这一切得到改变。

后来他说服了美国天文学会，与芝加哥大学合作，实行自负盈亏的非营利性学术运作模式，建立起论文发表收取版面费的制度，组织了高效的编校团队，建立起严格的审稿人制度；稿源逐渐增多，质量逐渐提高，慢慢成为了国际性知名期刊，许多 20 世纪著名的天文学上的发现首先都是登载在本期刊上。担任主编耗费了他大量的精力，但是他严格地分配时间，以使他的科学研究和教学不会受到重大影响。不过，19 年的编辑经历还是给他带来了不小的损失，使得他科研产出减少了，他自己发表论文的数量急剧减少，用他自己的话说几乎成了"孤立于天文界的人"——尽管他的成果已经足够多了，但是在他本人看来是比预计少了一些，这是由他本人的勤奋精神决定的。

（7）七个科研阶段。

钱德拉将自己的科学活动划分成 7 个阶段，他说：不屈不挠地去攻占一个个确定的领域，一旦攻占了，又有能力完全离开它而到另一个领域。这 7 个阶段的研究成果大多以一部详尽的专著作为总结。

第一阶段从 1929 年到 1939 年，主要研究恒星结构，包括白矮星理论，以《恒星结构研究导论》（1939 年）为总结；第二阶段从 1939 年到 1943 年，研究恒星动力学和布朗运动理论，著有《恒星动力学原理》（1943 年）；第三阶段从

1943 年到 1950 年，主要研究辐射转移和行星大气理论，著有《辐射转移》（1950 年）一书；第四阶段从 1952 年到 1961 年，研究成果总结在《流体动力学和磁流体的稳定性》（1961 年）中；第五阶段从 1961 年到 1968 年，著有《平衡椭球体》（1968 年）；第六阶段是研究相对论和相对论天体物理的一般理论；第七阶段从 1974 年到 1983 年，主要研究黑洞的数学理论，其名著《黑洞的数学理论》（1983 年）因论述至为透彻而被汉斯·贝特誉为"令人生畏"。

（8）科学之美。

他的一生是智慧的一生，也是体现科学之美的一生。钱德拉对科学之美有着深远的思索和研究。1979 年 7 月，他在著名的《今日物理》杂志上发表"自然科学中的美以及对美的追求"一文说道：我现在要分析的问题是，如何用类似于文学艺术批评中评价艺术作品的方式来评价科学理论。为此，对美必须采用某种准则。我采用的准则有二：第一个是培根的准则，没有一种极端的美在它的和谐之中不具有某种奇妙之处；第二个准则是海森堡的一句话，是对培根准则的补充：美是各部分之间，以及部分与整体之间的内在的一致。

钱德拉认为爱因斯坦的广义相对论就是这种美的一个很好的例子。他不赞成玻尔的说法：广义相对论"对我似乎是一件要从远处欣赏和赞美的伟大艺术品"。钱德拉认为："广义相对论在任何水平上都显示出奇妙的和谐，从每一种尺度上都会揭示出美的新特点。"

美国天文学家、杰出的科普作家卡尔·萨根曾在芝加哥大学跟从钱德拉塞卡学习数学。萨根晚年在其名著《魔鬼出没的世界》一书中则说："我从苏布拉马尼扬·钱德拉塞卡那里发现了什么才是真正的数学美。"

如同所有的诺贝尔奖得主一样，钱德拉也在为他颁奖的仪式上发表了演说。他的结束语是："简单是真理的标记，而美是真理的光辉。"简单、真实和美，就是这位献身于探索宇宙奥秘的南亚人的基本信念。

◢ 师承关系 ◣

正规学校教育；是拉尔夫·霍华德·福勒爵士的博士生，也是狄拉克的师弟（狄拉克曾经协助福勒指导过他）；爱丁顿是他博士后合作导师。

◢ 学术贡献 ◣

几乎每 10 年他都会改变方向，投入新的研究领域。恒星内部结构理论、恒星动力学、大气辐射转移、星系动力学、磁流体力学、广义相对论应用、黑洞的数学理论、等离子体天体物理学、宇宙磁流体力学和相对论天体物理学等方面都有重要贡献。

（1）在恒星内部结构理论方面，他利用完全简并的电子气体的物态方程建立白矮星模型，导出白矮星的质量上限是太阳质量的 1.44 倍；这就是著名的钱德拉塞卡极限。

（2）恒星动力学方面，他运用经典力学讨论星团、星系等天体系统的动力学问题。

（3）在大气辐射转移方面他总结了在恒星和行星大气辐射转移理论方面的主要工作；他处理了有偏振的辐射转移问题，并用量子力学方法计算了作为中介光谱型恒星大气不透明度源泉的负氢离子吸收系数。

❧ 代表作 ❧

钱德拉是一位"高产"的物理学家，他一生中撰写了约 400 篇论文和多部专著。1939 年发表《恒星结构研究导论》；1943 年发表《恒星动力学原理》；1950 年出版了专著《辐射转移》。1968 年出版的《平衡椭球体》，解决了困扰数学家近一个世纪的难题。

此外，著名的著作还包括《等离子体物理》和《流体动力学和磁流体力学的稳定性》《广义相对论应用》《黑洞的数学理论》等。1989—1991 年，芝加哥大学出版社还陆续出版了 6 卷本的《钱德拉塞卡论文选》。

❧ 学术获奖 ❧

钱德拉塞卡的卓越成就，理所当然地使他获得了众多的荣誉、奖章和奖励，其中包括：

（1）1947 年，获剑桥大学亚当斯奖。

（2）1949 年，美国天文学会终身成就奖，亨利·诺利斯·罗素讲座。

（3）1952 年，获太平洋天文学会布鲁斯奖章。

（4）1953 年，获英国皇家天文学会金质奖章。

（5）1957 年，获美国艺术和科学院拉姆福德奖。

（6）1962 年，获英国皇家学会皇家奖章。

（7）1962 年，获印度国家科学院拉马努金奖章。

（8）1966 年，获美国国家科学奖章。

（9）1968 年，获印度最高荣誉奖章。

（10）1971 年，获美国国家科学院德雷伯奖章。

（11）1973 年，获波兰物理学会斯莫卢霍夫斯基奖章。

（12）1974 年，获美国物理学会海涅曼奖；

（13）1983 年，获美国凯斯西储大学迈克尔逊—莫雷奖；

（14）1983 年，因在星体结构和进化的研究而获诺贝尔物理学奖，这是对他半个多世纪科研生涯的公正评判。

（15）1984 年，获英国皇家学会科普利奖章。

（16）1984 年，获印度物理学会拉比纪念奖。

（17）1985 年，获印度国家科学院巴布纪念奖。

学术影响力

（1）钱德拉关于白矮星极限质量的理论解释了恒星演化的最后过程，对宇宙学作出了重大贡献，被认为是 20 世纪天体物理学领域最重要的一项研究成果，这一发现是现代天体物理学的基础。大英百科全书评价他的贡献，"因这个重大发现而诞生了当前公认的大质量恒星后期演化阶段理论"。

（2）他含辛茹苦连续 19 年主编的《天体物理学报》，从一本校级刊物办成一本国际性著名学术刊物，如今能否在《天体物理学报》上发表文章成了衡量一位天文工作者水平高低的重要标志。

（3）天文学家在 1970 年 9 月 24 日发现了一颗新的小行星。它同太阳的距离略大于日地距离的 3 倍，国际天文学联合会将它正式编号为"小行星 1958"，并为纪念钱德拉塞卡而将其命名为"钱德拉"星。

（4）1987 年，瑞典发行了主题为诺贝尔物理奖中与天体物理学有关的奖项的小本票，其中一张展示了钱德拉塞卡的贡献，该表示式为白矮星的质量上限。

（5）1999 年 7 月 23 日，美国宇航局 NASA 哥伦比亚号航天飞机把一台名叫"钱德拉 X 射线望远镜"的设备送到了一条近地点 1 万千米、远地点 14 万千米、轨道周期为 64 小时的椭圆轨道上。这台望远镜是大型轨道天文台计划的第三颗卫星，用来观察黑洞、类星体、超新星等宇宙中所有的高能量（X 射线辐射）来源。它展示了人类肉眼看不到的宇宙的一面，以钱德拉的名字命名。钱德拉望远镜被认为是 X 射线天文学上具有里程碑意义的空间望远镜，它标志着 X 射线天文学从测光时代进入了光谱时代。

（6）2006 年，印度发行了钱德拉纪念邮票。

名人名言

（1）每 10 年投身于一个新的领域，可以保证你具有谦虚精神，你就没有可能与年轻人闹矛盾，因为他们在这个新领域里比你干的时间还长。

（2）科学的发展不是靠这个或那个发现，也不是靠撰写和发表一篇论文，而是靠热诚的研究和大量的工作。

（3）凡是智慧的，也都是美的。

学术标签

白矮星质量极限的发现者、迟到半个世纪的诺奖得主；英国皇家学会会员、美国国家科学院院士。

❧ 性格要素 ❧

自幼聪慧，是个神童；生活上性格谦和、处处忍让；学业上勤奋刻苦、成绩优异；教学上认认真真，孜孜不倦；科学研究上不断挑战新的研究领域、勇攀高峰。深居简出，淡泊名利；科学之路很精彩，却又颇为孤独。他将几乎无与伦比的科学成功与同样卓越的人格融为一体，这种人格体现在追求科学研究的完整、高雅及超乎一切的个人审美观的巨大付出和热情之中。

❧ 评价与启迪 ❧

（1）坚韧不拔、获得尊敬。

从印度到英国再到美国，钱德拉一生经历过三种不同文化传统，他也曾不得不面对来自肤色的、种族的歧视，但是他坚韧不拔，以他特有的方式巧妙化解，在不同的文化背景下都能浸润于其中，站稳脚跟、游刃有余，最终赢得全世界科学工作者的尊敬。

钱德拉去世后，89岁高龄的旅美德国物理学家、1967年诺贝尔物理学奖得主汉斯·贝特，在英国的权威性科学杂志《自然》上刊登了一篇讣闻，它的结束语是："钱德拉是一位第一流的天体物理学家，一个既美又热情的人。我为认识他而感到高兴"。美国宇航局称他是"20世纪杰出的天体物理学家之一，同时也是最早将物理学研究与天文学研究结合起来的科学家之一"。这是对钱德拉为人处世和严谨治学的高度概括和总结。

（2）实事求是对待一切。

20世纪30年代，人们对于中子星和黑洞还没有任何了解，换言之，如果钱德拉的理论能尽早被爱丁顿等人认可，那么关于中子星和黑洞的研究将会提前很多年；当然历史没有假设，这个情况只能让以后的科学家们警惕，千万不要随口否认别人的成就，一定虚心验算或者验证他人的结果，本着实事求是的态度对待一切。

（3）学阀要不得。

就是因为爱丁顿的打压，让钱德拉意识到，一个人不能总在一个领域霸占权威，因为没有几个人能够做到在功成名就之后，还能长久保持谦虚好学的精神，甚至还会阻碍一个年轻人的发展。这些"学阀或者学霸"会以为自己有一种看待科学的特殊方法，并且这种方法一定是正确的；他们会盲目自信。事实上，很多科学家都会犯这个错误。钱德拉塞卡的结论是，这些成功的人对大自然逐渐产生了一种傲慢的态度。但实际上，作为大自然基础的各种真理，比最聪明的科学家更加强大和有力；时间会让真理慢慢显现。

有鉴于此，钱德拉便形成了每当在一个领域做出成绩之后，就毫不犹豫地放弃，转而去研究另一个领域的作风；就是为了避免让自己成为学霸或者学阀。由此可见，"学霸""学阀"只会阻碍科学的进展。

（4）挫折并非坏事。

回顾年轻时的挫折，钱德拉塞卡却已有了不同的看法。他认为正是这种挫折成就了他的人生，尽管成功来得迟了点。假定当时爱丁顿同意他的看法，那么天文学的进步会更快。但是他说"不认为对我个人有益"。因为爱丁顿的赞美之词将使他那时在科学界的地位有根本的改变，他不知道在那种诱惑的魔力面前我会怎么样，会不会变质？会不会骄傲？会不会变成新的学阀而傲慢？

（5）正确对待名利。

钱德拉在成年后并不讳言"以某种方式一举成名的诱惑"是促使他成为一名科学家的主要动机。在他看来希望成功没有什么错，"但是，你必须为它付出巨大的劳动和艰苦的工作，必须在正确的道路上坚持不懈"。

获得诺贝尔奖前，有人提及他的学生都获得诺贝尔奖了，而他却还没有。对此，他泰然处之，正确面对，没有心浮气躁。他获得诺贝尔奖后，虽然很激动，但是仍旧深居简出而没有利用诺贝尔奖光环去赚取更多的名利，这一点实在难能可贵。

事实上，没有多少人能够在巨大的名利面前保持清醒，多少都会骄傲而变得有些傲慢。冷静的钱德拉正是看到了这一点，并能把探索的历程等同于在自然界和宇宙中追寻美的过程，沿着崎岖的山路前行，在不断变化的景致中追寻美的足迹，享受探索带给他的平静和内心的安宁，故而能够在 50 多年的科学研究中保持旺盛的创造热情，成为科学崖壁上与美偕行的孤独者。

93. 个性鲜明多才多艺的纳米科技之父、路径积分的创始人——费曼

姓　　名　理查德·菲利普斯·费曼
性　　别　男
国　　别　美国
学科领域　量子力学、粒子物理学
排　　行　第二梯队（准一流）

☙ 生平简介 ❧

费曼（1918 年 5 月 11 日—1988 年 2 月 15 日）出生于纽约市皇后区。费曼是从白俄罗斯和波兰犹太人移民到美国的后裔。他的妹妹琼，比他小 9 岁，两个人的关系非常亲密，琼后来也成了一名物理学家。

费曼像

费曼很小的时候，就对世界充满了好奇，尤其喜欢动手，自己收集各种灯泡、蓄电池什么的，做电路实验，或者做点化学实验、帮人修收音机；成年以后还经常做些开密码锁、敲桑巴鼓和学素描画之类的事情（见图 2-77）。他在高中求学期间表现出数学方面的天赋，很快掌握了老师推荐给他的麻省理工学院教授伍兹为大学二三年级学生写的《高等微积分》教材的全部内容；老师还给他讲过拉格朗日量和最小作用量原理，这些数学知识对于以后费曼的科学研究起到了至关重要的作用。

图 2-77　费曼上学时的笔记

1935 年，费曼进入麻省理工学院学习。最初主修数学和电机工程，后转修物理学。大学期间，曾获得过普特南数学竞赛第一名，但他更喜欢物理——学物理既可以动手做实验，又可以学到很多高深的理论。

在大学就读期间，他仍然努力要求自己学习比课程要求更广的知识。他的大学老师菲利普·莫尔斯教授邀请费曼和志趣相投的同学韦尔顿每周去他办公室学一个下午量子力学，在学完狄拉克的《量子力学原理》后，莫尔斯还给他们用变分法计算原子能级的研究课题。

大学期间，费曼在《物理评论》上发表了两篇论文，第一篇是解决了在宇宙线研究中遇到的问题，被海森堡引用。第二篇解释"为什么石英的膨胀系数特别小"，有个结果后来出现在很多量子力学教科书中，被称为赫尔曼—费曼定理。

1939 年，费曼以优异成绩毕业于麻省理工学院。在莫尔斯、斯莱特等麻省理工学院老师的极力推荐下，普林斯顿大学物理系主任同意接收费曼。1939 年 9 月，费曼进入普林斯顿大学，跟着约翰·阿奇博尔德·惠勒攻读博士学位，题目是致力于研究量子电动力学的疑难问题发散困难。1942 年 6 月获得普林斯顿大学理论物理学博士学位，他的博士论文题目是"量子力学中的最小作用量原理"。读博期间，费曼第一次做学术报告，受到爱因斯坦、冯·诺依曼、泡利等学术权威的关注。

同年 6 月 16 日与高中相识的恋人阿琳·格林鲍姆结婚，1945 年阿琳去世。1942 年，在费曼获得博士学位之前，24 岁的他加入美国原子弹研究项目小组，参与秘密研制原子弹项目"曼哈顿计划"，主要负责数值计算工作。

"曼哈顿计划"结束后，1945 年 10 月 31 日，费曼来到康奈尔大学任教。

费曼是独辟蹊径的理论物理学家，他发明了量子力学里的路径积分和费曼图，构建了量子电动力学的新理论。1947 年 6 月，29 岁的费曼参加了著名的谢尔特岛会议。与费曼交往的人是愉悦的，因为他从不吝惜分享他那些发现的乐趣，他对质疑精神无限包容，有创造力的年轻人纷纷簇拥在他身边，比如弗里曼·戴森。

1949 年 1 月美国物理学会年会上，费曼介绍了他的正电子理论。会议期间，费曼一夜之间用路径积分和费曼图研究了电子和中子的散射，解决了他人需要半年多时间才能解决的问题，这让费曼非常激动，知道自己掌握了一种特别的方法。

1954 年 4 月，费曼被选为美国国家科学院院士。1965 年费曼因在量子电动力学方面的贡献与朱利安·施温格（1918—1994 年，美国物理学家，量子电动力学的创始人之一）、朝永振一郎（1906—1979 年，日本物理学家，最大的研究成果为重整化理论与中子研究）一同获得诺贝尔物理学奖。

1952 年转入加州理工学院任教直到去世。1968 年提出费曼强子结构模型；1972 年获得奥斯特教育奖章。1986 年，参与调查"挑战者号"航天飞机失事事件。在生命即将结束的时候，费曼患了好几种罕见的癌症，他的肾也几乎衰竭。在与病魔搏斗 10 年之后，1988 年 2 月 15 日，费曼因腹膜癌在加州洛杉矶逝世，终年 69 岁。死前最后一句话是："死亡太无聊了，我可不愿死两次。"加州理工学院为他办了两次追悼会，有数千人参加。他去世后的第二天，学生们在加州理工学院 10 层高的图书馆顶楼挂起一条横幅，上面写着："我们爱你，迪克（费曼的小名）"。

✣ 花絮 ✣

（1）良好的家庭教育。

虽然费曼的父母都是犹太人，但是他们对孩子的教育却没有狭隘偏执的宗教观念。当儿子费曼还坐着幼儿专用的高椅子时，父亲就买了一套浴室用的白色和蓝色瓷砖。他用各种方法来摆放它们，教费曼认识形状和简单的算术原理。当费曼长大一点时，父亲就带他去博物馆，并且给他读《不列颠百科全书》，然后用自己的语言耐心地解释。后来费曼愉快地回忆道："没有压力，只有可爱的、有趣的讨论。"

小时候，父亲引导费曼用"科学的方式"去思考，并让他懂得仅仅知道事物的名称和充分了解事物的本质有着根本的区别。他让费曼设想他遇见了火星人，火星人肯定要问很多关于地球的问题。比如说，为什么人在夜里睡觉呢？费曼怎么回答这个问题呢？父亲还引导他区分事物的名字和真正的知识，比如，了解一只鸟，并不在于知道它叫什么名字；观察一件事物要看它在做什么，为什么这么做。费曼发现，突然推动玩具车，车上的小球向后滚动；突然停止玩具车，车上的小球向前滚动。他父亲没有告诉他"惯性"这个名词，而是告诉他，运动的物体倾向于保持运动，静止的物体倾向于保持静止。在制服公司工作的父亲还教育他不惧权威，权威只是来自职位和制服。费曼的畅销书《你在乎别人想什么？》，生动地回忆了父亲对他早期启发性教育的轶闻轶事。

这种培养和教导是很有好处的。年轻的费曼很快就开始自己读《不列颠百科全书》了，他对上面的科学和数学文章尤其感兴趣；他从阁楼上找到一本旧课本，照着课本自学起几何。可以说，费曼的家庭将他引进了自然科学的大门，培养了他浓厚的兴趣；他的好奇心大概就是从那时候培养起来的。成年后的费曼认为他父亲具有科学家的精神，知道怎么寻找真实、持久和实验可验证的东西，从现象出发找到原理，通过自己的仔细观察来了解事物。

费曼的母亲则影响了他的幽默感，而且也鼓励他在科学上的兴趣，容忍他在家做实验带来的"破坏"。对费曼一生影响最大的经历是他幼时受到的父亲的引导，他后来特立独行的行为特点和科学风格都起源于此；费曼的父亲在他 28 岁时去世，对他造成了很大的打击。

（2）情深我心。

费曼一生经历了三次婚姻，但对他影响最大的还是第一任妻子，她教会了他欣赏艺术和音乐。费曼与他的第一任妻子阿琳·格林鲍姆的爱情故事显得浪漫又悲伤。跟费曼的科学脑相比，阿琳非常有艺术细胞，她不仅弹得一手好钢琴，还在中学担任校刊编辑。有时还会到费曼家做点小装饰，费曼的家人都很喜欢这个可爱的姑娘。

在约会 6 年以后，他们正式订了婚。尽管两人的志趣不同，他们却共同拥有一种天性的幽默。经过多年的交往，费曼和阿琳彼此深深地相爱。

当费曼去普林斯顿大学学习深造时，由于两地分离使两人深情牵挂。1942 年 6 月初，阿琳发现自己颈部有一个肿块，被诊断为结核病。费曼得知检查结果后，认为自己应该跟她结婚以便很好地照顾她。1942 年 6 月 29 日阿琳试婚纱时，突然病情加重。费曼开车送她去医院，路上恰巧碰到一位牧师，费曼停车邀牧师为他们在汽车上主持一个简短的朴素的婚礼。

随着第二次世界大战进入白热化，费曼的工作压力越来越大，每次看到丈夫那瘦削的脸庞，阿琳都会心疼地问："亲爱的，能不能告诉我，你到底在做什么工作？"每次，费曼总是一笑："对不起，我不能。"离原子弹试爆越来越近了，阿琳的病情却在逐步地恶化。

1945年6月16日，阿琳永远地闭上了眼睛，那时他们结婚才三年，离第一次核爆炸只有一个月了。弥留之际，她用微弱的声音对费曼说："亲爱的，可以告诉我那个秘密了吗？"费曼咬了咬牙说："对不起，我不能。"

1945年7月16日清晨5时29分，新墨西哥州秘密核试验成功了，原子弹研制任务终于结束了。泪流满面的费曼自言自语地说："亲爱的，现在我可以告诉你这个秘密了。"

1965年，他因在量子电动力学方面做出的卓越贡献，获得诺贝尔物理学奖。在接受采访时，费曼说："我要感谢我的妻子（阿琳），在我心中，物理不是最重要的，爱才是！爱就像溪流、清凉、透亮。"费曼承认，阿琳改变了他很多，对他有很大的影响，包括他的一些思想观念在内。

费曼与阿琳就是中国的梁山伯与祝英台，是英国的罗密欧与朱丽叶，他们二人情比金坚。费曼与阿琳的爱情故事后来被拍成电影《情深我心》。

（3）费曼轶事。

轶事一：费曼有一种特质，无论是什么事，他都似乎有办法挖掘当中的价值，找到乐趣。高中的时候，他到亲戚开的一家旅馆打工，他做的事情很简单——端茶倒水，到厨房打下手，洗菜择菜之类的。他总是发明各种各样的工具和方法，让事情变得有效率和简单。他发现，自己经常出了一个工作间会忘关灯。于是，就发明一个装置，在灯和门之间拉一根线，当他关上门，那根线被拉动，灯就自然关了。他在厨房帮忙切豆角，他觉得一般的切法很慢，而且容易切到手指。于是，他就把刀背对着自己，刀尖向上45度角嵌在砧板上做铡刀的样子，自己膝盖夹着一个大碗，用手拿着豆角的两端，将豆角往自己方向一拉，豆角就断了，掉到他膝盖上的碗里。

轶事二：在曼哈顿工程期间，科学家们每天都要把资料交给管理人员，然后放到保险柜里。费曼发现保险柜的密码一直就是那一个从来没改过，于是他把保险柜的密码记下来了。出于自娱自乐研究破解保险箱，后来成了专家，当他要借阅机密文件但那人不在的时候，他总是能打开人家的保险箱拿出文件。一次，竟然连存放高级机密的保险箱也打开了，并且不忘恶作剧一番，在保险箱里留字条，上面写着：猜猜是谁干的。告诫管理人员要小心安全。

轶事三：费曼发现他们的警卫虽然设置的很多，看起来很严格，其实都是形式主义。一次他发现围墙出现了一个窟窿，于是他从窟窿里爬出去，然后大摇大摆的从门进去。警卫开始没觉得什么，过了一会儿费曼又从窟窿里出去了，又从大门进来。这样几遍之后警卫就觉得奇怪了，怎么只见费曼进来不见他出去呢？觉得费曼真是个神奇的人；后来才发现那个窟窿。

轶事四：曼哈顿工程结束之后，费曼去了康奈尔大学做教授，那时他还很年轻。一次舞会，他和一个女学生跳舞。舞间女孩问他是几年级的学生，他说我是教授。女孩说："教授？你教什么？"费曼说："我教理论物理"。女孩又说："你还做过原子弹吧？"费曼说："是的，我是做过原子弹"。女孩留下一句"该死的骗子"，甩头而去。

轶事五：费曼很崇拜狄拉克，多次搭讪狄拉克，但都吃了闭门羹。某日狄拉克来到费曼的学校，费曼在路旁见到了狄拉克，马上就和他谈了起来。费曼很善谈，说起自己的观点来就没完没了。狄拉克一言不发，微笑着听费曼讲。费曼在路边讲了一个小时后。狄拉克说："对不起，我有一个问题。"费曼一听有问题，很高兴，说："你有什么问题？"狄拉克说："请问，厕所在哪儿。"

轶事六：1949—1951 年，他应邀到巴西科学院做报告的时候，费曼准备好一篇葡萄牙语讲稿，却发现所有人都在用英语发言。轮到费曼发言的时候，他说自己不了解巴西科学院的官方语言是英语，现在只能用葡萄牙语演讲。紧接着，后来的人都开始用葡萄牙语演讲。费曼得意地说："我居然一举改变了巴西科学院做演讲的语言传统。"

轶事七：从 1952 年起，费曼一直在加州理工学院教学，从不参与院系内有关经费、设备等行政工作，他坚持不当官，尽管别人认为他是诺贝尔奖获得者，有资格当官；费曼把这看作保卫自己创造自由的方式。

轶事八：1954 年 4 月，费曼被选为美国科学院院士。他对本校的院士同事说："我不想当院士，据我所知，他们什么也不干。"同事："他们出版《美国科学院院刊》，他们开会。"费曼说："我不读这个《院刊》，物理方面的文章不咋样，我从来不引用，也没听说什么发表在那里，从来没听说美国科学院做了什么，这只是一个荣誉性协会。"不过，费曼的说法并不确切，施温格 1951 年关于量子电动力学中格林函数的论文就发表在《美国科学院院刊》上。

同事告诉费曼，这是一个巨大的荣誉，他的院士朋友作了很大努力才将他选进，如果他不接受，会让很多朋友失望，造成很大影响。于是费曼悄悄地接受，但是不交院士费，并告诉科学院不要寄《院刊》给他。他参加了一次会议，会上有人说，我们物理组要团结，因为选票有限，必须统一选票给哪位物理学家，否则不能抗衡化学家的选票。费曼心想，如果那位化学家好，为什么不能选他。

轶事九：费曼曾经要求辞去美国国家科学院院士的职务，是他最令人咋舌的一项举动。要知道院士称号是最高荣誉称号，很多人奋斗一辈子也不会得到，但费曼并不看重这个称号。从 1967 年开始连续 5 年，费曼给美国国家科学院院长写信，想要辞去院士，因为选举其他院士的责任困扰着他，他说他在心理上非常排斥给人"打分数"。

他说："每次想到要挑选出'谁有资格成为科学院院士'，就让我觉得有一种自吹自擂的感觉。我们怎能大声地说，只有最好的人才可以加入我们？那在我们内心深处，岂不是自认为我们也是最好、最棒的人？当然，我知道自己确实很不赖，但这是一种私密的感觉，我无法在大庭广众下大剌剌的表示。尤其是要我决定，谁才够格加入我们这个精英俱乐部，成为院士时，我更是精神紧张。"

他问院长有什么办法可以辞掉院士而不引起轩然大波，院长不接受他的辞职。院长换届后，不顾新任科学院院长的挽留，费曼终于如愿以偿地辞去了院士称号。

轶事十：有一天，费曼在餐厅看到有人向空中甩盘子，盘子在空中旋转，于是开始研究它的运动，后来又推广到量子力学，研究电子自旋以及量子电动力学，并且回到了博士论文工作。费曼说过："使我获得诺贝尔奖的图来自那些摇晃的盘子。"这是指费曼图和量子电动力学的重整化。

轶事十一：费曼认为奥本海默、泡利、贝特、费米都是伟大的物理学家，不给他们排序，因为每个人有其特色。他认为费米的特点是物理推理清晰，他很喜欢与费米讨论。1954年费米去世后，芝加哥大学派人到费曼家里请他接受费米的职位，并说如果想知道薪水，尽管问。费曼没有接受，说他已经决定留在加州理工，因为加州理工学院有令他特别满意的自由学术气氛。费曼不让芝加哥大学告诉他薪水，因为如果他夫人（第二任妻子）知道，他们会吵架的。后来芝加哥大学教授马歇尔遇到费曼，说他们不能理解为什么他拒绝那么高薪的职位。费曼回答说他不让告诉薪水；马歇尔后来写信给费曼，告知薪水，希望他再考虑一下。费曼回信说，看到薪水这么高，他更要谢绝，因为这么多钱会让他分心，不能做物理了。

轶事十二：在费曼的众多兴趣中，打桑巴鼓是比较突出的。桑巴鼓要打得好，是很有技术要求的。在开始练习时，他总是跟不上节奏，还被点名批评。他在自传中写道：于是我不停地练习，一边在沙滩上散步，我会随手捡起两根棍子，练习扭动手腕的动作，不停地练习、练习、再练习。我花了很多工夫练习，但我还是会觉得矮人一截，觉得自己水准不够，老是给其他人添麻烦。结果是，经过努力练习，他参加了乐团在市中心的游行演奏，非常受欢迎。隔了一星期，还收到美国大使馆的一封信，表扬他促进了国民外交，为美国和巴西的关系做了很有意义的事情。

轶事十三：费曼因其幽默生动、不拘一格的讲课风格深受学生欢迎。费曼总是用通俗的语言说话，从来不用高深的词语或者词组。加州理工学院把他的一系列讲座收集在一起，出版了《费曼物理学讲义》，很多物理教师认识到这本书的价值，他们从中找到了自己讲课的灵感，费曼因此被称做"老师的老师"。

轶事十四：美国第一颗原子弹爆炸成功试验，费曼是唯一用肉眼直接看到"蘑菇云"的科学家，也是世界上第一个裸眼观察到原子弹爆炸的人。在美国洛斯阿拉莫斯国家实验室工作的那几年，经常接触放射源，可能是他遭受癌症折磨的原因之一。

（4）费曼与曼哈顿工程。

曼哈顿工程中，贝特让年仅 24 岁的费曼到自己手下做了计算组的组长，是几位组长当中最年轻的一位。在费曼要求下，他的大学同学韦尔顿也被招进到洛斯阿拉莫斯，成了他的小组成员。在那个时候，所有的计算都是由人工完成的，要使用对数表和笨重的机械计算器。费曼与同事合伙解决了计算机打孔卡的使用问题。在费曼领导下，计算组的工作效率大幅提高，资格更老的科学家们都要依赖这些计算结果，他们对费曼的工作非常满意。费曼有卓越的能力，能运用逻辑来分析一切复杂问题，找出主要因素，并简单明了地说明需要解答的关键问题；他对物理学具有富于感染力的热情。

费曼总是跟上级贝特唱反调；当贝特说出一个费曼不同意的观点时，费曼总是公开地强烈地表示反对。经过贝特耐心解释他的推理过程，费曼才能平静下来。可是等到下次观点出现分歧时，这个过程又会重复一遍。贝特对费曼的才华很是认可，对他的唱反调的行为毫不生气。贝特说："费曼能做任何事情，所有的事情"。二人合作提出了计算核武器效率的贝特—费曼公式。就连奥本海默也说："费曼是这里最才华横溢的年轻物理学家，他有着非常吸引人的性格与个性"。战后，贝特邀请费曼到康奈尔大学跟他一起工作，费曼愉快地接受了。

1944 年秋天开始，费曼被康奈尔聘为助理教授。然后他接二连三收到加薪通知，因为其他大学也希望聘用费曼，虽然费曼自己从未考虑换工作。奥本海默要求加州大学伯克利分校聘用费曼，说费曼"是这里最优秀的年轻物理学家，富有个性魅力，所有方面非常清澈，非常健全；他是一个优秀的教师，对物理学的各个方面都有着热烈的感情"。他还提到贝特说过"宁愿失去这里的其他任何两个人，也不愿意失去费曼"，以及维格纳说过"费曼是第二个狄拉克，但是更人性"。这都说明费曼对曼哈顿工程贡献很大，同时极具个人魅力。

原子弹试爆时，费曼透过卡车挡风玻璃观看，因为他知道只有紫外线能够伤害眼睛，而挡风玻璃能够隔离紫外线。原子弹试爆后，费曼第一次见到从麻省理工学院来做学术报告的朱利安·施温格（1965 年与费曼一起获得诺贝尔奖），向同为 27 岁的施温格感慨很长时间没有做物理，说："我还无所建树，你已经成名了"。这说明他当时没充分意识到路径积分的重要性。

（5）身患忧郁症。

亲自参与了破坏力巨大的、释放毁灭性的能量核武器研制，又看到挚爱的妻子去世，后来父亲也因病离世，短短两年内接连三件大事的发生，使费曼陷入了深深的忧郁，这种情形持续了差不多两年。他不知道自己的忧郁在多大程度上来自原子弹，又在多大程度上来自他深爱的阿琳的去世，抑或是父亲的死亡。但是他不能进行物理学研究了，他的创造灵感枯竭了。然而，他勇敢地戴上面具继续教学，并从中获得了极大的安慰。

值得一提的是，时任康奈尔核物理实验室主任的威尔逊对费曼说，费曼不需要为没有多少成就而自责，做自己喜欢的事即可。康奈尔大学给费曼提供了一个避风港，让他集中精力从事教学，而不要求他拿出研究成果。

（6）伟大的教师。

费曼主张在物理学习和研究中大胆探索和创新，物理教学中要理论联系实际。物理教学目标的多维度包括热爱学生、热爱教学、转变教育教学观念、追求教育教学的创新性。费曼也是身体力行的教育学家；对费曼的教学生涯来说，父亲对他早年的训练是无价之宝。最重要的是父亲在他身上灌注了一种对于大自然的美的赞叹和欣赏，并使他产生了与他人分享这种感受的灼人的欲望。

他还是一个非常擅长讲课的人，极擅长将晦涩难懂的知识通过通俗易懂的语言转述出来，再结合身边耳熟能详的事例辅助理解，加深印象。听费曼讲课确实是一种触电的经历；他的教学充满活力和激情，他充分运用肢体语言配合自己的观点，能牢牢地抓住学生的注意力（见图2-78）。

图2-78 费曼上课中

费曼曾说，教师讲不懂别人，是自己没有真懂。他会从教学当中得到启发；费曼往往在审视学生提出的问题中萌生新思想，思考许多新问题，获得新的研究思路。他认为："教学和学生使我的生命得以延续。如果有人给我创造一个很好的环境，但是我不能教学的话，那我永远不会接受，永远不会。"

1949—1951年，费曼断断续续在巴西的大学做10个月的客座教授，但巴西之行给他带来很多困惑，那里的教育把乐趣变成了刑罚，于是他分析过巴西物理教育的失败原因——教科书里全部是死记硬背的内容。他把问题反映给了巴西的教育部长，教育部长说："我早知道我们的教育体制有病，但我现在才发现我们患了癌"。

20 世纪 60 年代，费曼还在加州课程设计委员会上，为反对教科书的平庸，作出了努力；他还批判过中小学教科书里的荒谬错误。

费曼不像普通的老师那样，年复一年地重复同一门课程，而是每次都换一个主题，被称做"老师的老师"，他认为"一切都是物理，物理就是一切"。费曼说自己最大的成就不是诺贝尔奖，而是三本物理学讲义。这句话一定是发自肺腑的，因为他一生都在致力于传播知识，传道授业解惑。

1965 年费曼获得诺贝尔物理学奖后，也仍然继续给本科生讲课，并在 1972 年获得了教育界的奥斯卡奖——奥尔斯特教育奖章，这件事让他开心，也是他最为自豪的一个奖项。10 年后，加州理工学院的校友会颁给他一个杰出教学奖。他的反应是："做一件自己非常喜欢的事，还能得到大家的肯定，真令人高兴。"

总之，费曼在学校备受学生爱戴，同时他也是一位极具个人魅力的科学传播者，他以浅显易懂并引人入胜的方式解释复杂科学理论，传道授业解惑，教书育人，他因此获得"伟大的教师"的称号。

（7）教育女儿。

费曼的女儿米歇尔上高中的时候，费曼老是教她一些抄近路的方法来做数学家庭作业，而这些方法和老师教的做法常有出入。而数学老师总是责备她，没有依照正确的方式去解题目。而费曼觉得这位老师有点莫名其妙，只要能得到正确的答案，用什么方法解题有那么重要吗？因此，决定抽空到学校和老师谈谈。可惜女儿的数学老师并不了解费曼的伟大，没有认识到费曼的水平，以为他是来挑刺的，认为自己碰到一个对数学一窍不通的傻子。

费曼起初拼命忍耐，后来实在忍不住了，大发雷霆。随后米歇尔转到别的班级去上课。到了第二年，这种不依正统方法解题的做法，再度面临同样的困扰。后来变成由费曼在家教她数学，她只去学校参加考试。

费曼作为家长遇到的困惑，其实生活中的家长包括作者本人也曾经遇到过，尽管作者也是教授博导，也有很多解题技巧，但是和学校老师教给孩子的总有不同，这些方法学校老师不认可，就会造成极大的困扰。

（8）费曼学习法则。

费曼能结合身边耳熟能详的事例辅助理解晦涩难懂的知识。后人将他的这套学习方法进行提炼总结，得出了费曼学习法的四个步骤：

1）明确目标：学习之前要先明白自己为什么要学，要学的具体是什么，想要达到什么目标；2）以教促学：一定要结合自己的理解，用自己的话把学到的知识转述出来，教给他人，在这个过程中自己才能巩固知识；3）化整为零：通常要学的内容中都包含嵌套了许多小的知识点，要学会分解，将小知识点逐一理解，确保学得扎实；4）总结提炼。总结提炼主要是三个步骤：合并，将前一步化整为零的、已经理解吸收的知识点归类合并；简化并提炼核心内容，结合自己的理解，用自己的话复述内容；通过联想打比方，举出生活中最熟悉的实例来帮助自己理解记忆。

费曼学习法则可以帮助自己找到学习过程中的薄弱环节，它既是要改进的地方，也是需要重点掌握的技术，只有自己能简单说明这些观点，学习效率就能大幅提高。有人称费曼学习法是世界上最快的学习方法。

费曼学习法则也可以称为"解决问题之费曼技巧"，其核心思想是——学习者本人要从头把一个问题搞清楚，自己搞不出来的，就不能算自己理解了。学习者要给其他完全不懂的人讲清楚，如果讲不明白就重新琢磨再接着讲，直到讲明白为止；在这个过程学习者本人也会变懂。这其实就是我们常说的"教中学、学中教"，是真正的教学结合。费曼学习法则即费曼技巧的关键窍门是：对付一个知识枝节繁杂、富有内涵的想法，应该分而化之，切成小知识块，再逐个对付。

（9）公众人物。

费曼还是一位富有建设性的公众人物。1986 年的 1 月 28 日，美国"挑战者号"航天飞机起飞一分钟后突然爆炸坠毁，包括一名女教师在内的七位机组人员全部罹难。费曼应邀加入了总统事故调查委员会。2 月 11 日，费曼做了著名的 O 型环演示实验，只用一杯冰水和一只橡皮环，就在国会向公众揭示了挑战者失事的根本原因——低温天气使得橡胶圈失去弹性，从而丧失了密封的功效。费曼通过简单的演示解释了"挑战者号"燃料泄漏和爆炸的原因，费曼的这次调查揭露了官僚体制对科学研究和技术进步的阻碍作用。这是费曼的名字第一次为物理学界之外的普通的美国民众所广知。费曼还是脚踏实地的科普工作者。他不仅给中学生做科普报告，还为"曼哈顿计划"的从业人员讲述核物理学的基本知识。

（10）高瞻远瞩。

关于科学发展的走向，费曼高瞻远瞩。1959 年 12 月 29 日，在加州理工学院召开的美国物理学会年会上，他做了一次著名的演讲《底部还有很大的空间》，首次提出能够在分子和原子的尺度上加工与制造产品，甚至可以根据人们的意愿逐个地排列原子与分子；费曼的这次极富想象力的演讲被认为是纳米技术源头。

这个演讲在当年颇有些惊世骇俗的意味，被当时的科技界视为科学幻想。现在费曼在演讲中对纳米技术的许多预言都成为了事实，纳米技术和纳米材料如今已如他所预测的那样，变得超强、超轻，具有超乎想象的奇异性能。纳米科技领域真的是"广阔天地，大有作为"。

1982 年，他提出了量子计算机的概念，想利用量子体系的特性突破经典计算的极限。近年来,该领域吸引了很多关注,但"前途是光明的,道路是曲折的"。

(11)业余爱好。

除了作为一个科学家外,费曼业余爱好广泛,在不同时期还曾是故事大王、艺术家、桑巴鼓手和密码破译专家(破译玛雅文明的象形文字);他还研究如何撬开保险柜的锁(曼哈顿工程期间)及逛脱衣舞厅等。费曼的桑巴鼓造诣非常深,他还曾为芭蕾舞剧演出担任伴奏。有人常常把费曼的爱好和他的专业联系在一起,以证明诸如"科学家也是人"之类的观点。在巴西讲学期间,他还加入了当地一个桑巴乐队,负责打鼓,和乐队一起参加了嘉年华会游行。费曼后来一直痴迷于桑巴鼓,跟一个叫拉夫·雷顿的年轻人玩了 7 年桑巴鼓。获得诺贝尔奖后,费曼在写给朋友的信中说:"当听说我获得了诺贝尔奖时也很高兴。他们表扬了我 15 年前写的论文,却没有一个字提到我的桑巴鼓演奏技巧"。

他还发现了呼麦这一演唱技法,曾一直期待去呼麦的发源地——图瓦,但是最终未能成行。他自己搜罗了不少这类故事,整理成了自传《别闹了,费曼先生》。该书后来成为畅销大众读物;费曼是少数几个在大众心目中形象生动鲜活的前沿科学家之一。

(12)费曼图。

费曼图是他在 20 世纪 40 年代发明的;费曼图使得抽象的量子力学变得形象化,可读性强。在某种意义上,费曼图把复杂的数学变得像记账一样简单。在费曼图中,各种各样的线代表基本粒子,费米子用实线,玻色子用波浪线,胶子用圈线。它们在顶点(表示碰撞)处会聚,然后从那里发散而出,表示碰撞中出现的碎片,这些线要么散开或者再次会聚。只要物理学家愿意,他们可以向费曼图中添加无数的线条。

费曼图的横轴一般为时间轴,向右为正,向左代表初态,向右代表末态。与时间方向相同的箭头代表正费米子,与时间方向相反的箭头表示反费米子。有了图像,然后物理学可以添加数字,比如粒子的质量、动量和方向。然后他们开始进行计数过程——积分。最终的结果是一个数字,称为"费曼概率",代表费曼图中粒子碰撞过程中的概率。

如图 2-79 所示,电子与正电子湮灭产生虚光子,而该虚光子生成夸克—反夸克组,然后其中一个放射出一个胶子。时间由左至右,一维空间由上至下。两个粒子的相互作用量由反应截面积所量化,其大小取决于它们的碰撞,该相互作用发生的概率尤其重要。

(13)戴森对费曼图的介绍。

实际上,费曼本人并没有认识到自己的费曼图的重要作用,如果没有戴森一系列推介费曼的论文,其他科学家甚至诺贝尔奖评委也会忽视费曼的贡献。戴森(1923—2020 年 2 月 28 日)是美籍英裔数学物理学家,普林斯顿高等研究院教

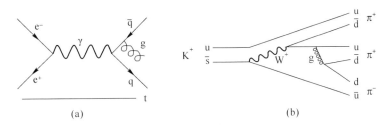

K 介子（由一上夸克与反奇夸克组成）在弱相互作用下衰变成三个 π 介子，
中间步骤有 W 玻色子及胶子参与

图 2-79　费曼图

授，曾经担任爱因斯坦的副手。"自旋波"是他一生最重要的贡献，1960 年提出著名的"戴森球"理论；他证明了施温格和朝永振一郎发展的变分法和费曼的路径积分法的等价性，为量子电动力学的建立做出了决定性的贡献，曾获得伦敦皇家学会休斯奖和德国物理学会普朗克奖。

1948 年夏，贝特的研究生戴森陪费曼开车去新墨西哥州，一路上深入了解了费曼的思想。戴森与施温格讨论后，认为自己是最理解施温格理论的人，很自然地把费曼的图像和施温格的数学统一起来。戴森的论文"朝永振一郎、施温格和费曼的辐射理论"解释了费曼的方法与朝永振一郎和施温格的方法的等效性。费曼慷慨地同意戴森在他本人的核心文章之前发表，从而戴森的这篇文章成了第一篇介绍费曼图的论文。

❧ 师承关系 ❧

正规学校教育；其博士导师是约翰·阿奇博尔德·惠勒，惠勒曾与玻尔、弗朗克尔等人一起提出原子核裂变的液滴模型；惠勒先后荣获爱因斯坦奖、玻尔奖、费米奖以及数学界的"诺贝尔奖"——沃尔夫奖；现在广为人知的"黑洞""虫洞""时空泡沫""多宇宙"等概念是他第一次提出的，是第一位从事原子弹理论研究的美国人，先后参与原子弹和氢弹的研制工作；是美国国家科学院院士，曾任美国物理学会主席，也是美国著名教育家。

❧ 学术贡献 ❧

他的主要成就是参与秘密研制原子弹项目"曼哈顿计划"、提出了费曼图、费曼规则和重整化的计算方法，这是研究量子电动力学和粒子物理学不可缺少的工具；还在超流动性、弱相互作用、部分子和量子引力等方面作出了重要贡献。

（1）费曼于 20 世纪 40 年代发展了用路径积分表达量子振幅的方法，独立地提出用跃迁振幅的空间—时间描述来处理几率问题。他以几率振幅叠加的基本假设为出发点，运用作用量的表达形式，对从一个空间—时间点到另一个空间—时间点的所有可能路径的振幅求和。即提出了独立于波动力学解释和矩阵力学解释以外的对量子力学的第三种解释：路径积分来描述波粒二重性的本质。路径积分的方法因其简单明了的特性得到了人们的认可，成为又一种量子力学的表述法。量子力学的路径积分表述是费曼一生最大的成就，他以此解决了量子电动力学的重整化以及其他很多问题。

（2）费曼于 1948 年提出量子电动力学新的理论形式、计算方法和重整化方法，从而避免了量子电动力学中的发散困难，对电子行为的数学计算结果远比以前采用的方法精确得多。费曼图表是费曼在 20 世纪 40 年代末首先提出的，用于表述场与场间的相互作用，可以简明扼要地体现出过程的本质，费曼图表早已得到广泛运用，至今还是物理学中对电磁相互作用的基本表述形式。它改变了把物理过程概念化和数学化的处理方式。

（3）1968 年，费曼根据电子深度非弹性散射实验提出高能碰撞中的强子结构模型。这种模型认为强子是由许多点粒子构成，这些点粒子就叫部分子。部分子模型在解释高能实验现象上比较成功，它能较好地描述有关轻子对核子的深度非弹性散射、电子对湮灭、强子以及高能强子散射等高能过程，并在说明这些过程中逐步丰富了强子结构的物理图像。

（4）除了量子电动力学方面的卓越贡献，费曼还建立了解决液态氦超流体现象的数学理论。

（5）之后，他和默里·盖尔曼在弱相互作用领域，比如 β 衰变方面，做了一些奠基性工作。1957 年 9 月 16 日题为"费米相互作用的理论"的论文投到了《物理评论》杂志，该论文于 1958 年 1 月正式发表，成为标准弱相互作用的 V-A 理论的经典论文之一；认为所有弱衰变过程都可能统一在 V-A 理论中。

（6）费曼还通过提出高能质子碰撞过程的成子模型，在夸克理论的发展中，起了重要作用。

（7）第一个提出了"纳米"的概念；第一个提出了量子计算机的概念。

（8）曼哈顿计划中，他做出了突出的贡献，与贝特合作提出了计算核武器效率的贝特—费曼公式。

（9）此外，他还戏剧性地开启了"凝聚态物理学"的研究领域，通过创造性的想象描绘了朗道旋子（能量最低的局域激发态）的物理图景。

（10）他也曾涉足杨振宁、李政道于 1957 年获得诺贝尔物理学奖的宇称不守恒假设，只是很可惜擦肩而过。

∽ 代表作 ∾

发表了许多高深的专业论文和著作，这些论文和著作已成为研究者和学生的经典文献和教科书。

（1）1948 年，论文"非相对论量子力学的时空方法"发表在《现代物理评论》上，给出量子力学新的表述方式——路径积分；这对于费曼解决量子电动力学问题起到了很好的作用。1948 年 6 月 8 日，"经典电动力学的相对论阶段"被《物理评论》发表；7 月 12 日，"量子电动力学的相对论阶段"被《物理评论》发表。

（2）1949 年 4 月，费曼在《物理评论》发表了"正电子理论"和"量子电动力学的空时探讨"，就电子与光子的相互作用给出了相应的费曼图和费曼规则。

（3）1949 年 5 月，费曼完成了"量子电动力学的时空方法"，发表在《物理评论》；1950 年和 1951 年费曼又发表了两篇关于这个方法的数学基础的论文。

（4）1961 年 9 月至 1963 年 5 月在加州理工学院讲授大学初等物理课程，录音在同事帮助下整理编辑为三卷本《费曼物理学讲义》，最初出版于 1962 年。很快讲义就成了经典著作，成了全世界的热销书，至今仍是物理学本科生最重要的入门课程。

《费曼物理学讲义》被《科学美国人》这样赞誉："尽管这套教材深奥难懂，但是它的内容丰富而且富有启发性。在它出版 25 年后，它已经成为讲师、教授和低年级优秀学生的学习指南。"费曼自己则在前言中写道："我讲授的主要目的，不是帮助你们应付考试，也不是帮你们为工业或国防服务。我最希望做到的是，让你们欣赏这奇妙的世界以及物理学观察它的方法。"这本讲义令无以计数的青年学生领悟到物理学的奥秘，成就了一代又一代的科学工作者。

（5）在 1986 年 12 月出版的《量子力学与路径积分》这本著作中，费曼开门见山地指出："所改变了的，并且根本地改变了的，是计算几率的方法。"但对于几率幅究竟是怎么一回事，就无人知晓了，对此费曼发出感叹"几率幅几近不可思议"。

（6）为了促进普通公众对物理学的理解，费曼撰写了《物理定律的特征》和《量子电动力学：光和物质的奇特理论》等科普读物；以及《别闹了，费曼先生》和《你干吗在乎别人怎么想》等自传体和描述自己想法的书籍。

🔊 学术获奖 🔊

（1）1965 年，与施温格和朝永振一郎一起获得诺贝尔物理学奖。

（2）1972 年，获得奥尔斯特教育奖章（Oersted Medal for Teaching）。

🔊 学术影响力 🔊

（1）传统的量子力学有两种形式，一种是薛定谔的基于波的形式，另一种是海森堡的基于粒子的形式，而费曼找到了量子力学的第三种形式——基于作用量的路径积分形式。路径积分的思想能够对事情的行为给出一种物理直觉，提供一个鲜明的智力图像。这种形式不但能得出与另两种形式相同的答案，而且它对经典力学同样有效，使人能够看出经典力学与量子力学之间清晰的连接，意味着在更高的层次上二者其实是统一的世界观中的一部分。

（2）费曼路径积分、费曼图和费曼规则都属于现代理论物理学家所用的非常基本的工具之列，这些工具是将量子理论的规则应用到各个具体领域如电子、质子和光子的量子理论时所必需的，它们构成了使量子规则与爱因斯坦的狭义相对论的要求相一致的处理方法的基本要素，是研究量子电动力学和粒子物理学的重要工具。

（3）费曼图改变了基础物理概念化与计算的过程，可能成为近代科学史上最脍炙人口的一种表述方式。

（4）目前，量子场论中的"费曼振幅""费曼传播子""费曼规则"等均以他的姓氏命名。

（5）到了 1993 年，为了纪念费曼的远见卓识，由德雷克斯勒创建的前景研究所设立了纳米科技费曼奖，每年各奖励一位分别在纳米科技理论与实验方面作出突出成就的科学家，成为纳米科技领域的一项国际大奖。

（6）他诞辰 87 周年纪念日的当天，美国政府发行的 37 美分面值纪念邮票上画有他创造的奇妙的"费曼图"。

（7）在 1999 年英国杂志《物理世界》对全球 130 名领先物理学家的民意调查中，他被评为有史以来十位最伟大的物理学家之一。

名人名言

（1）发现的乐趣就是奖赏。

（2）我们力图尽快证明自己错了，只有这样我们才能进步。

（3）排除了所有不可能的事物后，剩下的，无论再匪夷所思，真相就在其中。

（4）科学的另一个价值是提供智慧与思辨的享受。这种享受在一些人可以从阅读、学习、思考中得到，而在另一些人则要从真正的深入研究中方能满足。这种智慧思辨享受的重要性往往被人们忽视，特别是那些喋喋不休地教导我们科学家要承担社会责任的先生们。

（5）科学家对无知、怀疑和不确定性很有经验，我认为这些经验很重要。

（6）科学是我们学到的关于如何避免自欺的知识。

（7）我教这门课的主要目的不是替你们为应付某种考试作准备——甚至也不是为你参加工业部门或军事部门工作作准备。我希望告诉你怎样鉴赏这奇妙的世界以及物理学家看待这一世界的方式，我相信这是现代真正文化的一个主要部分。

（8）我宁愿要无法回答的问题，也不要不能质疑的答案。

（9）当世界变得更复杂时，它也就变得更有趣了。

（10）随着研究的深入我们会发现科学表述的不是什么是对的或什么是不对的，科学表述的是不同程度的确定性。

（11）对任何权威都不俯首帖耳，甭管是谁的言论，先看他的起点，再看他的结论，然后问自己"有没有道理？"

（12）科学家们成天经历的就是无知、疑惑、不确定，这种经历是极其重要的。当科学家不知道答案时，他是无知的；当他心中大概有了猜测时，他是不确定的；即便他蛮有把握的时候，他也会永远留下质疑的余地。

（13）理解世界的最高境界是欢笑和广博的同情心。

（14）我们的责任是学所可学，为所可为，探索更好的办法，并传给下一代。我们的责任是给未来的人们一双没有束缚自由的双手。

（15）做人的首要原则是不能欺骗自己，而自己是最容易上自己的当、受自己的骗的人。

（16）出类拔萃的物理学家的与众不同之处是坚持不懈，不论攻克一个难题耗时多久，他们都不会放弃。

（17）假如在一次浩劫中所有的科学知识都被摧毁，只剩下一句话留给后代，什么样的语句可用最少的词汇包含最多的信息呢？我相信，这就是世间万物都由原子组成的原子假说。原子这种永恒运动着的小粒子，当它们彼此远离时相互吸引，彼此靠近时就互相排斥。从这句话中，只要用一点点想象力和思考，你就会明白其中包含了有关这个世界的极为大量的信息。

（18）科学是一种方法，它教导人们：一些事物是如何被了解的，不了解的还有些什么，对于了解的，现在又了解到什么程度（因为任何事情都没有被绝对了解），如何对待疑问和不确定性，依据的法则是什么，如何思考问题并作出判断，如何区别真理与欺骗、真理与虚饰……在对科学的学习中，你学会通过试验和误差来处理问题，养成一种独创精神和自由探索精神，这比科学本身的价值更巨大。还要学会问自己：有没有更好的办法来做？

（19）如果你喜欢一件事，又有这样的才干，那就把整个人都投入进去，就要像一把刀直扎下去直到刀柄一样，不要问为什么，也不要管会碰到什么。

（20）没有一项工作本身是伟大的或有价值的，名誉也一样。"是的，工作的名头和声誉都不等于价值，也都不具有神圣性；这要求我们正确面对名利，不为名利所牵绊。"

（21）财富不能使人快乐，游泳池和大别墅也不行。生命中真正的乐趣，是当你沉潜于某一事物，完全忘我的刹那；它是一种内心的平静，已超越了贫穷，也超越了物质的享受。"唯有忘我的工作，才会有真正的快乐。"

（22）我想知道这是为什么。我想知道这是为什么。我想知道为什么我想知道这是为什么。我想知道究竟为什么我非要知道我为什么想知道这是为什么！"这句名言流传甚广，是费曼最著名的言语；意思是不断思考，不断深究，不断探索，深度思考是最重要的。"

学术标签

量子电动力学创始人之一、美国国家科学院院士；他被认为是爱因斯坦之后最睿智的理论物理学家，世界上首位提出纳米科技构想的科学家（纳米科技之父）。

性格要素

费曼个性十足，个性率直、待人真诚、平易近人、热爱生活且喜爱搞怪，十分务实，淡泊名利，极具有人格魅力。不同于我们对科学家、物理学家的刻板影响，他不会整天沉迷于研究；他具有相当丰富的生活情趣，同时生性幽默、长相俊美。

评价与启迪

（1）对量子力学贡献巨大。

费曼想方设法重构量子力学，终其一生，费曼不知疲倦地沉浸于以自己的思想重建物理法则的知识体系。路径积分和费曼图成了广泛应用的理论方法，在粒子物理的发展中起到了重要作用，也用于其他领域，特别是凝聚态与统计物理；直观方便的费曼图成了粒子物理和量子多体物理的语言。

费曼追求科学原创，强调理论联系实际，正确地探究自然的方法。他的原创风格导致了他一生最大的成就——量子力学的路径积分表述，并以此解决了量子电动力学重整化以及其他很多问题。他对 V-A 理论的重视反映了他对自然基本定律的崇拜。他对若干领域都作出贡献，并在教学和科普上树立起独特的丰碑。费曼是量子电动力学创始人之一。

（2）好人费曼。

费曼深情、幽默、桀骜不驯，他不仅是一个热情洋溢的老师、一个卓越的邦戈鼓手，一个天才的物理学家，也是一个温暖贴心的儿子、丈夫和父亲。他仿佛是永远的少年，无畏、直接，为了自己所热爱的，他热烈地付出，被视为是科学顽童，一生都对探索世界充满了激情，在他得到诺贝尔奖之后，他也不认为这有什么了不起。卫报评价他说"他是所有人梦想期待的科学家；充满魅力、凡事怀疑、爱开玩笑、又聪明得让人目眩。"

费曼具有一种奇特的性格，第一次遇到费曼的人马上会为他的才华所倾倒，同时又会对他的幽默感到吃惊。第二次世界大战后不久，物理学家弗里曼·戴森在康奈尔大学见到了理查德·费曼，他说他的印象是："半是天才，半是滑稽演员"。后来，当戴森对费曼非常了解之后，他把原来的评价修改为："完全是天才，完全是滑稽演员"。

（3）优秀的物理学家。

费曼坚持形象化抓本质的思维方式，并创造出了许多独一无二的科学想法。他的言行和风格反映出一种少年心态，对科学怀抱着纯粹的热情。奥本海默说费曼"是洛斯阿拉莫斯实验室最优秀的年轻物理学家"，贝特说"宁愿失去实验室里的其他任何两个人，也不愿意失去费曼"，以及维格纳说过"费曼是第二个狄拉克，但是更人性"。费曼因其创新性解决问题方式、独辟蹊径的思维方式以及他在归纳和诠释复杂科学理论等方面的超强能力被世人赞为"伟大的讲解员"。

费曼最可亲的品质之一，是他对于自然的奇迹无休止的好奇心和从全新的角度看问题的能力。费曼喜欢观察最普通的自然现象，并找出其中的道理，这些现象大部分人，包括物理学家在内，都不会注意到。费曼常说，如果一个人学会了解释简单的东西，他就懂得了解释是什么；也就是说，他理解了科学本身。

（4）对费曼教育的成功与不足。

通过费曼，我们可以看到，一个人成功，需要多方面的因素：家庭教育，自我教育，学校教育等都是极其重要的。美中不足的是，费曼觉得人文科学枯燥无味，对历史和文学毫无兴趣；他认为英语的拼写太缺乏逻辑性，所以他即使到了成年以后也不擅长拼写。他的家庭教育为他的性格和科研上的成就提供了基础保证，但是过于重视自然科学教育而忽视了人文科学的教育，是费曼教育中的失误，这一点比不上汤川秀树，他们家可是逼他熟读了包括四书五经在内的众多文学经典，对他后来的成功造成了巨大影响。费曼本人也承认自己偏科，在自然科学上过于投入，在社会科学上是短板。

（5）总结评价。

回顾费曼的一生，应该也会感慨他生逢其时，度过了丰富多彩的一生。回顾这位伟大物理学家的光辉成就，同时也希望新一代能够继承他的科学精神。未来的我们肯定还是需要费曼这样的天才，而我们普通人也不能消极等待，"在天才出现之前"，仍然要努力做好自己的工作，为新一代费曼的出现做好准备。

费曼是一个具有独特人格魅力的物理学家，他的一生始终保持着孩子般的天真；在科研中极端朴实，他淡泊名利，对金钱、对荣誉、对权力都不看重，是一个纯粹热爱物理的科学家；他以幽默和恶搞的方式追求着自己所热爱的生活，这使他成为历史上最受大众热爱的科学家之一。费曼的影响长盛不衰，已经远远超出了物理学界。费曼已然成为当代文化的一部分，随着互联网的兴起，他的著作、演讲、采访得以更广泛流传。

在去世多年的 20 世纪科学家中，他的公众影响力大概仅次于爱因斯坦。在我国，有大量的费曼谜。当然，作者本人也是费曼的粉丝之一。

第八节 统一场阶段

一、自然界基本作用力

统一场理论就是自然界人类所知的有四种基本相互作用：强相互作用、电磁相互作用、弱相互作用及引力等四种力的统一，就是找到一个单一的数学语言来描述这四种力。引力可用相对论来描述，其他三种力可用量子力学理论来描述。

强相互作用主要是核子如质子或中子之间的核力，它是使核子结合成原子核的相互作用；自 1947 年发现与核子作用的 π 介子以后，实验中陆续发现了几百种有强相互作用的粒子，这些粒子统称为强子。强相互作用有量子色动力学来解释。

弱相互作用（又称弱力或弱核力）是自然的四种基本力中的一种，会影响所有费米子，即所有自旋为半奇数的粒子；可作用于原子核的 β 衰变（中子衰变成质子并放出一个高速电子的现象）、中微子散射以及介子、重子和轻子的衰变，恒星的核聚变也是由弱相互作用引起。弱相互作用是唯一违反宇称守恒的相互作用，即弱相互作用下宇称不守恒。弱相互作用可由费米点作用理论进行解释。

电磁相互作用是带电粒子与电磁场的相互作用以及带电粒子之间通过电磁场传递的相互作用，电磁力遵循库仑定律。宏观的电磁相互作用理论总结在麦克斯韦方程组中，早在 19 世纪已为人们所掌握。微观的电磁作用理论是量子电动力学，它是麦克斯韦理论与量子力学原理的结合。

引力是所有具有质量的物体之间的相互作用，表现为吸引力。规律是万有引力定律，更为精确的理论是广义相对论，在 4 种基本相互作用中最弱。在微观现象的研究中通常可不予考虑，然而在天体物理研究中起决定性作用。按照近代物理的观点，引力作用是通过场（质点造成的时空弯曲）或通过交换引力子实现的。但至今，引力子并没有被发现，仍是一种假说。

四种基本作用力中，电磁力和引力是长程力，它们均与作用距离的平方成反比，当距离增大到原来的两倍时，它们减小到原来的 1/4，但它们作用强度相差 10^{37} 倍。强力和弱力是短程力，其作用距离分别是在 10^{-15} 米和 10^{-17} 米以内。

二、统一场理论发展简史

统一场是当代物理学最前沿领域，以杨—米尔斯理论为基石，目的是最终建立一个完美的微观粒子的大一统模型。实际上，统一场理论不仅要实现在数学理论上的统一，也要实现在理论物理学上的统一，更重要的是实现物质结构和物质组成上的统一。若真的建立起了统一场理论，那么对物理学的意义必将是翻天覆地的，但我们还不清楚如何建立一个统一场理论，更不确信是否真的有大一统理论。

"规范场论"是高能物理，源于人类对原子核认识的需要，是人类对原子核的认知的一个理论，它要定义整个微观世界，是描述亚原子世界的最成功的物理框架，是粒子物理的基石。"规范场论"要实现爱因斯坦期待的"大一统理论"。

爱因斯坦 1915 年发表广义相对论之后，便开始了他的"大一统之梦"。他希望通过一个个简单美妙的公式来描述和预测宇宙中的每一件事情。但遗憾的是，由于当时物理学的发展还不具备足够的条件，很多基本粒子没有被发现，爱因斯坦努力 30 余年仍一无所获。这也是爱因斯坦为什么如此推崇麦克斯韦的原因，因为麦克斯韦方程统一了电磁力。麦克斯韦方程组可以看作是迈出了统一场理论的第一步。

在粒子物理学的标准模型描述中，弱相互作用与电磁相互作用是同一种相互作用的不同方面，叫弱电相互作用，这套理论在 1968 年发表，开发者为格拉肖、萨拉姆与温伯格。希格斯机制解释了三种大质量玻色子（弱相互作用的三种载体）的存在，还有电磁相互作用的无质量光子。这可以看作是迈出了统一场理论的第二步，实现了弱力与电磁力的统一。

规范场论在物理学上具有非常重要性的地位，它精确地表述了强相互作用、电磁相互作用、弱相互作用三种力；是一个规范群为 $SU(3) \times SU(2) \times U(1)$ 的规范场论。电磁力对应 $SU(1)$ 群，数学家赫尔曼·外尔 1929 年首次提出这个二分量中微子理论，给出了漂亮解释。但是，外尔后来放弃了这个理论，因为这个理论导致了左右不对称。弱相互作用力对应描述同位旋对称性的 $SU(2)$ 群，由杨—米尔斯引入非交换规范场论解决。而强相互作用力对应 $SU(3)$ 群，则由当代大物理学家"夸克之父"盖尔曼完成。

目前，除去引力，另三种相互作用都找到了合适满足特定对称性的量子场论来描述，其核心是杨—米尔斯规范场理论。这可以看作是迈出了统一场理论的第三步，实现了强力、弱力与电磁力三种力的统一。

三、杨—米尔斯规范场理论

杨—米尔斯理论是 1954 年杨振宁和米尔斯首先提出来的。这个当时没有被物理学界看重的理论直到 1960 年，当时由杰弗里·戈德斯通（1933 年至今，英国出生的理论物理学家，先后任职于剑桥大学和麻省理工学院，以南部阳一郎—戈德斯通定理闻名）、2008 年诺奖得主南部阳一郎和乔瓦尼·乔纳—拉希尼欧（获得 2012 年度丹尼·海涅曼数学物理奖）等人开始运用对称性破缺的机制，从零质量粒子的理论中去得到带质量的粒子，杨—米尔斯理论的重要性才显现出来。即，对称性自发破缺与渐进自由观念的引入，使得杨—米尔斯理论逐渐发展成今天的标准模型。

杨—米尔斯理论可以说是 20 世纪后半叶最伟大的物理成绩之一，由杨—米尔斯理论发展的标准模型准确地预言了在世界各地实验室中观察到的事实，其应用已经深入在物理学的其他分支中，诸如统计物理、凝聚态物理和非线性系统等。但是，杨—米尔斯理论也存在着缺陷，即质量缺口问题，还曾因此被泡利批评，该问题最后被南部阳一郎的自发破缺思想及希格斯等人发明的希格斯机制勉强解决，成果就是电弱统一理论，再经过当代物理学家的努力才成为粒子标准模型。在泡利的启发下，促进杨振宁在 1970 年代研究规范场论与纤维丛理论的对应，将数学和物理的成功结合推进到一个新的水平。

杨—米尔斯存在性和质量缺口也是世界七大难题之一。该问题的正式表述是：证明对任何紧的、单的规范群，四维欧几里得空间中的杨—米尔斯方程组有一个预言存在质量缺口的解。在这个难题上，藏着微观粒子世界的奥秘，也藏着宇宙大一统的钥匙，杨—米尔斯存在性和质量缺口解决，将有可能解开微观粒子世界物理学家们尚未了解的奥秘，将引力纳入基本模型之中。

杨—米尔斯理论虽然没有真正解决强相互作用的问题，但却构造了一个非阿贝尔规范场的模型，历经温伯格、盖尔曼、希格斯、威腾等物理学家添砖加瓦，为所有已知粒子及其相互作用提供了一个框架，后来的标准模型奠定了基础。

2012 年希格斯粒子发现后，"规范场论"最后一个质量缺陷被弥补，通过希格斯机制产生质量，建立了电弱统一的规范理论，弱相互作用和电磁相互作用实现了形式上的统一。即，"规范场论"目前统一了自然界的四种力中除了引力之外的三种。爱因斯坦穷尽后半生追求的"大一统理论"，在杨振宁主导的"规范场论"中实现了关键一步。

四、弦理论

弦理论是一套人们为统一 20 世纪的两大支柱理论——量子力学与相对论而提出的理论，试图用一套大一统框架来解释所有的物理现象。弦理论假定，粒子其实是一种类似琴弦的一维实体，其振动规律决定了该粒子的质量和电荷等性质。宇宙弦这一物理概念是 1981 年亚历山大·维伦金等人提出来的。他们认为，宇宙大爆炸所产生的威力应该形成无数细而长且能量高度集聚的能量弦线，这种能量弦线便叫做宇宙弦。弦的不同振动和运动就产生出各种不同的基本粒子，能量与物质是可以转化的；大至星际银河，小至电子、质子、夸克一类的基本粒子都是由这占有二维时空的"能量弦线"所组成。自此，弦理论开始诞生了。

在弦理论中，基本对象不是占据空间单独一点的基本粒子，而是一维的弦。这些弦可以有端点，或者它们可以自己连接成一个闭合圈环。正如小提琴上的弦，弦理论中支持一定的振荡模式，或者共振频率，其波长准确地配合。

1984—1985 年，弦理论发生了第一次革命。1984 年，英国理论物理学家迈克尔·鲍里斯·格林（1946 年至今，弦理论开创者之一，于 1989 年当选为英国皇家学会会员，2009 年 11 月 1 日接替霍金担任剑桥大学卢卡斯教授）和约翰·伯纳姆·施瓦茨（犹太裔美国理论物理学家，加州理工学院教授，最早从事弦理论研究的理论学家之一）提出的等式显示，如将粒子描述为"弦"，便可避免将粒子描述为点状物质的各类模型存在的特定矛盾。

在该理论萌芽之后，研究人员相继提出了五种不同的、解释一维的弦如何在10 维宇宙中振动的模型。弦理论就此演变成了我们如今所知的形式；许多科学家都是弦理论的拥趸，因为它极具数学美感。弦理论的等式十分"优雅"，对物理世界的描述也令许多人感到极为满意。弦理论会吸引这么多注意，大部分的原因是因为它很有可能会成为终极理论。

超弦理论是弦理论的一种，指狭义的弦理论，是一种引进了超对称的弦论。"超弦理论"是继牛顿力学、爱因斯坦相对论之后，时空概念的"第三次革命"。"超弦理论"统一了引力理论与量子力学的矛盾，超越了"弦理论"的局限，解释"标准模型"中"费米子"与包括"上帝粒子"的"玻色子"的振动形态。

1994—1995 年，科学界迎来了第二次弦理论革命。物理学家发现，这些各自迥异的理论实则互相关联，并且可以与另一套名为"超引力"的、运用于 11维空间的理论相结合；这就是威滕教授提出的 M 理论。M 理论被霍金认为有可能是宇宙的终极理论，最核心的内容是多维空间，其最终目标是用一条规律来描述四个基本力。M 理论成功的标志，在于让量子力学与广义相对论在新的理论框架中相容起来。当前，有利于 M 理论的证据与日俱增，已取得令人振奋的进展。

五、为统一场理论做出贡献的科学家

说起为统一场理论做出贡献的科学家，实在太多了。毕竟建立大一统理论，在物理上一统江湖是很多人的梦想。在众多科学家中，首先应该提到麦克斯韦，他第一个提到了场论，是经典电磁场论的奠基人；其次要提到爱因斯坦，他是第一个希望建立大一统理论的人。

此外，海森堡也在统一场理论上做了许多工作。还有泡利，但他认为建立统一场为时尚早，所以后来退出了；但后来提示杨振宁，为杨—米尔斯理论的完善和后续深入研究做了贡献。狄拉克是量子场论的入门级大师，他的狄拉克方程在量子力学和相对论之间建立了联系；费曼建立的费曼规则在量子场论也起到了重大作用。杨振宁和罗伯特·米尔斯建立的杨—米尔斯理论是规范场的核心和基础，杰弗里·戈德斯通、南部阳一郎和乔瓦尼·乔纳—拉希尼欧也做了贡献；不仅仅为杨—米尔斯理论的正确性背书，而且南部阳一郎—戈德斯通定理和自发对称破缺开启了希格斯机制的大门。

1971 年，荷兰乌德勒支大学马丁努斯·J·G·韦尔特曼教授及其指导的博士生赫拉尔杜斯·霍夫特（二人都是荷兰科学院院士）成功地证明了电弱统一规范理论是可以经过"重整化"而消除其中所有"无穷大"的，从而证明了弱相互作用也能和电磁相互作用一样进行精确计算，也可以接受实验的精确检验。这是人们研究弱相互作用的一个飞跃，二人于 1999 年获得诺贝尔物理学奖。

盖尔曼（1969 年诺贝尔奖得主）、格拉肖、温伯格、萨拉姆（三人同获 1979 年诺贝尔奖）、希格斯（2013 年诺贝尔奖得主）、威滕等人也为统一场论做出了巨大贡献。其中，强相互作用力对应 SU（3）群由当代大物理学家"夸克之父"盖尔曼完成。基于杨—米尔斯规范场理论，20 世纪六七十年代温伯格等人建立了电弱统一理论和量子色动力学（两者构成了粒子物理的标准模型），并在 1974 年提出了大统一理论，企图把电弱统一理论和量子色动力学统一起来，即欲在杨—米尔斯规范场理论框架下将强、弱、电三种基本相互作用合并成一种基本力。温伯格被人尊称为量子场论的大师；而威滕则被认为是弦理论和量子场论的顶尖专家。在下面的物理学家中，除了鲁宾没有直接为统一场论做出贡献外，其他都有贡献。

94. 备受争议的量子场论奠基人、当代物理学教皇——杨振宁

杨振宁像

姓　　名　杨振宁
性　　别　男
国　　别　美籍华人
学科领域　粒子物理学
排　　行　第一梯队（一流）

◢ 生平简介 ◣

杨振宁（1922 年 10 月 1 日至今）出生于安徽合肥三河镇。小时候他受到父亲引导，喜欢数学。他的父亲杨武之先生是数学家，毕业于斯坦福大学，师从著名数学家罗伯特·迪克森，是中国第一位因数论研究获得博士学位的学者。归国后杨武之先生在清华大学担任数学系教授，陈省身、华罗庚等均出自他门下。

杨振宁读小学时，数学和语文成绩都很好。1938 年，他考入西南联大，和黄昆同为物理系两大才子。1942 年，杨振宁大学毕业，入读清华大学研究院。1944 年，他以优异成绩获得了西南联合大学硕士学位，并考上了公费留美生，

1945 年得到庚子赔款奖学金赴美，进芝加哥大学留学，跟随氢弹之父爱德华·泰勒教授做研究，1948 年获博士学位。1949 年，杨振宁进入普林斯顿高等研究院进行博士后研究，期间杨振宁开始与李政道合作。

美籍华裔物理学家李政道（1926 年至今）是哥伦比亚大学历史上最年轻的正教授，因在宇称不守恒、李模型、相对论性重离子碰撞物理、和非拓扑孤立子场论等领域的贡献闻名；李政道倡导成立了中国博士后流动站和中国博士后科学基金会。后来，杨李二人因故失和，可谓是科学界的一大憾事。

杨振宁的第一任夫人杜致礼（1927—2003 年）是国民党中将杜聿明的女儿，两人 1950 年结婚；现任妻子翁帆女士，比他年轻 54 岁，2004 年结婚，这段忘年恋的婚姻在社会上引起了轰动。

1956 年，杨振宁和李政道共同发表了一篇文章，推翻了物理学的中心信息之一——宇称守恒基本粒子和它们的镜像的表现是完全相同的。1957 年，杨振宁与李政道因共同提出弱相互作用下宇称不守恒理论而获得了诺贝尔物理学奖，见图 2-80。

图 2-80　杨振宁获颁诺贝尔物理学奖

1958 年，杨振宁当选中央研究院院士；1964 年，杨振宁加入美国国籍，成为美国公民；1965 年，当选美国国家科学院院士。1966 年起，杨振宁任纽约州立大学石溪分校爱因斯坦讲座教授兼理论物理研究所所长。

1971 年中美关系开始解冻，杨振宁自 1945 年到美国来当研究生以后第一次回到中国大陆。他会见了已故的周恩来和中国的其他领导人，帮助开展了两国之间的科学合作。

1993 年，杨振宁当选英国皇家学会会员；1994 年，当选为中国科学院外籍院士。1997 年，出任清华大学高等研究中心荣誉主任。2003 年，杨振宁定居于北京清华大学，清华园照澜院里的一栋别墅作为寓所，同时身兼广东东莞理工学院名誉校长。2012 年 6 月，杨振宁在清华大学庆祝 90 岁生日，获得了校方赠送的刻有其重大贡献的黑水晶。现任清华大学高等研究院教授、香港中文大学博文讲座教授。2015 年 4 月 1 日，杨振宁放弃了美国国籍。2017 年 2 月，杨振宁正式转为中国科学院院士。2018 年 4 月 16 日当选西湖大学校董会名誉主席。

杨振宁靠宇称不守恒获得诺贝尔奖，但他最大的成就是"杨—米尔斯规范场论"和"杨—巴克斯特方程"。在他获取诺贝尔奖后 63 多年来，有 7 个诺贝尔奖得主是因为找到杨振宁的"杨—米尔斯规范场论"预测的粒子而获奖。例如，丁肇中（1936 年至今，美籍华人，美国国家科学院院士、美国艺术与科学学院院士，1976 年因发现 J 粒子而获得诺贝尔物理学奖，即第 4 种夸克的束缚态，现在领导阿尔法磁谱仪项目探索反物质）和希格斯。依据杨振宁的理论获奖的人几乎垄断了 60 年来的诺贝尔物理学奖的理论物理和粒子物理部分。另外，有 6 个菲尔兹奖（最高数学奖）也是研究杨振宁的方程而来（3 个和杨—米尔斯方程相关，3 个和杨—巴克斯特方程相关）。

花絮

（1）扬长避短、勇于取舍。

1946 年，杨振宁进入芝加哥大学费米主持的研究生班，希望能攻读费米的研究生。当时，费米在阿贡国家实验室从事军事技术研究，像杨振宁这样初到美国的中国人是不能随便进入阿贡实验室的。于是，费米建议杨振宁跟泰勒做理论研究，实验到艾里逊的实验室去做。

艾里逊是芝加哥大学物理系的一名教授，当时正准备建造一台在当时是最先进的 40 万电子伏特的加速器。杨振宁在其实验室工作的时间，杨振宁的实验进行得非常不顺利，做实验时常常发生爆炸，以至于当时实验室里流传着这样一句笑话：哪里有爆炸，哪里就有杨振宁。此时，杨振宁不得不痛苦地承认，自己的动手能力比别人差！这一点，与奥本海默、泡利情况相同。他也是因动手能力不强而从事理论物理的研究。

一直在关注着杨振宁的泰勒教授告诉杨振宁，如果他的实验不成功，可以跟随自己从事理论物理的研究。杨振宁听了泰勒的话，心情十分复杂。一方面，他认为自己做实验确实力不从心；另一方面，他又不甘服输。要打消自己的想法并不是一件容易的事。反复思考后，他接受了泰勒的建议，把主攻方向转至理论物理研究，最终于 1957 年 10 月与李政道联手摘取了该年的诺贝尔物理学奖，为中国人赢得了荣誉。

放弃有时候是十分困难的，甚至是十分痛苦的。适时地放弃，不仅需要勇气和胆识，更需要远见和智慧。人生之树，只有舍弃空想与浮华，才能撷取丰硕甜美的果实。

（2）杨—米尔斯规范场理论。

杨—米尔斯（Yang-Mills）规范场理论，是由杨振宁和同一个办公室的罗伯特·劳伦斯·米尔斯（1927—1999 年，当时在布鲁克海汶国家实验室做博士后，1956 年成为俄亥俄州立大学的物理学教授）在 1954 年首先提出来的。这个理论研究自然界除引力之外的三种相互作用——电磁力、弱力（使原子衰变的相互作用）、强力（夸克之间的相互作用）三种作用的基本理论（见图 2-81），起源于对电磁相互作用的分析。利用它所建立的弱相互作用和电磁相互作用的统一理论已经为实验所证实，特别是发现了该理论所预言的传播弱相互作用的中间玻色子。该理论为研究强子的结构提供了有利的工具。

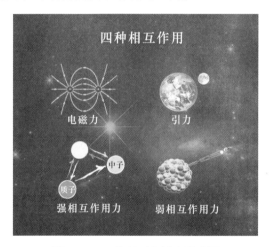

图 2-81　三种相互作用力示意图

从数学观点讲，该理论是从描述电磁学的阿贝尔规范场论到非阿贝尔规范场论的推广。非阿贝尔规范场是为了描述原子核里的核子们（当时认为就是质子和中子）为什么会被紧紧拉在一起，而不会被正电之间强烈的排斥力而炸开（质子们带正电，是互相排斥的），而设想的一种作用力场。总之，它是一个使用非阿贝尔李群描述基本粒子行为的理论，是现代规范场理论的基础；是 20 世纪下半叶重要的物理突破，旨在使用非阿贝尔李群描述基本粒子的行为。这个当时没有被物理学界看重的理论，通过后来许多学者于 1960—1970 年代引入的对称性自发破缺与渐进自由的观念，发展成今天的标准模型。

这一理论中出现的杨—米尔斯方程是一组数学上未曾考虑到的极有意义的非线性偏微分方程，是线性的麦克斯韦方程的推广。杨振宁和米尔斯将量子电动力学的概念推广到非阿贝尔规范群，将原本可交换群的规范理论拓展到不可交换群以解释强相互作用。在随后的 20 世纪 60 年代，物理学界对于用场的观点描述核力是较为悲观的时期，场论的观点在物理学家中不占主流。

这个理论当时受到了泡利的批评，其原因在于杨—米尔斯理论的量子必须质量为零以维持规范不变性。也就是说，这个理论当时并不完备，还有几个关键的问题不能解决，例如质量问题、量子化和重整化问题。不过后续很多物理学家陆续完善了该理论，解决了所有原来不能解决的问题。这也是为什么该理论当时没有获得诺贝尔奖的一个原因。

米尔斯公开承认，杨—米尔斯理论主要是杨振宁做的，他只是参与了一些讨论和协助做了一些诸如计算等的相关工作。米尔斯的低调和对杨振宁的尊重使得二人始终保持友好的关系，这说明谦逊与尊重是维持友谊的最好良方。

对于该理论的重要性，丁肇中曾这样说：提到 20 世纪的物理学的里程碑，我们首先想到三件事，一是相对论（爱因斯坦），二是量子力学（狄拉克），三是规范场（杨振宁）。

（3）弱相互作用下宇称不守恒。

简单说宇称就是一种空间的左右对称。在物理学中，这种对称性就是指物理规律在某种变化下的不变性。在粒子物理学中，宇称是表征微观粒子运动特性的一个物理量。所谓"宇称守恒"，简单地说，就是物理定律在最深的层次上，左边和右边镜像完全一致（见图 2-82）。镜像对称普遍存在于自然界的事物中，而在物理学中，对称性具有更为深刻的含义，它指的是物理规律在某种变换下的不变性。

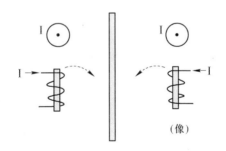

图 2-82　宇称守恒示意图

"宇称守恒定律"由镜像对称性引申而来，它指的是在任何情况下，任何粒子的镜像与该粒子除自旋方向（相当于牛顿运动定律实验中的小球运动方向）外，具有完全相同的性质。宇称守恒定律是拉柏铁 1926 年提出的，维拉格用实验加以证明的。宇称守恒性已经被证实适用于所有强相互作用、电磁相互作用和引力相互作用。长久以来在没有实验证据的情况下，物理学家们都相信弱作用中宇称守恒。

θ-τ 之谜是粒子物理学中最重要的难题。1947 年两位英国实验物理学家发现奇异的粒子，其中一个叫 θ 介子，另一个叫 τ 介子。θ 和 τ 这两种粒子，都是由宇宙射线撞击一般物质，或者加速器中高能量粒子撞击普通物质的"碎片"中产生的。它们存在的生命期很短，会很快地转变成生命期较长的粒子，这种转变现象在物理学上叫做"衰变"。τ 介子衰变成 3 个 π 介子，而 θ 介子衰变成 2 个 π 介子，这说明 π 介子和 τ 介子衰变时，表现出相反的宇称。θ 和 τ 这两种粒子具有的这些奇特难解的特性，被称为"θ-τ"之谜。

杨振宁和时任哥伦比亚大学教授的李政道从 θ-τ 之谜走到一个更普遍的问题，提出"宇称在强相互作用与电磁相互作用中守恒，但在弱相互作用中也许不守恒"的假设，将弱相互作用主宰的衰变过程独立出来，发现以前并没有实验证明在弱相互作用中宇称是否守恒。

1956 年，二人提出：在弱作用下，左右可能不对称（弱作用中宇称可能不守恒）。当时很多物理学家认为这一假设是大胆的，但也有人认为不可能正确，最典型的是泡利，他说愿意出大价钱打赌，实验将证明宇称对称。

二人指出了好几类弱相互作用关键性实验，以测试弱相互作用中宇称是否守恒。吴健雄于 1956 年夏决定做他们指出的几类实验中的一项关于钴 60 的 β 衰变的实验——在极低温条件下用强磁场把钴 60 原子核自旋方向极化，而观察钴 60 原子核 β 衰变放出的电子的出射方向；他们发现绝大多数电子的出射方向都和钴 60 原子核的自旋方向相反。1956 年 12 月，吴健雄实验室已获得足够实验数据，表明宇称守恒定律在弱相互作用中被否定了。

1957 年 1 月 15 日，哥伦比亚大学为这项新的发现史无前例地举行了一场记者会——证明在弱相互作用中宇称确实不守恒。宇称守恒当时是研究物理的人一致相信的原理之一，这已是历史的定论，要对这个物理学上相当基本的原理发生怀疑，是非比寻常之举。当杨—李的猜想被吴健雄的实验证实后，引起全物理学界的大震荡，以至于有人慨叹"整个物理学基础都动摇了"。

因为这项工作，杨振宁和李政道获得 1957 年的诺贝尔物理学奖（见图 2-83）。这个获奖速度与当年布拉格父子 1914 年发现 XRD 的晶体衍射理论而于第二年获得诺贝尔奖有异曲同工之妙。唯一的遗憾是吴健雄女士没有同时获奖，这让人颇为感慨，也成为了诺贝尔奖历史上的另一桩冤案。玻恩没有与海森堡同时因为矩阵力学的创立获得诺贝尔奖也是一桩冤案。此外，奥地利女物理学家莉泽·迈特纳第一个理论解释了奥托·哈恩 1938 年发现的核裂变，但却没有与哈恩一同获得 1945 年诺贝尔化学奖，这也是诺贝尔奖历史上的一个重大不公。另外，受到诺贝尔奖遗忘的还有暗物质之母鲁宾。

如图 2-84 所示，如果宇称守恒，那么介子和反介子应该意味是沿相反方向自旋并沿同个轴衰变。但显然图 2-84 所呈现并非这种镜像式的反演对称，介子和反介子沿着同一个方向自旋，朝着同一方向发射相反电荷的电子。

图 2-83　获得诺贝尔物理学奖时的杨振宁（左）、李政道（右）

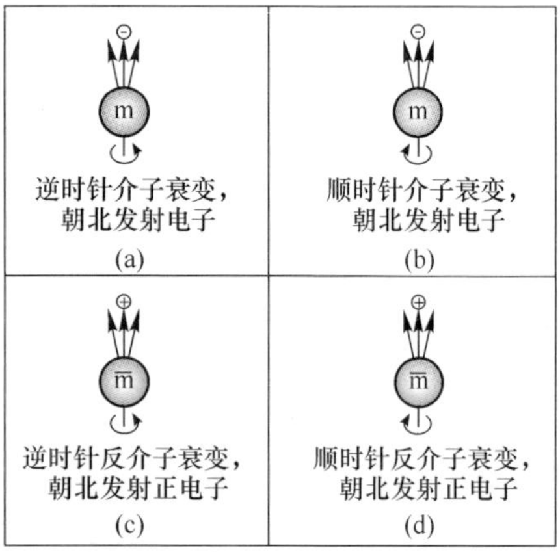

图 2-84　介子衰变图

（4）杨振宁对中国的贡献。

杨振宁非常爱国，在国外参加各项活动时，都会积极弘扬中国魅力。他还利用自己的名声和影响力来促进中美双方的关系，还劝说姚期智、林家翘等顶级科学家回国效力。

1971 年杨振宁回国，他和周总理见面时就应邀提出了自己的建议，指出中国理工科大学不重视理论研究和基础理论教学，显示了他对中国基础科学技术发展和前途的关心。

1978 年 3 月，在杨振宁等人的倡导下，中国科技大学创建首期少年班。1980年，杨振宁在纽约州立大学石溪分校发起成立"与中国学术交流委员会"，资助中国学者去该校进修。

杨振宁推动了香港中文大学数学科学研究所、清华大学高等研究中心、南开大学理论物理研究室和中山大学高等学术研究中心等科研机构的成立。1986年，杨振宁在南开大学成立理论物理研究室，自己亲自担任指导研究工作，在这些学生中走出了很多著名的学者。

1997年，在杨振宁建议下，清华大学决定根据普林斯顿高等研究院的经验，成立清华大学高等研究中心。杨振宁对清华大学物理系的学科建设起到了至关重要的作用，帮助清华物理系发展成国际顶尖的学科，进入世界一流行列。他在90岁高龄时，依然在给本科生上课，用自己丰富的人生阅历启发指引着这些中国科学界的未来人才。清华大学前校长王大中高度赞誉了杨振宁对清华的贡献：没有杨振宁，就没有清华物理系的今天。

对中国未来物理学的发展，杨振宁指出物理学正经历一个过渡期。不断地寻找更快更小的计算机晶片等的应用研究，将会比基础研究对年轻人更有吸引力。他说："很清楚，在未来的30—50年中，人们将更注意物理学的应用。其理由并不是因为所有的基本问题都已经解决了，而是因为更深入地探索物质的基本结构变得愈来愈贵。"

杨振宁关心社会事务，提出了很多正确的建议供高层领导参考。例如向邓小平建议派留学生赴美留学。他帮助大批中国高端学者到美国著名大学进行深造，帮助国家培养了一大批人才。这些人包括曾任北京大学校长的陈佳洱，曾任复旦大学校长的杨福家，曾任中国科技大学校长的谷超豪等众多中国两院院士。他反对建设超型粒子大对撞机，因为时机不合适，且是一个经济投入的无底洞，对国家不利。这也可以看出他的眼界与智慧，且一生耿直。

据中国科学院周光召院长介绍，杨振宁帮助中国至少培养了10位以上的院士和5位大学校长。总之，杨振宁是一个爱国者，是"最正常的天才"，在他的一生中，用各种方法帮助国家发展，也起到了很大的作用，尤其是为中国的教育和科技的发展做出了巨大的贡献。有学者归纳总结了杨振宁对中国的十大贡献。实际上，应该不止十大贡献，因为目前杨老仍旧活跃在科研和教育第一线。

（5）被冤屈的物理学大师。

目前，国内对杨振宁这位当代伟大的物理学大师还存在很多误解。

第一，所谓的在国家最需要的时候杨振宁没有回国效力。邓稼先、钱学森等很早就回到新中国参加社会主义建设事业，而杨振宁一直到2003年才正式回国；很多人认为他回国是为了享福。其实这是一个很大的误解。杨振宁的第一任夫人是原国民党高官杜聿明的女儿，如果他和邓稼先等一起回国，很可能在当时的历次政治运动中受到牵连。黄昆和赵九章先生等人的经历都是很好的例证。

中国固体物理学先驱黄昆，1951 年回国去了北京大学当物理系教授，然而 1957 年"反右"之后，长达 20 年的时间无法进行学术研究，"文革时期"在实验室洗瓶子。而中科院地球物理所所长赵九章（1907—1968 年，东方红 1 号卫星总设计师，两弹一星功勋奖章获得者，中科院院士，著名大气科学家、地球物理学家和空间物理学家，中国动力气象学的创始人，为中国人造卫星事业作出杰出的贡献），由于有海外留学背景，在"文革"中被迫害致死。

事实上，1971 年杨振宁首次回中国，到上海后第一个要见的就是邓稼先。那时候邓稼先在接受批斗，正因为杨振宁想见他，等于间接保护了他。其实，邓稼先在美国读博士的学校普度大学还是杨振宁帮助他联系的。邓稼先患癌症之后，杨振宁还在美国为他寻找特效药。

第二，所谓的杨振宁与李政道争功劳。这是对学术界不了解造成的。杨振宁说：这是我生命中最令我感到遗憾的事情。其实世界上很多科学家之间都有争议，比如牛顿与胡克（万有引力定律）、牛顿与莱布尼茨（微积分）、胡克与惠更斯（游丝表）、马可尼与波波夫（无线电）、爱迪生、斯旺、鲍尔舍夫斯基（电灯泡），这些都是历史上赫赫有名的公案，难道可以据此认为他们是争功？类似的例子还有很多，难道我们都会认为这些科学家争名夺利？尽管我们都希望一切和谐一切美好，多留下相互谦让的比如达尔文与华莱士（二人都是进化论的创立者）以及弗罗密和莫瓦桑（分别发现和提炼出氟元素）这样的佳话，但如果事与愿违的话，也不应该加上道德的枷锁来考量杨李之争。

第三，所谓的杨振宁来国内捞金、养老。事实上，杨振宁把在清华大学的工资都捐了出来，用于引进人才和培养学生。他个人还捐献了 600 万美元，用于很多实验室的建设。至于他在清华大学居住的别墅，仅仅有使用权，而没有产权。如果他爱钱的话，就凭借他的影响力，钱根本就不是一个问题。早在 20 世纪 50 年代，他的薪水就是美国高校的顶尖水平，年薪 50 多万美元，更何况现在呢？他来国内纯粹是出于拳拳爱国心。他以 90 多岁高龄仍旧为本科生上课，仍旧忙碌于国家教育和科学事务，怎么能说成是养老？在美国养老环境和生活待遇等各个方面岂不是更好？

第四，所谓的由于忘年恋认为他人品低下。杨振宁与翁帆的忘年恋，的确很轰动，但这属于个人生活范畴，而且二人婚姻幸福。"子非鱼安知鱼之乐"？

杨振宁的一生，为祖国和人民做出了很多不可替代的贡献。他具有很深的科学素养和人文素养，对中国和中华民族抱有很深的情感。

师承关系

正规学校教育。他本科阶段的老师有我国著名物理学家叶企孙、赵忠尧、吴有训、周培源、吴大猷等人。本科毕业论文的指导教师是被誉为"中国物理学之父"的吴大猷教授（1907—2000 年，1933 年获得美国密歇根大学博士学位，1948 年被选为中央研究院第一届院士，1983—1994 年任台湾中央研究院院长）；他在西南联合大学的硕士论文导师是清华大学王竹溪教授（1911—1983 年，曾留学剑桥大学获博士学位，27 岁即担任物理学教授，在表面吸附、超点阵统计理论以及热力学理论等方面做过很多基础性工作，是我国热力学统计物理研究的开拓者），博士论文导师是美国氢弹之父芝加哥大学的爱德华·泰勒教授；张首晟（1963—2018 年，美国国家科学院院士、中科院外籍院士，在量子自旋霍尔效应、拓扑绝缘体以及手性马约拉纳费米子领域做出了诺奖级别的贡献，包揽物理界所有重量级奖项，包括狄拉克奖和富兰克林奖等。这一点与吴健雄类似）是他的博士研究生。杨振宁本人一开始打算跟随费米或维格纳学习，但当时他们二人参加曼哈顿工程。

❧ 学术贡献 ❧

杨振宁对理论物理学的贡献范围很广，包括统计物理、基本粒子、统计力学、凝聚态物理学和量子场论、数学物理等领域。其中，在粒子物理学、量子场论方面贡献最大。

在统计力学方面：

（1）1952 年，相变理论 2 维伊辛（Ising）模型的自发磁化和临界指数（临界现象和普适类的开创性工作），完成的关于 2 维伊辛模型的自发磁化强度的计算，得到了 1/8 这一临界指数，这是杨振宁做过的最冗长的计算，是一个绝对的壮举。

同年，杨振宁还和李政道合作完成并发表了两篇关于相变理论的论文，将对 Ising 模型的研究扩展到格气模型，并严格计算出气液相变的麦克斯韦图，提出了李—杨单圆定理（相变现象的基础理论）；在统计力学和场论中，这个理论精品就像一个小而精致的贝壳至今魅力不减。

（2）1957 年，起源于对液氦超流的兴趣，杨振宁与合作者发表或完成了一系列关于稀薄硬球玻色子多体系统的论文。涉及玻色气体的李政道—黄克孙—杨振宁（Lee-Huang-Yang）修正，即著名的平方根修正项。这个修正项是富有远见的理论，50 年后方被冷原子实验证实。

（3）1967 年，杨振宁发现 1 维 δ 函数排斥势中的费米子量子多体问题可以转化为一个矩阵方程，提出了基本粒子第一个复合模型杨—巴克斯特（Yang-Baxter）方程（1972 年，巴克斯特教授在另一个问题中也发现这个方程）。提出了费米子系统的 Betheansatz 严格解，在冷原子的实验研究中显得非常重要。

（4）1969 年，1 维 δ 函数排斥势中的玻色子在有限温度的严格解；这是历史上首次得到的有相互作用的量子统计模型在有限温度（$T>0$）的严格解；最近这个模型及其结果也在冷原子系统中得到实验实现和验证。

在凝聚态物理方面：

（1）1961 年，杨振宁和 Byers 完成超导体磁通量子化的理论解释、磁单极子的量子化和规范理论中的拓扑结构（拓扑场论的开创性工作，微分拓扑被引入物理学）。证明了电子配对即可导致观测到的现象，澄清了不需要引入新的关于电磁场的基本原理。相关的物理和方法后来在超导、超流、量子霍尔效应等问题的研究中广泛应用。

（2）1962 年，杨振宁提出"非对角长程序"的概念（凝聚物理的核心理论之一），从而统一刻画了超流和超导的本质，同时也深入探讨了磁通量子化的根源，这是当代凝聚态物理的一个关键概念；杨振宁对这项工作非常喜爱。

在粒子物理方面：

（1）1956 年，杨振宁与李政道合作提出弱作用宇称不守恒观念，提出基础粒子间的弱核力并没有镜像对称的特性（获得 1957 年诺贝尔奖）。

（2）1957 年，时间反演 T、电荷共轭 C 和宇称 P 三种分立对称性。

（3）1960 年，高能中微子实验的理论探讨，这是关于中微子实验的第一个理论分析，引导出后来许多重要研究工作。

（4）1964 年，杨振宁和吴大峻合作建立了 CP 不守恒的唯象框架，在论文"K0 和反 K0 衰变的 CP 守恒破坏的唯象分析"提出，定义了这个领域使用至今的理论框架和术语。

在量子场论方面：

（1）1954 年，提出杨—米尔斯（Yang-Mills）非交换规范场理论，即非阿贝尔规范场论。通过后来许多学者于 1960—1970 年代引入的自发对称破缺观念，20 世纪 70 年代发展成为统合与了解基本粒子强、弱、电磁等三种弱电相互作用力统一的基础和标准模型；这被普遍认为是 20 世纪后半叶基础物理学的总成就，主导了长期以来基础物理学的研究。这是杨振宁一生最杰出的成果，是大一统理论的指路明灯，是当代前沿物理学的基石之一，被公认是 20 世纪杰出的物理学创见，是比肩广义相对论的伟大成就。

（2）1974 年，规范场论的积分形式，发现了不可积相位因子的重要性，从而意识到规范场有深刻的几何意义。

（3）1975 年，规范场论与纤维丛理论的对应；意识到物理学家所谓的规范对应于数学家所谓的主坐标丛，而物理学家所谓的势对应于数学家所谓的主纤维丛上的联络。

总之，他在统计力学、凝聚态物理、粒子物理、场论等物理学 4 个领域的 13 项世界级贡献。在杨振宁的 13 项重要贡献中，三分之二以上是关于物理现象与代数或几何的对称性之间的关系；这表明了在杨振宁的思想中，对称性占据中心地位。此外，1949 年，与恩里克·费米合作，提出基本粒子第一个复合模型：费米—杨模型。"杨—米尔斯规范场理论""宇称不守恒定律"与"杨—巴克斯特方程"被公认为杨振宁的工作中达到世纪水平的 3 项成就。

代表作

大约有 300 篇发表于《物理评论》《物理评论通讯》等。主要代表作有《对弱相互作用中宇称守恒的质疑》《曙光集》和《邓稼先》。

学术获奖

杨振宁一生荣获了众多的奖项和荣誉，获得的荣誉奖章奖项数不胜数，科学界重要奖项全部囊括。主要的奖项和荣誉如下：

（1）1957 年，因为发现弱相互作用下宇称不守恒，与李政道教授共同被授予诺贝尔物理学奖。

（2）1979 年，荣获费米奖。

（3）1980 年，荣获英国皇家学会拉姆福德奖章。

（4）1981 年，荣获奥本海默纪念奖。

（5）1986 年，荣获美国国家科学奖。

（6）1993 年，荣获富兰克林奖。

（7）1994 年，荣获北美地区奖额最高的科学奖（25 万美元）——鲍尔奖。

（8）1995 年，荣获爱因斯坦奖。

（9）1995 年，荣获中国国际科技合作奖。

（10）2019 年 9 月 21 日，杨振宁被授予求是终身成就奖。

（11）先后被清华大学、上海交通大学、香港中文大学、纽约州立大学石溪分校、台湾大学、澳门大学等国内外知名大学授予荣誉博士学位。

学术影响力

（1）杨—米尔斯规范场理论为量子力学打开了一个新世界，是量子力学新世界的奠基者，是粒子物理学的标准模型的基础理论。杨—米尔斯规范场理论发展成标准模型，这被普遍认为是 20 世纪后半叶基础物理学的总成就，现在的理论物理学有一大半工作只是在规范场理论的基础上进行研究。根据规范场理论发展出来的基本粒子标准模型都取得了巨大的成功。

（2）杨—巴克斯特方程在数学和物理中都是极重要的方程，与扭结理论、辫子群、Hopf 代数乃至弦理论都有密切的关系，成为一个重要领域。

（3）1997 年，紫金山天文台将其发现的一颗国际编号为 3421 号的小行星命名为"杨振宁星"。

（4）杨振宁创建并主持了纽约大学石溪分校的理论物理研究所，1997 年该研究所更名为杨振宁理论物理研究所。

（5）2000 年，《自然》评选了人类过去千年以来最伟大的物理学家，只有 20 多人上榜，杨振宁在这个评选中名列第 18 位，并且他还是这个榜单里唯一一位在世的物理学家。

名人名言

（1）中国学生比美国学生好得多，然而十年以后，科研成果却比人家少得多，原因就在于美国学生思维活跃，动手能力和创造精神强。

（2）成功的奥秘在于多动手。

（3）科学发展的终点是哲学，哲学发展的终点是宗教。

（4）只要持之以恒，知识丰富了，终能发现其奥秘。

（5）从教育年轻人的角度讲，中国大学的本科教育非常成功。

（6）易经影响了中华文化的思维方式，这个影响是近代科学没有在中国萌芽的重要原因之一。

学术标签

当代物理学教皇、量子场论奠基人、诺贝尔物理学奖获得者；中国科学院院士、美国科学院院士、英国皇家学会会员、中央研究院院士、俄罗斯科学院院士、韩国科学院名誉院长、教廷宗座科学院院士、巴西科学院院士、委内瑞拉科学院院士、西班牙皇家科学院院士。

性格要素

杨振宁是华人中杰出的代表；具有强烈的爱国心，这是他最大的特质。

评价与启迪

（1）影响深远的贡献。

杨振宁院士是当今在世的最伟大的物理学家，他对物理学的贡献可以媲美人类历史上最伟大的物理学家们。1994 年，美国富兰克林学会向杨振宁颁授"鲍尔奖"。颁奖词中说，规范场所建立的理论模型，"足以和牛顿、麦克斯韦及爱因斯坦的工作相提并论。"这项理论，至今影响深远，确立了杨振宁一代物理大师的地位。

美籍意大利裔物理学家赛格瑞（1905—1989 年，因发现反质子而荣获 1959 年诺贝尔物理学奖）推崇杨振宁是"全世界几十年来可以算为全才的三个理论物理学家之一（另两位是爱因斯坦和费米）"。美国权威物理学家弗里曼·戴森认为："杨振宁教授是继爱因斯坦和狄拉克之后，20世纪物理学的卓越风格大师。"邓稼先对杨振宁的学术成就也给予高度评价，多次讲过："杨振宁的规范场理论是可以和牛顿万有引力定律相媲美的，要比他获得的诺贝尔奖的宇称不守恒定律有更深远的意义。"

曾任布鲁克海汶国家实验室主任的实验物理学家萨奥斯说："杨振宁是一位极具数学头脑的人，然而由于早年的学历，他对实验细节非常有兴趣。他喜欢和实验学家们交谈，对于优美的实验极为欣赏。"

夸克之父默里·盖尔曼处处和费曼较劲不服气，但他在杨振宁面前很谦虚，他自己多次声称他做出重大贡献的量子色动力学（描述夸克之间强相互作用的标准动力学理论，它和量子电动力学是粒子物理标准模型的一个组成部分）不过是将杨振宁标准模型的 SU(2) 对称性扩展到 SU(3) 而已。杨振宁多次过生日，他都赶来参加。

（2）深受费米影响。

杨振宁深受费米的影响，将费米视为自己的老师。杨振宁拥有非常扎实的数学功底，是一位优秀的数学家。相比海森堡，狄拉克更受杨振宁推崇，狄拉克是杨振宁学习的榜样。他们同样对于数学有着特殊的好感，数学对他们来说就是认识物理世界的最佳工具，使用起来如鱼得水。可以说，数学工具的有效运用导致了杨振宁诺贝尔奖级成果的诞生。

（3）赞美数学的优美和力量。

杨振宁一生物理工作中都带着清简美妙的数学风格，后来他写道："我的物理学界的同事们大多对数学采取了功利主义态度，我欣赏数学家的价值观，赞美数学的优美和力量。让人感觉非常奇妙的是，数学中很多美妙概念竟是支配物理世界的基本结构"。

（4）我国史上最伟大的物理学家。

杨振宁现在已经放弃了美国国籍，成为我国历史上最伟大的物理学家。他和李政道是第一位获得诺贝尔奖的中国人，他做出的学术贡献并不是一个诺贝尔奖可以衡量的。他是我们中国人的骄傲；他的获奖证明华人并不比任何人差，对于民族自尊心和自信心来说，就像原子弹爆炸给中国人的影响一样。

（5）排名理由。

对于杨振宁的排名，争议很大；有人认为他排名前10位，有人认为排名前20位。作者的排名不仅仅考虑近代的物理学家，古代一些著名科学家比如德谟克利特、亚里士多德、喜帕恰斯等对人类认识客观世界有贡献的伟人也列入物理学家的行列，这样整体考虑，他的排名可能会靠后。但是，根据他的学术贡献，把他列为与费曼、费米、朗道、索末菲、汤姆逊、居里夫人以及玻尔兹曼等世界著名物理学大师同一个级别，应该是比较客观的，属于准一流物理学家。

95. 伟大无需诺贝尔奖证明的暗物质之母——鲁宾

鲁宾像

姓　　名　薇拉·古柏·鲁宾
性　　别　女
国　　别　美国
学科领域　天文学家
排　　行　第二梯队（次一流）

❧ 生平简介 ❧

鲁宾（1928 年 7 月 23 日—2016 年 12 月 25 日）出生在宾夕法尼亚州费城。

鲁宾 10 岁痴迷于璀璨的星空，对星辰运动的理解让鲁宾很快难以自拔。4 年后，她和他父亲一起制作了自己的望远镜，还冒充高中毕业生参加各种天文爱好者的聚会。尽管父母非常支持女儿的职业选择，但父亲还是建议她当一名数学家，担心女孩子吃天文学这碗饭难以谋生。

1948 年，鲁宾毕业于位于美国纽约州的"七姐妹"女校瓦瑟学院（享誉美国乃至世界的顶尖文理学院，乔冠华之女曾在那里就读）。她选择这里就读，一个重要原因是美国历史上第一个女性天文学家玛丽亚·米歇尔（曾发现米歇尔彗星）曾在此校任教。

鲁宾不满 20 岁就结婚了，婚后试着进入普林斯顿大学研究天文学，却因其女性身份而受到拒绝，该校一直到 1975 年才开放女性入学。后来她申请了康乃尔大学，在菲利普·莫里森（美国著名天体物理学家，参与过曼哈顿计划，提出了 γ 射线天文学的概念）、费曼及汉斯·贝特等人的指导下学习物理，并于 1951 年取得硕士学位。她的硕士论文分析了超过一百个星系，发现了宇宙膨胀之外的星系运动，指出星系有可能像恒星一样绕着一个未知的公转中心旋转。

一个偶然的机会，伽莫夫得知鲁宾攻读硕士期间在星系上的研究工作，对她很感兴趣，最终让鲁宾在乔治城大学跟随伽莫夫攻读博士学位。她博士论文题目是"星系空间分布的涨落"，证明星系是簇集在一起的，而不是均匀分布在太空中，这是一项惊人而又关键的发现，但它的重要性在 20 多年后才得到认可。1954 年，鲁宾取得博士学位。

博士毕业后，她四处打工养育孩子。1962 年开始在乔治城大学任教，1965 年开始任职华盛顿卡内基科学研究所直到退休。在鲁宾职业生涯中，总共观察了超过 200 个星系。她对星系旋转的研究使她发现宇宙大部分的物质是由不可见、神秘的暗物质组成的。

在那里她指导了几代年轻天文学家从事星系动力学和暗物质研究工作，深受所有认识她的人的爱戴。她与合作者一起奔波于亚利桑那州基特峰国立天文台和智利托洛洛山天文台进行观测。新工作让鲁宾重新燃起对星系内部恒星运动的研究的兴趣，借助新的技术进步，她对星系外围的旋转进行研究并取得了丰硕的成果。她1981年当选为美国国家科学院院士和教廷宗座科学院院士，成为第二位入选美国国家科学院的女性天文学家。2016年圣诞夜，她因年迈安然离世，享年88岁。最大的遗憾是没有获得诺贝尔奖。

　⌒◦ 花絮 ◦⌒

（1）找到暗物质存在的证据。

鲁宾在天文学的热门领域中被其他男性排挤和歧视。1968年，她经过一番思考之后，做出了一个不同寻常的决定，从热门的类星体研究中抽身走开，重新回到了星系旋转曲线的测量中。

这个研究方向是在天文学上相对冷门的领域。她的合作伙伴天文学家兼仪器制造商肯特·福特发明了一种灵敏的光谱仪，可将望远镜观测到的光按波长分开，鲁宾和福特用这个仪器计算银河系不同部位的运转速度。他们依据恒星与星系中心的距离，测量了附近星系的自转速率。鲁宾绘制了银河系的运动曲线，并标记了从中心到边缘的速度，将测量结果与标准牛顿引力理论进行了对比分析。计算结果让鲁宾产生了一个巨大的困惑，就是银河系外侧的恒星绕银河系中心转动的速度比用理论推算出来的数值大了很多。

这一发现让这个鲁宾大惑不解，也激发了她深入研究下去的兴趣，这一研究持续了十几年，并取得了大量翔实的观测数据。她在仙女座星系的实际观测结果也表明，恒星离星系中心越远，它们的运行速度也越快，且这种速度的递增非常迅猛。最关键的一点是，它们的速度并没有在越过某个临界点后逐渐下跌，而是持续平稳地上升。

根据星系的转速反算出总的引力大小，进而算出星系的总质量。鲁宾发现，如果要维持星系目前的转动速度，又不让星系分崩离析的话，那么星系的总质量必须远远高于目前已经观测到的所有可见天体的质量。她对多达200个星系做了观测，得到了类似的结论。她的计算表明，星系中的暗物质至少含有普通物质的5~10倍。

1978—1980年，她和同事发表了几篇论文，详细描述了他们的发现，这是天文学史上有关暗物质的重量级论文，影响非常大。从那时开始，天文学家们纷纷开始了暗物质的研究，全世界成千上万的研究者在致力于解决这一谜题。天文学家们在星系团、微波背景辐射等观测中找到了更多暗物质存在的证据。暗物质研究逐渐成为天文学的热门课题，是现代天体物理学最重要的基石概念之一。可以说，鲁宾建立了一个新的研究领域。

（2）困难重重的学术生涯。

鲁宾在学术生涯中遇到了很多的困难，她的一生和当时其他女科学家一样，科研之路充满曲折。在那个年代女性想要搞科研难免遭受冷眼，比如她的高中物理老师就老是用冷嘲热讽的态度劝她远离科学。她不服输，费了九牛二虎之力考上了瓦瑟学院，成为了唯一一个学习天文学的女生。她大学毕业后想去普林斯顿大学研究生院就读，由于女性身份遭到了拒绝。她与伽莫夫会面的时候，却因女性不被允许待在办公室的荒谬规定，使得两人只好在走廊上进行会谈。伽莫夫不允许她参加他在乔治城应用物理实验室开设的讲座，称"那里不允许出现妻子们"。

工作后，也受到了很多不公正的待遇。比如有一次，由于鲁宾已经怀孕且不是美国天文学会会员，她的一位导师提议由自己代替鲁宾参加美国天文学会的会议并以鲁宾的硕士论文内容作学术报告；但被鲁宾拒绝了，这就直接得罪了这位导师。她怀抱刚满月的婴儿，长途跋涉在大雪中赶去另外一个州开天文学术会议，并在会上做关于星系旋转问题的报告，结果报告被与会者批评，大家不相信她的学说。她被华盛顿邮报调侃："年轻的妈妈数星星发现了宇宙创生的中心"。另外，当她有理有据地指出对一份论文的质疑时，却因女性身份受到了无理的羞辱。

她曾希望使用南加州帕洛马天文台的海尔望远镜，但遭到多次无情的拒绝。该设备直到 1965 年才允许她使用，她也因此成为唯一有权使用该望远镜的女性科学家（见图 2-85）。可当到了天文台之后她感受到了不少敌意，最难以忍受的是在那里她找不到可以上厕所的地方。为了表示抗议，她只好将纸剪成裙子状，并将其粘到了某个男厕的门上。

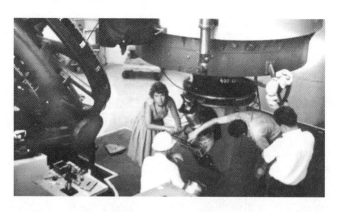

图 2-85　鲁宾在帕洛马天文台工作

2002 年，《科学》杂志采访她时，她说道："我其实花了很长时间才确认自己成为了真正的天文学家"。在歧视与不公中，她完全是靠着不服输的精神持之以恒，终获成功。

（3）家庭事业两不误。

鲁宾的丈夫是她最伟大的盟友。在乔治城大学读书工作时，因鲁宾不会开车，每天丈夫都会开车接送她，而她的父母则在家中充当临时保姆照料他们的孩子。作为一位母亲，她把主要精力都放在了养育4个孩子上。尽管有亲人相帮，但是鲁宾还是发现养育4个孩子几乎把她压垮了。为了贴补家用，她不辞辛苦四处打工兼职。

她的孩子都很优秀，后来都取得了自然科学或数学的博士学位，都成了数学家、地质学家或者天文学家。能够平衡家庭和事业并且家庭事业两不误是多么了不起的事情。

（4）没有获得诺贝尔奖的可能原因。

薇拉·鲁宾因确认暗物质存在的革命性贡献而闻名于世，但她也没有获得诺贝尔奖。国际上曾有不少学者替鲁宾鸣不平，认为她在暗物质方面的研究成果配得上一个诺贝尔奖。

原因可能是多方面的，一是因为她的女性身份，多少会受到歧视；二是天文学领域当时并不是诺贝尔奖获奖的热门领域；三是所谓的"圈子文化"，要想获得诺贝尔奖，必须要有圈内权威人士的提名和强力推荐。尽管也有人提名她，但她的导师伽莫夫没有获得诺贝尔奖，也无法提名并推荐她，无法给瑞典皇家科学院诺贝尔奖评审委员会施加影响。

虽然鲁宾没拿到诺贝尔奖，但她的成果得到了大家的认可。她发表的论文和论文中的数据被其他人采用，这就是宝贵的遗产和财富。鲁宾凭借着发现暗物质存在的证据，获得几乎所有的天文物理学奖，被人誉为"暗物质之母"。

亚里士多德曾说，一个人在自己的领域获得肯定和欣赏远比名气重要。暗物质存在证据的发现给薇拉带来了无数荣誉，但相比喝彩声，数据更重要，"名气是转瞬即逝的流星。"鲁宾在1990年告诉《发现》杂志："我的数据比我的名字拥有更多意义；如果天文学家今后还在用我的数据，这就是对我最大的恭维。"

鲁宾的粉丝感叹，她像暗物质一样不容易被诺贝尔奖发现，但她的影响力也像暗物质一样不容忽视。毫无疑问，她将被世世代代的科学家所铭记。

（5）女性楷模。

鲁宾所处的年代，女性科学家不受欢迎。她的整个职业生涯都将同性别歧视作斗争。她功成名就之后，四处为科学界的女性争取权益，鼓励更多的女性进入天文学以及其他科学领域，呼吁科研机构和高校降低对女性的门槛。在她的影响下，越来越多的女性进入天文学领域工作，并得到了应有的尊重。可以说，她靠着自己的力量在以男性为主导的天文学领域，为女性开辟道路做出了巨大贡献——她为女性的发展铺平了道路。不仅鼓励和激励了女性，还大力推动聘任女性担任教职、授予女性荣誉、邀请女性参会发言等。如果女性发言人过少，她会要求组织者增加机会。

她是美国国家科学院历史上的第二位女院士，但她曾长期与美国国家科学院"抗争"，因每年仍只有屈指可数的女性入选院士而失望，她把这段时期描述为"一生中最难过的时光"。正如鲁宾常说的，"全世界一半的大脑都在女性身上。"此外，她还有一个幸福的家庭，家庭事业两不误。她是天文学领域的先锋、备受尊敬的楷模和女性科学家的忠实捍卫者。

（6）暗物质相关知识。

暗物质是一种理论上推测存在，但至今仍未被发现的物质。暗物质不为人所见，除了通过重力之外，暗物质既不发射、吸收或散射光子，也不参与电磁作用，目前科学家们只能通过引力产生的效应感受它的存在。主流观点认为，暗物质和暗能量构成了 90% 以上的宇宙。

1933 年，弗里茨·兹威基利用光谱红移测量了后发座星系团中各个星系相对于星系团的运动速度。他运用维里定理在计算后发座星系团的引力质量时，提出宇宙中存在大量"看不见的物质"，也就是现在所说的暗物质，但这个观点并不为主流学界接受。40 多年后，鲁宾通过研究发现了暗物质存在的证据。她利用高精度的光谱测量技术探测到远离星系核区域的外围星体绕星系旋转速度和距离的关系。按照牛顿万有引力定律，如果星系的质量主要集中在星系核区的可见星体上，星系外围的星体的速度将随着距离而减小，但观测结果表明在相当大的范围内星系外围的星体的速度是恒定的。这意味着星系中可能有大量的不可见物质并不仅仅分布在星系核心区，且其质量远大于发光星体的质量总和。

鲁宾的发现是暗物质存在的早期重要证据。此后，科学家们在星系分散速度、星系和星团中炽热气体的温度分布、引力透镜、宇宙微波背景辐射的各向异性等方面的研究都获得了暗物质存在的证据。研究表明，暗物质的质量远大于宇宙中全部可见天体的质量总和。结合宇宙中微波背景辐射各向异性观测和标准宇宙学模型可确定宇宙中暗物质占全部物质总质量的 85%、占宇宙总质能的 26.8%。

暗物质存在这一理论已逐渐被天文学和宇宙学界广泛认可。根据已有的观测数据综合分析，暗物质的主要成分不应该是已知的任何微观基本粒子。当今的粒子物理学正在通过各种手段努力探索暗物质粒子的属性。

在暗物质的众多候选者之中，中微子却最受人们的青睐。因为它是宇宙之中已知确实存在，而且数量极多的一类粒子。特别是 1980 年，苏联理论与实验物理研究所宣布了中微子的静止质量可能不等于零后，给人们对中微子与暗物质之间的关系带来了丰富的想象空间。由于中微子数量极多，即使它的静止质量很微小，其总质量仍然相当可观。此外，大多数中微子不发光，只有很弱的电磁作用，这些性质使它都很像是暗物质。

当然，粒子物理学家还预言了一批新粒子来作为暗物质的候选者，例如引力微子、光微子、胶微子、Z 微子等，可惜这些假设的新粒子至今一个也没有找到。看来要揭示暗物质的庐山真面目，还是一个任重而道远的课题。

2017 年 11 月 30 日凌晨，《自然》杂志在线发表的中国科学院暗物质粒子探测卫星"悟空号"获得目前世界上最精确的高能电子宇宙线能谱。其中的数据表明，宇宙空间存在着"质量为 1.4 万亿电子伏左右的新物理粒子"。科学家推测，它可能就是人们长期以来寻找的暗物质。科学界普遍认为，如果这一发现成真，将是天体物理学界近年来最重大的发现，而中国也有可能因此成为全球第一个发现暗物质存在的国家。

不过也有相反的猜想。20 世纪 80 年代，以色列物理学家提出了一种改进的牛顿动力学，简称 MOND。这种理论认为，引力强度的衰减与距离呈线性关系，而不是牛顿力学所认为的与距离平方成比例。因此，漩涡星系的外围，质点间的吸引较之牛顿力学所预见的强得多，故改进的牛顿力学可以取代暗物质说，解释漩涡星系外围的稳定性。

◈ 师承关系 ◈

正规学校教育。乔治·伽莫夫是其博士研究生导师。

◈ 学术贡献 ◈

其知名的研究工作是发现了实际观察的星系转速与原先理论的预测有所出入，这个现象后来被称作星系自转问题。鲁宾通过观测星系的旋转，发现星系边缘的运动要比其在星系全部正常明亮物质（包括星体、星云等）的引力作用所应有的旋转快。她的开创性研究证实了星系中大量暗物质的存在，并证明星系是被暗物质"光圈"围绕着的，推进了人类对宇宙空间的认识。

除了发现暗物质存在的证据，1992 年鲁宾还发现了 NGC4550 星系。这个星系中一半的恒星朝一个方向的轨道旋转，另一半朝另外的方向旋转。

◈ 代表作 ◈

鲁宾与他人合作了 114 篇学术论文，1996 年出版专著《明亮的星系暗物质》。

❧ 学术获奖 ❧

（1）1993年获得美国国家科学奖章，时任总统比尔·克林顿为她颁奖。

（2）1996年她成为继1828年卡洛琳·赫歇尔获得英国皇家天文学会金质奖章后第二位获此殊荣的女性天文学家。

此外，还包括格鲁伯宇宙学奖、美国国家科学院的詹姆斯·克雷格·沃森奖以及知名大学授予的荣誉博士学位。其中，包括哈佛大学、普林斯顿大学和耶鲁大学。

❧ 学术影响力 ❧

鲁宾的研究"给天体物理学和粒子物理学领域孵化出一整套子领域"，被认为是20世纪全世界最重要的发现之一，真正开创了暗物质领域研究。鲁宾的研究彻底颠覆了我们对整个天文学和物理的认识，暗物质让人们看到了一个全新的世界，远比我们所能想象的更神秘、更复杂。现在，人们已经知道暗物质组成了宇宙的大部分质量。

❧ 名人名言 ❧

在漩涡星系里，暗物质和可见物质的比值是10。这其实也是我们人类的无知和已知的比值，我们的确已经从幼儿园毕业了，但也只是上了小学三年级。

❧ 学术标签 ❧

研究星系自转速度的先驱、证实暗物质存在的第一人、暗物质之母。

❧ 性格要素 ❧

她总是乐观、热情而又坚持不懈。

❧ 评价与启迪 ❧

鲁宾发现了暗物质存在的重要证据，是一个了不起的科学家和一个令人赞叹的人，一个开拓性的天文学家，平面旋转曲线和暗物质之母，女性在科学性研究方面的先驱；她拓展了人类对宇宙的认识。

"不言而喻，作为一名女科学家，鲁宾能够一路走下来，不得不克服了许多障碍。"加州理工学院物理学家肖恩·卡罗尔如此评价。"鲁宾是国宝，她既是成功的天文学家，也是年轻科研人员极好的榜样。"卡内基科学学会主席马修·斯科特评价说，"她的离去让我们非常难过。"

身为一名女性科学家，鲁宾遇到了无数困难，但她有勇气克服这些困难，坚持不懈最终取得了成功。很多人因为她的伟大发现颂扬她，因为她作为女性在科研领域的先行者地位称赞她，因为她能够将事业和家庭的关系处理得很好而佩服她。她是女性楷模，她贯穿一生的人生奇迹鼓励着更多的后来者！

96. 上帝粒子的预言者——希格斯

姓　　名　彼得·希格斯
性　　别　男
国　　别　英国
学科领域　粒子物理学
排　　行　第三梯队（二流）

希格斯像

生平简介

希格斯（1929 年 5 月 29 日至今）出生在英格兰纽卡斯尔，童年时患有气喘。受二战影响，希格斯童年教育并不连贯，有相当长的时间在家学习；后来进入可安文法学校就读，并受到校友狄拉克在物理方面的影响。

1946 年，17 岁的希格斯进入伦敦市立中学就读，专研数学。1950 年毕业于伦敦国王学院，1952 年获得硕士研究生学位，1954 年获分子物理学博士学位。然后成为爱登堡大学的高级研究员；后来他在伦敦帝国学院及伦敦大学等学府任职。1960 年在爱丁堡大学担任讲师，1980 年到 1996 年期间担任爱丁堡大学教授。1983 年当选为英国皇家学会会员，1991 年成为英国物理学会会员。1996 年退休成为爱丁堡大学荣誉教授；在 2008 年成为斯旺西大学荣誉教授。

2012 年，史蒂芬·霍金在被访问时表示，彼得·希格斯应该获得诺贝尔物理学奖。2013 年 10 月 8 日，诺贝尔委员会宣布：希格斯获得 2013 年度诺贝尔物理学奖。

花絮

（1）划时代论文曾被驳回。

在爱丁堡大学任教期间，希格斯对质量产生了兴趣，并且产生了一种想法：在宇宙大爆炸刚发生的时候，粒子是没有质量的。但在不到一秒的时间后，它们得到了质量，这是它们在一种场中相互作用的结果。希格斯假定这种场能渗透空间，给每一种和它互动的亚原子微粒以质量。虽然希格斯场会给夸克和轻子以质量，但它所给予的质量对其他亚原子粒子来说无足轻重，例如质子和中子。在这些粒子中，把夸克粘在一起的胶子给予了大部分的质量。1964 年，希格斯写了一篇只有两页的短小论文，发表在欧洲核心子研究中心办的刊物《物理学通讯》上，包含了"有可能通过规范对称性的自发破缺为传递相互作用的粒子提供有限的质量"的思想。随后他又写了一篇短文投给《物理学通讯》，描述一种自己提出的粒子场的理论模型，就是现在被称为"希格斯机制"的模型，但被编辑退回了。

著名物理学家南部阳一郎在评审第二篇论文的时候，建议希格斯加上一部分内容来解释这一理论的物理学意义。希格斯加了一段话，预言这个场中会产生一种新的粒子，即预言一种能吸引其他粒子进而产生质量的玻色子（上帝粒子）的存在；这是解释希格斯机制的精髓。希格斯把自己修改后的论文投稿给物理学顶尖刊物《物理学评论快报》（PRL），1964 年 10 月 19 日论文被发表，也算是因祸得福。

（2）三篇 PRL 类似论文。

1964 年，3 个独立研究小组几乎同时发表了一项理论，该理论能够在不打破现有规范场理论的情况下，最终解释质量的来源。

其早在希格斯 1964 年 10 月的 PRL 论文之前大约一个多月的 8 月 31 日，弗朗索瓦·恩格勒（1932 年至今，比利时理论物理学家，2013 年 10 月 8 日和希格斯一起获得诺贝尔物理学奖）和罗伯特·布罗特（1929—2011 年，比利时科学家，布鲁塞尔自由大学教授）等用费曼图方法得到了本质上与希格斯相同的结论，发表在 PRL。

美国物理学家杰拉尔德·古拉尔尼克（1936 年至今）、迪克·哈根和汤姆·基博尔（1932—2017 年，英国著名物理学家、帝国理工大学物理学教授，先后荣获英国皇家学会奖、大英帝国司令勋章、皇家奖章和狄拉克奖章）于 1964 年 11 月 16 日在 PRL 发表"全局守恒定律和无质量粒子"论文，讨论希格斯机制。

《物理学评论快报》50 周年大庆时，希格斯等 6 位科学家的这 3 篇类似论文都被评为过去 50 年最重要的论文之一，属于"里程碑"。这六位科学家都是希格斯粒子的提出者，原则上都是上帝粒子之父。2010 年，上述六位科学家被共同授予 J.J. 樱井理论粒子物理学奖，表彰他们在粒子领域的杰出成就。

（3）上帝粒子。自然界中物体之间的相互作用力可以划分为 4 种，即引力（重力）、电磁力、强相互作用力和弱相互作用力。爱因斯坦的相对论解决了重力问题之后，理论物理学家开始尝试建立统一的模型，以期解释通过后 3 种力相互作用的所有粒子。物理学家建立了一套被称为标准模型的粒子物理学理论，该模型把基本粒子分为夸克、轻子和玻色子 3 大类，预言了 62 种基本粒子的存在，而这些粒子基本都已被实验所证实。但这个模型的致命缺陷是无法解释物质质量的来源。

为了弥补这个缺陷，希格斯于1964年提出了希格斯场的存在，进而预言了希格斯玻色子的存在。他认为该玻色子是物质的质量之源，其他粒子在它构成的场中，受其作用而产生惯性，最终才有了质量。此后所有的粒子在除引力外的后3种力的框架内相互作用，统一在标准模型之下。

希格斯玻色子又叫做上帝粒子，是一种没有质量的粒子，是所有的粒子中最为著名的一个，也是最为重要的一个，并且这个粒子是所有的62个粒子中唯一一个没有质量的粒子，是粒子物理学标准模型中自旋为零的玻色子。希格斯粒子是质量之源，其他粒子在希格斯粒子构成的"海洋"中游弋，受它的作用产生惯性并最终有了质量。

费米国家加速器实验室主任、1988年诺贝尔物理学奖获得者利昂·莱德曼无意中为希格斯玻色子起了"上帝粒子"的名字。莱德曼1988年出版了名为《该死的粒子》科普书，因为希格斯玻色子难以找到，但出版商认为书名不妥，遂改成了《上帝粒子》。这种粒子是从理论上假定存在的一种基本粒子，目前已成为整个粒子物理学界研究的中心，利昂·莱德曼更形象地将其称为"指挥着宇宙交响曲的粒子"。

"希格斯粒子"与空间中的物体的质量的形成有关。有了质量，粒子才会结合为原子，有了原子，才能有物体。因此，"希格斯粒子"被认为是一种形塑了世界万物的粒子。没有它，就没有人们所见的世界，可能这就是为什么它会被赞誉为"上帝粒子"的原因。

然而，许多科学家却不喜欢这一称呼，因为它过分强调了这粒子的重要性和太宗教化。希格斯本人也不喜欢这种称呼，他说："虽然我本人不信教，但是我觉得不应该用'上帝'这样的字眼，因为这有可能会让一部分人觉得受了冒犯。"有意思的是，当别人提到"希格斯玻色子"时，希格斯总是诚惶诚恐，因为他觉得"不配用自己的名字"命名这种粒子。

教科书中一直在用希格斯机制和希格斯粒子，这里都用了希格斯的名字。这一机制是由1964年在PRL发表的三篇文章独立提出的，其中汤姆·基博尔在1967年也单独发表了一篇类似论文。但希格斯明确提出存在一个物理的标量粒子故该粒子因此被命名为希格斯粒子。

希格斯玻色子拥有六位奠基之父。然而，在这项巨大的科学成果面前，这些科学家都表现出一种谦逊、不争荣誉的高风亮节。基博尔和恩格勒都不赞成对粒子名称作任何修改，他们在接受媒体采访时明确表示："希格斯粒子无须改名"。

为了寻找希格斯粒子，只能在实验中利用大型对撞机器，模拟宇宙大爆炸时刻：通过对两束高能粒子进行加速、对撞、"制造"出希格斯粒子。从20世纪

60 年代至今，科学家们一直在寻找希格斯玻色子。

2012 年 7 月 4 日，欧洲核子中心宣布大型对撞机 LHC 上探测到质量为 (125.3±0.6)GeV 和 155GeV 的新粒子，疑似希格斯玻色子。2013 年 3 月 14 日再次发布新闻稿，正式确认了先前探测到的是上帝粒子。标准模型共预言了 62 种基本粒子，上帝粒子是最后一个被实验证实的。

著名物理学家霍金曾和密歇根大学的教授凯恩用 100 美元打赌，自信地认为被称为"上帝粒子"的希格斯玻色子不可能被找到。不过，当欧洲核研究组织宣布找到上帝粒子时，霍金称赞了该发现的重要意义，并打趣说："这个发现应该能为希格斯赢得诺贝尔奖，不过害我输了 100 美元"。

上帝粒子的发现给科学界带来了极大的震撼。它的发现是人类探究空间的一个重大里程碑；希格斯粒子被认为普遍存在于空间中，作用就是给运动的物质施加质量（加速的难度）。这同时也说明了，即使是人们一般认为的"绝对真空"，也能够对物质造成实在的影响。

上帝粒子的发现对于科学家进一步研究宇宙提供了新的手段。新粒子的发现并不意味着粒子物理学研究的终端。虽然这次发现新粒子的一些特征，比如产率（出现几率）、衰变模型等与之前预言的希格斯粒子相吻合，但目前的统计数据还是太少，还不足以确定这个新粒子的其他各种特性。要最终确认希格斯粒子的存在，仍然需要更多的实验数据积累。

（4）希格斯场及其解释。

希格斯对于质量的来源很感兴趣，一方面"质量"代表物体所含的物质的量，另一方面在于物体获得加速度的难度。据说，希格斯在一次野外散步的时候突发奇想，认为空间就像水，水中的物体在运动时会遇到阻力，让运动变得困难。相应地，粒子穿行于空间中，也应该承受某种"阻碍"，使其需要有所付出才能获得加速度，在宏观世界中体现为"质量"。空间中的这种使物质获得质量的机制，被称作"希格斯场"。在标准模型中加入一个贯穿所有空间的量子场就是希格斯场：在某些极高的温度下，电场会在相互作用中引起自发的对称性破坏，对称性的破坏触发了希格斯玻色子机制，导致与之相互作用的玻色子产生质量。

希格斯理论发表后，科学家们却很难向英国政府解释清楚希格斯场。理论物理学家布莱恩·格林（1963 年至今，牛津大学博士毕业，先后任教于康奈尔大学和哥伦比亚大学，是"弦理论"的领军人物之一）曾经提到过一个很有意思的比喻：可以把"希格斯场"想象成"狗仔队"，把空间中的各种物质看作"明星"。"狗仔队"看见明星就会一拥上前，将其团团围住，而明星则必须要使劲往前挤才能逃走；明星挤得越费劲，与狗仔队的互动越多，受到的阻碍越大，当然也从侧面说明，他的"名气"越大。演员们的名气，就等价于物质的"质量"。由于演员们的名气有大有小，相应地，不同物质（基本粒子）的质量也各不相同。比如，光子的（静止）质量是零，因此光能以理论上空间中的最快速度运动。

（5）姗姗来迟的诺贝尔奖。

比利时理论物理学家弗朗索瓦·恩格勒、英国理论物理学家彼得·希格斯因成功预测希格斯玻色子（又称"上帝粒子"）而获得 2013 年诺贝尔物理学奖，这被普遍认为是一个众望所归的决定（见图 2-86）。

图 2-86 恩格勒（左）和希格斯（右）

希格斯粒子的发现，使得粒子物理标准模型所预言的所有粒子全部被实验发现。那么，理论物理是不是从此无事可做？其实不然，在物理学家的眼睛里，希格斯粒子的发现被广泛认为是冰山一角，背后还会隐藏着更大的秘密。

希格斯粒子于 2012 年 7 月 4 日，在位于日内瓦的欧洲核子研究中心的大型质子对撞机 LHC 上被发现，从理论的提出到实验验证整整用了 48 年的时间。49 年后的 2013 年，这个奖项幸运地落在了已是耄耋老人的希格斯和恩格勒的头上。不幸的是，另一位作者，比利时物理学家罗伯特·布罗特没能等到这一天就撒手人寰。无人知道为什么没有同时授予杰拉德·古拉尔尼克、迪克·哈根和汤姆·基博尔诺贝尔奖。事实上，这三人 1964 年发表的论文对于希格斯场也有重大贡献，2013 年诺贝尔奖颁发时古拉尔尼克、基博尔都健在。很多科学家对诺贝尔奖的授奖机制感到不满，认为应根据其实际贡献，不应该局限于人数。

希格斯、恩格勒、古拉尔尼克、基博尔都是幸运儿，至少还能在在世时看到自己的理论被证实。希格斯一直坚信能够发现上帝粒子的存在；当 2012 年 7 月欧洲核子研究中心正式对外宣布发现上帝粒子时，希格斯流下了激动的泪水，并称："这是我生命中最不可思议的奇迹，很高兴我能活着看到这一天到来"。古拉尔尼克当天高兴地与同事举杯庆祝。

其实此前还有几位科学家对希格斯机制的创立做出了不可磨灭的贡献：美籍日本人南部阳一郎（1921—2015 年，弦理论的奠基人之一，获得 2008 年度诺贝尔物理学奖）是第一个把超导中的自发破缺（希格斯机制的出发点）引入到基本粒子物理领域的人，时间大约是 1960 年，但是他没有把自发破缺同规范理论相结合（只有把自发破缺同规范理论相结合才能导出希格斯机制）；1961 年英国理论物理学家歌德斯通受南部阳一郎的启发首次引入标量场，证明标量场的势可以导致自发破缺并产生无质量的标量粒子（后来称为歌德斯通粒子），但是歌德斯通也没有进一步把标量场的自发破缺同规范理论相结合；1962 年朱利安·施温格想到了有质量的矢量粒子可能与无质量的标量粒子有关，但没有去证明。安德森受施温格的启发，于 1963 年在非相对论情况下发现无质量的标量粒子可以被无质量的规范玻色子吃掉而导致有质量的规范玻色子，这其实就是希格斯机制，但是它是非相对论的。最后，在安德森的工作基础上，希格斯、恩格勒等人建立了相对论情况下的希格斯机制。

由此可知，诺贝尔奖获得者也是站立在众人的肩膀上才取得成功的，那些堆积如山的所谓"垃圾文章"是他们通向成功的阶梯。这就像是足球比赛，没有队友的配合和协助，就不会有临门一脚的成功者。

❧ 师承关系 ❧

正规学校教育。

❧ 学术贡献 ❧

提出了希格斯机制。在此机制中，希格斯场引起自发对称性破缺，并将质量赋予规范传播子和费米子。预言了希格斯玻色子即希格斯粒子的存在；他认为该玻色子是物质的质量之源，是希格斯场的场量子化激发，其他粒子在它构成的场中，受其作用而产生惯性，最终才有了质量。

❧ 代表作 ❧

1964 年他提出上帝粒子和希格斯场理论的两篇论文，分别发表在《物理快报》和《物理评论快报》。

❧ 学术获奖 ❧

希格斯在学术生涯中获得多个重要荣誉称号，获奖无数。英国皇家学会、英国物理研究所、欧洲物理学会、美国物理学会都曾授予他重要奖项。

（1）1984 年获得卢瑟福奖。

（2）1997 年获得狄拉克奖章及英国物理学会理论物理杰出贡献奖。

（3）2004 年获得沃尔夫物理学奖。

（4）2010 年荣获樱井理论粒子物理学奖。

（5）2013 年 10 月 8 日获得诺贝尔物理学奖。

（6）2015 年 7 月 20 日，希格斯凭借在粒子物理学领域做出的巨大贡献，赢得了世界上最古老的科学奖项——英国皇家学会颁发的科普利奖（世界上历史最悠久的科学奖项，诞生于 1731 年，奖金虽然只有 5000 英镑，但是它代表的学术地位却不可动摇）。

（7）此外，希格斯还被布里斯托大学、爱丁堡大学、格拉斯哥大学等多所英国名校授予荣誉学位。

学术影响力

希格斯机制广泛被视为粒子物理学标准模型的重要理论基础。"希格斯粒子"的发现，应该算是人类探究空间的一个重大里程碑，因为它不仅证明了"真空不空"，而且还说明，"空间"不是一种虚无的东西，它拥有自己与生俱来的固定的特性。"希格斯粒子"被认为普遍存在于空间中，作用就是给运动的物质施加质量（加速的难度）。这同时也说明了，即使是人们一般认为的"绝对真空"，也能够对物质造成实在的影响。

名人名言

无从考证。

学术标签

上帝粒子的预言者、希格斯场理论的提出者之一、诺贝尔物理学奖得主。

性格要素

脾气相当温和、腼腆和谦恭，非常绅士，生活低调；但在学术上固执，坚持原则。

评价与启迪

希格斯是位腼腆而谦恭的学者，提出希格斯玻色子理论后，他低调地在苏格兰首府爱丁堡生活了数十年。他是一个谦逊的人，生活中对物质需求极其简朴，退休后他居住在爱丁堡，平时少与人交往，腼腆的性格使人感觉他就是一个普通的老人，居家的家具摆设维持在 20 世纪 70 年代的生活状态。家里没有电视，也没有电脑，他甚至不怎么爱接电话；就连他获得诺贝尔奖的通知也是瑞典方面连续拨打了很多次才接通。房间里古典音乐专辑和物理学术书籍严格按照字母顺序排列，整齐码放在书架上。他每周定期与外界交流的方式，是翻看订阅的几本物理学期刊。

他的性格有些孤僻。在他年轻的时候，大家都叫他"老古董"，他总是在从事一些看似没有前景的冷门领域。见到陌生人时，不爱交际的希格斯还常常因害羞而脸红。如果他个性张扬的话，他早就功成名就了；而不是等到 84 岁的耄耋之年了。宣布发现上帝粒子之后，他唯一的庆祝方式是喝了一杯啤酒；而且还谨慎小心地表示开香槟庆祝还为时过早。这种谦虚谨慎的品质实在难能可贵，值得每个人学习。

97. 特立独行、性格古怪的夸克之父——盖尔曼

姓　　名　默里·盖尔曼

性　　别　男

国　　别　美国

学科领域　粒子物理学

排　　行　第二梯队（次一流）

盖尔曼像

🔶 生平简介 🔶

盖尔曼（1929 年 9 月 15 日—2019 年 5 月 24 日）出生于纽约的一个犹太移民家庭，父亲是一位语言教师，通晓数学、天文学和考古学。盖尔曼弟兄两人，比他大 9 岁的哥哥曾是一家报刊的摄影记者。在其影响下，盖尔曼对鸟类及自然历史产生了极大的兴趣。

盖尔曼从小就显示出很高的天赋，有"会走路的百科全书"的称号，7 岁时自学微积分；8 岁获得奖学金进入纽约的一所高级学校。各门功课考试成绩非常优异的盖尔曼并不喜欢学校的生活，他认为学校太单调乏味，时常放学后在家里学习他感兴趣的语言学和历史等少数几门学科。

15 岁时，盖尔曼考入了耶鲁大学；19 岁获得了物理学士学位，并获得了麻省理工学院的研究生奖学金，师从于著名物理学家维克托·弗雷德里克·魏斯科普夫（1908—2002 年，在量子电动力学上做出贡献）。魏斯科普夫是一位耐心随和的导师，他向盖尔曼显示物理学家是如何工作的，并由此来激励他。盖尔曼时

常参加一些学术讨论会，这使他开始了解到物理学家的工作，并在心中产生了对科学进行挑战的欲望。

1951 年 1 月，盖尔曼通过博士论文"耦合力度与核相互作用"获得了博士学位，研究十分困难的中间耦合理论。他的这一工作后来证实是非常有价值的，对 1963 年诺贝尔奖获得者维格纳的研究工作有极大的影响。

1952 年，盖尔曼成为芝加哥大学核研究所（后来改名为费米研究所）的讲师；盖尔曼深为以费米为中心所形成的学术气氛的激励，8 月发表了有关奇异数的重要论文"同位旋和新的不稳定粒子"。1953 年，盖尔曼升为助理教授，并在同年提出了著名的奇异量子数的概念，这使年仅 24 岁的盖尔曼很快就成为粒子物理学界的重要人物。

1954 年，25 岁的盖尔曼成为芝加哥大学副教授。1955 年 9 月，盖尔曼接受了加州理工学院物理学副教授的位置，并于次年，27 岁就成为教授（见图 2-87）。

图 2-87　芝加哥大学时期的盖尔曼

盖尔曼于 1956 年发表了题为"作为位移荷多重态的新粒子的解释"的论文，进一步详细地论述了他的奇异量子数概念，并提出了盖尔曼—西岛和彦法则。1959—1960 年，盖尔曼应邀来到法国，在法兰西学院及巴黎的其他研究机构作为期一年的访问研究。

1961 年，盖尔曼与日本著名物理学家西岛和彦引入了强子分类方案。盖尔曼参考佛教术语"八圣道"，别出心裁地将此方案称为"八重道、八重法或者八正法"。该理论将大量已知的粒子进行了有规则的划分，并且根据某一族八重态中尚且空余的位置来预言新的粒子的存在及其性质。该方案现已可由夸克模型给出合理解释。

1964 年，盖尔曼和美国物理学家及神经生物学家乔治·茨威格都独立提出了夸克模型理论。1964 年 2 月盖尔曼在欧洲《物理快报》上发表了关于夸克模型的论文"重子和介子的一个简略模型"。该文虽然只有两页长和很少的公式，但却是现代物理学的一个重要里程碑，它非常简洁地阐述了夸克模型。

1967 年，盖尔曼成为了加州理工学院密立根理论物理学教授，并长期在该院从事粒子物理学研究。1969 年，盖尔曼因在基本粒子的分类及相互作用方面的贡献而获得诺贝尔物理学奖。1972 年，盖尔曼引入了新的守恒量子数，取名为"颜色荷"，紧接着又提出了新术语"量子色动力学"，夸克理论成为量子色动力学的一个组成部分。20 世纪 90 年代，盖尔曼积极参与了圣菲研究所的集资筹办，并在该机构开展有关复杂性的研究，旨在世界范围内传播对复杂理论的多学科研究。目前，该机构已经成了世界研究复杂性理论的中心之一。盖尔曼曾在尼克松总统科学顾问委员会工作过，他还是伦敦皇家学会的外籍成员以及法国物理学会的荣誉成员，他被许多大学授予荣誉科学博士。2019 年 5 月 24 日，高能物理理论的巨人默里·盖尔曼辞世，享年 89 岁。

花絮

（1）偶然成为物理学家。

盖尔曼考入耶鲁大学，入学那天刚好是他的 15 岁生日。在选择专业的时候，他说："只要跟考古或语言学相关就好，要不然就是自然史或勘探"。他父亲认为这些专业不足以谋生。时值 1944 年，战争时期的美国经济状况并不理想，他的父亲强烈建议他学"工程"。然而讽刺的是，在经过能力测试后，盖尔曼被认为适合学习"除了'工程'以外的一切学科"。于是，他父亲建议："我们干吗不折中一下，学物理呢?"由于当时没有其他选择，他只好在入学表格上填写上了物理专业。

对于新的大学生活，盖尔曼开始感到非常困惑。因为，他对自己的能力表示怀疑。正如盖尔曼回忆所说，"由于比其他同学年龄都小，因而容易受到伤害，尤其是在我个性发展还不成熟时。"因此，盖尔曼认为，他能成为一位物理学家纯属偶然，正是这个"意外事件"造就了后来的夸克理论提出者、1969 年诺贝尔物理学奖获得者和"统治基本粒子领域 20 年的皇帝"。后来他自己说："我在耶鲁大学开始学物理的时候，简直是特别的头痛，真是一点也不喜欢。"

（2）不喜欢发表文章。

盖尔曼不喜欢阅读文献，相对于他的重要影响，他发表的论文并不多。他不轻易发表文章的原因是他有一个与众不同的观念，就是他认为发表一个错误的观点对一个人的科学生涯将留下洗不掉的污点。他认为，一个理论学家的洞察力将由他所发表的正确观点数目减去错误的数目，甚至减去两倍的错误数目来衡量。即使按照这种崇高的标准，盖尔曼的成绩也是非常优异的。

盖尔曼的一个特点是，他好像总是喜欢将他的观点推迟一年或一年半左右的时间发表出来，甚至永不发表。例如，他的一些重要工作只是作为预印报告成为原始文献。盖尔曼认为，这可能是由于他想让事情考虑得更成熟一些。这个习惯甚至在获得诺贝尔奖之后，也是一样，其演讲稿迟迟不提交。

（3）不拘一格的科研风格。

盖尔曼对待科学工作有许多独特的风格，他喜欢通过报告、论文会和交谈与其他物理学家交流思想。他还善于根据他所熟悉的实验事实和理论基础，提出深刻的物理直觉。他注重他人的观点，反对教条；他时常另辟新的途径来思考问题。正像他对待生活那样，他对待科学也极富挑战性和冒险性。他不拘于科学的传统，时常提出一些新奇的科学概念和理论，如分数电荷夸克，因而常有人认为盖尔曼有些"离经叛道"。他独特的文学风格还时常在他的科学方案的命名中反映出来，例如"八重法""夸克"和"颜色"等术语。

（4）兴趣广泛。

盖尔曼的兴趣爱好十分广泛。他喜欢滑雪、登山旅行，他喜欢研究野生动物和鸟类。他是一个痴迷的鸟类观察者，曾漫游了大半个世界去寻找新奇的鸟类，并用望远镜观察到了数百种鸟。

对待生活，他喜爱寻求挑战和冒险，反对单调乏味，喜欢参加各项活动。他还喜好音乐、娱乐、收藏古董；他熟悉古代文化和民俗传说，甚至熟悉许多土著文化。他能流利地使用13门语言，并乐于炫耀自己过人的外语能力。此外，他还对美国的教育、科学和宗教、科学与艺术、日益增长的人口问题以及日益恶化的自然环境等方面发表过自己独到的见解。他好为人师，对待那些认为无能的人总是不耐烦，有一次还想当面纠正杨振宁说的汉语。

（5）追随费曼。

1952年，他到了芝加哥核研究所（费米研究所）工作。期间与费米有过两年左右的交集，深为费米学派的学术气氛感慨，受益良多，1954年成为副教授。同年11月28日费米去世。费米去世后，1955年初，盖尔曼再一次到普林斯顿高等研究院从事博士后研究。此后，他觉得费米不在了，继续留在芝加哥大学没意义了，由于"奇异量子数"等成果，他有机会去丹麦的玻尔研究所，"可惜他们没有博士后制度而只让我做教师或学生"。所以，他选择去费曼任教的加州理工学院工作，不到26岁就成为学院最年轻的终身教授。

（6）与费曼较真。

虽然盖尔曼加盟加州理工学院是奔费曼去的，但两位绝顶聪明的物理学家相处得并不总是和谐愉快。他常常与风趣的费曼针锋相对，成为战友和"敌人"。不仅如此，他还讥讽玻尔的丹麦话，调侃海森堡的古怪之处。

费曼不修边幅，但盖尔曼几乎总是衣着笔挺，穿西装打领带。盖尔曼和费曼都是好胜心强的人，二人曾经常为攀比谁是加州理工学院最聪明的人而争执不休。费曼知道博学的盖尔曼喜欢侃侃而谈，于是常常拿盖尔曼说过的话开玩笑，故意激怒他，这让盖尔曼很恼火。有人认为他们两人是世界上最聪明的两个人，同时也是世界上最自负的两个人、世界上最有个性的两个人。

盖尔曼直言不讳地对费曼为人处事经常"做秀"的做派表达不屑，认为他喜欢出风头，把自己塑造成英雄。

费曼和盖尔曼两人多年来只合作发表过一篇学术论文，即 1958 年 1 月在《物理评论》杂志发表的一篇关于弱相互作用 V−A 理论的文章"费米相互作用的理论"，成为标准弱相互作用理论的经典论文之一。

在盖尔曼看来，费曼可以用截然不同、十分简洁有效的方式重新表述现有知识，但缺乏原始创新能力。费曼自己也承认，他之所以对发现弱相互作用的 V−A 理论如此兴奋，是因为"我知道了一种别人都不知道的自然规律，这在我的职业生涯中是第一次，也是唯一的一次"。

（7）八重法。

盖尔曼的另一杰出工作是八重法理论，很好地说明粒子的自旋、宇称、电荷、奇异数以及质量等静态性质的规律性。

第二次世界大战后，粒子物理研究蓬勃发展，陆续发现了很多强子；深入认识它们的组成、物理性质并对其进行细致分类是一个非常重要的工作。在 1949 年，费米和杨振宁曾提出 π 介子是由核子—反核子组成的假说，认为核子是更基本的粒子，以解释其他一些粒子的组成，但该理论不能解释奇异粒子的组成。

20 世纪 50 年代末，盖尔曼开始试图对日益增多的强子进行分类；他尝试了多种方法，但一直没有很好的进展。1960 年 12 月的一次偶然的机会，他从同事那里了解到了数学中的李群（一种只有一个运算的、比较简单的代数结构，可用来建立许多其他代数系统的一种基本结构，在数学分析、物理和几何中都有非常重要的作用），马上意识到他的研究可对应于 SU(3) 群，很快提出了"八重法理论"，对大量粒子进行了分类。

他假设八个质量最小的重子，包括质子中子和其激发态构成一个"超多重态"；就像是一个八角形，八个粒子分处各个顶点。这八个重子，自旋都是 1/2，宇称均为正值，质量相近。只是电荷不同、同位旋不同、奇异数不同。由于每八个粒子能填入 SU(3) 群的 8 维表示中，他别出心裁地将此方案称为"八重道、八重法或者八正法"；这是依据佛教关于八种正确的生活方式而命名的，即佛教术语"八圣道分"。同年，盖尔曼将他的八重法方案写成报告"八重法：一个强作用对称性的理论"，并于 1962 年正式发表了"重子和介子的对称性"这篇重要论文，进一步讨论了八重法方案。

八重法理论正如元素周期表一样，将大量已知的粒子进行了有规则的划分，并且根据某一族八重态中尚且空余的位置来预言新的粒子的存在及其性质。为了使人们发现这些粒子，盖尔曼曾建议建造较高能量的加速器。

1962 年他预言了 Ω 粒子及其基本物理性质；1964 年 2 月得到了布鲁克海汶国家实验室的实验证实，对八重法提供了有力的支持，使八重法理论取得重大胜利。这套理论将大量的已知粒子按照其规律性进行了分类，为后来夸克模型的发现打好了基础；该方案现已可由夸克模型给出合理解释。

（8）夸克。

根据质量，基本粒子夸克可以分为六种类型，即六种"味"，分别是上、下、粲、奇、底和顶。它们还有一种名为"色荷"的性质，用来描述强相互作用如何把它们结合在一起。色荷由胶子携带，胶子也是一种基本粒子，负责在两个夸克之间传递强相互作用，就像光子负责在两个带电粒子之间传递电磁力一样。

现在的夸克种类一共是 6 味×3 色×正反粒子＝36 种；6 味包括上夸克、下夸克、顶夸克、底夸克、奇夸克、粲夸克；3 色是红、绿、蓝，也是构成物质的基本单元。现今人们已确信夸克和轻子层次是目前人们达到的一个基本物质结构层次，这显示了盖尔曼夸克模型的重要地位。

1964 年，盖尔曼指出，要想解释质子和中子的性质，就必须假定它们由更小的粒子组成（见图 2-88 和图 2-89）。他认为质子之类的粒子并不是基本粒子，而是由更小的粒子即夸克组成，夸克与所有已知的亚原子粒子不同。盖尔曼认

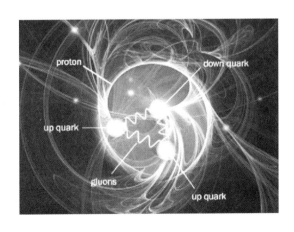

图 2-88　质子的内部构成

为，如果允许电荷为非整数值，那么可以构造一个简单而优美的方案；他认为更小的粒子夸克就带有分数电荷。他提出更小的粒子有自己的三重态：上夸克 u、下夸克 d 和奇异夸克 s；具有分数电荷，分别为 2/3，−1/3，−1/3；并指出，重子由 3 个夸克组成，介子由一个夸克和一个反夸克组成。如质子就属于重子类，由 2 个上夸克和一个下夸克通过胶子在强相互作用下构成。

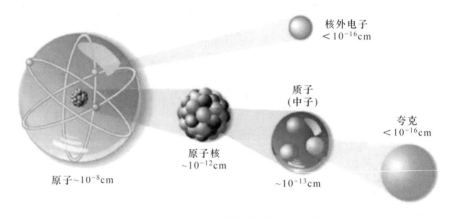

图 2-89　夸克与其他原子等的对比图

自此，人类对微观世界的认知打开了新篇章。同年，加州理工学院的乔治·茨威格（1937 年 5 月 30 日至今，费曼的学生，美国物理学家及神经生物学家，1991 年当选美国国家科学院院士）也独立提出了夸克理论，茨威格则是用"扑克牌 A"来称呼这种粒子；盖尔曼的术语"夸克"后来成为主流叫法。

"夸克"一词，盖尔曼取自 J·乔埃斯的小说《芬尼根彻夜祭》的词句"为马克检阅者王，三声夸克"。夸克在该书中具有多种含义，含义之一是一种海鸟的叫声。盖尔曼认为，这适合他最初想给这些奇怪的分数荷亚单位一个奇特的发音的想法。

对夸克模型，人们最初的反应是不认可。当盖尔曼在电话中告诉在大洋彼岸的欧洲核子研究中心工作的研究生导师魏斯科普夫关于他的夸克模型时，他老师的回答是，"这是跨越大西洋的电话，是花费钱财的，我们不要讨论这种无聊的事情"。部分物理学家甚至到 20 世纪 70 年代初仍对夸克的存在表示怀疑，原因是自夸克模型提出后，物理学家一直没有发现自由夸克的存在。自 70 年代，随着高能物理实验的进行，特别是 J/ψ 粒子的发现（1974 年）以及电弱统一规范理论的成功，使人们确信了夸克的存在。

利用庞大的粒子加速器，科学家可以加速电子，并利用它们来探测原子核内部的秘密。如果电子撞击到足够深的地方，就会使夸克脱离，科学家就可以用非常精密的探测器来测量夸克。1967—1973 年，在斯坦福直线加速器中心（现称为 SLAC 国家加速器实验室）进行的实验证实了夸克的存在。夸克的一个奇怪之处在于，它们可以被观察到，但不能被分离。科学家还想解答的另一个重要问题是，是否有比夸克更小的东西？

（9）基本粒子。

基本粒子是指人们认知的构成物质的最小最基本的单位，即在不改变物质属性的前提下的最小体积物质。它是组成各种各样物体的基础，并不会因为小而断定它不是某种物质。但在夸克理论提出后，人们认识到基本粒子也有复杂的结构，故一般不提"基本粒子"这一说法。根据作用力的不同，粒子分为强子、轻子和传播子三大类，共62种，见图2-90。

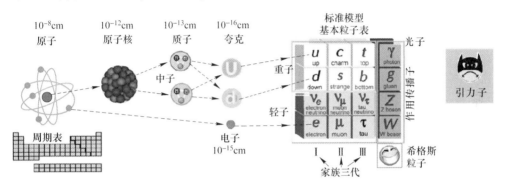

图2-90 粒子的分类图

强子就是所有参与强力作用的粒子的总称，是由夸克、反夸克和胶子组成的。质子、中子、16种介子都属于强子。目前，认为质子是由两个+2/3电荷的上夸克和一个-1/3电荷的下夸克通过胶子在强相互作用下构成，所以质子带一个正电荷。中子是由一个+2/3电荷的上夸克和两个-1/3下夸克组成，所以中子不带电。介子共有16种粒子，每个粒子都包括了一个夸克和对应的一个反夸克。

轻子就是只参与弱力、电磁力和引力作用而不参与强相互作用的自旋为1/2的费米粒子的总称。轻子中，电子、μ子和τ子带一个单位负电荷，以e-、μ-、τ-表示，它们的反粒子带一个单位正电荷；电子目前无法再分解为更小的物质。电子中微子、μ子中微子、τ子中微子是电中性的粒子，分别以νe、$\nu \mu$、$\nu \tau$表示；其反粒子不带电。以上六种粒子加上各自对应的反粒子，共计12种轻子。其中，τ子是1975年发现的重要粒子，不参与强作用，属于轻子，但是它的质量很重，是电子的3600倍，是质子的1.8倍，因此又叫重轻子。

传播子也叫规范玻色子，共14种，其中传递强作用的胶子共有8种，第9种光子传递电磁相互作用，而传递弱作用的重矢量玻色子有3种W+、W-和Z0（1983年发现的重矢量玻色子，重量是质子的80~90倍）。第13种是引力子，目前还仅仅是一个假设。最后一种是新发现的希格斯粒子。

（10）独自报告。

盖尔曼在粒子物理学中的地位十分重要。1966年在伯克利召开的国际高能物理会议上，会议组织者准备请几位专家分别作各个方面的进展报告。当对报告人产生争议时，有人提出一个新的建议：让盖尔曼一个人将所有的报告全做了。由于盖尔曼在这一领域的几乎所有方面都做过工作，故而在90分钟的讲演中，他对整个领域作了权威性地评述。

(11) 热爱自然、兴趣广泛。

盖尔曼的兴趣爱好十分广泛。他喜欢滑雪、登山旅行，他喜欢研究野生动物和鸟类。他是一个痴迷的鸟类观察者，他曾漫游了大半个世界去寻找新奇的鸟类，并用望远镜观察到了数百种鸟。他还喜好音乐和娱乐。对待生活，他喜爱寻求挑战和冒险，反对单调乏味，他喜欢参加各项活动。此外，他还对美国的教育、科学和宗教、科学与艺术、日益增长的人口问题以及日益恶化的自然环境等方面发表过自己独到的见解。

他热爱自然，喜欢钻研自然科学中隐藏的秩序和法则，从中寻找自然界的美。1969年他获得诺贝尔物理学奖，他在诺贝尔奖颁奖庆典上致词说："对于我，研究那些法则是与对表现千差万别的自然界的热爱不可分的。自然科学基本法则的美，正如粒子和宇宙的研究所揭示的，在我看来，是与跳到纯净的瑞典湖泊中的野鸭的柔软性相关的。"正是出于对大自然的这种热爱引领他去发现微观世界的秩序。

他到处奔走，极力宣传保护野生动物，保护生态，保护自然和文化的多样性，保护环境，防止盲目发展。另外，他始终关注着宏观世界的生态、经济、文化现象背后的复杂性。

师承关系

正规学校教育。他的博士导师是美国著名物理学家维克托·弗雷德里克·魏斯科普夫（1908—2002年，魏斯科普夫时任麻省理工学院物理系主任；他于1957年提出了对核反应过程的三阶段描述）。

学术贡献

盖尔曼是一个物理学全才，他的工作主要集中于强子、强相互作用及其对称性。盖尔曼的主要科学贡献之一是关于奇异量子数的研究。由其提出的奇异数方案，不仅建立了基本粒子与相互作用之间的一个逻辑、简明的关系，而且为后来强子分类的研究工作奠定了基础。奇异数守恒已成为粒子物理学中的一个基本原则。他的另一重要贡献，就是提出八重法理论，该理论将大量已知的粒子进行了有规则的划分，并且根据某一族八重态中尚且空余的位置来预言新的粒子的存在及其性质。盖尔曼发现了物质最小的组成部分"夸克"，进一步提出了夸克模型，由此开辟了人们对物质结构认识的新篇章。奇异量子数、八重法和夸克模型是他最重要的研究成果。

很多物理学概念或者公式定理都与他有关；从奇异数、八重态、夸克、盖尔曼矩阵这些概念，到量子场论初学者必学的盖尔曼—劳定理，粒子物理教材必讲的盖尔曼—西岛关系、盖尔曼—大久保公式背后都有盖尔曼的贡献。

（1）1951年，与弗朗西斯·劳合作提出了盖尔曼—劳定理，是量子场论中的重要定理，它说明了有相互作用的多体系统的基态与相应的无相互作用多体系统之间的关系，是量子场论初学者的必修课。

（2）1953年，与人合作，试图从定域场论中推导出尽可能多的一般结果。

（3）1953年夏，与他人还研究了后来称为重正化群的理论。

（4）1953年，他认为不同的粒子具有不同的奇异数，例如0，±1，±2，…。据此他提出奇异数守恒定律，这个定律是说在描述强相互作用或电磁相互作用时，方程两侧总的奇异数必须守恒。这项工作也由日本的西岛和彦独立地做出。

（5）奇异数守恒定律为后来1955年盖尔曼提出的协同产生理论提供了重要的理论基础。所谓的协同产生理论认为，由强力产生的奇异粒子只能同时成对地产生。当这些成对的粒子离开它的对手时，通过强相互作用衰变所需的能量就会超过原先产生它们所投入的能量，因此只好经弱相互作用衰变，从而获得了更长的寿命。于是，这一模型理论对长寿命作出了解释：奇异数在弱相互作用衰变时不守恒。

（6）1954年，为了能够从强作用理论中得到一些准确的结论，以便于实验检验，提出了色散关系。

（7）1955年，与西岛和彦合作提出盖尔曼—西岛关系，此关系指强子的电荷 Q、同位旋第三分量、重子数 b、奇异数 S 满足的关系。

（8）1958年，他与费曼提出 V-A 理论，给出了弱作用的普适形式。

（9）人们在实验中发现大量的强子，对这些粒子进行有秩序，有规律的描述乃是粒子物理学家所追求的目标之一。1961年盖尔曼在奇异数守恒定律的基础上，又提出了 SU(3) 对称性，对强相互作用的粒子进一步作出分类。

（10）1962年，盖尔曼和以色列物理学家独立地提出了"八重法，也叫八正法"的粒子分类方法。1962年他预言了 Ω 粒子及其基本物理性质；1964年得到了实验证实，对八重法提供了有力的支持。这套理论将大量的已知粒子按照其规律性进行了分类，像当年门捷列夫把元素列成周期表，并从周期表作出预言那样，也预言了一种粒子并得到证实。

八重法理论正如元素周期表一样，将大量已知的粒子进行了有规则的划分，并且根据某一族八重态中尚且空余的位置来预言新的粒子的存在及其性质。为了使人们发现这些粒子，盖尔曼曾建议建造较高能量的加速器。

盖尔曼在提出 SU(3) 八重法分类的同时，还根据对称性破缺的思想，提出了一个质量公式。如果 SU(3) 对称性是精确的，那么一个超多重态中粒子应具有相同的质量，然而事实并非如此。按照"质量公式"，超多重态中的粒子质量并不是无规则的，而是服从一个相当简单的关系式。由于日本的大久保也于 1962 年独立地给出这一关系式，故人们常称其为盖尔曼—大久保质量公式。

（11）盖尔曼在 1962 年提出了电中性粒子"胶子"有可能存在。

（12）盖尔曼矩阵是八个线性独立且无迹的埃尔米特矩阵，是 SU(3) 群的李代数的一种基表示，以盖尔曼命名。盖尔曼矩阵是为了分析强相互作用的味对称性而提出的（u, d, s 夸克之间的 SU(3) 对称性），广泛应用于强子分类；是夸克模型的基础。

（13）1964 年，盖尔曼和乔治·茨威格都独立提出强子的夸克模型——质子和中子是由三种夸克组成的，包括上夸克、下夸克和奇异夸克；它们具有分数电荷，是电子电量的 2/3 或 -1/3 倍，自旋为 1/2。夸克都是两两成对、或三三成群，永远不可能单独地被观测到。它们之间的结合是靠交换胶子，胶子就相当于夸克间相互作用的量子，它们的作用和电磁相互作用中的光量子一样，这就是著名的夸克模型。

值得指出的是，相应于夸克模型，我国物理工作者于 1965—1966 年，提出并深入研究了强子结构的"层子模型"。

（14）20 世纪 70 年代早期，盖尔曼和哈拉尔德·弗里奇进一步推广了流代数理论，发展了光锥代数，这是一种理解标度无关性的场论方法。

（15）盖尔曼对倡导和发展量子色动力学理论也作出了许多必要的工作。1971 年，盖尔曼和哈拉尔德·弗里奇（1943 年至今，德国理论物理学家和科普作家，研究基本粒子，是量子色动力学的奠基人之一，在夸克理论和量子色动力学发展方面作出了重要贡献）在假设色对称是完全对称的条件下，提出色量子数的概念，发展了夸克的"颜色"量子数概念，引入了新的守恒量子数，取名为"颜色荷"。1972 年，他们又提出强相互作用的规范场论，即如今被作为强相互作用正确理论的新术语"量子色动力学"；夸克理论成为量子色动力学的一个组成部分；量子色动力学的命名就是出自盖尔曼。

（16）复杂系统相关的"有效复杂度"，正是盖尔曼后期研究工作的重点内容之一，他认为任何事物都是规则性和随机性的组合。

（17）哈拉尔德·弗里奇与盖尔曼在 1973 年前后的合作，奠定了量子色动力学的规范场论基础，这是诺贝尔奖量级的工作。

代表作

（1）盖尔曼于 1956 年 4 月发表了题为《作为位移荷多重态的新粒子的解

释》的论文，进一步详细地论述了他的奇异量子数概念，并提出了盖尔曼—西岛和彦法则。

（2）1958 年他与费曼发表了题为《费米相互作用理论》的论文，提出 V–A 理论，给出了弱作用的普适形式。

（3）1961 年，盖尔曼将他的八重法方案写成报告——"八重法：一个强作用对称性的理论"，并于 1962 年正式发表了《重子和介子的对称性》这篇重要论文，进一步讨论了八重法方案。盖尔曼与以色列科学家 Y·尼曼共同编辑了著作《八重法》。

（4）1964 年 2 月在欧洲《物理快报》上发表了关于夸克模型的论文《重子和介子的一个简略模型》。该文虽然只有两页长和很少的公式，但却是现代物理学的一个重要里程碑，它非常简洁地阐述了夸克模型。

（5）2004 年发表论文《不可外延熵：学科间的应用》。

（6）2005 年出版专著《粒子物理学》。

（7）盖尔曼还是一个鸟类学家和语言天才；他和语言学家合著有《人类语言的演化》。

（8）盖尔曼因为对宇宙间万事万物的复杂性和简单性的关系怀有浓厚的兴趣，进行深入的研究，最终出版了《夸克与美洲豹：简单性和复杂性的奇遇》一书。在这本书中，贯穿全书的是自然基本定律与偶然性之间相互作用的观点，从量子物理学的角度解释从简单到复杂。此外，还有 1964 年出版的《八重道》和 1971 年出版的《破缺的尺度不变性以及光锥》两部著作。

❧ 学术获奖 ❧

（1）1959 年，获得了美国物理学会和美国物理协会联合颁发的丹尼·海涅曼数学物理奖（该奖项自 1959 年起每年颁发一次，由海涅曼基金会建立，以纪念比利时裔美国工程师丹尼·海涅曼）。

（2）1966 年，获美国原子能委员会颁发的劳伦斯物理学奖。

（3）1967 年，获费城富兰克林学会的富兰克林奖章。

（4）1968 年，获美国国家科学院的卡蒂奖章；该奖也称为卡蒂科学进步奖。

（5）1969 年，因在基本粒子的分类及相互作用方面的贡献而获得诺贝尔物理学奖。

（6）他被许多大学授予荣誉科学博士学位。

❧ 学术影响力 ❧

（1）奇异数方案的提出，不仅解释了奇异粒子的行为，而且还预言了一些新的奇异粒子，这些粒子后来陆续为实验所证实。它不仅建立了基本粒子与相互作用之间的一个逻辑、简明的关系，而且为后来强子分类的研究工作奠定了基础。奇异数守恒已成为粒子物理学中的一个基本原则。

（2）夸克模型开辟了人们对物质结构认识的新篇章，它解释了八重法理论为什么成功地对粒子进行了分类，给出了 SU（3）对称性的物理基础，同时使奇异数和同位旋有了更深刻的意义，如一个粒子的奇异数就是包含在它内部的奇异夸克 s 的数目。夸克的引入是粒子物理学的一项重要里程碑。

（3）为了纪念盖尔曼的贡献，圣塔菲研究所的新主楼也以他命名。

❧ 名人名言 ❧

（1）理论物理学家用纸、笔和废纸篓作为研究工具，其中最重要的就是废纸篓。

（2）理论物理学家们的工作就是一场令人愉悦的游戏。

（3）单凭几条简洁的公式，怎么可能预测大自然的普遍规律？"

（4）作为一个出色的物理学家，想象力很重要，一定要想象、假设。也许事实并不是这样，但是这样可以使你接着往前研究。创造力是最为重要的一个方面，这样你才可以有新的角度去观察事物。

（5）成功来自好奇心，所以我们不能扼杀孩子的好奇心。

❧ 学术标签 ❧

夸克理论提出者、夸克之父、1969 年诺贝尔物理学奖获得者、美国国家科学院院士、美国文理科学院院士、英国皇家学会的外籍成员、法国物理学会的荣誉成员、统治基本粒子领域 20 年的"皇帝"。

❧ 性格要素 ❧

他的性格鲜明，可谓古怪奇异，特立独行，复杂好斗，甚至近乎疯狂。他治学严谨、一丝不苟、博学多才，具有非凡的物理直觉、具有深邃的洞察力与旺盛的创造力。对于自然界，它充满了热爱，他相信自然界存在着天生的简单化、秩序化和复杂化。按照现在的说法，他智商超高，但情商极低。

❧ 评价与启迪 ❧

（1）粒子物理传奇。

纵观粒子物理学的百年发展史，可谓群星璀璨，英才辈出。默里·盖尔曼就是其中极富传奇色彩的人物之一，他是一位粒子物理学界的奇才和天才，做出了许多奠基性的工作，曾经主宰粒子物理的走向长达 20 年。盖尔曼一直是粒子物理学的开路先锋。他深邃的洞察力与旺盛的创造力使同时代的许多物理学家黯然失色。他在 24 岁发现了基本粒子的新量子数——奇异数；32 岁提出了强子分类的八重法（相当于介子和重子的门捷列夫周期表）；35 岁创立了夸克模型；40 岁荣获诺贝尔物理学奖；可谓是大器早成。盖尔曼做出的杰出的科学成就，使他成为一名当之无愧的粒子物理学的权威人物。盖尔曼在奇异性、重整化群、量子色动力学等方面都有重大建树，他对基本粒子物理学的重要贡献极大地加深了人类对微观世界的了解；有人甚至认为他是爱因斯坦的继承人之一。

（2）奇异人生。

他的科学人生让我们感受到基本粒子世界呈现出的一种出乎意料的"奇异之美"，以及发现这种奇异之美的激动人心的过程。盖尔曼在学术思想上也是一位标新立异之人，性格怪异、特立独行；对传统科学思想和研究范式做出种种"反叛"。做客日本讲学，不顾客人的礼貌，毫不客气地讽刺日本同事"教条主义态度""完全不可理喻"，丝毫不讲情面，按照现在的说法可谓"情商超低"。他给自己的理论起了一些古怪的名字，如奇异数、八重法、夸克、小牛肉和野鸡等；信手拈来，皆有典故，且妙趣横生。

（3）博学多才。

他是一个百科全书式的学者，通晓的学科极广，除数理类的学科外，对考古学、动物分类学、语言学等学科也非常精通，是 20 世纪后期学术界少见的通才。人们说他有"五个大脑"。他兴趣广泛，博学多才，能讲六七种语言；他对鸟类分类学的知识让专家们自愧弗如。

费曼对他的评价是："要是少了有盖尔曼冠名的事物，我们的基础物理学知识里将找不出任何成果累累的点子。"圣塔菲研究所前所长杰弗里·韦斯特就认为盖尔曼是伟大的博学者和 20 世纪文艺复兴式的人物。遗传运算法则创始人约翰·赫兰（麦克阿瑟天才奖获得者）称他是"真正的天才"。1977 年诺贝尔物理学奖获得者菲利普·沃伦·安德森曾评价他"现存的在广泛的领域里拥有最深刻学问的人"。1979 年诺贝尔物理学奖获得者斯蒂文·温伯格说他"从考古到仙人掌再到非洲约鲁巴人的传说再到发酵学，他懂得都比你多"。

（4）性格缺陷。

同样个性鲜明的他也有重大性格缺陷，例如他的特立独行会让人不舒服而不愿意与他打交道。盖尔曼以爱炫耀自己的博学和看不起应用研究而闻名，他甚至用英文谐音词称固体物理学为"肮脏状态物理学"。他也很轻视别人的贡献，不愿意提及别人的成绩，这让人感觉他的自大和狂妄。例如，在参加学术研讨会时就极其容易表现出傲慢的一面，如果他认为在他面前作报告的人所讲的东西不重要或没意思，他会公然拿出一份报纸然后埋头看报，表示自己的不屑。这种好斗的性格实在太特立独行，太奇葩，让人很难接受。

（5）学会扬弃。

如果他能像玻恩一样性格宽厚、像费曼一样幽默随和、像巴丁一样性情温和的话，他将更有魅力，名气会更大。我们可以学习他治学严谨、一丝不苟的科研精神，仰望他的学术成就，但不可学习他的性格；他性格的反面就是我们的学习目标。

98. 单枪匹马追求物理学大一统的标准模型创始人——温伯格

姓　　名　史蒂文·温伯格
性　　别　男
国　　别　美国
学科领域　场论
排　　行　第二梯队（次一流）

温伯格像

❧ 生平简介 ❧

温伯格（1933 年 5 月 3 日—2021 年 7 月 24 日）出生于纽约一个犹太移民家庭，但他是一个无神论者。早期对科学的倾向受到父亲的鼓励，在十五六岁时兴趣逐渐集中在理论物理上。1950 年，他和谢尔登·格拉肖（1932 年至今，世界著名的理论物理学家，主要研究领域是基本粒子和量子场论，美国科学院院士，1979 年诺贝尔物理学奖获得者）一起毕业于布朗克斯高中，随后二人都进入了康奈尔大学，1954年本科毕业。

本科毕业后，他去玻尔研究所攻读研究生。一年后回到普林斯顿大学，在山姆·特雷曼教授的指导下攻读博士学位，研究方向是重整化理论在弱作用过程中强相互作用效应的应用，1957 年以题名为《强相互作用在衰变过程中的作用》的论文取得博士学位。然后，分别到哥伦比亚大学（1957—1959 年）和加州大学伯克利分校（1959 年）做博士后。

温伯格 1960—1966 年期间在加州大学伯克利分校任教，1966 年到哈佛大学任讲师。1967 年成为 MIT 的客座教授。正是在 MIT 的这一年里，温伯格在两页半纸的"轻子模型"里提出了统一电磁作用和弱相互作用的模型，现在称为电弱统一理论，与格拉肖在 1961 年提出的模型具有相同的结构。

1973 年，温伯格成为哈佛大学的希金斯教授。1979 年，在发现中性流即发现 Z 玻色子 6 年之后，以及在 1978 年实验验证了由于 Z 玻色子与电磁作用混合引起的宇称破缺的一年之后，温伯格和谢尔登·格拉肖，萨拉姆（1926—1991年，印度旁遮普人，现在属于巴基斯坦，英国皇家学会会员、苏联科学院外籍院士和美国艺术与科学学院院士）一起获得了当年的诺贝尔物理学奖。

1982 年，温伯格到德州大学奥斯汀分校，成立了该物理系的理论组。他 1996 年 5 月及其后参加了索卡尔挑起的历史上史无前例、席卷全球的"科学大战"；2021 年 7 月 24 日在美国逝世。

～ 花絮 ～

（1）《轻子模型》论文与电弱统一理论。

事实上，施温格等人从 1956 年开始就注意到弱相互作用和电磁相互作用之间有某种共同点，从而进一步考虑两者之间的统一性。温伯格对此也非常感兴趣并进行了 10 多年的研究，中间经历了很多磨难，迟迟得不到正确的结果。

1967 年秋季的一天，温伯格在开车时偶然想到，为什么不可以把强相互作用的数学工具用在弱相互作用和中间矢量玻色子的问题上。没有质量的粒子应该是光子，随伴着它的是有质量的中间玻色子；而中间玻色子是传递弱相互作用的。这样一来，弱相互作用和电磁相互作用就可以在规范对称性的思想下统一地描述。于是，温伯格就开始构筑电弱统一规范理论，并利用对称性自发破缺机制解释了光子和中间玻色子的质量差异。

1967 年 11 月 20 日，温伯格在《物理评论快报》上发表了一篇标志性的论文——《轻子模型》，为高能粒子物理学在 20 世纪后半叶的发展指明了方向。在只有两页半纸的论文中（算上参考文献和致谢在内），温伯格书写了宇宙最深层次的秘密。他将我们熟悉的电磁力和会导致特定放射性衰变的弱核力统一在一起，并将它们描述为同一种力的不同方面，这就是电弱统一理论；它结合了赋予基本粒子质量的希格斯机制。

这一理论预言，在传递弱核力的所谓弱相互作用玻色子当中，还存在一种当时未知的中性粒子。他还解释了这种弱电力固有的对称性何以会消失不见——用物理学家的话来说叫做"自发性破缺"，所以我们感知到的电磁力和弱核力才会不同。这种对称性破缺过程给夸克之类的粒子赋予了质量。

（2）标准模型。

希格斯场理论刚问世时，并没有获得太多支持。直至后来，越来越多科学家认同这一理论，并在这一假设基础上构建"标准模型"的概念，并不断完善成今天的粒子物理学理论，如图 2-91。在粒子物理学里，标准模型是一套描述强力、弱力及电磁力这三种基本力及组成所有物质的基本粒子的理论。它受杨振宁的非阿贝尔场论启发创立，隶属量子场论的范畴，并与量子力学及狭义相对论相容，是自牛顿经典物理以后最接近大一统理论的一套自然哲学观。到目前为止，几乎所有对以上三种力的实验的结果都合乎这套理论的预测。

标准模型中的基本粒子可分为费米子和玻色子。费米子是组成物质的粒子，

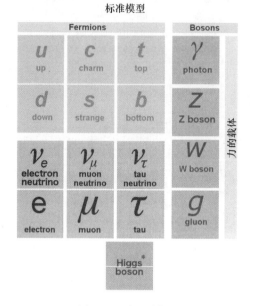

图 2-91　标准模型

而玻色子是传递物质间力的粒子。这套理论主导了 20 世纪 50 年代以后的物理学发展，而且与实验高度吻合。"标准模型"预言了 62 种基本粒子的存在，其中 61 种粒子已获实验证，现在最后一个上帝粒子也得到了证实。在 W 玻色子、Z 玻色子、胶子、顶夸克及魅夸克未被发现前，标准模型不仅预测到它们的存在，而且对它们性质的估计非常精确。

但是，标准模型还不是一套万有理论。主要是因为它并没有描述到引力和暗物质以及暗物质粒子。基本粒子标准模型的主要奠基人温伯格就认为需要新物理来超越标准模型。

（3）科学大战。

1996 年，纽约大学的量子物理学家艾伦·索卡尔的论文"超越界线：走向量子引力的超形式的解释学"在当时著名的文化研究杂志《社会文本》上发表。其后，索卡尔向媒体宣布，上文只是一篇"诈文"，里面充满了故意安排的常识性的科学错误，是"一个物理学家的文化研究实验"。

索卡尔把当代物理学概念和后现代辞藻随意拼接，牵强附会地宣称当代量子引力是一门后现代科学，物理现实本质上也是一种社会和语言建构；借此嘲弄了充斥着各种"时髦的胡说"的所谓"后现代知识界"，目的是检验《社会文本》编辑们在学术上的诚实性。结果是 5 位主编都没有发现这些错误，也没有能识别索卡尔在编辑们所信奉的后现代主义与当代科学之间有意捏造的"联系"，经主编们一致通过后文章被发表，引起了知识界的一场轰动。索卡尔本人认为这个恶作剧成功质疑了某些"草率学科"的学术标准和推动社会进步的价值。

1996 年 5 月，"索卡尔事件"触发了一场席卷在全球学术界的由科学家、持实证主义立场的后现代哲学家组成的科学卫士与后现代思想家之间的"科学大战"；许多著名的报纸，如美国的《纽约时报》、英国的《泰晤士报》等都参加了讨论。众多出版社，如普林斯顿大学出版社、杜克大学出版社、纽约大学出版社、哈佛大学出版社、牛津大学出版社等，纷纷出版或正在计划出版有关方面的著作。

索卡尔事件是对反科学思潮的特殊形式的批判，反科学思潮与后现代主义具有内在的亲缘关系，争论的核心是后现代科学观和正统科学观之间的分歧和对立，很多国际著名的自然科学家和人文学者都卷入激烈的论战之中，轰动一时，产生了深远影响，在整个人类文化史上具有深远的意义。在一定意义上说，这是一场科学与"反科学"的论战，是一场真正的科学与人文的大冲突。在人类历史上，还没有出现过如此深刻的、影响面如此广泛的论战，它必将会对人类的文化与社会产生深远的影响。

从本质上说，这场大战的核心是讨论科学本身是否"科学"的学术论战，1996 年从美国发生最后席卷全球，涉及对科学本性、科学的客观性和理性、科学方法、科学、技术与政治、军事、经济等社会因素的关系等等的辩论。众多的科学家纷纷投入保卫科学、保卫理性的斗争之中。而后现代哲学家、文学家、历史学家、社会学家等却不断地借助于"外部因素"来"解构"科学、"解构"理性。

温伯格、保罗·R·格罗斯（美国弗吉尼亚大学生生物学家）、索卡尔、诺曼·莱维特（美国拉特格斯大学数学家）、刘易斯·沃伯特（美国生物学家）、理察德·道金斯（英国著名演化生物学家、动物行为学家和科普作家，英国皇家学会会员，牛津大学教授）等科学家组成一方，该方赞成科学和科学知识的现实主义而反对构成主义。而社会科学家斯坦利·罗诺威、巴里·巴恩斯（当今著名的科学知识社会学家，作为爱丁堡学派的首创人之一，他的科学知识社会学思想在哲学、社会学和其他社会科学界都产生了重要影响）、哈里·柯林斯（英国著名科学知识社会学家，是位于英国威尔士首府卡迪夫的一流大学卡迪夫大学的教授）、史蒂夫·富勒（英国社会科学学院院士、英国皇家艺术学院院士）和布鲁诺·拉图尔（国际知名的当代学术界的大师级人物，科学、技术与社会巴黎学派的创立者，巴黎政治学院副院长）则组成另外一方。温伯格强烈主张，科学家在捍卫科学的斗争中多些主动。

科学大战证明了无论时代历史如何发展，自然科学与人文社会科学研究，在对象构成、思维指向、根本属性、成果验证、意识形态性、方法论特征等方面的差异不可随意抹杀。所有自然科学与人文社会科学研究的原则和方法论论战，最终都会回到哲学。

师承关系

正规学校教育。其博士导师是普林斯顿大学山姆·特雷曼教授，是引起科学大战的艾伦·索卡尔的老师。

学术贡献

温伯格研究过粒子物理中的许多课题，包括量子场论的高能行为，对称性破缺，π介子的散射，红外光子和量子引力，同时他还发展了导出量子场论的方法；在粒子物理中的许多方向进行研究，包括引力、超对称、超弦和宇宙学，以及一个称为 Technicolor 的理论。

（1）提出了统一电磁作用和弱相互作用的模型。其中，他把弱相互作用的中间玻色子的质量来源归于对称性自发破缺，从而解决了质量项破坏规范对称性的问题。这一模型的重要结论之一是必须存在希格斯粒子。温伯格的模型现在称为电弱统一理论，它与描述夸克之间强相互作用的理论相容，形成了一个整体的理论。它与格拉肖在 1961 年提出的模型具有相同的结构。

电弱统一理论预言，由于弱力的作用，当电子猛烈撞击原子核后弹回时，检测到的左旋电子和右旋电子的数目将会有明显的差别。这种"宇称破坏"，后来在斯坦福大学的直线加速器实验中心确实被发现了。除了存在电荷流的弱相互作用外，预言了当时尚未发现的轻子之间的相互作用，即应存在中性流的弱相互作用，即在反应过程中入射粒子和出射粒子之间没有电荷交换，通过 Z0 传播。1973 年，美国费米国家实验室和欧洲核子研究中心都在实验中发现了他们预言的中性流，验证了电弱统一理论。

（2）温伯格还对描述自然界中第 3 种基本作用力——强核力的理论建立做出了贡献。这些理论构成了今天我们解释物质世界的主流理论，也就是粒子物理学的标准模型。

（3）另一个里程碑式的贡献是他提出的有效理论的概念，改变了我们对量子场论描述世界的理解。

（4）他是流代数这个领域的开创者之一，该方向是理解核力的重要组成部分。

代表作

温伯格发表了超过 300 篇研究论文。

他的《引力与宇宙论》（1972 年）、《最初三分钟》（1977 年）、《亚原子粒子的发现》（1983 年，2003 年）、《基本粒子和物理定律》（与理查德·费曼合著，1987 年）、《终极理论之梦：探寻自然界基本定律》（1993 年）、三卷本《量子场论》（1995 年，1996 年，2000 年）、《仰望苍穹：科学与文化对手》（2002年）、《光荣与恐怖：渐增的核危情》（2004 年）、《宇宙学》（2008 年），以及《湖畔静思：宇宙和现实世界》（2010 年）等书曾风行世界。其中，《终极理论之梦》一书是为了支持美国建造超导超级对撞机（SSC），而他在 2012 年撰写的文章《大科学的危机》则讨论了大科学项目对科学与高能物理的重要性，以及SSC 的历史教训。

他发展了导出量子场论的方法，这些方法成为后来他的著作《场的量子理论》的第一章。《量子力学教程》《引力与宇宙学》是在各自领域最有影响力的教材之一。

❧ 学术获奖 ❧

（1）1973 年荣获奥本海默奖。

（2）1977 年荣获美国物理学会海涅曼数学物理奖。

（3）1979 年荣获富兰克林研究所的埃利奥特·克雷森奖章。

（4）1979 年因对基本粒子之间的弱作用和电磁作用统一理论的贡献，尤其是对弱中性流的预言，与格拉肖和萨拉姆共同分享了诺贝尔物理学奖。

（5）1991 年荣获普林斯顿大学詹姆斯·麦迪逊奖章。

（6）1991 年荣获美国国家科学奖章。

（7）2004 年荣获本杰明·富兰克林奖章。

（8）温伯格先生有着广博的人文知识，获得过刘易斯·托马斯奖（以《细胞生命的礼赞》的作者命名的这个奖，是专门用来奖励科学家中的作家的），并因此被人称为诗人科学家。

❧ 学术影响力 ❧

电弱统一理论现已为许多实验所证实，它使现存的四种基本相互作用实现了部分统一。统一场论是爱因斯坦继创立相对论后毕生追求的目标，尽管电弱统一理论距离爱因斯坦所设想的包括引力场在内的统一场论还很远，但终究使人类在揭示自然奥秘的征途中又前进了一大步。

❧ 名人名言 ❧

（1）在最基本的层次上，科学活动不是为任何实用理由而开展的。

（2）纯数学推理是推导不出科学理论的。

（3）我们在自然定律中，根本找不到任何与良善、正义、仁爱、冲突等观念对应的东西。

（4）不管最终的自然定律是什么样子，都没有理由认为，它们是设计来让物理学家开心的。

（5）宇宙越是显得可理解，它也越是显得缺乏意义。

（6）人们努力认识宇宙的举动，是能够将人生从闹剧层次略作提升、使之拥有悲剧的几分魅力的少数可行之举之一。

（7）所有逻辑论证，都可以被拒斥逻辑推理的简单行为打败。

❧ 学术标签 ❧

美国科学院院士、美国艺术与科学院院士、英国皇家学会外籍会员、国家天文学会会员、美国哲学和科学史学会会员、美国中世纪学会会员。

❧ 性格要素 ❧

他尽管严厉，却不偏激，更不自私。

❧ 评价与启迪 ❧

（1）贡献巨大。

温伯格是基本粒子和量子场论领域里的物理学大师，是电弱统一理论的创立者之一，更是标准模型的奠基人之一。温伯格拥有最高的一些研究效应指标的顶尖科学家，例如H指数和创造力指数，这充分证实了他的影响力和重要性。

（2）白银时代的代表人物。

根据杨振宁的看法，20世纪的物理学有两段好时光，一段是第一个1/4世纪，这是物理学的黄金时代，标志是两大革命性的理论——相对论和量子力学的创立；另一段是第二次世界大战之后的二三十年，大体上相当于第3个1/4世纪，这是物理学的白银时代。在理论的革命性方面，白银时代不能与黄金时代相比。但是，这个时期，物理学家在核物理、固体物理、基本粒子构造、量子场论等方面取得了一系列的进展。而杨振宁和温伯格都是隶属于白银时代的代表人物。

（3）做研究的四大法则。

温伯格曾经讲过做研究的四大"黄金"法则：1）没人通晓一切，你也不必如此；2）向混乱进军，因为那里才大有可为（高熵合金看来大有可为）；3）原谅自己浪费时间，我们很难预判自己的研究是否重要；4）学习科学发展史，至少对你研究的领域要了解。

（4）公众人物。

除了他的科学研究，温伯格已经成为突出的科学发言人，在国会出庭作证支持超导对撞机；他还担任美国军备控制与裁军署的顾问和杰森集团的国防顾问。他写文章为纽约书评、各种讲座，并给予科学史更大的意义。他写的公众科学相结合传统上认为历史和科学哲学、无神论的典型科学普及。也就是说，他不仅是一位杰出的理论物理学家，还是一位富于挑战精神的作家，其影响超出了自身的专业范围，而为哲学家、社会学家、文化学者及公众所关注。

（5）与霍金的对比。遗憾的是，他在中国的知名度远不如另一位史蒂文——史蒂文·霍金（史蒂芬·霍金）。温伯格的名气不太大，尤其是对中国人而言。但是对于物理学，他的影响力非常大，他是量子场论的关键过渡人物，甚至有人把他列为前十位的物理学家。

99. 身残志坚的宇宙之王、黑洞之父——霍金

姓　　名　史蒂芬·威廉·霍金
性　　别　男
国　　别　英国
学科领域　天文学
排　　行　第二梯队（次一流）

霍金像

⚓ 生平简介 ⚓

霍金（1942 年 1 月 8 日—2018 年 3 月 14 日）出生于牛津一个著名的高级知识分子家庭，父母都是著名科研机构的教授，他出生当天正好是伽利略逝世 300 年忌日。童年时的霍金学业成绩并不突出但喜欢设计极为复杂的玩具，据说他曾用一些废弃用品做出一台简单的电脑。

1959 年，17 岁的霍金入读牛津大学攻读自然科学，用了很少时间而得到一等荣誉学位。一次暑假，霍金去了格林尼治天文台给台长伍莱爵士当助手，伍莱要霍金测定望远镜里一对双星数据，霍金没有完成，从此也就放弃了实验物理学这条路。对于他后来身体状况来说，选择理论物理学是完全正确的。

霍金 1962 年转读剑桥大学三一学院研究宇宙学，并于 1965 年获剑桥大学哲学博士学位，留在剑桥大学进行研究工作，历任研究员、讲师和教授等职。读博士时，他很希望跟随著名天文学家、曾担任英国皇家天文学会会长的福雷德·霍伊尔爵士（1915—2001 年，稳恒态宇宙模型的提出者），但是霍伊尔似乎不喜欢他，学校给他指派的导师是丹尼斯·席艾玛。事实证明，席艾玛教授带学生的风格更适合霍金。

1963 年，21 岁的他不幸被诊断患有肌肉萎缩性侧索硬化症即运动神经细胞病。1964 年 10 月，霍金与第一任妻子简结婚。简的出现对霍金来说是生命中的

一个重要转折点，她跟霍金一起面对病魔，令霍金摆脱绝望，并让他重新获得对生活和工作的信心。

当时，医生曾诊断身患绝症的他只能活两年。可在简的照顾下，他一直坚强地活了下来。每天他必做的一件事情就是驱动轮椅从他在剑桥西路 5 号的住处，经过美丽的剑河、古老的国王学院驶到银街的应用数学和理论物理系的办公室。为此，应用数学和理论物理系特地为他修了一段斜坡，以便于他的轮椅通行。

1973 年，他的科研领域开始涉及黑洞辐射、量子引力论、量子宇宙论等。1974 年，霍金在牛津大学发表论文"黑洞爆炸"，该论文得到他的导师席艾玛教授的高度评价，称其是"物理学史上最出人意料最漂亮的论文之一"。同年，席艾玛替他在耶什华大学做了一次演讲，内容是黑洞辐射。这次报告之后，默默无闻的霍金，迅速成为一颗广义相对论的新星。2019 年 4 月 26 日，美国的激光干涉仪引力波探测器观察到人类有史以来的第一次黑洞形成过程——黑洞诞生于中子星之内，并逐步将整个星体吞噬殆尽。

1974 年，霍金被选为英国皇家学会会员，时年 32 岁。1977 年，年仅 35 岁的霍金升任为剑桥大学引力物理学讲座教授。1979—2009 年任剑桥大学卢卡斯数学教授，后为荣誉卢卡斯数学教授（牛顿曾任此职，是人类历史上最伟大的教授职位）。

由于其巨大的名望，霍金曾被皇室授予英国荣誉勋爵。霍金说"宇宙中，一定存在其他生命，现在是寻找答案的时候了，没有比这更重要的事情。"2015 年 7 月 20 日，史蒂芬·霍金启动了人类历史上规模最大的外星智慧生命的搜索行动。2017 年，为英国 BBC 录制纪录片《探索新地球》。

2018 年 3 月 14 日，斯蒂芬·霍金去世，享年 76 岁，这一天恰好是爱因斯坦的诞辰。2018 年 3 月 31 日，史蒂芬·霍金的葬礼在剑桥大学的大圣玛丽教堂举行；他的骨灰被安放在伦敦的威斯敏斯特大教堂内，与牛顿和达尔文为邻。霍金辐射表述为黑洞熵公式，霍金生前即指定这个公式作为墓志铭。事实上，那里还安葬有法拉第和麦克斯韦，发现电子的汤姆逊、发现原子核的卢瑟福及狄拉克。

❧ 花絮 ❧

（1）霍金的病情。

霍金从 21 岁开始，患有一种不寻常的早发性、慢发性肌萎缩性脊髓侧索硬化症，这种疾病俗称渐冻症。几十年来，由于这种疾病，他的身体缓慢地瘫痪。20 世纪 60 年代后期，霍金的身体状况又开始恶化，行动走路都必须使用拐杖，不再能定期上课了。60 年代末期，他已经很难借助拐杖行走。经过不断劝说，霍金才同意使用轮椅。经过多方协调，校方铲平了他家门口的台阶，以方便轮椅进出。

霍金的言语功能逐年退步，到了 70 年代后期，只剩下他的家人或密友能够听得懂他的话。为了与其他人通话，他必须依赖翻译。霍金在 1985 年拜访欧洲核子研究组织时，感染了严重的肺炎，必须使用维生系统。治疗后，他的说话能力彻底消失了。

为了筹措孩子教育与家庭生活所需的费用，主要还是为了向大众普及宇宙学方面的最新进展，1982 年霍金开始撰写《时间简史》并于 1984 年完成首稿。1985 年，他因患肺炎做了穿气管手术，被彻底剥夺了说话的能力，演讲和问答只能通过语音合成器来完成。

霍金是一个意志坚定、全心全意从事科学探索的人，尽管身体残疾，却不愿对恶疾低头，甚至不愿接受任何帮助。他最喜欢被视为是科学家，然后是科普作家，最重要的是，被视为正常人，拥有与其他人相同的欲望、干劲、梦想与抱负。霍金与其他人一样正常上班、出席学术报告会，别人作报告结束后，他会用语音合成器提问。他克服了常人无法想象的身体困难而依旧热忱地追求他热爱的科学事业。

霍金曾经先后四次受邀请来中国。1985 年，霍金分别在中国科学技术大学和北京师范大学做了科学演讲，并首次登上了长城。2002 年，霍金再次到北京参加国际数学家大会。2006 年，霍金第三次到北京参加国际弦论大会，并在人民大会堂做了以"宇宙的起源"为题的公开演讲。2017 年，霍金"现身"在北京举办的腾讯 WE 大会。

2002 年第二次来华，考虑到当时霍金的身体状况，中方原本安排霍金游览的地点只有颐和园，但是由于霍金对中国文化兴趣浓厚，非常希望能游览故宫和长城，并且希望能够到达长城的顶端。为了确保万无一失，长城管理委员会强烈建议霍金能够在有人帮助下登顶。但霍金最后还是坚持乘坐缆车登上了长城。

（2）霍金的妻子们。

霍金就读剑桥大学研究院时期，在 1963 年的新年联欢活动里，遇到了正准备进入伦敦大学的简·怀尔德，她被霍金的风趣幽默与独立性格所吸引。1965 年，简义无反顾地嫁给了霍金。简的出现对霍金来说是生命中的一个重要转折点，她跟霍金一起面对病魔，令霍金摆脱绝望，并让他重新获得对生活和工作的信心。

简服侍、照顾霍金 25 年之久，推着轮椅带他到各地旅行，还要照顾几个孩子、操持其他家务。25 年的时间，她看着他从默默无闻的研究生变成"世界上最伟大的科学家"（见图 2-92）。

1990 年，霍金与妻子简离婚。原因主要有两个方面。简是一名虔诚的教徒，上帝是她的精神支柱之一，正是有这样的信仰才让简在这 20 多年间肩负起了照顾霍金的重担。而霍金却变成了一名极端的无神论者，他自己的宇宙有限无界理论完全排除了上帝的概念，二人的宗教观念完全不同。

图 2-92 霍金一家人

　　他的第二任妻子伊莲·梅森当时是霍金的护士，她与霍金过度亲近的关系以及她的强势使得霍金与简的关系越来越远。在霍金的第二段婚姻中，伊莲·梅森逐渐失去了照顾霍金的耐心，她经常虐待霍金，但是霍金为了保护她予以否认。2006 年，他们 11 年的婚姻也结束了。此后，霍金与简合好，重新与儿孙们共享天伦之乐。

　　（3）奇点定理（见图 2-93）。

　　1939 年，奥本海默及其合作者研究了完全球对称、密度均匀，没有旋转，没有压力的理想恒星的坍缩过程。在这种完全理想的前提下，恒星的质量大到一定程度，黑洞的形成是不可避免的，从而形成与外界宇宙隔离的视界。那么，黑洞中心会形成什么呢？奥本海默的模型太过简单，所以没有给出任何解释。但他的方程却暗示着，在黑洞的中心会形成体积无限小、密度无限大的奇点。

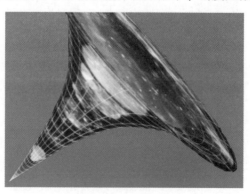

图 2-93 奇点定理示意图

1964 年，英国数学物理学家、牛津大学教授罗杰·彭罗斯（1931 年至今，在广义相对论和宇宙学方面有较大贡献）利用拓扑学的方法证明，无论有什么干扰，在坍缩黑洞的中心会不可避免地形成奇点。1970 年，霍金和彭罗斯合作证明了在广义相对论的框架下，我们的宇宙在大爆炸的开端也有一个时空奇点。如果有一天再发生坍缩，必然在大挤压中再次形成奇点，这就是著名的奇性定理。在这里，时空的扭曲达到无限程度，时间和空间将不复存在，基于时间与空间概念的物理学定律也将全部失效。

（4）黑洞蒸发。

当一颗大质量恒星耗尽其燃料之后发生爆炸塌缩，这一过程将足以产生黑洞这样奇异的超级致密天体（见图 2-94）。当超大质量恒星的死亡核心在自身质量作用下不断收缩，它周围的时空随之扭曲。它的引力开始变得如此之强，以至于光线也无法逃离它的掌控：在这颗恒星原先所在的位置上，一个黑洞出现了。

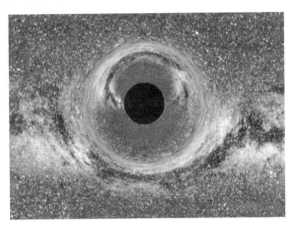

图 2-94　黑洞及其视界

在大家心目中，没有任何东西能够逃脱黑洞的束缚，包括光线。上面的认识都是基于经典的广义相对论，当考虑到量子场论效应时，这个观念要发生改变。

真空并不是完全的空，而是充满了起伏不定的量子涨落，各种正反虚粒子对不断产生和湮灭。黑洞视界附近是一个危险的区域，通常那里潮汐力很强，会把"虚粒子对"拉开一定距离，当"虚粒子对"得到足够多的能量时，就会转化为真实存在的实粒子，当处于视界外的粒子飞走时，就带走了黑洞的能量，也是带走了黑洞的质量。这样，黑洞质量就会逐渐变小，该过程又称为"黑洞蒸发"。

霍金称自己通过计算得出结论，黑洞在形成过程中其质量减少的同时，还不断在以能量的形式向外界发出辐射，这就是著名的霍金辐射理论。2016 年 8 月 16 日，海法以色列理工学院的教授杰夫·斯坦豪尔在出版的《自然物理学》杂志中一篇论文上证明了霍金辐射的量子效应。

霍金在《时间简史》中描绘的图景是：一个虚粒子带正能量、另一个带负能量，负能量的粒子更容易被黑洞吞噬，留下正能量的粒子逃离黑洞，从而带走能量和质量，黑洞因吞噬了负能量粒子而损失了能量和质量。

根据霍金辐射的计算公式，黑洞的温度与质量成反比，通常黑洞的温度都是非常低的。太阳质量的黑洞，温度只有 60nK，这样的黑洞从宇宙背景辐射吸收的能量要大于因辐射损失的能量，因此永远不会蒸发掉，见图 2-95。

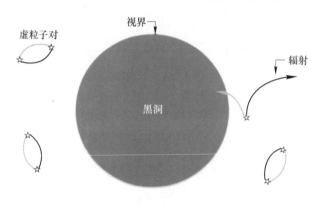

图 2-95　霍金辐射示意图

理论上，月球质量的黑洞，其温度和宇宙背景辐射的温度相当，恰好能做到收支平衡。因此，可以想象，小质量的黑洞温度会更高。如果粒子对撞机能产生黑洞的话，那么会因霍金辐射而瞬间蒸发掉的，因此无需担心那样小的黑洞吞噬地球。

有理论推测，在宇宙大爆炸初期，会形成小质量的原初黑洞，这些小黑洞温度很高，寿命相对较短，会释放出高能伽马射线。如果能探测到这种伽马射线，就能验证霍金辐射的存在。然而，到目前为止，还没有得到令人信服的观测证据，因此霍金也一直没能获得诺贝尔奖。

（5）黑洞悖论。

黑洞和其他事物一样，应该会保存其形成时的量子力学记录。根据量子力学，黑洞应该储存了产生它的恒星、中子星及所有后来被吸入黑洞的物质的信息。但是，如果黑洞某一天蒸发了，这些信息似乎也将会被摧毁。

霍金辐射理论提到的黑洞辐射中并不包括黑洞内部物质的任何信息，一旦这个黑洞浓缩并蒸发消失后，其中的所有信息就都随之消失了，霍金辐射与量子力学的矛盾这不符合现代量子物理学的信息守恒原则，这便是所谓的"黑洞悖论"。这种说法与量子力学的相关理论出现相互矛盾之处，因为现代量子物理学认定这种物质信息是永远不会完全消失的。黑洞信息悖论最终涉及到引力理论和量子力学的统一问题，见图 2-96。

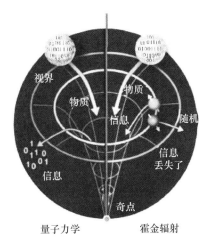

图 2-96 量子力学与霍金辐射

(6) 黑洞爆炸。

黑洞会发出耀眼的光芒，体积会缩小，甚至会爆炸——当霍金于 1974 年做此预言时，整个科学界为之震动。霍金利用量子理论证明，黑洞应该散发热量并最终消失。当黑洞的质量越来越小时，它的温度会越来越高。这样，当黑洞损失质量时，它的温度和发射率增加，因而它的质量损失得更快。这种"霍金辐射"对大多数黑洞来说可以忽略不计，因为大黑洞辐射得比较慢，而小黑洞则以极高的速度辐射能量，直到黑洞的爆炸。

(7) 无边界宇宙理论。

宇宙论是运用天文学和物理学方法对整个宇宙进行探索的一门学科，研究的是宇宙的结构和演化。在几千年的人类文明长河中，人们对宇宙的思索从未停止过。从古希腊哲学家提出的各种宇宙模型，到中世纪占统治地位的地心说，再到哥白尼提出日心说，人类的视野逐渐得到扩展。

17 世纪，牛顿开辟了以力学方法研究宇宙学的途径，建立了经典宇宙学。到了 20 世纪，大量的天文观测和现代物理学的发展，使人们突破了传统的束缚，对宇宙的认知范围也愈加宽广。1915 年，爱因斯坦提出了广义相对论。它的创立，为人们研究大尺度的时空性质和物理运动规律提供了理论工具，从而使人们能够从整体上来认识宇宙的诞生和演化。1917 年，爱因斯坦把广义相对论用来考察整个宇宙系统，得到有限无边的静态宇宙模型，开创了现代宇宙学。

之后，人们在此基础上不断进行探索和研究，取得了一系列的科学成果，提出了多种不同的宇宙模型。其中以弗里德曼宇宙模型为基础经伽莫夫改造的大爆炸宇宙模型能够解释许多宇宙现象，被人们视为标准宇宙模型。是一种结合核物理、粒子物理、相对论、量子力学知识对宇宙起源和演化的解释，它十分清楚地描述了宇宙从大爆炸后小于百分之一秒的时候直至今天的宇宙演化情况，并且得到了许多实际观测的强有力的支持，比如红移现象、氦丰度、微波背景辐射等。

观测证据是任何理论最严格的仲裁者，它终于否定了稳恒态宇宙论的这个大胆断言。稳恒态宇宙论在 1965 年被宇宙微波背景辐射的发现推翻了，这一发现为宇宙早期的炽热阶段提供了不容置辩的证据。稳恒态宇宙论只不过是在现代宇宙论发展过程中的一个有相当历史意义的插曲而已。

根据广义相对论，在大爆炸的奇点或开端处，由于宇宙的密度无限大，时空的曲率也无限大，因而根本没有为宇宙发生大爆炸提供场所的可能。霍金和彭罗斯采用特殊的数学方法也证明了这一点，如果广义相对论是正确的，则宇宙的过去一定存在过一个密度无限的奇异状态，也就是宇宙的奇点；那里宇宙的物理规律都失效了。

为了解决奇点问题，霍金在 1982 年提出了无边界宇宙模型。他认为，在宇宙的极早期，量子效应不可以忽略，必须把广义相对论和量子理论结合起来。然而，相对论与量子力学是极其不协调的，分别处于物理学的两极。相对论用来处理大尺度的空间结构，它坚持严格的因果决定论。而量子力学则用来处理微观粒子的小尺度结构，得到的结论是统计性的。

根据测不准原理，在小于 10^{-43} 秒和 10^{-35} 米的范围内，即在普朗克时空尺度内，根本就没有钟和尺子能加以测量，时空概念也就失去了其普通的物理意义，因而必须转换时空观念。正是在这种情况下，1983 年霍金和詹姆·哈特尔一起引入了虚时间概念，提出了无边界宇宙模型。

因为虚时间方向与实时间方向成直角，空间的 3 个方向也都和实时间方向成直角，这样，宇宙中的物质所引起的时空曲率就使 3 个空间方向和这个虚时间方向绕到后面再相遇到一起，形成一个没有边界的闭合面，就像地球的表面，地球的表面虽然有限，但是它没有奇点、边界或边缘。在虚时空中，宇宙的奇点正如地球的南北极，是完全规则的点，科学定律在那里同样适用。

无边界宇宙模型是一种既自洽又自足的量子宇宙论。在这个理论中，宇宙中的一切在原则上都可以单独地由物理定律预言出来，而宇宙本身是从无中生有而来的。这个理论建立在量子理论的基础之上，涉及到量子引力论等多种知识。

霍金认为，宇宙的诞生是一个从欧几里得时空向洛伦兹时空的量子转变过程，在这个过程即实现了宇宙的"无中生有"。欧氏空间是一个四维球，在四维球转变成洛氏时空的最初阶段，时空是可由德西特度规来近似描述的暴涨阶段，然后膨胀减缓，再接着由大爆炸模型来描写。这样，无边界宇宙模型就把好几种宇宙模型都包容了进去，比如大爆炸宇宙模型、暴胀宇宙模型等。

1985 年，霍金根据无边界宇宙模型，对极早期的宇宙状态作了描述和预言，指出"那是一个各向同性的、均匀的、具有微小微扰的膨胀宇宙。我们可以在微波背景的起伏中观察到这些微扰的谱频和统计。"1992 年，宇宙背景探险者卫星首次检测到微波背景因方向的不同有非常微小的扰动，这种观测结果与霍金的预言相符合。

有界无限宇宙模型的提出，反映了霍金的现代宇宙观，他完全否认创世神的作用，否认了上帝的存在，与牛顿等人的观点完全相反。霍金推崇利用数学和物理手段寻找一个大一统理论，并且证明"宇宙是偶然诞生的，不需要上帝"，"宇宙的数学模型是有限无界"。

德西特度规是荷兰天文学家德西特提出来的。他 1925—1928 年任国际天文学联合会主席，建立了约翰内斯堡天文台，研究过木星四个大卫星的运行规律。他是研究现代宇宙论最早的学者之一，提出德西特静态时空度规，建立德西特静态宇宙模型。

（8）多元宇宙。

2018 年 5 月 3 日，史蒂芬·霍金在去世前 10 天最后修改过的论文"从永恒的膨胀中逐渐消逝"发表在著名期刊《高能物理杂志》上。这篇论文论述了为何多元宇宙在我们的宇宙的背景辐射中留下印记，探讨了如何利用宇宙飞船上的探测器找到多元宇宙，人类又该如何找到这些痕迹，即尝试寻找平行宇宙的证据，以证明"多元宇宙"的说法成立；并预测了我们的宇宙将如何消失在黑暗中，即世界末日。

多元宇宙即平行宇宙；也有人称为是"泡泡宇宙"。平行宇宙是指从某个宇宙中分离出来，与原宇宙平行存在着的既相似又不同的其他宇宙。平行宇宙概念的提出，得益于现代量子力学的科学发现。在 20 世纪 50 年代，有的物理学家在观察量子的时候，发现每次观察的量子状态都不相同。而由于宇宙空间的所有物质都是由量子组成，所以这些科学家推测既然每个量子都有不同的状态，那么宇宙也有可能并不只是一个，而是由多个类似宇宙组成。

在这些宇宙中，也有和我们的宇宙以相同的条件诞生的宇宙，还有可能存在着和人类居住的星球相同的，或是具有相同历史的行星，也可能存在着跟人类完全相同的人。同时，在这些不同的宇宙里，事物的发展会有不同的结果；在我们的宇宙中已经灭绝的物种在另一个宇宙中可能正在不断进化，生生不息。

早在古代，德谟克利特就提出"无数世界"的概念，认为"无数世界"是原子通过自身运动形成的。期间，伊壁鸠鲁、卢克莱修和莱布尼茨也都表述了世界多元性的思想。美国物理学家休·埃弗雷特（1930—1982 年）首先提出了多世界解释，标志着平行宇宙概念的正式提出。

目前，许多理论预言平行宇宙的存在，如量子力学、膨胀理论、弦理论；而平行宇宙的证据正在被寻找中。英国科学家认为通过对宇宙微波背景辐射图的研究。他们认为宇宙微波背景辐射中存在的冷斑点就是另一个宇宙的证据。当然，关于平行宇宙的研究还在继续进行中。

（9）最后一篇论文。

霍金参与的最后一篇论文被物理学家们发布在预印版论文平台 arXiv 上。该网站显示，论文的最后修改时间为 2019 年 10 月 9 日，这距离霍金逝世已过去了一年半。在这篇题为"黑洞熵与软毛发"的论文中，霍金与剑桥、哈佛的一些学者共同探讨了自己毕生研究的方向：当物体落入黑洞时信息将何去何从？

霍金等人研究的黑洞"软毛发"理论就是为了揭示"物质掉进黑洞后，信息去哪了呢？"的难题，即为了解决一个悬疑半世纪的悖论——黑洞信息悖论。事实上，这个悖论让霍金一直纠结，直到去世前几天，弥留中的他还在与美国同行探讨这个问题。

所谓黑洞的"软毛发"，指的是黑洞视界边缘的零能量光子，它们可能储存了黑洞的熵值。软毛层由光子（组成光的微粒）和引力子（假想中引力所对应的微粒）组成。霍金等人找到了一个新的机制，可以帮助人们计算黑洞软毛层里储存的信息量，这个新机制目前还只是基于一种理论假设。

（10）霍金为何没有获得诺贝尔奖。

霍金的很多研究达到了诺贝尔奖水准。然而，他的"黑洞理论"虽然打开了宇宙学的探索之门，到目前为止没有得到证明，比如霍金辐射（黑洞蒸发）。另外，霍金的理论还存在一些缺陷，他本人在世期间也一直在修正。

霍金的理论中，得到实验精确验证的，都是一些达不到诺贝尔奖水准的工作，因此就特别尴尬。例如引力波的观测结果验证了霍金的另外一个重要工作，就是黑洞的面积不减定理。但是，这个理论在霍金的研究中不算是最好的，属于普通水平的研究成果。

尽管霍金没有获得诺贝尔奖，但是很多诺贝尔奖得主承认，霍金的水平和影响力要远远大于诺贝尔奖得主的本人。

（11）霍金的预言。

霍金有很多想法，对人类的前途和命运有很多预言。他的预言是值得重视的。例如：

预言一，2032 年世界末日，原因是第三次世界大战的来临。全球被核辐射污染人类将无法生存（要知道现有的核武器数量已经可以毁灭地球几次了）。

预言二，2060 年人类移民火星，霍金认为地球世界末日不可避免，而唯一能解决方法就是火星移民，从 1960 年苏联向火星发射探测仪至今，人类已经对火星的研究取得了较大的进展。但是，要在火星定居还有很多问题要解决，如何把人类运送过去和如何活下去的问题，还有 34 年的时间，时间会给我们答案，而我们也能等到那一天。

预言三，2100 年，人类进入外太空，新人种出现。应该意思是人类的活动范围已经全面进入太空中，包括银河系和其他星系，从而发现新的生命、新人类（当然对于新人种来说地球人也是新人种）。

预言四，2215 年，地球面临毁灭，也就是地球的可用资源用完的那一天。

预言五，2600 地球将变成火球。

此外，霍金还预言，人的大脑尺度被产道限制，预料在 100 年之内人类将能够在人体之外养育婴儿。他预言外星人说不定就在人类周围，他警告人类不要和外星人接触，因为人类的科技力量在外星人面前完全不足一提。再有，人工智能可能会导致人类的灭亡。这些预言目前听着像是天书，也许是耸人听闻，至于能否实现，现在真的不好说。当然，今后的科学发展进程是难以预料的，人们无法知道今后会不会按照他的预言来发展，但是重视霍金的语言并努力适当地找到解决的办法，是我们可以努力的方向。

师承关系

正规学校教育。他的博士导师是牛津大学的丹尼斯·席艾玛教授。20 世纪 60 年代和 70 年代初，席艾玛的大部分精力都是用来为他的学生营造一个理想的成长环境，把个人的研究放在了第二位，获得的奖励和荣誉更多的是他的学生，这样的导师更符合蜡烛的精神。除霍金外，席艾玛还培养了诸如马丁·里斯（1942 年至今；英国皇家学会前任主席、剑桥大学天体物理学家，2011 年度获得坦普尔顿奖，获得约 100 万英镑的奖金）、罗杰·彭罗斯爵士（1931 年至今，先后任教于伦敦大学和牛津大学，英国皇家学会会员；1965 年，他以著名论文"引力坍塌和时空奇点"为代表的一系列论文，和霍金一起创立了现代宇宙论的数学结构理论）这样的一大批世界顶级的天体物理学家和宇宙学家。

学术贡献

霍金的主要研究领域是宇宙论和黑洞，证明了广义相对论的奇性定理和黑洞面积定理，提出了黑洞蒸发现象和无边界的霍金宇宙模型，在统一 20 世纪物理学的两大基础理论——爱因斯坦创立的相对论和普朗克创立的量子力学方面走出了重要一步。在他所有的成就中，奇点定理、黑洞辐射理论以及宇宙学说是他的三大贡献。

（1）1965—1970 年，霍金与彭罗斯一起证明了"奇点"，即彭罗斯—霍金奇性定理，这个成就是在宇宙意义的宏观框架里。

按爱因斯坦的广义相对论，不能预言宇宙的起始。而他们认为，大质量恒星燃烧耗尽会继续引力坍塌直至达到具有无限密度的奇点，这个奇点，引力场特别强大使得光线不能从围绕它的区域逃逸，而被引力场拉回去。这就叫做黑洞，黑洞的边界叫做时间视界，任何通过事件视界的东西掉进黑洞后都在奇点达到其事件的终结。

他还证明了黑洞的面积定理，即随时间的增加在顺时针方向黑洞的面积不变。在面积定理约束下，两个等质量黑洞合并，若面积不变可以放出约 30% 的黑洞能量。

（2）1968 年，霍金与乔治·埃利斯（开普敦大学的应用数学教授，理论宇宙学家，曾任国际广义相对论和万有引力协会的主席，英国皇家学会会员）证实了宇宙大爆炸。

（3）1970—1974 年，主要研究黑洞，做出了最令人吃惊的发现：黑洞不是完全黑的。在宇宙意义的微观尺度上，粒子和辐射可以从黑洞漏出来，即发现了霍金辐射。黑洞附近的强大引力场引起粒子反粒子对的创生，粒子对中的一颗粒子落进黑洞，而另一颗逃到无穷远去，逃逸的粒子好像是从黑洞里发射出来的，也就是说，黑洞像一个热体似的在辐射，这就是著名的霍金辐射。基于辐射公式，又计算出了黑洞熵公式（贝肯斯坦—霍金公式）：$SBH = Akc3/4\hbar G$；S 是熵，BH 是雅各布·贝肯斯坦（1947—2015 年，以色列希伯来大学科学家，美国国籍，黑洞热力学的巨擘、量子引力的先驱者；他的一生对物理学的发展贡献巨大，在黑洞热力学、引力与信息等领域都有开创性的贡献）和霍金名字缩写。这是史上唯一包含自然界四大常数的公式：$\hbar$ 为约化普朗克常量，k 为玻尔兹曼常数，G 为牛顿引力常数，c 为光速。

（4）1972—1973 年，霍金与其他学者合作提出黑洞热辐射及四条黑洞热力学定律。指出霍金热辐射是一种量子效应。霍金热辐射的发现将引力、量子力学、热力学等联系在一起，是理论物理的一次重大突破。

（5）1974 年，探讨将广义相对论和量子力学综合成一个统一的理论并提出了许多设想：宇宙无论时间还是空间在范围上都是有限的，但是它们没有边界；即提出无边界条件猜想。如果这个设想成立，就不存在奇性，科学定律会处处有效，包括宇宙的开端在内，即宇宙的起始是由科学定律所确定的；一种没有边界的宇宙模型将全面取代大爆炸的宇宙理论。

（6）1974 年以后，他将研究方向转向了量子引力领域；他利用费曼的"对历史求和方法"，自然地处理了时空的非平凡的拓扑效应。

（7）1980 年，他的兴趣转向了量子宇宙学，专门研究宇宙"无中生有"的初创理论，希望从根本上解决宇宙的第一推动力问题。1983 年与詹姆斯·哈特尔（1960 年至今，加州大学圣巴巴拉分校教书）共同开创了量子宇宙学以及霍金的万物理论等。

宇宙学一个流行的理论认为，宇宙大爆炸后不久经历了一个快速通胀期，霍金是其中一位首次证明量子如何涨落的科学家（1982 年）。量子涨落，即物质分布的微小变化，在快速通胀期可能会加速宇宙中星系的传播。开始有一些微小差别的物质在引力的作用下聚集在一起，成长为现在所看到的宇宙结构。

（8）霍金将他的大部分时间花费在试图建立一个引力量子理论。1983 年他将欧几里得量子引力的观点应用在黑洞理论方面，与芝加哥大学的吉姆·哈特合作提出宇宙波函数。从理论上讲，可以用来计算所看到的宇宙特性。

（9）此外，还有各种成果，霍金能量、吉本斯—霍金方法、吉本斯—霍金效应、吉本斯—霍金空间、吉本斯—霍金—约克边界条件等。

☆加里·吉本斯教授是霍金最主要的研究合作伙伴，他参加了霍金去世后的所有活动。吉本斯夫妇曾到访中国杭州、宁波和绍兴，他对中国的古碑帖着迷，无论在杭州碑林、兰亭，还是天一阁，他都留恋不舍。

霍金认为他一生的贡献是，在经典物理的框架里，证明了黑洞和大爆炸奇点的不可避免性，黑洞越变越大。但是，在量子物理的框架里，他指出，黑洞因辐射而越变越小，大爆炸的奇点不但被量子效应所抹平，而且整个宇宙正是起始于此。

❧ 代表作 ❧

他的代表作品有《空间—时间的大比例结构》（1973 年与人合著）、《广义相对论：爱因斯坦百年评论》（1979 年与人合编）、《超空间和超重力》（1981 年与人合编）、《宇宙之始》（1983 年与人合编）、《时间简史》（1988 年）、《大设计》（2010 年）、《果壳中的宇宙》（2011 年）等。《时间简史》之后，他陆续出版过 14 本书籍，还参与了 6 部影视剧或系列片的拍摄。

（1）1970 年，霍金与彭罗斯合著论文"引力坍塌和时空奇点"，创立了现代宇宙论的数学结构理论。

（2）1973 年，霍金与乔治·埃利斯共同撰著的《时空的大尺度结构》出版，这是霍金的第一本著作。

（3）《霍金讲演录——黑洞、婴儿宇宙及其他》，是由霍金 1976—1992 年所写文章和演讲稿共 13 篇结集而成。讨论了虚时间、黑洞引起的婴儿宇宙的诞生以及科学家寻求完全统一理论的努力，并对自由意志、生活价值和死亡作出了独到的见解。

（4）《时空本性》是基于霍金和彭罗斯在剑桥大学的 6 次演讲和最后辩论而成。80 年前广义相对论以完整的数学形式表达出来，量子理论的基本原理在 70 年前也已出现，然而这两种整个物理学中最精确、最成功的理论能被统一在单独的量子引力中吗？霍金和彭罗斯就此问题展开一场辩论。

（5）霍金的代表作《时间简史》（1988 年首次出版），探索着宇宙的起源。霍金坚信关于宇宙的起源和生命的基本理念可以不用数学来表达，他那深奥莫测的学说以浅显的语言写在了书里。该书是关于探索时间本质和宇宙最前沿的通俗读物，是一本当代有关宇宙科学思想最重要的经典著作，它改变了人类对宇宙的观念。他凭借丰富的想象，精妙的构思，字字珠玑，阐释宇宙未来之变，神奇而美妙。这本书至今累计发行量已达 2500 万册，被译成近 40 种语言。《时间简史》是霍金的所有著作中最著名的，它是有史以来最具影响力的科学著作之一。

（6）《大设计》这本书在 2010 年 9 月 9 日出版，作者是霍金和美国物理学家列纳德·蒙洛迪罗。现代宇宙学的先驱代表人物霍金在《大设计》中开篇说明"哲学已死"，否认了纯哲学和宗教可以解释自然，这也表明各大宗教只是古代精神世界探索未知，追求解脱的体系，而非客观真理。该书旨在反驳艾萨克·牛顿爵士的信仰：宇宙应该是由上帝创造的，它不会诞生于混沌世界。霍金认为支持"宇宙大爆炸"理论的物理学定律向传统宗教信仰发起了挑战，由于存在万有引力等定律，因此宇宙能够，而且将是从无到有自己创造了自己。霍金推崇利用数学和物理手段寻找一个大一统理论，并且证明"宇宙是偶然诞生的，不需要上帝"，"宇宙的数学模型是有限无界"。《大设计》是霍金在《时间简史》之后的最重要的著作，它凝结了霍金 20 多年来对科学和哲学的思考成果。

（7）2011 年 11 月 6 日出版《果壳中的宇宙》，是霍金继《时间简史》后又一最重要的著作。霍金在书中再次把人们带到理论物理的最前沿，用通俗的语言解释宇宙的原理。这本书和《时间简史》一起，成为全世界最畅销的科普著作之列，影响力可见一斑。

霍金的口才非常好，他在英国广播公司里斯讲座上的两次演讲被整理成《黑洞不是黑的》一书发表。他的演讲如同宇宙探索和理论物理发展的历史课，清晰易懂、深入浅出，许多天文'梗'和比喻用得妙趣横生。

学术获奖

（1）1975 年因为在相对论领域取得极重要研究成果，他与彭罗斯获颁爱丁顿奖章；同年，他荣获庇护十一世金牌。

（2）1976 年被授予麦克斯韦奖、海涅曼奖与休斯奖章。

（3）1978 年获得爱因斯坦奖。

（4）1981 年被授予富兰克林奖章。

（5）1982 年获颁英帝国司令勋章。

（6）1988 年荣获沃尔夫物理奖。

（7）2006 年荣获英国皇家学会的科普利奖章。

（8）2008 年，霍金亲赴西班牙圣地亚哥——德孔波斯特拉大学接受丰塞卡奖。

（9）2009 年，美国总统巴拉克·奥巴马颁予霍金美国最高的平民荣誉总统自由勋章。

（10）2013 年霍金获颁基础物理学特别突破奖。

（11）2016 年 1 月荣获信息科技和创新基金颁发的卢德奖。

此外，霍金被授予牛津大学等 12 所著名高校的荣誉博士学位。他的奖项很多，上面列出的仅是其中的一部分。遗憾的是他没有获得诺贝尔奖。

✎ 学术影响力 ✐

（1）霍金对宇宙起源与归宿以及黑洞的研究，激发人类对宇宙的无限想象和好奇，拓展了人类知识的领域，一次又一次把人类的目光引向宇宙。

（2）黑洞辐射的发现具有重大意义，将引力、量子力学和热力学统一在了一起。

（3）霍金把科学带入到了大众文化之中，于普通大众而言，霍金的影响力更多地表现在两个方面——不屈的精神和卓越的科普。霍金用他独特的人生经历为我们讲解了人生的意义和思想的价值。《时间简史》《果壳中的宇宙》和《大设计》等科普巨著用尽可能通俗而幽默的语言向大众介绍了宇宙，备受欢迎，激发了无数人的好奇心。

（4）2015 年是广义相对论发表一百年，英国发行了纪念邮票，上面有爱因斯坦和霍金的肖像。

（5）英国推出了一枚面值 50 便士的霍金纪念币，上面刻着黑洞、霍金的名字，以及贝肯斯坦与霍金共同提出的黑洞熵公式。英国皇家造币厂消费者总监尼古拉·豪厄尔说："我们非常高兴能用硬币向霍金致敬。"

✎ 名人名言 ✐

记住要仰望星空，不要低头看脚下；无论生活如何艰难，请保持一颗好奇心。

✎ 学术标签 ✐

宇宙之王、黑洞之父、剑桥大学卢卡斯数学教授、英国皇家学会会员、英国皇家艺术协会会员。

✎ 性格要素 ✐

身残志坚。霍金不愿对恶疾低头，甚至不愿接受任何帮助。他最喜欢被视为是科学家，然后是科普作家，最重要的是，被视为正常人，拥有与其他人相同的欲望、干劲、梦想与抱负。

✎ 评价与启迪 ✐

霍金的一生是痛苦、乐观、探索与传奇的一生，拥有超出科学的巨大声望、得到了全世界的关注和尊重。但是，荣誉与争议并存。霍金很受欢迎、很具幽默感，但是由于他的疾病与他治学时的不客气态度，有些同事选择与他保持距离。

（1）身残志坚。

霍金是一位十足的天才，17 岁就入读牛津大学的大学学院，竟觉得大学功课简单到令人发笑。然而，天妒英才，霍金年纪轻轻就患上了渐冻症，被认为活不过两三年。不可思议的是，霍金奇迹般地多活了 50 年。在大多数时间里，霍金都是在轮椅上度过的，尤其是到了晚年，全身瘫痪，无法发声。

霍金被禁锢在轮椅上达 20 年之久，面对如此悲惨的命运，霍金不屈不挠，从未停止对宇宙的探索。他克服了残疾之患而成为国际物理界的超新星。他不能写也不能言，但他超越了相对论、量子力学、大爆炸等理论而深入探索宇宙的奥妙。尽管他无助地坐在轮椅上，他的思想却出色地遨游到广袤的时空，解开了宇宙之谜。他对学术的执着令人钦佩。

霍金的魅力不仅在于他辉煌的物理学才华，还在于他有着一个强健而清醒的灵魂。他是个极具人格魅力的生活强者，像许多媒体报道的那样，他每分每秒都在不懈地与全身瘫痪作斗争。霍金一生的写照可以用一句名言概括——即使我被关在果壳之中，仍然自以为是无限空间之王。如此励志的故事令人为之叹服。

（2）巨大的科学贡献。

霍金是继爱因斯坦之后最杰出的理论物理学家和当代最伟大的科学家，人类历史上最伟大的人物之一，被誉为"宇宙之王"。他的许多科学贡献都是空前绝后的，对全人类都有着深远影响。他提出"宇宙大爆炸自奇点开始""黑洞最终会蒸发"，这些理论跨越了 20 世纪物理学的两大基础理论——爱因斯坦的相对论和普朗克的量子论，使当代科学向前迈进了一大步，霍金成了能够解开宇宙谜题的伟大先知。对于奇性定理、黑洞面积定理、黑洞霍金辐射和无边界宇宙理论，一个人生前拥有其中的任何一项成就，就足以名垂不朽，而霍金却拥有了这些理论的全部。

霍金在科学领域有许多重大突破，是世界上最杰出的物理学家之一。霍金并不愿意把时间消耗在任何他认为是'科学上的应酬'的地方，尽管某种程度上那也是一种学术交流，但却并不是霍金感兴趣的。

英国首相特里萨·梅称他为"聪明非凡的头脑"和"他这一代伟大的科学家之一"。苹果的联合创始人史蒂夫说："史蒂芬·霍金的正直和科学奉献使他凌驾于纯粹的才华之上"。他拥有巨大的名气。当然，霍金在学术界的名气是与其贡献相称的。同行们将霍金视为 20 世纪 70 年代以来在引力和黑洞领域作出杰出贡献的众多学者之一。

（3）普及科学上的巨大贡献。

时至今日，霍金的影响力已经远远超出科技界，成为公众最为熟知的科学家。更重要的是，他在普及科学和黑洞方面的突破性工作是对人类的重大贡献，他激发了全世界许多人对宇宙的好奇和关注。这位"轮椅科学家"会影响今后几代人——他作为当代理论物理的代言人，对于在公众面前宣传理论物理作用是极大的，这一影响力无人能出其右。

（4）宝贵的精神财富。

霍金是一个意志坚定、全心全意从事科学探索的人，他克服了常人无法想象的身体困难而依旧热忱地追求科学事业。他长期坚持从事学术研究，取得了非常出色的成就，对全社会做出了很大的贡献。

他在精神上的贡献意义更加重大，他不折不挠的奋斗精神本身就是一笔宝贵的精神财富。尽管身体残疾，却依旧希望外界将他视为正常人。他希望自己像一个普通人，这样才有他的尊严，他有着别人没有的毅力和坚强，不希望别人把他看作特殊的人。

霍金的一生是与病魔抗争的一生，是仰望星空的一生。2006年，他接受中央电视台采访时说过："虽然我的身体条件有限，但我的思想能够自由探索宇宙，回到时间的起点和深入黑洞当中，人类的探索精神无极限。"

（5）感谢霍金。

科学界要感谢霍金。因为他，天文、物理和宇宙研究吸引了大众的兴趣，得到了更多人的支持。公众要感谢他，因为他，很多人对宇宙和科学前沿产生了兴趣，从而改变了他们的世界观、人生观和价值观，他们中的一些人甚至走上了科学研究的道路，成为新一代科学家。我们太需要霍金这样的公众科学家了，他是科学的代言人，他向公众介绍科学前沿，吸引公众、决策者关心和支持科学的发展。

（6）排名理由。

霍金的学术主要集中在黑洞和宇宙学上。尽管他做出了影响世界的贡献，有的理论也得到了一定的证实，但是他的更多理论还只是猜想，并没有得到证实——也许他的研究太超前了。但是，这毕竟是物理学上一个较小的领域。所以，他与温伯格、杨振宁以及后面的爱德华·威滕等人相比，在学术成就上肯定要逊色一些。但是，他却是世界上最家喻户晓的人物，这一点，前几位根本无法比拟。

霍金的学术成就可以与约翰·巴丁、默里·盖尔曼、薇拉·古柏·鲁宾、史蒂文·温伯格等人并肩；但是他的巨大声望让他排在这些人的前面。他被列为第二梯队次一流物理学家中，应该是客观公正的。

100. 弦理论研究的代表人物、M 理论的创立者——威滕

姓　　　名　爱德华·威滕
性　　　别　男
国　　　别　美国
学科领域　数学物理学
排　　　行　第二梯队（准一流）

威滕像

❧ 生平简介 ❧

威滕（1951 年 8 月 26 日至今）出生在马里兰州巴尔的摩。威滕的父亲路易斯·威滕是研究广义相对论的理论物理学家，他在儿子 4 岁的时候就与之谈论物理，就像是与成年人交谈一样。幼年的威滕对物理并没有什么特殊的兴趣，出生于理科学霸家庭的他却更偏爱文科知识。开明的父母也没有逼着威滕学习物理，他每天听着自己的父亲和好友们讨论着物理的知识，悠然自得地捧着书汲取着文科的养料。

威滕到 11 岁的时候，父亲教了他微积分，有一段时间他对数学很感兴趣；但后来由于他看不到更有趣的数学知识，他的兴趣慢慢消退了。青年时代，他对历史产生了浓厚的兴趣，但是他觉得学历史没有前途，立志长大后要当一名政治家或者新闻记者。

大学期间，威滕先后在约翰·霍普金斯大学、布兰迪斯大学（美国马萨诸塞州一所顶尖私立研究型大学）、威斯康星大学麦迪逊分校、普林斯顿大学就读，学过历史学、语言学、经济学和数学，对天文学也动过心思，甚至还想过从政，参与竞选。直到 1974 年，他才定下心来，踏踏实实地在普林斯顿大学学习理论物理。

在普林斯顿读博士那几年，他学得最多的物理学家是史蒂文·温伯格、谢尔顿·格拉肖、霍华德·乔治和西德尼·科尔曼。他们的学术方向完全不同的，温伯格是"流代数"这个领域的开创者之一，该方向是理解核力的重要组成部分。格拉肖和乔治进行唯象模型的构建，基本上是弱相互作用的模型构建，对标准模型进行更详细的描述。科尔曼是唯一对量子场论的强耦合行为感兴趣的人。威滕受导师鼓励，也对这个领域感兴趣。二人在该领域有很多学术交流，科尔曼告诉威滕"指标定理"的重要性——指标定理将两个完全不同的数学分支联系在了一起。一方面是微积分，即关于变化量的数学；另一方面是拓扑，即关于物体在拉伸、扭曲或形变时不改变的特性。

1974 年，他获得了物理学硕士学位，1976 年获得物理学博士学位，导师是

2004 年诺贝尔物理学奖获得者戴维·格罗斯。在此之后，威滕先任哈佛大学初级研究员，主攻量子场论。29 岁时，刚开始系统学习物理 7 年的威滕在量子场论方面表现出了超人的想象力和理解力，成为普林斯顿大学最年轻的正教授，并把主要精力放在研究弦论上。

凭着惊人的物理直觉和超凡的数学能力，威滕很快就在弦论领域站稳脚跟，并于 1984 年在普林斯顿大学就弦论做了报告，是关于卡拉比—丘流形紧化的论文，立即在物理界掀起了一场超弦风暴。

现在他是普林斯顿高等研究院的查尔斯·希莫尼数学物理学教授。威滕被认为是他的世代中最优秀的物理学家，也被认为是世界上最伟大的物理学家之一，也许甚至是爱因斯坦的后继者。

❧ 花絮 ❧

（1）天生我才必有用。

爱德华·威滕的求学之路曲折坎坷、重重磨难，一直到最后才选定理论物理学作为自己的专业。4 岁的时候被父亲言传身教传授物理学知识，但他对物理不感兴趣。渐渐长大后，他先后对天文学、数学、历史、语言学、新闻、政治和经济学感兴趣，并做了大量的尝试。

1968 年高中毕业后威滕就读于约翰·霍普金斯大学，不久转学布兰迪斯大学，主修历史学，辅修语言学，1971 年获得文学学士学位。毕业时，威滕发现，尽管读历史学和语言学很有收获，但自己似乎并不适合做历史学或语言学研究。于是，他向威斯康星大学麦迪逊分校研究生院经济学专业提出研究生就读申请，随后被顺利录取。读了一个学期，他觉得经济学也不适合自己，就辍学了。在此期间，威滕撰写了一些文章在《国家》《新共和》等有影响力的政论性杂志上发表。

恰逢 1972 年的美国大选，他短时间参与民主党候选人乔治·麦戈文的总统竞选工作，他感觉自己与麦戈文的政治立场一致。在此期间。威滕近距离地接触到了政治界以及新闻界。他发现，这里并不是他之前想象的那样，到处充满着尔虞我诈，平静的表面下隐藏着可怕的漩涡与暗潮，每个人都小心翼翼地提防着别人，也挖空心思对付着对手。他觉得自己不具备从事政治所需要的诸般品质，尤其是直觉判断力，如果自己继续投身于政界的话，很容易就会迷失自我。竞选结束后，麦戈文败给了尼克松，他趁机退出了竞选团队。到此为止，历史学、语言学、经济学、政治都从威滕的职业选择清单中划去了。1973 年，他还在普林斯顿大学学习过一年的数学。后来兜兜转换一大圈，弃文从理，又回到了父亲期望的理论物理学，走了和父亲一样的道路。

在接受《纽约时报》采访时，威滕说："其实每个人都有才能，人生的巨大挑战在于找到表达才能的出口。"威滕涉猎过的一切——天文学、历史学、语言学、经济学、政治、数学和物理学，这些都给威滕带来了报偿，这一摸索、体验过程是艰苦努力、自我发现的过程，是根据自己的丰富成长经历洞见自己潜力的过程。

威滕耗费了研究生之前的23年才找到了适合自己的专业方向，这个过程可谓艰辛。但此后他就顺风顺水了，在物理上的成就使他29岁就成了普林斯顿大学正教授，可谓年少成名。

(2) 最优秀的数学物理学家。

人们经过了许多时间才认识到，要理解自然世界，就需要对基本现象作精确的数学描述。例如，古希腊人对数学与自然世界都很感兴趣，但他们对自然世界的研究主要致力于对一切事物作定性描述，而不是对特定事物作精确的数学描述。

人类逐渐学会对简单现象作精确的数学解释，而不仅仅是对一切事物作定性描述是一个非常漫长的过程，牛顿定律就是其中重要的里程碑。不过，数学为什么对于理解物理世界如此有效，这一点仍然显得有点神秘。威滕说，每当人们更好地理解了物理定律，它们就显得微妙而优雅。数学是对事物的一种微妙而优雅的研究，且不依仗任何特定的文化传统。威滕认为或许宇宙是由数学家创造的，或者至少是数学爱好者。

威滕具有深刻的物理直觉和高超的数学能力。他专长量子场论，弦理论和相关的拓扑和几何。用物理学锋利的直觉刺破了数学界以"精密逻辑"构成的坚固外壳，把部分数学家和数学头脑从循规蹈矩的、严格的要领论中解放了出来，也让很多物理学家渐渐深入到数学界中，意识到"原来研究物理也能研究到深刻的数学"。

对于数学高度重视的物理学家前面讲述了很多，包括牛顿、玻恩、索末菲、狄拉克等人。但是索末菲的数学很刻板，物理直觉太差，这个缺点玻恩也有；玻恩对于数学是中规中矩。狄拉克讲究数学之美，讲究简单和谐和规矩。相比较这些人而言，威滕的数学是最厉害的，次于牛顿，比爱因斯坦强。

希尔伯特说哥廷根马路上的孩子都比爱因斯坦懂四维几何，爱因斯坦的数学老师闵可夫斯基说爱因斯坦的狭义相对论数学形式是粗糙的，陈省身说爱因斯坦不懂整体微分几何。可见，爱因斯坦数学虽不弱，但是比起狄拉克和威滕肯定是有差距的。

威滕是物理学家，但他的数学知识也很强。他一次又一次超越了数学界，以巧妙的物理直觉导出新颖深刻的数学定理。他对现代数学影响巨大，凭借着他的物理学再次成为数学的丰富灵感和直觉源头。威滕是除了牛顿、庞加莱等几位屈指可数的在数学物理跨界学术权威，是当今少有的能在数学和物理两大领域都作出一流成果的全能型科学家。

（3）弦理论。

在粒子学说的物理世界里，认为所有物质都是由只占零维空间的"点"组成的。粒子学说可以揭示很多粒子的相互作用，例如通过交换胶子产生强作用力；而对于引力，人们认为是引力子在起作用。可"引力子"和光子完全不一样，至今未被发现且理论上很难解释。

1968年，一个偶然的发现，解开了物理世界的这个谜团，物理学家们偶然在一本数学书上发现了"欧拉β函数"，这个函数在描述粒子的时候，竟然能让粒子等效于一根一维的"弦"。这个发现颠覆了人们的世界观，在日后则发展出"弦理论"。

弦理论是理论物理的一个分支学科，主要试图解决表面上不兼容的两个主要物理学理论——量子力学和广义相对论，并欲创造性的描述整个宇宙的"万物理论"。爱因斯坦花费了后半生将近40年的主要精力去寻求和建立量子场论和广义相对论的统一理论，却没有成功。

弦理论的物理模型认为组成物质的最基本单位是一小段一维的"能量弦线"；大至银河宇宙，小至原子夸克，都是由在空间运动的"弦线"构成的；而不是零度空间的点（粒子）。这些"弦线"可以有端点，或者他们可以自己连接成一个闭合圈环。这种极小的"弦线"以不同的方式振动的时候，就分别对应于自然界中的不同粒子。这正如小提琴这样的弦乐器，仅靠不多的几根弦线作各种各样的振动就能发出无数种音色。

弦理论支持一定的振荡模式，或者共振频率，其波长准确地配合。弦理论的基础是波动模型，认为宇宙究其根本是由振动力所构成。1968～1984年，一系列数学领域的突破使很多物理学家转而相信弦理论，认为该理论具有成为物理学的万有理论和终极理论的潜力。研究人员开始频繁向该领域大规模转移，旨在对弦理论进行完善和充实。后来，人们为了纪念这段短暂的弦理论红火的时期，称之为"第一次革命"，期间的代表人物是哥伦比亚大学彼特·沃伊特教授。弦理论目前尚未能做出可以实验验证的准确预测。1984年之后，弦理论进入低潮期，超弦理论慢慢兴起。

（4）超弦理论。

超弦理论是弦论的一种，加入了超对称性，可以说是狭义的弦论，目前超弦理论主要相对于玻色弦理论而言。玻色弦理论是最早的一个弦理论模型，代表人物是美籍日裔理论物理学家南部阳一郎等人。但是，玻色弦理论无法解释费米子。此外，还有很多不足。超弦理论的出现可以解决这些难题，引发了理论物理学界的研究热潮。

弦的运动是非常复杂的，而就从1984年起，人们认定能让弦运动"最舒适"

的空间就是 10 维空间。10 维空间的弦论代替了 11 维时空的超引力理论。而在 10 维空间中，有 5 种自洽的超弦理论。它们都能自圆其说，却各自为政，互相独立。

威滕开始学习物理的时候，却正是超弦理论发展的黄金时期，他一下子就被超弦理论里的世界吸引了。通过研究，威滕利用对偶性统一了 5 种弦理论，证明了这 5 个留下来的弦理论本质上都是相同的、等价的；证明了超引力理论恰是超弦理论的低能近似。换句话说，超弦理论统一了超引力理论。

超弦理论并不是一种科学理论，而是一种基于数学推导的物理猜想，想要验证它必须制造一台直径超过 350 亿千米的环形粒子对撞机，这个直径已经比太阳系还要大了。所以，目前人类无法通过实验来验证超弦理论是否正确。

弦理论包括超弦理论非常具有形而上学的特征，这种特征主要体现在其不具备客观现实性的玄幻色彩上。由于所谓的"弦"看不见摸不着，可以通过任意的主观发挥和臆测进行各种解释，这就像许多大预言一样，还不能进行实践验证。但是，由于语言晦涩难懂，各种解释总会有一款相对比较符合大家心理习惯的解释，甚至还可以在此基础上给我们展示出预见性能，这就非常类似于形而上学的那一套了。

（5）M 理论。

1995 年在南加州大学弦理论会议中，威滕发现了种种表明微扰弦理论可以合成为一个相干的非微扰理论的迹象，他推测这是一个统一的理论，将之称为 M 理论。M 理论将弦理论的 5 个版本（以及超引力）统一到一个单一的数学结构中。看起来，它们都像是在不同的物理条件下的理论。

广义相对论没有对时空维数规定上限，在任何维黎曼流形上都能建立引力理论。而超引力理论对时空维数规定了一个上限——11 维。威滕加入了超对称性（是指玻色子和费米子之间的对称性），将弦的 10 维空间拓展到了 11 维。简单来说，就像是一张纸只有 2 维，可当许多纸叠放在一起后，就出现了一个新的维度。威滕的理论也是如此，当许多弦叠放在一起的时候，就出现了第 11 维。弦理论中的时空是 10 维的，而 M 理论的时空则为 11 维。

M 理论认为，存在无数平行的膜，膜相互作用碰撞，导致产生四种基本粒子，然后产生电磁波和物种，这就是宇宙大爆炸的原因。M 理论可以用来解释一些以前观察到的现象，在弦论中引发所谓的第二次革命，一扫弦论持续了十多年的阴霾。M 理论可能是宇宙物理理论最根本的理论。霍金在他的著作《大设计》中，认为 M 理论可能是宇宙的终极理论，并可能是爱因斯坦穷极一生所追寻的统一场理论的最终答案。宇宙是自发形成的，而不需要一个第一推动力来推动宇宙的形成。

威滕的研究一下子驱散了超弦理论的阴霾，被冷落了十多年的超弦理论又重新被推上了神坛，成为了目前解释自然界最佳的工具。威滕说：M 在这里可以代表魔术（magic）、神秘（mystery）或膜（membrane）。施瓦茨认为，M 或许还代表矩阵（matrix）。

作为"物理的终极理论"而提出的理论，M 理论希望能借由单一个理论来解释所有物质与能源的本质与交互关系，其结合了 5 种超弦理论和 11 维空间的超引力理论。威滕觉得，M 理论最深层的奥秘尚待揭示，它的真面貌还是个悬而未决的问题。为了充分了解它，威滕认为需要发明新的数学工具。而他自己也将会继续在弦理论的世界里遨游，或许，能看到 M 理论统一物理江湖的一天。迄今，M 理论取得了很好的进展，与之竞争的理论包括渐近安全引力、E8 理论、非交换几何以及因果费米子体系等，都远远落后于弦理论。M 理论核心的内容是多维空间；关键内容是超对称性。

1984—1985 年，弦理论发生第一次革命，其核心是发现"反常自由"的统一理论，1994—1995 年，弦理论又发生既外向又内在的第二次革命，弦理论演变成 M 理论。

（6）威滕与中国。

威滕曾 5 次访问中国，他认为中国在许多领域都在迅猛发展，他相信中国用不了太久就有可能在许多理论和实验科学领域成为引领国家。他感谢中国对基础物理学发展做出的贡献，特别是在大亚湾做出的开创性发现给他们关于中微子的理解提供了关键要素。

2014 年 2 月 23 日晚，包括诺贝尔奖、菲尔兹奖得主在内的近 10 位世界一流物理学家在北京欢聚一堂，在清华大学围绕"希格斯玻色子发现之后：基础物理学向何处去"的主题讨论，与会者还包括戴维·格罗斯与杰拉尔德·埃图夫特等著名物理学家。这次会议由丘成桐主持。威滕在大会上谈及物理学未来发展时说道："量子力学和相对论是物理学研究中的伟大革命，但仍有许多问题亟须解答，如宇宙的起源，粒子质量的起源。"他表示："在目前对撞机的能量上，再提高一个数量级，将会在揭示自然界的奥秘上推前一大步。现在也正是中国成为这一领域领袖的最好时机。"

2016 年，威滕在北京参加了由清华大学主办的弦论国际会议。会议开始前，他与其导师戴维·格罗斯教授在中国科学院大学接受了由中科院院长白春礼颁发的名誉博士学位（见图 2-97）。

◢ 师承关系 ◣

正规学校教育，博士导师是戴维·格罗斯。格罗斯生于 1941 年，曾任普林斯顿大学教授以及加州大学圣芭芭拉分校的理论物理研究所所长；1985 年当选为美国科学与艺术学院院士，1986 年当选为美国国家科学院院士，2004 年因揭

图 2-97　威滕（右）被授予名誉博士学位

示了粒子物理强相互作用理论中的渐近自由现象而获得诺贝尔物理学奖，2011年当选为中国科学院外籍院士，其指导的博士生弗兰克·维尔切克同年获得诺贝尔奖。威滕指导麻省理工学院的华人学者文小刚教授获得博士学位，文小刚获得2018 年理论物理界最高奖狄拉克奖。

学术贡献

威滕无疑是弦论的开创者。除此之外，他还是拓扑学、几何领域的顶尖专家。他的主要贡献包括广义相对论的正能定理证明、超对称和莫尔斯理论、拓扑量子场论、超弦紧化、重力二重性、镜像对称、超对称规范场论和对 M 理论存在性的猜想。

（1）威滕在物理学的早期贡献之一是所谓级列问题的解决方案。1984 年，威滕对重力异常做出重要贡献，为第一次弦理论革命铺平了道路。威滕在超对称规范理论仍然继续做出开创性的贡献，他与普林斯顿高等研究院的理论物理学家内森·塞伯格发展出塞伯格-威滕理论，二人合作于 1994 年首次证明出磁单极粒子存在理论上的可能性。

（2）他对"超弦理论"作出了很大的贡献，这一理论可能在相对论，量子力学和粒子相互作用之间作出统一的数学处理。他对纯数学方面的研究影响深远，例如他使用琼斯多项式来解释陈省身—西门斯理论，证明了该理论在所有情况下状态空间是二线的。这项研究对于低维拓扑结构有深远影响，并推导出量子不变量；他将扭结和链环的拓扑理论与某一物理学领域联系了起来，即现在的所谓拓扑量子场论（扭结或链环的琼斯多项式计算是一个极其困难的计算问题，但解决这一难题的方案反过来又可以为解决其他很多计算问题提供思路。威滕的研究成果似乎表明，特定物理系统可瞬间完成琼斯多项式的计算）。

（3）威滕比较家喻户晓的数学贡献还有 Jones 多项式与量子 Chern-Simons 理论、Donaldson-Witten 理论、Seiberg-Witten 理论、Gromov-Witten 理论。他还用

路径积分的物理方法证明了 Atiyah-Singer 指标定理；用物理方法证明了正质量定理。

✤ 代表作 ✤

威滕已经发表了 350 多篇（部）文章和著作，先后被同行引用 5 万多次，在物理学界名列第一。与之对比，霍金的总引用次数是 1 万多次。事实上，他被引次数超过 1000 次的论文就超过 50 篇，其中有一篇被引用了 1.1 万多次。现在的物理学家中威滕的 H 指数最高。H 指数是一个混合量化指标，可用于评估研究人员的学术产出数量与学术产出水平。一名科学家的 H 指数是指其发表的 N 篇论文中有 H 篇每篇至少被引 H 次、而其余 N-H 篇论文每篇被引均小于或等于 H 次。

✤ 学术获奖 ✤

威滕这位具有超强数学能力的物理学家横扫了物理界和数学界的各个大奖。

（1）1982 年荣获麦克阿瑟基金。

（2）1985 年威滕荣获物理学最高奖爱因斯坦奖，并于同年获国际理论物理中心颁发的狄拉克奖。

（3）1990 年国际数学联盟授予威滕菲尔兹奖，成为第一位获得该奖项的物理学家。菲尔兹奖，是据加拿大数学家约翰·查尔斯·菲尔兹（1863—1932 年，证明了黎曼—罗赫定理，加拿大皇家学会会员）要求设立的国际性数学奖项，于 1936 年首次颁发，成为最著名的世界性数学奖，常被视为数学界的诺贝尔奖。数学家们希望用这一方式来表示对菲尔兹的纪念和赞许，他不是以自己的研究工作，而是以远见、组织才能和勤恳的工作促进了 20 世纪的数学事业。菲尔兹奖每四年颁奖一次，在国际数学联盟四年一度的国际数学家大会上举行颁奖仪式，每次颁给 2~4 名有卓越贡献的年轻数学家。获奖者必须在该年元旦前未满 40 岁，每人将得到 15000 加拿大元的奖金和金质奖章一枚。

（4）1997 年荣获美国科学成就金奖。

（5）1998 年荣获丹尼·海涅曼数学物理奖。

（6）2002 年荣获美国国家科学奖章。

（7）2006 年荣获庞加莱奖。

（8）2008 年荣获克拉福德数学奖。

（9）美国物理学会的 2010 年度伊萨克·牛顿奖章于 2010 年 7 月 2 日授予了超弦理论的先驱威滕，以表彰他在基本粒子理论、量子场论、广义相对论等领域的卓著贡献，奖金为 1000 英镑。

（10）2012 年荣获基础物理学突破奖。

（11）2016 年荣获爱因斯坦世界科学奖、美国物理学会杰出贡献奖。

（12）2016 年中国科学院大学名誉博士学位，中科院院长白春礼院士亲自颁发聘书。

学术影响力

（1）威滕是当今少有的能在数学和物理两大学科上都能做出第一流成果的全能型科学家。他的大量重要贡献改变了粒子物理理论、量子场论与广义相对论等领域；在超对称理论中，威滕指数用来判断超对称是否遭到破坏。

（2）他被选入 2004 年《时代杂志》影响最大的 100 位人士中。

（3）由于弦革命的巨大影响力，主要研究者威滕被美国《生活》周刊评为第二次世界大战后第六位最有影响的人物。

名人名言

（1）历史告诉我们，消除理论之间的不协调是取得真正重大进展的一个好方法。

（2）弦理论是 21 世纪的物理，只是偶然落在了 20 世纪。目前我们仍然没有真正理解弦理论，但已经得到了一些有趣的发现。

学术标签

超弦理论的代表性人物、M 理论创立者、美国科学院院士、英国皇家学会外籍会员。

性格要素

非常谦虚。

评价与启迪

威滕教授的独创性、物理直觉和数学才能革新了物理学科，他是一名极具创造力且多产的理论物理学家，他在量子场论、广义相对论、超弦理论等领域的工作对其他物理学家产生了巨大的影响；被他的同行们广泛认为是 20 世纪最重要的理论物理学家之一。

威滕也是迄今为止唯一获得菲尔兹奖的物理学家，他的工作集中于理论物理、数学物理领域，是当今少有的能在数学和物理两大学科上都能做出第一流成果的全能型科学家。很多同行物理学家认为他的风格与牛顿非常相近，因为牛顿作为近代科学史上独一无二的大师，既是伟大的物理学家，又是伟大的数学家。对于这些说法，威滕十分谦虚地表示："我绝对不是当代牛顿，这种评价实在太高了，我只是一位普通的科学家。"

威滕在超弦理论领域是领军人物，在理论物理界很有名气，但是在普通人中远没有霍金有名；是一位不太为人所知的理论物理大师。他的 M 理论尚没有得到验证，但是目前被广泛寄予厚望；一旦验证，他将与牛顿、爱因斯坦、麦克斯韦等超级物理大师并肩。由于他的理论还只是预测，所以没有被授予诺奖，但他获得了数学中的诺贝尔奖——菲尔兹奖，足以证明他的成就。将他暂时列入与杨振宁、朗道同一序列是比较合适的。

第三章 后　　记

第一节　世界的本原

一、追问

自人类诞生以来，智者就一直追问"世界的本原是什么？"这个问题是古代先贤大哲们终生探究的课题。为此，他们也给出了很多答案。公认的"哲学史第一人""哲学和科学的始祖"泰勒斯是世界上第一个提出这个问题的人，他是在理解了腓尼基人英赫·希敦斯基探讨万物组成的原始思想之后才如此发问的。泰勒斯思考后认为，水是万物之源，"水生万物，万物复归于水"。而毕达哥拉斯学派则认为数是万物的本原，事物的性质是由某种数量关系决定的，万物按照一定的数量比例而构成和谐的秩序。

古希腊哲学家赫拉克利特认为世界的本原是火，他主张火可以和万物进行转化。赫拉克利特认为宇宙本身是它自己的创造者，宇宙的秩序都是由它自身的逻辑所规定的。主张"万物皆动""万物皆流"，这是赫拉克利特学说的本质，是米利都学派的古代朴素唯物主义思想的继承和深入的发展。

赫拉克利特的前辈、古希腊哲学家阿那克西美尼认为世界的本原是空气，齐诺弗尼斯认为世界的本原是土，而赫拉克利特本人则认为世界的本原是火。赫拉克利特的晚辈恩培多克勒将这一切糅合在一起，他认为一切事物都由这些物质的不同组合和排列构成，当元素在力的作用下分裂并以新的排列重新组合时，物质就发生了质的变化。

亚里士多德继续研究和改进了这一观点，并成为两千多年化学理论的基础。他进一步提出了世界万物的四元素论，即由土、水、气、火四元素组成万物，以后增加了第五元素即纯净的以太组成月球以上的天体。但是，亚里士多德反对留基伯和德谟克利特等人提出的原子论，不承认有真空存在。

二、启蒙

爱利亚学派的奠基人和领袖巴门尼德的学生芝诺是最早对"无穷"这一概念进行深入思考的古希腊先贤。而作为史上首位提出演化思想闻名的人，泰勒斯的学生阿那克西曼德并不同意泰勒斯的"水是万物之源"观点，他主张无穷才是万物的基石。这三人的观点都是具有朴素的唯物主义观点的;"万物源于水"的观点,类似于中国的五行说;而"无穷"是万物基石的感念。"无穷"在中国古籍中经常见到,比如《庄子·天下篇》中有"一尺之捶,日取其半,万世不竭"的文字,意思就是说可以无限地分割下去;而老子的道德经则描述了世界的本原是无中生有,一生三,三生万物。

墨子曾说:"非半弗,则不动,说在端"。这里所说的是物质的分割问题,不能分为两半的东西是不能砍开的,也就对它不能有所动作,它便是"端点"了,即到了不可再分割的时候。这就论证了物质具有不可再分割的最原始单位,与米利都学派确信的"各种各样的自然现象一定可以归因为某种简单的东西"的哲学思想类似,相当于古典原子学说中的原子概念,是原子概念的启蒙。

古希腊哲学家巴门尼德主张真空不存在,整个世界是一个均匀、永恒、不可分割、形状为球形的"一",并由此得出了运动不存在的荒诞推论,芝诺悖论则意在支持巴门尼德的学说。古希腊的原子论跟巴门尼德的这些主张有着密切关系,在很大程度上反其道而行之,首先否定了运动不存在这一荒诞推论,既而推翻了世界是一个实体的"一"这一前提,并肯定了真空的存在。

阿那克西曼德是泰勒斯的学生,而阿那克西美尼是阿那克西曼德的学生。而阿那克萨哥拉则是阿那克西美尼的学生。也就是说,泰勒斯是阿那克萨哥拉的太师爷,这些人都是古希腊著名哲学家。阿那克萨哥拉在自然哲学上的杰出贡献,是他提出了别具一格的物质结构说——种子说;提出万物的本原是种子。他认为:"结合物中包含着很多各式各样的东西,即万物的种子,带有各种形状、颜色和气味。"他认为种子是一种极细微的物质颗粒,细小到人们的感觉无法察觉。种子是永恒的,不生不灭的,数量无限多,它们的全体既不能增加也不能减少,性质也是无限多样的,而且各自独立,不能转化;宇宙万物,无论水、土、火、气,以至动物植物都是由种子组合而成的;具体事物的种种生灭变化,只不过就是种子的结合和分离。

种子说也为古代原子论的诞生奠定了基础。从现代量子力学视角出发分析其种子的性质,我们会发现,其与微观粒子有着很多相似之处。为完善种子说以解释运动的原因,阿那克萨哥拉以独立于物质的心灵而不是物质间的相互联系,作为运动的本原。这虽与自然科学的发现相悖,但其种子与心灵相结合的涡旋模型,仍不失为有魅力的宇宙起源说。

三、古代原子论的内涵

原子论是元素派学说中最简明、最具科学性的一种理论形态。英国自然科学史家丹皮尔认为,原子论在科学上"要比它以前或以后的任何学说都更接近于现代观点"。古希腊隐居学者留基伯率先提出原子论,认为万物是由原子构成的,认为原子是最小的、不可分割的物质粒子；原子论认为对物质无限细分至尽头就是原子。留基伯认为生命是从一种原始的黏土中发展起来的，一切生命都是如此。人是宇宙的缩影，因为人含有各式各样的原子。人的呼吸是不断地把原子从人体中排出去，又不断地从空气中吸入人体。因此，呼吸停止，生命便结束了。

古希腊原子论的集大成者是德谟克利特，他认为物质是可分的，但不能无限可分，有一个尽头，这个尽头就是坚固而实在的原子；认为世界是由两个基本部分——原子和虚空组成。他认为原子是最小的、不可分割的、数量无限的物质微粒。原子的基本属性是"充实性"，每个原子都是毫无空隙的。虚空的性质是空旷，原子得以在其间活动，它给原子提供了运动的条件。

德谟克利特从把某种感性存在物，当作世界本体存在过渡到从物质的内在结构方面，去寻找世界本体存在的依据，即用同质的物质微粒——原子去阐释万物，这在人类认识史上是一种深化。他认为原子才是真正的元素，气、水、土、火都是由原子构成的，并不是真正的元素。世界万物，诸如太阳、月亮和其他星体，以及地球上的一切生物和非生物，都是由这种原子结合而成的。万物都是由原子和虚空构成，"结合则生成，分离即毁灭"。组成万物的原子在质上并没有区别，但在形状、大小、数量、排列和位置上却各不相同，以此形成千差万别的事物。例如，他认为太阳和月亮，甚至人们的灵魂，是由圆而光滑的原子结合而成的。

德谟克里特的原子论规定了两种原子运动方式，一种是直线下坠，一种互相排斥。既然世上的一切变化都由原子的运动与组合决定，古希腊的原子论也就自动涵盖了一切领域，连感觉、伦理、心理等也不能例外。灵魂被德谟克利特视为是由球形原子组成的，因球形最具渗透性，且最能通过自己的运动让其他东西运动，而无节制的物质欲望是粗糙且没有光泽的原子刺激的结果。最令人惊异的则是，颜色、味道、冷热、声音和味道等被设想为由原子在空间中的位置和运动所引起，而非原子本身的性质。眼睛看见物体，被认为是受物体发出的原子流冲击所致，这实在是了不起的。由于古希腊的原子论远比其他古代学说更接近现代科学对自然的描述，其衍生的机械观和机械决定论也在科学上影响深远。

四、古代原子论的发展

德谟克利特的原子论后来在伊壁鸠鲁那里获得继承和发展，他进一步发展了德谟克利特的原子论学说。伊壁鸠鲁追随着德谟克利特，相信世界是由原子和虚空构成的，但是他并不像德谟克利特那样相信原子永远是被自然律所完全控制着的。伊壁鸠鲁也同意德谟克利特的有关"灵魂原子"的说法，认为人死后，灵魂原子离肉体而去，四处飞散，因此人死后并没有生命。他把原子分为元素原子和始原原子，并增加了原子有重量的概念。修正了德谟克利特关于原子体积和形状有无限多差别的观点，增加了与原子的运动有关的重量这一特性。他提出原子有三种运动，因重量而垂直下落的运动、稍微偏离直线的偏斜运动以及由此而产生的碰撞运动。

到古罗马时期，卢克莱修继承古代原子学说，特别是阐述并发展了伊壁鸠鲁的哲学观点。他认为物质的存在是永恒的，这与中国道家思想有类似性。他也认为整个世界包括神都是由原子构成的，提出了"无物能由无中生，无物能归于无"的唯物主义观点。他在《物性论》这部古代唯一的一部系统阐述原子论的著作里做了完整的记录，提出了原子带有挂钩之类可相互"勾结"的结构等假设。

古希腊原子论的魅力，在于其巨大的定性解释能力。比如不同形状的原子有不同的接合方式，对应于物质质地的差异；比如原子排列有不同的紧密程度，对应于物质密度的差异；除接合与排列外，原子间还可以有碰撞和反弹，激烈时甚至可冲散接合与排列，使原子自由运动，对应于液体或气体的流动性。物质守恒的观念也因原子本身的永恒而有了明确的诠释。可以毫不夸张地说，没有一种日常所见的现象是原子论无法定性解释或必须以牵强方式解释的，这在当时的学说中是无与伦比的。

古希腊哲学中的原子概念由于其与基督教中认为上帝是肉体和灵魂的创造者的理念相抵而被弃置数个世纪。期间偶有恢复原子论的尝试，但都在教会的高压下失败。15 世纪初，古希腊原子论著作残片被发现，被意大利学者带回意大利传抄，于 15 世纪下半叶出版，并于 17 世纪被译成法语、英语广为流传。"原子"作为一个自然哲学概念，在伽桑狄、培根（认为原子不断地组合以至衍生万物，他还认为，产生可感觉到的热效应的原因是现象下面的物体微粒的运动，这种运动具有原子的特性等）、波义耳（世界上在物理、化学、生物等领域研究的一切事物以及对气体和液体等都是由原子组成的，声称通过转换的方法证实了原子的存在；1661 年，波义耳在他的著作《怀疑的化学家》中认为物质是由微粒自由组合构成的）、伽利略（在原子论思想的基础上建立了物理学及其宇宙观）等人的努力下于 17 世纪得以复活。

然而，此时原子论者感兴趣的问题已经不是设想如何组成世界，而是如何在原子论的基础上建立起物理学和化学的基本理论。受到当时力学思维盛行的影响，笛卡尔否认原子的不可分割性。他认为最初的宇宙由大小相同的粒子组成，这些粒子沿封闭曲线形成旋涡，结果造成今天的宇宙基本上由三种不同的粒子组成，这些粒子的性质可由质量、速度和运动的量等进行定量的描述。

牛顿是原子论的忠实拥趸，他将光认作是一种微粒等观点均与原子论有关。将原子这一概念引入他的科学研究，这也是后世科学研究中对于原子论利用的发端。他在《光学》一书中以极明确的方式重申了几乎完全等同于古希腊原子论的观点："在我看来很可能的是，上帝最初将物质造就为实心、有质量、坚硬、不可穿透、可运动的粒子。"并且，牛顿还进一步表示，支配这些粒子运动的原理尽管尚未被完全发现，但那些原理应不具有超自然的品性，而是普适的自然律。牛顿的表述极大地凸显了原子论和机械观的地位。

17世纪的法国科学家伽桑狄宣传原子论思想并得到了牛顿的支持。他认为世界上的一切东西都是按一定次序结合起来的不可分不可灭的原子总和，世界是无限的。他认为原子是在真空中运动，但坚持认为原子不适用于解释人类的灵魂。

五、古代原子论的优缺点

在德谟克利特的哲学中，所有原子均由同样的实体组成，现代物理学的观点在这方面非常接近于赫拉克利特的观点。德谟克利特认为原子是物质的永恒的、不可毁灭的单位，它们决不能相互转化，这显然是错误的。对此，现代物理学采取了明确地反对德谟克利特的观点。基本粒子的确不是永恒的、不可毁灭的物质单位，它们实际上能够相互转化。事实上，如果两个这样的粒子以很高的动能在空间中运动，并且互相碰撞，那么，从有效能量可以产生许多新的基本粒子，而原来的两个粒子可以在碰撞中消失。德谟克利特认为原子不可再分，也被证明是错误的。德谟克利特的原子理论虽然存在着错误和不完善，但对后世物质理论的形成仍具有先导作用，为现代原子科学的发展奠定了基石。

六、古代原子论的积极影响

对量子力学的先驱们来说，古希腊的原子论是可敬的。例如，量子力学的创始人之一维尔纳·海森堡曾反复强调古希腊原子论的先导地位。另一位量子力学先驱沃尔夫冈·泡利则称古希腊的原子论为"理性思维模式的胜利"。而美国物理学家理查德·费曼则说过许多关于原子的金句，比如"天文学中最卓越的发现在于造就群星的原子与地球上的原子相同"。

另外，他在《费曼物理学讲义》的开篇语中曾对原子论的这种强大的定性解释能力作了令人印象深刻的概括："假如，在某种大灾难中，所有科学知识都将被毁，只能有一句话传于后世，什么话能用最少的词汇包含最多的信息？我相信是原子假设，即万物皆由原子——一些永恒运动着的、稍稍分离时相互吸引、彼此挤压时相互排斥的微小粒子组成。你们将会看到，在那样一句话里，只要用上一点点想象和思考，就有着关于世界的巨量信息。"

只要将古希腊的原子论与费曼这段话作一个比较，就不难发现，费曼提到的"万物皆由原子组成"、原子"永恒运动着""彼此挤压时相互排斥"以及"微小粒子"等性质都已在很大程度上被古希腊的原子论涵盖了。

七、近代原子论的前导

原子的英文名是从希腊语转化而来，原意为不可切分的。大约 2700 年前，古希腊和古印度的哲学家就提出了原子的不可切分的概念。17—18 世纪，化学家发现了物理学的根据：对于某些物质，不能通过化学手段将其继续的分解。1789 年，法国化学家拉瓦锡定义了原子一词，表示化学变化中最小的单位。

近代德国哲学家戈特弗里德·威廉·莱布尼茨（1646—1716 年，历史上少见的通才，被誉为 17 世纪的亚里士多德）认为，原子是能动的、不能分割的精神实体，是构成事物的基础和最后单位。原子是独立的、封闭的。然而，它们通过神彼此互相发生作用，并且其中每个原子都反映着、代表着整个的世界。莱布尼茨的原子论包含了比较丰富的辩证法思想，揭示出人类意识的本性、机能和发展过程；这些思想为后来的德国古典哲学家所继承，也受到了马克思、恩格斯的肯定。

18 世纪，克罗地亚数学家、天文学家、物理学家罗杰·约瑟夫·博什科维奇（1711—1787 年）基于牛顿的粒子说和力的概念以及莱布尼茨的单子论提出了他的原子论。他提出了原子间的相互作用力与它们间距离的波动关系，并提出了相互作用力的数学模型。博什科维奇的原子论被后世广泛运用，例如对于构成化合物的粒子为何能被分开的解释。博斯科维奇试图以没有大小、只有力学作用的原子模型来说明所有已知的物理现象，这为后来的气体分子运动论打下了基础。

八、道尔顿提出近代原子论

在近代原子论的建立中，英国化学家约翰·道尔顿（1766—1844 年）做出了不可磨灭的贡献，他通常被看成是科学原子论之父。1803 年 9 月，道尔顿继承古希腊朴素原子论和牛顿微粒说，基于波义耳、拉瓦锡、莱布尼茨和博什科维奇的研究成果，即化学元素是用已知的化学方法不能进一步分析的物质，同古代原子论的观点结合起来，提出了近代原子论。他指出，有多少种不同的化学元素，就有多少种不同的原子；同一种元素的原子在质量、形态等方面完全相同。他还强调查清原子的相对重量以及组成一个化合物的原子的基本数目极为重要。关于原子组成化合物的方式，道尔顿认为这是每个原子在牛顿万有引力作用下简单地并列在一起形成的，在化学反应后，原子仍保持自身不变。

道尔顿的原子论不仅成功地解释了许多化学现象和化学倍比定律，还进一步揭示了它们的内在联系，使古代朴素的原子论思想进化为科学的原子论。但由于实验证据的缺乏和道尔顿表述的不力，当时原子论并没有立即被广大化学家所理解和接受。当时，既有相当多的化学家利用原子论解释问题，也有不少化学家讨厌道尔顿的原子论。道尔顿原子论的观点直到 20 世纪初才被广泛接受。尽管现代科学的发展在一定程度上修正了原子本身的物理不可分和万有引力将原子连接在一起的观点，但是道尔顿对原子的定义却被广泛地接受下来。

对原子论进行了最有力宣传的并不是道尔顿，而是曾在格拉斯哥大学任教授的化学家托马斯·汤姆逊（1773—1852 年）；他是英国第一个公开赞赏道尔顿原子论的化学家。道尔顿也受到汤姆逊的启发，将原子论的研究重点由原来的物理方面转向了化学方面。

道尔顿原子论认为，物质世界的最小单位是原子，原子是单一的、独立的、不可被分割的，在化学变化中保持着稳定的状态，同类原子的属性也是一致的。道尔顿揭示出了一切化学现象的本质都是原子运动，提出了较系统的化学原子学说，引入了原子和原子量，认为所有化学元素都是由原子组成的。他使用原子理论解释无水盐溶解时体积不发生变化的现象，率先给出了容量分析法原理的描述，做出了开拓性的贡献。他最先从事测定原子量工作，提出用相对比较的办法求取各元素的原子量，并发表第一张原子量表，为后来测定元素原子量工作开辟了光辉前景。

道尔顿原子理论是人类第一次依据科学实验的证据，把原子学说第一次从推测转变为科学概念；他系统地阐述了微观物质世界，是人类认识物质世界的一次深刻的具有飞跃性的成就。在哲学思想上，道尔顿的原子论揭示了化学反应现象与本质的关系，继天体演化学说诞生以后，又一次冲击了当时僵化的自然观，对科学方法论的发展、辩证自然观的形成及整个哲学认识论的发展具重要意义。恩格斯指出，化学新时代是从原子论开始的，道尔顿被称为"近代化学之父"。

九、分子假说

道尔顿的原子论同过去的原子论相比，已有雄厚的科学依据。但是，道尔顿的原子论提出以后，在新的实验事实面前又出现了一个新的问题——不知如何解释气体反应定律。盖·吕萨克猜测，若不论哪种气体在同温同压下，在相同体积内部含有相同的原子数，就可以用道尔顿的原子论解释气体反应定律了；这个相同的原子数就是阿伏伽德罗常数。

阿伏伽德罗从盖·吕萨克定律得到启发，于 1811 年在他的著作中首先引入了"分子"的概念，提出了一个对近代科学有深远影响的分子假说：在相同的温度和相同压强条件下，相同体积中的任何气体总具有相同的分子个数（阿伏伽德罗常数）。阿伏伽德罗也反对当时流行的气体分子由单原子构成的观点，认为氮气、氧气、氢气都是由两个原子组成的气体分子。他认为原子是参加化学反应的最小质点，分子则是在游离状态下单质或化合物能够独立存在的最小质点。分子是由原子组成的，单质分子由相同元素的原子组成，化合物分子由不同元素的原子组成。在化学变化中，不同物质的分子中各种原子进行重新结合。

阿伏伽德罗的假设基本上克服了道尔顿原子学说的缺点，他提出的分子假说促使道尔顿原子论发展成为原子分子学说，使人们对物质结构的认识推进了一大步。如果没有阿伏伽德罗分子学说的补充，那么道尔顿的原子学说是不能被真正确立的。但遗憾的是，阿伏伽德罗的卓越见解长期得不到科学界的承认，长期不为科学界所接受，被冷落了将近半个世纪。主要原因是当时科学界还不能区分分子和原子。他提出的阿伏伽德罗常数的本质是联系微观粒子和宏观物质。阿伏伽德罗指出了分子和原子的区别和联系，是最先建立原子分子论的物理化学家。这个原子分子学说比以前道尔顿的原子学说又有了很大进展。过去，在原子和宏观物质之间没有任何过渡，要从原子推论各种物质的性质是很困难的。现在，在物质结构中发现了分子、原子这样不同的层次。因而可以认为，人们对于物质是怎样构成的问题，认识已经接近物质的本来面貌了。

十、原子论大论战

19 世纪奥地利的物理学家与哲学家恩斯特·马赫以及出生于拉脱维亚的德国籍物理化学家奥斯特瓦尔德就曾长期反对原子论，并为此与支持原子论的玻尔兹曼展开了长期论战，这也成了压垮玻尔兹曼的最后一根稻草。

马赫在哲学上是唯心主义的逻辑实证论者，他否认气体动理论和原子、分子的真实性。对此，玻尔兹曼有过尖锐的批评。坚决支持"原子论"的玻尔兹曼认为物理学的任务不仅仅就是研究能量的改变与转化的规律，而应该去探究其微观机制，内在原理。玻尔兹曼坚决反对奥斯瓦特尔德的"唯能论"："当代的原子理论能够对于所有的力学现象给出合理的图像，图像还进一步包括热的现象，只是由于计算分子运动及其困难，才使这一点的演示还不十分清楚。无论如何在我们的图像之中可以找到所有的主要事实。"

1895 年，在德国吕贝克会议因为掀起了"唯能论""原子论"两派展开了长达十几年激烈的交锋而被载入史册，可以说是仅次于 20 世纪爱因斯坦与玻尔论战的索尔维会议。在这场会议上，奥斯瓦特尔德发表了"克服科学的唯物论"的讲演，这是他公开反对原子论的宣言，当即遭到主张原子论的玻尔兹曼的激烈反对。自此这场论战正式掀开了序幕，这场论战横跨物理、化学两大领域。

坚持"唯能论"，否定"原子"存在的化学家奥斯瓦特尔德在化学界却找不到支持者，但却意外地得到物理学家的支持。而坚持承认"原子"实在性的著名物理学家玻尔兹曼却在物理界找不到支持者，反而在化学领域认同者很多。原因还是出于学术考虑。在当时的热力学中，不考虑原子、分子的概念，只要从整体上把握给定系统的参量就仍然能建立起包括热力学在内的物理学、化学理论体系。然而，如果接受原子概念尽管能取得一些理论成果，但却存在许多困难，比如会导致热现象的不可逆性与单个粒子运动的可逆性的尖锐矛盾。对这一矛盾，玻尔兹曼给出了对于原子和分子存在的假定及对热力学第二定律统计意义上的解释，奥斯特瓦尔德及众多"纯粹热力学"的拥护者便想更进一步试图去否定分子运动论和统计力学的合理性。而化学界之所以接受原子论也是因为其可以解释化学反应的本质。

但是，后来科学泰斗马赫的加入让玻尔兹曼压力倍增。马赫坚持原子（和分子）仅是"思想之物"，是一种智力工具、而不是现象背后的实在。在他看来，把原子论当作一种启发性假设是有价值的，但启发性假设仅仅是一种工具、一种手段，他坚决反对把原子看作本体论意义上的实在。马赫问道，原子是有色的、发热的、发声的、坚硬的？事实是，人们无法感觉到原子。

与玻尔兹曼站在一边的还有后来的物理学泰斗但当时名不见经传的小年轻普朗克。1897 年，玻尔兹曼接连发表两篇文章"论原子论在科学中的不可缺少性"和"再论原子论"，驳斥马赫对原子理论的反对，为原子的真实存在而辩护。而马赫只是简洁地说："我不相信原子的存在。"由于马赫在科学界举足轻重的地位，许多著名的物理学家转而相信马赫，不愿意承认"原子"的存在性。这场论战也最终导致玻尔兹曼自杀身亡。

十一、原子论的最终确立

1827 年夏，英国植物学家罗伯特·布朗（1773—1858 年）曾对各种植物的花粉颗粒浸在水中时的运动做研究，发现了花粉颗粒在水溶液中不停顿的无规则运动，这种现象被称为布朗运动。1868 年，意大利物理学家乔万尼·康托尼宣称布朗运动可通过假定物体在水中受到来自各个方向的运动水分子的撞击来说明布朗运动，从而将布朗运动直接与证明分子运动理论画上了等号。1877 年，德绍尔克思提出布朗运动是水分子的热运动而导致的。

1905 年，爱因斯坦提出通过观察由分子运动的涨落现象所产生的悬浮粒子的不规则运动来测定分子的大小，提出了第一个数学分析的方法证明了德绍尔克思的猜想，从理论上解决了半个多世纪以来科学界和哲学界争论不休的原子、分子是否存在的问题。1908 年，让·巴蒂斯特·佩兰以精密的实验（布朗运动）证实了爱因斯坦的理论预测（见图 3-1），从而无可非议地证明了原子和分子的客观存在。

这些实验结果使奥斯特瓦尔德于 1908 年 9 月公开表示接受原子论，明确承认原子的存在。可惜的是，那个时候玻尔兹曼已经自杀了，给科学界留下了遗憾。奥斯特瓦尔德还公开对玻尔兹曼进行了赞扬："玻尔兹曼在智力上，在他的科学的明晰性上都超过我们大家。"而另外一位否定"原子论"的马赫至死都还在负隅顽抗。当人们试图说服他时，他总是回答："你看到了原子吗?"。1916

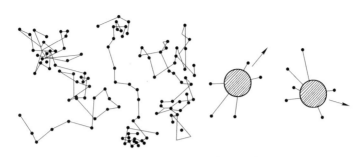

图 3-1　显微镜下的布朗运动

年，马赫去世后，他儿子回忆说他的父亲马赫曾对他讲过，"我不认为牛顿原理是完备的和完美的；可是在我的晚年，我不能接受相对论，正如我不能接受原子的存在和其他这样的教条一样。"索末菲曾形容这场论战："玻尔兹曼与奥斯特瓦尔德的之争仿佛是一头雄牛与灵巧剑手之间的一场决斗。但是这一次，尽管剑手的技艺高超，最后还是雄牛压倒了牛斗士，玻尔兹曼的论点赢得了胜利，我们这些年轻的科学家都站在他这一边。"

至此，原子论在科学界取得了完全的胜利，唯能论与原子论的交锋才宣告正式结束。这场论战使得人们关注的目光转向了微观世界。1955 年，美国物理学家 Erwin W. Mueller 发明了场离子显微镜，通过显微镜观察到了原子的图像。至此，原子的存在才得到证实。

十二、原子结构

1897 年，汤姆逊在研究阴极射线管中稀薄气体放电的实验中，证明了电子的存在，测定了电子的荷质比，轰动了整个物理学界。1903 年，汤姆逊提出了原子的葡萄干蛋糕模型。1909 年，菲利普·爱德华·安东·冯·伦纳德（1862—1947 年，因在阴极射线研究中所作出的开创性工作，荣获 1905 年度诺贝尔物理学奖）发现高能阴极射线能够穿过原子，他从这一现象出发正确地推断出原子内部的空间相对来说是空虚的。后来，卢瑟福通过 α 粒子散射实验也得到了同样的证据，并于 1911 年提出了原子的有核模型。无可辩驳地证明了原子是由带负电的电子环绕带正电的原子核所构成，该实验被评为"物理最美实验"之一，从此把原子结构的研究引上了正确的轨道，被誉为近代原子物理学之父。1913 年，玻尔在卢瑟福的模型的基础上，引入了量子化条件，提出了玻尔原子模型，后来索末菲引入了电子的椭圆轨道并改进了玻尔的模型，就是著名的索末菲原子结构模型。1926 年，薛定谔提出了电子云的概念（见图 3-2），建立了自己的原子模型。

1916 年，德国化学家阿尔布雷西特·柯塞尔在考察大量事实后得出结论：

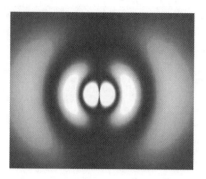

图 3-2　氢原子的电子云照片

任何元素的原子都要使最外层满足 8 电子稳定结构。1923 年，美国物理化学家吉尔伯特·牛顿·路易斯（1875—1946 年）发展了柯赛尔的理论，发现化学键的本质就是两个原子间电子的相互作用，提出了共价键的电子对理论。路易斯假设：在分子中来自于一个原子的一个电子与另一个原子的一个电子以"电子对"的形式形成原子间化学键。这在当时是一个有悖于正统理论的假设。因为，库仑定律表明，两个电子间是相互排斥的，但路易斯这种设想很快就为化学界所接受，并导致原子间电子自旋相反假设的提出。美国化学家欧文·朗缪尔（1881—1957 年，发明了氢气焊接、在灯泡充入气体的技术，因在表面化学的贡献而获得 1932 年诺贝尔化学奖）提出原子中的电子以某种性质相互连接或者说相互聚集，一组电子占有一个特定的电子层。

物理学家卢瑟福另一项重大贡献是首次进行了人工核反应实验。1919 年，他在 α 粒子（氦原子核）轰击氮原子的实验中发现了质子，进一步证明了原子的可分性。质子的反粒子是反质子，反质子是加州大学伯克利分校物理学教授埃米利奥·塞格雷（1905—1989 年，著名意大利—美国实验物理学家）和欧文·张伯伦（1921—2006 年，美国著名物理学家）于 1955 年发现的，两人为此获得了 1959 年的诺贝尔物理学奖。

1913 年，卢瑟福的学生、英国科学家莫塞莱（1887—1915 年，原子序数的发现者，很遗憾的在 28 岁死于一场无谓的战役）用实验证明了元素的主要特性由其原子序数决定，而不是由相对原子质量决定。用原子中电子数为元素周期表排序比用相对原子质量排序更正确，由此确定了原子序数与原子核电荷数之间的关系。发现了电子和质子之后，莫塞莱注意到，原子核所带正电数与原子序数相等，但相对原子质量却比原子序数大。这说明，如果原子只由质子和电子组成，它的质量将是不够的，因为电子的质量相比起来可以忽略不计。

基于此，卢瑟福早在 1920 年就猜测可能还有一种电中性的粒子。1930 年，普朗克的学生、德国物理学家、1954 年与玻恩同获诺贝尔物理学奖的瓦尔特·

威廉·格奥尔格·博特和他的学生海波特·贝克用刚发明不久的盖革计数器，发现金属铍在 α 粒子轰击下产生一种穿透性很强的辐射。1932 年，约里奥·居里夫妇重复了博特的铍辐射实验，他们改进了博特的实验装置，很容易就得到与博特相同的结果——铍射线。同年，查德威克以特有的敏感性通过实验证实恩师卢瑟福预言的中性粒子即中子是真正存在的，原子内部的秘密终于被解开了。原子由原子核与核外电子组成，原子核由质子和中子组成，质子带正电，中子不带电，见图 3-3。

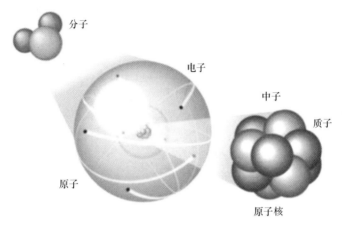

图 3-3　分子、原子、电子和中子、质子、原子核示意图

还是在 1932 年，美国物理学家安德森在研究宇宙射线中高能电子径迹的时候，发现了狄拉克 1928 年前预言的正电子的存在。至此，原子核（卢瑟福和伦纳德）、质子（卢瑟福）、中子（查德威克）、电子（汤姆逊）、反质子（塞格雷和张伯伦）、正电子（狄拉克预言、赵忠尧和安德森）都被发现了，越来越接近万物的本质。

夸克、中微子（幽灵粒子）和希格斯波色子（上帝粒子）以及其他各种基本粒子，由以后的其他科学家陆续预言和发现，如泡利、莱因斯（美国物理学家，1956 年诺贝尔物理学奖获得者）、盖尔曼、希格斯等人。这些粒子的发现逐渐充实着原子理论并逐渐揭开了万物的本质。

后来，科学家们开始研究高能粒子间的碰撞，发现中子和质子是强子的一种，由更小的夸克微粒构成。核物理的标准模型也随之发展，能够成功地在亚原子水平解释整个原子核以及亚原子粒子之间的相互作用。1985 年，朱棣文开发了能够使用激光来冷却原子的新技术。科学家们设法将钠原子置于一个磁阱中，并将少量的原子冷却至微开尔文的温度范围，这样就可以对原子进行很高精度的研究，为玻色—爱因斯坦凝聚的发现奠定了基础。历史上，因为单个原子过于微小，被认为不能够进行科学研究。2012 年，科学家已经成功使用一单个金属原子与一个有机配体连接形成一个单电子晶体管。在一些实验中，通过激光冷却的方法将原子减速并捕获，这些实验能够带来对于物质更好的理解。

1869 年，俄罗斯化学家门捷列夫（1834—1907 年）发现了元素周期律，发现从最轻的氢原子到重原子有一定的周期性，即元素化合物的形式和性质，都和元素原子量的大小有周期性的依赖关系。据此，他按照原子量制作了一张元素周期表。在门捷列夫编制的周期表中，还留有很多空格，这些空格应由尚未发现的元素来填满。门捷列夫从理论上计算出这些尚未发现的元素的最重要性质，断定它们介于邻近元素的性质之间。科学家经过近百年的不懈努力，发现了 100 多种不同类型的原子，很多填补了门捷列夫元素周期表的空格。

十三、放射性

1896 年，法国物理学家安东尼·亨利·贝克勒尔（是第一位被放射性物质夺走生命的科学家）发现一种铀盐能自动地放射出一种性质不明的射线，这就是天然放射性现象。为此，他获得 1903 年诺贝尔物理学奖。居里夫人发现铀盐具有惊人的放射强度与化合物中所含的铀量成正比，而不受化合物状况或外界环境（光线、温度）的影响。她认为，这种不可知的放射性是一种元素的特征。居里夫妇创造了一种新的化学分析方法，即发明了分离放射性同位素的技术。1898 年 7 月，居里夫妇发现新的 84 号钋元素，放射性比铀强四百倍。其后，又于 1903 年发现了新的 88 号镭元素，放射性比铀强百万倍。镭这种元素对于癌症的治疗有着非常大的作用，可以说居里夫人的这个发现挽救了千千万万的家庭。

1900 年，牛津大学的化学家弗雷德里克·索迪（1877—1956 年，获得 1921 年诺贝尔化学奖）来到麦吉尔大学，与卢瑟福一起合作，共同创立了放射性的"衰变理论"。他们认为放射性现象是一种原子过程，而不是分子过程。这一理论得到了大量实验证据的支持，大量新的放射性物质相继被发现。卢瑟福经过 9 年的潜心探索，研究铀岩的放射性，终于在 1907 年成功解释了放射性现象的本质，次年获得诺贝尔化学奖。1905 年卢瑟福与博特夫德合作，第一次提供了运用放射性测定远古矿物样品年代的方法。他们还利用放射性元素的含量及其半衰期，成功计算出太阳的寿命约为 50 亿年，开创了利用放射性元素的半衰期计算天体寿命的先河。

贝克勒尔、居里夫人、卢瑟福和索迪四位科学家是对放射性研究做出最大贡献的科学家。尤其是卢瑟福，他被公认为是 20 世纪最伟大的实验物理学家，对世界的影响力极其重要并正在增长，其影响还将持久保持下去，他在世界科学史上第一次打开了原子的神秘大门，为放射性和原子结构的研究做出了巨大贡献，使原子结构理论得以继续发展，对现代科学技术的迅猛发展具有极其深刻的意义。而放射性研究则是物质本质研究的突破性发现。放射性和放射元素的研究直接导致了原子弹的出现，影响了世界安全格局的变迁。

十四、同位素

1815—1816 年，英国化学家普劳特提出假定：一切简单质都是由氢原子和氧原子组成的，认为初始物质应该是氢，其他元素的相对原子质量是氢相对原子质量的倍数，并且应该是整数。曾积极宣扬原子论的化学家汤姆逊认为"该假说是非常站得住脚的"。普劳特假说不仅对他的同时代人，而且对后一代的化学家产生了深刻的影响，尤其是对 100 年后的弗朗西斯·威廉·阿斯顿。

玛格丽特·陶德创造了同位素一词，来表示同一种元素中不同种类的原子。电子的发现者汤姆逊创造了把质量不同的原子分离开来的方法，为后人发现同位素提供了有效的方法。

19 世纪初，索迪同卢瑟福一起提出了一种大胆的原子嬗变理论，打破了元素不会变化的传统观念。他整理了一些放射性衰变的数据，发现在 82 号元素铅到 92 号元素铀之间，竟然存在 40 种不同相对原子质量的原子核，这明显和元素周期表的预测是相违背的。他试图用化学的方法将这些不同原子相对原子质量的"元素"分离，结果都失败了。索迪根据这类事实，于 1910 年提出了同位素假说——存在不同相对原子质量和放射性，但其他物理、化学性质完全一样的化学元素变种，这些变种应该处在周期表的同一位置上。1913 年，在进行有关对放射性衰变产物的实验中，索迪和法扬斯同时发现放射性元素位移规律，为放射化学、核物理学这两门新学科的建立奠定了重要基础。

1914 年，美国化学家里查兹（他一生在化学发展中的主要贡献是重新精确地测定了元素原子量，由于这项工作，他荣获了 1914 年诺贝尔化学奖，他是获得这种荣誉的第一位美国化学家）第一个用化学实验的事实验证了索迪提出来的同位素概念。精于相对原子质量测定技术的里查兹仔细测定了不同来源的放射性矿中铅的相对原子质量。他先后测得普通铅、由最纯的镭蜕变生成的铅、澳大利亚混合铅的相对原子质量数值与元素的嬗变理论的计算值极为符合，这就证实了元素的嬗变理论，同时也确证了同位素的存在。

1919 年，英国化学家弗朗西斯·威廉·阿斯顿研制成质谱仪，使人们对同位素有了更清晰的认识。他首先使用这一新的仪器对氖进行测定，氖在电磁场作用下出现两条抛物线轨迹，表明氖的确存在 Ne–20 和 Ne–22 两种同位素。他证实自然界中的某元素实际上是该元素的几种同位素的混合体，因此该元素的相对原子质量也是依据这些同位素在自然界占据不同比例而得到的平均值。另外，他还证实了同位素有着不同的质量，并且同位素间的质量差都为一个整数，这被称为整数规则，他也因此获得了 1922 年诺贝尔化学奖。随后，阿斯顿使用质谱仪测定了几乎所有元素的同位素。实验的结果表明，不仅放射性元素存在着同位素，而且非放射性元素也存在同位素，事实上几乎所有的元素都存在着同位素。

美国实验物理学家欧内斯特·劳伦斯利用回旋加速器产生了人工放射性同位素。哈罗德·克莱顿·尤里于 1932 年发现氢的同位素氘即重氢并获得 1934 年诺贝尔化学奖。第二次世界大战期间，狄拉克投入研发同位素分离法以取得铀-235，这在原子能的应用上是极关键的技术，而梅耶夫人也在从事铀同位素分离研究。

总之，同位素就是一种元素存在着质子数相同而中子数不同的几种原子。同位素的化学性质是相同的，但由于它们的中子数不同，这就造成了各原子质量会有所不同，涉及原子核的某些物理性质，如放射性等也有所不同。随着对原子结构的认识，人们也意识到原子质量整数规则的局限性。普劳特的假说最后证明是不成立的，但是普劳特关于氢是元素之母的假想得到了科学的验证。

十五、弦理论——万物的本质是能量?

从古希腊到今天，人们关于物质组成结构的认识经历了一个从古代的原子论到近代的原子论，到现代的物质结构理论多次的演变，但仍然没有达到对物质最终结构的认识。比如，人们也许会问，夸克是否可以再分？以目前的科技来说，夸克因其不可隔离性，而无法像观察电子一样把单个夸克取出来观察。所以，最前沿的科学对是否能够分割夸克仍没有答案。

也有人说，宇宙间万物的本质是能量，不同物质由不同频率的振动能量波构成，弦理论可以用来描述引力和所有基本粒子。它的一个基本观点就是自然界的基本单元，例如电子、光子、中微子和夸克等基本粒子，都是很小的弦的不同振动模式或振动激发态。每种振动模式都对应有特殊的共振频率和波长；而不同频率的振动对应于不同的质量和能量。这是关于世界本原的最新认识。当然，人们还在继续探索大自然的奥秘，希望有朝一日能够真正揭开世界的本原这个秘密。

第二节　光的本性

一、概述

人类对光本性的认识经历了一个非常曲折、漫长的过程，这其中不仅仅使我们获得了很多知识，更重要的是对科学精神和科学发现的理解。

墨子和他的学生做了世界上最早的"小孔成像"实验，并对实验结果作出了光沿直线传播的科学解释，并用此原理解释了物体和投影的关系。古希腊数学家欧几里得（公元前330—前275年）在他的《光学》著作里总结了到他那时为止已有的关于光现象的知识和猜测。那时的人们已经知道，在眼睛和被观察物体之间行进的光线是直线；当光线从一个平面反射时，入射角和反射角相等。托勒密最早做了光的折射实验。托勒密在他的最后一本重要著作《光学》中提出和说明了各种基本原理，他依靠经验发现了折射的规律，绘出了光线以各种入射角从光疏媒介进入水的折射表，但没有由此得出精确的折射定律。英国科学家罗吉尔·培根（1214—1293年）对于光学的研究极为深刻，他通过实验研究了凸透镜的放大效果以及光的反向和折射规律，证明了虹是太阳光照射空气中的水珠而形成的自然现象。达·芬奇也描述了光是如何通过不同表面反射的，眼睛是如何感觉反射并判断距离的，人类的眼睛是如何接受透视的及光投射在物体上是如何产生阴影的。

　　开普勒试图通过实验发现精确的折射定律，他的方法虽然是正确的，却没有得到其中有规律性的联系，但开普勒的研究为后来斯涅尔得出折射定律起到了一定的启示作用。17世纪20年代初，荷兰科学家斯涅尔深入研究了光的折射现象，并提出准确的折射定律，奠定了几何光学的基础。笛卡尔1637年也在他的《屈光学》中提出了著名的折射定律——光的入射角与折射角的正弦之比为常数。

　　随着几何光学的发展，物理光学的研究也开始起步。在人们对物理光学的研究过程中，光的本性问题和光的颜色问题成为焦点。关于光的本性问题，笛卡尔提出了两种假说；一种假说认为，光是类似于微粒的一种物质；另一种假说认为光是一种以"以太"为媒质的压力。虽然笛卡尔更强调媒介对光的影响和作用，但他的这两种假说已经为后来的微粒说和波动说的争论埋下了伏笔。

二、光的波动说

　　17世纪以后，人们相继发现自然界中存在着与光的直线传播现象不完全符合的事实，这就是光的波动性的表现。其中，最先被发现的就是光的衍射现象。意大利科学家格里马尔迪首先观察到光的衍射现象，但他未能正确解释这一现象，他知道他所观察到的这一衍射现象是与光的直线传播相矛盾的。格里马尔迪在1655年首次提出光的波动说。

　　胡克是光的衍射现象的另一个发现者。1665年，胡克也提出了光的波动说。他认为光的传播与水波的传播相似。1663年，英国科学家波义耳提出了物体的颜色不是物体本身的性质，而是光照射在物体上产生的效果；他第一次记载了肥皂泡和玻璃球中的彩色条纹。胡克重复了格里马尔迪的试验，并通过对肥皂泡沫的颜色的观察提出了"光是以太的一种纵向波"的假说。根据这一假说，胡克也认为光的颜色是由其频率决定的。1672年，胡克进一步提出了光波是横波的概念。

惠更斯仔细地研究了牛顿和格里马尔迪的光学实验，认为其中有很多现象都是微粒说所无法解释的。因此，他提出了比较完整的波动学说理论，这些在其《光论》及补编的《论重力的原因》中能找到相关论述。惠更斯继承并完善了胡克的观点，他把光波与声波类比，提出了以他的名字命名的描述光波在空间各点传播的原理——惠更斯原理，可以定性解释光的衍射现象。惠更斯证明了光的反射定律和折射定律，也比较好地解释了光的衍射和冰洲石（无色透明的方解石）的双折射现象，认为这是由于冰洲石分子微粒为椭圆形所致，他还成功解释了著名的"牛顿环"实验。

惠更斯原理是近代光学的一个重要基本理论。但它虽然可以预料光的衍射现象的存在，却不能对这些现象作出解释，也就是它可以确定光波的传播方向，而不能确定沿不同方向传播的振动的振幅。惠更斯原理是人类对光学现象的一个近似的认识。由于惠更斯认为光波和声波一样是一种纵波，因此他无法解释光的偏振现象；而且惠更斯所谓的波动实际上只是一种脉冲而不是一个波列，也没有建立起波动过程的周期性概念。因此，用他的理论无法解释颜色的起源，也不能说明干涉、衍射等有关光的本质的现象。总之，17 世纪，由格里马尔迪、胡克、惠更斯等人所建立起的光的波动学说还是很不成熟的。

三、光的微粒说

就在惠更斯积极地宣传波动学说的同时，牛顿的微粒学说也逐步地建立起来了。牛顿根据光的直线传播性质，提出光是微粒流的理论。1672 年，牛顿在他的论文《光和颜色的新理论》中谈到了他所作的光的色散实验：让太阳光通过一个小孔后照在暗室里的棱镜上，在对面的墙壁上会得到一个彩色光谱。在这篇论文里他用微粒说阐述了光的颜色理论。他认为，光的复合和分解就像不同颜色的微粒混合在一起又被分开一样。从光的色散现象中得出结论：单色的光束是不能再改变的，它们可以说是光的"原子"，就像物质的原子一样。

支持光的微粒说的人们认为：单色光是由单一粒子构成的，白光则是各种光粒子的混合物，棱镜只是将它们分类，使各种光粒子有不同的偏转角度。牛顿及其追随者把色散现象看作是微粒说的一个证明。

牛顿在 1704 年出版的《光学》一书中，认为光的直线传播是由于这些微粒从光源飞出来，在真空或均匀物质内由于惯性而做匀速直线运动。他说："光线是否是发光物质发射出来的很小的物体？因为这样一些物体能够直线穿过均匀媒质而不弯曲到影子区域里去，这正是光线的本性。"

牛顿在解释光的折射定律、衍射、干涉等现象的过程中进一步发展和完善了光的微粒说。牛顿在分析折射定律时，坚持微粒说的观点，认为光在光密媒质中的速度大于光疏媒质中的速度（实际上这是一种错误观点），但这在当时无法用实验加以检验的。牛顿解释光的衍射现象时认为，当光粒子通过障碍的边缘时，由于两者之间有引力作用，使光束进入了几何阴影区，这种解释在当时曾被多数人所接受。牛顿在解释光的干涉现象时，认为当光投射到一个物体上的时候，可能激起物体中以太粒子的振动，就好像投入水中的石块在水面上激起波纹一样，他甚至设想可能正是由于这种波依次地赶过光线而引起干涉现象。

四、第一轮论战

第一次波动说与粒子说的论战是由"光的颜色"这根导火索引燃的。1672年2月6日，以胡克为主席，由胡克和波义耳等组成的英国皇家学会评议委员会对牛顿提交的论文《关于光和颜色的新理论》基本上持否定的态度。牛顿开始并没有完全否定波动说，也不是微粒说偏执的支持者。但在争论展开以后，牛顿在很多论文中对胡克的波动说进行了反驳。由于此时的牛顿和胡克都没有形成完整的理论，因此波动说和微粒说之间的论战并没有全面展开。

惠更斯与牛顿有过关于光的本性的学术交流，但他更加相信光的波动说，与牛顿逐渐产生了分歧。他认为有很多现象是微粒说无法解释的，尽管微粒说也有可取之处。1678年，他在法国科学院的一次演讲中公开反对了牛顿的光的微粒说。他说，如果光是微粒性的，那么光在交叉时就会因发生碰撞而改变方向。可当时人们并没有发现这现象，而且利用微粒说解释折射现象，将得到与实际相矛盾的结果。

基于各类实验和观测，在《光学》一书中，牛顿一方面提出了两点反驳惠更斯的理由：第一，光如果是一种波，它应该同声波一样可以绕过障碍物、不会产生影子；第二，冰洲石的双折射现象说明光在不同的边上有不同的性质，波动说无法解释其原因。另一方面，牛顿把他的物质微粒观推广到了整个自然界，并与他的质点力学体系融为一体，为微粒说找到了坚强的后盾。

牛顿由于其对科学界所做出的巨大的贡献，成为了当时无人能及的一代科学巨匠。随着牛顿声望的提高，人们对他的理论顶礼膜拜，重复他的实验，并坚信与他相同的结论。整个18世纪，几乎无人向微粒说挑战，也很少再有人对光的本性作进一步的研究。

微粒说尽管在第一次光的本性争论中占上风，但治学严谨的牛顿始终认为虽然做过许多光学实验，但始终做得还很不充分；对光的本质只能提出一些问题，还停留在假设阶段，牛顿希望"留给那些认为值得努力去把这个假说应用于解释各种现象的人们去思考"。

五、第二轮论战

随着光的干涉、衍射的发现，托马斯·杨、菲涅耳和阿拉果在19世纪复活了光的波动论，从此波动说在光学本性的论战中占据了上风。

根据一些实验结果，托马斯·杨认为牛顿的微粒说并不完备。托马斯·杨认为光是在以太流中传播的弹性振动，并指出光是以纵波形式传播的。他同时指出光的不同颜色和声的不同频率是相似的。他做了著名的杨氏双缝干涉实验，实验所使用的白屏上明暗相间的黑白条纹证明了光的干涉现象，从而证明了光是一种波。

他发展了惠更斯的光学理论，形成了波动光学的基本原理，提出了光的干涉的概念和光的干涉定律，认为衍射是由直射光束与反射光束干涉形成的。虽然这种解释不完全正确，但它在波动学说的发展史上有着重要意义。但由于托马斯·杨认为光是一种纵波，所以在理论上遇到了很多麻烦。他的理论受到了英国政治家布鲁厄姆勋爵（1778—1868 年，大法官兼上院议长，创办伦敦大学）的尖刻的批评，被称作是"不合逻辑的""荒谬的""毫无价值的"。从这里可看出，光的微粒说在当时具有不可动摇的地位。

虽然，托马斯·杨的理论以及后来的辩驳都没有得到足够的重视、甚至遭人毁谤，但他的理论激起了信奉牛顿学说的科学家（牛顿学派）对光学深入研究的兴趣。1808 年，拉普拉斯用微粒说分析了光的双折射线现象，批驳了杨氏的波动说。同时，马吕斯（1775—1812 年，法国物理学家，1808 年发现反射时光的偏振，确定了偏振光强度变化的规律，即马吕斯定律；1811 年，他与毕奥各自独立地发现折射时光的偏振，提出了确定晶体光轴的方法；1810 年被选为巴黎科学院院士，他曾获得过伦敦皇家学会奖章）也发现了光在折射时的偏振现象。

因为惠更斯曾提出过光是一种纵波，而纵波不可能发生这样的偏振，这一发现成了反对波动说的有利证据。1811 年，布儒斯特在研究光的偏振现象时发现了光的偏振现象的经验定律——布儒斯特定律。光的偏振现象和偏振定律的发现，使当时的波动说陷入了困境，使物理光学的研究更朝向有利于微粒说的方向发展。

1817 年，托马斯·杨放弃了惠更斯的光是一种纵波的说法，提出了光是一种横波的假说，比较成功地解释了光的偏振现象。在吸收了一些牛顿学派的看法之后，他又建立了新的波动学说理论。他的学说影响了 20 年之后的法国物理学家菲涅耳。菲涅耳独立地研究了光的理论，并特别称赞托马斯·杨的工作。托马斯·杨的工作是一种开创性工作，它从根本上证明了波动理论的正确性，为波动说的复兴奠定了基础。

菲涅耳研究了偏振光的干涉，确定了光是横波，确认了胡克和托马斯·杨的看法。菲涅耳发现了光的圆偏振和椭圆偏振现象，用波动说解释了偏振面的旋转；推出了反射定律和折射定律的定量规律，即菲涅耳公式；解释了马吕斯的反射光偏振现象和双折射现象，奠定了晶体光学的基础。1819 年底，在菲涅耳对光的传播方向进行定性实验之后，他与阿拉果一道建立了光波的横向传播理论。

菲涅耳也曾研究光的衍射现象。为了克服惠更斯原理的局限性，他基于光的相干性，认为惠更斯原理中属于同一波面上的各个次波的位相完全相同，故这些次波传播到空间任一点都可以相干，他在惠更斯原理中包络面作图法同杨氏干涉原理相结合建立了自己的理论，这就是著名的惠更斯—菲涅耳原理，可以定量分析光的衍射现象。菲涅耳波带片给惠更斯—菲涅耳原理提供了令人信服的证据。19 世纪 20 年代初，夫琅和费首次用光栅研究了光的衍射现象，他认为单缝衍射的光强分布的计算与衍射花样的特点可由惠更斯—菲涅耳原理计算与分析得出。在他之后，德国另一位物理学家施维尔德根据新的光波学说，对光通过光栅后的衍射现象进行了成功的解释。至此，新的波动学说牢固地建立起来了，微粒说开始转向劣势。

1845 年，法拉第发现了光的偏振面在强磁场中会发生旋转的现象，揭示了光和电磁现象之间的内在联系。1852 年，德国物理学家韦伯发现并测定了电荷的电磁单位与静电单位的比值等于光在真空中的传播速度，进一步说明了光和电磁之间的内在联系。1849 年法国物理学家菲索测定了光速，1862 年傅科又使用旋转镜法得到了更加精确的测定值，并测定了光在水中的速度小于在空气中的速度，从而给光的波动说以充分精确的实验证明。光速的测定也为光的电磁理论提供了有力的证据，1864 年麦克斯韦电磁场理论的建立使光的波动说达到了成功的顶峰。

19 世纪中后期，在光的波动说与微粒说的第二次论战中，波动说已经取得了决定性胜利。但人们在为光波寻找载体时所遇到的困难，却预示了波动说所面临的危机。1887 年，德国科学家赫兹发现光电效应，光的粒子性再一次被证明。

六、波粒二象性

20 世纪初，普朗克和爱因斯坦提出了量子学说。尤其是爱因斯坦用光量子概念圆满地解释了"光电效应"问题，并总结出了光电效应方程式。因为，按照光的波动说，它是与光电效应的实验事实相矛盾的，光的粒子性再一次被提上日程。1905 年，爱因斯坦进一步研究，认为对于时间的平均值，光表现为波动；对于时间的瞬间值，光表现为粒子性。这是历史上第一次揭示微观客体波动性和粒子性的统一，即波粒二象性。1923 年，康普顿效应证实了爱因斯坦提出的关于光子具有动量的假设。康普顿借助于爱因斯坦的光子理论，从光子与电子碰撞的角度对此实验现象进行了圆满地解释。需要指出的是，我国著名物理学家吴有训先生用精湛的实验技术，精辟的理论分析，无可争议地证实了康普顿效应。康普顿对吴有训的工作给予了很高的评价，特别是吴有训的一张被 15 种元素所散射的 X 射线光谱图，康普顿把它和自己得到的石墨所散射的 X 射线光谱图并列，作为当时证实光具有粒子性的主要依据。

1927 年，杰默尔和后来的乔治·佩吉特·汤姆逊（1892—1975 年，电子的发现者汤姆逊的儿子，荣获 1937 年获得诺贝尔物理学奖）在实验中证明了电子束具有波的性质。同时，人们也证明了氦原子射线、氢原子和氢分子射线具有波的性质。在新的事实与理论面前，光的波动说与微粒说之争以"光具有波粒二象性"而落下了帷幕。

光的波动说与微粒说之争从 17 世纪初笛卡尔提出的两点假说开始，至 20 世纪初以光的"波粒二象性"告终，前后共经历了 300 多年的时间。牛顿、拉普拉斯、毕奥、惠更斯、托马斯·杨、菲涅耳、阿拉果等多位著名的科学家成为这一论战双方的主辩手。正是他们的努力揭开了遮盖在"光的本质"外面那层扑朔迷离的面纱。

以现在的眼光来看，光是一种物质，光具有波动性和粒子性，即所谓的波粒二象性。光是由光子组成的，光子在很多方面具有经典粒子的属性，但光子的出现几率是按波动光学的预言来分布的。由于普朗克常数极小，频率不十分高的光子能量和动量很小，在很多情况下，个别光子不易显示出可观测的效应，人们平时看到的是大量光子的统计行为。

当然，随着时间的推移和科技的进步，人们对光的认识越来越深刻，越来越丰富。科学家们对发光机制的研究导致了"光谱学"的建立，促进了对物质结构的深入探讨，并最终发展为量子力学。人类对光的研究对科学的发展产生了巨大推动作用，人类社会的生产生活也因此产生了空前巨大的改变。

目前，人类对光的认识远远多于其色散方面和性质方面的认识。然而，对于世间万物来说，人类目前对光的认识还是不全面的、肤浅的。爱因斯坦曾说过："整整 50 年有意识的思考，还没有使我更接近'光量子是什么'的答案。"可见，对光的本性的认识还要走很长很长的一段路程。对光的更多的认识，还有待我们人类的世世代代的不断丰富。

第三节　光谱学风云

一、概述

光谱是复色光经过色散系统，如利用棱镜、光栅、傅里叶变换等手段进行分光，形成单色光，即将一束电磁辐射的某项性质，解析成此辐射的各个组成波长对此性质的贡献。各个辐射波长都具有各自的特征强度，解析后的电磁辐射（单色光）按照波长（或频率）大小进行有序排列，形成图表。

按照光与物质的作用形式，光谱一般可分为吸收光谱、发射光谱、散射光谱等，这些不同种类的光谱学从不同方面提供物质微观结构知识及不同的化学分析。光谱学是一门主要涉及物理学及化学的重要交叉学科，是光学的一个分支学科。光谱学还是一种科学工具，在化学分析中提供了重要的定性与定量的分析方法；通过光谱来研究各种物质光谱的产生以及电磁波与物质之间的相互作用。

光谱是物质的指纹，是原子分子物理、化学反应动力学、大气环境监测、高灵敏度气体监测、工业过程控制和医学诊断等的重要手段。通过光谱学的研究，人们可以解析原子与分子的能级与几何结构、特定化学过程的反应速率、某物质在太空中特定区域的浓度分布等多方面的微观与宏观性质，可以得到原子、分子等的能级结构、能级寿命、电子的组态、分子的几何形状、化学键的性质、反应动力学等多方面物质结构的知识。人们也可以利用物质的特定组成结构来产生具有特殊光学性质的光谱。

二、光谱的发现

光谱学的研究至今已经有350多年了，开始于牛顿，是从对天文现象的研究发端的。事实上，光谱学在天文学中有大量的应用。师从著名数学家、光学家巴罗的牛顿在其指导下做了大量光学实验。1666年，牛顿通过光的色散实验（棱镜分解太阳光）发现日光具有七色，即从红光到紫光的光谱，发展出了颜色理论，这可算是对光谱最早的研究。牛顿对太阳光谱的研究的成果是一项划时代的成就，开创了光谱学这一崭新的科学天地。

1800年，英国天文学家赫歇尔研究太阳光谱的各种色光的热作用，发现太阳光谱中红外波段有辐射，这是首次探测到天体的红外辐射，他科学地推测得出了红外辐射的性质；他还发现了不连续的吸收光谱。1802年，英国科学家威廉·海德·沃拉斯顿（1766—1828年）在《皇家哲学学报》上发表了自己对天文学光谱的分析结果——他成功观察到了光谱线。苏格兰科学家、爱丁大学前校长布儒斯特观测经过气体吸收的光谱，并与太阳光谱做比较，证明了太阳大气中含有亚硝酸气，首次用光谱分析法确定星体中的组成成分，促进了光谱学与光谱分析的研究和应用。

1814—1822年，夫琅和费在太阳的光谱中发现了576条黑线，即夫琅和费线。他发现了太阳光谱中的吸收线，认识到它们相当于火花和火焰中的发射线。他第一个定量地研究了衍射光栅，用其测量了光的波长，给出了光栅方程，随后制成了衍射光栅。

从19世纪中叶起，氢原子光谱一直是光谱学研究的重要课题之一。在试图说明氢原子光谱的过程中，所得到的各项成就对量子力学法则的建立起了很大促进作用。这些法则不仅能够应用于氢原子，也能应用于其他原子、分子和凝聚态物质。

斯托克斯 1848 年发表了有关光谱的研究，对太阳光谱中的暗线（即夫琅和费线）作出解释。斐索 1848 年用分光仪观察了天体光谱，使用起偏振器从而独立地发现光波的多普勒效应，因此又称为多普勒-斐索效应。傅科 1849 年研究吸收光谱和发射光谱的关系，发现碳极间的电弧光光谱中橙黄色部分的明亮双线与夫琅和费谱线中 D1、D2 位置恰好一致。

1853 年，埃格斯特朗最先从气体放电的光谱中确定了氢的 H_α 谱线，证明它就是夫琅和费在太阳光谱中发现的 C 线；另外三根在可见光波段内，即 H_β、H_γ、H_δ 谱线，并精确测量了它们的波长。1862 年时埃格斯特朗在太阳的大气层中发现了氢和其他元素，并找到了氢原子光谱。他总结了基本的光谱分析原理，为太阳光谱的辐射波长绘制了标准太阳谱图表，记录了太阳光谱中上千条谱线的波长。埃格斯特朗的研究奠定了日后气体光谱的检测，意义十分重大。他对光谱学的发展起到了积极的推动作用，是光谱学研究链条上重要的一环，承上启下，非常关键。

布儒斯特、夫琅和费、埃格斯特朗被认为是光谱学的奠基者。此外，马赫（研究炽热气体的光谱）、阿贝（使物镜色差校正扩展到整个光谱区）和杜瓦都在光谱学研究中做出了贡献。杜瓦曾与人合作，通过光谱来分析物质的组成并研究太阳的组成。杜瓦可谓是光谱分析法的先驱之一。

三、光谱分析法的创立

19 世纪时，科学家已经注意到，当可见光被分开形成光谱时，每种组分色的亮度有所不同。有时候，有些波段出现明显的暗线，有时候也会出现异常明亮的光线。然而，当时夫琅和费和其他许多物理学家许多年来都未认识到光谱线的重要性。直到 1859 年，人们才知道光谱线作为原子或分子发出的信号意义。这主要是本生和基尔霍夫证明了夫琅和费线是化学元素的特征线，为光谱分析开拓了道路。

1853 年，化学家本生发明了著名的本生灯，灯的温度可以达到 2300 摄氏度，没有颜色，可以使他发现各种化学物质的颜色。不同物质在灯上燃烧的时候，发出不同的焰色，为他建立光谱分析提供了机遇。1859 年，本生和基尔霍夫合作制作了第一台真正意义上的光谱仪（直筒望远镜结合三棱镜，让光线进入三棱镜分光），并创立了光谱化学分析法。其实，1814 年德国物理学家夫琅和费也自制了一台光谱装置，并发现了太阳光中 576 条黑线。夫琅和费、基尔霍夫和本生等人成为光谱分析基础的奠基人。

基尔霍夫根据热平衡理论导出，任何物体对电磁辐射的发射本领和吸收本领的比值与物体特性无关，是波长和温度的普适函数，即与吸收系数成正比。并由此判断：太阳光谱的暗线（夫琅和费线）是太阳大气中元素吸收的结果；夫琅和费线与各种元素的原子发射谱线处于相同波长的位置。这些黑线的产生是由于在太阳外层的原子温度较低，因而吸收了由较高温度的太阳核心发射的连续辐射中某些特定波长造成的，这给太阳和恒星成分分析提供了一种重要的方法，天体物理由于应用光谱分析方法而进入了新阶段。

光谱化学分析法使人们可以探测出太阳、恒星以及其他不可接近的光源中某些元素的存在，为以后天体化学的研究打下了坚实的基础。1859 年 10 月 20 日，基尔霍夫向柏林科学院提交报告，指出经过光谱分析，证明了在太阳里存在着多种已知的元素，如氢、钠、铁、钙、镍等。本生和基尔霍夫合作，用这种光谱化学分析方法准确地鉴别出各种物质的成分，发现了元素铯和铷。

1861 年，英国化学家克鲁克斯爵士（1832—1919 年，曾任英国皇家学会会长，辐射计的发明者。他还发明了一种克鲁克斯管，这使得日光灯成为可能，他还发现和研究辐射效应等，为后来 X 射线和电子的发现提供了基本实验条件）用光谱法发现了铊。1863 年德国著名的化学家 F. 赖希（1799—1882 年）和其助手 H. 里希特（1824—1898 年，曾因为铟元素的发现者的头衔与赖希发生矛盾）也是用光谱法发现了新元素铟：他们研究闪锌矿的铊光谱时，发现一条靛蓝色光谱。以后又用光谱法发现了镓、钪、锗等。

光谱分析法的确立，开创了光谱分析的新时代，为元素定性鉴定和新元素发现开辟了一条新路。此后，光谱分析法被广泛采用，很快成为物理、化学和天文学界开展科学研究的重要手段，人类应用光谱技术共发现了 18 种元素。光谱分析法被称为"化学家的眼睛"。

四、光谱仪技术的发展

1871 年，瑞利勋爵导出了被称为瑞利散射定律的分子散射公式，引用光学理论来解释"天空为什么呈现蓝色"；他进行了光栅分辨率和衍射的研究，第一个对光学仪器的分辨率给出明确的定义；这项工作导致后来关于光谱仪的光学性质等一系列基础性的研究，对光谱学尤其是光谱分析的发展起了重要作用。

自聚焦作用的凹球面衍射光栅是美国人罗兰对光谱研究的最大贡献，是他于 1882 年研制的。利用这种光栅他获得了极其精密的太阳光谱，他编制的约有 14000 条谱线的"太阳光谱波长表"被作为国际标准使用长达 30 年之久。

而迈克耳逊则因为创制了精密光学仪器（迈克耳逊干涉仪）和借助这些仪器进行的光谱学和基本度量学的研究工作获得 1907 年的诺贝尔物理学奖。他发明的仪器可以测定微小长度、折射率和光波波长，在研究光谱线方面起着重要的作用，也是傅里叶光谱仪等现代光学仪器的重要组成部分。从 1870 年起，光谱仪就成了研究日光和很多化学元素光谱的重要仪器了。

第二次世界大战后，一大批阐述光谱分析应用和光谱仪器的专著问世。20世纪50—60年代原子吸收和原子荧光光谱分析技术有重大进展。20世纪80年代后期，随着计算机技术和化学计量研究的深入，发展了现代近红外技术。

光谱分析法具有分析速度快、操作简便、不需要纯样品、可同时测定多种元素和化合物以及选择性好、灵敏度高、样品损坏小的特点。现代光谱分析技术已经成为生命科学、环境科学与材料科学不可缺少的部分。

五、光谱波长的规律

1870年后，在星体的光谱中观测到了更多的氢原子谱线，解释氢光谱的本质是物理学上的一个难题。瑞士科学家巴尔末（1825年5月1日—1898年3月12日）开始研究工作时，可见光区域的4条氢谱线已经过埃姆斯特朗等人大量较精确的测定，紫外区的10条谱线也在恒星光谱中发现。但是，当时这些数据是零散的，它们波长的规律尚不为人所知。通过大量研究，1884年巴尔末公布了氢光谱波长的规律公式（巴尔末公式）：$\lambda = B\left[m^2 (m^2 - n^2) \right]$。

巴尔末又用公式推算出氢原子光谱的其他谱线，总共推算出14条谱线的波长值，计算出了氢在红外和紫外区域的其他光谱线，其结果和实验测定值完全符合，巴尔末公式也得到了实验的验证。几年后，巴尔末又发表了有关氦光谱和锂光谱的各谱线频率之间的类似关系。

1889年，瑞典光谱学家里德伯（1854—1919年）发现了许多元素的线状光谱系，其中最为明显的为碱金属原子的光谱系，它们也都能满足一个简单的公式，即里德伯公式；是他将巴尔末公式进行推广建立起来的 $1/\lambda = R_H (1/n_1^2 - 1/n_2^2)$，是比巴尔末公式更加普遍地表示氢原子谱线的公式。这个公式反映了原子内部电子的运动，其意义与开普勒行星运动三大定律一样。巴尔末公式是它在 $n=2$ 的条件下的一个特例，并因此发现了许多元素的线状光谱系，最重要的是 H_α 线（波长656.3nm），是由埃格斯特朗于1853发现的C线。

巴尔末预测了红外区域还存在一系列光谱线，而他的发现在1908年被德国物理学家弗里德里希·帕邢（1865—1947年）证实。根据巴尔末公式和里德伯公式所预测出来的所有的光谱线后来都被证实，但没有人能够解释里德伯公式的物理意义，直到后来1913年由玻尔揭开了氢原子光谱的秘密，才得到合理的解释。

巴尔末公式和里德伯公式对原子光谱理论和量子物理的发展有很大的影响，为把光谱分成线系并找出红外和紫外区域的氢光谱线系作出了楷模，科学家们最终找到了很多氢光谱线系。例如紫外光波段莱曼系、红外光波段帕邢系、近红外光波段布拉开系、远红外区普丰特系和汉弗莱系等；它们都符合比巴尔末公式更为普遍的里德伯公式。

六、塞曼效应

1896 年 10 月，洛伦兹的学生塞曼发现：在强磁场中钠光谱的 D 线有明显的增宽，即产生塞曼效应——磁场中光源的光谱线发生分裂，即原子光谱的磁致分裂现象。洛伦兹利用电子论对谱线分裂成 3 条的原因进行了定量的解释，把物体的发光解释为原子内部电子的振动产生的。他认为电子存在轨道磁矩，并且磁矩在空间的取向是量子化的，因此在磁场作用下能级发生分裂。这样当光源放在磁场中时，光源的原子内电子的振动将发生改变，使电子的振动频率增大或减小，导致光谱线的增宽或分裂。

洛伦兹从理论上导出的负电子的荷质比，与汤姆逊之后从阴极射线实验得到的结果相一致；两者相互印证，进一步证实了电子的存在。作为著名的磁光效应，塞曼效应使世人对物质的原子、光谱等有了更多了解，被誉为继 X 射线之后物理学最重要的发现之一。

塞曼效应不仅在理论上具有重要意义，而且在实用上也是重要的。在复杂光谱的分类中，塞曼效应是一种很有用的方法，有效地帮助了人们对于复杂光谱的理解。1897 年迈克耳逊、1902 年龙格和 1912 年帕邢先后观察到光谱线有时分裂多于 3 条，称为反常塞曼效应。同年帕邢和拜克发现在极强磁场中，反常塞曼效应又表现为三重分裂，叫做帕邢-拜克效应。反常塞曼效应在很长时间里一直没能得到很好的解释，此后 20 多年一直是物理学界的一件疑案。就连泡利等人对此都无能为力，直到量子力学诞生后利用电子的自旋才得到解释。

七、黑体辐射引发物理革命

1862 年，基尔霍夫首先提出了黑体的概念。理想黑体可以吸收所有照射到它表面的电磁辐射，并将这些辐射转化为热辐射，其光谱特征仅与该黑体的温度有关，与黑体的材质无关。"黑体"的温度越高，光谱中蓝色的成分则越多，而红色的成分则越少。

1900 年，普朗克从理论上确定了普朗克定律，是热辐射最基本的定律。10 月下旬普朗克第一次提出了黑体辐射公式，宣告了量子论的诞生，是现代物理学上的一场革命性突破。卢瑟福 1911 年提出原子模型，它最大的成功之处是提出了原子核的概念，这比恩师汤姆逊的"葡萄干蛋糕模型"前进了一大步。但它也有缺点——它无法正确地解释光谱的不连续性，与经典的力学理论矛盾。

1913 年 2 月，经人提醒，玻尔注意到了巴尔末公式，从光谱线的组合定律达到定态跃迁的概念使得他顿受启发，据此提出了玻尔原子模型。即通过定态假设和频率法则说明了原子的稳定性，通过引入量子化条件成功地解释氢原子光谱线规律，成功地解释了氢原子和类氢原子的结构和性质，阐述了光谱和原子结构理论的新发展，诠释了元素周期表的形成，对周期表中从氢开始的各种元素的原子结构作了说明，同时对周期表上的第 72 号元素的性质作了预言。玻尔原子模型大大扩展了量子论的影响，加速了量子论的发展。

1914—1920 年，弗兰克—赫兹实验有力地证实了玻尔模型的正确性。1915—1919 年，索末菲把玻尔的原子理论推广到包括椭圆轨道，导出光谱的精细结构，同实验结果吻合，再一次证明了玻尔原子模型的正确性。他成功地解释了氢原子光谱和重元素 X 射线谱的精细结构以及正常塞曼效应。

1921 年，玻尔阐述了光谱和原子结构理论的新发展。玻尔的原子结构模型是旧量子论的内容，有很大的局限性。而玻尔理论对于氢原子光谱的进一步的解释也遇到了困难，不能解释所观测到的氢原子光谱的各种特征，对于稍微复杂一点的多电子原子如氦原子，玻尔理论就无法解释它的光谱现象。

19 世纪末，经典物理学会遇到难以解释的问题，例如光谱就是一个典型的例子。瑞利敏感的觉得经典物理学存在问题，但是他却并不清楚问题出在哪里。瑞利认为普朗克的量子理论太冒进。他也曾想利用经典物理理论来解释原子光谱，如氢原子的发射光谱，但他的尝试以失败告终。玻尔提出解释氢原子光谱的理论时，他又觉得这种学说太激进。总之，瑞利对于量子理论并不认可。

八、量子论下的光谱学

1912 年玻恩与迈克尔逊合作完成了一些光栅光谱实验；克拉默斯和克罗尼格提出了光谱学中著名的克拉默斯—克罗尼格（Kramers‑Krönig）色散关系，用于分析红外光谱。康普顿 1918 年开始研究 X 射线的散射，研究了 X 射线经金属或石墨等物质散射后的光谱。1924 年，泡利用他天才的洞察力从浩如烟海的光谱数据中得出的不相容原理，其难度甚至远大过开普勒整理行星轨道的数据。

1926 年，海森堡最先解释了原子领域的一系列新问题。其中，包括氢光谱的经验公式、光谱在电场磁场中的分裂、光的散射等。海森堡的矩阵力学所采用的方法是一种代数方法，它从所观测到的光谱线的分立性入手，强调不连续性。不久后，泡利就使用海森堡的理论推导出了氢原子的光谱，对于验证海森堡理论的可信度非常重要。后来，在解释氢分子光谱中强弱谱线交替出现的现象时，海森堡运用矩阵力学将氢分子分成两种形式：正氢和仲氢，即发现了同素异形氢。这是个了不起的发现。

德国人克罗尼格于 1925 年 1 月提出了电子自旋的假设，但是被泡利否定了。荷兰人乌伦贝克和古德施密特随后也提出了电子自旋的想法并在《自然》上发表，以便解释碱金属原子光谱的测量结果。海森堡认为可以利用自旋—轨道耦合作用，解决泡利理论中所谓"二重线"的困难。1926 年，海森堡和约当引进自旋 S，从量子力学对反常塞曼效应作出了正确的计算很好地解释了反常塞曼效应。

玻尔没有想到困扰物理学家多年的光谱精细结构问题，居然能用"自旋"这一简单的力学概念就可以解决。在狄拉克的相对论性量子力学中，电子自旋（包括质子自旋与中子自旋）的概念有了牢固的理论基础，它成了基本方程的自然结果而不是作为一种特别的假设；狄拉克方程能够计算氢原子光谱的精细结构。1927 年，维格纳首先用对称性成功地分析了原子光谱，提出了宇称的概念。

总之，量子时代，光谱学取得了新的突破，通过量子理论成功解释了一些疑难问题，并引出了很多新的理论，比如 K-K 色散关系、泡利不相容原理、同位素、电子自旋、反常塞曼效应、宇称等，为后来物理革命奠定了基础。

九、光谱学在天文学中的应用

光谱学最大的贡献恐怕是在天文学领域，天体物理由于应用光谱分析方法而进入了新阶段。夫琅和费被誉为天体光谱学创始人，而英国天文学家威廉·哈金斯（1824—1910 年，1900—1905 年担任英国皇家学会的主席）也是天体光谱学的先驱者，他首先把光谱分析应用于恒星研究，并将照相术用于光谱研究。哈金斯用光谱学方法区分了星系和气体星云，他还用运动恒星光谱线中的多普勒频移来推断恒星运动的速度。前面讲述了，基尔霍夫用光谱学的方法研究了太阳光，获得了大量光谱线，证实太阳是由已知的化学元素组成的。之后不久，对太阳光谱的研究让人们发现了氦元素。

20 世纪初，美国天文学家维斯托·梅尔文·斯里弗（1875—1969 年，罗威尔天文台台长）对旋涡星云光谱作过十多年的研究，对 41 个河外星系的光谱进行了分析，发现 36 个星系的谱线红移现象。但是，由于他长期被人们忽视，所以发现红移现象的桂冠就落在了哈勃头上。哈勃也观察到遥远星体光谱的红移现象，他认为红移是多普勒效应所致，可以利用红移计算出星体与地球的相对速度。

印度物理学家梅格纳德·萨哈因在 1920 年导出热电离方程而闻名于世，这一方程被广泛用于恒星光谱数据的解译。欧文·朗缪尔 1923 年得出了同样的发现。这个方程的一个最重要的应用，是解释恒星的光谱分类。萨哈认为，恒星光谱形态与恒星温度有关。恒星温度越高，恒星中物质原子内的电子能级就越高，它们会跃迁到更外侧的电子轨道上。而只要热量足够，最外层的电子就会逃离原子束缚而成为自由电子，留下一个带正电荷的离子，并在光谱中留下痕迹。

光谱学研究显示，恒星含有地球上都有的各种元素，包括氧、硅、铝和铁等。英国女天文学家塞西莉亚·佩恩（1900—1979 年，哈佛大学教授，沙普利的博士生）将当时最新的原子结构与量子物理理论应用于对哈佛大学光谱资料的分析，最终于 1925 年揭开了恒星成分之谜——氢构成了太阳的主要成分，氢和氦这两种原子量最小的元素的含量要远远超越其他元素。尽管太阳里含有氢元素早在 1860 年代就已经被人所知，但那时人们仍然难以相信佩恩的理论，包括美国著名天文学家亨利·诺里斯·罗素（1877—1957 年，1900 年获普林斯顿大学哲学博士学位，任母校教授和天文台台长；先后选为英国皇家学会会员、英国皇家天文学会会员、美国科学院和法兰西科学院院士；曾任美国天文学会会长、国际天文学联合会恒星光谱组和恒星结构组主席等；定出许多双星轨道和许多恒星的质量、直径、密度，测定太阳大气化学组成，在恒星演化的研究上也有贡献）在内。后来罗素花费了整整 4 年，也得到氢元素占据主导地位的结论。至此，恒星氢元素丰度这个悬而未决许久的问题终于有了定论。

1933 年，弗里茨·兹威基利用光谱红移测量了后发座星系团中各个星系相对于星系团的运动速度。他运用维里定理在计算后发座星系团的引力质量时，提出宇宙中存在大量“看不见的物质”，也就是现在所说的暗物质，但这个观点并不为主流学界接受。40 多年后，鲁宾通过研究发现了暗物质存在的证据。她利用高精度的光谱测量技术探测到远离星系核区域的外围星体绕星系旋转速度和距离的关系，最终得到了星系中可能有大量的不可见物质的结论。

钱德拉塞卡用量子力学方法计算了作为中介光谱型恒星大气不透明度源泉的负氢离子吸收系数。而钱德拉望远镜被认为是 X 射线天文学上具有里程碑意义的空间望远镜，它标志着 X 射线天文学从测光时代进入了光谱时代。

十、分子光谱学

1933 年，分子光谱学奠基人格哈德·赫茨伯格（1904 年 12 月 25 日—1999 年 3 月 3 日，加拿大籍德国裔，曾任加拿大皇家学会主席）阐述了一种分子的对称关系对它的光谱的影响，精确地导出了许多双原子分子的离解能。1948 年他首次观察到氢分子的吸收带，成功地研究了氢、氦等稳定分子的结构。1950 年，赫茨伯格在运用光谱学阐明分子的电子结构和运动时，应用闪光光解技术收集到 NH_2 自由基，取得了 NH_2 自由基的吸收光谱，然后通过对吸收光谱的详细研究，掌握 NH_2 分别处在基态和激发态时的键长、键角等结构要素。这一成果和方法为自由基的研究开辟了新的途径。

光谱法可以分为原子光谱法和分子光谱法。分子光谱指分子从一种能态改变到另一种能态时的吸收或发射光谱，可包括从紫外到远红外直至微波谱。分子光谱与分子绕轴的转动、分子中原子在平衡位置的振动和分子内电子的跃迁相对应。分子光谱法是由分子中电子能级，振动和转动能级的变化产生的，表现为带光谱。分子光谱可提供分子的内部信息，根据分子光谱可以确定分子的转动惯量、分子的键长和键强度以及分子离解能等许多性质，从而可推测分子的结构。

属于这类分析方法的有紫外可见分光光度法（UV－VIS）、红外光谱法（IR）、分子荧光光谱法（MFS）、分子磷光光谱法（MPS）、核磁共振与顺磁共振波谱（NMR）等。其中，NMR 是对各种有机和无机物的成分、结构进行定性分析的最强有力的工具之一，有时亦可进行定量分析。

利用分子能级之间跃迁方向，可以将分子光谱分为发射光谱和吸收光谱。发射光谱是指样品本身产生的光谱被检测器接收。样品本身被激发，然后回到基态，发射出特征光谱；发射光谱一般没有光源。吸收光谱是光源发射的光谱被样品吸收了一部分，剩下的那部分光谱被检测器接收。吸收光谱都有光源。

分子光谱是提供分子内部信息的主要途径。根据分子光谱可以确定分子的转动惯量、分子的键长和键强度以及分子离解能等许多性质，从而可推测分子的结构。分子光谱学曾对物质结构的了解和量子力学的发展起了关键性作用。目前，分子光谱学的成果对天体物理学、等离子体和激光物理学有着极重要的意义。

相对于分子光谱，属于原子光谱这类分析方法的主要有原子发射光谱法（AES，利用原子对辐射的发射性质建立起来的分析方法，主要用于微量多元素的定量分析）、原子吸收光谱法（AAS，利用原子对辐射的吸收性质建立起来的分析方法，主要用于微量单元素的定量分析）、原子荧光光谱法（AFS，利用原子对辐射激发的再发射性质建立起来的分析方法，主要用于微量单元素的定量分析）以及 X 射线荧光光谱法（XFS）。原子光谱法是由原子外层或内层电子能及的变化产生的，它的表现形式为线光谱。原子光谱法研究原子光谱线的波长及其强度，光谱线的波长是定性分析的基础，光谱的强度是定量分析的基础。

十一、拉曼光谱

光谱学在应用领域中的迅速发展，对医学、环保、化工和能源研究等都有显著的影响。特别是电子和激光光谱学技术大大挖掘了光谱学的分析潜力。

印度科学家拉曼用光栅分析了海水的颜色，发现海水的颜色是海水本身的一种性质，起因于水分子对光的散射。1928 年拉曼发现了光谱的拉曼散射，即当用强的单色光源照射某物质样品时，由于分子的散射，在垂直入射光方向观察到散射光中具有三种不同频率的光从样品中发射出来。其中，一条谱线的频率与入射光频率 ν_0 相同（瑞利散射）；另两条谱线则对称地分布在 ν_0 两侧，频率为 $\nu_0 \pm \Delta\nu$；$\Delta\nu$ 的大小由样品分子的转动或振动光谱性质决定。其中，频率较小的成分 $\nu_0 - \Delta\nu$ 又称为斯托克斯线，频率较大的成分 $\nu_0 + \Delta\nu$ 称为反斯托克斯线。

靠近瑞利散射线两侧的谱线称为小拉曼光谱，远离瑞利线的两侧出现的谱线称为大拉曼光谱。瑞利散射线的强度只有入射光强度的 10^{-3}，拉曼光谱强度大约只有瑞利线的 10^{-3}。小拉曼光谱与分子的转动能级有关，大拉曼光谱与分子振动——转动能级有关。

利用拉曼光谱可以把处于红外区的分子能谱转移到可见光区来观测。与分子红外光谱不同，极性分子和非极性分子都能产生拉曼光谱。激光器的问世，提供了优质高强度单色光，有力推动了拉曼散射的研究及其应用，其应用范围遍及化学、物理学、生物学和医学等各个领域。激光拉曼光谱是一种无损检测手段，它是基于光和材料内化学键的相互作用而产生的，是物质的指纹谱，可测试物质组成、张力和应力、晶体对称性和取向、晶体质量、物质总量、物质官能团的信息等。激光拉曼光谱分析目前成为了重要的材料表征手段。

总之，光谱学从牛顿开始演化到现在，已经变成了一个重要学科分支。尤其是在应用上，具有广泛的前景，而且已经在很多领域得到了应用。光谱学在应用领域中的迅速发展，对医学、环保、化工和能源研究等都有显著的影响。特别是电子和激光光谱学技术大大挖掘了光谱学的分析潜力。

第四节　热的本质

一、关于热的唯物主义哲学观

热学是研究物质处于热状态时的有关性质和规律的物理学分支，是一门从分子运动的角度研究热现象的科学，它起源于人类对冷热现象的探索。人类在原始时代就学会用火，最早接触到了热现象。人类生存在季节交替、气候变幻的自然界中，热是人类在生活和生产中最早接触到的自然现象之一。关于热是什么的问题，很早就成为人们探讨的对象。人们对热的本质及热现象的认识，经历了一个漫长的、曲折的探索过程。

早期存在两种观点。一种见解是把热看成自然界的特殊物质。我国殷朝时期形成的"五行说"，把热（火）看做和金、木、水、土一样的东西，是构成宇宙万物的物质元素。在古希腊产生的物质元素论中，也把热（火）看做是一种独立的物质元素，赫拉克利特认为，世界就是火。另一种见解是把热看成物质粒子运动的表现，我国古代朴素唯物主义思想家提出的"元气论"，就认为热（火）是物质元气聚散变化的表现。在古希腊和古罗马，也有一些学者，特别是原子论者，把冷热看成物质微粒（原子）在虚空中运动的一种表现。卢克莱修就曾经说过，运动可以使一切东西都变得很热，甚至燃烧起来。

这两种观点完全不同，但都是基于猜测而没有任何科学依据。他们长期争执，但都基于哲学层面，使得关于热的理论研究近乎停滞。

二、温度的定量测定

将对热的认识上升到科学高度，是在伽利略时期。即，热科学的历史可以追溯到 16 世纪，是从对热的定量研究开始研究的热学的，定量研究的第一个标志是测量物体的温度。温度的定量测定，对热现象的研究是至关重要的。

1592—1600 年，伽利略制作了人类历史上第一个空气温度计。他利用空气受热膨胀和遇冷收缩的原理制成，但没有固定的刻度。此后，开始了对物体的冷热程度（温度）进行定量测定的研究，可作为"测温学"的开端；以后意大利齐曼托学社的成员们继续研究温度计。齐曼托学社是 1657 年在意大利佛罗伦萨创立，是一个类似英国皇家学会似的国家级学术组织，伽利略的学生托里拆利和维维安尼是发起人，由一批从事科学研究的人组成。

鉴于当时没有共同的测温基准，惠更斯在 1665 年提出以冰或沸水的温度作为计量温度的参考点。在此观点的基础上，1714 年华伦海特建立华氏温标，1742 年摄尔修斯建立摄氏温标（百分温标）。这两个温标的建立为温度测量制定了标准，沿用至今。

三、热的运动学说

17 世纪以后，一些著名科学家根据摩擦生热的现象，恢复了古人关于热是物质粒子特殊运动的猜测。1620 年，英国唯物主义哲学家弗朗西斯·培根首先注意到，两个物体之间的摩擦所产生的热效应，与物体的冷热程度（温度）是有区别的。他认为"热是运动"，这可看作是人们对"热量"的本质进行科学研究的开端。笛卡尔把热看成物质粒子的一种旋转运动；卡文迪许认为热是振动粒子的机械能量。

热的"运动学说"，在 17 世纪是一种比较流行的、被很多著名科学家所接受的学说。例如，波义耳、牛顿、胡克、惠更斯、罗蒙诺索夫、约翰·洛克（1632—1704 年，英国著名哲学家）及菲涅耳等著名学者都持这种观点。1747年，罗蒙诺索夫（1711—1765 年，俄国百科全书式的科学家、语言学家、哲学家和诗人，被誉为俄国科学史上的彼得大帝）在"论热和冷的原因"中，比较详细地阐明了热的运动学说。他指出"热是由于物质内部的运动，这一运动越快它的作用也越大。因此，当热运动增快时，热量应增大，而当热运动较慢时，热量减少；当热的物体与冷的物体接触时，热的物体应当被冷却，因为后者减缓了质点的热运动的速度；反之，由于运动的加快，冷的物体应当变热"。菲涅耳认为光和热是一组相似的现象，既然光是物质粒子振动的结果，那么热也应当是物质粒子振动的结果，是物质的一种运动形式，而不是什么虚无缥缈没有质量的东西。卡诺后来也相信菲涅耳的说法。

从现在的观点来看，这个学说还是比较科学的，接近了事实的真相。后来关于气体分子和关于固体的研究都有助于揭开热的本质的真相。

四、燃素说

在热学发展的过程中，对热的解释常常和燃烧有关。德国化学家贝歇尔（1685—1732年，创立了燃素说的雏形，同时也是他的思想推动了现代热学的发展）及施塔尔（1659—1734年）在17世纪末提出"燃素说"，试图解释燃烧现象，当时也将燃素解释为"热的实体物质"。

施塔尔曾任德意志普鲁士国王的御医，也是一名化学家，他是燃素说的集大成者，明确提出了"燃素"的概念。施塔尔用这个概念把当时已经发现的许多化学现象的普遍性学说，使化学"借燃素说从炼金术中解放出来"（恩格斯语）。从这个意义上来说，燃素说是有进步成分的。

燃素学说认为，燃素充塞于天地之间。植物能从空气中吸收燃素，动物又从植物中获得燃素，所以动植物中都含有大量燃素。这一学说还认为，一切与燃烧有关的化学变化都可以归结为物体吸收燃素和释放燃素的过程。

施塔尔的观点与现代化学理论存在着一个共同点，即化学反应发生时都有某种东西从一种物质转移到另外一种物质。施塔尔认为是燃素从一种物质向另一种物质转移，而现代价键理论则认为氧化还原反应中发生了电子的转移。燃素学说利用这种转移的概念解释了大量的化学现象和反应，把大量的化学事实统一在一个概念之下，这在一定程度上促进了化学的发展。

燃素学说流行的时间长达100年（17—18世纪）。英国著名的化学家约瑟夫·普利斯特列（1733—1804年，自学成才的化学大师）是一位坚定的"燃素说"的支持者，写过有关论证燃素说的文章。他通过发现了空气中存在着氧气，并用化学反应从氧化汞中释放出氧气来，当时称为"去燃素空气"，他用其来解释燃烧现象。

普利斯特列把从氧化汞中提取"去燃素空气"的实验告诉了拉瓦锡，为后来拉瓦锡推翻"燃素说"的实验奠定了基础。普利斯特列后来坚决反对拉瓦锡的新观点，拒绝接受他对氧和水的任何解释，并与之论争。直到1783年，普利斯特列在论文中承认"燃素说"和他的实验结果不吻合。值得指出的是，名扬世界的化学大师普利斯特列一生主要靠自学成才，他强烈的求知欲与非凡的勤奋态度、刻苦奋勉的精神堪称今人典范。

对燃素说的另外一个反证是英国的化学家和物理学家约瑟夫·布莱克（1728—1799年）。布莱克先后在格拉斯哥大学和爱丁堡大学任教授，是瓦特的终生好友。他曾经创造了定量化学分析法，并用这个方法发现在煅烧石灰石时并未因吸收燃素而增重，却因放出气体二氧化碳而失重，从而动摇了"燃素说"。他发现了相变潜热，提出了比热容理论，澄清了热量和温度这两个不同的概念，为热学研究做出了突出贡献。他还利用自己的潜热理论帮助瓦特改进蒸汽机。

五、热质说

拉瓦锡用大量的实验证明燃素说是错误的，提出了氧化概念，形成了燃烧的氧化理论。1772 年他推翻了"燃素说"，"热质说"开始流行。

热质说是在 19 世纪初期以前流行的一种对热的本性解释的学说，曾用来解释热的物理现象，是种错误和受局限的科学理论。有人认为，热质说是由英国著名的化学家普利斯特里提出，认为"热"是一种没有质量，也没有体积的流质，称之为"热质"。即热质是热的实体物质，以流体的形式存在。依其理论，宇宙中热质的总量为一定值，含热质越多的物体，温度就越高，所以物体温度的高低是取决于热质的含量。他认为热质可以从温度高的物体向温度低的物体流动，热质可以渗入一切物体之中，也可以穿过固体或液体的孔隙中。

也有人说，"热质说"是布莱克在 18 世纪下半叶提出的观点，他通过对"比热"及"潜热"的实验研究，提出了"热质说"，用于解释关于燃烧和热现象。宣传原子论思想并得到牛顿认可的法国物理学家伽桑狄（1592-1655 年，著名的"三种灵魂"的提出者）的观点启发了这些科学家。伽桑狄认为世界上的一切物体都是按一定次序结合起来的原子的总和，提出了"热原子"和"冷原子"的概念，认为物体发热是因为"热原子"在起作用。

"热质说"是一种对热的本性解释的学说。这个学说认为，热是一种自相排斥的、无重量的流质，称作热质；宇宙中热质的总量为一定值，它不生不灭，可透入一切物体之中，热的传递是由于热质的流动。物体是"热"还是"冷"，由它所含热质的多少决定。较热的物体含有较多的热质，冷热不同的两个物体接触时，热质便从较热的物体排入较冷的物体，直到两者的温度相同为止。

在热质说中，热是一种物质，无法产生或消灭，拉瓦锡的《化学基础》一书就把热列在基本物质之中。目前，常用的热量单位卡路里（Calorie）即起源自热质（caloric）。卡诺在 1824 年论著中借用了"热质"的概念，这是他的理论在当时受到怀疑的一个重要原因。卡诺之所以要借助于"热质"，是为了便于通过蒸汽机和水轮机的形象类比来发现热机的规律。

热质说有成功之处："热质说"可以成功地解释当时碰到的大部分热学现象。物体温度的变化可以看成是吸收或放出热质造成的；热传导是热质的流动；潜热是物质粒子与热质粒子产生化学反应的结果。热茶在室温下冷却就可以用热质说解释：热茶的温度高，表示热质浓度较高，因此热质会自动流到热质浓度较低的区域，也就是周围较冷的空气中。热质说也可以解释空气受热的膨胀，因空气的分子吸收热质，使得其体积变大。若再进一步分析在空气分子吸收热质过程中的细节，还可以解释热辐射、物体不同温度下的相变化，甚至到大部分的气体定律。

由于热质是一种物质，一个物体所减少的热质，恰好等于另一物体所增加的热质，从而热质在传递过程中是守恒的，热的守恒是这种理论中的一个基本假设。这种学说由于能比较直观地解释一些物理现象和实验结果，得到了广泛的承认。

道尔顿的气体分子模型中就包括了热质。尼古拉·卡诺提出了卡诺循环及相关的定律，形成了热机理论的基础，而卡诺的分析就是架构在热质的基础上。热质说的重大成就之一就是拉普拉斯修正牛顿的音速公式。拉普拉斯在热质说的基础上，在牛顿的公式中增加一个常数，此常数即为气体的绝热指数，该指数大幅的修正了音速的理论预测值。

在18世纪时，除了热质说以外还有一个理论可以说明热的现象——分子运动论。分子动理论是较新的理论，其中有些概念是来自原子论，可以解释燃烧及热量测定。不过，当时将分子动理论和热质说视为两个等效的理论。

六、推翻热质说

不过热质说无法解释一些只要持续作功就可以持续产生热的现象，如摩擦生热、撞击生热等现象无法解释，而且是矛盾的。1798年，英国物理学家伦福德（1753—1814年）在德国慕尼黑进行炮膛钻孔时，发现钻孔所产生的热现象和热质说的推论相反。实验使伦福德得到了"热是由运动产生的，它绝不是一种物质"的正确结论，但受到了其他科学家的反对和围攻。

1799年，英国科学家戴维进行了冰的摩擦实验：在一个同周围环境隔离开来的真空容器里，两块冰互相摩擦熔解为水，而水的比热比冰还高。在这里"热质不生不灭的守恒定律"的关系不成立了。戴维由此断言，热质是不存在的，认为热是一种特殊的运动，可能是各个物体的许多粒子的一种振动。

1843年，焦耳的实验解决了热和功之间的关系，彻底推翻了热质说。卡诺也不是一个"热质"说的铁杆拥护者，他后来用"热量"替代"热质"就说明他开始不相信"热质"说了，后来他受菲涅耳的影响彻底抛弃了热质说。卡诺认识到热不过是改变了形式的运动，并且还明确提出了在自然界中动力在量上不生不灭的思想。1850年，克劳修斯不仅否认了"热质说"的基本前提，还认为热量不能看作是物质状态的函数而与过程有关。也就是说，人们逐渐认识到热现象是与构成物质的微粒的运动是密切相联系的。总之，当时的主流科学家逐渐发现热质说是种错误和受局限的科学理论。

19世纪中，热质说逐渐被机械能守恒所取代；但并不是所有人都放弃了这个学说。热质说仍然在许多科学文献中仍有出现，一直到19世纪末才消失。这意味着，热质说的影响同样持续了一百多年的时间。

七、热的运动说取得完全胜利

19世纪中叶，蒸汽机的出现和广泛使用促进了工业迅速发展。人们为进一步提高热机效率，对物质的热性质作了深入研究，从而推动了热学实验的发展。从此，对热现象的研究走上了实验科学的道路。

做功能够产生热，消耗热也能做功，功和热之间有没有确定的关系呢？为了寻找这个关系，就是测定所谓热功当量。从1840年开始，英国物理学家、22岁的焦耳，花了近40年时间，一共做了400多次实验，历尽艰难，遭受过压制和学术前辈如法拉第等人的质疑，终于创建了辉煌业绩，得到了精确的热功当量数，也证明了热和功可以互相转化。

事实上，卡诺也先于焦耳近20年的时间研究了热功当量问题，只不过他的测试结果（1卡＝3.7焦耳）远不如焦耳的（1卡＝4.15焦耳）精确。卡诺的理论不仅是热机的理论，它还涉及热量和功的转化问题，因此也就涉及热功当量、热力学第一定律及能量守恒与转化的问题。可以设想，如果卡诺的理论在1824年就开始得到公认或推广的话，这些定律的发现可能会提前许多年。

德国物理学家尤利乌斯·罗伯特·冯·迈尔（1814—1878年，能量守恒定律发现者之一、热力学和生物物理学先驱）也有类似的研究，但是也遭遇了和卡诺一样的待遇。迈尔探索热和机械功的关系，1842年他发表了"论无机性质的力"的论文，表述了物理、化学过程中各种力（能）的转化和守恒的思想。迈尔是历史上第一个提出热量守恒定律并计算出热功当量的人，但1842年发表的这篇科学杰作当时未受到重视。

热功当量的测定，标志着热的运动说取得完全胜利，也导致了自然界的一条普遍规律——能量守恒和转化定律的建立。通过长期反复较量，在实践中经受了考验的热的运动说终于赢得了胜利。曾在17世纪被牛顿、惠更斯和罗蒙索夫支持的观点经过近200年的曲折反复，终于开始扬眉吐气了。

热的运动说指出，热量是物质运动的一种表现，它的本质就是物质内部大量实物粒子——分子、原子、电子等的运动。这种热运动越剧烈，由这些粒子组成的物体就越热，它的温度也越高。物质的运动总是和能量联系在一起的。实物粒子的热运动所具有的能量，叫做热能。热运动越剧烈，它所具有的热能也越大。所以，温度其实就是无数粒子的热运动平均能量的量度。19世纪中叶以后，热学的理论和实践都取得了突飞猛进的发展。

科技上的任何进步都不可能那么容易，热的运动学说也不是没有怀疑的声音。例如，当开尔文在1848年报道绝对温度时，他写到"热量（或者卡路里）转化为机械能的效应不太可能且肯定无法证实。"但是在他的一个脚注里暗示了他最初对热质说的怀疑，他参考了焦耳的"非常让人印象深刻的发现"。

也就是说，一方面他开始怀疑"热质说"，另一方面也不认为热与机械能会发生转化。

但由于瓦特等人的贡献和蒸汽机的广泛应用，促使人们对水蒸气热力性质的研究及对改善蒸汽机性能的研究，从而推动了热学的发展。在卡诺等人的努力下，出现了热力学这个分支。

热力学和统计力学是热学的两种描述方式。热力学是从宏观现象总结出的经验规律，研究的是宏观量之间的规律，能很好地揭示现象，具有普遍性和可靠性。热力学是一种唯象的理论，但是却没有揭示微观本质。深入研究热现象的本质，就产生了统计力学，是研究大量粒子（原子、分子）集合的宏观运动规律的科学。玻尔兹曼、麦克斯韦和克劳修斯等是这个理论的奠基人。

八、热力学研究

热力学是研究热现象中物质系统（系统是指由大量分子、原子组成的物体或物体系）在平衡时的性质和建立能量的平衡关系，以及状态发生变化时，系统与外界相互作用的学科，即用物理理论研究工程热问题，研究热、功和其他能量之间的转换关系。

卡诺是第一个把热和动力联系起来的人，1824年提出了卡诺定理，是热力学真正的理论基础建立者，卡诺的工作开创了热力学这门新的学科。19世纪中期以来，克拉佩龙、亥姆霍兹、克劳修斯、开尔文、玻尔兹曼等相继对热力学做了开拓性的贡献。

1843年克拉佩龙进一步发展了可逆过程的概念，给出了卡诺定理的微分表达式，是热力学第二定律的雏形。1847年，亥姆霍兹采用不同的方法，证实了各种不同形式的能量，如热量、电能、化学能，与功量之间的转换关系。在迈尔和焦耳研究的基础上，亥姆霍兹真正精确系统地确立了能量守恒原理，其中包括热量的守恒。

克劳修斯引入内能，提出了熵的概念，提出了热力学第二定律的一种表达形式（1850年），是历史上第一个精确表示热力学定律的科学家。他提出的克劳修斯不等式表示系统热的变化及温度之间的关系，是热力学第二定律的必然结果。他的工作为热力学的发展开辟了道路，并使热的运动学说得到了广泛的承认。1851年，克劳修斯从热力学理论论证了克拉佩龙方程，用于描述单组分系统在相平衡时压强随温度的变化率；故这个方程又称克拉佩龙—克劳修斯方程。克拉佩龙—克劳修斯方程平衡判据广泛地应用于相平衡、化学平衡、界面平衡、电化学平衡的研究中，该方程将使得气体热力学的研究拓展到了化学领域。

开尔文在热力学上也做出了突出贡献，被认为是热力学的奠基人之一。他将热力学第一和第二定律公式化，其中第二定律的另外一种表达形式就是他在1851

年提出的，也是至今通用的说法。1854 年，他提出了绝对温标，是现在科学上的标准温标，他被称为热力学之父。事实上，卡诺是热力学研究的先驱和奠基人。尽管他凭借"热质说"的理论还有不少瑕疵，但仍为热力学开了一个好头。

玻尔兹曼也是热力学的奠基人之一，它提出了著名的玻尔兹曼熵公式，引进玻尔兹曼常量 k，从统计意义对热力学第二定律进行了阐释，最先把热力学原理应用于辐射，导出热辐射定律，称斯特藩—玻尔兹曼定律。事实上，卡诺定理的诞生要早于热力学第二定律 26 年，可以看作是热力学第二定律的另一种表述。卡诺事实上成了热力学第二定律的奠基人。

1868 年，麦克斯韦提出了温度的定性定律他指出："温度是表征一个物体与其他物体交换热量能力的热状态参数；如果两个物体处于热接触，其中一个失去热量，而另一个物体得到热量，则失去热量的物体比得到热量的物体，具有更高的温度；与同一物体具有相同温度的其他物体，它们的温度都相等"。麦克斯韦为热力学第零定律奠定了基础，对衡量热的参量之一的温度做了定性表述。

1860 年，俄国化学家盖斯发表热的加和性守恒定律，是化学热力学的基础。1873 年吉布斯采用图解法研究流体的热力学，提出了三维相图。四年后，提出了吉布斯自由能、化学势等概念，阐明了化学平衡、相平衡、表面吸附等现象的本质。两位化学家的工作导致热力学从此进入化学热力学阶段，而不仅仅是物理热力学了。克劳修斯的工作使得克拉佩龙方程推广应用到化学反应中。

1906 年，能斯特提出了热力学第三定律，预测了处于绝对零度时系统的性质和熵的变化规律：当一个独立的系统的温度趋向于绝对零度时，其熵趋于定值。

热力学在生活中的应用是非常广泛的，小到空调制冷，大到工业革命的标志蒸汽机，其工作机制均受热力学三大定律支配。热力学将热与工程应用结合在一起，推动了工业生产的进程。

九、统计力学

统计力学是从微观出发，从研究分子的运动入手，根据物质的微观组成和相互作用，研究由大量粒子组成的宏观物体的性质和行为的统计规律，用统计的方法揭示了热现象的本质规律。统计力学可以阐明唯象热力学基本定律和热力学函数的微观意义，是对系统宏观性质更深入层次（微观结构）本质的认识。宏观规律无法说明涨落现象，而统计力学能够成功地解释并揭示出涨落的规律性，能很好地定性理解。它的不足是可靠性、普遍性比较差，需要建立模型，但模型与实际有一定的差距，越接近现实的模型，数学上越复杂。统计力学的初级理论是气体动力学理论。

统计力学研究工作起始于气体分子运动论。由于克劳修斯、麦克斯韦和玻尔兹曼的一系列工作使气体动理论最终成为定量的系统理论。不单单他们 3 个人，其他科学家也做了工作。1844 年，焦耳研究了空气在膨胀和压缩时的温度变化，他在这方面取得了许多成就。通过对气体分子运动速度与温度的关系的研究，焦耳计算出了气体分子的热运动速度值，从理论上奠定了波义耳—马略特和盖—吕萨克定律的基础，并解释了气体对器壁压力的实质。1852 年，焦耳与开尔文合作发现气体自由膨胀时温度下降的现象——焦耳—汤姆逊效应。他对蒸汽机的发展也做了许多工作。

1857 年，克劳修斯发展了气体动理论的基本思想，引入了分子的平移、旋转及振动运动，阐述了多个有关分子运动的问题，得出了平均自由程公式和理想气体压强公式。从气体是运动分子集合体的观点出发，他认为系统的宏观性质取决于大量分子运动的平均值；提出了建立分子运动论的前提——统计平均的概念。通过以分子碰撞器壁的研究揭示了气体定律的微观本质，对分子运动论领域作出了贡献。他进一步认为固、液、气三种聚集态的热都来自原子或分子的运动，为后来爱因斯坦和德拜的比热公式奠定了思想基础。

1860 年，麦克斯韦给出了气体分子速率分布律，计算出了平均速率和方均根速率，提出了麦克斯韦分布；后来被玻尔兹曼推广到存在外力场即势能的情形，即麦克斯韦—玻尔兹曼分布；进一步发展了一般形式的输运理论，并把它应用于扩散、热传导和气体内摩擦过程。

玻尔兹曼方程描述了由分子组成的气体的统计性质，这是人类发现的第一个关于概率随时间变化的方程，也是第一个将宏观概念的熵与微观粒子的相互作用过程联系起来的方程。1872 年他提出著名的 H 定理，把 H 函数和熵函数紧密联系起来，这是经典分子动力论的基础。同年，建立了玻尔兹曼方程，是人类发现的第一个关于概率随时间变化的方程，也是第一个将宏观概念的熵与微观粒子的相互作用过程联系起来的方程。1877 年他又提出了著名的玻尔兹曼熵公式，揭示了宏观态与微观态之间的联系，指出了热力学第二定律的统计本质。

这些伟大科学家的工作都是建立在经典物理学的范畴内。统计力学以经典力学为基础，因而也叫做经典统计力学，它也具有局限性。虽然很多现象都能得到解释，但是仍旧存在很多的不足，例如随着温度趋于绝对零度，固体的热也趋于零的实验现象，就无法用经典统计力学来解释。还有黑体辐射，这被开尔文称之为"一朵乌云"。

十、量子论下的热学研究

1862 年，基尔霍夫提出绝对黑体的概念。为了解释黑体辐射，先后出现了维恩公式（维恩，1864—1928 年，德国物理学家，因发现热辐射规律——维恩位移定律和建立黑体辐射的维恩公式，获得了 1911 年诺贝尔物理学奖）和 1900

年瑞利从经典统计力学的角度提出的，1905 年经金斯改造的关于热辐射的瑞利—金斯公式。但二者都存在困难，维恩公式在短波内与黑体辐射实验结果吻合；而瑞利—金斯公式在长波区域与实验符合得很好，但在短波范围同实验结果矛盾。

瑞利—金斯公式为量子论的出现准备了条件。而黑体辐射所展现出的问题，也就是著名的麦克斯韦—玻尔兹曼能量均分学说，最终导致了量子论革命的爆发。1900 年，普朗克利用内插法将适用于短波的维恩公式和适用于长波的瑞利—金斯公式衔接起来，利用能量量子化的假说，提出了普朗克公式，与黑体辐射实验结果符合得很好。而且在短波和长波两种极限的情况下能分别过渡到维恩公式和瑞利—金斯公式。在论证过程中提出普朗克常数，以便调和经典物理学理论研究热辐射规律时遇到的矛盾。他还发现普朗克辐射定律，是热辐射最基本的定律，即辐射能按波长分布的定律；与黑体辐射的实验数据吻合很好。

普朗克 1900 年所运用的是量子统计力学理论，标志着统计力学由经典统计力学过渡到量子统计力学阶段，也意味着热学研究进入了全新的阶段。应用量子统计力学就能使一系列经典统计力学无法解释的现象，例如黑体辐射、低温下的固体比热容、固体中的电子为什么对比热的贡献如此小等。

严格探究起来，玻尔兹曼最先把热力学原理应用于辐射。他导出热辐射定律，称斯特藩—玻尔兹曼定律，是热力学中的一个著名定律，它也能通过普朗克辐射定律推导而来。即在量子论的热学研究中，最后得出的普朗克辐射定律居于核心地位。

量子理论的提出为热学研究开辟了新篇章。为了解释固体中的热现象，爱因斯坦将普朗克的量子观念引入固体比热研究，1906 年提出了固体比热容的爱因斯坦模型，是第一次从非经典物理学的角度提出的方程。1912 年德拜发现爱因斯坦的比热模型在低温下不吻合，于是改进了他的模型，提出了著名的德拜模型，弥补其在低温情形的不足，使得计算值与实际测试值吻合度较高。德拜模型把每个原子的振动都看成是独立线性振子，德拜所考虑的弹性波的简正振动能量也是量子化的，是最小能量 $h\nu$ 的倍数。就这样，爱因斯坦和德拜把量子理论推广应用在了解释固体的热现象中。玻恩也曾经与冯·卡门合作利用量子论研究固体的比热。

十一、热学研究新动向

20 世纪初以来，由于物理学的研究热点转向了相对论和量子力学以及核物理、粒子物理等领域，热学研究并未取得较大进展，也没有产生热学理论大师，一直延续到今日。但是，对于热学工程应用的研究，无数的科技工作者仍在不断努力，提高热机效率，提高能源利用率。

人们对于热的本质的认识，贯穿于整个热学研究的发展历史，反映了人类对热能的本质及能量转换规律的认识、掌握和运用的历史，它是随着生产力提高、科技进步及社会发展而发展的，其中有曲折和反复。这个历史还远没有完结，它将随着人类文明、社会进步而不断地延伸下去。

第五节　电磁学风云

一、摩擦生电现象

电的发现和应用极大地节省了人类的体力劳动和脑力劳动，使人类的力量长上了翅膀，使人类的信息触角不断延伸。电带给人类工业文明，加快了历史发展的进程。

历史上，电与磁是分别被发现和研究的。早在公元前 6 世纪，人们就有了对电的认识，认为摩擦使琥珀变得磁性化。希腊哲学鼻祖泰勒斯发现并记载了摩擦过的琥珀能吸引轻小物体。他们把琥珀叫做"elektra"，在英文中与电同音。我国东汉时期，王充在《论衡》一书中也提到摩擦琥珀能吸引轻小物体，即"顿牟掇芥"（"顿牟"就是琥珀，"掇"是拾取的意思，"芥"是细小轻微的物体，"掇芥"就是拾起微小的物体；就是说琥珀摩擦后可以吸引微小物体。）晋代张华的《博物志》一书中也有"解结有光"的记载，即在脱衣服的时候有闪光。这些都是早期的摩擦生电现象。

二、对磁性的认识

磁现象是人类很早就发现的一个自然现象。我国是最早认识和利用磁石和磁性的国家之一。春秋时期人们就发现了天然磁铁矿，就是磁石，认为石是铁的母亲，有"磁石召铁"的说法。相传 5000 多年前，在黄帝与蚩尤的战争中发明了指南车。而关于磁铁正式的文字记载出现在《管子》《鬼谷子》《吕氏春秋》《水经注》《韩非子》《淮南子》《史记》《论衡》《晋书》《山海经图赞》《萍洲可谈》和《管式地理指蒙》等古籍中，古人知道"顿牟掇芥"和"玳瑁取芥"，并将磁性用于战争和医药。

人们也逐渐认识到了磁石的指向性。我国战国时期，人们利用磁石指示南北的特性制成了指南工具——司南。唐宋时期，发明了罗盘，也就是现在的指南针。宋代沈括在《梦溪笔谈》中记录了人工磁化的方法，《武经总要》记载了罗盘的制作方法。北宋时期出使朝鲜的徐竞在《宣和奉使高丽图经》中提及指南针引领船队航海。罗盘的发明对阿拉伯和西方世界产生了巨大影响，尤其是在航海及地理大发现上。1488—1521 年，哥伦布、达伽马、麦哲伦凭借由中国传来的指南仪进行了闻名全球的航海发现。

古希腊牧羊人玛格内斯在克里特岛一个山上发现了有趣的石头，能吸引手杖上的铁头，磁的名字"magnet"来源于古希腊时代的小亚细亚玛格尼西亚地方（magnesia），因为这里也发现了磁铁矿。亚历山大城的神庙里用磁铁矿石做成拱顶，用来悬挂皇后的铁质铸像。

三、电和磁的研究交替进行

真正开始研究电和磁的是曾担任过英国女王伊丽莎白一世御医的英国人威廉·吉尔伯特博士（1544—1603 年）。1580 年前后，他开始对电和磁进行研究。经过大量实验，吉尔伯特明晰了电和磁的区别，也了解了二者之间的共性，并根据希腊琥珀的单词给电命名为"electric"。但他主要研究静电，1600 年出版了《磁石论》，重复和发展了前人有关磁的认识和实验，这是第一部伟大的系统阐述磁学的著作。吉尔伯特开创了电学和磁学的近代研究，认识了摩擦生电，拉开了电磁学研究的序幕。

1733 年，法国人发现摩擦后形成两种不同的电，一种有吸引作用一种有排斥作用。1745 年，荷兰莱顿大学教授马森布罗克制造出一个能够储存静电的装置，这个装置叫做"莱顿瓶"。收音机、电视机里面使用的电容器，就是根据这个原理制成的。

1752 年，美国人富兰克林做了著名的风筝实验。即在雷雨天气中放风筝，提出了云中的闪电和摩擦所产生的电性质相同的推测，证明"闪电"也是"电"；他提出电荷分为"正""负"，解释了法国人发现的"有两种不同的电"现象。他最早提出电荷守恒定律，认为两者的数量是守恒的。他认为雷电可以储存进莱顿瓶。富兰克林描述了"尖端放电"现象，并利用这一原理制造出避雷针。

基本同期，德国人格奥尔格·威廉·里奇曼（1711—1753 年，1741 年当选圣彼得堡科学院院士）和俄罗斯人罗蒙诺索夫也做过类似实验，不幸的是前者1753 年被电死了。1789 年，法国人库伦对有两种形式的电的认识发展到磁学理论方面，并归纳出类似于两个点电荷相互作用的两个磁极相互作用定律。

四、电学研究新阶段——从定性到定量

卡文迪许第一个将电势概念大量应用于对电学现象的解释中，并通过大量实验，提出了电势与电流成正比的关系。1777 年，卡文迪许认为电荷之间的作用力可能呈现与距离的平方成反比的关系。普利斯特列在《电学的历史和现状》一书中最先预言电荷之间的作用力只能与距离平方成反比，但这个结论在当时并

没有得到科学界的重视。此二人的研究标志着电学研究开始过度，由定量向定性转变。

1785 年，库仑用扭力秤建立了静电学中著名的库仑定律，这是电学发展史上的第一个定量规律。从此，电学的研究从定性进入定量阶段，是电学史中的一块重要的里程碑。1800 年，伏特发明了伏打电池。此后，各种化学电源相继出现，此后人们可获得比较稳定而持续的电流，并且可控制电压的高低、电流的强弱。

1826 年，欧姆独创地运用库仑的方法制造了电流扭力秤，用来精确的测量电流强度，引入和定义了电动势、电流强度和电阻的精确概念。1827 年欧姆在实验的基础上，从理论上论证了欧姆定律，得出了电流、电动势和电阻之间的关系；这标志着电学研究正式进入了定量研究阶段。

1845 年，21 岁时基尔霍夫提出了稳恒电路网络中电流、电压、电阻关系的两条电路定律，即著名的基尔霍夫电流定律和基尔霍夫电压定律。他拓展了欧姆定律，让人们可以计算复杂电路中的电流与电压。后来又研究了电路中电的流动和分布，从而阐明了电路中两点间的电势差和静电学的电势这两个物理量在量纲和单位上的一致，使基尔霍夫电路定律具有更广泛的意义。后来，美国人罗兰精确测定了欧姆绝对值及荷质比。

五、电与磁之间有无关系

长久以来，人们一直认为电和磁是互不相干的两个事物；但二者却有一定的相似性。不论是电荷还是磁极都是同性相斥，异性相吸，作用力的方向在电荷之间或磁极之间的连接线上，力的大小和它们之间的距离的平方成反比。18 世纪末，人们发现电荷能够流动，这就是电流。但是，却没有发现电和磁之间的联系。

1777 年，库仑在研究改良航海指南针中的磁针的方法的过程中，做了扭秤实验，能够测出静电力或磁力的大小，这似乎暗示着在电和磁之间存在着密切的区别和联系。在大量实验的基础上，1789 年，库仑归纳了类似于两个点电荷相互作用的两个磁极相互作用定律。库仑丰富了电学与磁学研究的计量方法，将牛顿的力学原理扩展到电学与磁学中；为电磁学的发展、电磁场理论的建立开拓了道路。但库仑提出电和磁有本质上的区别。

1820 年之前，库仑、安培、托马斯·杨和毕奥一开始都认为电和磁是两个概念，二者没有任何联系。可是奥斯特一直相信电、磁、光、热等现象相互存在内在的联系，尤其是富兰克林曾经发现莱顿瓶放电能使钢针磁化，更坚定了他的观点。1820 年，丹麦人奥斯特第一次发现了电流的磁效应，这个实验开创了把电和磁联系起来的电磁学，对科学界造成了巨大的震动。

两周之后，法国人安培就提出了磁针转动方向和电流方向的关系——著名的"右手定则"。1820年，毕奥与萨伐尔共同创建了毕奥—萨伐尔定律，这是静磁学的一个基本定律，精确地描述载流导线的电流所产生的磁场。二人转而相信电磁之间有密切联系，支持奥斯特的观点。

在奥斯特电流磁效应实验及其他一系列实验的启发下，安培1821年1月提出"分子电流假说"，认为磁场是由于运动的电流产生的，指出磁现象的本质是电流，从而解开了几千年的谜团。安培把涉及电流、磁体的各种相互作用归结为电流之间的相互作用，提出了寻找电流元相互作用规律的基本问题。1822年，安培革命性地提出了磁场对运动电荷的作用力公式"安培定律"，运用高度的数学技巧总结出了载流回路中电流元在电磁场中的运动规律。安培定律是一个电磁定律，是物理学中一个非常重要的定律。"电流"这个概念也是安培创造的。毫不客气地说，安培在电磁学中的作用是巨大的，"电学中的牛顿"是实至名归的。

1831年，法拉第发现电磁感应现象——发现当一块磁铁穿过一个闭合线路时，线路内就会有电流产生，由此得出法拉第电磁感应定律；并进而得到产生交流电的方法。他的发现奠定了电磁学的基础，是麦克斯韦的先导。曾任美国科学院院长的约瑟夫·亨利于1830年的独立研究中发现法拉第电磁感应定律，比法拉第早发现这一定律，但其并未公开此发现。1875—1876年，曾任美国科学院院长的罗兰做了带电旋转盘的磁效应实验，第一次揭示了运动电荷能够产生磁场。

至此，经过多年的争议和艰苦实验，电磁之间有必然联系的结论被证实了，二者可以相互转化。奥斯特和安培证实了电会生磁，而法拉第、亨利和罗兰证实了磁能生电。

六、电磁理论的提出

在电和磁之间的联系被发现以后，人们认识到电磁力的性质在一些方面同万有引力相似，另一些方面却又有差别。为此法拉第引进了力线的概念，认为电流产生围绕着导线的磁力线，电荷向各个方向产生电力线，并在此基础上产生了电磁场的概念。1831年，法拉第用铁粉做实验，形象地证明了磁力线的存在。他指出，这种力线不是几何的，而是一种具有物理性质的客观存在。

韦伯为建立电学单位的绝对测量做出了很多贡献。1849年前后，他提出了电流强度和电磁力的绝对单位，高斯在韦伯的协助下提出了磁学量的绝对单位。韦伯于1846年至1878年间在电动力学（即电磁学）测量方法方面的研究具有重要的基础性意义，他发明了许多电磁仪器，用来定量的测量电流强度、磁强度和电功率。

1855—1856年，麦克斯韦在《法拉第力线》中引入了"电场""磁场"的概念；麦克斯韦总结了宏观电磁现象的规律，并引进位移电流的概念。这个概念的核心思想是：变化着的电场能产生磁场，变化着的磁场也能产生电场。1865年，他预言了电磁波的存在。1873 年，麦克斯韦在其专著《论电和磁》中完成了统一的电磁理论。

在当时的德国，人们依然固守着牛顿的传统物理学观念，法拉第、麦克斯韦的理论对物质世界进行了崭新的描绘，但是违背了传统，因此在德国等欧洲中心地带毫无立足之地，甚而被当成奇谈怪论。这种状况一直持续到后来赫兹发现了人们怀疑和期待已久的电磁波为止。

1885—1889 年，赫兹首先通过实验全面验证了麦克斯韦理论的正确性。在实验室产生了无线电波，证明了无线电辐射具有波的特性，首次证实了电磁波的存在，测量了波长和速度。赫兹还通过实验证实电磁波是横波，具有与光类似的特性。他指出无线电波的振动性及它的反射和折射的特性，与光波和热波相同，他确凿无疑地肯定：光和热都是电磁辐射。

由于电磁场能够以力作用于带电粒子，一个运动中的带电粒子既受到电场的力，也受到磁场的力，洛伦兹把运动电荷所受到的电磁场的作用力归结为一个公式，人们就称这个力为洛伦兹力。描述电磁场基本规律的麦克斯韦方程组和洛伦兹力就构成了经典电动力学的基础。

现在人们认识到，电磁场是物质存在的一种特殊形式。电荷在其周围产生电场，这个电场又以力作用于其他电荷。磁体和电流在其周围产生磁场，而这个磁场又以力作用于其他磁体和内部有电流的物体。电磁场也具有能量和动量，是传递电磁力的媒介，它弥漫于整个空间。人们认识到麦克斯韦的电磁理论正确地反映了宏观电磁现象的规律，肯定了光也是一种电磁波。电学、磁学和光学得到了统一，实现了物理学的第二次大综合。

七、电磁波的利用

电磁波的电场（或磁场）随时间变化，具有周期性。在一个振荡周期中传播的距离叫波长。振荡周期的倒数，即每秒钟振动（变化）的次数称频率。整个电磁频谱，包含从电波到宇宙射线的各种波、光、和射线的集合。不同频率段落分别命名为无线电波（3kHz～3000GHz）、红外线、可见光、紫外线、X 射线、γ 射线（伽马射线）和宇宙射线，即波长越来越短，频率越来越高。

电磁波为横波，可用于探测、定位、通信等，最常用的是频率最小的无线电波。红外线用于遥控、热成像仪、红外制导、火的温暖（热辐射），与热效应有关的现象都是。可见光是大部分生物用来观察事物的基础；紫外线用于医用消毒、验证假钞、测量距离、工程上的探伤等；X 射线用于、医学上人体透视 CT 照相、工程上的探伤、物理学的测量晶体结构；伽马射线用于医学治疗和使原子发生跃迁从而产生新的射线等。

频率介于3kHz到3000GHz的无线电波是主要用于通信等领域，无线电广播（常用的收音机）与电视都是利用电磁波来进行的。根据不同的持播特性，不同的使用业务，对整个无线电频谱进行划分，共分9段：甚低频（VLF）、低频（LF）、中频（MF）、高频（HF）、甚高频（VHF）、特高频（UHF）、超高频（SHF）、极高频（EHF）和至高频，对应的波段从超长波、长波、中波、短波、米波、分米波、厘米波、毫米波和丝米波（后4种统称为微波），见表3-1。

表3-1 无线电频谱波段划分表

段号	频段名称	频段范围（含上限，不含下限）	波段名称		波长范围（含上限，不含下限）
1	极低频（ELF）	3~30 赫（Hz）	极长波		100~10 兆米
2	超低频（SLF）	30~300 赫（Hz）	超长波		10~1 兆米
3	特低频（ULF）	300~3000 赫（Hz）	特长波		100~10 万米
4	甚低频（VLF）	3~30 千赫（kHz）	甚长波		10~1 万米
5	低频（LF）	30~300 千赫（kHz）	长波		10~1 千米
6	中频（MF）	300~3000 千赫（kHz）	中波		10~1 百米
7	高频（HF）	3~30 兆赫（MHz）	短波		100~10 米
8	甚高频（VHF）	30~300 兆赫（MHz）	超短波		10~1 米
9	特高频（UHF）	300~3000 兆赫（MHz）	分米波		10~1 分米
10	超高频（SHF）	3~30 吉赫（GHz）	厘米波	微波	10~1 厘米
11	极高频（EHF）	30~300 吉赫（GHz）	毫米波		10~1 毫米
12	至高频	300~3000 吉赫（GHz）	丝米波		10~1 丝米

超低频（SLF）波长10000km（10兆米）到1000km，对应频率范围是30~300Hz，广泛地应用于军民诸多方面。民用主要应用于医学治疗、工程探测、大地物理勘探、地震研究等方面；军事主要应用于水下兵器的遥控、水下通信等方面。诸多应用中，以潜艇水下通信的应用最为突出，它能够解决岸上指挥所与海上潜艇进行远距离、大深度通信的难题。超低频对潜艇通信系统庞大复杂、技术含量高，世界上只有美国、俄罗斯等几个发达国家掌握了超低频对潜通信技术。

超高频（SHF）波长由10~1cm，厘米波对应的频率范围是3~30GHz，广泛应用于卫星通信和广播，蜂窝电话和页面调度系统及3~4G无线范围。极高频（EHF）波长由1~10mm，毫米波对应的频率范围是30~300GHz；主要应用于气象雷达、空间通信、射电天文、波导通信、5G移动通信系统等方面。这两个频率是目前与我们联系最密切的无线电波段。

1753 年 2 月 17 日，《苏格兰人》杂志上发表一篇文章，作者提出了用电流进行通信的大胆设想，这算是电磁通信的一个启蒙。其后，一位不知名的瑞典人、法国查佩兄弟、俄国外交家希林、英国青年库克以及韦伯和高斯都在电磁电报上作出努力。1793 年，法国查佩兄弟俩在巴黎和里尔之间架设了一条 230km 长的接力方式传送信息的托架式线路。1833 年，韦伯和高斯在哥廷根市上空架设了两条铜线，构建了第一台电磁电报机，实现了哥廷根大学物理研究所到天文台之间距离约 1.5km 的电报通信。

其实在 1820 年，安培首次提出利用电磁现象传递电报讯号。在 19 世纪末，意大利人古列尔莫·马可尼和俄国人波波夫同在 1895 年进行了无线电通信试验。而在印度，贾格迪什·钱德拉·博斯用无线电波响铃并引发爆炸。1901 年，塞尔维亚裔美国电气先驱 Nikola Tesla 表示，他在 1893 年开发了无线电报。所以，关于马可尼无线电之父的说法很多人会不服气。也难怪，那个时候信息不发达，在不同地方从事相似实验也是很正常的；只不过马可尼更有知识产权意识（最早获得专利权）、宣传更到位罢了。1913 年 4 月 14 日，泰坦尼克号在撞击冰山时，通信便利的马可尼的公司拯救接收了 700 名幸存者。时至今日，手机、广播、天气预报、航空航天等都离不开无线电通信。

同所有的认识过程一样，人类对电磁运动形态的认识，也是由特殊到一般、由现象到本质逐步深入的。人们对电磁现象的认识范围，是从静电、静磁和似稳电流等特殊方面逐步扩大，直到一般的运动变化的过程。

在电磁学发展的早期，人们认识到带电体之间以及磁极之间存在作用力，而作为描述这种作用力的一种手段而引入的"场"的概念，并未普遍地被人们接受为一种客观的存在。现在人们已经认识清楚，电磁场是物质存在的一种形态，它可以和一切带电物质相互作用，产生出各种电磁现象。

电磁场本身的运动服从波动的规律，这种以波动形式运动变化的电磁场称为电磁波。信息时代，电磁场与电磁波的应用无处不在。电磁场理论利用精妙的数学语言来描述客观的物理定律，通过数学方程的解来揭示场和波的客观存在。

我们应该感谢所有为电磁波以及相关理论作出贡献的科学家们——吉尔伯特、富兰克林、艾皮努斯（1724—1802 年，德国物理学家，首次尝试系统地把数学应用到电磁理论上，他的各种实验导致设计出平行板电容器，发现了矿物电气石的电学特性，并探索了其热电性）、库仑、卡文迪许、安培、高斯、伏特、欧姆、毕奥、萨伐尔、奥斯特、法拉第、亨利、焦耳、罗兰、基尔霍夫、麦克斯韦、亥维赛、洛伦兹、赫兹以及开尔文、马可尼、特斯拉和波波夫等。他们卓有成效的工作为电磁理论和相关技术的进步作出的巨大贡献，不断推动着人类社会的进步和发展。

第六节　流体力学风云

一、概述

流体力学是力学的一个分支，它主要研究流体本身的静止状态（静力学，与堤坝、船舶等的静力荷载计算问题相联系）和运动状态（动力学，与水利工程兴建和飞行器相联系），以及流体和固体界壁间有相对运动时的相互作用和流动的规律。一般而言，流体力学中研究最多的流体是水和空气。流体按压缩性的大小分为气体和液体。气体极易压缩，也称为可压缩流体；液体几乎不可以压缩，即称为不可压缩流体。

流体力学的主要基础是牛顿运动定律和质量守恒定律，常常还要用到热力学知识，有时还用到宏观电动力学的基本定律、本构方程和物理学、化学的基础知识。总之，流体力学是研究液体在平衡和运动状态下的规律，建立各种数学理论，并利用这些规律和理论解决实际工程问题的一门学科；是一门很有实用性的科学，可以广泛应用在水利、水运、航空、航海、医学、矿井通风排水、桥梁建造、港口、防洪防涝、河道整治甚至医学等多方面，对人们的生产生活影响颇深。

二、两千多年的认识期

人类对流体力学的认识经历了一个漫长的历史过程。我国《山海经》中有记载——"奇肱飞车"，此记载亦见于晋代《博物志》中。春秋时期墨翟在《墨子》中载有浮力与排液体积之间关系的设想，而且有"公输子削竹木以为鹊"的文字；《韩非子》中有"墨子为木鸢"的语句；这些均记载了我国最早的飞行器——飞车和木鸢。另外，在我国西汉早期，韩信就制作了风筝用于军事用途。风筝和木鸢承载了古人向往天空希望改造大自然的梦想，也是我国最早的关于液体和空气动力学的有关记录。

中国的风筝传入欧洲后，倍感兴趣的欧洲人开始仿制并提高了性能，也启发了他们研制载人飞行器的构想。文艺复兴时期的列奥纳多·达·芬奇做了鸟类飞行的详细研究，同时策划了制作飞行器，包括了以4个人力运作的直升机以及轻型滑翔翼。1496年1月3日，他曾测试了一部自制飞行器但以失败告终。但这些仅仅是技巧，没有上升到理论高度。

真正对流体力学学科的形成做出第一个贡献的科学家是古希腊的阿基米德，他建立了包括物理浮力定律和浮体稳定性在内的液体平衡理论，奠定了流体静力学的基础；在他的著作《论浮体》中，阿基米德阐明了浮体和潜体的有效重力计算方法。此后 1800 多年间，流体力学没有重大发展。

三、流体力学初创期

（一）流体力学的先驱者

1586 年，荷兰数学家斯蒂文（1548—1623 年，1586 年曾做实验证明两个重量不同的球同时落下同时触地，时间比伽利略还早）在他的著作《流体静力学原理》中提出流体静力学悖论，他也是第一个明确提出"流体静力学"概念的人。伽利略约 1589 年完成世界上第一部教科书《流体力学》，这本教科书很有特点，使用了讽刺喜剧般讲故事的方法来阐述他的观念。斯蒂文与伽利略两人因此成为流体力学的先驱者。

（二）流体力学先驱卡斯德利及托里拆利

17 世纪，科学迅猛发展，力学领域的研究者们开始对流体进行研究。这一时期可以认为是流体力学作为一门独立的学科发展的起步阶段，初创期。而流体力学作为一门严密的科学是随着经典力学建立了速度、加速度、力、流场等概念，以及质量、动量、能量 3 个守恒定律的奠定之后才逐步形成的。这个过程中，对于气体和水的研究成为了热门，并不断取得突破。

真正使得流体力学成为力学分支的奠基人是伽利略的学生卡斯德利及其学生托里拆利。卡斯德利是著名的水力学权威，1628 年他出版了一本有关流体力学的著作。1643 年，托里拆利通过实验建立了射流定律："水箱底部小孔液体射出的速度等于重力加速度与液体高度乘积的两倍的平方根"。这后来被证明是伯努利定律的一种特殊情况，但比伯努利的发现早了 100 多年。

射流定律是托里拆利对发展流体力学所作的最重要的贡献。后来，他又通过实验证明了从侧壁细孔喷出来的水流轨迹是抛物线形状。托里拆利及其老师卡斯德利的学说对流体的研究产生了深远的影响，为流体力学从力学中分离出来成为独立的一个学科奠定了基础。卡斯德利及托里拆利两人是流体力学先驱。

（三）近代流体力学的奠基人

1647—1653 年，法国人帕斯卡集中精力进行关于真空和流体静力学的研究，取得了一系列重大成果。他为了检验伽利略和托里拆利的理论，制作了水银气压计，反复地进行了大气压的实验，为流体动力学和流体静力学的研究铺平了道路。1653 年，他提出流体能传递压力的定律，即所谓的帕斯卡定律。至此，水静力学已初具雏形。帕斯卡在实验中不断取得新发现，并且有多项重大发明，如发明了注射器、水压机，改进了托里拆利的水银气压计等，对流体力学作出了重大贡献。

英国人波义耳为流体的第二个主要物质——气体的相关理论作出了重大贡献。1662 年，他提出了著名的波义耳定律，是当年物理学上的重大发现。1666

年，波义耳发表了"流体静力学佯谬"一文，有力地驳斥了那种轻的流体不能对重的流体施加压力的传统偏见，得出了气体的体积与压强成反比的关系，提出了波义耳定律的最初形式。

同时，法国人马略特解决了当时流体研究中理论与实验结果之间存在的许多差异，给出了计算管壁压强的公式。他对于管中水的运动、喷水的高度、塞纳河流域的水源和水量等问题都进行了研究，推进了流体力学的发展，他还结合水力学研究了材料强度问题。1676年，马略特也发表了论文说明气体体积与压力成反比的定量关系。

上述二人正式确立了著名的波义耳—马略特定律，这是第一个描述气体运动的数量公式，发现了气体体积与压强的反比关系，这是在力学运动以外的第一个被发现的自然定律，证明宇宙里是有不改变的定律。帕斯卡、波义耳和马略特三人可以被称为"近代流体力学的奠基人"。

（四）牛顿黏性理论

牛顿也研究了流体的运动。1687年，他最先提出了流体的黏滞剪应力和剪切应变率成正比的假设。他认为古老的流体力学与工程实际相差甚远，决定增加一些系数；他把物体间的摩擦力引入流体中，认为流体内也存在与摩擦力类似的"黏性力"，据此提出了牛顿黏性定律，并将符合这一规律的流体称为牛顿流体。

水、酒精等大多数纯液体、轻质油、低分子化合物溶液以及低速流动的气体等均为牛顿流体。非牛顿流体广泛存在于生活、生产和大自然之中，绝大多数生物流体都属于非牛顿流体。例如高分子聚合物的浓溶液和悬浮液等一般为非牛顿流体，石油、泥浆、水煤浆、陶瓷浆、纸浆、油漆、油墨、牙膏、高含沙水流、泥石流、地幔以及人身上血液、淋巴液、囊液等多种体液，以及像细胞质那样的"半流体"都属于非牛顿流体。食品工业中的牛奶、番茄汁、淀粉液、蛋清、苹果浆、浓糖水、酱油、果酱、炼乳、琼脂、土豆浆、熔化巧克力、面团、米粉团，及鱼糜、肉糜等各种糜状食品物料也都是非牛顿流体。整体上，非牛顿流体占据绝大多数流体的形态。

牛顿还研究了在流体中运动的物体所受到的阻力，得到阻力与流体密度、物体迎流截面积以及运动速度的平方成正比的关系。但是，牛顿没有建立起流体动力学的理论基础，他提出的许多力学模型和结论同实际情形还有较大的差别。

四、流体力学研究方法

进行流体力学的研究可以分为现场观测、实验室模拟、理论分析、数值计算四个方面。在流体力学研究中，首先是根据问题的客观条件和生产任务或理论要求，对所研究的流体建立力学模型，提出假设，使分析简化。在流体力学理论中，用简化流体物理性质的方法建立特定的流体的理论模型，用减少自变量和减少未知函数等方法来简化数学问题，在一定的范围是成功的，并解决了许多实际问题。流体力学中最常用的基本模型有：连续介质、牛顿流体、不可压缩流体、理想流体、平面流动、非牛顿流体等。

力学模型确定后，以相适应的运动学和动力学基本方程式为工具，结合起始条件和边界条件，进行各种流动的质量平衡、动量平衡和能量平衡分析，求出所需要的各种变量。从基本概念到基本方程的一系列定量研究，都涉及很深的数学问题，所以流体力学的发展是以数学的发展为前提。反过来，那些经过了实验和工程实践考验过的流体力学理论，又检验和丰富了数学理论。

五、理想流体的研究（18世纪）

（一）18世纪研究概述

人们对自然界的研究一般是从简单开始的，逐渐过渡到复杂情况；就流体力学的发展而言，也是如此。为了化繁为简，18世纪的科学家做了很多的简化。那时人们认为像水和空气这样的流体，黏性很小，对阻力的贡献可以忽略，而将流体都看作是理想流体，不考虑流体内部的黏性。

18世纪，伯努利、欧拉、克莱洛（1713—1765年，法国数学家，1734年提出克莱洛方程，1738年，克莱洛根据离心力加速度、赤道重力和两极重力推算出地球扁率的关系式，即"克莱洛定理"，法国科学院院士）等人正式将流体力学作为一个分支学科。拉格朗日和拉普拉斯也为不可压缩流体无旋流动做出了贡献。

（二）伯努利原理的提出

伯努利原理的提出者是瑞士人丹尼尔·伯努利，他用能量守恒定律解决流体的流动问题。1726年，他在研究理想液体作稳定流动时提出了伯努利原理并建立了"伯努利方程"，是流体动力学的基本方程，它反映了理想液体作稳定流动时，压强、流速和高度三者之间的关系。该方程在确定流体内部各处的压力和流速有很大的实际意义，在水利、造船、航空等部门有着广泛的应用。

他还发现了"边界层表面效应"：流体速度加快时，物体与流体接触的界面上的压力会减小，反之压力会增加，被称为"伯努利效应"。飞机机翼的上表面是流畅的曲面，下表面则是平面。这样，机翼上表面的气流速度就大于下表面的气流速度，所以机翼下方气流产生的压力就大于上方气流的压力。这个压力产生的力量是巨大的，空气能够托起沉重的飞机，就是利用了伯努利效应。这个压力的大小可以用伯努利方程去计算。

伯努利在流体力学中建立的"伯努利方程"及"内压"概念是有漏洞的，他的父亲约翰和好友欧拉在这方面作了改进。1752年，欧拉推导出了伯努利原理的一般表达式，但这个方程式只能描述流体沿着流线的变化规律，而复杂几何体周围的流线也是异常复杂的，所以很难通过其求解一般几何体的受力问题。

（三）　欧拉方程组

瑞士人欧拉奠定了理想流体（假设流体不可压缩，且其黏性可忽略）的运动理论基础，给出反映质量守恒的连续性方程（1752 年）和反映动量变化规律的流体动力学方程（1755 年）。他曾用两种方法来描述流体的运动，即分别根据空间固定点（1755 年）和根据确定流体质点（1759 年）描述流体速度场；这两种方法通常分别称为"欧拉表示方法"和"拉格朗日表示法"。目前，流体力学一般用欧拉法描述流体的流动。

欧拉在 1757 年获得了伯努利方程的更广义的形式，即欧拉方程组。他采用了连续介质的概念，把静力学中压力的概念推广到运动流体中，建立了欧拉方程组，正确地用微分方程组描述了无黏流体的运动。欧拉方程组这个在欧拉和伯努利通信中诞生的方程，竟在无意中打开了理想流体力学的大门。

严格来说，欧拉方程组只包含两个方程，一个动量守恒方程和一个质量守恒方程，包含了从阿基米德到 1757 年近两千年来人类对流体力学的所有认知，充分地体现了物理学的简洁美。欧拉方程至今仍应用于空气动力学和水波等理论，它是理想无黏流体的基本方程。

欧拉方程表明，由液体的内部压力可以模拟液体微粒的运动方式，反过来由速度也可以解出内部压力。遗憾的是，由于是非线性方程，欧拉方程组在提出之时是没有办法求解的，欧拉自己也没有获得这个方程组的一般解，即使用今天的电子计算机来求解也很困难。伯努利方程可由欧拉方程做出化简后积分得到。

（四）　流体力学学科的正式形成

"欧拉方程"和"伯努利方程"的建立，是流体力学成为一个分支学科的标识，从此开始了用微分方程和实验测量进行流体运动定量研究的阶段。这个时期科学巨匠们的研究成果此起彼伏，不断推动流体力学的进展。欧拉和伯努利是流体力学研究中的理论派。此外，还有拉格朗日和拉普拉斯，他们对于理想流体也作出了巨大贡献。

法国人拉格朗日主要研究流体的无旋运动。继欧拉之后，他也研究过理想流体的运动方程，并最先提出速度势和流函数的概念，成为流体无旋运动理论的基础。他从动力学普遍方程导出流体运动方程，着眼于流体质点，描述每个流体质点自始至终的运动过程，这种方法现在称为"拉格朗日法"，以区别着眼于空间点的"欧拉法"。

而拉普拉斯也在流体的无旋运动方面做了贡献。1799 年他提出了大名鼎鼎的拉普拉斯方程，这是表示液面曲率与液体压力之间的关系的公式，是不可压缩流体无旋流动的连续性方程。该方程至今仍在广泛运用。

在 18 世纪末期的研究当中，人们渐渐发现欧拉方程组可以拆分成两个更简洁的方程式进而分别求解，即伯努力方程和拉普拉斯方程。拉普拉斯在提出这组方程的时候已经指出了方程的解是一种特殊的函数，即调和函数。同时，他还指出所有拉普拉斯方程的看似复杂的解空间其实是由几种调和函数线性叠加而成的。科学家们通过复变函数理论作为工具求解了拉普拉斯方程，从而顺利地将关于圆柱绕流的欧拉方程解决了。与伯努利方程类似，它也是欧拉方程的另一个简化版。

（五）18 世纪研究特点

欧拉、伯努利被公认为是 18 世纪理论流体力学的代表性人物，其中伯努利被称为"流体力学之父"。尽管欧拉、伯努利等人做了很多努力，但由于没有考虑牛顿提出的流体黏性，无法阐明流体中黏性的影响，理论结果与实验结果相去甚远，而过于精细的方程又无法求解。

现实生活中不存在无黏性的流体，即使黏性非常小的流体，对其中运动的物体都会起重要的作用，因为黏性会使流体在物体表面产生切向应力，即摩擦阻尼。后来，普朗特提出的"边界层理论"较好地解释了阻力产生的机制。总之，18 世纪的研究主要是针对理想流体，不考虑流体的黏性。

六、流体力学研究的高潮期（19 世纪）

在科学研究中，流体力学家们逐渐分化成了两派：支持继续进行纯理论推导的流体理论派和支持采用半理论半实际测量的实验派。两派相互争辩，共同促进了流体力学的进步。

（一）对气体的研究

大约在 1787 年，法国人查理通过实验研究气体的膨胀性质，发现在压力一定的时候，气体体积的改变和温度的改变成正比。查理没有发表他发现的这个结论，而是由盖·吕萨克参考他的研究结果后于 1802 年发表了"气体质量和压强不变时体积随温度作线性变化的定律，即 $V_1/T_1 = V_2/T_2$"，叫做盖·吕萨克定律。

查理进一步发现，对于一定质量的气体，当体积不变的时候，温度每升高 $1℃$，压力就增加它在 $0℃$ 时候压力的 $1/273$；即 $P = P_0(1 + t/273)$。后来，物理学上就把气体质量和体积不变时压强随温度正比变化的定律叫做查理定律，数学形式为：$P_1/P_2 = T_1/T_2$。他还推算出气体在恒定压力下的膨胀速率是个常数。这个预言后来由盖·吕萨克和英国人道尔顿的实验完全证实。

1834 年，法国人克拉佩龙将波义耳、马略特、查理和盖·吕萨克的工作结合起来，把描述气体状态的三个参数：压强、体积和温度归于一个方程；即一定量气体，体积和压力的乘积与热力学温度成正比，被称为克拉佩龙方程，确定了纯物质在气液两相平衡时的压力与温度间的关系，这就是著名的理想气体状态方程：$PV=nRT$。其中，n 为物质的量，R 是气体常量，约为（8.31441±0.00026）J／（mol·K）。

理想气体状态方程也叫做普适气体定律，是由研究低压下气体的行为导出的。但各气体在适用理想气体状态方程时多少有些偏差；压力越低，偏差越小，在极低压力下理想气体状态方程可较准确地描述气体的行为。

总之，19世纪对气体的研究取得了重大进展，压力、体积、温度和物质的量之间的关系弄明白了，适用于日常绝大多数低压情况。这为流体力学的进一步发展尤其是空气动力学的研究奠定了坚实的理论基础。

（二）N-S方程组的提出

19世纪，工程师们为了解决众多工程问题，尤其是要解决带有黏性影响的流体问题。于是他们部分地运用理论，部分地采用归纳实验结果的半经验公式进行研究，这就形成了水力学，是流体力学的一个组成部分。

18世纪中期，法国人达朗贝尔就曾按照牛顿的研究思路，用水中的船只作了实验，证明了流体中的黏性阻力与物体运动速度成平方关系。他被认为是第一次引入了流体速度和加速度分量的概念。1822年，法国人纳维推广了欧拉方程。他考虑了分子间的作用力，最早使用了微分方法建立了不可压缩黏性流体平衡和运动的基本方程，方程中只含有一个黏性常数。

1845年，英国人斯托克斯从连续统的模型出发，引入两个黏性系数，建立了黏性流体运动的基本方程组。这些方程通常被称为"纳维—斯托克斯方程"（N-S方程组）。欧拉方程正是N-S方程在黏度为零时的特例。

尽管N-S方程组也只是一个近似的描述，但仍然使理论流体力学向前跨进了一大步，可谓进入了流体力学史上第一个巅峰时刻。N-S方程组是流体力学中最基本的方程组，是对于过去流体力学历史的总结，也是未来流体发展的惊人预言，近现代理论流体力学的研究纷纷以N-S方程组为原始出发点。

斯托克斯在对流体动力学进行研究时，推导出了在曲线积分中最有名的"斯托克斯定理"。在流体力学中，当封闭周线内有涡束时，则沿封闭周线的速度环量等于该封闭周线内所有涡束的涡通量之和。1851年提出"黏滞度定律"，即"斯托克斯定律"，指明阻力与流速和黏滞系数成比例，这是关于阻力的公式——$F=6\pi\eta\nu R$。式中，R 是球体的半径，ν 是它是相对于液体的速度，η 是液体的黏滞系数。斯托克斯大大发展了流体动力学，斯托克斯定理向湍流迈进了一大步，而黏滞度定律则将黏性考虑到了实际流体中。

（三）流体速度测试

1732年，法国著名工程师亨利·皮托，受命测量法国著名的塞纳河河水的流速，在此过程中他发明了皮托管用于测量该河流中流体的流速。皮托管主要测量某给定点的局部速度而不是整条管线的平均速度。早期的皮托管只负责测量总压，因此又被称为总压管，而静压的测量是与总压分开进行的。皮托管测量出压力，再用伯努利原理算出流体的速度。

1858 年，法国水利工程师亨利·达西（1803—1858 年）对皮托管做了重要的改进。他发明了沿着流动方向放置的静压管，通过侧壁开孔达到测量流动静压强的目的，将静压和总压的测量整合到了一起，形成了完整的速度测量所广泛使用的现代皮托管。他根据伯努利原理确立了新的测速管的计算公式，且新测速管的结构与现在使用的测速管非常接近。达西利用测速管测量了管道和明渠界面上的流体速度分布，历史上首次实现了对流场内部结构的测量；提高了人们对湍流流场特性的认识。

达西在流体力学理论研究上也做出了重要贡献。例如提出了著名的管道流动达西公式，为建立现代管道流动理论提供依据；还提出了达西渗流定律，奠定了渗流力学基础，该定律在城市供水系统中得到了实际应用。此外，还有达西-威斯巴哈方程式是流体力学中的唯象方程式，得名自达西和尤利乌斯·威斯巴哈，此方程式描述固定长度管路内因摩擦力产生的扬程损失（压强损失）和管路中的平均流速的关系。

（四）向湍流过度

1858 年，德国人亥姆霍兹提出了"亥姆霍兹涡量定理"，这是流体力学中有关涡旋的动力学性质的一个著名定理。它指出，在无黏性、正压流体中，若外力有势，则在某时刻组成涡线、涡面和涡管的流体质点在以前或以后任一时刻也永远组成涡线、涡面和涡管，而且涡管强度在运动过程中恒不变。他还研究了流体力学中的涡流、海浪形成机理和若干气象问题。

1864—1867 年，马赫提出了马赫数，成为流体力学中的一个常用概念。即物体（如飞机）在空气中的运动速度与声音在流体中的速度之比。又有细分多种马赫数，如飞行器在空中飞行使用的飞行马赫数、气流速度之气流马赫数、复杂流场中某点流速之局部马赫数等。至今，马赫数已成为表征流体运动状态的重要参数。

1869 年，爱尔兰人开尔文提出了流体力学中的一个著名定理——"开尔文环量定理"。其内容是：在无黏性、正压流体中，若外力有势，则沿由相同流体质点组成的封闭曲线的速度环量在随体运动过程中恒不变。亥姆霍兹定理和开尔文定理合在一起全面地描述了在无黏性、正压、外力有势这三个条件下流体中涡旋的随体变化规律。

很多重要流体现象都可以用此定理来解释；比如位势流。位势流在流体力学中发展得早而成熟，从欧拉就开始研究，这是因为相应的数学问题比较简单。数学分析有一命题，旋度在一个区域中为零同这个区域中流动有速度势是相互等价的。因此，位势流又叫无旋流。从 18 世纪开始，人们用位势流的方法成功地反映了涟波、潮汐波和声波的规律。19世纪中期，又弄清无黏流体的理论可以允许一部分流体是有旋的（如涡环），而包围这部分有旋流的却可以是位势流。并且，如果知道了有旋流部分的旋度分布，就可以算出位势流部分的速度场。

此后，由于位势流理论有了很大进展，在水波、潮汐、涡旋运动等方面都阐明了很多规律。究竟在什么条件下会出现位势流，这是由开尔文证明了环量守恒定理后才比较清楚了，满足该定理的流体就是位势流。可见，位势流的出现是广泛的。但是，切向间断和边界层是两种产生涡旋的原因（见涡旋）都不能用位势流理论来描述。

他进一步提出了"开尔文最小能量定理"——流体力学中有关不可压缩无黏性流体运动的一个定理。该定理揭示，在定理所作的假设下，无旋运动由于具有最小能量因而成为最优的运动形态，从而加深了对无旋运动特性的了解。而"开尔文—亥姆霍兹不稳定性"理论，可预测不同密度的流体在不同的运动速度下的不稳定状态发生以及层流变成湍流的界限。

（五）湍流的发现

意大利人雷诺做了著名的雷诺实验。1883年，雷诺在管流实验中发现，管道中流体的流动可以呈现两种截然不同的流态——层流和湍流。但直到今天，湍流的真正形成机制仍然是一个谜团。他提出了流体惯性力与黏性力比值的量度——雷诺数作为判断层流和湍流的数据；此外他还在理论上做出了贡献，提出了雷诺方程（黏性不可压缩流体作湍流运动时，流场中的瞬时分量压力和速度分量，仍旧满足 N-S 方程）和雷诺传输定理（可用来定量地描述流场中流体性质的变化）。他与达西一起被称为19世纪实验流体力学的代表性人物。

19世纪，人们加大了对流体力学这门非常实用的学科的关注，很多理论和实验物理学家以及工程师都在该领域做了卓有成效的工作。从气体到液体，从理论到实验和检测，都有了重大突破：首先最典型的进展是纳维—斯托克斯方程的建立，在流体中引进了黏性。其次是在气体理论上，建立了理想气体的状态方程——克拉佩龙方程，为气体以及空气动力学的研究奠定了坚实的基础。最后是提出了雷诺数，用于判断层流和湍流，并为20世纪的流体力学出了题目——湍流的本质和运动规律。

七、流体力学的新阶段（20世纪）

20世纪是物理学中新理论层出不穷的时代，是人类历史上知识大爆炸的激动人心的时代，相对论、量子力学、宇宙学等新理论相继铺开，将人类带进了崭新的时代。

（一）湍流难题的提出

湍流运动形式复杂、变化多端，难以准确地把握规律，理论上直接求解异常

困难，成了流体力学领域内最困难又最具吸引力的百年难题之一。最先挑战 19
世纪遗留的难题——湍流的是著名物理学家索末菲，他从 1900 年开始涉足该领
域的研究。湍流运动复杂性的根源在于它是强非线性系统的运动，在多数情况
下，它是不稳定的，从而形成了复杂流态。湍流至今也仍然是一个未解之谜，被
称为是"经典物理学尚未解决的最重要的难题"。

　　早在 1885 年雷诺就提出将物理量分成平均运动量及围绕平均运动的扰动量，
或称脉动量，他将对黏性流体的牛顿方程，也就是 N-S 方程对空间或时间平均，
从而得到描写平均运动的方程，后人亦称此为雷诺平均纳维—斯托克斯方程
（RANS 方程）；意想不到的是比方程数目多出一个未知函数，出现了闭合问题，
显示了求解 N-S 方程的极大困难，这引起了众多物理学家的兴趣，其中包括索
末菲。

　　当人们认识到 N-S 方程的非线性项不能用已知的数学方法求解，平均方法
又遇到很难理解的闭合问题，这样，人们便开始寻求其他的途径。实际上，湍流
基本方程，即雷诺方程的封闭性问题已经耗去了许多力学家的精力和大量时光，
各种平均方法陆续提出，包括一些参数化方法在内，但进展很少。

　　（二）索末菲、海森堡等人对湍流的研究

　　索末菲对湍流进行了几十年的研究，直到去世前一刻还对湍流问题念念不
忘。他在克莱因和洛伦兹的帮助与启发下，勇敢地挑战世纪难题湍流问题。克莱
因认为：湍流的发生机理可以转化为一个稳定性分析问题；当流速高于一个临界
值时，层流的平行流动是一种不稳定的状态；这个不稳定性发生的原因却是不清
楚的。洛伦兹推导了在层流场中叠加一个小扰动后流场能量的变化，1903 年索
末菲循着这一思路展开了自己的研究。然而，他很快便发现这种方法走入了死胡
同。1906 年，他开始着手建立经典的微扰动理论运用于平行流动稳定性时的数
学模型。然而，这一次索末菲发现，虽然建立了方程，却无法找到方程的解——
在解决流体力学临界速度和超过临界值时的压力梯度这个问题上他一无所获。

　　他对流体力学最大的贡献是提出了奥尔—索末菲方程，但是很难解出来。即
使在今天，这个问题对于应用数学界也是相当大的挑战。索末菲虽然挑战失败，
但是他请自己的弟子继续从事该领域，包括路德维希·霍普夫（20 世纪最杰出
的数学家海因茨·霍普夫的堂哥）和弗里茨·诺特（被爱因斯坦称为数学史上
最重要的女性、提出了诺特定理的现代数学之母艾米·诺特的妹妹）。二人家学
渊源且师出名门，但并没能在流动稳定性的问题上取得太大的进展。甚至，他们
不约而同的认为，由奥尔—索末菲方程计算出来的平行流动在任何微扰动下都是
稳定的，直到海森堡开始挑战湍流理论。

　　海森堡在索末菲的指导下攻读博士学位，强大的直觉让海森堡拼凑出了一个
临界稳定雷诺数的解答，找到了奥尔—索末菲方程可能的解，并且推测当稳定流

边界条件被打破时所产生的湍流性质。但他没有得到可以让当时的数学家和物理学家们都接受的确切解，因为他未能给出严格的数学论证，尤其是对于临界稳定区域太过粗略的近似。而后来的发现让这个问题更加复杂了。

这个问题算是得到了大致解决，但并不让人感到满意，索末菲终于心灰意冷了。在一次慕尼黑大学物理系教员会议上，他一脸无奈地说道："我本不该再将如此难的题目交给我的学生作为博士课题的。"这个事情折磨了索末菲近乎一生，海森堡回忆自己的导师说："索末菲死后会质问上帝，为什么会有相对论，为什么会有湍流？"

（三）普朗特的边界层理论

普朗特 1904 年创立了边界层理论，研究层流稳定性和湍流边界层，为计算飞行器阻力、控制气流分离和计算热交换等奠定了基础。边界层理论为黏性不可压缩流体动力学的发展创造了条件。雷诺数很大的时候，流体内部应该为湍流，但普朗特认为在接近流体边缘的时候仍然是层流。通过引入"边界层"，可以更好地化简 N–S 方程组。普朗特的另一大贡献是把流体理论派和水力派统一了起来，"边界层理论"就是理论与实践结合的产物，奠定了现代流体力学的基础。普朗特将"水力学"和"水动力学"联系起来进行研究，因此，普朗特也被称为"现代流体力学之父"和"空气动力学之父"。

20 世纪初，人们开始研究飞机所需要的空气动力学，普朗特开创了以流体力学为基础的机翼理论，告诉了人们为什么空气可以把如此沉重的飞机送上天空。人们一直追求升空翱翔，但直到 1903 年美国人莱特兄弟制作出了人类历史上第一架飞机，才真正实现了人类翱翔天空的梦想。

飞机的出现极大地促进了空气动力学的发展。航空事业的发展，期望能够揭示飞行器周围的压力分布、飞行器的受力状况和阻力等问题，这就促进了流体力学在实验和理论分析方面的发展。20 世纪初，以尼古拉·叶戈罗维奇·茹科夫斯基（1847—1921 年，俄国力学家，被列宁称为"俄罗斯航空之父"）、恰普雷金（1869—1942 年，前苏联物理学家，莫斯科大学教授）和普朗特等为代表的科学家，开创了以无黏不可压缩流体位势流理论为基础的机翼理论，阐明了机翼怎样会受到举力，从而空气能把很重的飞机托上天空。机翼理论的正确性，使人们重新认识无黏流体的理论，肯定了它指导工程设计的重大意义。机翼理论和边界层理论的建立和发展是流体力学的一次重大进展，它使无黏流体理论同黏性流体的边界层理论很好地结合起来。

（四）翼型设计

普朗特的边界层理论不仅在理论界回答了奇点内部的问题，同时在工程界解释了翼型阻力和失速的原因，它是近代流体力学的开端。边界层理论成功地应用在翼型的设计当中，这项技术催生了低阻力的 NACA 层流翼型（见图 3–4）。翼型的重要性相当于车轮的重要性一样，这其中最重要的是减少行进中的空气阻力。美国空气动力学专家伊士曼·雅各布斯 1930 年代开发了一种用于设计翼型的系统，在复杂的数学公式中产生一组所需的解，应用于当时美国空军最先进的野马战斗机，从而影响了第二次世界大战的进程。

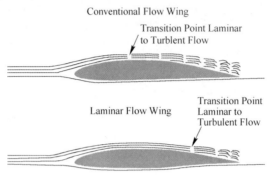

图 3-4　传统翼型（上）和层流翼型（下）示意图

　　从理论上讲，保持机翼上方的空气平滑流动可使阻力减半。在这当中贡献最大的是两位美国空气动力学家，雅可比（1902—1987 年）和西奥多森（1897—1978 年），而这两位空气动力学家应用的方法正是由茹科夫斯基构建的复变函数分析法。西奥多森的研究成果，如空气动力、翼型颤振和相对论等对现在的研究工作者依然有所启示。茹科夫斯基方法中存在最致命的问题——奇点。另外，茹科夫斯基的方法对翼型阻力和失速（升力曲线的下降段）分析是无能为力的。而普朗特的边界层理论则是解决这些问题的关键。

　　1928 年，英国空气动力学家格劳特（1892—1934 年）提出了可压缩空气动力学理论，这标志着人类可以设计更高速的飞行器。在当时军事工业的推动下，人类的运动速度比 19 世纪快了整整一个数量级，从而人类社会的信息、交通和战争等都发生了巨变。

（五）卡门涡街理论与湍流

　　1911 年，匈牙利人冯·卡门成为普朗特的学生，从事流体力学研究。期间，通过他的努力，至今仍被人们称作流体力学中最大难题的"湍流"问题获得了第一次重大进展。在 1922 年冯·卡门首次提出"湍流"概念，并初步阐明了它的理论基础。他判明流体在圆柱后面形成的两排交叉的涡旋是稳定的，提出了"卡门涡街"的钝体阻力理论。这一发现成为流体力学中的一次重大发现，大大改变了当时公认的气动力原则，后来很好地解释了 1940 年华盛顿州塔科马海峡桥在大风中倒塌的原因。此外，还有卡尔曼涡街理论解释湍流的形成。

　　1928 年，英国空气动力学家格劳特（1892—1934 年）提出了可压缩空气动力学理论（卡门也有类似理论提出）这标志着人类可以设计更高速的飞行器。

在当时军事工业的推动下，人类的运动速度比 19 世纪快了整整一个数量级，从而人类社会的信息、交通和战争等都发生了巨变。值得指出的是，卡门也是我国著名科学家、两弹一星功臣钱学森的恩师，他的博士学位就是跟随卡门攻读的。此外，林家翘也是卡门的博士生。

（六）林家翘成功获得了奥尔—索末菲方程的解

自海森堡对湍流的不算完全成功的研究之后近 20 年，1940 年代，我国科学家林家翘（1916—2013 年，国际公认的力学和应用数学权威、天体物理学家，冯·卡门的学生。林家翘 1951 年成为美国艺术与科学院院士，1958 年获选为"中华民国中央研究院院士"，1962 年获选为美国国家科学院院士，1994 年获选为中国科学院外籍院士）找到了一种解析方法来解决海森堡的问题，该方法基于一个大胆的猜测，即从稳定到不稳定过渡的临界雷诺数会很大，因此可以作为一个无量纲的大参数用来渐近展开。

林家翘用更为严谨的数学方法得到了奥尔—索末菲方程的解，并严格论证了其收敛性。他得到的解与海森堡从直观猜测出发得到的结果定性相符。以此为基础，林家翘又用精妙的渐进方法进一步解出了特征方程，计算出了对于抛物线速度剖面的层流的临界雷诺数在 5300 左右。

但林家翘这种渐进逼近技术并不被当时的科学界认可。后来在匈牙利人冯·诺依曼的帮助下，通过使用在那个时代最强大的 IBM 电脑解决了该争议，表明海森堡和林家翘的计算是正确的，并将这个临界雷诺数最终定格在 5772.2。这一年已是 1953 年，距离雷诺的实验已有近一个世纪之久。

这个世纪难题终告破解，林家翘的解法也成为了求解这类高阶微分方程的典范。他对平行流的稳定性问题的结果构成了用于从层流到湍流过渡的经典案例。这意味着对湍流的研究往前推进了一步，即研究了层流与湍流之间的过渡状态。为此，海森堡也很自豪，还专门为此写信给索末菲。

（七）周培源等人对湍流研究的突破

历史上各代伟大物理学家都或多或少地思考过湍流的产生机理问题，但并没有揭开它的真正面貌。比如在流体力学研究上颇有建树的英国人泰勒（1886—1975 年）对大气湍流和湍流扩散作了研究（1915 年、1921 年和 1932 年），得出了同轴两转动圆筒间流动的失稳条件（1923 年）等。他非常善于把深刻的物理洞察力与高深的数学方法结合起来，并善于设计简单而又完善的专门实验。

1938 年以前，国际上的流体力学理论学者只注意从不可压缩黏性流体的 N-S 运动方程所推导出的不封闭的平均运动方程作为湍流理论的动力学依据，并对这组方程采用引入脉动量和平均流速对空间坐标的梯度有关的不同假设的方法，使其封闭来求解流体的平均流速。

1938 年，周培源在西南联大开始对湍流理论进行了研究。他首次提出脉动方程，并建立了新的湍流理论，对一些流动问题作了具体计算，计算结果与当时的实验符合得很好。周培源是国际上第一个求解脉动方程并提出求解办法的学者。1945 年，周培源提出两种解湍流运动的新方法，但同时指出平均运动方程和脉动方程联立求解的困难所在。该工作在国际上至今仍产生着深远的影响，并被誉为"现代湍流模式理论的奠基性的工作"。

周培源及他的学生主要从 N–S 方程求解着手，他们提出"利用一个轴对称涡旋模型作为涡流元"分析均匀各向同性湍流，计算结果与实验数据基本相符。此后，逐渐取得了新的进展。1988 年，周培源先生提出以逐级迭代法代替逐级逼近法，这个逐级迭代法可以推广到高级近似中去，任何阶的速度关联都可简捷地计算出来。至此，周培源 1945 年提出的联立求解平均运动与脉动方程的困难得以突破，这是国际湍流理论研究中的一个重大进展。

（八）朗道等人对湍流的研究

1942 年，霍夫提出著名的分岔理论——霍夫分岔，解释湍流形成的道路。1944 年，苏联人朗道第一个提出湍流理论，即朗道—霍夫理论，用来分析流体的湍流：在流动系统中，随着雷诺数 Re（即流速）的增加，系统发生连续失稳而产生出一系列新振荡模式。起初代表层流运动的不动点失稳，产生频率 ω_1 的周期振荡，当流速增加时又冒出频率不同的各种新振荡。当各种周期运动的数目积累到无穷多个时，流体运动进入湍流状态。但该理论在非线性研究蓬勃开展以后，该理论受到了广泛的质疑。

朗道和霍夫提出了湍流形成的路线图——朗道—霍夫道路，其主要特点是将流体系统的周期运动和不规则的湍流联系了起来，因此对寻找湍流的动力学机理起了重大的影响作用。进入湍流状态的机制有很多，除了朗道—霍夫道路，还有茹厄勒—塔肯斯道路、费根鲍姆道路、玻木—漫维尔道路。这些道路是流体进入湍流的方式，他们都将湍流看成是混沌状态。这促进了混沌理论的研究，反之混沌理论也有益于流体力学的研究。

（九）混沌理论

1963 年，美国气象学家爱德华·诺顿·洛伦茨（1917—2008 年，混沌理论之父，蝴蝶效应的发现者）提出混沌理论，解释了决定系统可能产生的随机结果，它最大的贡献是用简单的模型获得明确的非周期结果，在气象、航空及航天等领域的研究里有重大的作用。

有人说，混沌理论的起始，就是经典科学的结束，但是流体力学还远远没有到完结的时候。即使现代人能够运用计算机来进行复杂的运算，模拟湍流和混沌仍然是不可能的任务。

八、流体力学新分支

1738 年，伯努利的著作《水动力学》中提出了"水动力学"的概念，水动力学的发展是与水利工程兴建相联系的，比如水利工程中的溢流坝。1880年前后出现了"空气动力学"，它与飞行器密切联系。1935年以后，人们概括了两方面知识，建立统一的体系，即为"流体力学"主要研究水和空气。

20世纪50年代开始的航天飞行，使人类的活动范围扩展到其他星球和银河系。航空航天事业的蓬勃发展是同流体力学的分支学科——空气动力学和气体动力学的发展紧密相连的。这些学科是流体力学中最活跃、最富有成果的领域。

流体力学的发展自阿基米德开始，历经了2300多年的研究。通过19世纪和20世纪科学家们的不断研究，现在的流体力学已经是一门比较成熟的学科。人们关心流体的运动是很自然的，因为地球为大气所包围，而地球表面的三分之二为水面覆盖。不仅如此，流沙、粉体等固体物质也涉及流动问题。

随着人类面临的问题越来越多，流体力学渗透到生产生活的方方面面，对理论计算和实践应用产生了重大的影响。例如石油和天然气的开采、地下水的开发利用、沙漠迁移、河流泥沙运动、管道中煤粉输送、化工中气体催化剂的运动、风对建筑物、桥梁、电缆等的作用、血液在血管中的流动，心、肺、肾中的生理流体运动和植物中营养液的输送，这些实际问题都和流体力学相关。

20世纪40年代，关于炸药或天然气等介质中发生的爆轰波又形成了新的理论，为研究原子弹、炸药等起爆后，激波在空气或水中的传播，发展了爆炸波理论。20世纪40年代以后，由于喷气推进和火箭技术的应用，飞行器速度超过声速，进而实现了航天飞行，使气体高速流动的研究进展迅速，形成了气体动力学、物理-化学流体动力学、高超声速空气动力学、超音速空气动力学、稀薄空气动力学、电磁流体力学、计算流体力学、多相流（气液固）、渗流力学、爆炸力学等众多的学科分支。这同样意味着需要更多的理论和计算方法。

总而言之，现代的流体力学变得越来越重要，涉及的领域越来越多，与人类的生产和生活的关系越来越密切，在工业、农业、交通运输、天文学、地学、生物学、医学等方面得到了更加广泛的应用，从而产生的学科分支越来越多，需要的理论和计算手段也水涨船高。

今后，人们一方面将根据工程技术方面的需要进行流体力学应用性的研究，另一方面将更深入地开展基础研究以探求流体的复杂流动规律和机理。这其中，湍流问题将是核心和重中之重，它是强非线性系统产生的混沌运动，具有非常复杂性的性质。

九、湍流问题依然是未来研究的核心

湍流又称紊流。顾名思义，它是一种很不规则的流动现象，是一个连续的不规则流动或者一个连续的不稳定状态。湍流是由无数不规则的，不同尺度的涡流相互掺混地分布在流动空间；流动中任一点的速度、压力等物理量都随时间而瞬息变化，不同空间点上有不同的随时间变化规律。在经典的湍流理论中，把湍流中的各物理量看成是随时间和空间变化的随机变量。物理学家想要知道的是一个平稳流动的失稳如何导致湍流的转换，湍流完全形成后的动力学特性是什么，工程科学家则希望了解如何控制湍流而降低能耗和阻力。

湍流尤其是磁流体湍流，涉及天体物理中各个尺度的研究对象。在较大的星系团、星系的尺度上，湍流能量是反馈机制的重要来源，在较小的尺度上，星际介质的湍流在很大程度上决定了恒星的形成，在密度的峰值上物质会由于引力不稳定性坍缩成恒星；在更小的尺度上，吸积盘机制的关键就是湍流的生成，湍流也充斥着恒星的内部。在凝聚态物理中，超流是黏度为零的流体，因此也极易形成量子湍流。在高能物理中，雷根场论通过有向渗透这一概念，将湍流与粒子散射联系在一起。在生物物理中，湍流也是一个重要概念；除了关于生物体的研究涉及湍流（譬如血液的黏度和湍流的关系及其对生物体的影响），生态系统中的种群行为也会表现出湍流的特征。此外，天上的云、海浪、炊烟、瀑布还有雾，这些生活中常见的现象都与湍流有关。由此可见，湍流涉及的领域非常多。

自 20 世纪初以来，由于工程技术的发展，对认识湍流的规律提出了迫切的要求，从而大大地推动了湍流的研究。在这 100 多年中，对湍流的认识的确取得了很大进展，否则如航空、航天、船舶、动力、水利、化工、海洋工程等工程技术，以及气象、海洋科学等自然科学都不可能有很大的进展。但另一方面，人们对湍流的认识又还很不全面，从而制约了这些工程技术和自然科学的进一步发展，也可能会对 21 世纪的某些新兴科学技术的形成起到制约作用。从事湍流研究的物理学家认为它是 20 世纪经典物理留下的世纪难题。在 21 世纪，再一次将这一世纪难题提到科学工作者面前是很必要的。

2000 年，美国克雷数学研究院公布了七道历史性的"千禧年难题"，承诺给能够解答任何一题的人一百万美元。其中，第六道就是 N-S 方程组的存在性和平滑性证明，目前仍无人认领此奖。即使是相对简单的欧拉方程，目前也无法证明其一定存在解。而这些公式都与湍流有关系。

实际上，对于复杂的流体力学问题，没有计算机帮助计算，过程是很复杂的，需要很长时间。例如圆锥做超声速飞行时周围的无黏流场问题，就从 1943 年一直算到 1947 年，历时 4 年。电子计算机有效减轻了计算工作量，催生了现代应用最广泛的工程湍流模型，这使得人们可以用计算机求解湍流问题。但是，人类对于湍流问题探索的脚步才只是刚刚开始。

随着科学技术的进步，探测方法的改进和完善，新的测量仪器的出现，特别是计算机科学的飞速发展，超级计算机的大量涌现，云计算的发展，使得各种数值模式得以实现，湍流研究也取得了可喜的进展。然而，对于湍流本质（湍流是怎样一种运动呢？它的产生机理是怎样的？）的了解，仍然是凭实验和观测，也就是凭经验的，只有为数不多的几种湍流预测是从理论上推导出来的。

数学的发展，计算机的不断进步，以及流体力学各种计算方法的发明，使许多原来无法用理论分析求解的复杂流体力学问题有了求得数值解的可能性，这又促进了流体力学计算方法的发展（见图3-5）。近些年来，在计算流体力学中，格子玻尔兹曼方法成为研究和应用的热点，它与传统的有限元、有限体积方法在处理问题的视角上有很大不同。这种方法在处理大雷诺数、多相、湍流等问题有其独到的优势。此外，有限元分析这项新的计算方法开始在流体力学中应用，尤其是在低速流和流体边界形状甚为复杂问题中，优越性更加显著。近年来又开始了用有限元方法研究高速流的问题，也出现了有限元方法和差分方法的互相渗透和融合。

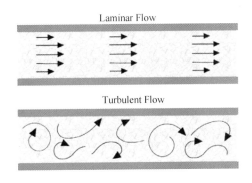

图3-5 复杂流体力学示意图

自湍流状态被雷诺实验验证以来，科学家们就对该问题产生了浓厚的兴趣，众多科学家前赴后继的从事该领域的研究；斯托克斯、开尔文、亥姆霍兹、普朗特、索末菲、海森堡还有英国著名物理学家 G.I. 泰勒（1886—1975年，剑桥大学教授，英国皇家学会会员，对大气湍流和湍流扩散作了研究，1938年提出了流体力学的泰勒假设，适用于边界层；1944年因科学工作成绩卓著被授予爵位，1945年参加美国曼哈顿工程的工作，参与在新墨西哥州进行的第一颗原子弹爆炸试验）等著名科学家都曾置身于这个世界最难题之一的解答之中。

目前，湍流理论研究仍然不能在广泛意义下对具体的流体动力学问题给出实用而有效的指导。放眼物理学研究的前沿，人们会发现湍流问题已经渗入到物理的诸多领域，物理学家们对湍流其实是非常感兴趣的。可以毫不客气的说，湍流问题仍将是21世纪为众多工程技术问题及一些自然科学的发展所不能回避，必须认真对待的一个重要科学问题。

第七节　相对论风云

一、相对论概述

爱因斯坦以其提出的相对论闻名世界。相对论是 20 世纪物理学史上最重大的成就之一，是关于时空和引力的理论，它的意义在于揭示出时空、物质、运动这三者是密不可分的。相对论极大地改变了人类对宇宙和自然的"常识性"观念，提出了"同时的相对性""四维时空""弯曲时空"等全新的概念，是时空理论上的一次史无前例的巨大变革。正是爱因斯坦的相对论改变了人们以往对时间和空间的理解。

伽利略最早阐明过相对性原理的思想，但他没有对时间和空间给出过明确的定义。牛顿建立经典力学体系时也讲了相对性思想，但又定义了绝对空间、绝对时间和绝对运动，在这个问题上他是矛盾的。麦克斯韦方程组在经典力学的伽利略变换下不具有协变性；人们利用经典力学的时空理论讨论电动力学方程，发现在伽利略变换下麦克斯韦方程及其导出的方程，如亥姆霍兹、达朗贝尔等方程，在不同惯性系下形式不同，而经典力学中的相对性原理则要求一切物理规律在伽利略变换下都具有协变。

爱因斯坦喜欢阅读哲学著作，并从哲学中吸收思想营养，他相信世界的统一性和逻辑的一致性。相对性原理已经在力学中被广泛证明，但在电动力学中却无法成立，对于物理学这两个理论体系在逻辑上的不一致，爱因斯坦提出了怀疑。也就是说，爱因斯坦是在协调牛顿力学和麦克斯韦电磁学的矛盾的时候创立狭义相对论的。

相对论从逻辑思想上统一了经典物理学并打破了经典力学对物理学一统天下的局面。相对论直接和间接地催生了量子力学的诞生，也为研究微观世界和宇观世界的高速运动确立了全新的数学模型，很好地揭示了微观粒子及天文学的诸多现象，打破了物理学停滞不前的局面，引领了 20 世纪物理学的发展和研究。

相对论和量子力学给物理学带来了革命性的变化，它们共同奠定了现代物理学的基础。作为现代物理的一大基石，相对论对于现代物理学的发展和现代人类思想的发展都有巨大的影响。自建立以来，相对论已经历了 100 多年，经受住了实践和历史的考验，是人们普遍承认的真理，在宇宙学、天体物理和高能粒子物理领域都有很重要的应用。

相对论在实际中主要在两个方面有用：一是高速运动（与光速可比拟的高速），二是强引力场。粒子加速器的设计和使用必须考虑相对论效应，全球卫星定位系统的算法本身便是基于光速不变原理的。另外，类星体、脉冲星、致密 X

射线源、宇宙微波背景辐射、黑洞、引力波等的发现和探测以及大爆炸理论和各种宇宙模型的提出就是很好的例证。

二、相对论与哲学

哲学是人类对世界的思考和认识科学的思维；而科学是建立在实践基础上，经过实践检验和严密逻辑论证的，关于客观世界各种事物的本质及运动规律的知识体系；因此科学离不开哲学。爱因斯坦认为"物理学的当前困难，迫使物理学家比其前辈更深入地去掌握哲学问题。"

从爱因斯坦创立相对论的过程来看，理论思维始终起着主导作用。理论思维是揭露矛盾、深入本质的一条有效途径。在创立相对论过程中，科学与哲学相互作用、相互渗透、相互结合；可以说，运用哲学这个思想武器，是爱因斯坦做出重大成就的关键。爱因斯坦的好友、大他 7 岁的米歇尔·贝索将马赫的著作介绍给了他。爱因斯坦认为马赫的批判论证的范例是他发现相对论所必需的，马赫的《力学史评》为相对论的发展铺平了道路，爱因斯坦认为马赫是相对论的先驱。

同样，相对论的诞生也对哲学思想产生了重要影响；它所提出的新的时空观、物质观和运动观，大大发展了辩证的自然观。爱因斯坦根据狭义相对论导出质量和能量的相当性，加深并发展了物质和运动的不可分离性原理，使笛卡尔学派和莱布尼茨学派关于运动量度问题的争论在新的科学水平上得到了更完满的解决。

爱因斯坦把哲学思想成功地应用于解决科学问题的实践，对科学界和哲学界产生了巨大影响。爱因斯坦相对论的创立，说明了理论思维的极端重要性，也印证了恩格斯的一句至理名言："一个民族想要站在科学的最高峰，就一刻也不能没有理论思维。"

三、狭义相对论概述

相对论包括狭义相对论和广义相对论两个部分。1916 年，爱因斯坦首先将适用于惯性系的相对论称为狭义相对论，将只对于惯性系物理规律成立的原理称为狭义相对性原理。狭义相对论的主要内容为：物理定律在所有惯性系中都是相同的，并且所有观察者的光速都是相同的。狭义相对论把力学和电磁学在运动学的基础上统一了起来。电磁场的运动方程是波动方程说明电磁相互作用只能以有限的速度传播（光速 c），而没有瞬时的超距作用。这也是狭义相对论建立的一个重要思想。

按照狭义相对论而言，物体运动时质量会随着物体运动速度增大而增加（质速关系），同时，空间和时间也会随着物体运动速度的变化而变化，即会发生尺缩效应和钟慢效应。狭义相对论的时空背景是欧几里得的平直时空，狭义相对论的时空观使人们认识到时空都不是绝对的而是相对的。狭义相对论是对牛顿时空观的拓展和修正，否定了牛顿力学时空的绝对性和不变性，确立了物理规律和真空中光速的不变性对任何参照系都一样，但它们都不是具体的事物，而是一些规律。狭义相对论变革了自牛顿以来形成的时空概念，揭示了时间和空间的本质属性，提示了时间与空间的统一性和相对性，建立了新的时空观，推动物理学走到了一个新的高度。

爱因斯坦还证明了狭义相对性原理和光速不变原理是相容的，这两条原理是狭义相对论的重要基础。狭义相对性原理的内容是，在所有惯性系中，一切物理定律都具有相同的形式，即具有相同的数学表达形式。或者说，对于描述一切物理现象的规律来说，所有惯性系都是等价的。而光速不变原理的内容是，在所有惯性系中，真空中光沿各个方向传播的速率都等于同一个恒量，与光源和观察者的运动状态无关。

狭义相对论是爱因斯坦提出的一种新的时空观，他是以光速在任何惯性参照系不变为前提下推演出来的。爱因斯坦认为光速不变在当时还是具体突破意义的，但也是有迹可循的。第一个原因在于迈克尔逊—莫雷实验的直接支持，第二个原因在于麦克斯韦的电磁场理论显示光速应该不依赖于具体的参考系。爱因斯坦的理论否定了以太概念，肯定了电磁场是一种独立的、物质存在的特殊形式，并对空间、时间的概念进行了深刻的分析，从而建立了新的时空关系。

爱因斯坦的狭义相对论预言出一些以往科学家没有发现的新效应，也就是科学家称为相对论效应的一些宇宙的现象，比如爱因斯坦提出的时间膨胀理论、长度收缩理论以及横向多普勒效应等，这些目前科学家已经证实。另外，还有质速关系和质能关系，对此科学界现在也基本上可以证实。要理解狭义相对论就必须理解四维时空，即时间也作为一维空间与长、宽、高三维空间共同存在（3+1维时空）。所有相对论效应是由四维时空的本性引起的。

四、对狭义相对论创立有贡献的科学家

爱因斯坦 1905 年创立狭义相对论，可谓是惊天动地的大事，在当时震惊了整个科学界。但狭义相对论的诞生并非一蹴而就，在此之前已经有了很多的理论基础，著名的人物有麦克斯韦、马赫、洛伦兹和庞加莱，甚至庞加莱比爱因斯坦更早几天推出了狭义相对论方程，但他否认狭义相对论的基本原理；故而提出狭义相对论第一人的头衔就落在了爱因斯坦的身上。闵可夫斯基在相对论创立后也做了很多完善工作，使得狭义相对论更加完美。

麦克斯韦的科学工作为狭义相对论打下理论基础。爱因斯坦在另一个场合也说过："狭义相对论的起源归功于麦克斯韦的电磁场方程。" 马赫对绝对时空观的批判使爱因斯坦深受启迪，促使爱因斯坦一举把时间的绝对性和同时性的绝对

性从物理学中排除出去，在创立狭义相对论中取得了决定性的进展。爱因斯坦曾自称他的思想也受到了经验主义哲学家大卫·休谟的影响。

马赫对于狭义相对论诞生的贡献在于他最早挑战牛顿的绝对时空观，这给了爱因斯坦创立狭义相对论提供了思想基础。马赫认为绝对时空是毫无意义的，而只有相对运动才是有用的概念。洛伦兹则提出了长度收缩假说，指出光速是物体相对于以太运动速度的极限，为狭义相对论奠定了基础。其实，在洛伦兹之前，爱尔兰物理学家乔治·菲茨杰拉德（1851—1901 年）针对迈克尔逊—莫雷实验的"零"结果提出了承认以太存在的"量杆收缩"解释。1895 年，洛伦兹提出了精确的尺缩公式。1904 年，洛伦兹提出了后来被庞加莱命名的"洛伦兹变换"。洛伦兹变换结合动量定理和质量守恒定律，可以得出狭义相对论的所有定量结论；如同时性的相对性、长度收缩、时间延缓、速度变换公式、相对论多普勒效应等。

在洛伦兹提出他的理论的同时，维恩 1903 年发现了质量和速度有关的一个重要结论：超光速是不可能出现的，因为这需要无穷大的能量来推动。实际上汤姆逊（电子的发现者）和塞尔分别在 1893 年和 1897 年的时候就已经注意到这点了；维恩也认可洛伦兹的尺度收缩假说。

庞加莱对狭义相对论的创立有巨大贡献。庞加莱群是闵可夫斯基时空的等距群，这是理解时空对称性的数学工具。早于爱因斯坦，庞加莱提出了空间的相对性和光速不变性假设，他先于爱因斯坦发表了"论电子动力学"的相关论文。但他对狭义相对论的否认态度，导致他痛失狭义相对论第一发现人的头衔。

上述四人都为狭义相对论的创立做出了突出贡献；相比于对麦克斯韦和马赫先驱贡献的认可，爱因斯坦却多次在公开场合表示，自己并没有参考过洛伦兹和庞加莱的研究成果，这的确有点匪夷所思。此外，拉莫 1897 年提出了时间膨胀的概念，对于狭义相对论改变时空观是有启发意义的。1903 年，根据对放射性现象的研究，意大利工程师德·普莱托（1857—1921 年）指出质量为 m 的物质包含的以太振动能为 mc^2，为爱因斯坦解释光电效应奠定了基础。

荷兰天文学家德西特（1872—1934 年）曾和爱因斯坦长期探讨宇宙的时空结构，以其名字命名的概念有德西特空间和反德西特空间。德西特空间里，时空平移子群同庞加莱群之洛伦兹变换子群结合为一单群而非半单群，这样表述的狭义相对论称为德西特相对论。

身为爱因斯坦数学老师的闵可夫斯基认为爱因斯坦的狭义相对论的数学形式是粗糙的，因此他于 1907 年重新表述了爱因斯坦的狭义相对论，提出了四维时空中的表述形式，引进第四个以光速和时间的乘积为尺度的虚坐标（18 世纪达朗贝尔也提出过以时间轴为第四轴的观点），方便地用四维空间中的几何图形来表示事件（世界点）及其变化过程（世界线）。因此，狭义相对论的时空观通过闵可夫斯基的工作得到重大发展，他为狭义相对论提供了严格的数学基础，从而将该理论纳入到带有闵科夫斯基度量的四维空间之几何结构中。

此外，普朗克自己也对狭义相对论的完成做出了重要的贡献，1907 年在狭义相对论的框架内推广了热力学。普朗克和维恩是第一批认真对待爱因斯坦 1905 年工作的大科学家，普朗克用经典作用量重新表述了狭义相对论，质能关系 $E=mc^2$ 形式表述就出自其手。他是第一个用狭义相对论称呼爱因斯坦理论的人。普朗克指出，相对论对绝对时空的抛弃并不是抛弃了绝对，而是把绝对的层次从时空推到了四维流形的度规。

索末菲也对狭义相对论的数学基础做出了贡献，给予狭义相对论更踏实的数学基础，帮助解释这理论的正确性。劳厄利用光学实验证明了爱因斯坦的速度叠加理论。迈克尔逊实验也启发了爱因斯坦，直接指引他走向创立狭义相对论之路。

五、狭义相对论获得认可的过程

狭义相对论创立后，很多人都无法理解这个超前的理论。考夫曼普朗克、朗之万、索末菲、劳厄等人是少数发现爱因斯坦狭义相对论重要性的人，他们不遗余力地在物理界推广相对论。

德国物理学家沃尔特·考夫曼（1871—1947 年），很可能是第一个引用爱因斯坦成果的科学家，他将爱因斯坦和洛仑兹的理论进行了比较，并且尽管他说爱因斯坦的方法看起来更好，但他声称两种理论在观测上是等价的。他最著名的成就是首次观察到了电子的电磁质量与速度的相互关系，即相对性质量，为狭义相对论的发展作出了重要的贡献。

由于普朗克的影响力，相对论很快在德国内部得到认可。而朗之万则形象地阐述相对论并作了大量宣传工作，有"朗之万炮弹"的美称。索末菲曾为爱因斯坦的理论辩护，使许多仍旧持有怀疑态度的物理学家能够心服口服。索末菲最引人注目的成就之一，是在狭义相对论的框架内对类氢原子的研究，这为氢原子的精细结构提供了理论解释。劳厄写了多本阐述爱因斯坦理论的著作，阐明了新的空间时间概念和以接近于光速的速度运动物体的运动，为爱因斯坦的理论赢得更多的支持。钱德拉塞卡推断，白矮星的简并电子气体中，必有大批电子的运动速度极快，这样就必须运用爱因斯坦的狭义相对论才能准确地研究它。而费曼路径积分、费曼图和费曼规则都属于现代理论物理学家所用的非常基本的工具，构成了使量子规则与爱因斯坦的狭义相对论的要求相一致的处理方法的基本要素。

六、狭义相对论的局限性

很显然，狭义相对论非常成功，对物理学起到了巨大的推动作用。但其他有局限性，主要是来自惯性系和万有引力两个方面。爱因斯坦在普鲁士科学院就职演讲中说："狭义相对论在理论上是不能完全令人满意的，因为它给匀速运动以优越的地位。"

从麦克斯韦电磁学里发现的洛伦兹不变性成了狭义相对论的核心。抛弃了绝对时空后，惯性系成了无法定义的概念。狭义相对论无法从理论上阐述惯性坐标系优越的物理原因，不能够证实物理学的因果性原则。在爱因斯坦看来，无论从认识论，还是美学角度，给惯性系以优越地位是讲不通的。爱因斯坦觉得这么美的思想不应该局限在惯性系里，所以他要以一个在所有参考系里都成立的不变性为前提，重新构造一个新的理论，这就是广义坐标不变性和广义相对论的来源。

之后他发现狭义相对论与电磁力没有矛盾，但仍然无法解释万有引力问题。万有引力定律与绝对时空紧密相连，既然狭义相对论破除了绝对时空观，那也就无法和万有引力兼容。爱因斯坦发现引力不满足洛伦兹协变性，无法纳入相对论框架。为此他在自己和其他数学家的帮助下继续完善这一理论，通过思想实验，爱因斯坦意识到了引力与加速度之间的关系；经过被爱因斯坦本人称为"我一生中最快乐的思想"的 10 年的努力，逐渐就有了广义相对论。

七、广义相对论概述

广义相对论是爱因斯坦于 1915 年以几何语言建立的引力理论，1916 年他提出广义相对论引力方程的完整形式。1907 年，爱因斯坦为了克服狭义相对论的缺陷，将相对性原理进行推广并提出等效原理。1912 年，他认识到时空度规的非欧几何性质，引入度规张量。广义相对论统合了狭义相对论和牛顿的万有引力定律，把相对性原理推广到非惯性参照系和弯曲空间。它将引力描述成因时空中的物质与能量而弯曲的时空，以取代传统上认为"引力是一种力"的看法。

广义相对论用空间结构的几何性质表示引力场，使 19 世纪 20 年代建立的非欧几里得几何学获得了物理意义。从广义相对论的角度看，现实的物理空间不是平坦的欧几里得空间，而是弯曲的黎曼空间；空间弯曲的程度（曲率）取决于物质分布状况，空间曲率体现了引力场的强度。

广义相对论适用于一切参考系，它的时空背景是黎曼几何的弯曲空间。广义相对论是用时空的几何性质来描述引力现象的，将引力本身的定义从力量转变为时空扭曲，它认为，空间和时空的性质不仅仅取决于物质的运动状态，还取决于物质本身的分布情况。物质告诉时空怎样弯曲，时空告诉物质怎样运动。广义相对论揭示了四维时空同物质的统一性，指出时空不可能离开物质而独立存在，这就在更深的意义上否定了牛顿的绝对空时观。这就是广义相对论对时空理论所作的进一步变革。

事实上，狭义相对论和万有引力定律，都只是广义相对论在特殊情况之下的特例。狭义相对论是在没有重力时的情况，而万有引力定律则是在距离近、引力小和速度慢时的情况。

八、广义相对论的理论基础

广义相对论的理论基石是等效原理。由于等效原理能够使我们在加速运动现象中找到狭义相对论的"惯性系"，因此，这个原理的存在，使狭义相对论的定律能够被推广到非惯性运动中，使狭义相对论与广义相对论联系起来。惯性质量和引力质量用来描述物质两种不同性质，是两个完全不同的物质属性，二者相等是等效原理一个自然的推论。爱因斯坦说"惯性力是真实存在的力，与万有引力等价"，等效原理是广义相对论的基本原理之一。

爱因斯坦在深入分析引力质量同惯性质量等价的基础上，提出引力场与加速度场局域等效的概念，将狭义相对论中惯性运动的相对性推广到加速运动。1916年，他表述了广义相对性原理——物理规律在不同的坐标系中的数学形式依照一定的规则都可以互相转换。即，物理规律在任意坐标变换下应是协变的，故广义相对性原理也称为广义协变性原理。广义协变性原理也是广义相对论的基本原理之一，指出不存在"绝对参考系"，没有一个参考系具有优越地位。

等效原理和广义协变原理构成了广义相对论的主要内容。爱因斯坦建立广义相对论的另一个重要基础是马赫的哲学思想——他认为时间和空间的几何不能先验地给定，而应当由物质及其运动所决定。在创立广义相对论的过程中，爱因斯坦把他的这一思想称为马赫原理。闵可夫斯基提出的时空的几何观点是广义相对论的源起。

九、广义相对论正确性的验证

广义相对论预言，由于有物质的存在，空间和时间会发生弯曲，而引力场实际上是一个弯曲的时空（见图3-6）。这个理论解释了牛顿力学理论无法解释的水星近日点每百年43秒的进动问题。爱因斯坦利用广义相对论预言星光经过太阳边缘要偏转1.7秒（光线弯曲现象），这一预言于1919年由爱丁顿爵士在南非观测到的日全食现象所证实。他也预言到了引力红移现象，即在强引力场中光谱向低频红端移动。1960年，天文学家在天文观测中证实了这一点。

广义相对论对于解释黑洞和类星体等奇异星体的运动来说也是十分重要的，它直接推导出某些大质量恒星会终结为一个黑洞——时空中的某些区域发生极度的扭曲以至于连光都无法逸出。引力透镜是爱因斯坦广义相对论的一个重要预言——当光线经过星系或星系团时，引力不仅仅会偏折光线，还能表现得像透镜一样。1979年，科学家首次确认了引力透镜效应（由于时空在大质量天体附近会发生畸变，使光线在大质量天体附近发生弯曲），证实了爱因斯坦广义相对论

图 3-6 大质量天体使得时空弯曲示意图

预言的正确性。1916 年，爱因斯坦根据广义相对论预言了引力波的存在。一百年后，人类在黑洞合并以及双中子星合并中发现了引力波的存在，也再次印证了爱因斯坦广义相对论的正确性。

此外，爱因斯坦用广义相对论思考整个宇宙空间问题。1916 年，他提出宇宙空间有限无界的假说，开创了现代宇宙学。1917 年他用广义相对论来建立大尺度结构宇宙的宇宙空间有限无界的模型，为宇宙膨胀理论和大爆炸宇宙学奠定了理论基础。广义相对论为我们提供了一个解释宇宙的宇宙学框架——它让我们可以深入了解天体力学，预测黑洞的存在，并绘制我们宇宙遥远的地方。

十、对广义相对论创立有贡献的科学家

如果说狭义相对论的诞生是瓜熟蒂落、水到渠成的结果，那广义相对论则是爱因斯坦辛苦努力的结果。它的创立花费了爱因斯坦 10 年的时间，从 1905 年到 1915 年写下重力场方程，甚至此后还在不断完善，这意味着广义相对论的难度极大。同样，广义相对论的创立并非爱因斯坦一人之力，他有效借鉴了其他科学家的思想与研究，并得到了其他科学家的帮助。对他创立广义相对论起到重要作用的科学家有马赫、厄缶、格罗斯曼、希尔伯特等人。甚至到了 1937 年，爱因斯坦仍然在利奥波德·英费尔德和霍夫曼两个年轻助手配合下，从广义相对论的引力场方程推导出运动方程，进一步揭示了空间、时间、物质、运动之间的统一性，这是广义相对论的重大发展。

马赫反对把惯性看作是物体固有的性质，而把它看作是物体与宇宙之间动力联系所规定的本质。他对于惯性本质的理解也使爱因斯坦受到启发，成为爱因斯坦写出引力场方程的依据。洛伦兹从一开始就支持爱因斯坦构造广义相对论的努力，他试图将爱因斯坦的表述同哈密顿原理结合起来。

匈牙利人厄缶提高了扭秤的灵敏度，他利用扭秤证明了引力质量和惯性质量是相等的，是为爱因斯坦的等效原理铺下基石的人，而等效原理则是爱因斯坦的广义相对论的一个基本假设。

埃伦费斯特的论文"刚体的匀速转动与相对论"涉及了狭义相对论背后的深层次矛盾，让爱因斯坦找到了其思想链条中缺失的关键一环，也直接帮助爱因斯坦提出广义相对论。"下降的电梯思想实验"将惯性力与引力等效起来，埃伦费斯特的"转盘思想实验"将惯性力与弯曲空间联系起来，故而爱因斯坦把引力通过惯性力为中介与弯曲空间联系起来了，打通了通往广义相对论的关键环节。

狭义相对论中所涉及的数学领域知识只有微积分，因为它适用于零曲率的平直时空。然而，现实时空是三维立体的，甚至存在更高维度。因此，狭义相对论无法解释非零曲率的弯曲时空，这也就意味着引力无法被融合进去。为了解决这个问题，爱因斯坦进行了大量的研究和尝试，但最后都未能成功，最后他得出了一个推论，或许引力并非真正意义上的力，而是几何效应。

爱因斯坦的好友马塞尔·格罗斯曼给他介绍了刚发展起来不久的黎曼几何。这是一种研究弯曲空间的几何，这与爱因斯坦所认为的物体会弯曲空间的理念相符合。但在加入黎曼积分之后爱因斯坦发现还是不够，于是他开始向张量微积分领域寻求帮助。张量微积分的领域由瑞士数学家克里斯托费尔（1829—1900 年）发起，意大利数学家格雷戈里奥·里奇—库尔巴斯特罗（1853—1925 年，里奇曲率张量）和图利奥·列维—奇维塔（1873—1941 年）完善的基础理论；爱因斯坦假设平直空间就是里奇曲率张量处处为零的空间。在上述理论上，爱因斯坦和格罗斯曼 1913 年共同完成了广义相对论的奠基论文"广义相对论和引力理论提纲"，这成为广义相对论的两篇基本论文之一。

还有，英国数学家、哲学家克利福德第一个设想引力是（存在之）深层次几何的表现。1870 年在介绍黎曼弯曲空间的概念时，克利福德加入了"引力会弯曲空间"的猜测，这整整早于广义相对论的思想 40 年。意大利数学家列维—奇维塔是爱因斯坦的同龄人，曾和爱因斯坦就张量计算、能量—动量张量和引力场方程有长期的讨论，为爱因斯坦最终构造出引力场方程厥功至伟，其所引入的协变微分和平行位移（1917 年）是微分几何、广义相对论的关键概念。1902 年，意大利数学家比安吉（1856—1928 年）发现了黎曼张量的比安吉恒等式，其对理解爱因斯坦场方程具有重要意义。收缩的比安吉恒等式可用于证明爱因斯坦张量恒为零。

爱因斯坦研究广义相对论的目的是要找到描述两个相互交织过程的数学方程式——引力场如何作用于物质并使之以某种方式进行运动；物质又如何在时空中产生引力场，使之以某种形式发生弯曲。然而，爱因斯坦一直没有找到完美描述其物理原则的数学表达式。在他与格罗斯曼的合作中也未能得到正确的引力场方程。由于小的失误，与正确方程失之交臂。数学家希尔伯特的出现直接促成了引力场方程的建立——爱因斯坦努力长达 8 年时间的广义相对论最终在希尔伯特凭借高超数学能力的帮助下完成。事实上，二人在建立场方程的过程中一直保持密切通信，而且两个人都分别独立地推导出了这个方程，尽管形式不同但本质一样。

尽管本人比爱因斯坦早 5 天推导出了引力场方程式，但希尔伯特非常大方地让出了自己的功绩，他认为爱因斯坦才是广义相对对论的创始人。毕竟，广义相对论背后隐含着深刻的物理思想，这完全是爱因斯坦的想法，无人可与他相争。他向爱因斯坦表示了祝贺："爱因斯坦已经提出了深刻的思想和独特的概念，并发明了巧妙的方法来处理它们。"后世为了纪念希尔伯特对广义相对论的贡献，将引力场方程的最小作用量原理中使用的作用量定义为"爱因斯坦—希尔伯特量"。同时，认定这个公式是两个人独立的贡献，就像微积分是牛顿和莱布尼茨共同建立的一样。

十一、广义相对论与爱丁顿

广义相对论诞生的时候，正处于第一次世界大战期间。因为战争的原因，信息闭塞，很少有人了解相对论，也很少有人能懂得这个理论。

英国著名天文学家阿瑟·斯坦利·爱丁顿是爱因斯坦相对论的推广者，他是第一位理解爱因斯坦广义相对论并证明其正确的科学家，也是第一位在公开场合用英语宣讲相对论的科学家。他用英语写了第一篇关于相对论的完整论述——《引力相对论》，他的著作比爱因斯坦所写的任何著作都流行。大多数第一批了解相对论的人基本是通过爱丁顿而不是爱因斯坦来了解相对论的。1919 年，爱丁顿通过日全食观测（非洲普林西比岛）和星光偏转实验证实了广义相对论，这是爱丁顿认为他在天文学研究中最激动人心的事件。他认为除了自己和爱因斯坦，没有人懂得广义相对论。爱丁顿认为他观测中发现的光线偏折角度与爱因斯坦预计得差不多。但是，日全食观测实验被后人认为是巧合，不可靠。后来更精确的星光偏转实验的确证实了爱因斯坦广义相对论的预言，大质量天体会导致附近的光线发生偏转。

爱丁顿在剑桥的课程指导了新一代的研究人员（其中包括保罗·狄拉克）如何用相对论来进行他们自己的研究。他的课程笔记成为了两本教科书的基础，分别是《相对论的数学理论》和《空间、时间和万有引力》。其中，1923 年所著的《相对性的数学理论》一书是第一本相对论专著。在接下来的几年里，它们仍然是教授相对论的标准。他随后出版了不少科普读物，让大众近距离感受广义相对论，这种做法不仅使得爱因斯坦声名鹊起，也使得自己名利双收，1930 年因此被授予爵士爵位，并在 1938 年被授予荣誉勋章。

十二、科学界对广义相对论的态度

广义相对论自诞生以来，一直争议不断，尽管有科学家认可和推广这个理论，比如爱丁顿、普朗克、劳厄、赖曼等人，但仍旧有为数不少且位高权重的反对者。

瑞典物理化学家、诺贝尔化学奖获得者阿伦尼乌斯，因对阴极射线的研究而获诺贝尔奖的德国物理学家勒纳和发现了原子和分子光谱谱线在外加电场中发生位移和分裂的现象而获诺贝尔奖的斯塔克都极力反对相对论，认为相对论是未经证实的猜想的理论。1920 年，勒纳和斯塔克等人在柏林召开反爱因斯坦广义相对论的公开集会。

而集会后的第二天，德国著名物理学家劳厄就和能斯特（德国卓越物理学家，热力学第三定律奠基者，得出了电极电势与溶液浓度的关系式，即能斯特方程）、鲁本斯（德国物理学家，发明了鲁本斯焰管，可以用来研究声驻波性质的金属管子）则联名在柏林日报上发表公开信予以反击。

此外，玻尔等人对相对论的看法是模棱两可的。按照玻尔的说法：广义相对论"对我似乎是一件要从远处欣赏和赞美的伟大艺术品"，只可远观而不可亵玩。但是，印度科学家钱德拉塞卡却认为："广义相对论在任何水平上都显示出奇妙的和谐，从每一种尺度上都会揭示出美的新特点。"玻恩也评价说，广义相对论"把哲学的深奥、物理学的直观和数学的技艺令人惊叹地结合在一起"。

十三、广义相对论的后续研究

广义相对论取得巨大成就广义相对论解决了多个天文学上多年的不解之谜，有不少科学家被这个理论所吸引，而前赴后继的从事广义相对论的研究。广义相对论场方程那优美的数学形式至今令物理学家们叹为观止。1916 年后，广义相对论的发展多集中在解开场方程式上，解答的物理解释以及寻求可能的实验与观测也占了很大的一部分。但因为场方程式是一个非线性偏微分方程，求解过程十分复杂而且很难求出严格解。

迄今为止爱因斯坦的场方程也只得到了为数不多的几个确定解，其中包括史瓦西和爱因斯坦本人。1915 年 12 月 22 日，德国物理学家史瓦西在爱因斯坦的广义相对论文章正式发表前给出了时空的一个度规表示，即所谓的史瓦西解，是广义相对论球对称坐标的引力场的严格解。广义相对论中以其名字命名的概念包括史瓦西坐标、史瓦西半径等。

德国数学家外尔与爱因斯坦同为希尔伯特的学生，他第一个考虑把广义相对论同电磁学相结合，注意到了电磁学的规范不变性与引力场的共形不变性之间的联系。外尔 1918 年的著作《空间-时间-物质》梳理了相对论物理的发展；与相对论有关的用外尔命名的概念包括外尔方程、外尔张量、外尔引力、外尔变换等。

泡利 1921 年为德国的《数学科学百科全书》写了一篇长达 237 页的关于狭义和广义相对论的词条，该文到今天仍然是该领域的经典文献之一。对广义相对论的后续研究做出最大贡献的是伽莫夫的老师、苏联数学家弗里德曼，他提出的宇宙模型对于从广义相对论推出的宇宙模型具有重要意义。他发现广义相对论的非静态解，可以描述宇宙的膨胀、收缩、坍缩，甚至可能从奇点中诞生；1922 年他提出了广义相对论框架下描述空间上均一且各向同性的膨胀宇宙模型的方程——弗里德曼方程，建立了适合研究广义相对论宇宙学的框架。

1928 年，狄拉克把相对论引进量子力学，研究电子的相对论性量子理论，创立了量子电动力学。这是关于电磁场以及带电粒子相互作用的量子理论，量子电动力学本质上描述了光与物质间的相互作用，而且是第一套同时完全符合量子力学及狭义相对论的理论。狄拉克进一步建立了相对论形式的薛定谔方程，也就是著名的狄拉克方程，在相对论和量子力学之间架起了桥梁，即相对论性量子力学，是量子力学与狭义相对论的第一次融合。

1936 年，爱因斯坦和罗森发现了一类新的解，它描述了一个膨胀的圆柱状宇宙，因此所有的事情在随时间变化的同时，也沿着空间中的某一个方向变化；这种形状简化了纷繁复杂的爱因斯坦方程组，使人们得以找到一个精确解。

1939 年，奥本海默根据广义相对论提出黑洞理论，证明质量远大于太阳的恒星最终都会成为黑洞，是他对科学唯一革命性的贡献。而薛定谔则探讨了有关广义相对论的问题，并对波场做相对论性的处理；他还发表了许多的科普论文，它们至今仍然是进入到广义相对论和统计力学世界的最好向导。

英国数学家、物理学家彭罗斯（1931 年至今）对广义相对论和宇宙学的贡献是其学术光环的一部分，他革新了描述时空性质的数学工具；他倡导忽略时空的几何结构细节，而把注意力放在时空的拓扑或者共形结构上。彭罗斯 1965 年的《引力坍缩与时空奇性》一文开启了后来的众多广义相对论和宇宙学的话题。

1970 年，霍金和彭罗斯合作证明了在广义相对论的框架下，提出了著名的奇性定理。威滕及其父亲路易斯·威滕也是研究广义相对论的理论物理学家，而威滕的主要贡献包括广义相对论的正能定理证明等。他提出的 M 理论其成功的标志，在于让量子力学与广义相对论在新的理论框架中相容起来。狄拉克 1975 年出版了著作《广义相对论》，系统总结了爱因斯坦的广义相对论。

美国理论物理学家基普·索恩（1940 年至今，加州理工学院教授）的主要贡献在于引力物理和天体物理学领域，是当今世界上研究广义相对论下的天体物理学领域的领导者之一，研究了涵盖了广义相对论里以时空和引力本性为中心的几乎全部的课题；他是科幻片《星际穿越》影片的科学顾问，也是激光干涉引力波天文台（LIGO）的主要发起者，因为发现了引力波获得 2017 年诺贝尔物理学奖。

十四、广义相对论的未来

广义相对论也不是完备的，它存在奇点问题，无论是黑洞的中心，还是宇宙的最初时刻，都是广义相对论无法描述的奇点状态。另外，根据广义相对论，行星、恒星和星系等宏观天体都是以连续的方式相互作用，引力本身是一种连续作用。然而，在量子力学中，空间、物质、能量和相互作用，这一切都是量子化的。广义相对论无法量子化，与量子力学不兼容。描述宏观和微观的理论无法统一，这表明还有比广义相对论更加终极的引力理论，它既能描述宏观天体的运动，也能描述微观粒子的行为。现在，与湍流一样，作为最难的物理问题之一，广义相对论的研究仍旧如火如荼的开展中，吸引了无数的科技工作者为此不断奋斗。

第八节　引力和引力波

一、引力概述

引力的概念自牛顿 1666 年提出以来，一直是神秘莫测的。尽管牛顿认为引力虽弱，但是普遍存在于万物之间。引力与其他形式的"力"一样，也是相互吸引的力，"苹果落地"就是万有引力发挥作用的例子。地球上的万物没有飞离地球，而是被牢牢地吸附在地球上，也是因为有了引力的存在。宇宙中存在的大质量天体之间的相互吸引也是万有引力之间的作用。故而，引力的定义就是"任意两个物体或两个粒子间的与其质量乘积相关的吸引力，是自然界中最普遍的力"。也就是说，牛顿认为引力与质量有关，是所有物质的基本特征。

250 年后，爱因斯坦终于成功地建立了引力理论——广义相对论，并于 1915 年 11 月 25 日晚于希尔伯特 5 天，写出了引力场方程。爱因斯坦首次提出，引力的本质不是"力"，而是时空"扭曲"的一种效应。天体之间的运动就是由于天体周围强大的引力场对其周边时空的扭曲造成的，而不是像拔河一样的拉扯。物理学上著名的钟慢效应是时间弯曲的例证。而遥远恒星的光芒在经过太阳附近时会改变方向，使得我们看到的恒星位置与其本来的位置出现极大的偏差，这就是引力透镜效应，这个效应就是空间弯曲的例证。

牛顿力学和广义相对论是对于引力的两种截然不同的解释，各有其正确成分在内。牛顿万有引力可以解释比如地月引力引起的海洋潮汐等现象。使用万有引力公式去计算地月以及地日之间的引力关系，可以得到准确的结果。但当人们企图用万有引力公式去计算位于超大质量天体附近的星体运行轨道时，发现得出的结果与实际观测结果相距太远。万有引力公式无法计算出的星体运动轨迹，可以通过爱因斯坦的重力场方程得到精准的答案。

广义相对论认为，有引力的物体都拥有能量，有质量的物体随着运动速度的提升会产生惯性质量，进而导致引力的增加以及能量的放大，而能量会导致时空发生弯曲。牛顿力学将万有引力与质量密切结合了起来，只要有质量，就会有引力。严格意义上讲，广义相对论并不是对万有引力的颠覆，而应该称其为一种发展。

二、超距作用

根据牛顿的引力理论，万有引力不仅能在两个相距遥远的天体之间产生相互吸引的作用力，而且无论距离多远这个作用力都是瞬间的，不需要任何传递的时间。即，引力的作用是瞬间发生的。与引力一样，量子纠缠也存在超距作用。超距作用是怎么实现的？这又是一个万有引力无法解释的问题。直到今天，物理学主流仍然也无法依靠牛顿的引力理论对这种瞬间的超距作用给出合理的解释。

爱因斯坦是反对牛顿力学中存在的引力的超距作用的。同样，他也反对根据广义相对论推导出引力场具有速度，其速度与光速相等，也就是说引力若想发挥作用，是需要时间的。

但是对于引力的产生原因，无论牛顿还是爱因斯坦都没有回答出来"引力是如何产生的"这个问题，因为他们自己也不清楚。近代从事量子力学和粒子物理研究的物理学家把引力与弱核力、强核力和电磁力并称4大相互作用力。他们受到"光子传递电磁作用，胶子传递强相互作用，W和Z波色子传递弱相互作用"这个思想的启发，提出了引力子的概念，认为引力是通过引力子起作用的。但是，引力子一直没有被发现。

三、引力子

引力子是科学家假想出来的一种微观粒子，目的是为了连接引力和量子理论。两个物体之间的引力可以归结为构成这两个物体的粒子之间的引力子交换。为了传递引力，引力子必须永远相吸、作用范围无限远及以无限多的形态出现。引力子预计是无质量的，和光子一样以光速传播，自旋是2，属于波色子。但是，如果存在引力子，那引力子也很难被发现。因为，它实在是太微弱了，比电子与质子之间的电磁力还要弱 2.27×10^{39} 倍。

爱因斯坦说引力场可以扭曲时空，形成引力波，引力是靠引力波传播的，而引力波则是由引力子组成的。波粒二象性证明，有了波肯定就有粒子，引力波中的粒子就是引力子。这句话听着很合理，但是到底是否存在引力子还不可知，探测到引力子目前来说还是一个遥不可及的愿景。

四、引力坍缩

引力坍缩是天体物理学上恒星或星际物质在自身物质的引力作用下向内塌陷的过程，产生这种情况的原因是恒星本身不能提供足够的压力以平衡自身的引力，从而无法继续维持原有的流体静力学平衡，引力使恒星物质彼此拉近而产生坍缩。在天文学中，恒星形成或衰亡的过程都会经历相应的引力坍缩。在引力坍缩过程中，恒星中心部分形成致密星，并可能伴有大量的能量释放和物质的抛射。不同质量的恒星，在引力坍缩后有可能形成各种不同类型的致密星。

至今，人们对引力坍缩在理论基础上还不十分了解，很多细节仍然没有得到理论上的完善阐释。由于在引力坍缩中很有可能伴随着引力波的释放，通过对引力坍缩进行计算机数值模拟以预测其释放的引力波波形是当前引力波天文学界研究的课题之一。

五、引力波

爱因斯坦从广义相对论的场方程推导出了由源的质量四极矩随时间的变化引起的引力辐射项，并且这种引力辐射携带能量。这种引力辐射项后来被称为引力波。但引力波到底是一种物理实在还是仅仅是数学上的形式，大家都不清楚。爱丁顿爵士 1922 年表示：引力波的本质只是数学坐标的波动，并没有实际的物理意义。简单地说，引力波并不真实存在。爱因斯坦对引力波是否存在也迟疑不定，1936 年 6 月和 11 月先后表示"引力波不存在"以及"引力波存在"的互相矛盾的表示，他认为引力波很微弱，难以探测。1957 年，费曼提出了"黏珠"思想实验，物理学界才达成共识，引力波确实存在，是一种物理实在。

在宇宙诞生的第一个普朗克时间内，引力就诞生了，从这一刻开始引力就开始发挥作用，而此时的引力对于时空的扰动，可以说是空前绝后的，但由于宇宙的膨胀也会将引力波的传递无限拉伸。

形象地说，根据广义相对论，引力波是指宇宙中时空弯曲造成的涟漪，与平静的水面泛起的涟漪类似。这种时空弯曲是因为质量的存在而导致的。通常而言，在一个给定的体积内，包含的质量越大，那么在这个体积边界处所导致的时空曲率越大。当一个有质量的物体在时空当中运动的时候，曲率变化反映了这些物体的位置变化。在某些特定环境之下，加速物体能够对这个曲率产生影响，并且能够以波的形式向外以光速传播，这种传播现象被称之为引力波。引力波以引力辐射的形式传输能量，其强度与波源之间的距离成反比；引力波的存在是广义相对论洛伦兹不变性的结果，因为它引入了相互作用的传播速度有限的概念。

引力波的主要性质是：它是横波，在远源处为平面波；有两个独立的偏振态；携带能量；在真空中以光速传播等。此外，引力波还有两个非常重要而且比较独特的性质。第一，不需要任何的物质而存在于引力波源周围；第二，引力波能够不受阻挡地穿过行进途中的天体。这两个特征允许引力波携带有更多的之前从未被观测过的天文现象信息。

既然引力波携带能量，应该可以被探测到。但引力波的强度很弱，而且物质对引力波的吸收效率极低，直接探测引力波极为困难。理论上，双星体系公转、中子星自转、超新星爆发、及理论预言的黑洞的形成、碰撞和捕获物质等过程，都能辐射较强的引力波。

六、引力波的探测

引力波成为世界自然科学中最大的一块缺失的拼图。探测引力波是爱因斯坦的预言之后科学家们广泛感兴趣的事情。美国哲学家舒茨（1899—1959 年）说："在我的意识中，探测引力波将打开调查宇宙的新途径，我们期望能从并合黑洞中频繁地探测到引力波，这里的引力波将携带真实可靠的信息。由于引力波是黑洞喷射的唯一放射线，我们将首次直接观测到黑洞。"

第一个对直接探测引力波作伟大尝试的人是马里兰大学帕克分校的约瑟夫·韦伯，他自 1957 年利用共振棒探测器开始了探测引力波的实验研究（见图 3-7）。1969 年底，韦伯在权威杂志《物理评论快讯》上声明发现了真正的引力波迹象，宣布发现在引力波撞击探测装置时发出了"声响"。但是，也有很多人不相信他的研究。韦伯开创了引力波实验科学的先河，这位伟大的科学家激发了全世界寻找广义相对论中一个仍未被证实的预言的热情。此后，很多富有才华的物理学家投身于引力波实验科学中。

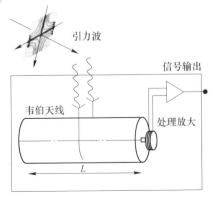

图 3-7 约瑟夫·韦伯与共振探测器

1974 年，美国普林斯顿大学的物理学家约瑟夫·泰勒和它的学生拉塞尔·赫尔斯，利用大型射电望远镜，发现了由两颗质量大致与太阳相当的中子星组成的相互旋绕的脉冲双星系统——由 2 个在近距离轨道里相互缠绕的中子星组成，且以爱因斯坦预测的速度螺旋式向内靠拢。他们经过对其约 5 年的观察，于 1979 年第一次得到引力波存在的间接证据——双星系统按照广义相对论预测的那样由于引力辐射二慢慢靠近。两人因此成就共同获得了 1993 年的诺贝尔物理学奖。

七、引力波的发现

2015 年 9 月 14 日，LIGO 小组捕捉到 13 亿光年外，两个黑洞相互碰撞并合为一个更大的黑洞时发出的极其强大的引力波信号，后来被命名为 GW150914，持续不到 1 秒。引力波的能量，正是来自并合前两个黑洞的质量减去并合后大黑洞的质量。两个黑洞的质量分别相当于 36 个和 29 个太阳的质量，总质量相当于 65 个太阳。并合后的黑洞质量相当于 62 个太阳的质量，另有相当于 3 个太阳的质量就是引力波释放的能量；释放的峰值能量比整个可见宇宙释放的能量还要高出约 50 倍。2016 年 2 月 11 日正式对外宣布，成为人类首次直接探测到的引力波。

由于距离遥远，即使是像黑洞这样巨大质量的系统相互碰撞、并合，产生的引力波信号传递到地球上也是很微弱的。这次事件产生的引力波的大小，仅仅相当于地球和太阳之间的距离，改变了一个原子的尺度大小，故引力波的测量也被认为是人类目前精密测量的极限。这一发现被称作"上帝的礼物"，三位作出决定性贡献的美国科学家雷纳·韦斯（时年 85 岁）、基普·索恩（时年 77 岁）和巴里·巴里什（时年 81 岁）被授予 2017 年诺贝尔物理学奖。

黑洞通过吸积盘相互合并。吸积盘是超大质量的黑洞使气体、恒星和尘埃等物质形成并开始围绕它旋转的地方。当一个黑洞在吸积盘中被捕获时，它会向这个黑洞的中心移动，形成一个更大的黑洞并最终吞噬其他黑洞。

这之后，LIGO 小组又先后多次探测到黑洞并合产生的引力波。2015 年 12 月 26 日发现第二次引力波——14 亿光年外，两个分别为 14.2 倍和 7.5 倍太阳质量的黑洞相互绕转并合，最后并合生成有 20.8 倍太阳质量的黑洞，约有 1 个太阳质量的物质转化成了引力波。并于 2016 年 6 月 15 日正式宣布。

2017 年 10 月 16 日，美国国家科学基金会宣布引力波的观测结果——于 2017 年 8 月 17 日由 LIGO 和室女座探测器 Virgo 首次在 1.3 亿光年外的室女座，发现双中子星并合引力波事件，国际引力波电磁对应体观测联盟发现该引力波事件的电磁对应体，见图 3-8。

2017 年 9 月 27 日，在意大利都灵召开的 G7 峰会科学部长分会上，美国自

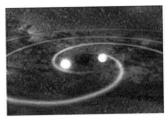

图 3-8　双子星合并产生引力波示意图

然基金委员会主任宣布了第四次引力波的重大发现，而且科学家首次得到了引力波的 3D 波形图。2018 年 12 月 3 日，LIGO 小组发现迄今最大的黑洞并合事件，距地球 90 亿光年，他们还发现了另外三起黑洞并合事件产生的引力波。

2019 年 8 月 14 日，美国和意大利的 3 台巨型探测器探测到了由一对黑洞和中子星在约 9 亿光年之外相互运动并合产生的一束引力波脉冲。这是首次发现黑洞与中子星的并合现象。迄今，科学家借助 LIGO 和 Virgo 引力波探测器，已经发现了 10 多个黑洞—黑洞并合、2 个中子星—中子星并合以及 1 个黑洞—中子星并合。2019 年 4 月，还发现了一个疑似黑洞—中子星并合。

八、引力波的作用

引力波的发现意义重大。其科学意义，霍金表示："引力波提供了一种人们看待宇宙的全新方式；（人类）探测到引力波的这种能力，很有可能引发天文学革命。"引力波可以直接与宇宙大爆炸连接。广义相对论中预言的引力波也可以产生于宇宙大爆炸中，这就是说大爆炸之初的引力波在 137 亿年后的今天仍然可以探测到。一旦我们发现了宇宙大爆炸时期的引力波，就可以揭开宇宙的各种谜团，甚至了解宇宙的开端和运行机制。

波函数的坍缩是量子力学哥本哈根诠释的核心。著名学者彭罗斯受量子引力理论的启发，在 1996 年左右提出"引力会导致波函数塌缩"的观点。法国学者 Franck Laloë 在 2020 年 2 月发表的论文中，根据彭罗斯的理论，提出了非常清晰易懂的由引力作用造成波函数塌缩的理论模型。具体而言，就是在引力常数中添加一个很小的虚数部分，就可以直观地推导出波函数演化过程。它直接计算出薛定谔之猫的塌缩时间大约为 10^{-6} 秒，过程如此之短，难怪我们从未在宏观世界中遇到过一只处于既死又活叠加状态的猫。这是引力在微观世界的一个应用。

引力波的晦涩和神秘莫测还在于，它可能真的会开启人类未知的世界，与人们千百年来所见所闻和理解的物质世界迥然不同。因此，发现引力波意味着人类对广袤宇宙世界的探索才刚刚开始。

引力波代表着一个全新的尚待开发的波谱，是一种可以被用来探索宇宙的全新的波谱。电磁波给我们的是延伸的视觉，而引力波则提供一种全新的感觉：听觉。有了它可以让我们发现电磁波探测不到的诸多天体和天文现象，是人类探索宇宙奥秘的新武器。更重要的是，由于引力波是物质运动变化时引发的时空弯曲，因此引力波与暗物质和暗能量有关。另外，宇宙大爆炸的初始时刻，引力波就存在，所以原初引力波是宇宙大爆炸初始时刻相关信息的唯一载体。探测到了这个极其微弱的引力波信号，也就了解了宇宙大爆炸。

第九节　天文学风云

一、天文学概述

天文学实际上是物理学的一个分支，它的起源可以追溯到人类文化的萌芽时代。事实上，人类对于物理学的认识和探索也是开始于天文学。人类自从在地球上出现以来，就一直试图解开星空里蕴藏的奥秘，因为这和人类的生产和生活密切相关。远古时候，人们为了指示方向，确定时间和季节，就自然会观察太阳、月亮和星星在天空中的位置，找出它们随时间变化的规律，并在此基础上编制历法，用于日常生活和农牧业生产活动。古代国家和宗教的运行和管理也离不开对日月星辰的密切研究。从这一点上来说，天文学是最古老的自然科学学科之一。

公元前 3000 年的美索不达米亚文明，苏美尔人观察太阳的轨迹，最先建立了黄道的概念。同时，把天空中最明亮的七个天体（太阳、月亮、水星、金星、火星、土星、木星）对应到一个星期的每一天。

古埃及人把这一次黎明前天狼星从东方升起，到下一次黎明前天狼星又从东方升起之间的时间为一年，并把黎明前天狼星升起的一天定为岁首，这叫做狼星年。狼星年的长度是 365.25 天，与今天的精密数字 365.2422 天很接近。这是人类历史上最早的太阳历，是现行公历（又称阳历）的祖先。

中国古代天文学也从原始社会就开始萌芽，公元前 24 世纪的尧帝时代，就设立了专职的天文官，专门从事"观象授时"。早在仰韶文化时期，人们就描绘了光芒四射的太阳形象，进而对太阳上的变化也屡有记载，描绘出太阳边缘有大小如同弹丸、成倾斜形状的太阳黑子。

古代人很迷信，他们观测天象预测吉凶，尤其是战争和王位传承等大事，他们还需要根据星象观测制定历法。公元前 750 年，巴比伦天文学家发现了月球停变周期是 18.6 年，并借此创造了第一部天文年历。为了观测天文，古人制作了不少天文仪器。中国最早的天文仪器是圭表，是用来度量日影长短的，此外还有测量天体位置的仪器浑仪以及表现天体运动的演示仪器浑象。中国现存最早的浑天仪制造于明朝，陈列在南京紫金山天文台。而西方文明最早的天文仪器是望远镜。

二、古希腊时期的天文学

在世界文明史上，古希腊文明以其特异的风采与卓越的成就享誉后世，以至有"言必称希腊"之说。的确，它的文化创造达到了人类文明的第一个高峰。于是，古希腊文明的勃兴和它的"后来居上"，它的光灿夺目的业绩，被学界称为"希腊的奇迹"。古希腊的天文学是那个时候世界最高水平之一。

古希腊哲学家泰勒斯曾利用日影来测量金字塔的高度，并准确地预测了公元前585年发生的日食，是首个将一年的长度修定为365日的希腊人。柏拉图的学生欧多克斯是第一个试图画星图的希腊人，为此目的，他将天空按经度、纬度划分，后来这概念就转移到地球本身的表面上了。古希腊最伟大的天文学家喜帕恰斯（伊巴谷）发明了许多能用肉眼观测行星的天文工具，这些仪器在历史上竟被流传使用了1700多年，足见其实用性。喜帕恰斯提出了本轮模型（见图3-9），被两个世纪后的托勒密采纳，在之后许多世纪里一直是主流天文学思想。

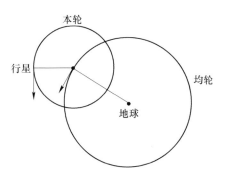

图 3-9　本轮—均轮运动示意图

喜帕恰斯参加欧多克斯的学说，发明了地球表面经纬度表示地理位置的定位方法，一直沿用到今天。他对历法做了精确的计算，算出一年的长度为365又1/4日再减去1/300日，月球年是29天12小时44分25秒，这些结果与现在的数值相差无几。他首次以"星等"来区分星星，并沿用至今。喜帕恰斯利用自制的观测工具，并创立三角学和球面三角学，被后人公认为方位天文学的创始人及西方天文学之父。

三、地心说

亚里士多德最早论证地球是球形，首创了"地心说"，认为处于宇宙中心的是地球，认为宇宙的运动是由上帝推动的，见图3-10。托勒密继承并发展了"地心说"，承认地球是"球形"的，并把行星从恒星中区别出来，着眼于探索和揭示行星的运动规律，这标志着人类对宇宙认识的一大进步。地心说最重要的成就是运用数学计算行星的运行，托勒密还第一次提出"运行轨道"的概念。他发展了喜帕恰斯提出的本轮模型，行星在本轮上运动，而本轮又沿均轮绕地运行。据此，人们能够对行星的运动进行定量计算，推测行星所在的位置，这是一个了不起的创造，是第一个定量的、可以用观测资料加以检验的宇宙结构学说，在此后很长的历史时期中，人们都用这一模型来预先推算日、月、行星未来的位置，而且在观测精度较低的情况下大体能与实际天象相符合。地心说是世界上第一个行星体系模型。尽管它把地球当作宇宙中心是错误的，然而它的历史功绩不应抹杀，这一体系对古代天文学的发展曾起过十分重要的作用。

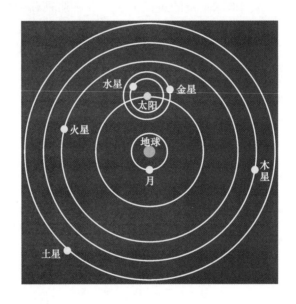

图 3-10　地心说示意图

"地心说"是根据人的经验、观察提出的，我们生活在地球上，每天看到的都是太阳、月亮东升西落，都是天体在动。托勒密提出地心说后，因为符合人们日常生活经验马上就被认可了。到了后来，因为地心说符合基督教的教义和价值观所以被西方统治者奉为经典，而一直影响到文艺复兴时期。地心说影响了人类历史 1500 多年，在 16 世纪哥白尼的"日心说"提出之前，"地心说"一直占统治地位。甚至西欧资产阶级革命后还是有一部分人认同地心说。

在很多世纪以来，托勒密一直被认为是最伟大的天文学家。尽管其后哥白尼提出了日心说、开普勒提出了行星运动三大定律、伽利略推翻了天体性质传统的观念，这些都不足以影响到托勒密在天文学上的科学声誉。哥白尼们的新天文学是诞生于托勒密旧天文学的基础上的。

四、日心说

到了中世纪后期，随着观测仪器的不断改进，行星的位置和运动测量越来越精确，观测到的行星实际位置同托勒密模型的计算结果的偏差越来越大，让人逐渐怀疑本轮和地心学说的正确性。在这个背景下，经过多年的观测和研究，波兰伟大的天文学家哥白尼提出了"日心说"，他指出地球不是宇宙的中心。这一现在看来正确的观点在当时是非常革命性的。也正因为是革命性的，在当时得不到人们的认可，无论是在科学界、宗教界还是普通民众那里，都被当成异端邪说。哥白尼受到了宗教制裁，而捍卫和宣传地心说的意大利哲学家布鲁诺甚至付出了生命的代价。哥白尼为天文学做出了巨大的贡献，他得到恒星年的时间为 365 天6 小时 9 分 40 秒，精确值约多 30 秒，误差只有百万分之一；他得到的月亮到地球的平均距离是地球半径的 60. 30 倍，和 60. 27 倍相比，误差只有万分之五。

世界著名物理学家普朗克曾经有一句名言，它可以叙述为：一个新的科学真理取得胜利并不是通过让它的反对者们信服并看到真理的光明，而是通过这些反对者们最终死去，熟悉它的新一代成长起来。这一断言被称为普朗克科学定律，并在全世界广为流传。地心说到日心说的转变过程恰如普朗克所说，只有反对者们去世，熟悉它的新一代才会肯定新的理论，这一过程十分艰辛。哥白尼提出的"日心说"，有力地打破了长期以来居于宗教统治地位的"地心说"，实现了天文学的根本变革。

事实上，直到 1609 年伽利略使用天文望远镜发现了一些不利于旧有的亚里士多德宇宙论和托勒密体系，反过来可以支持日心说的新的天文现象后，日心说才开始引起人们的关注。伽利略改进了 1608 年由荷兰眼镜制造工匠汉斯·利伯希最先发明的望远镜，并用之进行天文观测。他在天文学上做出了巨大贡献，有很多有趣的发现：（1）发现月球表面的凹凸不平；（2）发现木星的四颗卫星；（3）发现金星和月亮一样有盈有亏；（4）发现土星有光环；（5）发现太阳有黑子，能自转；（6）发现银河是由千千万万颗暗淡的星星所组成的。

直到发明望远镜为止，像他们的前辈那样，每一代天文学家看到的都是相同的天空。在即将到来的岁月中，伽利略用他的望远镜看到了在他之前无人见过的奇观。在科学发展史上，伽利略被认为是和以后的惠更斯等为牛顿的经典力学打下了基础的人。伽利略是最早使用科学实验和数学分析的方法研究力学，从而为牛顿的第一、第二运动定律提供了启示。

然而，由于哥白尼的日心说所得的数据和托勒密体系的数据都不能与丹麦天文学家第谷·布拉赫的观测相吻合，因此日心说在伽利略时期仍不具有优势。直至开普勒以椭圆轨道取代圆形轨道修正了日心说之后，日心说在与地心说的竞争中才取得了真正的胜利。

五、开普勒巩固了日心说

丹麦天文学家第谷·布拉赫（1546—1601 年）是最后一位也是最伟大的一位用肉眼观测的天文学家，他所做的观测精度之高，是他同时代的人望尘莫及的，被称为近代天文学的奠基人。公元 1572 年，第谷观测到一颗亮到足以白昼可见的恒星状天体出现在仙后座，最终证明：天空的确能够改变。

开普勒是第谷的学生。1599 年，第谷看到开普勒的《宇宙的奥秘》，虽不同意书中的日心说，但却十分佩服开普勒的数学知识和创造天才。"星学之王"第谷把他毕生积累的大量精确的观测资料全部留给了开普勒，帮助开普勒成就了"天空立法者"的美名。

1609—1618 年，开普勒陆续发现了行星运动的三大定律，分别是轨道定律、面积定律和周期定律。开普勒三大定律给予亚里士多德派与托勒密派在天文学与物理学上极大的挑战，奠定了经典天文学的基石，为牛顿数十年后发现万有引力定律铺平了道路。

在天文学方面如果没有开普勒，日心说的命运当时将是不确定的。作为中世纪与近代交替时期的人物，他的研究成果巩固了"日心说"的基石。另外，开普勒为天文观测仪器改进也做出了贡献，阐述了近代望远镜理论，他把伽利略望远镜的凹透镜目镜改成小凸透镜，这种望远镜被称为开普勒望远镜。开普勒望远镜是折射式望远镜，大部分的折射式天文望远镜的光学系统，都来源于开普勒式。后来，针对天文观测仪器，众多科学家做了改进，使得性能和分辨率日渐提升。例如夫琅和费，他设计制造了许多光学仪器，如消色差透镜、大型折射望远镜等，在当时的物理界都是非常了不起的成果，为天文学的进步做出了贡献，他被誉为天体光谱学创始人。

六、深入认识太阳系

日心说确立以后，人类知道太阳系中的核心是太阳，水、金、地、火、木、土等众多的行星是围绕太阳运转。同时，他们发现对太阳系的认识还是太肤浅。伽利略发现了木星的四颗卫星以及土星的光环，即土星环。但他发现土星环，那时候称作"土星的耳朵"很复杂，时而消失，时而出现。根本原因是土星环在运转过程中，有时候朝向地球的是面积较大的一面，还有时候是较小的一面，伽利略的望远镜分辨率达不到要求，所以当较小的一面朝向地球的时候，他发现不了。

惠更斯在天文学方面有着很大的贡献，他把大量的精力放在了研制和改进光学仪器上。他成功地设计和磨制出了高精度望远镜的透镜，改良了开普勒的望远镜与显微镜，惠更斯目镜至今仍然采用，还有几十米长的"空中望远镜"（无管、长焦距、可消色差）、展示星空的"行星机器"（即今天文馆雏形）等。利用自制的望远镜，惠更斯曾发现了由水和干冰组成的火星南极极冠。1655 年，惠更斯用自制的望远镜揭开了土星光环的神秘面纱，发现了土星最大的卫星——土卫六，又称泰坦星。

土卫六上的表面重力极低，和月球相当，但又拥有浓厚大气层。欧洲航天局的惠更斯号探测器 2004 年 12 月 24 日曾成功登陆土卫六。科学家对探测器发回的数据进行了分析，发现土卫六的大气层中含有 95% 的氮气，剩余的气体为甲烷和其他碳氢化合物。科学家推测土卫六大气中的甲烷可能是生命体的基础。土卫六可以被视为一个时光机器，有助我们了解地球最初期的情况，揭开地球生物如何诞生之谜。

对土星探测研究还有重要贡献的还有意大利的乔凡尼·多美尼科·卡西尼（1625—1712 年）。他发现了 4 颗土星卫星：土卫八、土卫五、土卫四和土卫三，并于 1675 年发现了土星光环之间的环缝。另外，卡西尼被认为与胡克同时于 1664—1665 年发现了木星大红斑。胡克利用自己高超的机械设计技术成功建设了第一个反射望远镜，并使用这一望远镜首次观测到火星和木星的自转以及木星大红斑，还有月球上的环形山和双星系统等。胡克断定木星大红斑是木星本身带有的一个永久性标志。胡克对月球、彗星、太阳等天体都有独到的研究，1664 年他曾指出彗星靠近太阳时轨道是弯曲的。

拉普拉斯也为加深对太阳系的认识做出了贡献。他将万有引力应用于整个太阳系，于 1773 年他解释木星轨道为什么在不断地收缩，而同时土星的轨道又在不断地膨胀。他发现月球的加速度同地球轨道的偏心率有关，从理论上解决了太阳系动态中观测到的最后一个反常问题。1796 年，他独立于康德（从哲学的角度提出星云说），第一个从数学与力学的角度提出科学的太阳系起源理论"星云说"，后人也将他们的理论称为"康德-拉普拉斯星云说"。星云说是第一个科学的太阳系起源的理论。

1781 年，英国天文学家、恒星天文学之父赫歇尔发现了天王星。1783 年，赫歇尔发现太阳系正在发生偏移，指出太阳有向武仙座方向的空间运动，被称为太阳的本动。1787 年，他发现了天王星的两颗卫星——天卫三和天卫四。赫歇尔 1789 年发现土卫一和土卫二，1825 年发现了土星的另外 7 颗卫星以及天王星的 4 颗卫星，并为之命名且沿用至今。赫歇尔的发现拓宽了太阳系的边界，改变了人们对太阳系的看法。

法国学者阿拉果为太阳系最后一颗行星海王星的发现做出了巨大贡献。天王星被发现后，人们开始研究它的运行轨道。人们发现它的实际运行轨道与根据太阳引力计算出的轨道有偏离，于是推测在天王星外还有一颗行星，它产生的引力使天王星的轨道发生了偏离。1843 年英国天文学家约翰·柯西·亚当斯(1819—

1892 年，剑桥大学天文台台长）、1846 年法国天文学家奥本·尚·约瑟夫·勒维耶（1811—1877 年，他的名字也被刻在埃菲尔铁塔上）分别根据万有引力定律，利用天王星轨道的摄动推测出了这颗尚未发现的行星的轨道。只不过后来的观测证明勒维耶的计算更准确一些。亚当斯和勒维耶分享了海王星发现者的美誉。

1846 年 9 月 23 日，德国天文学家约翰·格弗里恩·伽勒（1812—1910 年）对准勒威耶计算的海王星的轨道位置，真的观测到了蓝色的海王星。它是唯一利用数学预测而非有计划地观测而被发现的行星，人称"笔尖上发现的行星"。其实，早在 1612 年伽利略就曾经观测到过海王星的出现，只是他的望远镜精度不够而让他做出错误的判断。詹姆斯·查理士也曾在赫歇尔的儿子约翰·赫歇尔的督促和劝说下，与一个月之前发现了海王星，但是他并没有在意。

至此，太阳系 8 大行星全部被发现，太阳系起源的理论星云说也正式被提出。另外，恩斯特·克拉德尼在 1794 年明确指出陨石应该来自外太空。1803 年，毕奥对法国其他地方的另一场石头雨的分析，证明这些石头确实来自太空。1851 年，通过著名的傅科摆实验，傅科得到地球自转的结论。

1908 年，美国天文学家海尔利用塞曼效应，首次测量到了太阳黑子的磁场。他发明了太阳单色光照相仪，通过太阳色球层的日饵照片发现了太阳耀斑的存在。剑桥大学天文台台长、英国天文学家亚瑟·斯坦利·爱丁顿爵士 1920 年首次提出恒星的能量来自于核聚变，自然界密实物体的发光强度极限被命名为"爱丁顿极限"。1939 年，美国天文学家汉斯·贝特计算出太阳的能源是氢原子经过四步核聚变反应形成氦，因此建立了恒星能源的理论。

1950 年代初期，荷兰美籍天文学家杰拉德·柯伊伯（1905—1973 年，现代行星天文学之父）和爱尔兰裔天文学家埃吉沃斯就预言：在海王星轨道以外的太阳系边缘地带，充满了微小冰封的物体，它们是原始太阳星云的残留物，也是短周期彗星的来源地，称之为柯伊伯带。柯伊伯带是太阳系在海王星轨道（距离太阳约 30 天文单位）外黄道面附近、天体密集的中空圆盘状区域，由原始星盘碎片和微星构成，包括冥王星。

1950 年代，科学家们假定，在柯伊伯带之外的地方，还存在着另一个球体云团，直径大约在 1 光年左右，太阳系中的彗星大多来自于那里，这个假想中的天体，就是奥尔特星云。奥尔特星云目前还是用来解释长周期彗星的一个假说，它的最远端离太阳可能有 2 光年远，算是太阳引力的极限了。天文学家普遍认为奥尔特云是 50 亿年前形成太阳及其行星的星云之残余物质，并包围着太阳系。

上述这些观点包括太阳、行星、卫星、柯伊伯带、奥尔特星云等，基本上涵盖了对太阳系的大部分认识。但人类并不满足，仍在不断探索。其中，旅行者 1 号和 2 号探测器是美国宇航局研制的飞往太阳系外的两艘空间探测器，于 1977 年发射升空。2012 年，旅行者 1 号到达太阳系边缘，进入了星际空间，并且感受到了其中的粒子——星际空间的微风。旅行者探测器开启了人类探索外太空的新旅程，现在早已经飞出太阳系，进入了新的太空区域。

七、牛顿天文学

牛顿在天文学上做出了巨大的贡献，主要是万有引力定律。而开普勒三大定律又是万有引力定律的基础。胡克也在发现万有引力定律上做出了贡献，算是万有引力研究的先驱者。胡克 1674 年根据修正的惯性原理，从行星受力平衡观点出发，提出了行星运动的理论，在 1679 年给牛顿的信中认为天体的运动是由于有中心引力拉住的结果，正式提出了引力与距离平方成反比的观点，但由于缺乏数学手段，还没有得出定量的表示。但是，这还是给了牛顿很好的启发。

牛顿先阐释了重力，然后对万有引力进行了描述。他根据开普勒三大定律和向心力公式推导出太阳对行星的引力，然后根据牛顿第三定律得出行星对太阳的引力关系式，最后总结出太阳与行星间的引力关系公式，发现万有引力定律。

万有引力定律揭示了天体运动的规律，在天文学上和宇宙航行计算方面有着广泛的应用。牛顿通过论证开普勒行星运动定律与他的引力理论间的一致性，展示了地面物体与天体的运动都遵循着相同的自然定律，为太阳中心说提供了强有力的理论支持，并推动了科学革命。赫歇尔的研究表明，在遥远的恒星上，万有引力的定律也是正确的。

万有引力定律为实际的天文观测提供了一套计算方法，可以只凭少数观测资料，就能算出长周期运行的天体运动轨道，科学史上哈雷彗星、海王星、冥王星的发现，都是应用万有引力定律取得重大成就的例子。利用万有引力公式，开普勒第三定律等还可以计算太阳、地球等无法直接测量的天体的质量。牛顿也是天体力学的奠基人之一。万有引力定律为天体力学的发展奠定了理论基础。

八、天体力学

天体力学是天文学中较早形成的一个分支学科，它主要应用力学规律来研究天体的运动和形状。天体内部和天体相互之间的万有引力是决定天体运动和形状的主要因素，天体力学以万有引力定律为基础。天体力学的五位奠基人分别是开普勒、牛顿、达朗贝尔、拉格朗日和拉普拉斯。其中，贡献最大的是拉普拉斯，其次是拉格朗日。而开普勒和牛顿则属于天体力学的先驱。

拉普拉斯是天体力学的主要奠基者，天体演化学的创立者，被后世誉为"法国的牛顿"及"天体力学之父"。拉普拉斯一生致力于数学与天体问题的研究，试图以最简单方法来阐述天体运行的奥妙。他在研究天体问题的过程中，创造和发展了许多数学的方法。他用数学方法证明行星平均运动的不变性，即行星的轨道大小只有周期性变化，并证明为偏心率和倾角的 3 次幂，这就是著名的拉普拉斯定理。他证明了行星轨道的偏心率和倾角总保持很小和恒定，能自动调整，即摄动效应是守恒和周期性的，不会积累也不会消解。1784—1785 年，他提出了天体力学中著名的拉普拉斯方程。1786 年，他证明行星轨道的偏心率和倾角总保持很小和恒定，能自动调整，即摄动效应是守恒和周期性的、不会积累也不会消解。

拉格朗日在天体力学的五位奠基者中，所做的历史性贡献仅次于拉普拉斯。他创立的"分析力学"对以后天体力学的发展有深远的影响。他用自己在分析力学中的原理和公式，建立起各类天体的运动方程，如拉格朗日行星运动方程。此方程对摄动理论的建立和完善起了重大作用。他得到的天体力学模型至今仍在应用，有人用作人造卫星运动的近似力学模型。他关于月球运动（三体问题）、行星运动、轨道计算、两个不动中心问题、流体力学等方面的成果，在使天文学力学化、力学分析化上，也起到了历史性的作用，促进了力学和天体力学的进一步发展，成为这些领域的开创性或奠基性研究。拉格朗日是大行星运动理论的创始人，他发现三体问题运动方程的五个特解是拉格朗日重大历史性贡献。他在使天文学力学化、力学分析化上，有举足轻重的推动作用。

达朗贝尔是天体力学奠基人中的最后一人；他认为力学应该是数学家的主要兴趣，所以他一生对力学也作了大量研究。达朗贝尔是 18 世纪为牛顿力学体系的建立作出卓越贡献的科学家之一，他提出了与牛顿第二定律相似的达朗贝尔原理。这一原理使一些力学问题的分析简单化，为分析力学的创立打下了基础，是天体力学的力学基础。

九、对银河系的认识

1775 年，德国哲学家康德出版了《自然通史和天体论》一书。在此基础上，提出大胆的猜想：既然银河系存在引力，并能稳定存在，那么它必然是一种旋转着的盘状结构，来防止其塌缩。

经过近 20 年的艰辛探索和天文观测，赫歇尔首次证实了银河系为扁平圆盘状的假说（见图 3-11），1785 年绘制出第一张银河系的截面图。他初步确立了银河系的概念，是第一个确定了银河系形状大小和星数的人。他的研究开创了日后银河系结构的系统研究。

银河系盘中弥漫的尘埃会让远处的恒星看上去比实际距离更远，并在某些区域会严重低估恒星的数量，这就是为什么赫歇尔当年绘制的银河与实际情况相差十万八千里的原因。旋臂结构只有用中性氢、大质量和年轻的 O、B 型恒星、电离氢区、巨型的分子云才能很好的追踪。赫歇尔、卡普坦（荷兰天文学家，1851—1922 年，用统计方法研究银河系恒星的运动和空间分布）等早期的探索者在银河系结构这个问题上都误入了歧途。

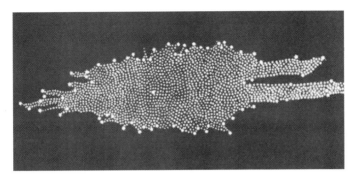

图 3-11 赫歇尔扁平圆盘状银河系模型

在沙普利之前，人们认为太阳位于银河中心附近。沙普利建立了一个银河系的模型，认为太阳系处于银河系边缘，银河系的中心在人马座方向。而太阳从物理性质上说是银河系内一颗普通恒星，位于银面附近且距离银河中心约 3 万光年。他的研究为人们认识银河系奠定了基础。20 世纪 20 年代，银河系自转被发现以后，沙普利的银河系模型得到公认。

荷兰著名天文学家简·亨德里克·奥尔特（1900—1992 年）也从事银河系结构的研究，他意识到广泛存在的星际尘埃会严重影响恒星计数的结果，于是从恒星的距离、视向速度来研究银河系的自转。当时，瑞典天文学家林德布拉德刚刚发现了银河存在自转，离银河系中心越远的恒星，绕银心旋转的速度越慢。1958～1959 年，奥尔特等人又绘制出人类第一幅银河系的中性氢 21 厘米波分布图，证实了银河系的漩涡结构。1990 年代以后，天文学家逐渐怀疑银河系不是一个旋涡星系，而是一个棒旋星系，这个观点在 2005 年得到有力的证实。

狭义相对论解决了长期存在的恒星能源来源的难题，近年来发现越来越多的高能物理现象，狭义相对论已成为解释天文现象的一种基本理论工具。而广义相对论也解决了多个天文学上多年的不解之谜，比如解释了水星近日点进动、光线弯曲现象、红移现象等，还成为后来许多天文概念的理论基础。不仅对太阳系和银河系的认识有帮助，甚至也有助于认识河外星系和宇宙。

十、河外星系

哈勃被誉为星系天文学之父，他获得这个美誉是因为对河外星系的研究而得名。自从 17 世纪初望远镜发明后，人类视野拓展到越来越远的宇宙深处，天文学家们陆续发现了一些云雾状天体，被称为星云。1775 年，康德认为宇宙中可能不止银河系一个这样的盘状结构，而是一个个分布在空间的"宇宙岛"；英国天文学家赖特也有类似的想法。曾先后担任英国天文学会主席和英国皇家学会主席的威廉·哈金斯爵士是第一个区分出星云和星系之间有差异的人。

　　1784—1847 年的 60 余年间，通过数恒星的方法，赫歇尔和妹妹卡罗琳·赫歇尔以及儿子约翰·赫歇尔（21 岁当选为英国皇家学会会员）总共发现了 3500 多个星云和星团。而在这以前，世界上的所有天文学家所观察到的总和也不过 150 个。人类历史上第一个女性天文学家卡罗琳·赫歇尔独立发现了 14 个星云，约翰·赫歇尔新发现星云星团 525 个。"数恒星"法是一种开创性方法，这在当时都是有进步意义的。

　　1914 年，哈勃开始研究星云的本质，提出有一些星云是银河系的气团，发现亮的银河星云的视直径同使星云发光的恒星亮度有关。他推测另一些星云，特别是具有螺旋结构的，可能是更遥远的天体系统。1923—1924 年，他确认"星云"是银河系外巨大的天体系统——河外星系。

　　造父变星是发现河外星系的有力武器。1783 年，英籍荷兰裔聋哑天文学家约翰·古德利克（19 岁获得科普利奖章，22 岁当选英国皇家学会会员）发现了造父变星的光变现象。赫歇尔是第一个系统报道"变星"的人，变星的亮度较高，呈现周期闪光的特殊性，使它们成为了观测天文距离的航标。1912 年，哈佛天文台的女天文学家勒维特发现了造父变星的周光关系。仙王座 δ 是典型的造父变星，中文名造父一。由于根据造父变星周光关系可以确定星团、星系和星际的距离，因此造父变星被誉为"量天尺"。美国人沙普利由于其对造父变星的深入研究而被称为造父变星之父。

　　第一个发现的河外星系是仙女座大星云。1924 年，哈勃用当时世界上最大的望远镜在仙女座大星云的边缘找到了造父变星，利用其光变周期和光度的对应关系确定出仙女座星云的准确距离，证明它确实是在银河系之外，也就是说像银河系一样，是一个巨大、独立的恒星集团。因此，仙女星云应改称为仙女星系。河外星系与银河系一样也是由大量的恒星、星团、星云和星际物质组成的。距银河系最近的河外星系是大麦哲伦星云和小麦哲伦星云，是 1518—1520 年葡萄牙人麦哲伦在南半球用肉眼发现的。

　　河外星系的发现将人类的认识首次拓展到遥远的银河系以外，是人类探索宇宙过程中的重要里程碑。所有天文学家都意识到，多年来关于旋涡星云是近距天体还是银河系之外的宇宙岛的争论就此结束，从而揭开了探索大宇宙的新的一页。最通用的河外星系分类法也是 1926 年哈勃提出的——按照它们的形状和结构分为：旋涡星系、棒旋星系、椭圆星系和不规则星系。银河系是棒旋星系。

　　1929 年，哈勃通过对已测得距离的 20 多个星系的统计分析，更进一步发现星系退行的速率与星系距离的比值是一常数，两者间存在着线性关系。这一关系后被称为哈勃定律。这个被称为哈勃常数的参量就是星系的速度同距离的比值。

　　20 世纪 30 年代，沙普利发现了一个庞大的星系团，以他的名字命名为"沙普利超星系团"。欧洲航天局称，沙普利超星系团包含 8000 多个星系，其质量是太阳的 1000 亿倍。他发现星系有成团趋势，称之为总星系。银河系和仙女座星系是本星系群中的一员，而本星系群又属于本超星系团即室女座超星系团的一部分；而室女座超星系团的上一级结构是拉尼亚凯亚超星系团。宇宙中这样的星系团有数千亿个。

十一、特殊星体研究

（一）超新星

宇宙中存在众多的特殊星体，比如超新星、红巨星、白矮星、中子星、黑洞等。超新星是恒星演化过程中的一个阶段，超新星爆发是某些恒星在演化接近末期时经历的一种剧烈爆炸，是一颗大质量恒星的"暴死"。哈勃太空望远镜就曾成功捕捉到了超新星爆发中恒星爆炸的壮观场景。

美国天文奇才兹威基是超新星爆炸和中子星研究的开拓者。1934 年，他和同事、德国天文学家沃尔特·巴德（1893—1960 年）提出了"超新星"一词用于描述正常恒星向中子星的转化过程，同时解释了宇宙线的起源，这在当时是非常惊人的观点。他们预测超新星爆发时亮度大约是太阳的 100 亿倍。2016 年 1 月，中国科学家观测到最强超新星，是太阳亮度的 5700 亿倍。

1938 年，兹威基和巴德建议使用超新星作为估计遥远深空距离的标准烛光，被用来确定距离。超新星在产生宇宙中的重元素方面扮演着重要角色，重于铁的元素几乎都是在超新星爆炸时合成的，它们以很高的速度被抛向星际空间。在早期星系演化中，超新星起了重要的反馈作用。星系物质丢失以及恒星形成等可能与超新星密切相关。

20 世纪中期，伽莫夫与巴西裔的理论物理学家马里奥·申贝格合作，提出某些恒星内部的核反应会产生大量的中微子和反中微子，它们的突然逸出将导致巨额光能的释放，这种所谓的"尤卡过程"，可以解释超新星爆发现象。

（二）红巨星

中低质量的恒星在渡过生命期的主序星阶段，结束以氢聚变反应之后将在核心进行氦聚变，将氦燃烧成碳和氧的三氦聚变过程，并膨胀成为一颗红巨星。红巨星是恒星燃烧到后期所经历的一个较短的不稳定阶段，根据恒星质量的不同，历时只有数百万年不等。红巨星是巨大的非主序星。之所以被称为红巨星是因为看起来的颜色是红的，体积又很巨大的原因。金牛座的毕宿五和牧夫座的大角星是红巨星，猎户座的参宿四则是红超巨星。

（三）白矮星

当恒星的不稳定状态达到极限后，红巨星会进行爆发，把核心以外的物质都抛离恒星本体，物质向外扩散成为星云，残留下来的内核核的质量小于 1.44 个太阳质量就会形成白矮星，白矮星通常都由碳和氧组成。1926 年，形成了一个基于费米–狄拉克统计的解释白矮星密度的理论。

1933 年，印度人钱德拉塞卡初步计算出当恒星的质量超过 1.44 倍太阳质量的时候，恒星将不会变成白矮星，而是继续坍缩成其他更高致密度的星体。这一成果后来被命名为钱德拉极限。电子简并压与白矮星强大的重力平衡，维持着白矮星的稳定。当白矮星质量进一步增大，电子简并压就有可能抵抗不住自身的引力收缩，白矮星还会坍缩成密度更高的天体。

1934 年，沃尔特·巴德与兹威基宣称，中子简并压能够支持质量超过钱德拉塞卡极限的恒星。事实上，恒星除了白矮星这一最终状态外，还有中子星和黑洞，验证了钱德拉塞卡计算结果的正确性。

（四）中子星

对中子星研究有先驱性贡献的也是兹威基。他认为超新星爆发一方面将外部物质抛散到空间，这些物质对新的星际介质乃至新的恒星的形成有着重要的贡献；而另一方面内部物质收缩为致密天体，兹威基预言这些致密天体就是中子星。1960 年代中期，射电天文学家发现了银河系中第一颗中子星。中子星是 20 世纪激动人心的重大发现，为人类探索自然开辟了新的领域，而且对现代物理学的发展产生了深远影响。

中子星是除黑洞外密度最大的星体，其密度就是原子核的密度，每立方厘米的质量为 8 千万到 20 亿吨。一颗典型的中子星质量介于太阳质量的 1.35～2.1 倍，半径则在 10～20 千米之间，其巨大的引力让光线都是呈抛物线挣脱。

同白矮星一样，中子星是处于演化后期的、质量大于 8 个太阳质量的大质量恒星经由引力坍缩发生超新星爆炸而形成的，属于恒星的内核。能够形成白矮星的是中小质量恒星，质量小于 8 个太阳的恒星往往只能演化为一颗白矮星。白矮星内由于电子简并压的存在使得原子结构完整。而中子星中的原子被打破，电子被压进了质子，原子核内部全部形成中子，中子星就是一个巨大的原子核。

（五）黑洞

恒星的另外一个生命终点是黑洞，黑洞是时空曲率大到光都无法从其事件视界逃脱的天体。1916 年，德国天文学家卡尔·史瓦西通过计算得到了爱因斯坦引力场方程的一个真空解。这个解表明，如果将大量物质集中于空间一点，其周围会产生奇异的现象，即在质点周围存在一个界面——"视界"，在此距离以内的任何物质和辐射都不能溢出，即使光也无法逃脱，称为史瓦西视界。

史瓦西不能理解自己的计算结果：一个黑色的、引力强到连光都无法逃脱的物体，看起来很简单，却引发了不计其数的问题。这种"不可思议的天体"被美国物理学家、费曼的导师约翰·惠勒于 1969 年命名为"黑洞"。

最先研究它的人是美国原子弹之父奥本海默。1936 年，奥本海默提出了稳定中子星的质量上限——奥本海默极限。大于这个临界质量，恒星不可能最终生成稳定的中子星，而是会进一步坍缩形成黑洞或者介于中子星与黑洞之间的其他类型的致密星（近期有人提出了夸克星的构想，但还没得到证实）。1939 年，奥本海默根据广义相对论提出黑洞理论，介绍了黑洞存在的原因以及形成机制。他推断黑洞肯定作为实体存在于太空，这是他一生中最出色的贡献，也是对科学革命性的贡献，黑洞对宇宙进化起着决定性的作用。

1960—1970 年代是黑洞研究的黄金时期。1962 年，新西兰物理学家罗伊·克尔根据爱因斯坦引力场方程，在史瓦西解的基础上得出了精确解，而这个解正是旋转黑洞的解，描述的是转动黑洞的引力场。这个理论发现有着重要的天文学意义。这个黑洞被称为克尔黑洞，是不随时间变化的绕轴转动的轴对称黑洞，是二种旋转黑洞中的一种，号称最完美的物体之一。有科学家预测，克尔黑洞很可能连接着两个世界，但这只是一种推测，还有待验证。

美籍以色列物理学家雅各布·贝肯斯坦（1947—2015 年）一生对物理学的发展贡献巨大，是黑洞研究的巨擘，他发现早年对黑洞的描述是和热力学第二定律相冲突的。1972 年，他在物理学顶尖期刊 PRL 上发表了论文"黑洞和熵"，他提出黑洞的熵就是它的表面积除以普朗克常数平方再乘以一个无量纲数。他成功地给黑洞内所能包含的信息规定了上限——贝肯斯坦上限。2015 年，他被授予了爱因斯坦科学奖，表彰他在黑洞熵的突破性工作。他在黑洞热力学领域做出了开创性的贡献，为量子力学和引力学的统一架起桥梁。

霍金以对黑洞的研究著称，在黑洞研究中做出令人吃惊的发现。他基于贝肯斯坦黑洞熵公式，发现黑洞不是完全黑的，黑洞有辐射放出来，即霍金辐射，并计算出了贝肯斯坦—霍金黑洞熵公式。还证明了黑洞的面积定理，即随时间地增加在顺时针方向黑洞的面积不变。现在，霍金辐射也被称为霍金—贝肯斯坦辐射。

霍金辐射提出后，自然引出了一个悖论，黑洞信息悖论——黑洞如果不吸收外来物质，那么它的辐射最终会使得它最后消失，那上面存在的信息到哪里了呢？是彻底消失了？还是以某种机制保存下来了（火墙悖论）？

1997 年，加州理工学院的量子物理学家约翰·普雷斯基尔公开与霍金打赌："信息并没有丢失，赢家将收到一本百科全书"。黑洞信息这个悖论还没有完整的解决方案，它背后也许反映了量子力学是不完备的，解决了它也许就找到了量子力学和广义相对论协调的方式。2012 年，发现的黑洞火墙悖论是一个更加微妙、更加麻烦的悖论，火墙服从了量子规律，但是却违反了爱因斯坦的广义相对论。

霍金在"反德西特时空"中的模拟设定提出的"灰洞"新观点，正是为了解决黑洞火墙悖论。黑洞内部出现的量子涨落使得黑洞如同一个灰色地带，其也不违反任何广义相对论和量子力学，这也意味着黑洞可以从宇宙中吸积"物质信息"，同时也可以向外辐射出信息。也就是说，黑洞不黑，而是灰洞。霍金说："在经典理论中，黑洞不会放过任何东西，量子理论允许能量和信息逃离黑洞。"因为现代量子物理学认定这种物质信息是永远不会完全消失的，这种说法与量子力学的相关理论出现相互矛盾之处。目前，灰洞理论存在很大争议。

另外，科学家根据广义相对论预言了"白洞"的概念，是一种性质正好与黑洞相反的特殊天体，具有超高度致密度，但尚未被观测所证实。白洞并不是吸收外部物质，而是不断地向外围喷射各种星际物质与宇宙能量，是一种宇宙中的喷射源。白洞可以说是时间呈现反转的黑洞，进入黑洞的物质，最后应会从白洞出来，出现在另外一个宇宙。

（六）虫洞

虫洞是 1916 年奥地利物理学家路德维希·弗莱姆首次提出的概念，是宇宙中可能存在的连接两个不同时空的狭窄隧道。1930 年代，爱因斯坦及纳森·罗森在研究引力场方程时假设透过虫洞可以做瞬时的空间转移或者做时间旅行，又称爱因斯坦—罗森桥。简单地说，"虫洞"就是连接宇宙遥远区域间的时空细管。暗物质维持着虫洞出口的敞开，虫洞可以把平行宇宙和婴儿宇宙连接起来，并提供时间旅行的可能性。虫洞也可能是连接黑洞和白洞的时空隧道，所以也叫"灰道"。虫洞为超弦理论提供了部分理论支持。

迄今为止，科学家对黑洞、白洞和虫洞的本质了解还很少，它们还很神秘，很多问题仍需要进一步探讨。目前，天文学家已经找到了黑洞，但白洞、虫洞并未真正发现，还只是一个经常出现在科幻作品中的理论名词，仍旧停留在假想阶段。

十二、暗物质

霍金认为他一生的贡献是：在经典物理的框架里，证明了黑洞和大爆炸奇点的不可避免性，黑洞越变越大；但在量子物理的框架里，黑洞因辐射而越变越小，大爆炸的奇点不但被量子效应所抹平，而且整个宇宙正是起始于此。也就是说，至今大家公认宇宙起源于奇点的大爆炸，霍金与彭罗斯一起证明了"奇点"，即彭罗斯—霍金奇性定理，这个成就是在宇宙意义的宏观框架里。

至于暗物质的发现，与兹威基和鲁宾有关系。当然，其他名气各异的科学家也做了很多贡献。1933 年，兹威基提出宇宙中存在不可见的物质，即现在所说的暗物质。他在观测螺旋星系旋转速度时，发现星系外侧的旋转速度较牛顿引力定律计算的结果更快，故推测必有数量庞大的质能拉住星系外侧组成，以使其不致因过大的离心力而脱离星系。

图 3-12 说明我们可见的物质占整个宇宙的不到 5%，剩余的都是暗物质和暗能量。暗物质理论一开始仅仅是一种假想，后来经过暗物质之母鲁宾的艰苦工

作，到了 20 世纪 80 年代，存在大量暗物质的观点已被广为接受了。也就是说，暗物质广泛存在于宇宙空间之中。

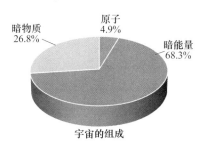

图 3-12 宇宙中暗能量、暗物质与真实物质的比例关系

暗物质是一种比电子和光子还要小的物质，不带电荷，不与电子发生干扰，能够穿越电磁波和引力场，是宇宙的重要组成部分。暗物质的密度非常小，但是数量庞大，因此它的总质量很大。根据最新基于宇宙微波背景辐射的研究以及理论计算，我们可以知道暗物质的总量大概比已知物质总量的 5 倍还要多。

鲁宾的研究彻底颠覆了我们对整个天文学和物理的认识，暗物质让人们看到了一个全新的世界，远比我们所能想象的更神秘、更复杂。目前的研究发现，在宇宙诞生之初，由于暗物质的存在，提供了额外的引力，恒星才得以形成。暗物质的作用就像是星系的黏合剂，将星系连接形成一个统一的整体。

十三、宇宙膨胀

以目前的观点，我们都知道宇宙是膨胀的。至于它的发现，也经历了多年的曲折。1924—1929 年，美国天文学家哈勃对遥远星系的距离与红移进行了大量测量工作，发现远方星系的谱线均有红移，而且距离越远的星系，红移越大。科学家们认为这是宇宙膨胀的直接结果。1929 年，哈勃提出星系的红移量与星系间的距离成正比的哈勃定律，并推导出星系都在互相远离的宇宙膨胀说。对造父变星的观测也证实了宇宙膨胀的说法。1931 年，哈勃的发现让天文学家放弃对静态、稳定宇宙的原有认识，重新开始揭示一个奇异而令人困惑的宇宙。哈勃被公认为提供宇宙膨胀实例证据的第一人。

其实，20 世纪初，美国天文学家维斯托·梅尔文·斯里弗发现了旋涡星云光谱的谱线红移现象，促使现代宇宙学的诞生。而最早发现红移现象的是赫歇尔，他是 1800 年首次探测到天体的红外辐射。

苏联科学家亚历山大·亚历山德罗维奇·弗里德曼是研究宇宙膨胀的先驱者，他是最早引入"膨胀宇宙"这个词的人，他估计的宇宙年龄非常接近现在的数值。在广义相对论中，膨胀速度的变化受宇宙状态方程式的影响。确定暗物质的状态方程式是当今观测宇宙学的最主要问题之一。对宇宙膨胀的高精度测量可以使我们对膨胀速度随时间变化有更深入的理解。使宇宙膨胀的原动力是大爆炸产生的冲击波，提供了宇宙膨胀的能量来源。

十四、暗能量

爱因斯坦在 1917 年导出一组引力方程式，表明宇宙是在做永恒的运动，这个结果与爱因斯坦的宇宙是静止的观点相违背。为了使这个结果能预示宇宙是呈静止状态爱因斯坦又给方程式引入了一个项，这个项称之为的"宇宙常数"。但是，他后来很后悔引入了这个常数。

但哈勃太空望远镜的观测结果证明爱因斯坦是正确的，宇宙中确实存在被科学家称为"宇宙常数"的神秘力量，它能够对抗万有引力，使空间膨胀、星系相互远离。这种能量推动宇宙按爱因斯坦的"宇宙常数"在加速膨胀，就是暗能量。

1998 年，天文学家发现，宇宙不只是在膨胀，而且膨胀速度在加速，这严重违背了星系间的万有引力。科学家们引入了暗能量来解释已有的观测结果，认为暗能量在抵抗万有引力，驱动着星系远离我们，拉扯着宇宙空间基本构造。

暗能量相比较暗物质更是奇特的有过之而无不及，因为它只有物质的作用效应而不具备物质的基本特征，故将其称之为"暗能量"。"暗能量"虽然也不被人们所感觉也不被目前各种仪器所观测，但是人们凭借理性思维可以预测并感知到它的确存在。其实，暗能量的来源就是大爆炸产生的冲击波。

暗能量是宇宙学研究的一个里程碑性的重大成果。支持暗能量的主要证据是宇宙的膨胀。对遥远的超新星所进行的大量观测表明，宇宙在加速膨胀。按照爱因斯坦引力场方程，加速膨胀的现象推论出宇宙中存在着压强为负的"暗能量"。

十五、宇宙大爆炸

1927 年，比利时天文学家乔治·爱德华·勒梅特首次提出了宇宙大爆炸假说。弗里德曼是用数学方式提出宇宙模型的第一人；他的模型对于从爱因斯坦广义相对论推出的宇宙模型具有重要意义。1922 年，他提出了描述宇宙演化各种可能性的基本方程——弗里德曼方程，建立了适合研究广义相对论宇宙学的框架。

1946 年，伽莫夫等人正式提出了大爆炸宇宙理论——火球理论，认为宇宙发源于一次剧烈的爆炸。1948 年，伽莫夫及其学生通过进一步研究宇宙中的元素丰度比例而改进了大爆炸模型，并由此预言了微波背景辐射的存在。微波背景辐射是支持大爆炸模型的关键证据，最终于 1964 年被贝尔实验室的彭齐亚斯和罗伯特·威尔逊观测证实，从而使大爆炸模型成为目前公认的最佳宇宙起源理论。

大爆炸理论的科学性令人不得不信服，最直接的证据来自对遥远星系光线特征的研究。宇宙微波背景辐射的发现，为观测宇宙开辟了一个新领域，也为各种宇宙模型提供了一个新的观测约束。这一发现，使我们能够获得很久以前宇宙创生时期所发生的宇宙过程的信息。1968 年，霍金与乔治·埃利斯证实了宇宙大爆炸。28 年之后，美国科学家约翰·马瑟和乔治·斯穆特又因发现宇宙微波背景辐射的黑体谱形和各向异性而获得 2006 年度诺贝尔物理学奖。

十六、寻找地外生命

路漫漫其修远兮，吾将上下而求索。人类在不断探索宇宙的奥妙，美国、日本、苏联、英国、法国等发达国家先后发射探测器、卫星以及太空站来探测外太空。美国甚至发起了阿波罗载人登月工程，并于 1969 年 7 月首次成功登月，随后共有 12 名宇航员登上月球。世界上第一个登上月球的人是美国的阿姆斯特朗，他在月球表面迈出人类的第一步。他说："对一个人来说，这是一小步，对人类来说这是巨大的一步"。

20 世纪 50 年代后，中国也开始了探索外太空的脚步，并且在航天领域取得了重大成就。随着人造地球卫星、运载火箭等航天器的成功研制与发射，中国在世界航天领域已经占据了举足轻重的地位。近几年，中国也开展了嫦娥探月工程，取得了积极进展。

众多科学家及学者认为，宇宙中普遍存在着生命。正是在这一信念的指引下，地球人类从未停止过对宇宙空间的探索，并掀起了一次次探索外太空和地外文明的高潮。要实现与外星文明的联系交流，方式有两种：一是星际航行，二是星际通信。旅行者探测器的发射就是一次伟大的星际航行尝试，它的任务是作为人类文明的使者，"通向永恒"。就星际通信而言，有科学家认为，无线电通信可能太原始了，地外文明使用的也许是某种不为我们所知的先进通信方式。

如今，研究、探索地外智慧生命或外星文明，早已成为一门严肃的科学。美国天文学家弗兰克·德雷克于 1961 年提出了著名的"宇宙文明方程式"，也就是德雷克方程，用来分析判断外星文明发生的几率和可能性，最富科学价值。探索太空、寻找地外文明成为许多科学家毕生追求，为此他们付出了大量的精力。

现在，众多的先进的大型射电望远镜对准外太空，准备接收来自地外文明的信号。其中，直径 500 米的球面射电望远镜"FAST"2016 年 7 月在贵州架设完成，它是当时世界上最大的单口径射电望远镜，同时也是中国迄今为止最大的天文工程之一。"FAST"两大科学目标是巡视宇宙中的中性氢和观测脉冲星，前者可研究宇宙大尺度物理学，以探索宇宙起源和演化；后者可研究极端状态下的物质结构与物理规律。"FAST"号称中国的天眼工程。由于灵敏度提高，"FAST"

能看到更远、更暗弱的天体，通过探测星际分子、搜索可能的星际通信讯号，可探索地外文明宇宙起源，它寻找地外文明的概率将提升 5~10 倍。另外，"FAST"也将为我国火星探测等深空研究奠定重要基础。

第十节　量子英雄谱

一、英雄云集

19 世纪末，经典力学和经典电动力学在描述微观系统时的不足越来越明显。量子论的诞生成了物理学革命的第一声号角，经过众多物理学家的国际合作，在 1927 年左右形成了一个严密的理论体系。它的发展又分成旧量子论和新量子论两个时期。

量子力学的创立起因于对黑体辐射的研究。量子论的创立经历了从旧量子论到量子力学的近 30 年的历程。与相对论一样，量子力学成为现代物理学的两大支柱。不同的是，相对论主要针对宇观领域而量子力学适用于微观领域。与相对论尤其是广义相对论几乎由爱因斯坦单枪匹马创立不同，量子力学的创立则是多人共同努力的结果。庞加莱、洛伦兹、普朗克、爱因斯坦、索末菲、埃伦费斯特、玻尔、玻恩、德布罗意、海森堡、薛定谔、康普顿、泡利、费米、狄拉克、维格纳和费曼，星光闪耀，英雄云集。

二、启蒙人

早在 1877 年，玻尔兹曼就假设原子的能量可取某个单位值的整数倍，则在粒子数和总能量一定的条件下，最可几分布（出现几率最大的分布状态）是每个能量 E_i 对应的粒子数的分布状态满足玻尔兹曼分布。存在分立能级的思想对建立量子力学具有启发性的意义。玻尔兹曼被誉为"笃信原子存在的人"，是能量不连续思想的启蒙人。玻尔兹曼为量子力学的发展奠定了思想基础。

1884 年，巴尔末提出能满足氢原子在可见光部分的四条谱线波长的公式——巴尔末公式，这是量子力学发展的第一步，为后来玻尔氢原子光谱研究奠定了基础。1889 年，瑞典物理学家里德伯将巴尔末公式进行推广，建立起表示氢原子谱线的经验公式——里德伯公式，这是比巴尔末公式更加普遍地表示氢原子谱线的公式。

1896 年 10 月，洛伦兹的学生塞曼发现了著名的塞曼效应——磁场中光源的光谱线发生分裂。洛伦兹认为电子存在轨道磁矩，并且磁矩在空间的取向是不连续的，在磁场作用下能级发生分裂，谱线分裂成间隔相等的 3 条谱线。这是量子理论的前驱。1899 年，庞加莱开始研究电子理论，他首先为洛伦兹变换命名并认识到洛伦兹变换构成群。

整体上，玻尔兹曼、巴尔末、里德伯、庞加莱、洛伦兹和塞曼各自的贡献，使得他们成为量子理论的先驱者和启蒙人。

三、旧量子论的提出者

旧量子论是量子力学的前期，时间大约是 1900—1925 年。在这期间，普朗克、爱因斯坦、索末菲、埃伦费斯特和玻尔等人慢慢地由经典物理学向量子理论转变。他们是旧量子论的提出者，尤其是普朗克，成为第一个提出"量子假说"的人。

1900 年年初，开尔文勋爵认为物理学上空有两朵乌云，其中一朵就是黑体辐射。当时，无论是维恩公式还是瑞利—金斯公式都不能很好地与实验数据相吻合——维恩公式仅适用于黑体辐射光谱能量分布的短波部分。而瑞利—金斯公式则恰恰相反，它在长波或高温情况下同实验结果相符，但在短波范围同实验结果矛盾，出现了紫外灾难。

为了解决这个问题，经过 5 年左右的研究，1900 年底受玻尔兹曼的启发，普朗克构造出"内能—熵关系"，推导出了能描述黑体辐射的能量密度对辐射波长（频率）依赖关系的普朗克黑体辐射公式。该公式与黑体辐射的全部数据吻合的很好。在利用玻尔兹曼的热力学方法推导黑体辐射定律时，普朗克假定内能是 $h\nu$ 的整数倍，而 $h\nu$ 是频率为 ν 的辐射的基本能量单位，现在称之为量子。据此，1900 年 12 月 14 日，他提出了作为现代物理学标志的"能量子假说"，掀开了量子时代的帷幕。普朗克常数 h 也成了量子力学的标志。如果一个公式里含有普朗克常数 h，那它一定描述了某个量子现象或过程。

普朗克虽然提出了量子理论，但是却对量子理论并不认可。在接下来的几年里，他不是试图去推广和发展"量子论"，而是试图从经典物理学中寻求解释。这当然是徒劳，以至于后来普朗克在量子理论的进一步发展中没有作出任何实质性的贡献。但是，他首次提出量子理论这样伟大的思想应该被牢记。

洛伦兹从 1903 年开始关注量子论，他的结论是普朗克的量子论和经典理论是无法调和的。由于洛伦兹在当时物理学界的重要地位，普朗克的量子论开始引起更多物理学家的关注，但依然被绝大多数物理学家忽视。

量子力学产生以前的量子论通常称旧量子论；旧量子论对经典物理理论加以某种人为的修正或附加条件以便解释微观领域中的一些现象，以电子运动的古典力学和与其不相容的量子假设的不自然的结合为基础。旧量子论的主要内容是相继出现的普朗克量子假说、爱因斯坦的光量子论和玻尔的原子理论，最亮丽辉煌的贡献无疑应属玻尔模型。

自从德国物理学家夫琅和费于 1814 年发现了太阳光谱的谱线之后，经过近百年的努力，物理学家仍旧无法找到一个合理的解释。玻尔原子模型成功为氢原子光谱提供了定量的描述，扫清了原子稳定性的问题。但玻尔的理论也充满了矛盾，这些频率和电子环绕原子核的轨道频率以及它们的谐频都不相同，这个事实暴露了玻尔理论的内在矛盾，玻尔原子模型存在缺陷。

也就是说，普朗克、爱因斯坦、玻尔和索末菲是旧量子论的典型代表。

四、推动了量子理论的爱因斯坦

爱因斯坦发现黑体辐射可以看作是一种特殊的由"光子"构成的，每个光子的能量是 $h\nu$，称为能量量子或光量子。他明确地意识到了光具有粒子的性质。相对普朗克的理解，爱因斯坦显然往前迈了一大步。1905 年，爱因斯坦利用能量子假说和光量子的概念，成功解释了光电效应，并获得了 1921 年的诺贝尔奖。

1907—1913 年，美国人密立根用在电场和重力场中运动的带电油滴进行实验，发现所有油滴所带的电量均是某一最小电荷的整数倍，该最小电荷值就是电子电荷，完全确认了爱因斯坦的光量子理论。密立根是这样评价光电效应的："它把普朗克通过研究黑体辐射而发现的量 h 物质化了，并且使我们完全相信，普朗克的著作所依据的主要物理概念是同现实相符的。"

爱因斯坦本人认为"量子论"是个革命性的想法，故而建立狭义相对论后，他利用很多时间研究量子理论。1907 年，爱因斯坦将普朗克的黑体辐射公式应用到固体的比热的研究中。他认为固体中原子振动的能量也是一份一份的，它们应该同样遵守普朗克的黑体辐射公式。爱因斯坦因此建立了固体的量子论，提出了固体比热容的爱因斯坦模型。该模型除了在低温下与实验值吻合不好之外，在其他温度下与实验值吻合度很高。

爱因斯坦的这个新结果依然没有得到绝大多数的物理学家的关注，他们对量子理论毫无兴趣。爱因斯坦于 1909 年 9 月 21 日在萨尔茨堡物理科学家的一次会议上发表演讲的时候，量子问题才首次登上物理学的中心舞台。爱因斯坦对量子力学的贡献还包括引入玻色—爱因斯坦统计，是玻色子所依从的统计规律。他解决了量子谐振子问题，引入谐振子零点能的概念。

量子力学实际上与相对论基本同时发展，因为虽然爱因斯坦反对量子力学，但实际上他确实为量子力学的发展做出了贡献。在旧量子论基础上，他提出了光量子假说。在新的理论中，针对量子力学的完备性他与玻尔进行 20 多年的论争逐渐推进着量子力学的发展，使得玻尔等人逐渐完善量子力学理论，使它日渐成熟，日渐完备。他虽然反对量子力学的哥本哈根诠释，但是他客观上为量子力学的发展起到了推动作用。

不仅仅是爱因斯坦，事实上，薛定谔和德布罗意等人主观上对于量子力学也是采取反对态度的，但是客观上却做出了巨大贡献。

五、对量子论的态度

固体比热的理论在1910年引起了热力学第三定律提出者、柏林大学化学家能斯特（1846—1941年）的注意。他自己开始发展和应用量子理论，也鼓励同事和助手应用该理论。量子论在1910年和1911年间获得了许多新的支持者，成为物理学和物理化学领域的前沿。在能斯特的推动下，第一届索尔维会议1911年10月29日在布鲁塞尔召开（参加会议的重要学者见图3-13），大会题目是《辐射和量子》，爱因斯坦做了压轴的报告《比热问题现状》。该会议成为量子物理学发展史上一个重要的里程碑。

图3-13　参加第一届索尔维会议的重要学者

在这次会议上，24位参加者中的一多半对量子理论表达了支持态度，卢瑟福、布里渊和居里夫人保持中立。洛伦兹本人没有进一步推广"量子论"，但他对量子论基本持肯定的态度。开尔文勋爵不了解量子论，也看不懂量子理论（本来邀请他担任主持人，因为他的态度改成洛伦兹）；而瑞利勋爵（未参加会议）、金斯和汤姆逊对量子概念持否定态度。

第一次索尔维会议在量子发展上起了决定性的作用，使众多的人对量子问题的重要性有了更加强烈和深刻的印象。会后，量子理论的发展步入了快车道，索末菲、卢瑟福、朗之万等人纷纷开始研究这个理论。亨利·布拉格也支持量子理论。

六、原子结构

1908 年，瑞士物理学家里兹（1878—1909 年，31 岁死于肺结核）提出了著名的并合原则：谱线（或线系）的两个频率相加或相减可得出新的谱线（或线系），得出了谱线并合原理的公式，这与洛伦兹解释塞曼效应中的分立光谱有着异曲同工之妙，他对量子力学诞生的贡献也是关键性的。

电子的发现者汤姆逊是反对量子理论的，但他提出了原子模型在 1910 年之前被广泛接受。卢瑟福的态度从不支持到观望到支持，逐渐转变。1912 年，他建立了新的行星模型取代老师汤姆逊的 "葡萄干蛋糕模型"，为他的学生玻尔的原子结构模型奠定了基础。

值得一提的电磁波的发现者赫兹的侄子、1925 年诺贝尔物理学奖获得者古斯塔夫·路德维格·赫兹，他也是量子力学的先驱，完成了电子碰撞的弗兰克-赫兹实验，发现电子和原子碰撞规律，成为了玻尔原子理论和普朗克量子理论正确性的重要证据。

玻尔是新旧量子论的过渡人物，他提出了宏观物理学和微观物理学之间的对应原理，当粒子的大小由微观过渡到宏观时，它所遵循的规律由量子力学过渡到经典力学。从某种程度上，玻尔可谓是物理学家中的哲学家，他总是站在更高的高度看待物理问题，而不仅仅是从数学角度出发。

玻尔利用对应原理，对各种元素的光谱和 X 射线谱、光谱线的塞曼效应和斯塔克效应、原子中电子的分组和元素周期表，甚至还有分子的形成，都提出了相对合理的理论诠释。

玻恩高度评价对应原理，认为 "对应原理在当时的发展水平上是从经典力学通向量子力学的桥梁"。玻恩、海森堡和约当在对应原理指导下创立了矩阵力学，是量子力学的第一种形式。1927 年科莫会议上，玻尔首提互补原理，认为量子现象无法用一种统一的物理图景来展现，而必须应用互补的方式才能完整的描述。玻尔的互补原理、海森堡的不确定关系、泡利的不相容原理和玻恩波函数的几率诠释是量子力学哥本哈根解释的三大支柱。

英国天体物理学家尼科尔逊（1881—1955 年）于 1912 年 6 月将作用量子应用于原子结构问题上来。1913 年，玻尔基于巴尔末光谱公式和里德伯光谱公式指出原子发光是电子在不同能级上跃迁造成的。玻尔提出了新的氢原子结构模型，代替了短命的行星模型，并首次利用量子论的观点给出了电子轨道的量子化条件。这样，里德伯公式的物理含义得到了合理的解释。玻尔更是量子力学的代表性人物，很多量子力学的建立者比如泡利和海森堡深受哥本哈根学派影响。

埃伦费斯特 1913 年提出浸渐不变原理，对玻尔的氢原子模型和索末菲氢原子模型产生过较深的影响，推进了旧量子论的发展进程，加速了旧量子论的诞生。玻尔和爱因斯坦都对这一成就大加赞赏。玻尔在浸渐假说的帮助下，1918年得到了对应原理的量子论。对应原理和浸渐原理是在经典物理学和量子力学之间架起的两座桥梁。埃伦费斯特也是类似于玻尔的过渡人物。

索末菲是旧量子论的奠基人之一，他提出了描述氢原子中电子行为的角动量子数和自旋量子数，成功地解释了氢原子光谱和重元素 X 射线谱的精细结构以及正常塞曼效应。他把玻尔原子理论扩充到包括椭圆轨道理论和相对论精细结构理论，开创了 X 射线波动理论，从而确立了他在量子力学发展史上的地位。实际上，他与普朗克一样，这两位谦和温文尔雅的物理学大师都属于经典物理学的维护者，但他们有意无意之间推动了旧量子理论的发展，比如他用"开普勒运动"解决玻尔轨道形成与变化问题，用"谐振子模型"解释量子的离散、概率问题，用三维"旋转子模型"确定角动量、空间量子化问题。

旧量子论是经典物理学向量子力学过渡的阶段，玻尔模型无疑属于旧量子论最亮丽辉煌的贡献。自从夫琅和费 1814 年发现了太阳光谱的谱线之后，经过近百年的努力，物理学家仍旧无法找到一个合理的解释。而玻尔的模型能以简单的公式准确地计算出氢原子的谱线。这惊人的结果给予了科学家无比的鼓励和振奋，很多年轻有为的物理学家，都开始这方面的研究，促进了量子力学的发展。

开尔文爵士在祝贺玻尔 1913 年建立氢原子模型时的一封信中承认，玻尔论文中很多新东西他不能理解。开尔文有句话说得十分深刻，大意是：基本的新物理学必将出自无拘无束的头脑！但玻尔的原子模型属于半量子化的理论，存在很多不足，有很多问题难以解释；比如氦原子就无法解释。

事实上，玻尔把旧量子论推到顶峰，同时玻尔也为从旧量子论向新量子论的过渡起了重要的作用。由于旧量子论不能令人满意，人们在寻找微观领域的规律时，从两条不同的道路建立了量子力学。

第一条路是对旧量子论继续完善，著名的代表是索末菲。索末菲进一步把玻尔原子理论扩充到包括椭圆轨道理论和相对论精细结构理论，首先提出第二量子数（角量子数）和第四量子数（自旋量子数），并且提出精细结构常数和开创了 X 射线波动理论；他不断通过个人的努力完善着旧量子论，对原子结构及原子光谱理论有巨大贡献；他一直试图将经典力学和量子论统一起来。直到今天，不断完善的旧量子论仍旧有声有色地存在着，它已经转变成一种半经典近似方法，称为 WKB 近似，可以用来解析薛定谔方程。WKB 近似先将量子系统的波函数，重新打造为一个指数函数；然后半经典展开，再假设波幅或相位的变化很慢。通过一番运算，就会得到波函数的近似解。许多物理学家时常会使用 WKB 近似来解析一些极困难的量子问题。例如伽莫夫使用这方法，首先正确地解释了 α 衰变。还有科学家用 WKB 近似解析混沌理论。

第二条路是创建新的理论，就是现在的量子力学。在创立过程中，世界各地的许多物理学家有意或者无意地推动着量子力学的发展，如玻恩、海森堡、约当、薛定谔、泡利、德布罗意、狄拉克等人起到了巨大的作用，他们是新量子论的典型代表。爱因斯坦和玻尔也在推动量子力学的发展、狄拉克则在相对论性量子力学上做出贡献。

七、量子理论新阶段的英雄

众多的年轻人开始逐渐围绕在玻尔和玻恩、索末菲的周围，他们培养了众多的年轻才子，包括海森堡、泡利等，成为那个时代的物理学大师和领路人。这个阶段是个史诗般的时代，海森堡说："1924—1925 年，我们在原子物理方面虽然进入了一个浓云密布的领域，但是已经可以从中看见微光，并展现出一个令人激动的远景。"

希尔伯特对量子力学做出了巨大贡献——"光子态矢函数的复矢量形式，不存在于通常的物理空间中，只能运作于抽象的复空间"，即希尔伯特空间。希尔伯特空间是量子力学的关键概念，是描述量子物理的基本工具之一，量子力学中系统的状态可以看作是希尔伯特空间中的一个矢量。

1923 年，康普顿用光具有粒子性的假设解释了 X 射线被电子散射后波长随散射角度的变化。康普顿效应是光具有粒子性的有力证据。德布罗意 1924 年提出了物质粒子，如电子也是波的想法；这就是物质波的概念，任何粒子的运动，小到电子，大到行星、恒星都有一种波与之对应，在微观物理中可以被想象为是一种波长为 $\lambda = h/p$ 的波动现象。德布罗意方程是量子力学的先声。

物质波是量子力学从建立到完成过程中起决定性作用的概念之一。物质波的概念后来被美国物理学家戴维逊和革末以及电子的发现者汤姆逊通过电子的衍射实验所证实，物质波的确立使我们关于微观物质本性有了一个崭新的认识。德布罗意后来致力于量子力学的因果论诠释。

玻恩曾与冯·卡门合作把量子论推广到固体比热问题。后来，玻恩应用玻尔半量子化的理论研究晶体，得出一些与实验相违背的结果。这使玻恩确信旧量子论存在严重问题，必须重建新理论。在与爱因斯坦的通信中玻恩多次表示旧量子理论毫无希望，表现他无比困惑的情绪。1924 年，玻恩还在文章中呼唤新量子论的出现，他首次提出了"量子力学"这个名称。

1924 年，玻色在假设光量子的能级有子能级的前提下得出了黑体辐射公式。子能级就是能级的分裂。他提出了玻色—爱因斯坦统计，自旋为整数的粒子都满足玻色—爱因斯坦统计，被称为玻色子。同年，泡利推断电子还存在一个二值的自由度，并提出了"不相容原理"。他还提出了泡利矩阵，是描写自旋角动量的数学工具，它是狄拉克相对量子力学中的狄拉克矩阵的前驱。粒子自旋同不同量子统计之间的对应也是泡利证明的。

著名的数学物理学家外尔对物理的许多领域都有贡献，其中规范理论的概念就是他引入的，群论也是他引入物理学的，而群论是深入研究量子力学的基础。维格纳1925年在其博士论文中首次提到分子激发态有能量展宽，维格纳发现简并态的存在同量子系统对称性的不可约表示有关，他是将群论应用于量子力学的重要推动者。

同年，费米提出了满足泡利不相容原理的粒子的统计规律，即费米—狄拉克统计。狄拉克也独立发现了这个统计规律。自旋为半整数的粒子被称为费米子，满足费米—狄拉克统计。1926年，拉尔夫·福勒在描述恒星向白矮星的转变过程中，首次应用了费米—狄拉克统计的原理。1927年，索末菲将费米—狄拉克统计应用到他对于金属电子的研究中。1928年，福勒和L·W·诺德汉在场致电子发射的研究中，也采用了这一统计规律。由于量子统计在数学处理上非常困难，因此在处理实际问题时经常引入一些近似条件，使费米—狄拉克统计和玻色—爱因斯坦统计退化成为经典的麦克斯韦—玻尔兹曼统计。

八、创立量子力学的物理大师

从1925年到1928年，区区4年的时间，量子力学就从无到有创立起来。量子力学是关于微观粒子运动的一门科学，其核心内容是描述微观粒子的波粒二象性及其运动规律，量子力学的建立过程可以理解为对物质波的认识过程，当然并不全面。粒子的运动状态是量子力学关注的核心。

经典力学用位置坐标 q 来描述运动状态随时间的变化，这种变化是连续的。海森堡认为坐标不能观测，要把它换成联系不同状态的观测量二元数组 $q(m, n)$。这样描述的状态变化就不一定连续，而是玻尔凭直觉假设的"跃迁"。海森堡说这是"重新诠释运动学"。玻恩认为 $q(m, n)$ 是矩阵，并从海森堡的量子化条件猜出它与动量矩阵 $p(m, n)$ 的对易关系。玻恩和约当把一般观测量写成二元数组的形式，把经典力学的最小作用原理推广到矩阵情形，推出算符形式的哈密顿正则方程，由此表明 $qp-pq$ 是不随时间变化的对角矩阵。此外，他们还给出了正则方程的代数形式。1925年，海森堡与玻恩和约当为了解释原子谱线的强度而构造新的量子力学，即矩阵力学，给出了新理论的数学表述。他们用矩阵这一数学工具，研究原子系统的规律。矩阵力学成功解决了旧量子论不能解决的有关氢原子理论的问题——推导出了原子能级和辐射频率。

1926年，薛定谔在德拜的提示下，为给德布罗意的物质波找到一个波动方程，提出了著名的薛定谔方程，描述微观粒子的状态随时间变化的规律，是量子力学的基本方程之一。尽管他本人对量子跃迁不感兴趣，玻尔对薛定谔说："我们大家都非常感谢你所做的工作，你的波动力学在数学上简洁清晰，确实是超出量子力学之前那些形式的一大进步。"更重要的是，薛定谔深刻地指出量子力学是本征值问题。他证明了矩阵力学和波动力学的一致性。薛定谔后来还提出了"薛定谔的猫"的思想实验，证实存在一种无法观测的叠加态。

薛定谔的波动方程建立之后，波函数 ψ 如何与实际的物理联系是当时科学家最感兴趣的问题。玻恩是个心胸开阔的人，他以同样欣赏的态度对待薛定谔的理论，即承认微观客体的波动性（波动力学），也承认其粒子性（矩阵力学）。1926 年，玻恩给出了薛定谔方程中波函数的几率幅诠释。在玻恩看来，波函数给出的是电子在空间某处的概率幅，概率幅的平方，决定了电子出现于空间这个点的概率。玻恩的几率诠释成为了对量子力学哥本哈根诠释的核心，被物理学界广泛接受，被称为最经典和最权威的解释。为此，海森堡还曾经写信给玻恩，谴责他背叛了矩阵力学。

玻恩的统计诠释太具颠覆性，确实很难接受，遭到了普朗克的抵触。爱因斯坦也不满意玻恩对波函数的统计诠释，认为上帝不会掷骰子。薛定谔则认为他的波函数描述物质的连续分布，其平方表示物质的密度，但是这种说法遭到了大家的反对。德布罗意设想波动方程有两个解，一个具有奇点，表示具有颗粒性的微观物质粒子，一个是连续的波动，附着在粒子上引导粒子运动。德布罗意称之为"双解理论"，而把这个引导粒子运动的波称为"导波"。但同样遭到了同行的质疑。普朗克、爱因斯坦、薛定谔和德布罗意这些物理学大师的抵制，造成玻恩长达 28 年的时间无法得到诺贝尔奖肯定的根本原因。

在量子力学里，WKB 近似是一种半经典计算方法。任何波函数都可以展开成本征函数的叠加；为了计算薛定谔方程中的波函数，先将量子系统的波函数，重新打造为一个指数函数，然后半经典展开，再假设波幅或相位的变化很慢。通过一番运算，就会得到波函数的近似解，可以用来解析薛定谔方程。很多物理学家时常会使用 WKB 近似来解析一些极困难的量子问题。伽莫夫使用这方法，首先正确地解释了 α 衰变。混沌理论也可以用 WKB 近似解析。

1926 年，乌伦贝克和古德斯密特用电子自旋的概念解释反常塞曼效应和氢原子光谱的精细结构，自旋是描述原子中电子状态的第四个量子数。当年，冯·诺依曼认为测量一个力学量得到的值应该是该力学量的某个本征值；测量后的状态坍缩到对应的本征态上。同年，狄拉克敏锐地注意到了矩阵力学中的对易关系和经典力学中的泊松括号之间的类比关系。

1927 年，海森堡提出了不确定性原理，反映了微观粒子运动的基本规律，是矩阵力学中对易关系的延伸，构成了量子力学的基础之一。不确定原理得到了玻尔的支持，但是他不满意海森堡建立这个原理所用到的基本概念，故而提出了互补原理。1928 年，狄拉克得出了满足相对论的量子力学方程，即狄拉克方程。从这个方程出发，可以理解电子的自旋是一种内禀性质。从此，量子力学的完整数学表述基本建立起来了。

这个阶段的特点是数学家、物理学家几乎全员参与，都各自在大的方面或者小的领域做出了贡献。当然，领军人物是玻尔、玻恩、海森堡、泡利和狄拉克。玻尔的主要贡献是从哲学的高度提出了对应原理、互补原理，玻恩的主要贡献是矩阵力学和几率诠释，海森堡的主要贡献是矩阵力学和测不准关系，泡利的主要贡献是泡利不相容原理，狄拉克的主要贡献则是狄拉克方程和 δ 函数。这五个人各有特点。玻尔无论到哪里都是领袖，他对量子力学的辩论有理有据，让人无可辩驳，即便是伟人爱因斯坦也不是他的对手，因为玻尔的物理哲学思想深厚。玻恩为人热诚、厚道，数学功底深厚，海森堡创立矩阵力学的第一篇论文就是他帮助完善的，否则这篇"半拉子"论文很难发表。海森堡具有敏锐的物理直觉，他甚至可以不经数学推导就能直接得出最终结果，而且所差无几。泡利是物理学界的"科学良心"，他目光敏锐，思维敏捷，评论事物一针见血而且绝大多数情况下非常准确；他对近代物理有深入思考，更多地体现在他喜欢用信件和他人交流而非撰文发表上。狄拉克属于乖孩子，性格温顺不善言辞，平时木讷寡言，但是他追求数学美，认为一切的物理现象都可以通过优美的数学公式来表述。

伟大的爱因斯坦、薛定谔和德布罗意却走向了反面。爱因斯坦提出了"光盒"思想实验反击根本哈根学派，而一向奉经典物理学为法宝的薛定谔甚至说："如果确实存在该死的量子跃迁，我就真后悔卷进量子理论中来"。由于玻尔的旧量子论和新的矩阵力学都是强调和处理分立的量子化和突然的量子跃迁，所以薛定谔强烈批评这种不连续的理论抽象和不直观。他们与玻尔的根本哈根学派开展了 20 多年的论战。为此，爱因斯坦甚至惹恼了自己的好友埃伦费斯特，他直接骂爱因斯坦"为你脸红"。值得指出的是薛定谔无意中建立了薛定谔方程，本意是为了抛弃"可恶的"间断性的量子假设，重新回到连续的经典物理学，但它却成了量子力学的核心方程，颇具讽刺意味。德布罗意物质波的概念是量子力学的根基，量子力学的几种形式都是为了阐述这种物质波，他对于量子力学的态度也颇耐人寻味。

现在看来得到普遍认可的量子力学，在玻尔那个时代确是震撼人心的。在 1926 年开春，就有实验物理学家写信向玻尔抱怨："如果原子物理按照玻恩和约当的路线发展，你将发现很少有人还会留在原子物理这个圈子。"

九、量子电动力学英雄榜

量子力学创立之后不久，狄拉克于 1927 年、海森堡和泡利于 1929 年相继提出了辐射的量子理论，奠定了量子电动力学的理论基础。狄拉克是量子辐射理论的创始人；狄拉克提出的二次量子化成为量子电动力学的基础，他也被视作量子电动力学的奠基者，也是第一个使用量子电动力学这个名词的人。1930 年，费米的研究也为量子电动力学的研究奠定了基础，他 1930 年出版的《量子力学原理》是量子力学史上的里程碑。

1928 年，约当和维格纳引入了电子场的概念，给出了狄拉克的电子相对论量子力学方程的全新解释，并仿照狄拉克的电磁场量子化方式，建立了电子场的量子化理论，称量子电动力学。布洛赫也研究过量子电动力学的无穷大问题。

费曼也是量子电动力学的创始人之一，研究量子电动力学的疑难问题发散困难，他发明了量子力学里的路径积分和费曼图，构建了量子电动力学的新理论。

戴森证明了施温格和朝永振一郎发展的变分法和费曼的路径积分法的等价性，为量子电动力学的建立做出了决定性的贡献。1948 年，戴森讨论了高阶微扰，证明了量子电动力学可重整。

1954 年，朗道研究了与量子场论的原理有关的一些问题，论证了量子电动力学和量子场论中所用的微扰方法在有些事例中并不是自洽的。朱利安·施温格也是量子电动力学的创始人之一，他研究了关于量子电动力学中的格林函数。杨振宁和米尔斯将量子电动力学的概念推广到非阿贝尔规范群，将原本可交换群的规范理论拓展到不可交换群以解释强相互作用。

十、量子力学新时代英雄榜

盖尔曼对量子场论也作出了巨大贡献，奇异数、八重态、夸克、盖尔曼矩阵这些概念都与他有关；量子场论初学者必学的盖尔曼—劳定理，粒子物理教材必讲的盖尔曼—西岛关系、盖尔曼—大久保公式背后都有盖尔曼的贡献；他创立了量子色动力学。

1964 年，贝尔提出了著名的贝尔不等式，从而开启了量子力学研究的新时代。贝尔不等式基于经典概率，而量子力学测量显示结果的关联是违反贝尔不等式的。贝尔不等式把关于量子力学基本问题的争论从字面诠释导引到实际的测量问题上去。

著名的威滕教授提出的 M 理论可能是量子场论的终极理论，希望能借由单一个理论来解释所有物质与能源的本质与交互关系，有希望将量子力学和相对论统一起来。只是他的贡献目前还没有办法去验证真伪。

十一、量子理力学的特点和思维

量子思维的特点是：认为世界在基本结构上是相互联结的，应该从整体着眼看待世界，整体产生并决定了部分，同时部分也包含了整体的信息。由于量子物理学所涵盖的研究对象和内容，远远超出了物理学这门学科的范围，它实际上已经成为一种带有世界观性质的更普遍的理论和思维方式。

量子力学的思维是：认为微观世界的发展存在跳跃性、不连续性和不确定性；认为事物之间的因果联系像"蝴蝶效应"所显示的那样，是异常复杂的。认为事物发展的前景是不可精确预测的。

人类进入信息新时代，量子技术居功至伟。时至今日，量子力学的影响已经远远超出了物理学的范畴，甚至影响了人们的人生观和世界观。总之，不管有意还是无意，玻尔兹曼、洛伦兹、普朗克、爱因斯坦、埃伦费斯特、索末菲、卢瑟福、玻尔、玻恩、德布罗意、海森堡、泡利、薛定谔、康普顿、费米、狄拉克、维格纳、朗道、费曼、施温格、盖尔曼和威滕等多人为量子力学的发展做出了巨大贡献。其中，玻尔是新旧量子论的过渡人物，排在玻尔前面的物理学家是旧量子论的代表，排在他后面的是新量子论也就是量子力学的代表人物。

作者认为，玻尔兹曼和洛伦兹是量子理论的启蒙者，普朗克、爱因斯坦是量子理论的实际提出者，德布罗意是新量子理论的奠基者，玻尔和玻恩是创立量子力学的总指挥，海森堡、薛定谔和狄拉克是创立量子力学的冲锋陷阵者，泡利、费米、维格纳和朗道等人是量子力学的完善者，费曼、施温格、盖尔曼和威滕等人则是量子力学的创新者。

在量子力学诞生过程中，玻尔从物理哲学角度提出了对应原理和互补原理，从认识论出发奠定了战略上的高度；玻恩从数学表达上完成了矩阵力学和波函数的几率诠释，实现了战术上的成功。玻尔主要是哲学思路，玻恩具体搞出波动力学和几率诠释，两人的关系可以近似成政委（思想）和司令（指挥战役）。玻尔的哲学思想为量子力学的诞生提供了思想框架和理论基础。有人认为玻恩才是量子力学的真正创立者，这个看法有一定的道理。在量子力学的提出过程中，玻恩是创立矩阵力学的关键和核心，在波函数的解释中，他是最经典最权威的统计诠释的提出者。海森堡、约当、泡利、薛定谔和狄拉克等人只能是大将，虽能独当一面但无法总揽全局。只不过，海森堡属于特例，他是量子力学革命的发动者，他的灵机一动促进了量子革命的诞生。

总之，这些科学家为量子力学的创立、发展和应用发挥了巨大的作用，他们是英雄，他们改变了我们的生活，影响了我们的科学思维。感恩这些改变了我们生活的伟人们，感谢这些做出伟大贡献的英雄们！

十二、量子力学与经典力学的区别

20世纪初建立的量子力学是研究微观粒子运动规律的物理学分支学科，是20世纪伟大的科学成就之一；是对经典物理学的革命性的突破，是人类科学史上值得大书特书的物理学发展阶段。

量子力学与经典物理学不同，主要区别在于：它研究原子和次原子等量子领域；即它是研究微观世界的科学。量子力学的进一步研究课题为：宏观物质在十分低或十分高能量或温度才出现的现象。量子力学的基本原理包括量子态的概念，运动方程、理论概念和观测物理量之间的对应规则和物理原理。

量子力学与经典力学的差别首先表现在对粒子的状态和力学量的描述及其变化规律上。由于微观粒子具有波粒二象性，微观粒子所遵循的运动规律就不同于宏观物体的运动规律，描述微观粒子运动规律的量子力学也就不同于描述宏观物体运动规律的经典力学。

量子力学提供粒子"似—粒""似—波"双重性（即波粒二象性）及能量与物质相互作用的数学描述。在量子力学中，粒子的运动状态用波函数描述，它是坐标和时间的复函数。为了描写微观粒子状态随时间变化的规律，就需要找出波函数所满足的运动方程——薛定谔方程。以薛定谔方程确定波函数的变化规律，并用算符或矩阵方法对各物理量进行计算。当微观粒子处于某一状态时，它的力学量（如坐标、动量、角动量、能量等）一般不具有确定的数值，而具有一系列可能值，每个可能值以一定的几率出现。当粒子所处的状态确定时，力学量具有某一可能值的几率也就完全确定。

量子力学的规律用于宏观物体或质量和能量相当大的粒子时，也能得出经典力学的结论。当粒子的大小由微观过渡到宏观时，它循着规律由量子力学过渡到经典力学。根据玻尔的对应原理，经典力学是量子力学在宏观状态下的特例，经典力学和经典电磁学是量子力学在宏观世界中的近似。

在经典力学中，人们遵守的是因果定律，动量等力学量具有确定值；它适用的范围是宏观领域。在量子力学中，微观粒子间的相同是完美的和绝对的，一种没有任何细小差别的相同。这是量子力学和经典力学的一个本质区别之一。在量子力学里，相同是绝对的，不是近似；而经典力学中，物质的相同性则可以分辨，即是近似相同。

第十一节　以太的故事

一、以太的提出

以太是古希腊哲学家亚里士多德所设想的一种物质，是物理学史上一种假想的物质观念，其内涵随物理学发展而演变。"以太"一词是英文 Ether 或 Aether 的音译，古希腊人以其泛指青天或上层大气。在亚里士多德看来，物质元素除了水、火、气、土之外，还有一种居于天空上层的以太。在科学史上，它起初带有一种神秘色彩，后来人们逐渐增加其内涵，使它成为某些历史时期物理学家赖以思考的假想物质。

二、发光以太

在宇宙学中，有时又用以太来表示占据天体空间的物质。17 世纪的笛卡尔是一个对科学思想的发展有重大影响的哲学家，他最先将以太引入科学，并赋予它某种力学性质。在笛卡尔看来，物体之间的所有作用力都必须通过某种中间媒介物质来传递，不存在任何超距作用。因此，空间不可能是空无所有的，它被以太这种媒介物质所充满。以太虽然不能为人的感官所感觉，但却能传递力的作用，如磁力和月球对潮汐的作用力。他建立了以太旋涡说，以此解释太阳系内各行星的运动。笛卡尔在其著作中率先提出了这样的观点：光是一种压力，在媒质中传播，即光是一种波动在以太中的传播。笛卡尔的以太观念，既有助于推翻亚里士多德体系，又为后来物理学发展提供了一幅可供想象的空间媒介物。

在相当长的时期内（直到 20 世纪初），人们对波的理解只局限于某种媒介物质的力学振动。这种媒介物质就称为波的荷载物，如空气就是声波的荷载物，水是水波的荷载物。以太在历史上作为光波的荷载物同光的波动学说相联系；而光的波动说则是由胡克首先提出的，并为惠更斯所进一步发展。惠更斯指出，荷载光波的媒介物质（以太）应该充满包括真空在内的全部空间，并能渗透到通常的物质之中；这时期的以太便称为"发光以太"或"光以太"。除了作为光波的荷载物以外，惠更斯也用以太来说明引力现象。

牛顿虽然在光学上提倡射流说（微粒说），不同意胡克的光波动学说，但他也像笛卡尔一样反对超距作用并承认以太的存在。他认为以太不一定是单一的物质，因而能传递各种作用，如产生电、磁和引力等不同的现象。他认为以太可以传播振动，但以太的振动不是光，因为光的波动学说不能解释光的偏振和直线传播现象（当时人们还不知道横波，光波被认为是和声波一样的纵波）。他借助以太的稀疏和压缩来解释光反射和折射，甚至假想以太是造成引力作用的可能原因；整个 17 世纪是发光以太的重要历史时期。

三、以太论的没落

18 世纪是以太论没落的时期。由于法国笛卡尔主义者拒绝引力的平方反比定律而使牛顿的追随者起来反对笛卡尔哲学体系，连同他倡导的以太论也在被反对之列。随着引力的平方反比定律在天体力学方面的成功以及探寻以太未获实际结果，使得超距作用观点得以流行。光的波动说也被放弃了，微粒说得到广泛的承认。到 18 世纪后期，证实了电荷之间以及磁极之间的作用力同样是与距离平方成反比。于是，电磁以太的概念亦被抛弃，超距作用的观点在电学中也占了主导地位。

也就是说，整个 18 世纪，光的波动说被放弃，微粒说占据上风，万有引力被认为是有超距作用的。那时候人们以为空间是空虚的，以太观念处于沉寂时期。

四、以太论的发展

19 世纪，以太论获得复兴和发展。科学家们看到了光的干涉、衍射等现象，逐步发现光是一种波。这主要是杨和菲涅耳工作的结果，提出光的波动说理论；二人以波动说成功地解释了干涉、衍射、双折射、偏振、甚至光的直线传播现象。

众所周知，生活中的波大多需要传播介质，光的传播也不例外。受经典力学思想影响，科学家们便假想宇宙到处都存在着一种称之为以太的物质，而正是这种物质在光的传播中起到了介质的作用。以太得到了新生，以太的观念助波动说获得了成功。其后，以太在电磁学中也获得了地位。这主要是由于麦克斯韦的贡献。

19 世纪 60 年代，麦克斯韦提出位移电流的概念，借用以太观念成功地将法拉第的电磁力线表述为一组数学方程式。麦克斯韦的电磁场理论把传播光和电磁波的介质说成是一种没有重量、可以绝对渗透的以太；以太既有电磁的性质，又是电磁作用的传递者，也具有机械力学的性质；它是绝对静止的参考系，一切运动都相对于它进行。这样，电磁理论因牛顿力学取得协调一致，以太是光电磁共同载体的概念取得了人们的认可。

麦克斯韦认为磁感应强度是以太速度，以太绕磁力线转动形成带电涡元，甚至将他的位移电流概念从绝缘体推广到以太范围；人们将麦克斯韦的以太称为电磁以太。麦克斯韦认为："光就是产生电磁现象的媒质（以太）的横振动"，传播电磁与传播光"只不过是同一种介质而已"。麦克斯韦在统一光和电磁现象的同时也统一了发光以太和电磁以太。1888 年，赫兹以实验证明电磁扰动的传播及其速度，也即发现电磁波的真实存在。这个事实曾一度被人们理解为证实以太存在的决定性实验。洛伦兹的电子论也是建立在以太的基础上提出的。

五、以太论的衰落

以太说曾经在一段历史时期内在人们脑中根深蒂固，深刻地左右着物理学家的思想。19 世纪末可以说是以太论的极盛时期，物理学界普遍认为以太是传播电磁波和光的媒介。著名物理学家洛伦兹推导出了符合电磁学协变条件的洛伦兹变换公式，但无法抛弃以太的观点。但是，在洛伦兹理论中，以太除了作为电磁波的荷载物和绝对参考系，它已失去了所有其他具体生动的物理性质，这又为它的衰落创造了条件。

到 19 世纪 80 年代，迈克耳逊和莫雷所作的实验第一次达到了这个精度，但得到的结果仍然是否定的（即地球相对以太不运动）。此后，其他的一些实验亦得到同样的结果。于是，以太进一步失去了它作为绝对参照系的性质。这一结果使得相对性原理得到普遍承认，并被推广到整个物理学领域。

在 19 世纪末和 20 世纪初，虽然还进行了一些努力来拯救以太，但自 1905 年爱因斯坦大胆抛弃了以太说，认为光速不变是基本的原理，并以此为出发点之一创立了狭义相对论之后，它终于被物理学家们所抛弃。人们接受了电磁场本身就是物质存在的一种形式的概念，而场可以在真空中以波的形式传播。

量子力学的建立更加强了这种观点，因为人们发现，物质的原子以及组成它们的电子、质子和中子等粒子的运动也具有波的属性；波动性已成为物质运动的基本属性的一个方面。那种仅仅把波动理解为某种媒介物质的力学振动的狭隘观点已完全被冲破。

六、以太论争议并未结束

然而人们的认识仍在继续发展，现代物理学的空间观念中仍然保留了某些和以太相似的看法，例如不存在超距作用。到 20 世纪中期以后，人们又逐渐认识到真空并非是绝对的空，真空不可视为空无一物，而应当看作是许多能量作用的场所，那里存在着不断的涨落过程（虚粒子的产生以及随后的湮没）；这种真空涨落是相互作用着的场的一种量子效应。今天，理论物理学家进一步发现，真空具有更复杂的性质。真空态代表场的基态，它是简并的，实际的真空是这些简并态中的某一特定状态。目前，粒子物理中所观察到的许多对称性的破坏是真空的这种特殊"取向"所引起的；在这种观点上建立的弱相互作用和电磁相互作用已获得很大的成功。

这样看来，机械以太虽然死亡了，但以太的某些精神（不存在超距作用，不存在绝对空虚意义上的真空）仍然活着，并具有旺盛的生命力。

现代宇宙学认为，在宇观范围内，存在着"宇宙标准坐标系"，典型星系或星系团在这个坐标系中是相对静止的；"宇宙标准坐标系"是优越的空间坐标系，典型星系和宇宙背景辐射对于这个坐标系均匀和各向同性；可以测量地球相对于宇宙标准坐标系的运动速度。现代宇宙学得到河外星系红移和 2.7K 宇宙背景辐射等大量观测事实的支持；宇宙背景辐射是宇宙标准坐标系的最好的物质体现。

洛伦兹认为光速不变，相信以太存在，并不认可相对论。1920 年，爱因斯坦在莱顿大学做了一个"以太与相对论"的报告，试图调和相对论和以太论。他指出，狭义相对论虽然不需要以太的概念，但是并未否定以太，而根据广义相对论，空间具有物理性质，在这个意义上，以太是存在的。他认为"根据广义相对论，空间没有以太是不可思议的"。

现在，面对宇宙背景辐射等实验事实，许多著名的物理学家都认为应当恢复以太假设。协同学（是研究协同系统从无序到有序地演化规律的新兴综合性学科）创始人哈肯（1927 年至今，斯图加特大学教授，主要从事激光理论和相变研究）认为，狭义相对论否定了特殊参考系的存在，但是宇宙背景辐射却成了一个绝对的参考系。美籍以色列裔物理学家纳森·罗森（1909—1995 年，爱因斯坦 EPR 悖论的提出者之一，就是 R）认为，宇宙学的最新发现要求回到绝对空间的观念。我国著名相对论物理学家、中科院理论物理研究所研究员、北京大学教授胡宁认为，在迈克尔逊实验的零结果和以太模型之间并不存在任何矛盾；他认为，宇宙背景辐射各向同性分布所决定的坐标系可以看作是真空的静止坐标系；相对性原理的适用范围应有一定的限度。狄拉克也认为"以太观念并没有死掉，它不过是一个还未发现有什么用处的观念，只要基本问题仍未得到解决，必须记住这里还有一种可能性。"

可以毫不客气地说，在 17—20 世纪，以太论在不断的争议中不断发展。17 世纪和 19 世纪以太理论在科学界占主导地位；18 世纪和 20 世纪，反以太理论（万有引力定律、相对论、量子物理）在科学界占主导地位。二者交替，不断推动着科学的前进。实际上，虽然绝大多数科学家否定了以太说，但是以太的观念还有其存在的土壤，争论并未结束！

七、以太是暗物质吗

1997 年，科学家发现宇宙膨胀速度非但没有在自身重力下变慢，反而在一种看不见的、无人能解释的力量的控制推动下变快（加速膨胀），人们只是猜测：我们所处的宇宙可能处于一种人类还不了解、还未认识到另一种物质状态的控制作用之下，这种物质不同于普通物质的一切属性及其存在和作用机制，科学家称之为"暗物质"、将其具备的作用称之为"暗能量"。

宇宙加速膨胀或许预示着爱因斯坦、霍金等理论家可能都错了，影响并决定整个宇宙的力量不是引力和重力等已知作用力，而是以"宇宙常量"形式存在的暗能量和暗物质。

现已证实，暗能量在宇宙中约占到 73%，暗物质约占到 23%，普通物质仅占到 4%；预示着人们认识到的宇宙只占整个宇宙的 4%，而占 96% 的东西竟然不为我们所知。"暗物质"成为当今天文学界、宇宙学界和物理学界等最大的谜团之一。随着 21 世纪人类对暗物质、暗能量研究的开展，"以太说"在某种程度上开始复活，但是这已经不是传统意义上的"以太说"。

为此，爱尔兰物理学家菲茨杰拉德（1889 年）和荷兰物理学家洛伦兹（1892 年）分别提出了收缩假说（洛伦兹—菲茨杰拉德收缩），试图拯救以太理论。他们认为由于真实物质中存在电子，干涉仪的管子就可以在运动方向上产生亿分之一倍的收缩，补偿了地球通过以太时所引起的干涉条纹的位移；而且这种收缩是真实的动力学效应，对于物质来说具有普遍意义。英国物理学家拉摩也十分认可收缩假说。

第十二节 影响世界的著名物理学定律

一、概述

物理定律是以经过多年重复实验和观察为基础，并在科学领域内普遍接受的典型结论（见图 3-14）。一些物理定律是由于自然界、时间和空间等的对称性的反映。定律都是固定的，不受外界条件干涉的。物理定律有下列性质：普遍，它在宇宙任何地方都适用；绝对，宇宙中无任何东西能影响它；一般有量的守恒关系。费曼说："只有一种精确的方法能够表述物理定律，就是使用微分方程"。在某种程度上，理解物理的本质，其实就是理解微分方程。

物理定律	数学方程
万有引力定律	$F=GmM/r^2$
守恒律(质量、动量、能量、概率流、电荷等守恒)	$\dfrac{\partial \rho}{\partial t} = -\nabla \cdot j$ (欧拉方程)
哈密顿原理 (描述物理系统的运动规律)	$\dfrac{\mathrm{d}L}{\mathrm{d}q} = \dfrac{\mathrm{d}}{\mathrm{d}t}\dfrac{\partial L}{\partial q}$ (欧拉—拉格朗日方程)
库仑定律、高斯定律、安培环路定律、法拉第电磁感应定律	麦克斯韦方程组
热力学第一、第二定律 (热力学的宏观表现)	$dU=T\,dS-p\,dV+\sum_{j=1}^{k}\mu_j dN_j$ (基本方程, Fundamental Equations)
粒子热运动的分布律(微观表现)	玻尔兹曼方程

图 3-14 物理定律

从对物理学的影响来讲，主要的物理定律大体可以分为：物理学基本守恒定律、经典力学定律、热力学定律、电磁学定律、气体基本定律、光学基本定律、流体力学基本定律、相对论基本定律、量子力学基本定律。这些定律组成了物理学大厦的大框架，其他定律定理都是对这个框架的填充。

其中一些定律是其他更一般定律的近似，而在限制的应用范围内很好的近似。例如，牛顿力学是特别相对论的低速情况；万有引力定律是广义相对论的低质量近似。而库仑定律是大距离（与弱相互作用区域比）的量子电动力学近似。在此情况下，一般用定律的简单，近似形式代替较精确的一般形式。还有就是各个定律之间可以互相推论转换，例如普朗克辐射定律可以推导出斯特藩—玻尔兹曼定律。

二、物理学基本守恒定律

物理学基本守恒定律包括质量守恒定律、能量守恒定律、动量守恒定律、角动量守恒定律、机械能守恒定律和电荷守恒定律。

能量守恒定律、动量守恒定律及角动量守恒定律是现代物理学中的三大基本守恒定律。最初它们是牛顿定律的推论，但后来发现它们的适用范围远远广于牛顿定律，是比牛顿定律更基础的物理规律，是时空性质的反映。其中，能量守恒定律由时间平移不变性推出，动量守恒定律由空间平移不变性推出，而角动量守恒定律则由空间的旋转对称性推出。

（一）质量守恒定律

质量守恒定律是俄国百科全书式的科学家米哈伊尔·瓦西里耶维奇·罗蒙诺索夫（1711—1765 年，被誉为俄国科学史上的彼得大帝）于 1756 年最早发现的，当时只是一个雏形。1777 年拉瓦锡通过大量的定量试验，推翻了燃素说，发现了在化学反应中，参加反应的各物质的质量总和等于反应后生成各物质的质量总和。至此，质量守恒定律获得公认，它是建立在严谨的科学实验基础之上的。实验证明，物体的质量具有不变性。

质量守恒定律揭示的是任何与周围隔绝的体系中，不论发生何种变化或过程，其总质量始终保持不变。或者说，任何变化包括化学反应和核反应都不能消除物质，只是改变了物质的原有形态或结构，所以该定律又称物质不灭定律。质量守恒定律是自然界普遍存在的基本定律之一。

（二）能量守恒定律

能量守恒定律是自然界最普遍、最重要的基本定律之一。内容是：在孤立系统中，能量既不能自生也不能自灭，只会通过各种形式转化或转移；如电动机消耗电能转化为热能和机械能，而电能等于消耗的热能与机械能总和。

1669 年，惠更斯就已经提出解决碰撞问题的一个法则——"活力"守恒原理（能量）。惠更斯因此成为能量守恒的先驱。1847 年，亥姆霍兹明确提出并系统证明了全面的能量守恒原理。能量守恒定律有很多表现形式，例如机械能守恒定律和热力学第一定律都是能量守恒定律在不同能量形式下的具体体现。

能量守恒定律是自然界普遍遵从的基本规律，是人们认识自然和利用自然的有力武器。从日常生活到科学研究和工程技术领域，这一规律都发挥着重要的作用。作为现代物理学的基石之一，能量守恒定律几乎是神圣不可侵犯的——从物理、化学到地质、生物，大到宇宙天体，小到原子核内部，只要有能量转化，就一定服从能量守恒的规律。人类历史上，对各种能量，例如煤、石油等燃料以及水力、风能、核能、太阳能、潮汐能等的利用，都是通过能量转化来实现的。

　　质量和能量都是物质的重要属性。质量可以通过物体的惯性和万有引力现象而表现出来，能量则通过物质系统状态变化时对外做功、热传递等形式而表现出来。在经典物理学中，质量守恒定律与能量守恒定律彼此是完全独立的，因为质量的数值不决定于能量的数值，能量的数值也不决定于质量的数值；而在相对论力学中，能量和质量只是物体的统一力学性质的两个不同方面。质量概念的发展使质量守恒原理也有了新的发展，质量守恒和能量守恒两条定律通过质能关系合并为一条守恒定律，即（在物理学中）质量和能量守恒定律（简称质能守恒定律）。

　　在能量守恒定律的发现过程中，德国著名科学家亥姆霍兹功不可没。亥姆霍兹明确提出并系统证明了全面的能量守恒原理，他是从永动机不可能实现的这个事实入手研究发现能量转化和守恒原理的。正因为对能量守恒研究的兴趣，亥姆霍兹才成为大物理学家和数学家。他也是在生理学研究中，通过动物热的途径发现了能量守恒原理。

　　他通过大量的动物实验得出结论"一种自然力如果由另一种自然力产生时，其当量不变"。他在论文中写道："鉴于前人试验的失败，人们不再询问如何能利用各种自然力之间已知和未知的关系来创造一种永恒的运动，而是问如果永恒的运动是不可能的，在各种自然力之间应该存在着什么样的关系？"亥姆霍兹用数学化的形式表述了在孤立系统中机械能的守恒。他把能量的概念进一步推广到各个科学领域，将永动机与能量守恒相比较对照。

　　1847年，26岁的亥姆霍兹在德国物理学会发表了关于力的守恒讲演；他演讲的主要论点是：（1）一切科学都可以归结到力学；（2）强调了牛顿力学和拉格朗日力学在数学上是等价的，因而可以用拉氏方法以力所传递的能量或它所做的功来量度力；（3）所有这种能量是守恒的。

　　亥姆霍兹发展了德国物理学家尤利乌斯·罗伯特·冯·迈尔（1814—1878年，德国医生，自然科学家；研究热和机械功的问题，1842年发表论文《论无机性质的力》，用因等于果的命题论证一切自然力是不灭的，成为最先发现能量守恒和转换定律的科学家之一）、焦耳等人的工作，讨论了已知的力学的、热学的、电学的、化学的各种科学成果，严谨地论证了各种运动中能量守恒定律。在演讲中，他第一次以严格的数学描述提出能量守恒定律，明确指出："能量守恒定律是普遍适用于一切自然现象的基本规律之一"；能量守恒定律即热力学第一定律是指在一个封闭（孤立）系统的总能量保持不变。后来，他的专著《力之守恒》出版了。

　　亥姆霍兹在论文中写道："鉴于前人试验的失败，人们不再询问，我如何能利用各种自然力之间已知和未知的关系来创造一种永恒的运动，而是问道，如果永恒的运动是不可能的，在各种自然力之间应该存在着什么样的关系？"

后来有人攻击亥姆霍兹，说他剽窃了迈尔和焦耳的理论。为此，1853 年他遭到了克劳修斯不公正的批评。但事实上，他们三人都是独立开展的相关工作。28 岁的迈尔 1842 年第一个发现并表述了能量守恒定律，焦耳几乎同期研究能量守恒定律，开尔文勋爵受到迈尔论文的启发承认了焦耳观点的正确性。焦耳和亥姆霍兹都尊重迈尔的成果，认为是迈尔最先提出这一理论的。准确地说，是迈尔最先以公开的形式发表了论文，表述了物理、化学过程中各种力（能）的转化和守恒的思想，这更多是一种定性描述。焦耳从实验上对能量守恒做了论证，更多的是一种实验证明。亥姆霍兹真正精确系统地确立了这一原理，理论性更强，第一次利用数学公式定量地做了描述，这被看作是关于能量守恒定律普适性的第一次充分、明确的阐述。可以说，能量守恒定律的确定，迈尔、焦耳和赫姆霍兹三人都是发现者，都是热力学第一定律的先驱。

（三）动量守恒定律

动量守恒定律是物理学中的重要定律之一。1668 年，英国数学家沃尔斯首次提出了动量守恒定律。这是第一个重要的守恒定律，这一发现后来被惠更斯和雷恩推广。动量守恒定律是牛顿第二定律、作用和反作用定律联合应用于力学系统的必然结果。该定律可以表述为：在惯性系统中，任何物质系统在不受外力作用或所受外力之和为零，它的总动量保持不变。其含义为：系统内力只能改变系统内各物体的运动状态，不能改变整个系统的运动状态，只有外力才能改变整个系统的运动状态。所以，系统不受外力或所受外力之和为零，这个系统的总动量保持不变。

动量守恒定律的成立，不随着系统内部发生变化，如碰撞、分裂、爆炸、化学反应等而改变。这时系统所受外力虽然不为零，但系统的内力远大于外力，此时系统的动量也可看成近似守恒。

动量守恒定律是对同一个惯性坐标系而言的，如果换以不同的惯性坐标系，那么这个总动量的数值和方向就相应地需要改变。动量守恒定律是由空间不变性决定的，是物理学中的一个基本定律，也可用牛顿第三定律结合动量定理推导出来。历史上，笛卡尔发现了动量守恒定律的原始形式，而惠更斯则明确提出了动量守恒定律。

动量守恒定律具有 4 个基本性质：矢量性、瞬时性、相对性、普适性。动量守恒定律不仅适用于宏观物体的低速运动，甚至包括宇宙天体，也适用于微观物体的高速运动。在微观领域中，粒子和粒子之间的散射也适合动量守恒定律，如光子和电子的碰撞。

（四）角动量守恒定律

角动量守恒定律是微观物理学中的重要基本规律，反映不受外力作用或所受诸外力对某定点（或定轴）的合力矩始终等于零的质点和质点系围绕该点（或轴）运动的普遍规律。角动量定理可表述为质点对固定点的角动量对时间的微商，等于作用于该质点上的力对该点的力矩。即，一个不受外力或外界场作用的质点系，其质点之间相互作用的内力服从牛顿第三定律，因而质点系的内力对任一点的主矩为零，从而导出质点系的角动量守恒。在基本粒子衰变、碰撞和转变过程中都遵守角动量守恒定律。角动量守恒定律放在天文学中可以推导出开普勒行星运动三定律。

玻尔 1924 年提出了著名的 BKS 理论，对守恒定律提出了挑战。他假想"β衰变时，能量、动量和角动量在单个微观相互作用过程中不必守恒，而只需在统计意义上守恒"。这个想法极具挑战性，泡利称这个想法"太危险"，爱因斯坦也明确反对这个理论。玻特和盖革以及康普顿等人的研究与 BKS 理论是完全矛盾的，短命的 BKS 理论被判死刑，挑战守恒定律失败。

泡利为了解释 β 衰变中能量似乎不守恒的原因，于 1930 年 12 月推测自由中子 β 衰变时会有质量极轻的不带电粒子产生，两年后费米就提出了 β 衰变理论，并将这种粒子称作中微子。1956 年后为美国洛斯阿拉莫斯实验室的莱因斯实验所证实，1962 年又发现了另一种中微子。

中微子的发现说明，能量守恒定律在微观领域里也是完全适用的。中微子成了粒子物理、天体物理、宇宙学、地球物理的交叉与热点学科。此后，有关中微子的研究和发现先后获得了 4 个诺贝尔物理学奖。

（五）机械能守恒定律

机械能守恒定律是指在只有重力或弹力对物体做功的条件下（或者不受其他外力的作用下），物体的动能和势能（包括重力势能和弹性势能）发生相互转化，但机械能的总量保持不变。也可以说，质点或质点系在势场中运动时，其动能和势能的和保持不变。或称物体在重力场中运动时，物体的动能和势能可以相互转化，动能和势能之和不变。

（六）电荷守恒定律

电荷守恒定律是一种关于电荷的守恒定律，是物理学的基本定律之一。一个孤立系统的总电荷（即系统中所有正、负电荷之代数和）在任何物理过程中始终保持不变。所谓孤立系统，就是指它与外界没有任何相互作用的系统，是一种理想状态。

电荷守恒定律也是自然界中一条基本的守恒定律，在宏观和微观领域中普遍适用。近代的实验表明，不仅在一般的物理过程、化学反应过程和原子核反应过程中电荷是守恒的，就是在基本粒子转化的过程中，电荷也是守恒的。

电荷守恒定律有两种版本，"弱版电荷守恒定律"又称为"全域电荷守恒定律"与"强版电荷守恒定律"又称为"局域电荷守恒定律"。弱版电荷守恒定律表明，整个宇宙的总电荷量保持不变，不会随着时间的演进而改变。强版电荷守恒定律表明，在任意空间区域内电荷量的变化，等于流入这区域的电荷量减去流出这区域的电荷量。对于在区域内部的电荷与流入流出这区域的电荷，这些电荷的会计关系就是电荷守恒。

三、经典力学定律

伽利略和牛顿是创建经典力学的双核心；二人分别提出了有关定律。而阿基米德和胡克的某些工作也为经典力学奠定了基础。

（一）阿基米德定律

即阿基米德浮力原理，是指浸在静止流体中的物体受到流体作用的合力大小等于物体排开的流体的重力，这个合力称为浮力。数学表达式为：$F_浮 = G_排$。阿基米德发现浮力原理是物理学上的重大突破，对于计算物体的密度，进而进行潜艇和远洋轮船的设计建造，具有关键性意义。

（二）杠杆原理

杠杆原理也称"杠杆平衡条件"（见图 3-15）。要使杠杆平衡，作用在杠杆上的两个力矩（力与力臂的乘积）大小必须相等。即：动力×动力臂＝阻力×阻力臂，用代数式表示为 $F_1 \times L_1 = F_2 \times L_2$。式中，$F_1$ 表示动力，L_1 表示动力臂，F_2 表示阻力，L_2 表示阻力臂。在我国《墨经》中就有两条专门记载杠杆原理的，比阿基米德提出的杠杆原理早了 200 年。

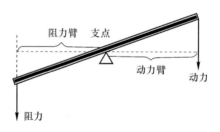

图 3-15　杠杆原理

（三）伽利略相对性原理

伽利略是第一位把实验引进力学的科学家。他利用实验和数学相结合的方法确定了一些重要的力学定律，如自由落体定律、惯性定律、单摆定律、伽利略运动相对性原理和匀加速度定律等。

伽利略相对性原理是力学基本原理之一。内容为：力学定律在所有惯性系中都相同，力学过程对于静止的惯性系和运动的惯性系是完全相同的。即在一惯性系内部所作的任何力学实验都不能确定该惯性系相对于其他惯性系的运动。这是由伽利略非正式地提出的运动相对性原理，指出了惯性定律和物体在外力作用下运动的规律，它第一次提出惯性参考系的概念，被爱因斯坦称为伽利略相对性原理，是狭义相对论的先导。相对性原理为牛顿正式提出运动第一定律、第二定律奠定了基础。

（四）胡克定律

胡克定律也称弹性定律，是材料力学和弹性力学的基本规律之一，是胡克1678 年提出的，适用的领域范围是现实世界中复杂的非线性现象。

在现代，仍然是物理学的重要基本理论，表述为：固体材料受力之后，材料中的应力与应变（单位变形量）之间呈线性关系。胡克的弹性定律指出：弹簧在发生弹性形变时，弹簧的弹力 F 和弹簧的伸长量（或压缩量）x 成正比，即 $F=-k \cdot x_0 k$ 是物质的劲度系数，它由材料的性质所决定，单位是牛/米；倔强系数在数值上等于弹簧伸长（或缩短）单位长度时的弹力；负号表示弹簧所产生的弹力与其伸长（或压缩）的方向相反。

除弹性力学之外，胡克定律还适用于材料力学。在应力低于比例极限的情况下，固体中的应力 σ 与应变 ε 成正比，即 $\sigma=E\varepsilon$。式中，E 为常数，称为弹性模量或杨氏模量；是在材料的弹性变形范围内，通过测量应变来确定材料应力的原理。满足胡克定律的材料称为线弹性或胡克型材料。

（五）牛顿运动三定律

牛顿第一定律为惯性定律，牛顿第二定律建立起物体质量与加速度之间的联系，牛顿第三定律为作用力与反作用力定律。

牛顿第一定律表明，一切物体在没有受到力时，总保持静止状态或匀速直线运动状态。牛顿将第一定律建立在一个所谓的绝对时空——不依赖于外界任何事物而独自存在的参考系，绝对时空是一个地位独特的绝对参考系。在绝对时空中，物体具有保持原来运动状态的性质，这性质称为惯性。因此，第一定律又称为惯性定律。但以现代物理学的观点看来，并不存在一个地位独特的绝对参考系。

牛顿第二定律表述为：物体加速度的大小跟物体受到的作用力成正比，跟物体的质量成反比，加速度的方向跟合外力的方向相同。牛顿第二定律说明了在宏观低速下，比例式表达：$a \propto F/m$，$F \propto ma$；用数学表达式可以写成 $F=kma$。式中的 k 为比例系数，是一个常数。如果取 $k=1$，就有 $F=ma$，这就是今天我们熟知的牛顿第二定律的数学表达式。

牛顿第三运动定律的常见表述是：相互作用的两个物体之间的作用力和反作用力总是大小相等，方向相反，作用在同一条直线上。它研究的是物体之间相互作用制约联系的机制，研究的对象至少是两个物体，多于两个以上的物体之间的相互作用，总可以区分成若干两两相互作用的物体对。作用力和反作用力等大、反向、共线，彼此作用于对方，并且同时产生，性质相同。该定律是由牛顿在1687 年于《自然哲学的数学原理》一书中提出的。

在一定范围内,牛顿第三定律与物体系的动量守恒是密切相联系的。牛顿第三运动定律和第一、第二定律共同组成了牛顿运动定律,阐述了经典力学中基本的运动规律。

四、天文学基本定律

(一)开普勒行星运动三定律

开普勒在 1609—1618 年期间陆续发现了行星运动的三大定律。第一定律:每一个行星都沿各自的椭圆轨道环绕太阳运行,而太阳则处在椭圆的一个焦点中。第二定律:在相等时间内,太阳和运动着的行星的连线所扫过的面积都是相等的。第三定律:各个行星绕太阳公转周期的平方和它们的椭圆轨道的半长轴的立方成正比。这三定律在天文学中是非常重要的,是自然界的基本定律之一。

第一定律是轨道定律,也称为几何定律。第二定律是面积定律,这一定律实际揭示了行星绕太阳公转的角动量守恒。第三定律是周期定律,也称调和定律,它使得我们能够建立起一个行星轨道周期与距太阳远近之间的明确关系。例如金星这样非常靠近太阳的行星,就有着比海王星短得多的轨道运行周期。

关于行星运动的前两条定律在 1609 年发表在《新天文学》上;1618 年发现第三条定律,首次发表于 1619 年《宇宙的和谐》一书中。开普勒的这三大定律,在科学思想上表现出无比勇敢的创造精神,是天文学的一次革命,彻底摧毁了托勒密繁杂的本轮宇宙体系,完善和简化了哥白尼的日心宇宙体系,为它带来充分的完整和严谨。开普勒定律使人们对行星运动的认识得到明晰概念,证明行星世界是一个匀称的系统。不仅使天文学焕然一新,而且为牛顿的万有引力定律奠定了基础。

(二)万有引力定律

开普勒定律描述关于行星环绕太阳的运动,而万有引力定律则是物体间相互作用的一条定律,是 1687 年牛顿在《自然哲学的数学原理》一书中首先提出的。万有引力定律可以表述为:自然界中任何两个物体都是相互吸引的,引力的大小跟这两个物体的质量乘积成正比,跟它们的距离的二次方成反比。

任何物体之间都有相互吸引力,这个力的大小与各个物体的质量成正比例,而与它们之间的距离的平方成反比。如果用 m_1、m_2 表示两个物体的质量,r 表示它们间的距离,则物体间相互吸引力为 $F = (Gm_1m_2)/r^2$,G 称为万有引力常数。

万有引力定律不仅说明了行星运动规律,而且还指出木星、土星的卫星围绕行星也有同样的运动规律,还解释了彗星的运动轨道和地球上的潮汐现象,根据万有引力定律成功地预言并发现了海王星。今天,该定律在发射轨道卫星与测绘探月航线等方面尤其重要。

万有引力的发现是 17 世纪自然科学最伟大的成果之一，是当时最具有革命性的重大事件。它把地面上的物体运动的规律和天体运动的规律统一了起来，对以后物理学和天文学的发展具有深远的影响。它第一次揭示了自然界中一种基本相互作用的规律，在人类认识自然的历史上树立了一座里程碑。

万有引力定律出现后，才正式把研究天体的运动建立在力学理论的基础上，从而创立了天体力学。牛顿的万有引力概念是所有科学中最实用的概念之一，牛顿认为万有引力是所有物质的基本特征，这成为大部分物理科学的理论基石。

（三）哈勃定律

哈勃定律是红移与距离的关系式，它的表述是：来自遥远星系光线的红移与它们的距离成正比。该定律由美国天文学家哈勃等人在将近十年的观测之后，于 1929 年首先将其公式化为：$V = H_0 \times D$（退行速度 V = 哈勃常数 H_0 × 星系距离 D）。V 的单位是千米/秒，D 以百万秒差距为单位，H_0 的单位是千米/（秒·百万秒差距）。

哈勃定律有着广泛的应用，帮助量化了宇宙各星系的运动，它是测量遥远星系距离的唯一有效方法。只要测出星系谱线的红移，再换算出退行速度，便可由哈勃定律算出该星系的距离。哈勃定律中的速度和距离不是直接可以观测的量，速度—距离关系和速度—视星关系是建立在观测红移—视星等关系及一些理论假设前提下的。可以直接观测的量是红移和视星等。

哈勃定律又称哈勃效应，揭示宇宙是在不断膨胀的。这种膨胀是一种全空间的均匀膨胀，在今天经常被援引为支持宇宙大爆炸的一个重要证据，并成为宇宙膨胀理论的基础。哈勃常数指的是宇宙膨胀速率的参数，而相对地球的距离主体也是这些星系，随着时间流逝哈勃常数值也发生着变化。著名的英国天文学家 G. J. 威特罗（写作了《时间的本质》科普读物）把哈勃定律和 400 年前哥白尼提出的日心说相提并论。

五、热力学四定律

热力学定律是描述物理学中热学规律的定律，规定了做功、热量和能量是如何影响一个系统的。该系统是指宇宙中任何一个能发生能量转移的有界限的区域，该区域外的所有事物均是其周围环境。

热力学定律包括热力学第零定律、热力学第一定律、热力学第二定律和热力学第三定律。其中，热力学第零定律又叫热平衡定律，这是因为热力学第一、第二定律发现后才认识到这一规律的重要性。热力学第一定律即热学中的能量守恒定律。热力学第二定律有多种表述，也叫熵增加原理。热力学第三定律就是绝对零度不可能达到的定理。

（一）热力学第零定律

如果两个热力学系统中的每一个都与第三个热力学系统处于热平衡（温度相

同），则它们彼此也必定处于热平衡，这一结论称做“热力学第零定律”。第零定律表明，一切互为热平衡的系统具有一个数值上相等的共同的宏观性质——温度。其重要性在于它以热平衡概念为基础对温度作出定义，为建立温度概念、温度的测量和建立温度计量的尺度提供了理论和实验基础，温度计所以能够测定物体温度正是依据这个原理。

热力学第零定律中所说的热力学系统是指由大量分子、原子组成的物体或物体系。这个定律反映出：处在同一热平衡状态的所有的热力学系统都具有一个共同的宏观特征，这一特征是由这些互为热平衡系统的状态所决定的一个数值相等的状态函数，这个状态函数被定义为温度。温度相等是热平衡之必要的条件，这一基本物理量实质上是反映了系统的某种性质。

第零定律是在不考虑引力场作用的情况下得出的，物质（特别是气体物质）在引力场中会自发产生一定的温度梯度；第零定律不适用引力场存在的情形。第零定律是其他几个热力学定律的基础，在逻辑上应该排在最前面，所以叫做热力学第零定律。

（二）热力学第一定律

热力学第一定律是人类在长期的生产和科学实验中总结出来的一条普遍规律，适用于一切热力学过程。19 世纪中期，它才以科学定律的形式被确立起来。热力学第一定律表明，一切热力学过程都必须服从能量守恒定律。因此，热力学第一定律反映了能量守恒和转换时应该遵从的关系，实际上就是热学中的能量守恒定律，是能量守恒定律在热学中的具体形式，如同机械能守恒定律是能量守恒定律在机械能中的具体体现。

1850 年，克劳修斯发表最重要的论文“论热的动力以及由此导出的关于热本身的诸定律”。他从热是运动的观点对热机的工作过程进行了新的研究，提出了卡诺的定律与能量守恒的概念不一致，重新陈述了两条热力学定律以克服这个矛盾。论文首先从焦耳确立的热功当量出发，将热力学过程遵守的能量守恒定律归结为热力学第一定律，指出在热机作功的过程中一部分热量被消耗了，另一部分热量从热物体传到了冷物体。克劳修斯第一次引入热力学的一个新函数 U 是体积和温度的函数。后来，开尔文把 U 称为物体的能量，即热力学系统的内能，这篇论文使得他的科学事业开始起飞。

热力学第一定律揭示了能量转换过程中，热能在数量上守恒的客观规律，证实了状态函数“内能”的存在，建立了“热量”的正确概念。用热力学第一定律可以解释自然界能量的转化、转移问题：热量可以转变为功，功也可以转变为热量。其表述形式为：热量可以从一个物体传递到另一个物体，也可以与机械能或其他能量互相转换，但是在转换过程中，能量的总值保持不变。即，热量在传递与转换过程中守恒，表达式为 $Q = \Delta U + W$；Q 为与环境之间交换的热（吸热为正，放热为负），ΔU 为物体内部热能（内能）的增量，W 为与环境交换的功（对外做功为负，外界对物体做功为正）；可以认为传递给物体的热量等于物体内部热能的增量加上物体交换的功。

对于气体、液体和各向同性的固体，在不考虑表面张力和没有外力场的情况下，它们的状态可以用 p、V、T 三个量中的任意两个作为状态参量来描述，这样的物体系统为 p-V 系统。热力学第一定律微分形式可表示为 $dQ=dU+pdV$。

热力学第一定律的另一种表述是：第一类永动机是不可能造成的。在热力学第一定律的发现过程中，迈尔、焦耳和亥姆霍兹等人都做出了突出贡献。这是许多人幻想制造的能不断地作功而无需任何燃料和动力的机器，是能够无中生有、源源不断提供能量的机器。显然，第一类永动机违背热力学第一定律。

（三）热力学第二定律

热力学第二定律是热力学的基本定律之一，是描述热量的传递方向的，指出一切涉及热现象的实际宏观过程都是不可逆过程。卡诺原理指出了热功转换的条件及热效率的最高理论限度，为热力学第二定律的建立奠定了基础。德国人克劳修斯和英国人开尔文在热力学第一定律建立以后重新审查了卡诺定理，意识到卡诺定理必须依据一个新的定理，即热力学第二定律。

他们分别于 1850 年和 1851 年提出了克劳修斯表述和开尔文表述，分别是：不可能把热从低温物体传到高温物体而不产生其他影响（克劳修斯），或不可能从单一热源取热使之完全转换为有用的功而不产生其他影响（开尔文），这两种表述在理念上是等价的。其中，克劳修斯还给出了数学表示形式，而开尔文的表述成为目前公认的热力学第二定律的标准说法。举例理解是：蒸汽机把热蒸汽转化为火车动能从而推动火车前进，但蒸汽机并不能以 100% 的效率完成这一过程，会有一定量的热能损失在环境中。

它还有一种表述方式，即不可逆热过程中熵的增量总是大于零，故又称"熵增定律"。表明了在自然过程中，一个孤立系统的总混乱度（即"熵"）不会减小，比开尔文、克劳修斯表述更为概括地指出了不可逆过程的进行方向。同时，更深刻地指出了热力学第二定律是大量分子无规则运动所具有的统计规律，因此只适用于大量分子构成的系统，不适用于单个分子或少量分子构成的系统。

热力学第一定律未解决能量转换过程中的方向、条件和限度问题，在发现热力学第二定律的基础上，人们期望找到一个物理量，以建立一个普适的判据来判断自发过程的进行方向。克劳修斯首先找到了这样的物理量，1854 年发表了论文"力学的热理论的第二定律的另一种形式"，给出了可逆循环过程中热力学第二定律的数学表示形式。

麦克斯韦妖的思想实验曾针对热力学第二定律的正确性提出了挑战，似乎违背了熵增原理。但是，匈牙利物理学家利奥·西拉德于 1929 年指出，如果麦克斯韦妖真正存在，那么它观察分子速度及获取信息的过程必然产生额外的能量消耗而产生熵，不违背熵增原理。

热力学第二定律在统计力学的发展中起了很大作用，热力学中熵的数学类比被应用于信息论和黑洞物理，宇宙中不断增长的熵也是宇宙的一个未来景象。热力学第二定律推广到宇宙会得出错误的热寂论，也就是宇宙最终会变成死寂的永恒状态。这是克劳修斯最先提出来的，他推断宇宙中熵一定会不断增大。但是，他的理论遭到了玻尔兹曼和恩格斯的驳斥。

于 1919 年观测日食验证了广义相对论的亚瑟·爱丁顿爵士曾说，"我认为，熵增原则是自然界所有定律中至高无上的。如果有人指出你心爱的宇宙理论和麦克斯韦方程矛盾，那麦克斯韦方程也许会倒霉。如果你的理论和实际观察矛盾，实验物理学家有时候是会把事情搞砸。但如果你的理论和热力学第二定律矛盾——那我不能给你一丝一毫的希望；你的理论必将在最深重的羞辱中轰然坍塌。"这表明了热力学第二定律的权威性不可挑战。薛定谔也说："人活着就是在对抗熵增定律，生命以负熵为生"。熵增原理揭示了宇宙演化的终极规律。

（四）热力学第三定律

热力学第三定律是对熵的论述，一般当封闭系统达到稳定平衡时，熵应该为最大值；在任何自发过程中，熵总是增加，在绝热可逆过程中，熵增等于零。热力学第三定律只能应用于稳定平衡状态，因此不能将物质看做是理想气体，最后得到了绝对零度不可达到这个结论。绝对零度是已知的最低温度，是宇宙温度的下限。

1906 年能斯特提出了能斯特热定理：当温度趋近于绝对零度（0K）时，凝聚物系等温过程的熵变 ΔS 趋近于零。这是热力学第三定律的雏形。这个理论在生产实践中得到广泛应用，因此能斯特获 1920 年诺贝尔奖。1848 年，英国人开尔文在确立热力温标时，重新提出了绝对零度是温度的下限。

热力学第三定律的普朗克表述为：在热力学温度零度（即 $T=0K$）时，一切完美晶体的熵值等于零。这是目前最容易被接受的表述。它定义了一种"完美晶体"，组成完美晶体的原子都保持在固定位置，从而使其熵为零。这是一种只有在绝对零度才能达到的状态。

热力学第三定律揭示了在温度趋近绝对零度时物质的极限性质，建立了"绝对熵"的概念，认为通过任何有限个步骤都不可能达到绝对零度。在实际意义上，第三定律鼓励人们想方设法尽可能接近绝对零度。现代科学可以使用绝热去磁的方法达到 $5\times10^{-10}K$，但永远达不到 0K。

六、电磁学定律

电磁学定律主要包括库仑定律、高斯定律、安培定律、毕奥-萨伐尔定律、安培环路定律、欧姆定律、焦耳定律、法拉第电磁感应定律、基尔霍夫定律等。

（一）库仑定律

库仑定律是总结了真空中静止的点电荷之间相互作用的实验规律，如图3-16所示。真空中两个静止的点电荷之间的相互作用力，与它们的电荷量的乘积成正比，与它们的距离的二次方成反比，作用力的方向在它们的连线上，同性电荷相斥，异性电荷相吸。

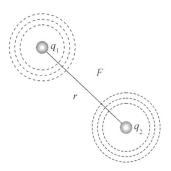

图 3-16　库仑定律

其数学表达式为：$\vec{F} = (kq_1q_2/r^2)\vec{e}_r$。式中，$\vec{F}$ 是相互作用力，k 是库仑常数，q_1 和 q_2 是两个点电荷的电量，r 是二者之间的距离，$\vec{e}_r$ 是从 q_1 到 q_2 方向的矢径。

库仑定律用粒子相互作用的形式和语言来表述电荷之间相互作用规律，阐明了带电体相互作用的规律，决定了静电场的性质，也为整个电磁学奠定了基础。库仑定律是电学发展史上的第一个定量规律，是电磁学和电磁场理论的基本定律之一，是1785年法国人库仑提出的。卡文迪许也发现了这个规律，但是由于没有发表而不被人所知。

库仑定律适用于场源电荷静止、受力电荷运动的情况，但不适用于运动电荷对静止电荷的作用力。研究对象是真空和均匀介质中静止的点电荷之间。带电体之间的距离比它们自身的大小大得多，以至形状、大小及电荷的分布状况对相互作用力的影响可以忽略，在研究它们的相互作用时，人们把它们抽象成一种理想的物理模型——点电荷。

但库仑定律并没有解决电荷间相互作用力是如何传递的问题。现代科学已经证实，这个相互作用不是"超距"的，但"近距"观点所假定的以太是不存在的，电荷之间存在相互作用力是通过电场来传递的，传递速度是光速。

（二）高斯定律

高斯定律其定义是：在静电场中，穿过任一封闭曲面的电场强度通量只与封闭曲面内的电荷的代数和有关（见图3-17），且等于封闭曲面的电荷的代数和除以真空中的电容率。其数学表达式的积分形式为：

$$\oint_A E \mathrm{d}a' = Q/\varepsilon_0$$

高斯定律采用了描述矢量场的方法，阐明了矢量场的通量所遵从的规律，它以十分优美而简单的形式表达了场源与场的关系。

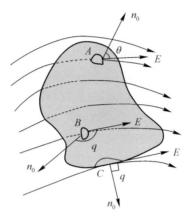

图 3-17　高斯定律

高斯定律在静电学中，表明在闭合曲面内的电荷之和与产生的电场在该闭合曲面上的电通量积分之间的关系，即在闭合曲面内的电荷分布与产生的电场之间的关系。静电场中通过任意闭合曲面（称高斯面）S 的电通量等于该闭合面内全部电荷的代数和除以真空中的电容率，与面外的电荷无关。高斯定律是把任意闭合面上的电场与该面所包围的净电荷量值联系起来的重要定理；高斯面上的实际场强是其内外所有电荷产生的场强叠加而成的合场强。

高斯定律表明穿出闭合面的净电通量与面外电荷无关，揭示了场与场源电荷间的内在联系，它表明静电场是有源场，电荷是静电场的源。但运动电荷的电场仍然满足高斯定律。库仑定律则表示源电荷对检验电荷作用力在其间距不变的情况下与源电荷的量值成正比。在静电学范围内，高斯定律和库仑定律不是两条彼此独立的定律，两者互为逆定理。高斯定律的积分形式本身就是库仑平方反比律的直接结果，高斯定理源于库仑定律，而由高斯定律也可推导出库仑定律。

（三）安培定律

高斯定律在静电场情况下类比于应用在磁场学的安培定律。安培做了关于电流相互作用的四个精巧的实验，1822 年他总结了电流元之间的作用规律——安培定律，即磁场对运动电荷的作用力公式；描述两电流元之间的相互作用同两电流元的大小、间距以及相对取向之间的关系。安培定律的数学公式为：

$$\mathrm{d}\bar{F} = I\mathrm{d}\bar{l} \times \bar{B}; \quad \bar{F} = \int I\mathrm{d}\bar{l} \times \bar{B}$$

式中，$\bar{F}$ 是磁场力（安培力）矢量；$I\mathrm{d}\bar{l}$ 是电流元；$\bar{B}$ 是磁场强度矢量。

安培定律是一个电磁学基本定律，是物理学中一个非常重要的定律，它表示电流和电流激发磁场的磁感线方向之间的关系，可用左手螺旋定则判断。左手定则是判断通电导线处于磁场中时，所受安培力 F 的方向、磁感应强度 B 的方向以及通电导体棒的电流 I 三者方向之间的关系的定律，是两个向量叉乘判断力方向的简化形式。

（四）毕奥—萨伐尔定律

毕奥—萨伐尔定律属于静磁学中的基本定律之一，表征了电流和磁场之间的关系，用于描述稳恒电流激发的磁场，可以计算即使是在原子或者分子水平的磁响应。该定律是建立静磁场基本方程的出发点，也是讨论稳恒电流的磁场性质和计算其磁场分布的基础；它在静磁学中的地位，类同于库仑定律在静电学中的地位一样。该定律 1820 年由法国物理学家毕奥和萨伐尔首先公布，其后在拉普拉斯的帮助下以数学公式表达出来。

$$dB = (\mu_0/4\pi)(Idl\sin\theta/r^2)$$

式中，μ_0 是真空磁导率。载流导线上的电流元 Idl 在真空中某点 P 的磁感度 dB 的大小与电流元 Idl 的大小成正比，与电流元 Idl 和从电流元到 P 点的位矢 r 之间的夹角 θ 的正弦成正比，与位矢 r 的大小的平方成反比。

毕奥—萨伐尔定律和安培定律的关系，则如库仑定律之于高斯定律。毕奥—萨伐尔定律在普通物理学中有着极其重要的地位，它确定了磁场的分布情况，解决了磁感应强度 B 的定量计算，在此基础上进一步引出了两个重要的定律，即磁场的高斯定律和安培环路定律，从而揭示了稳恒磁场是无源场、涡旋场。毕奥—萨伐尔定律所计算出来的磁场，永远满足安培定律。

从历史发展的角度来说，毕奥—萨伐尔定律是从大量的实验事实中总结出来的，后来安培对这两个人的实验结果进行了一些理论概括和数学分析，得到了安培环路定律。

（五）安培环路定律

安培环路定律表述为：磁感应场强度矢量沿任意闭合路径一周的线积分等于真空磁导率乘以穿过闭合路径所包围面积的电流代数和。安培环路定律是表征恒定磁场基本特征的定律，它描述磁场强度 H 的环路积分特性。它反映了稳恒磁场的磁感应线和载流导线相互套连的性质，即磁场强度与产生磁场强度的电流之间的关系。安培环路定律可以由毕奥—萨伐尔定律导出。

它的数学形式有积分和微分两种形式。积分形式：$\oint_C \bar{B} \cdot d\bar{l} = \mu_0 \iint_s jnds$；微分形式：$\nabla \times \bar{B} = \mu_0 \bar{j}$。安培环路定律是表示磁场有旋性特点，在电流分布对称性比较好时可以根据情况列出电流和磁场关系，积分变得简单，可以方便求出 B。

从现代电磁学的理论结构看，安培环路定律是电磁学 4 个基本方程之一（静电场的高斯定律、法拉第定律、磁场的高斯定律、安培环路定律），而环路定律很自然地成为了毕奥—萨伐尔定律的推论。表征恒定磁场的基本特征，它描述磁场强度 H 的环路积分特性。

（六）欧姆定律

欧姆定律的内容：导体中的电流，跟导体两端的电压成正比，跟导体的电阻成反比；欧姆定律的数学表达式 $I=U/R$。公式中物理量的单位：I 的单位是安培（A）、U 的单位是伏特（V）、R 的单位是欧姆（Ω）。

欧姆定律适用条件：适用于纯电阻电路，即用电器工作时，消耗的电能完全转化为内能。公式中的 I、U 和 R 必须是对应于同一导体或同一段电路。

1827 年，欧姆在《伽伐尼电路的数学研究》一书中，把他的实验规律总结成如下公式：$S=\gamma E$。式中，S 表示电流；E 表示电动势，即导线两端的电势差；γ 为导线对电流的传导率，其倒数即为电阻。从理论上论证了欧姆定律。这个定律至今还在教科书中出现。

（七）焦耳定律

电流通过导体时会产生热量，这叫做电流的热效应，焦耳定律就是描述该效应的定律。焦耳定律规定，电流通过导体所产生的热量和导体的电阻成正比，和通过导体的电流的平方成正比，和通电时间成正比。

焦耳定律是一个实验定律，它适用于任何导体，范围很广，所有的电路都能使用。该定律是英国科学家焦耳于 1841 年发现的。

（八）法拉第电磁感应定律

因磁通量变化产生感应电动势的现象，闭合电路的一部分导体在磁场里做切割磁感线的运动时，导体中就会产生电流，这种现象叫电磁感应现象。由于这个现象是法拉第 1831 年所作的实验发现的，又称法拉第电磁感应定律。这个效应被约瑟·亨利于大约同时发现，但法拉第的发表时间较早。

电磁感应现象是电磁学中最重大的发现之一，它显示了电、磁现象之间的相互联系和转化，对其本质的深入研究所揭示的电、磁场之间的联系，对麦克斯韦电磁场理论的建立具有重大意义。电磁感应现象在电工技术、电子技术以及电磁测量等方面都有广泛的应用。

（九）基尔霍夫定律

基尔霍夫定律是电路中电压和电流所遵循的基本规律，是分析计算复杂电路的基础。1845 年由基尔霍夫提出，它包括两方面的内容，其一是基尔霍夫电流定律，简写为 KCL 定律，其二是基尔霍夫电压定律，简写为 KVL 定律。它们与构成电路的元件性质无关，仅与电路的连接方式有关。基尔霍夫（电路）定律既可以用于直流电路的分析，也可以用于交流电路的分析，还可以用于含有电子元件的非线性电路的分析。

基尔霍夫电流定律是确定电路中任意节点处各支路电流之间的相互约束关系的定律，因此又称为节点电流定律。是电流的连续性在集总参数电路上的体现，其物理背景是电荷守恒定律。KCL 定律指出：对电路中的任一节点，在任一瞬间，流出或流入该节点电流的代数和为零。KCL 定律不仅适用于电路中的节点，还可以推广应用于电路中的任一假设的封闭面，即在任一瞬间，通过电路中的任一假设的封闭面的电流的代数和为零，即 $\sum_{K=1}^{n} I_K = 0$。

基尔霍夫电压定律是电场为位场时电位的单值性在集总参数电路上的体现，其物理背景是能量守恒定律。基尔霍夫电压定律是确定电路中任意回路内（或各元件）各电压之间约束关系的定律，因此又称为回路电压定律。KVL 定律指出：对电路中的任一回路，在任一瞬间，沿回路绕行方向，各段电压的代数和为零。KVL 定律不仅适用于电路中的具体回路，还可以推广应用于电路中的任一假想的回路。即在任一瞬间，沿回路绕行方向，电路中假想的回路中各段电压的代数和为零，即 $\sum_{K=1}^{n} V_K = 0$。

基尔霍夫定律建立在电荷守恒定律、欧姆定律及电压环路定理的基础之上，在稳恒电流条件下严格成立。当基尔霍夫第一、第二方程组联合使用时，可正确迅速地计算出电路中各支路的电流值。对于含有电感器的电路，必需将基尔霍夫电压定律加以修正。由于含时电流的作用，电路的每一个电感器都会产生对应的电动势，必需将这电动势纳入基尔霍夫电压定律，才能求得正确答案。

七、气体基本定律

气体实验定律是关于气体热学行为的 6 个基本实验定律，也是建立理想气体概念的实验依据。这 6 个定律分别是：波义耳—马略特定律、查理定律、盖·吕萨克定律、道尔顿分压定律、阿伏伽德罗定律、能量均分定律。

（一）波义耳—马略特定律

波义耳—马略特定律反映气体的体积随压强改变而改变的规律（见图3-18）。表述为：对于一定质量的气体，在其温度保持不变时，它的压强和体积成反比。或者说，其压强 P 与它的体积 V 的乘积为一常量，$P_1 V_1 = P_2 V_2$。实际气

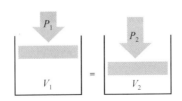

图 3-18 波义耳—马略特定律

体只是在压强不太高、温度不太低的条件下才服从这一定律。该定律在1661年和1667年分别被英国人波义耳和法国人马略特发现，是人类历史上第一个被发现的定律。

（二）查理定律

雅克·查理在1787年第一个发现气体体积在不同温度下的关系。当气体的体积V保持不变，一定质量的气体，压强P与其绝对温度T成正比——在一定的体积下，一定质量的气体，温度每升高（或降低）1℃，它的压强比原来增加（或减少）1/273。其数学表达式为：$P = P_0(1+t/273)$或者$P_1/P_2 = T_1/T_2$，这个规律叫做查理定律。

（三）盖·吕萨克定律

盖·吕萨克定律是一个极为重要的发现，表述为：当压力不变时，理想气体的体积和温度成正比，即温度每升高（或降低）1℃，其体积也随之增加（或减少）。该定律发现于1802年。盖·吕萨克定律的真实表述是压力恒定时，一定量气体的体积（V）与其温度（T）成正比，其数学表达式为：$V_1/T_1 = V_2/T_2$。在数十年后，物理学家克劳修斯和开尔文据此建立了热力学第二定律，并提出了热力学温标（即绝对温标）的概念。

（四）道尔顿分压定律

道尔顿分压定律描述的是理想气体的特性。这一经验定律是在1801年由约翰·道尔顿所观察得到的。其表述是：在任何容器内的气体混合物中，如果各组分之间不发生化学反应，则每一种气体都均匀地分布在整个容器内，它所产生的压强和它单独占有整个容器时所产生的压强相同。而气体混合物的总压强等于其中各气体分压之和，这就是气体分压定律。

道尔顿定律只适用于理想气体混合物，对于非理想气体的混合物，在压强不太高时也近似可以使用。高压时不适合。实际气体当压力很高时，分子所占的体积和分子之间的空隙具有可比性。同时，更短的分子间距离使得分子间作用力增强，从而会改变各组分的分压力。这两点在道尔顿定律中并没有体现。

（五）阿伏伽德罗定律

同温同压下，相同体积的任何气体含有相同的分子数，称为阿伏伽德罗定律。这个定律是在1811年被意大利的阿伏伽德罗提出的。直到1860年，经历了半个世纪才被承认。该定律在有气体参加的化学反应、推断未知气体的分子式等方面有广泛的应用。这一定律揭示了气体反应的体积关系，用以说明气体分子的组成，为气体密度法测定气态物质的分子量提供了依据。对于原子分子说的建立，也起了一定的积极作用。

（六）能量均分定律

在经典统计力学中，能量均分定理是一种联系系统温度及其平均能量的基本公式。能量均分的初始概念是热平衡时能量被等量分到各种形式的运动中。例如，一个分子在平移运动时的平均动能应等于其做旋转运动时的平均动能。

均分定理的一个重要应用是在于晶状固体的比热容。如此固体的每一个原子都能够在三个独立方向的振荡，因此该固体可以被视为一个拥有各自独立的 3N 个简谐振子的系统，其中 N 为晶格中的原子数。

为能量均分定律作出贡献的有约翰·詹姆斯·瓦塔斯顿（1845 年）、詹姆斯·克拉克·麦克斯韦（1859 年）、路德维希·玻尔兹曼（1876 年）。此外，法国人杜隆和珀蒂，英国人詹姆斯·杜瓦、海因里希·夫里德里希·韦伯、开尔文、瑞利和爱因斯坦、能斯特等人都做了一定贡献。

八、光学基本定律

几何光学是以光线为基础、用几何方法来研究光在介质中的传播规律以及光学系统的成像特性。光学基本定律主要就是几何光学的定律。几何光学的基本实验定律是光的直线传播定律、独立传播定律、反射定律和折射定律，可以统一用费马原理解释。

费马原理是几何光学中的一条重要原理，是法国数学家费马于 1657 年首先提出的。由此原理可证明光在均匀介质中传播时遵从的直线传播定律、反射和折射定律，以及傍轴条件下透镜的等光程性等。费马原理规定了光线传播的唯一可实现的路径，即光在任意介质中从一点传播到另一点时，沿所需时间最短的路径传播，不论光线正向传播还是逆向传播，必沿同一路径。

（一）光的直线传播定律

光的直线传播定律：在各向同性的均匀介质中，光是沿直线传播的。

（二）光的独立传播定律

光的独立传播定律：不同光源发出的光线从不同方向通过某点时，彼此不影响，各光线的传播不受其他光线影响。

（三）反射定律

反射定律：当一束光投射到某一介质光滑表面时，保存一部分光反射回原来的介质，这一光线称为反射光线，反射光线、入射光线和法线位于同一平面内，入射线同法线组成的角称为入射角，反射光线同法线组成的角称为反射角，反射角等于入射角，见图 3-19。

（四）折射定律

光的折射定律是几何光学的基本定律之一，在光的折射过程中，确定折射光线与入射光线之间关系的定律。

折射定律表述为：当一束光投射到某一介质光滑表面时除了有一部分光发生反射外，还有一部分光通过介质分界面入射进第二传输介质中，这一部分光线称

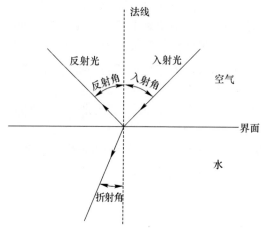

图 3-19　反射定律示意图

为折射光线，折射光线和入射光线分别位于法线的两侧，且与法线在同一平面。

　　折射光线位于入射光线和法线所决定的平面内。折射光线同法线组成的角称为折射角，入射角的正弦值同折射角正弦值的比值为一恒定值。大约是在 1621年，斯涅尔通过实验确立了开普勒想发现而没有能够发现的折射定律，找到了折射角与入射角之间的正弦关系，但没有发表。1637 年，笛卡尔在《屈光学》中首次对光的折射定律提出了理论论证。

九、流体力学

（一）帕斯卡定律

　　1653 年，帕斯卡提出的流体能传递压力的帕斯卡定律，是流体静力学的一条定律。它指出，不可压缩静止流体中任一点受外力产生压力增值后，此压力增值瞬时间传至静止流体各点。人们利用这个定律设计并制造了水压机、液压驱动装置等流体机械。

　　这个定律的原理还有一个名字，就是叫做静压传递原理。放在被密封了的容器中的液体，如果其压强发生了变化，但是只要液体还是处于原来的静止的状态中，里面液体的任何一点的压强都会发生同样大小的变化。这里面的"静止"状态，就是这个原理的另一个名称得来的原因。

（二）伯努利定律

　　在一个流体系统，比如气流、水流中，流速越快，流体产生的压力就越小，这就是被称为"流体力学之父"的丹尼尔·伯努利 1738 年发现的"伯努利定律"。伯努利定律是理想流体定常流动的动力学方程，意为流体在忽略黏性损失的流动中，流线上任意两点的压力势能、动能与位势能之和保持不变。伯努利定律是流体力学的基本规律。

后人又将重力场中欧拉方程在定常流动时沿流线的积分称为伯努利积分，将重力场中无黏性流体定常绝热流动的能量方程称为伯努利定律。这些统称为伯努利方程，是流体动力学基本方程之一。伯努利方程实质上是能量守恒定律在理想流体定常流动中的表现，是理想流体作稳定流动时的基本方程，是流体力学的基本方程之一。在一条流线上流体质点的机械能守恒是伯努利方程的物理意义。

伯努利原理适用于沿着一条流线的稳定、非粘滞、不可压缩流体，在流体力学和空气动力学中有关键性的作用。伯努利方程就是能量守恒定律在流动液体中的表现形式，这是在流体力学的连续介质理论方程建立之前，水力学所采用的基本原理，其实质是流体的机械能守恒；即：动能+重力势能+压力势能=常数。这个原理描述了力学中潜在的数学，促成 20 世纪现在的两个重要的技术的应用：化油器和机翼。

（三）开尔文定理

开尔文定理：理想正压流体在有势的质量力作用下沿任何由流体指点组成的封闭周线的速度环量不随时间变化。开尔文定理说明，理想正压流体在有势的质量力作用下，速度环量不能自行产生和消失。这是由于理想流体没有黏性，不存在切向应力，不能传递旋转运动，既不能使原本不旋转的流体微团旋转，也不能使原本旋转的微团停止旋转。

（四）雷诺传输定理

雷诺传输定理是流体力学中关于系统总物理量的时间变化率的一个定律，又称为传输方程式，可以用于定量地描述流场中流体性质的变化情形。某时刻一可变体积上系统总物理量的时间变化率，等于该时刻所处控制体中物理量的时间变化率加上单位时间通过该控制体边界净输运的流体物理量。

雷诺传输定理得名自奥斯鲍恩·雷诺，是描述微分符号如何放到求导符号里面的问题，可用来调整积分量的微分，用来推导连续介质力学的基础方程。雷诺传输定理也称为莱布尼兹—雷诺传输定理或雷诺定理，是以积分符号内取微分闻名的莱布尼兹积分律的三维推广。流体动力学的基本公理为守恒律，特别是质量、动量与能量守恒定律，可用雷诺传输定理来表示。

十、相对论定律

（一）相对性原理

在发现惯性定律的基础上，伽利略提出了相对性原理，即力学规律在所有惯性坐标系中是等价的。力学过程对于静止的惯性系和运动的惯性系是完全相同的。相对性原理是伽利略为了答复地心说对哥白尼体系的责难而提出的。这个原理的意义远不止此，它第一次提出惯性参照系的概念，这一原理被爱因斯坦称为伽利略相对性原理，是力学的基本原理也是狭义相对论的先导。

（二）协变性原理

协变性原理：只有时空度规及其派生量才允许以背景几何量的身份出现在物理定律的表达式中（排除一切与时空内禀几何无关的人为因素）。协变性原理将平直空时中的变分原理推广到弯曲空时中，为在广义相对论的框架下讨论守恒定律问题提供了数学上和物理上的准备。从历史上看，把相对性原理简称为协变性要求是从狭义相对论开始的，后来人们干脆把相对性原理称为协变性原理。相对性原理就是协变性要求，服从相对性原理就是满足协变性要求。

（三）光速不变原理

在任何惯性系中，光在真空中的速率都相等。这一假设称为光速不变原理。光速不变原理是狭义相对论的两个基础公设之一。在狭义相对论中，指的是无论在何种惯性参照系中观察，光在真空中的传播速度相对于该观测者都是一个常数，不随光源和观测者所在参考系的相对运动而改变。光速不变原理是由联立求解麦克斯韦方程组得到的，并为迈克尔逊—莫雷实验所证实。

（四）等效原理

等效原理是引力最基本的物理性质，共有两个不同程度的表述：弱等效原理及强等效原理。只要选择适当的参考系，在所有力学方程中，引力与惯性力都可相互抵消掉；这个性质称为弱等效原理。在参考系中，力学方程和一切运动方程中的引力作用都被抵消掉，这就是等效原理，或称为强等效原理。

厄缶是为爱因斯坦的等效原理铺下基石的人，而等效原理是爱因斯坦的广义相对论的一个基本假设。等效原理在广义相对论的引力理论中居于一个极重要的地位，它的重要性首先是被爱因斯坦分别在 1911 年的《关于引力对光传播的影响》及 1916 年的《广义相对论的基础》中被提出来。

1907 年，爱因斯坦撰写了关于狭义相对论的长篇文章"关于相对性原理和由此得出的结论"。在这篇文章中，爱因斯坦第一次提到了等效原理。此后，爱因斯坦关于等效原理的思想又不断发展。他以惯性质量和引力质量成正比的自然规律作为等效原理的根据，提出在无限小的体积中均匀的引力场完全可以代替加速运动的参照系；惯性质量与引力质量相等是等效原理一个自然的推论。

由于等效原理能够使我们在加速运动现象中找到狭义相对论的"惯性系"。因此，这个原理的存在，使狭义相对论的定律能够被推广到非惯性运动中，使狭义相对论与广义相对论联系起来。等效原理和协变性原理直接导致了广义相对论的出现。

（五）奇点定律

广袤巨大的宇宙，一定起源一个无限小的奇点之中。这就是奇点定律，由霍金和彭罗斯于 1970 年一起提出来。而且他们运用开创性的拓扑学方法，证明广义相对论方程导致奇点解，它对于确立广义相对论中奇点的存在性及普遍性来说是非常强有力的，这也就间接证明了大爆炸的奇点的存在。

物理上把一个存在又不存在的点称为奇点。奇点具有如下特点：空间和时间具有无限曲率的一点，空间和时间在该处完结。奇点是一个密度无限大、时空曲率无限高、热量无限高、体积无限小的"点"，一切已知物理定律均在奇点失效。

十一、量子力学基本定律

量子力学五定律包括：波粒二象性原理、能级跃迁原理、测不准原理、泡利不相容原理、态叠加原理。

（一）波粒二象性原理

波粒二象性是微观粒子的基本属性之一。指微观粒子有时显示出波动性（这时粒子性不显著），有时又显示出粒子性（这时波动性不显著），在不同条件下分别表现为波动和粒子的性质。一切微观粒子都具有波粒二象性。1905 年，爱因斯坦提出了光电效应的光量子解释，人们开始意识到光波同时具有波和粒子的双重性质。2015 年，瑞士洛桑联邦理工学院科学家成功拍摄出光同时表现波粒二象性的照片。

（二）能级跃迁原理

能级跃迁首先由玻尔提出。即组成物质的原子中，有不同数量的粒子（电子）分布在不同的能级上，在高能级上的粒子受到某种光子的激发，会从高能级跳到（跃迁）低能级上，这时将会辐射出与激发它的光相同性质的光。能级跃迁的过程中，电子的自旋状态也可能发生改变。

（三）测不准原理

德国物理学家海森堡于 1927 年提出该原理，表明量子力学中的不确定性，指在一个量子力学系统中，一个粒子的位置和它的动量（粒子的质量乘以速度）不可被同时确定。海森堡原本解释他的不确定性原理为测量动作的后果：准确地测量粒子的位置会搅扰其动量，反之亦然。现今，物理学者认为，测量造成的搅扰只是其中一部分解释，不确定性存在于粒子本身，是粒子内秉的性质，在测量动作之前就已存在。

（四）泡利不相容原理

1924 年，泡利发表了他的"不相容原理"。即原子中不能有 2 个电子处于同一量子态上。1940 年，泡利理论推导出粒子的自旋与统计性质之间的关系，从而证实不相容原理是相对论性量子力学的必然后果。泡利不相容原理所属现代词，指的是在原子中不能容纳运动状态完全相同的电子。又称泡利原理、不相容原理。

泡利不相容原理对所有费米子（其自旋数为半数的粒子）有效。泡利不相容原理可用来解释很多种不同的物理现象与化学现象，这包括原子的稳定性，大块物质的稳定性、中子星或白矮星的稳定性、固态能带理论里的费米能阶等。

（五）态叠加原理

体系的态是指一个体系的每一种可能的运动方式；叠加态是指一个量子系统的几个量子态归一化线性组合后得到的状态。态叠加原理是量子力学中的一个基本原理，它说明了波函数的性质，广泛应用于量子力学各个方面。

在量子力学中，把波的叠加性叫做态的叠加性。量子态叠加原理是"波的叠加性"与"波函数完全描述一个体系的量子态"两个概念的概括。

态叠加原理实际上是在希尔伯特空间中构造一个形式上很像波函数的东西。$\Psi=c_1\Psi_1+c_2\Psi_2$ 是薛定谔方程的解，式中 c_1、c_2 是复数；其物理意义是：如果 Ψ_1 和 Ψ_2 描述了粒子的可能状态，则它们的线性叠加 Ψ 也描述了系统的可能状态。

态叠加原理告诉人们，一个微观粒子同一时刻可以处于多个状态的叠加态，既处于这个状态，又处于那个状态。一个粒子不同时刻可能分别处于不同的状态，多个粒子同一时刻也可能分别处于不同的状态。经典的波是遵从叠加原理的，两个可能的波动过程 Ψ_1 与 Ψ_2 的线性叠加也是一个可能的波动过程。态叠加原理深刻反映量子力学与经典力学的根本差别；波的干涉、衍射现象可用波的叠加原理解释。

总之，物理定律反映了物理现象、物理过程发生和变化的规律，决定着运动变化的各个因素之间的本质联系；是以经过多年重复实验和观察为基础，并在科学领域内普遍接受的典型结论。与物理概念一样，物理定律也是从物理现象和物理过程中抽象出来，建立在科学实验基础上的。

前面介绍了物理学基本守恒定律、经典力学定律、热力学定律、电磁学定律、气体基本定律、光学基本定律、流体力学基本定律、相对论基本定律、量子力学基本定律等九大方面的物理学定律，这些定律基本涵盖了物理学的主要方面。

在上述定律中，能量守恒定律和热力学第二定律即熵增原理和热力学第三定律即绝对零度不可能达到的定律是三大绝对定理，决定着宇宙中的一切，包括宇宙的起源和未来的走向，甚至是生命的演化也在内，可以说是宇宙的终极理论。

第十三节　世界十大最美物理实验

被评出的十大最美物理实验共同之处是：它们都"抓"住了物理学家眼中"最美丽"的科学之魂，这种美丽是一种经典概念：最简单的仪器和设备，最根本、最单纯的科学结论，就像是一座座历史丰碑一样，人们长久的困惑和含糊顷刻间一扫而空，对自然界的认识更加清晰。这十大最美实验同时也是最经典的实验。

令人惊奇的是十大经典试验几乎都是由一个人独立完成，或者最多有一两个助手协助。试验中没有用到什么大型计算工具比如电脑一类，最多不过是把直尺或者是计算器。所有这些实验的共通之处是他们都紧紧抓住了物理学家眼中最美丽的科学之魂：最简单的仪器和设备，发现了最根本、最单纯的科学概念，就像是一座历史丰碑，扫开人们长久的困惑和含糊，开辟了对自然界的崭新认识。

一、电子双缝干涉实验

20世纪初，普克朗首提量子论，爱因斯坦首提光量子假说，认为光子可以发出光和吸收光。托马斯·杨的双缝干涉实验证明光是一种波，牛顿则认为光是微粒，但实际上二人对光性质的认识都不完全正确。人们逐渐意识到光既不是简单的微粒，也不是一种单纯的波，而是同时具有波和粒子的双重性质。2015年，瑞士洛桑联邦理工学院的科学家成功拍摄出光同时表现波粒二象性的照片。

1924年，法国科学家德布罗意在爱因斯坦光子理论的启示下，提出物质波的概念，他认为和光一样，一切物质都具有波粒二象性。根据这一假说，亚原子微粒电子也会具有干涉和衍射等波动现象。1927年戴维逊和革末用镍晶体反射电子，成功完成了电子衍射实验，证明了实物粒子电子也具有波动性，物质波假说得到验证，该实验是荣获诺贝尔奖的重大近代物理实验之一。随后，电子发现者汤姆逊等人获得了电子衍射花纹。

那么电子的干涉性如何证明呢？玻尔和爱因斯坦均曾试图以电子束代替光束来做双缝干涉实验，以此来讨论量子物理学中的基本原理。1961年，德国学者约恩孙制作出长为50mm、宽为0.3mm、缝间距为1mm的双缝，用电子束代替光束，并把一束电子加速到50keV，然后让它们通过双缝；电子束被分为两股粒子流，并在双缝后产生波的效应并相互影响，产生类似杨氏光的双缝干涉实验中出现的亮度加强和亮度减弱交替的图样，即当电子撞击荧光屏时显示了可见的干涉图样。

电子双缝干涉实验的图样与杨氏光的双缝干涉图样基本相同，这是电子具有波动性的又一个实证。更有甚者，实验中即使电子是一个个地发射，仍出现相同的干涉图样。这个实验物理学界称之为"托马斯·杨的双缝演示应用于电子干涉实验"，可以简称为"电子双缝干涉实验"。该实验成功证实了实物粒子的波粒二象性，揭示了微观世界的量子本性，开创了量子理论的新纪元；也影响了人们的物质观和世界观。该实验由于其对于世界的重大影响而位列第一。

二、伽利略的自由落体实验

亚里士多德认为重量大的物体比重量小的物体下落得快，伽利略时代的人们都相信这种说法。当时，在比萨大学数学系任职的伽利略，大胆地向亚里士多德的观点提出挑战。他在著名的意大利比萨大斜塔上做了自由落体实验：他从斜塔上同时扔下一轻一重的物体，让大家看到两个物体同时落地。

伽利略挑战亚里士多德的代价是他失去了工作，但他揭示了自然界的本质，也向世人展示了他尊重科学，不畏权威的可贵精神。伽利略自由落体实验在物理学的发展史上具有划时代的重要意义，它导致了以后一系列重大的科学发现。

伽利略自由落体定律表述为：物体下落的速度与时间成正比，下落的距离与时间的平方成正比，物体下落的加速度与物体的重量无关，也与物体的质量无关。该实验十分有名，可谓妇孺皆知，甚至被列入了高中教科书。

三、罗伯特·密立根的油滴实验

从吉尔伯特开始人们就认识到了摩擦生电现象；富兰克林风筝实验指出闪电也是电。1897 年汤姆逊发现了电子的存在后，人们进行了多次尝试，以精确确定它的性质。同年，英国物理学家 J·J·托马斯确立了电流是由带负电粒子即电子组成的。汤姆逊又测量了电子的荷质比，证实了这个比值是唯一的，但是电子的电荷量却没有得出。电子电量很小，且获得单个电子也极其不容易，许多科学家为测量电荷量进行了大量的探索工作。

芝加哥大学物理学家密立根以其实验的精确著名。从 1907 年开始，他致力于改进威耳逊云雾室中对 α 粒子电荷的测量甚有成效，得到卢瑟福的肯定。卢瑟福建议他努力防止水滴蒸发。1909 年，他和研究生哈维·福莱柴尔开始用油滴实验测量电流的电荷，他们通过研究电场和重力场中的带电油滴的下落，测定电子的基本电荷量 e。当带电云雾在重力与电场力平衡下，把电压加到 10000 伏时，他们发现云层消散后"有几颗水滴留在其中"，从而创造出测量电子电荷的平衡水珠法。福莱柴尔建议用油代替水，从而创造出了平衡油滑法。

密立根用一个香水瓶的喷头向一个透明的小盒子里喷油滴。小盒子的顶部和底部分别连接一个电池，让一边成为正电板，另一边成为负电板。当小油滴通过空气时，就会吸一些静电，油滴下落的速度可以通过改变电板间的电压来控制。密立根不断改变电压，仔细观察每一颗油滴的运动。他作了上百次测量，一个油滴要盯住几个小时。经过反复试验，密立根发现所有油滴所带的电量均是某一最小电荷的整数倍，该最小电荷值就是电子电荷。据此得出结论：电荷的值是某个固定的常量，最小单位就是单个电子的带电量。他认为电子本身既不是一个假想的也不是不确定的，而是一个"我们这一代人第一次看到的事实"。1910 年，密立根作为唯一作者发表了第一篇油滴实验的论文。

有人攻击他得到的只是平均值而不是元电荷。1910 年，他第三次作了改进，使油滴可以在电场力与重力平衡时上上下下地运动，而且在受到照射时还可看到因电量改变而致的油滴突然变化，从而求出电荷量改变的差值。1917 年，他得到电子电荷的数值：$e = (4.774 \pm 0.009) \times 10^{-10}$ esu。这样，就从实验上确证了元电荷的存在。他测的精确值最终结束了关于对电子离散性的争论，并使许多物理常数的计算获得较高的精度。密立根求实、严谨细致、富有创造性的实验作风也成为物理学界的楷模。

油滴实验中将微观量测量转化为宏观量测量的巧妙设想和精确构思，以及用比较简单的仪器，测得比较精确而稳定的结果等都是富有启发性的（见图 3-20）。密立根的实验装置随着技术的进步而得到了不断的改进，但其实验原理至今仍在当代物理科学研究的前沿发挥着作用。例如，科学家用类似的方法确定出基本粒子——夸克的电量。

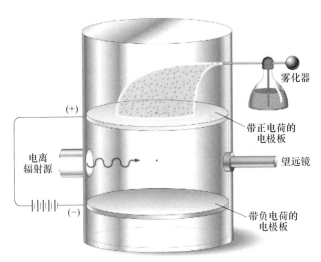

图 3-20　密立根实验装置示意图

该实验还引出了被费曼称为"科学家自我欺骗的例子"的科学伦理事件。该实验中，密立根对基本电荷量 e 的测试结果偏小，但是在其后的物理学家测定的基本电荷数值随着时间的推移在不断增大，且每次只增大一点点。为什么他们没有在一开始就发现新数值应该较高？事实是：当他们获得一个比密立根数值更高的结果时，他们没有自信而相信自己的结果。相反，他们会以为一定是出了错，于是会拼命找到实验有误的原因。另一方面，当他们获得的结果跟密立根的相仿时，就会认为自己的测试结果是正确的而不加以深究。这是让全体科学家羞愧脸红的事情。费曼的说法很委婉，从今天的角度看，很有可能这些科学家都扮演了不光彩的角色，希望这样的事情现在和将来都不会再有。

四、牛顿的棱镜分解太阳光实验

艾萨克·牛顿曾致力于颜色的现象和光的本性的研究。牛顿后来因躲避鼠疫在家里待了两年，他一个人独立完成了用棱镜分解太阳光的实验被评为"十大最美物理实验"之第四位。

当时，大家都认为白光是一种纯的没有其他颜色的光（亚里士多德就是这样认为的），而彩色光是一种不知何故发生变化的光，是不纯净的，直到17世纪人们都还对这些坚信不移。人们知道彩虹的五颜六色，人们对太阳光的颜色及彩虹的成因长期争论不休。1666年初，牛顿通过棱镜分解太阳光实验研究了光的颜色问题，完全颠覆了人们的传统认知。

牛顿把房间里弄成漆黑的，在窗户上做一个小孔，让适量的日光射进来。他把一面三棱镜放在光的入口处，透过三棱镜，使折射的光能够射到对面的墙上，光在墙上被分解为不同颜色，牛顿称之为光谱。牛顿为了解释三棱镜实验中白光的分解现象，认为白光是由各种不同颜色光组成的，玻璃对各种色光的折射本领不同，当白光通过棱镜时，各色光以不同角度折射，紫光偏折最大，红光偏折最小，结果就被分开成颜色光谱。棱镜使白光分开成各种色光的现象称做光的色散，见图3-21。

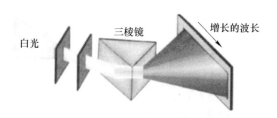

白光　　　三棱镜　　　增长的波长

图3-21　光的色散示意图

牛顿还给这七种颜色进行了命名，直到现在，全世界的人都在使用牛顿命名的颜色。牛顿指出，"光带被染成这样的彩条：紫色、蓝色、青色、绿色、黄色、橙色、红色，还有所有的中间颜色，连续变化，顺序连接"。牛顿的结论是：正是这些红、橙、黄、绿、青、蓝、紫基础色有不同的色谱才形成了表面上颜色单一的白色光，如果你深入地看看，会发现白光是非常美丽的。这一实验后人可以不断地重复进行，并得到与牛顿相同的实验结果。自此以后七种颜色的理论就被人们普遍接受了。

通过这一实验，牛顿为光的色散理论奠定了基础，并使人们对颜色的解释摆脱了主观视觉印象，从而走上了与客观量度相联系的科学轨道。同时，这一实验开创了光谱学研究，不久，光谱分析就成为光学和物质结构研究的主要手段。

五、托马斯·杨的双缝干涉实验

牛顿认为光是由微粒组成的，而不是一种波。1801 年，英国医生、物理学家托马斯·杨用实验来验证光的性质，做了著名的杨氏干涉实验，证明了光的干涉现象，为光的波动说奠定了基础。托马斯·杨的双缝干涉实验是经典的波动光学实验。

他在百叶窗上开了一个小洞，然后用厚纸片盖住，再在纸片上戳一个很小的洞。让光线透过，并用一面镜子反射透过的光线，然后他用一个厚约 1/30 英寸的纸片把这束光从中间分成两束，结果看到了相交的光线和阴影，这说明两束光线可以像波一样相互干涉。

杨氏实验是物理学史上一个非常著名的实验。杨氏以一种非常巧妙的方法获得了两束相干光，观察到了干涉条纹。他第一次以明确的形式提出了光波叠加的原理，并以光的波动性解释了干涉现象。随着光学的发展，人们至今仍能从中提取出很多重要概念和新的认识。无论是经典光学还是近代光学，杨氏实验的意义都是十分重大的，也为一个世纪后量子学说的创立起到了至关重要的作用。

六、卡文迪许扭秤实验

牛顿的另一伟大贡献是他的万有引力定律，但是万有引力到底多大？18 世纪末，英国科学家亨利·卡文迪许决定要找出这个引力。他将两边系有小金属球的 6 英尺木棒用金属线悬吊起来，这个木棒就像哑铃一样。再将两个 350 磅重（1b＝0.454kg）的铅球放在相当近的地方，以产生足够的引力让哑铃转动，并扭转金属线。然后，用自制的仪器测量出微小的转动。

牛顿万有引力常数 G 的精确测量不仅对物理学有重要意义，同时也对天体力学、天文观测学，以及地球物理学具有重要的实际意义。人们在卡文迪许实验的基础上可以准确地计算地球的密度和质量。卡文迪许实验的计算结果是：地球重 $6.0×10^{24}$ 千克，或者说 13 万亿磅。

七、埃拉托色尼测量地球周长

埃拉托色尼是公元前 3 世纪亚历山大图书馆馆长，他兴趣广泛、博学多才，被西方地理学家推崇为"地理学之父"，是古代仅次于亚里士多德的百科全书式的学者。但是，因为他的著作全部失传，今天人们才对他不太了解。在埃拉托色尼之前，曾有不少人试图对地球圆周进行测量估算，但他们大多缺乏理论基础，计算结果很不精确。

埃拉托色尼的科学工作极为广泛，最为著名的成就是测定地球的大小，其方法完全是几何学的。其基本设想是：如果地球是一个球体，那么同一个时间在地球上不同的地方，太阳线与地平面的夹角是不一样的，只要测出这个夹角的差以及两地之间的距离，地球周长就可以计算出来。埃拉托色尼天才地将天文学与测地学结合起来，第一个提出设想在夏至日那天，分别在两地同时观察太阳的位置，并根据地物阴影的长度差异计算地球圆周，见图 3-22。

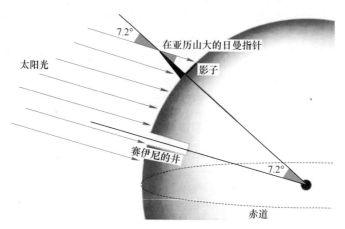

图 3-22 埃拉托色尼测定地球方法示意图

选择同一子午线上的两地——古埃及赛伊尼（现在的阿斯旺）和亚历山大里亚，夏至日正午的阳光悬在头顶：物体没有影子，阳光直接射入深水井中。他意识到这一信息可以帮助他估计地球的周长。在以后几年里的同一天、同一时间，他在亚历山大里亚测量了同一地点的物体的影子。发现太阳光线有轻微的倾斜，在垂直方向偏离大约 7.2°，相当于圆周角 360° 的 1/50。剩下的就是通过几何学来计算圆周问题了，其数值经埃拉托色尼修订后为 39360 千米。今天，通过航迹测算，我们知道埃拉托色尼的测量误差仅仅在 5% 以内，即与实际只差 100 多千米。这一测量结果出现在 2000 多年前，的确是了不起的成就。

八、伽利略的加速度实验

伽利略做了一个 6 米多长、3 米多宽的光滑直木板槽，再把这个木板槽倾斜固定，让铜球从木槽顶端沿斜面滑下，并用水钟测量铜球每次下滑的时间，研究它们之间的关系。亚里士多德曾预言滚动球的速度是均匀不变的：铜球滚动两倍的时间就走出两倍的路程。伽利略却证明铜球滚动的路程和时间的平方成比例：两倍的时间里，铜球滚动 4 倍的距离，因为存在恒定的重力加速度。

伽利略把实验过程和结果详细记载在 1638 年发表的著名的科学著作《关于两门新科学的对话》中。在实验的基础上，伽利略经过数学的计算和推理，得出假设；然后再用实验加以检验，由此得出正确的自由落体运动规律。这种研究方法后来成了近代自然科学研究的基本程序和方法。

　　伽利略的斜面加速度实验还是把真实实验和理想实验相结合的典范。伽利略在斜面实验中发现，只要把摩擦减小到可以忽略的程度，小球从一斜面滚下之后，可以滚上另一斜面，而与斜面的倾角无关，见图3-23。

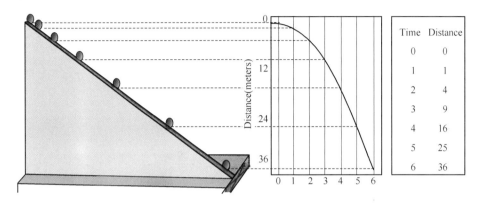

Time	Distance
0	0
1	1
2	4
3	9
4	16
5	25
6	36

图3-23　伽利略斜面加速度实验示意图

　　伽利略既重视实验，又重视理性思维，强调科学是用理性思维把自然过程加以纯化、简化，从而找出其数学关系。因此，是伽利略开创了近代自然科学中经验和理性相结合的传统。

九、卢瑟福发现原子核的 α 粒子散射实验

　　1911 年，卢瑟福在曼彻斯特大学做放射能实验时发现，大量正电荷聚集的糊状物质，中间包含着电子微粒。但是，他和他的助手发现向金箔发射带正电的 α 微粒时有少量被弹回，这使他们非常吃惊。卢瑟福计算出原子并不是一团糊状物质，大部分物质集中在一个中心小核上，现在叫作核子，电子在它周围环绕。这就是著名的 α 粒子散射实验（见图3-24），它推翻了汤姆逊的"葡萄干蛋糕模型"。在此基础上，卢瑟福提出了核式结构模型。根据 α 粒子散射实验，可以估算出原子核的直径约为 10^{-15} 米 ~ 10^{-14} 米，原子直径大约是 10^{-10} 米，所以原子

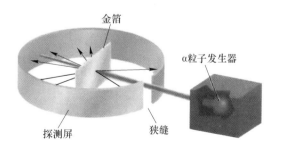

图3-24　原子核 α 粒子散射实验示意图

核的直径大约是原子直径的万分之一，原子核的体积只相当于原子体积的万亿分之一。

这是一个开创新时代的实验，是一个导致原子物理和原子核物理肇始的具有里程碑性质的重要实验，同时他推演出一套可供实验验证的卢瑟福散射理论。以散射为手段研究物质结构的方法，对近代物理有相当重要的影响。此外，卢瑟福散射也为材料分析提供了一种有力的手段。根据被靶物质大角散射回来的粒子能谱，可以研究物质材料表面的性质，例如有无杂质及杂质的种类和分布等，按此原理制成的"卢瑟福质谱仪"已得到广泛应用。

十、傅科钟摆实验

2001 年，科学家们在南极安置一个摆钟，并观察它的摆动，他们是在重复1851 年巴黎的一个著名实验。1851 年，法国科学家傅科在公众面前做了一个实验，用一根长 220 英尺（约 67 米）的钢丝将一个 62 磅（约 28 千克）重的头上带有铁笔的摆锤（直径 30 厘米）悬挂在屋顶下，观测记录它前后摆动的轨迹。周围观众发现钟摆每次摆动都会稍稍偏离原轨迹并发生旋转时，无不惊讶。实际上，这是因为房屋在缓缓移动。傅科钟摆实验的演示说明地球是在围绕地轴自转的。在巴黎的纬度上，钟摆的轨迹是顺时针方向，30 小时一周期。在南半球，钟摆应是逆时针转动，而在赤道上将不会转动。在南极，转动周期是 24 小时。

这一实验装置被后人称为傅科摆，也是人类第一次用来验证地球自转的实验装置，见图 3-25。该装置可以显示由于地球自转而产生科里奥利力（是对旋转体系中进行直线运动的质点由于惯性相对于旋转体系产生的直线运动的偏移的一种描述，以法国数学家科里奥利命名）的作用效应，也就是傅科摆振动平面绕铅垂线发生偏转的现象，即傅科效应。实际上这等同于观察者观察到地球在摆下的自转。

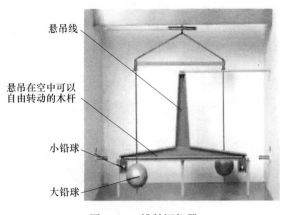

图 3-25　傅科摆仪器

第十四节　世界十大物理学思想实验

思想实验是指使用想象力去进行的实验，所做的都是在现实中无法做到或现实未做到的实验。思想实验可以挑战前人的结论，建立新的理论，甚至引发人们对世界认识的重新思考。思想实验是物理学史上伟大的智慧结晶，闪耀着智慧光芒。

历史上的许多伟大物理学家，都曾设计过发人深思的思想实验。伽利略、牛顿、爱因斯坦、麦克斯韦、薛定谔和拉普拉斯便是其中的代表，这些思想实验不仅对物理学的发展有着不可磨灭的作用，更是颠覆了人们对世界对宇宙的认识。至今，人类评选出了十大思想实验，有惯性原理、两个小球同时落地、牛顿的大炮、水桶实验、奥伯斯佯谬、拉普拉斯妖、麦克斯韦妖、双生子佯谬、等效原理、薛定谔的猫。其中，拉普拉斯妖、麦克斯韦妖、薛定谔的猫和芝诺的乌龟并称为物理学上的四大神兽。

在这十大思想实验中，惯性原理和重力实验这两个与伽利略有关；牛顿的大炮和水桶实验与牛顿有关；双生子佯谬和等效原理与爱因斯坦有关；剩下的四个分别与奥伯斯、拉普拉斯、麦克斯韦和薛定谔有关。除了奥伯斯不在本书讲述的科学家范围内之外，其余都是本书重点讲述的科学家。

一、惯性原理

根据亚里士多德的观点学，保持物体以均速运动的是力的持久作用，没有力的作用物体的运动都会静止。在伽利略时代的任何实际的实验和生活经验中，人们对摩擦力并没有认识，故无法通过真实实验证明惯性原理。然而，思想实验就可以做到——通过伽利略提出的家喻户晓的思想实验，人们知道了惯性原理。即一个不受任何外力的物体将保持静止或匀速直线运动。

设想一个一个竖直放置的 V 字形光滑导轨，一个小球可以在上面无摩擦的滚动，见图 3-26。让小球从左端往下滚动，小球将滚到右边的同样高度。如果降

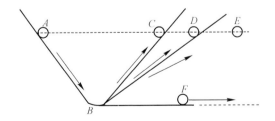

图 3-26　惯性原理示意图

低右侧导轨的斜率，小球仍然将滚动到同样高度，此时小球在水平方向上将滚得更远。斜率越小，则小球为了滚到相同高度就必须滚得越远。此时再设想右侧导轨斜率不断降低以至于降为水平，则根据前面的经验，如果无摩擦力阻碍，小球将会一直滚动下去，保持匀速直线运动。

这就是伽利略的惯性原理。仅仅通过日常经验的延伸就可以让任何一个理性的人相信惯性原理的正确性，这一最简单的思想实验足以体现出思想实验的锋芒！伽利略的惯性原理是近代科学的起点，是伽利略在 1632 年出版的《关于托勒密和哥白尼两大世界体系的对话》书中发表的，它是作为捍卫日心说的基本论点而提出来的。

而被现代社会所普遍认知的惯性原理，来自于牛顿的《自然哲学的数学原理》。其定义如下：所有物体都将一直处于静止或者匀速直线运动状态，直到出现施加其上的力改变它的运或动状态为止。牛顿的惯性原理是经典物理学的基础之一，并且对惯性原理的理解也随着现代物理学的发展而出现了改变。一个重要进展是惯性与能量的关系。

爱因斯坦质能方程表明惯性是能量的属性，能量具有惯性拓宽了对于惯性和能量的认识，它带来的重大实用价值就是核能的释放。惯性质量和引力质量是物质的两种完全不同的属性，描述物质两种不同性质，但是二者相等却成为爱因斯坦广义相对论的基石。

二、伽利略的重力实验（两个小球同时落地）

亚里士多德认为自由落体速度取决于物体的质量，越重的物体下降的速度越快，而且生活中的很多事物也似乎证明了这一点，伽利略时代的人们对此深信不疑。伽利略在比萨斜塔上抛物的著名实验人尽皆知，可在此之前，为了反驳亚里士多德的理论，伽利略构造了一个简单的思想实验，该实验证明了两个小球必须同时落地，并与后来比萨斜塔抛物实验的结论一致。

根据亚里士多德的说法，如果一个轻的物体和一个重的物体绑在一起然后从塔上丢下来，那么重的物体下落的速度快，两个物体之间的绳子会被拉直。这时轻的物体对重物会产生一个阻力，使得下落速度变慢。但是，从另一方面来看，两个物体绑在一起以后的质量应该比任意一个单独的物体都大，那么整个系统下落的速度应该最快。这个矛盾证明了亚里士多德的理论是错误的。

有了这个思想实验，实际上两个小球同时落地就已经不仅是一个物理上成立的定律了，而是在逻辑上就必须如此。在这个例子中，思想实验起到了真实实验无法达到的作用。同理，这个思想实验在逻辑上的必然成立是爱因斯坦总结出等效原理的关键因素。

三、牛顿的大炮

这是牛顿为了研究万有引力而设想的一个简单的思想实验：一门架在高山上的大炮以很高的速度向外水平地发射炮弹，炮弹速度越快，就会落到越远的地方。一旦速度足够快，则炮弹就永远也不会落地，而是会绕着地球作周期性的运动。

牛顿的这一思想实验，第一次让人们认识到，原来月球不会掉到地上来也不会飞走的原因，正是导致苹果落地的万有引力作用。牛顿的万有引力理论促成了人们认识上的一个飞跃：天上的东西并不神圣，他们遵循的规律和地上的普通物体完全一致。这个思想实验也为万有引力定律奠定了基础，让当时的人们相信万物之间的确存在万有引力。

四、水桶实验

这个思想实验也是牛顿设计出来的，是为了证明运动和空间的存在，也就是为了证明他的"绝对时空观"的正确性。但不幸的是，这个思想实验被马赫指出是错误的。而事实上，相对论也证明了"绝对时空观"是错误的。也就是说，这一思想实验其实是个失败的例子。

用长绳吊一水桶，让它旋转至绳扭紧，然后将水注入，水与桶暂时都处于静止中，这时显然液面水平。再突然使桶反方向旋转，绳的扭紧力使得水桶一直旋转下去。刚开始的时候水面并未跟随着运动，此时水面仍然水平。但后来，水桶逐渐把运动传递给水，使水也开始旋转，就可以看到水渐渐离开其中心而沿桶壁上升形成凹面。运动越快，水升得越高。倘若此时突然让桶静止，水由于惯性仍将旋转，此时的液面仍为凹面。牛顿认为，水面的下凹，不是由水对周围的相对运动造成的，而是由水的绝对的、真正的圆周运动造成的，因此由水面的下凹就可以判断绝对运动的存在。

马赫认为，水面的凹陷，并不是由于水相对于"绝对空间"的运动，而是由于相对宇宙间的所有其他物体的运动，这些所有其他物体通过引力对水施加了作用。马赫认为并不存在绝对空间，所有参考系等价。后来，马赫的观点对爱因斯坦发明广义相对论产生了决定性的影响，马赫原理本身也随着广义相对论的逐渐证实而得到了广泛认可。

五、奥伯斯佯谬

奥伯斯佯谬由德国天文学家奥伯斯于 1823 年提出，于 1826 年修订，是指若宇宙是稳恒态而且无限的，其中均匀分布着同样的发光体，由于发光体的照度与距离的平方成反比，则晚上应该是光亮而不是黑暗的。在此之前，类似的想法已由开普勒于 1610 年及瑞士天文学家夏西亚科斯于 18 世纪提出。黑暗的夜晚印证了宇宙是非稳恒态的，是大爆炸理论的证据之一。奥伯斯佯谬又称夜黑佯谬，或者光度佯谬。

奥伯斯佯谬与事实相反，这说明以前人们对宇宙的认识是错误的。奥伯斯本人认为是由于宇宙中存在的尘埃和不发光的星体吸收了一部分光线，所以造成了黑暗。然而，这个解释是错误的。直到宇宙大爆炸理论的提出，奥伯斯佯谬才迎刃而解。根据大爆炸理论，宇宙的存在时间是有限的，并且并非处在稳恒态。奥伯斯佯谬存在的前提消失了，奥伯斯佯谬自然就土崩瓦解了。

六、拉普拉斯妖

拉普拉斯相信机械决定论，认为世间万物，包括人类和社会，都逃不过确定的物理定律的掌控。他的思想实验认为："可以把宇宙现在的状态视为其过去果以及未来的因。如果一个智者知道某一刻所有自然运动的力和所有自然构成的物件的位置，假如他也能够对这些数据进行分析，那宇宙里最大的物体到最小的粒子的运动都会包含在一条简单公式中。对于这智者来说没有事物会是含糊的，而未来只会像过去般出现在他面前。"

拉普拉斯提到的"智者"，就是拉普拉斯妖。倘若真正存在拉普拉斯妖，那么一切都是预先安排好的，每个人的生死和命运都是从一出生就决定了的，那就是机械决定论发挥作用，也可能让人产生"命中注定"的消极想法：既然是命中注定，那么还需要努力吗？坐等命运安排就可以了。

量子力学告诉我们，物理量都是有不确定性的，不可能无误差地精确测量。而混沌理论则表明，只要涉及 3 个及更多的物体，初始条件的极其微小的差别将导致最后结果的千差万别，这也就是蝴蝶效应。因此，世界仍是充满不确定性、充满了惊喜的，人可以凭借自己的主观努力去改变自己的命运。

七、麦克斯韦妖

热力学第二定律即熵增原理告诉人们，孤立系统的不可逆过程中，熵总是在增加。熵增原理意味着热能永远不会自发地从冷的物体流向热的物体。这一原理现在也已经成为了物理学中最牢不可破的原理之一，也是自然界的主要定律之一。

然而麦克斯韦却认为，宇宙中可能存在着某种机制，在抵抗着熵的增加，否则熵无限增加下去，时间和空间将不复存在，这个宇宙就可能灭亡。为此，他提出了一个"麦克斯韦妖"的思想实验，开始对熵增原理发难。

一个绝热容器被分成相等的两格，中间是由"麦克斯韦妖"控制的一扇小门，容器中的空气分子作无规则热运动时会向门上撞击，麦克斯韦妖可以选择性的将速度较快的分子放入一格，而较慢的分子放入另一格。这样，其中的一格就会比另外一格温度高，系统的熵降低了。可以利用此温差驱动热机做功，这意味着存在自由能源，人们可以拥有永动机，而这显然是不现实的。

麦克斯韦妖违反热力学第二定律，如何破解？有人认为麦克斯韦妖在打开、关闭门的时候需要消耗能量，这里产生的熵增会抵消掉系统熵的降低。然而，开关门消耗的能量却不是本质的，它可以任意降低到足够小。所以，这个看法无法有效反驳麦克斯韦妖的思想实验。

麦克斯韦妖有获得和存储分子运动信息的能力，它靠信息来干预系统，使它逆着自然界的方向进行。按现代的观点，信息就是负熵，麦克斯韦妖将负熵输入给系统，降低了它的熵。麦克斯韦妖需要记录哪些分子在向哪移动，对信息的记忆和删除都会导致宇宙熵的增加。所以，即使真有麦克斯韦妖存在，它的工作方式也不违反热力学第二定律（信息是一个物理实体，它是受物理定律支配的物理量。信息处理能力在两个物理领域，即经典物理学和量子物理领域的不同，引发了量子信息论。2010 年，日本物理学家从信息中产生了能量）。

麦克斯韦妖在人们理解熵和信息的过程中造成了巨大的影响。麦克斯韦提出这个思想实验本意是为了说明热力学系统的统计性质，但该思想实验在一个多世纪里困扰了几代物理学家。从这个角度来说，麦克斯韦妖的确是一只"妖怪"。

八、双生子佯谬

双生子佯谬这个思想实验的提出是针对爱因斯坦的狭义相对论。当然，这个佯谬被相对论证明是错误的。但是，却可以增加对相对论的认知和理解，可以更加深刻地理解狭义相对论的时空观。

在狭义相对论中，运动的参考系时间会变缓，即所谓的动钟变慢效应。现在设想这样一个情景：有一对双胞胎老大和老二，老大留在地球上，老二乘坐接近光速的飞船向宇宙深处飞去。飞船在飞出一段距离之后掉头往回飞，最终降落回地球，两兄弟见面。

现在问题是：老大认为老二在运动的时候时间变慢，老二应当比老大年轻；而同样地，在老二看来，是老大一直在运动，是老大的时间变慢了，老大应当比老二年轻才是。那么经过这个过程后，兄弟俩究竟谁更年轻呢？狭义相对论是否自相矛盾了？

有人认为老二在返回前掉头的时候不可避免的要加速，所以老二更年轻。但是，如果是环形飞行可以飞回来呢？那是不是不需要加速呢？所以这个解释很牵强。事实是，两人所处的参考系是不同的，只有老大才是处在狭义相对论成立的惯性系当中，只有老大的看法是正确的；即老二旅游一圈回来后更年轻了。

九、等效原理

惯性质量和引力质量是两个不同性质的物理量，惯性质量是惯性大小的量度，引力质量是引力大小的量度，但是二者是精确相等的。爱因斯坦正是通过这一事实，归纳出了广义相对论的一个基本假设：等效原理。

人们已经采用多种方法对等效原理进行实验检验。在密封舱里做任何物理实验，不管是力学的、电磁的，还是其他的物理实验，都不能判断该密封舱是引力场中的惯性系，还是不受引力的加速系。即，不能区分引力或惯性力的效果。

设想一个处于自由空间（没有引力作用）中的宇宙飞船，它以 $a = 9.8 \text{m/s}^2$ 的加速度做加速直线运动。倘若里面的人扔出一个小球，小球由于惯性，将以 9.8m/s^2 的加速度落地；而这正如一个处于引力场中的惯性系所表现的那样。

非惯性系中的惯性力正比于惯性质量，而引力则正比于引力质量。惯性质量与引力质量相等这一事实，导致了惯性力与引力这两种效应无法区分，这就是弱等效原理。爱因斯坦进一步推广，对于一切物理过程（不仅仅是力学过程），自由空间中的加速运动参考系，与引力作用下的惯性系，这二者在原则上完全不可区分，这就是强等效原理。

等效原理是引力的最基本的物理性质。对此原理，爱因斯坦曾说："引力场中一切物体都具有同一的加速度，这条定律也可表述为惯性质量同引力质量相等，它当时就使我认识到它的全部重要性。我为它的存在感到极为惊奇，并且猜想其中必有一把可以更深入了解惯性和引力的钥匙。"

十、薛定谔的猫

薛定谔的猫思想实验是薛定谔为了说明量子力学并不完备而提出的，是从宏观尺度阐述微观尺度的量子叠加原理的问题。薛定谔的猫原意是盒子中的一只猫由于原子核处于衰变（毒死猫）和未衰变两种可能（各占50%），导致猫存在或生或死两种状态，在打开盒子观察之前是不确切的。

在量子力学中，认为微观粒子本身处于波函数定义的所有状态的叠加态，只有当对该微观粒子的具体状态进行测量时，波函数才坍缩到某个特定的值，你才能知道该粒子究竟处于什么状态。现在的问题是：这个系统从什么时候开始不再处于两种不同状态的叠加态而成为其中的一种？在打开盒子观察以前，这只猫是死了还是活着抑或既死又活？这个实验的原意是想说明，如果不能对波函数坍缩以及对这只猫所处的状态给出一个合理解释的话，量子力学本身是不完备的。

这项实验旨在论证量子力学对微观粒子世界超乎常理的认识和理解，量子不确定性无法预知微观粒子未来的状态，可这使微观不确定原理变成了宏观不确定原理，客观规律不以人的意志为转移，猫既活又死违背了逻辑思维。

薛定谔的猫既不是活的也不是死的，更不是50%概率活50%概率死，而是处在生和死的叠加态，这个叠加态无法用经典直观的语言描述。这才是薛定谔的猫的特殊之处！出乎薛定谔的意料的是，猫箱实验逐渐发展成了多平行世界假说。薛定谔的猫是物理学家的一个噩梦，它把微观的量子力学效应放大到了宏观的日常生活，使得一切都变得十分诡异。对于薛定谔的猫思想实验的解释，涉及了多种对量子力学的深刻哲学理解。

薛定谔的猫思想实验对"人类意识具有特殊的独特地位"的说法不以为然。如果哥本哈根派物理学家们认为人类意识具有特殊地位，那么按照薛定谔的实验操作，就会有一只既死又活的猫，而这显然是荒谬的。从而，薛定谔暗示，"人类意识决定波函数坍缩"这个观点是荒谬的，爱因斯坦也深以为然。

此外，还有两个著名的思想实验，一个是卢克莱修之矛，证明了宇宙的无限性。另一个是爱因斯坦有关相对运动的著名思想实验"爱因斯坦的光线"——他想象以光速在光线旁边运动，那么他应该能够看到光线成为"在空间上不断振荡但停滞不前的电磁场"。这个思想实验证明了对于虚拟的观察者，物理定律应该和相对于地球静止的观察者观察到的一致。这个思想实验让爱因斯坦完成了建立狭义相对论所需的巨大理论飞跃。

第十五节　十大最重要的物理学公式

一、最小作用量原理

很久以前，人们认为这些极值问题仅仅是一些物理定律的偶然结果，可是随着理论的发展，人们似乎慢慢认识到极值才是宇宙中最本质的定律。在今天，物理学家们已经找到了一种以统一的形式和精确的数学去描述这些极值问题的原理——最小作用量原理。

最小作用量原理是物理学中描述客观事物规律的一种方法，在物理学中是作为公理而存在的。也就是说："依据人类理性的不证自明的基本事实，经过人类长期反复实践的考验，不需要再加证明的基本命题。"它是变分原理在动力学系统中的应用，可以用来得到体系的运动方程。

$$\delta S = \delta \int \left(\sum p_i \mathrm{d} p_i \right)$$

式中，S 是作用量，p 是动量，i 是坐标，δ 是变分符号。最小作用量原理意味着积分号里面的部分最小，而这个积分恰好就是代表体系的能量。

最小作用量原理具有极为深刻的科学与哲学内涵：最小作用量原理的思想之源，来自于生活中的各种极值的思想以及自然界中的各种极值现象。通俗来说，比如：一根两端固定的悬链，其自然下垂的时候重心最低；热力学系统平衡时，熵值最大；水珠尽可能地保持球形，在失重的空中，水珠可以保持完美的球形，因为相同体积的物体，球形表面积最小等。

最小作用量原理涉及到造物主创造这个世界时的基本想法和基本规则。种种现象表明，造物主似乎是个精明的经济学家，他总是精心设计物理定律使得"成本"最小。这似乎是宇宙的终极定律——这个原理不仅适用于力学情况，它对于所有的物理分支都适用，包括量子力学、电动力学、热力学等物理分支。在最小作用量原理中，通过选择不同的作用量几乎可以建立全部的理论物理学。这个作用量在整个物理学的各分支中没有固定形式，但这个思想仍然是物理学中一个不可多得的瑰宝，甚至是研究一切物理现象的基本出发点。

这个公式排名第一是毫无疑问的，它涉及了宇宙创建的基本思想和法则。

二、麦克斯韦方程组

麦克斯韦方程组描述电场、磁场与电荷密度、电流密度之间的关系。它含有的四个方程分别为：电荷是如何产生电场的高斯电场定律；论述了磁单极子不存在的高斯磁场定律；变化的磁场是如何产生电场的法拉第电磁感应定律以及电流和变化的电场是怎样产生磁场的安培—麦克斯韦定律。即这组公式融合了静电的高斯定律、静磁的高斯定律、法拉第定律（磁生电）以及麦克斯韦—安培定律（电生磁）。它从一开始的20个等式和20个变量组成演变成现在的积分和微分形式。

积分形式   微分形式

$$\oiint_S E \cdot \mathrm{d}s = \frac{Q}{\varepsilon_0} \qquad \nabla \cdot E = \frac{\rho}{\varepsilon_0}$$

$$\oiint_S B \cdot \mathrm{d}s = 0 \qquad \nabla \cdot B = 0$$

$$\oint_L E \cdot \mathrm{d}l = -\frac{\mathrm{d}\Phi_B}{\mathrm{d}t} \qquad \nabla \times E = -\frac{\partial B}{\partial t}$$

$$\oint_L B \cdot \mathrm{d}l = \mu_0 I + \mu_0 \varepsilon_0 \frac{\mathrm{d}\Phi_E}{\mathrm{d}t} \qquad \nabla \times B = \mu_0 J + \mu_0 \varepsilon_0 \frac{\partial E}{\partial t}$$

高斯电场定律意味着穿过闭合曲面的电通量正比于这个曲面包含的电荷量。高斯磁场定律意味着穿过闭合曲面的磁通量恒等于0。法拉第定律意味着穿过曲面的磁通量的变化率等于感生电场的环流。安培—麦克斯韦定律意味着穿过曲面的电通量的变化率和曲面包含的电流等于感生磁场的环流。安培—麦克斯韦定律阐明，磁场可以用两种方法生成，一种是靠电流（原本的安培定律），另一种是靠含时电场（麦克斯韦修正项）。在电磁学里，麦克斯韦修正项意味着含时电场可以生成电。

　　麦克斯韦方程组四个方程中有三个半（高斯电场定律、高斯磁场定律、法拉第定律、安培环路定理）是在麦克斯韦之前就已经有了的，麦克斯韦加进去的是安培—麦克斯韦定律里"电通量的变化产生磁场"那一项。从麦克斯韦方程组，可以推论出光波是电磁波。麦克斯韦方程组揭示了电场与磁场相互转化中产生的对称性优美，这种优美以现代数学形式得到充分表达。

　　在英国科学期刊《物理世界》发起的"最伟大公式"评比中，麦克斯韦方程组力压勾股定理、质能转换公式，名列第一。同时，被美国评选为最美的物理公式，它把电和磁统一在一起，对世界科技的进步是巨大的。麦克斯韦方程组和洛伦兹力方程共同形成了经典电磁学的完整组合。将电场和磁场有机地统一成完整的电磁场。没有电磁学理论，就不会有现在的社会文明。

　　这个方程组位列第二，仅次于宇宙的基本法则，也在情理之中。

三、爱因斯坦场方程

　　1916 年 11 月 25 日，爱因斯坦十年磨一剑的广义相对论终于盖棺完成了，并提出了著名的爱因斯坦场方程，其数学形式为：

$$R_{uv} - 0.5Rg_{uv} + \Lambda g_{uv} = (8\pi G/C^4)T_{uv}$$

　　方程左边描述的是时空的弯曲情况（以度规来描述），方程右边的 T 描述的则是时空中的能量——动量分布情况，二者之比为一个与万有引力常数 G 有关的常量。这个场方程精确地体现了爱因斯坦对于时空与物质关系的基本设想：运动的物质告诉时空怎样弯曲，而弯曲的时空反过来又告诉物质怎样运动。这里存在爱因斯坦称为宇宙常数的 Λ。1922 年，苏联物理学家弗里德曼在假设宇宙常数为零的情况下一手推出了与天文学家埃德温·哈勃观测结果相一致的膨胀宇宙模型，成为现在的宇宙标准模型。爱因斯坦很后悔加入了宇宙常数。但是，最近研究表明，宇宙随时在膨胀的，但是整体物质是恒定的，宇宙常数很有可能是存在的。

　　作为广义相对论的基本公式，爱因斯坦场方程的重要性不言而喻，位列第三，合情合理。

四、质能方程

　　能量 E 等于质量 m 乘以光速 c 的平方 $E = mc^2$。质能方程揭示了能量和物质的本质关系，能量即是物质，物质即是能量，其实它们都是同一种东西，只是不同的表达方式。质能方程也许是历史上最著名的方程，它彻底改变了我们对宇宙和现实的看法。核能的利用以及核武器的发明就依赖质能方程。

　　核能与核武器对世界的影响是巨大的，凭借这个影响，质能方程位列第四应该是实至名归。

五、纳维—斯托克斯方程

流体力学是连续介质力学的一门分支，是研究流体（包含气体，液体以及等离子态）现象以及相关力学行为的科学。在流体力学中，最重要的方程就是纳维—斯托克斯方程，是以法国科学家纳维和斯托克斯的名字命名的（纳维，1785—1836 年，法国物理学家、法国科学院院士，纳维是法国埃菲尔铁塔上所刻的 72 人名字之一。此外，还有拉格朗日、拉普拉斯、傅里叶等大师）。

纳维—斯托克斯方程是由法国物理学家纳维、法国数学家西莫恩·德尼·泊松（1781—1840 年，法国科学院院士）、法国物理学家圣维南（1797—1886 年，法国科学院院士）和斯托克斯于 1827 年到 1845 年之间推导出来的。

纳维—斯托克斯方程揭示了一般分子运动的基本规律，可以描述空间中流体（液体或气体）的运动，即描述作用于液体和气体任意给定区域的力的动态平衡，表示流体运动与作用于流体上的力的相互关系，因此对物质运动提供了最深刻和可靠的理解。纳维—斯托克斯方程简称 N-S 方程，在流体力学中有十分重要的意义。可以看作是流体运动的牛顿第二定律，是流体力学理论的理论中心。

这并不是一个单一的方程，而是一个方程组，是在众多科学家和工程师的推动下产生的。该方程组被认为是可以改变世界的 17 个方程之一。在流体力学中，有很多方程都和纳维—斯托克斯方程有着联系，可以说，该方程在流体力学中起着基础性的作用和决定性的作用。

纳维—斯托克斯方程反映了黏性流体（又称真实流体）流动的基本力学规律，即描述作用于流体任意给定区域的力的动态平衡。纳维—斯托克斯方程建立了流体的粒子动量的改变率（加速度）和作用在液体内部的压力的变化和耗散黏滞力（类似于摩擦力）以及重力之间的关系；这些黏滞力产生于分子的相互作用，能告诉我们液体有多黏。方程描述了流体领域的大部分条件，不过该方程只适用于牛顿流体。

$$\rho \underbrace{\left(\frac{\partial u}{\partial t} + u \cdot \nabla u \right)}_{1} = \underbrace{- \nabla_{p}}_{2} + \underbrace{\nabla (\mu (\nabla u + (\nabla u)^{T}) - \frac{2}{3} \mu (\nabla \cdot u) I)}_{3} + \underbrace{F}_{4}$$

式中，u 是流体速度，p 是流体压力，ρ 是流体密度，μ 是流体动力黏度。式中各项分别对应于惯性力（1）、压力（2）、黏性力（3），以及作用在流体上的外力（4）。

纳维—斯托克斯方程依赖微分方程来描述流体的运动；这些方程总是要与连续性方程同时进行求解：

$$\frac{\partial u}{\partial t} + \nabla \cdot (\rho \bar{\boldsymbol{u}}) = 0$$

纳维—斯托克斯方程表示动量守恒，而连续性方程则表示质量守恒。当雷诺

数 $Re<1$ 时，绕流物体边界层外，黏性力远小于惯性力，方程中黏性项可以忽略，N-S 方程简化为理想流动中的欧拉方程；而在边界层内，N-S 方程又可简化为边界层方程。N-S 方程与连续性方程一起，构成 N-S 方程组，是描述不可压缩流体运动的通用方程。经过近 200 年的实验，这些方程确实有效，由纳维—斯托克斯方程预测的流体流动与实验中观察到的流动总是相符的。

在流体力学中，有很多方程，但很多方程都和纳维尔—斯托克斯方程有着联系。可以说，该方程在流体力学中起着基础性的作用，但也起着决定性的作用。英国数学家伊恩·斯图尔特（英国皇家学会会员）出过一本书，名叫《改变世界的 17 个方程》，其中就包括 N-S 方程。

N-S 方程组在现代流体力学领域应用非常广泛，然而他是非线性方程组，其中迁移加速度是非线性的。尽管纳维—斯托克斯方程已经被提出来近两百年，但是数学上却一直无法找到它的精确解。法国数学家让·勒雷（1906—1998 年，主要研究领域为偏微分方程与代数拓扑）在 1934 年时证明了所谓纳维—斯托克斯问题弱解的存在，此解在平均值上满足纳维—斯托克斯问题，但无法在每一点上满足。

对于 N-S 方程式解的理论研究仍然不足，目前许多纳维—斯托克斯方程式解的基本性质都尚未被证明。例如数学家就尚未证明在三维坐标特定的初始条件下，是否有符合光滑性的解；也尚未证明若这样的解存在时，其动能有其上下界，这就是方程的数学特性——"解的存在性与光滑性"问题。这是与纳维—斯托克斯方程其解的数学性质有关的数学问题，至今也没有得到证明。尤其纳维—斯托克斯方程式的解常会包括紊流。虽然，紊流在科学及工程中非常的重要，不过紊流仍是未解决的物理学问题之一。

纳维—斯托克斯方程是非线性微分方程，其中包含流体的运动速度、压强、密度、黏度、温度等变量，而这些都是空间位置和时间的函数。一般来说，对于一般的流体运动学问题，需要同时将纳维—斯托克斯方程结合质量守恒、能量守恒，热力学方程以及介质的材料性质，一同求解。由于其复杂性，通常只有通过给定边界条件下，通过计算机数值计算的方式才可以求解。

该方程号称是物理学界最难的方程，被美国克雷数学研究所选作七个"千禧年大奖难题"之一，与庞加莱猜想等数学界的顶级难题并列，解决该问题的奖金高达 100 万美元，也是希尔伯特提出的 23 个数学难题之一。目前，取得的重大科技突破都源自于计算机的近似模拟计算，破译纳维—斯托克斯方程解的密码将带来对流体运动本身最深刻的认知，从而推动科技文明跨入新的时代。

纳维—斯托克斯方程式的解可以用到许多实际应用的领域中——它们可以用于模拟天气、天气预报、洋流、管道中的水流、翼型周围的气流、石油勘探、电气工程、水利工程、机械制造、国防军工（诸如核弹模拟）等；它们也可以用于飞行器和车辆的设计、血液循环的研究、电站的设计、污染效应的分析、航空动力学、航天工程、行星运动等前沿科技与工业制造中发挥着核心的作用。

　　该公式号称世界上最难解的方程。破译纳维—斯托克斯方程解的密码，无疑将在科技和实践层面带来翻天覆地的突破。特别是纳维—斯托克斯方程式的解常会包括紊流，被视为是了解难以捉摸的紊流现象的第一步。紊流在科学及工程中非常重要，在物理学中也仍是未解决的问题之一；故紊流（湍流）被称为"经典物理学最后的疑团"，其中心问题便是求这个方程组的统计解。

六、玻尔兹曼熵公式

　　玻尔兹曼熵公式 $S=k\ln\Omega$，k 为玻尔兹曼常量，S 是宏观系统熵值，是分子运动或排列混乱程度的衡量尺度。Ω 是可能的微观态数，Ω 越大，系统就越混乱无序。1877 年，玻尔兹曼用下面的关系式来表示系统无序性的大小：$S \propto \ln\Omega$。1900 年，普朗克引进了比例系数 k，将上式写为 $S=k\ln\Omega$。由该公式可以看出熵的微观意义：熵是系统内分子热运动无序性的一种量度。

　　玻尔兹曼运用统计的观念，只考察分子运动排列的概率来对应到相关物理量的研究，对近代物理发展非常重要。在玻尔兹曼之前，熵本来仅仅是一种由克劳修斯在 1854 年提出、只在热力学上有用的概念。但是，利用玻尔兹曼的这个公式，我们可以轻松地把熵这个概念推广到例如信息学和生物学上去。

　　玻尔兹曼熵公式说明，熵的涨落理论造成我们这个秩序井然的低熵体世界，从一片混沌无序中有了地球的产生，有了低熵体生命，对于生命产生的理论玻尔兹曼的解释比达尔文还要基本，因为物种起源都是建立在低熵的世界上。

　　玻尔兹曼熵公式说明了整个人类社会、生物界乃至整个物理世界都是建立在低熵的基础上；这与热力学第二定律有异曲同工之妙，二者都能推论出低熵世界的结论。如果不是太类似了，把这个公式换成热力学第二定律也是完全可以的。

七、万有引力公式

　　迄今为止，我们已经知道，引力是一种与时空基本结构紧密关联的普适力，应该视其为基本力，是自然界四种基本力的一种。万有引力定律是物体间相互作用的一条定律，1687 年为牛顿所发现——任何物体之间都有相互吸引力，力的大小与各个物体的质量成正比例，而与它们之间的距离的平方成反比。

　　其数学形式为：$F=GMm/r^2$，用 M、m 表示两个物体的质量，r 表示它们间的距离，则物体间相互吸引力为 F，而 G 则称为万有引力常数。

　　牛顿的万有引力概念是所有科学中最实用的概念之一，牛顿认为万有引力是所有物质的基本特征，这成为大部分物理科学的理论基石。万有引力的发现，是17世纪自然科学最伟大的成果之一。它把地面上的物体运动的规律和天体运动的规律统一了起来，对以后物理学和天文学的发展具有深远的影响。它第一次揭示了自然界中一种基本相互作用的规律，在人类认识自然的历史上树立了一座里程碑。万有引力公式是经典物理学中最经典的公式，有很多实际用处，比如人类能把人造卫星送上天就是靠这个公式算出来的宇宙第一速度。再比如在发射航天器时，我们用万有引力来寻找最佳的路径，节约航天器燃料。

这个公式对于一般人类生活的宏观世界来说足够了，它的应用太广泛了，尤其是航空航天和宇宙学领域。

八、狄拉克方程

1928年，狄拉克建立了相对论形式的薛定谔方程，也就是著名的狄拉克方程，在相对论和量子力学之间架起了桥梁。

其数学形式为：$ih\dfrac{\partial \Psi(\vec{r}, t)}{\partial t} = (-ih\alpha \nabla + \beta mc^2)\Psi(\vec{r}, t)$。$\Psi(\vec{r}, t)$ 是波函数，h 是约化普朗克常数，∇ 拉普拉斯算子，m 是自旋粒子的质量，$\vec{r}$ 与 t 分别是空间和时间的坐标。这一方程的解很特别，既包括正能态，也包括负能态。狄拉克方程不仅能够计算氢原子光谱的精细结构，还可以自动产生电子的自旋量子数，并且狄拉克方程为了解释负能态，还提出了狄拉克之海，即负能态正电子。正电子的存在并被安德森和赵忠尧等人通过实验验证。

在现代物理学里，狄拉克方程是一个无法忽视的存在，因为它开辟了一个新的领域，叫相对论性量子力学，是量子力学与狭义相对论的第一次融合，狄拉克方程开创了反粒子和反物质的理论和实验研究，促进了粒子物理、高能物理的发展，并且为电磁理论发展到量子电动力学做出了重要的贡献。同时，还为建立量子场论奠定了基础。在量子力学领域，粒子的自旋角动量是固定属性，所以要研究粒子必须要用到这个方程，它曾被美国评为最美的三大物理公式之一。

鉴于狄拉克方程较强的学术性，在生产和生活中的影响较小，但是它把相对论和量子力学之间建立了联系，架起了桥梁。

九、薛定谔方程

薛定谔方程也称为波动方程，是量子力学的基础方程，也是量子力学的一个基本假定，其正确性只能靠实验来检验。这个方程主要是描述了德布罗意提出的物质波和波函数，简单的叙述就是等号左边是物体的真实状态，等号的右边是各种状态的可能性。

$$i\hbar \frac{\partial}{\partial t}\Psi(\vec{r}, t) = \hat{H}\Psi(\vec{r}, t)$$

薛定谔方程将普朗克常数、复数，还有算符结合一起，这三者构成新量子论之数学要素。算符对量子尤其重要，因为在量子理论中，粒子的轨道概念失去了意义，原来的经典物理量均被表示为算符。$\hat{H}$ 为哈密顿量，是系统的动能和势能之和。$\Psi(\vec{r}, t)$ 是波函数，表示粒子在 t 时刻的运动状态；Ψ 是粒子的概率密度，即在时刻 t，在点 (x, y, z) 附近单位体积内发现粒子的概率，波函数 Ψ 因此就称为概率幅；r 是粒子运动的位置矢量；$\hbar$ 是约化普朗克常数，$\hbar = h/2\pi$。由于粒子肯定存在于空间中，因此，将波函数对整个空间积分，就得出粒子在空间各点出现概率之和，结果应等于 1。

薛定谔方程是将物质波的概念和波动方程相结合建立的二阶偏微分方程，可描述微观粒子的运动，每个微观系统都有一个相应的薛定谔方程式，通过解方程可得到波函数的具体形式以及对应的能量，从而了解微观系统的性质。

它揭示了微观物理世界物质运动的基本规律，是原子物理学中处理一切非相对论问题的有力工具，在原子、分子、固体物理、核物理、化学等领域中被广泛应用。薛定谔方程在物理史上具有极伟大的意义，是世界原子物理学文献中应用最广泛、影响最大的公式。在现代的量子力学体系中，薛定谔方程就像经典力学中的牛顿第二定律一样被作为一项公设来接受，是量子力学的核心方程。正是基于薛定谔方程的建立，之后才有了关于量子力学的诠释、波函数坍缩、量子纠缠、多重世界等。

十、牛顿第二定律

牛顿第二运动定律的常见表述是：物体加速度 a 的大小跟作用力 F 成正比，跟物体的质量 m 成反比，且与物体质量的倒数成正比；加速度的方向跟作用力的方向相同。目前最常见的数学形式是 $F = m \times a$；矢量形式：$\vec{F} = d\vec{P}/dt = d(m\vec{v})/dt$；这里的 F 是力矢量，v 是速度矢量，t 是时间；矢量形式也是牛顿当年提出这个定律时的原始形式，而且这个形式在爱因斯坦的狭义相对论中也是正确的。

牛顿第二定律的适用范围是：只适用于低速运动的物体（与光速比速度较低）；只适用于宏观物体，牛顿第二定律不适用于微观原子；参照系应为惯性系。牛顿第二定律将运动学与力学牢牢联系在了一起。

从物理学发展史来看，牛顿第二定律是整个牛顿动力学的基础，对物理学的发展意义重大。1666 年，以牛顿第二定律为首的一系列成果，划开了人类与自然关系的新纪元，自然被他转化成一个用数学来测算的精密系统。某种程度上，即使相对论都无法与之媲美，从火车进站到火箭升空，牛顿第二理公式在应用层面至今仍是霸主。

第十六节　本书各个物理学家涉及的主要世界著名学校

一、瑞士名校

（一）苏黎世大学

苏黎世大学（简称 UZH）坐落于瑞士最大城市苏黎世，是世界著名的州立研究型大学，欧洲研究型大学联盟成员。该校成立于 1833 年，经过 180 多年的洗礼，如今已成为瑞士规模最大、实力最强的综合大学。

本书榜单的物理学家中，第一届诺贝尔物理学奖得主伦琴和"世纪伟人"爱因斯坦分别于 1869 年和 1905 年先后获得苏黎世大学哲学博士学位；诺奖得主爱因斯坦、德拜、劳厄和薛定谔等先后于 1909—1911 年、1911—1912 年、1912—1914 年、1921—1927 年先后任教于此。苏黎世大学是德语区乃至欧洲最具活力的大学之一，在很多领域都享有盛名。

（二）苏黎世联邦工业大学

苏黎世联邦工业大学（也称苏黎世联邦理工学院，简称 ETH）是瑞士著名高等学府，是瑞士的两所联邦理工学院之一，是一所公立大学。是世界最著名的理工大学之一，在全世界范围亦与美国麻省理工学院享有同样崇高的声誉，连续多年位居欧洲大陆理工高校翘首，是欧洲乃至世界著名的科学技术院校，享有"欧陆第一名校"的美誉。2014 年，世界大学学术排名名列综合排名全球第 19。北大前校长周培源曾在 ETH 从事博士后研究；教育部副部长吴启迪也在此获得博士学位。

本书榜单的物理学家中，伦琴 1868 年本科毕业于此、爱因斯坦 1900 年本科毕业于此、兹威基 1922 年博士毕业于此。克劳修斯 1855—1867 年任教授；爱因斯坦 1909 年 10 月—1911 年 3 月任副教授，1912 年 8 月—1914 年 3 月任教授；德拜 1920—1927 年任教授；泡利 1928—1935 年和 1946—1958 年两任教授。除了兹威基外，其他人都是诺贝尔奖得主。

二、英国名校

（一）剑桥大学

剑桥大学是科学史上值得大书特书的世界著名高校，为公立研究型大学，采用书院联邦制。与牛津大学、伦敦大学学院、帝国理工学院、伦敦政治经济学院同属"G5 超级精英大学"。在许多领域拥有崇高的学术地位及广泛的影响力，被公认为当今世界最顶尖的高等教育机构之一。克伦威尔、尼赫鲁、李光耀等政治家都是该校校友。2019—2020 年，剑桥大学位列《泰晤士高等教育》世界大学声誉排名世界第 4。

本书榜单的物理学家中，吉尔伯特、赫歇尔、牛顿、托马斯·杨、斯托克斯、开尔文、麦克斯韦、瑞利、汤姆逊、卢瑟福、威廉·亨利·布拉格、威廉·劳伦斯·布拉格、狄拉克、霍金、钱德拉塞卡等人都是剑桥大学毕业生。牛顿终生任教担任卢卡斯数学教授，麦克斯韦 1854—1856 年、1860—1865 年和 1871—1879 年分三次任教于剑桥大学，其中 1874 年后任卡文迪许实验室主任；瑞利 1879—1884 年任卡文迪许实验室主任；汤姆逊 1884—1919 年任卡文迪许实验室主任；卢瑟福 1919—1937 年任卡文迪许实验室主任；查德威克 1923—1935 年任卡文迪许实验室副主任；狄拉克 1932—1969 年任卢卡斯数学教授；劳伦斯·布拉格 1938 年 10 月—1953 年任卡文迪许实验室主任；霍金终生任教，担任卢卡斯数学教授。玻尔 1911 年曾短期在剑桥大学卡文迪许实验室进修；康普顿 1919—1920 年期间在剑桥大学卡文迪许实验室进修；玻恩 1907—1908 在剑桥大学短期学习，1934—1935 年冬任教授。朗道的挚交好友卡皮察也曾在剑桥大学工作 15 年，并担任研究强磁场的蒙德实验室第一任主任。

这些科学家都大名鼎鼎，都在物理学上留下了深深的印记，可谓星光熠熠。至今获得诺奖的得主在世界高校中排名第 2（哈佛大学排名第 1），这也让剑桥大学走向了世界高校的巅峰。剑桥的卡文迪许实验室主任与卢卡斯数学教授，这两个头衔曾一度并列为欧洲科学界的泰山北斗，恰似武学界的少林和武当。

（二）牛津大学

牛津大学位于英格兰南部的牛津郡，是世界著名的公立研究型大学，采用书院联邦制。牛津大学与剑桥大学并称"牛剑"，并且与剑桥大学、伦敦大学学院、帝国理工学院、伦敦政治经济学院同属"G5 超级精英大学"。牛津大学为英语世界中最古老的大学，也是世界上现存第二古老的高等教育机构。该校涌现了一批引领时代的科学巨匠，培养了大量开创纪元的艺术大师、国家元首，其中包括 27 位英国首相及数十位世界各国元首、政商界领袖。

牛津大学在数学、物理、医学、法学、商学等多个领域拥有崇高的学术地位及广泛的影响力，被公认为是当今世界最顶尖的高等教育机构之一。2019—2020 年，在《泰晤士高等教育》颁布的世界大学声誉排名中位列第 5。英国首相、铁娘子撒切尔夫人以及第一位获得连任的工党首相布莱尔，美国前总统克林顿以及波意耳、培根、哈勃、霍金都是该校校友；预言了"哈雷彗星"回归的哈雷就曾经担任牛津大学几何学教授和第二任格林尼治天文台台长；而狄拉克在牛津大学担任访问学者期间获得诺贝尔物理学奖。

（三）爱丁堡大学和曼彻斯特大学

成立于 1583 年的苏格兰之王、全球 20 强顶尖名校爱丁堡大学则有布儒斯特（曾任校长）、玻恩和希格斯长期在此任教，也是麦克斯韦的母校。爱丁堡大学高居全英大学排名第四位，仅位于剑桥大学、牛津大学和伦敦大学学院之后，是英国超级精英大学；19 世纪英国首相约翰·罗素是该校校友。查德威克的博士母校曼彻斯特大学是英国大学中世界排名最高的八大最著名学府之一、世界 50 强顶尖名校，该校有卢瑟福和劳伦斯·布拉格长期任教与此；计算机科学之父图灵也是该校校友。

三、德国名校

（一）柏林大学

柏林大学是德国一所综合性高等学校，原名柏林弗里特里希·威廉大学，位于柏林菩提树下大街。1809 年由普鲁士王国内务部文教总管威廉·冯·洪堡负责筹建，1810 年 10 月正式开学，是人类教育和科学发展史上的里程碑。1842 年，该校创建了德国第一个物理实验室。柏林大学培养了很多具有真才实学的科学家、哲学家和艺术家，包括 55 位诺贝尔奖得主。到第二次世界大战结束为止，柏林原本只有一个"柏林大学"，冷战期间，由于柏林被划为两部分，而柏林大学归入德意志民主共和国。在西方国家支持下，柏林自由大学于 1948 年在西柏林成立，成为联邦国家学术重镇。原址的学校则于 1949 年改称柏林洪堡大学。也就是说柏林洪堡大学就是原来的柏林大学。我国著名学者陈寅恪、中央大学校长罗家伦曾在此就读。

本书榜单的物理学家中，赫兹和劳厄的博士学位都是在柏林大学取得；亥姆霍兹、普朗克和迈克尔逊也曾短期在柏林大学就读。亥姆霍兹（1871—1887 年任理论物理教授；1877 年开始担任校长）、基尔霍夫（1875—1887 年任理论物理教授）、普朗克（1889—1892 年，理论物理副教授；1892 后任教授，理论物理研究所所长；1910 年开始任校长至 1927 年去世）、劳厄（1905—1909 年期间为普朗克在柏林大学理论物理学研究所的助手；1919—1943 年期间任物理学教授和理论物理研究所所长）、玻恩（1915—1919 年任理论物理学教授）、爱因斯坦（1914 年 4 月—1932 年 12 月任物理学教授）、薛定谔（1927—1955 年任理论物理教授兼物理系主任）、海森堡（1941—1945 年任物理教授和凯泽·威廉皇家物理所所长）。这些著名科学家，除了亥姆霍兹和基尔霍夫因为离世时诺贝尔奖还没评选之外，无一例外都获得了诺贝尔奖。

（二）慕尼黑大学

慕尼黑大学建校至今已有 545 年，是坐落于德国巴伐利亚州首府慕尼黑市中心的一所世界顶尖名校。慕尼黑大学自 19 世纪以来便是德国和欧洲最具声望大学之一，慕尼黑大学人才辈出，名声斐然，以 42 名诺贝尔奖得主在全球院校诺奖排名中位列 16 名。在泰晤士报世界大学 2017—2018 年的最新排名中，慕尼黑大学位列德国第一，世界第 34 位。

本书榜单的物理学家中，普朗克、德拜、泡利和海森堡的博士学位都是在慕尼黑大学取得的，据说赫兹也曾在此校就读。欧姆 1849—1854 年临终前 5 年在该校任教，1852 年后的职位是实验物理学教授；普朗克 1880—1885 年任理论物理讲师和副教授；伦琴 1900—1923 年任物理学教授和物理研究所所长；索末菲被伦琴推荐于 1906 开始终生任教于此，担任理论物理学教授和理论物理研究院院长；海森堡 1958—1970 年任理论物理教授；玻尔兹曼也曾短期任教于此。除了玻尔兹曼和索末菲以外，其他物理学家都获得了诺贝尔奖。特别指出的是，索末菲在此创建了慕尼黑理论物理学派，为世界物理学培养了一大批人才，蜚声世界。联邦德国首任总理康拉德·阿登纳硕士是该校校友。

（三）哥廷根大学

哥廷根大学因德国汉诺威公爵兼英国国王格奥尔格二世创建而得名。哥廷根大学坐落于德国西北部的下萨克森州南部哥廷根市，是一所享誉世界的顶尖综合性大学，哥廷根大学始建于 1734 年，并且于 1737 年向公众开放。同德国的其他古老大学相似，哥廷根大学属于古老传统的大学城，是"没有校门和围墙的大学"。哥廷根大学名人辈出，蜚声世界，高斯、黎曼、希尔伯特、闵可夫斯基等赫赫有名的人物都是其校友；铁血首相俾斯麦也毕业于此。哥廷根大学不仅在 20 世纪中期经历了辉煌的哥廷根时代，是德国精英大学之一，也是德国重点大学联盟德国大学 U15 联盟的一员。

本书榜单的物理学家中，玻恩、卡门、奥本海默、梅耶夫人的博士学位都是在这里获得的；索末菲 1893 年 10 月—1897 年 9 月在此担任助手和无薪讲师；普朗特 1904—1953 年在此任教授；劳厄 1903—1905 年在此任研究员（相当于现在的博士后），1946—1951 年任名誉教授；德拜 1914—1920 年在此任物理学教授；玻恩 1921—1933 年任理论物理教授兼理论物理研究所所长；韦伯分别于 1931—1937 年以及 1949—1970 年在此任教授，1949 年开始任天文台台长；海森堡 1946—1958 年任物理学教授兼理论物理研究所所长。特别值得一提的是，玻恩建立了哥廷根理论物理学派；著名数学家高斯也任教于此。

四、美国名校

（一）普林斯顿大学

普林斯顿大学是世界著名私立研究型大学，位于美国东海岸新泽西州的普林斯顿市，是美国大学协会的 14 个始创院校之一，也是著名的常青藤联盟成员。1896 年，正式改名为"普林斯顿大学"。截至 2019 年 7 月，普林斯顿大学共培养了 3 位美国总统（肯尼迪、麦迪逊和威尔逊）、12 位美国最高法院大法官以及众多美国国会议员。普林斯顿大学与附近的普林斯顿高等研究院共同构成了世界著名的理论研究中心，该中心曾汇集了阿尔伯特·爱因斯坦、冯·诺依曼、罗伯特·奥本海默等一批学术大师，对基础数学、理论物理学、计算机科学、经济学等学科的发展影响深远。截至 2019 年 3 月，普林斯顿大学的校友、教授及研究人员中，共产生了 65 位诺贝尔奖获得主（世界大学排名第 10）。2019—2020 年，在《泰晤士高等教育》世界大学声誉排名中，普林斯顿大学位列世界第 7。

本书榜单的物理学家中，沙普利、康普顿、费曼、温伯格和威滕的博士学位都是在该校获得；维格纳 1930—1936 年先后任讲师和副教授，1938—1971 年任教授；爱因斯坦 1933 年始至临终一直在此担任物理学教授；奥本海默 1947—1966 年担任高等研究院院长；杨振宁 1949—1966 年先后担任研究员和教授；威滕从 1980 年开始至今在该校任教。除了沙普利、奥本海默和威滕之外，其余都获得了诺贝尔奖。

（二）芝加哥大学

芝加哥大学位于美国国际金融中心芝加哥，是世界著名私立研究型大学，1890 年由石油大王约翰·洛克菲勒创办，常年位列各个大学排行榜世界前 10。从曼哈顿计划起大批科学家汇集于此，在"原子能之父"费米的领导下建立了世界上第一台核反应堆、成功开启人类原子能时代，创办了美国第一所国家实验室阿贡国家实验室和著名的费米实验室，奠定了芝大在自然科学界的重要地位。

芝加哥大学的教育观念强调"宏观与实验"精神、注重对纯理论和大师经典学习研究的教学方法，奠定了它在美国教育史上独特而重要的地位。教学中十分注重培养学生的独立思考精神和批判性思维，鼓励挑战权威，鼓励与众不同的思维方式和观点，培养了众多诺贝尔奖获得者。

芝加哥大学素以盛产诺贝尔奖得主而闻名。截至 2018 年 10 月，共有 98 位诺贝尔奖得主在芝大工作或学习过，位列世界第四。2019—2020 年，芝加哥大学在《泰晤士高等教育》世界大学声誉排名中位列世界第 10。

本书榜单的物理学家中，迈克尔逊、哈珀和杨振宁的博士学位均在此获得；康普顿 1923—1945 年任教于此；钱德拉塞卡从 1937 年开始终生任教于此；费米自 1942 年开始终生任教于此；梅耶夫人 1946—1960 年在此担任无薪教授；盖尔曼 1953—1954 年先后担任讲师和副教授。

（三）加州理工学院

加州理工学院创立于 1891 年，位于美国加利福尼亚州洛杉矶东北郊的帕萨迪纳市，是世界著名私立研究型大学，是公认最为典型的精英学府之一。加州理工学院在世界科技界久负盛名，其优势学科包括基础理科的物理学、化学、天文学和空间科学等，加州理工学校规模很小，全校学生总数仅 2000 人左右，但截至 2018 年 10 月却有 73 位校友、教授及研究人员曾获得诺贝尔奖（位列世界第 8），平均每千人毕业生就有一人获奖（22 位校友），为世界上诺贝尔奖密度之冠。"中国航天之父""中国导弹之父"钱学森 1939 年从加州理工博士毕业并在此长期任教，还参与创建了喷气推进实验室。在 2012 到 2016 年连续 5 年位列泰晤士高等教育世界大学排名世界第 1, 2019—2020 年度排名世界第 2; 2019—2020 年, 加州理工学院位列《泰晤士高等教育》世界大学声誉排名世界第 12。

本书榜单的物理学家中, 安德森的博士学位就是在此获得; 兹威基 1925—1972 年几乎终生任教于此; 卡门自 1930 年开始终生任教于此; 安德森自 1933 年开始终生任教于此; 奥本海默 1945—1946 年短期在此任教; 费曼 1952 年开始终生任教于此; 盖尔曼 1955 年开始终生任教于此。由此可见, 加州理工学院对科学家的吸引力是如此之强。除了奥本海默之外, 其余科学家都是终生任教。

（四）伯克利大学、康奈尔大学和哈佛大学

另外, 世界最顶尖公立大学之一的加州大学伯克利分校有哈勃、奥本海默、泰勒、温伯格先后在此任教。本书提及的诺奖得主劳伦斯和西伯格也任教于此, 英特尔公司、特斯拉公司和苹果公司的创始人都是校友。其中, 截至 2019 年 3 月, 伯克利的校友、教授及研究人员中共有 107 位诺贝尔奖得主（世界排名第 3）。

世界顶级私立研究型大学康奈尔大学有德拜、费曼和温伯格先后在此任教。这两所学校也是美国顶尖高校。截至 2018 年, 共有 58 位康奈尔大学的校友或教研人员曾荣获诺贝尔奖, 在全球高校中列第 12 位, 居全美第 10 位。

奥本海默的本科母校哈佛大学有沙普利和温伯格长期任教与此, 该校是美国本土历史最悠久的高等学府, 其诞生于 1636 年, 最早由马萨诸塞州殖民地立法机关创建, 长期在各大高校排行榜中高居世界第一的位置。截至 2018 年 10 月, 哈佛大学共培养了包括罗斯福、奥巴马在内的 8 位美国总统, 而哈佛的校友、教授及研究人员中共产生了 158 位诺贝尔奖得主（世界排名第 1）。

五、丹麦、法国、荷兰名校

（一）哥本哈根大学

哥本哈根大学位于丹麦王国首都哥本哈根, 是丹麦规模最大、最有名望的综合性大学, 也是北欧历史最悠久的大学之一。本书的榜单中, 奥斯特、玻尔及其儿子、1975 年诺奖得主奥格都是该校校友, 世界著名童话大师安徒生也毕业于此。玻尔在此创建了对世界 20 世纪物理学影响巨大的哥本哈根理论物理学派, 并率领海森堡等一班人引领了量子力学的发展。

（二）巴黎大学

巴黎大学是欧洲最古老的大学之一, 坐落在法国首都巴黎, 前身是建于 1257 年的索邦神学院。是庞加莱、居里夫人及其丈夫皮埃尔·居里、郎之万和德布罗意的母校, 他们的博士学位都是在此获得。小居里夫妇、近代微生物学的奠基人及巴氏消毒法的发明人巴斯德和现代化学之父拉瓦锡也是该校校友, 本书榜单中的德布罗意更是终生任教于此，庞加莱也几乎终生任教于此。巴黎大学在 20 世纪早期也称巴黎索邦大学。

（三）莱顿大学

莱顿大学是最具声望的欧洲大学之一，成立于 1575 年 2 月 8 日，它是荷兰王国历史最悠久的高等学府。在过去近 5 个世纪的漫长岁月中，莱顿大学培养了众多影响人类文明进程的杰出人才，如英国前首相丘吉尔、南非前总统曼德拉。莱顿大学是洛伦兹、埃伦费斯特和塞曼的博士母校，也是前两人终生任教的高校。1920—1930 年期间，爱因斯坦在此担任访问教授。据传，笛卡尔曾在此短期游学过；1923—1924 年期间，费米曾在此跟随埃伦费斯特深造过一段时间。

名校出名人。名校之所以成为名校，是有一定的知识、人才和文化积淀的。这些名校培养了众多的名人，而名人们反过来又给学校积累了好的名气，提升了学校的学术水平，同时也影响着世界。

参 考 文 献

[1] 谭苑苑. 浅析古希腊时期哲学本体论发展概况 [J]. 中北大学学报（社会科学版），2017，33（3）：11-14.

[2] 胡孝聪. 柏拉图和亚里士多德的意识论研究 [D]. 武汉：华中师范大学，2019.

[3] 赵婷婷. 论柏拉图与亚里士多德时间观念的连续性 [D]. 兰州：兰州大学，2020.

[4] 孙胜杰. 向死而生：哲学大师的死亡笔记 [M]. 武汉：华中科技大学出版社，2013.

[5] 盛根玉. 德谟克利特倡导的古希腊原子论 [J]. 化学教学，2010（9）：58-60.

[6] 刘秋阳. 德谟克利特的伦理观及其当代启示 [J]. 海南师范大学学报（社会科学版），2019，32（6）：101-106.

[7] 梦隐. 哭的哲学家和笑的哲学家 [J]. 科学文化评论，2018，15（6）：2，121-125，129.

[8] 卢昌海. 德谟克利特的原子 [J]. 科学世界，2018（10）：128-129.

[9] 卢文忠. 德谟克利特哲学的本体论思想探究 [J]. 齐齐哈尔大学学报（哲学社会科学版），2015（6）：8-10.

[10] 蔡天翼. 身体与灵魂的和谐——希波克拉底医学哲学思想初探 [D]. 重庆：重庆大学，2019.

[11] 秦晶晶. 论亚里士多德伦理学中的灵魂观 [D]. 武汉：华中科技大学，2018.

[12] 毕世响. 人的心性、知识、灵魂、教育 [J]. 教育与教学研究，2017，31（8）：1-10.

[13] 姜丽. 社群、良制与好生活：亚里士多德政治伦理观的核心义旨 [J]. 湖北大学学报（哲学社会科学版），2020，47（6）：18-27.

[14] 曹青云. 亚里士多德论灵魂的多部分与统一性 [J]. 哲学研究，2020（2）：85-95，128.

[15] 亚里士多德. 物理学 [M]. 张竹明，译. 北京：商务印书馆，1982.

[16] 冯锐. 趣味地震学（21）：尤里卡，阿基米德撬动了地球 [J]. 地震科学进展，2020，50（9）：40-48.

[17] 卢昌海. 阿基米德的传说 [J]. 科学世界，2019（7）：132-133.

[18] 卢昌海. 阿基米德的著作 [J]. 科学世界，2019（8）：134-135.

[19] 卢昌海. 阿基米德的方法 [J]. 科学世界，2019（9）：132-133.

[20] 徐井才. 阿基米德与王冠 [J]. 小读者之友，2019（3）：43-44.

[21] 梁衡. 一面镜子退千军 [J]. 幽默与笑话，2019（5）：28-29.

[22] 万维钢. 阿基米德的故事 [J]. 新教育，2018（12）：29.

[23] 梁衡. 阿基米德巧测王冠 [J]. 大众科学，2018（3）：56-57.

[24] 叶飞，阿冰. 追求真理的人们：从地心说到日心说 [J]. 百科探秘（航空航天），2017（4）：37-39.

[25] 邓可卉，王加昊. 论古希腊拯救现象的思想源流——以《至大论》为中心 [J]. 广西民族大学学报（自然科学版），2020，26（1）：37-41.

[26] 孙丽颖. 托勒密《天文学大成》影响分析与当代启示 [J]. 绥化学院学报，2019，39（11）：36-37.

[27] 徐传胜. 从地心说到日心说的嬗变 [J]. 临沂大学学报，2019，41（6）：87-92.

[28] 黄鑫蕊. 迟到千年的日心说——从阿里斯塔克到哥白尼 [J]. 大众文艺，2020（12）：176-177.

[29] 胡紫霞. 托勒密和哥白尼的对话 [J]. 阅读，2019（70）：36-38.

[30] 胡紫霞. 亚里士多德和伽利略的对话——"谁先落地"之争 [J]. 阅读，2019（78）：36-38.

[31] 王士平. 为近代科学奠基的巨人——伽利略 [J]. 科学学与科学技术管理，1999（3）：45-46.

[32] 李蓓. 近代科学之父——伽利略（英文）[J]. 阅读，2020（37）：11-13.

[33] 武夷山. 伽利略的故事永不过时 [N]. 中国科学报，2020-05-28.

[34] 郑思铭. 伟大的科学家伽利略 [J]. 疯狂英语（双语世界），2020（1）：34-38.

[35] 胡志坚. 世界科学革命的趋势 [J]. 科技中国，2019（12）：1-3.

[36] 李姊擎. 伽利略变换和伽利略相对性原理 [J]. 百科知识，2019（21）：23-24.

[37] 郑晓童. 倾听探索者的脚步——走近伽利略 [J]. 小学生必读（中年级版），2019（5）：28-29.

[38] 唐卫. 伽利略和他的发明 [J]. 初中生学习指导，2019（6）：46-47.

[39] 萧如珀，杨信男. 物理学史中的五月——1618年5月：开普勒发现太阳系的泛音 [J]. 现代物理知识，2020，32（3）：69-70.

[40] 田川，苏明海. 谱写天空的乐章——纪念"开普勒第三定律"发表400周年 [J]. 物理教学，2020，42（4）：72-75.

[41] 夏宝鑫. 笛卡尔认识论问题研究 [J]. 现代交际，2020（11）：222-223.

[42] 康萍. 论笛卡尔的知识"确定性"问题 [J]. 河南理工大学学报（社会科学版），2020，21（5）：14-19.

[43] 魏婷. 笛卡尔天赋观念论研究 [D]. 兰州：西北师范大学，2020.

[44] 胡明杰. 论笛卡尔的"外部世界存在证明" [D]. 兰州：西北师范大学，2020.

[45] 薛征. "我思"的演变——从笛卡尔到康德 [J]. 西部学刊，2020（9）：18-20.

[46] 齐晓冰. 笛卡尔"我思故我在"的哲学解读 [J]. 山西青年，2020（10）：259，261.

[47] 鲁从勖，牛海波. 波义耳—马略特定律的拓展及应用研究 [J]. 物理与工程，2018，28（2）：89-91，95.

[48] 林可济. 人的伟大与尊严在于思想——帕斯卡《人是一根会思考的芦苇》评述 [J]. 学术评论，2020（5）：40-46.

[49] 张宇宁. 帕斯卡的实验与证伪主义 [N]. 中国科学报，2020-08-13.

[50] 肖显静. 波义耳将"微粒说"与"实验"相结合的自然哲学分析 [J]. 山东科技大学学报（社会科学版），2020，22（6）：1-12.

[51] 邢进，袁振东. 波义耳微粒哲学与道尔顿原子论之比较 [J]. 化学通报，2020，83（3）：282-287.

[52] 任正珊，陶培培，杨小明. 炼金术士：罗伯特·波义耳 [J]. 青年文学家，2019（30）：158-159，161.

[53] 萧如珀，杨信男. 1691年12月31日：波义耳辞世 [J]. 现代物理知识，2017，29（6）：

60-61.

[54] 鲁从勖，牛海波. 波义耳—马略特定律的拓展及应用研究 [J]. 物理与工程，2018, 28 (2)：89-91, 95.

[55] 小瑞，奚维德. 波义耳："把化学确立为科学的人" [J]. 少儿科技，2015 (9)：17-18.

[56] 王咏诗. 对科学理性与信仰关系的再探讨——关于罗伯特·波义耳的个案研究 [J]. 南京政治学院学报，2013, 29 (4)：35-38.

[57] 汪媛，奚维德. 惠更斯：善思笃行，勇于挑战 [J]. 少儿科技，2020 (5)：15-16.

[58] 胡紫霞. 牛顿和惠更斯的对话——"光的微粒说"与"波动说"之争（一）[J]. 阅读，2019 (94)：36-38.

[59] 胡紫霞. 牛顿和惠更斯的对话——"光的微粒说"与"波动说"之争（二）[J]. 阅读，2019 (Z6)：46-48.

[60] 尹隆丞. 光的本质探究 [J]. 课程教育研究，2019 (27)：172.

[61] 沈贤勇. 惠更斯在动量概念形成过程中的贡献 [J]. 浙江树人大学学报（自然科学版），2018, 18 (4)：55-58.

[62] 萧如珀，杨信男. 1657 年 6 月 16 日：惠更斯取得第一个摆钟的专利权 [J]. 现代物理知识，2018, 30 (3)：68-69.

[63] 周杰，徐满平. 胡克——十七世纪伟大的科学家 [J]. 湖北民族学院学报（自然科学版），1998 (6)：86-89.

[64] 赵子. 胡克：画笔上的科学人生 [J]. 中学生百科，2009 (3)：59-60.

[65] 秋实. 胡克，被埋没的科学巨人 [J]. 科学世界，1995 (11)：16-17.

[66] 沈意明. 胡克和胡克定律 [J]. 初中生世界（初二物理版），2008 (Z2)：5-6.

[67] 杨靖. 塞缪尔·佩皮斯与英国皇家学会 [N]. 中国科学报，2020-07-23.

[68] 谢亮. 实验、微粒论、弹簧手表：科学实践视野下的胡克定律 [D]. 上海：上海师范大学，2018.

[69] 景素奇. 比肩牛顿的天才胡克，为何被尘封了 300 年？[J]. 中外管理，2017 (12)：122-125.

[70] 常宁. 再议牛顿与胡克之争 [N]. 中国社会科学报，2013-02-04.

[71] 叶光希. 胡克与牛顿在万有引力上的争论 [J]. 物理通报，2016 (S2)：110-111.

[72] 王珂. 科学巨匠的认知冲突——论牛顿、胡克间的科学公案 [J]. 世界文化，2009 (11)：43-45.

[73] 肖德武. 略论微积分发现优先权之争 [J]. 山东师范大学学报（自然科学版），2003 (1)：99-101.

[74] 樊小龙. 微粒论视野中的牛顿环与光的"阵发"理论 [J]. 自然辩证法通讯，2018, 40 (10)：17-22.

[75] 张建华. 牛顿的故事及数学方面的贡献 [J]. 求知导刊，2013 (2)：146-149.

[76] 徐林燕. 牛顿与惠更斯光学思想的比较研究 [D]. 广西：广西民族大学，2013.

[77] 陶亚萍. 牛顿的光学工作及其影响初探 [D]. 呼和浩特：内蒙古师范大学，2006.

[78] 姚春梅，文定忠，王成宇. 牛顿的光学思想及其影响 [J]. 大学物理，1997 (4)：31-33.

[133] 冯恭已．拉普拉斯（Pieve，simon，mangmsde，Lajrlace）[J]．教学与研究，1982 (6)：47.

[134] 杨月．我不需要那个假设 [J]．物理教学探讨，2009 (15)：60.

[135] 张力．藐视上帝的拉普拉斯 [J]．语文世界（小学生之窗），2012 (8)：45.

[136] 包玉清，吴俊叶，冬青．分析概率论先驱——皮埃尔·西蒙·拉普拉斯 [J]．中华疾病控制杂志，2019，23 (5)：617-620.

[137] 马立强，将上帝请出宇宙——[法国] 拉普拉斯（1749~1827 年）[J]．科学大众（中学版），2007 (8)：9-11.

[138] 徐义庆，张王平．拉普拉斯妖与机械决定论 [J]．科学咨询（科技·管理），2015 (7)：76-77.

[139] 斯特凡·克莱因．拉普拉斯妖落败 [J]．看世界，2019 (26)：88-89.

[140] 佚名．关于温室气体 [J]．中国科技信息，2004 (16)：114-117.

[141] 徐力遥．史上最美的物理实验——杨氏双缝干涉实验 [J]．物理之友，2015，31 (6)：48.

[142] 刘川浩．从"神童"到"通才" [J]．小雪花（小学生成长指南），2015 (Z1)：18.

[143] 于晓东．托马斯·杨对物理学的贡献 [J]．赤峰学院学报（自然科学版），2013，29 (3)：24-25.

[144] 刘建林，夏热．托马斯·杨之力学贡献 [J]．力学与实践，2011，33 (3)：84-86.

[145] 萧如珀，杨信男．1801 年 5 月：托马斯·杨和光的本质 [J]．现代物理知识，2009，21 (3)：52-53.

[146] 谭坤．托马斯·杨与光的波动说的兴起 [J]．潍坊学院学报，2003 (6)：10-11.

[147] 李东升．天才物理学家——托马斯·杨 [J]．中学物理教学参考，1997 (12)：38-39.

[148] 张进明．全能的科学家——托马斯·杨 [J]．中专物理教学，1999 (2)：45.

[149] Grant E. Gauger. The great mind of Thomas Young（1773—1829）[J]. Documenta Ophthalmologica，1997，94：113-121.

[150] 李淑凤．物理学家托马斯·杨 [J]．中专物理教学，1995 (1)：41-42.

[151] 曾铁．"能干的物理学家"——J. B. 毕奥 [J]．物理教师，2010，31 (9)：49-51.

[152] 冯志勇．毕奥及毕奥科学成就研究 [D]．呼和浩特：内蒙古师范大学，2005.

[153] 曾铁．法国物理学家 S. D. 泊松传记 [J]．物理教师，2009，30 (7)：49-52.

[154] 石仁斌，陈晓钊．浅析毕奥—萨伐尔定律的应用 [J]．电子元器件与信息技术，2020，4 (5)：151-152，155.

[155] 梅家烨．A.M.安培与他的 1820——纪念"电动力学"诞生 200 周年 [J]．物理教师，2020，41 (3)：74-77.

[156] 王宝琪．健忘的安培 [J]．发明与创新（小学生），2015 (10)：28.

[157] 陈恩浩．安培趣事三则 [J]．阅读与作文（小学高年级版），2012 (Z2)：17.

[158] 李凌卿．法国物理学家安培 [J]．初中生之友，2009 (12)：61-62.

[159] 华庆富．忘我探索的安培 [J]．中学生数理化（八年级物理）（人教版），2009 (2)：52-53.

[160] 李庆社．物理学家——安培 [J]．中学课程辅导（八年级），2007 (11)：44.

[161] 李庆社. 安培——电学中的牛顿 [J]. 中学生数理化（初中版），2005（9）：45.

[162] 顾立厦. 法国物理学家安培 [J]. 中专物理教学，1997（4）：30.

[163] 宋牧襄. 安培对氯、氟、碘三元素的预见 [J]. 自然杂志，1995（2）：110-114.

[164] 宋德生. 安培和他在科学上的贡献 [J]. 自然杂志，1984（4）：300-304.

[165] 尹学志. 安培——电磁学的创始人之一 [J]. 物理教学，1985（4）：31-32.

[166] 王丽平. 跟随科学家认识"电生磁" [J]. 中学生数理化（初中版·中考版），2020（Z1）：26-27.

[167] 雷素范，周开亿. 阿伏伽德罗 [J]. 光谱实验室，1990（Z1）：9-10.

[168] 陆瑞征. 从阿伏伽德罗假设到阿伏伽德罗常数 [J]. 大学物理，1988（7）：6，30-32.

[169] 佚名. 创立分子学说的阿伏伽德罗 [J]. 天津科技，2004（6）：51-52.

[170] 陆瑞征. 阿伏伽德罗常数的由来——从理论假设到实验测定 [J]. 自然杂志，1987（9）：660，703-706.

[171] 张文根，任忠英. 分子学说的创立过程及科学方法研究 [J]. 商洛师范专科学校学报，2002（3）：81-84.

[172] 刘劲生. 伟大的化学家阿梅狄奥·阿伏伽德罗 [J]. 大自然探索，1983（3）：148-154.

[173] 徐明玲. 分子之父——阿伏伽德罗 [J]. 青苹果，2006（3）：47-49.

[174] 杨旭东. 阿伏伽德罗与阿伏伽德罗常数 [J]. 化学教学，2000（4）：16-17.

[175] 柳福提，张声遥，曾志强. 物理学家奥斯特的重大贡献及其意义——纪念电磁现象发现200周年 [J]. 物理教学，2020，42（10）：67，77-78.

[176] 李瑞祥，邵红能. 盖·吕萨克定律 [J]. 科学24小时，2015（6）：39.

[177] 贺占伟. 中学教师中的物理学家 [J]. 天津教育，1983（2）：46-47.

[178] 王一和. 格奥尔格·西蒙·欧姆 [J]. 中国计量，2004（12）：44.

[179] 仲扣庄. 类比方法与光的本性的探索 [J]. 大学物理，2003（10）：38-41，44.

[180] 方圆. 平凡不掩光华—迈克尔·法拉第 [J]. 科学家，2014（9）：66-71.

[181] 濮江，张玲. 迈克尔·法拉第——揭开化学史新篇章的物理精英 [J]. 化学教育，2010，31（3）：98-100.

[182] 严武. 我是平凡的迈克尔·法拉第 [J]. 初中生世界（初三物理版），2005（3）：6-7.

[183] 丁品森. 从小捣蛋到化学天才 [J]. 教师博览，2013（4）：23-26.

[184] 曾彦飞，柳英，谢黎明. 氯气与人类 [J]. 化学世界，2005（7）：447-448.

[185] 张晓森. 热力学的先驱——萨迪·卡诺 [J]. 物理教师，2015，36（2）：69-70.

[186] 袁运开. 萨迪·卡诺——热力学的奠基者 [J]. 自然杂志，1983（7）：545-549.

[187] 程军. 电流自感现象的发现者——约瑟夫·亨利 [J]. 科技导报，2008（20）：104.

[188] 马立强. 为美国科学大厦奠基——[美] 约瑟夫·亨利（1797~1878年）[J]. 科学大众（中学版），2008（4）：9-11.

[189] 解道华. 约瑟夫·亨利的哲学思想与科学观 [J]. 自然辩证法通讯，1998（6）：43-50.

[190] 解道华. 约瑟夫·亨利——为美国科学大厦奠基的人 [J]. 自然辩证法通讯，1989（5）：42，65-76.

[191] 柳福提，张声遥. 科学巨匠——焦耳 [J]. 物理教学，2018，40（8）：76-78.

[192] 张北春. 酿酒厂里的物理学家——焦耳 [J]. 农村青少年科学探究, 2016 (4): 33.

[193] 刘杰. 勤学好问的焦耳 [J]. 语文世界 (小学生之窗), 2016 (3): 46.

[194] 谢江涛. 焦耳的故事 [J]. 初中生学习 (低), 2014 (4): 4-5.

[195] 李凌卿. 焦耳和焦耳定律 [J]. 初中生之友, 2008 (36): 60-61.

[196] 朱启祥. 英国著名物理学家——焦耳 [J]. 青苹果, 2005 (10): 30-31.

[197] 汪世清. 焦耳对热功当量的测定 [J]. 物理通报, 1958 (10): 586-587, 615.

[198] 杨庆余. 乔治·加布里·斯托克斯: 维多利亚时代的名流 [J]. 自然辩证法通讯, 2016, 38 (3): 149-155.

[199] 许良. 玄姆霍兹: 罕有的全才 [J]. 自然辩证法通讯, 1995 (5): 62-73.

[200] 雷素范, 周开亿. 亥姆霍兹 [J]. 光谱实验室, 1990 (Z1): 168-170.

[201] 罗平. 亥姆霍兹对电动力学发展的重要影响 [J]. 物理, 2000 (9): 565-570, 572.

[202] 张欣. 亥姆霍兹的科学生涯和他对音乐物理学的开创性贡献——纪念亥姆霍兹诞辰170周年 [J]. 物理, 1992 (1): 55-57.

[203] 许良. 亥姆霍兹的科学思想与教育思想 [J]. 科学学研究, 1996 (1): 37, 78-80.

[204] 杨桂珍. 星座灿烂 师生双辉——记德国物理学家亥姆霍兹和赫兹 [J]. 知识就是力量, 1998 (4): 60-61.

[205] 王心芬, 罗平. 杰出的导师亥姆霍兹及其对维恩的影响 [J]. 物理, 2002 (9): 604-608.

[206] 李东升. 亥姆霍兹哲学思想的变迁刍议 [J]. 科学文化评论, 2010, 7 (2): 21-39.

[207] 张晓森. 纪念热学理论的先驱——克劳修斯 [J]. 物理教师, 2015, 36 (1): 68-69.

[208] 陈秉乾, 胡望雨. 克劳修斯传略 [J]. 物理教学, 1993 (4): 28-31.

[209] 雷素范, 周开亿. 克劳修斯 [J]. 光谱实验室, 1990 (Z1): 150.

[210] 胡慧玲. 分子运动论发展简述 [J]. 物理通报, 1956 (9): 521-525.

[211] 阎康年. 热力学第二定律和热寂说的起源与发展 [J]. 物理, 1986 (2): 121-126.

[212] 咏梅, 白欣. 科学家传记在物理学史教学中的作用——以基尔霍夫传记为例 [J]. 内蒙古师范大学学报 (教育科学版), 2014, 27 (3): 134-135, 153.

[213] 曾铁. 19世纪伟大的德国数学物理学者——纪念德国物理学家 G.R.基尔霍夫逝世120周年 [J]. 物理与工程, 2008 (1): 57-61.

[214] 图希尔, 法布力堪, 陆铭深. 基尔霍夫 [J]. 物理通报, 1958 (5): 270-273.

[215] 雷素范, 周开亿. 基尔霍夫 [J]. 光谱实验室, 1990 (Z1): 72-74.

[216] 杨桂珍. 光谱的故事——记基尔霍夫和普朗克 [J]. 知识就是力量, 1998 (7): 58-59.

[217] 程器, 赵焯铨. 卓越的化学家: 本生 [J]. 少儿科技, 2016 (Z1): 25-26.

[218] 程民治, 戴风华. W.汤姆孙: 一位 "寓教于乐" "图理论统一" 的多产物理学家 [J]. 物理与工程, 2009, 19 (1): 46-48, 51.

[219] 田川. 物理课本中的汤姆孙 [J]. 物理教师, 2019, 40 (1): 73-75.

[220] 张铭. 他用 "失败" 概括一生—— [英] 威廉·汤姆孙 (1824~1907年) [J]. 科学大众 (中学版), 2009 (2): 9-11.

[221] 孙绍龙. 威廉·汤姆孙对热力学的贡献 [J]. 现代物理知识, 2000 (S1): 185-187.

[222] 曾广彦. 珍贵的启迪——英国几位杰出物理学家的成就及失误的思考 [J]. 云南师范大学学报 (自然科学版), 1993 (2): 26-30.

[223] 李白薇. 电磁理论之父——麦克斯韦 [J]. 中国科技奖励, 2012 (12): 77-78.

[224] 松鹰. 麦克斯韦: 谱写了"上帝诗篇"的隐士 [J]. 科学启蒙, 2017 (Z2): 58-59.

[225] 董洁林. 伟大的麦克斯韦为什么不著名 [J]. 山东国资, 2019 (7): 107.

[226] 苏湛. 被忽视的巨人——麦克斯韦 [J]. 中国科技史杂志, 2012, 33 (3): 303-313.

[227] 浚达. 继牛顿后最伟大的数学物理学家 [N]. 广东科技报, 2012-09-15.

[228] 李萌. 麦克斯韦——与牛顿比肩的数学家、物理学家 [J]. 知识就是力量, 2012 (7): 76-77.

[229] 为为. "丑小鸭"原是"美天鹅"——英国数学家、物理学家麦克斯韦的故事 [J]. 今日小学生A版, 2007 (Z2): 25-26.

[230] 崔英敏, 关荣华, 吕刚. 电磁理论大厦的缔造者——麦克斯韦 [J]. 现代物理知识, 2005 (5): 64-65.

[231] 金草. 父爱育天才——麦克斯韦和他的父亲 [J]. 科学大众, 2002 (5): 18-19.

[232] 长青, 季潜. 具有深厚数学根底的物理学家——麦克斯韦 [J]. 物理教师, 1998 (1): 31-36.

[233] 赵定涛. 麦克斯韦: 经典物理学的巨匠, 现代物理学的先师 [J]. 自然辩证法通讯, 1993 (1): 67-78.

[234] 施若谷. 麦克斯韦与电磁场理论的建立 [J]. 漳州师范学院学报(自然科学版), 2000 (3): 46-51.

[235] 刘乃汤. 现代物理学的天才人物——麦克斯韦 [J]. 物理通报, 1997 (1): 42-43.

[236] 王霜. 麦克斯韦"位移电流"概念演化历史研究 [D]. 上海: 上海师范大学, 2018.

[237] 杜帆. 麦克斯韦与电磁理论 [J]. 上海: 中华少年, 2018 (1): 295.

[238] 佚名. 麦克斯韦和电磁理论 [J]. 青年科学, 2002 (9): 37.

[239] 邵瑞, 程民治. 划时代的贡献——麦克斯韦的电磁场理论 [J]. 现代物理知识, 2016, 28 (2): 65-68.

[240] 李进梅. 麦克斯韦电磁理论的建立及其影响 [J]. 宿州学院学报, 2007 (4): 48, 95-97.

[241] 郭倩. 麦克斯韦与电波 [J]. 下一代, 2014 (10): 39-40.

[242] 李林, 单长吉. 麦克斯韦的物理世界 [J]. 黑龙江科技信息, 2013 (28): 40, 43.

[243] 周继芳. 麦克斯韦与物理学的发展 [J]. 西昌师范高等专科学校学报, 2002 (2): 98-101.

[244] 房毅, 张先梅, 钟菊花, 等. 物理学教学中的"全人教育"探索——以麦克斯韦方程组为例 [J]. 物理与工程, 2016, 26 (S1): 162-164.

[245] 刘觉平. 麦克斯韦方程组的建立及其作用 [J]. 物理, 2015, 44 (12): 810-818.

[246] 谈有余. 麦克斯韦电磁场理论建立的历史、意义和启示——纪念麦克斯韦逝世110周年 [J]. 成都大学学报(自然科学版), 1989 (3): 58-62.

[247] 丁有瑚. 广义麦克斯韦妖 [J]. 现代物理知识, 1995 (5): 10-11.

[248] 老喻. 爱情里的"麦克斯韦妖" [J]. 意林, 2021 (2): 14.

[249] 李淼. 麦克斯韦妖因何神奇 [J]. 小康, 2018 (28): 82.

[250] 王盼峰. 麦克斯韦妖的困惑 [J]. 科学大观园, 2017 (11): 62-63.

[251] 孙昌璞，全海涛．麦克斯韦妖与信息处理的物理极限 [J]．物理，2013，42（11）：756-768.

[252] 冯端，冯步云．熵与信息——麦克斯韦妖的启示 [J]．现代物理知识，1991（4）：13-14.

[253] 贺天平，乔笑斐．从"麦克斯韦妖"解读宇宙"热寂说" [N]．中国社会科学报，2013-02-25.

[254] 袁振东，邵会聪．卡文迪什实验室的创建及其对化学的重要贡献 [J]．化学教育（中英文），2017，38（14）：76-81.

[255] 石左虎，安德鲁·赞格威尔．卡文迪许实验室的科学研究史 [J]．世界科学，2017（11）：60.

[256] 吴瑞贤．著名的物理学家——麦克斯韦 [J]．物理教学，1985（2）：30-31.

[257] 董光璧．恩斯特·马赫：科学家、科学史家和科学哲学家 [J]．自然辩证法通讯，1982（3）：69-79.

[258] 董光璧．马赫：一位人文主义的科学家 [J]．自然辩证法通讯，1988（4）：1-8.

[259] 李醒民．恩斯特·马赫与原子论 [J]．求索，1989（3）：54-59.

[260] 韩晓虎．对马赫及《力学及其发展的批判历史概论》的评价 [J]．名作欣赏，2016（8）：62-63.

[261] 陈登海．物理学革命的先行者——马赫在《力学及其发展的批判历史概论》中对经典力学的批判 [J]．名作欣赏，2016（8）：56-57.

[262] 王汉权．有趣的"马赫锥" [J]．物理教学，2012，34（9）：49，64.

[263] 杨永超，侯新杰．相对论的先驱——马赫 [J]．现代物理知识，2006（6）：60-62.

[264] 杨兆华．从马赫到爱因斯坦 [J]．泰安师专学报，1997（6）：51-52.

[265] 姚顺增，孙秉文．简论世纪之交的自然科学思维方式与马赫认识方法的合理性 [J]．甘肃理论学刊，1996（6）：22-26.

[266] 高雁军．从奥卡姆、牛顿、马赫到爱因斯坦——简单性原则的探讨 [J]．湖北民族学院学报（自然科学版），1994（2）：47-49.

[267] 董光璧．马赫哲学述评 [J]．自然辩证法通讯，1986（1）：12-20.

[268] 周林东．略论马赫的认识论与近代物理学 [J]．哲学研究，1981（3）：53-59.

[269] 阳兆祥．爱因斯坦和马赫 [J]．哲学研究，1983（2）：54-61.

[270] 董光璧．论爱因斯坦致马赫的信 [J]．自然辩证法通讯，1984（6）：10-19.

[271] 王士平．英国第一位诺贝尔物理学奖获得者——瑞利 [J]．大学物理，2001（2）：42-44.

[272] 姜晓芬．碗碟里走出的物理学家 [J]．初中生必读，2014（Z1）：69-70.

[273] 杨庆余，周荣生．瑞利勋爵对现代声学基础理论的开创性贡献 [J]．徐州师范大学学报（自然科学版），2001（3）：36-39.

[274] 阎梦醒．瑞利和拉姆塞 [J]．教学仪器与实验，1991（5）：41-42.

[275] 萧如珀，杨信男．1906年9月5日：统计力学的奠基者玻尔兹曼悲剧性地离世了 [J]．现代物理知识，2012，24（5）：55-56.

[276] 成素梅，钟海琴．玻耳兹曼：一位深受哲学困扰的物理学家 [J]．自然辩证法通讯，

1999（3）：64-71，74.

[277] 陈敏伯. 科学殉道者玻尔兹曼 [J]. 科学，2003，55（1）：54-56.

[278] 刘学礼. 以身殉信念的玻尔兹曼 [J]. 世界科学，2004（7）：36-35.

[279] 程民治，朱爱国，刘双兵. 玻尔兹曼：近现代物理学转型时期的伟大拓荒者 [J]. 现代物理知识，2010，22（1）：60-63.

[280] 张兰知，赵春巍. 玻尔兹曼科学创造的深远影响与思想渊源 [J]. 物理通报，2006（9）：52-54.

[281] 史皓，士心. 获得第一届诺贝尔奖的物理学家——伦琴 [J]. 科学时代，1998（2）：26.

[282] 杨庆余，周荣生. 威廉·康拉德·伦琴——卓尔不凡的实验物理学大师 [J]. 自然辩证法通讯，2001（6）：68-79.

[283] 王残阳. 伦琴：透视全世界的物理学家 [J]. 课外阅读，2018（17）：28-30.

[284] 潘国宁. 拿到奖金就走人的伦琴 [J]. 杂文选刊，2018（7）：51.

[285] 叶博. 实验是最有力的手段——［德国］伦琴（1845—1923 年）[J]. 科学大众（中学版），2009（Z1）：18-19.

[286] 杜国平. 伦琴与 X 射线 [J]. 集邮博览，2008（4）：67-69.

[287] 卢都友. 从 X 射线的发现看伦琴的人格特质和创新型人才培养 [J]. 大学教育，2014（8）：1-3，6.

[288] 余建刚. 从 X 射线的发现看科学研究的偶然性与必然性——纪念伦琴发现 X 射线 110 周年 [J]. 物理通报，2006（1）：52-55.

[289] 张春兰. 谈伦琴与 X 射线 [J]. 赤峰学院学报（自然科学版），2005（2）：104-105.

[290] 罗颖. 伦琴的发现及其影响 [J]. 中学生数理化（初中版），2003（28）：43.

[291] 宋佰谦. 威廉·康拉德·伦琴——纪念 X 射线发现 100 年 [J]. 自然杂志，1995（6）：345-350.

[292] 刘德英. 临床放射学的发展及现状——纪念伦琴发现 X 线 100 周年 [J]. 北京军区医药，1995（6）：480.

[293] 闵鹏秋. X 线的发现是对人类的巨大贡献——纪念伦琴发现 X 线 100 周年 [J]. 华西医学，1995（S1）：1.

[294] 阎康年. X 射线的发现与现代科学革命——纪念发现 X 射线 100 周年 [J]. 自然辩证法通讯，1995（6）：46-53，80.

[295] 吴恩惠. 当今的影像医学为纪念伟大的物理学家伦琴发现 X 线 100 周年 [J]. 临床医学影像杂志，1995（4）：172-174.

[296] 程民治. 影像诊断先河的开拓者——伦琴 [J]. 现代物理知识，1996（S1）：258-260.

[297] 王较过，季淑莉. 伦琴对热学和电磁学的贡献 [J]. 现代物理知识，1999（1）：42-43.

[298] 孔庆德. 威廉·康拉德·伦琴——人类的光荣和骄傲——纪念伦琴诞生 150 周年发现 X 线 100 周年 [J]. 中华放射学杂志，1995（6）：368-369.

[299] 侯淑莲，李石玉. 伦琴射线及 CT 技术 [J]. 物理通报，2001（7）：36-39.

[300] 刘晓燕. 实验物理学家罗兰对物理学的贡献 [J]. 现代物理知识，2004（3）：63-64.

[301] 程民治. 亨利·罗兰：振兴美国基础物理学研究的"雄鹰" [J]. 宿州学院学报，2009，24（6）：77-80，99.

[302] 王大明. 亨利·奥古斯特·罗兰——美国物理学的继往开来者 [J]. 自然辩证法通讯，2006（4）：93-101，111-112.

[303] 许林玉，伯纳德·卡尔森. 连通世界的遁世天才：奥利弗·亥维赛 [J]. 世界科学，2017（11）：55-56.

[304] 田川. 拨开天空的乌云——纪念将毕生献给光学测量的 A.A. 迈克尔逊 [J]. 物理教师，2019，40（3）：80-82，85.

[305] 厚宇德，赵诗华，王赟，等. 迈克耳孙：科学革命漩涡中的一位常规科学家 [J]. 大学物理，2014，33（6）：28-32，60.

[306] 程民治，陈海波. H·A·洛伦兹：经典电子论先河的开拓者 [J]. 物理通报，2007（1）：48-51.

[307] 宋德生. 洛伦兹：把经典物理学推上最后高度的人 [J]. 自然辩证法通讯，1987（3）：59-69.

[308] 袁磊. 洛伦兹 [J]. 物理教学探讨，2009（12）：59.

[309] 张旭. 经典电子论的创立者——洛伦兹 [J]. 初中生学习（低），2015（10）：20.

[310] 朱岭. 我们时代最伟大、最高尚的人——荷兰物理学家洛伦兹 [J]. 青苹果，2011（2）：45-46.

[311] 杨旭光，杨庆余. 洛伦兹是无可争议的科学领袖吗？——对量子论初期发展的历史观考察 [J]. 物理与工程，2009，19（4）：53-56.

[312] 钮蒸，吴淑花. 洛伦兹理论——相对论产生的前奏 [J]. 石家庄学院学报，2005（6）：45-47，50.

[313] 解玉良. 遨游数理天地的骄子——洛伦兹 [J]. 数理天地（高中版），2004（11）：1-3.

[314] 刘乃汤. 理论物理学宗师——洛伦兹 [J]. 现代物理知识，1998（5）：42-44.

[315] 流源. 站在两个世纪之间的巨人——洛伦兹 [J]. 自然杂志，1988（4）：301-307，318.

[316] 宋德生. 洛伦兹：把经典物理学推上最后高度的人 [J]. 自然辩证法通讯，1987（3）：59-69.

[317] 董孟华. 青年的感叹和洛伦兹的悔恨 [J]. 社会科学，1983（10）：20，54-56.

[318] 侯新杰，王莹. 卡末林·昂内斯：超导物理学的开创者 [J]. 物理教学，2012，34（4）：26，64-65.

[319] 萧如珀，杨信男. 1911 年 4 月：昂内斯开始研究超导性 [J]. 现代物理知识，2009，21（2）：58-59.

[320] 章立源. 低温物理领域的开拓者——卡末林-昂内斯 [J]. 物理通报，2001（10）：43-44.

[321] 刘兵. 低温实验物理学与超导科学的开创者——海伊克·卡末林·昂内斯 [J]. 低温与超导，1987（2）：67-71.

[322] 佚名. 混沌理论（1903 年）尤里斯·亨利·庞加莱（1854~1912 年）[J]. 科学大众（中学版），2009（9）：12.

［323］弥静．亨利·庞加莱和他的数学成就［J］．自然杂志，1985（4）：302-306.

［324］陈明晖．庞加莱在中国［D］．中国科学院研究生院（自然科学史研究所），2006.

［325］庞加莱．所向披靡的"数学怪兽"［J］．数学教学通讯，2012（28）：9.

［326］佚名．庞加莱猜想［J］．教学考试，2018（47）：16.

［327］姜星竹．历史的转折点——J.J.汤姆生［J］．人物，2010（5）：13-16.

［328］童奚．电子的发现者——约瑟夫·约翰·汤姆生［J］．初中生世界（八年级物理），2010（Z3）：47-48.

［329］蒋继建．J.J.汤姆生与电子的发现［J］．雁北师范学院学报，2003（5）：97-99，102.

［330］聂福元，陈冬梅．电子的发现和J.J.汤姆生决定性的工作［J］．物理教师，1999（12）：31-33.

［331］李海，侯峻梅．近代科学史上的一座里程碑——纪念H.赫兹发现电磁波110周年［J］．自然辩证法研究，1997（11）：55-56，72.

［332］杨祖念．一位极富独创性的实验大师——缅怀伟大的物理学家赫兹［J］．四川教育学院学报，1994（4）：66-68.

［333］雷素范，周开亿．赫兹［J］．光谱实验室，1990（Z1）：69-70.

［334］沈建峰．无线电波的发现者——赫兹［J］．上海信息化，2012（5）：79-81.

［335］王一平．卓越的先驱者海恩里希·赫兹——纪念电磁波与光波等同性实验数百周年［J］．西北电讯工程学院学报，1988（1）：1-3.

［336］王自华．赫兹对物理学发展的贡献及在物理学史中的地位［J］．武汉工程职业技术学院学报，2002（2）：30-34.

［337］许良．海因利希·赫兹：杰出的物理学家和敏锐的思想家［J］．自然辩证法通讯，2001（2）：79-87，94.

［338］程民治．物理学家赫兹及其《力学原理》的经典美［J］．物理与工程，2006（4）：53-57.

［339］谢开宪．亨利希·路德福·赫兹与古斯塔夫·鲁德威格·赫兹［J］．物理教师，1988（3）：42-43.

［340］钱长炎．赫兹的电磁学研究时间顺序及其思想转变过程［J］．自然科学史研究，2003（1）：1-25.

［341］郭振华．普朗克与德国物理学的"黑暗岁月"［J］．现代物理知识，1997（6）：34-37.

［342］李萍萍．1800～1930年德国物理学发展的定量分析及其解释［D］．首都师范大学，2002.

［343］王震元．普朗克的悲剧人生（上）［J］．科学24小时，2017（2）：36-39.

［344］王震元．普朗克的悲剧人生（下）［J］．科学24小时，2017（3）：34-36.

［345］佚名．1918年诺贝尔物理学奖——马克斯·普朗克发现能量量子化［J］．医疗装备，2017，30（2）：206.

［346］董理．一个悲情的殉道者：马克思·普朗克［J］．科学家，2014（10）：58-62.

［347］李雪洁，朱翠华．量子理论的伟大奠基者——普朗克［J］．现代物理知识，2009，21（6）：61-63.

［348］方在庆，陈珂珂．普朗克与德国科学的命运——纪念普朗克诞辰150周年［J］．科学文

化评论, 2008, 5 (6): 5-22.

[349] 佚名. 1911 年诺贝尔物理学奖简介 [J]. 物理通报, 2016 (12): 1.

[350] 思柯. "普朗克原理"的新佐证 [J]. 世界科学, 2015 (7): 1.

[351] 刘闯. 普朗克与狭义相对论 [J]. 科学文化评论, 2007 (2): 5-15.

[352] 程杰. 量子物理学之父——马克斯·普朗克 [J]. 数理天地 (高中版), 2005 (1): 1-47.

[353] 刘明. 科学巨匠的人生苦旅: 普朗克其人其事 [J]. 中共浙江省委党校学报, 2002 (2): 71-76.

[354] 秦克诚. 邮票上的物理学史 (34) ——普朗克和能量子 [J]. 大学物理, 2001 (4): 47-49.

[355] 李海, 赵玉生. 量子物理学的基石——纪念普朗克提出量子概念 100 周年 [J]. 物理, 2001 (11): 724-728.

[356] 张晶. 普朗克常数 h 引起的经典物理学自然观的三种改变 [J]. 自然辩证法研究, 2007 (2): 44-46, 83.

[357] 向玉青. 普朗克常数 h 探秘 [J]. 科学教育, 2005 (5): 7-9.

[358] 厚宇德, 张克敏, 左伟. 让世界跳跃的人——马克思·普朗克 [J]. 大学物理, 1998 (3): 33-37.

[359] 郭振华. 普朗克与德国物理学的"黑暗岁月" [J]. 现代物理知识, 1997 (6): 34-37.

[360] 金蓉. 普朗克与量子论 [J]. 物理通报, 1997 (9): 39-41.

[361] 宗占国. 普朗克黑体辐射理论的建立——普朗克常数 h 的发现 [J]. 吉林师范学院学报, 1996 (8): 27-30, 33.

[362] 雷素范, 周开亿. 普朗克 [J]. 光谱实验室, 1990 (Z1): 109-111.

[363] 戈革. 学林古柏——马克斯·普朗克的幸与不幸 [J]. 自然辩证法通讯, 1988 (4): 24, 56-66.

[364] 冯承天. 普朗克和黑体辐射 [J]. 物理教学, 1984 (10): 41-42.

[365] 王晓明. 从普朗克的两次量子假设看科学信念对科学研究的影响 [J]. 华中理工大学学报 (社会科学版), 1993 (2): 65-70.

[366] 佚名. 1915 年诺贝尔物理学奖——威廉·亨利·布拉格与其子威廉·劳伦斯·布拉格在用 X 线对晶体结构分析方面所作的贡献 [J]. 医疗装备, 2017, 30 (6): 206.

[367] 厚宇德. 威廉·亨利·布拉格——令科技与社会互动的重要先驱. 中国测绘学会. 全面建设小康社会: 中国科技工作者的历史责任——中国科协 2003 年学术年会论文集 (下) [C]. 中国测绘学会, 2003: 1.

[368] 王建安. 威廉·亨利·布拉格及其科学贡献 [J]. 自然杂志, 1992 (7): 540-545.

[369] 程民治, 王向贤. 亨利·布拉格父子: 为诺贝尔奖颁奖史刷新了两项记录 [J]. 巢湖学院学报, 2010, 12 (3): 56-62.

[370] 陈卓. 不合脚的破旧皮鞋 [J]. 中学生数理化 (八年级物理) (配合人教社教材), 2013 (12): 1.

[371] 武可. 亨利·布拉格: 穿旧皮鞋的孩子 [J]. 纪实, 2010 (10): 50-51.

[372] 苑红霞. X 射线的发现及其早期研究的历史回顾 [D]. 北京: 首都师范大学, 2003.

[373] 王杰婷. 布拉格家族的荣誉 [J]. 科学家, 2015 (7): 54-57.

[374] 黄汉平. 彼得·塞曼的故事 [J]. 初中生之友, 2011 (36): 63-64.

[375] 董兴文. 好鼓也需要重捶——诺贝尔奖获得者彼德·塞曼的家教 [J]. 家教博览, 1999 (11): 27.

[376] 佚名. 1902 年, 洛仑兹与塞曼 [J]. 物理教学探讨, 2005 (5): 2.

[377] 宋世榕. 彼得·塞曼和塞曼效应 [J]. 物理, 1993 (12): 746-751.

[378] 张春, 杨宁选. 再议塞曼效应的理论解释 [J]. 物理通报, 2017 (8): 22-25.

[379] 曹肇基. X 射线和塞曼效应对电子发现所起的作用 [J]. 青岛大学师范学院学报, 1997 (2): 64-65.

[380] 曾宪明, 卓涛. 塞曼效应及其在物理学发展中的作用 [J]. 枣庄师专学报, 1994 (4): 85-87.

[381] 马梅芳. 横亘在新旧力学之间的电磁世界图景 [D]. 上海: 华东师范大学, 2013.

[382] 玛丽·居里——两次诺贝尔奖获得者 [J]. 医疗装备, 2017, 30 (11): 205.

[383] 佚名. 科学的历程·人物: 居里夫人 [J]. 新湘评论, 2013 (6): 63.

[384] 佚名. 居里夫人: 不为盛名所颠倒的人 [J]. 幸福 (情爱), 2012 (3): 10-11.

[385] 马国祥. 打开"原子核大门"的巨人玛丽·居里——纪念玛丽·居里诞生 135 周年 [J]. 邵阳学院学报, 2002 (6): 26-28.

[386] 雷素范, 周开亿. 玛丽·居里 [J]. 光谱实验室, 1990 (Z1): 23-33.

[387] 赵阳阳, 吴伟. 诺贝尔奖的"专业户"——居里家族的启示 [J]. 物理教师, 2009, 30 (6): 50-51.

[388] 赵秀娥. 解读居里夫人的科学道路 [D]. 南宁: 广西大学, 2006.

[389] 埃克特. 扩展玻尔模型: 索末菲早期原子理论 (1913~1916) [J]. 科学文化评论, 2013, 10 (6): 40-49.

[390] 曹则贤. 百年物理诺奖回顾: 我们的崇敬与误解 [J]. 物理, 2020, 49 (1): 24-27.

[391] 王佳, 尹晓冬. 纪念索末菲扩展玻尔模型 100 周年 [J]. 物理教学, 2016, 38 (10): 72-76.

[392] 戈文. 核子科学之父——欧内斯特·卢瑟福 [J]. 国防科技, 2004 (7): 93-96.

[393] 王艺霖, 周顺. 卢瑟福: 嬗变与质子 [J]. 现代物理知识, 2019, 31 (5): 60-62.

[394] 周荣生. 原子物理学巨擘——卢瑟福 [J]. 彭城职业大学学报, 2000 (3): 94-97, 100.

[395] 尹传红, 王叙. 卢瑟福: 揭开原子内部结构的秘密 [J]. 知识就是力量, 2017 (2): 50-53.

[396] 张三苏. 荣获诺贝尔化学奖的物理学家: 欧内斯特·卢瑟福 [J]. 科学家, 2014 (8): 60-61.

[397] 李白薇. 诺奖大师卢瑟福 [J]. 中国科技奖励, 2011 (10): 76-77.

[398] 佚名. "玩"出水平 学得专心——英国物理学家欧内斯特·卢瑟福的故事 [J]. 学苑创造 (B 版), 2008 (3): 48-49.

[399] 陈正洪. 20 世纪卡文迪什的巅峰: 卢瑟福时期的研究 [D]. 呼和浩特: 内蒙古师范大学, 2005.

[400] 李艺杰，尹晓冬．英国物理学家卢瑟福与他的中国学生 [J]．科技导报，2015，33 (15)：110.

[401] 杜涉．1872 年 1 月 23 日——法国著名物理学家朗之万诞生 [J]．百科知识，2019 (1)：33.

[402] 易惟让．保罗·朗之万的道路 [J]．东北师大学报（自然科学版），1981 (3)：111-118.

[403] 荣正通．钱学森会见海伦·朗之万—约里奥背后的故事 [J]．北京档案，2018 (11)：58-60.

[404] 王较过．朗之万及其对物理学发展的贡献 [J]．咸阳师范学院学报，2002 (6)：40-42.

[405] 邢志忠．朗之万的师生情 [J]．科学世界，2014 (7)：110.

[406] 李艳平，王贞．朗之万在中国 [J]．自然辩证法通讯，2009，31 (3)：72-78，112.

[407] 李本华．物理学家朗之万上课的启示 [J]．师道，2006 (10)：39.

[408] 李本华．朗之万的启示 [J]．教书育人，2011 (28)：14.

[409] 斯楚．路德维格·普朗特 [J]．科技潮，1994 (1)：56-57.

[410] 赵国英．近代流体力学的奠基人——路德维希·普朗特 [J]．力学与实践，1979 (3)：51，73-74.

[411] 高斯寒，保罗·哈尔彭．名人物理学家阿尔伯特·爱因斯坦 [J]．世界科学，2019 (6)：14-19.

[412] 爱因斯坦（美）．狭义与广义相对论浅说 [M]．杨润殷，译．北京：北京大学出版社，2006.

[413] 章丹华．一个真实的爱因斯坦：在务实中坚守 [J]．职业教育（下旬刊），2017 (10)：30-31.

[414] 李娜．凡间天才——爱因斯坦 [J]．科技导报，2016，34 (3)：45-46.

[415] 大树．科学大咖爱因斯坦 [J]．天天爱科学，2016 (6)：28-31.

[416] 施郁．爱因斯坦被拒授过博士学位和副教授职位吗？ [J]．现代物理知识，2016，28 (5)：58-59.

[417] 林革．爱因斯坦的消遣题 [J]．初中生学习指导，2021 (2)：22-23.

[418] 邹敏．爱因斯坦时空观的哲学探索 [D]．武汉：华中科技大学，2008.

[419] 陈晨星．爱因斯坦的最后宣言 [N]．中国科学报，2020-07-16.

[420] 王冠．小爱因斯坦故事多 [J]．发明与创新（小学生），2020 (6)：34-35.

[421] 王冠．爱因斯坦趣事多 [J]．发明与创新（小学生），2018 (1)：27.

[422] 匡天龙．把错误扔进大纸篓——科学家爱因斯坦的趣事 [J]．发明与创新（小学生），2016 (5)：28.

[423] 尼坤．科学与音乐——爱因斯坦与小提琴的不解之情 [J]．琴童，2016 (1)：55-57.

[424] 萧如珀，杨信男．物理学史中的九月——1905 年 9 月：爱因斯坦最著名的公式 [J]．现代物理知识，2007 (5)：65.

[425] 江晓原．爱因斯坦奇迹年 [J]．杂文月刊（文摘版），2015 (2)：51.

[426] 史晓雷．大鹏何以冲九天——1905 年物理奇迹年探源．上海市科学技术史学会 2005 年学术年会论文集 [C]．2005：40-45.

[427] 曾昭权. 2005 国际物理年　呼唤物理学的新突破——纪念 1905 年爱因斯坦划时代论文发表 100 年 [J]. 云南大学学报（自然科学版），2005（5）：364-461.

[428] 杨建邺. 1905 年——爱因斯坦奇迹年 [J]. 少年科学（中法合作版），2005（9）：38-43.

[429] 杨庆余，吕华平. 量子论道路上的孤行者——爱因斯坦与光量子概念 [J]. 自然辩证法通讯，2005（4）：6-11，18-110.

[430] 蒋长荣，刘树勇. 爱因斯坦和光电效应 [J]. 首都师范大学学报（自然科学版），2005（4）：32-37.

[431] 李树春. 爱因斯坦对光辐射理论的重大贡献 [J]. 物理，1990（12）：747-751，760.

[432] 杨庆余. 萨尔茨堡会议——爱因斯坦进入物理学家核心层的开端 [J]. 大学物理，2009，28（1）：44-47.

[433] 沈栖. 纳粹时期的爱因斯坦 [J]. 领导文萃，2015（24）：65-67.

[434] 施郁. 爱因斯坦在 1916：从引力波到量子电磁辐射理论 [J]. 科技导报，2016，34（8）：107-112.

[435] 施郁. 从引力波谈爱因斯坦的幸运 [J]. 自然杂志，2016，38（2）：120-124.

[436] 矩阵星. 爱因斯坦的 1919 年：离婚、再婚与一夜成名 [J]. 东西南北，2020（4）：74-75.

[437] 周德海. 论爱因斯坦的科学家思想 [J]. 安徽电气工程职业技术学院学报，2019，24（4）：1-9.

[438] 杨黎炜. 爱因斯坦缘何 "吐舌头"？[J]. 集邮博览，2019（11）：84-85.

[439] 斯琪. 爱因斯坦著名的 "吐舌照" 由来 [J]. 摄影之友，2018（12）：20-21.

[440] 一鸣. 天才爱因斯坦的怪癖 [J]. 中学生，2017（32）：49-50.

[441] 刘畅. 历史意蕴场与核心素养的落地——以《20 世纪的科学伟人爱因斯坦》为例 [J]. 中学历史教学，2019（9）：36-39.

[442] 刘夕庆，骆玫. 爱因斯坦，人生奇迹的演绎——纪念爱因斯坦创立广义相对论 100 周年 [J]. 知识就是力量，2015（11）：52-55.

[443] 林爽喆. 爱因斯坦的相对论为何无缘诺奖 [J]. 科学大观园，2017（15）：69.

[444] 石无鱼. 真金不怕火炼——广义相对论的验证史 [J]. 大科技（科学之谜），2015（12）：6-9.

[445] 杨振宁. 爱因斯坦：机遇与眼光 [J]. 物理与工程，2005（6）：1-6，21.

[446] 石梦楠. 爱因斯坦的宗教观 [D]. 西安：西北大学，2016.

[447] 林德宏. 广义相对论与理论物理学的发展——纪念广义相对论创立 100 周年 [J]. 自然辩证法研究，2016，32（6）：76-80.

[448] 殷一贤. 光学与相对论：特殊的学科伙伴关系——纪念广义相对论创立 100 周年 [J]. 激光杂志，2016，37（4）：1-6.

[449] 钟双金. 爱因斯坦场方程推导过程的逻辑梳理——纪念广义相对论发表 100 周年 [J]. 物理通报，2014（Z2）：34-36.

[450] 赵峥. 爱因斯坦与广义相对论的诞生（续）——纪念广义相对论发表 100 周年 [J]. 大学物理，2015，34（12）：1-5.

[451] 蔡志东，葛宇宏．关于相对论的体系结构——纪念相对论诞生 110 周年 [J]．物理通报，2015（2）：2-4．

[452] 夏珩光．广义时空相对论的引力方程 [J]．产业与科技论坛，2015，14（3）：33-40．

[453] 沈致远．围绕相对论的争议——纪念广义相对论发表一百周年 [J]．自然杂志，2015，37（2）：129-133．

[454] 萧如珀，杨信男．1月：爱因斯坦追求一个统一的理论 [J]．现代物理知识，2016，28（1）：67-68．

[455] 施郁．爱因斯坦在上海和日本 [J]．科学，2019，71（2）：4，40-45．

[456] 石云．爱因斯坦与玻尔有关量子理论的旷世争论宣告终结 [J]．物理，2016，45（2）：113-115．

[457] 郑庆璋，崔世治．相对论与时空 [M]．太原：山西科学技术出版社，2005．

[458] 汪红翎．爱因斯坦引入宇宙常数的历史评述 [J]．华南理工大学学报（社会科学版），2004（5）：32-35．

[459] 王瑞，陈新亮．对爱因斯坦相对论变革时空观的思考 [J]．商业文化，2013（19）：113-115．

[460] 刘钝，王浩强．爱因斯坦、物理学和人生杨振宁先生访谈录 [J]．科学文化评论，2005（3）：72-89．

[461] 佚名．1914 年诺贝尔物理学奖——马克斯·冯·劳厄发现 X 射线在晶体中的衍射现象 [J]．医疗装备，2016，29（21）：206．

[462] 蔡立英．分子结构：晶体的世纪 [J]．世界科学，2014（3）：4．

[463] 蔡立英．晶莹剔透——庆祝晶体学的诸多成就 [J]．世界科学，2014（3）：5．

[464] 陆学善．二十世纪伟大物理学家马克斯·冯·劳厄 [J]．自然科学史研究，1982（1）：82-96．

[465] 程民治，朱仁义，朱爱国．敏锐的科学思想和崇高的人文精神——纪念劳厄诞辰 130 周年 [J]．物理通报，2009（12）：50-53．

[466] 杨庆余，周荣生．巧妙的构想，大胆的创新——劳厄与 X 射线衍射的实验 [J]．大学物理，2002（4）：34-37，49．

[467] 秦克诚．邮票上得诺贝尔奖的物理学家和工作——X 射线的发现 [J]．现代物理知识，2001（2）：54-56．

[468] 刘建大．物理学家劳厄及对物理学的贡献 [J]．中学物理教学参考，2000（11）：60-61．

[469] 何法信，朱庆存，高平．探索微观世界奥秘的锐利武器——纪念 X 射线发现 100 周年 [J]．化学通报，1995（12）：47-52．

[470] 陆继宗．一箭双雕——记劳厄和他的 X 射线衍射实验 [J]．物理教学，1984（10）：20，39．

[471] 杨庆余．厄任菲斯特——现代物理学精髓的大师 [J]．自然辩证法通讯，2002（2）：78-87，96．

[472] 张三慧．时机·情谊·自信——电子自旋发现的故事 [J]．物理通报，1994（12）：32-36．

[473] Abraham Pais，刘兵．乔治·乌伦贝克与电子自旋的发现 [J]．世界科学，1992（7）：52，57-58．

[474] 王时芬．科学奇才的自画像——读《西奥多·冯·卡门——航空航天时代的科学奇才》[J]．世界文化，2020（11）：26-29．

[475] 王东华．西尔多·冯·卡门的成才复盘 [J]．家长，2000（10）：6-8．

[476] 赵国英，朱保如．乘风扶摇——冯·卡门传略 [J]．自然辩证法通讯，1980（3）：61-70．

[477] 程民治．M·玻恩：一个广为涉猎德才兼备的诺贝尔奖得主 [J]．巢湖学院学报，2011，13（3）：48-53．

[478] 施郁．一流物理学的传承与发展：文化、学派、风格和诺奖 [J]．世界科学，2020（12）：50-52．

[479] 熊伟．M．玻恩：在二十世纪具有特殊地位的物理学家 [J]．自然辩证法通讯，1985（6）：63-74．

[480] 厚宇德．哥廷根物理学派取得丰硕成果的制度保障 [J]．科学与社会，2015，5（4）：12-23．

[481] 厚宇德．《对玻恩及其学派的系列研究》连载⑥——玻恩与爱因斯坦之间的深厚友谊 [J]．大学物理，2016，35（2）：60-64．

[482] 厚宇德，王盼．哥廷根物理学派先驱人物述要 [J]．大学物理，2012，31（12）：30-37，41．

[483] 厚宇德．玻恩如何确定研究课题 [J]．科学文化评论，2017，14（3）：14-26．

[484] 厚宇德．从《晶格动力学理论》的诞生看玻恩与黄昆的合作 [J]．自然科学史研究，2017，36（1）：86-97．

[485] 朱邦芬．一本培养了几代物理学家的经典著作——评《晶格动力学理论》[J]．物理，2006（9）：791-792．

[486] 梁伟，李菡丹，王碧清．黄昆，灰烬中腾飞的物理学巨人 [J]．中华儿女，2018（3）：47．

[487] 熊杏林，湄玉，张方方．以身许国铸核盾——记著名物理学家、"两弹一星"勋章获得者程开甲 [J]．中国科技奖励，2020（10）：34-37．

[488] 厚宇德，张卓，赵诗华．玻恩与玛利亚·戈佩特的师生情谊 [J]．大学物理，2014，33（11）：38-43．

[489] 厚宇德，赵诗华，杜云朋，等．玻恩与原子弹之父奥本海默的关系研究 [J]．大学物理，2014，33（5）：36-41．

[490] 厚宇德．玻恩如何帮助学生——以对杨立铭的关照为例 [J]．物理，2019，48（6）：393-396．

[491] 厚宇德，马青青．《对玻恩及其学派的系列研究》连载⑧——玻恩对弟子杨立铭研究工作的高度评价 [J]．大学物理，2016，35（4）：60-65．

[492] 厚宇德，王盼．玻恩对于中国物理界的贡献 [J]．物理，2012，41（10）：678-684．

[493] 黄祖洽．我的老师——彭桓武 [J]．物理，2015，44（11）：741-745．

[494] 厚宇德．玻恩和沃尔夫合著的《光学原理》一书写作过程 [J]．物理，2013，42（8）：

574-579.

[495] 厚宇德，马国芳．玻恩与玻尔：究竟谁的学派缔造了量子力学？[J]．科学文化评论，
2015，12（4）：65-83．

[496] 孙昌璞．玻恩与量子革命实践 [J]．科学文化评论，2013，10（1）：5-19．

[497] 厚宇德．玻恩对量子力学的实际贡献初探 [J]．大学物理，2008（11）：40-49．

[498] 厚宇德，邢鸿飞．玻恩的性格与命运 [J]．科学文化评论，2013，10（6）：90-100．

[499] 黄淑芬．大度的玻恩 [J]．故事家，2018（17）：40．

[500] 厚宇德．物理学家的大师风范——从玻恩与泡利的关系看玻恩 [J]．物理通报，2010
（1）：78-83．

[501] 厚宇德．玻恩与诺贝尔奖 [J]．大学物理，2011，30（1）：48-55，65．

[502] 沈亚先．七十二岁的获奖者——玻恩 [J]．现代物理知识，1989（5）：30-31．

[503] 林志忠．科学家之间——从《玻恩—爱因斯坦书信集》谈起 [J]．物理，2016，45
（9）：600-601．

[504] 郁里．评 M·玻恩的《物理学中的实在概念》一文 [J]．自然辩证法研究通讯，1963
（1）：26-29．

[505] 陈华孝．几率比因果更根本——玻恩哲学思想述评 [J]．淮北煤师院学报（社会科学
版），1991（3）：42-47．

[506] 石倬英．玻恩哲学思想初探 [J]．河北大学学报（哲学社会科学版），1983（3）：
23-28．

[507] 白欣，翟立鹏．物理化学的奇才、饱受争议的人物：德拜 [J]．自然辩证法通讯，
2013，35（1）：94-101，128．

[508] 陈波，何彪，李幼真，等.20 世纪的物理学巨匠——尼尔斯·玻尔 [J]．大学物理，
2020，39（2）：66-68．

[509] 华辛，王培堃．原子物理学的奠基人——玻尔 [J]．少儿科技，2010（4）：23-24．

[510] 程军．原子理论的创立者——尼尔斯·玻尔 [J]．科技导报，2008（14）：98．

[511] 程民治．尼耳斯·玻尔：开启分子生物学研究的先驱者 [J]．黄山学院学报，2008
（3）：22-26．

[512] 吕雪萱．玻尔和量子力学 [J]．飞碟探索，2018（6）：50-52．

[513] 刘晓瑞．简述玻尔理论的发展过程 [J]．科技风，2017（18）：268．

[514] 厚宇德．老话重提：为什么说玻尔与量子力学的建立无关？[J]．科学文化评论，2019，
16（3）：71-100．

[515] 林则东．玻尔的研究思想 [J]．物理通报，2017（S2）：121-122．

[516] 李建华，李万歆．氢原子模型的假设者——玻尔 [J]．读与写（教育教学刊），2017，
14（8）：4，35-36．

[517] 涂兴佩．精神领袖玻尔 [J]．中国科技奖励，2015（11）：77-79．

[518] 张天蓉．走近量子纠缠系列之二：玻尔和爱因斯坦之争 [J]．物理，2014，43（6）：
414-416．

[519] 维尔海姆·玻尔．尼尔斯·玻尔：物理学背后的人生 [J]．中国科技奖励，2013
（11）：74-77．

[520] 厚宇德. 哥廷根物理学派及其成功要素研究 [J]. 自然辩证法研究, 2011, 27 (11): 98-104.

[521] 黄国清. 杰出的哥本哈根学派领袖——玻尔 [J]. 物理教师, 2008, 29 (5): 41-42.

[522] 绿水清. 物理学圣地——完美诠释哥本哈根精神 [J]. 航空港, 2009 (4): 38.

[523] 吕增建. 玻尔与哥本哈根精神 [J]. 科技导报, 2009, 27 (5): 106.

[524] 朱崇开. 玻尔研究所简介 [J]. 科学文化评论, 2007 (5): 2, 121-129.

[525] 于晓东. 尼尔斯·玻尔对近代物理学的贡献 [J]. 赤峰学院学报 (自然科学版), 2007 (5): 9-10.

[526] 陈秀刚. 在物理和化学之间的尼尔斯·玻尔 (上) [J]. 世界科学, 2013 (6): 57-59.

[527] 陈秀刚. 在物理和化学之间的尼尔斯·玻尔 (下) [J]. 世界科学, 2013 (7): 61-63.

[528] 杨昌权. 对应原理与玻尔理论 [J]. 黄冈师范学院学报, 2010, 30 (6): 73-74, 78.

[529] 黎琪. 论玻尔互补性原理 [J]. 毕节学院学报, 2010, 28 (4): 83-86.

[530] 方在庆. 一个半经典模型是如何成为经典的——纪念玻尔原子模型诞生 100 年 [J]. 科学, 2013, 65 (3): 4, 47-51.

[531] 佚名. 1922年诺贝尔物理学奖——尼尔斯·亨利克·戴维·玻尔因对原子结构理论的贡献 [J]. 医疗装备, 2017, 30 (8): 206.

[532] 范岱年. 尼耳斯·玻尔与中国 [N]. 中华读书报, 2012-10-24.

[533] 翁士达. 沙普利——伟大的天文学家和世界公民 [J]. 自然辩证法通讯, 1985 (5): 61-70.

[534] 萧如珀, 杨信男. 物理学史中的四月——1920 年 4 月 26 日: 沙普利和柯蒂斯的辩论 [J]. 现代物理知识, 2010, 22 (2): 69.

[535] 刘宇星. 探索银河系结构的艰苦历程 [J]. 天文爱好者, 2008 (1): 34-37.

[536] 赵世英. 观测宇宙学的开创者——美国著名的天文学家哈勃 [J]. 当代矿工, 1996 (8): 40-41.

[537] 尹传红, 王叙. 薛定谔: 量子王国的 "立法" 者 [J]. 知识就是力量, 2017 (7): 50-53.

[538] 吴保来. 一只特立独行的猫——薛定谔之猫 [N]. 学习时报, 2013-04-01.

[539] 陈冰, 刘绮黎. 薛定谔的猫, 既死又生? [J]. 新民周刊, 2021 (2): 12-13.

[540] 冷楠楠.《爱因斯坦的骰子和薛定谔的猫》(节选) 翻译报告 [D]. 济南: 山东师范大学, 2017.

[541] 王瑶楠.《爱因斯坦的骰子和薛定谔的猫》(节选) 翻译报告 [D]. 济南: 山东师范大学, 2017.

[542] 史建新, 陶平. "薛定谔猫佯谬" 与量子力学新进展 [J]. 科技信息, 2010 (36): 122, 124.

[543] 李宏芳. "薛定谔猫佯谬" 的哲学研究 [J]. 科学技术与辩证法, 2005 (2): 35-38.

[544] 佚名. 1930年获诺贝尔物理学奖——钱德拉塞卡拉·文卡塔·拉曼对光散射的研究以及发现拉曼效应 [J]. 医疗装备, 2017, 30 (13): 2.

[545] 英杰. 萨拉马尼安·钱德拉塞卡 [J]. 初中生世界 (八年级物理), 2013 (Z2): 78-80.

[546] 王淼，奚维德．天才拉曼的故事 [J]．少儿科技，2019（10）：15-16.

[547] 杨宝安．触动我心灵的物理学家——拉曼 [J]．现代物理知识，2012，24（5）：63.

[548] 萧如珀，杨信男．物理学史中的二月——1928 年 2 月：发现拉曼散射 [J]．现代物理知识，2011，23（1）：58-59.

[549] 林祯祺，张逢，胡化凯．量子统计学的先驱——玻色 [J]．自然辩证法通讯，2006（6）：86-92，110.

[550] 王大明．印度物理学家萨哈 [J]．自然辩证法通讯，1992（2）：68-79.

[551] 章叶．年少有为的 X 射线研究者 [J]．科学启蒙，2020（11）：30-31.

[552] 王志，尹晓冬，李欣欣．作为卡文迪什实验室主任的劳伦斯·布拉格 [J]．首都师范大学学报（自然科学版），2011，32（5）：11-16.

[553] 尹晓冬，何思维．劳伦斯·布拉格在曼彻斯特的三位中国学生——郑建宣、陆学善、余瑞璜 [J]．大学物理，2015，34（11）：38-46.

[554] 萧如珀，杨信男．1932 年 2 月：查德威克关于中子的研究投稿到《自然》期刊 [J]．现代物理知识，2018，30（1）：63-64.

[555] 佚名．1935 年诺贝尔物理学奖——詹姆斯·查德威克因发现中子 [J]．医疗装备，2017，30（16）：206.

[556] 童奚．中子发现者——查德威克 [J]．初中生世界（九年级物理），2011（Z3）：45，48.

[557] 张昌芳．机遇只偏爱有准备的头脑——诺贝尔奖得主查德威克 [J]．大学物理，2001（6）：42-45.

[558] 肖伯钧．对中子发现过程的回顾与思考 [J]．四川师范大学学报（自然科学版），1994（4）：86-89.

[559] 张明芸，于文华．中子的发现给我们的启示 [J]．物理实验，1989（4）：189-190.

[560] 佚名．1929 年诺贝尔物理学奖——路易·维克多·德布罗意因发现电子的波动性 [J]．医疗装备，2017，30（12）：206.

[561] 童奚．"贵族"物理学家路易·维克多·德布罗意 [J]．初中生世界（九年级物理），2011（Z2）：48.

[562] 唐润田．"康普顿效应"的发现者——康普顿 [J]．青苹果，2011（Z1）：87-88.

[563] 王大明，曹忠胜．科学帅才 K. T. 康普顿 [J]．物理，2004（2）：142-145.

[564] 朱鸿．史上著名的物理实验——康普顿效应的发现 [J]．物理之友，2015，31（9）：48.

[565] 郭雷．康普顿效应：锲而不舍的发现 [J]．第二课堂（高中版），2002（Z1）：14.

[566] 张世祥．也谈进一步认识康普顿效应 [J]．物理教学探讨，2017，35（9）：36-37，39.

[567] 杨桂珍．中国现代物理学先驱——吴有训 [J]．知识就是力量，2000（11）：34.

[568] 赵佳苓．另一个康普顿：科学事业的杰出管理者 [J]．科学学研究，1988（3）：96-105.

[569] 焦世骥．光电效应与康普顿效应的经典力学模型解释 [J]．中国校外教育，2015（33）：123.

[570] 王海军.关于"光电效应"与"康普顿效应"的对比浅析[J].数理化解题研究（高中版），2014（12）：44-45.

[571] 窦双双.康普顿"理工结合"教育理念及实践研究[D].长春：东北师范大学，2014.

[572] 李宗伟.超新星——宇宙天国中壮观的景象[J].百科知识，1994（3）：45-47.

[573] 陈厚尊.探寻宇宙的黑暗面——浅论暗物质和暗能量（上）[J].飞碟探索，2017（9）：62-65.

[574] 李竞."暗物质"和"暗能量"——决定大宇宙结构和宇宙最终命运的两个科学名词[J].中国科技术语，2013，15（4）：59-62.

[575] 陈难先，Wiuiam H.Cropper.喜欢评论的大师泡利[J].物理，2019，48（9）：605-609.

[576] 馒头.上帝的鞭子——泡利[J].发明与创新（小学生），2014（5）：27.

[577] 唐福元.沃尔夫冈·泡利——理论物理学界的良知[J].物理与工程，2005（1）：56-60.

[578] 罗修湛.尖刻、挑剔的科学家——沃尔夫冈·泡利[J].物理教学探讨，2009（11）：54.

[579] 陈清源.手笨却爱挑刺的大物理学家[J].大科技（科学之谜），2009（9）：28-29.

[580] 杨发文.泡利：物理学的良心[J].物理教师，2003（8）：48-50.

[581] 何伯珩.泡利——一位具有传奇色彩的物理学家[J].现代物理知识，1995（4）：38-41.

[582] 长弓.泡利和不相容原理——纪念物理学家泡利诞辰90周年[J].物理教师，1990（4）：44-45.

[583] 刘乃汤.杰出的理论物理学家——泡利[J].物理教学，1985（5）：23，28.

[584] 戈革.W.泡利——和量子概念同年降生的人[J].自然辩证法通讯，1982（1）：62-72.

[585] W.Heisenberg，周昌忠.沃尔夫冈·泡利的哲学观[J].世界科学译刊，1980（6）：49-51.

[586] Devon.泡利效应[J].读者（原创版），2005（6）：20.

[587] 结夏.泡利的另一面[J].科学家，2015（1）：48-49.

[588] 杨建邺.泡利和电子自旋[J].现代物理知识，1989（3）：20-23.

[589] 肖飞.中微子与泡利[J].湖北第二师范学院学报，2008（2）：15-18.

[590] 佚名.艾米·诺特——数学界的雅典娜[J].语数外学习（高中版下旬），2017（8）：66-68.

[591] 肖太陶.吴健雄与物理学史上的三个判决性实验[J].自然辩证法研究，2006（5）：18-22，94.

[592] 卢昌海.让泡利敬重的三个半物理学家[J].现代物理知识，2012，24（4）：25，46-48.

[593] 张佳静.费米的物理"教皇"之路[J].百科知识，2014（12）：13-16.

[594] 松鹰.奔跑的"疯子"——费米[J].发明与创新（小学生），2014（2）：28.

[595] 杨振宁.他永远脚踏实地——纪念费米诞辰100周年[J].科学，2013，65（4）：53-55.

[596] 袁孝金.纪念物理学家恩里科·费米诞辰110周年[J].物理教学，2011，33（11）：

61-63，65.

[597] 严虎，王新民 . 原子能时代的奠基者——费米 [J]. 少儿科技，2010（12）：25-26.

[598] 科为 . 用学习忘却悲痛——意大利原子物理学家恩里科·费米的故事 [J]. 今日小学生 A 版，2007（3）：14-16.

[599] 宋斌 . 原子时代的开启者——费米 [J]. 青苹果，2006（7）：46-47.

[600] 郭世琮 . 费米：原子时代的开创者 [J]. 科学世界，2002（3）：64-67.

[601] 顾江鸿，段道伟 . 费米问题新进展及其启示 [J]. 物理教学，2019，41（8）：73-76.

[602] 艾米米 . 费米：假装是司机 [J]. 发明与创新（小学生），2019（12）：32.

[603] 白帆 . 费米的教育及研究风格对物理教师的启示 [J]. 物理之友，2018，34（8）：18-19，22.

[604] 侯儒成 . 美国费米国家实验室 [J]. 科学，2006（1）：53-57.

[605] 陈厚尊 . 从德雷克方程看费米悖论 [J]. 飞碟探索，2018（6）：54-57.

[606] 陈厚尊 . 费米悖论——智慧文明的终极诅咒 [J]. 飞碟探索，2016（5）：9-11.

[607] 鲍福黎 . 宇宙文明的命运——破解费米悖论 [J]. 大科技（科学之谜），2014（10）：6-13.

[608] 小时 . 生命，充满了不确定性：沃纳·卡尔·海森堡 [J]. 科学家，2014（10）：54-57.

[609] 刘小飞 . 海森堡科学哲学思想探析 [D]. 长沙：湘潭大学，2016.

[610] 程民治，陈海波 . 海森堡：以美为媒的诺贝尔奖荣膺者 [J]. 淮南师范学院学报，2013，15（5）：91-96.

[611] 陈留庚 . 量子力学的奠基人——海森堡 [J]. 初中生世界（初三物理版），2010（Z2）：47-48.

[612] 冯丽妃 . 海森伯：浮士德式的物理学家 [N]. 中国科学报，2019-02-22.

[613] 方在庆 . 海森伯的"哥本哈根之行"研究 . 中国测绘学会 . 全面建设小康社会：中国科技工作者的历史责任——中国科协 2003 年学术年会论文集（下）[C]. 中国测绘学会：中国测绘学会，2003：1.

[614] 临川之笔 . 海森堡与玻尔的历史公案：纳粹德国为何没能造出原子弹 [J]. 文史参考，2011（8）：63-65.

[615] 肖明 . 海森伯、戈德斯密特和德国原子弹 [J]. 世界科学，1995（4）：40-44.

[616] 涂兴佩 . 狄拉克：沉默是金 [J]. 科学中国人，2019（2）：59-61.

[617] 程民治，许雪艳，朱爱国 . 狄拉克"以美求真"的卓越人生与遗憾 [J]. 淮南师范学院学报，2011，13（1）：47-51.

[618] 王长荣，桂金莲 . 狄拉克与相对论量子力学 [J]. 物理与工程，2007（6）：14-18.

[619] 克劳 . 狄拉克的数学美原理 [J]. 科学文化评论，2007（6）：31-51.

[620] 杨庆余 . 卓越心智和强烈信念的独特结合——纪念狄拉克诞辰 100 周年 [J]. 大学物理，2002（8）：12-17，21.

[621] 于含云，谢星海 . 狄拉克（Dirac）与当代物理学 [J]. 聊城师院学报（自然科学版），1994（4）：53-60.

[622] 刘征 . 狄拉克的科学方法论革命及其哲学意义 [D]. 太原：山西大学，2019.

[623] 陈豫 . 狄拉克科学美学思想研究 [D]. 长沙：湘潭大学，2014.

[624] 李让，贤见．狄拉克谈理论物理研究方法 [J]．现代物理知识，1994（4）：42-45.

[625] 俞勇敏．费米—狄拉克统计的诞生 [J]．大自然探索，1988（1）：170-174.

[626] 蒋元方，L. K. Pandit. 狄拉克及其成就 [J]．物理教学，1986（12）：4，29-30.

[627] 曹南燕．狄拉克：革新人类自然图像的一代宗师 [J]．自然辩证法通讯，1982（6）：66-75.

[628] 赵旭．关于维格纳对称性思想的研究 [D]．太原：山西大学，2018.

[629] 成素梅，闫宁．维格纳：徜徉在亚原子世界的哲人物理学家 [J]．洛阳师范学院学报，2008（3）：24-28.

[630] 程民治．核科学家维格纳 [J]．现代物理知识，2001（3）：52-54.

[631] 李香莲．尤金·保罗·维格纳——现代物理学领域一位杰出的人物 [J]．世界科学，1996（5）：44-45.

[632] 尹传红，骆玫．西拉德：原子时代的先知先觉者 [J]．知识就是力量，2015（8）：54-57.

[633] 王顺义．具有社会责任感的核物理学家西拉德 [J]．国防科技，2002（7）：90-92.

[634] 王德禄．核和平之父——里奥·西拉德 [J]．自然辩证法通讯，1988（1）：45-57.

[635] 刘瑞挺．卓越的科学家：冯·诺依曼 [J]．计算机教育，2004（5）：54-56.

[636] 朱水林．创新的现代数学家——冯·诺依曼 [J]．世界科学，1981（10）：57-58.

[637] 陈红．解读谜一样的奥本海默 [J]．书城，2019（5）：78-83.

[638] 弗里曼·戴森，陈难先．奥本海默——天才的灵魂深处 [J]．物理，2017，46（1）：46-48.

[639] 王曙跃．奥本海默安全听证会研究 [D]．西安：陕西师范大学，2013.

[640] 伟志强．罗伯特·奥本海默留给世界的遗产 [J]．现代班组，2013（3）：52.

[641] 张冬梅．奥本海默：美国的普罗米修斯——评《美国的普罗米修斯：奥本海默的成功与悲剧》[J]．现代语文（学术综合版），2012（7）：77-79.

[642] 邵柯，奚维德．"原子弹之父"奥本海默 [J]．少儿科技，2006（4）：25-26.

[643] 黄汉平．奥本海默的成功之路 [J]．初中生之友，2005（Z6）：86-88.

[644] 张菽，敬卿．原子弹之父——奥本海默 [J]．国防科技，2001，22（8）：96.

[645] 张晓丹．奥本海默生平及其科学思想 [J]．科学技术与辩证法，1993（1）：56-61.

[646] 杨庆余．乔治·伽莫夫——成就卓越、勇于创新的科学大师 [J]．物理，2002（5）：327-332.

[647] 程民治，柳传长．G. 伽莫夫：赐予人类科学新思想和推崇文理交融的大师 [J]．物理与工程，2007（6）：55-59.

[648] 王树军．乔治·伽莫夫：给人类带来新思想的人 [J]．自然辩证法通讯，1989（1）：65-74，80.

[649] 童富玉．伽莫夫和《物理世界奇遇记》的价值分析 [J]．名作欣赏，2017（11）：99-100.

[650] 刘明．史传合璧的佳作——简评伽莫夫的《物理学发展史》[J]．读书，1984（8）：35-38.

[651] 王洪见，白欣，刘树勇．安德森与正电子的发现 [J]．首都师范大学学报（自然科学

版），2013，34（1）：13-18.

[652] 薛凤家．安德森和正电子［J］．物理与工程，2006（1）：50-52，61.

[653] 施宝华．诺贝尔奖的遗憾——献给杰出物理学家赵忠尧［J］．科学，1998，50（6）：2，3-7.

[654] 方黑虎．赵忠尧的诺贝尔奖遗憾［J］．北京档案，2017（4）：58-59.

[655] 李炳安，杨振宁，继尧，等，电子对产生和湮灭［J］．现代物理知识，1998（6）：29-33.

[656] 吕增建．约里奥·居里夫妇与诺贝尔奖3次擦肩而过［J］．科技导报，2008，26（24）：104.

[657] 尹晓冬，王新颜，刘战存，等．布洛赫对核磁共振的早期研究［J］．大学物理，2019，38（2）：37-44.

[658] 林木欣．布洛赫的科学道路及其贡献［J］．大学物理，1987（7）：41-44.

[659] 王媛媛．让·佩兰在19-20世纪之交对物理学发展的重要贡献［D］．北京：首都师范大学，2005.

[660] 马之恒．让·巴蒂斯特·佩兰与第一座科学中心的诞生［J］．自然科学博物馆研究，2017，2（3）：78-86.

[661] 刘志军．核磁共振研究的历史［J］．广西民族大学学报（自然科学版），2011，17（2）：25-28.

[662] 王仕农，胡天亮．原子物理学家——玛利亚·戈奥伯特·梅耶［J］．物理教学，1984（1）：39-41.

[663] 结夏．荒野的开拓者：汤川秀树［J］．科学家，2014（9）：62-65.

[664] 戴吾三．汤川秀树与中国文化［J］．自然与科技，2014（4）：48-51.

[665] 王敏，代钦．汤川秀树创造性思维理论的教育思想［J］．内蒙古师范大学学报（教育科学版），2012，25（7）：19-21.

[666] 王海军．汤川秀树对老庄思想的现代诠释［J］．中国道教，2007（1）：32-34.

[667] 程民治．汤川秀树——东方顶尖的物理学大师［J］．物理与工程，2004（2）：46-49.

[668] 杨发文．汤川秀树与π介子理论的提出［J］．物理通报，2002（7）：41-44.

[669] 阎成凯．介子理论的创立者——汤川秀树［J］．张家口师专学报（自然科学版），1996（5）：28.

[670] 曾广彦．日本第一位获得诺贝尔奖的物理学家——汤川秀树的个性及成就［J］．云南师范大学学报（自然科学版），1992（1）：101-105.

[671] 周林东．汤川秀树——东西方文化的伟大产儿［J］．自然辩证法通讯，1988（2）：44，61-71.

[672] 奇云．"氢弹之父"爱德华·特勒［J］．现代物理知识，2004（3）：60-62.

[673] 彭岳．泰勒和氢弹研究［J］．自然杂志，1986（12）：17，33-39.

[674] 奇云．美国"氢弹之父"的传奇人生［J］．中学生数理化（八年级物理）（配合人教社教材），2011（Z2）：70.

[675] 海生．氢弹之父的另类和平观［J］．大科技（科学之谜），2011（3）：28-30.

[676] 张华祝．毁誉参半的偏执传奇——氢弹之父爱德华·特勒［J］．国外科技动态，2003

（10）：23-25.

[677] 曾晓. 我接收你作为我的研究生 [J]. 少儿科技, 2013 (2)：9.

[678] 曾晓萱. 两位"火神"——奥本海默与特勒 [J]. 清华大学学报（哲学社会科学版），1990 (1)：96-106.

[679] 红方块. 有个性的物理学家——朗道 [J]. 发明与创新（小学生），2019 (1)：27-28.

[680] 加五. 列夫·朗道：全能天才与傲骄狂人 [J]. 科学家, 2015 (4)：52-55.

[681] 江航. 列夫·丹维多维奇·朗道院士 [J]. 物理通报, 1958 (7)：396-397.

[682] 黄纪华. 一个多经奇事的人——著名物理学家朗道传略 [J]. 自然杂志, 1986 (4)：63-69, 82.

[683] 邢志忠. 朗道排名与朗道势垒 [J]. 科学世界, 2014 (8)：110.

[684] 程民治, 朱仁义. 朗道辉煌坦荡而坎坷不幸的一生——纪念朗道诞辰 100 周年、逝世 40 周年 [J]. 物理与工程, 2008 (5)：51-54, 58.

[685] 王洪鹏. 漫话朗道——全能物理学家朗道的传奇一生 [J]. 现代物理知识, 2005 (5)：60-63.

[686] 解道华. 朗道与卡皮查 [J]. 自然辩证法通讯, 2005 (5)：73-78, 101-111.

[687] 罗世全. 伟大的科学家、教育家——朗道 [J]. 现代物理知识, 1997 (1)：44-46.

[688] 徐载通. 朗道及其在凝聚态理论方面的卓越贡献 [J]. 真空与低温, 1991 (3)：50-56.

[689] 刘兵. 奇特的经历与杰出的成就——苏联物理学家卡皮查 [J]. 自然辩证法通讯, 1990 (3)：59-69.

[690] 周开亿. 鳄鱼的性格, 水晶的心——邮票上的物理学家卡皮察 [J]. 光谱实验室, 2007 (1)：179-181.

[691] 徐载通. 栗弗席兹 [J]. 现代物理知识, 1994 (S1)：189-191.

[692] 弗·杨诺赫, 张保成. 朗道的生活和工作 [J]. 自然辩证法通讯, 1979 (4)：78-89.

[693] 侯新杰, 王瑞. 约翰·巴丁的两次诺贝尔物理学奖 [J]. 中学物理, 2008, 26 (11)：63-64.

[694] 赵继军. 两次诺贝尔物理学奖获得者——约翰·巴丁 [D]. 北京：首都师范大学, 2007.

[695] 李文清. 物理学家——约翰·巴丁 [J]. 世界科学, 1995 (6)：42.

[696] 卢森锴, 赵诗华. 著名物理学家约翰·巴丁及其两次中国之行 [J]. 大学物理, 2008 (9)：37-42.

[697] 解笑棠. 心胸狭窄的科学天才 [J]. 大科技（百科新说），2013 (10)：60-61.

[698] 袁传宽. 信息化社会的推手——"晶体管之父"肖克利 [J]. 人物, 2009 (3)：58-64.

[699] 卞毓麟. 苏布拉马尼扬·钱德拉塞卡 [J]. 天文爱好者, 1996 (2)：8-10.

[700] 陈海鹏, 陆建隆. 美在科学创造中"孤独"绽放——纪念钱德拉塞卡诞辰 100 周年 [J]. 物理通报, 2010 (10)：88-91.

[701] 张煌, 朱亚宗. 萨婆罗门扬·钱德拉塞卡——与美偕行的科学巨匠 [J]. 自然辩证法通讯, 2008 (2)：89-95, 112.

[702] 华辛，王新民．爱丁顿：追逐日全食，检验相对论 [J]．少儿科技，2019 (9)：15-16.

[703] 程民治，朱爱国，王向贤．A.S. 爱丁顿：卓著的天文学家和理论物理学家 [J]．物理与工程，2011，21 (3)：26-30.

[704] 肖明．爱丁顿、钱德拉塞卡关于白矮星的争论及其启示 [J]．大学物理，2004 (8)：48-53.

[705] 程求胜，俞成．卓越的天体物理学家——爱丁顿 [J]．现代物理知识，1996 (S1)：264-266.

[706] 沈栖．钱德拉塞卡成功的启迪 [J]．人才开发，1999 (10)：30-31.

[707] 王洪见，白欣，李琰．物理学家费曼 [J]．首都师范大学学报（自然科学版），2020，41 (3)：84-87.

[708] 陈翠珍．特立独行的费曼 [J]．课堂内外（作文独唱团），2020 (12)：53.

[709] 七色光．小时候父亲这样教我——物理学家费曼的成长故事 [J]．家长，2009 (Z2)：35-36.

[710] 李亚龙．科学奇才：费曼——纪念费曼逝世 20 周年 [J]．物理通报，2008 (1)：50-52.

[711] 姬扬．真实的费曼，永远的费曼 [N]．上海科技报，2020-07-17.

[712] 李池．浅议物理大师费曼的研究风格与教育情怀 [J]．教育现代化，2019，6 (38)：201-202.

[713] 施郁．永远的少年：诞辰百年，逝世卅年，费曼的影响为何长盛不衰 [J]．科学，2018，70 (6)：1-10，69.

[714] 邓若虚．费曼：最好玩的科学家 [J]．中学生，2017 (5)：38，39.

[715] 加五．费曼，史上最不正经的天才 [J]．科学家，2015 (2)：52-55.

[716] 丁晓洁．费曼：文艺至死的理科男 [J]．意林，2015 (11)：14.

[717] 姬扬．纪念费曼 [J]．物理，2018，47 (10)：637-639.

[718] 李淼．全能物理学家费曼 [J]．小康，2018 (16)：82.

[719] 郁里克．约翰·惠勒：见证物理学的"双面神" [J]．大科技（科学之谜），2009 (4)：27-29.

[720] 郝刘祥．费曼路径积分思想的发展 [J]．自然辩证法通讯，1998 (3)：46-54.

[721] 杨振宁，何祚麻．李政道杨振宁获诺贝尔奖的相关情况 [J]．科学文化评论，2020，17 (4)：99-103.

[722] 厚宇德，王鑫．杨振宁论中国传统文化及其对他的影响 [J]．自然辩证法通讯，2020，42 (8)：107-113.

[723] 曹则贤．百年物理诺奖回顾：我们的崇敬与误解 [J]．物理，2020，49 (1)：24-27.

[724] 黄庆桥，李芳薇．杨振宁与 20 世纪物理学——基于《20 世纪物理学》的实证研究 [J]．自然辩证法研究，2019，35 (11)：123-128.

[725] 冯守樟．"物理学术巨匠"杨振宁 [J]．科幻画报，2018 (7)：18-21.

[726] 朱邦芬．杨振宁，盛名之下的物理学大师 [J]．科学大观园，2018 (Z1)：14，15-17.

[727] 朱邦芬．回归后杨振宁先生所做的五项贡献 [J]．物理，2017，46 (9)：573-581.

[728] 梁慕宇．杨振宁研究中国现代物理学史的动力和态度 [J]．新西部（理论版），2016 (20)：93-94.

[729] 陆埈. 杨振宁获得的奖项 [J]. 现代物理知识, 2014, 26 (3): 68.

[730] 施郁. 物理学之美: 杨振宁的 13 项重要科学贡献 [J]. 物理, 2014, 43 (1): 57-62.

[731] 孙宇轩. 杨振宁对中国科技发展的建议 [J]. 科技传播, 2013, 5 (1): 11.

[732] 曹可凡. 李政道与杨振宁: 不守恒的友情 [J]. 晚报文萃, 2012 (18): 21-22.

[733] 张建祥. 物理学家李政道的科学人生 [J]. 兰台世界, 2012 (34): 134-135.

[734] 杨建邺. 杨—米尔斯规范场理论的创立 [J]. 现代物理知识, 2012, 24 (3): 27-30.

[735] 吴晓薇, 郭子政. 杨振宁与杨—米尔斯场理论 [J]. 物理教师, 2001 (3): 35-36.

[736] 岳胜, 李华. 杨—米尔斯理论的意义 [J]. 实验教学与仪器, 1995 (3): 3-5.

[737] 潘国驹. 我眼中的诺奖得主丁肇中 [N]. 中国科学报, 2016-11-18.

[738] 魏凤文. 探索暗物质——"科学沙皇"丁肇中 [J]. 物理教师, 2016, 37 (9): 69-72.

[739] 王刚成. 杨—巴克斯特方程在量子计算中的应用研究 [D]. 长春: 东北师范大学, 2013.

[740] 孙春芳. 杨—巴克斯特方程在拓扑物理中的应用 [D]. 长春: 东北师范大学, 2011.

[741] 张美曼. 从麦克斯韦到杨振宁——规范场发展史简论 [J]. 自然杂志, 1989 (5): 346-351, 372.

[742] 李政道. 吴健雄和宇称不守恒实验 [J]. 实验室研究与探索, 2016, 35 (6): 1-3.

[743] 李政道. 吴健雄和宇称不守恒实验 (续) [J]. 实验室研究与探索, 2016, 35 (7): 1-5.

[744] 谢芳. 爱国志士邓稼先 [J]. 小读者之友, 2020 (7): 2.

[745] 晏苏, 许进. 邓稼先的生命价值 [J]. 百年潮, 2020 (5): 95.

[746] 徐英德, 徐源生. 两弹元勋——邓稼先 [J]. 初中生学习指导, 2020 (1): 2、65.

[747] 金宝山. 邓稼先与杨振宁: 跨越半个世纪的友情 [J]. 人民周刊, 2019 (22): 72-73.

[748] 阿兰·莱特曼, 晨飞. 薇拉·鲁宾访谈录 (上) [J]. 飞碟探索, 2017 (4): 44-49.

[749] 阿兰·莱特曼, 晨飞. 薇拉·鲁宾访谈录 (下) [J]. 飞碟探索, 2017 (5): 50-53.

[750] 汤双. 暗物质与薇拉·鲁宾 [J]. 读书, 2012 (11): 104-109.

[751] 陈杜梨, 张雷. 在光明中发现黑暗, 维拉·鲁宾: 发现暗物质 [J]. 世界博览, 2018 (14): 54-59.

[752] 杨雪忆. 维拉·鲁宾 [J]. 世界科学, 2017 (3): 62-64.

[753] Matt Schudel, 耿凌楠. 证实暗物质存在的天文学家薇拉·鲁宾去世, 享年 88 岁 [J]. 英语文摘, 2017 (3): 15-19.

[754] 刘金岩. 2013 年诺贝尔物理学奖获得者——彼得·希格斯 [J]. 物理, 2014, 43 (7): 471-477.

[755] 小时. "希格斯玻色子" 背后的低调老人 [J]. 科学家, 2017, 5 (20): 42-43.

[756] 陈国明, Peter Jenni, Tejinder S. Virdee. 希格斯玻色子在 LHC 上的发现 [J]. 现代物理知识, 2017, 29 (2): 26-33.

[757] 爱德华·布列桑. 从玛丽·居里到希格斯·玻色: 关于放射性的世纪之谜 [J]. 科技导报, 2016, 34 (21): 113-115.

[758] 张嘉年. 五种希格斯玻色子与希格斯场之内部结构模型图表解析 [J]. 科技创新导报, 2015, 12 (15): 251-254.

[759] 王寰宇, 陈星, 黄飞杰, 等. 质量之谜: 希格斯机制与希格斯玻色子——2013 年诺贝尔物理学奖简介 [J]. 自然杂志, 2013, 35 (6): 402-407.

[760] 易白. 揭示质量来源之谜——2013 年诺贝尔物理学奖 [J]. 知识就是力量, 2013 (11): 10-11.

[761] 张梦然. 希格斯粒子赋予其他基本粒子质量有了证据 [N]. 科技日报, 2014-07-17.

[762] 施郁. 现代德谟克利特: 夸克理论的提出者默里·盖尔曼 [J]. 科学, 2019, 71 (6): 56-58.

[763] 邵红能. 默里·盖尔曼 [J]. 世界科学, 2019 (8): 64.

[764] 焦满巧. 夸克之父——盖尔曼 [J]. 湖南中学物理, 2019, 34 (8): 97-98.

[765] 萧如珀, 杨信男. 1929 年 9 月 5 日: 夸克模型建构者盖尔曼诞生 [J]. 现代物理知识, 2019, 31 (5): 63-65.

[766] 谢懿. 发现夸克、洞悉宇宙的人——著名理论物理学家默里·盖尔曼访谈录 [J]. 世界科学, 2009 (6): 29-31.

[767] 程民治. 盖尔曼——博学多才特立独行的物理学家 [J]. 物理与工程, 2005 (3): 53-55, 64.

[768] 张会, 鲍淑清. 夸克模型的提出者——盖尔曼 [J]. 现代物理知识, 1996 (1): 38-43.

[769] 荣跃. 主宰世界的"神鸟"——夸克 [J]. 科技文萃, 1994 (7): 24-25.

[770] William J. Kaufmann, 李顺祺. 夸克: 组成物质的核心 [J]. 世界科学, 1981 (10): 6-9.

[771] 浦根祥. 夸克的起源 [J]. 科学, 1994, 46 (4): 37-40.

[772] 思羽. 史蒂文·温伯格瞥见应许之地 [J]. 世界科学, 2019 (7): 57-60.

[773] 何红建. 标准模型创始人之一谈对撞机——史蒂芬·温伯格专访 [J]. 科学文化评论, 2016, 13 (5): 41-45.

[774] 月半. 诗人科学家——斯蒂芬·温伯格 [J]. 科学家, 2014 (7): 58-59.

[775] 邓雪梅. 温伯格与《量子力学教程》 [J]. 世界科学, 2013 (8): 59.

[776] 杨明. 温伯格致初涉科研学生的四点忠告 [J]. 现代物理知识, 2006 (5): 66-67.

[777] 史蒂文·温伯格, 文亚. 科学能够解释一切吗? [J]. 科学文化评论, 2006 (5): 52-62.

[778] 孙天玉, 王鑫. 温伯格的量子力学观 [J]. 现代物理知识, 2001 (6): 53-54.

[779] 张会, 鲍淑清. 弱电统一理论创始人之一——温伯格 [J]. 现代物理知识, 1995 (2): 36-42.

[780] 李秀林. 弱电统一理论 [J]. 杭州师范学院学报 (自然科学版), 1979 (2): 89-93.

[781] 张立红. 思想者霍金 [J]. 中国科技奖励, 2020 (10): 76-78.

[782] 刘雨菲. 霍金——伟大的物理先驱, 轮椅上的巨人 [J]. 散文百家, 2018 (2): 89.

[783] 岑夫子. 霍金的生命旅程 [J]. 风流一代, 2019 (8): 20-21.

[784] 邵红能, 王叙. 霍金: 宇宙奥秘的探索者 [J]. 知识就是力量, 2018 (6): 48-51.

[785] 吴玉梅, 孙小淳. 霍金与彭罗斯关于"量子引力论"的争论 [J]. 科学文化评论, 2020, 17 (1): 29-40.

[786] 万舒心. 轮椅上的宇宙之子——斯蒂芬·霍金 [J]. 求学, 2018 (19): 16-19.

[787] 蔡荣根, 曹利明, 杨涛. 轮椅上的宇宙——霍金的学术贡献及影响 [J]. 科技导报, 2018, 36 (7): 14-19.

[788] 乔辉. 霍金: 一生仰望星空 [J]. 太空探索, 2018 (4): 62-65.

[789] 李慧玲. 黑洞的量子效应和强引力场弯曲时空相关问题的研究 [D]. 成都: 电子科技

大学，2018.

[790] 李忠东. 命途多舛的天才斯蒂芬·霍金 [J]. 世界文化，2015 (5)：14-17.

[791] 张方方. 霍金：快乐的宇宙之王 [J]. 中国科技奖励，2015 (8)：77-78.

[792] 赵峥. 霍金与奇点定理 [J]. 中国科技教育，2017 (1)：72-73.

[793] 赖晨. 霍金三次中国之行 [J]. 炎黄纵横，2019 (6)：29-31.

[794] 杜欣欣. 西敏寺送霍金入葬 [N]. 中华读书报，2018-07-04.

[795] 武夷山. 爱德华·威滕的曲折求学路 [N]. 科技日报，2019-08-23.

[796] 周澜. 爱德华·威滕：学历史成为物理学家，却获得了数学最高奖 [J]. 初中生世界，
2018 (46)：54-55.

[797] 林开武，陆朝森. 论赫拉克利特的哲学内核 [J]. 学理论，2018 (8)：80-81, 87.

[798] 杨元凯. 黑格尔哲学视域下对赫拉克利特"河流"的再阐释 [J]. 名家名作，2018
(4)：4-6.

[799] 杨敏姣. 爱利亚学派之实在观 [J]. 语文学刊，2013 (23)：20-21, 25.

[800] 王娓娓. 巴门尼德哲学简析 [J]. 知识窗（教师版），2018 (5)：60-61.

[801] 乐莺. 对卢克莱修原子论哲学的几点不同看法 [J]. 新课程（下），2012 (4)：138.

[802] 尹传红，骆玫. 莱布尼茨：罕见的科学通才 [J]. 知识就是力量，2014 (10)：58-61.

[803] 王文平. 道尔顿对原子分子论的贡献 [J]. 中专物理教学，2001 (1)：48.

[804] 季惠民，蔡辰化. 近代化学之父道尔顿 [J]. 中学历史教学参考，1995 (10)：33.

[805] 宋文广. "光的本质"之争 [J]. 教育教学论坛，2019 (51)：66-67.

[806] 方卫红，肖晓兰. 光的波动说与微粒说之争及其启示 [J]. 物理与工程，2008 (5)：
55-58.

[807] 李亚东. 沃拉斯顿与法拉第 [J]. 数理天地（高中版），2006 (8)：1.

[808] 史立言. 夫琅和费谱线 [J]. 人民教育，1983 (6)：47-48.

[809] 雷素范，周开亿. 里德伯 [J]. 光谱实验室，1990 (Z1)：199.

[810] 李建伟. 热力学的形成及其影响 [J]. 职大学报，2009 (4)：39-42, 110.

[811] 王爱仁，仲跻祥. 物理学史浅说（Ⅲ）[J]. 辽宁师院学报（自然科学版），1982 (1)：
84-95.

[812] 乃比江·买提吐米尔，买热木尼沙·库尔班. 热力学发展简史研究 [J]. 和田师范专
科学校学报，2006 (1)：172-173.

[813] 陈秉乾. 以太和电——电磁学史概论 [J]. 物理教学，2012, 34 (2)：57-62, 64.

[814] 陈光耀，杨绍琼，姜楠. 达·芬奇与流体力学 [J]. 力学与实践，2019, 41 (5)：
634-639.

[815] 姚梦真，冯杰，蔡志东. 狭义相对论诞生的历史背景及其核心与启示 [J]. 物理通报，
2020 (12)：2-8, 12.

[816] 孙高源. 时空的相对性——狭义相对论简介 [J]. 课程教育研究，2018 (42)：155-156.

[817] 汪洁. 时间的形状：相对论史话 [J]. 科学之友（上半月），2018 (4)：79.

[818] 孙振宇. 经典时空理论的科史源流及理性重构 [J]. 自然辩证法研究，2021, 37 (1)：
65-71.

[819] 金雅芬. 希尔伯特：引领 20 世纪数学发展的大师 [J]. 科学世界，2018 (1)：128-129.

[820] 郜青，龚云贵，龙江．引力波及引力理论检验［J］．中山大学学报（自然科学版），2021（1）：1-13.

[821] 杨探．对引力波理论早期历史的研究［D］．石家庄：河北师范大学，2019.

[822] 赵义庭．从瑞利-金斯公式到普朗克公式［J］．郑州轻工业学院学报，1993（S1）：88.

[823] 梁瑶，袁海泉，桑芝芳．"以太论"的发展及其物理教育价值［J］．物理与工程，2016，26（1）：38-41.

[824] 范乐天．以太：奇幻的"第五元素"［N］．光明日报，2015-12-11.

[825] 李佳伟，郭芳侠，孔繁敏，等．以太学说的发展和以太内涵的演变［J］．大学物理，2015，34（8）：58-61.

[826] 夏荣艳．变幻莫测的"以太"［J］．新课程（中旬），2012（6）：179.

[827] 郭振华，李东，郭应焕．能量转换与守恒定律的发现［J］．宝鸡文理学院学报（自然科学版），2012，32（4）：40-46.

[828] 王骁勇．关于"能量的转化和守恒定律"三种表述的历史考查［J］．物理通报，1995（2）：37-39，41.

[829] 李鸿．水乳交融——浅谈物理与生物的美妙融合［J］．物理教学，2011，33（5）：20-21.

[830] 蒋崇颖，杨先卫，刘畅，等．热力学第二定律中的哲学思想［J］．三峡大学学报（人文社会科学版），2020，42（S1）：104-107.

[831] 宋净霖．史上最美的物理实验——电子双缝干涉实验［J］．物理之友，2015，31（7）：48.

[832] 宋净霖．史上最美的物理实验——密立根油滴实验［J］．物理之友，2015，31（5）：48.

[833] 宋净霖．史上最美的物理实验——牛顿的色散实验［J］．物理之友，2015，31（2）：48.

[834] 徐力遥．史上最美的物理实验——卡文迪许的扭秤实验［J］．物理之友，2015，31（3）：48.

[835] 朱亚红．史上最美的物理实验——卢瑟福的α粒子散射实验［J］．物理之友，2015，31（8）：48.

[836] 朱亚红．史上最美的物理实验——傅科摆实验［J］．物理之友，2015，31（4）：48.

[837] 佚名．物理学中的十大著名思想实验［J］．意林文汇，2018（21）：37-43.

[838] 范翔，王洪亮．物理学中十个著名的思想实验［J］．中学物理教学参考，2013，42（9）：51-53.

[839] 陶亚萍，韩礼刚．从物理学史看思想实验的作用［J］．科技信息（学术研究），2007（29）：112，113.

[840] 侯建超，郎和．伽利略的实验思想和方法的新思考［J］．中国科教创新导刊，2007（20）：41.

[841] 迟源．从斯蒂芬链到麦克斯韦妖——浅谈物理学中的思想实验［J］．大学物理，2004（4）：55-58.

[842] 徐毅．物理学中的思想实验［J］．吉林师范学院学报，1996（5）：27-30.

[843] 胡进．论思想实验在物理学发展中的作用［J］．荆州师专学报，1992（2）：53-55.

［844］孙礼煌．思想实验和 20 世纪物理学革命［J］．东北师大学报（自然科学版），1991
　　　　（2）：44，49-52.

［845］杨黎炜．改变世界的十个数学公式［J］．集邮博览，2019（9）：92-94.

［846］何莹松．对物理学几组著名公式的哲学思考［J］．物理通报，2011（9）：118-121.

［847］刘文莉，包芯，章越，申亚琴．大学生对麦克斯韦方程组的理解研究［J］．物理通报，
　　　　2020（2）：22-25.

［848］付兴贺，胥世豪．"电磁场"教学核心麦克斯韦方程组的多视角解读［J］．电气电子教
　　　　学学报，2019，41（4）：90-99.

［849］朱方悦．麦克斯韦方程组的简单概述及应用［J］．中国新通信，2018，20（15）：
　　　　230-231.

［850］王倩．浅谈麦克斯韦方程组［J］．科技风，2017（8）：35-36.

［851］卢昌海．希尔伯特与广义相对论场方程［J］．物理，2020，49（2）：110-116.

［852］伍俊豪．狭义相对论与原子能利用［J］．课程教育研究，2018（42）：169，172.

［853］蔡立英，李·菲利普斯．湍流：物理学中最古老的未解之谜［J］．世界科学，2019
　　　　（2）：15-19.

［854］钟海琴．玻尔兹曼熵与统计规律的建构初探［J］．科学技术哲学研究，2013，30（4）：
　　　　13-18.

跋

至此，对影响世界巨大的 100 位伟大物理学家的汇总和整理总算完成了。这些物理学家们都对物理学、数学乃至化学、生物学甚至医学等做出了突出的贡献，对世界产生了巨大的影响；倘若没有他们的努力，人类社会现在可能还处在懵懂之中。

应该看到，社会在进步，科技也在进步，这个过程相辅相成，这个发展也是曲折前进的。事实上，很多科技进步是逐渐推进的，没有一蹴而就的成果，甚至连相对论以及牛顿力学定律都是在前人研究基础上取得的。可以说，社会的科技事业不仅仅取决于这些伟大科学家，也与众多的科技工作者有关系。也许他们的名气并不大，但是没有他们的一砖一瓦，整个物理学大厦怎么会取得重大成就？

以牛顿为例，在他之前，有开普勒的三大定律和胡克对于万有引力的研究做基础，他的经典力学体系才得以建立；没有法拉第等人对于电磁学的探索，也就不会有麦克斯韦方程组的出现；没有洛伦兹和马赫等人的研究，就不会有相对论的形成；没有牛顿光的微粒说、惠更斯光的波动说，就不会有德布罗意提出的波粒二象性理论；没有普朗克提出量子假说就不会有后来玻尔、玻恩、海森堡、薛定谔和狄拉克等人奠定的量子力学。这样的例子不胜枚举，霍金、威滕等人的成就也是基于前人的研究。科学的发展总是少不了众多科学家的努力，大家都在不断增砖添瓦，才使得物理学大厦不断增高，不断完善。正如牛顿那句话"他的成就是站在巨人的肩膀上"取得的。由此我们可以知道，没有前人的探索甚至错误，后人就很难继续攀登科研高峰。

他们中有的人改变了人们的物质观，例如留基伯、德谟克利特和玻尔兹曼，他们的原子论让人们相信物质的真实性；有人改变了人们的世界观，比如托勒密和哥白尼，地心说和日心说影响了人类 3000 多年；有人改变了人们的时空观，比如巨人牛顿和爱因斯坦，他们统一了天上和地下；有人改变了人们认识世界的方式，比如汤姆逊、卢瑟福、玻尔、德布罗意等人，他们让人类步入了微观世界；有人改变了人们的宇宙观，比如喜帕恰斯、鲁宾和霍金等，让人类深入了解宇宙，懂得人类的渺小，敬畏宇宙。

他们中有的人让人类飞上了天空、进入外太空，比如普朗特和卡门，让人们生活步入三维立体空间；有人让人类社会进入工业文明，例如法拉第、麦克斯韦、库仑和安培，电磁的相关理论和发明让人类告别黑暗，大踏步走进文明时代；有人让人类社会进入信息社会，比如巴丁的晶体管为人类带来了舒适便捷的生活，改变了人们通信的方式。更有人制造了杀人魔鬼，如费米、奥本海默和泰勒，虽然制造破坏力巨大的核武器用于杀人并非其本意，但这是客观存在的，对当今世界安全格局产生了巨大影响——全世界目前拥有的核武器能够毁灭全世界几十次之多。当然，也不得不提"杀人未遂"的海森堡。

有人不仅仅是科学家，还是哲学家，改变了人们的科学观念，比如笛卡尔，他的"我思故我在"影响至今。此外，还有马赫。有人专门是数学家，但是却给物理学做出了巨大的贡献，比如拉格朗日、庞加莱、傅里叶。当然，还有数理兼备的牛顿和威滕。有的科学家还是思想家，他们的学术思想不仅仅影响他们的时代，时至今日仍有深刻的影响。比如科学大战中的思维和思想，对中国的科技事业也有重大影响。

本书中不仅仅有伟大物理学家们的生平轶事，还有很多物理理论的简单介绍，涉及经典力学、光学、电磁学、热力学、声学、固体物理学、光谱学和场论等，甚至少量数学知识和化学、生物学知识也略有涉及，相信青少年朋友们读完之后多少会有所收获，相信家长朋友们会更加欢迎！

朋友们，让我们以这些伟大的科学家们的巨大贡献和精神力量为榜样和学习目标，让我们向巨人看齐，无论在日常生活中还是在学习和工作中，都能目标明确、勤奋刻苦、努力奋斗、坚持不懈、严以律己、宽以待人，不断拼搏，最后走向人生的巅峰。青年朋友的前途就是国家的前途，也是民族的前途。青年强，则民族强，则国家强。

对本书中可能出现的不足或错误，欢迎读者朋友指正，再版时一定改正。

作　者
2021 年 12 月